TECHNOLOGIE DER TEXTILFASERN

HERAUSGEGEBEN VON

PROF. DR. R. O. HERZOG † UND DR. F. OBERLIES

VIII. BAND, 3. TEIL, B

TECHNOLOGIE DER WOLLE

BEARBEITET VON

H. GLAFEY, D. KRÜGER, G. ULRICH

BERLIN
VERLAG VON JULIUS SPRINGER
1938

TECHNOLOGIE DER WOLLE

CHEMISCHE TECHNOLOGIE UND MECHANISCHE HILFSMITTEL FÜR DIE VEREDLUNG DER WOLLE

BEARBEITET VON

PROF. **H. GLAFEY** · DR.-ING. **D. KRÜGER** · DR. h. c. **G. ULRICH**
GEH.REG.-RAT, MEISSEN · BERLIN · PROFESSOR, BRÜNN

MIT 317 TEXTABBILDUNGEN

BERLIN
VERLAG VON JULIUS SPRINGER
1938

ISBN 978-3-642-98645-1 ISBN 978-3-642-99460-9 (eBook)
DOI 10.1007/978-3-642-99460-9

Vorwort.

Die Notwendigkeit wissenschaftlicher Erkenntnis der physikalischen und chemischen Eigenschaften der Faserstoffe als Grundlage für ihre zweckmäßige Verarbeitung und Verwendung ist immer mehr erkannt worden. Aus diesem Grunde hat auch die wissenschaftliche Wollforschung in letzter Zeit einen erheblichen Aufschwung genommen, begünstigt noch durch die allgemeine Entwicklung der Faserphysik, Chemie und Kolloidchemie der Eiweißstoffe, sowohl in theoretischer als auch in methodischer Hinsicht. Im vorliegenden Band wird erstmalig eine umfassende Darstellung des gegenwärtigen Standes der Strukturerforschung des Wollhaares und seines physikalischen und chemischen Verhaltens gegeben, wobei die gesamte neuere und ältere Literatur nahezu vollständig berücksichtigt ist. Für den Fachmann besonders wertvoll ist auch die eingehende und kritische Zusammenstellung der qualitativen und quantitativen Methoden zur Untersuchung der Wolle, allein und in Fasergemischen. Weiterhin werden die chemischen Verfahren der Wollverarbeitung von praktischen Gesichtspunkten aus behandelt, und in einem 2. Teil folgt eine eingehende, von zahlreichen Abbildungen begleitete Beschreibung der maschinellen Hilfsmittel für die mechanische und chemische Ausrüstung von Wollwaren.

Dem Herausgeber der bis jetzt erschienenen Bände dieses Handbuches, Herrn Prof. Dr. R. O. Herzog, der inzwischen verstorben ist, verdanken wir auch die Entstehung des vorliegenden Bandes, auf dessen Zielsetzung und Ausgestaltung er noch bestimmenden Einfluß hatte.

Den Verfassern der einzelnen Teile dieses Bandes sei an dieser Stelle der verbindlichste Dank ausgesprochen. Ebenso sei verschiedenen Firmen, die die Liebenswürdigkeit hatten, Druckschriften und Abbildungen zur Verfügung zu stellen, hierfür bestens gedankt, insbesonders der Böhme Fettchemie A. G.-Chemnitz, Geigy A. G., Basel, ferner der Gesellschaft für chemische Industrie in Basel, und der I. G. Farbenindustrie.

Berlin, im August 1938.

Dr. F. Oberlies.

Inhaltsverzeichnis.

Chemische Technologie der Wolle.

Von Prof. **Dr. h. c. G. Ulrich,** Brünn, und Dr.-Ing. **D. Krüger,** Berlin.

Seite

Mechanische Hilfsmittel für die Veredlung der Wolltextilien.

Von Geh. Reg.-Rat Prof. Dipl.-Ing. **H. Glafey**, Meißen.

Chemische Technologie der Wolle.

Von Professor **Dr. h. c. G. Ulrich**, Brünn und **Dr.-Ing. D. Krüger**, Berlin.

Einleitung.

A. Historische Entwicklung der Wollverarbeitung.

Dem Menschen diente anfänglich das Fell des erlegten Tieres, zunächst der um die Lenden geschlagene Fellschurz, später fast das ganze Fell als Kleid. In Oberägypten war das Schaf schon in der frühneolithischen Zeit Haustier; in Unterägypten wurde das Wollschaf vor 2000 v. Chr. erwähnt. Die Kunst der Wollverarbeitung reicht weit in die alte Zeit von Ägyptens erster Blüte zurück. Vermutlich eilte die tierische Wolle den pflanzlichen Faserstoffen in der Verwendung zu textilen Erzeugnissen voraus.

In Mitteleuropa nahm die Zucht des Hausschafes (Torfschaf) erst in der Bronzezeit stärker zu. Seine Wolle fand für sich allein oder mit Hirschhaaren untermischt Verwendung. Das Kupferschaf, vielleicht ein Abkömmling des europäischen Mufflons — es wird auf das kurzschwänzige europäische Landschaf zurückgeführt — fand schon gegen Ende des Neolithikums Aufnahme. Einkreuzungen haben schon damals stattgefunden. In der Bronze- und prähistorischen Eisenzeit Süd- und Mitteleuropas hat dieses Schaf geherrscht. Die Färbung war meist silbergrau bis eisengrau, auch dunkelbraun bis schwarz.

Die alten Völker haben neben der Verwendung der Felle nur grobe Filze aus tierischen Wollen hergestellt. Die Ägypter und Griechen verstanden die Kunst, aus Wolle und anderen Faserstoffen feine Gewebe zu schaffen und sie durch Walken, Bleichen, Färben und Bemalen (Bedrucken) zu schmücken. Diesen Völkern folgten erst die Römer, später die Spanier und Engländer in der Förderung der Schafzucht. Die verwendete Wolle war gut. Wahrscheinlich war sie das Ergebnis einer mehrfachen Blutmischung, indem in erhöhtem Maße langschwänzige Rassen eingekreuzt worden sind.

Das Hauptzuchtgebiet des Fettsteißschafes ist Ostasien, wo ein weiterer Domestikationsherd, und zwar der des Argali, zu suchen ist. Die Fellverarbeitung spielte hier von jeher eine größere Rolle als das Verspinnen der Wolle. Für Teppichherstellung wurden diese groben Wollen benutzt.

B. Wollen verschiedener Tiere.

Als Wollen werden die verspinnbaren Haare vieler Säugetiere bezeichnet. Höhnel[1] führt in seinem bekannten Buche von wichtigeren Tierhaaren und Wollen an: die Schafwolle (von Ovis Aries), das Ziegenhaar (von Capra hircus), das Kalbs- und Kuhhaar (von Bor Taurus), das Angorahaar (von Capra hircus

[1] v. Höhnel: Die Mikroskopie der technisch verwendeten Faserstoffe. 2. Aufl. Wien u. Leipzig: A. Hartleben's Verlag, S. 154.

angorensis), die indische Schafwolle, Paschmina (von Capra hircus laniger), das Kamelhaar (von Camelus Dromedarius und bactrianus), die Alpakawolle (von Auchenia Paco), die Vicognewolle (von Auchenia vicunna), das Pferdehaar (von Eques Caballus und Verwandten), das Kaninchenhaar (von Lepus Cuniculus), das Hasenhaar (von Lepus timidus), das Biberhaar (von Castor Fiber), das Bisamhaar (von Fiber zibethicus), das Katzenhaar (von Felis domestica) und die Schweinsborsten (von Sus scrofa und domestica). Es wären noch eine große Reihe von Haaren zu nennen, die zum größten Teil aber meist nur in der Pelzindustrie und ähnlichen Spezialindustrien Verwendung finden oder nur lokale Bedeutung haben. M. Bernardin[1] gibt in seiner „Nomenclature Usuelle des Fibres Textiles" mehr als 1000 verschiedene Ausgangsmaterialien von tierischen Haaren und Seiden an, wobei einzelne Typen in sehr verschiedenen Formen vorkommen.

Die Zusammenstellung der Schafrassen zeigt nachstehende Aufstellung[2]:

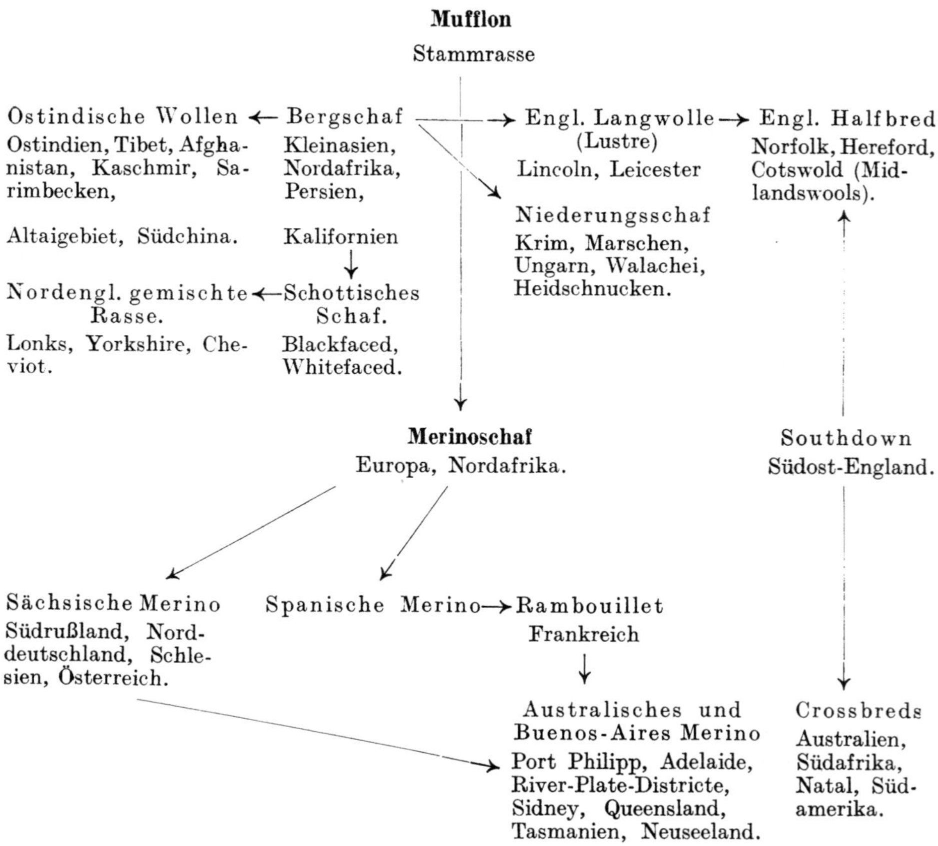

Die Wollen sind hornige Zellgebilde, die meist aus drei verschiedenen Gewebebildungen, dem Mark (Markstrang oder Markinseln), der Rindenschicht und dem äußeren Oberhäutchen (Hornschuppen, Epidermis- oder Cuticularzellen) bestehen. Die Haare treten entweder einzeln oder in Gruppen aus röhrenförmigen Ein-

[1] Vgl. Matthews-Anderau: Textilfasern. Berlin 1928, S. 6.
[2] Siehe Pichler: Mell. Textilber. 7 (1926) S. 80.

sackungen der Haut, den Haarbälgen oder Haartaschen auf. Im Haarbalge findet sich eine warzenförmige Erhebung, die Haarpapille, in der das Haar wurzelt und von der aus es sich weiter entwickelt. Die Haarwurzel zeigt eine zwiebelförmige Anschwellung, die Haarzwiebel. Außerdem gehören zu jedem Haar zwei oder mehr Hautdrüsen, die eine reichliche Menge an Fettschweiß in den Haarbalg abgeben; dieser Fettschweiß haftet teils dem Haar, teils der Oberhaut an. Je nach der Gestaltung des Haargebildes bezeichnet man die Haare als Flaum- oder Wollhaare, die für die Textilindustrie hauptsächlich in Betracht kommen, als Grannen- und Stichelhaare, oder als Borsten und Stacheln. Diese Unterschiede erstrecken sich auf die äußeren Eigenschaften, Festigkeit, Geschmeidigkeit, Länge, Dicke, Kräuselung usw. Die Eigenschaften der Wolle als Haarkleid können durch verschiedenartige Pflege, Klima, Nahrung, Lebensweise des Tieres usw. beeinflußt werden.

C. Schur und Sortierung der Wolle.

Die Abnahme der Haare vom Tiere erfolgt auf verschiedene Weise. Die Wolle wird entweder durch Scheren vom Körper des lebenden Tieres oder durch Einfluß von Chemikalien auf das Fell des getöteten Tieres gewonnen. Man spricht daher von Schurwolle und Gerberwolle. Das nach der Schur als zusammenhängendes Ganzes abgenommene Haarkleid des Tieres heißt ,,Vlies".

Das Scheren erfolgt vielfach von Hand aus. An Stelle der Handscheren treten auch elektrisch betriebene Scherapparate[1]. Durch Absengen mit Drähten, die durch den elektrischen Strom glühend gemacht werden, kann ebenfalls das Scheren der Haare von den Fellen erfolgen. Für die Schur eines Schafes rechnet man zwei, höchstens drei Minuten. Einschürige Schafe werden in Mitteleuropa von Ende Mai bis Mitte Juni, zweischürige Schafe von Ende Mai bis Mitte September geschoren. Die erste Schur wird am acht- bis zwölfmonatigen Schaf vorgenommen; diese Jährlingswolle ist entweder Lammwolle oder eine Wolle, die aus zweiter Schur stammt. Sie zeichnet sich durch besondere Zartheit und Weichheit aus und wird gemischt mit anderen Wollen verarbeitet. Ihr Preis liegt über jenem der Mutterwolle. Die Lammwolle weist oft außer feinen Haaren noch gröbere, lange und starre Überhaare auf, die nach 4—5 Monaten gewechselt werden.

Die Vollschur ist wertvoller als die Halbschur, namentlich für Kettenmaterial. Sie soll so erfolgen, daß die Wolle unmittelbar über der Haut abgeschoren wird. Ein Nachscheren ist als schwere Schädigung für die Gesamtgüte der Wolle aufzufassen.

Die Vliese werden eingerollt und umbunden. Abfallende Teile, wie die der Füße, Backen, des Schwanzes und der Stirn, werden als Stücke oder Locken bezeichnet. Das Vlies soll zusammenhängend, nicht zerrissen und nicht beschmutzt sein. Gewöhnlich wird es nach innen zusammengelegt, oder mehrere Vliese werden aufeinandergelegt. Die Vliese sollen nicht rasch verpackt, sondern erst luftig gelagert werden, damit nicht bakterielle Zerstörungserscheinungen eintreten. Diese werden durch Alkalien begünstigt, durch Spuren von Säuren verhindert (vgl. auch S. 111).

Lammwolle wird für sich verfrachtet. Sie ist weniger fest und an den Spitzen zu erkennen. Jährlingswolle ist ohne Haarspitzen. Haut- oder Schlachtwolle (Skinwool oder Slipes) ist minderwertig.

[1] Vgl. Eick, Hünersdorf: Diss. Halle 1925 und Dtsch. Schäferztg. Bd. 16 (1924) Nr. 23. Berndt: Z. Schafzucht 1925 Heft 11. — Frölich, Spöttel und Tänzer: Wollkunde, ds. Technol. VIII/1 S. 386; ferner Spöttel: Zbl. Agrik. Chem. ration. Landwirtschaftsbetr., Abt. B, Tierernährung Bd. 5 (1933) S. 213, 246.

Bei der Schur der Schafe wird das Vlies als Ganzes abgehoben und muß, da es nicht einheitlich ist, sortiert werden. Das Sortieren erfolgt auf Tischen oder auf grobmaschigen Sieben, durch die der Schmutz abfällt. Zum Versand bringt man die Wolle in großen Ballen, die stark gepreßt sind, um das Volumen möglichst kleinzuhalten. Dieses Pressen der Wolle erschwert das Sortieren, so daß solche Vliese oft leicht aufgedämpft werden müssen. Das Sortieren von Hand erfolgt meist auf Grund langjähriger Erfahrung. Man trennt das Vlies der Länge nach in zwei Teile, wobei auf den Sieben Unreinigkeiten, Holz, Stroh und Schmutz abfallen und die möglichst gleichwertigen Vliesteile zusammengeworfen werden. Schultern und Flanken, die die feinsten Wollqualitäten ergeben, werden für sich genommen, ebenso die hinteren Teile, Rücken und Übergangsstellen zu den Extremitäten. Diese Partien weisen meist gleichen Stapel und festere Wolle auf. Dann folgt die Rückenmitte mit der gutstapligen, gleichwertigen Schulterwolle, endlich die Bauchwolle und die Wolle der Extremitäten. Diese Wollen sind meist von geringer Festigkeit und kurzstaplig. Hierauf folgt der Schweif, der meist glänzende und feste Wolle, die Grannenhaare enthält, aufweist. Weiter kommen Kopf, Brust und Läufe mit kurzen und steifen Wollen. Die oberen Partien der Läufe, die meist sehr schmutzig sind, werden für sich gehalten. Schließlich die Nackenhaare, die oft große Unregelmäßigkeiten zeigen. Auch das Alter des Schafes muß bei der Wollauslese berücksichtigt werden. Man unterscheidet Lämmchen (bis zu sieben Monaten alt) in Hogs (Jährlinge) und Tegs, das sind extrafein wollige Jährlinge. Widder heißen Schafe nach der ersten Schur, wobei die Böcke gröbere Wollen tragen als die Mutterschafe. Natürlich sortiert man je nach Qualität sehr verschieden. Es gibt Felle, bei denen man nur zwei bis drei, andere, bei denen man 14—15 Qualitäten trennt. Die Schafe der ersten Schur nennt man in England Hog oder Hogget. Das Vlies wiegt im Mittel von einem Mutterschaft 1—2 kg, das der Böcke 1,5—3,8 kg. Rasse, Alter, Geschlecht und Pflege sind von Einfluß auf die Menge der Wolle. So ergeben ausgewachsene australische Merinos 4—5 kg, Southdown 3 kg, Lincoln 6 kg, Shetland 2 kg und Kaschmir 2 kg. Sorgfältige Pflege übt auf die Schwere der Vliese einen wesentlichen Einfluß aus; Differenzen von 5—8 kg im Wollgewicht pro Tier sind erreicht worden.

Vor der weiteren Verarbeitung sortiert man die Wolle auf Grund des Augenscheines und des Gefühls meist nach den Ansprüchen, die gestellt werden. Man unterscheidet je nach gleichmäßiger Feinheit Elekta-, Prima-, Sekunda-, Tertia-, Quarta- und Quintawollen. Leisten, Locken und der Brand werden als Abfallwollen ausgeschieden, ebenso melierte Stücke. Da das Sortieren auf Lattenrosten erfolgt, fallen Schmutzteile ab. Gewisse Rückschlüsse auf die Herkunft der Wolle lassen sich durch die Art der Einschmutzung ziehen. Über die Wollen der verschiedenen Schafrassen siehe[1].

Die Entfernung des Fettschweißes kann, soweit es sich um wasserlösliche Anteile handelt, schon auf dem Rücken des Tieres (Rückenwäsche) oder durch Waschen der geschorenen Vliese (Vlieswäsche) erfolgen. Man unterscheidet bei geschorenen Wollen zwischen ungewaschenen und gewaschenen. Schmutz-, Schweiß- oder Gräswollen sind geschorene Wollen, die noch den gesamten Fettschweiß aufweisen. Pechschweißwollen sind schwer rein zu bekommen. Vleeze-Wollen sind rückengewaschene Wollen; Scoured-Wollen sind nicht voll gereinigte, doch der Fabrikwäsche unterzogene Wollen; Snowwhite-Wollen sind völlig rein gewaschene weiße Kapwollen; Abfallwollen sind mechanisch oder chemisch geschädigte Wollen, also auch Locken, Leisten- und Brandspitzenwollen, ferner die

[1] Siehe diese Technologie Bd. VIII/1 S. 390. — Matthews-Anderau: Textilfasern, Berlin 1928, S. 30.

Futterstücke. Locken sind Teile des Vlieses, die ihren Zusammenhang mit dem Vlies verloren haben und meist durch Schmutz und Staub geschädigt erscheinen. Während Locken in größeren Mengen für feine Schafe charakteristisch sind, finden sich Leisten meist als Charakteristik der gröberen Wollen. Brandspitzen von gelber bis rotbrauner Färbung sind von Körperstellen, die leicht eingeschmutzt werden. Sie werden dem geringwertigeren Sortiment zugeteilt. Ebenso sind Futterstücke geringer zu bewerten, da ein Herauslesen pflanzlicher Teile durch Waschen, Extrahieren und Spülen kaum möglich ist. Kletten werden auf mechanische Art mittels Noppeisen — einer Art Pinzette — oder mit dem Klettenwolf — bei Kammwollen durch Kämmen — ausgeschieden.

Man unterscheidet auch zwischen Lüster- oder Glanzwollen. Die Bezeichnung Edelwolle oder „Adel der Wolle" ist relativ und wird auch gröberen Wollen verliehen, wenn sie sich durch gleichmäßigen Aufbau des Vlieses, gleichartige Beschaffenheit des Stapels usw. auszeichnen.

D. Beurteilung der Wolle. Mikroskopie.

Die Bedürfnisse des Handels und der Wollverwertung üben einen großen Einfluß auf den Begriff Feinheit und die damit im Zusammenhang stehende Feinheitszüchtung aus. Man zieht heute gesunde, kräftige Wollen den früher gezüchteten Wollen mit besonderer Feinheit vor, einerseits weil hierdurch die Zucht rationeller wird, andererseits weil die Gesundheit und Widerstandsfähigkeit der Tiere auch die Aufzucht günstiger gestaltet.

Die Beurteilung der Wolle am lebenden Tiere geschieht meist mit Hilfe des Gesichts- und Tastsinns. Trotzdem sich hierbei gewisse Unsicherheiten ergeben, hat sich die subjektive Feinheitsbestimmung in der Wollbeurteilung fast ausschließlich eingebürgert. Die Tierzüchter begnügen sich oft noch damit, das Vlies auf dem lebenden Tiere vom Widderrist bis zur Schwanzwurzel und auf Blatt und Keule zu scheiteln, um direkt durch Begutachtung des Stapelinnern das Sortiment zu bestimmen[1].

Eine genauere Prüfung und Beurteilung der Wolle ermöglicht die Mikroskopie[2]. Im Wollhaare sind drei verschiedene Zellschichten zu unterscheiden: die Kutikula (schindelförmige Zellen); die Rindenschicht (spindelförmige Zellen) und die Markschicht (zylindrische Zellen). Eine Zerlegung der Wolle in die aufbauenden Zellgebilde gelingt durch Maceration mit Glyzerin-Schwefelsäure[3], durch Druckkochung mit Ammoniak[4] oder durch längere Einwirkung von konz. Ammoniak bei gewöhnlicher Temperatur[5], durch Behandlung mit Pepsin-Säurelösung[6] oder mit gepufferten wäßrigen Trypsinlösungen[7],

[1] Frölich, Spöttel und Tänzer: Wollkunde, ds. Technologie, Bd. VIII, 1, S. 154. — Telschow: Südd. Landw. Tierztg. Nr. 51 S. 433. — A. T. King: J. Textile Inst. Bd. 17 (1926) S. 53. — Barker und King: J. Textile Inst. Bd. 17 (1926) S. 68. — Vgl. auch Kammgarnspinnerei Stöhr & Co.: Dtsch. Textilwirtsch. Heft 2 (1937) S. 3.

[2] Heermann und Herzog: Mikroskopische und mechanisch-technische Textil-Untersuchungen, Berlin: Julius Springer, 1931, S. 196ff. Vgl. auch von Höhnel: Die Mikroskopie der technisch verwendeten Faserstoffe, 2. Aufl. u. a.

[3] Heermann-Herzog: Mikroskopische und mechanisch-technische Textiluntersuchungen, Berlin 1931, S. 198.

[4] v. Nathusius-Königsborn: Das Wollhaar des Schafes. Berlin 1866, S. 47. — Vgl. auch Stakheyewa-Kewerznewa und Gavrilow: Bull. Soc. chim. France [5] Bd. 4 (1937) S. 647.

[5] Haller und Holl: Kolloid-Z. Bd. 75 (1936) S. 212; Mell. Textilber. Bd. 17 (1936) S. 645.

[6] Kanarsky und Matesky: I. Mitt. des Neuen Intern. Verbandes f. Materialprüfungen der Technik, Gruppe C (1930) S. 198. — Vgl. auch Stakheyewa-Kaverznewa und Gavrilow: Bull. Soc. chim. France [5] Bd. 4 (1937) S. 647.

[7] Burgess: J. Text. Inst. Bd. 25 (1934) S. 289.

schließlich durch die Einwirkung bestimmter Bakterienarten[1]. Die Rindenzellen, sowie auch die übrigen Zellen werden nach Haller und Holl[2] wahrscheinlich von einer Kittsubstanz „Lanain" (vgl. S. 13) zusammengehalten, die die Zellzwischenräume ausfüllt. Die Rindenschicht, deren Zellen bei Schafwolle etwa 80 μ lang sind, kann nach Herzog durch 24stündiges Einlegen in Glyzerin-Schwefelsäure in der Kälte für eingehende Untersuchungen aufgespalten werden[3]. Pigmentkörperchen, die verschieden verteilt sein können, lassen sich auf diese Weise ebenfalls der Untersuchung unterziehen. — Die Markzellen sind meist mit Luft gefüllt und treten in einem Zentralstrang (Markstrang) oder stellenweise (Markinseln) auf. An der Basis und an der Spitze voll ausgebildeter Haare fehlen die Markzellen, während bei Flaumhaaren anderer Tierarten stets Markinseln angetroffen werden. Es läßt sich zwar auf Grund chemischer Reaktionen (s. v. u.) zweifelsfrei entscheiden, ob eine Faser als tierisches Haar zu bezeichnen ist; die Bestimmung der betreffenden Tierart ist jedoch bei der hohen Zahl der faserliefernden Tiere und der Vielgestaltigkeit der Haare bei ein und demselben Tiere je nach den Körperstellen und dem Aussehen der Haare im Längsverlauf nach dem heutigen Stand der Untersuchungstechnik nicht immer mit Sicherheit durchzuführen[4] und insbesondere bei Haarmischungen, z. B. Abfallgarnen, sehr schwierig.

Bei Schafen sind die Wollhaare sehr fein (etwa 12—60 μ) (vgl. auch S. 18), die Oberhautzellen deutlich dachziegelartig, die Schuppen am Rande merklich verdickt, stark gezackt oder gesägt. Auf den Querschnitt entfallen 1—2 Oberhautzellen, die Faserschicht zeigt deutlich Längsstreifen, Mark ist nicht vorhanden. Über den Einfluß der Ernährung auf Stärke, Länge, Markstrang und Pigmentierung des Haares vgl. Spöttel[5]. Grannenhaare (30—60 μ) mit einer Länge von 10—20 cm sind nur in ihren äußersten Teilen markfrei und zeigen oft in der Mitte der Faser plattenartige Oberhautgewebe, ähneln aber sonst, namentlich bei feineren Sorten, im Aufbau den Wollhaaren. Zwischen Feinheit und Zahl der Grobhaare bei naturfarbigen Wollen besteht kein Unterschied[6]. Meist liegt ein Gemenge von Grannen- und Wollhaaren vor, die 10—15 cm lange, etwa 80 μ dicke, steife und schlichte Haare aufweisen. Sie sind z. T. durch Markkörper erfüllt. Die Wollhaare gewöhnlicher Landrassen sind nur 5—7 cm lang, ungefähr 30 μ dick, markfrei, grobbogig, sehr gleichmäßig und ungezähnt. Bei fettarmen Haaren fehlt oft die Epidermis. Bei Lammwollen, d.h. bei Schafwollen der ersten Schur, zeigen die Haarspitzen (Lammspitzen) deutliche Streifung und sind markfrei. Die Gerberwollen, sowie Rauf- und Sterblingswollen sind an dem Vorhandensein von Haarzwiebeln deutlich kennbar. Bei billigen Wollsorten zeigen sich oft große Unterschiede in den einzelnen Haarbreiten, da Gemische von Stichelhaaren mit Flaumhaaren vorliegen. Wollfasern mit konkaven Deckzellen zeigen fast ein Aneinanderschließen ohne Überlappungen. Faserspitzen haben oft keine Deckzellen. Ausgefaserte Randschichten sind ein Kennzeichen für Erstlings-Wolle.

Die größten Unterschiede weisen die Zellen der Oberhaut auf, und daher kann ihre Gestaltung, die Form und Dicke dazu dienen, die Herkunft des Haares mit einiger Sicherheit nachzuweisen, um so mehr, als nach Hanausek[7] die Zahl der Oberhautschuppen für ein und dieselbe Tierart annähernd konstant ist.

---

[1] Vgl. S. 108. [2] Siehe Note 5 auf Seite 5.
[3] Vgl. auch Grafe: Z. angew. Chem. Bd. 49 (1936) S. 303.
[4] Heermann und Herzog: l. c. S. 199ff.
[5] Frölich, Spöttel, Tänzer: diese Technologie, Bd. VIII, 1.
[6] Strangeways und Fraser-Roberts: J. Textile Inst. Bd. 22 (1931) S. 488.
[7] Hanausek: Lehrbuch der technischen Mikroskopie, S. 118. Stuttgart 1901.

Rohwolle muß vor der mikroskopischen Untersuchung mit Wasser, Alkohol und Äther von anhängendem Wollschweiß befreit werden. Ein deutliches mikroskopisches Bild der Oberhaut erhält man nach A. Herzog durch Abdruck in Krönigschem Deckglaskitt[1]. Die besondere Schwierigkeit der Mikroskopie und Mikrophotographie der Wolle, besonders bei Untersuchung der Schuppenstruktur, besteht in der relativ großen Dicke der Haare und ihrer zylindrischen Gestalt; bei dem üblichen Verfahren der Fasermikroskopie (Einbettung in Glyzerin usw. mit Deckglas; vgl. Abb. 2)[2] wird bei Verwendung einer Optik mit geringer Tiefenschärfe, die die Unterseite der Haare nicht mit abbildet, wegen der zylindrischen Gestalt nur ein kleines Stück der oberen Fläche hinreichend scharf erhalten, während bei Verwendung einer Optik mit größerer Tiefenschärfe die Strukturen der

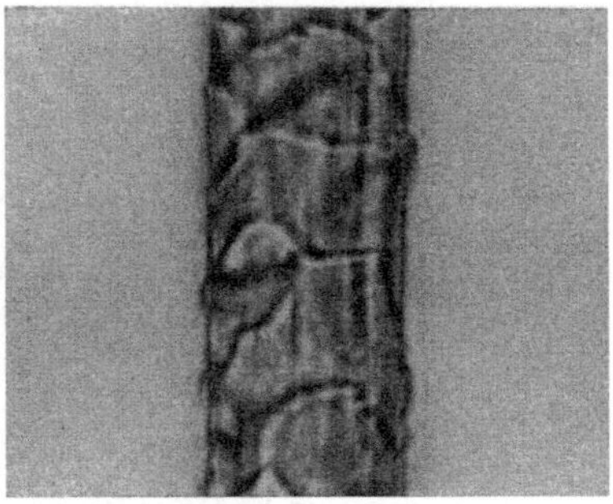

Abb. 1.

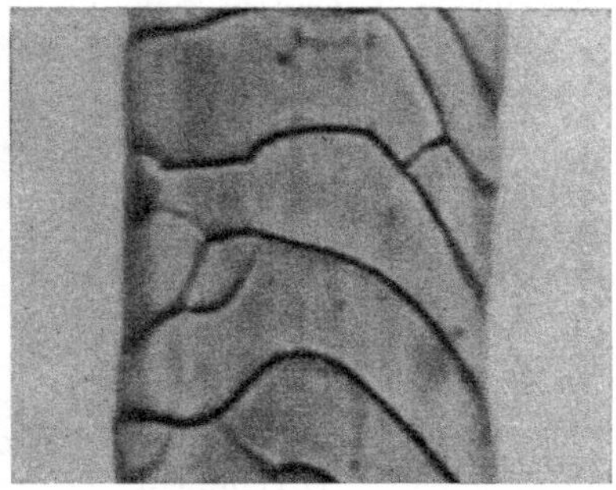

Abb. 3.

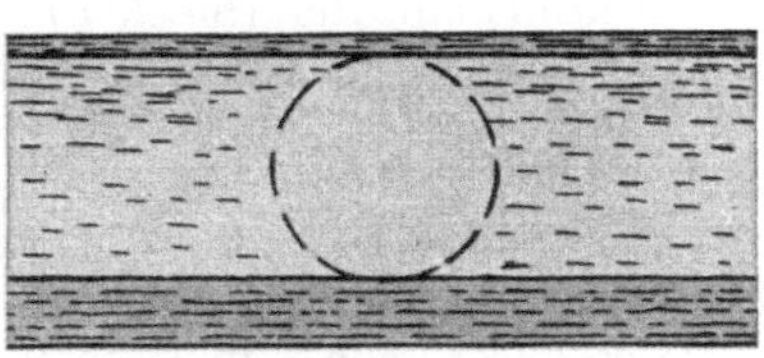

Abb. 2.

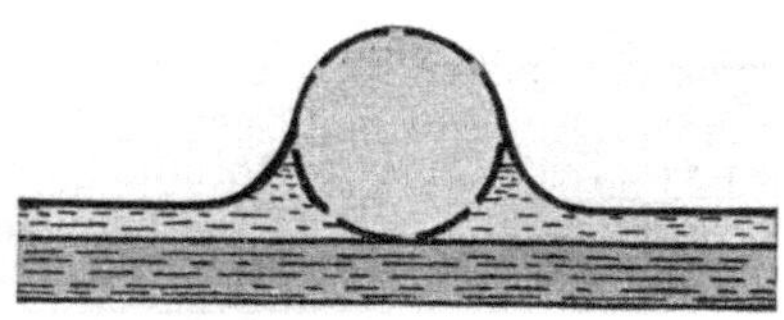

Abb. 4.

Haarunterseite (Rückschuppen) und die Mitabbildung des Faserinnern die Beobachtung der Oberseite stören (vgl. Abb. 1)[2]. Diese Schwierigkeiten lassen sich ohne zusätzliche Apparate durch die von Manby[3] beschriebene Einbettungsmethode beheben. Man läßt danach an den einzelnen, auf einem Objektträger befestigten Wollhaaren einen Tropfen Glyzeringelatine entlanglaufen derart, daß die Haare nur an der Unterseite benetzt werden (vgl. Abb. 4); die benetzten Flächenteile werden dadurch fast unsichtbar und stören die Beobachtung des trockenen Teils nicht mehr. Mendrzyk[4] benutzt als Einbettungsmittel Glyzerin mit einem kleinen Zusatz von Kaliumoleat oder einem moder-

---

[1] Herzog: Melliand Textilber. Bd. 8 (1927) S. 341; vgl. auch Hardy: J. Text. Inst. Bd. 23 (1932) 1. T.

[2] Aus der Arbeit von Reumuth und Schwerdtner, Z. ges. Textilind. Bd. 39 (1936). 12. Die Klischees für Abb. 1—4 wurden von der Böhme-Fettchemie A.-G., Chemnitz, freundlichst überlassen.

[3] Manby: J. Text. Inst. Bd. 23 (1932) 5. T.

[4] Mendrzyk: Melliand Textilber. Bd. 15 (1934) S. 337. — Reumuth und Köhler, Z. ges. Textilind. Heft 22, (1936).

nen Fettalkoholsulfonat. Reumuth[1] konnte die Manbysche Methode durch die Wahl eines modifizierten Bettungsmittels (R—O—X), das sich dem Brechungsindex der Wolle am meisten nähert, sowie durch Verbesserung des Vorbereitungsverfahrens noch günstiger gestalten. Man erzielt so eine klare Oberflächendarstellung (vgl. Abb. 3).

Die Feststellung von markhaltigen Haaren in schwarzen Mustern ist nur mit Hilfe der Mikrophotographie im infraroten Licht möglich, da das Mark auch im infraroten Licht schwarz erscheint[2]. Im ultravioletten Licht des Haitingerschen Fluoreszenzmikroskops ist ein Unterschied in der Leuchtintensität der verschiedenen Keratine bemerkbar; die Schuppen (Keratin A nach Unna) leuchten heller-weißlich, während die Rindenschicht (Keratin C) dunkelblau fluoresziert[3]. Über Untersuchungen bei verfeinerter Dunkelfeldbeleuchtung vgl. Koch[4]. Über die Phosphoreszenz von an Wolle adsorbierten Farbstoffe vgl. Kautzky und Hirsch[5].

Die spezifische Doppelbrechung der Schafwolle ist gering[6].

Über den mikroskopischen Nachweis von Wollschädigungen vgl. S. 126.

Feinheitsmessungen. Unter „Feinheit" versteht man den mittleren Durchmesser der Faser. Im allgemeinen nimmt bei Schafwolle die Feinheit mit steigender Faserlänge ab[7].

Vielfach wird die Wollfeinheit geschätzt[8]. Zur objektiven Messung der Wollfeinheit sind zahlreiche Methoden und Apparate vorgeschlagen worden[9]. Nach dem vom „Textilnorm" herausgegebenen Methoden zur Faserprüfung[10] ist zur Messung der Faserdicke von Wolle die mikroskopische Messung des Durchmessers in der Aufsicht, am besten in der Mikroprojektion bei 500 facher Vergrößerung vorzuziehen; die Fasern werden in Zedernholzöl eingebettet. Zur genauen Bestimmung der Wollfeinheit werden bei Merinoqualitäten (bis 25 μ) mindestens 2 $\times$ 200 Haare, bei Cheviots 2 $\times$ 300 Haare gemessen. Sind die Abweichungen der beiden Messungen größer als 1 μ bei Merinos und 1,5 μ bei Cheviots, so sind weitere 100 bzw. 150 Fasern zu untersuchen. Das Ergebnis der Messungen wird in Form einer Häufigkeitskurve mit 2 μ Klassenbreit berechnet. Außerdem kann die Streuung berechnet werden. Die Berechnung der metrischen Feinheitsnummer erfolgt aus der gemessenen mittleren Faserdicke d (in μ) nach der Gleichung:

$$N_m = \frac{972}{2} \cdot 10^3 \text{ (m/g)} .$$

---

[1] Reumuth und Schwerdtner: Z. ges. Textilind. Bd. 39 (1936) S. 12. — Reumuth: J. Text. Inst. Bd. 39 (1936) S. 612; Kunstseide Bd. 19. (1937). 247

[2] Mendrzyk: l. c.

[3] Göthel: Melliand Textilber. Bd. 15 (1934) S. 409.

[4] Koch, Klepzigs Textilschr. Bd. 41. (1938). 7. S. 316.

[5] Kautsky und Hirsch: Ber. Bd. 65 (1932) S. 401.

[6] Heermann-Herzog: Mikroskopische und mechanisch-technische Textiluntersuchungen, 3. Aufl., S. 202. Berlin 1931. — Tänzer: Z. Tierzüchtung u. Züchtungsbiologie Bd. 2 Heft 6 (1927) S. 313; vgl. auch Harrison: Proc. Roy. Soc. A. Bd. 94 (1918) S. 460.

[7] Vgl. auch Roberts: J. Text. Inst. Bd. 22 (1931) S. 441.

[8] Vgl. dazu Tänzer: Arch. Naturgesch. Bd. 91 (1925) Abt. A Heft 9. — Franz und Mendrzyk: Melliand Textilber. Bd. 15 (1934) S. 194.

[9] Zusammenstellung: Heermann-Herzog: l. c.; vgl. auch Krauter: Leipzig. Mschr. Textil-Ind. Bd. 44 (1929) 45, 89; Textile Forschung Bd. 11 (1929) S. 1. — Doehner: Melliand Textilber. Bd. 10 (1929) S. 195. — Küsebauch: Melliand Textilber. Bd. 15 (1934) S. 194, 242, 289. — Franz: ebenda Bd. 18. (1937) 557. — Bernhardt: ebenda Bd. 19. (1938). 11. — Vgl. auch Stanbury und Daniels: J. Text. Inst. Bd. 28 T. 188 (1937). — Wildmann und Daniels: ebenda Bd. 28. (1937). T. 202

[10] Normblatt DIN DVM 3801.

Für die jetzt bestehenden Typen der deutschen Kämmereien und des Wollhandels gelten die in Tabelle 1 angegebenen Feinheiten[1].

Zur Faserlängen-Messung (Stapelmessung) werden nach dem Normblatt der Textilnorm[2] das Stapelsortierverfahren nach Johannsen-Zweigle, das Stapelsortierverfahren nach Schlumberger[3] oder (bei Vorliegen nur geringer Fasermengen und zur nur angenäherten Bestimmung der Stapelschaulinie) Einzelmeß-Verfahren benutzt. Bei den beiden ersten Verfahren werden die Fasern nicht in völlig gestrecktem Zustande gemessen. Um die Stapelschaulinie für den gestreckten Zustand zu erhalten, sind eine Anzahl Fasern aus jeder Längenklasse nach dem Einzelmeßverfahren zu messen und mit Hilfe des daraus berechneten Kräuselungsgrades die Längen umzurechnen.

Tabelle 1.

Faserfeinheit in μ.

Kammwoll-Sortiment	Völz[7] und Lehmann[8]	Marschik[9]	Leipziger Woll-kämmerei[10]
AAAAA	18 und weniger		
AAAA	18—20		16,32
AAA	20—22	18	17,43
AA	22—24	20,5	18,73
AI	24—25 }	23	19,61
AII	25—26 }		
A/B			21,73
BI	26—27 }	25,5	23,09
BII	28—30 }		
CI		28	25,45
CII	30—37	30,5	27,22
CIII		33	
DI		35,5	29,22
DII	37—45	38	30,65
DIII		40,5	
EI } EII }	45—60		33,96 (EI)
F	über 60		

Die Kräuselung[4] einer Wollfaser ist für die Filzerzeugung und für die Tuchfabrikation von besonderer Bedeutung. Die „Kräuselungszahl“ gibt an, wieviel Kräuselungsbogen oder -windungen sich auf 1 cm Faserlänge befinden. Sie wird an der ungestreckten Faser durch Ausmessen und Auszählen, evtl. in schwacher Vergrößerung bestimmt. Der „Kräuselungsgrad“ ist das Verhältnis der gestreckten Länge einer Faser zum Abstande ihrer Enden in geradegelegtem, aber nicht gestrecktem Zustande[5].

Die mechanischen Eigenschaften, insbesondere die Festigkeit, werden ebenfalls zur Beurteilung einer Wolle, insbesondere zur Feststellung von Wollschädigungen herangezogen[6]. (Vgl. auch S. 124.)

---

[1] Vgl. auch Franz: Melliand Textilber. Bd. 17 (1936) S. 625. — Doehner: ebenda Bd. 18 (1937) S. 133.

[2] Siehe Note 10 auf S. 8.

[3] Melliand Textilber. Bd. 15 (1934) S. 289.

[4] Über die physikalische Bedeutung der Kräuselung und ihre Abhängigkeit von der Zeit vgl. Norris und van Rensburg: J. Text. Inst. Bd. 21 (1930) 481. T. — Barker und Norris: J. Text. Inst. Bd. 21 (1930) 1. T. — Barker und Hill: Trans. Far. Soc. Bd. 29 (1933) S. 239. — Über die Beziehung zwischen Kräuselung und Faserquerschnitt vgl. Rossouw: J. Text. Inst. Bd. 22 (1931) 374. T.

[5] Normblatt DIN DVM 3801; vgl. auch Franz und Mendrzyk: l. c.

[6] Über die Bestimmung der Festigkeit vgl. Heermann-Herzog: l. c.; Normblattentwurf DIN DVM 3801.

[7] Völz: Über die Eigenschaften und die Vererbung der Schafwolle. Berlin 1922.

[8] Lehmann: Bedeutung und Hauptgrundlinien der Wollkunde. Berlin 1922.

[9] Marschik: Leipzig. Mschr. Textil-Ind. Bd. 27 (1912) S. 56.

[10] Franz und Mendrzyk: l. c.

I. Physik und Chemie der Wolle.

A. Chemische Zusammensetzung der Wolle. Struktur des Keratins.

Der charakteristische Baustein der Wollfaser ist das zu den Gerüsteiweißstoffen gehörige schwefelhaltige Keratin. Ferner finden sich in der Wollfaser natürliche Farbstoffe und kleine Mengen Mineralstoffe. Rohwolle enthält außerdem etwa 5—30% fett- und wachsartige Bestandteile; diese bestehen einerseits aus dem Wollfett, das die Fettdrüsen abscheiden, die die Haarfollikel in der Haut umgeben, andererseits aus der getrockneten Absonderung der Schweißdrüsen.

Im allgemeinen[1] beträgt der Kohlenstoffgehalt der Wolle ca. 50%, der Wasserstoffgehalt ca. 6—7%, der Sauerstoffgehalt 21—24%, der Stickstoffgehalt 15 bis 21%[2], der Schwefelgehalt[3] 3—4%. Da der Schwefel einem charakeristischen Baustein des Keratinmoleküls angehört, ist die Abhängigkeit des Schwefelgehaltes von verschiedenen Faktoren und seine Beziehung zur Wollqualität sehr häufig untersucht worden. Wegen des einigermaßen konstanten Stickstoffgehaltes der Wolle ist die Stickstoffbestimmung zur Ermittlung des Wollgehaltes in Mischungen mit Zellulosefasern (Baumwolle usw.) vorgeschlagen worden[4]; die Schwankungen sind aber immerhin so groß, daß sich zuverlässige Werte nur erhalten lassen, wenn eine Kontrollbestimmung an dem betreffenden Wollmaterial gemacht werden kann[5].

Der Aschengehalt der Wolle beträgt etwa 0,5—3%. In der Asche finden sich hauptsächlich K, ferner Na, Ca, Al, Fe, SiO_2, SO_4, CO_3, sowie Spuren P_2O_5 und Cl. Zwischen dem Ca- und Na-Gehalt und der Qualität der Wolle besteht keine Beziehung[6].

Die natürliche Färbung der Wollen beruht auf der Einlagerung von Farbkörperchen. Die Färbungen treten bei den einzelnen Rassen meist an verschiedenen Körperstellen auf und wechseln von weiß, grau bis schwach gelblich, doch auch von rotbraun bis schwarz. Der natürliche Farbstoff ist anscheinend hauptsächlich in den Zellen der Rindenschicht und im Mark in körniger Form eingelagert, und zwar vor allem im Mark[7]). In schwach gefärbten Fasern sind die Zellwände fast farblos, während bei sehr stark gefärbten Fasern auch die Zellwände mit Farbstoff durchsetzt erscheinen[8]. Auch die gewaschenen Wollen sind nicht immer rein weiß, sondern die Farbe schwankt mit der Herkunft. So sind Australwollen rein weiß, Montevideo-Wollen schwach gelblich und Buenos-Aires-Wollen schmutzigelfenbeinfarbig[9].

Das Wollfett[10] ist ein kompliziertes Gemenge von Estern höherer Alkohole mit höheren Fettsäuren und freien, wasserunlöslichen höheren Alkoholen. Seine Kennzahlen sind[11]: d 15 (g/l) 932—945; $n_D = 1 \cdot 4781/4822$ (40°); Erstarrungspunkt 30

---

[1] Bowman: J. Soc. Dyers Col. Bd. 5 (1885) S. 136; vgl. auch Barritt: J. Text. Inst. Bd. 17 (1926) 111. T.

[2] Zusammenstellung der bisher ausgeführten N-Bestimmungen vgl. Winton und Edgar: Jowa State Coll. J. of Sci Bd. 6 (1932) S. 395.

[3] Vgl. auch S. 12. Die von älteren Autoren angegebenen größeren Schwankungen konnten von neueren Forschern (Barritt und King, Trotman und Mitarbeiter: l. c. S. 12) nicht bestätigt werden.

[4] Vgl. Ruszkowski und Schmidt: Chem.-Ztg. Bd. 33 (1909) S. 949.

[5] Winton und Edgar: l. c. 2.

[6] Smit und Peper: Chem. Weekbl. Bd. 32 (1932) S. 65; Mschr. Textilind. Bd. 51 (1936) S. 261.

[7] Vgl. auch Cunliffe: J. Text. Inst. Bd. 24 (1933) 417. T.

[8] Vgl. Matthews: Textile Fibres, S. 125. London 1924.

[9] Vgl. Frölich, Spöttel und Tänzer: Wollkunde, diese Technologie, Bd. VIII S. 296.

[10] Vgl. auch Frölich, Spöttel, Tänzer: l. c. S. 335.

[11] Holde-Bleyberg: Kohlenwasserstoffe und Fette, 7. Aufl. S. 952. Berlin 1933.

bis 40 (Fettsäuren 40); Schmelzpunkt 31—43°; Verseifungszahl 77—130; Jodzahl 15—29 (Fettsäuren 10 (17); $[\alpha]_D^{35} = +6,7°$.

Die Natur und Mengenverhältnisse der im Wollfett enthaltenen Fettsäuren ist umstritten. Drummond und Baker[1] geben als Hauptbestandteile Cerotinsäure, sowie Palmitin- und Stearinsäure an, während Darmstädter und Lifschütz[2] das Vorkommen größerer Mengen der letzteren Säuren bestreiten. Nach Darmstädter und Lifschütz enthält das Wollfett außer Myristinsäure $C_{14}H_{28}O_2$, Carnaubasäure $C_{24}H_{48}O_2$ und Cerotinsäure die Oxysäuren Lanocerinsäure $C_{30}H_{60}O_4$[3] und Lanopalminsäure $C_{16}H_{32}O_3$[3], sowie eine flüssige, nicht mit Ölsäure identische Fettsäure. Die Carnaubasäure und Cerotinsäure (nach Darmstädter und Lifschütz und nach Grassow[4] $C_{27}H_{54}O_2$, nach Drummond und Baker $C_{26}H_{52}O_2$) sind wahrscheinlich Gemische mehrerer homologer Säuren.

Stickstoff- und phosphorhaltige Fettsubstanzen sind nach Drummond und Baker im Wollfett nur in ganz unbedeutenden Mengen zugegen.

Das Unverseifbare besteht zu etwa ein Drittel aus Cholesterin. Das von Schulze[5] im Wollfett neben Cholesterin entdeckte ,,Isocholesterin" ist nach Windaus und Tschesche[6] nicht einheitlich, sondern besteht aus Lanosterin der wahrscheinlichen Zusammensetzung $C_{30}H_{50}O$ (F = 139 — 139,5°; $[\alpha]_{Hg}^{20} = +84,3°$)[7] und Agnosterin der Zusammensetzung $C_{30}H_{48}O$. Das von Dorée und Garritt[8] aus neutralem Wollfett nach einem anderen Verfahren isolierte ,,Isocholesterin" (F = 139,5 — 140°; $[\alpha]_D = +58,0°$) war allerdings identisch mit dem Lanosterin von Windaus und Tschesche und enthielt kein Agnosterin. Agnosterin scheint danach kein unveränderlicher Bestandteil des Wollfetts zu sein[9]. — Ergosterin konnte von Drummond und Baker[10] im Wollfett nicht aufgefunden werden.

Der kristalline Anteil der Alkohole besteht aus ,,Cerylalkohol" und ,,Carnaubylalkohol"; beide sind wahrscheinlich keine chemischen Individuen. — Der etwa ein Drittel vom Unverseifbaren betragende amorphe Anteil enthält Oxycholesterin und weitere Oxydationsprodukte des Cholesterins und der Ölsäure, deren Struktur noch nicht aufgeklärt ist. Ferner enthält das Gesamtunverseifbare 3,5 bis 4% Kohlenwasserstoffe, den Reaktionen nach vermutlich Cholesterylene[11].

Schwefelgehalt der Wolle. Wolle ist die einzige Textilfaser, die wie alle übrigen Haargebilde Schwefel enthält. Man kann die Bildung von Schwefelblei leicht zum Nachweis von tierischen Haaren benutzen, indem man in Natronlauge löst, verdünnte Säure zugibt und den sich bildenden Schwefelwasserstoff mit Bleipapier feststellt. Man kann auch die zu prüfende Faser in verdünnter alkalischer Bleilösung erwärmen; Wolle färbt sich hierbei schnell braun bis schwarz. Die Reaktion auf Schwefel mit alkalischer Bleilösung erfolgt bei Wolle im Gegensatz

---

[1] J. Soc. Chem. Ind. Bd. 48 (1931) 232 T.; vgl. auch de Sanctis: Gazz. Chim. Ital. Bd. 24 (1894) I. 14. Röhmann: Biochem. Z. Bd. 77 (1916) S. 298.

[2] Ber. dtsch. chem. Ges. Bd. 29 (1896) S. 618, 1474, 2890; Bd. 31 (1898) S. 98, 1126.

[3] Vgl. jedoch Drummond und Baker: l. c. 1. — Holde-Bleyberg: l. c. S. 986.

[4] Grassow: Biochem. Z. Bd. 148 (1924) S. 61.

[5] Schulze: J. prakt. Chem. Bd. 7 (1873) S. 163.

[6] Windaus und Tschesche: Z. physiol. Chem. Bd. 190 (1930) S. 51.

[7] Drummond und Baker: J. Soc. Chem. Ind. Bd. 48 (1929) 232. T.

[8] Dorée und Garritt: J. Soc. Chem. Ind. Bd. 52 (1933) 141. T.

[9] Nach Windaus und Schulze: Z. physiol. Chem. Bd. 238 (1936) S. 35 sind Lanosterin und Agnosterin nicht mit den typischen Sterinen verwandt, sondern gehören in die Klasse der Polyterpene oder Polyterpenoide.

[10] Vgl. jedoch Heß, Weinstock und Helman: J. Biol. Chem. Bd. 63 (1925) S. 305. — Hume, Lucas und Smith: Biochem. J. Bd. 21 (1928) S. 362.

[11] Vgl. Holde-Bleyberg: l. c.

zu anderen Eiweißstoffen schon in der Kälte; mindestens ein Teil des Schwefels muß also aus dem Wollverband leichter abgegeben werden als aus anderen Eiweißstoffen (Gerngroß[1]).

Der Schwefelgehalt verschiedener Haargebilde wird in dem Buche „Rohstoffe des Tierreiches" folgendermaßen angegeben[2]:

	%		%
Schweinehaare	3,7—7,9	Schafwolle, weiß	3,68
Schweinehaare (nach Moor)	5,0—5,3	Heidschnuckenwolle	3 —3,4
Kaninchenhaare	4,01	Englische Wolle	2,0—2,5
Kälberhaare	4,35	Weiße Alpakawolle	2,6—3,1
Kuhhaare	5,40	Vicuña-Wolle	1,3—1,9
Pferdehaare (Schweif dunkelbraun)	3,56	Streichwolle	2,4—2,7
Schweinehaare (weiß)	3,59	Kammwolle	1,6—1,8
Gemsenhaare	5,04		

Barritt und King[3] erhielten für den Schwefelgehalt von 40—50 Wollen (nach Carius) Werte von 3,03—4,13%, an der äußeren Spitze mehr als gegen die Haarwurzel (3,6 : 3,47%); die gröberen Wollen zeigen einen niedrigeren Schwefelgehalt.

Der Schwefelgehalt des Schafhaares und das Verhältnis $S:N$ werden durch ererbte Anlagen, durch physiologische Verhältnisse und durch die Ernährung beeinflußt; der Cystingehalt der Nahrung spielt hierbei eine Rolle[4]. Feinere, also gut spinnfähige Wollqualitäten haben im allgemeinen einen höheren S-Gehalt schlechter spinnbare[5]. Weiter ändert sich der S-Gehalt mit der Farbe der Faser[6]. Der Schwefelgehalt der Marksubstanz ist, wenn nicht Null, so doch außerordentlich klein im Vergleich zu den übrigen Haarteilen[7].

Die Ansicht Raikows, daß der Schwefel in der Wollfaser zum Teil an Sauerstoff gebunden sei[8], trifft nach neueren Untersuchungen nicht zu. Nach Prud'homme[9] sollte der Schwefel in der Wolle als

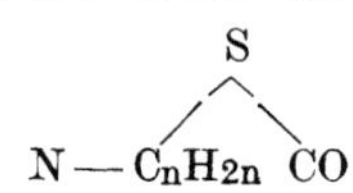

gebunden und auch im natürlichen Farbstoff enthalten sein.

---

[1] Gerngroß: Z. angew. Chem. Bd. 46 (1933) S. 397; über die Abspaltung von Schwefel aus Zystin durch alkalische Bleilösung vgl. auch Andrews: J. Biol. Chemistry Bd. 80 (1928) S. 191.

[2] Pax und Arndt: Die Rohstoffe des Tierreiches, S. 1094. Berlin 1932.

[3] J. Textile Inst. Bd. 17 (1926) 386. T.; Bd. 24 (1933) 119. T.; vgl. auch King: ebenda Bd. 18 (1927) 361. T.; Trotman und Bell: J. Soc. chem. Ind. Bd. 45 (1926) 12. T. — Winton und Edgar: Iowa State Coll. J. Sc. Bd. 6 (1932) S. 395.

[4] Vgl. King: Trans. Far. Soc. Bd. 29 (1933) S. 258. — Barrit, King und Pickard: Biochem. J. Bd. 24 (1930) S. 1061. — Fraser und Roberts: Nature Bd. 130 (1932) S. 473. — Spöttel: Biedermanns Zbl. Agrik.-Chem. ration. landwirtschaftsbetr. Abt. B. Tierernährug Bd. 5 (1933) S. 213, 246. — Fraser und Nichols: Ind.-J. veter. Sci. Animal Husbrandy Bd. 4 (1935) S. 253.

[5] Spöttel: l. c. 4. — Sidey: J. Textile Inst. Bd. 22 (1931) 370. T. — Bonsma: ebenda Bd. 22 (1931) 305. T. — Bonsma und Joubert, S.: Africa J. Sci. Bd. 31 (1934) S. 347. — Vgl. dazu auch Larose und Tweedie, Can. Il. Research 15. Bd. 124 (1937).

[6] Barritt und King: J. Textile Inst. Bd. 20 (1929) 151. T.

[7] Vgl. Barrit und King: Biochem. J. Bd. 25 (1931) S. 1075; vgl. auch Bekker und King: ebenda Bd. 25 (1931) S. 1077. — King: Nature Bd. 129 (1932) S. 938.

[8] Chem.-Ztg. Bd. 29 (1905) S. 900; Bd. 31 (1907) S. 539; vgl. dazu jedoch Grandmougin: Chem.-Ztg. Bd. 31 (1907) S. 174. — Strunk und Priess: Z. physiolog. Chem. Bd. 76 (1912) S. 136.

[9] Prudh'homme: Rev. gén. Mat. Col. Bd. 2 (1898) S. 209.

Neuere Forschungen weisen jedoch darauf hin, daß der gesamte Schwefel in unveränderter Schafwolle nur als Cystin bzw. Cystein vorhanden ist [1]. Nach Barritt und Rimington [2] gehört auch beim Kaninchenhaar der gesamte Schwefelgehalt dem Cystin an. Toennies und Bennett [3] gelang es, präparativ durch Hydrolyse mit 50proz. Schwefelsäure 44% des Gesamtschwefels der Wolle als l-Cystin, wahrscheinlich der einzigen natürlich vorkommenden Cystinform, zu isolieren.

Belichtete Wolle zeigt einen niedrigeren S-Gehalt [4]. Über die Herabsetzung des Schwefelgehaltes durch Behandlung mit Alkalien oder Wasserstoffsuperoxyd vgl. S. 54, 61.

Struktur des Keratins [5]. Keratin oder Hornstoff, der Hauptbestandteil der Haare, Nägel, Horn, Hufe, Federn usw., ist ein zur Gruppe der einfachen Eiweißstoffe gehöriges sog. „Gerüsteiweiß", das außer durch seinen hohen Schwefelgehalt, den es dem Cystinbaustein verdankt, durch seine Schwerlöslichkeit und seine Unverdaulichkeit charakterisiert ist. Die schwere Angreifbarkeit der Keratine wird von Stary [6] zum Teil durch eine Querverbindung von Polypeptidketten durch Cystinreste, z.T. durch ureidartige Bindungen erklärt, während nach Waldschmitz-Leitz und von Schuckmann [7] das außergewöhnliche chemische und physiologische Verhalten dieser Proteine vielleicht auf einer säureamidartigen Verknüpfung der endständigen Gruppen der Peptidketten zu längeren gestreckten Ringsystemen beruht.

Unna [8] unterscheidet auf Grund des Verhaltens gegenüber rauchender Salpetersäure (oder Schwefelsäure und Wasserstoffsuperoxyd) drei Keratine, Keratin A, B und C. Tierische Haare enthalten Keratin A und C. S.R. Trotman, E. R. Trotman und Sutton [9] unterscheiden auf Grund der Löslichkeit in konz. HCl von etwa 70° zwei Arten von Wollkeratin, „Protein A" und „Protein B"; die Schuppenschicht besteht hauptsächlich aus dem schwefelreicheren „Protein A", während „Protein B" den Hauptbestandteil der Rindenschicht bildet. Nach Haller und Holl [10] findet sich zwischen den Rindenzellen und zwischen den übrigen Zellgebilden als Kittsubstanz ein selbstständiger und isolierbarer Eiweißkörper, das „Lanain". Wenn man die Wollfasern mit konzentriertem Ammoniak behandelt, die ammoniakalische Lösung durch Abnutschen von den Zellgebilden trennt und sie sodann im Vakuum bei gewöhnlicher Temperatur zur Trockne bringt, so bleibt ein leimartig aussehender, amorpher Körper zurück. Seine wäßrige Lösung zeigt die Farb- und Fällungsreaktionen auf Eiweiß, einschließlich der Hitzekoagulation. Sicher im Molekül vorhandene Gruppierungen sind Tryptophan, Tyrosin und Histidin; dagegen fällt die Schwefelbleireaktion negativ aus, d. h. die Cystein- oder Cystingruppe fehlt [11].

---

[1] Mörner: Z. physiol. Chem. Bd. 34 (1902) S. 207. — Bailey, Biochem. J. Bd. 31 1396 (1937). — Rimington: J. Soc. Chem. Ind. Bd. 49 (1930) 139. T.; Biochem. J. Bd. 23 (1929) S. 41, 726; Bd. 25 (1931) S. 71; vgl. auch Bonsma: l. c. 4.

[2] Barritt und Rimington: Biochem. J. Bd. 25 (1931) S. 1072.

[3] Toennies und Bennett: J. biol. Chem. Bd. 112 (1935) S. 39.

[4] Barritt und King: J. Textile Inst. Bd. 20 (1929) 151. T.

[5] Zusammenstellung der älteren Literatur über Keratin vgl. Barritt: J. Textile Inst. Bd. 17 (1926) 111. T.; vgl. auch Zacharias: Z. Farben- u. Textilchem. Bd. 2 (1903) S. 233. — King: J. Textile Inst. Bd. 18 (1927) 361. T.

[6] Stary: Z. physiol. Chem. Bd. 175 (1928) S. 178.

[7] Bd. 62 (1929) S. 1891. — Waldschmitz-Leitz: Vorträge, Leipzig 1931.

[8] Unna und Golodetz: Mh. prakt. Dermatol. Bd. 44 (1907) S. 399 u. 459; Bd. 47 (1908) S. 62.

[9] J. Soc. Chem. Ind. Bd. 45 (1926) 20. T.

[10] Haller und Holl: Koll.-Z. Bd. 75 (1936) S. 212.

[11] Über die Eigenschaften einer mit Pankreatin isolierten Interzellularsubstanz vgl. Stakheyewa-Kaverznewa und Gavrilow: Bull. Soc. chim. France Bd. [5] 4 (1937) S. 647.

Versuche, Formelbilder für Gerüsteiweiß anzugeben, gehören der älteren Zeit an. Champion[1] erhielt durch Kochen von Wolle mit konz. Barytlauge „Lanuginsäure" der Formel $C_{19}H_{30}N_5O_{10}$. Nach Knecht[2] ist Lanuginsäure löslich in Wasser, wenig löslich in Alkohol und unlöslich in Äther. Gegenüber Farbstoffen verhielt sie sich ähnlich wie Wolle[3]. Aluminium-, Zinn-, Kupfer-, Eisen-, Silber- und Platinsalze erzeugen in Gegenwart von Natriumazetat Niederschläge. Die wäßrige Lösung koaguliert auch bei höherer Temperatur nicht; sie zeigt die Millonsche Reaktion. Die Elementaranalyse der Lanuginsäure ergab:

	%
C	41,63
H	7,31
N	16,26
S	3,35
O	31,44
	100,00

Knecht hat auch den Vorschlag gemacht, Baumwolle mit Lanuginsäure zu behandeln, um ihr wollähnliche Eigenschaften zu erteilen. Nach Gnehm und Kaufler[4] ist Lanuginsäure keine einheitliche Verbindung. — Schützenberger, sowie auch Bleunard[5] konnten beim Erhitzen von Wolle mit 3—4 Teilen Barythydrat und Wasser auf 160—180° die Bildung von NH_3, CO_2, Essigsäure, Oxalsäure, Aminosäuren, Tyrosin, Pyrrol und Glykoproteinen beobachten.

Nach den grundlegenden Untersuchungen von Emil Fischer[6] bestehen die Proteine aus langen Ketten säureamidartig verknüpfter Aminosäurereste. Keratine verschiedener Herkunft (Haare, Federn, Horn, Wolle usw.) zeigen einen verschiedenen Gehalt an den einzelnen Aminosäuren. Für die Zusammensetzung des Wollkeratins wurden die in Tabelle 2 angegebenen Werte gefunden[7]:

Abderhalden und Voitinovici[8] benutzten die bekannte „Estermethode" von E. Fischer, die auf der Destillierbarkeit einer großen Anzahl von Aminosäureestern beruht. Marston[9] bestimmte Tyrosin, Cystin und Tryptophan colorimetrisch nach Folin[10], die Hexonbasen Arginin, Lysin und Histidin durch Fällung mit Phosphorwolframsäure nach van Slyke[11]. Vickery und Block[12] benutzten die Silberfällungsmethode nach Kossel und Kutscher[13] unter Ver-

[1] Champion: Compt. rend. Bd. 72 (1871) S. 330.

[2] Knecht und Appleyard: Ber. dtsch. chem. Ges. Bd. 22 (1889) S. 1120.

[3] Über die Bildung unlöslicher Lacke aus Wollabbauprodukten und Farbstoffen vgl. auch Knecht: Ber. dtsch. chem. Ges. Bd. 21 (1888) S. 2804. — Gelmo und Suida: Mh. Chem. Bd. 26 (1905) S. 855; Bd. 27 (1906) S. 225; Lehnes Färberztg. Bd. 16 (1905) S. 295, 314; Suida, f. physiolog. Chemie Bd. 50 174 (1906). — Reychler: Bull. Soc. Chim. Belge Bd. 29 (1929) S. 291.

[4] Gnehm und Kaufler: Z. angew. Chem. Bd. 15 (1902) S. 345.

[5] Bleunard: Ann. Chim. (5) Bd. 26 (1882) S. 40.

[6] Vgl. Fischer: Z. physiol. Chem. Bd. 36 (1902) S. 477. — Abderhalden und Mitarbeiter: ebenda Bd. 46 (1905) S. 31; Bd. 46 (1905) S. 40; Bd. 52 (1907) S. 348; vgl. auch die Zusammenstellung älterer Analysen verschiedener Keratine in Abderhalden: Biochem. Handlexik. Bd. IX (1915) S. 32.

[7] Über Versuche, den Aminostickstoff durch Umsetzung mit HNO_2 zu bestimmen, vgl. S. 49.

[8] Z. physiol. Chem. Bd. 52 (1907) S. 348.

[9] Bull. Nr. 38 Austral. Counc. Scient. Ind. Res. (1928).

[10] Folin und Denis: J. Biol. Chem. Bd. 12 (1912) S. 239, 245. — Folin und Marenzi: ebenda Bd. 83 (1929) S. 109; vgl. auch Haas und Trautmann: Z. physiol. Chem. Bd. 127 (1923) S. 52.

[11] Z. physiol. Chemie Bd. 31 105 (1900).

[12] J. biol. Chem. Bd. 86 (1930) S. 107.

[13] Z. physiol. Chem. Bd. 31 (1900) S. 105.

Tabelle 2.

Aminosäure	Abderhalden und Voitinovici[1]	Marston[2]	Vickery und Block[3]	Steward und Rimington[4]
Glycin	0,58	—	—	—
Alanin	4,4	—	—	—
Serin	0,1	—	—	—
Valin	2,8	—	—	—
Leucin	11,5	—	—	—
Prolin	4,4	—	—	—
Asparaginsäure[5] .	2,3	—	—	—
Glutaminsäure[5] .	12,9	—	—	—
Tyrosin[6]	2,9	4,8	—	—
Cystin	7,3	13,1	—	—
Tryptophan . . .	—	1,8	—	—
Arginin	—	10,2	7,8	6,3 (als Gesamt-N) 5,8 (als Flavianat)
Lysin	—	2,8	2,3	2,2 (als Gesamt-N) 2,8 (als Pikrat)
Histidin	—	6,9	0,66	0,73 (als Gesamt-N) 0,60 (als Flavianat) 0,53 (colorimetrisch)
Amid-N	—	1,2	—	—

wendung von Ag_2O als Fällungsmittel[7]. Stewart und Rimington arbeiteten nach der von Calvery[8] angegebenen Verbesserung der Methode von Vickery und Block. Die Unterschiede zwischen den Ergebnissen der verschiedenen Forscher[9] sind in erster Linie auf die Schwierigkeiten solcher Analysen und die Fehlerquellen der benutzten Methoden zurückzuführen, doch dürfte auch die schwankende Zusammensetzung und der uneinheitliche Aufbau der Wollfaser dazu beitragen. — Den Cystingehalt von Wolle bestimmte Brdičkza[10] polarographisch mit der Quecksilbertropfelektrode zu 9,6%. Vickery und White[11] bestimmten Cystin in Wollhydrolysaten, indem sie das Cystin mit Sn und H_2SO_4 zu Cystein reduzierten, dieses in Gegenwart von Stanno-Ionen als Cuprosalz fällten und dessen Cysteingehalt durch Bestimmung des organischen Schwefels ermittelten; es ergaben sich 9,3% Cystin. Sullivan und Hess[12] fanden in Wolle mit 3,52% S 12,82% Cystin = 97,1% des Gesamtschwefels nach der Sullivan-Methode und 106,3% nach der Methode von Folin-Marenzi. — Rossouw und Wilken-Jorden[13] ermittelten nach einer Mikromethode den Cystingehalt von Merinowolle zu 12,5%[7].

[1], [2], [3] Siehe Noten [8], [9], [12] auf S. 14. [4] Biochem. J. Bd. 25 (1931) S. 2189.

[5] Neuere Werte von Speakman und Townend: Nature Bd. 139 (1937) S. 411 sind Asparaginsäure 7,3%; Glutaminsäure 15,3%.

[6] Stirm und Collé, Melliand Textilber. Bd. 16 585 (1935) bestimmten den Tyrosingehalt der Wolle mit der kolorimetrischen Methode von Gerngroß, Voß und Herfeld, Ber. dtsch. chem. Ges. Bd. 66 3 (1933) zu 3,08%.

[7] Vickery und Leavensworth: J. Biol. Chem. Bd. 76 (1928) S. 707.

[8] Calvery: J. Biol. Chem. Bd. 83 (1929) S. 631.

[9] Vgl. auch Rimington: Nature Bd. 129 (1932) S. 580; Bd. 130 (1932) S. 401. — Speakman und Hirst: Nature Bd. 128 (1931) S. 1073; Bd. 129 (1932) S. 938. — Speakman und Townend: l. c. 5.

[10] Coll. Trav. Chim. Tchéslovaquie Bd. 5 (1933) S. 238.

[11] Vickery und White: J. Biol. Chem. Bd. 99 (1933) S. 701.

[12] Pub. Health Rep. U.S.P.H.S. Suppl. Bd. 86 (1930); vgl. auch Hess: J. Biol. Chem. Bd. 103 (1933) 449; H. J. Lee, Australien J. Exptl. Biol. Med. Sci. Bd. 13 229 (1936); I. C. Andrews und K. C. Andrews, Amer. J. Med. Sci. Bd. 191 594 (1936); Bailey, Biochem. J. Bd. 31 1396 (1937).

[13] Rossouw und Wilken-Jorden: Biochem. J. Bd. 29 (1935) S. 219.

Das Wollkeratin besteht also aus mindestens vierzehn verschiedenen Aminosäuren, wobei Cystin, Leucin, Glutaminsäure und Arginin mengenmäßig überwiegen. Die Aminosäuren sind zu langen Polypeptidketten verknüpft; diese Ketten liegen parallel der Faserachse, und die Seitenketten ragen überall längs der Ketten seitlich heraus [1]. Nach Speakman [2] sind basische und saure Seitenketten in chemisch äquivalenten Mengen vorhanden, so daß also Wolle, im Gegensatz zu Gelatine, keinen Überschuß an sauren Seitenketten enthält. Der alleinige Träger des Schwefelgehaltes ist das Cystin. Der je nach Rasse, Ernährung, Klima, Teil des Wollhaares usw. schwankende S-Gehalt der Wolle (vgl. S. 12) ist daher durch entsprechende Schwankungen im Cystingehalt bedingt. Nach Barker und King [3] enthalten die Schuppen der Wollfaser Cystin aber kein Tyrosin (vielleicht auch kein Histidin); in der Rinde sind alle drei Aminosäuren nachweisbar; die Marksubstanz enthält kein Cystin, aber Tyrosin und außerdem Stoffe, die sich durch Paulys Reagenz (vgl. S. 126) zu erkennen geben und in den anderen Haarteilen fehlen. Nach King [4] wird Cystin zunächst in der reduzierten Form eines Cysteinderivates in die Hauptketten eingebaut, wobei die Seitenketten $—CH_2—SH$ bleiben; bei der eigentlichen Keratinisierung vereinigen sich dann durch Oxydation zwei solche Seitenketten benachbarter Hauptketten zur Disulfidgruppe $—CH_2—SH—SH—CH_2—$. Nach Clayton [5] enthält wahrscheinlich auch die gewöhnliche Wolle noch Spuren aktiver Schwefelbindungen, die allerdings so in den Faserkomplex eingebettet sind, daß sie der Einwirkung des Luftsauerstoffs widerstehen und auch wegen des schwierigen Eindringens der Reagenzien die spezifischen Farbreaktionen der SH-Gruppe nicht geben. In junger Wolle (Lammwolle) finden sich noch mehr aktive Schwefelbindungen als in gewöhnlicher Wolle.

Das Schaf produziert in seiner Wolle mehr Cystin, als in seiner Nahrung enthalten ist. Wahrscheinlich sind also in seinem Verdauungstrakt Bakterien vorhanden, die aus anderen Schwefelverbindungen Cystin aufbauen können [6].

Entsprechend seinem Aufbau aus Aminosäureresten zeigt Keratin, wie alle Proteine, amphoteren Charakter, d.h. es vermag sowohl als Säure als auch als Base zu dissoziieren. In stärker sauren Lösungen sind mehr und mehr Eiweißkationen, in stärker alkalischen Lösungen Eiweißanionen bevorzugt, während bei einem dazwischen, je nach der Natur des Eiweißstoffes im schwach sauren oder schwach alkalischen Gebiet liegendem p_H-Wert, dem sog. „isoelektrischen Punkt", die Eiweißteilchen ebensoviel positive wie negative Ladungen tragen [7]. Die Lage des isoelektrischen Punktes kann z. B. durch Feststellung des p_H-Wertes, bei dem sich der Wanderungssinn der Teilchen bei der Kataphorese im elektrischen Felde umkehrt, oder des p_H-Wertes, bei dem die Quellbarkeit ein Minimum hat, oder aus der Aufnahme von Säuren oder Basen in Abhängigkeit vom pH der Lösung ermittelt werden. Harris [8] fand auf Grund kataphoretischer Messungen für den isoelektrischen Punkt von gereinigter, nicht karbonisierter Wolle den

[1] Vgl. auch S. 20.

[2] Speakman und Hirst: Nature Bd. 128 (1931) S. 1073; Bd. 129 (1932) S. 938. — Speakman und Stott: Trans. Far. Soc. Bd. 30 (1934) S. 539; vgl. dazu Rimington: Nature Bd. 129 (1932) S. 580; Bd. 130 (1932) S. 401.

[3] Barker und King: Biochem. J. Bd. 25 (1931) S. 1077.

[4] King: J. Textile Inst. Bd. 25 (1934) 33 P.

[5] Clayton: J. Soc. Dyers Col. Bd. 52 (1936) S. 86.

[6] Rimington, Bekker und Kellermann: Nature Bd. 132 (1933) S. 63; vgl. dazu auch King und Nichols: ebenda Bd. 132 (1933) S. 966.

[7] Vgl. auch Pauli und Valkó: Elektrochemie der Eiweißkörper, Dresden und Leipzig 1933. — Freundlich: Capillarchemie, S. 343ff. 4. Aufl. Leipzig 1932.

[8] Harris: Amer. Dyestuff Reporter Bd. 21 (1932) S. 78, 399; Bd. 22 (1933) S. 81.

Wert p_H 3,3—3,4, von karbonisierter Wolle 2,5—5; einen ähnlichen Wert (3,4) gibt Marston[1] für den isoelektrischen Punkt von Wolle an. Skinkle[2] fand aus der p_H-Abhängigkeit der Festigkeit den isoelektrischen Punkt zu 3,2—3,6. Untersuchungen des Beginns der Aufnahme von Ferrocyanidion aus wäßrigen Pufferlösungen ergibt nach Speakman[3] den isoelektrischen Punkt der Wolle bei p = 4,8. Zu etwa demselben Wert (4,9) gelangte auch Elöd[4] auf Grund von Quellungsmessungen; der niedrigere Wert von Meunier und Rey[5] (3,4—3,8) (nach Rey[6] 4—4,5) beruht wahrscheinlich auf ungenügender Einstellung des Quellungsgleichgewichtes[7]. Nach neueren Arbeiten von Speakman und Mitarbeitern[8] über die p_H-Abhängigkeit des Säure-Basen-Bindungsvermögens (vgl. Abb. 5) und Dehnungswiderstandes besitzt dagegen Wollkeratin keinen „isoelektrischen Punkt", sondern eine „isoelektrische Zone" bei p_H 5—7.

Benachbarte Keratinhauptvalenzketten sind wahrscheinlich durch „Brükkenbindungen" vom Disulfid-Typus R_1—S—S—R_2 (R_1 und R_2 Hauptketten mit den anhängenden Seitenketten) oder vom Säureamid-(Peptid)-Typus R_1—NH—CO—R_2, ferner nach Speakman[9] durch ammoniumsalzartige Bindungen vom Typus

R_1—COO—NH_3—R_2

verknüpft[10]. Für die Existenz solcher salzartiger Bindungen zwischen basischen (ε-Aminogruppe des Lysins und Guanidingruppe des Arginins) und sauren (Asparaginsäure, Glutaminsäure, Oxyglutaminsäure) Seitenketten spricht nach Speakman u.a. die Existenz einer „isoelektrischen Zone" und einer „Stufe" in der Titrationskurve (vgl. Abb. 5) bei p_H = 10—11. Lage und Form dieser Kurve lassen sich nach Speakman unter der Annahme von Salzbindungen auf Grund des in der Literatur angegebenen Gehalts des Wollkeratins an den verschiedenen Aminosäuren in befriedigender Übereinstimmung mit den experimentellen Ergebnissen berechnen[11].

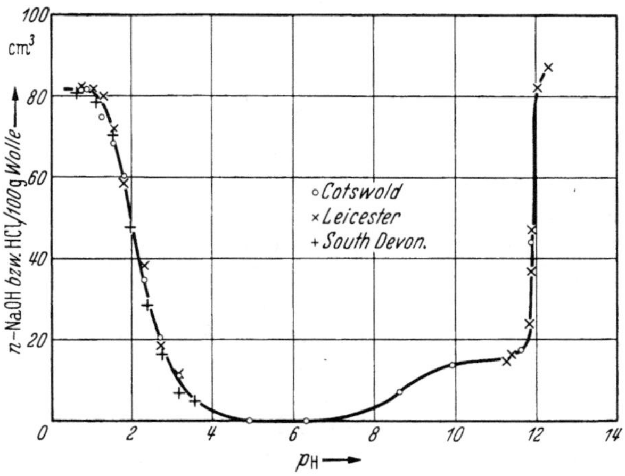

Abb. 5. Säure- und Basenbindungsvermögen des Keratins.

Das Molekulargewicht des Wollkeratins ist unbekannt, da Wolle in keinem Lösungsmittel unzersetzt löslich ist. Für das Äquivalentgewicht ergibt sich

[1] Marston: Commonwealth of Australia, Counc. Scient. Ind. Res. Bull. Bd. 1928 Nr. 38.
[2] Skinkle: Amer. Dyertuff Rep. Bd. 23 (1934) S. 1.
[3] Speakman: J. Soc. Dyers Col. Bd. 41 (1925) S. 172; vgl. auch Harris: Amer. Dyertuff Rep. Bd. 22 (1933) S. 81.
[4] Elöd und Vogel: Festschrift zur Hundertjahrfeier der Techn. Hochsch. Karlsruhe 1925, S. 495. — Elöd und Silva: Z. physik. Chem. Bd. 137 (1928) A. 141.
[5] Meunier und Rey: Compt. rend. Bd. 184 (1927) S. 285.
[6] Rey: Il. Intern. Soc. Leather Trades Chem. Bd. 11 (1927) S. 508.
[7] Vgl. Elöd: Trans. Far. Soc. Bd. 29 (1933) S. 166. — Elöd und Silva: l. c. 4. Elöd, Silva und Schroers: Mell. Textilber. Bd. 11 (1930) S. 382.
[8] Speakman und Hirst: Trans. Far. Soc. Bd. 29 (1933) S. 148. — Speakman und Stott: ebenda Bd. 30 (1934) S. 539; vgl. auch Speakman: J. Soc. Dyers Col. Bd. 49 (1933) S. 180.
[9] Speakman: l. c. 2, S. 16. [10] Vgl. auch S. 20.
[11] Vgl. dazu jedoch Rimington: Nature Bd. 129 (1932) S. 580; Bd. 130 (1932) S. 401.

aus dem Säurebindungsvermögen der Wert 1250; aus dem Bromaufnahmevermögen errechnet vom Hove[1] den Wert 18760, wobei die gefundenen Halogenanteile als Substituenten des Tyrosins angesehen wurden und ein einheitliches Keratin von Schuppen, Rinden und Markschicht angenommen wurde. Nach Clayton[2] besteht die Wollfaser vielleicht im wesentlichen aus zwei polymeren Formen desselben schwefelhaltigen Proteins, und zwar die Schuppen aus der höher polymeren und die Rinde aus der niedriger polymeren Form.

In der Wollfaser sind eine größere Anzahl von Keratinmolekülen zu länglichen, lamellenartigen Mizellen aneinandergelagert. Astbury und Sisson[3] schätzen die Abmessung dieser Keratinkristallite in der Richtung der Seitenketten zu etwa 100 Å, entsprechend der Breite von zehn Ketten. Speakman[4] war hauptsächlich auf Grund von Quellungsdaten zur Annahme einer Mizelldicke von etwa 200 Å gelangt. Die Disulfidbindung liegt wahrscheinlich in einer Ebene, die mit den großen Flächen der Mizellen einen stumpfen Winkel bildet.

B. Röntgenographie der Wolle.

Nachdem Herzog und Jancke bereits 1920 Wolle und Menschenhaar röntgenographisch untersucht hatten, ohne jedoch deren kristallinen Charakter zu erkennen[5], wurde das erste „Faserdiagramm" des Wollkeratins von Ewles und Speakman[6] erhalten. Obwohl das normale Diagramm der Wollfaser, verglichen z. B. mit dem Diagramm von Ramie oder Naturseide sehr unvollkommen ist, weist es doch die typischen Eigenschaften eines „Faserdiagramms" auf, d. h. auch die Wollfaser ist aus langen, dünnen Kriställchen aufgebaut, die ungefähr parallel der Faserachse angeordnet sind und die ihrerseits aus Bündeln von Polypeptidketten bestehen, deren Achse ungefähr parallel der Faserachse liegen. Der Bau und die Anordnung dieser Ketten ist von Astbury und Mitarbeitern[7] sehr eingehend röntgenographisch untersucht worden. Nach Astbury[8] zeigt Wolle zwei verschiedene Diagramme, je nachdem sie im normalen Zustand (α-Keratin) oder im gedehnten Zustande (β-Keratin) vorliegt. Die β-Form wird im Röntgendiagramm bei einer Dehnung um ca. 25% sichtbar und nimmt bei weiterer Dehnung an Intensität zu, während das Diagramm der α-Form mehr und mehr verschwindet. Läßt man die Wollfaser wieder auf ihre ursprüngliche Länge kontrahieren, so wandelt sich das β-Keratin in das α-Keratin zurück. Dem Diagramm des α-Keratins

---

[1] vom Hove: Mell. Textilber. Bd. 14 (1933) S. 601.

[2] Clayton: J. Soc. Dyers Col. Bd. 52 (1936) S. 86.

[3] Astbury und Sisson: Proc. Roy. Soc. London Bd. A. 150 (1935) S. 533.

[4] Speakman: Nature Bd. 126 (1930) S. 565; Proc. Roy. Soc. London Bd. A. 132 (1931) S. 167; J. Soc. Dyers Col. Bd. 49 (1933) S. 180.

[5] Herzog und Jancke: Festschrift der Kaiser-Wilhelm-Ges. Berlin: Julius Springer 1921, S. 118; Ber. dtsch. chem. Ges. Bd. 53 (1920), S. 2164; vgl. auch K. H. Meyer: Mell. Textilber. Bd. 7 (1926) S. 605; vgl. auch Threadgold: J. Textile Inst. Bd. 19 (1928) 233. T.

[6] Ewles und Speakman: Nature Bd. 122 (1928) S. 346.

[7] Astbury und Woods: Nature Bd. 126 (1930) S. 913. — Astbury und Street: Philos. Trans. Roy. Soc. London Bd. A 230 (1931) S. 75. — Astbury und Woods: ebenda Bd. A. 232 (1933) S. 333. — Astbury und Sisson: Proc. Roy. Soc. London Bd. A. 150 (1935) S. 535. Zusammenfassende Darstellungen vgl. Astbury und Woods: J. Textile Inst. Bd. 23 (1932) 17. T. — Astbury: J. Soc. Dyers Col. Bd. 49 (1933) S. 168; Trans. Far. Soc. Bd. 29 (1933) S. 193; Chim. et Ind., Sondernummer 4 bis 186 (1934); Fundamentals of Fibre Structure, London (1933); Mell. Textilber. Bd. 16 (1935) S. 1.; Textile Manufacturer Bd. 62 (1936) S. 236; Trans Faraday Soc. Bd. 34 (1938) S. 378. — Astbury und Speakman: J. Soc. Dyers. Col. Jubilee Issue 1934 S. 24. — Über die röntgenographische Untersuchung der Struktur natürlicher Aminosäuren und Peptide vgl. Bernal: Z. Krystallographie Bd. 78 (1931) S. 363.

[8] Vgl. auch Marwick: New Zealand J. Science Technol. Bd. 8 (1931) S. 170.

kann man eine rechtwinklige Elementarzelle mit den Abmessungen:

$$a = 27\ \text{Å};\quad b = 5{,}15\ \text{Å};\quad c = 9{,}8\ \text{Å}$$

zuschreiben, dem β-Diagramm eine rechtwinklige Elementarzelle mit den Abmessungen:

$$a = 9{,}3\ \text{Å};\quad b = 3{,}4\ \text{Å};\quad c = 9{,}8\ \text{Å}$$

(b-Achse = Richtung der Hauptvalenzkette = Richtung der Faserachse). Die dem Hauptreflex des α-Diagramms entsprechende Länge 5,15 Å stellt nach Astbury und Woods einen Maximalwert dar, da es fast unmöglich ist, ein Haarbündel parallel und gestreckt zu halten, ohne es zu dehnen; der dem ungedehnten Haar entsprechende Abstand ist ca. 5,06 Å. Bis zum Abstande von 5,15 (d.h. um 20%) ist eine vollkommen reversible Dehnung in Übereinstimmung mit dem Hookeschen Gesetz möglich. Nach Überschreiten des Hookeschen Gebiets macht sich dann in zunehmendem Maße die Umwandlung in das β-Keratin bemerkbar.

Auch durch seitliche Kompression läßt sich α-Keratin in β-Keratin überführen.

Eine vorzugsweise Orientierung der Polypeptidketten hat sich bisher bei α-Keratin in keiner Weise erreichen lassen, nur in der β-Form bei Gegenwart von Dampf oder heißem Wasser[1].

Das Diagramm des β-Keratins ist demjenigen der Naturseide weitgehend analog, das β-Keratin ist daher offenbar ebenso wie das Seidenfibroin aus gestreckten Ketten von α-Aminosäureresten aufgebaut; α-Keratin besteht aus denselben Ketten, aber in gefalteter Form[2]. Die annähernd parallelen Hauptketten sind durch Seitenketten verbunden. Nach Astbury kann die intramolekulare Umwandlung des α-Keratins in das β-Keratin durch folgendes Schema wiedergegeben werden:

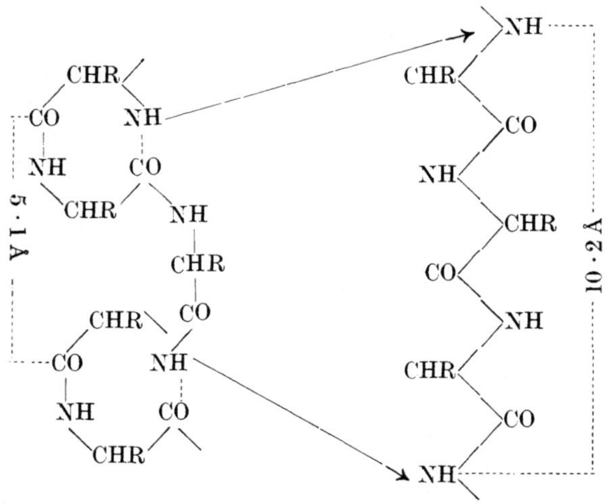

In der α-Form sind danach die Hauptketten in eine Reihe von Sechsecken[3] gefaltet, derart daß drei aufeinanderfolgende Aminosäurereste einen Abstand von 5,1 Å in der Richtung der Faserachse einnehmen. In der voll gedehnten β-Form

[1] Astbury und Sisson: Proc. Roy. Soc. London Bd. A. 150 (1935) S. 533.

[2] Über einen Versuch einer andersartigen Deutung der Veränderungen im Röntgendiagramm von Keratinfasern bei Dehnung vgl. Harrison: Chem. & Industry Bd. 56 (1937) S. 731. — Über das Auftreten einer großen Periode von 100 Å bei Keratin und ihre Bedeutung für das Strukturproblem vgl. Corey und Wyckoff: J. Biol. Chem. Bd. 114 (1936) S. 407.

[3] Vgl. dazu auch Wrinch: Nature Bd. 137 (1936) S. 411; Bd. 138 (1936) S. 241.

nehmen dagegen je drei solcher Reste eine Entfernung von $3 \times 3{,}4 = 10{,}2$ Å ein, d.h. die maximale Bruchdehnung beträgt ca. 100%. Das β-Keratin ist aus flachen Polypeptidnetzwerken aufgebaut, mehr oder weniger glatten Ebenen parallel (100), die gewissermaßen aus parallelen Leitern bestehen (Holme = Hauptketten parallel der b-Achse, Sprossen = Seitenketten).

Die Periode c = 9,8 Å, die bei der Umwandlung der α- in die β-Form unverändert bleibt, ist nach Astbury als die mittlere seitliche Ausdehnung der Seitenketten zu betrachten, während die bei der β-Form neuauftretende Interferenz entsprechend dem Abstande 4,65 Å die Dicke der Hauptketten (kürzester Abstand, auf den sich zwei Hauptketten nähern können) ergibt. Die Faltung der gestreckten Polypeptidketten der β-Form zu den Pseudodiketopiperazinringen der α-Form erfolgt also transversal zur Richtung der Seitenketten, und die Seitenketten stehen annähernd senkrecht zu den Faltungen. Daß die äquatorialen Abstände 9,8 und 4,65 Å des β-Keratindiagramms tatsächlich die Abstände zweier Ebenen sind, die nahezu rechtwinklig aufeinander stehen, wurde durch Versuche von Astbury und Sisson[1] bewiesen, bei denen die axiale Symmetrie durch seitliche Kompression zerstört wurde. Nach der Kompression sind die Keratin-„Gitter" so orientiert, daß der „Seitenkettenabstand" 9,8 Å auf der Ebene des Plattdrückens senkrecht steht, während der Abstand 4,65 Å in dieser Ebene liegt.

Die Seitenketten halten nicht nur benachbarte Hauptketten zusammen, wobei die Stärke der Bindung von der Natur der Seitenkette abhängt, sondern die Anziehungskräfte zwischen den Seitenketten unter sich deformieren auch die Hauptketten und sind dadurch die Ursache für die Faltung der Hauptvalenzketten im ungedehnten Wollhaar. Die wichtigsten der zwischen den Hauptketten bestehenden Bindungen (vgl. die Formelbilder auf der folgenden Seite) sind wahrscheinlich solche von cystinähnlichem Typus (I), oder vom Typus einer Salzbildung (II) oder Peptidbindung (III) zwischen der sauren Seitenkette der Glutaminsäure und der basischen Seitenkette des Arginins[2].

Daß das Diagramm der Wolle im Vergleich zu dem Diagramm von Zellulosefasern recht unvollkommen ist, beruht darauf, daß nicht nur die Parallelordnung der Hauptketten keineswegs vollkommen ist, sondern daß auch die Konstitution und Länge der Hauptketten und die Länge und Form der seitlich herausragenden Seitenketten durchaus nicht gleichförmig sind.

Das von Astbury und Mitarbeitern auf Grund der Röntgendiagramme gegebene Schema für den Feinbau der Wollfaser steht auch mit dem mechanischen Verhalten der Wolle, ihrer Quellung u. a., sowie wie mit dem Einfluß verschiedener physikalischer und chemischer Einflüsse auf diese Eigenschaften in Einklang.

Bei gleichem Proteingerüst kann die Anzahl der Substituenten und ihre Verteilung längs der Hauptkette je nach dem Verhältnis und der Reihenfolge der am Aufbau des Keratins beteiligten Aminsäuren schwanken. Die Auffassung, daß die Follikel die Aminosäure-Komplemente ihrem Typ entsprechend und je nach der Ernährung usw. in wechselndem Verhältnis benutzen kann, gibt nach King[3] die Erklärung für die Unterschiede, z.B. für die verschiedenen färberischen Eigenschaften, von Wolle verschiedener Herkunft, ohne die allen gemeinsamen charakteristischen Eigenschaften des „Gerüstes" anzugreifen. Nach Ewles und Speakman[4] ist die Substanz von Cotswold- und Merinowolle wahrscheinlich sehr ähnlich.

---

[1] Astbury und Sisson: Proc. Roy. Soc. London Bd. A. 150 (1935) S. 533.

[2] Vgl. auch Wrinch: Nature Bd. 139 (1937) S. 718; Huggins: ebenda Bd. 139 (1937) S. 550.

[3] King: J. Textile Inst. Bd. 25 (1934) 33. P.

[4] Ewles und Speakman: Proc. Roy. Soc. London Bd. B. 105 (1930) S. 600; vgl. auch Nature Bd. 122 (1928) S. 346.

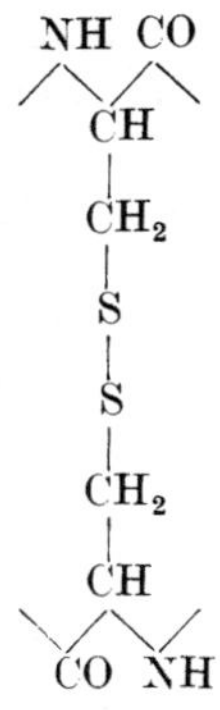

I

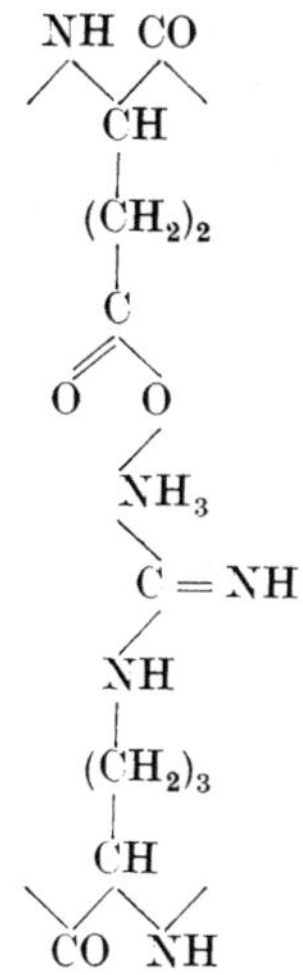

II

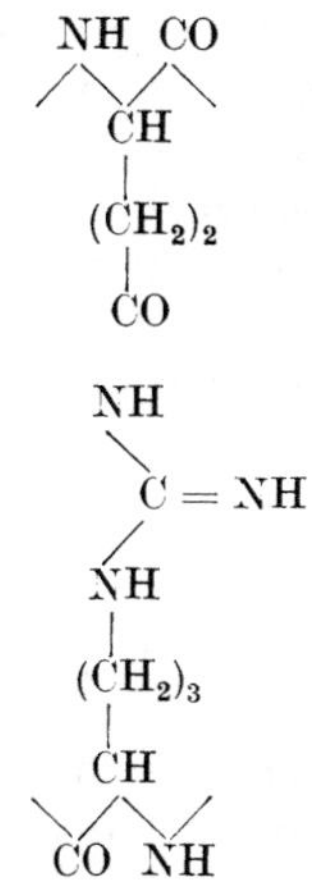

III

die Orientierung bei ersterer jedoch besser. Wahrscheinlich stellt die Wollzelle anfänglich ein sphärisches Gebilde aus gelatinösem Material dar; wenn dann die Wachstumsbedingungen derart sind, daß sich daraus eine in der Wachstumsrichtung verlängerte Zelle bildet, so führen die dabei auftretenden Spannungen zu einer dem kristallinen Zustande zustrebenden Orientierung[1].

Die röntgenographische Untersuchung ergibt, daß adsorbiertes Wasser nicht nur zwischen die einzelnen Faserbündel eindringt, sondern auch in ihr Inneres, und daß die hydrolytische Wirkung von Dampf oder Alkali an den Seitenketten angreift. — Behandlung von Wolle mit Elektrolytlösungen verursacht nach Wilson und Gordon[2] das Auftreten von zwei scharfen und deutlichen Ringen im Diagramm. Der innere, intensivere entspricht einem Abstande von 4,08 Å, der äußere einem Abstande von 3,72 Å; in einigen Fällen wurde noch ein breiter Ring ganz nahe am Primärstrahl beobachtet, entsprechend einem Abstande von 12,9 Å. Die drei Ringe sind nach Wilson und Gordon vielleicht nur höhere Ordnungen einer Periode von 77,8 Å; diese kann in 28 Perioden von 2,78 Å geteilt werden, was dem Astburyschen Wert für einen Proteinrest sehr nahe liegt.

C. Physikalische und capillarchemische Eigenschaften.

Dichte.

Die pyknometrisch mit Wasser als Immersionsflüssigkeit erhaltenen Werte für die Dichte von Wolle[3] sind wegen der eintretenden Sorption und Volumenkontraktion zu hoch („scheinbare Dichte“). Benzol, Toluol und Nitrobenzol als Immersionsflüssigkeiten geben die niedrigsten und praktisch übereinstimmende Werte, entsprechend der wahren Dichte. Die Dichte reiner, trockener Wolle ist für verschiedene markfreie Qualitäten dieselbe; mit Zunahme des groben Charakters fällt die Dichte, offenbar wegen unvollständiger Entfernung der im Mark enthaltenen Luft. Mit steigendem Gehalt an adsorbierter Feuchtigkeit steigt die

[1] Über den Mechanismus der biologischen Entwicklung faseriger Proteine vgl. auch Astbury und Sisson: Proc. Roy. Soc. London Bd. A. 150 (1935) S. 533.

[2] Wilson und Gordon: J. Amer. Chem. Soc. Bd. 55 (1933) S. 3896.

[3] Zusammenstellung der Werte verschiedener Autoren, vgl. King: J. Textile Inst. Bd. 17 (1926) S. 153.

wahre Dichte zunächst ein wenig, bleibt dann in einem erheblichen Bereich des Feuchtigkeitsgehaltes konstant und fällt schließlich auf einen Sättigungswert von 1,27. Der Mittelwert der wahren Dichte (in Benzol), bezogen auf Wasser von 25°, für den normalen Feuchtigkeitsgehalt von 18—20% beträgt 1,305[1], übereinstimmend mit dem Werte von Vignon[2]. Die scheinbare Dichte D' trockener, reiner, markfreier Wolle (Wasser als Immersionsflüssigkeit) beträgt nach King[1] 1,3965 und ändert sich mit dem %-Gehalt an adsorbierter Feuchtigkeit R nach der Beziehung:

$$D' = \frac{100 + R}{71{,}6076 + R}.$$

Mechanische Eigenschaften[3].

Die Wolle zeichnet sich vor allen anderen Textilfasern durch ihre hohe Elastizität aus. Sie verdankt diese Eigenschaft im Sinne der Astburyschen Anschauungen ihrem Aufbau aus elastischen Kettenmolekülen, die bei der Dehnung aus einem gefalteten Zustande reversibel in einen gestreckten Zustand übergehen können (s. oben).

Bei normaler Luftfeuchtigkeit kann Wolle um 20—40% gedehnt werden, ehe sie reißt; in Wasser oder gesättigtem Wasserdampf kann bei gewöhnlicher Temperatur bei langsamer Streckung eine Dehnung von 70%[4], in kochendem Wasser oder Dampf sogar eine Dehnung von etwa 100% erreicht werden[5]. Mit zunehmender Feuchtigkeit erfolgt die Dehnung leichter und weitgehender, weil Anlagerung von Wasser die kontrahierenden Kräfte der Seitenketten schwächt. Hydroxylhaltige organische Stoffe (Alkohole) setzen den Dehnungswiderstand in ähnlicher Weise, wenn auch weniger weitgehend herab als Wasser, vorausgesetzt daß ihre Moleküle klein genug sind, um in die Capillarräume der Wollfaser einzudringen[6]. Mit wachsender Luftfeuchtigkeit nimmt die Festigkeit der Wolle ab, hängt jedoch bei einem bestimmten Wert der Luftfeuchtigkeit davon ab, von welcher Seite (Adsorption oder Desorption) dieser Wert erreicht wurde. Werden jedoch die bei zunehmender und abnehmender Luftfeuchtigkeit gemessenen Festigkeiten gegen die entsprechenden Werte der Wasseradsorption aufgetragen, so liegen die Punkte auf einer Kurve, und zwar bewirken die ersten aufgenommenen Wassermengen fast keine Änderung der Festigkeit, dann findet ein linearer Abfall bis zu etwa 22% adsorbiertem Wasser (etwa 90% relative Feuchtigkeit) statt, hernach verändert sich die Festigkeit nur noch wenig[7].

Bei gewöhnlicher Temperatur findet sich für alle Werte der Luftfeuchtigkeit ein kurzer Bereich in den Belastungs-Dehnungskurven, etwa bis 2% Dehnung, in dem das Hookesche Gesetz gilt, dann nimmt die Dehnung bis zu einem Wert

---

[1] King: l. c.; vgl. dazu auch King: ebenda Bd. 18 (1927) 274. T. — Davidson: ebenda Bd. 18 (1927) 275. T.

[2] Vignon: J. Soc. Dyers Col. Bd. 9 (1893) S. 204.

[3] Zusammenfassende Darstellungen: Astbury: Fundamentals of Fibre Structure, London 1933. — Vgl. auch Speakman: J. Textile Inst. Bd. 24 (1933) 166. P. — Astbury: Mell. Textilber. Bd. 16 (1935) S. 1. — King: Textile Mfr. Bd. 62 (1936) S. 109, 116. — Über die Beziehung zwischen den mechanischen Eigenschaften einerseits und morphologischen und züchterischen Faktoren andererseits vgl. Tänzer: Z. Tierzüchtg. u. Züchtungsbiol. Bd. 7 (1926) S. 419.

[4] Vgl. auch Speakman: J. Textile Inst. Bd. 15 (1924) 529. T.

[5] Astbury und Woods: Nature Bd. 126 (1930) S. 913; Philos. Trans. Roy. Soc. Bd. 232 (1933) S. 333.

[6] Speakman: Trans. Far. Soc. Bd. 26 (1930) S. 61; vgl. auch S. 36.

[7] Speakmann: Trans. Far. Soc. Bd. 25 (1929) S. 92; vgl. auch J. Soc. Chem. Ind. Bd. 49 (1930) 209. T.

von ca. 20% (abhängig von der mechanischen Vorgeschichte der Wollfaser) rasch zu, um sich dann wieder zu verringern (vgl. Abb. 6).

In dem Hookeschen Bereich der Belastungs-Dehnungskurven ist die Faser vollkommen elastisch und kehrt nach Entfernung der Last sofort auf ihre ursprüngliche Länge zurück; die Erscheinung des „Kriechens“ tritt nicht in merklichem Umfange ein; für den Youngschen Modul von Cotswold-Wollfasern in mit Wasserdampf gesättigter Luft bei 18° fand Speakman[1] den Wert $2{,}07 \times 10^7$ g pro Quadratzentimeter. Nach Astbury findet in diesem Bereich der Belastungs-Dehnungkurve nur eine reversible Dehnung der gefalteten α-Keratin-Moleküle ohne Aufgehen der Faltungen statt. Bei höheren Belastungen setzt dann rasche Dehnung unter Übergang der gefalteten α-Keratinmoleküle in die gestreckten β-Keratinmoleküle ein, und die Wollfaser zeigt in sehr ausgesprochenem Maße die Erscheinung der „elastischen Nachwirkung, d.h. beim Anlegen von Spannung tritt eine rasche Dehnung mit folgendem langsamen „Kriechen“ ein, während bei Nachlassen der Spannung sofort eine teilweise Erholung mit folgender langsamen Verkürzung stattfindet. Die üblichen Belastungs-Dehnungskurven sind also eigentlich Belastungs-Dehnungszeitkurven[2], und Messungen der Festigkeit und Dehnung können nur dann als Grundlage zum Vergleich verschiedener Wollen benutzt werden, wenn die Belastungsgeschwindigkeit der Einzelfasern kontrolliert wird[3]. Der im Dampf erreichbare Grenzwert der Dehnung von etwa 100%, der von der Dehnungsgeschwindigkeit weitgehend unabhängig ist, entspricht dem vollständigen Übergang des α-Keratins in die vollkommen gestreckten Ketten des β-Keratins. Wahrscheinlich kann die vollständige Dehnung erst dann erreicht werden, wenn durch die Einwirkung des Dampfes gewisse Seitenkettenbindungen an ein und derselben Hauptkette oder zwischen benachbarten Ketten gelockert oder zerstört worden sind.

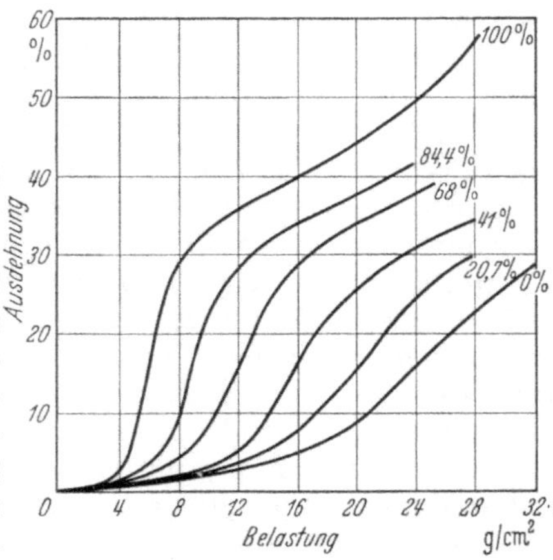

Abb. 6. Belastungs-Dehnungskurve von Wolle bei verschiedener Luftfeuchtigkeit.

Die elastischen Eigenschaften der Wolle sind stark temperaturabhängig[4].

Das mikroskopische Bild ändert sich nach Kronacher und Lodemann[5] bei der Dehnung zunächst nicht; dann folgt eine rasche Ausdehnung der Zellen, indem die freien Ränder der Cuticulazellen auseinanderrücken und die Zellen sich in der Längsrichtung des Haares verlängern; bei noch stärkerer Dehnung, wenn sich im Dehnungsapparat ein verstärkter Widerstand bemerkbar macht, zeigt die mikroskopische Beobachtung eine kaum merkliche Zunahme der Zell-Länge.

Wenn Wolle nicht im gestreckten Zustande der Einwirkung von Wasserdampf oder gewisser Agenzien ausgesetzt worden ist, hat sie stets die Neigung, bei Aufhebung der Spannung wieder in den normalen, kontrahierten Zustand und zu ihrer ursprünglichen Länge zurückzukehren. Vollständige Kontraktion findet

[1] Speakman: J. Textile Inst. Bd. 17 (1926) 457. T.
[2] Vgl. auch Shorter: J. Textile Inst. Bd. 15 (1924) 207. T.; J. Soc. Dyers Col. Bd. 41 (1925) S. 212; Trans. Far. Soc. Bd. 20 (1924/25) S. 228.
[3] Vgl. auch Speakman: J. Textile Inst. Bd. 17 (1926) 457. T.
[4] Vgl. auch Speakman: J. Soc. Dyers Col. Bd. 49 (1933) S. 180.
[5] Kronacher und Lodemann: Z. Züchtung, Reihe B. Tierzüchtung u. Züchtungsbiologie Bd. 21 (1931) S. 403; vgl. auch Cunliffe: J. Textile Inst. Bd. 24 (1933) 417. T.

jedoch nur bei Befeuchtung (100% relative Feuchtigkeit) statt. Absolut trockene Wolle (0% relative Feuchtigkeit) zeigt praktisch keine Neigung zur Kontraktion. Bei Werten der relativen Feuchtigkeit zwischen 0 und 100% ändert sich das Kontraktionsvermögen der Wolle kontinuierlich zwischen Null und vollständiger Erholung. Nach den von Astbury, Speakman u. a. entwickelten Vorstellungen über den Bau der Wollfaser beruht dies darauf, daß in trockener Wolle die Kohäsionskräfte zwischen den gestreckten Keratinketten stärker sind als die kontrahierenden Kräfte, während bei Gegenwart von Wasser die aktiven Atomgruppen längs der Seiten der Ketten, die die Kohäsion bewirken könnten, durch Wasser abgesättigt werden. In Dampf rasch um 100% gedehnte Wolle erholt sich ebenfalls fast vollständig, wenn sie nach Entfernung der Spannung im Dampf belassen wird, und nochmalige Dehnung in Wasser bei gewöhnlicher Temperatur beweist, daß die gefalteten Ketten des α-Keratins auch bis zu 100% Dehnung wahre Elastizität besitzen. — Über die Einwirkung von siedendem Wasser auf innere Spannungen der Wollfaser (kenntlich an der Doppelbrechung) vgl. W. Harrison[1].

Eine schon einmal gedehnte Wollfaser bleibt dauernd leichter dehnbar bei niedrigen Spannungen als eine noch nicht gedehnte Faser[2]. Dies weist darauf hin, daß bei der Dehnung eine bleibende innere Veränderung der Faserstruktur eintritt und daß der erste Knickpunkt der Belastungs-Dehnungskurve ein wahrer „Fließpunkt" (yield point) ist, der allerdings mit der Elastizitätsgrenze nicht zusammenfällt[3]. Was den Umfang dieser Schädigung anbetrifft, so hat Speakman[4] gezeigt, daß eine bei 18° in Wasser schnell nicht über 30% gedehnte und nicht im gestreckten Zustande gehaltene Faser praktisch ihre ursprüngliche Festigkeit wiedergewinnt, wenn sie ungestreckt in Wasser belassen wird. Wenn Wolle in Wasser (nicht über 30%) gedehnt wird, weicht die Dehnungskurve von der Kontraktionskurve beträchtlich ab. Der Umfang der Hysterese hängt vom p_H und von der Temperatur ab. Bei $p_H = 5{,}5$ nimmt die Hysterese oberhalb ca. 40° stark zu, weil die Mizellen durch heißes Wasser angegriffen und zerteilt werden[5]. Shorter[6] hat den Verlauf der Belastungs-Dehnungskurven von Wolle unter verschiedenen Bedingungen auf Grund eines mechanischen Modells gedeutet, das aus drei Scharen von Elementen besteht: elastische Elemente (1), die sich frei dehnen und kontrahieren und die gekuppelt sind an elastische Elemente (2), die in ihrer Dehnung und Kontraktion gehemmt sind durch Elemente (3), die als widerstehendes, viskoses Medium fungieren. Diese Auffassung vermag jedoch nach Speakman[7] die bleibende Schädigung der Wolle bei der Dehnung nicht zu erklären. Speakman hat daher eine Vorstellung entwickelt, wonach das Verhalten der Wollfaser bei der Belastung dem Verhalten einer einzelnen Zelle entspricht, die im wesentlichen aus drei Phasen besteht, nämlich einer elastischen Zellwand (1), die eine fibrilläre Struktur (2) einschließt, die mit einer in den Zwischenräumen enthaltenen viskosen, gelartigen Phase (3) nicht im physikalischen Gleichgewichte steht. Nach Astbury und Woods[8]

[1] Harrison, W.: Proc. Roy. Soc. London Bd. A. 94 (1918) S. 460.
[2] Speakman: J. Textile Inst. Bd. 17 (1926) 457. T.
[3] Vgl. auch Speakman: J. Textile Inst. Bd. 17 (1926) 472. T.
[4] Speakman: Proc. Roy. Soc. Bd. B. 103 (1928) S. 377.
[5] Speakman: J. Soc. Dyers Col. Bd. 48 (1933) S. 180; J. Textile Inst. Bd. 24 (1933) 166. P.
[6] l. c. S. 23; vgl. auch Steinberger: Physics Bd. 5 (1934) S. 53.
[7] Speakman: J. Text. Inst. Bd. 17 (1926) S. 457, 472. T.; Proc. Roy. Soc. Bd. B. 103 (1928) S. 377; vgl. dazu Shorter: J. Textile Inst. Bd. 18 (1927) 78. T.; Speakman: ebenda Bd. 18 (1927) 80. T.
[8] Astbury und Woods: Philos. Trans. Roy Soc. Bd. A. 232 (1933) S. 333; vgl. auch Astbury: Fundamentals of Fibre Structure, London 1933, S. 147 Fußnote.

lassen sich die elastischen Eigenschaften des Wollhaares durch die Annahme von drei Keratinphasen erklären, die insgesamt eine Dehnung von ca. 100% zulassen, und von denen, in erster Annäherung gesprochen, die erste unmittelbar nach dem Hookeschen Gebiet der Belastungs-Dehnungskurve, die zweite bei einer Dehnung von ca. 20% und die dritte bei einer Dehnung von ca. 45% in Wirkung tritt; zwischen diesen Phasen besteht jedoch keine scharfe Diskontinuität, und sie wirken nicht nur nacheinander, sondern in gewissem Umfange auch gleichzeitig. Diese drei elastischen Phasen sind mit interzellulärem Keratin, das die zigarrenförmigen biologischen Zellen verbindet, Zellwandkeratin und Keratin des Zellinnern zu identifizieren. Bei Operationen, die zur „verallgemeinerten Dehnungskurve“ [1] des Haares führen, können die Unterschiede zwischen den drei Phasen weitgehend beseitigt werden.

Eine bei Gegenwart von Wasser oder feuchter Luft gedehnt gehaltene Wollfaser zeigt die Neigung zum Nachlassen des Spannungszustandes (Relaxation)[2]. Die Geschwindigkeit des Spannungsverlustes hängt von der Art der Wolle ab und ist nach Speakman für Merinowollen viel größer als für englische Wollen. Die in der Erscheinung der Relaxation sich äußernde fibrillare Plastizität ist offenbar der Ausdruck einer Zerstörung und Neubildung von Seitenkettenbindungen unter der hydrolytischen Einwirkung von Wassermolekülen auf die Peptidbindungen der gestreckten Keratinketten (s. unten) und kann durch solche Stoffe (verdünnte Säurelösungen, Säurefarbstoffe, Chinonlösung, Formalin, salpetrige Säure) herabgesetzt oder aufgehoben werden, die mit den Imidogruppen des Keratinmoleküls reagieren oder sich mit ihnen verbinden und so deren Affinität zu Wasser vermindern und die Hydrolyse der Peptidbindungen verhindern. Durch Behandlung der Wolle mit sehr verdünnten Alkalilaugen wird die fibrillare Plastizität stark erhöht, durch verdünnte Kochsalzlösung und durch gesättigte Kaliumrhodanidlösung bei gewöhnlicher Temperatur nicht wesentlich verändert[3].

Wird eine in kaltem Wasser, z. B. auf 50%, gestreckte Wollfaser (Cotswold-Wolle) nicht länger als zwei Minuten in gestrecktem Zustande mit Dampf behandelt, so kontrahiert sie sich auf etwa ein Drittel weniger als ihre ursprüngliche Länge, wenn sie unter Aufhebung der Spannung im Dampf belassen wird („Superkontraktion“). Die äußerste Grenze für diese Kontraktion ist offenbar durch die größtmögliche Annäherung der sauren und basischen Seitenketten gegeben[4]. Dauert dagegen die Einwirkung des Dampfes etwa 20 Minuten bzw. etwa zwei Stunden, so kehrt die Faser ungefähr auf die ursprüngliche Länge bzw. auf eine ein Drittel größere als die ursprüngliche Länge zurück, wenn sie unter Aufhebung der Spannung im Dampf belassen wird[5]. Die erste Wirkung des Dampfes auf die gestreckten Keratinketten besteht wahrscheinlich in der Zerstörung gewisser Seitenkettenbindungen; durch diese Wirkung, die in zwei Minuten vorüber ist, gelangen die Keratinketten in einen „freieren“ Zustand (Astbury) als in der normalen Faser. Dieser Zustand hat keine Beziehung zur ursprünglichen Länge mehr, so daß sich die Keratinketten unter der weiteren, stimulierenden und „schmierenden“ Wirkung von Wassermolekülen bei höheren Temperaturen mehr als ursprünglich aufwickeln können. Die mit solchen „freieren“ Fasern erhaltenen Dehnungskurven bezeichnen Astbury und Woods als „verallgemeinerte Belastungs-Dehnungskurven“. Der Angriff gewisser Seiten-

[1] s. w. unten.
[2] Speakman: Proc. Roy. Soc. Bd. B. 103 (1928) S. 377.
[3] Speakman: Proc. Roy. Soc. Bd. B. 103 (1928) S. 377.
[4] Astbury und Woods: Philos. Trans. Proc. Roy. Soc. Bd. A. 232 (1933) S. 333.
[5] Astbury und Woods: l. c.; Nature Bd. 126 (1930) S. 913.

kettenbindungen durch den Dampf ist auch röntgenographisch erkennbar. Die Möglichkeit der Zerstörung von Disulfidbindungen durch die Einwirkung von Dampf nach der Gleichung:

$$R - S - S - R + H_2O \rightleftarrows R - SH + R - SOH$$

wird durch die Beobachtung von Speakman und Cooper[1] gestützt, wonach mit Wasser in Gegenwart von Quecksilberdampf erhitzte Wolle schon bei 55° rasch mit Quecksilber verunreinigt wird. Auf die Lockerung von Seitenkettenbindungen im Dampf folgt dann jedoch eine zuerst vollständig reversible Bildung neuer Bindungen, die die Neigung haben, die gedehnte Faser auf die neue, größere Länge „einzustellen" (set). Wenn diese Wirkung durch Wasser von nicht über 90° hervorgerufen wird, kann sie vollständig rückgängig gemacht werden, wenn die Fasern in Wasser von mindestens derselben Temperatur gebracht werden. Bei Anwendung von Dampf ist dagegen der Effekt nur in den ersten Minuten reversibel. Wenn die Faser längere Zeit im Dampf gestreckt gehalten worden ist, entstehen bleibende neue Bindungen, die der Kontraktion in einem mit der Größe der Dehnung und der Dauer des Dämpfens unter Spannung zunehmendem Grade entgegenwirken. Die Wiederbildung neuer Bindungen findet nach Speakman und Cooper[1] wahrscheinlich nach der Gleichung:

$$R - SOH + R - NH_2 = R - S - NH - R + H_2O$$

statt. Der optimale p_H des „einstellenden" Mediums beträgt 9,2. Nach Phillips[3] kann sich bei diesem p_H die Sulfensäure RS—OH unter Bildung eines Aldehydes zersetzen, der dann mit basischen Seitenketten — CH = N- statt — S — NH-Bindungen gibt. Bestimmung der gegen siedende 1/10-n. HCl oder 5proz. Bisulfitlösung beständigen Einstellung zeigt jedoch, daß die Hauptreaktion die Bildung von — S — NH-Bindungen ist. Nebenreaktionen verursachen jedoch auch die Bildung von — CH = N-Bindungen, wenn das Einstellungsmedium alkalisch ist; die größte Zahl solcher Bindungen entsteht, wenn die Fasern bei schwacher Dehnung in Borax-Lösung „eingestellt" werden[2]. Durch Behandlung der Wollfasern mit kalter gesättigter Kaliumbichromatlösung wird die „einstellende" Wirkung von Dampf verzögert, mit Eosin gefärbte Wolle zeigt ein ähnliches Verhalten[4]. Fasern, die durch Dämpfen im gedehnten Zustande die Fähigkeit verloren haben, in kaltem Wasser wieder auf ihre ursprüngliche Länge zurückzukehren, gewinnen durch Behandlung mit Alkalilösungen ihre vollständige Elastizität zurück[5]. In verdünnte (0,0325 n) Natriumsulfidlösung gebrachte Wollfasern zeigen anfänglich eine Verkürzung[6]. Speakman führt diese Erscheinung auf dieselben Ursachen zurück wie die Kontraktion auf eine geringere als die ursprüngliche Länge bei Fasern, deren „bleibende Einstellung" durch Behandlung mit verdünnter Natronlauge aufgehoben wird. Speakman nimmt an, daß die hydrolytische Wirkung des Dampfes sich auf Carbonsäureanhydridgruppen bezieht und daß auch die erste Stufe der Natriumsulfidwirkung in einer Öffnung solcher Anhydridgruppen besteht. — Durch Behandlung mit einem Reduktionsmittel, z. B. Na_2S, NaSH, Na_2SO_3, bei geeigneter Temperatur, Konzentration und p_H, können nach Speakman[7] innere Spannungen der Faser

[1] Speakman und Cooper: Nature Bd. 132 (1933) S. 930; vgl. jedoch Clayton: J. Soc. Dyers Col. Bd. 52 (1936) S. 86.
[2] Speakman und Stoves: J. Soc. Dyers Col. Bd. 53 (1937) S. 236.
[3] Phillips: Nature Bd. 138 (1936) S. 121. — Vgl. dazu Speakman: Nature Bd. 138 (1936) S. 327.
[4] Astbury und Woods: Philos. Trans. Roy. Soc. Bd. 232 (1933) S. 390. — Woods: Nature Bd. 132 (1933) S. 709. [5] Speakman: Nature Bd. 124 (1929) S. 948.
[6] Speakman: J. Soc. Chem. Ind. Bd. 50 (1931) 1. T.
[7] Speakman: E. P. 453700 (1934); E. P. 456336 (1935). — Vgl. auch S. 64.

durch Zerstörung vorhandener Cystin-Brückenbindungen aufgehoben werden, und durch anschließende Behandlung der in der gewünschten Form gehaltenen Fasern mit Lösungen von Oxydationsmitteln kann man den Fasern eine ,,bleibende Einstellung" erteilen, indem durch die Wirkung der Oxydationsmittel die Bildung neuer Bindungen an anderer Stelle als der ursprünglichen herbeigeführt wird.

Einwirkung von ultraviolettem Licht bei gewöhnlicher Feuchtigkeit verursacht eine merkliche Verschiebung der Kurve der ,,Superkontraktion" und der ,,Einstellung", d. h. die Zeit des Dämpfens unter Spannung, die nötig ist, um einen bestimmten Effekt zu erzielen, nimmt ab[1]. Diese Beschleunigung ist wahrscheinlich einfach die Folge einer Zunahme derjenigen Seitenkettenveränderung oder -zerstörung, die dem Eintritt von ,,Superkontraktion" und ,,Einstellung" stets vorangeht. Röntgenstrahlen bringen ähnliche, aber viel stärker ausgesprochene Veränderungen hervor als ultraviolettes Licht[1].

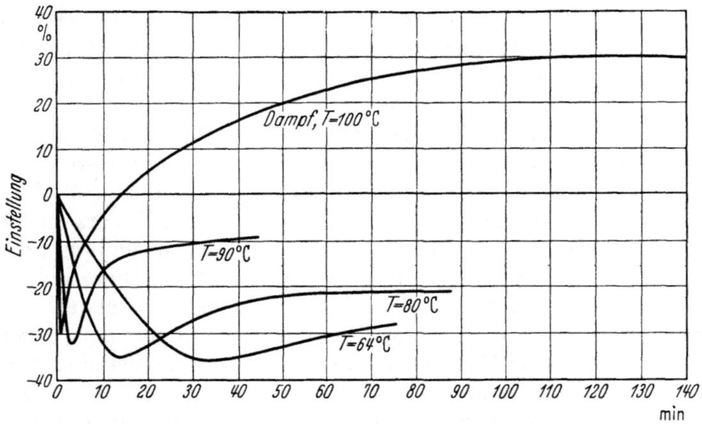

Abb. 7. ,,Einstellung" in Dampf nach Streckung auf 50% in Wasser verschiedene Reihen bei verschiedenen Temperaturen.

Die durch Wasser bei gewöhnlicher Temperatur nicht verringerte Dehnung wird von Astbury und Woods als ,,vorübergehende Einstellung" (temporary set), die selbst durch lange Einwirkung von Dampf bei Abwesenheit von Spannung nicht verringerte Dehnung als ,,wahre bleibende Einstellung" (true permanent set) bezeichnet. Für Dehnungen in Wasser bei gewöhnlicher Temperatur, d. h. für Dehnungen nicht über 70%, beträgt die maximal mögliche ,,wahre bleibende Einstellung" nur etwa 35%. Abb. 7[2] zeigt die Enddehnung von Cotswold-Wollfasern nach a) Streckung in Wasser zu einer Enddehnung von 50%, b) Gestreckthalten in heißem Wasser oder Dampf während der angegebenen Zeit, c) Belassen im Dampf ohne Spannung bis zum Aufhören der Kontraktion. Mit gesättigter Silbersulfatlösung einige Zeit in der Kälte behandelte Fasern (zur Verwandlung der Disulfidgruppe in $R—SO_3H$) zeigen eine beträchtlich geringere Fähigkeit, eine ,,bleibende Einstellung" anzunehmen; mit kaltem Barytwasser ½ Stunde behandelte Wollfasern besitzen nicht mehr die Fähigkeit zur ,,bleibenden Einstellung"[3].

Die Erscheinungen der ,,vorübergehenden" und ,,wahren bleibenden Einstellung" sind für die verschiedenen Prozesse der Wollausrüstung, wie das Krabben,

[1] Astbury und Woods: Philos. Trans. Roy. Soc. London Bd. A. 232 (1933) S. 333.
[2] Aus Astbury: Fumdamentals of Fibre Structure. Oxford 1933, S. 161.
[3] Speakman und Cooper: Nature Bd. 132 (1933) S. 930. — Speakman: J. Soc. Dyers Col. Bd. 52 (1936) S. 335.

Dekatieren usw. von größter Bedeutung. Wenn auch Einzelheiten des von Astbury und Speakman aufgestellten Schemas der Keratin-Konstitution über das hinausgehen, was schon als experimentell gesichert betrachtet werden kann, und auch bei der Deutung der elastischen und anderer physikalischer und physikalisch-chemischer Eigenschaften ausschließlich auf Grund dieses Schemas der morphologische Aufbau des Wollhaares aus physikalisch und chemisch verschiedenen Phasen unberücksichtigt bleibt, so ist doch wohl die röntgenographisch nachgewiesene Faltbarkeit der Keratinketten als ein wichtiger Fortschritt für das Verständnis der mechanischen Eigenschaften des Wollhaares und anderer Proteinstrukturen zu betrachten. Kürzlich hat allerdings Harrison[1] auch diese, aus der Veränderung der Röntgendiagramme bei fortschreitender Dehnung hergeleitete Faltbarkeit angezweifelt. Nach Harrison sind die elastischen Eigenschaften der über 50% gedehnten Fasern hauptsächlich durch die physikalischen und chemischen Unterschiede zwischen der Kutikula und der für das Röntgendiagramm hauptsächlich verantwortlichen fibrillären Komponente bedingt, und die „Superkontraktion" beruht nicht auf einer Faltungstendenz der Keratinketten, sondern auf mechanischen Wechselwirkungen zwischen Kutikula und Rindenschicht während der Quellung und Entquellung.

Die elastischen Eigenschaften von Wolle in wäßrigen Flüssigkeiten hängen vom p_H ab; nur bei $p_H = 5—7$ besitzt Wolle eine Stabilitätszone[2], in der die elastischen Eigenschaften vom p_H unabhängig sind. Bei der Wollwäsche usw. bieten daher Mittel, die in diesem Bereich wirksam sind, Vorzüge vor solchen, wie z. B. Seife, die in stärker alkalischer Lösung zur Anwendung gelangen. Bei $p_H > 7$ steigt die Dehnbarkeit mit dem p_H stark und kontinuierlich an, während sie bei $p_H < 5$ zunächst auch zunimmt, dann aber bei $p_H =$ etwa 1 ein Maximum durchläuft, ähnlich wie auch die Quellung der Proteine auf der sauren Seite des isoelektrischen Punktes ein Maximum aufweist[3]. Die Herabsetzung der Dehnungsarbeit in Säurelösungen beruht darauf, daß hier die Dissoziation der Glutaminsäure und Asparaginsäure in der Seitenkette zurückgedrängt und die Anziehung zwischen den Peptidketten nach Maßgabe der Anzahl der aus der Bindung verdrängten Säuregruppen geschwächt ist; alkalische Lösungen wirken entsprechend[4]. In 100proz. Ameisensäure, in der die Wollfaser unter Verschwinden der Kristallstruktur stark quillt, fehlt der dem Hookeschen Gesetz folgende Abschnitt der Belastungs-Dehnungskurve, und die Faser erlangt kautschukartige Elastizität. Durch anhaltendes Auswaschen der Ameisensäure mit Wasser geht die Dehnbarkeit jedoch wieder auf den in Wasser gemessenen Wert zurück, d. h. die durch die Säure geöffneten Querbindungen haben die Fähigkeit, sich spontan zurückzubilden, wenn die Säure wieder entfernt wird[5]. Die Tatsache, daß die dehnungserleichternde Wirkung der Säuren mit abnehmender Dissoziationskonstante zunimmt, beruht im Sinne der Procter-Wilsonschen Quellungstheorie und der Donnanschen Theorie der Membrangleichgewichte darauf, daß die aus Wolle mit schwachen Säuren gebildeten, weitgehend dissoziierten Salze die Dissoziation der freien Säure in der Faser herabdrücken[6].

Durch physikalische und chemische Wirkungen, die das Keratinmolekül irreversibel angreifen und die Struktur des Wollhaares schädigen, werden auch die

---

[1] Harrison, Chem. & Industry Bd. 56 (1937) S. 731.
[2] Vgl. auch S. 17.
[3] Speakman und Hirst: Trans. Far. Soc. Bd. 29 (1933) S. 148. — Speakman: J. Soc. Dyers Col. Bd. 49 (1933) S. 180; J. Int. Soc. Leather Trades Chemists Bd. 17 (1933) S. 229.
[4] Speakman und Hirst: l. c. 3.
[5] Speakman: Proc. Roy. Soc. Bd. A. 132 (1931) S. 167.
[6] Speakman: J. Int. Soc. Leather Trades Chemists Bd. 17 (1933) S. 229; vgl. auch S. 37.

mechanischen Eigenschaften der Wolle dauernd verändert. Schon bei mäßig hohen Temperaturen werden Reißfestigkeit und Dehnung merklich verschlechtert[1]. Nach Marsh[2] ist bei 48stündigem Erhitzen von gereinigter, neutraler Wolle die Abnahme der Festigkeit bis zu Temperaturen von 120° klein, steigt dann aber mit der Temperatur rasch an; die Bruchdehnung nimmt von 70° aufwärts stetig ab; die Luftfeuchtigkeit während der Dauer des Erhitzens beeinflußt Festigkeit und Dehnung wenig. Wenn nach mehrstündigem Erhitzen die Garnschädigung geringfügig ist, so tritt nach Marsh auch bei langem Erhitzen nur wenig mehr Schädigung ein; wenn dagegen die Temperatur genügend hoch ist, um Schädigungen hervorzurufen, so nehmen diese mit der Dauer des Erhitzens immer mehr zu. — Belichtung bzw. Bewitterung können gleichfalls eine Verschlechterung der mechanischen Eigenschaften der Wolle bewirken[3]. — Lösungen von Säuren, Alkalien, Oxydationsmitteln (Bleichbäder) usw., die irreversible chemische und strukturelle Veränderungen der Wolle hervorrufen, schädigen die mechanischen Eigenschaften in einem mit der Stärke der Säure bzw. des Alkalis, der Konzentration, der Temperatur und der Einwirkungsdauer zunehmendem Maße[4]. Dies ist im Hinblick auf die möglichste Schonung der Wollfaser in den verschiedenen Bädern der Reinigungs-, Ausrüstungs- und Färbeprozesse von großer Bedeutung, und die Prüfung der Festigkeit ist eine der besten Kriterien zum Nachweis von Wollschädigungen[5].

Das Filzvermögen der Wolle. Die Fähigkeit von Wollgeweben, unter den Bedingungen des Walkprozesses (vgl. S. 155), d. h. unter dem vielfach wiederholten Druck und Stoß der Walkmaschine bei Gegenwart von Alkali oder Säure in der Wärme „einzugehen" und unter Ringelung und Verschlingung der Fasern zu verfilzen (vgl. Abb. 9), wurde schon 1795 von Mongé auf die schuppige, sägezahnartige Oberfläche der Wollfaser zurückgeführt. Seither ist die Auffassung, daß die Schuppenstruktur der Wolle die wesentliche Voraussetzung für ihr Filzvermögen bildet, fast allgemein[6] anerkannt worden[7]. Über die Art und Weise, wie die Schuppenstruktur die Filzbildung beim Walkprozeß ermöglicht, über die Bedeutung anderer Eigenschaften der Wollfaser, wie Feinheit, Länge, Kräuselung, Geschmeidigkeit, schließlich über die Wirkung der äußeren Bedingungen der Walke herrschten dagegen im einzelnen vielfach unklare und z. T. widersprechende Vorstellungen.

O. Witt[7] nahm an, daß ein kammartiges Ineinanderverhaken der Schuppen benachbarter, entgegengesetzt gerichteter Fasern (vgl. Abb. 8) die

[1] Stirm und Rouette: Mell. Textilber. Bd. 16 (1935) S. 4.

[2] Marsh: J. Textile Inst. Bd. 26 (1935) 187. T. [3] Vgl. auch S. 100.

[4] Über die Festigkeitserhöhung bei kurzer Behandlung mit starker NaOH vgl. S. 56.

[5] Vgl. S. 124.

[6] Von einigen Forschern (Justin-Mueller: Bull. Soc. Ind. Rouen Bd. 32 [1904] S. 35; Z. Farbenind. Bd. 8 [1909] S. 90, 105; Lehnes Färberztg. Bd. 20 [1909] S. 209. — Ganswindt: Mell. Textilber. Bd. 3 [1922] S. 84. — Becke: ebenda Bd. 4 [1923]) wurde versucht, den Filzvorgang rein „chemisch" durch Verkleben der Fasern, die durch das bei der Walke benutzte Alkali usw. in einen gelartigen Zustand gebracht worden sind, zu erklären. Gegen die „Verklebungstheorie" spricht schon allein die Tatsache, daß bei anderen tierischen Fasern mit ähnlichen Quellungsverhältnissen in Alkali, aber mangelnder Schuppenstruktur keine Verfilzung eintritt (vgl. auch Knecht: Z. Farbenind. Bd. 4 [1905] S. 359, ferner die l. c. 7 genannten Autoren); miteinander verklebte Fasern ließen sich ferner mikroskopisch nie auffinden (Arnold: Leipziger Mschr. Textilind. Bd. 44 [1929] S. 463, 507, 540; Dissertation Breslau 1929, Textile Forschg. Bd. 11 [1930] S. 3).

[7] Löbner: Studien und Forschungen über Wolle, S. 220ff. Grünberg i. Schlesien 1898. — Witt, O. und L. Lehmann: Chemische Technologie der Gespinstfasern, S. 86. Braunschweig 1910. — Reiser: Appretur der wollenen und halbwollenen Waren, S. 110ff. Leipzig 1912. — Binz: Z. Farbenind. Bd. 3 (1904) S. 271. — Kraus: Leipziger Mschr. Textilind. Bd. 21 (1906) S. 124. — Pinagel: ebenda Bd. 23 (1908) S. 248 u. a.

Filzbildung bedingt. Die Wittsche Auffassung, die längere Zeit hindurch herrschend war[1], wird jedoch durch die mikroskopische Beobachtung von Wollfilz nicht bestätigt[2]. Die Dicke der zahnartig hervorstehenden Schuppenenden beträgt höchstens ein Zwanzigstel des Haardurchmessers. Im günstigsten Falle würde ein Verhaken der Schuppen eintreten, wenn zwei Wollhaare mit entgegengesetzter Spitzenrichtung aneinander längs gleiten. Aber abgesehen davon, daß eine derartige Lage im Gewebe selten ist, kann nach Mark[2] auch bei diesen optimalen Bedingungen keine derartige Wirkung beobachtet werden.

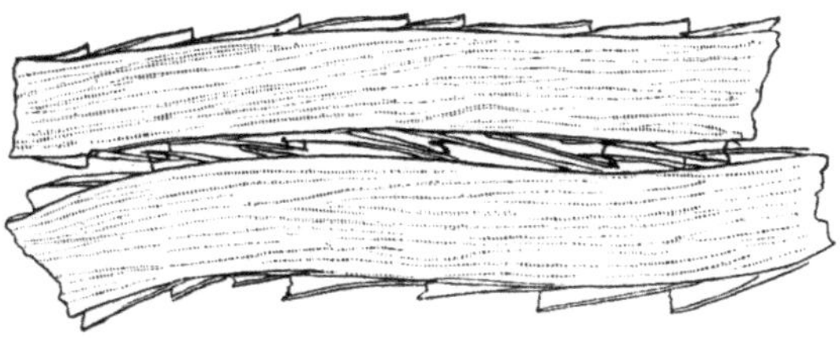
Abb. 8. „Verhakungstheorie" des Filzens.

Die neuen Theorien über die Bedeutung der Schuppen für das Zustandekommen des Walkeffektes gehen von der Beobachtung von Ditzel[3] aus, der zeigen konnte, daß Wollfasern, die einer longitudinalen reibenden Wirkung ausgesetzt werden, das Bestreben haben, in derjenigen Richtung zu wandern, in der die Schuppen der Bewegung keinen Widerstand bieten, d. h. in der Richtung des Wurzelendes. Schon Löbner[4] (l. c.) hat in seinem Buche die Ditzelschen Versuche ausführlich diskutiert und in dem Sinne gedeutet, daß der Hauptfaktor des Filzprozesses eine „lebendige Bewegung" der Wollfaser in Verbindung mit dem Sichfortschieben des Haares in der Richtung des Wurzelendes ist, bis zu dem Punkte, wo der Widerstand so groß wird, daß ein Weiterschieben nicht mehr möglich ist; durch das Nachschieben der übrigen Fasern und Faserteile geht dann die Verdichtung des Stoffes und Ringelung und Verschlingung der Wollfasern (vgl. Abb. 9) vor sich. In der Walke vollzieht sich nach Löbner eine Doppelwirkung: Das „Lebendigwerden" — eine Eigenschaft, die allein der Wollfaser eigen ist, und auf der die Krumpfkraft beruht — infolge der feuchten Wärme, während das „Sichfortschieben", diese allen Tierhaaren gemeinsame Eigenschaft, auf der die Filzbildung beruht, eine Folge der mechanischen Einwirkung von Druck und Stoß in der Walke ist. — Die Feststellungen von Ditzel wurden später von Arnold (l. c.), Reumuth[5] und Brauckmeyer[2] erweitert und bestätigt. Nähere Vorstellungen darüber, wie die durch die Schuppen bedingte einseitige Bewegungsfreiheit der Wollfaser das Eingehen bei der Walke herbeiführt, wurden von Shorter[2] entwickelt. Shorter nimmt an, daß die Fasern, die in der Richtung des Wurzelendes wandern, andere Fasern, mit denen sie mechanisch verschlungen sind, mit sich führen; unter der Wirkung der Walkmaschine findet so eine kontinuierliche Verdichtung der Gewebestruktur unter Abnahme der Oberfläche und Zunahme der Dicke statt. Arnold (l. c.) und Speakman[6] haben diese Vorstellungen weiter ausgebaut unter besonderer Berücksichtigung der eigenartigen elastischen Eigenschaften der

[1] Vgl. auch von Kapff: Über Wolle, Baumwolle, Leinen, natürliche und künstliche Seide, S. 27. Leipzig 1910. — Fein: Mell. Textilber. Bd. 3 (1922) S. 285.

[2] Ganswindt: Mell. Textilber. Bd. 3 (1922) S. 84. — Mang: ebenda Bd. 4 (1923) S. 326. — Shorter: Il. Soc. Dyers Col. Bd. 39 (1923) S. 270. — Mark: Beiträge zur Kenntnis der Wolle und ihrer Bearbeitung, S. 63. Berlin 1925. — Brauckmeyer: Mell. Textilber. Bd. 17 (1936) S. 31.; Deutsches Wollengewerbe Bd. 66 (1934); Erfahr. u. Forsch. Bd. 1 (1934) S. 38; Deutsches Wollengewerbe Bd. 67 (1935); Erfahr. u. Forsch. Bd. 2 (1935) S. 45, 49; vgl. jedoch Loescher: Deutsches Wollengewerbe Bd. 68. (1938) S. 476.

[3] Ditzel: Deutsches Wollengewerbe Bd. 23. 1 (1891). [4] Siehe Fußnote 7, S. 29.

[5] Reumuth, Melliand Textilber. Bd. 14 (1933) S. 23.

[6] Speakman: Amer. Dyestuff Rep. Bd. 21 (1932) S. 214, 235. — Speakman, Stott und Chang: J. Textile Inst. Bd. 24 (1933) 273. T.

Wollfaser und ihrer Beeinflussung durch die äußeren Bedingungen der Walke. Arnold faßt seine experimentellen Ergebnisse in einer „Regenwurmtheorie" des Filzvorganges zusammen: „Der Druck der Filzmaschine bringt die Fasern in engste Berührung, wodurch die Schuppen den nötigen Widerstand am Einschlagtuch und an Nachbarhaaren finden. Die reibendeBewegung schiebt die Haare in Richtung der Wurzelenden im ganzen oder teilweise vorwärts, wobei sie gedehnt werden. Infolge ihrer Elastizität ist die feuchte Faser bestrebt, diese Dehnung wieder aufzuheben. Dies geschieht, da das Wurzelende durch die Schuppen festliegt, in Richtung auf das Wurzelende, wodurch das Haar stetig vorwärtsbewegt wird." Speakmans Theorie[1] vereinigt in gewisser Hinsicht die Anschauungen von Shorter und Arnold und umfaßt alles, was bisher über den Einfluß der Walkbedingungen, die Herstellung krumpffreier Wolle usw. bekannt ist. Wenn auf das Gewebe an einer bestimmten Stelle und in einer bestimmten Richtung

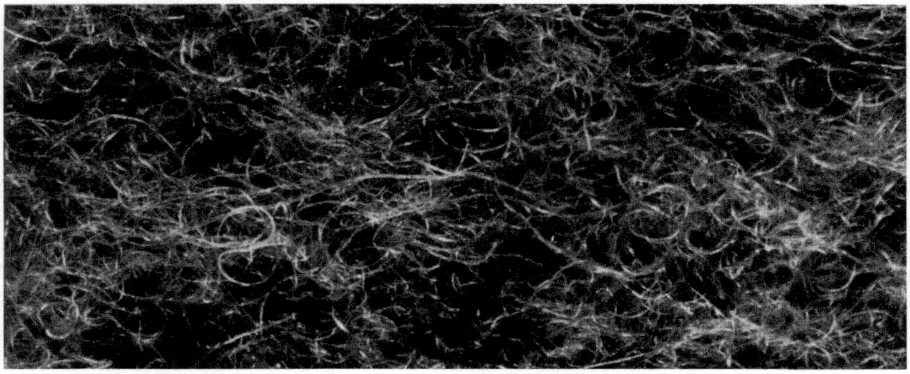

Abb. 9. Oberfläche eines Wollfilzes[2].

Druck ausgeübt wird, so werden nach Speakman gewisse Fasern in der Wurzelrichtung vorwärtsgetrieben. Wenn sich nun das Spitzenende mechanisch verschlingt, so kann die Faser nur wandern und andere Verschlingungen durchdringen, indem sie sich dehnt. Wird der Druck aufgehoben, so wird die Faser das Bestreben haben, zu ihrer ursprünglichen ungedehnten Form zurückzukehren. Dies ist jedoch nicht ohne weiteres möglich, weil die Schuppen sich der Rückkehr in einer Richtung widersetzen, und die mechanische Verschlingung die Rückkehr am anderen Faserende hindert. Die elastische Erholung kann sich daher nur in der Weise abspielen, daß die beiden Verschlingungen der Faser zusammengezogen werden, d. h. daß das Gewebe „eingeht".

Nach der Speakmanschen Theorie sind das Filzvermögen und die Krumpfkraft der Wolle durch folgende Faktoren bedingt:

1. durch das Vorhandensein der Schuppenstruktur;
2. durch ihre leichte Dehnbarkeit und Deformierbarkeit;
3. durch ihre Fähigkeit, sich von der Dehnung zu erholen.

Wenn der Grad der Ausbildung der Schuppenstruktur für das Filzvermögen allein maßgebend wäre, so sollte die Krumpfgeschwindigkeit mit der Größe der Differenz zwischen dem Reibungswiderstand bei der Bewegung der Faser in der Richtung des Wurzelendes und der Spitze in direktem Zusammenhange stehen; denn die Größe dieser Differenz ist durch die „Schuppigkeit" bestimmt. Auf diesem Prinzip durchgeführte Messungen der „Schuppigkeit" verschiedener

[1] Speakman: Amer. Dyestuff Reep. Bd. 21 (1921) S. 214, 235. — Speakman, Stott und Chang: J. Textile Inst. Bd. 24 (1933) 273. T.

[2] Aus der Arbeit von Reumuth: Chem.-Ztg. Bd. 58 (1934) S. 345.

Wollen[1] ergaben jedoch, daß die Schuppigkeit nicht allein für die Walkfähigkeit maßgebend ist, sondern daß außerdem die Faserlänge und Faserfeinheit sowie die Kräuselung eine Rolle spielen[2]. Die Beziehung zwischen der Faserlänge und dem Verhalten bei der Walke ist eine komplizierte Funktion der Faser- und Garneigenschaften[3]. Da die Schuppigkeit eine Oberflächeneigenschaft ist, müssen ferner feine Wollen, die pro Gewichtseinheit eine größere Oberfläche haben, unter sonst gleichen Bedingungen schneller verfilzen und schrumpfen als gröbere Wollen. Speakman und Mitarbeiter konnten dies experimentell bestätigen. Sie fanden nämlich, daß ein Zusatz eines kleinen Gewichtsanteils einer feinen Wolle zu einer groben Wolle eine viel größere Änderung der Walkeigenschaften hervorruft, als ein entsprechender Zusatz einer groben zu einer feinen Wolle. Durch Behandlung mit verdünntem Wasserstoffsuperoxydlösungen im sauren Bade unter Mitverwendung von Katalysatoren läßt sich die Filz- und Walkfähigkeit der Wolle über das von Natur vorhandene Maß erhöhen[4].

Die Krumpfgeschwindigkeit hängt stark vom p_H ab, der in der Praxis durch Zusatz des sauren oder alkalischen Walkmittels eingestellt wird. Zwischen p_H 4 und 8, d. h. in der Stabilitätszone des Keratins (vgl. S. 17, 28) ist das Eingehen vom p_H unabhängig und erfolgt relativ langsam. Bei p_H 0,5—4 und 8—10 nimmt der Krumpfeffekt, mit steigender Azidität bzw. Alkalinität zu[1], oberhalb p_H 10 wieder ab. Bei gleichem p_H ist Essigsäure ein besseres Walkmittel als die Mineralsäuren[5]. Der symbate Anstieg der Quellung und der Krumpfkraft in einem gewissen p_H-Gebiet zu beiden Seiten des isoelektrischen Punktes des Wollkeratins hat einige Autoren dazu veranlaßt, die Quellung als den maßgebenden Faktor beim Walkprozeß zu betrachten. Die Existenz eines Maximums der Krumpfgeschwindigkeit bei p_H 10 beweist jedoch, daß die Quellung nicht von unmittelbarer Bedeutung ist; denn die Quellung nimmt mit wachsender Alkalität dauernd zu. Zunehmende Azidität oder Alkalität erhöht also die Krumpfgeschwindigkeit nicht durch Veränderung der Quellbarkeit, sondern durch Veränderung der elastischen Eigenschaften der Wollfaser, und das Maximum bei p_H 10 beruht darauf, daß bei höheren p_H-Werten das Kontraktionsvermögen der Wollfaser abnimmt. Säuren haben dagegen die bemerkenswerte Eigenschaft, die Faserdehnung zu erleichtern, ohne das Kontraktionsvermögen zu beeinträchtigen[6]. Die Quellung dürfte allerdings insofern eine Rolle spielen, als sie die Oberflächenbeschaffenheit der Fasern und damit ihr Aneinanderhaften und Gleiten beeinflußt (vgl. auch Shorter, Arnold, Brauckmeyer, l. c., Götte und Kling[7]). Daß die Quellung nicht der maßgebende Faktor ist, geht auch aus der Wirkung von Neutralsalzen bei der sauren Walke, sowie aus dem Einfluß der Walktemperatur hervor. Zusatz von NaCl zu Salzsäurelösung drückt die Quellung der Wollfaser herab, vergrößert aber die Krumpfgeschwindigkeit bei Verwendung von HCl als Walkmittel.

Auch der Einfluß der Temperatur auf den Walkprozeß geht nicht den Veränderungen des Quellungsvermögens parallel, sondern ist bedingt durch die Temperaturabhängigkeit der Dehnbarkeit, des Kontraktionsvermögens und der Hysterese zwischen Dehnung und Kontraktion der Wollfaser. Der Walkeffekt vollzieht

[1] Speakman und Stott: J. Textile Inst. Bd. 22 (1931) 339. T.

[2] Speakman: Amer. Dyestuff Rep. Bd. 21 (1932) S. 214, 235. — Speakman, Stott und Chang: J. Textile Inst. Bd. 24 (1933) 273. T.; vgl. auch Reiser: l. c.

[3] Speakman und Sun: J. Textile Inst. Bd. 27 (1936) 171. T.

[4] Brauckmeyer und Rouette: Melliand Textilber. Bd. 18 (1937) S. 222, 293; Rouette: Über die Erhöhung der Filz- und Walkfähigkeit der Wolle durch Beizen mit Wasserstoffsuperoxyd und die hierbei auftretenden Änderungen der Wolle. Würzburg 1937.

[5] Speakman: Textile World, Bd. 83 (1933) S. 1629. — Speakman und Stott: l. c. 1.

[6] Speakman: l. c. 2. [7] Götte und Kling: Koll.-Z. Bd. 62 (1933) S. 213.

sich unter sonst gleichen Bedingungen um so rascher, je leichter die Dehnbarkeit und je vollkommener die Elastizität der Wollfaser ist. Die Dehnbarkeit nimmt mit der Temperatur dauernd zu. Die Hysterese zwischen Dehnung und Kontraktion nimmt dagegen mit steigender Temperatur erst ab und erreicht bei 30° ein Minimum. Bis hierhin wird daher das Walken durch die mit der Temperatur zunehmende Dehnung und abnehmende Hysterese begünstigt. Zwischen 30 und 40° beginnt dagegen die Hysterese anzusteigen; die danach zu erwartende Beeinträchtigung des Walkeffekts wird aber durch die größere Zunahme der Dehnung mit steigender Temperatur kompensiert. Oberhalb 40° überwiegt dagegen die starke Zunahme der Hysterese die steigende Dehnung, so daß die Walkgeschwindigkeit bei 43,5° ein Maximum durchläuft[1].

Die bekannte Anwendung des Chlorens zur Erzielung von Krumpffreiheit ist schon von älteren Autoren auf die Zerstörung der Schuppenschicht durch die Einwirkung des Chlors oder Hypochlorits zurückgeführt und zugleich als Beweis für die „Schuppentheorie" des Filzvermögens betrachtet worden. Nach Brauckmeyer (l. c.) können allerdings schwach chlorierte Wollen, die unter dem Mikroskop noch die völlig normale Schuppenstruktur zeigen, bereits die Fähigkeit verloren haben, bei der Walke zu filzen und einzuspringen. Brauckmeyer erklärt dies damit, daß schon eine milde Chloreinwirkung das „Keratin C" der Fibrillenschicht derart chemisch verändert, daß die Quellungsverhältnisse grundlegend andere werden. Weitere Möglichkeiten zur Erzielung von Krumpffreiheit bei der Walke bieten sich nach Speakman, Stott und Chang[2] in einer Beeinflussung der elastischen Eigenschaften der Wollfaser durch Behandlung der Wolle mit einem Reagens, das die Fähigkeit besitzt, neue Bindungen zwischen den Peptidketten zu bilden, die sich der Faserdehnung entgegensetzen, indem sie die Auffaltung der Ketten verhindern oder verzögern; bisher scheint nur ein Mittel von diesem Typ bekannt zu sein, Perminal NF. Andere Mittel, die zur Herabsetzung des Eingehens benutzt werden, wirken in einer hiervon durchaus verschiedenen Weise; es sind Puffersubstanzen, die den p_H einer Seifenlösung auf den Bereich 4—8 einstellen, wo die Krumpfgeschwindigkeit am geringsten ist.

Es ist bisher nicht gelungen, künstliche Fasern herzustellen, die sich in der Walke den Wollfasern analog verhalten. Nach den heutigen Kenntnissen wäre hierzu erforderlich, daß die Kunstfaser nicht nur eine Art Schuppenstruktur besitzt, sondern auch der Wolle ähnliche elastische Eigenschaften aufweist[3]. Die elastischen Eigenschaften der bisherigen Kunstseiden und Kunstfasern (Zellwollen), die aus regenerierter Zellulose oder aus Zelluloseazetat bestehen, sind aber von denjenigen der Wolle erheblich verschieden. Bei der Walke von Wollgeweben, die Zellwolle, z. B. in Höhe von 20—25%, als Beimischung enthalten, besteht die eigentliche Filzdecke fast ausschließlich aus Wollfasern, indem die Zellwollfasern im wesentlichen ihre Lage im Garnverband beibehalten, während die Wolle wandert und hierbei die Zellwollfasern überdeckt[4].

Verbrennungswärme. Die Verbrennungswärme reiner Wolle beträgt nach Päßler und König[5] 5498,8 cal/g ± 0,55%; früher hatte Stohmann[6] einen Wert von $55{,}10^2$ cal/g ± 2,6‰ angegeben.

[1] Speakman: Amer. Dyestuff Rep. Bd. 21 (1932) S. 214, 235. — Speakmann, Stott und Chang: J. Textile Inst. Bd. 24 (1933) 273. T.; übereinstimmend mit älteren Beobachtungen von Harrison, der ein Optimum bei 46—49° fand.

[2] Speakman, Stott und Chang: l. c.; vgl. auch Speakman: Wool Rec. Text. World Bd. 43 (1933) S. 205, 263.

[3] Speakman: Amer. Dyestuff Rep. Bd. 21 (1932) S. 214, 235. — Brauckmeyer: l. c.

[4] Brauckmeyer: l. c. Ältere Versuche über die Walke von Wolle-Stapelfaser-Gemischen vgl. Mang: Melliand Textilber. Bd. 4 (1923) S. 327.

[5] Päßler und König: Z. angew. Chem. Bd. 44 (1931) S. 288.

[6] Stohmann und Langbein: J. prakt. Chem. Bd. 44 (1891) S. 372.

Elektrische Eigenschaften. Hinsichtlich des Gleichstromwiderstandes verhalten sich Wollfasern bei kleineren Stromdichten wie normale Leiter mit sehr hohem Widerstande. Der Widerstand ist gegen kleine Änderungen der atmosphärischen Feuchtigkeit sehr empfindlich; die Wirkung der Feuchtigkeit ist bei schwefelreicher und schwefelarmer Wolle von sehr ähnlichem Charakter. Durch Dämpfen ohne Spannung wird der spez. Widerstand nicht verändert, durch Dämpfen unter geringer Spannung um ca. 60% erhöht. Unter Wasser verstreckte und dann gedämpfte Wolle zeigt einen erheblich höheren Widerstand; zwischen der Widerstandszunahme und der prozentualen Dehnung besteht aber anscheinend keine Beziehung. Zwischen dem Schwefelgehalt und dem spezifischen Widerstand besteht kein bestimmter Zusammenhang; die schwefelreichsten Wollen neigen jedoch zu hohem Widerstande[1]. Marsh und Earp[1] nehmen eine longitudinale Leitung durch Wasserkanäle von verschiedenem Querschnitte an; bei Abnahme des Wassergehaltes werden zuerst die weitesten Kanäle, und zwar an den weitesten Stellen zerstört.

Die Dielektrizitätskonstante des fettfreien Wollhaares beträgt nach Holl[2] $\sim 7{,}5$.

In Lösungen von $p_H > 3{,}3$—3,4 ist Wolle gegenüber der Lösung negativ geladen, bei $p_H < 3{,}3$—3,4 positiv geladen[3]. Elektrophorese-Untersuchungen an Suspensionen zermahlener Wolle in Pufferlösungen von verschiedenem p_H ergaben, daß die Beweglichkeit der Wollpartikeln von ihrer Größe und Form unabhängig ist[4]. — Über das elektrokinetische Potential von Wolle nach der Strömungspotentialmethode gemessen vgl. Andô[5].

Wärmeleitvermögen. Das Wärmeleitvermögen der Wolle bei gewöhnlicher Temperatur beträgt ca. 0,00008—0,00009 cal/cm sec. Grad[6] und ist erheblich geringer als das von Zellulosefasern. Das Warmhaltungsvermögen wollener Gewebe beruht jedoch nur z. T. auf dem niedrigen Wärmeleitvermögen der Wollsubstanz, sondern auch auf der Schuppenstruktur und der Kräuselung des Wollhaares, die die Bildung isolierender Lufträume im Garn und Gewebe und zwischen Hautoberfläche und Gewebe begünstigen[7]. Web- oder Wirkwaren aus modernen Kunstfasern, insbesondere aus dem ebenfalls schlecht wärmeleitenden Zelluloseazetat (Acelan, Drawinella[8], Rhodiazellwolle[9]), denen durch besondere Spinnverfahren eine wollähnliche Beschaffenheit erteilt worden ist, stimmen unter sonst gleichen Bedingungen bezüglich Webart, Gewebedicke, Luftbewegung usw. mit Wollwaren im Warmhaltungsvermögen praktisch überein.

Adsorption von Wasserdampf und Dämpfen organischer Flüssigkeiten. An feuchter Luft nimmt Wolle eine mit der relativen Luftfeuchtigkeit steigende Menge Wasser auf[10]; die bei normaler Luftfeuchtigkeit (65% relative Feuchtigkeit)

---

[1] Marsh und Earp: Trans. Far. Soc. Bd. 29 (1933) S. 173; vgl. auch Murphy und Walker: J. physic. Chem. Bd. 32 (1928) S. 1761. Hedges: J. Textile Inst. Bd. 18 (1927) 350. T.

[2] Holl: Helv. chim. Acta Bd. 19 (1936) S. 281.

[3] Harris: Amer. Dyestuff Rep. Bd. 21 (1932) S. 78; Bd. 22 (1933) S. 81; vgl. auch Hawley und Harris: Amer. Dyestuff Rep. Bd. 19 (1930) S. 720; Gee und Harrison, Trans. Far. Soc. Bd. 6 42 (1910).

[4] Harris: Amer. Dyestuff Rep. Bd. 21 (1932) S. 399.

[5] J. Chem. Soc. Japan Bd. 55 (1934) S. 968.

[6] Landolt-Börnstein: Physikalisch-chemische Tabellen.

[7] Marsh: Proc. Physic. Soc. Bd. 42 (1929/30) S. 570; J. Textile Inst. Bd. 22 (1930) T. 245; Speakman und Chamberlain: J. Textile Inst. Bd. 21 (1930) T. 29; Chamberlain: J. Soc. Chem. Ind. Bd. 51 (1932) T. 89; Krüger: Klepzigs Textil-Z. Bd. 39 (1936) S. 593.

[8] Krüger: Klepzigs Textil Z. Bd. 40 (1937) S. 602.

[9] Lehmann und Braun, Melliand Textilber. Bd. 18 (1937) S. 202.

[10] Shorter und Hall: J. Textile Inst. Bd. 15 (1924) 305. T. — Hedges: Trans. Faraday Soc.

bei 20° aufgenommene Wassermenge beträgt ~ 17%[1]. Die Wasseradsorption nimmt zunächst mit steigender Temperatur ab, oberhalb 40° jedoch wieder zu, offenbar infolge Bildung neuer adsorptionsfähiger Oberflächen[2]. Die Wasseraufnahme durch Wolle an feuchter Luft zeigt eine merkliche Hysterese, d.h. der Feuchtigkeitsgehalt der Wolle bei einem bestimmten Wert der relativen Luftfeuchtigkeit hängt davon ab, von welcher Seite (steigende oder fallende Luftfeuchtigkeit) dieser Wert erreicht wurde[3]; die Größe der Hysterese der Feuchtigkeitsadsorption fällt mit steigender Temperatur[4]. Die von Wolle aus mit Wasserdampf gesättigter Luft und aus flüssigem Wasser aufgenommenen Wassermengen sind gleich[5]. — Über die Bedeutung der Feuchtigkeitsadsorption der Wolle in der Veredlungs- und Ausrüstungsindustrie vgl. Speakman[6].

Die Benetzungswärme beträgt für trockene Wolle 24,1 kal/g und fällt mit steigendem Feuchtigkeitsgehalt der Wolle auf 3,3 kal/g bei 17,8% Feuchtigkeitsgehalt[7]. Die Form der Kurven, die die Veränderung des Feuchtigkeitsgehaltes der Wolle und der Benetzungswärmen in Abhängigkeit von der relativen Luftfeuchtigkeit zeigen, weist darauf hin, daß die Feuchtigkeitssorption in mehreren Stufen erfolgt[8]; eine kleine Menge Wasser ist besonders hartnäckig, wahrscheinlich „chemisch" gebunden und wird erst bei Temperaturen oberhalb der gewöhnlichen Trockentemperatur abgegeben. Vollständig trockne Wolle ist ein sehr wirksames Trockenmittel[9].

Zwischen 5 und 55° nimmt bei niedrigen Wasserdampfpartialdrucken die adsorbierte Wassermenge mit steigender Temperatur linear ab; bei einem Partialdruck von 0,975 zeigt dagegen die Isobare bei etwa 43° ein Minimum, d.h. die Qellung der Wolle hat etwa bei dieser Temperatur ein Minimum[10]. Wird Wolle mit einem unterhalb der Sättigung liegenden Feuchtigkeitsgehalt getrocknet, so fällt das Adsorptionsvermögen für Wasser mit steigender Trockentemperatur. Diese Abnahme tritt bei teilweiser oder vollständiger Trocknung ein, aber nicht beim Trocknen von der Sättigung aus, noch beim Erhitzen von Wolle, die bei niedriger Temperatur getrocknet wurde. Bei Wolle, die bei hoher Temperatur getrocknet war, wird die normale Affinität für Wasser wiederhergestellt, wenn man die Wolle Sättigung mit Wasserdampf erreichen läßt. Das verringerte Adsorptionsvermögen von Wolle, die über Wasser auf hohe Temperatur erhitzt wurde, ist irreversibel[11].

Durch Behandlung mit Formaldehyd wird nach Speakman[12], entgegen den Angaben von Trotman[13] die Affinität der Wolle für Wasser nicht merklich herabgesetzt. Auch „Diazotierung" verringert die Affinität der Wolle bei

Bd. 22 (1926) S. 178; J. Textile Inst. Bd. 18 (1927) 350. T. — Speakman: Trans. Farady Soc. Bd. 25 (1929) S. 92; J. Soc. chem. Ind. Bd. 49 (1930) 209. T.; vgl. auch Goodings: Amer. Dyestuff Rep. Bd. 24 (1935) S. 109. — Oguri: J. Soc. chem. Ind. Japan Bd. 35 (1932) B. 478, B. 507. — Sobue und Nagano: J. Soc. chem. Ind. Japan Bd. 36 (1933) B. 475.

[1] Vgl. Obermiller: Z. angew. Chem. Bd. 39 (1926) S. 46.

[2] Speakman: J. intern. Soc. Leather Trades Chem. Bd. 17 (1933) S. 229; J. Soc. Dyers Col. Bd. 49 (1933) S. 180; vgl. auch Goodings: l. c.

[3] Speakman: Trans. Faraday Soc. Bd. 25 (1929) S. 92; J. Soc. chem. Ind. Bd. 49 (1930) 209. T. — Speakman und Cooper: J. Textile Inst. Bd. 27 (1936) 183. T.

[4] Goodings: l. c. [5] King: J. Textile Inst. Bd. 17 (1926) 53. T.

[6] Speakman: J. Textile Inst. Bd. 24 (1933) 166. T. [7] Hedges: l. c.

[8] Hedges: l. c. — Speakman: l. c. — King: Trans. Faraday Soc. Bd. 25 (1929) 451. — Fisher: Proc. Roy. Soc., Lind. Bd. A. 103 (1923) S. 139, 664.

[9] Vgl. Obermiller und Goertz: Melliand Textilber. Bd. 7 (1926) S. 71. — Hedges: J. Textile Inst. Bd. 18 (1927) 350. T.

[10] Speakman und Cooper: J. Textile Inst. Bd. 27 (1936) 191. T.

[11] Speakman und Stott: J. Textile Inst. Bd. 27 (1936) 186. T.

[12] Speakman: J. Soc. chem. Ind. Bd. 49 (1930) 209. T.

[13] Trotman: J. Soc. Dyers. Col. Bd. 44 (1928) S. 49.

niedrigen Werten der relativen Feuchtigkeit nicht vorzugsweise[1]. Speakman schließt daraus, daß die freien Aminogruppen bei der Wasseradsorption durch unbehandelte Wolle eine relativ unbedeutende Rolle spielen. Mit Natriumsulfid bis zu einem Gewichtsverlust von 57% behandelte Wolle besitzt bis zu relativen Feuchtigkeiten von 75% noch dieselbe Affinität für Wasser als unbehandelte[2]. Dies kann damit erklärt werden, daß die Mizellen der Wollfaser Lamellen sind, die durch Natriumsulfid derart angefressen werden, daß das Verhältnis zwischen Oberfläche und Masse unverändert bleibt[2].

Aus den gesättigten Dämpfen werden bei 25° 26,3% Methylalkohol, 21,3% Äthylalkohol und weniger als 0,5% Benzol aufgenommen; die Aufnahme von Alkoholdampf fällt mit steigender Temperatur[3]. Alkohol wird von Wolle sehr hartnäckig festgehalten, was nach Speakman[4] vielleicht auf der Bildung von Estern nach dem Schema:

$$-CO-NH- \;+\; CH_3OH \rightarrow -\underset{OCH_3\;\;OH}{\overset{}{C}}-NH \rightarrow \underset{OCH_3}{C}=O \;+\; -NH_2$$

beruht.

Quellung. Die Fähigkeit der Wollfaser, in Wasser und wäßrigen Lösungen, sowie auch in einigen organischen Flüssigkeiten zu quellen, d.h. unter Volumenvergrößerung Wasser, Alkohol u.a. aufzunehmen, ist bedingt durch die Affinität gewisser Gruppen des Keratinmoleküls für Wasser, hydroxylhaltige organische Verbindungen usw., und durch die Fähigkeit der Flüssigkeitsmoleküle, in die innere Struktur des Haares einzudringen, d.h. durch ihre Molekulargröße. Die Affinität des Keratins für Wasser beruht, wie bei anderen Proteinen, auf der koordinativen Bindung von Wassermolekülen mit O-, N- und H-Atomen der OH-, COOH-, Amino- und in geringerem Umfange der Imino- und Ketogruppen der Peptidketten; infolge der kompakten, orientierten Struktur und wegen der Existenz von Brückenbindungen zwischen den Peptidketten ist jedoch die Hydratationsfähigkeit bei Wolle im Vergleich zu Eialbumin, Gelatine oder anderen löslichen Proteinen gering[5].

Bei der Quellung der Wolle in reinem Wasser ist die Längenänderung nur gering[6]; die Zunahme des Querschnitts beträgt etwa 32%[7]. Die Porengröße der Wollfaser (beurteilt nach der Fähigkeit organischer Verbindungen, in die Faser einzudringen) wird dagegen durch Quellung in Wasser erheblich (auf etwa 40 Å) erhöht[8]. Nur so ist es möglich, daß Farbstoffe, Öle, höhermolekulare Textilhilfsmittel usw., mit denen die Wolle im Verlauf der Ausrüstungsprozesse in Berührung kommt, überhaupt in die Faser einzudringen vermögen; trockene Wolle ist für Moleküle, die größer sind als n-Propylalkohol, undurchlässig[8]. Die starke Zunahme der Porengröße bei verhältnismäßig geringer Querschnittszunahme weist nach Speakman in Übereinstimmung mit den röntgenographischen Untersuchungen darauf hin, daß bei der Quellung in Wasser bei gewöhnlicher Temperatur die Wassermoleküle im wesentlichen zwischen die Mizellen, nicht in die Mizellen gehen. Bei der Quellung in verdünnten NaOH-Lösungen dringt dagegen NaOH in die Mizellen ein und drängt die Polypeptidketten auseinander, derart, daß nunmehr auch Wasser in die Mizellen selbst eindringen kann[9]. Mit sehr ver-

[1] Speakman: J. Soc. chem. Ind. Bd. 49 (1930) 209. T.
[2] Speakman: J. Soc. chem. Ind. Bd. 50 (1931) 1. T.
[3] King: J. Textile Inst. Bd. 17 (1926) 53. T.
[4] Speakman: Trans. Faraday Soc. Bd. 26 (1930) S. 61.
[5] Vgl. Lloyd und Philipps: Trans. Faraday Soc. Bd. 29 (1933) S. 132.
[6] Vgl. Speakman: Trans. Faraday Soc. Bd. 25 (1929) S. 92.
[7] Speakman: l. c. — Norris: Trans. Faraday Soc. Bd. 28 (1932) S. 618.
[8] Speakman: Nature, Lond. Bd. 126 (1930) S. 565; Proc. Roy. Soc., Lond. Bd. A. 132 (1931) S. 167. [9] Vgl. auch Astbury und Lomax: J. chem. Soc., London (1935) S. 846.

dünnter NaOH behandelte, noch feuchte Wolle quillt daher in Wasser stärker als unbehandelte; wird die Wolle jedoch nach der NaOH-Behandlung mit Glyzerin entwässert, so kehrt sie zu ihrem ursprünglichen niedrigeren Quellungsvermögen zurück, vorausgesetzt, daß die NaOH-Konzentration zu niedrig war, um merkliche bleibende Schädigung der Wollfaser hervorzurufen[1]. Wolle, die um 30% gedehnt und dann gedämpft worden ist („bleibende Einstellung")[2] quillt in Wasser stärker als unbehandelte Wolle, weil die gestreckten Ketten des β-Keratins durch Wasser leichter angreifbar sind als die gefalteten Ketten des α-Keratins. Durch Behandlung mit NaOH, Belichtung usw. geschädigte Wolle quillt stärker als ungeschädigte[3]. Die anfängliche Sorption von Wasser durch Wolle ist von einer erheblichen scheinbaren Kontraktion des gesamten Systems begleitet[4].

In sauren oder alkalischen Lösungen quillt Wolle stärker als in reinem Wasser oder in Lösungen, deren p_H dem isoelektrischen Punkt oder der „isoelektrischen Zone" des Wollkeratins entspricht. Die stärkere Quellung der Wolle und anderer Proteingele und -gewebe in Säure- oder Alkalilösungen beruht hauptsächlich auf den osmotischen Kräften, die infolge der Salzbildung zwischen den basischen oder sauren Gruppen des Proteinmoleküls und der Säure oder Base auftreten[5]. Nach der Procter-Wilsonschen Quellungstheorie[6] liegen hier Verhältnisse vor, die dem Donnanschen Membrangleichgewichte entsprechen; die bei der Reaktion zwischen Protein und Säure gebildeten Proteinkationen sind fest in der Proteinstruktur gebunden, und dies Gebundensein übt dieselbe Wirkung aus, als wenn die Proteinkationen von einer Membran nicht durchgelassen würden; die Aufnahme von Flüssigkeit durch das quellende Proteingel entspricht somit der Flüssigkeitsaufnahme bei der Osmose eines Sols mit großen Kolloidteilchen. Bezeichnet man z. B. bei der Quellung der Wolle in Salzsäurelösung die Gleichgewichtskonzentrationen der verschiedenen Ionen innerhalb der Faser und im Medium entsprechend dem Schema:

innen	außen
z Wollkation	x H˙
z Cl	x Cl′
y H˙	
y Cl′	

so ist nach der Donnanschen Theorie: $x^2 = y\,(y + z)$. Der Überschuß diffusibler Ionen innerhalb der Faser bestimmt den Umfang der Quellung und ist durch den Ausdruck:

$$e = 2y + z - 2x = \frac{(x - y)^2}{y}$$

gegeben. Mit schwachen Säuren bildet Wolle hoch dissoziierte Salze, die die Dissoziation der freien Säure in der Faser noch mehr herabdrücken, so daß y klein und $(x - y)$ groß ist. Die Größe e ist daher ebenfalls groß und die Quellung sehr stark. In Lösungen starker Säuren geht infolge Zurückdrängung der Dissoziation des gebildeten Proteinsalzes die Quellung mit fallendem p_H durch ein Maximum. Dies von der Procter-Wilsonschen Theorie vorausgesagte Auftreten eines Maximums (bei p_H etwa 1) konnten Speakman und Stott[7] bei der Quellung von Cotswold-Wolle in Lösungen starker Säuren bestätigen (vgl. Abb. 10). Daß die

[1] Norris, Trans. Faraday Soc. Bd. 28 (1932) S. 618. [2] Vgl. S. 27.
[3] Vgl. v. Bergen: Melliand Textilber. Bd. 6 (1925) S. 745. — Norris: l. c. 1.
[4] King: J. Textile Inst. Bd. 17 (1926) 53. T.
[5] Vgl. auch Lloyd: Nature, Lond. Bd. 130 (1932) S. 24.
[6] Procter und Wilson: J. chem. Soc. Bd. 109 (1916) S. 307; vgl. auch Freundlich: Capillarchemie Bd. 2 (1932) S. 603.
[7] Speakman und Stott: Trans. Faraday Soc. Bd. 30 (1934) S. 539; vgl. auch Speakman: J. intern. Soc. Leathers Trades Chem. Bd. 17 (1933) S. 229.

Quellung von Wolle in HCl- und H_2SO_4-Lösungen sehr ähnlich ist, d.h. daß sich Schwefelsäure in bezug auf die Quellung gegenüber Wolle wie eine einbasische Säure verhält, ist nach Speakman und Stott in der Struktur der Wolle begründet; da die basischen Seitenketten der Peptidketten etwa 17 Å entfernt sind, so ist es der Schwefelsäure nicht möglich, sich mit zwei Seitenketten zu verbinden.

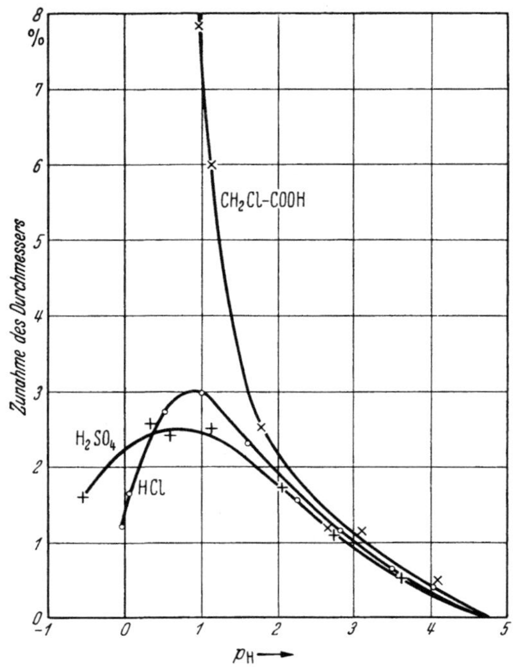

Abb. 10.

Daß die Wolle nicht ein scharfes Quellungsminimum bei einem bestimmten p_H (isoelektrischer Punkt), sondern eine Zone minimaler Quellung bei p_H etwa 5—7 aufweist, hängt wahrscheinlich mit der Existenz von Brückenbindungen zwischen den Peptidketten zusammen[1]. Die Einstellung des Quellungsgleichgewichtes erfolgt erst nach einer beträchtlichen Zeit[2].

Ein ähnliches Sorptionsvermögen wie für Wasser besitzt Wolle auch gegenüber einigen organischen Flüssigkeiten. King[3] hat das Sorptionsvermögen von Wolle für organische Flüssigkeiten auf Grund der Unterschiede zwischen der wahren Dichte der Wolle und der mit diesen Flüssigkeiten als Immersionsmittel beobachteten scheinbaren Dichte beurteilt. Methylalkohol und Äthylalkohol werden danach ähnlich wie Wasser sorbiert, Amylalkohol etwas; aus wäßrigem Alkohol wird sowohl Wasser als auch Alkohol aufgenommen. Speakman[4] fand bei Untersuchung der elastischen Eigenschaften von Wolle in verschiedenen organischen Flüssigkeiten (die keine bleibende Veränderung des Keratinmoleküls hervorrufen), daß Wolle für hydroxylhaltige organische Stoffe, deren Moleküle klein genug sind, um in die Poren der Fasern einzudringen (Methylalkohol, Äthylalkohol, Äthylenglykol), ein ähnliches Solvatationsvermögen zeigt, als für Wasser. Die Reaktion der Alkohole mit Wolle besteht wahrscheinlich wie bei Wasser in einer Öffnung koordinativer Bindungen zwischen den Hauptketten, einer Lösung von Anhydridbindungen zwischen den Hauptketten und in der Anlagerung von Wasser an Polypeptidbindungen benachbarter Moleküle.

D. Chemisches Verhalten der Wolle.

1. Verhalten der Wolle gegen Wasser und Wasserdampf.

Wolle gibt schon an kaltes Wasser Spuren löslicher Substanz ab; beim Kochen mit Wasser gehen peptonartige organische Substanzen, die sog. ,,Woll-

[1] Vgl. auch Lloyd: Nature, Lond. Bd. 130 (1932) S. 24. — Speakman: J. Soc. Dyers Col. Bd. 49 (1933) S. 180. — Speakman und Hirst: Trans. Faraday Soc. Bd. 29 (1933) S. 148.

[2] Vgl. Elöd, Silva und Schroers: Melliand Textilber. Bd. 11 (1930) S. 382.

[3] King: J. Textile Inst. Bd. 17 (1926) 53. T.

[4] Speakman: Trans. Faraday Soc. Bd. 26 (1930) S. 61.

gelatine" in Lösung, die die Biuret-Reaktion zeigen[1]. Nach Carter[1] beträgt der mittlere Gewichtsverlust bei gereinigter Wolle 1,65%, nach Pässler und König[2] 1,4%. Der unlösliche Anteil ist physikalisch und chemisch nicht wesentlich verändert, wenn auch längeres Kochen eine bräunlich-gelbe Verfärbung der Fasern herbeiführt und geringe Änderungen der Schuppenstruktur, ein erhöhtes Anfärbevermögen und Festigkeitsverluste[3] auftreten können. Das System Wolle — Wasser zeigt auch bei 100° keine ausgesprochenen Reduktionswirkungen. Beim Kochen der Wolle mit Wasser werden kleine Mengen Schwefelwasserstoff entwickelt; die H_2S-Entwicklung verläuft zuerst rasch, wird dann bei fortgesetztem Kochen unter Wasserwechsel immer langsamer und hört schließlich praktisch vollständig auf[4]. Der Entwicklung von H_2S läuft eine Entwicklung von NH_3 parallel[5]. Nach Speakman und Cooper[6] entstehen beim Kochen der Wolle mit Wasser R—SH-Gruppen. Clayton[4] konnte diese Auffassung nicht bestätigen. Nach Clayton rührt das entwickelte H_2S vielleicht von Spuren von Cysteinresten her, die im Faserkomplex in solcher Weise eingebettet sind, daß sie der Einwirkung des Luftsauerstoffes widerstehen und nicht die bekannten spezifischen Farbreaktionen geben; mit H_2O_2 gut gebleichte Wolle, in der diese aktiven Gruppen oxydiert sind, gibt beim Kochen keine H_2S-Entwicklung. Nach Schöberl[4] färbt sich die längere Zeit mit Wasser in Stickstoff-Atmosphäre gekochte Wollfaser beim Kochen mit Wasser unter Zusatz von p-Hydrazinobenzoesäure intensiv gelb. Wahrscheinlich hat sich auf der Faser ein gelbes Hydrazon gebildet, indem nach dem Schema:

$$R \cdot S - S \cdot R + HOH \rightleftarrows R \cdot SH + HO \cdot SR$$

das Keratin zunächst zu einer Sulfhydrylverbindung und einer Sulfensäure hydrolysiert wurde und dann durch Abspaltung von H_2S aus der Sulfensäure Ketogruppen auf der Wollfaser entstanden.

Die ,,Wollgelatine" reagiert auch bei der Herstellung aus sorgfältigst gereinigter Wolle alkalisch, aber beim Erhitzen ihrer konzentrierten Lösung mit Natronlauge entsteht kein NH_3. Die Wollgelatine hat nur sehr schwach reduzierende Eigenschaften, entfärbt saure Permanganatlösung nur langsam beim Kochen und wird durch siedende Chromsäurelösung nur sehr langsam angegriffen[7]. Bei den Beiz- und Färbeprozessen spielt wahrscheinlich die ,,Wollgelatine" eine wichtige Rolle.

Gegen Dampf ist Wolle noch viel empfindlicher als gegen heißes Wasser. Der Abbau der Wolle durch Dampf in Abhängigkeit vom Druck (1 Stde. bei 0—40 lbs.) und von der Einwirkungsdauer (1—5 Stdn. bei 10 lbs.) wurde von Walde, Barr und Edgar[8] durch Bestimmung des Gewichtsverlustes, des Stickstoff- und Schwefelgehaltes und der Naßreißfestigkeit verfolgt. Der Abbau nimmt mit dem Druck und mit der Behandlungsdauer zu und ist für Wolle größer als für Naturseide. Die mechanische Schädigung der Fasern setzt rascher ein als der Verlust

[1] Gardner und Carter: J. Soc. Dyers Col. Bd. 14 (1898) S. 167. — Gelmo und Suida Lehnes Färber-Ztg. Bd. 16 (1905) S. 295, 314; Mh. Chem. Bd. 27 (1906) S. 225. — Suida: Z. Farbenind. Bd. 6 (1907) S. 41. — Herz und Barraclough: J. Soc. Dyers Col. Bd. 26 (1909) S. 274; Bd. 26 (1910) S. 28. — Raynes: J. Textile Inst. Bd. 18 (1927) 46. T. — Nach Herz und Barraclough besteht die „Wollgelatine" aus drei Substanzen.

[2] Päßler und König: Z. angew. Chem. Bd. 44 (1931) S. 288.

[3] Vgl. Speakman: J. Textile Inst. Bd. 17 (1926) 457. T. — Harrison: Textile World Bd. 86 (1936) S. 244.

[4] Clayton: J. Soc. Dyers Col. Bd. 52 (1936) S. 86; vgl. auch Fort: J. Soc. Dyers Col. Bd. 32 (1916) S. 184. — Schöberl: Collegium Bd. 1936 S. 412.

[5] Schöberl: l. c. 4.

[6] Speakman und Cooper: Nature, Lond. Bd. 132 (1933) S. 930; vgl. auch Schöberl: l. c. 4.

[7] Gardner und Carter: l. c. 1.

[8] Walde, Barr und Edgar: Textile Res. Bd. 6 (1936) S. 235.

an Gewicht und an N oder S; offenbar geht die Zerstörung der Faserstruktur der Bildung löslicher Abbauprodukte voraus. Nach Reychler[1] tritt beim Erhitzen der Wolle mit Wasser unter Druck bei 130—135° eine tiefgreifende Strukturveränderung unter Volumenabnahme und Verlust der Doppelbrechung ein. Die Wolle gab dabei etwa 10% lösliche Substanzen ab; der unlösliche Anteil war nach dem Trocknen grau und pulverisierbar. Die hellgelben, neutralen oder schwach alkalischen Lösungen trübten sich auf Zusatz von etwas HCl, Essigsäure oder von viel NaCl und gaben mit Fuchsin, sowie mit Krystallponceau und Eosin in Gegenwart von etwas Säure stark gefärbte Niederschläge. Die von Trotman, Trotman und Sutton[2] nach zweistündigem Erhitzen von gereinigter Wolle (3,42% S) mit Wasser auf 2 at erhaltene Lösung schied beim Ansäuren und Koagulieren bei p_H 4—5 ein Protein mit 1,31—1,38% S ab, entsprechend der „Protein B"-Fraktion des Keratins (vgl. S. 13). Der unlösliche Rückstand, der aus den unangegriffenen Schuppen bestand, enthielt 2,42% S, war also nicht mit „Protein A" identisch. Offenbar war das Protein des Epithelium bei der Behandlung verändert worden.

Bei genügend hoher Temperatur und genügend hohem Druck läßt sich Wolle durch Wasser bzw. Wasserdampf vollständig in Lösung bringen. Dabei findet eine starke H_2S-Entwicklung statt.

2. Verhalten von Wolle gegen Säuren[3].

Allgemeines. Beim Einbringen von Wolle in Säurelösungen laufen verschiedene Vorgänge nebeneinander:

1. eine Aufnahme von Säuren durch die Wollfaser;
2. eine Quellung der Wollfaser[4];
3. ein hydrolytischer Abbau des Keratins.

Der Umfang dieser verschiedenen Vorgänge hängt von der Säurekonzentration, der Stärke der Säure, der Temperatur, sowie auch von der Art der Wolle ab. Die Einwirkung von Säuren auf Wolle ist sehr häufig untersucht worden, weil sie für die Wollverarbeitung in mehrfacher Hinsicht von Bedeutung ist; vor allem im Zusammenhang mit der Frage nach den Vorgängen beim Färben der Wolle mit Säurefarbstoffen, sowie im Hinblick auf die Vermeidung von Faserschädigungen bei der Behandlung von Wolle mit sauren Bädern.

Die Aufnahme von Säuren durch Wolle. Schon Chevreul[5] beobachtete, daß Wolle in Säurelösungen eine gewisse Säuremenge aufnimmt. Seither haben eine Reihe von Forschern die Aufnahme verschiedener Säuren durch Wolle in Abhängigkeit von der Säurekonzentration quantitativ verfolgt[6]. Die von der Wolle aufgenommene Säuremenge wurde meist durch Titration der Säurelösungen vor und nach dem Einbringen der Wolle ermittelt. Hierbei besteht die Fehlerquelle, daß gewisse Mengen basischer Anteile der Wolle unter Bildung leicht hydrolysier-

---

[1] Reychler: Bull. Soc. chim. Belg. Bd. 29 (1929) S. 291.

[2] Trotman, Trotman und Sutton: J. Soc. chem. Ind. Bd. 45 (1926) 20. T.

[3] Zusammenfassung der Literatur vgl. Speakman: J. Soc. Dyers Col. Bd. 40 (1925) S. 408. — Mullin: Amer. Dyestuff Rep. Bd. 15 (1926) S. 751, 764, 779; Bd. 16 (1927) S. 515, 550. — Wilkinson und Tyler: J. Soc. Dyers Col. Bd. 44 (1929) S. 241.

[4] Vgl. S. 36.

[5] Chevreul: Dictionnaire Technologique Bd. 21 (etwa 1833) S. 365.

[6] Mills und Takamine: J. chem. Soc. Bd. 43 (1883) S. 142. — Fürstenhagen und Appleyard: J. Soc. Dyers Col. Bd. 4 (1888) S. 104. — Knecht: Chemiker-Ztg. Bd. 12 (1888) S. 1171. — Vorländer und Perold: Ann. Bd. 345 (1906) S. 288. — Vignon: Compt. rend. Bd. 143 (1906) S. 550. — Gelmo und Suida: Mh. Chemie Bd. 27 (1906) S. 225; Sitzungsber. Wiener Akad. mathem.-naturwiss. Kl. Bd. 115 Abt. II b (1906) S. 997. — Georgievics und Pollak: Mh. Chemie Bd. 32 (1911) S. 655. — v. Georgievics: Mh. Chemie Bd. 32 (1911) S. 1075; Bd. 33 (1912) S. 45; Bd. 34 (1913) S. 733, 751, 1851. — v. Georgivics und

barer, wie freie Säuren titrierbarer Salze in Lösung gehen[1]. Die hierfür bei gereinigter Wolle an der titrimetrischer gefundenen Restsäure anzubringende Korrektur beträgt nach K. H. Meyer[2] und Pässler und König[3] 0,005 bis 0,01 g-Äquivalent Säure bezogen auf 100 g Wolle.

Die Frage, ob die von der Wolle aufgenommene Säure chemisch oder adsorptiv gebunden ist, war lange Zeit strittig. Für das Vorliegen einer Adsorption sprachen sich vor allem v. Georgievics und Mitarbeiter (l. c.) aus. Nach v. Georgievics folgt die Aufnahme von Säuren durch Wolle bei niedrigen Konzentrationen dem einfachen, für die Verteilung eines gelösten Stoffes zwischen zwei Lösungsmitteln gültigen Gesetz;

$$c_1/c_2 = K$$

(c_1 und c_2 = Konzentrationen der Säure in der Lösung bzw. in der Faser); bei höheren Konzentrationen verläuft die Säureaufnahme gemäß der Boedekerschen Adsorptionsformel:

$$\frac{\sqrt[x]{c_1}}{c_2} = K,$$

wobei x von der Stärke der Säuren abhängt. Auch Paddon[4] schloß aus dem glatten Verlauf der Kurven, die die aufgenommenen Säuremengen als Funktion der Säurekonzentration zeigen, auf das Nichteintreten chemischer Bindung zwischen Säure und Wolle. Das Bestehen einer der Adsorptionsisotherme ähnlichen Beziehung zwischen Säureaufnahme und Säurekonzentration ist jedoch kein schlüssiger Beweis, daß es sich tatsächlich um einen Adsorptionsvorgang handelt. Eine ähnliche Kurvenform ist vielmehr auch dann zu erwarten, wenn es sich — wie im vorliegenden Falle — um eine polyvalente Base handelt, deren basische Gruppen verschieden stark sind und — abhängig vom p_H — nacheinander in Reaktion treten[5].

Die Auffassung, daß die Aufnahme von Säuren durch Wolle ein chemischer Vorgang ist, findet sich schon bei Chevreul und bei Knecht. Nachdem

---

Dietl: Mh. Chemie Bd. 35 (1914) S. 643; Kolloid-Z. Bd. 10 (1912) S. 31; Bd. 14 (1914) S. 69. — Georgievics und Dietl: Z. physik. Chem. Bd. 87 (1914) S. 669. — Dietl: Kolloid-Z. Bd. 14 (1914) S. 319; Kolloid-Beih. Bd. 6 (1914) S. 127. — Lloyd: J. Soc. Dyers Col. Bd. 28 (1912) S. 337. — Fort: J. Soc. Dyers Col. Bd. 29 (1913) S. 269. — Fort und Lloyd: J. Soc. Dyers Col. Bd. 30 (1914) S. 5; vgl. auch Fort: J. Soc. Dyers Col. Bd. 36 (1920) S. 78. — Harrison: J. Soc. Dyers Col. Bd. 36 (1920) S. 17. — Briggs und Bull: J. physic. Chem. Bd. 26 (1922) S. 845. — Ristenpart und Petzold: Leipzig. Mschr. Textil-Ind. Bd. 41 (1921) S. 242, 283, 321, 356. — Elöd: Kolloid-Beih. Bd. 19 (1924) S. 298. — Elöd und Silva: Z. physik. Chem. Bd. 137 (1928) S. 142. — Meyer, K. H.: Melliand Textilber. Bd. 7 (1926) S. 605. — Trotman, Trotman und Brown: J. Soc. chem. Ind. Bd. 47 (1928) 45. T. — Paddon: J. physic. Chem. Bd. 33 (1929) S. 1107. — Wilkinson und Tyler: J. Soc. Dyers Col. Bd. 44 (1929) S. 369. — Speakman und Hirst: Trans. Faraday Soc. Bd. 29 (1933) S. 148. — Krais, Markert und Viertel: Forschungsheft 14 (1933) des Dtsch. Forschungsinstitutes f. Textilind. Dresden. — Milton Harris: Amer. Dyestuff Reporfer Bd. 23 (1934) S. 224. Speakman und Stott: Trans. Faraday Soc. Bd. 30. (1934) S. 539; Bd. 31 (1935) S. 1425. — Speakman: J. Soc. Dyers Col. Bd. 49 (1933) S. 180. — Päßler und König: Z. angew. Chem. Bd. 41 (1931) S. 288. — Henning: Z. angew. Chem. Bd. 47 (1934) S. 771. — Mecheels und Goldschmidt: Melliand Textilber. Bd. 17 (1936) S. 495. 656, 877.

[1] Vgl. hierzu auch Gelmo und Suida: Mh. Chem. Bd. 26 (1906) S. 855. — Suida: Z. Farbenind. Bd. 6 (1907) S. 41. — Elöd: Kolloid-Beih. Bd. 19 (1924) S. 298. — v. Georgievics: Kolloid-Z. Bd. 39 (1926) S. 67. — Trotman, Trotman und Brown: l. c.

[2] Meyer, K. H.: Melliand Textilber. Bd. 7 (1926) S. 605.

[3] Päßler und König: Z. angew. Chem. Bd. 41 (1931) S. 288.

[4] Paddon: J. physic. Chem. Bd. 33 (1929) S. 1107.

[5] Vgl. auch K. H. Meyer: l. c. 2. — Speakman: J. Soc. Dyers Col. Bd. 40 (1925) S. 408.

durch die Arbeiten E. Fischers der Aufbau des Keratins, wie derjenige der anderen Eiweißstoffe, aus Aminosäuren bewiesen worden war, konnte diese chemische Theorie der Säureaufnahme im Sinne einer Salzbildung zwischen der Säure und basischen Gruppen — in erster Linie Aminogruppen — des Keratins näher entwickelt werden. Daß die Säureaufnahme der Säurestärke nicht streng parallel geht, wurde von Vorländer und Perold[1] damit erklärt, daß die Säureaufnahme — es handelt sich ja um eine heterogene Reaktion — durch Adsorption, Diffusion und Kapillarität beeinflußt wird. Suida[2] und Fort und Lloyd[3] nahmen an, daß der Salzbildung eine Freilegung der Aminogruppen durch eine gewisse hydrolytische Wirkung der Säure vorangeht.

Einen sehr wesentlichen Fortschritt für die Auffassung der Säureaufnahme durch Wolle als Salzbildung brachten dann die Untersuchungen von K. H. Meyer[3], der feststellte, daß die von Wolle aus verdünnten Säurelösungen gebundenen Säuremengen in allen Fällen einen Maximalwert erreichen, der auch bei wesentlicher Erhöhung der Säurekonzentration nahezu konstant bleibt und bei Angabe der gebundenen Säuremenge in Äquivalenten für alle Säuren ungefähr gleich ist: 100 g Wolle binden im Mittel 0,08 Äquivalent Säure, d.h. zur Bindung von 1 g-Äquivalent Säure sind etwa 1200 g Wolle notwendig[4]. Erst bei Säurekonzentration, bei denen die Wolle schon äußerlich sichtbar verändert wird (bei 50° und fünfstündiger Einwirkungsdauer von etwa $^1/_2$-n Lösungen aufwärts) tritt eine Erhöhung der Säureaufnahme über dies Maximum hinaus ein, wohl wegen Freilegung neuer basischer Gruppen durch beginnende Hydrolyse des Keratinmoleküls. Da die von K. H. Meyer benutzte Wolle 15% N (entsprechend 13 g-Äquivalent N in 1200 g Wolle) enthielt, zeigt somit nur der 13. Teil des vorhandenen N basische Eigenschaften, und auch diese säurebindenden stickstoffhaltigen Gruppen sind untereinander von verschiedener Basizität. Das Maximum der Säureaufnahme liegt nach Elöd bei $p_H = 1{,}2$; nach Speakman und Hirst[5] bei $p_H = 1{,}0$.

Bei der Aufnahme von Säuren durch Wolle stellt sich nach K. H. Meyer[3] ein hydrolytisches Gleichgewicht:

$$\text{Wolle} + \text{Säure} \rightleftarrows \text{Wollsalz} + \text{Wasser}$$

ein, wobei die Hydrolysenkonstante[6] von der Dissoziationskonstante der Säure und von der Temperatur abhängt. Durch genügend langes Waschen läßt sich danach die chemisch gebundene Säure wieder entfernen[7].

Da das Wollkation nicht diffusibel ist, sondern örtlich festgelegt ist, sind bei der Salzbildung von Wolle mit Säuren die Voraussetzungen für das Auftreten von Donnan-Gleichgewichten[8] erfüllt. Unter Berücksichtigung der Ausbildung solcher Gleichgewichte lassen sich sowohl die Erscheinungen bei der Quellung der Wolle in Säurelösungen als auch die Vorgänge beim Färben der Wolle mit Säurefarbstoffen im sauren Bade verstehen.

---

[1] Vorländer und Perold: Ann. Bd. 345 (1906) S. 288.

[2] Gelmo und Suida: Mh. Chemie Bd. 26 (1905) S. 413, 855; Bd. 27 (1906) S. 225, 1193. — Suida: Z. angew. Chem. Bd. 22 (1909) S. 2131; Z. Farbenind. Bd. 6 (1907) S. 41. — Gelmo und Suida: Lehnes Färber-Z. Bd. 16 (1905) S. 295.

[3] l. c. S. 41.

[4] Vgl. auch Porai-Koschitz: Z. physik. Chem. Bd. 245 (1933) S. 179.

[5] Speakman und Hirst: Trans. Faraday Soc. Bd. 29 (1933) S. 148.

[6] Da das Keratinmolekül basische Gruppen verschiedener Stärken enthält, ist natürlich das Massenwirkungs-Gesetz in seiner einfachen Form auf dieses Gleichgewicht nicht anwendbar.

[7] Über die schwere Auswaschbarkeit der Schwefelsäure vgl. S. 45; vgl. auch Suida: Z. Farbenind. Bd. 6 (1907) S. 41. — Lloyd: J. Soc. Dyers Col. Bd. 28 (1912) S. 337.

[8] Donnan: Z. Elektrochem. Bd. 17 (1911) S. 572; Chem. Rev. Bd. 1 (1925) S. 73.

Die Säure- und Alkaliaufnahme in Abhängigkeit vom p_H der Lösung wird nach Speakman und Stott[1] durch die Abb. 5 dargestellt. Vergleich der Titrationskurven des Wollkeratins mit den Kurven anderer Proteine weist nach Lloyd und Bidder[2] darauf hin, daß die Form der Titrationskurven von Proteine nicht allein von der Aminosäurekonstitution, sondern auch von der Kompaktheit der Faserstruktur abhängt. Nach Henning[3] findet erst bei p_H 5,8 keine Säureaufnahme mehr statt; zwischen dem Säurebindungsvermögen mit Seife—Soda gewaschener und mit organischen Lösungsmitteln behandelter Rohwollen besteht nach Henning kein Unterschied. Die Wollsalzbildung vollzieht sich nach Speakman[4] unter Öffnung von Salzbrückenbindungen zwischen benachbarten Polypeptidketten nach dem Schema:

$$R_1-COO-NH_3-R_2 + HCl = R_1COOH + R_2-NH_3Cl.$$

Wird die von der Wolle aufgenommene HCl-Menge gegen die durch Einlegen in HCl-Lösung bewirkte Herabsetzung der Dehnungsarbeit aufgetragen, so entsteht eine gerade Linie. Diese Tatsache, daß jedes aufgenommene HCl-Molekül zu der gesamten Verminderung der Dehnungsarbeit einen bestimmten Betrag liefert, ist nach Speakman und Hirst eine weitere Stütze für die chemische Auffassung der Säurebindung. Da das System Wolle + Säurelösung ein heterogenes System darstellt, muß allerdings der chemischen Reaktion eine Diffusion der Säuremoleküle an die Faseroberfläche und eine Adsorption an der Oberfläche vorangehen[5]. Nach S. R. Trotman, E. R. Trotman und Brown[6] hängt die Geschwindigkeit der chemischen Bindung der Säure von der Geschwindigkeit ab, mit der die Reaktionsprodukte durch den Oberflächenfilm aus adsorbierter Säure hindurchdiffundieren können.

Bereits Vignon[7] hatte festgestellt, daß beim Einbringen von tierischen Fasern in verdünnte Säurelösungen Wärme in kolorimetrisch meßbaren Mengen frei wird und aus der Größe der Wärmetönung auf chemische Umsetzung[8] geschlossen. Nach Pässler und König[9] geht sogar die Minderung des Energieinhalts, den die Wolle bei Säurebehandlung erfährt, z. T. weit über den der einfachen Neutralisation einer Base (Salzbildung mit den Aminogruppen) hinaus, besonders bei Schwefelsäure, Oxalsäure, Essigsäure und Pikrinsäure, d.h. bei den aktivsten Säuren. Pässler und König deuten dies damit, daß bei der Einwirkung der wäßrigen Säuren primär eine mehr oder weniger weitgehende, energieverzehrende, hydrolytische Aufspaltung von Polypeptidbindungen stattfindet. Eine ähnliche Auffassung hatten schon früher Gelmo und Suida vertreten[10].

Abbau der Wolle durch Säuren. Bei der Behandlung von Wolle mit Säurelösungen kann neben der Salzbildung zwischen der Säure und basischen Gruppen des Keratinmoleküls eine hydrolytische Spaltung der Polypeptidketten unter Bildung löslicher Abbauprodukte und eine sichtbare Veränderung der Struktur des Wollhaares, verbunden mit einer Abnahme der Faserfestigkeit stattfinden. Der Umfang dieser Schädigungen hängt von der Stärke und Konzentration der

---

[1] Speakman und Stott: Trans. Faraday Soc. Bd. 30 (1934) S. 539; vgl. auch Speakman und Hirst: l. c. S. 42.
[2] Lloyd und Bidder: Trans. Faraday Soc. Bd. 31 (1935) S. 864.
[3] Henning: Z. angew. Chem. Bd. 47 (1934) S. 771.
[4] Speakman und Hirst: Trans. Faraday Soc. Bd. 29 (1933) S. 148. — Speakman: J. Soc. Dyers Col. Bd. 49 (1933) S. 180.
[5] Vgl. auch Vorländer und Perold: Ann. Chem. Bd. 345 (1906) S. 288.
[6] J. Soc. chem. Ind. Bd. 47 (1928) 45. T.
[7] Vignon: Compt. rend. Bd. 110 (1890) S. 909.
[8] Vignon: Compt. rend. Bd. 143 (1906) S. 550.
[9] Päßler und König: Z. angew. Chem. Bd. 44 (1931) S. 288.
[10] l. c. S. 42.

Säure und von der Temperatur ab. Im allgemeinen ist Wolle gegen Säuren weniger empfindlich als pflanzliche Fasern. Hierauf beruht die Reinigung der Wolle durch Karbonisation.

Im Hinblick auf die Vorgänge beim üblichen Färbeprozeß mit Säurefarbstoffen sind die Veränderungen, die Wolle beim Kochen mit verdünnten Säurelösungen erleidet, von besonderem Interesse. Die Menge der hierbei in Lösung gehenden Abbauprodukte ist von verschiedenen Forschern untersucht worden[1]. Nach Barr und Edgar[1] verläuft die Gewichtsabnahme der Abnahme des Stickstoffgehaltes parallel; der Schwefel der Wolle wird durch zehnstündige Behandlung mit 0,25—8 normal HCl bei 25° oder durch einstündiges Kochen mit 0,25 bis 0,75 normal HCl nur unbedeutend entfernt. Ein empfindlicher Indikator für eine Säureschädigung der Wolle ist die Abnahme der Reißfestigkeit[2]. Die Säureschädigung der Fasern wird durch Zusatz von Neutralsalzen erhöht; die bekannte faserschonende Wirkung eines Zusatzes von Na_2SO_4 zu H_2SO_4-Lösungen beruht auf der Bildung von $NaHSO_4$-Ionen, durch die die Neutralsalzwirkung mehr als ausgeglichen wird[3]. Die Wollschädigung durch Säuren ist bei 100° sehr viel größer und verläuft viel rascher als bei 25°[4]. Die Behandlung der Wolle mit heißen verdünnten Säuren erhöht das Anfärbevermögen mit Säurefarbstoffen[5]. Beginnende Säureschädigung vermindert die Widerstandsfähigkeit der Wolle gegen Alkalien, indem in den heißen Säurebädern die Faserstruktur gelockert und weiteren Angriffen leichter zugänglich wird[6]. Man hat diese erst bei späteren Behandlungen der Wolle hervortretende Schädigung als „latente Schädigung" bezeichnet.

Über den Abbau der Wolle bei Einwirkung von verdünnten Säuren (HCl, Essigsäure) unter Druck vgl. Reychler[7].

Eine vollständige Auflösung der Wolle tritt auch mit konzentrierten Säuren nur schwer ein. So kann man z.B. Keratin bei 70 und 90° stundenlang mit 85proz. Phosphorsäure erhitzen, ohne daß alles in Lösung geht; nach zehnstündigem Erhitzen mit wasserfreier Ameisensäure auf 100° gehen nur 35% in Lösung. Die gelösten Anteile sind weitgehend hydrolytisch abgebaut[8].

Über die Totalhydrolyse des Keratins in die Aminosäurebausteine durch Behandlung mit überkonzentriertem HCl vgl. S. 14. Nach Rimington[9] verwandelt Säurehydrolyse den gesamten Schwefel der Wolle in Cystin. Über die Herstellung und Trennung schwefelhaltiger Spaltprodukte der Säurehydrolyse des Keratinmoleküls und den Schwermetallverbindungen der Abbauprodukte vgl. Wülfing[10].

Wolle färbt sich manchmal mit starker Schwefelsäure oder Salzsäure mehr oder minder deutlich rot[11]. Für das Zustandekommen der Reaktion ist nach

---

[1] Gelmo und Suida: Lehnes Färber-Ztg. Bd. 16 (1905) S. 295, 314. Mh. Chem. Bd. 27 (1906) S. 225. — Suida: Z. Farbenind. Bd. 6 (1907) S. 41. — Becke: Lehnes Färber-Z. Bd. 23 (1912) S. 66, 305, 327; Bd. 30 (1919) S. 101, 116. — Elöd: Kolloid-Beih. Bd. 19 (1924) S. 298. — Kühl: Z. ges. Textil-Ind. Bd. 34 (1931) S. 214. — Barr und Edgar: Jowa St. Coll. J. Sci. Bd. 10 (1926) S. 129.

[2] Vgl. auch Becke: l. c. 1. — Ristenpart und Petzold: Leipzig. Mschr. Textil-Ind. Bd. 49 (1934) S. 229. — Barr und Edgar: l. c. 1; vgl. auch S. 124.

[3] Kimmel: Bull. Soc. chim. Rom. Bd. 15 (1933) S. 121.

[4] Vgl. auch Elöd; Barr und Edgar: l. c. 1.

[5] Gelmo und Suida: Mh. Chem. Bd. 26 (1905) S. 855; Bd. 27 (1906) S. 225. — Suida: Z. angew. Chem. Bd. 22 (1906) S. 2131.

[6] Vgl. auch Becke: Lehnes Färber-Ztg. Bd. 30 (1919) S. 101, 116, 128.

[7] Reychler: Bull. Soc. chim. Belg. Bd. 29 (1929) S. 291.

[8] Grafe: Z. angew. Chem. Bd. 49 (1936) S. 303.

[9] Rimington: Biochem. J. Bd. 23 (1929) S. 41.

[10] Wülfing: D.R.P. 537 916 (1930); 578 828 (1932), und Zus. 588 710 (1932).

[11] Waentig: Text. Forschg. Bd. 1 (1919) S. 59.

Waentig die Gegenwart eines Kohlehydrats erforderlich; vielleicht reagiert ein Spaltprodukt oder Umwandlungsprodukt des Keratins mit Furfurol unter Farbstoffbildung.

3. Verhalten gegen einzelne Säuren.

Schwefelsäure. Für die Wollverarbeitung hat Schwefelsäure von allen Säuren die größte Bedeutung. Daher ist das Verhalten von Wolle gegen Schwefelsäure sehr häufig untersucht worden.

Die Aufnahme von Schwefelsäure durch Wolle in verdünnter wäßriger Lösung ist von einer Reihe von Forschern bestimmt worden[1]. Die Säureaufnahme nimmt mit der Temperatur zu; nach Pässler und König[2] wird bei 92° 8% mehr aufgenommen als bei 67°[3]. Nach Khovanskaya[4] hängt der chemische Verbrauch von Schwefelsäure durch verschiedene Wollen vom Wollfettgehalt, Kaliumgehalt und den mineralischen Verunreinigungen ab. Über die Aufnahme von Schwefelsäure aus alkoholischer Lösung vgl. Gelmo und Suida[5]. Die von der Wolle aufgenommene Schwefelsäure läßt sich durch Waschen mit Wasser nur langsam und unvollständig wieder entfernen[6]. Bei der in der Färberei üblichen Waschung wird nach Ristenpart und Petzold noch nicht ein Viertel der auf der Wolle vorhandenen Schwefelsäure ausgewaschen. Entgegen den Angaben von Becke[7] übt aber nach Ristenpart und Petzold[8] die beim sauren Färben angewandte und die nach dem Färben in der Wolle zurückbleibende Menge Schwefelsäure keinen nachteiligen Einfluß auf die Festigkeitseigenschaften aus, wenn nicht die Schwefelsäurekonzentration in der Praxis ungewöhnlich hohe Werte erreicht.

Bei den in der Färberei üblichen Konzentrationen besteht zwischen der Einwirkung von Schwefelsäure, Ameisensäure und Essigsäure auf die Reißfestigkeit der Wolle kein Unterschied[8]; erst oberhalb einer Konzentration von 9% Schwefelsäure tritt starker Festigkeitsabfall und zunehmender Substanzverlust ein. Die schwefelsäurehaltige und auf 100° erhitzte Wolle (wichtig für das Formen und die heiße trockene Appretur) verliert bei nachherigem Entsäuren mit Soda nochmal Substanz und zwar mindestens ebensoviel wie bei der vorhergehenden Kochung mit Schwefelsäurelösung[8].

Bei hohen Schwefelsäurekonzentrationen nimmt nach Trotman, Trotman und Brown[9] die Geschwindigkeit der Säureerschöpfung aus der Lösung ab, und 70proz. Schwefelsäure wirkt sehr wenig auf die Wolle ein. Wahrscheinlich ist bei 70proz. Säure die Viskosität des an der Faseroberfläche gebildeten Filmes aus adsorbierter Säure so groß, daß die Diffusion des gelösten Proteins praktisch unmöglich ist und die Wolle durch die Reaktionsprodukte vor dem weiteren

---

[1] L. c. S. 40; über die Aufnahme von H_2SO_4 beim Karbonisieren vgl. auch Ryberg: l. c. 3.

[2] Päßler und König: Z. angew. Chem. Bd. 44 (1931) S. 288.

[3] Vgl. auch Ryberg: Amer. Dyestuff Rep. Bd. 23 (1934) S. 230.

[4] Khovanskaya: Trans. Butlerov Inst. Chem. Tech. Kazan Nr. 2 (1934) S. 67; Chem.-Abstr. Bd. 29 (1935) S. 3521.

[5] Gelmo und Suida: Mh. Chem. Bd. 27 (1906) S. 225.

[6] Vgl. Gelmo und Suida: l. c. — Ristenpart und Petzold: Leipzig. Mschr. Textil-Ind. Bd. 41 (1926) S. 242, 283, 321, 356. — Päßler und König: l. c. 2. — Harris, Neville und Fritz: Bur. Stand. J. Res. Bd. 12 (1934) S. 803. — Vgl. jedoch Harrison: J. Soc. Dyers Col. Bd. 34 (1918) S. 57. — Nach Ryberg: Amer. Dyestuff Rep. Bl. 24. (1935) S. 142. entfernt 2proz. Na_2SO_4-Lösung beim Siedepunkt 25—30 % mehr H_2SO_4 aus carbonisierter Wolle als Wasser, bei gewöhnlicher Temperatur sind beide gleich wirksam.

[7] Becke: Melliand Textilber. Bd. 2 (1921) S. 194, 123, 230; Lehnes Färber-Z. Bd. 23 (1912) S. 66, 305, 327; Bd. 30 (1919) S. 101, 116, 128; D.R.P. 317 725 (1916).

[8] Ristenpart und Petzold: l. c. 6. — Vgl. auch Harrison: Textile World Bd. 86 (1936) S. 244.

[9] Trotman, S. R., E. R. Trotman und Brown: J. Soc. chem Ind. Bd. 47 (1928) 45. T.

Säureangriff geschützt wird. Nach Harris, Mease und Rutherford[1]: entstehen bei der Einwirkung starker Schwefelsäure auf Wolle Sulfamsäurederivate.

Über den Einfluß der beim Karbonisieren oder Färben in der Wolle zurückgebliebenen Schwefelsäure auf die Dauerhaftigkeit der Wolle und auf das Braunwerden bei Belichtung, Erhitzen, Dämpfen usw. vgl. Fort[2], Kertesz[3], Ryberg[4].

Schweflige Säure. Die Kenntnis der Einwirkung von schwefliger Säure auf Wolle ist mit Rücksicht auf die Vorgänge bei der Wollbleiche von Interesse. Bottler[5] nahm an, daß bei der Bleiche der Wolle mit SO_2 eine farblose Verbindung zwischen dem färbenden Bestandteil der Wolle und SO_2 entsteht und durch Waschen entfernt werden muß, da die Verbindung sich sonst mit der Zeit unter Rückkehr der ursprünglichen Farbe zersetzen würde. Nach Hummel[6] beruht die Bleichwirkung des SO_2 entweder auf der Reduktion des natürlichen Farbstoffes der Wolle oder auf der Bildung einer farblosen Verbindung mit dem Farbstoff; häufige alkalische Wäsche stellt die Farbe wieder her, indem sie nach Hummel entweder die Oxydation induziert oder die farblose Bisulfitverbindung zersetzt, wobei der ursprüngliche Farbstoff auf der Faser gefällt wird. Reychler[7] schloß aus seinen Versuchen, daß das aufgenommene SO_2 teils chemisch gebunden, hauptsächlich aber durch Adsorption oder Lösung in der Faser festgehalten wird. Nach Raynes[8] verbinden sich wenigstens zwei verschiedene Komponenten der Wolle mit SO_2. Die eine davon, anscheinend selbst farblos, gibt ein zitronengelbes Produkt, daß aus fast trockener Wolle hergestellt werden kann und nur bei hohen SO_2-Konzentrationen entsteht; diese Substanz ist sehr instabil und zersetzt sich im Vakuum vollständig. Die Bildung dieses gelben Körpers scheint mit der Bleichwirkung in keinem Zusammenhange zu stehen. Vielleicht wird eine farblose Aminoverbindung der Wolle durch Vereinigung mit SO_2 (vielleicht nur in Gegenwart einer Spur Wasser) in ein farbiges chinoides Salz verwandelt, ähnlich wie farblose Aminoderivate des Triphenylkarbinols durch Säuren in farbige Verbindungen übergeführt werden. Die andere Wollkomponente, die sich mit SO_2 verbindet, tut dies nur in Gegenwart beträchtlicher Mengen Wasser und ist vielleicht eine gefärbte Karbonylverbindung, die ein farbloses Additionsprodukt

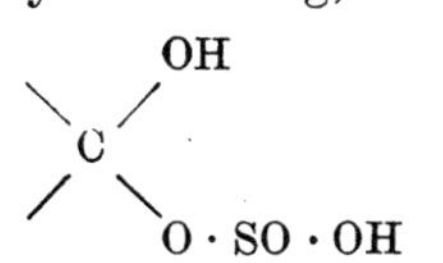

gibt. Diese Substanz ist im Vakuum relativ beständig, wird aber im Licht und an der Luft langsam zersetzt, wobei der Bleicheffekt zurückgeht; sie wird ferner langsam durch Waschen mit Wasser, rasch durch Alkalien zersetzt. Die Bildung dieser Substanz ist ein Faktor bei der Wollbleiche. Wenn sich die aufgenommene SO_2 mit basischen Gruppen der Wolle unter Sulfitbildung vereinigte[7], wäre nicht

[1] Harris, Mease und Rutherford: Amer. Dyestuff Rep. Bd. 26. (1937) P. 150; H. Research Nat. Bur. Standard Bd. 18 (1937) S. 343; Textile Mfr. Bd. 63 (1937) S. 288.

[2] Fort: J. Soc. Dyers Col. Bd. 32 (1916) S. 184.

[3] Kerteß: Lehnes Färber-Z. Bd. 30 (1919) S. 137; Z. angew. Chem. Bd. 32 (1919) S. 168; Textile Forschg. Bd. 1 (1919) S. 63.

[4] Ryberg: Amer. Dyestuff Rep. Bd. 23 (1934) S. 230.

[5] Bottler: Modern Bleaching Agents and Detergents, S. 33. London 1910; vgl. auch Beech: The Dyeing of Woollen Fabrics, S. 32. London 1902.

[6] Hummel: The Dyeing of Textile Fabrics, S. 114. London, Paris, New York und Melbourne 1886.

[7] Reychler: J. chim. physique Bd. 8 (1910) S. 3.

[8] Raynes: J. Textile Inst. Bd. 17 (1926) 17. T.; vgl. dazu auch King: J. Soc. Dyers Col. Bd. 46 (1930) S. 224.

verständlich, warum die Zersetzung eines solchen Salzes mit einem Rückgang der Bleichwirkung verbunden sein wollte. Die Wollbleiche mit SO_2 in Gegenwart von Feuchtigkeit hängt nach Raynes nicht in merklichem Umfange von der Reduktion irgendeiner Wollkomponente durch Addition von Wasserstoff und gleichzeitiger Oxydation des SO_2 zu Schwefelsäure ab. — SO_2 wird von Wolle sehr hartnäckig festgehalten; im Sonnenlicht wird das festgehaltene SO_2 zu Schwefelsäure oxydiert. Wird mit SO_2-Gas gebleichte Wolle mit Säuremagenta ohne Säurezusatz bedruckt und starkem Sonnenlicht ausgesetzt, so geht die zunächst nur ganz schwache Rosafärbung — das von der Wolle adsorbierte SO_2 reduziert wahrscheinlich den Farbstoff in der Faser zur farblosen Leukanilintrisulfonsäure — infolge Oxydation des SO_2 zu H_2SO_4 in die kräftige Magentafärbung über. Behandlung mit SO_2 vermehrt nach Prudhomme[1] die Affinität zu basischen Farbstoffen und setzt die Affinität zu Säurefarbstoffen herab.

Salzsäure. Durch Behandlung mit kalter, verdünnter Salzsäurelösung wird nach S. R. Trotman, E. R. Trotman und Brown[2] die CO-Gruppe der Wolle gegen Kondensation mit Semikarbazid geschützt, wahrscheinlich infolge der Bildung einer Chlorhydringruppe: $—CO \cdot NH— + HCl \rightarrow —CCl(OH) \cdot NH—$, Schwefelsäure übt keinen derartigen Einfluß aus. Über das Inlösunggehen von Wolle beim Kochen mit verdünnter Salzsäure und beim Erhitzen mit verdünnter Salzsäure unter Druck vgl. S. 44. Alkoholische Salzsäurelösungen wirken nach Gelmo und Suida[3] auf Wolle in ganz gleicher Weise wie alkoholische Schwefelsäurelösungen.

Phosphorsäure. Nach Raikow[4] löst sich Wolle bei Behandlung mit konz. Phosphorsäure (D. 1,7) in der Kälte allmählich zu einer dicken, dunkelbraunen Flüssigkeit auf, wobei ein starker Geruch nach SO_2 auftritt. Raikow schloß daraus, daß ein Teil des Schwefels im Keratinmolekül direkt an Sauerstoff gebunden ist[5]. Die Beobachtungen von Raikow konnten von anderen Forschern nicht bestätigt werden[6]. — Beim Erhitzen mit 85proz. Phosphorsäure geht das Wollkeratin nur langsam in Lösung. — Verdünnte alkoholische Phosphorsäurelösungen wirken nach Gelmo und Suida[3] in ähnlicher Weise wie alkoholische Schwefelsäurelösungen.

Salpetersäure. Bei der Einwirkung von starker Salpetersäure gibt Wolle die Xanthoproteinreaktion; in der Wärme löst sich die Wolle dann schnell unter Erhitzung, die bis zur Selbstentzündung führen kann. Die Gelbfärbung ist waschecht und wird durch Luft und Licht wenig verändert[7]. Bei Verdünnung der Salpetersäure unter D. 1,02 tritt keine Verfärbung mehr auf, was die Verwendung solcher Säuren zum Abziehen gewisser Farben (Holzfarbstoffe) von Wolle und Kunstwolle möglich erscheinen läßt[8]. Erhitzen mit verdünnter Salpetersäure unter Druck führt langsamen Abbau der Wollsubstanz herbei.

Ameisensäure[9]. Die Verwendung der Ameisensäure als Zusatz zum sauren

---

[1] Prudhomme: Rev. gén. Mat. Col. Bd. 2 (1898) S. 209.

[2] Trotman, S. R., E. R. Trotman und Brown: J. Soc. chem. Ind. Bd. 47 (1928) 45. T.

[3] Gelmo und Suida: Ber. Wien. Akad. mathem.-naturwiss. Kl. Bd. 115 Abt. IIb (1906) S. 997. — Suida: Z. Farbenindustr. Bd. 6 (1907) S. 41.

[4] Raikow: Chem.-Ztg. Bd. 29 (1905) S. 900; Bd. 31 (1907) S. 539; vgl. auch Baudisch: Chem.-Ztg. Bd. 32 (1908) S. 620. [5] Vgl. dazu S. 12.

[6] Grandmougin: Chem.-Ztg. Bd. 31 (1907) S. 174. — Trotman, S. R., E. R. Trotman und Sutton: J. Soc. chem. Ind. Bd. 44 (1925) S. 1115.

[7] Vgl. auch Bowman: The Structure of the Wool Fibre, 2. Aufl. Manchester (1885) S. 198. — Vignon und Sisley: Compt. rend. Bd. 113 (1891) S. 701. — Lidow: J. Russ. phys.-chem. Gesellsch. Bd. 32 (1901) S. 766; Zbl. (1901) I S. 703.

[8] Vgl. auch Olney: Textile Chem. Dyeing (1914).

[9] Über die Aufnahme von Ameisensäure und Essigsäure durch Wolle vgl. auch Ulrich: Brünner Mschr. Textilindustr. Bd. 4 (1907) S. 131.

Färbebade bringt verschiedene Vorteile[1]. Ameisensäure ist eine schwächere Säure als Schwefelsäure, so daß die Gefahr einer Faserschädigung geringer ist[2]. Verglichen mit Essigsäure wird wegen des niedrigeren Molekulargewichts der Ameisensäure gewichtsmäßig weniger Ameisensäure als Essigsäure gebraucht, und da ferner Ameisensäure stärker ist als Essigsäure, wird eine vollkommenere Erschöpfung des Färbebades erreicht. Schließlich erfolgt das Eindringen der Farbstoffe rascher und gleichmäßiger, wobei auch das durch die Gegenwart einer Aldehydgruppe bedingte, spezifische Quellungsvermögen der Ameisensäure für tierische Fasern eine Rolle spielt. Für die Beizenfärberei ist außer der Quellwirkung noch das Reduktionsvermögen der Ameisensäure günstig. — Ameisensäure wird heute meist als 90proz. Säure geliefert. Die ihr anhaftenden Nachteile — Ätzwirkung auf die Haut — lassen sich durch Tragen von Gummihandschuhen beheben. — Über die Quellung der Wolle in 100proz. Ameisensäure vgl. Speakman[3].

Essigsäure[4]. Im Hinblick auf möglichste Faserschonung ist Essigsäure als Ersatz für Schwefelsäure in der Färberei mit sauren Farbstoffen vorgeschlagen und verwendet worden, weil ihre Lösungen bei gleicher Säurekonzentration eine geringere H-Ionenaktivität aufweisen als Schwefelsäurelösungen und daher die Fasern weniger schädigen[2]. Bei gleichem p_H greift Essigsäure die Wolle wahrscheinlich ebenso stark an als Schwefelsäure. — In Eisessig und starker Essigsäure quillt die Wollfaser unter allmählicher Zerstörung.

Salpetrige Säure. Richard[5] zeigte im Jahre 1888, daß mit salpetriger Säure behandelte Wolle mit alkalischen Lösungen von Phenolen zu braunen Tönen kuppelt. Bentz und Farrell[6] stellten fest, daß die mit salpetriger Säure behandelte Wolle sich in jeder Hinsicht wie eine Diazoverbindung verhält, also z. B. die Griess-Sandmeyersche Reaktion gibt, und beim „Verkochen" mit Wasser, Alkohol oder mit Kupferchlorür und HCl zersetzt wird; diese bräunliche gefärbte, sog. „desaminierte Wolle" wies einen 1—1,2% niedrigeren N-Gehalt auf als die ursprüngliche Wolle, die Affinität gegenüber Säurefarbstoffen war jedoch unverändert[7]. Richard nahm eine Diazotierung der Wolle an, während Prudhomme[8] und Flick[9] die Bildung von Nitrosaminen für wahrscheinlich hielten[10]. Die Arbeiten neuerer Forscher haben gezeigt, daß bei der Einwirkung von salpetriger Säure auf Wolle verschiedene Reaktionen nebeneinander laufen:

1. eine Desaminierung, indem die salpetrige Säure auf aliphatisch gebundene Aminogruppen nach dem bekannten Schema:

$$RNH_2 + HNO_2 \rightarrow R \cdot OH + N_2 + H_2O$$

wirkt; es entwickelt sich N_2 schon in der Kälte;

2. eine „Nitrosierung" oder „Diazotierung", d. h. Substitution eines der OH-Gruppe des Tyrosinkernes benachbarten H-Atoms durch eine Nitrosogruppe

[1] Vgl. auch Mullin: Textile Colorist Bd. 53 (1931) S. 265. — Schanbacher: Chem. Age Bd. 25 (1931) Nr. 632; Dyestuffs Monthly Suppl. 10.

[2] Vgl. auch Becke: Lehnes Färber-Ztg. Bd. 23 (1912) S. 66, 305, 327. — Petrow: Chem. Zbl. Bd. 1931 I S. 2820. Vgl. dazu jedoch Ristenpart und Petzold: l. c. S. 45.

[3] Speakman: Proc. Roy. Soc., Lond. Bd. A. 132 (1931) S. 167; J. Soc. Dyers Col. Bd. 49 (1933) S. 180. [4] Vgl. auch l. c. 9 S. 47.

[5] Richard: J. Soc. Dyers Col. Bd. 4 (1888) S. 841; Mon. Scient Bd. 31/32 (1888) S. 1379.

[6] Bentz und Farrel: J. Soc. chem. Ind. Bd. 16 (1897) S. 405.

[7] Vgl. jedoch S. 97. [8] Prudhomme: Bull. Soc. Ind. Muhouse Bd. 68 (1898) S. 202.

[9] Flick: Bull. Soc. Ind. Mulhouse Bd. 69 (1899) S. 221.

[10] Vgl. dazu auch Silbermann: Fortschritte auf dem Gebiete der chemischen Technologie der Gespinstfasern II, Dresden (1903) S. 282. — Obermayer: DRP. 73 093 (1892). — Lidow: J. russ. phys.-chem. Ges. Bd. 32 (1901) S. 766; Zbl. Bd. 1901 I S. 703. — Grandmougin und Boury: Bull. Soc. Ind. Mulhouse Bd. 69 (1899) S. 227. — Kann: Färber-Ztg. Bd. 25 (1914) S. 73.

und nachfolgende Umwandlung der Nitroso- in eine Diazoverbindung; beim Kochen der Diazowolle mit Wasser wird die Diazogruppe unter N_2-Entwicklung ersetzt;

3. ein hydrolytischer Abbau des Keratinmoleküls unter dem Einfluß der sauren Nitritlösungen, durch den weitere reaktionsfähige Aminogruppen in Freiheit gesetzt werden.

Die Desaminierung. Von verschiedenen Forschern ist versucht worden, durch Desaminierung der Wolle mit HNO_2 im Sinne der obigen Gleichung die Menge der im Keratinmolekül vorhandenen Aminogruppen quantitativ zu bestimmen[1]. Dem steht jedoch die Schwierigkeit entgegen, daß einerseits wegen der Unlöslichkeit der Wolle die Desaminierung unter den bei anderen Proteinen üblichen Bedingungen nur langsam und unvollständig verläuft, während andererseits leicht eine Hydrolyse des Keratinmoleküls eintritt, durch die neue Aminogruppen freigelegt werden. Der Verlauf und der von verschiedenen Autoren erhaltene Endwert der Desaminierung hängen daher in erheblichem Maße von der Konzentration und vom p_H der Desaminierungslösung, von der Temperatur und von der Einwirkungsdauer ab[2]. Nach Speakman[3] gelingt die vollständige Desaminierung durch 50stündliche Behandlung von Einzelfasern mit 40 cm³ van Slykeschem Reagenz bei 22°. Wei[1] konnte diese Angabe nicht bestätigen. Da gleichzeitig mit dem Angriff der salpetrigen Säure an den aliphatischen Aminogruppen unter N_2-Entwicklung auch eine Diazotierung am aromatischen Teil des Keratinkomplexes eintritt und die gebildete Diazowolle sehr licht- und wärmeempfindlich ist, arbeitet man, um die Desaminierung ungestört durch die Zersetzung der Diazogruppe untersuchen zu können, am besten unter Lichtabschluß und in der Kälte[4].

Die N_2-Entwicklung erfolgt zuerst lebhaft und verlangsamt sich dann immer mehr[5]. Die lebhafte N_2-Entwicklung am Anfang beruht wahrscheinlich auf der leichten Desaminierbarkeit der ε-Aminogruppe des Lysins; allmählich reagiert dann auch die Guanidingruppe des Arginins[6]. Bei Korrektur für den entwickelten Guanidin-N fanden Kanagy und Harris[6] 2,53% des Gesamt-N der Wolle als Amino-N, Rutherford, Harris und Smith[6] durch Extrapolation des geradlinigen Teils der Entwicklungsgeschwindigkeitskurven 1,94%.

Entgegen der Angabe von Trotman und Wyche[7], daß die Reißfestigkeit und Elastizität von Wollgarn durch die Behandlung mit salpetriger Säure nicht verändert werden, nehmen nach Speakman[8] Dehnung und Bruchlast durch Desaminierung stark ab. Durch vollständige Desaminierung sollte dieselbe Herabsetzung des Dehnungswiderstandes bewirkt werden wie durch HCl (37% Herabsetzung). Dieser Wert wurde von Speakman[3] fast erreicht; auch die Übereinstimmung der Belastungsdehnungskurve der mit NHO_2 behandelten Wolle in Wasser und in HCl-Lösung vom p_H 1 beweist die nahezu vollständige Desaminierung.

[1] Trotman und Wyche: J. Soc. chem. Ind. Bd. 43 (1924) 293. T. — Meyer, K. H.: Melliand Textilber. Bd. 7 (1926) S. 605. — Trotman, S. R., E. R. Trotman und Brown: J. Soc. chem. Ind. Bd. 47 (1928) 4. T. — Rey: Rev. gén. Teinture Bd. 6 (1928) S. 1229: — Meunier und Rey: J. Intern. Soc. Leather Trades Chem. Bd. 11 (1927) S. 508. — Speakman und Hirst: Trans. Faraday Soc. Bd. 29 (1933) S. 148. — Wei: Dissertation Dresden (1935).

[2] Elöd, König und Stoll: Z. angew. Chem. Bd. 40 (1927) S. 1240. — Wei: l. c. 1.

[3] Speakman: J. Soc. Dyers Col. Bd. 50 (1934) S. 341.

[4] Wei: l. c. 1. [5] Rey, Wei: l. c. 1.

[6] Speakman: l. c. — Kanagy und Harris: J. Res. Nat. Bur. Standards Bd. 14 (1935) S. 563; Proc. Amer. Assoc. Textile Chem. Col. Bd. 1935 S. 124; Amer. Dyestuff Rep. Bd. 24 (1935) S. 182. — Rutherford, Harris und Smith: Nat. Bur. Stand. J. Res. Bd. 19 (1937) S. 467.

[7] Trotman und Wyche: l. c. 1. [8] Speakman: J. Textile Inst. Bd. 17 (1926) 457. T.

Die Diazotierung der Wolle. Die Diazotierung der Wolle bei Behandlung mit HNO_2 wurde zuerst von Richard[1] aufgefunden. „Diazotierte" Wolle gibt alkalisch mit Phenolen entwickelt nachstehende Farbtöne, die durch Schwefelsäure eine Veränderung erfahren[2]:

Phenol	Farbe	Reaktion mit Schwefelsäure
Resorzin	Orange	mattes Rot
Phenol	Orange	mattes Rot
Pyrogallol	Gelbbraun	Orange
Phloroglucin	Bordeaux	keine Änderung
α-Naphthol	Rot	Schwarz
β-Naphthol	Rot	mattes Rot

Die Annahme von Gebhard[3], wonach aromatische Aminosäuren von der Art der Anthranilsäure die Diazotierbarkeit verursachen, stößt auf die Schwierigkeit, daß bis jetzt keine solche Aminosäure aus den Hydrolysenprodukten des Keratins isoliert werden konnten. Nach Pauly und Binz verursacht das Tyrosin die Rotfärbung der Wolle durch Diazobenzolsulfosäurelösung[4]. Pauly[5] hat bekanntlich diese Reaktion zum Nachweis beschädigter Stellen in Wolle benutzt[6]. Erst durch Morey und Sisley[7] ist jedoch der Mechanismus der „Diazotierung" weitgehend geklärt worden. Morey und Sisley zeigten, daß von den verschiedenen Aminosäuren, die als Bausteine des Keratinmoleküls bekannt sind, nach vorangegangener Behandlung mit salpetriger Säure nur Tyrosin mit Kupplungskomponenten Farbstoffe bilden kann, die große Ähnlichkeit zeigen mit den durch die gleichen Komponenten auf Wolle und Seide entwickelten Färbungen. Der Reaktionsmechanismus ist wahrscheinlich folgender: Zuerst erfolgt eine Nitrosierung, wobei o-Nitrosotyrosin (I) erhalten wird, das den Überschuß von salpetriger Säure zu Salpetersäure oxydiert, indem es selbst in ein Diazophenolnitrat (II) übergeführt wird; das letztere kuppelt leicht unter Austritt von Salpetersäure mit alkalischen Phenollösungen.

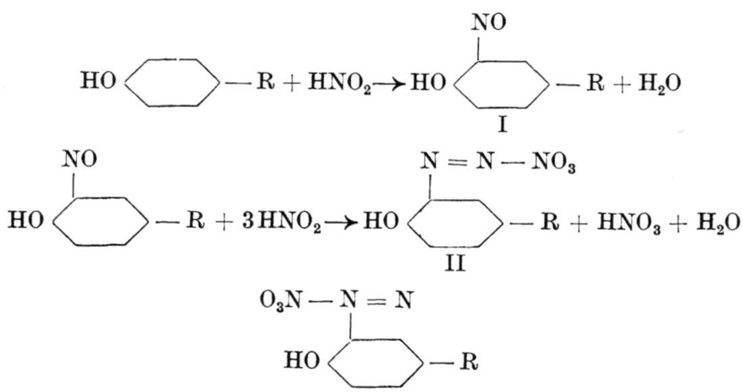

bzw.

Wenn auch die Konstitution der von Morey und Sisley aus Tyrosin durch Behandlung mit salpetriger Säure und Kupplung mit β-Naphthol erzeugten Farbstoffe noch strittig[8] und auch die Konstitution der von Wei[9] durch Diazotierung des Tyrosins und Kupplung mit Naphthol AS—TR erhaltenen roten Farbstoffe noch unbekannt ist, so kann man doch das Auftreten des gleichen Absorp-

[1] Richard: l. c.; vgl. BASF.: DRP. 82446 (1894). — Brandt: Bull. Soc. Ind. Mulhouse Bd. 71 (1901) S. 120.
[2] Flick: Bull. Soc. Ind. Mulhouse Bd. 69 (1899) S. 221.
[3] Gebhard: Z. angew. Chem. Bd. 27 (1914) S. 297.
[4] Pauly und Binz: Z. Farben- u. Textilchem. Bd. 3 (1904) S. 373.
[5] Pauly: Z. physiol. Chem. Bd. 42 (1904) S. 516.
[6] Vgl. S. 126.
[7] Morey und Sisley: Bull. Soc. Chim. Bd. 41 (1927) S. 1217; Bd. 43 (1928) S. 881, 1132.
[8] Vgl. van Tussenbroek: Chem. Weekbl. Bd. 28 (1931) S. 62.
[9] Wei: l. c.

tionsmaximums bei letzteren Tyrosinfarbstoffen und bei der Rotfärbung, die aus diazotierter Wolle durch Naphthol AS—TR erzeugt wird, als sicheren Beweis dafür anzusehen, daß die Diazotierbarkeit der Wolle auf dem Baustein Tyrosin beruht. Die Formulierung der Reaktion durch Morey und Sisley, wonach die Diazogruppe im diazotierten Tyrosin allein von der salpetrigen Säure herstammt, stimmt mit der Beobachtung von Wei überein, daß die Abnahme des N-Gehaltes der mit salpetriger Säure behandelten, verkochten Wolle genau mit der durch Desaminierung, d. h. in der Kälte aus ihr freigemachten Stickstoffmenge übereinstimmt, also der beim Verkochen entwickelte Stickstoff allein von der salpetrigen Säure herrührt. Trotman und Wyche[1] fanden bei Behandlung von Wolle mit salpetriger Säure in der Kälte und beim Verkochen eine Gesamtstickstoffentwicklung von 0,785%, während die Abnahme des N-Gehaltes der Wolle nur 0,356% betrug, und schlossen daraus, daß sich bei der Behandlung mit salpetriger Säure aus Aminogruppen des Keratinmoleküls Nitrosamine vom Typ $R \cdot N(NO) \cdot R'$ gebildet haben, die den Stickstoffgehalt erhöhen. Nach Wei[2] ist jedoch der Befund von Trotman und Wyche so zu erklären, daß die 0,356% Stickstoff von der Desaminierung aliphatischer Aminogruppen herrühren, während der Rest durch den Diazotierungs- und anschließenden Verkochungsprozeß aus der salpetrigen Säure entstanden ist.

Diazotierung und Kupplung verlaufen sehr langsam. Bei Verwendung von konz. HNO_2 (60 g $NaNO_2$ + 200 cm^3 Eisessig/Liter) erreicht die beim Verkochen der behandelten Wolle entwickelte Stickstoffmenge einen Grenzwert, der bei weiterer Erhöhung der Säurekonzentration nicht mehr überschritten wird[2]. Diese N_2-Menge (0,70%) entspricht fast der theoretischen, aus dem Tyrosingehalt — 4,8% nach Marston — errechneten Menge N_2.

Durch öftere Wiederholung der Diazotierung und Verkochung konnten Watermann und Groot[3] jedesmal aufs neue aus der Wollfaser mit Kupplungskomponenten Farbstoffe erzeugen. Nach Wei[2] beruht dies lediglich darauf, daß bei den von Watermann und Groot verwandten niedrigen HNO_2-Konzentrationen (2,8 g/Liter Na-Nitrit) die Diazotierung der Wolle unvollständig bleibt. Mit höheren Säurekonzentrationen (60 g/Liter Na-Nitrit und 200 cm^3/Liter Essigsäure) erhaltene stark diazotierte Wolle gibt zwar bei nochmaliger Behandlung mit starker salpetriger Säure auch wieder mit Kupplungskomponenten (β-Naphthol und H-Säure) Färbungen; diese sind jedoch stark abgeschwächt, und es handelt sich um eine neue Art von Diazoverbindungen. Dies geht auch daraus hervor, daß diese Wolle wieder beim Verkochen N_2 abgibt, während die N_2-Entwicklung ja vorher einen Endwert erreicht hatte. Vielleicht wird das durch das erste Verkochen aus dem Tyrosinbaustein der Wolle entstandene Dioxyphenylalanin in o-Stellung zur ursprünglichen OH-Gruppe durch starke salpetrige Säure ebenfalls zu einer Diazoverbindung umgesetzt. Diese neuerliche Diazotierung verläuft natürlich weniger glatt und leicht wie diejenige am ursprünglichen Tyrosinrest, weil ein Brenzkatechinderivat offenbar viel weniger rasch eine Diazoverbindung im Sinne von Morey und Sisley geben wird. Bei wiederholter Diazotierung mit starker HNO_2 und Verkochung zeigt die Wolle bei der vierten Diazotierung überhaupt keine Neigung zur Farbstoffbildung mehr, obwohl sie beim Verkochen noch 0,22% N_2 abgeben kann. Vielleicht werden durch die andauernde Einwirkung der Säure Reste von Aminosäuren freigelegt, deren freie Aminogruppen im Gegensatz zu den ursprünglich vorhandenen ε-Aminogruppen des Lysins mit salpetriger Säure relativ stabile aliphatische und darum nicht kuppelnde Diazoverbindungen geben, die erst beim Verkochen völlig zersetzt werden[4].

---

[1] Trotman und Wyche: J. Soc. chem. Ind. Bd. 43 (1924) 293. T.
[2] Wei: l. c. [3] Waterman und Groot: Chem. Weekbl. Bd. 25 (1928) S. 18.
[4] Wei: l. c.; vgl. auch Gebhardt: Lehnes Färber-Ztg. Bd. 25 (1914) S. 279. — Trotman,

Diazotierte Wolle ist gegen Licht und Wärme sehr empfindlich. Ihre Lichtempfindlichkeit[1] kann dazu benutzt werden, um auf Wolle primitive Lichtbilder zu erzeugen[2].

Mit Formaldehyd behandelte Wolle[3] wird wegen der Verminderuug der Zahl der freien Aminogruppen durch salpetrige Säure nur sehr langsam desaminiert. Dagegen entwickelt sich beim Verkochen der desaminierten, mit Formaldehyd behandelten Wolle ebensoviel N_2 wie bei der unbehandelten Wolle unter den gleichen Bedingungen (0,66 bzw. 0,65%); der Tyrosinkern wird also durch Formaldehyd nicht angegriffen. — Mit Essigsäureanhydrid-Schwefelsäure reservierte Wolle entwickelt bei der Desaminierung viel mehr N_2 als die ursprüngliche Wolle. Wei erklärt dies damit, daß während der Desaminierung der reservierten Wolle eine starke Hydrolyse der Hauptpolypeptidketten stattfindet. Durch die bei der Reservierung eintretende Azetylsulfonierung sind die freien Aminogruppen in den Arginin- und Lysinseitenketten des Keratinmoleküls fixiert und nicht mehr angreifbar, so daß die Hauptketten nunmehr leichter hydrolytisch abgebaut werden können, wobei immer neue Angriffspunkte für HNO_2 in Gestalt der bloßgelegten primären aliphatischen Aminogruppen entstehen. Durch ihre Umwandlung in OH-Gruppen wird der Charakter des Polypeptids immer stärker sauer, was die Hydrolyse dauernd weiter befördert[4].

4. Verhalten der Wolle gegen Alkalien[5].

Allgemeines. Beim Einbringen der Wolle in Alkalilösungen laufen, wie beim Einbringen in Säurelösungen, eine Aufnahme von Alkali durch die Wollfaser, eine Quellung der Wollfaser und ein Abbau des Keratins nebeneinander. Wolle ist jedoch gegen alkalische Hydrolyse sehr viel empfindlicher als gegen Säurehydrolyse, so daß sich schon bei niedrigen OH-Ionenkonzentrationen die Faserschädigung der Salzbildung überlagert. Alkalische Lösungen kommen in verschiedenen Stadien der Wollverarbeitung zur Anwendung, und da sie die textiltechnisch wichtigen Eigenschaften der Faser weitgehend zu beeinflussen vermögen, so ist die Kenntnis der Alkalieinwirkung von erheblicher praktischer Bedeutung.

Die Aufnahme von Alkalien durch Wolle. Aus alkalischen Lösungen wird unter Quellung der Faser Alkali und Erdalkali von der Wolle aufgenommen[6]. Der primäre Vorgang ist wahrscheinlich eine „Rücktitration" der basischen Gruppen von Salzbrückenbindungen zwischen den Peptidketten nach dem Schema[7]:

$$R_1 - COO - NH_3 - R_2 + NaOH \rightleftarrows R_1 - COONa + R_2 - NH_2$$

Im Gegensatz zu dem Verhalten bei der Aufnahme von Säuren findet jedoch nach Lottermoser und Ettl[8] die Aufnahme von NaOH, KOH, LiOH und $Ba(OH)_2$ nicht in äquivalenten Verhältnissen statt. Am stärksten wird $Ba(OH_2)$ aufgenommen, dann folgen LiOH, KOH und NaOH (vgl. Abb. 11). Die aufgenommene Alkalimenge erreicht auch nicht, wie bei reiner Salzbildung zu erwarten

Trotman und Brown: J. Soc. Dyers Col. Bd. 44 (1928) S. 48; vgl. auch Kann: Lehnes Färber-Ztg. Bd. 25 (1914) S. 73.

[1] Vgl. auch Suida: Z. physiol. Chem. Bd. 50 (1906) S. 174. — Gelmo und Suida: Ber. Akad. Wiss. Wien. mathem.-naturwiss. Kl. Abt. IIb Bd. 115 (1906) S. 997. — Gebhard: Z. angew. Chem. Bd. 27 (1914) S. 297.

[2] Groot: Chem. Weekbl. Bd. 21 (1924) S. 450. — Waterman und Groot: l. c. — Van Tussenbroek: Chem. Weekbl. Bd. 28 (1931) S. 62.

[3] Vgl. S. 75. [4] Vgl. auch Wei: l. c.

[5] Über den Einfluß von Alkalien auf das färberische Verhalten der Wolle vgl. S. 95.

[6] Vgl. auch Matthews: J. Soc. Dyers Col. Bd. 18 (1902) S. 207. — Vignon: Compt. rend Bd. 143 (1906) S. 550.

[7] Speakman: J. Soc.Dyers Col. Bd. 49 (1935) S. 180.

[8] Lottermoser und Ettl: Melliand Textilber. Bd. 11 (1930) S. 627, 709.

wäre, einen konstanten Endwert, sondern nimmt mit der Alkalikonzentration stetig zu. Die Form der erhaltenen Kurven kommt wahrscheinlich durch Überlagerung einer Salzbildung mit sauren Gruppen des Keratinmoleküls, Adsorption, Quellung, Strukturänderung des Wollhaares und Keratinabbau zustande; die Podeste können durch Salzbildung, aber auch durch das Auftreten eines Quellungsmaximums verursacht sein. Über die Aufnahme von KOH aus alkoholischen Lösungen vgl. Suida [1]. Auch aus Seifenlösungen oder anderen alkalischen Reinigungsmitteln nimmt Wolle Alkali auf [2]. Nach der Bäuche auf der Wolle verbliebenes Alkali liegt nach King [3] z. T. als saure Seife, z. T. als sorbiertes Alkali vor. Für die Aufnahme von Ammoniak fanden Gelmo und Suida [4] einen konstanten Grenzwert. Über die Aufnahme organischer Basen vgl. Vorländer und Perold [5]; zwischen der Aufnahme eines farblosen Amins und eines „basischen Farbstoffes" besteht kein wesentlicher Unterschied.

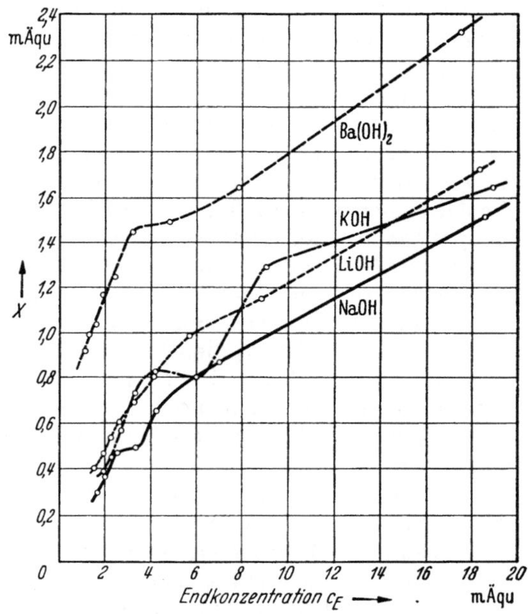

Abb. 11.

Alkali wird von der Wolle so hartnäckig festgehalten, daß es durch Waschen mit Wasser allein nicht vollständig entfernt werden kann [6]. Die beste Methode zu Herstellung „neutraler Wolle" ist nach Hirst und King [7] folgende:

Man säuert mit HCl an, entfernt die Fettsäuren und andere fettartige Verunreinigungen durch Extraktion und Äther, macht mit wäßrigem Ammoniak schwach alkalisch, spült gut mit destilliertem Wasser und trocknet bei gelinder Wärme oder im Vakuum über Schwefelsäure.

Während alkalifreie Wolle, trokken oder angefeuchtet, beim Erhitzen in einem Strome trockener Luft auf 100° nicht wesentlich zersetzt wird, erleidet schwach alkalische Wolle hierbei unter Abspaltung von Ammoniak Hydrolyse [8]. Das aus Seifenlösungen oder anderen alkalischen Reinigungsmitteln von der Wolle aufgenommene Alkali, das beim Karbonisieren, Chlorieren u. a. von nachteiligem Einfluß ist, kann durch Behandlung der Wolle mit Ammonsulfat unschädlich gemacht werden.

Die Quellung der Wolle in alkalischen Lösungen [9]. Die Quellung der Wolle in alkalischen Lösungen steigt mit dem p_H; im Gegensatz zur Säurequellung wird aber hier die osmotische Quellung schon bei mäßigen p_H-Werten durch Struktur-

[1] Suida: Z. Farbenind. Bd. 6 (1907) S. 41.
[2] King: J. Textile Inst. Bd. 19 (1928) 41 P.
[3] King: J. Textile Inst. Bd. 13 (1922) S. 127. — Hirst: J. Textile Inst. Bd. 13 (1922) S. 143.
[4] Gelmo und Suida: Lehnes Färber-Ztg. Bd. 16 (1905) S. 295; vgl. auch Porai-Koschitz: J. prakt. Chem. Bd. 245 (1933) S. 179.
[5] Vorländer und Perold: Ann. Chem. Bd. 345 (1906) S. 288.
[6] Vgl. auch Matthews: J. Soc. Dyers Col. Bd. 18 (1902) S. 207. — Washburn: J. Soc. Dyers Col. Bd. 17 (1901) S. 261.
[7] Hirst und King: J. Textile Inst. Bd. 17 (1926) 94. T.
[8] Raynes: J. Textile Inst. Bd. 18 (1927) 46. T. [9] Vgl. auch S. 36.

veränderungen des Wollhaares und Hydrolyse des Keratins überlagert. Durch Sonnenlicht geschädigte Wolle zeigt nach von Bergen[1] bei der Quellung in verdünnter Natronlauge merkwürdige Schlingenbildungen (vgl. Abb. 16). Von Bergen nimmt an, daß diese auf Spannungsunterschieden beruhen, die durch die rasche Quellwirkung des Alkalis auf die oberen, lichtgeschädigten Stellen, verbunden mit sehr langsamer oder ganz ausbleibender Quellung der unteren, unbelichteten Faserteile, entstehen. Nach Clayton[2] beträgt die niedrigste NaOH-Konzentration, die zur Erzielung des Effektes notwendig ist, 2%.

Abbau der Wolle durch Alkalien. Durch alkalische Lösungen wird Wolle viel leichter hydrolysiert als durch Säurelösungen. Unter Sinken des Schwefelgehaltes gehen Anteile der Faser in Lösung; die Festigkeit nimmt ab, und im Mikroskop zeigen sich Veränderungen der Struktur des Haares[3]. Maßgebend für den Umfang der Wollschädigung durch Lösungen verschiedener alkalisch reagierender Stoffe ist in erster Linie der p_H[4]. Verdünnte KOH- und NaOH-Lösungen gleicher Konzentration haben daher annähernd dieselbe Wirkung[5]. Der p_H, bei dem eine „Schädigung" der Wolle eintritt, hängt natürlich von der Dauer und der Temperatur der Alkalibehandlung ab, ferner auch von dem Kriterium, an dem die Schädigung bzw. Veränderung der Wolle erkannt wird. Unter Bedingungen ähnlich denjenigen bei der alkalischen Reinigung in der Praxis (15 Minuten langes Erhitzen auf 50°) konnte Harrison[4] bis p_H 12 keine schädigenden Wirkungen, erkennbar an der Abnahme der Trocken- und Naßfestigkeit und an einer gelblichen Verfärbung, feststellen. Schon durch 30 Sekunden langes Kochen mit 1 proz. Boraxlösung (p_H 10) werden jedoch nach Clayton[2] unter Angriff der Disulfidbindung Spuren aktiver S-Gruppen auf der Wollfaser gebildet, merkbar an der Braunfärbung bei Gegenwart von suspendiertem Bleikarbonat. — Über die Herstellung wasserunlöslicher Spaltprodukte der Wolle durch alkalischen Abbau vgl. Jena[6].

Der Ort des Angriffs der alkalischen Hydrolyse ist die Disulfidgruppe des Keratinkomplexes. Dabei wird je nach der Stärke des Alkalis, der Konzentration der Lösung, der Einwirkungsdauer und Temperatur der Schwefelgehalt der Wolle mehr oder minder stark herabgesetzt[7]. Mit steigendem Inlösunggehen von Schwefel nimmt die Reduktionswirkung des Systems bis zu einem Maximalwert zu, der jedoch nach Clayton[2] auch unter optimalen Bedingungen nicht hoch ist. Chevreul vermochte durch aufeinanderfolgende Behandlung der Wolle mit Kalkwasser, Wasser und Salzsäure den Schwefelgehalt auf 0,46% zu erniedrigen; so behandelte Wolle verfärbte sich nicht mehr mit alkalischer Bleilösung. Farrar und King[8] konnten jedoch eine so weitgehende Herabsetzung des Schwefelgehaltes durch Kalkwasser nicht zu erzielen. Mit gesättigtem Barytwasser ½ Stunde in der Kälte behandelte und dabei teilweise entschwefelte Fasern kontrahieren nach Speakman[9] bei einstündigem Kochen mit 5 proz. $NaHSO_3$ Lösung nicht mehr und haben die Fähigkeit, eine „bleibende Einstellung" anzunehmen, verloren. Neben der Entfernung von Schwefel bewirkt Barytwasser in sekundären Reaktionen die Bildung von —S—Ba—S- und wahrscheinlich

---

[1] von Bergen: vgl. S. 102.
[2] Clayton: J. Soc. Dyers Col. Bd. 52 (1936) S. 86.
[3] Über den Nachweis von Alkalischäden vgl. S. 131.
[4] Vgl. auch Chapin: Proc. Amer. Assoc. Text. Chem. Col. Bd. 1925 S. 231; Amer. Dyestuff Rep. Bd. 14 (1925) S. 859. — Harrison, F. R.: Textile World Bd. 85 (1935) S. 2247.
[5] Vgl. auch Becke: Lehnes Färber-Ztg. Bd. 30 (1919) S. 101, 116, 128.
[6] Jena: DRP. 437 001 (1925).
[7] Vgl. auch Barritt und King: J. Textile Inst. Bd. 20 (1929) 151. T.
[8] Farrar und King: J. Textile Inst. Bd. 17 (1926) 588. T.
[9] Speakman: Nature Bd. 132 (1933) S. 930.

auch von —C—S—C-Bindungen aus der Disulfidbindung[1]. Über die Erniedrigung des Schwefelgehaltes durch wäßrige und alkoholische Ammoniaklösungen vgl. Farrar und King[2].

Bei Einwirkung sehr verdünnter Natronlauge (0,05 n) bei 65° wird nach Crowder und Harris[3] ungefähr 40% des Schwefels rasch entfernt, während etwa 9% der Wolle in Lösung geht; hernach ist der entfernte Schwefel der in Lösung gehenden Wollmenge proportional. Die rasche Entfernung etwa der Hälfte des Schwefels unter relativ milden Bedingungen weist nach Crowder und Harris darauf hin, daß die erste Stufe des alkalischen Abbaus die Spaltung der Disulfidbindung in eine labile und eine relativ stabile S-Gruppe ist und daß der alkalische Abbau nach den folgenden Gleichungen verläuft, wonach zunächst Hydrolyse zu einer Sulfhydrylverbindung und einer Sulfensäure und dann Abspaltung von H_2S aus der instabilen Sulfensäure unter Bildung eines Aldehydes stattfindet[4]:

$$RCH_2\text{—}S\text{—}SCH_2R + H_2O \rightarrow RCH_2\text{—}SH + HOS\text{—}CH_2H$$
$$RCH_2\text{—}SOH \rightarrow R\text{—}CHO + H_2S.$$

Diese Auffassung wird dadurch bestätigt, daß die alkalibehandelte Wolle im Gegensatz zur unbehandelten Wolle mit dem Schiffschen Reagens auf Aldehyde eine intensiv violettrote Färbung und mit ammoniakalischer Nitroprussidlösung eine positive Reaktion auf —SH gab. Der abgespaltene Schwefel liegt als anorganisches Sulfid vor. Der unter der Einwirkung des Alkalis nach obiger Gleichung gebildete Cysteinschwefel ist unter den Versuchsbedingungen von Crowder und Harris beständig.

Durch Behandlung mit starker NaOH in der Kälte wird ein großer Teil des Wollschwefels rasch entfernt[5]. So fand Washburn[5] nach fünf Minuten langem Einlegen von Wolle in Natronlauge von 42° Bé bei 15° eine Abnahme des S-Gehaltes um 84,5%; die benutzte Lauge entwickelte reichlich H_2S[6]. Nach Versuchen von Barr und Edgar[7] mit 16, 29, 38 und 44proz. NaOH geht bei fünf Minuten langer Behandlung bei 15° der Verlust der Wolle an Gewicht, N und S bei 38proz. (42° Bé) Lauge durch ein Minimum.

Nach alkalischer Behandlung sind mit dem Reagens von Fort und Lloyd (K-Salz der β-Naphthochinon-4-Sulfonsäure) reaktionsfähige Aminogruppen in der Wolle nachweisbar[8].

Vorbehandlung der Wolle mit Oxydations- oder Reduktionsmitteln beschleunigt die Entfernung des Schwefels bei alkalischer Behandlung[9], indem erstere bereits an der Disulfidgruppe angreifen.

Alkalische Vorschädigung erhöht die Empfindlichkeit der Wolle gegen Säureschädigung[10].

Nach von Allwörden[11] wird durch Alkalibehandlung der Wolle ein zwischen den Schuppenzellen und den Faserzellen des Haares befindliches Kohlehydrat,

---

[1] Speakman und Whewell: J. Soc. Dyers Col. Bd. 52 (1937) S. 85.

[2] Farrar und King: l. c. 8, S. 54.

[3] Crowder und Harris: Amer. Dyestuff Rep. Bd. 25 (1936) 264 P.; vgl. auch Harris: Amer. Dyestuff Rep. Bd. 24 (1935) S. 562; J. Res. Nat. Bur. Standards Bd. 15 (1935) S. 63; Proc. Amer. Assoc. Textile Chem. Col. Bd. 1935 S. 306. — Eavonson: Proc. Amer. Soc. Textile Chem. Col. Bd. 1935 S. 203; Amer. Dyestuff Rep. Bd. 24 (1935) S. 315.

[4] Vgl. Schöberl und Wiesner: Ann. Bd. 507 (1933) S. 111.

[5] Washburn: J. Soc. Dyers Col. Bd. 17 (1901) S. 261. — Matthews: J. Soc. Dyers Col. Bd. 18 (1902) S. 207.

[6] Vgl. auch Schneider: J. Soc. Dyers Col. Bd. 25 (1909) S. 227.

[7] Barr und Edgar: Jowa State Coll. Bd. 10 (1935) S. 45.

[8] Fort und Lloyd: J. Soc. Dyers Col. Bd. 30 (1914) S. 73.

[9] Crowder und Harris: l. c. [10] Vgl. z. B. Schleber: Dissertation Dresden (1929).

[11] Von Allwörden: Z. angew. Chem. Bd. 29 (1916) S. 77; vgl. auch Tauszig: Rev. gén. Teinture Bd. 11 (1933) S. 247.

das sog. „Elasticum" entfernt, das sich aus den alkalischen Lösungen als kristallisiertes Osazon (F. 188°) abscheiden läßt, und das von Allwörden für Galaktosazon hielt. Das Vorkommen eines solchen Kohlehydrats wurde von anderer Seite bestritten[1], jedoch neuerdings von Stirm und Collé[2] bestätigt. Nach diesen Autoren handelt es sich jedoch bei ihrem bei 190,5° schmelzenden Osazon ($[\alpha] = -57{,}5°$ in Pyridin-Alkohol) nicht um Galaktosazon, sondern um das Osazon der Glukose, die vermutlich im Keratin als Glukosamin vorlag. Nach von Allwörden ist der „Elasticum"-Gehalt einer Wolle für deren Güte maßgebend ist; Wolle, der das „Elasticum" völlig entzogen ist, ist weder walk- noch appreturfähig. Das „Elasticum" schützt ferner die Faserzellen gegen Säureeinwirkung, z. B. in der Färberei; sobald das „Elasticum" durch Alkalibehandlung entfernt wird, hat die Säure freien Zutritt und zerstört die Rindensubstanz.

5. Verhalten der Wolle gegen einzelne Alkalien.

Ätzalkalien. Gegen Lösungen der Ätzalkalien ist Wolle sehr empfindlich[3]. Schon 1—2proz. Lösungen greifen sie bei gewöhnlicher Temperatur erheblich an. Es treten mikroskopisch erkennbare Veränderungen der Struktur des Wollhaares ein[4], die mit steigender Temperatur und Konzentration der Lösungen bis zur Auflösung der Wolle unter Abbau des Keratins fortschreiten. Über den Abbau der Wolle beim Erhitzen mit verdünnten Alkalilösungen unter Druck vgl. Reychler[5]. Bei kurzer Behandlung mit starker (38—50° Bé) NaOH bei gewöhnlicher oder noch etwas erniedrigter Temperatur tritt dagegen sogar eine Erhöhung der Festigkeit ein[6]; das Optimum liegt bei 42° Bé (Buntrock, Washburn). Bei dieser Konzentration geht auch der Verlust an Gewicht, N und S durch ein Minimum[7]. Zusatz von Glyzerin zur Natronlauge wirkt günstig auf die Festigkeitserhöhung[6], Zusatz von Formaldehyd nicht (Washburn). Die Erhöhung der Festigkeit beruht vielleicht darauf, daß die Fasern unter der Einwirkung der starken Lauge oberflächlich gelatinieren[8]. Am meisten zerstörend auf die Wollfaser wirkt Lauge von 20° Bé.

Über die Erniedrigung des Schwefelgehaltes der Wolle durch Behandlung mit Natronlauge vgl. S. 55.

Behandlung mit verdünnter Natronlauge (unter 20° Bé) setzt ähnlich wie die Chlorierung das Filzvermögen herab[9].

Im Gegensatz zu Baumwolle erleiden Wolle und Seide bei der Behandlung mit starken Alkalilösungen nur eine unbedeutende Kontraktion. Dies Verhalten kann bei Geweben aus Halbwolle und Halbseide zur Herstellung von Kreppartikeln benutzt werden. Man zieht die Gewebe bei 0—10° durch Ätznatronlösungen von 15—32° Bé, spült, nimmt durch verdünnte Säure und spült nochmals gründlich[10].

---

[1] Vgl. Krais und Waentig: Textile Forschg. Bd. 1 (1919) S. 94. — Spöttel: Melliand Textilber. Bd. 6 (1925) S. 359, 439, 605. — Brown, J. S.: Text. Col. Bd. 56 (1934) S. 198.

[2] Stirm und Collé: Melliand Textilber. Bd. 16 (1935) S. 667.

[3] Vgl. auch Becke: Lehnes Färber-Ztg. Bd. 23 (1912) S. 66.

[4] Vgl. z.B. Seel und Sander: Z. angew. Chem. Bd. 29 (1916) S. 261; ferner S. 124.

[5] Reychler: Bull. Soc. Chim. Belge Bd. 29 (1929) S. 291.

[6] Buntrock: Färber-Ztg. Bd. 9 (1898) S. 69. — Washburn: J. Soc. Dyers Col. Bd. 17 (1901) S. 261. — Matthews: J. Soc. Dyers Col. Bd. 18 (1902) S. 207. — Hesse: Lehnes Färber-Ztg. Bd. 14 (1903) S. 305. — Jaeger: Mschr. Textilind. Bd. 49 (1934) S. 17, 39. — Über die „Mercerisation" tierischer Fasern vgl. auch Rev. gén. Teinture Bd. 11 (1933) S. 107, 179.

[7] Barr und Edgar: Jowa State Coll. J. Soc. Bd. 10. (1929) S. 45.

[8] Matthews: l. c. — Speakman: J. Soc. Chem. Ind. Bd. 48 (1929) 321. T.

[9] Schneider: Engl. Pat. 11 834 (1908).

[10] Persoz: Rapport du Jury de l'Exposition Univ. Intern de 1889 à Paris, p. 445; P. und C. Depoully und Soc. Garnier und Francisque Voland in Lyon, DRP. 30 966 (1884). — Schneider: J. Soc. chem. Ind. Bd. 28 (1909) S. 519.

Erdalkalien. Lösungen der Erdalkalien greifen wegen ihrer geringeren OH-Ionenkonzentration die Wolle weniger an als Alkalilaugen. So kann man z.B. Wolle mit gesättigter Barytlauge längere Zeit kochen, ohne daß vollständige Auflösung eintritt. Die gelösten Anteile sind verhältnismäßig niedermolekular (vgl. die „Lanuginsäure“ von Champion). Mit Kalkmilch 24 Stunden in der Kälte oder einige Minuten bei 60° behandelte Wolle gibt mit Nitroprussidkalium Rotfärbung, mit Bleiazetat in der Hitze Braunfärbung[1].

Ammoniak. Bei mäßigen Konzentrationen und mittleren Temperaturen ist keine Schädigung der Wolle durch Ammoniak zu befürchten; beim Erhitzen mit starkem Ammoniak bilden sich Runzeln und Falten im Haar, wobei NH_3 teilweise adsorbiert wird[2]. Über den Gewichtsverlust von Wolle beim Kochen mit verdünnten Ammoniaklösungen vgl. Gelmo und Suida[3], über die Einwirkung von verdünnten Ammoniaklösungen unter Druck vgl. Reychler[4]. Bei mehrwöchiger Behandlung mit konzentriertem Ammoniak in der Kälte zerfällt ungefärbte Wolle in eine breiige Masse, in der alle histologischen Bauelemente der Faser in scheinbar unverändertem Zustande erhalten sind. Stark markhaltige Wolle zeigte nach drei Wochen noch keinen Zerfall, auch gefärbte Wolle blieb intakt[5].

Gegen flüssiges Ammoniak ist Wolle sehr beständig. Sieben Tage in flüssigem Ammoniak aufbewahrte Wollfasern zeigten noch ihre vollkommene äußere Gestalt und Oberfläche und hatten nur an Festigkeit eingebüßt. Zusatz von ammoniaklöslichen Salzen, wie Alkalirhodaniden oder -nitraten, beeinflußt die Angreifbarkeit nur insofern, als die Faser stärker quillt. Auch in einer Lösung von metallischem Natrium in flüssigem Ammoniak ist Wolle unlöslich[6].

Kupferammin. Von Kupferamminlösungen (Schweitzersches Reagens) wird Wolle im Gegensatz zu den Zellulosefasern nur langsam angegriffen. Man macht hiervon zur Unterscheidung der Wollfaser von Zellulosefasern und zur Analyse von Mischgeweben Gebrauch.

Organische Basen. In den flüssigen Additionsverbindungen alkylierender Stoffe mit tertiären Basen (quaternäre Ammoniumverbindungen), z.B. Benzylpyridiniumchlorid[7], ist Wolle erst bei 150—180° unter weitgehender Veränderung löslich; durch Natriumsulfidbehandlung aufgeschlossenes Keratin löst sich leichter[6].

Kohlensaure Alkalien, Ammoniumkarbonat. Kohlensaure Alkalien wirken weniger stark angreifend als Ätzalkalien. Sie werden daher in der Wollwäsche[8] und zum Walken benutzt. Bei höheren Temperaturen sind allerdings auch Sodalösungen schon in geringen Konzentrationen gefährlich[9]. Waschbäder mit Soda und Salmiak wirken milder als solche mit Soda allein. Über den Gewichtsverlust von Wolle beim Kochen mit verdünnten Sodalösungen vgl. Gelmo und Suida[10]. — Ammoniumkarbonatlösungen schädigen ebenso wie Ammoniak die Wolle sehr wenig[11]. Darauf beruhte die Verwendung von gefaultem Urin zum Waschen, die heute aus hygienischen Gründen verlassen ist.

---

[1] Prudhomme: Bull. Soc. Ind. Mulhouse Bd. 68 (1898) S. 202.

[2] Seel und Sander: Z. angew. Chem. Bd. 29 (1916) S. 261.

[3] Mh. Chem. Bd. 27 (1906) S. 225; Lehnes Färber-Ztg. Bd. 16 (1905) S. 295, 314. — Suida: Z. Farbenindustr. Bd. 6 (1907) S. 41.

[4] Reychler: l. c. S. 56. [5] Haller: Helv. chim. Acta Bd. 19 (1936) S. 5.

[6] Grafe: Z. angew. Chem. Bd. 49 (1936) S. 303.

[7] Ges. f. chem. Industrie in Basel, Franz. Pat. 730 217 (1932).

[8] Über die Wirkung verschiedener alkalischer Waschmittel auf Wollgarn vgl. auch Matthews: J. Soc. chem. Ind. Bd. 24 (1905) S. 659. — Schumann: Textile Forschg. Bd. 14 (1934) S. 43. [9] Becke: Lehnes Färber-Ztg. Bd. 23 (1912) S. 305, 327.

[10] Mh. Chem. Bd. 27 (1906) S. 225. — Suida: Z. Farbenindustr. Bd. 6 (1907) S. 41. — Vgl. auch Jtkina und Plechan: Melliand Textilber. Bd. 16 (1935) S. 45, 106.

[11] Gelmo und Suida, Seel und Sander: l. c.

Borax, Natriumphosphat, Wasserglas u. dgl. greifen Wolle relativ wenig an und werden zum Färben von Alkaliblau und ähnlichen Farbstoffen benutzt. Selbst durch Kochen mit einem so schwach alkalischen Mittel wie 1 proz. Boraxlösung (p_H 10) werden jedoch nach Clayton[1] rasch Spuren aktiver Schwefelgruppen in der Wollfaser entwickelt[2]. Wasserglas, das als Füllmittel für Seifen benutzt wird, kann durch Einlagerung von Kieselsäure die Faser mechanisch zerstören.

Seife. Neutrale Seifen greifen Wolle nicht an. Seifen können aber die Faser schädigen, wenn sie freies Alkali enthalten oder bei erhöhter Temperatur zur Einwirkung gelangen. Nach King[3] entfernt saubere Wolle aus neutralen Seifenlösungen unter Hydrolyse Alkali; die freiwerdende Fettsäure wird teils als saure Seife auf der Faser abgeschieden, teils bleibt sie in der Lösung suspendiert.

Zum Schutz der Wolle gegen die schädigende Wirkung von Alkali in verschiedenen Verarbeitungsstadien wurde empfohlen, den Bädern Stoffe zuzusetzen, die mit Wolle lockere, gegen Alkali verhältnismäßig widerstandsfähige Verbindungen geben, wie Formaldehyd[4], Chinon, oder Stoffe, die infolge ihres schwachsauren Charakters als Puffer wirken und den p_H der Bäder herabdrücken, wie Phenole, organische Sulfo- oder Karbonsäuren, natürliche oder synthetische Gerbstoffe[5], Sulfitablauge (Protektol), chemisch umgewandelte Sulfitablauge[6], Lysalbinsäure, Protalbinsäure, Glyzerin[7], Glukose[8] u. a.[9]. Über moderne Textilhilfsmittel, die neben anderen Zwecken auch eine Schutzwirkung gegenüber der Alkalischädigung ausüben, vgl. S. 136.

6. Verhalten der Wolle gegen Salze[10].

Neutrale Salze der Alkalien und Erdalkalien werden aus ihren Lösungen durch Wolle nicht merklich adsorbiert[11]; ihre verdünnten Lösungen schädigen die Faser auch bei 100° nicht merklich[12]. Für die Quellung der Wolle in 1 proz. Lösungen verschiedener Na-Salze gilt nach Rey[13] die Hofmeistersche Ionenreihe. In konzentrierten Lösungen leicht hydratisierbarer Salze ist Wolle erheblich schwerer löslich als andere Proteine. Nach von Weimarn[14] geht Wolle beim Erhitzen mit höchst konzentrierten LiSCN-Lösungen auf 170—200° in eine durchsichtige, plastische Gallerte und schließlich in eine kolloide Lösung über. Die in heißen konzentrierten Rhodanidlösungen erhaltenen Woll-Lösungen fluoreszieren nach Rey[11] im ultravioletten Licht sehr schön violett. Grafe[15] konnte bei

[1] Clayton: J. Soc. Dyers Col. Bd. 52 (1936) S. 86.
[2] Über die Herabsetzung der Schrumpfung durch Behandlung mit Boraxlösungen vgl. S. 169. [3] King: J. Textile Inst. Bd. 18 (1927) 361. T.
[4] Kann: DRP. 144 485 (1901) und Zusatz 146 845 (1903). — Vgl. auch S. 75.
[5] Vgl. Bergmann, Immendörfer und Loewe: Engl. Pat. 208 563 (1922).
[6] Bergmann: DRP. 437 836 (1923).
[7] Farbenfabr. vorm. F. Bayer: DRP. 113 205 (1897). — Cassella: Franz. Pat. 316 243.
[8] Bad. Anilin- und Sodafabrik, DRP. 129 451 (1899), Zusatz zu 110 633 (1899).
[9] Vgl. auch Marshall: Engl. Pat. 323 346 (1928).
[10] Über die Wirkung von Salzen mit reduzierendem oder oxydierendem Anion vgl. S. 60, 63. Über den Einfluß von Salzen auf das färberische Verhalten der Wolle vgl. S. 95.
[11] Knecht: Chem.-Ztg. Bd. 21 (1888) S. 1556. — Vorländer und Perold: Ann. Chem. Bd. 345 (1906) S. 288. Vignon: Compt. rend. Bd. 143 (1906) S. 550. — King: J. Textile Inst. Bd. 17 (1926) 53. T. — Lottermoser und Ettl: Melliand Textilber. Bd. 11 (1930) S. 627, 709.
[12] Nach Fort: J. Soc. Dyers Col. Bd. 29 (1913) S. 80, 120 reagiert Wolle in kleinem Umfange mit Natriumsulfat und Natriumchlorid in heißer verdünnter Lösung, wobei die Fasern etwas Mineralsäure zurückhalten, die schädigen kann. — Vgl. auch Kraus, Lehnes Färberztg. Bd. 22 (1911) S. 333. Barr und Edgar, Jowa State Coll. Jl. Bd. 10 (1936) S. 120.
[13] Rey: J. Intern. Soc. Leather Trades Chem. Bd. 11 (1927) S. 508.
[14] Von Weimarn: J. Textile Inst. Bd. 17 (1926) 642. T.
[15] Grafe: Z. angew. Chem. Bd. 49 (1936) S. 303.

nativer und bei mit CaS vorbehandelter Wolle mit Lösungen verschiedener Ca-Salze bei Temperaturen bis zu 100° nur eine erhebliche Quellung, keine Aufteilung der Fasern erzielen. — Die bei Einwirkung von Ca- oder Ba-Rhodanid eintretende Faserverkürzung kann zur Herstellung von Kreppeffekten benutzt werden. Auch mit konzentrierten Lösungen andere Salze, die eine „dehydratisierende" Wirkung ausüben, wie $ZnCl_2$, $ZnSO_4$, $CaCl_2$, lassen sich Kreppeffekte erzielen[1]. Mit warmer $ZnCl_2$-Lösung behandelte Wolle zeigt eine erheblich verminderte Schrumpfung[2].

Kochen mit Ammonsulfatlösungen greift nach Werner[3] Wolle nicht an; es wird weder Ammonsulfat adsorptiv gebunden noch, wie Smith behauptet hatte[4], Ammoniak in Freiheit gesetzt. Die Feststellung von Porai-Koschitz, Levina, Zeldovitsch und Rememiskof[5], daß beim Erhitzen von Wolle mit Ammonchloridlösung Ammoniak entweicht und HCl bis zur Maximalmenge von 0,83 mg-Äquivalente pro g Wolle gebunden wird, beruht nach Werner[3] wahrscheinlich darauf, daß Ammonchlorid bei den angewandten Temperaturen schon soweit dissoziiert ist, daß beträchtliche Mengen Ammoniak von sich aus entweichen.

Lösungen von Schwermetallsalzen, wie Al, Fe, Cr, Cu, Sn, die meist beim Kochen der Hydrolyse unterliegen, geben Metallhydroxyde oder basische Salze an die Wolle ab. Hierauf beruht die Verwendung dieser Salze als Beizen in der Färberei[6]. Beizen der Wolle mit Cr- oder Al-Salzen setzt die Schrumpfkraft herab. Auch die Abscheidung der Oxyde von Al, Sn, Zn, Ti in der Wolle durch doppelte Umsetzung vermindert das Schrumpfen, aber für technische Zwecke in ganz ungenügendem Maße[7]. Der Effekt geht ferner durch eine Säurebehandlung oder durch Wäsche wieder verloren. — Gegenwart von Eisenverbindungen auf der Faser (aus der Bleichapparatur) kann schon bei Temperaturen von etwa 100° katalytische Faserschädigungen, ähnlich der Schädigung durch Überhitzen, herbeiführen[8]. Über die Adsorption von Fe-Salzen durch Wolle vgl. Tanemura, Kohno und Nishimura[9]. Nach Mossini[10] adsorbiert alkalisch vorbehandelte Wolle Fe-Salze proportional der Einwirkungsdauer und Konzentration der Alkalilösung.

Werden Wollfasern, die durch Behandlung mit Reduktionsmitteln unter Aufspaltung von Disulfidbindungen in einen spannungsfreien Zustand versetzt worden sind[11], mit Lösungen von Salzen mehrwertiger Metalle behandelt (Ca, Zn, Cu, Ni u. a.), so läßt sich nach Speakman[12] der Faser eine „bleibende Einstellung" in einer gewünschten Form erteilen, indem an einer anderen Stelle als die früheren Disulfidgruppen neue Bindungen vom Typus —S—X—S— (X = mehrwertiges Metall) entstehen. Diese neuen Bindungen sind gegen Dampf beständig, und die so behandelten Wollfasern werden durch Alkali erheblich schwerer angegriffen als die ursprünglichen. Die eingeführten Metallatome können ferner dazu dienen, Farbstoffmoleküle zu fixieren, die gewöhnlich die Anwendung einer Beize erfordern.

---

[1] Siefert: Z. angew. Chem. Bd. 69 (1899) S. 86. — Schoen und Grandmougin: Z. angew. Chem. Bd. 69 (1899) S. 90. — Justin-Mueller: Melliand Textilber. Bd. 18 (1937) S. 628.

[2] Trotman: J. Soc. chem. Ind. Bd. 50 (1931) 463. T.

[3] Werner: Dissertation Techn. Hochschule Berlin 1936; Z. angew. Chem. Bd. 49 (1936) S. 382. [4] J. Soc. chem. Ind. Bd. 15 (1896) S. 245.

[5] Rev. gén. Matières Col. Bd. 36 (1932) S. 39; vgl. auch Porai-Koschitz: J. appl.Chem. russ.) Bd. 7 (1928) S. 99; J. Soc. Dyers Col. Bd. 52 (1936) S. 19.

[6] Vgl. S. 91.

[7] Trotman: J. Soc. chem. Ind. Bd. 50 (1931) 463. T.; Bd. 51 (1932) 66. T.

[8] Molnar: Mschr. Textilindustr. Bd. 51 (1936) S. 158.

[9] J. Soc. chem. Ind. Japan Bd. 37 (1934) 89. B.

[10] Chim. ind. agr. biol. Bd. 10 (1934) S. 492; Chem. Abstr. Bd. 1935 S. 3169.

[11] Vgl. S. 25ff. [12] Speakman: Engl. Pat. 453 701 (1935).

Zinnchlorür lagert sich nach Gebhardt[1] salzartig an die Aminogruppe an. Durch Behandlung der Wolle mit Zinnchlorür lassen sich Kreppeffekte erzielen[2].

Kochen mit gesättigter Silbersulfatlösung bringt infolge Angriffs der Disulfidgruppen bei ungedehnten Wollfasern „Superkontraktion"[3] hervor[4]. — Quecksilbersalze, die in der Hutindustrie zur Verbesserung der Filzfähigkeit grober Tierhaare mit schlecht ausgebildeter Schuppenstruktur benutzt werden, zerstören ebenfalls Disulfidbindungen. Eine Wollfaser, die 15 Minuten lang in 5proz. $HgCl_2$-Lösung bei 50° auf 40 % gedehnt gehalten worden ist, kontrahiert beim Loslassen in kaltem Wasser nicht mehr, die Fasern können jedoch in kochendem Wasser „Superkontraktion" zeigen[4].

Nach Wilson und Gordon[5] zeigt Wolle nach der Einwirkung von Elektrolyten im Röntgendiagramm mehr oder minder sichtbar zwei scharfe Ringe; der innere, intensivere, entspricht einem Abstand von 4,08 Å, der äußere einem Abstande von 3,72 Å. Bei einigen Wollproben wurde noch ein breiter Ring ziemlich nahe am Primärstrahl beobachtet, der einem Abstande von 12,9 Å entspricht. Wilson und Gordon nehmen an, daß unter der Wirkung der Elektrolyte, besonders derjenigen mit saurem Charakter, das Wolleiweiß in gewissem Umfange krystallin wird, wobei die so gebildeten Krystallite längs der Faserachse ungeordnet sind. Vielleicht sind die drei Ringe höhere Ordnungen einer Periode von 77,8 Å.

7. Verhalten der Wolle gegen Oxydationsmittel.

Wolle ist gegen Oxydationsmittel[6] ziemlich empfindlich. Durch stärkere Lösungen von Wasserstoffsuperoxyd, Kaliumpermanganat, Kaliumbichromat usw. wird die Wolle je nach der Temperatur, der Konzentration und dem p_H unter Einbuße an Festigkeit, Gewichtsverlust, Braunfärbung, Zunahme der Alkalilöslichkeit und Abnahme des Schwefelgehaltes mehr oder minder stark angegriffen. Unter geeigneten Bedingungen ist es jedoch möglich, durch Oxydationsmittel den natürlichen Farbstoff der Wolle zu zerstören, ohne die Faser selbst in praktisch nennenswertem Umfange zu schädigen; Stoffe, wie Wasserstoffsuperoxyd, Natriumsuperoxyd, Kaliumpermanganat, finden daher zum Bleichen der Wolle Verwendung.

Der Hauptangriffspunkt der Oxydationsmittel am Keratinmolekül ist die Disulfidgruppe, doch werden anscheinend auch noch andere Gruppen in Mitleidenschaft gezogen[7].

Nach Haller[8] sind die reduzierenden Eigenschaften der Wolle gegenüber oxydierenden, d. h. selbst reduzierbaren Stoffen, wie Fehlingsche Lösung, rotes Blutlaugensalz, Chromsäure- oder Bichromatlösung gering. So wird z. B. Wolle beim Erhitzen mit Fehlingscher Lösung allmählich abgebaut, aber Abscheidung von Cu_2O ist nicht erkennbar; mit $FeCl_3$ und KCN tritt keine Berlinerblaubildung, sondern nur eine Grünfärbung auf; Indanthrengelb R, das in alkalischen Lösungen von Reduktionsmitteln leicht in eine blaue Leukoverbindung übergeht, wird in

[1] Gebhardt: Z. angew. Chem. Bd. 27 (1914) S. 297.

[2] Siefert: Bull. Soc. Ind. Mulhouse Bd. 69 (1899) S. 86. — Schoen und Grandmougin: Bull. Soc. Ind. Mulhouse Bd. 69 (1899) S. 90.

[3] Vgl. auch S. 25ff.

[4] Speakman: Textile Manufact. Bd. 62 (1936) S. 235; Textile Rec. Bd. 54 (1936) S. 37.

[5] Wilson und Gordon: J. Amer. chem Soc. Bd. 55 (1933) S. 3896.

[6] Über die Oxydationswirkung von Halogenen auf Wolle vgl. S. 66; über die Veränderung der färberischen Eigenschaften durch oxydative Vorbehandlung vgl. S. 212, 222.

[7] Vgl. Smith und Harris: J. Res. Nat. Bur. Standards Bd. 16 (1936) S. 301; Amer. Dyestuff Rep. Bd. 25 (1936) S. 180.

[8] Haller: Melliand Textilber. Bd. 11 (1930) S. 698; Helv. chim. Acta Bd. 13 (1930) S. 620; vgl. jedoch Elöd: Melliand Textilber. Bd. 11 (1930) S. 701.

warmer Sodalösung durch Wolle nicht reduziert. Nach Clayton[1] ist jedoch im ersten Falle zweifellos Cu_2O im Gemisch mit schwarzem CuO zugegen; Berlinerblau entsteht bei Zusatz von Alkali, und Flavanthren R wird durch Wolle beim Erhitzen in Gegenwart von NaOH leicht reduziert. Offenbar hängt eine positive Reaktion in diesen Fällen von der gleichzeitigen oder vorangehenden Bildung kleiner Mengen von Na_2S und der teilweisen Reduktion von —S—S-Bindungen im Wollkomplex ab, so daß die Reduktionswirkung hauptsächlich in situ, d. h. auf der Faseroberfläche beobachtet wird.

Behandlung der Wolle mit Oxydationsmitteln erhöht ihre Empfindlichkeit gegen alkalischen Abbau[2]. Die Bestimmung der Löslichkeit in Alkali gibt ein gutes Maß für den Umfang der eingetretenen Oxydation, das zuverlässiger ist als die Bestimmung des Cystingehaltes[3].

„Oxydierte" Wolle läßt sich nach Gebhardt[4] nicht — oder bei gelinder Oxydation nur noch in geringem Umfange — diazotieren oder azetylieren und färbt sich mit basischen Farbstoffen auch in saurem Bade stark an, während die Affinität für Säurefarbstoffe erheblich herabgesetzt ist[5]. Säurefarbstoffe werden zwar z. T. noch aufgenommen, bilden aber nur lockere Additionsverbindungen und werden beim Seifen glatt abgezogen[4]. Zur Erklärung nahm Gebhardt an, daß bei der Oxydation die Aminogruppe unter Imidazolbildung in Aktion getreten ist, so daß die Wolle ihre basischen Eigenschaften verloren hat. Auf der Veränderung der Affinität oxydierter Wolle für basische Farbstoffe beruht der Nachweis von H_2O_2-Bleichschäden durch Anfärbung mit Methylenblau im essigsauren Bade[6].

Der Verlauf des oxydativen Angriffs der Wolle ist nur für verdünnte Wasserstoffsuperoxydlösungen näher untersucht worden.

Wasserstoffsuperoxyd. Harris und Smith[3] oxydierten Wolle mit H_2O_2-Lösungen von 0,1—10,0 Vol-% bei verschiedener Temperatur und verschiedenem p_H. Nach dreistündiger Behandlung bei 50° war keine bemerkenswerte Abnahme der Naßreißfestigkeit, der Bauschelastizität und des Gesamtschwefelgehaltes eingetreten; der Cystinschwefel und der Stickstoffgehalt sanken bei steigender H_2O_2-Konzentration mit einem scharfen Abfall bei 4—6 Vol-%. Anschließende Alkalibehandlung der Wolle verschärft die durch die Oxydation hervorgerufenen Unterschiede und läßt die kritische Konzentration zwischen 4 und 6 Vol-% noch deutlicher hervortreten. Die Alkalibehandlung der oxydierten Wolle bringt nunmehr eine beträchtliche Abnahme der bisher unveränderten Naßfestigkeit, Bauschelastizität und des Gesamtschwefels hervor. Der Schwefelgehalt der mit Alkali behandelten, oxydierten Proben ist für H_2O_2-Konzentrationen unter 4 Vol-% ungefähr die Hälfte desjenigen der ursprünglichen Wolle, in Übereinstimmung mit dem Befunde, daß sich bei fortgesetzter Alkalibehandlung der Schwefelgehalt einem Grenzwerte von etwa einhalb desjenigen der ursprünglichen Wolle nähert. Die Zunahme des Gesamtschwefelgehaltes der mit Alkali behandelten, mit H_2O_2-Lösungen über 2 Vol-% oxydierten Wolle beruht vielleicht auf der Oxydation eines Teils des Schwefels zu einer Form, die der Abspaltung aus dem Molekül widersteht. Zwischen der Abnahme des Cystingehaltes der mit H_2O_2 behandelten

---

[1] Clayton: J. Soc. Dyers Col. Bd. 52 (1936) S. 86.

[2] Smith und Harris: J. Res. Nat. Bur. Standards Bd. 15 (1935) S. 63.

[3] Smith und Harris: J. Res. Nat. Bur. Standards Bd. 16 (1936) S. 301; Amer. Dyestuff Rep. Bd. 25 (1936) S. 180, 542. P. — Vgl. auch Armand: Rev. gén. Teinture Bd. 15 (1937) S. 5.

[4] Gebhardt: Z. angew. Chem. Bd. 27 (1914) S. 297.

[5] Trotman, Il. Soc. Dyers Col. Bd. 40 (1924) S. 77, konnte bei Wolle, die mit K-Persulfat bis zur Braunfärbung oxydiert worden war, keine Veränderung der Affinität für Indigocarmin feststellen.

[6] Vgl. Kertess: Lehnes Färber-Ztg. Bd. 30 (1919) S. 137. — Ristenpart und Schwerdtner, Leipzig. Mschr. Textil-Ind. Bd. 46 (1931) S. 28, 67.

Proben und dem Gewichtsverlust der Proben nach Alkalibehandlung besteht ein funktioneller Zusammenhang. Mit steigender Temperatur nimmt unter sonst gleichen Umständen der Cystingehalt ab und der Gewichtsverlust bei der Alkalibehandlung zu, besonders oberhalb 50°; bei einem p_H 1 bis 7 der H_2O_2-Lösungen sind Cystingehalt und Gewichtsverlust mit Alkali konstant, bei p_H 7 bis 10 nimmt ersterer ab, letzterer zu[1]. Nach Smith und Harris[2] entstehen bei der Oxydation der Wolle mit verdünnten Wasserstoffsuperoxydlösungen intermediär Produkte vom Typus:

R—SO—SO—R (Disulfoxyde)

und wahrscheinlich auch vom Typus:

$R—SO_2—SO—R$

und $R—SO_2—SO_2—R$.

Nach Haller[3] wird gefärbte Wolle durch 30proz. H_2O_2 rascher abgebaut als ungefärbte. Bei der Oxydation von Menschenhaar mit siedendem 30proz. H_2O_2 erhielten Breinl und Baudisch[4] H_2SO_4, HNO_3, S, CO_2, Essigsäure, Oxalsäure, Bernsteinsäure, Azetaldehyd, Ammoniak und kleine Mengen von Aminosäuren —. Über die Einwirkung von H_2O_2- und Na_2O_2-Lösungen auf Wolle vgl. auch Sobue und Hirano[5].

Ozon. Behandlung der Wolle mit Ozon wirkt bleichend und festigkeitserniedrigend[6]. Nach Trotman und Langsdale[7] führt Ozonisierung eine Zerstörung der Schuppenschicht, verbunden mit einer Abnahme des Filzvermögens und einer Zunahme der Affinität für Säurefarbstoffe und Methylenblau, eine Erhöhung der Löslichkeit in $^1/_{10}$n-Sodalösung und eine Umwandlung eines Teils des Schwefels der Wolle in Sulfat herbei. Reißfestigkeit und Elastizität waren noch unverändert, auch wenn 25% der Schuppen zerstört waren.

Kaliumpermanganat. Durch Oxydation von Menschenhaar mit Brom-Eisessig oder Kaliumpermanganat-Schwefelsäure erhielt Stary[8] Abbauprodukte, die in ihrer Hauptfraktion noch hochmolekular waren, aber durch Trypsin bis zu Produkten abgebaut werden, die nicht mehr die Biuretreaktion zeigen. Nach Lissizin[9] tritt bei der Oxydation von Menschenhaar mit 2proz. Kaliumpermanganatlösung fast der gesamte Schwefel in Form einer organischen Sulfonsäure „Oxykeratinsulfonsäure" auf; aus den hydrolysierten Oxydationsprodukten konnte Lissizin[10] optisch inaktive Cysteinsäure $C_3H_7O_5NS$[11] isolieren.

Chromsäure, Bichromate. Nach Haller und vom Hove[12] verläuft bei Be-

[1] Über den Angriff der Wolle durch alkalische, verdünnte H_2O_2-Lösungen vgl. auch Trotman und Gee: J. Soc. Dyers Col. Bd. 48 (1928) S. 229. — Russina: Melliand Textilber. Bd. 12 (1931) S. 404. — Harris, Neville und Fritz: Bur. Standards J. Res. Bd. 12 (1934) S. 803.

[2] Smith und Harris: J. Res. Nat. Bur. Standards Bd. 16 (1936) S. 309; vgl. auch Amer. Dyestuff Rep. Bd. 26 (1937) P. 413.

[3] Haller: Leipzig. Mschr. Textil-Ind. Bd. 38 (1923) S. 199.

[4] Z. physiol. Chem. Bd. 52 (1907) S. 159; vgl. auch Baudisch: Chem.-Ztg. Bd. 32 (1908) S. 620.

[5] Sobue und Hirano: J. Soc. chem. Ind. Japan Bd. 37 (1934) S. 362.

[6] Kertess: Lehnes Färber-Ztg. Bd. 30 (1911) S. 137. — Dorée: J. Soc. Dyers Col. Bd. 29 (1913) S. 205.

[7] Trotman und Langsdale: J. Soc. chem. Ind. Bd. 42 (1923) 13. T. — Vgl. auch Wilkinson: l. c. S. 212.

[8] Stary: Z. physiol. Chem. Bd. 136 (1924) S. 160; Bd. 144 (1925) S. 147; Bd. 175 (1928) S. 178; vgl. auch Waldschmitz-Leitz und von Schuckmann: Ber. dtsch. chem. Ges. Bd. 62 (1929) S. 1891. [9] Lissizin: Biochem. Bull. Bd. 4 (1915) S. 18.

[10] Lissizin: Z. physiol. Chem. Bd. 173 (1928) S. 309.

[11] Vgl. Friedmann: Beitr. Physiol. Pathol. Bd. 3 (1903) S. 25.

[12] Haller und vom Hove: Helv. chim. Acta Bd. 15 (1932) S. 357.

handlung von Wolle mit CrO_3- oder $K_2Cr_2O_7$-Lösung die Reduktion des sechswertigen Chroms bei gewöhnlicher Temperatur im Dunkeln nur langsam; als erstes Reduktionsprodukt tritt dunkelbraunes Chromichromat auf.

8. Verhalten der Wolle gegen Reduktionsmittel[1].

Reduktionsmittel greifen wie Oxydationsmittel an der empfindlichsten Stelle des Keratinmoleküls, der Disulfidgruppe an, unter Bildung von Sulfhydrylgruppen, die dann weiter reagieren können,. Die Spaltung von Disulfidgruppen ist mit einer Aufhebung der in der natürlichen Faser vorhandenen Spannungen verbunden, wobei die optimalen p_H-Werte für die Erzielung dieses Effekts nach Speakman[2] bei p_H 4 und $p_H = 10$ liegen. Bei p_H 4 zerstören nach Speakman konzentrierte Lösungen von Bisulfiten oder Metabisulfiten Disulfidgruppen, weil sie als konzentrierte Lösungen schwacher Säuren ausgesprochene Faserquellung und damit eine Spannung an den —S—S—Bindungen hervorrufen; bei p_H-Werten von 10 und darüber sind die Reduktionsmittel wirksam, weil das Alkali die Disulfidbindungen unter Bildung von Sulfhydryl- und Sulfensäuregruppen hydrolysiert, wobei letztere dann durch das Reduktionsmittel zu Sulfhydrylgruppen reduziert werden[3]. Infolge der Zerstörung von Disulfidgruppen vermögen ferner Reduktionsmittel, wie siedende 0,65proz. KCN-Lösung oder siedende 5proz. Natriumbusulfitlösung, bei ungedehnten Wollfasern „Superkontraktion"[4] herbeizuführen[5]. Einige Alkalisalze mit reduzierendem Anion (Na_2S, KCN, Natriumthioglykolat) bringen Wolle schon in geringer Konzentration bei schwach alkalischer Reaktion und bei gewöhnlicher Temperatur in Lösung. Dabei gelingt es nach Goddard und Michaelis[6], aus den Woll-Lösungen Produkte zu gewinnen, die sich noch wie wahre Proteine verhalten; sie zeigen noch einen „isoelektrischen Punkt", werden durch gewöhnliche Eiweißfällungsmittel, wie Sulfosalizylsäure, gefällt und verlieren diese Eigenschaft nach Verdauung mit Trypsin oder Pepsin. — Behandlung mit verdünnten Na_2S- oder K_2S-Lösungen erhöht die Farbstoffaufnahmefähigkeit der Wolle[7]. Durch Behandlung von Wolle mit konzentrierten Lösungen von Reduktionsmitteln, wie $SnCl_2$, Bisulfite, Hydrosulfite u.a., lassen sich Kreppeffekte hervorrufen[8]. — Über die Herstellung von Reduktionsprodukten saurer oder alkalischer Abbauprodukte der Wolle vgl. Wülfing[9].

Natriumsulfit. Nach Goddard und Michaelis[6] löst Natriumsulfit Wolle bei keinem p_H mit merklicher Geschwindigkeit. Kochen mit Na_2SO_3-Lösung bringt nach Speakman[5] bei unbehandelter Wolle keine „Superkontraktion" hervor, während mit salpetriger Säure „deaminierte" Wolle sich bei zehn Minuten langem Kochen in 5proz. von $Na_2SO_3 \cdot 7H_2O$ um 35% kontrahiert. Die Unfähigkeit der ursprünglichen Fasern, in Natriumsulfitlösung zu kontrahieren, beruht nach Speakman darauf, daß die Lösung nicht alkalisch genug ist, um die Salzbindungen im Keratinmolekül, besonders diejenigen, die Argininseitenketten enthalten, zu zerlegen.

Natriumbisulfit. Behandlung von Wolle mit siedender $NaHSO_3$-Lösung verur-

---

[1] Über die Einwirkung von schwefliger Säure auf Wolle vgl. S. 46.

[2] Speakman: Engl. Pat. 453 700/701 (1935).

[3] Vgl. auch Schoberl und Sextl: Collegium Bd. 1936 S. 412. — Vgl. dazu auch Speakman und Whewell: J. Soc. Dyers Col. Bd. 52 (1937) S. 85.

[4] Vgl. S. 25.

[5] Speakman: Textile Manufacturer Bd. 62 (1936) S. 235; Textile Recorder Bd. 54 (1936) S. 37.

[6] Goddard und Michaelis: J. biol. Chem. Bd. 106 (1934) S. 605.

[7] Schneider: Engl. Pat. 6152 (1907).

[8] Siefert: Bull. Soc. Ind. Mulhouse Bd. 69 (1899) S. 86. — Schoen und Grandmougin: Bull. Soc. Ind. Mulhouse Bd. 69 (1899) S. 90.

[9] Wülfing: DRP. 582 000 (1931).

sacht nach Speakman[1] Spaltung der Disulfidbindungen und Bildung von S—NH-Bindungen nach den Gleichungen:

$$R—S—S—R + NaHSO_3 \rightarrow R—SNa + R—S—SO_3H \quad (I)$$

$$R—S—SO_3H + R_1—NH_2 \rightarrow R—S—NH—R_1 + H_2SO_3 \quad (II)$$

Die Geschwindigkeit der zweiten Reaktion nimmt mit sinkender Temperatur ab; bei 50° verläuft die Bildung von S—NH-Bindungen nur bei p_H 6 mit hinreichend schnell, unterhalb 50° überhaupt nicht mehr mit merklicher Geschwindigkeit. Infolge der Zerstörung von Salz- und Disulfidbrückenbindungen erleiden unbehandelte Wollfasern in siedender $NaHSO_3$-Lösung eine Längenkontraktion um 30%. Die beobachtete Kontraktion ist jedoch stets geringer, als zu erwarten wäre, so daß offenbar durch die Bildung neuer, gegen Zersetzung durch $NaHSO_3$ Lösung widerstandsfähiger Bindungen eine „bleibende Einstellung" erhalten wird. Beim Kochen von Wolle mit starker $NaHSO_3$-Lösung findet nach Elsässer[2] eine Art Merzerisation statt.

Natriumsulfid. Alkalisulfide besitzen eine wesentlich stärkere quellende und lösende Wirkung gegenüber Keratin als Alkalilaugen entsprechenden Konzentration. Es handelt sich um eine spezifische Wirkung der S''- oder SH'-Ionen, und der Ort des Angriffes ist die Disulfidgruppe[3]. Ungeschädigte Wolle enthält allerdings nach Speakman[4] keine reaktionsfähigen Disulfidgruppen; diese müssen vielmehr erst durch Alkali freigelegt und der reduzierenden Wirkung des Natriumsulfids oder ähnlich wirkender Stoffe zugänglich gemacht werden. Küster, Kumpf und Köppel[5] führen das Auflösungsvermögen verdünnter Na_2S-Lösungen auf Wolle z.T. auf einen den nachstehenden Gleichungen entsprechenden Kreisprozeß zurück:

$$2Na_2S + 2H_2O = 2NaSH + 2NaOH \quad (I)$$

$$2NaSH + 2OH' = Na_2S_2 + 2H_2O \quad (II)$$

$$Na_2S_2 + 2H' = 2NaSH \quad (III)$$

Gl. II entspricht einer reduzierenden, III einer oxydierenden Wirkung auf die organische Substanz. Außerdem verlaufen noch Prozesse, bei denen unter gleichzeitiger Reduktion der organischen Substanz eine Oxydation des Sulfids zu Sulfit, Sulfat und Thiosulfat stattfindet. Unter den von Küster und Mitarbeitern angewandten Bedingungen wurde ein Teil des Keratins unter Abspaltung von NH_3 und gleichzeitiger Bildung stickstoffhaltiger Produkte abgebaut; daneben fanden sich wasserlösliche, nicht dialysierbare Abbauprodukte. Die Hauptmenge stellte ein in Wasser unlösliches Produkt mit sauren Eigenschaften dar, das lösliche Natriumsalze bildet und sich aus dem alkalischen Hydrolysat auf Zusatz von Essigsäure abscheidet. Bei der Druckhydrolyse durch Erhitzen mit Wasser auf 150° im Autoklaven liefert es, wie Wolle, aber in größerer Ausbeute, ein Gemisch von Aminosäuren und Diketopiperazinen. Nach Küster und Irion[6] zeigt das nach längerer Einwirkung von 3proz. Na_2S-Lösung auf Wolle erhaltene nicht dialysierende, mit Essigsäure fällbare Spaltprodukt einen N-Gehalt von 16,1% und einen erheblich geringeren Histidingehalt als das Ausgangsmaterial. — Über die Her-

[1] Speakman: Engl. Pat. 453700/701 (1935); J. Soc. Dyers Col. Bd. 52 (1936) S. 335; J. Textile Inst. Bd. 27 (1936) 231. P.

[2] Elsässer: DRP. 233 210 (1909); 256 851 (1912).

[3] Küster: Z. angew. Chem. Bd. 38 (1925) S. 216. — Marriot: J. Soc. Leather Trade Chem. Bd. 12 (1928) S. 226, 281, 342. — Pulewka: Z. physiol. Chem. Bd. 146 (1925) S. 130; Arch. exp. Pathol. u. Pharmakol. Bd. 140 (1929) S. 181. — Lottermoser und Ettl: Melliand. Textilber. Bd. 11 (1930) S. 627, 709. — Speakman: J. Soc. chem. Ind. Bd. 50 (1931) 1. T.

[4] l. c. 3. [5] Z. physiol. Chem. Bd. 171 (1927) S. 114.

[6] Z. physiol. Chem. Bd. 184 (1929) S. 225; vgl. auch Bergmann und Stather: Collegium 1925 S. 109; Ledertechn. Rdsch. Bd. 17 (1925) S. 81.

stellung von in Wasser und verdünnten Säuren unlöslichen Spaltprodukten der Wolle vgl. Wülfing[1].

Das von Goddard und Michaelis (l. c.) aus den Lösungen von Wolle in 0,5mol. Na_2S-Lösung gewonnene Produkt enthielt viel mehr Schwefel als die ursprüngliche Wolle aber ebensoviel Cystin (nach Folin-Marenzi). Goddard und Michaelis nehmen daher an, daß bei der Reaktion von Na_2S mit Keratin, im Gegensatz zu der Reaktion mit einfachen Disulfiden, ein Polysulfid entsteht, das sich bei der Folin-Marenzi-Methode wie Cystein verhält. Wird ein solches Protein in schwachem Alkali gelöst und mit Säuren wieder gefällt, so verliert es Schwefel, aber derart, daß der gesamte Schwefel den aus der Cysteinbestimmung berechneten Cystinschwefel noch übersteigt.

Speakman[2] hat die Quellungs- und Lösungserscheinungen der Wolle in Na_2S-Lösungen mikroskopisch verfolgt. In sehr verdünnten (0,0325 n-)Lösungen bei 20° erfolgt eine mit der Zeit fortschreitende, der ganzen Faserlänge nach gleichmäßige Zunahme des Faserdurchmessers; die Faserlänge nimmt dagegen erst ab und später deutlich zu. In stärkeren Lösungen sind die Erscheinungen viel drastischer und viel unregelmäßiger. Die Elasticumphase wird durch das Sulfid nicht zerstört, auch die Kutikula ist widerstandsfähiger als die Rindenschicht. Bei der Quellung der Wolle in kalter 6proz. Lösung von $Na_2S \cdot 9H_2O$ sind die durch von Bergen beschriebenen Krümmungserscheinungen[3] sehr deutlich[4]. Die mikroskopische Beobachtung von Wollspitzen während der Behandlung mit der Sulfidlösung zeigt, daß solche Spitzen, bei denen die Schuppen fast vollständig in das Haar versenkt sind, gleichförmig quellen, d. h. nur seitliche Quellung, aber keine Krümmungserscheinungen aufweisen. Letztere beruhen daher wahrscheinlich auf dem ungleichförmigen Druck innerhalb des Faserkernes, der durch eine relativ zähe und schuppige Haut begrenzt ist, durch die hindurch oder längs der Schuppenränder die Reagenzien nur langsam und unregelmäßig treten. Die Quellung der Wollfaser in Na_2S geht dem chemischen Abbau voraus[4]. Die Änderungen der physikalischen Eigenschaften der Wollfaser bei Behandlung mit verdünnten Na_2S-Lösungen erlauben nach Speakman Schlüsse auf die Natur der Seitenkettenbindungen und die Struktur der Keratinmizelle[5].

Nach Grafe[5] lassen sich unter geeigneten Bedingungen (Anwendung geringer Mengen Na_2S, häufiges mechanisches Durcharbeiten) zähflüssige Woll-Lösungen mit etwa 20% Eiweiß gewinnen (vgl. auch S. 176). Die Lösungen gelatinieren, wenn sie mehrere Tage bei 22—25° aufbewahrt werden, während bei 18° die Viskosität mit der Zeit immer geringer wird. Die Gelatinierung ist irreversibel[6].

Gegenwart von Sulfid erhöht die Geschwindigkeit der alkalischen Hydrolyse von Haaren[7].

Natriumhydrosulfid. Eine mit H_2S gesättigte 2proz. NaOH-Lösung hat nach Clayton[8] bei 18° außer einer geringen Quellwirkung keine sichtbare sofortige Wirkung auf die Wollfaser; nach 10 Minuten langem Einlegen in einen Überschuß der Lösung und gründlichem Auswaschen war jedoch die Walkersche Reaktion auf Sulfhydrylgruppen positiv. — Nach Lottermoser und Ettl[9] wird NaSH durch Wolle negativ adsorbiert.

Schwefelwasserstoff. Mit H_2S behandelte und ausgewaschene Wolle quillt nach

[1] Wülfing: DRP. 574 251 (1931).
[2] Speakman: J. Soc. chem. Ind. Bd. 50 (1931) 1. T.; vgl. auch Cunliffe: J. Textile Inst. Bd. 24 (1933) 417. T.
[3] Vgl. S. 102. [4] Clayton: J. Soc. Dyers Col. Bd. 52 (1936) S. 86.
[5] Vgl. S. 36. [6] Grafe: Z. angew. Chem. Bd. 49 (1936) S. 303.
[7] Merrill: J. ind. eng. Chem. Bd. 17 (1925) S. 36.
[8] Clayton: J. Soc. Dyers Col. Bd. 52 (1936) S. 86.
[9] Lottermoser und Ettl: Melliand Textilber. Bd. 11 (1930) S. 627, 709.

Rey[1] in 1/40 n-Alkali stärker als unbehandelte; durch aufeinanderfolgende Behandlung mit H_2S, Auswaschen und Behandlung mit 1/40 n-Alkali wird die Affinität zu Säurefarbstoffen stark erhöht. Wolle kann größere Mengen H_2S adsorbieren[2].

Natriumthioglykolat (0,5 mol.) löst Wolle bei $p_H > 10$ in einigen Stunden bei gewöhnlicher Temperatur. Die Reaktion vollzieht sich, entsprechend den Verhältnissen bei einfachen Disulfiden, nach der Gleichung:

$$R—S—S—R + 2\,HS \cdot CH_2 \cdot COOH \rightarrow 2\,R—SH + (S—CH_2 \cdot COOH)_2.$$

Das wieder zur Disulfidstufe oxydierte Sulfhydrylprotein ist noch säure- und alkalilöslich und durch Pepsin und Trypsin verdaulich[3].

Zur Erklärung der für die Reduktion der Wolle durch Thioglykolsäure benötigten Alkalität nehmen Goddard und Michaelis an, daß das Alkali zunächst salzartige Bindungen zwischen den Peptidketten des Keratins lösen muß, ehe eine Reduktion der —S—S-Bindungen eintreten kann. Nach Schoberl und Sextl[4] ist es wahrscheinlicher, daß die relativ hohe Alkalität zuerst eine hydrolytische Aufspaltung der —S—S-Bindung bewirkt:

$$R—S—S—R + HOH \rightarrow R \cdot SH + HOS—R$$

und daß die eigentliche Reduktion dann eine Reaktion der SOH-Verbindung mit der Thioglykolsäure nach der Gleichung:

$$R \cdot SOH + 2\,HOOC \cdot CH_2 \cdot SH \rightarrow R \cdot SH + (HOOC \cdot CH_2—S)_2 + H_2O$$

darstellt.

Zyankalium. Die Reaktion bei der Auflösung von Wolle in Zyankaliumlösung (0,5 mol. KCN + 0,1 n-NaOH) bei p_H 12—13 ist nach Goddard und Michaelis bei der Wolle nicht ganz so einfach wie bei den einfachen Disulfiden, wo sie nach dem Schema:

$$R—S—S—R + HCN \rightarrow R—SH + R—S—CN$$

verläuft. Es tritt vielmehr ein Verlust an Schwefel ein. Kochende 0,65proz. KCN-Lösung vermag bei ungedehnten Wollfasern „Superkontraktion“ hervorzurufen[5].

9. Verhalten der Wolle gegen Halogene.

Bei der Behandlung von Wolle mit Chlor, Brom oder Jod treten Adsorptionsvorgänge und chemische Vorgänge ein. Der Umfang und die Art der chemischen Reaktionen hängt sehr wesentlich von der Gegenwart von Wasser ab. Die Natur der chemischen Umsetzungen ist noch nicht vollständig geklärt. Je nach den Bedingungen erfolgen in verschiedenem Umfange Substitutions- und Abbauvorgänge, verbunden mit mikroskopisch erkennbaren Veränderungen der Struktur des Wollhaares, Gelbfärbung der Wolle, Veränderungen der Festigkeit und Elastizität, sowie anderer physikalischer, physikalisch-chemischer und chemischer Eigenschaften.

Durch trockenes Chlorgas wird trockene Wolle wenig verändert; die Faser wird nicht merklich geschädigt, die Farbstoffaufnahme ist nicht erhöht, das Filzvermögen nicht herabgesetzt[6]. Nach vom Hove[7] bleibt absolut trockene Wolle

[1] Rey: J. Int. Soc. Leather Trades Chem. Bd. 11 (1927) S. 508.
[2] Strunk und Prieß: Z. physiol. Chem. Bd. 76 (1911) S. 136.
[3] Goddard und Michaelis: l. c. [4] Schoberl und Sextl: Collegium 1936 S. 412.
[5] Speakman: vgl. S. 59.
[6] Knecht und Milnes: J. Soc. chem. Ind. Bd. 11 (1892) S. 131. — Vignon und Mollard: Rev. gén. Mat. Col. Bd. 10 (1906) S. 226. — Meunier und Latreille: Chim. et Ind. Bd. 10 (1923) 168 T.
[7] Vom Hove: Z. angew. Chem. Bd. 47 (1934) S. 756; Melliand Textilber. Bd. 15 (1934) S. 468.

in einer Atmosphäre von völlig trockenem Chlor, Brom oder Jod[1] tagelang farblos und adsorbiert kein Halogen; es erfolgt jedoch Substitution durch Chlor oder Brom im Tyrosinkern[2]. Nach Haller und Holl[3] erfolgt dagegen auch bei trockenem Chlor oder Brom und trockener Wolle eine geringfügige Adsorption; durch Evakuieren oder durch Überleiten eines trockenen Luftstroms wird das adsorbierte Halogen wieder entfernt. Außerdem tritt nach Haller und Holl wahrscheinlich auch ein geringfügiger chemischer Angriff ein, aber nicht durch Substitution am Tyrosin, sondern an anderer Stelle des Keratinmoleküls, denn die so halogenierte Wolle gibt die Millonsche Reaktion in unveränderter Stärke.

Die handelsüblichen Halogene mit geringem Wassergehalt werden von völlig trockener Wolle in kurzer Zeit mit ihrer charakteristischen Farbe (Chlor blaßgelb, Brom orange, Jod braun) unter Halogenaminbildung aufgenommen, gemäß der Reaktion:

$$R{-}NH_2 + HOCl \rightarrow R{-}NHCl + H_2O$$

Spuren Wasser wirken als Katalysator. Die Stufe der Halogenaminbildung läßt sich nach vom Hove durch Einschmelzen einer getrockneten Wollprobe mit feuchtem Brom in ein Reagensglas monatelang fast unverändert erhalten. Die Wollschädigung ist hierbei gering, da die für die Schädigung maßgebenden Prozesse, die Oxydation und der Halogenaminzerfall unter Bildung von Halogenwasserstoff, unterbleiben. Die durch Substitution entstandenen geringen Mengen Halogenwasserstoff bauen allerdings, besonders bei höheren Temperaturen, das Wolleiweiß langsam ab. — Bei der Einwirkung von feuchtem Chlorgas auf lufttrockene Wolle findet von Anfang an eine starke HCl-Entwicklung statt. Ein erheblicher Teil des Chlors bzw. der daraus gebildeten unterchlorigen Säure wirkt hier als Oxydationsmittel und führt einen Abbau der Wolle unter Gewichtsverlust herbei[4].

In wäßrigen Lösungen der Halogene oder in sauren Hypochloritlösungen (NaOCl, Chlorkalk) stellt sich ein Gleichgewicht zwischen freiem Halogen, unterhalogeniger Säure und Halogenwasserstoffsäure ein. Die unterhalogenige Säure reagiert mit Aminogruppen des Keratins unter Bildung von Halogenaminen, die unter Abspaltung von Halogenwasserstoff und Reaktion mit Wasser je nach dem p_H in verschiedene Produkte zerfallen können[5]. Die durch den Keratinabbau über die Halogenaminstufe neu entstandenen reaktionsfähigen Aminogruppen reagieren ihrerseits wieder unter Halogenaminbildung usw. Von den gebildeten Chloraminen bleibt ein Teil auf der Wolle, ein Teil geht in Lösung. Aus den Chlorierungsflüssigkeiten läßt sich mit Alkohol oder gesättigter Amonsulfatlösung eine proteinartige Substanz ausfällen, die eine deutliche Biuretreaktion gibt und aus Jodkaliumlösung Jod freimacht[6]. Die bei der Halogenaminspaltung gebildete Halogenwasserstoffsäure wirkt hydrolysierend. Außerdem findet auch in gewissem Umfange ein oxydativer Angriff des Keratins statt[7], indem die unterhalogenige Säure auch nach dem Schema: $2\,HOX \rightarrow 2\,HX + O_2$ zerfällt; ferner tritt nach vom Hove[8] eine Substitution im Tyrosinbaustein des Keratins ein[9].

Die Aufnahme von Chlor oder Brom durch Wolle aus wäßriger Lösung erfolgt

[1] Vgl. auch Knecht und Milnes: l. c.
[2] Vgl. auch Meunier und Latreille: l. c.
[3] Haller und Holl: Melliand Textilber. Bd. 17 (1936) S. 493.
[4] Vgl. auch Vignon und Mollard, Meunier und Latreille: l. c.
[5] Vom Hove, Haller und Holl, l. c. — Courtot und Baron: Compt. rend. Bd. 200 (1935) S. 675.
[6] Trotman, S. R., E. R. Trotman und Brown: J. Soc. chem. Ind. Bd. 47 (1928) 4. T.
[7] Vgl. auch Vignon und Mollard: l. c. — Trotman und Wyche: J. Soc. chem. Ind. Bd. 43 (1924) 239. T.
[8] L. c. [9] Vgl. hierzu jedoch Haller und Holl: l. c. — Courtot und Baron: l. c.

sehr rasch. Die Geschwindigkeit hängt natürlich von der Halogenmenge und -konzentration, der Temperatur, der Azidität usw. ab[1]; feinere Wollqualitäten nehmen im allgemeinen unter gleichen Bedingungen mehr Halogen auf als gröbere[2]. Nach Trotman und Wyche[3] besteht die Kurve, die die Chloraufnahme von Wolle aus Chlorwasser zeigt, aus zwei deutlich verschiedenen Teilen, entsprechend einer raschen Chloraufnahme am Anfang, auf die später eine langsame Chloraufnahme folgt. Trotman und Wyche schlossen daraus, daß zuerst Adsorption und chemische Reaktion nebeneinander stattfinden und später chemische Reaktion allein[4]. Gegenwart von Salzen, wie NaCl, Na_2SO_4 oder $CaCl_2$, drückt die Quellung der Wolle und daher auch die Geschwindigkeit der Chloraufnahme herab[5]. Die Geschwindigkeit der Chloraufnahme ist für gewöhnliche und deaminierte Wolle gleich[3].

Der Keratinabbau während der Chlorierung oder Bromierung, dessen Umfang natürlich von der Menge und Konzentration des Halogens, der Azidität der Lösung, der Temperatur und Einwirkungsdauer abhängt, ist mit einem Inlösunggehen von Stickstoffverbindungen und mit einer Abnahme des Cystingehaltes der Wolle verbunden[6]. Die Wolle erleidet also einen mit fortgesetzter Chlorierung zunehmenden Gewichtsverlust, während sich der Gehalt des Wollrückstandes an S und N ändert. Courtot und Baron[6] konnten den Gewichtsverlust bei Überchlorierung bis auf 60% des Wollgewichtes treiben, vollständige Auflösung gelang jedoch nur bei Behandlung des Chlorierungsrückstandes mit verdünnter Natronlauge oder Sodalösung. Überchlorte Wolle erleidet bei nachträglichem Kochen mit Wasser einen starken Gewichtsverlust; der braune, zerfließliche Rückstand des wäßrigen Auszuges, der aus Abbauprodukten der Wolle besteht, fällt substantive Farbstoffe in wäßriger Lösung wie „Lanuginsäure"[7]. Mit Chlorwasser in Gegenwart von Schwefelsäure chlorierte Wolle verliert mehr N als in Gegenwart von Salzsäure chlorierte und verbindet sich mit mehr Semikarbazid[8]. Vorbehandlung der Wolle mit Formaldehyd verringert den Gewichtsverlust der Wolle bei der Behandlung mit wäßrigen Chlorlösungen[9]. — Nach Courtot und Baron[6] sind die Flüssigkeiten, die zur Chlorierung oder Bromierung von Wolle benutzt worden sind, optisch linksdrehend und zwar unter gleichen Bedingungen annähernd gleich stark. Wird aus den Lösungen das freie Halogen durch einen Luftstrom entfernt, mit Soda neutralisiert und mit Wasserdampf destilliert, so riecht das Destillat nach Isovaleraldehyd und gibt die Schiffsche Reaktion. Wahrscheinlich enthalten die Behandlungsflüssigkeiten Aldehyde, die durch Spaltung der in der Aminogruppe halogenierten α-Aminosäuren entstanden sind, außerdem noch andere oxydierenden Verbindungen außer Halogenaminen, Peptone, NH_4Cl, NH_2Cl und Spuren HCN[10]. Die bei der Chlorierung gebildeten löslichen Stickstoffverbindungen, die gebundenes Chlor enthalten, werden nur durch langes Kochen zersetzt[3].

Das bei der Chlorierung oder Bromierung als Halogenamin gebundene Halogen wird durch Waschen mit Wasser, selbst durch Behandlung mit Wasserstoffsuperoxyd, nicht entfernt. Chlorierte und ausgewaschene Wolle färbt sich noch nach

---

[1] Vgl. auch Sobue und Hirano: J. Soc. chem. Ind. Japan Bd. 37 (1934) S. 362, 427 B.
[2] Edwards: J. Soc. chem. Ind. Bd. 51 (1932) 234. T.
[3] Trotman und Wyche: l. c. [4] Vgl. hierzu jedoch vom Hove: l. c.
[5] Hirst und King: J. Textile Inst. Bd. 24 (1933) 174. T.
[6] Trotman: J. Soc. chem. Ind. Bd. 41 (1922) 219. T. — Stirm und Collé: Melliand Textilber. Bd. 16 (1935) S. 585, 667, 795. — Courtot und Baron: l. c. — Harris und Smith: Amer. Dyestuff Rep. Bd. 25 (1936) p. 542.
[7] Knecht und Milnes: l. c.
[8] Trotman, S. R., E. R. Trotman und Brown: J. Soc. chem. Ind. Bd. 47 (1928) 4. T.
[9] Trotman: J. Soc. chem. Ind. Bd. 41 (1922) 219. T.
[10] Vgl. auch Baron: Thèse Nancy 1935; Rev. gén. Mat Col. Bd. 40 (1936) S. 171.

mehrwöchentlichem Liegen an der Luft mit KJ-Lösung braun[1]. Durch Behandlung mit SO_2, $NaHSO_3$ u. dgl. werden die Halogenamine zersetzt.

Brom wirkt ähnlich wie Chlor[2]. Nach Trotman wird bei Verwendung äquivalenter Mengen Halogen die Wolle durch Bromwasser viel weniger strukturell geschädigt als durch Chlorwasser[3]. Durch einstündige Behandlung mit Bromwasser bei gewöhnlicher Temperatur ist nur etwa 7% des Schwefels in der Wolle in Sulfat überführbar[4].

Bei Behandlung der Wolle mit wäßrigen Jodlösungen verlaufen Adsorption und Oxydation viel milder als bei Chlor- und Bromwasser[5]. Fortgesetzte Jodierung ruft zwar eine tiefbraune Färbung der Wolle aber keine merklichen morphologischen Veränderungen der Fasern hervor[6]. Beim Einlegen von Wolle in eine wäßrig-alkoholische Jodkaliumlösung wird Jod teils adsorbiert, teils chemisch gebunden. Die adsorptive Kraft der Wolle für Jod ist sehr groß. Die mit Jod gesättigte rotbraune Wolle ändert ihren Farbton kaum durch monatelanges Liegen an der Luft; durch vier Tage langes Erhitzen auf 150° wird die Faser auch nicht teilweise von Jod befreit. Beim Kochen mit Wasser wird schließlich ein hellgelber Farbton erreicht, der auch durch noch so langes Kochen nicht verschwindet[7]. Diese Färbung ist vollkommen licht-, wasch- und walkecht und ist nach Haller und Holl wahrscheinlich einer chemischen Verbindung des Jods mit der Wollfaser zuzuschreiben. Die Menge des so chemisch gebundenen Jods beträgt unabhängig von der Konzentration der Lösung 6,5% des Wollgewichtes. Die Reaktion des Jods bzw. der unterjodigen Säure mit den NH_2-Gruppen des Wolleiweißes findet offenbar ziemlich leicht statt, das gebildete Jodamin ist aber bedeutend beständiger als die anderen Halogenamine[5]. Temperaturerhöhung steigert die Jodaufnahme aus wäßrigen Lösungen. Ein völliges Verschwinden des Jodes aus der Lösung wird bei gewöhnlicher Temperatur überhaupt nicht erreicht. Bei 90° gehen zwar Jodadsorption und Oxydation rasch bis zur Bildung einer farblosen Lösung weiter, beim Abkühlen wird jedoch die Wolle, entsprechend der Diffusion der Luft, von oben nach unten fortschreitend langsam wieder gelb[8]. Nach Haller[9] wird Jod vor allem von den Spindelzellen der Rindenschicht gespeichert. Durch Behandlung jodierter und ausgewaschener Wolle mit Schwefelwasserstoff konnte Haller den Schwefelgehalt der Wolle auf 5,4% erhöhen[10].

Unterchlorige Säure in Abwesenheit von Cl_2 wirkt nach Trotman[11] in anderer Weise auf Wolle ein als wäßrige Chlorlösungen. Es entstehen weder lösliche noch unlösliche Chloramine[12]. Da auch die mit unterchloriger Säure behandelte Wolle gebundenes Chlor enthält, muß nach Trotman die Chlorbindung anderer Art sein; wahrscheinlich werden die Karbonylgruppen[13] angegriffen. Mit unterchloriger Säure behandelte Wolle reagiert nämlich nicht mehr mit Semikarbazid, während

[1] Knecht und Milnes: l. c. — Cross, Bevan und Briggs: J. Soc. chem. Ind. Bd. 27 (1908) S. 260.
[2] Vgl. auch Knecht und Milnes: l. c. — Courtot und Baron: l. c.
[3] Trotman: J. Soc. chem. Ind. Bd. 52 (1933) 159. T. — Vgl. auch S. 169.
[4] Blumenthal und Clarke: J. biol. Chem. Bd. 110 (1935) S. 343.
[5] Vom Hove; Courtot und Baron; Haller und Holl: l. c.; vgl. auch Haller: Helv. chim. Acta Bd. 13 (1930) S. 620.
[6] Vgl. auch Courtot und Baron: l. c. [7] Haller und Holl: l. c.
[8] Vom Hove: l. c. [9] Haller: Helv. chim. Acta Bd. 19 (1936) S. 15.
[10] Haller: Melliand Textilber. Bd. 10 (1929) S. 544.
[11] Trotman: J. Soc. chem. Ind. Bd. 41 (1922) 219. T. — Trotman, S. R., E. R. Trotman und Sutton: J. Soc. chem. Ind. Bd. 45 (1926) 111. T. — Trotman, S. R., E. R. Trotman und Brown: J. Soc. chem. Ind. Bd. 47 (1928) 4. T. — Trotman: J. Soc. chem. Ind. Bd. 52 (1933) 159. T.
[12] S. R. Trotman, E. R. Trotman und Brown: l. c. 11.
[13] Vgl. auch Raynes: J. Textile Inst. Bd. 17 (1926) 379. T.

bei chlorbehandelter Wolle die Kondensation ungefähr ebenso wie bei der unbehandelten Wolle eintritt. Vielleicht werden aber auch der Karbonylgruppe benachbarte Gruppen durch HOCl so umgewandelt, daß die Kondensationsfähigkeit der CO-Gruppe verändert wird.

Die „von Allwördensche Reaktion". Wird unbeschädigte Wolle mit Chlor oder Bromwasser behandelt, so sieht man bei mikroskopischer Beobachtung eine Ausbildung von Perlen oder „Bläschen" an der Faseroberfläche[1] (vgl. Abb. 15a u. b). Diese nach ihrem Entdecker als „von Allwördensche Reaktion" bezeichnete Erscheinung tritt bei jeder Chlorkonzentration auf, aber die Zeit zur Bildung von Bläschen bestimmter Größe nimmt mit abnehmender Chlorkonzentration stark zu[2]. Man benutzt zweckmäßig gesättigtes, im Dunkeln aufbewahrtes Chlorwasser, das frisch vor dem Gebrauch mit dem 1- bis 2fachen Volumen destillierten Wassers verdünnt ist[3]. Mit unterchloriger Säure tritt die Reaktion nicht ein[2]. Herbig[4] hat die Verwendung von gesättigtem Bromwasser statt Chlorwasser empfohlen, weil das Bromwasser die Faser gelb färbt, so daß sich „Perlen" besser von der Faserwandung abheben (Abb. 12). Bromwasser wirkt jedoch bedeutend langsamer und versagt in einigen Fällen, in denen Chlorwasser noch wirksam ist[5]. Eine bessere Sichtbarmachung der Quellungen gelingt auch, wenn man das

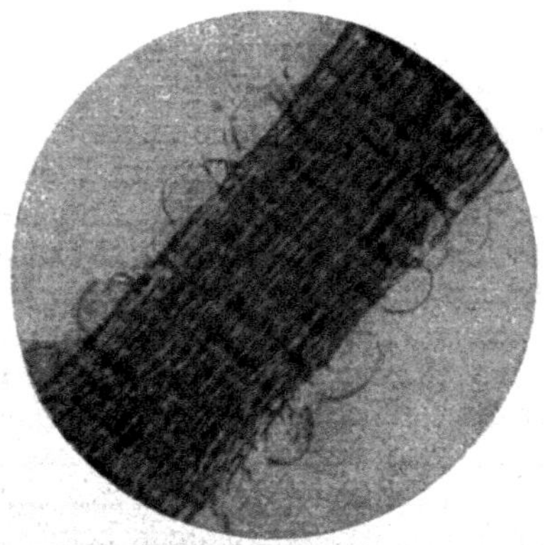

Abb. 12. Wollhaar mit Bromwasser behandelt.

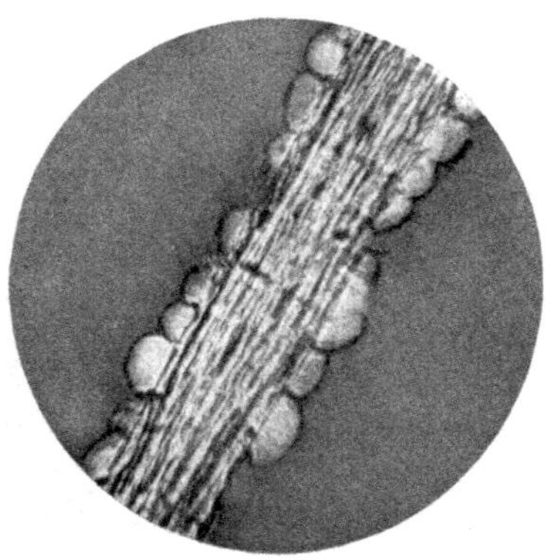

Abb. 13. Wollhaar mit Chlorwasser behandelt und mit Kongorot gefärbt.

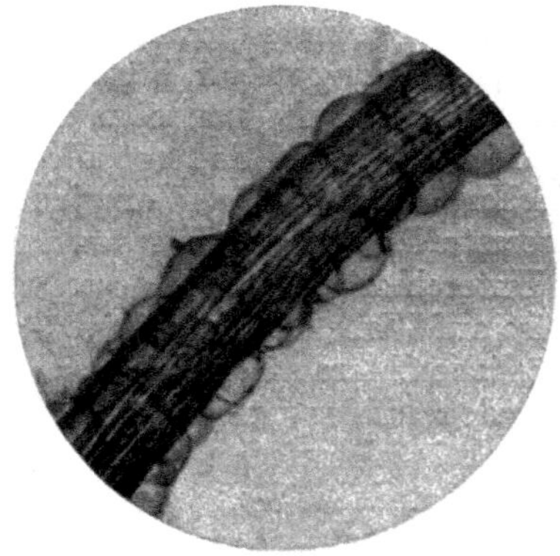

Abb. 14. Wollhaar mit Chlorwasser behandelt und mit Methylenblau gefärbt.

auf dem Objektträger mit Chlorwasser behandelte Wollhaar nacheinander mit KJ-Lösung und Stärkelösung behandelt und vorsichtig auswäscht; das Wollhaar selbst nimmt dann eine gelbe Färbung an, während die Quellungen sich schön violett färben und sich so deutlich vom Untergrunde und vom Wollhaare abheben[6]. Man kann schließlich die Wollfaser nach Entfernung des überschüssigen Chlors mit Farb-

[1] Von Allwörden: Z. angew. Chem. Bd. 29 (1916) S. 77.
[2] Speakman und Goodings: J. Textile Inst. Bd. 17 (1926) 607. T.
[3] Von Allwörden: l. c. — Naumann: Z. angew. Chem. Bd. 30 (1917) S. 135, 305. — Krais und Waentig: Textile Forschg. Bd. 1 (1919) S. 94.
[4] Herbig: Z. angew. Chem. Bd. 32 (1919) S. 120.
[5] Krais und Waentig: l. c. 3. [6] Krais: Textile Forschg. Bd. 1 (1919) S. 34.

stofflösungen behandeln. Die meisten basischen Farbstoffe färben sowohl die „Bläschen" als auch das gechlorte Wollhaar schnell und kräftig an; andere, z. B. Kongorot, dringen nur sehr langsam in das Haar ein. Im ersteren Falle (vgl. Abb. 14) erscheinen also die dunkelgefärbten Bläschen auf hellem, farblosem Grunde, im letzteren (vgl. Abb. 13) das farblos helle Objekt auf gefärbtem Grunde[1]. Vor Ausführung der Reaktion werden zweckmäßig Schweiß und Fett durch Spülen eines Haarbüschels in einem geeigneten organischen Lösungsmittel (CCl_4 und Alkohol) entfernt; Nachbehandlung mit Alkohol ist zwecks guter Netzung des Haares durch das Chlorwasser erwünscht[2].

Die Deutlichkeit der von Allwördenschen Reaktion ist für verschiedene Wollsorten und sogar für verschiedene Teile desselben Haares nicht dieselbe. Grannenhaare zeigen die Reaktion schlechter als Wollhaare[3]. Die Haarspitzen geben stets die Reaktion unvollkommen oder gar nicht; am besten ist die Reaktion

Abb. 15 a. Unverändertes Wollhaar.

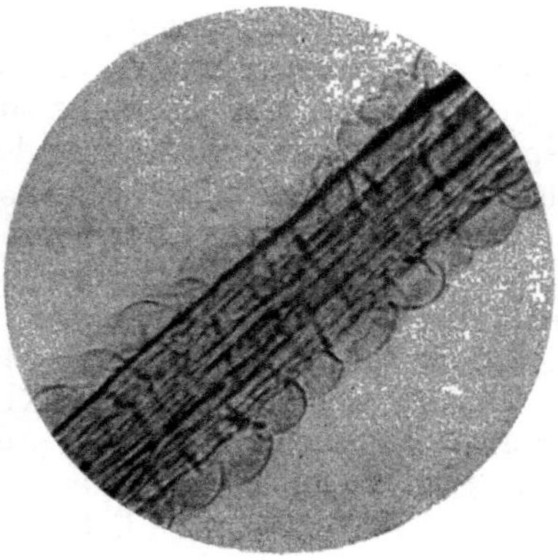

Abb. 15 b. Dasselbe Wollhaar mit Chlorwasser behandelt.

in der Mitte des Haares ausgebildet, am Schnittende wird sie wieder schwächer[2]. Sehr empfindlich ist das Auftreten der von Allwördenschen Reaktion schon gegen milde alkalische Behandlung der Wolle[3]; die Reaktion kann daher zum Nachweis alkalisch geschädigter Wolle benutzt werden[4]. Von sonstigen Behandlungsmethoden verringert nach Naumann[2] nur eine scharfe Dekatur unter Druck die Reaktion oder bringt sie ganz zum Verschwinden[5].

Was die Ursache der Reaktion anbelangt, so nahm ihr Entdecker, von Allwörden, an, daß es sich bei den kugeligen Auswüchsen um das sichtbar gewordene „Elasticum"[6] handelt. Von Allwörden läßt dabei die Möglichkeit offen, daß die mit der Bildung einer Chloreiweißverbindung verbundene Volumenvergrößerung der Faserzellen das „Elasticum" vertreibt. Spätere Forscher, die die Gegenwart des als „Elasticum" bezeichneten Kohlehydrats nicht bestätigen konnten[7], gelangten zu anderen Deutungen. Nach Spöttel ist in den „Bläschen" nur die sich ablösende Oberhaut zu sehen. Nach Krais und Waentig sind dagegen die „Perlen" feine, von einer viskosen Flüssigkeit gebildete Bläschen, die einem osmotischen Vorgange ihre Entstehung verdanken; denn sie schrumpfen bei Einwirkung stärkerer Salz- oder Säurelösungen, um bei deren Entfernung beim

[1] Krais: l. c. — Spöttel: Melliand. Textilber. Bd. 6 (1925) S. 359, 439, 605.
[2] Naumann: l. c. — Krais und Waentig: l. c. — Spöttel: l. c.
[3] von Allwörden, Naumann, Krais und Waentig: l. c. u. a.
[4] von Allwörden: DRP. 302 808 (1916); vgl. auch S. 56.
[5] Vgl. dazu auch Itkina und Plechan: Melliand. Textilber. Bd. 16 (1935) S. 45, 106.
[6] Vgl. S. 56. [7] Krais und Waentig, Spöttel: l. c.

Durchspülen mit destilliertem Wasser wieder zu quellen. Die chlorempfindliche Substanz ist nach Krais und Waentig ein Eiweißkörper, der entweder in der Fribillenschicht selbst oder in einem den Fibrillen anhaftenden Bindemittel zu suchen ist; die quellbare Substanz quillt zwischen den Schuppen und unter Überwindung des durch die Schuppen hervorgerufenen Widerstandes hervor. Bei alkaligeschädigter Wolle tritt nur eine allseitige Verquellung des Chlorkeratins ein, weil die „Kittsubstanz" der Oberhautzellen durch das Alkali gelöst oder gelockert worden ist. Nach vom Hove[1] entstehen bei der von Allwördenschen Reaktion durch die Einwirkung des Chlors bzw. der unterchlorigen Säure auf die Kittsubstanz (Wollgelatine) stark dissoziierte Chloride von Hydrolyseprodukten der „Wollgelatine"; damit sind die Bedingungen für das Auftreten von Donnan-Gleichgewichten[2] erfüllt, und der höhere osmotische Druck im Faserinnern bläht die Kutikula auf. Stirm und Collé[3] konnten zwar die Angaben von Allwördens bezüglich des Vorkommens eines Kohlehydrats in ungeschädigter Wolle und das Ausbleiben der Reaktion nach Entfernung dieses Kohlehydrats bestätigen; nach ihren Untersuchungen handelt sich jedoch bei der Reaktion nicht, wie von Allwörden annahm, um die Sichtbarmachung dieses Körpers, sondern um eine Abspaltung, Quellung und Lösung der Keratinbausteine Cystin und Tyrosin[4]. Die „Bläschen" enthalten kein Gas[1]. Trotzdem die „Bläschen" eine gewisse Festigkeit besitzen, ist die Existenz einer besonderen, definierten Membran ungewiß[5].

Für den Umfang der Aufnahme von Halogenen durch Wolle in verschiedenen organischen Lösungsmitteln spielt ebenfalls die Gegenwart von Wasser eine Rolle, das ja für die Bildung von unterhalogeniger Säure entsprechend dem Gleichgewicht $X_2 + H_20 \rightleftarrows XOH + XH$ erforderlich ist; daneben dürften aber auch die Einflüsse, im wesentlichen elektrischer Art, wirksam sein, die an dem Zustandekommen jeder Adsorption beteiligt sind[6].

Die aus Lösungen von Cl, Br und J in CCl_4 von der Wolle aufgenommenen Halogenmengen wachsen nach vom Hove[1] mit steigender Halogenkonzentration in einfachen stöchiometrischen Verhältnissen (1—6) zu den niedrigst gefundenen Halogenanteilen. Das daraus unter Annahme einer Substition im Tyrosin berechnete „Äquivalentgewicht" des Keratins[7] führt zu plausiblen Werten. Nach längerer Einwirkung hochkonzentrierter Halogenlösungen in CCl_4 sinkt infolge Keratinabbau der Wert für das aufgenommene Halogen wieder[1]. Nach Meunier und Latreille[8] findet beim Einlegen von vollständig trockener Wolle in eine Lösung von Cl_2 in CCl_4 Abnahme des S-Gehaltes unter Bildung von Schwefelchlorür statt.

Jod wird aus organischen Lösungsmitteln in sehr verschiedener Stärke aufgenommen. Sehr wenig aus Benzol, Toluol, CS_2, mäßig aus Chloroform, stark aus absolutem Alkohol[6]. Wolle, die mit Lösungen von Jod in Benzol, Chloroform oder CS_2 behandelt worden ist, enthält nach Entfernung des adsorptiv gebundenen Jodes durch Kochen mit Wasser kein chemisch gebundenes Jod. Im Gegensatz zu vom Hove halten es Haller und Holl nicht für wahrscheinlich, daß das Jod in bedeutenderen Mengen unter Substitution in das Eiweißmolekül eintritt. — Nach Harris, Neville und Fritz[9] reagiert bei Einwirkung von Wys-Lösung,

[1] vom Hove: Z. angew. Chem. Bd. 47 (1934) S. 756.
[2] Vgl. S. 37.
[3] Stirm und Collé: Melliand. Textilber. Bd. 16 (1935) S. 585, 667, 795.
[4] Vgl. hierzu jedoch Baron: Rev. gén. Mat. Col. Bd. 40 (1936) S. 171.
[5] Speakman und Goodings: l. c.
[6] Vgl. auch Haller und Holl: Melliand Textilber. Bd. 17 (1936) S. 493.
[7] Vgl. auch S. 17.
[8] Meunier und Latreille: Chim. et. Ind. Bd. 10 (1923) 168. T.
[9] Harris, Neville und Fritz: Bur. Stand. J. Res. Bd. 12 (1934) S. 803.

ähnlich der Jodzahlbestimmung der Fette, die Aminogruppe des Keratins mit J in stöchiometrischen Verhältnissen, und die Bestimmung der „Jodzahl" der Wolle ermöglicht daher, Veränderungen der Aminogruppe durch verschiedene Behandlungen zu verfolgen. Nach Mc Kay[1] ist dagegen die „Jodzahl" der Wolle von der Konzentration und der Einwirkungsdauer der Wys-Lösung abhängig und kann nicht allein durch chemische Reaktion mit freien Aminogruppen gedeutet werden.

Eigenschaften chlorierter Wolle. Durch die Chlorbehandlung wird die Schuppenstruktur mehr oder minder weitgehend angegriffen[2] (vgl. auch Abb.25). Nach den mikroskopischen Untersuchungen von A. Herzog[3] ist die Oberfläche des Wollhaares nach dem Chloren glatter als zuvor. Die schuppige Oberhaut des Haares zeigt sich in Form eines nahezu lückenlos geschlossenen Hohlzylinders, jedoch mit der wesentlichen Veränderung, daß durch die wahrscheinlich starke Verquellung die nach außen vorspringenden zackigen Anteile der Oberhautschuppen fast vollständig zu fehlen scheinen. Nach Herzog unterliegt es nach dem chemischen Verhalten keinem Zweifel, daß die äußere Zone dem in Chlorkeratin umgewandelten Anteil der Rindenschicht angehört, während die innere Zone die Eigenschaften des gewöhnlichen Keratins C im Sinne Unnas aufweist und demzufolge den beim Chloren unverändert gebliebenen Anteil der Rindenschicht darstellt. Die gechlorte Wolle zeigt zahlreiche außerordentlich feine Querrisse, die äußeren Anteile der Rindenschicht durchsetzend. Auch Schrägrisse sind stellenweise wahrnehmbar. Diese Risse gehören nur dem gechlorten äußeren Anteil der Rindenschicht an; die Oberhaut ist völlig frei davon. Ihre Entstehung ist offenbar auf eine gewisse Sprödigkeit bzw. geringe Dehnbarkeit des Chlorkeratins zurückzuführen. Verschiedene Reaktionen der gechlorten Wollfaser unter dem Mikroskop sind aus nachfolgender Tabelle (s. S. 74) zu ersehen.

Durch die Chlorierung erhält die Wolle einen harten, „krachenden" Griff. A. Herzog[3] führt dies auf die Sprödigkeit der Chlorkeratine und die Spaltbildungen zurück. — Der Glanz der Wolle wird durch Chlorieren seidig („Seidenwolle")[4], weil infolge Lockerung und Lösung der Schuppen die rauhe Oberfläche glatter wird und das Licht gleichmäßiger zurückwirft. — Die spezifische Doppelbrechung chlorierter Wolle ist größer als die der ursprünglichen Wolle[3].

Gechlorte Wolle hat ein größeres Netzvermögen[5]. Durch das Chloren wird die Quellbarkeit der Wolle in wäßrigen Lösungen gesteigert[6]. Nach Rey[7] quillt die nach dem Verfahren von Meunier und Latreille[5] gechlorte Wolle besonders bei p_H 2—6 stärker als die ursprüngliche; das Quellungsmaximum ist nach p_H 5 verschoben, und die Amplitude der Schwankungen im sauren Gebiete ist geringer. Wahrscheinlich wird durch die Chlorierung der isoelektrische Punkt der Wolle verändert[8]. Beim Einlegen in destilliertes Wasser von Zimmertemperatur und Abschleudern hält gechlorte Wolle mehr Wasser fest als unbehandelte. Zwischen dem Grad der strukturellen Chlorschädigung und der Ver-

[1] McKay: Amer. Dyestuff Rep. Bd. 23 (1934) S. 697.
[2] Vgl. auch S. 33.
[3] Herzog, A.: Melliand Textilber. Bd. 9 (1928) S. 33.
[4] Vgl. S. 164.
[5] Grandmougin: Z. Farbenindustr. Bd. 5 (1906) S. 397. — Justin-Mueller: Bull. Soc. Ind. Mulhouse Bd. 76 (1906) S. 72. — Vignon und Mollard: Rev. gén. Mat. Col. Bd. 10 (1906) S. 226. — Pearson: J. Soc. Dyers Col. Bd. 25 (1909) S. 81. — Trotman: J. Soc. chem. Ind. Bd. 41 (1922) 219. T. — Meunier und Latreille: Chim. et Ind. Bd. 10 (1923) 168. T.
[6] Vgl. auch Speakman und Goodings: J. Textile Inst. Bd. 17 (1926) 607. T.
[7] Rey: J. Intern. Soc. Leather Trades Chem. Bd. 11 (1927) S. 508.
[8] Vgl. S. R. Trotman, E. R. Trotman und Brown: J. Soc. chem. Ind. Bd. 47 (1928) 4. T.

Tabelle[1].

Reagens	Epidermis	Rindenschicht äußere (gechlorte)	Rindenschicht innere (nicht gechlorte)
Wasser, Glyzerin, Kanadabalsam	stärker lichtbrechend, zackige Vorsprünge der Epidermis, Schuppen fehlen, Dicke etwa 0,8 μ	beim Dehnen oder Zerreißen starke Querzerklüftung	schwächer lichtbrechend, Poren in der Faserschichte
Methylenblau	dunkelblau	—	schwach hellblau
Safranin	dunkelrot	—	schwach rötlich
Rutheniumrot	kräftig karmoisinrot	—	fast farblos
Chloralhydrat, Kupferoxydammoniak, Ammoniak konz., Eisessig, Soda 10%	ungelöst, stark gekräuselt, bzw. Schlauch	Abnahme der Lichtbrechung, rasch gelöst	ungelöst, Faserspalten sehr deutlich
Jodschwefelsäure nach v. Höhnel	wie vorstehend	zuerst opak, deutliche Querfalten, sodann alles gelöst	Lichtbrechung von außen nach innen Abnahme, besonders auf Querschnitten gut sichtbar; Faserspalten sehr deutlich
Osmiumsäure, 1%	stärker gebräunt, schaumig	—	schwächer gebräunt
Chlorzinkjod	dunkelgelb, völlig desorganisiert	—	hellgelb
Konz. Glyzerin, heiß	Abnahme der Lichtbrechung, keine Lösung, klaffende Querspalten, im optischen Längsschnitt auffallende Kerbung der Faser		Faserspalten, Poren
—	manchmal zwei feine, sich kreuzende Liniensysteme	—	—

mehrung der Affinität für Wasser besteht jedoch keine direkte Beziehung. Bei Überchlorierung fällt die Affinität sogar wieder[2].

Gechlorte Wolle zeigt eine größere Löslichkeit in verdünnten Säuren (z.B. 0,1 n-Essigsäure), verdünnten Alkalien und Salzlösungen (künstlicher Schweiß) als die ursprüngliche Wolle[3]. In konzentriertem Ammoniak löst sich gechlorte Wolle bei gewöhnlicher Temperatur bis auf wenige Reste zu einer gelblichen Flüssigkeit auf[4]. Zwischen der Löslichkeit chlorierter Wolle in 1 n-Na_2CO_3-Lösung (12 Stunden bei gewöhnlicher Temperatur) und dem mikroskopisch festgestellten Grade der Chlorschädigung[5] besteht keine direkte Beziehung[2]. Dagegen steht die Alkalilöslichkeit von Teppichwollen mit ihrem Gebrauchswerte in bestimmtem Zusammenhang[6].

Durch das Chloren wird die Hygroskopizität der Wolle erhöht. Der Gehalt an hygroskopischer Feuchtigkeit nimmt mit der Chlorschädigung zu[7].

[1] Herzog, A.: l. c.
[2] Trotman, Bell und Saunderson: J. Soc. chem. Ind. Bd. 53 (1934) 267. T.
[3] Trotman: J. Soc. chem. Ind. Bd. 41 (1922) 219. T. — Trotman, Bell und Saunderson: J. Soc. chem. Ind. Bd. 53 (1934) 267. T. — Harris und Smith: Amer. Dyestuff Rep. Bd. 25 (1936) 542. T.
[4] Haller: Helv. chim. Acta Bd. 19 (1936) S. 5; vgl. dazu auch Grandmougin: Z. Farbenindustr. Bd. 5 (1906) S. 399. [5] Vgl. S. 132.
[6] Harris und Smith: l. c.; vgl. auch Trotman: J. Soc. chem. Ind. Bd. 50 (1931) 463. T.
[7] Trotman: J. Soc. chem. Ind. Bd. 41 (1922) 219. T.

Beim Reiben gewöhnlicher Wolle gegen gechlorte Wolle tritt elektrische Aufladung ein. Die statische Elektrizität ist mit einem Goldblattelektroskop nachweisbar[1].

Mit steigender Chlorierung leiden infolge struktureller Veränderungen, sowie oxydativen und hydrolytischen Abbaus des Keratins Reißfestigkeit und Elastizität der Wollfaser[2], und die Tragfähigkeit wird schlechter. Bei sorgfältiger, nicht zu weit getriebener Chlorierung tritt jedoch kein Verlust an Trockenreißfestigkeit und Elastizität ein[3], auch wenn die Schuppen schon erheblich angegriffen sind; offenbar ist die Festigkeit im wesentlichen nicht eine Funktion der Schuppen, sondern der Rindenschicht[4]. Die Naßfestigkeit gechlorter Wolle ist geringer als diejenige der unbehandelten Wolle; besonders stark ist der Festigkeitsabfall beim Einlegen der gechlorten Wolle in verdünnte Natronlauge oder Sodalösung[5]. Behandlung mit ozonisierter Luft setzt die Festigkeit bei gechlorter Wolle stärker herab als bei ungechlorter, ohne die Elastizität zu beeinflussen; auch die strukturelle Schädigung durch die Ozonisierung ist bei ersterer viel stärker[6].

Durch das Chloren wird das Filzvermögen der Wolle mehr oder minder weitgehend herabgesetzt[7]. Es herrscht wohl Übereinstimmung darüber, daß der Effekt mit einer mehr oder minder weitgehenden Zerstörung der Schuppenschicht zusammenhängt[8]. Nach Speakman und Goodings[9] ist allerdings die Einwirkung von Seife oder Soda auf die chlorierte Wolle an dem Zustandekommen des Effektes maßgebend beteiligt. In sorgfältig chlorierten Wollen des Handels sind nämlich die Schuppen noch deutlich sichtbar[10]. Durch die Quellwirkung der alkalischen Lösungen auf die chlorierte Wolle entsteht jedoch eine Gallertschicht zwischen der unangegriffenen Rindenschicht und der Kutikula, die dazu führt, daß die Schuppen wegen ihres schwachen Zusammenhaltens mit dem Faserkörper beim Walkprozeß nicht die für das Einlaufen und Verfilzen notwendige Faserwanderung verursachen können. Das verminderte Filzvermögen gechlorter Wolle kann zur Herstellung von Kreppeffekten benutzt werden, indem man einzelne Stellen chlort und dann walkt[11].

10. Verhalten der Wolle gegen verschiedene organische Verbindungen[12].

Formaldehyd. Kann[13] fand, daß die Behandlung mit einer verdünnten Formaldehydlösung die Alkaliempfindlichkeit der Wolle herabsetzt und schlug daher eine Formaldehydbehandlung der Wolle vor, wenn diese mit Küpen- oder Schwefelfarbstoffen aus stärker alkalischen Bädern gefärbt werden soll. Kann nahm an, daß der Formaldehyd nicht mit Aminogruppen, sondern mit Karboxylgruppen der Wolle unter Aldolkondensation in Reaktion tritt, weil mit Formaldehyd behandelte Wolle mit salpetriger Säure wie unbehandelte Wolle reagiert. Dies beruht

[1] Pearson: J. Soc. Dyers Col. Bd. 25 (1909) S. 81.

[2] Vignon und Mollars: l. c. — Trotman: J. Soc. chem. Ind. Bd. 41 (1922) 219. T. — Speakman: J. Textile Inst. Bd. 17 (1926) 457. T. — Vom Hove: Z. angew. Chem. Bd. 47 (1934) S. 756 u. a.

[3] Vgl. auch Russina: Melliand Textilber. Bd. 12 (1931) S. 404. — Viertel: Leipzig Mschr. Textil-Ind. Bd. 49 (1934) S. 261.

[4] Vgl. auch Trotman: l. c. [5] Trotman, Viertel: l. c.

[6] Trotman und Langsdale: J. Soc. chem. Ind. Bd. 42 (1923) 13. T.

[7] Behrens: Engl. Pat. 1868 (1875).

[8] Vgl. S. **33**. — Vgl. auch Vignon und Mollard: l. c. — Pearson: l. c.

[9] Speakman und Goodings: J. Textile Inst. Bd. 17 (1926) 607. T.; vgl. auch Speakman: Amer. Dyestuff Rep. Bd. 21 (1932) S. 214, 235.

[10] Vgl. auch Reumuth: Klepzigs Textil-Z. Bd. 39 (1936) S. 612.

[11] Knecht: J. Soc. Dyers Col. Bd. 13 (1897) S. 21. [12] Vgl. auch S. **99**.

[13] Kann: DRP. 144 485 (1901); 146 845 (1903); Lehnes Färber-Ztg. Bd. 25 (1914) S. 73.

jedoch darauf, daß die entstandene Methylenverbindung in der sauren HNO_2-Lösung gespalten wird[1].

Die von der Wolle aufgenommene Menge Formaldehyd hängt von der Konzentration und Alkalität der Formaldehydlösung, der Einwirkungsdauer und Temperatur ab[2]. Nach Kann verläuft die Aufnahme von Formaldehyd in schwach alkalischer Lösung am besten. Die Formaldehydaufnahme steigt mit der Temperatur. Bei gewöhnlicher Temperatur werden aus 2proz. Formalinlösung (d.h. 0,6% Formaldehyd) im Gleichgewicht nur 0,25%, in drei Stunden bei 75° 0,70% Formaldehyd aufgenommen; bei 100° beträgt die gebundene Menge Formaldehyd schon nach 20 Minuten 0,60%[1]. Durch Verwendung stärkerer (4proz.) Formaldehydlösungen konnte Wei[3] eine wesentlich größere Stickstoffabnahme (0,89%), d.h. eine wesentlich höhere Formaldehydaufnahme erreichen als Trotman und Mitarbeiter.

Was den Mechanismus der Reaktion anbelangt, so kondensiert sich wahrscheinlich das in alkalischer Lösung vorhandene Wollanion mit Formaldehyd nach der Gleichung:

$$\mathrm{R}\begin{matrix}\diagup \mathrm{COO'} \\ \diagdown \mathrm{NH_2}\end{matrix} + \mathrm{H \cdot CHO} \rightarrow \mathrm{R}\begin{matrix}\diagup \mathrm{COO'} \\ \diagdown \mathrm{N = CH_2}\end{matrix} + \mathrm{H_2O}\,,$$

indem die freie Aminogruppe in eine Methylengruppe übergeht.

Durch die Aufnahme von Formaldehyd oder Paraformaldehyd wird die Hygroskopizität der Wolle herabgesetzt[1]. Mit Formaldehyd behandelte Wolle nimmt mehr Alkali auf als die ursprüngliche Wolle. Nach Trotman und Mitarbeitern[4] beruht dies darauf, daß Alkali an der Methylengruppe entsprechend der Gleichung:

$$\mathrm{R}\begin{matrix}\diagup \mathrm{COONa} \\ \diagdown \mathrm{N = CH_2}\end{matrix} + \mathrm{NaOH} \rightarrow \mathrm{R}\begin{matrix}\diagup \mathrm{COONa} \\ \diagdown \mathrm{NH{-}CH_2{-}ONa}\end{matrix}$$

gebunden wird.

Über Formaldehydzusatz zum Schutz der Wolle in sauren Bädern vgl. Cassella & Co.[5].

Durch 15 Minuten lange Behandlung mit 40proz. Formalinlösung wird die Dehnbarkeit der Wolle herabgesetzt, die Festigkeit wenig verändert[6]. Mit Formaldehyd behandelte Wolle hat ein erheblich geringeres Schrumpf- und Filzvermögen; der Effekt ist aber nicht dauernd[7].

Aus dem Formaldehydkondensationsprodukt der Wolle wird durch Kochen mit Wasser der Formaldehyd allmählich, aber langsam wieder abgespalten. Gegen einstündiges Kochen mit H_2SO_4 unterhalb 0,5% war die Trotmansche Formaldehydwolle praktisch beständig und verlor keinen Stickstoff; oberhalb 0,5% H_2SO_4 wurde die Zersetzung merklich. Bei der Destillation mit 5proz. H_2SO_4 tritt völlige Abspaltung des Formaldehyds erst bei Zerfall der Wolle ein[1].

---

[1] Vgl. auch S. R. Trotman, E. R. Trotman und Brown: J. Soc. Dyers Col. Bd. 44 (1928) S. 49.

[2] Vgl. auch Bell: J. Soc. Dyers Col. Bd. 43 (1927) S. 76. — Trotman, S. R., E. R. Trotman und Brown: l. c. 1. [3] Wei: Dissertation Technische Hochschule Dresden 1935.

[4] Trotman, S. R. und Mitarbeiter: l. c.; vgl. auch Gerngroß: Collegium 1921, S. 489. — Gerngroß und Loewe: Collegium 1922 S. 229.

[5] Cassella u. Co.: DRP. 433145 (1924). — Über die Schutzwirkung der Formaldehydbehandlung gegen Säure- und Alkalieinwirkung vgl. auch Barr und Edgar: Textile Research Bd. 7 (1937) S. 175.

[6] Speakman: J. Textile Inst. Bd. 17 (1926) 457. T.

[7] Trotman: J. Soc. chem. Ind. Bd. 50 (1931) 463. T. — Trotman, S. R., E. R. Trotman und Brown: J. Soc. Dyers Col. Bd. 44 (1928) S. 49.

Durch die Umwandlung der Aminogruppe in eine Methylengruppe wird die Affinität der Wolle für neutral ziehende Säurefarbstoffe herabgesetzt[1]. Beim Färben im schwefelsauren Bade bei Siedetemperatur färbt sich dagegen Formaldehydwolle mit Säurefarbstoffen ebenso schnell und tief an wie unbehandelte Wolle, weil die Methylenverbindung unter diesen Bedingungen hydrolytisch gespalten wird[2]. — Über die Desaminierung und Diazotierung der Formaldehydwolle vgl. S. 52.

Eine Schutzwirkung der Formaldehydbehandlung gegen Karbonisation konnten Trotman und Mitarbeiter (l. c.) nicht feststellen, dagegen einen geringen Schutz gegen Waschverluste. Gegen Einlaufen beim Waschen ist Formaldehydwolle etwas widerstandsfähiger als gewöhnliche Wolle, im Bleichbade besteht kein Unterschied. Bakterien, wie Bacillus subtilis, wahrscheinlich auch Motten, greifen Formaldehydwolle nicht an[2].

Eine ähnliche, aber viel schwächere Schutzwirkung gegen Alkali wie Formaldehyd hat Azetaldehyd; noch besser als Formaldehyd wirkt Akrolein[3].

Harnstoff. Behandlung mit kalter gesättigter Harnstofflösung „demaskiert" in Wolle eine Sulfidgruppe wenigstens dann, wenn die Lösungen durch Zusatz von etwas KCN oder Na_2CO_3 eine gewisse Alkalität besitzen. Starke Unterschiede in der Stärke der Arnold-Reaktion[4] sind erkennbar, wenn Wolle in Wasser oder in gesättigter Harnstofflösung 10 Minuten auf 100° erhitzt wird: die Harnstofflösung wird hierbei schwach alkalisch[5].

Phenol, Resorcin. In Phenol ist Wolle bei hohen Temperaturen löslich[6]. Bei der Auflösung wird ein Teil des Stickstoffs als NH_3 abgespalten, bei energischer Behandlung ziemlich viel H_2S. Der Ammoniak- und Huminstickstoff nehmen auf Kosten des Amino- und Diaminostickstoffs zu. Das mit Äther wieder gefällte Produkt wird im Gegensatz zur ursprünglichen Wolle durch Trypsin verdaut. — Wesentlich leichter als in Phenol geht Wolle in Resorcin in Lösung[7]. Durch Behandlung der Wolle mit Resorcin lassen sich Kreppeffekte erzielen[8].

Tannin wird aus kalter wäßriger Lösung nur in geringem Umfange von der Wolle aufgenommen[9]. Mit Gerbsäurelösungen gekochte Wolle besitzt barschen Griff und färbt sich bei Nachbehandlung mit Metallsalzen, wie Brechweinstein, mit sauren Farbstoffen schwer an[10], während die Affinität für basische Farbstoffe erhöht ist. Die Reservierungswirkung gegenüber Säurefarbstoffen[11] beruht wahrscheinlich darauf, daß die entstehende Verbindung zwischen Gerbsäure und basischen Gruppen des Keratinmoleküls gegen H_2SO_4 soweit widerstandsfähig ist, daß die Wolle im sauren Bade nicht gefärbt wird[12].

Nach den Farbwerken vorm. Meister Lucius und Brüning[13] verringert Zusatz natürlicher oder künstlicher Gerbstoffe zu den für die Walke gebrauchten Materialien die für die Walke erforderliche Zeit.

[1] Trotman, S. R., E. R. Trotman und Brown: l. c.; vgl. auch Kann: Lehnes Färber-Ztg. Bd. 25 (1914) S. 73. — Gebhardt: Z. angew. Chem. Bd. 27 (1914) S. 297.
[2] Trotman, S. R., E. R. Trotman und Brown: l. c.; vgl. auch Trotman: J. Soc. Dyers Col. Bd. 40 (1924) S. 77. — Wei: l. c.
[3] Kann: Lehnes Färber-Ztg. Bd. 25 (1914) S. 73.
[4] Zur Vermeidung einer „Pseudothiolreaktion" zwischen dem Harnstoff und unbekannten Zersetzungsprodukten des Nitroprussidnatriums darf die Arnold-Reaktion erst nach gründlichem Auswaschen der Wolle angestellt werden.
[5] Ramsden: Nature Bd. 127 (1931) S. 403.
[6] Herzog, R. O. und Krahn: Z. physiol. Chem. Bd. 134 (1924) S. 290.
[7] Grafe: Z. angew. Chem. Bd. 49 (1936) S. 303.
[8] Siefert: Bull Soc. Ind. Mulhouse Bd. 69 (1899) S. 86.
[9] Vgl. F. H. Bowman: The Structure of the Wool Fibre. London 1908, S. 290.
[10] Becke und Beil: DRP. 137 947 (1900). [11] Vgl. auch S. 99, 213.
[12] Vgl. auch Mullin: Amer. Dyestuff Rep. Bd. 16 (1927) S. 550.
[13] Farbwerke vorm. Meister Lucius und Brüning: DRP. 381 418 (1922).

Chinon. Wolle nimmt Chinon aus wäßriger Lösung oder aus dem Dampf bei Gegenwart von etwas Feuchtigkeit unter Rosafärbung auf[1]. Rey[2] hat die Chinonaufnahme durch Wolle unter Hydrochinonbildung in wäßriger Lösung zeitlich verfolgt. Die Reaktion scheint — wenigstens in den ersten Stunden — vom Typus[3]:

$$2\,C_6H_4O_2 + R{-}NH_2 \rightarrow \text{Monoanilinochinon} + C_6H_4\!\left\langle\begin{matrix}OH\\OH\end{matrix}\right.$$

zu sein. Mit SO_2 gebleichte Wolle verbraucht mehr Chinon, weil das unvollständig entfernte SO_2 Chinon reduziert. Bestrahlte Wolle fixiert ebenfalls mehr Chinon unter Hydrochinonbildung als unbestrahlte und färbt sich nicht mehr rotviolett sondern braun[4]; der erhöhte Chinonverbrauch beruht nicht nur auf der Gegenwart von absorbiertem SO_2 in der belichteten Wolle, sondern auch auf einer Zunahme der reaktionsfähigen NH_2-Gruppen. „Desaminierte" Wolle fixiert weniger Chinon als die ursprüngliche, aber immerhin noch merkliche Mengen. Durch Behandlung mit kalter wäßriger Chinonlösung wird nach Speakman[5] entgegen der Behauptung von Meunier[1] die Festigkeit der Wolle nicht merklich erhöht, die Dehnbarkeit sinkt. Eine Vorbehandlung mit Chinon vergrößert die Widerstandsfähigkeit der Wolle gegen Chlor; Zusatz von Chinon zum Chlorierungsbade verringert die Schädigung nicht[6]. Nach Meunier[7] wird durch Chinonbehandlung die Affinität der Wolle für Säurefarbstoffe erhöht[8]. Färbungen auf chinonbehandelter Wolle sind ziemlich lichtecht; wahrscheinlich findet bei der Färbung eine Verbindung zwischen der chinonbeladenen Wolle und dem Farbstoff statt. Wenn die Chinonbehandlung die Nuance der Färbung zu sehr beeinträchtigt, kann man das Chinon durch sein Sulfonderivat ersetzen, dessen Anwendung und Wirkungen die gleichen sind, das aber der Wolle eine angenehme Lachsfärbung erteilt, die der Lebhaftigkeit des danach aufgebrachten Farbstoffes nichts nimmt[9].

Ähnlich wie mit Benzochinon reagiert Wolle auch mit Chloranil, Tolychinon, Dichlor- und Dibromthymochinon, m-Dimethoxy-p-benzochinon, α-Naphthochinon, jedoch mit verschiedener Geschwindigkeit und Nuance. Anthrachinon und Phenanthrachinon reagieren nicht[10].

11. Verhalten der Wolle gegen Farbstoffe. Theorien der Wollfärbung.

Wenn man von den Aufzeichnungen frühester Zeitperioden absieht, so hat erst Hellot 1734 in seinem Buche: „L'Art de la Teinture des Laines", eine Erklärung der Vorgänge beim Färben der Wolle zu geben versucht. Er nimmt an, daß der Farbstoff in den Poren der Wollfaser unter Mitwirkung von Metallsalzen mechanisch festgehalten wird. Diese Metallsalze verbinden sich mit den färbenden „Atomen", indem sie einen Lack bilden, „der ähnlich dem Malerlack, aber unge-

[1] Meunier: Amer. Pat. 998 370 (1911); DRP. 240 512 (1910). — Meunier und Rey: Rev. gén. Mat. Col. Bd. 28 (1924) S. 66. — Trotman: J. Soc. chem. Ind. Bd. 50 (1931) 463. T. — Scharwin: Z. angew. Chem. Bd. 26 I (1913) S. 254; vgl. jedoch Meunier: Z. angew. Chem. Bd. 26 I (1913) S. 616.

[2] Rey: Rev. gén. Teinture Bd. 6 (1928) S. 869. [3] Vgl. auch Scharwin: l. c. 1.

[4] Der Unterschied der Färbung bestrahlter und unbestrahlter Wolle bei Chinonbehandlung ermöglicht die Herstellung einfacher Clichés auf Wollgeweben (Meunier und Rey: l. c.)

[5] Speakman: J. Textile Inst. Bd. 17 (1926) 457. T.

[6] Trotmann: J. Soc. Chem. Ind Bd. 50 (1931) 463 T.

[7] Meunier: Amer. Pat. 998 370 (1911); vgl. auch Mercier: Rev. gén. Teinture Bd. 1 (1923) S. 185.

[8] Vgl. jedoch Trotmann: J. Soc. Dyers. Col. Bd. 40 (1924) S. 87; Rey: Rev. gén. Teinture Bd. 6 (1928) S. 869.

[9] Rey: l. c. 2. [10] Scharwin: Z. angew. Chem. Bd. 26 I (1913) S. 254.

mein feiner ist“. Damit versucht Hellot, auch eine Erklärung von echten — bon teint — und unechten Färbungen — petit teint — zu geben. — Dufay nahm in seinem „Traité sur la Teinture“ eine Oberflächenattraktion als die Ursache der Färbung von Scharlach auf Wolle an, wobei eine Einlagerung aber nicht ausgeschlossen erschien; Farbmischungen sollen aus einzelnen Farben bestehen, die sich unabhängig nebeneinander auf der Faser befinden. Macquer sprach im Kapitel „Teinturerie“ des „Dictionnaire de Chimie“ die Meinung aus, „que les parties colorantes s'appliquent et adhèrent aux surfaces des fibres, par l'effet du contact et en vertu de l'affinité plus ou moins grande qu'elles ont avec les parties de ces mêmes surfaces, suivant leur nature respective“. Bergmann führte in seiner Arbeit „Memoires des Savants Etrangers“ das verschiedene Verhalten von Indigosulfosäure gegenüber Wolle und Seide auf die Verschiedenartigkeit der Affinitäten der beiden Fasern zurück. Ähnliche Auffassungen vertreten auch Poerner[1] und Berthollet[2] sowie Henry[3]. Bancroft[4] benutzte schon die Bezeichnung substantive und adjektive Farbstoffe. Chaptal[5] fand es einen sonderbaren Irrtum des menschlichen Geistes, die Vorgänge des Färbens mechanischen Ursachen zuschreiben zu wollen. Viele Arbeiten färbereitheoretischen Inhalts in den „Memoires des Savants Etrangers“ und der „Académie des Sciences“ förderten die Praxis des Färbens und Druckens.

Besonders wichtig waren die Arbeiten von Chevreul[6]. Die Farbsubstanzen befinden sich nach Chevreul auf der Faser entweder als chemische Verbindungen oder im Zustand der einfachen Mischung oder zum Teil als Mischung, zum Teil als chemische Verbindung. Nach seinen Mitteilungen im „Dictionnaire Technologique“ besteht die chemische Verbindung in einer Salzbildung, wobei sich auch Kapillarkräfte[7] mitbeteiligen können. Außerdem sollen auch Fremdstoffe, die sich unmittelbar auf der Faser befinden, einen Einfluß ausüben, z. B. der Schwefel der Wolle. Bei zahlreichen weiteren Versuchen kommt Chevreul zu dem Schluß, daß nicht nur chemische, sondern auch physikalische Vorgänge eine Rolle spielen müssen. Seither ist die Natur der Vorgänge beim Färben theoretischer und pflanzlicher Fasern sehr häufig untersucht und erörtert worden, wobei sich rein chemische Erklärungsversuche des Färbevorganges und die Auffassung, daß es sich hierbei vorwiegend um physikalische Lösungs-, Quellungs- oder Adsorptionsvorgänge handele, bis in die neueste Zeit mehr oder minder scharf gegenüberstanden[8]. Die „Lösungstheorie“ der Färbung wurde vor allem

---

[1] Chemische Versuche und Bemerkungen zum Nutzen der Färberkunst, 1772—1773.

[2] Eléments de la Teinture 1791 und 2. Aufl. 1804. [3] Nature of colouring matters, 1790.

[4] Philosophy of permanent colours and the best means of producing them by dyeing and calico-printing. London 1794 und 1813.

[5] L'art de la teinture du coton au rouge. Paris 1807.

[6] Memoires de l'Academie des Sciences, in seinem „Cours de Chimie Appliquée à la Teinture“ (2 Bände 1838—1864), im Dictionnaire Technologique, Bd. 21 S. 439, und ferner seine Arbeit „Die Theorie des Färbens (1834).

[7] Vgl. auch Engel: Bull. Soc. Ind. Mulhouse Bd. 49 (1879) S. 659.

[8] Zusammenfassende Darstellungen vgl. Runge: Farbenchemie: 1. Die Kunst zu Färben (Berlin 1834); 2. Die Kunst zu Drucken (Berlin 1842); 3. Die Kunst der Farbenbereitung (Berlin 1850). — Persoz: Traité Théorétique et Pratique de l'Impression des Tissus. Paris 1846. — Schützenberger: Farbstoffe, Berlin 1870/73. — O'Neill: The Practice and Principles of Calico Printing, Bleaching, Dyeing etc. Manchester 1878. — Napier: Manual of Dyeing and Dyeing Receipts, 3. Aufl. London 1875. — Hummel: The Dyeing of Textile Fabrics. London, Paris, New York, Melbourne 1886. — Hummel-Knecht: Die Färberei und Bleicherei der Gespinstfasern, 2. Aufl. Berlin 1891. — Pelet-Jolivet: Die Theorie des Färbeprozesses. Dresden 1910. — Schwalbe: Neuere Färbetheorien. Stuttgart 1907. — Zacharias: Die Theorie der Färbevorgänge. Berlin 1908. — Witt und Lehmann: Chemische Technologie der Gespinstfasern, Bd. 1, 1880/1910; Bd. 2, 1911/17. — Georgievics: Chemische Technologie der Gespinstfasern 4. Aufl., Leipzig u. Wien (1924). — Knecht, Rawson und

von Witt[1] entwickelt[2]. Justin-Mueller[3] glaubte, in seiner Kolloidtheorie der Färbung alle Erscheinungen mit Quellungs- und Gelatinierungsvorgängen der Textilfasern erklären zu können[4]. Die „Adsorptionstheorie" fußte, soweit es die Wolle anbetrifft, vor allem auf den Arbeiten von Georgievics[5]. Pelet-Jolivet[6] und Bancroft[7] brachten die Farbstoffaufnahme mit der Adsorption der Farbstoffteilchen durch die entgegengesetzt geladene Faser in Zusammenhang; dem Färbebade zugesetzte farblose Anionen oder Kationen beeinflussen danach den Färbevorgang dadurch, daß sie nach Maßgabe ihrer eigenen Adsorbierbarkeit die Wollfaser positiv aufladen (Kationen, insbesondere H-Ionen) oder die Farbsäureanionen verdrängen. Die Fortschritte in der Chemie der Grundsubstanzen der tierischen und pflanzlichen Fasern (Fibroin, Keratin, Zellulose) verbunden mit der allgemeinen Entwicklung der physikalischen Chemie, der Kolloidchemie und mit den Aufschlüssen, die die Röntgenographie über den Feinbau der Textilfasern gab, verhalfen mehr und mehr der Ansicht zum Siege, daß es eine allgemeine, für alle Fasern und Farbstoffe gültige „Färbetheorie" nicht gibt, sondern daß der Mechanismus der Färbevorgänge je nach der chemischen Natur der Faser und des Farbstoffes und je nach dem Feinbau der Faser verschieden zu deuten ist. Bei der Wollfaser mit ihren zahlreichen chemisch reaktionsfähigen Gruppen kann heute die „chemische" Theorie des Färbevorganges als gesichert gelten; da sich der Färbevorgang im heterogenen System abspielt, werden allerdings der chemischen Reaktion zwischen Wolle und Farbstoff Adsorptions- und Diffusionsvorgänge vorangehen bzw. sich ihr überlagern, und auch der histologische Bau der Wollfaser wird eine Rolle spielen.

Die Aufnahme von Säurefarbstoffen durch Wolle. Schon in der älteren Literatur liegen verschiedene Beobachtungen vor, die stark für chemische Vorgänge bei der Aufnahme von Säurefarbstoffen durch Wolle sprechen[8], Beobachtungen, die von neueren Forschern bestätigt und erweitert worden sind. So fand Nietzki[9], daß die freien Farbsäuren der Azofarbstoffe die Wolle in der Farbe der Farbsalze anfärben; Vignon stellte eine erhebliche Wärmetönung beim Einbringen von Wolle in Säurelösungen fest und erkannte die Bedeutung der basischen und sauren Gruppen für die Anfärbung tierischer Fasern[10]. Ferner fand Knecht[11], daß beim Färben mit einem großen Farbstoffüberschuß saure Farbstoffe unter

---

Loewenthal: Handbuch der Färberei der Spinnfasern, 3. Aufl. Berlin 1921/23; A Manuel of Dyeing, 9. Aufl., London. — Knecht: Soc. Dyers Col. Bd. 20 (1904) S. 238. — Justin-Müller: Kolloid-Z. Bd. 4 (1909) S. 64.

[1] Witt: Lehnes Färber-Ztg. Bd. 1 (1890) S. 1; vgl. dazu jedoch Knecht: J. Soc. Dyers Col. Bd. 18 (1902) S. 101.

[2] Knecht bezeichnete gleichfalls die Verbindung von Farbstoff und „Lanuginsäure" (vgl. S. 14) als in fester Lösung in der Wolle enthalten. Vgl. auch Zacharias: J. Soc. Dyers Col. Bd. 2 (1886) S. 41.

[3] Justin-Mueller: Z. Farben- u. Textilchem. Bd. 3 (1904) S. 251, 308; Bd. 4 (1905) S. 14, 256, 500.

[4] Vgl. dazu jedoch Knecht: Z. Farben- u. Textilchem. Bd. 4 (1905) S. 138, 359. — Binz: Z. Farben- u. Textilchem. Bd. 3 (1904) S. 271, 416.

[5] L. c. S. 40, 41.

[6] Pelet-Jolivet: Die Theorie des Färbeprozesses, S. 135ff. Dresden 1910.

[7] Bancroft: J. physic. Chem. Bd. 18 (1914) S. 118, 385; Bd. 19 (1915) S. 50, 145; vgl. auch Gee und Harrison: Trans. Faraday Soc. Bd. 6 (1910) S. 42. — Briggs und Bull: J. physic. Chem. Bd. 26 (1922) S. 845.

[8] Vgl. auch Gillet: Rev. gén. Mat. Col. Bd. 3 (1899) S. 157.

[9] Nietzki: Ladenburgs Handwörterbuch der Chemie, 3. Bd. Organische Farbstoffe 1866; vgl. auch Pfeiffer und Angern: Z. angew. Chem. Bd. 39 (1926) S. 253. — Suida: Z. angew. Chem. Bd. 22 (1909) S. 2131.

[10] Vignon: Compt. rend. Bd. 112 (1892) S. 623.

[11] Knecht: Ber. dtsch. chem. Ges. Bd. 22 (1889) S. 1120; Bd. 37 (1904) S. 3475; J. Soc. Dyers Col. Bd. 5 (1889) S. 71; Bd. 20 (1904) S. 238.

gleichen Bedingungen ungefähr im Verhältnis ihrer Molekulargewichte von der Wolle aufgenommen werden, was natürlich auf die Bildung chemischer Verbindungen zwischen der Wolle und der Farbsäure hinweist, ohne allerdings die Natur dieser Verbindungen aufzuklären. Die zur Farbsäure gehörige Base bleibt quantitativ im Färbebade[1]. Schon Vorländer und Perold[2] zeigten aber, daß zwischen der Aufnahmefähigkeit der Wolle für farblose Säuren, wie H_2SO_4, und Farbstoffsäuren kein wesentlicher Unterschied besteht, eine besondere Chinonstruktur demnach nicht die Ursache für das Haftvermögen der Farbstoffe auf der Wolle sein kann. Diese Auffassung wurde später von Suida[3] bestätigt. Suida fand, daß Chinone die Wolle nur dann (unter Bildung von Anilidochinonen) anfärben[4], wenn die Wasserstoffatome in bestimmter Stellung in den Chinonen nicht substituiert sind[5]. Als allgemeines Prinzip für eine Erklärung des Färbevorganges ist die Bildung von Anilidochinonen nach Suida auch deswegen abzulehnen, weil mit steigender Zahl der Sulfogruppen im Farbstoffmolekül die Salzbildung immer mehr in den Vordergrund treten muß. Ein wichtiges Argument für die Auffassung der Farbstoffaufnahme durch Wolle als Salzbildung hatte Suida aber bereits vorher durch den Nachweis erbracht[6], daß die Farbstoffaffinität der Wolle verändert wird, wenn man ihre zur Salzbildung befähigten Gruppen absättigt oder chemisch umwandelt. Suida nahm allerdings an, daß der Bindung der Säurefarbstoffe durch die basische Gruppe des Wollproteins eine Freilegung der basischen Gruppen durch eine hydrolytische Wirkung der zugesetzten Mineralsäure vorangehe[7]. Diese Annahme, die auch von Fort[8] geteilt wurde, ist nach den heutigen Kenntnissen über die Reaktionsfähigkeit der Proteine zur Erklärung ihres Säure- und Basenbindungsvermögens allerdings nicht mehr nötig. Fort und Mitarbeiter hatten auch schon beobachtet, daß die Bindung von Mineralsäuren durch die Gegenwart von Farbsäuren herabgesetzt wird[9], und daß ungefärbte Wolle, die gebundene Schwefelsäure enthält, beim Einbringen in Lösungen von Säurefarbstoffen Schwefelsäure an die Flotte abgibt, wie es bei der Konkurrenz von zwei Säuren um eine Base zu erwarten ist. Nach Gebhardt[10] sind an der Aufnahme saurer Farbstoffe sowohl Aminogruppen als auch Karboxylgruppen des Wollproteins beteiligt.

Die wichtigsten Punkte, auf die sich damals die Gegner der „chemischen" Färbetheorie stützten, waren die Gültigkeit der Adsorptionsformel für die Auf-

---

[1] Knecht: J. Soc. Dyers Col. Bd. 23 (1907) S. 230.

[2] Vorländer und Perold: Ann. Chem. Bd. 345 (1906) S. 288.

[3] Suida: Z. physiol. Chem. Bd. 85 (1913) 308.

[4] Vgl. auch Binz und Schroeter: Ber. dtsch. chem. Ges. Bd. 35 (1902) S. 4225; Bd. 36 (1903) S. 3008.

[5] O- und p-Nitranilin, p-Amidoazobenzol, p-Amidoazotoluol, Dehydrothio-p-toluidin färben die Wolle irreversibel an; auf Wolle aufgefärbt, ist ihre Amidogruppe nicht diazotierbar (Suida: Lehnes Färber-Ztg. Bd. 23 [1912] S. 229). Man kann nach Suida bei p- und o-Nitranilin, wenn sie auf Wolle aufgefärbt sind, eine chinoide Desmotropie annehmen, ebenso wie dies Binz (l. c. 4) für das p-Amidoazobenzol tat. Durch die chinoide Struktur dieser Körper ist aber die Diazotierung schon kaum mehr als möglich zu betrachten, da dann ein Derivat des Chinonimids mit einer doppelt gebundenen Imidgruppe vorliegt. Vielleicht tritt dann nach Suida noch eine Kondensation mit der Wolle ein.

[6] Gelmo und Suida: Mh. Chemie Bd. 26 (1905) S. 413, 855; Bd. 27 (1906) S. 225. — Gelmo und Suida: Ber. Akad. Wiss. Wien Bd. 114 Abt. IIb Mai (1905); Lehnes Färber-Ztg. Bd. 16 (1905) S. 295, 314. — Suida: Z. Farbenindustr. Bd. 6 (1907) S. 41; vgl. auch Suida: Z. physiol. Chem. Bd. 50 (1906) S. 174.

[7] Suida: l. c.; ferner Z. angew. Chem. Bd. 22 (1909) S. 2131.

[8] Fort: J. Soc. Dyers Col. Bd. 29 (1913) S. 269. — Fort und Swares: J. Soc. Dyers Col. Bd. 31 (1916) S. 80. — Fort: J. Soc. Dyers Col. Bd. 32 (1916) S. 33. Vgl. auch Knecht: J. Soc. Dyers Col. Bd. 4 (1888) S. 107.

[9] Vgl. auch Briggs und Bull: J. physic. Chem. Bd. 26 (1922) S. 845.

[10] Gebhardt: Z. angew. Chem. Bd. 27 (1914) S. 297.

nahme von Säurefarbstoffen[1] und von farblosen Säuren[2] durch die tierische Faser, Mißerfolge einiger Forscher, durch Desaminierung die Affinität der Wolle für saure Farbstoffe zu beeinflussen[3], sowie irrtümlich gedeutete Versuche über die Abhängigkeit der Farbstoffaufnahme von der Menge an zugesetzter Schwefelsäure[1]. Schließlich verleiteten auch ganz allgemein die Erfolge der Kolloidchemie auf anderen Gebieten dazu, die Färbung der Wolle mit Säurefarbstoffen ebenfalls allein durch Adsorptions-, Quellungs-, Ladungsaustausch-, Flockungserscheinungen usw. erklären zu wollen. Das experimentelle Material, durch das von neueren Forschern (Elöd, K. H. Meyer, Speakman u. a.) die Entscheidung zugunsten der „chemischen" (Salzbildungs-)Theorie herbeigeführt wurde, umfaßt vor allem die quantitative Untersuchung der Abhängigkeit der Farbstoffaufnahme von der Farbstoff- und Wasserstoffionen-Konzentration der Flotte, sowie die Veränderung der Farbstoffaffinität der Wolle durch Eliminierung oder Substitution der Aminogruppen. Die namentlich durch die Arbeiten von Astbury geförderte Erkenntnis der Keratinstruktur, verbunden mit allgemeinen Fortschritten der Eiweißchemie trug dabei wesentlich dazu bei, nicht nur den Mechanismus der Salzbildung zwischen Wolle und Farbsäure besser zu verstehen, sondern auch das Zusammenwirken von Salzbildung mit Diffusions- und Quellungsvorgängen schärfer zu erfassen. Eine Stütze von der präparativen Seite her erfuhr die „chemische" Theorie durch die Modellversuche von Pfeiffer und Angern[4], denen es gelang, aus einfachen Aminosäuren (Phenylalanin und Sarkosin), die die wichtigsten Atomgruppen der tierischen Faser enthalten, mit Benzolazophenol und Benzolazoresorcin einheitliche, krystallisierte Verbindungen zu gewinnen, die salzartige Molekülverbindungen darstellen, in denen die saure Hydroxylgruppe des Phenols die basische Aminogruppe der Aminosäure absättigt.

Nach den grundlegenden Untersuchungen von K. H. Meyer[5] über die Säureaufnahme von Wolle in Abhängigkeit von der Konzentration der betreffenden Säure erfolgt die Aufnahme der Farbsäuren ganz analog der Aufnahme anorganischer oder einfacher, farbloser organischer Säuren; es stellt sich ein hydrolytisches Gleichgewicht

$$\text{Wolle} + \text{Säure (Farbsäure)} \rightleftarrows \text{Wollsalz} + \text{Wasser}$$

ein. Wenn Georgievics für die Aufnahme von einem Säurefarbstoff durch Naturseide und von verschiedenen Säuren durch Wolle die Adsorptionsisotherme gültig fand, so ist dies kein Beweis gegen den Eintritt von Salzbildung nach einem solchen Gleichgewicht, sondern diese Form der Säureaufnahme-Säurekonzentrationskurve kommt dadurch zustande, daß die basischen Gruppen der Wolle verschieden „stark" sind und nacheinander in Reaktion treten.

Da das Äquivalentgewicht der Wolle nach K. H. Meyer 1200 beträgt, so ist die Farbsäuremenge, die maximal gebunden werden könnte, recht erheblich. In der praktischen Färberei wird stets nur ein Bruchteil dieser Farbstoffmenge angewandt, und schon aus diesem Grunde liegt bei praktischen Wollfärbungen die aufgenommene Farbsäuremenge weit unter dem Sättigungswert. Daß sich die nach den Ergebnissen von K. H. Meyer zu erwartende maximale Farbsäurebindung tatsächlich erreichen läßt, wurde von Porai-Koschitz[6] durch Färberversuche bei Gegenwart von Ammoniumchlorid bewiesen. In guter Überein-

[1] Georgievics: Mh. Chemie Bd. 15 (1894) S. 705.
[2] Georgievics: l. c. S. 40, 41. [3] Vgl. S. 97.
[4] Pfeiffer und Angern: Z. angew. Chem. Bd. 39 (1926) S. 253; vgl. auch Pfeiffer und Wang: Z. angew. Chem. Bd. 40 (1927) S. 983.
[5] Meyer, K. H.: Melliand Textilber. Bd. 7 (1926) S. 605, 693.
[6] Porai-Koschitz: J. prakt. Chem. Bd. 245 (1933) S. 189; vgl. auch Porai-Koschitz, Levina, Zeldovitch und Remenniskof: Rev. gén. Mat. Col. Bd. 36 (1932) S. 39.

stimmung mit den von K. H. Meyer bei anderen Säuren gefundenen Werten ergab sich die maximale Farbsäureaufnahme im Mittel zu 0,083 g Äquivalente auf 100 g Wolle[1], und zwar unabhängig davon, ob es sich um einen Oxyazo- oder Amino- oder Aminooxyazofarbstoff handelte, oder ob der Farbstoff eine, zwei oder vier Sulfogruppen besaß und ob er krystalloid oder kolloid gelöst war. Dieselbe Sättigungsgrenze wie bei Verwendung des Na-Salzes der Farbsäure in Gegenwart von NH_4Cl wurde auch bei Verwendung des NH_4-Salzes des Farbstoffes (Eosin) allein erreicht[2]. Nach Goodall[3] hat allerdings Porai-Koschitz bei seinen Versuchen nur den Sättigungswert der Wolle für die durch Hydrolyse aus dem Ammonsalz entstandene HCl oder H_2SO_4 gemessen[4]. Nach der Theorie von Goodall[5] muß die maximale Aufnahmefähigkeit der Wolle für aggregierte Farbstoffe eine Funktion der inneren Porenoberfläche, des spezifischen Gewichtes und des Teilchenradius des Farbstoffagregates sein und daher zu dem Verbindungsgewicht des Wollkeratins oder des Farbstoffes in keiner Beziehung stehen. Nach Trotman und Horner[6] ist die von verschiedenen Wollen aufgenommene Farbstoffmenge dieselbe, und geringe Unterschiede der Nuancen beruhen auf physikalischen Unterschieden.

In der Färberei der Wolle mit Säurefarbstoffen konkurrieren zwei Säuren, die Farbsäure und die der Flotte zugesetzte farblose anorganische oder organische Säure um die basischen Gruppen des Keratinmoleküls. Im Endzustande wird vorwiegend die Farbsäure gebunden. Der Verlauf des Färbevorganges ist jedoch derart, daß zunächst die niedriger molekulare und daher rascher diffundierende farblose Säure gebunden und erst allmählich durch die Farbsäure verdrängt wird. Bei den in der Praxis üblichen hohen Temperaturen (etwa 100°) vollzieht sich der gesamte Färbevorgang zu schnell, um diese Teilvorgänge verfolgen zu können. Durch Arbeiten bei niedrigeren Temperaturen (50°) gelang es jedoch Elöd und Mitarbeitern[7], die anfängliche Aufnahme der farblosen Säure und ihre allmählich fortschreitende Verdrängung durch die Farbsäure[8] quantitativ zu erfassen. Die nach Bindung der Farbsäure übrigen basischen Gruppen bleiben durch die farblose Säure dem Gleichgewicht entsprechend abgesättigt; bei erneuter Behandlung der gefärbten Faser mit Farbstofflösung wird unter erneuter Farbsäureaufnahme eine äquivalente Menge farbloser Säure aus dem Wollsalz in Freiheit gesetzt.

Einen weiteren wesentlichen Beitrag zum Verständnis des Verlaufes der Färbung tierischer Fasern mit Säurefarbstoffen als Salzbildung brachte dann Elöd, indem er zeigte, daß in der sauren Farbflotte, d.h. in dem System Wolle-Farbstoff — zugesetzte farblose Säure, die Bedingungen für das Auftreten von Donnan-Gleichgewichten gegeben sind, und diese Auffassung in einer Reihe von Arbeiten mit verschiedenen Mitarbeitern experimentell stützte[7]. Nach der Donnanschen Theorie der Membrangleichgewichte[9] ist die Verteilung des Farbsäureanions F′

[1] Auch von Ender und A. Müller (Melliand Textilber. Bd. 18 [1937]) wurde kürzlich ein Farbsäurebindungsvermögen von 0,085 g-Äquivalent für 100 g Wolle erreicht. — Vgl. auch Smith und Harris: Amer. Dyestuff Rep. Bd. 26 (1937) 416 P.

[2] Porai-Koschitz: J. Soc. Dyers Col. Bd. 52 (1936) S. 19.

[3] Goodall: J. Soc. Dyers Col. Bd. 51 (1935) S. 405.

[4] Vgl. dazu jedoch Porai-Koschitz: l. c. 2. [5] Vgl. S. 86.

[6] Trotman und Horner: J. Soc. Dyers Col. Bd. 50 (1935) S. 65.

[7] Elöd und Silva: Z. physik. Chem. A. Bd. 137 (1928) S. 142; Melliand Textilber. Bd. 10 (1929) S. 707. — Elöd: Melliand. Textilber. Bd. 12 (1931) S. 260. — Elöd und Böhme: Melliand Textilber. Bd. 13 (1932) S. 365. — Elöd: Trans. Faraday Soc. Bd. 29 (1933) S. 327; Melliand Textilber. Bd. 17 (1936) S. 67. — Elöd und Köhnlein: Collegium Nr. 764 XII. (1933) S. 754. — Elöd und Hänsel: Collegium Nr. 764 XII. (1933) S. 763.

[8] Vgl. auch Fort: J. Soc. Dyers Col. Bd. 29 (1913) S. 269; Bd. 32 (1919) S. 33. — Trotman und Horner: J. Soc. Dyers Col. Bd. 50 (1934) S. 65. — Ender und Müller: l. c.

[9] Donnan: Z. Elektrochem. Bd. 17 (1911) S. 572.

zwischen der Flotte und der Wollfaser durch die Gleichung gegeben[1]:

$$\frac{[F']_i}{[F']_a} = 1 + \frac{c_1}{c_2 + c_3} = \lambda ,$$

wobei $[F']_i$ und $[F']_a$ die Konzentration der Farbsäureanionen im Proteingel und in der Flotte, c_1 und c_2 die Wasserstoffionenkonzentration im Proteingel und in der Flotte und c_3 die Konzentration der Farbstoffanionen oder sonstiger zusätzlicher Anionen in der Flotte bedeuten. Aus dieser Gleichung ergeben sich verschiedene für den Gleichgewichtszustand und für den Verlauf des Färbevorganges wichtige Folgerungen, die sämtlich von Elöd und Mitarbeitern experimentell bestätigt und in ihrer Bedeutung für praktische Probleme der Wollfärberei gewürdigt worden sind, z. B.

1. mit fallendem p_H-Wert der Flotte muß die Farbstoffaufnahme bis zu einem Maximum zunehmen. Dies Maximum liegt nach Elöd bei p_H 1,3; nach Speakman[2] bei $p_H = 1$. Das Auftreten eines solchen Maximums der Farbstoffaufnahme ist mit der „elektrischen" Färbetheorie von Bancroft[3] unvereinbar[4]. Erhöhung des Zusatzes an farbloser Säure über diesen optimalen p_H-Wert hinaus ist nicht nur zwecklos, sondern schädlich, weil dadurch hydrolytische Schädigungen der Wollfaser begünstigt werden;

2. Zusatz von Neutralsalzen erhöht den Wert von c_3 und setzt daher die Farbstoffaufnahme herab. Neutralsalze, wie Na_2SO_4, wirken also abziehend[5];

3. da sich entsprechend dem Ausdruck für λ auch das Konzentrationsgefälle und somit die Diffusionsgeschwindigkeiten der diffusiblen Ionen ändern, ist λ nicht nur ein Maß für die im Gleichgewicht gebundene Menge an Farbsäure, sondern auch für die Geschwindigkeit der Farbstoffaufnahme. Auch die Geschwindigkeit der Farbstoffaufnahme steigt daher mit fallendem p_H bis zu einem Maximum und nimmt bei Zusatz von Neutralsalzen zur Flotte ab. Zusatz von Neutralsalzen, wie Natriumsulfat, wirkt also „egalisierend". Die Brauchbarkeit von Na_2SO_4 usw. als Egalisierungsmittel hängt von der Empfindlichkeit des betreffenden Farbstoffes gegen Salzflockung ab[6]. Nach Ristenpart[7] sind allerdings die Lösungen der üblichen sauren Wollfarbstoffe so hoch dispers, daß der vergröbernde Einfluß des Elektrolyten nicht zu Geltung kommt.

Beim Färben mit den Ammoniumsalzen sulfonierter substantiver Farbstoffe ziehen die Farbstoffe ebenfalls unter Salzbildung auf die Wolle auf, während das NH_3 bis zur Sättigung adsorbiert wird[8]. Zusatz von Ammoniumsalzen (Chlorid, Sulfat, Azetat) zu den Lösungen von Säurefarbstoffen (als Na-Salze) befördert das Ausziehen der Flotte ohne Zugabe von Säuren, weil infolge der Flüchtigkeit des NH_3 die Gleichgewichte:

$$\text{Wolle} + \text{Na-Salz der Farbsäure} \rightleftarrows \text{Wollsalz der Farbsäure} + NaOH$$
$$NaOH + NH_4Cl \rightleftarrows NaCl + NH_3 + H_2O$$

[1] Donnan: Chem. Rev. Bd. 1 (1925) S. 73.

[2] Speakman: J. Soc. Dyers Col. Bd. 50 (1934) S. 341. — Speakman und Hirst: Trans. Faraday Soc. Bd. 29 (1933) S. 148.

[3] Bancroft: J. physic. Chem. l. c. S. 80; vgl. auch Briggs und Bull: J. physic. Chem. Bd. 26 (1922) S. 845. — Reinders und Gordon: J. Ind. eng. Chem. Bd. 15 (1923) S. 818.

[4] Elöd: l. c.; vgl. auch Elöd: Melliand Textilber. Bd. 6 (1925) S. 742.

[5] Vgl. auch Hallitt: Rev. gén. Mat. Col. Bd. 3 (1899) S. 164. — Justin-Mueller: Z. Farben- u. Textilchem. Bd. 3 (1904) S. 308. — Binz: Z. Farben- u. Textilchem. Bd. 3 (1904) S. 416. — Knecht: Z. Farben- u. Textilchem. Bd. 4 (1905) S. 138. — Pelet-Jolivet: Theorie des Färbeprozesses, S. 143ff. Dresden 1910. — Fort: J. Soc. Dyers Col. Bd. 29 (1913) S. 269.

[6] Vgl. auch Speakman und Clegg: J. Soc. Dyers Col. Bd. 50 (1934) S. 348.

[7] Ristenpart: Z. ges. Textilind. Bd. 27 (1924) S. 7.

[8] Porai-Koschitz: J. prakt. Chem. Bd. 245 (1933) S. 179.

im Sinne der Bildung des Wollsalzes der Farbsäure verschoben werden[1]. Den üblichen sauren Färbebädern zugesetzt, wirken Ammoniumsalze egalisierend, weil sie die freie Säure abstumpfen und die Anfärbung sich nur in dem Maße vollzieht, als durch die Verflüchtigung von NH_3 freie Säure entsteht[2].

Bei der Anwendung der Donnanschen Theorie auf die Färbung der Wolle mit Säurefarbstoffen ist allerdings zu berücksichtigen, daß sich die Quellung, die sicher für die Aufnahmegeschwindigkeit der Farbstoffe von unmittelbarem und wesentlichem Einflusse ist, mit dem p_H der Flotte und mit der Neutralsalzkonzentration in ähnlichem Sinne ändert, wie es das Massenwirkungsgesetz und die Donnansche Theorie für die aufgenommene Farbsäuremenge und für die Aufnahmegeschwindigkeit erfordern, und daß es schwer ist, beide Einflüsse zu trennen. Die Wirkung von Natriumsulfat scheint jedoch nach Speakman[3] der Hauptsache nach nicht auf der Herabsetzung der Quellung zu beruhen. Denn die verlangsamende Wirkung von Na_2SO_4 ist bei niedriger Temperatur, wo die Quellung durch Neutralsalze herabgedrückt wird, am geringsten, und bei hohen Temperaturen, wo die Quellungserscheinungen einen anderen Charakter haben und durch Neutralsalze weitgehend unbeeinflußt bleiben, am größten.

Zum Unterschiede von den meisten anderen sauren Wollfarbstoffen färbt Alkaliblau Wolle aus einem schwach alkalischen Bade an, wobei zunächst nur eine trübe, schwach blaue Färbung entsteht, die sich erst durch ein saures Bad zum vollen Blau entwickelt. Es wird vielfach angenommen, daß zunächst das schwach gefärbte Na-Salz des Alkaliblaus adsorbiert wird, das dann auf der Faser durch die Säurebehandlung in die tiefgefärbte Farbsäure verwandelt wird. Nach Porai-Koschitz und Wasiliewa[4] zieht jedoch auch Alkaliblau nur als freie Säure auf. Diese liegt aber beim Färben von Wolle, die in gewöhnlicher Weise gereinigt wurde und bei der die Flotte, ebenso wie die Wolle selbst, infolge des Auftretens von Alkali in der Flotte und der Ausscheidung basischer Wollabbauprodukte schwach alkalisch ist (noch alkalischer sind natürlich Flotte und Wolle beim üblichen Färben von Alkaliblau in Gegenwart von Soda, Borax oder Na-Phosphat) in der farblosen Karbinolform vor; das nachfolgende saure Bad bewirkt die Dehydratation des Farbstoffes und seinen Übergang in die intensiv farbige chinoide Form. Beim Färben von Wolle, die von allen flüchtigen Basen befreit wurde, ist dagegen die Reaktion von Anfang an neutral oder schwach sauer wegen der Anwesenheit der Karboxylgruppen der Wolle. Auf solche Wolle zieht nach Porai-Koschitz und Wasiliewa Alkaliblau sofort in seiner chinoiden Form auf, und die Fasern sind schon beim Färben, auch ohne Ansäuern, genügend intensiv gefärbt.

Nach Speakman vollzieht sich die Salzbildung der Wolle mit Säuren HX in der Weise, daß Brückenbindungen zwischen sauren und basischen Gruppen benachbarter Peptidketten gelöst werden nach dem Schema

$$R_1\text{—COO—NH}_3\text{—}R_2 + HX = R_1COOH + R_2\text{—NH}_3X.$$

In derselben Weise werden nach Speakman[5] auch saure Wollfarbstoffe gebunden, wenigstens sofern sie nicht ausgesprochen kolloiden Charakter besitzen. Die der Flotte zugesetzte farblose Säure hat nicht nur den Zweck, den p_H der Flotte und damit die Zahl der reaktionsfähigen basischen Gruppen des Keratinmoleküls zu regeln, sondern sie öffnet auch durch Quellungserscheinungen die Mizellstruktur

[1] Porai-Koschitz, Gorelik und Peskin: J. prakt. Chem. Bd. 245 (1933) S. 189.
[2] Porai-Koschitz und Mitarbeiter: l. c. 1. — Müller: Melliand Textilber. Bd. 9 (1928) S. 54.
[3] Speakman: J. Soc. Dyers Col. Bd. 52 (1936) S. 121.
[4] J. prakt. Chem. Bd. 245 (1933) S. 207.
[5] Speakman: J. Soc. Dyers Col. Bd. 49 (1933) S. 180; Bd. 52 (1936) S. 121.

derart, daß die basischen Seitenketten der Polypeptidketten auch für die großen Farbstoffmoleküle zugänglich werden. In demselben Sinne wirkt auch die in der Färberei der Wolle mit Säurefarbstoffen übliche Erhöhung der Temperatur. Heißes Wasser vermag nach Speakman eine Lösung von Disulfid-Brückenbindungen herbeizuführen[1] und lockert dadurch die Mizellarstruktur; die in Wasser oberhalb 40° eintretenden Strukturveränderungen der Wollfaser[2] äußern sich in einer plötzlichen Änderung der Farbstoffaufnahmegeschwindigkeit[3]. Außerdem steigt natürlich die Diffusionsgeschwindigkeit aller am Färbevorgang beteiligten gelösten Stoffe, vor allem aber die Geschwindigkeit der chemischen Reaktionen mit der Temperatur. Nach Elöd[4] läßt sich jedoch mit geeigneten Farbstoffen die Färbung der Wolle auch noch bei Temperaturen, die erheblich unter 100°[5] liegen, praktisch hinreichend schnell durchführen. Ein Heruntergehen mit der Färbetemperatur würde aber den Vorteil bieten, hydrolytische Schädigungen der Wollfaser zu vermindern. Die Temperatur, bei der sich die Färbung mit Erfolg ausführen läßt, hängt vom Aggregationsgrade des Farbstoffes in der Flotte ab; bei einem Teil der Farbstoffe sind hohe Temperaturen notwendig, um den Farbstoff genügend stark zu dispergieren und die Quellung der Wollfaser soweit zu steigern, daß kolloide Teilchen in das Faserinnere eintreten können[6]. Bei Farbstoffen, deren Teilchen auch in kochender Flotte zu groß sind, um in die Keratinmizellen selbst einzudringen, wird die Wollfarbsalzbildung auf die Oberfläche der Keratinmizellen beschränkt bleiben. Ob bei solchen kolloiden Farbstoffen außer der Salzbildung nach obigem Schema noch eine andere Art der Bindung und andere Affinitätskräfte[7] am Zustandekommen der Färbung maßgebend beteiligt sind, läßt sich wohl noch nicht entscheiden[8]. Das Verhalten „aggregierter" Farbstoffe unterscheidet sich in mehrfacher Hinsicht von dem Verhalten echt oder nahezu echt gelöster Säurefarbstoffe. Erstere werden auch aus praktisch neutralen Bädern weitgehend ausgezogen; es gilt kein Donnan-Gleichgewicht; die Abziehbarkeit in Abhängigkeit vom p_H, von der Temperatur und von der Gegenwart von Dispergierungsmitteln, ist eine andere[9]; die Bäder werden rasch erschöpft, und der Einfluß von Neutralsalzen auf die Erschöpfung ist z. T. ein anderer als bei molekular dispersen Farbstoffen. Goodall[10] nimmt an, daß diese Farbstoffe in aggregiertem Zustande von der Faser festgehalten werden. Nach Goodall beruht die „Affinität" dieser Farbstoffe zur Wollfaser darauf, daß sich das System in einer Art von elektrischem Zwang befindet, indem die kleinen Na-Ionen bis in den Bereich der Salzbrückenbindungen der Keratinmizelle diffundieren können, während die großen Farbstoffaggregate nur bis an die Mündung der feinen mizellaren Poren gelangen

---

[1] Speakman: Nature Bd. 132 (1933) S. 930; vgl. auch S. 25ff.

[2] Speakman, Stott und Chang J. Textile Inst. Bd. 34 (1933) 273. T.

[3] Speakman J. Soc. Dyers Col. Bd. 52 (1936) S. 121.

[4] Elöd und Böhme: Melliand Textilber. Bd. 13 (1932) S. 368. — Elöd Trans. Faraday Soc. Bd. 29 (1933) S. 327; Melliand Textilber. Bd. 17 (1935) S. 67. Vgl. auch die Patente der Imperial Chem. Industries Ltd. (Rendell und H. A. Thomas), Engl. Pat. 436 875 (1935); Franz. Pat. 788 991 (1935); J. Soc. Dyers Col. Bd. 51 (1935) S. 136. — Siehe auch l. c. 4, S. 87.

[5] Über das Färben bei etwas unter dem Siedepunkt liegenden Temperaturen der Flotte vgl. auch Levinskij und Laptev Leipzig. Mschr. Textil-Ind. Bd. 43 (1928) S. 399.

[6] Speakman J. Soc. Dyers Col. Bd. 52 (1936) S. 121.

[7] Vgl. dazu auch Pfeiffer und Angern Z. angew. Chem. Bd. 39 (1926) S. 253. — Meyer, K. H.: Melliand Textilber. Bd. 7 (1926) S. 605, 693. — Elöd: Z. angew. Chem. Bd. 41 (1928) S. 16. — Harris: Amer. Dyestuff Rep. Bd. 22 (1933) S. 81.

[8] Vgl. dazu auch Goodall: J. Soc. Dyers Col. Bd. 51 (1935) S. 405. — Speakman: J. Soc. Dyers Col. Bd. 52 (1936) S. 121.

[9] Vgl. auch Goodall: J. Soc. Dyers Col. Bd. 49 (1933) S. 97; Bd. 52 (1936) S. 211; Bd. 53 (1937) S. 50, 279, 317; Bd. 54 (1938) S. 45.

[10] Goodall: J. Soc. Dyers Col. Bd. 51 (1935) S. 405; vgl. auch Textile Mfr. Bd. 63 (1937) S. 117.

und diese verschließen, so daß kein Ausgleich der Ionenkonzentrationen innen und außen erfolgen kann. Die Na-Ionen befinden sich also sozusagen in einer winzigen Falle und bilden ein Anziehungszentrum für das Farbstoffaggregat, entweder durch ihre eigene Ladung oder durch den entsprechenden Überschuß an RNH_3-Ionen in der Faser. Der entstandene Mangel an Na-Ionen in der Außenflüssigkeit wird nach Goodall gutgemacht durch weitere Dissoziation der Farbstoffaggregate unter Abnahme der Teilchengröße; diese neugebildeten Na-Ionen werden wieder „eingefangen", und die Vorgänge wiederholen sich, bis der Farbstoff in der Flotte soweit desaggregiert ist, daß auch die Farbstoffteilchen in die feinen Öffnungen eindringen können. Dann hört der Färbevorgang auf, und das System hat einen Gleichgewichtszustand erreicht. Ob die Annahme einer verschiedenen räumlichen Anordnung der Farbstoffaggregate und der Na-Ionen zur Erklärung des Verhaltens der „aggregierten" Farbstoffe notwendig ist, wird allerdings von Astbury[1] bezweifelt. Wesentlich ist wahrscheinlich die hohe Teilchengröße und die entsprechend langsame Diffusion, so daß schon die geringste chemische Affinität genügt, um ein Entweichen der Farbstoffteilchen zu verhindern.

Dem Vordringen des Farbstoffes zwischen den Keratinmizellen und seinem Eindringen in die Mizellen unter Salzbildung mit sauren Gruppen des Keratinmoleküls muß eine Diffusion des Farbstoffes zur Oberfläche der Fasern und eine Adsorption an der Oberfläche vorangehen. Je feiner die Fasern sind, eine um so größere Oberfläche bietet sich dem Farbstoff dar, und um so größer ist die Geschwindigkeit der Farbstoffaufnahme; wenn man jedoch die Unterschiede in der Größe der äußeren Oberfläche berücksichtigt, so sind die Unterschiede in der Farbstoffzugänglichkeit verschiedener Wollen gering[2]. Die Färbung vollzieht sich durch Diffusion des Farbstoffes aus einem gesättigten Film auf der Faseroberfläche[2]. Wachsende Mengen adsorbierter Säure erhöhen nach Iljinsky und Burstein[3] die aus wäßriger Suspension adsorbierte Menge Indigo, weil sie die negative Ladung der Fasern herabsetzen; an die Adsorption des Farbstoffes schließt sich dann seine Befestigung auf der Faser. Das kürzlich von der Imperial Chemical Industries Ltd.[4] in Verbindung mit einer Erniedrigung der Färbetemperatur vorgeschlagene Bombardement der Fasern mit Gasblasen hat wahrscheinlich nur den Zweck, durch sehr kräftige Flüssigkeitsbewegung die Diffusionsvorgänge zu erleichtern und eine Verarmung der Flotte an Farbstoff in der Nähe der Faseroberfläche zu verhindern[5]. Die Tatsache, daß die Farbstoffaufnahmegeschwindigkeit mit abnehmendem Schwefelgehalt der Wolle steigt[6], wird von Speakman damit erklärt, daß mit sinkender Zahl der Disulfidbindungen zwischen den Peptidketten die Quellbarkeit des Keratins wächst.

Unter sonst gleichen Bedingungen werden verschiedene Säurefarbstoffe von der Wolle mit erheblich verschiedener Geschwindigkeit aufgenommen. Mit der Aufnahmegeschwindigkeit der Farbstoffe hängt aber eine praktisch wichtige Eigenschaft, das „Egalisiervermögen" zusammen. Unegale Farbstoffe sind solche, die von den zunächst zugänglichen Oberflächenschichten so schnell gebunden werden, daß keine gleichmäßige Durchfärbung des Materials erreicht wird[7]. Man kann

---

[1] Diskussionsbemerkung zu Goodall: J. Soc. Dyers Col. Bd. 51 (1935) S. 405.

[2] Speakman: J. Soc. Dyers Col. Bd. 52 (1936) S. 121.

[3] Papers Pure Appl. Chem. Karpow-Inst. Moskau 1928 Nr. 8—85; Chem. Zbl. Bd. I (1929) S. 698.

[4] Engl. Pat. 436 875 1935); Franz. Pat. 788 991 (1935); vgl. auch Rabassa: Franz. Pat. 736 552 (1932). — Rodony Font: Rev. gén. Teinture Bd. 13 (1936) S. 785. — Justin-Mueller: Rev. gén. Teinture Bd. 14 1936) S. 165.

[5] Vgl. auch Nüsslein: Z. angew. Chem. Bd. 49 (1936) S. 97.

[6] Speakman: J. Soc. Dyers Col. Bd. 52 1936) S. 121.

[7] Vgl. auch Elöd: l. c. — Meyer, K. H.: Melliand Textilber. Bd. 7 1926) S. 605, 693.

allerdings nach Elöd[1] auch in solchen Fällen, z.B. bei der Färbung dicker Wollfilze mit „substantiven" Farbstoffen[2], eine gleichmäßige Durchfärbung erzielen, wenn man zunächst die Fasern bei alkalischer Reaktion (p_H 9—10), wo sie keine oder nur eine sehr geringe Fähigkeit zur Salzbildung, dagegen ein erhöhtes Quellungsvermögen besitzen, mit dem Farbstoff durchimprägniert und dann erst durch Ansäuern der Flotte die basischen Gruppen des Keratinmoleküls in den reaktionsfähigen Zustand versetzt. Über den Zusammenhang zwischen dem Egalisiervermögen und der Konstitution der Farbstoffe sind erst kürzlich von Speakman und Clegg[3] systematische Untersuchungen angestellt worden. Die sauren Wollfarbstoffe sind meist Sulfosäuren. Man könnte nun erwarten, daß mit zunehmender Zahl der Sulfonsäuregruppen und dementsprechend zunehmender „Affinität"[4] des Farbstoffes zur Wolle das Egalisiervermögen sinkt; tatsächlich überwiegt jedoch die Zunahme des kolloiden Charakters des Farbstoffes mit steigender Zahl an Sulfogruppen die entgegengesetzt gerichtete Wirkung der zunehmenden chemischen „Affinität", außer wenn der Sulfonierungsgrad sehr hoch ist. Nach Speakman und Clegg ist das Egalisiervermögen eines Farbstoffes hauptsächlich durch seinen kolloiden Charakter bestimmt und zeigt daher ähnliche Beziehungen zur Konstitution wie dieser, nämlich: 1. für Farbstoffe, die sich nur durch das Molekulargewicht des organischen Kerns unterscheiden, steigt die Neigung, kolloid zu werden, mit steigendem Molekulargewicht; 2. für Derivate desselben Mutterfarbstoffes ist der kolloide Charakter eine inverse Funktion des Sulfonierungsgrades; 3. um minimale Empfindlichkeit gegen Säure- und Salzfällung zu erzielen, sollen die Sulfogruppen so weit als möglich voneinander und von der Azogruppe entfernt sein und die schwerere (Naphthol-)Komponente des Farbstoffes soll vorzugsweise sulfoniert sein; 4. Disazofarbstoffe zeigen eine größere Tendenz zur Aggregation als Monoazofarbstoffe mit denselben Endkomponenten. Bei sehr hoch sulfonierten Farbstoffen, die gegen Salz- und Säureflockung unempfindlich sind, wird das Egalisiervermögen durch die chemische Affinität bestimmt und nimmt mit steigendem Sulfonierungsgrade ab. — Der Einfluß der Dissoziationskonstante der Farbsäure auf den Verlauf des Färbeprozesses und auf die Eigenschaften der Färbung ist noch nicht näher bekannt; nach Elöd[5] scheint zwischen der Wasserechtheit der Färbungen und der Dissoziationskonstanten der Farbsäuren in dem Sinne ein Zusammenhang zu bestehen, daß mit fallender Dissoziationskonstante die Wasserechtheit zunimmt.

Die „chemische" Theorie der Wollfärbung mit sauren Farbstoffen ist ohne Berücksichtigung des histologischen Baues der Wollfaser entwickelt worden. Dies war deswegen zulässig, weil die wesentlichen Tatsachen, auf die sich die Auffassung der Farbstoffbindung als Salzbildung stützt, und die Deutung dieser Tatsachen grundsätzlich unabhängig davon sind, ob die reaktionsfähigen Gruppen der Faser nicht nur innerhalb einer Polypeptidkette oder innerhalb einer Keratinmizelle, sondern auch je nach ihrer Zugehörigkeit zu verschiedenen Keratinphasen (Keratin A, B, C u. dgl.) oder zu verschiedenen histologischen Schichten verschieden reaktionsfähig sind. Das schließt natürlich nicht aus, daß an manchen Erscheinungen, die sich zwar nach den heutigen Kenntnissen über die Chemie des

[1] Elöd: Melliand Textilber. Bd. 17 (1936) S. 67. — Elöd und Hänsel: Collegium Nr. 764 XII (1933) S. 763.

[2] In der Wollfärberei nehmen die „substantiven" Farbstoffe keine Sonderstellung ein wie in der Baumwollfärberei. Auch die substantiven Farbstoffe sind als saure Farbstoffe zu betrachten. Vgl. Elöd: l. c. 1. — Porai-Koschitz: J. prakt. Chem. Bd. 245 (1933) S. 179.

[3] Speakman und Clegg: J. Soc. Dyers Col. Bd. 50 (1934) S. 348.

[4] Über die „Affinität" der Sulfogruppe zur Wollfaser vgl. auch Ruggli und Fischli: Helv. chim Acta Bd. 7 (1925) S. 496.

[5] Elöd, l. c. 1.

Keratins und über den Feinbau des krystallisierten Anteils des Wollkeratins auch auf rein chemischer oder physikalisch-chemischer Grundlage erklären lassen, histologische Faktoren mehr oder minder stark mitbeteiligt sind. Daß der histologische Bau der Wollfaser, vor allem die Beschaffenheit der Schuppenschicht, von Einfluß auf den Färbeprozeß ist, weiß man seit langem. So setzt die unversehrte Kutikula dem Eindringen der Farbstoffe in die Fasern erheblichen Widerstand entgegen[1]. Wolle, deren Schuppenschicht auf mechanischem Wege entfernt[2] oder durch chemische Einwirkungen geschädigt worden ist, färbt sich leichter an. So beruht z.B. die Erhöhung der Geschwindigkeit der Farbstoffaufnahme (nicht der Aufnahmefähigkeit[3]) durch Chlorierung wahrscheinlich auf einer Veränderung der Schuppenschicht, verbunden mit einer erhöhten Quellung der Faser. Es ist ferner möglich, daß die der Farbflotte zugesetzte farblose Säure nicht nur die Aufgabe hat, den p_H entsprechend der maximalen Reaktionsfähigkeit des Wollproteins einzustellen und eine Quellung der Keratinmizellen hervorzurufen, sondern daß die Säure auch histologische Veränderungen bewirkt, die die Farbstoffaufnahme begünstigen. So beruht nach v. Hove[2] die Notwendigkeit eines Säurezusatzes beim Färben mit sauren Wollfarbstoffen darauf, daß die Säure eine Auflockerung der Kutikula und ein Heraustreten der stark gequollenen Wollgelatine an den Schuppenrändern herbeiführt; das Faserinnere färbt sich nach v. Hove mit jedem Säurefarbstoff ohne Säurezusatz bei nahezu neutraler Reaktion ($p_H = 6$) schnell und echt an. Bei „geöffneter" Wolle (Wollpulver) kann nach v. Hove beim isoelektrischen Punkt sogar ein Maximum der Anfärbbarkeit auftreten, nämlich bei solchen Farbstoffen, wie Naphthochromazurin B, die bei höheren oder niederen p_H-Werten konstitutionelle Umwandlungen erleiden, die mit einer Veränderung der Farbnuance und einer Abnahme des Anfärbevermögens verbunden sind. Unterschiede in der Färbegeschwindigkeit verschiedener Wollen rühren wahrscheinlich teilweise von Unterschieden in der Art und Anordnung der Schuppen her; auch das Verhältnis zwischen amorpher und krystallisierter Phase spielt vielleicht eine Rolle[4]. Nach Speakman werden nämlich diejenigen Fasern, die dem Eindringen von Farbstoffen den größten Widerstand entgegensetzen, auch von Trypsin am schwersten angegriffen[5]; da bei der Trypsinverdauung die intercellulare Phase angegriffen wird, findet also vielleicht auch die Farbstoffaufnahme hauptsächlich durch die interzellulare, amorphe Phase statt[6]. — Über die Farbstoffaufnahme der einzelnen Zellarten der Wolle ist wenig bekannt, weil es schwierig ist, die histologischen Bauelemente der Wollfaser ohne chemische Veränderung zu trennen. Nach Färbungsversuchen von Haller[6] an den durch konzentrierten Ammoniak isolierten Faserkomponenten werden durch Ponceau S in schwach schwefelsaurer Lösung in der Wärme nur die Rindenzellen und Markzellen gefärbt, während die Epidermiszellen farblos bleiben.

Die Aufnahme von basischen Farbstoffen durch Wolle. Schon Knecht[7] hatte beobachtete, daß bei der Färbung der Wolle mit basischen Farbstoffen die gesamte mit der Farbbase verbundene Säure als Neutralsalz in der Flotte bleibt. Knecht schloß daraus auf doppelte Umsetzung, d.h. auf einen chemischen Vorgang. Die Art der entstehenden Verbindung konnte Knecht nicht mit Sicherheit entscheiden. Er hielt es jedoch für wahrscheinlich, daß die basischen Farbstoffe mit

[1] Vgl. auch Haller, Melliand Textilber. Bd. 18 (1937) S. 5.
[2] Vgl. Speakman: J. Soc. Dyers Col. Bd. 52 (1936) S. 121. — vom Hove: Z. ges. Textilind. Bd. 39 (1936) S. 332.
[3] Vgl. auch S. 96.
[4] Speakman: J. Soc. Dyers Col. Bd. 52 (1936) S. 121.
[5] Vgl. Burgess: J. Textile Inst. Bd. 25 (1934) 289. T.
[6] Vgl. auch Haller: Helv. chim. Acta Bd. 19 (1936) S. 15.
[7] Knecht: J. Soc. Dyers Col. Bd. 4 (1888) S. 72.

den im Keratin enthaltenen Karboxylgruppen unlösliche Lacke bilden[1]. Knecht sah eine Bestätigung dieser Auffassung darin, daß sich aus Wolle, die mit Nachtblau gefärbt war, durch Alkohol eine Verbindung von Nachtblau mit einem Bestandteil der Wolle extrahieren ließ[2]. Nach Speakman[3] ist allerdings diese an Nachtblau gebundene, extrahierbare Substanz kein wesentlicher Bestandteil der Wolle, sondern Fett oder Öl; Extraktion der Wolle mit Alkohol oder Äther setzt nach Speakman die Affinität der Wolle für basische Stoffe stark herab.

Jacquemin fand 1876, daß sich Wolle beim Einbringen in eine durch Alkali entfärbte Fuchsinlösung rot anfärbt und schloß daraus, daß sich die Wolle wegen der Gegenwart saurer Gruppen mit der Rosanilinbase unter chemischer Bindung zum Farbsalz vereinigt. Vom Hove[4] hat diese Deutung angezweifelt; nach vom Hove ist das „Jacquemin-Phänomen" an die Gegenwart adsorbierter Kohlensäure gebunden. Wie Haller kürzlich durch Färbeversuche an den mit konz. Ammoniak isolierten Wollkomponenten nachwies, bleiben jedoch die Schuppen des Epithels beim Färben mit basischen Farbstoffen farblos, und es ist kaum denkbar, daß die Kohlensäure vorzugsweise von der Rindenschicht adsorbiert wird, während die äußere Schicht sich ihr gegenüber indifferent verhält[5].

Gee und Harrison[6] nahmen an, daß die Aufnahme basischer Farbstoffe auf einer Neutralisation der positiven Ladung der Farbstoffteilchen und der (in Wasser) negativ geladenen Fasern beruht. Die „anomale" Adsorption von Nachtblau — die Farbstoffaufnahme geht mit steigender Farbstoffkonzentration durch ein Maximum — kommt nach Speakman und Battye[7] dadurch zustande, daß hier die Adsorption doppelter Natur ist, nämlich teilweise auf einer Neutralisation der Ladungen und teilweise auf den für normale Adsorption verantwortlichen Kräften beruht; mit steigender Farbstoffkonzentration nimmt die Azidität der Lösung zu, wodurch die Ladung der Wolle herabgesetzt wird.

Die Auffassung, daß bei der Aufnahme basischer Farbstoffe durch die Wolle eine Salzbildung zwischen sauren Gruppen des Keratinmoleküls und basischen Gruppen des Farbstoffes zumindest mitbeteiligt ist, kann wohl als gesichert gelten. Dem entspricht es auch, daß mit steigendem p_H der Lösung die Aufnahme basischer Farbstoffe zunimmt[8], ganz entsprechend den Verhältnissen bei den Säurefarbstoffen. In der Praxis werden die basischen Farbstoffe gewöhnlich in neutraler oder schwach saurer Lösung gefärbt. Das steht mit der chemischen Auffassung des Färbevorganges nicht im Widerspruch. Denn einerseits ist am isoelektrischen Punkt bzw. in der isoelektrischen Zone die Verbindungsfähigkeit der Wolle nicht Null, sondern durchläuft nur ein Minimum. Andererseits ist es sehr wohl möglich, daß im isoelektrischen Gebiete neben der Salzbildung bei manchen Farbstoffen auch noch die Bildung von Molekülverbindungen oder Adsorptionsvorgänge eine Rolle spielen[9]. Die Beobachtung von Gelmo und Suïda[10], daß Zusatz von HCl oder H_2SO_4 beim Färben mit basischen Farbstoffen die Farbstoffaufnahme stark behindert, konnten Lottermoser und Ettl[11] für Safranin T bestätigen, nicht für Rhodamin und Chrysoidin.

[1] Knecht: Ber. dtsch. chem. Ges. Bd. 21 (1888) S. 1556; Bd. 22 (1889) S. 1120; vgl. auch Gebhardt: Z. angew. Chem. Bd. 27 (1914) S. 297. [2] Knecht: J. Soc. Dyers Col. Bd. 18 (1902) S. 101.

[3] Speakman: J. Soc. Dyers Col. Bd. 40 (1924) S. 377; Bd. 41 (1925) S. 172.

[4] vom Hove: Melliand Textilber. Bd. 14 (1933) S. 301.

[5] Haller: Helv. chim. Acta Bd. 19 (1936) S. 15.

[6] Gee und Harrison: Trans. Faraday Soc. Bd. 6 (1913) S. 42.

[7] Speakman und Battye: J. Textile Inst. Bd. 16 (1925) 53. T.

[8] Elöd und Pieper: Z. angew. Chem. Bd. 41 (1928) S. 14. Nach Briggs und Bull: (J. physic. Chem. Bd. 26 [1922] S. 845) geht die Aufnahme von Methylenblau mit steigendem p_H durch ein Maximum. [9] Vgl. auch Elöd: l. c.

[10] Gelmo und Suida: Mh. Chem. Bd. 26 (1905) S. 855.

[11] Lottermoser und Ettl: Melliand Textilber. Bd. 11 (1930) S. 709.

Das Färben der Wolle mit Beizenfarbstoffen. In der Beizenfärberei wird Wolle mit Lösungen von hydrolysierbaren Metallsalzen, Al-, Cr-Salzen usw. gekocht[1]. Hierbei schlägt sich auf der Faser das betreffende Metallhydroxyd nieder, das dann mit geeigneten Farbstoffen unlösliche Lacke auf der Faser bildet. Die Art, wie hier ein Festhalten der Bestandteile des Beizsalzes erfolgt, ist auf verschiedene Art erklärt worden. Schon ältere Autoren nahmen chemische Vorgänge an. Nach Liechti und Hummel[2] treten sowohl die basischen als auch die sauren Gruppen der Faser in Tätigkeit, indem die ersteren die Säure, die letzteren die Base des Beizsalzes anziehen, mit dem Ergebnis, daß ein saures Salz auf der Faser fixiert wird. Knecht[3] nahm an, daß beim Beizen das Metalloxyd an einen Bestandteil der Faser chemisch gebunden wird, während ein anderer Bestandteil der Faser die freiwerdende Säure neutralisiert; die gebildete Faser-Metalloxyd-Verbindung bildet dann mit „adjektiven" Farbstoffen gefärbte Lacke. Nach Havrez[4] und von Georgievics[5] sollen beim Beizen der Wolle mit verdünnten Lösungen starkbasische Salze, beim Beizen mit konzentrierten Lösungen starksaure Salze und bei gewissen mittleren Konzentrationen neutrale Salze aufgenommen werden. Von Georgievics lehnt die Bildung einer chemischen Verbindung zwischen der Faser und dem Metalloxyd ab und faßt den Vorgang als Adsorption auf. Nach Silbermann[6] werden kolloide Metallhydroxyde in die Faser eingelagert; nach Ganswindt[7] bilden sich metallorganische Verbindungen zwischen der Fasersubstanz und der Beize; Witt[8] nahm die Bildung fester Lösungen an. Nach Heermann[9] werden sowohl die „metallorganische" als auch die Imprägnierungs- und Lösungstheorie den Tatsachen nicht gerecht. Heermann hat eine „ionetische" Beiztheorie entwickelt, wonach zunächst nach Maßgabe der Elektroaffinität der Fasern und der elektrolytischen Dissoziation der Beizen Ionen oder Ionenkomplexe der Beize mitsamt der Säure labil von der Faser gebunden werden; beim Waschprozeß wird dann die der Beize zugehörige Säure zum größten Teil entfernt und die Base waschecht fixiert. Die Untersuchungen von Elöd[10] ergaben in Bestätigung der Auffassung von Knecht, Gelmo und Suida usw., daß der Verlauf des Beizvorganges einer chemischen Reaktion und nicht einer reinen Adsorption entspricht. Mit steigender Temperatur nimmt die Geschwindigkeit der Aluminiumhydroxydabscheidung bzw. bei gleicher Zeitdauer die auf der Faser abgeschiedene Aluminiumhydroxydmenge zu, während bei reiner Adsorption eine geringere Aufnahme zu erwarten wäre. Bei Zimmertemperatur oder bei 50° kann man dieselbe Beizwirkung wie bei 100° erzielen, wenn nur die Einwirkungsdauer der Beizlösung entsprechend verlängert wird. Die in den Aluminiumsalzlösungen hydrolytisch abgespaltene Säure wirkt ähnlich auf die Wolle ein wie die reine Lösung der freien Säure entsprechender Konzentration, d.h. die Säure wird einerseits von der Wolle gebunden, während sie andererseits — ihrer Konzentration und Stärke entsprechend — eine hydrolytische Schädigung der Faser herbeiführt. Wegen dieser Möglichkeit der Faserschädigung durch heiße saure Chrombäder[11]

[1] Vgl. S. 198.
[2] J. Soc. chem. Ind. Bd. 13 (1894) S. 356; vgl. auch Gelmo und Suida: Mh. Chemie Bd. 26 (1905) S. 855; Bd. 27 (1906) S. 225.
[3] Knecht: Chem.-Ztg. Bd. 12 (1888) S. 1171. — Knecht und Appleyard: Ber. dtsch. chem. Ges. Bd. 22 (1889) S. 1120.
[4] Havrez: Moniteur Scient. Bd. 14 (1872) S. 598.
[5] von Georgievics: Mitt. techn. Gewerbemus., Wien 1894 S. 359.
[6] Silbermann: Z. Farben- u. Textilchem. Bd. 2 (1903) S. 138.
[7] Ganswindt: Theorie und Praxis der modernen Färberei, Teil II, S. 8ff. Leipzig 1903
[8] Witt: Lehnes Färber-Ztg. Bd. 2 (1890/91) S. 1.
[9] Heermann: Lehnes Färber-Ztg. Bd. 15 (1904) S. 165, 183, 197, 214.
[10] Elöd: Kolloid-Beih. Bd. 19 (1924) S. 298.
[11] Vgl. Knecht, Rawson und Loewenthal: Handbuch der Färberei der Spinnfasern,

betrachteten einige Autoren[1] die Küpenfärberei als der Echtfärberei mit Nachchromierungsfarbstoffen überlegen. Beim Beizen mit Aluminiumsulfatlösungen konnte ein die Aluminiumhydroxydabscheidung begleitender Abbau des Keratins von Elöd stets mit Sicherheit nachgewiesen werden. Da jedoch bei der Beizung mit leicht hydrolysierbaren Salzen schwächerer Säuren (Al-Formiat) die gleichen Farbnuancen erzielt werden können wie mit Aluminiumsulfat, ist für die Al-Beizung nur die Abscheidung von $Al(OH)_3$ in der Faser von grundsätzlicher Bedeutung, während der gleichzeitig eintretende Faserangriff nur eine unerwünschte Begleiterscheinung darstellt. Das $Al(OH)_3$, das der gebundenen und für den Abbau des Keratins verbrauchten Säure entspricht, lagert sich nach Elöd kolloid in der Wollsubstanz ab.

Die Wirkung der in der Praxis verwendeten Zusätze auf den Verlauf der Al-Beizung ist verschieden. Durch Zusatz von freien Mineralsäuren oder deren saurer Salze (Schwefelsäure, Bisulfat) wird die hydrolytische Spaltung des Al-Salzes zurückgedrängt, also die Abscheidung von $Al(OH)_3$ verzögert und dadurch bei gewissen Wollsorten eine gleichmäßigere Verteilung ermöglicht. Derselbe Effekt kann auch durch Zusatz von Neutralsalzen erzielt werden, wobei die schädliche Wirkung der überschüssigen starken Säure vermieden würde. Bei Zusatz der sauren Salze schwacher Säuren, wie Na-Biformiat, entsteht durch doppelte Umsetzung Na-Sulfat und freie Ameisensäure, der p_H der Lösung sinkt und die Hydrolyse des entstehenden Al-Salzes wird vergrößert, sofern nicht, wie beim Aluminiumtartrat, Komplexsalzbildung eintritt. Aluminiumtartrat kann — wenigstens intermediär — bei Zusatz von Weinstein entstehen. Bei Zimmertemperatur und bei 50° kommt das komplex an Weinstein gebundene $Al(OH)_3$ für die Beizung nicht mehr in Frage; bei 100° wird jedoch der beizungshindernde Einfluß des Weinsteins unerheblich, weil bei höheren Temperaturen die Wolle das $Al(OH)_3$ aus der komplexen Bindung in Freiheit zu setzen vermag[2].

Bei den sauren Wollfarbstoffen, die komplex gebundenes Metall enthalten, geben nach Ender (1937)[3] die Sulfogruppen mit den basischen Gruppen des Keratinmoleküls Salzbildung, während die der Sulfogruppe im Farbstoffmolekül als Kation gegenüberstehende Chromgruppe ihrerseits mit weiteren basischen Gruppen der Wolle unter Komplexsalzbildung reagiert, wobei diese basischen Gruppen ihren basischen Charakter, d. h. ihr Dissoziationsvermögen verlieren. Jedoch scheinen nicht sämtliche basische Gruppen der Wolle für eine derartige Komplexbildung mit Chrom geeignet zu sein. Nach Ender reagiert nur ungefähr der zehnte Teil dieser Gruppen. Über diesen Anteil hinaus zieht der Rest der noch vorhandenen chromierten Farbsäuren wie ein gewöhnlicher saurer Wollfarbstoff auf, d. h. die noch im Farbstoff vorhandenen freien Sulfogruppen, die nicht durch innermolekulare Komplexbildung mit Chrom beeinträchtigt sind, reagieren mit der Wolle unter Salzbildung. Farbstoffe, die keine freien Sulfogruppen mehr enthalten, sind daher über diesen Anteil von 1/10 der basischen Gruppen nicht mehr in der Lage, mit der Wolle weitere Salzbildung zu geben. Somit ist das Aufziehvermögen chromierter Monosulfosäuren sehr gering, während das Aufziehvermögen von Disulfosäuren annähernd demjenigen

3. Aufl. Bd. I Bln. (1921) S. 175. — Von Kapff: Lehnes Färber-Ztg. Bd. 19 (1908) S. 49, 69, 236; Bd. 20 (1909) S. 105; Bd. 21 (1910) S. 1. — Becke: Lehnes Färber-Ztg Bd. 23 (1912) S. 66; Bd. 30 (1919) S. 101, 116, 128; vgl. jedoch Kertesz: Lehnes Färber-Ztg. Bd. 19 (1908) S. 213, 249; Bd. 20 (1909) S. 137.

[1] Vgl. insbesondere Kapff: l. c.; vgl. auch Becke: Lehnes Färber-Ztg. Bd. 23 (1912) S. 66. — Krais und Schleber: Mschr. Textilind. Bd. 44 (1929) S. 165. — Schleber: Dissertation Dresden (1929). — Vgl. jedoch Kertesz: l. c. — Siehe auch S. 101, 104, 193.

[2] Elöd: l. c.

[3] Vgl. auch Ender und Müller: Melliand Textilber. Bd. 19 (1938) S. 65, 181, 272.

langsam ziehender gewöhnlicher saurer Farbstoffe entspricht. Mineralsäurezusatz erhöht die Geschwindigkeit des Aufziehens. Je niedriger der p_H, desto geringer ist die Komplexbildung. Die Verminderung der Komplexbildung bei nicht genügendem Säurezusatz schwächt die Woll-Farbsäureverbindung und damit auch die Echtheitseigenschaften.

Entgegen den Angaben früherer Autoren[1] besitzt nach Haller und vom Hove[2] Wolle gegenüber dem in der Chrombeizung viel verwendeten CrO_3 oder $K_2Cr_2O_7$ im Dunkeln keine ausgesprochene Reduktionswirkung. CrO_3 und $K_2Cr_2O_7$ werden aus ihren Lösungen zunächst als solche von der Wolle entsprechend parabelähnlichen Kurven adsorbiert, und zwar aus gleichprozentigen Lösungen in gleichen Zeiten viel mehr CrO_3 als $K_2Cr_2O_7$. Nach Iljinsky und Kodner[3] wird hierbei primär Chromsäure wie andere Säuren salzartig von der Wollfaser gebunden und aus diesem salzartigen Komplexe an Wasser nur sehr langsam wieder abgegeben. Die mit den Verbindungen des sechswertigen Chroms behandelte Wolle wird im Sonnenlicht an der Luft (lufttrockene Wolle) und in verdünnter Schwefelsäurelösungen rasch oxydiert, wobei zunächst dunkelbraunes Chromichromat und weiterhin Cr_2O_3 entsteht[2]. In Wasser wird dagegen die Wolle auch im Sonnenlicht nur langsam oxydiert. Im Dunkeln verläuft die Reduktion der sechswertigen Chromverbindung in Luft unendlich langsam, in Wasser ist erst nach vielen Wochen, in verdünnter Schwefelsäure innerhalb von acht Tagen eine Reduktion erkennbar. Bei der photochemischen Reaktion in Luft folgen Reduktionsverlauf, Festigkeits- und Dehnungsabnahme der Wolle parabelähnlichen Kurven.

Zusatz von Na_2SO_4 vermindert die Oxydation in Gegenwart von Schwefelsäure, wahrscheinlich infolge Herabsetzung der Chromsäurekonzentration auf der Faser durch größere Diffusion der Chromsäure in die Lösung. Wird Wolle mit 1proz. Chromsäurelösungen bei 60° unter Luftabschluß behandelt, so verläuft die Reduktion der Chromsäure und die Schädigung der Wolle bezüglich Reißfestigkeit und Dehnung annähernd parallel der vorher erfolgten Adsorption in Gestalt von parabelähnlichen Kurven; das aus den Lösungen isolierte tiefbraune Chromichromat zeigte beim Glühen keine Spur von organischem Stoff. Nach Gebhardt[3] färbt sich Wolle beim Kochen mit Kupfersulfatlösung grün. Gebhardt nimmt an, daß hierbei die Karboxylgruppe des Keratins in Reaktion tritt, weil nach Suida esterifizierte Wolle sich unter denselben Bedingungen nur schwach schmutzig oliv färbt.

Nach Haller[4] werden beim Einlegen der Wolle in Lösungen von $CuSO_4$, $Al_2(SO_4)_3$, $FeCl_3$, $K_2Cr_2O_7$ usw. die Metalloxyde von der Rindenschicht gebunden, während die Epidermis keine oder eine kaum feststellbare Färbung zeigt.

Vorbehandlung der Wolle mit Salzsäure oder mit Alkali verbessert das Aufziehen der Beizenfarbstoffe, wie auch der Beizen selbst. Dies beruht wahrscheinlich darauf, daß durch die Vorbehandlung mit HCl — infolge Absättigung basischer Gruppen — der saure Charakter der Wolle verstärkt wird, so daß sie dem Cr_2O_3 mehr Gelegenheit zur Bindung bietet; bei Vorbehandlung mit Alkali bewirkt das von der Wolle aufgenommene Alkali eine Fällung von Cr_2O_3[5]. Vorbehandlung der Wolle mit alkoholischer oder wäßriger Schwefelsäure bedingt nach Suida[6] bei

---

[1] Vgl. z. B. Knecht, Rawson und Loewenthal: Handbuch der Färberei der Spinnfasern, 3. Aufl. Bd. 1. Berlin 1921, S. 538 u. 551.

[2] Haller und vom Hove: Helv. chim. Acta Bd. 15 (1932) S. 357.

[3] J. Russ.-phys.-chem. Ges. Bd. 50 (1928) S. 193; Chem. Zbl. Bd. I (1928) S. 2472. Vgl. auch Iljinski, Kodner und Nasaretow: Russ. Pat. 23 344 (1928). — Gebhardt: Z. angew. Chem. Bd. 27 (1914) S. 297.

[4] Haller: Helv. chim. Acta Bd. 19 (1936) S. 15.

[5] Lottermoser und Ettl: Melliand Textilber. Bd. 11 (1930) S. 709.

[6] Suida: Z. Farbenindustr. Bd. 6 (1907) S. 41.

Al-Beizenfärbung (z. B. Alizarinrot S) eine Erhöhung, bei Fe-Beizenfärbung eine Schwächung des Effektes, bei Cr-Beizenfärbungen keine Veränderungen.

Zusatz von Neutralsalzen (Na_2SO_4, NaCl u. a.) wirkt auf die Fixierung der betreffenden Oxyde während des Dämpfens bei Aluminiumbeizen günstig, bei Chrombeizen ungünstig; dies hängt nach Sazanoff und Svetliakoff[1] mit der verschiedenen Hydrolysierbarkeit des Aluminium- und Chromazetats zusammen.

Die Veränderung der färberischen Eigenschaften der Wolle. Die Veränderung der färberischen Eigenschaften der Wolle durch verschiedene Behandlungen ist sehr häufig untersucht worden, sowohl im Hinblick auf die Theorie der Wollfärbung, als auch aus praktischen Gründen, zur Erleichterung der Farbstoffaufnahme beim Wolldruck, zur Erzielung von Effekten u. a.[2] Die zahlreichen Angaben der Literatur über Veränderungen der färberischen Eigenschaften der Wolle durch verschiedene Behandlungen gründen sich zum großen Teil auf Versuche, bei denen der Zeitfaktor nicht berücksichtigt wurde, die also keine Entscheidung darüber zulassen, ob die Farbstoffaufnahmefähigkeit oder nur die Farbstoffaufnahmegeschwindigkeit der Wolle durch die betreffende Behandlung verändert worden ist. So wird z. B. durch Chlorierung entgegen den Angaben anderer Autoren nach Elöd nur die Aufnahmegeschwindigkeit von Säurefarbstoffen, nicht die im Gleichgewicht gebundene Farbstoffmenge erhöht. Ähnlich dürfte es sich mit anderen Behandlungen verhalten, die eine Faserquellung, eine Lockerung oder Zerstörung der Schuppenschicht, oder eine Entfernung der „Kittsubstanz" herbeiführen und dadurch den Zutritt der Farbstoffmoleküle zur Faser erleichtern. Schon durch Kochen mit Wasser oder durch Trocknen bei höheren Temperaturen wird das färberische Verhalten der Wolle infolge physikalischer oder auch beginnender chemischer Veränderungen des Wollhaares verändert. Eine tatsächliche Erhöhung oder Herabsetzung der Farbstoff-Aufnahmefähigkeit wird durch solche chemische Umwandlungen der Wolle erzielt, bei denen die für die Farbstoffbindung maßgebenden basischen oder sauren Gruppen des Keratinmoleküls abgespalten, substituiert oder allgemein derart abgesättigt werden, daß sie unter den Bedingungen des Färbevorganges mit den Farbstoffmolekülen nicht mehr reagieren können.

Durch Behandlung der Wolle mit wäßrigen oder alkoholischen Schwefelsäurelösungen wird nach Gelmo und Suida[3] das Anfärbevermögen für basische Farbstoffe stark herabgesetzt, das Anfärbevermögen für Säurefarbstoffe in neutraler Lösung wesentlich erhöht. Gelmo und Suida nehmen an, daß die Schwefelsäure basische Bestandteile der Faser neutralisiert, so daß beim Färben mit basischen Farbstoffen die Säure dieser Farbstoffe keine Absättigungsmöglichkeiten mehr besitzt; das Anfärben mit sauren Farbstoffen auf den mit Schwefelsäure behandelten und gründlich ausgewaschenen Wollen ist nach Gelmo und Suida am einfachsten auf doppelte Umsetzung, d. h. auf die Reaktion:

$$\text{Wollsulfat} + \text{Na-Salz der Farbsäure} = \text{Wollfarbsalz} + Na_2SO_4$$

zurückzuführen. Die Sättigungsgrenze der Farbstoffaufnahme wird durch Schwefelsäurebehandlung nicht verändert[4]. Die Art des Auswaschens der Schwefelsäure ist auf das Färbevermögen der behandelten Wolle von Einfluß[5]. Durch Behandlung mit starker Schwefelsäure wird das Abfärbevermögen der Wolle für Säure-

---

[1] Rev. gén. Mat. Col. Bd. 32 (1928) S. 312. [2] Vgl. auch S. 212ff.

[3] Gelmo und Suida: Mh. Chemie Bd. 26 (1905) S. 855; vgl. auch Knecht: J. Soc. Dyers Col. Bd. 20 (1904) S. 238.

[4] Vgl. auch Porai-Koschitz: J. prakt. Chem. Bd. 245 1933) S. 201.

[5] Gelmo und Suida: l. c. 3; vgl. auch Becke und Beil: DRP. 168 026 1902).

farbstoffe stark herabgesetzt[1]. Gebhardt[2] nahm an, daß hier eine innere Kondensation zwischen der Amino- und Karbonylgruppe der Wolle eintritt. Nach Smith und Harris[3] findet dagegen eine irreversible Umwandlung von Aminogruppen in Sulfam-Derivate:

$$RNH_2 + H_2SO_4 \rightarrow RNHSO_3 \cdot H + H_2O$$

statt, wodurch nicht nur die basischen Eigenschaften herabgesetzt, sondern gleichzeitig die sauren Eigenschaften verstärkt. d h. die Affinität für basische Farbstoffe erhöht wird. — Mit verdünnter Salzsäure behandelte Wolle färbt sich mit einer neutralen Lösung von Krystallponceau besser, mit einer neutralen Lösung von Krystallviolett schlechter an als die ursprüngliche Wolle[4]. Mit alkoholischer Salzsäure behandelte Wolle wird von basischen Farbstoffen sehr schlecht, von sauren sehr intensiv gefärbt[5].

Durch Behandlung der Wolle mit kalter, starker Natronlauge oder Kalilauge wird die Farbstoffaufnahme der Wolle erhöht[6]. Die Steigerung ist für verschiedene Farbstoffe verschieden, nach Washburn[7] am größten für Indigo, am geringsten für basische Farbstoffe. Bei den Beizenfarbstoffen wird sowohl Beize als auch Farbstoff leichter angezogen[8]. Schneider[9] sieht die Ursache der gesteigerten ,,Affinität''[10] für Beizen und Farbstoffe in der Entfernung bzw. Umwandlung des Wollschwefels durch das Alkali; nach Knecht[11] entstehen vielleicht durch die Alkalibehandlung Abbauprodukte, die zwar noch wasserunlöslich aber reaktionsfähiger gegen Farbstoffe sind. Kertesz[12] benutzte starke Natronlauge zur Herstellung farbiger Effekte im Wolldruck. Über den Einfluß einer Vorbehandlung mit alkoholischen Kali vgl. Gelmo und Suida[13]. — Mit verdünntem Ammoniak oder verdünnten Sodalösungen vorbehandelte Wolle ist hinsichtlich der Färbung mit neutralen Lösungen von Krystallviolett oder Krystallponceau der ursprünglichen Wolle gleichwertig[14]. — Behandlung mit kalter Kalkmilch erhöht die Aufnahmefähigkeit der Wolle gegenüber den üblichen Farbstoffen[15].

Auch durch Einwirkung mancher Salzlösungen wird das färberische Verhalten der Wolle verändert. Durch Behandlung mit K-Oxalatlösungen oder kalten K-Rhodanidlösungen wird das Anfärbevermögen der Wolle für basische und saure Farbstoffe nicht verändert[16], durch Behandlung mit kochenden K-Rhodanidlösungen wird die Aufnahme von Säurefarbstoffen merklich erhöht.

---

[1] Badische Anilin- und Sodafabrik: DRP. 142 115 1902). — Becke und Beil: DRP. 168 026 (1902); 168 113 (1903).
[2] Gebhardt: Z. angew. Chem. Bd. 27 1914) S. 297.
[3] Smith und Harris: Amer. Dyestuff Rep. Bd. 26 (1937) 416 P.
[4] Gelmo und Suida: Mh. Chemie Bd. 27 (1906) S. 225.
[5] Gelmo und Suida: Sitzungsber. Wiener Akademie, mathemat.-naturwiss. Klasse Bd. 114 Abt. IIb (1906) S. 997.
[6] Buntrock: Lehnes Färber-Ztg. Bd. 9 (1898) S. 69. — Prudhomme: Bull. Soc. Ind. Mulhouse Bd. 68 (1898) S. 202. — Schneider: Engl. Pat. 6152 (1907); J. Soc. Dyers Col. Bd. 25 (1909) S. 227. — Lottermoser und Ettl: Melliand Textilber. Bd. 11 (1930) S. 709. — Vgl. auch S. 213.
[7] Washburn: J. Soc. Dyers Col. Bd. 17 (1901) S. 261.
[8] Matthews: J. Soc. Dyers Col. Bd. 18 (1902) S. 207.
[9] Schneider: J. Soc. Dyers Col. Bd. 25 (1909) S. 227.
[10] Vgl. dazu die Bemerkungen auf S. 212.
[11] Knecht: J. Soc. Dyers Col. Bd. 14 (1898) S. 98.
[12] Lehnes Färber-Ztg. Bd. 9 (1898) S. 35. — Vgl. auch Giesler: Franz. Pat. 321 371 (1902). — Bucher: Engl. Pat. 28 174 (1902).
[13] Gelmo und Suida: Mh. Chemie Bd. 26 (1905) S. 855; Sitzungsber. Akademie der Wiss., Wien Bd. 114 Abt. IIb, Mai (1905); Lehnes Färber-Ztg. Bd. 16 (1905) S. 295, 314. — Suida: Z. Farbenindustr. Bd. 6 (1907) S. 41.
[14] Gelmo und Suida: Mh. Chemie Bd. 27 (1906) S. 225.
[15] Chevreul-Guignet und David: Compt. rend. Bd. 128 (1899) S. 686.
[16] Lottermoser und Ettl: l. c. 6.

— Wird Wolle mit einer Na-Metawolframat-[1] oder Phosphorwolframsäurelösung[2] behandelt, so färbt sie sich mit Säurefarbstoffen nur noch ganz schwach, mit basischen Farbstoffen intensiv an. Metawolframsäure und Phosphorwolframsäure bilden nämlich wie Farbsäuren mit der Wolle schwerlösliche Salze und werden daher nicht wie die gewöhnlichen farblosen anorganischen Säuren durch die Farbsäuren aus ihrer Bindung mit der Wolle verdrängt. Basische Farbstoffe werden dagegen leichter aufgenommen, weil durch die Absättigung basischer Gruppen des Keratinmoleküls der saure Charakter der Wolle verstärkt ist. — Beizen der Wolle mit Aluminiumazetat, -tartrat oder -sulfat erniedrigt die Aufnahme basischer Farbstoffe[3]. Nach Lottermoser und Ettl[4] beruht dies wahrscheinlich nicht auf der Absättigung basischer Gruppen des Keratinmoleküls, sondern allein auf der Gegenwart von $Al(OH)_3$, da sich Baumwolle in bezug auf die Aluminiumsalzwirkung ganz ähnlich verhält. Wird jedoch die mit Al-Sulfat gebeizte Wolle vor dem Färben mit Ammonkarbonatlösung behandelt und gut ausgewaschen, so färben in neutraler Flotte die basischen Farbstoffe intensiv, die sauren schlecht. Da Essigsäure von Wolle nicht waschfest gebunden wird, ergibt das Beizen mit Al-Azetat nach dem Waschen mit Wasser eine Wolle, die in neutraler Flotte sowohl von basischen als auch von sauren Farbstoffen schlecht angefärbt wird. Al-Tartrat steht in seiner Wirkung zwischen dem Sulfat und Azetat[3].

Die Veränderungen des färberischen Verhaltens der Wolle durch Chloren sind schon frühzeitig erkannt und technisch verwertet worden. Gechlorte Wolle färbt sich mit Farbstoffen rascher als die unbehandelte Wolle[5]. Die Erhöhung der Farbstoffaufnahmegeschwindigkeit beruht wahrscheinlich darauf, daß durch mehr oder minder weitgehende Zerstörung der Schuppenschicht das Faserinnere den Farbstoffmolekülen leichter zugänglich wird; auch die leichtere Netzbarkeit der gechlorten Wolle dürfte dabei eine Rolle spielen. Die Unterschiede zwischen der Quellbarkeit der gechlorten und der ursprünglichen Wolle sind nach Rey[6] nicht groß genug, um die Unterschiede der Färbbarkeit erklären zu können. Die im üblichen heißen Säurebade im Gleichgewichte aufgenommene Menge von Säurefarbstoffen ist für gechlorte und ungechlorte Wolle nicht merklich verschieden[7]; das Verhältnis der durch gechlorte und ungechlorte Wolle im schwefelsauren Bade aufgenommenen Farbstoffmenge (Indigocarmin) nimmt mit steigender Temperatur und steigender Färbedauer ab[8]. Im heißen neutralen Bade ist dagegen nach Trotman, Bell und Saunders[7] die aufgenommene Menge basischer (Methylenblau) und direkter (Chrysophenin) Farbstoffe bei gechlorter Wolle erheblich größer als bei der ursprünglichen Wolle. Die tiefere Anfärbung mit Beizenfarbstoffen beruht nicht auf einer erhöhten Aufnahme der Beize[9]. Gechlorte Wolle nimmt im Gegensatz zur unbehandelten Wolle saure, basische,

---

[1] Schoen: Bull. Soc. Ind. Mulhouse Bd. 62 (1892) S. 122.

[2] Suida: Z. angew. Chem. Bd. 22 (1909) S. 2131; vgl. auch Gebhardt: Z. angew. Chem. Bd. 27 (1914) S. 297.

[3] Suida: Z. Farbenindustr. Bd. 6 (1907) S. 41. — Gelmo und Suida: Mh. Chem. Bd. 26 (1905) S. 855; Sitzungsber. Wiener Akademie Bd. 114 Abt. IIb Mai (1905); Lehnes Färber-Ztg. Bd. 16 (1905) S. 295, 314.

[4] Lottermoser und Ettl: Melliand. Textilber. Bd. 11 (1930) S. 709.

[5] Mercer, Knecht und Milnes: J. Soc. chem. Ind. Bd. 11 (1892) S. 131. — Prudhomme: Bull. Soc. Ind. Mulhouse Bd. 68 (1898) S. 202. — Vignon und Mollard: Rev. gén. Mat. Col. Bd. 10 (1906) S. 226. — Trotman: J. Soc. chem. Ind. Bd. 41 (1922) 219. T. — Vgl. auch Höchster Farbwerke: Franz. Pat. 267 004. — Vgl. auch S. 212.

[6] Rey: J. Int. Soc. Leather Trades Chem. Bd. 11 (1927) S. 508.

[7] Elöd: l. c. — Trotman, Bell und Saunders: J. Soc. chem. Ind. Bd. 53 (1934) 267. T. — Smith und Harris: Amer. Dyestuff Rep. Bd. 26 (1937) S. 416.

[8] Trotman und Bell: J. Soc. chem. Ind. Bd. 54 (1935) 29. T.

[9] Trotman, Bell und Saunders: l. c. 7.

Beizen- und Küpenfarbstoffe schon bei gewöhnlicher Temperatur in beträchtlichem Umfange auf. Manche Farbstoffe, z.B. neutralziehende Säurefarbstoffe oder Neolanblau und Neolanviolett im kalten, säurehaltigen Bade, färben gechlorte Wolle bei gewöhnlicher Temperatur rasch an, während ungechlorte Wolle weiß bleibt; dies Verhalten könnte zur Erzeugung von Zweifarbeneffekten benutzt werden[1]. Die Anfärbung gechlorter Wolle mit Säurefarbstoffen, wie Kitonrot G, im kalten sauren Bade kann ferner zur Bestimmung des Grades der Chlorschädigung dienen[2]. Gechlorte Wolle nimmt basische Farbstoffe, wie Malachitgrün oder Methylenblau, aus kaltem angesäuerten Bade auf. Da jedoch die aufgenommene Farbstoffmenge mit zunehmender Chlorierung durch ein Maximum geht, ist die Anfärbung mit basischen Farbstoffen unter diesen Bedingungen zur Bestimmung des Chlorierungs- bzw. Schädigungsgrades nicht geeignet[1]. — Die Affinität bromierter Wolle für Säure-, direkte und Beizenfarbstoffe liegt derjenigen unbehandelter Wolle nahe und ist wesentlich verschieden von derjenigen gechlorter Wolle, die Affinität für basische Farbstoffe ist praktisch dieselbe wie für chlorierte Wolle[3].

Durch Desaminierung der Wolle mittels salpetriger Säure wird die Affinität der Wolle für saure Farbstoffe erheblich herabgesetzt[4]. Gegenteilige Behauptungen von Benz und Farrell[5], Paddon[6] und Trotman[7] beruhen auf unvollständiger Desaminierung. Daß die Affinität der Wolle für Säurefarbstoffe auch bei vollständiger Desaminierung nicht ganz verschwindet, ist vielleicht damit zu erklären, daß sich die Wolle mit Säure nicht nur durch einfache Aminogruppen verbindet. So kann wahrscheinlich, wenn die —NH—-Gruppe des Histidins eine Nitrosoverbindung bildet, dann der tertiäre Stickstoff basische Eigenschaften annehmen; ferner besteht die Möglichkeit, daß nach vollständiger Entfernung der Aminogruppe der Guanidingruppe des Arginins die Iminogruppe basische Eigenschaften annimmt[8]. Die Affinität der Wolle für basische Farbstoffe (Methylenblau) wird dagegen durch die Desaminierung, d.h. durch die Schwächung des basischen Charakters der Wolle erhöht[9].

Auch durch Einwirkung von Essigsäureanhydrid wird die Aufnahmefähigkeit der Wolle für saure Farbstoffe vermindert. Arbeitet man wie Gebhardt[8], der diesen Effekt zuerst beobachtete, in Abwesenheit von Katalysatoren, so erhält man bei mäßiger Einwirkung eine äußerlich unveränderte Wolle, deren Affinität zu Säurefarbstoffen nur in einem für technische Zwecke ungenügendem Maße herabgesetzt ist; wirkt Essigsäureanhydrid längere Zeit bei höherer Temperatur auf die Wolle ein, so wird diese braun gefärbt, und die Reservierungsfähigkeit wird bedeutend erhöht, ohne daß es jedoch gelingt, einen reinen Effekt zu erzielen; ferner stört die braune Färbung der so erhaltenen Wolle. Läßt man dagegen Essigsäureanhydrid in Gegenwart von etwas konz. Schwefelsäure auf die Wolle einwirken, so gelingt es nach Münz und Haynn[10], bei Einhaltung bestimmter Bedingungen der Temperatur, Einwirkungsdauer und Schwefelsäurekonzentration die reservierende Wirkung des Essigsäureanhydrids

[1] Trotman, Bell und Saunders: l. c.
[2] Vgl. S. 132. [3] Trotman und Bell: l. c. 8, S. 96.
[4] Speakman: J. Soc. Dyers Col. Bd. 50 (1934) S. 341; vgl. auch J. Soc. Dyers Col. Bd. 49 (1933) S. 180. — Vgl. auch Smith und Harris: l. c. 7, S. 96.
[5] Benz und Farrell: J. Soc. chem. Ind. Bd. 16 (1897) S. 406.
[6] Paddon: J. physic. Chem. Bd. 26 (1922) 384.
[7] Trotman: J. Soc. Dyers Col. Bd. 40 (1924) Bd. 77.
[8] Speakman: J. Soc. Dyers Col. Bd. 50 (1934) S. 341; vgl. dazu auch Gebhardt: Z. angew. Chem. Bd. 27 (1914) S. 297.
[9] Trotman: J. Soc. Dyers Col. Bd. 40 (1924) S. 77; vgl. dazu Speakman: J. Soc. Dyers Col. Bd. 41 (1925) S. 172.
[10] Münz und Haynn: Chem.-Ztg. Bd. 46 (1922) S. 945.

so weit zu steigern, daß sich die Wolle bei passender Wahl der Farbstoffe und Färbemethoden überhaupt nicht anfärbt, ohne daß ihr Aussehen, sowie auch ihre physikalischen Eigenschaften eine Änderung erfahren (nur ihre Walkfähigkeit wird etwas erhöht[1]). Was den Mechanismus der Reaktion anbelangt, so nahm Gebhardt an, daß zunächst eine Azetylierung der Wolle an der Aminogruppe stattfindet und bei weiterer Einwirkung des Essigsäureanhydrids eine innere Kondensation unter Wasserabspaltung erfolgt, erkenntlich an der Braunfärbung der Wolle. Für die Annahme einer Kondensation spricht nach Münz und Haynn auch die Tatsache, daß sich die aufgenommene Essigsäure durch Behandlung mit 50proz. Schwefelsäure nicht wieder abspalten läßt. Andere „starke" Säuren, wie HCl, H_3PO_4, organische Sulfosäuren, wirken lange nicht in dem Maße katalytisch wie Schwefelsäure. Wahrscheinlich ist also die Schwefelsäure nicht als bloßer Katalysator aufzufassen, sondern nimmt selbst an der Reaktion teil. Nach König und Demisch[2] tritt die Schwefelsäure neben Azetylresten in die Aminogruppen des Keratinmoleküls unter Säureamidbildung ein. Die aufgenommene Menge Säure beträgt pro 100 g Wolle etwa 0,08 Grammäquivalente, entsprechend der von K. H. Meyer gefundenen Menge für die Wollsalzbildung (vgl. S. 42). Nach König und Demisch ist Azetylschwefelsäure als das wirksame Agenz im Reservierungsgemisch zu betrachten, und die Reaktion geht wahrscheinlich nach folgenden Gleichungen vor sich:

$$R{-}\overset{H}{\overset{|}{N}}{-}H + HO{-}SO_2{-}O{-}\overset{O}{\overset{\|}{C}}{-}CH_3 \rightarrow R{-}\overset{H}{\overset{|}{N}}{-}SO_2{-}O{-}\overset{O}{\overset{\|}{C}}{-}CH_3 + H_2O \qquad (I)$$

$$R{-}\overset{H}{\overset{|}{N}}{-}SO_2{-}O{-}\overset{O}{\overset{\|}{C}}{-}CH_3 \begin{cases} \nearrow R{-}\overset{H}{\overset{|}{N}}{-}\overset{O}{\overset{\|}{C}}{-}CH_2{-}SO_3H \\ \searrow R{-}\overset{H}{\overset{|}{N}}{-}SO_2{-}CH_2{-}\overset{O}{\overset{\|}{C}}{-}OH \end{cases} \qquad (II)$$

Daß die Schwefelsäure eine wichtigere Rolle als die Essigsäure in dem Prozeß spielt, wird dadurch bestätigt, daß es König und Demisch gelang, auch durch Behandlung der Wolle mit Chlorsulfonsäure oder mit Pyridiniumschwefelsäure einen sehr guten Reservierungseffekt zu erzielen, der also nur auf der Bildung von

$$R{-}\overset{H}{\overset{|}{N}}{-}SO_3H$$

beruhen kann. — Auch bei Zusatz der Kondensationsprodukte aromatischer Sulfonsäuren mit Aldehyden wird durch Essigsäureanhydrideinwirkung eine gute Reservierung erzielt; es handelt sich jedoch hier nach Münz und Haynn wahrscheinlich um eine Kombination der mechanischen und chemischen Reservierung, da diese Kondensationsprodukte auch in wäßriger Lösung eine reservierende Wirkung auf die Wolle auszuüben vermögen.

Die Eigenschaft der mit Essigsäureanhydrid-Schwefelsäure reservierten Wolle, Säurefarbstoffe schwach oder gar nicht mehr aufzunehmen, ist allein durch die Zunahme des sauren Charakters des Keratinmoleküls infolge der Sulfonierung bedingt[3].

Durch Veresterung der Karboxylgruppen mit Azetylchlorid verliert nach Suida[4] die Wolle die Fähigkeit, sich mit basischen Farbstoffen (Fuchsin,

---

[1] Über die technische Durchführung der Reservierung nach diesem Verfahren vgl. S. 215.
[2] König und Demisch: Diplomarbeit. Dresden 1933.
[3] Vgl. Wei: Dissertation. Dresden 1935.
[4] Suida: Sitzungsber. Akad. Wiss. Wien Bd. 114 Abt. IIb (1905) S. 43; Mh. Chem. Bd. 26

Krystallviolett) im neutralen Bade anzufärben; mit Säurefarbstoffen (Azofuchsin) tritt im Gegensatz zur unbehandelten Wolle im neutralen Bade kräftige Anfärbung ein.

Durch Behandlung der Wolle bei 80° mit salzsaurem Hydroxylamin und Bariumkarbonat wird nach Gebhardt[1] das Färbevermögen gegenüber sauren Farbstoffen herabgesetzt, dasjenige gegenüber basischen Farbstoffen nicht geändert oder erhöht. Durch Komplexsalzbildung kann entweder das Färbevermögen des sauren Farbstoffes noch mehr abgeschwächt oder die Affinität zu basischen Farbstoffen vernichtet werden, je nachdem die innere Komplexsalzbildung zwischen Amidogruppe und $>C=NOH$ oder zwischen Karboxylgruppe und $>C=NOH$ stattfindet. Ein Beispiel für den ersten Fall bietet Hydroxylamin-Phosphorwolframsäure, für den zweiten Hydroxylamin-Aluminiumazetat.

Durch Behandlung der Wolle mit Brenztraubensäure oder Harnstoff, beide in Gegenwart von Chlorzink, wird das Anfärbevermögen für Säurefarbstoffe vernichtet. Gebhardt[1] nimmt an, daß hierbei infolge Ringschlusses durch Kondensation nach den Formeln

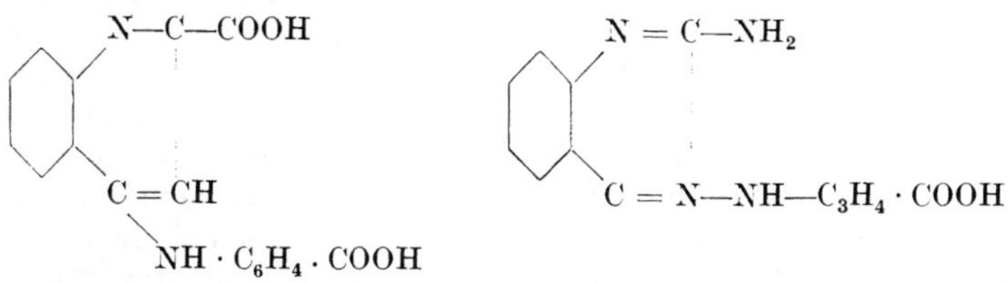

die Amino- und Karbonylgruppen der Wolle, auf denen die Aufnahme von Säurefarbstoffen beruht, unwirksam gemacht werden. Innere Komplexsalzbildung durch eine Additionsreaktion gelang Gebhardt mittels Methylendisalizylsäure.

Behandlung der Wolle mit Äthylenoxyd oder verwandten Körpern erhöht die Anfärbbarkeit mit sauren Farbstoffen[2].

Bei der bekannten Reserve der Wolle durch Tannin-Zinnsalz lagert sich nach Gebhardt[1] das Tannin an die NH_2-Gruppe, das Zinnchlorür an die Karbonylgruppe an. Diese Auffassung läßt sich durch Ersatz des Tannins durch Phosphorwolframsäure beweisen. Die Phosphorwolframsäure-Zinnchlorürreserve liefert ebenfalls sehr gute Resultate.

12. Veränderung der Wolle durch Hitze.

Trockene oder anfänglich befeuchtete Wolle zersetzt sich bei vollständiger Abwesenheit von Alkalien beim Erhitzen in einem trockenen Luftstrom auf 100° nicht merklich; feuchte Wolle scheint dagegen, auch wenn sie neutral ist, durch Erhitzen auf 100° unter Erhaltung der Feuchtigkeit merklich angegriffen zu werden. Schwach alkalische Wolle, wie sie die gewöhnlichen Reinigungsmethoden liefern, wird bei derselben Hitzebehandlung unter Entwicklung von Ammoniak teilweise hydrolysiert, besonders wenn sie feucht ist[3]. Nach Stirm und Rouette[4] nimmt beim Erhitzen auf über 100° die Abspaltung von NH_3 und H_2S aus Wolle rasch zu; mit Alkali behandelte Wolle entwickelt mehr NH_3 als mit Säure behandelte. Erhitzte Wolle fluoresziert im ultravioletten Licht gelbgrün. Die bleibende Volumenveränderung der Wollfaser bei Behandlungen, die 100° nicht überschreiten, besteht in einer Volumenzunahme. Wird die Temperatur von 100°

1905) S. 413; ausführliches Referat Lehnes Färber-Ztg. Bd. 16 (1905) S. 105, 124, 140; vgl. auch Gebhardt: Z. angew. Chem. Bd. 27 (1914) S. 297.

[1] Gebhardt: Z. angew. Chem. Bd. 27 (1914) S. 297.

[2] Aceta: Franz. Pat. 794 750. [3] Raynes: J. Textile Inst. Bd. 18 (1927) 46. T.

[4] Stirm und Rouette: Melliand Textilber. Bd. 16 (1935) S. 4.

jedoch während längerer Zeit überschritten, so verliert die Faser mehr und mehr die Fähigkeit der Wasseraufnahme, was in einer dauernden Schrumpfung nach der Abkühlung zum Ausdruck kommt. Dauernde Längenveränderungen durch Wärmewirkung treten auf, wenn die Faser während des Prozesses durch Zug belastet wird.

Wolle brennt langsam mit demselben Geruch wie Menschenhaar und gibt eine zusammengesinterte Asche, die fast immer kohlige Anteile enthält.

13. Veränderung der Wolle durch Licht.

Schon Löbner[1] hat in einem seiner Werke erwähnt, daß Wolle am Licht eine Veränderung erfährt, die mit Hilfe des färberischen Verhaltens der Faser kenntlich gemacht werden kann. Die durch das Licht hervorgerufenen physikalischen und chemischen Veränderungen der Wolle, sei es in Form loser Fasern oder in Form von Garnen oder Geweben, sind dann in neuerer Zeit, besonders im Anschluß an die Arbeiten von Kertess, von verschiedenen Autoren untersucht worden. Durch Vergleich der Veränderungen, die Wolle einerseits bei Bestrahlung mit Sonnenlicht oder Quarzquecksilberlicht, andererseits durch Einwirkung von Ozon erfährt, hatte schon Kertess[2] gezeigt, daß es sich bei dem praktisch interessantesten Fall, der Schädigung der Wolle durch Sonnenlicht in freier Atmosphäre, tatsächlich um einen photochemischen Vorgang handelt und nicht um einen chemischen Angriff durch das primär photochemisch gebildete Ozon. Wirksam sind vorzugsweise die kurzwelligen Strahlen ($\lambda = 2000$—3500 Å), die durch gewöhnliches Glas nicht durchgelassen werden. Bestrahlung mit künstlichen, an ultravioletten Strahlen reichen Lichtquellen, wie Quarzquecksilberlicht, ruft daher viel raschere Veränderungen der Wolle hervor als Einwirkung von Sonnenlicht, das in unseren Breiten im Flachlande an den wirksamen Wellenlängen relativ arm ist[3]. Bei Geweben erstrecken sich die durch das Licht hervorgerufenen physikalischen und chemischen Veränderungen wegen der geringen Tiefenwirkung der Strahlung vor allem auf die Oberflächenschichten.

Wolle ist weniger lichtempfindlich als Zellulosefasern und Seidenfibroin[4].

Gegenwart von Säuren verstärkt die Sonnenwirkung auf Wolle, Gegenwart von Alkali vermindert sie[5]. Schon geringe Mengen Schwefelsäure, die nach dem Karbonisieren oder Färben in der Wolle verbleiben, sind nach Kertess[6] für die Haltbarkeit von Wolltuchen bei Bewitterung verhängnisvoll, während organische Säuren viel weniger gefährlich sind.

Durch die Einwirkung des Lichtes wird die Schuppenschicht der Wollfaser allmählich zerstört[7]. Belichtete Wolle gibt daher die von Allwördensche Reaktion nicht mehr, zeigt aber eine intensive Färbung mit dem Paulyschen Reagens[8]. Festigkeit und Dehnung nehmen bei Belichtung ab, die

---

[1] Löbner: Flecken in Wollenwaren, Grünberg i. Schl., 1889, S. 132.

[2] Kertess: Lehnes Färber-Ztg. Bd. 30 (1919) S. 137. Z. angew. Chem. Bd. 32 (1919) S. 168. Text. Forsch. Bd. 1 (1919) S. 63.

[3] Vgl. Heermann: Chem.-Ztg. Bd. 48 (1924) S. 337, 813; Leipzig. Mschr. Textil-Ind. Bd. 39 (1924) S. 313.

[4] Waentig: Textile Forschg. Bd. 3 (1921) S. 15; Melliand Textilber. Bd. 4 (1923) S. 586.

[5] Zänker und Meerkötter: Dtsch. Färber-Ztg. Bd. 61 Nr. 28 und 30 (1925). — Von Bergen: Melliand Textilber. Bd. 7 (1926) S. 451. — King: J. Soc. Dyers Col. Bd. 44 (1928) S. 233. — Smith und Harris: Bur. Stand. J. Res. Bd. 17 (1936) S. 97; Amer. Dyestuff Rep. Bd. 25 (1936) 383. P.

[6] Kertess: l. c.; vgl. dazu jedoch Fort: J. Soc. Dyers Col. Bd. 35 (1919) S. 280; vgl. auch Ryberg: Amer. Dyestuff Rep. Bd. 23 (1934) S. 230.

[7] Von Bergen: Dtsch. Wollengewerbe Bd. 58 (1926) S. 705; Melliand Textilber. Bd. 6 (1925) S. 745. — Tänzer: Melliand Textilber. Bd. 14 (1933) S. 281, 329, 380. — Barritt und King: J. Textile Inst. Bd. 20 (1929) 151. T.

[8] Barritt und King: l. c. 7.

Faser wird spröde[1]. Nach den von Tänzer im Hochgebirgsklima und in Mitteldeutschland (Halle) an einzelnen Wollhaaren durchgeführten umfangreichen Untersuchungen wirkt sich die Belichtung in dem Dehnungsverlauf in einem höheren prozentigen Anteil an der Belastungsfähigkeit der Elastizitätsgrenze, sowie des Beginns der Enddehnung aus. Da die Festigkeitsabnahme bei Bewitterung der Zeit nicht proportional ist, schlagen Heermann und Sommer[2] vor, diejenige Zeit als Maßstab der Lichtempfindlichkeit festzulegen, welche die Wolle zur Weiterverwendung praktisch unbrauchbar macht. Über den Umfang, in dem die photochemische Schädigung der Festigkeitseigenschaften der Wollfaser, insbesondere das Sprödewerden, an der Tragfähigkeit von Militärtuchen beteiligt sind, bestanden erhebliche Meinungsverschiedenheiten. Während Kertess[3] die Lichteinwirkung für den Wollschwund, d.h. für das Mürbewerden und Zerfallen der feinen Wollhaare unter Hervortreten der Bindungen, verantwortlich macht, beruht die Erscheinung nach von Kapff[4] in erster Linie auf mechanischer Beanspruchung durch Abscheuern; nach von Kapff ist diejenige Wolle am haltbarsten, die bei der Verarbeitung am wenigsten geschädigt worden ist[5].

Weiße Wolle wird bei fortdauernder Belichtung gelblich, naturbraune Wolle wird gebleicht[6]. Nach Castiglioni[7] beruht das Gelbwerden auf der Wirkung der im Licht durch Oxydation des Schwefels in der Wolle gebildeten Schwefelsäure auf die Wollcholesterine; entfettete Wolle wird eher grau als braun. — Die Stärke der Doppelbrechung und der mittlere Gangunterschied gehen bei der Belichtung zurück[8]; die ziemlich intensive weißviolette Fluorescenz der unbelichteten Wolle nimmt ab und macht einem stumpfen Grau Platz[9].

Belichtete Wolle zeigt gegenüber der unbelichteten ein gesteigertes Netzvermögen[10].

Die chemischen Veränderungen der Wolle im Licht bestehen in einer teilweisen Hydrolyse des Keratinmoleküls und in einer Oxydation des in der Wolle enthaltenen Schwefels zu schwefliger Säure und Schwefelsäure. Der Abbau des Keratins zu kürzeren Polypeptidketten, Peptonen und Aminosäuren ist mit einer erhöhten Löslichkeit der belichteten Wolle in Wasser und einer erhöhten Quellbarkeit und Angreifbarkeit in alkalischen Lösungen verbunden. Werden belichtete Wollhaare bei gewöhnlicher Temperatur mit 1/10 n-NaOH behandelt, so hat die eintretende Quellung merkwürdige Krümmungen und Schlingenbildung der Haare zur Folge (vgl. Abb. 16[11]), die nach von Bergen zum Nachweis lichtgeschädigter Wolle dienen können. Die Kurve für die Quellung in Abhängigkeit vom p_H der Lösung läuft nach Rey[10] bei belichteter

[1] Kertess; Barritt und King: l. c. — Waentig: Textile Forschg. Bd. 3 (1921) S. 15; Melliand Textilber. Bd. 4 (1923) S. 586. — Von Bergen: Melliand Textilber. Bd. 7 (1926) S. 451. — Hardy: Leipzig. Mschr. Textil-Ind. Bd. 48 (1933) S. 17. — Simola: Suomen Kemistilehti Bd. 6 (1933) S. 126.

[2] Heermann und Sommer: Mschr. Textil-Ind. Bd. 40 (1925) S. 212.

[3] L. c. 2, S. 100; ferner Melliand Textilber. Bd. 7 (1926) S. 928; Chem.-Ztg. Bd. 50 (1926) S. 661; vgl. auch Heermann: Chem.-Ztg. Bd. 48 (1924) S. 337.

[4] Von Kapff: Lehnes Färber-Ztg. Bd. 30 (1919) S. 273; vgl. auch Waentig: l. c. 4, S. 100.

[5] Weitere Polemik zwischen Kertess und von Kapff, vgl. Kertess: Lehnes Färber-Ztg. Bd. 31 (1920) S. 1; Melliand. Textilber. Bd. 4 (1923) S. 291. — Von Kapff: Melliand Textilber. Bd. 4 (1923) S. 292; Bd. 8 (1927) S. 438. — Vgl. auch S. 92, 104.

[6] Von Bergen: l. c.; vgl. auch Fort: J. Soc. Dyers Col. Bd. 32 (1916) S. 184.

[7] Castiglioni: Chimica e Industria Bd. 17 (1935) S. 82.

[8] Tänzer: l. c. 7. S. 100. [9] Sommer: Leipzig. Mschr. Textil-Ind. Bd. 42 (1927) S. 158.

[10] Von Bergen: Melliand Textilber. Bd. 7 (1926) S. 451; vgl. auch Rey: J. Intern. Soc. Leather Trades Chem. Bd. 11 (1927) S. 508.

[11] Von Bergen: Melliand Textilber. Bd. 6 (1925) S. 745; Dtsch. Wollengewerbe Bd. 58 (1926) S 705. — Vgl. auch Reumuth: Melliand Textilber. Bd. 14 (1933). S. 23.

und unbelichteter Wolle parallel. Die Hydrolyse des Keratins ist ferner mit einer Zunahme der Zahl der freien Aminogruppen verbunden. Belichtete Wolle färbt sich daher mit Naphthochinonsulfonsäure[1] tiefer an als die ursprüngliche Wolle[2], und bei der Deaminierung mit HNO_2 wird aus bestrahlter Wolle mehr Stickstoff abgespalten als aus unbestrahlter[3]. Die Bildung von wasserlöslichen Hydrolyseprodukten ist die Ursache für den Gewichtsverlust wollener Gewebe bei Bewitterung. Durch den Regen werden diese Abbauprodukte gelöst, bilden zunächst einen leimartigen Überzug auf der Oberfläche und werden dann allmählich weggewaschen[4]. Durch Bestimmung der Löslichkeit in heißem Wasser kann man nach von Bergen[5] einen quantitativen Ausdruck für den Umfang der Lichtschädigung gewinnen; die „Löslichkeitszahl" gibt an, wieviel Prozent der Wolle bei zweistündiger Behandlung mit der 50fachen Menge destillierten Wassers im Wasserbade von 90 bis 95° in Lösung gehen. Die Bestimmung des löslichen Stickstoffs nach Sauer (vgl. S. 128) ergibt ebenfalls bei Belichtung eine Zunahme, und zwar bei ungefärbter Wolle stärker als bei gefärbter (s. auch weiter unten)[6]. Da die löslichen Abbauprodukte die Biuretreaktion geben, läßt sich auch mit Hilfe dieser Reaktion[7] feststellen, wieweit die Lichtschädigung gegangen ist[8]. Nach Smith und Harris[9] besteht zwischen Alkalilöslichkeit und Abnahme des Cystingehaltes Proportionalität.

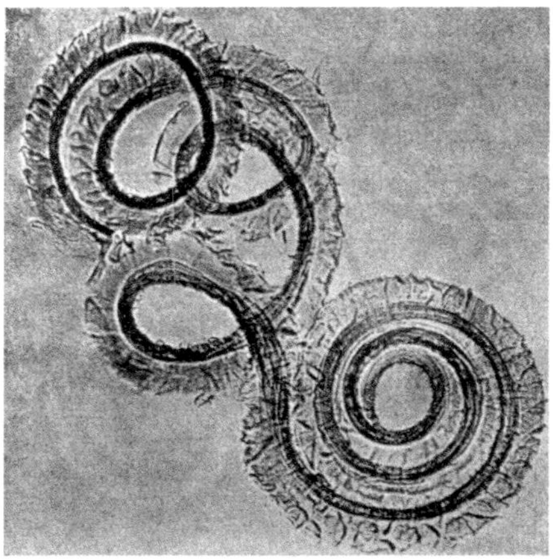

Abb. 16. Belichtetes Haar mit n/10-Natronlauge behandelt.

Unter der Einwirkung des Lichtes[10] und atmosphärischer Einflüsse entsteht durch Oxydation des Cystinschwefels in der Wolle oder in Wollabbauprodukten eine mit der Belichtungszeit zunehmende Menge Schwefelsäure[11]; belichtete Wolle reagiert daher gegen Indikatorlösungen ausgesprochen sauer[12]. Der Gesamtschwefelgehalt der Wolle nimmt bei Belichtung ab, was auf die Bildung flüchtiger Schwefelverbindungen hinweist[13]. Nach Smith und Harris[9] ist wahrscheinlich die erste Stufe bei der photochemischen Oxydation der Wolle eine

[1] Vgl. Fort und Lloyd: J. Soc. Dyers Col. Bd. 30 (1914) S. 73.
[2] Fort: J. Soc. Dyers Col. Bd. 32 (1916) S. 184.
[3] Rey: J. Int. Soc. Leather Trades Chem. Bd. 11 (1927) S. 508.
[4] Vgl. auch Sommer: Leipzig. Mschr. Textil-Ind. Bd. 42 (1927) S. 35, 96, 158. — Kertess: Melliand. Textilber. Bd. 7 (1926) S. 928.
[5] Von Bergen: Melliand Textilber. Bd. 6 (1925) S. 745; Dtsch. Wollengewerbe Bd. 58 (1926) S. 705.
[6] Sauer: Z. angew. Chem. Bd. 29 (1916) S. 424. Bei Schlüssen aus der Sauerschen Löslichkeitszahl auf „Lichtkrankheit" ist jedoch Vorsicht geboten[10].
[7] Vgl. Becke: Lehnes Färber-Ztg. Bd. 24 (1912) S. 45; Bd. 30 (1919) S. 101.
[8] Kertess: Lehnes Färber-Ztg. Bd. 30 (1919) S. 137.
[9] Smith und Harris: Bur. Stand. J. Res. Bd. 7 (1936) S. 97; Amer. Dyestuff Rep. Bd. 25 (1936) P. 383.
[10] Vgl. Krais: Lehnes Färber-Ztg. Bd. 28 (1917) S. 120.
[11] Kertess l. c. 8. — Barritt und King: J. Textile Inst. Bd. 20 (1929) 151. T.
[12] Vgl. auch von Bergen: Melliand Textilber. Bd. 7 (1926) S. 451.
[13] Nach Barrit und King (J. Textile Inst. [1929] 151. T.) hängt der Verlust an Schwefel bei Belichtung vielleicht teilweise mit einer Abnahme des schwefelreicheren Schuppenanteils der Faser zusammen.

Spaltung der Disulfidgruppen unter Freiwerden von Schwefelwasserstoff; der Mechanismus der photochemischen Oxydation wäre danach wesentlich verschieden von dem Mechanismus der Oxydation durch Mittel wie Wasserstoffsuperoxyd. Bei der Belichtung zunächst entstehende schweflige Säure, die von der Wolle hartnäckig festgehalten wird, ist nach Meunier und Rey[1] die Ursache dafür, daß belichtete Wolle mehr Chinon fixiert als unbelichtete und daß die Farbreaktionen mit Alloxan, Ninhydrin und Pikrinsäure negativ ausfallen. Diese Reaktionen sind allerdings für SO_2 nicht charakteristisch. Eine spezifische Reaktion auf SO_2 in belichteter Wolle gelingt jedoch nach King[2] auf Grund der Bildung von Azosulfiten. Mit der Walkerschen Methode[3] gibt belichtete Wolle eine positive Reaktion auf Disulfidgruppen, dagegen eine negative Reaktion auf —SH—-Gruppen[5]. Belichtete Wolle wird beim Kochen mit wäßriger Bleiazetat- oder Bleinitratlösung stärker braun gefärbt (Bildung von PbS) als unbelichtete[4] und bei 30 sec. langem Kochen mit einer wäßrigen Bleikarbonatsuspension im Gegensatz zu der unbelichteten Wolle deutlich gelbbraun gefärbt[6]. Während Beutel und Kutzelnigg[4], sowie Rimington[5] die Braunfärbung beim Erhitzen mit Bleisalzlösung bzw. den positiven Ausfall der Walkerschen Reaktion auf die Gegenwart von —S—S— zurückführen, hängt nach Clayton[6] das verschiedene Verhalten belichteter und unbelichteter Wolle vielleicht nur damit zusammen, daß durch die Bestrahlung die Schuppen oder eine Kittsubstanz zwischen den Schuppen gelockert worden ist und daher die Reagenzien leichteren Zutritt haben.

Belichtete Wolle zeigt ein anderes färberisches Verhalten als unbelichtete; sie färbt sich mit manchen Farbstoffen tiefer, mit anderen weniger tief an als unbelichtete. Auch die Nuance der Färbung ist häufig verschieden, wobei auch die Art des Färbeverfahrens eine Rolle spielt[7]. Durch Methylenblau in essigsaurem Bade bei 50° wird durch Licht angegriffene Wolle stärker gefärbt als die ursprüngliche; die Intensität der Färbung ermöglicht ein Urteil darüber, wieweit der Angriff bereits gegangen ist[8]. Ob das abweichende färberische Verhalten der belichteten Wolle allein auf der chemischen Umwandlung des Keratinmoleküls beruht, oder ob eine physikalische Veränderung der Schuppenstruktur daran wenigstens mitbeteiligt ist, läßt sich wohl noch nicht entscheiden[9].

Die Schädigung der Wolle durch Licht setzt schon am Vließ des lebenden Schafes ein[10] und erfaßt hier offenbar besonders die dem Licht am stärksten ausgesetzten Teile, d.h. die Spitzen der Rückenhaare[7]. Nach von Bergen[11] ist die Lichtschädigung der Haarspitzen schuld daran, daß die Spitzen meist schuppenlos sind und ein abweichendes färberisches Verhalten zeigen. Auch der höhere

[1] Meunier und Rey: Compt. rend. Bd. 183 (1926) S. 596; vgl. auch Rey: Rev. gén. Teinture Bd. 6 (1928) S. 417, 649, 763, 869, 1001; J. Intern. Soc. Leather Trades Chem. Bd. 11 (1927) S. 508.

[2] King: J. Soc. Dyers Col. Bd. 44 (1928) S. 233. — Smith und Harris: Bur. Stand. J. Res. Bd. 17 (1936) S. 97; Amer. Dyestuff Rep. Bd. 25 (1936) P. 383.

[3] Walker: Biochem. J. Bd. 19 (1925) S. 1082.

[4] Beutel und Kutzelnigg: Mh. Chem. Bd. 64 (1934) S. 183.

[5] Vgl. auch Rey: l. c. 1. — Rimington: Biochem. J. Bd. 24 (1930) S. 205.

[6] Clayton: J. Soc. Dyers Col. Bd. 52 (1936) S. 86.

[7] Von Bergen: Melliand Textilber. Bd. 6 (1925) S. 745; Bd. 7 (1926) S. 451; Dtsch. Wollengewerbe Bd. 58 (1926) S. 705; vgl. auch Rey: Rev. gén. Teinture Bd. 6 (1928) S. 417.

[8] Kertess: Lehnes Färber-Ztg. Bd. 30 (1919) S. 137; Z. angew. Chem. Bd. 32 (1919) S. 168. Über eine schärfere Erfassung der Reaktion vgl. Ristenpart und Schwerdtner: Leipzig Mschr. Textil-Ind. Bd. 46 (1931) S. 28.

[9] Vgl. auch Clayton: J. Soc. Dyers Col. Bd. 52 (1936) S. 86.

[10] Tänzer: Melliand. Textilber. Bd. 14 (1933) S. 281, 329, 380. — Von Bergen: Dtsch. Wollengewerbe Bd. 58 (1926) S. 705; Melliand Textilber. Bd. 6 (1925) S. 745.

[11] Von Bergen: l. c.; ferner Melliand. Textilber. Bd. 4 (1923) S. 23, 77, 123; vgl. auch Kronacher und Lodemann: Z. Tierzüchtg. Bd. 3 u. 6 (1926); Bd. 8 (1927).

Schwefelgehalt der Spitzen[1] ist nach Tänzer[2] vielleicht eine Folge der stärkeren Lichtschädigung. Daß allerdings die abweichenden Eigenschaften der Spitzen allein durch die stärkere Lichteinwirkung bedingt sind, wird von anderen Forschern bezweifelt[3]. Nach Mc Mahon und Speakman[4] stimmt die Säuretitrationskurve von intakter und belichteter Wolle (Spitzen) praktisch überein, so daß bei letzterer die Hauptpeptidkette offenbar nicht hydrolysiert worden ist. Dagegen ist durch die Einwirkung von Sonnenlicht und Luft die Disulfidbindung stark angegriffen; es werden Aldehyd und Sulfurylgruppen entwickelt, und letztere sind für die gesteigerte Affinität belichteter Wolle (Spitzen) für Alkali bei p_H über 7 verantwortlich. Nach Clayton[3] hängt das charakteristische Verhalten der Spitzen vielleicht damit zusammen, daß das ungeschnittene Haar, das am weitesten von der Follikel entfernt ist, den reifsten und daher den am weitesten polymerisierten Anteil des gesamten Keratinkomplexes darstellt.

Färbung der Wolle kann einen gewissen Lichtschutz bieten[5], weil die Farbstoffe einen Teil der photochemisch wirksamen Strahlen des Sonnen- oder Himmelslichtes absorbieren. Welchen Einfluß die Art des Farbstoffes und des Färbeverfahrens auf die Dauerhaftigkeit der Wolle, insbesondere auf die Tragfähigkeit von Uniformtuchen ausübt, ist von verschiedenen Autoren, aber z.T. mit widersprechenden Ergebnissen untersucht worden. Von Kapff[6] gab der küpengefärbten Wolle den Vorzug, weil die Wolle bei der Küpenfärberei weniger angegriffen werde als bei der Behandlung mit den heißen sauren Chromsalzlösungen. Nach Kertess[7] übt dagegen das in chromgebeizter Wolle enthaltene, bei der Färbung auf Chromsud von der Faser aufgenommene Cr_2O_3 einen Lichtschutz aus. Bereits 1913 hatte die Firma Rechberg (Hersfeld) bei längerer Bewitterung feldgrauer Tuche, die bekanntlich weiße und chromierte Wolle enthalten, die Beobachtung gemacht, daß die weiße Wolle in der Wollmischung mit der Zeit mürbe wurde, während die chromierte Wolle der Einwirkung von Licht und Feuchtigkeit weit besser standhielt. Die Firma Rechberg hat sich daher ein Verfahren zur Verbesserung der Tragechtheit mit Küpenfarbstoffen (außer Indigo) gefärbter Wollwaren schützen lassen[8], wonach die Wollfaser vor dem Färben mit Chromaten oder Bichromaten behandelt wird; die Farbstoffe dringen dann beim Ausfärben besser in das Innere der Fasern ein, und die Färbungen werden widerstandsfähiger gegen atmosphärische und mechanische Einflüsse. Die Beobachtungen der Firma Rechberg wurden von Kertess[7] bestätigt. Die zum Lichtschutz erforderliche Menge Cr_2O_3 beträgt nach Kertess etwa 1% vom Gewicht der trockenen Wolle. Die nach dem Verfahren der Farbwerke Meister Lucius & Brüning[9] auf der Wolle niedergeschlagenen Mengen Cr_2O_3 reichen nach Cassella & Co.[10] nicht aus. Die Untersuchungen von Kertess gaben Veran-

---

[1] Barritt und King: J. Textile Inst. Bd. 17 (1926) S. 386; Bd. 20 (1929) 151. T.

[2] Tänzer: l. c. 10 S. 103.

[3] Rey: Rev. gén. Teinture Bd. 32 (1928) S. 417, 649, 763, 869, 1001. — Clayton: J. Soc. Dyers Col. Bd. 52 (1936) S. 86.

[4] McMahon und Speakman: Trans. Faraday Soc. Bd. 33 (1937) S. 844.

[5] Kertess: Melliand Textilber. Bd. 7 (1926) S. 928. — Krais und Biltz: Leipzig. Mschr. Textil-Ind. Bd. 40 (1925) S. 305. — Heermann: Leipzig. Mschr. Textil-Ind. Bd. 39 (1924) S. 313.

[6] Von Kapff: Melliand. Textilber. Bd. 4 (1923) S. 181, 237; vgl. auch Hardy: Leipzig. Mschr. Textil-Ind. Bd. 48 (1933) S. 17.

[7] Kertess: Lehnes Färber-Ztg. Bd. 30 (1919) S. 137; Z. angew. Chem. Bd. 32 (1919) S. 168; Textile Forschg. Bd. 1 (1919) S. 63. — Heermann und Sommer: Leipzig. Mschr. Textil-Ind. Bd. 40 (1925) S. 161, 207. — Sommer: Leipzig. Mschr. Textil-Forschg. Bd. 42 (1927) S. 35, 96, 158. — Heermann: l. c. 5.

[8] DRP. 286 340 (1913).

[9] DRP. 299 772 (1915).

[10] Cassella & Co.: DRP. 303 231 (1916).

lassung zur Patentierung von zwei Verfahren. Bei dem einen[1] wird das gefärbte Gewebe mit Chromsalzen imprägniert und aus den Salzen das Hydroxyd in der Mindestmenge von 1% vom Gewicht der trockenen Gewebe (auf Cr_2O_3 berechnet) abgeschieden. Bei dem anderen[2] werden die fertig gefärbten Gewebe mit Gerbstoffen oder mit Formaldehyd, allein oder mit beiden zusammen, oder mit Gerbstoffen in Verbindung mit Metallsalzen nachbehandelt. — Beim Nachchromierungsverfahren wirkt sich nach Sommer bei Gegenwart von viel Farbstoff (marineblaue Tuche) die Chromierung lediglich in der Lackbildung am Farbstoffe aus, und es wird kein Chrom an die Faser abgegeben, während bei Gegenwart geringerer Farbstoffmengen (feldgraue Tuche) noch ein Teil des Chroms dazu dient, die für den Lichtschutz erforderliche Gerbwirkung der Wolle herbeizuführen[3]. Für die Tragfähigkeit gefärbter Wollstoffe spielen natürlich außer der Widerstandsfähigkeit gegen Bewetterung auch die Veränderungen eine Rolle, die die Wolle während der Herstellung der gefärbten Stoffe erlitten hat. Werden alle Stadien der Fabrikation sorgfältig überwacht, so bestehen nach Sommer[3] bei feldgrauen Uniformtuchen zwischen der reinen Küpenfärbung, der reinen Nachchromierungsfärbung und einer Kombination von Vorküpe und Nachchromierung keine wesentlichen Unterschiede. Bei den marineblauen Tuchen erweist sich am günstigsten die Küpenfärbung, am ungünstigsten die Nachchromierungsfärbung, anscheinend infolge eines ungenügenden Grades der Chromierung der Fasersubstanz. Die Vorzüge der marineblauen Küpenfärbung sind hauptsächlich etwas bessere Festigkeitseigenschaften, größere Widerstandfähigkeit gegen Witterungseinflüsse und bessere Lichtechtheit. Die Nachchromierungsfärbung weist dagegen die bessere Reib- und Schabechtheit auf.

Die photochemischen Veränderungen, die auf Wolle aufgefärbte Farbstoffe erleiden, d.h. das Ausbleichen gefärbter Wolle[4], sind schon von Chevreul[5] untersucht worden. Gebhardt[6] hat sich dann später in einer Reihe von Arbeiten mit der Abhängigkeit des Ausbleichens von verschiedenen Faktoren und mit der Theorie des Ausbleichvorganges beschäftigt. Gebhardt faßt den Ausbleichvorgang als eine Autoxydation auf und zwar lagert sich der Sauerstoff in peroxydartiger Form zunächst locker an den Farbstoff an. Nach Gebhardt entstehen zwei Typen von Farbstoffperoxyden. An trockner Luft bilden sich relativ stabile Peroxyde der Form 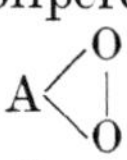, während bei Gegenwart von Feuchtigkeit durch Addition von Perhydroxylionen, die ihrerseits durch Vereinigung von Sauerstoffmolekülen mit den Ionen des Wassers nach der Gleichung

$$O^{+} \cdot O' + H^{+} \cdot OH' \rightleftarrows HO^{+} \cdot OH'$$

entstanden sind, reaktionsfähige Peroxydhydrate der Form 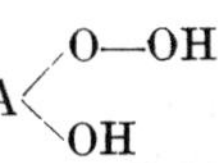 gebildet werden. Der in den Peroxydhydraten enthaltene aktive Sauerstoff kann nach Gebhardt auf die unveränderten Farbstoffmoleküle oder auf andere Bestandteile des Systems (z.B. auf die Faser) unter Bildung von Säuren und Phenolen ein-

[1] Cassella & Co., D. R. P. 303 231 (1916). [2] Cassella & Co.: DRP. 303 223 (1917).

[3] Sommer: Melliand Textilber. Bd. 17 (1936) S. 338; Spinner u. Weber Nr. 28 u. 29 (1936). [4] Standardmethoden zur Prüfung der Lichtechtheit von Wollfärbungen vgl. S. 208.

[5] Chevreul: Recherches sur la Teinture. Mémoires de l'Académie des Sciences de l'Institut de France, 1837.

[6] Gebhardt: Z. Farbenindustr. Bd. 7 (1908) S. 299; J. prakt. Chem. (2) Bd. 84 (1911) S. 561; Ber. dtsch. chem. Ges. Bd. 43 (1910) S. 751; J. Soc. Dyers Col. Bd. 26 (1910) S. 172; Lehnes Färber-Ztg. Bd. 21 (1910) S. 95, 253; Bd. 25 (1914) S. 393; Z. angew. Chem. Bd. 22 (1909) S. 1890; Bd. 23 (1910) S. 820; Bd. 26 (1913) S. 79; Chem.-Ztg. Bd. 37 (1913) S. 601, 622, 638, 662, 679, 717, 765, 909.

wirken. Auch in feuchter Atmosphäre können aber Peroxyde entstehen, wenn infolge der Konstitution des Farbstoffes oder wegen seiner Vereinigung mit anderen Substanzen das Peroxydhydrat in das stabilere Peroxyd übergeht; solche Farbstoffe sind dann lichtecht. Gebhardts Auffassungen sind nicht unwidersprochen geblieben[1]. Nach Harrison berücksichtigt Gebhardt zu wenig die Faser selbst, die unter dem Einfluß des Lichtes und der Atmosphäre eine reduzierende Wirkung ausüben kann[2]. So vermochte Harrison zu zeigen, daß manche Ausfärbungen durch Quarzquecksilberlicht bei Luftausschluß gebleicht, bei Abwesenheit der Faser jedoch nicht verändert werden. Unter dem Einfluß des Lichtes sind nach Harrison folgende Reaktionen in Betracht zu ziehen: die Faser kann den Farbstoff reduzieren; der Luftsauerstoff oder das im Licht gebildete Ozon kann den Farbstoff oxydieren und eine leichter durch die Faser reduzierbare Substanz entstehen lassen; der Luftsauerstoff oder das Ozon können die Faser oxydieren und Stoffe erzeugen, die den Farbstoff leichter reduzieren; bei der Umsetzung zwischen Farbstoff und Faser kann eine Substanz entstehen, die durch den Luftsauerstoff weiteroxydiert wird; unter dem Einfluß des Lichtes kann ein Teil des Farbstoffmoleküls mit dem anderen reagieren. Eine solche chemische Umsetzung zwischen Wolle und Farbstoff ist die von King[3] beim Ausbleichen von Wollfärbungen nachgewiesene Bildung von Azosulfit aus dem natürlichen Schwefel gehalt der Wolle. Bei Farbstoffen, deren Azosulfit eine andere Lichtechtheit hat als der Farbstoff selbst, hängt die Echtheit des Farbstoffes auf Wolle von der Azosulfitbildung ab, die nicht nur durch die Einwirkung von SO_2 aus äußeren Quellen, sondern auch durch das bei der Belichtung gebildete SO_2 eintreten kann. Das Azosulfit wird nach King durch Belichtung nicht in den ursprünglichen Farbstoff verwandelt, sondern bleicht als solches aus. — Mit 1,6-Dinitronaphthalin-4,8-disulfonsäure imprägnierte Wolle zeigt eine bemerkenswerte Lichtempfindlichkeit; die ursprünglich gelb gefärbte Wolle färbt sich am Licht immer tiefer braun. Dieselbe Lichtempfindlichkeit zeigt auch mit Mononitronaphthalin-α oder -β-sulfonsäure gefärbte Wolle. Vielleicht ist an den Farbvertiefungen ein Reduktionsprozeß der Nitrogruppe beteiligt[4].

Wahrscheinlich ist das Ausbleichen von Färbungen auf Wolle eine photochemische Oberflächenreaktion. Schwankungen in der Ausbleichgeschwindigkeit rühren vielleicht teilweise von Unterschieden im Katalysevermögen der umgebenden Substanzen auf der Faser, in der Atmosphäre usw. her[5]. Was insbesondere den Einfluß der Luftfeuchtigkeit auf den Ausbleichvorgang anbetrifft[6], so sind außer der von Gebhardt angenommenen Peroxydbildung noch eine Reihe weiterer Gründe in Betracht zu ziehen. Der genaue Mechanismus der Wirkung des Wassers ist noch unbekannt. Daß der Einfluß von Wasserdampf für das Ausbleichen von Wollfärbungen von großer Bedeutung sein wird, ist z.B. schon deswegen zu erwarten, weil Wolle ja hygroskopisch ist und ihre physikalischen Eigenschaften sich mit ihrem Feuchtigkeitsgehalte stark ändern. Nach Hedges[6]

[1] Witt: Prometheus Bd. 21 (1910) Nr. 1053 S. 203 und Nr. 1054 S. 220. — Harrison: J. Soc. Dyers Col. Bd. 28 (1912) S. 20, 225; Lehnes Färber-Ztg. Bd. 24 (1913) S. 216. — Haller: Leipzig. Mschr. Textil-Ind. Bd. 38 (1923) S. 199; Melliand. Textilber. Bd. 5 (1924) S. 541.

[2] Über die Reduktion von Bichromaten durch Wolle im Licht vgl. S. 93.

[3] King: J. Soc. Dyers Col. Bd. 44 (1928) S. 233; vgl. dazu auch Hall: Amer. Dyestuf Rep. Bd. 19 (1930) S. 725, 753.

[4] Woroshzow und Gribow: Chem. J. Ser. A. J. allgem. Chem. Bd. 2 (64) (1932) S. 929: Chem. Zbl. Bd. I (1934) S. 215.

[5] Barker und Hirst: J. Textile Inst. Bd. 17 (1926) 483. T.

[6] Vgl. auch Brownlie: J. Soc. Dyers Col. Bd. 18 (1902) S. 269, 295. — Appel: Amer. Dyestuff Rep. Bd. 14 (1925) S. 882. — Barker und Hirst: J. Soc. Dyers Col. Bd. 43 (1927) S. 254. — Hedges: J. Soc. Dyers Col. Bd. 43 (1927) S. 261; Bd. 44 (1928) S. 52.

erhält man eine Gerade, wenn man die Ausbleichgeschwindigkeit gegen die hygroskopische Feuchtigkeit aufträgt. — Im allgemeinen werden Farbstoffe auf saurer Wolle weniger durch das Sonnenlicht beeinflußt als auf alkalischer Wolle; da aus der Wolle selbst bei Belichtung Säure entsteht, so spielen anscheinend die Faser und ihre Zersetzungsprodukte bei gefärbter Wolle eine geringere Rolle als bei gefärbter Baumwolle[1].

E. Mikrobiologie der Wolle[2].

Unter günstigen Bedingungen wachsen Bakterien und Schimmelpilze gut auf Wolle und rufen die als „Stockflecke", „Meltau" usw. bekannten Fehler hervor; in schweren Fällen kann die Wollfaser vollständig zerstört werden.

Bezüglich des „Stockes" wies Kalmann[3] nach, daß die charakteristische, schon von Schimke[4] beschriebene und als Pilzwucherung bezeichnete Erscheinung den Veränderungen gleicht, die Alkalien oder Säuren auf Wolle herbeiführen. Kalmann hat die den Stock verursachenden Mikroorganismen durch Abimpfungen von Wollstücken in Gegenwart vermoderten Holzes erhalten. Die so gewonnenen Mikroorganismen erwiesen sich als kurze Stäbchen von etwa 1,9 μ Länge und 0,57 μ Breite. Durch Herstellung von Klatschpräparaten und Übertragung auf Tuche ergab sich ferner, daß mit Säure behandelte Tuche keine Veränderung, mit Alkalien behandelte hingegen den deutlichen Einfluß der Stockbakterien erkennen ließen und daß Methylenblau und in verschiedenem Grade auch andere Farbstoffe (Methylviolett, Fuchsin, Safranin, Malachitgrün und Auramin) als Antiseptika auf Stockbakterien einzuwirken vermögen. Kalmann hat endlich noch gezeigt, daß die vegetativen Formen der Bakterien bei 15—20° und längerem Lagern in Dauersporen überführbar sind. — Ulrich[5] konnte durch Absäuren von Wollwaren mit Ameisensäure die Stockbildung gut bekämpfen. — Wehmer[6] züchtete aus gefärbtem Wollenzeug, das beim Lagern in Indien mattgraue Flecke bekommen hatte, einen graugrünen Schimmel, der sich in der überwiegenden Zahl von Fällen als Aspergillus fumigatus erwies. — Exakte biologische Versuche haben dann später insbesondere Trotman, Burgess und Bartsch ausgeführt.

Nach Burgess[7] greifen folgende Bakterien und Pilze in Reinkultur Wolle an, die vorher durch mehrfach wiederholtes Dämpfen (s. w. u.) sterilisiert worden ist[8]:

B. mesentericus (Varietät nicht bestimmt)	Cephalothecium roseum
B. mesentericus ruber	Aspergillus niger
B. subtilis	A. fumigatus und zwei andere Arten
B. mycoides	Penicillium brevicaule und drei andere Arten
Actinomyces sp.	Acrostalagmus sp.
Fusarium (zwei Arten)	Trichoderma sp.

Diese Organismen zerstören die Wolle mit verschiedener Geschwindigkeit. Von den in der Luft vorhandenen Organismen greift nach Trotman und Sutton[9]

---

[1] Barker und Hirst, Brownlie: l. c. 5 u. 6, S. 106.

[2] Vgl. auch die zusammenfassende Darstellung von A. Herzog: Melliand. Textilber. Bd. 17 (1936) S. 1.

[3] Kalmann: Lehnes Färber-Ztg. Bd. 13 (1902) S. 245, 377.

[4] Schimke: Lehnes Färber-Ztg. Bd. 3 (1891/92) S. 339.

[5] Ulrich: Brünner Mschr. Textil-Ind. (1915) S. 168.

[6] Wehmer: Chem.-Ztg. Bd. 26 (1902) S. 241.

[7] J. Textile Inst. Bd. 15 (1924) 573. T.; Bd. 19 (1928) 315. T.

[8] Über die Sterilisation von Wolle für künftige bakteriologische Untersuchungen vgl. auch Humfeld, Elmquist und Kettering, U. S. Departm. Agr., Techn. Bull. Bd. 588 (1937).

[9] Trotman und Sutton: J. Soc. Dyers Col. Bd. 41 (1925) 121.

B. subtilis die Wollfaser sehr schnell an; B. mesentericus vulgatus und B. proteus vulgaris wirken deutlich langsamer und untereinander ungefähr gleich. Nach Bartsch[1] sind B. mesentericus und B. subtilis für Wolle am gefährlichsten. Außer den oben genannten rufen noch viele andere Bakterienarten eine Verfärbung der Wolle, aber sonst keine nennenswerte Schädigung hervor, desgleichen gedeihen verschiedene andere Schimmelsorten gut auf Wolle, führen aber nur zu geringer Schädigung[2]. Manche Schimmel gedeihen auf Wolle erst dann gut, wenn die Wolle schon durch bakteriellen oder anderen Angriff „vorbereitet" ist; einige Stämme, wie Aspergillus niger und eine Penicilliumart, wachsen jedoch kräftig auch auf steriler Wolle[3]. Der sog. Meltau beruht nach Burgess[4] mehr auf Schimmelpilzen, insbesondere den Arten Penicillium und Aspergillus, als auf Bakterien; die grünlichgelben Flecke, die man häufig auf Meltau befallener Wolle findet, entstehen durch die Wirkung des Schimmels auf vorhandene Seife. Wykypiel[5] hat bei der Untersuchung bakteriengeschädigter Wolle eine Erscheinungsform des B. mycoidis nach Abimpfung und Züchtung in Reinkultur erhalten, die gesunde und ungeschädigte Wolle bei Anwesenheit von genügend Feuchtigkeit bei 28° innerhalb von vier Wochen zu macerieren imstande ist. Mindestens eine gewöhnliche Bakterienart greift Wolle unter thermophilen Bedingungen (55°) rasch an, so daß es gefährlich ist, neutrale oder schwach alkalische Waren irgendwie längere Zeit auf höheren Temperaturen zu halten[6]. Über Rotfäule bei Wolle vgl. Gabriel[7].

Wolle enthält normalerweise stets in größerem oder geringerem Umfange die Sporen potentiell schädlicher Bakterien; diese Sporen sind gegen Hitze und Chloroformdampf recht widerstandsfähig, werden aber z. B. durch 20 Min. langes Dämpfen bei 100°, das an drei aufeinanderfolgenden Tagen wiederholt wird, abgetötet[3]. Die in Wollwaschflotten vorhandenen Bakterienarten stammen nicht sämtlich aus der Luft der Wäscherei[8]. Alle von Smith gefundenen Organismen waren aerob; die meisten waren Sporenbildner, die wahrscheinlich die Temperatur der Schnelltrocknung bei der Ausrüstung aushalten.

Die Zerstörung der Wolle durch die den Meltau verursachenden Mikroorganismen schreitet allmählich fort. Sie beginnt mit der Ablösung der Schuppen; später zerfallen die Fasern unter Isolierung der Spindelzellen[9]. Nach Bartsch[1] (s. Abb. 17 bis 21) äußert sich der bakterielle Angriff zunächst darin, daß die unter den Schuppen liegende Faserschicht eine verstärkte Längsstreifung aufweist, wobei die Schuppenschicht manchmal noch ziemlich unbeschädigt erscheint, meist aber infolge vorangegangener alkalischer Einwirkungen abgelöst ist. Die Längsstreifung vertieft sich sodann zu schmalen Längsspalten im Haar; in diesem Stadium färbt sich die betreffende Stelle bei der Diazoreaktion (vgl. S. 126) bereits rot. Weiterhin erfolgt dann Aufsplitterung der Faser, die sich in Fällen schwerer Bakterienschädigung bis zur völligen Auflösung des Haares in einzelne Spindelzellen verstärken kann; dabei bleiben oft Reste des Schuppenzylinders gut erhalten. Die Zerlegung der Wollfaser in einzelne Spindelzellen beruht darauf, daß die proteolytischen Enzyme, die als Stoffwechselprodukte der wollezerstörenden Bakterien auftreten, vorzugsweise

[1] Melliand Textilber. Bd. 12 (1931) S. 760; Bd. 13 (1932) S. 21; vgl. auch Mitt. Dtsch. Forschungsinstitut f. Textilstoffe in Karlsruhe (1927) S. 19; (1928) S. 1.
[2] Burgess: J. Textile Inst. Bd. 19 (1928) 315. T.
[3] Burgess: J. Textile Inst. Bd. 15 (1924) 573. T.
[4] Burgess: J. Textile Inst. Bd. 20 (1829) 333. T.
[5] Wykypiel: Melliand Textilber. Bd. 17 (1936) 653.
[6] Burges: J. Soc. Dyers Col. Bd. 47 (1934) S. 96.
[7] Gabriel: J. Textile Inst. Bd. 23 (1932) 171. T.
[8] Smith, A. L.: Amer. Dyestuff Rep. Bd. 21 (1932) S. 501, 509.
[9] Trotman und Sutton: J. Soc. chem. Ind. Bd. 43 (1924) 190. T.; J. Soc. Dyers Col. Bd. 41 (1925) S. 121. — Burgess: J. Textile Inst. Bd. 15 (1924) 573. T.; Bd. 19 (1928) 315. T.

die „Kittsubstanz" angreifen[1]. Von B. subtilis oder B. mesentericus schwer geschädigte Wolle zerfällt beim Kochen mit Wasser. Die Lösung enthält Sulfide, gibt mit Tannin einen Niederschlag, zeigt eine starke Biuretreaktion, Trübung mit Säuremagenta und Methylenblau, aber keinen Niederschlag mit Ammonsulfat[2].

Die durch B. subtilis oder mesentericus hervorgerufene Zerstörung der Schuppenstruktur ist ebenso wie die Zerstörung der Schuppenstruktur durch Chlorierung Ozoneinwirkung u. a. von einer Abnahme des Filzvermögens und einer Veränderung der Farbstoffaffinität begleitet[3]. Die lokale bakterielle Schädigung einer Ware an Stellen, an denen sich Alkali angereichert hat, kann daher zu Färbefehlern Veranlassung geben[4]. Die Veränderung der Farbstoffaffinität der Wolle durch die

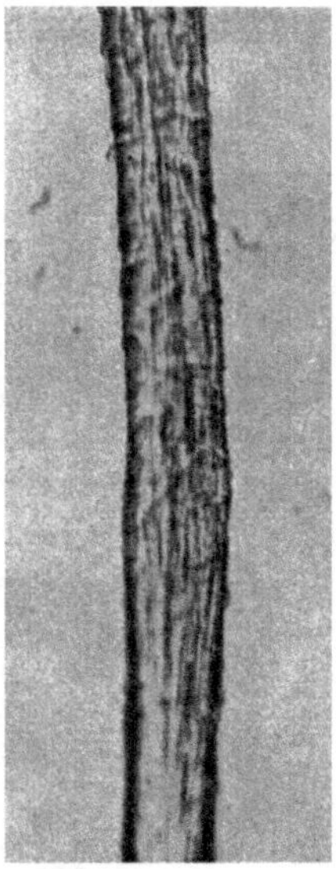

Abb. 17. Ein Wollhaar mit Längsstreifung unter ziemlich intakter Schuppenschicht. Vergr. 240fach.

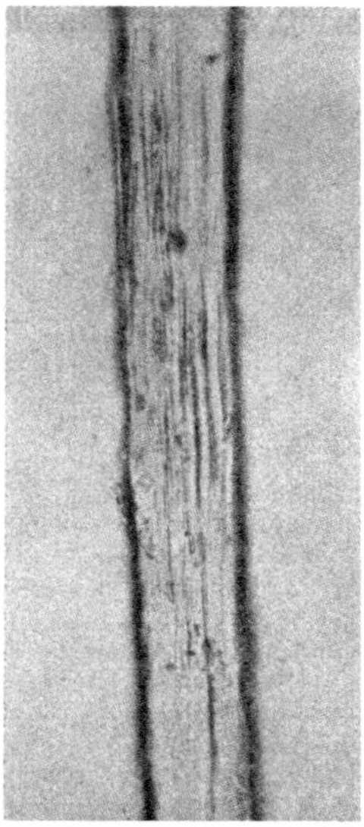

Abb. 18. Ein Wollhaar mit Resten der aufgelösten Schuppenschicht und tiefen Faserspalten in der Rindenschicht. Vergr. 240 fach.

Tätigkeit von Bakterien ist für die einzelnen Farbstoffklassen verschieden; die Affinität für basische Farbstoffe wird wenig verändert, während die Affinität für Säure- und substantive Farbstoffe ungefähr proportional dem Schädigungsgrade ansteigt[5]. Nach Hirst[6] hängt jedoch die Veränderung der Farbstoffaffinität von den näheren Bedingungen ab. Wolle, die vollständig in bakterieninfiziertes Wasser eintaucht, färbt sich mit Säurefarbstoffen etwas voller, mit basischen Farbstoffen etwas schwächer an als ungeschädigte Wolle. Der aus der Kulturflüssigkeit herausragende, nur feuchte Teil verhält sich dagegen, auch nach Neutralisation oder Seife-Alkaliwäsche, ganz anders: die Affinität für Säurefarb-

[1] Bartsch: l. c. 1, S. 108. — Gabriel: J. Textile Inst. Bd. 23 (1932) 171. T. — Burgess: J. Textile Inst. Bd. 25 (1934) 391. T.

[2] Trotman und Sutton: J. Soc. chem. Ind. Bd. 43 (1924) 190. T.

[3] Trotman und Langsdale: J. Soc. chem. Ind. Bd. 42 (1923) 13. T. — Trotman und Sutton: l. c. 2.

[4] Hirst und King: Publ. Nr. 24 der Brit. Res. Assoc. for the Wollen and Worsted Industries, 1923. [5] Trotman und Sutton: J. Soc. Dyers Col. Bd. 41 (1925) S. 121.

[6] Hirst: J. Soc. Dyers Col. Bd. 41 (1925) S. 218. — Vgl. auch Hirst: ebenda Bd. 40 (1924) S. 162.

stoffe, Metachromfarbstoffe, Indigo und Blauholz ist erheblich herabgesetzt, die Affinität für basische Farbstoffe stark erhöht.

Die Widerstandsfähigkeit von Wolle gegen Mikroorganismen hängt einerseits von der Art der Wolle ab. Die im allgemeinen empfindlichere Kaschmirfaser zeigt eine noch geringere Beständigkeit gegen Bakterien als Schafwolle[1]. Andererseits ist die Vorbehandlung der Wolle von erheblicher Bedeutung, insofern als sie die mehr oder minder gute Erhaltung der Schuppenschicht, die Gegenwart leichtlöslicher Keratinabbauprodukte, die Reaktion der Wolle, die sonstige Reinheit der Ware, z. B. auch die Gegenwart von Seife, Ölen, Netzmitteln und sonstigen Hilfsstoffen der Ausrüstung bestimmt.

Bakterielle Schädigung tritt um so leichter ein, je stärker die Schuppenschicht der Wolle verletzt ist. Reißwolle, bei der die Schuppenschicht durch mechanische

Abb. 19. Durch Bakterien weitgehend angegriffenes Wollhaar mit einzelnen losgelösten Spindelzellen; aus einer 6 Tage alten Kultur. Vergr. 91fach.

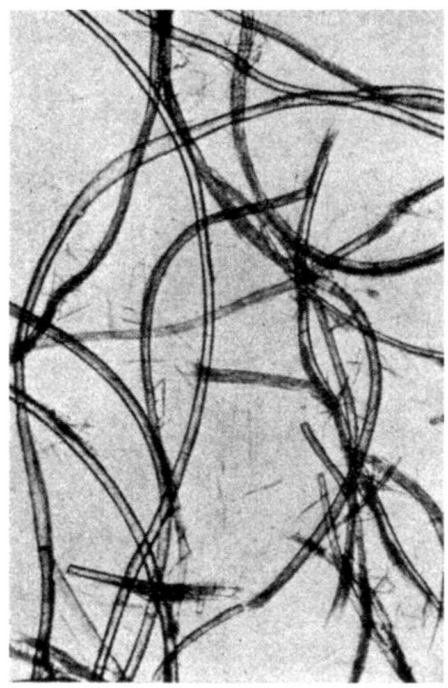

Abb. 20. Übersichtsbild aus einer älteren Bakterienkultur; die Wollhaare sind gestört und in einzelne Spindelzellen aufgelöst. Vergr. 29fach.

Behandlung geschädigt ist, chlorierte Wolle oder alkalisch vorgeschädigte Wolle werden daher besonders leicht angegriffen. Chlorierte Wolle, mit Wasserstoffsuperoxyd behandelte Wolle oder mit ultraviolettem Licht bestrahlte Wolle ist auch Schimmelpilzen leichter zugänglich. Trotzdem liefert eine Verletzung der Schuppenschicht nicht notwendig einen Anhaltspunkt für die Meltaugefährdung; denn nach gründlichem Waschen ist die ultraviolettbestrahlte Wolle gegen Meltau sehr widerstandsfähig[2].

Es besteht vielmehr eine wichtige Beziehung zwischen der Meltaugefährdung einer Wolle und dem Gehalt an wasserlöslichem Stickstoff, wobei die löslichen stickstoffhaltigen Stoffe wasserlösliche Keratinanteile, stickstoffhaltige Verunreinigungen der in der Ausrüstung verwandten Seifen, Öle usw. oder Reste

[1] Von Bergen: Melliand Textilber. Bd. 11 (1930) S. 419, 499, 582.
[2] Burgess: J. Soc. Dyers Col. Bd. 47 (1934) S. 96; Bd. 50 (1934) S. 138.

ungenügend entfernter fekaler Verunreinigungen, Schweißsalze u. dgl. sein können. Die Entfernung aller wasserlöslichen Stoffe aus Wolle erhöht ihre Widerstandsfähigkeit gegen Meltau erheblich[1]. Trotman und Sutton[2] fanden ungefähre Proportionalität zwischen der Löslichkeit von Wolle in kalter 1/10 n-Sodalösung und der bakteriellen Schädigung.

Die Reaktion der Wolle übt auf die Entwicklung von Mikroorganismen einen erheblichen Einfluß aus[3]. Bakterien entwickeln sich nur bei neutraler oder alkalischer Reaktion. Der p_H-Bereich, in dem Schimmelwachstum stattfinden kann, ist dagegen beträchtlich[4]. Gegenwart von Säure begünstigt das Schimmelwachstum. Trotzdem entstehen Fehler durch Meltau häufiger auf alkalischer Ware, weil schwachalkalische Reaktion in den ersten Stadien der Ausrüstung, in denen die Wolle weniger rein ist, vorherrscht[5]. Bakterien und Schimmelpilze verschieben die Reaktion der Wolle, auf der sie wachsen, nach der sauren Seite[6].

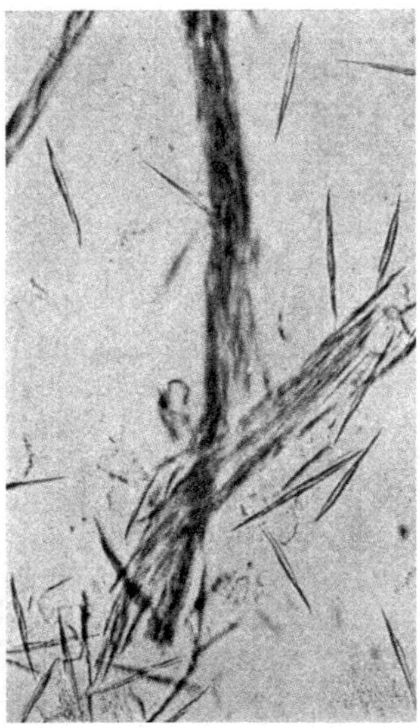

Abb. 21. Vollständig in Spindelzellen aufgelöste Wolle; 6 Tage alte Bakterienkultur. Vergr. 91fach.

Chemisch saubere Wolle ist weniger meltauzugänglich als Wolle, die Schmutz, Fett oder andere Fremdstoffe enthält. Gegenwart von Seife oder ähnlichen Textilhilfsmitteln begünstigt die Entwicklung von Meltau wegen ihrer alkalischen Reaktion. Wahrscheinlich ist jedoch für die Meltaugefährdung der Löslichkeitsgrad der Wolle ein wichtigerer Faktor als die tatsächlich vorhandene Menge Alkali. Die in der Seife enthaltene höhere Fettsäure fördert gleichfalls den Meltau. Hygroskopische Seifen, z. B. weiche Kalium-Olivenölseife, begünstigen ferner die Entwicklung von Meltau auch deswegen, weil sie den Bereich der relativen Feuchtigkeit vergrößern, in dem Schimmelwachstum stattfinden kann. Pflanzliche Öle, wie Olivenöl, begünstigen ebenfalls die Entwicklung von Meltau, aber weniger als Seife. Der Nährwert des Öles spielt dabei eine wichtige Rolle; das Öl verschwindet während der Meltauentwicklung, es dient als Nährstoff. Die niederen Fettsäuren, wie Kapryl-, Kapron- und Laurinsäure, verzögern das Pilzwachstum, die komplexeren Fettsäure, z. B. Ölsäure, begünstigen es[7].

Ein Urteil über die Widerstandsfähigkeit von Wolle gegen Bakterien läßt sich noch Burgess[8] durch Bestimmung ihres Verhaltens gegen Trypsin unter festgelegten Bedingungen gewinnen. Pankreatin und Trypsin führen in ähnlicher Weise wie Bakterien eine Isolierung der Spindelzellen unter Ablösung der Schuppen herbei[9], der Abbau durch Trypsin erfolgt aber viel rascher. Wird das Fortschreiten der Schädigung (mikroskopisch beurteilt und in zehn Stufen ausgedrückt) einer-

[1] Burgess: l. c. 2, S. 110.
[2] Trotman und Sutton: J. Soc. Dyers Col. Bd. 41 (1925) S. 121.
[3] Trotman und Sutton: l. c. 2. — Burgess: J. Textile Inst. Bd. 19 (1928) 315. T.
[4] Burgess: J. Textile Inst. Bd. 20 (1929) 333. T.
[5] Burgess: J. Soc. Dyers Col. Bd. 47 (1931) S. 96.
[6] Burgess: J. Textile Inst. Bd. 15 (1924) 573. T.; Bd. 20 (1929) 333. T.
[7] Burgess: J. Textile Inst. Bd. 20 (1929) 333. T.; J. Soc. Dyers Col. Bd. 47 (1931) S. 96; Textile Col. Bd. 52 (1930) S. 46. [8] Burgess: J. Textile Inst. Bd. 25 (1934) 289. T.
[9] Vgl. auch Meunier, Chambard und Comte: Compt. rend. Bd. 184 (1927) S. 1208. — Gabriel: l. c. 1, S. 109.

seits bei der Einwirkung 0,25proz. Trypsinlösung, andererseits bei der Einwirkung von B. mesentericus ruber verfolgt, so laufen die Ergebnisse parallel und unterscheiden sich nur in bezug auf die Einwirkungsdauer. Die Anwendung der Trypsinprobe zur Bestimmung der Widerstandsfähigkeit von Wolle gegen Bakterien hat außer ihrer Schnelligkeit noch den Vorteil, daß das Ansetzen biologischer Kulturen erspart wird und daß die bei längerem Stehen solcher Kulturen auftretenden Fehlerquellen ausgeschaltet werden. Die Widerstandsfähigkeit verschiedener Sorten Rohwolle beim Trypsintest ist sehr verschieden. Die nassen Prozesse (Seifenwäsche, Chloren) und in geringerem Grade die mechanischen Prozesse wirken allgemein dahin, die Geschwindigkeit des Abbaus in Trypsinlösung zu erhöhen. Eulan, das erheblichen Schutz gegen Bakterien verleiht (s. w. u.) gibt viel weniger Widerstand gegen Trypsinverdauung als Chrom; gemeinsam mit Chrom angewandt, trägt es zur Schutzwirkung wesentlich bei. Die Schutzwirkung von Chrom und Eulan ist wahrscheinlich dadurch bedingt, daß diese mit den sauren und basischen Gruppen zwischen den Peptidketten reagieren und sie verknüpfen; außerdem werden vielleicht die Zellzwischenräume durch Fällung von Chromverbindungen blockiert. Der Trypsintest ist sehr wertvoll, auch um Faserschädigungen durch andere als mikrobiologische Agenzien anzuzeigen, z.B. milde Säure- oder Alkalischädigung. Seine Anwendbarkeit ist jedoch beschränkt durch die Unfähigkeit des Trypsins, chromierte Wolle zu zerlegen[1].

An äußeren Faktoren für die Schädigung der Wolle durch Mikroorganismen ist neben der Temperatur und der Lüftung vor allem der Feuchtigkeitsgehalt von großer Bedeutung. Hirst[2] konnte Meltauentwicklung in nennenswertem Umfange nicht bei relativen Luftfeuchtigkeiten unter 100% feststellen. Nach Burgess[3] hängt die Meltauempfindlichkeit in feuchter Atmosphäre in hohem Grade von der Menge und Natur der auf der Faser vorhandenen leicht zugänglichen Nährstoffe ab. Im Gegensatz zu der Wirkung der Schimmelpilze ist aber jedenfalls die Bakterienwirkung auf sehr hohe Werte der Luftfeuchtigkeit beschränkt. Die bakterielle Schädigung ist erheblich stärker an den Teilen einer Ware, die gerade feucht sind oder sich in einer mit Feuchtigkeit gesättigten Atmosphäre befinden, als an den Teilen, die vollständig von infizierter Flüssigkeit bedeckt sind. Diese hemmende Wirkung eines Überschusses an Wasser hängt wahrscheinlich damit zusammen, daß die isolierten Bakterien aerob sind[4].

Die Gefahr bakterieller Schädigung ist besonders groß bei wollenen Badeanzügen in heißem Klima. Das reichliche Vorkommen wollzersetzender Bakterien in Fluß- und Seewasser sichert eine primäre Infektion der Kleidungsstücke; besonders bei Seewasser, das Mineralsalze und organische Stoffe enthält und schwach alkalisch reagiert, bildet die Flüssigkeit, die die Wollfasern nach dem Bade umgibt, ein günstiges Medium für das Bakterienwachstum. Wahrscheinlich entwickeln sich die Organismen zuerst auf Kosten der geringen Menge Nährstoffe im Wasserfilm um die Fasern und greifen dann durch die Tätigkeit der abgeschiedenen Enzyme die Fasern an. Schwachalkalische Reaktion infolge der Gegenwart chemischer Stoffe kann dabei die Menge der primär zur Verfügung stehenden Nährstoffe erhöhen und die Geschwindigkeit der Schädigung steigern[5]. — Die an Wollfilzen

---

[1] Burgess: J. Textile Inst. Bd. 25 (1934) 391. T.

[2] Hirst: Publ. Nr. 23, Brit. Res. Assoc. for the Wollen and Worsted Industries, 1923; vgl. auch Burgess: J. Textile Inst. Bd. 19 (1928) 315. T.

[3] Burgess: J. Soc. Dyers Col. Bd. 47 (1931) S. 96.

[4] Hirst: J. Soc. Dyers Col. Bd. 41 (1925) S. 218. — Burgess: J. Textile Inst. Bd. 15 (1924) 573. T.

[5] Burgess: J. Soc. Dyers Col. Bd. 47 (1934) S. 96.

in der Papierindustrie auftretenden Schädigungen[1] haben ihre Ursache in der Regel in einer alkalischen Vorschädigung des Filzes[2].

Maßnahmen zur Verhütung von Meltau sind wirksame Durchlüftung, Temperaturkontrolle und Vermeidung der Gegenwart von Seife und ähnlichen Stoffen der Ausrüstung[3]. Die Auffindung von Antiseptika, die die Entwicklung von Meltau wirksam verhindern, einfach und billig in der Anwendung, für den Verbraucher unschädlich sind und die Wolle sonst nicht verändern, ist von erheblicher praktischer Bedeutung. Von etwa 150 untersuchten Stoffen fand Burgess[4] unter diesen Gesichtspunkten nur Natriumfluorid, Natriumsilicofluorid und Shirlan NA brauchbar. Nach Pratt[5] verleihen Eulan W extra und Eulan NK der Wolle hohe Widerstandsfähigkeit gegen Meltau; die Schutzwirkung des Eulans beruht wahrscheinlich darauf, daß durch seine chemische Bindung an das Wolleiweiß die Reaktionsfähigkeit der „Kittsubstanz" gegenüber den proteolytischen Enzymen verändert wird[6]. Die Antiseptika können in verschiedenen Stadien der Ausrüstung zur Anwendung gelangen. Bei Waren, die in luftdichten Behältern aufbewahrt werden, sind auch flüchtige Antiseptika, wie Ammoniakdämpfe aus Ammonsalzen, Menthol, Thymol und Kupfer, wirksame Mittel, um Meltau zu verhüten. Bleichen der Wolle mit SO_2 hat ebenfalls eine günstige Wirkung; diese ist aber nur vorübergehend[4]. Dagegen verleiht der Chromfärbeprozeß der Wolle eine erhebliche Widerstandsfähigkeit gegen das Wachstum der Schimmelpilze, die die Meltauentwicklung verschulden. Diese erhöhte Widerstandsfähigkeit chromierter Wolle beruht wahrscheinlich auf einer Verarmung der Wolle an den für die Organismen notwendigen Nährstoffen[7]. Auch durch Herabsetzung der Quellbarkeit der Wolle mittelst Gerbstoffen[8], sowie durch Behandlung mit Katechu und Ferrosulfat, Kupfersulfat oder Bichromat läßt sich die Widerstandsfähigkeit der Wolle erhöhen; Kupfersulfat allein übt schon bakterizide Wirkungen aus. Sowohl chromierte als auch mit Katechu gefärbte Wolle haben aber natürlich nur begrenzte Verwendungsgebiete[6].

---

[1] Vgl. Bartsch: Wbl. Papierfabr. Bd. 63 (1932) S. 360. — McGrath: Paper Ind. Bd. 18 (1936) S. 281. — Mendrzyk: Klepzigs Textilschr. Bd. 40 (1937) S. 131.

[2] Schulze, B.: Zellstoff u. Papier Bd. 12 Nr. 7 (1932) S. 284.

[3] Burgess: J. Soc. Dyers Col. Bd. 47 (1931) S. 96; Bd. 50 (1934) S. 138.

[4] Burgess: J. Soc. Dyers Col. Bd. 47 (1931) S. 96; vgl. auch J. Textile Inst. Bd. 15 (1924) 573. T.; Bd. 19 (1928) 315. T.; Bd. 25 (1934) 391. T.

[5] Pratt: Textile Colorist Bd. 55 (1933) S. 344; vgl. auch S. 186.

[6] Burgess: J. Textile Inst. Bd. 25 (1934) 391. T.

[7] Burgess: J. Textile Inst. Bd. 21 (1930) 441. T.; Rev. gén. Mat. Col. Bd. 35 (1931) S. 17, 49, 86.

[8] Bartsch: l. c.

II. Analytische Untersuchungen.

A. Erkennung und Bestimmung der Wolle neben anderen Textilfasern.

1. Nachweis der Wolle.

Bei mikroskopischer Betrachtung ist Wolle an ihrer charakteristischen Schuppenstruktur leicht zu erkennen. Voraussetzung ist natürlich Vertrautheit mit dem mikroskopischen Aussehen der verschiedenen Textilfasern.

Chemisch läßt sich Wolle auf Grund ihrer Löslichkeit in heißem Alkali, auf Grund ihres Schwefelgehaltes oder durch ihr färberisches Verhalten nachweisen. Wollfasern werden beim Erhitzen mit 40proz. KOH gelöst, Zellulosefasern nicht; beim Behandeln mit heißer Na-Plumbatlösung (hergestellt durch Lösung von Pb-Azetat in warmem NaOH) färbt sich Wolle wegen Bildung von PbS[1] schwarzbraun; Zellulosefasern, auch Naturseide, bleiben ungefärbt[2]. Nach Feigl[3] kann die katalytische Beschleunigung der Umsetzung zwischen NaN_3 und J durch Verbindungen mit den Gruppen —C—S und —C—SH zur Unterscheidung tierischer und pflanzlicher Fasern dienen[4]. Neocarmin W[5] färbt Baumwolle, Leinen und Kunstseide in verschiedenen Farben, gechlorte Wolle in siedender Lösung fast schwarz, unbeschädigte Wolle gelb.

Die Unterscheidung der Wolle von der ebenfalls aus Eiweiß bestehenden Lanitalfaser (Casein-Kunstfaser der Snia Viscosa) kann mikroskopisch[6], auf Grund des geringeren Schwefelgehaltes des Lanitals (etwa 0,7% gegenüber etwa 2,5% bei Wolle) und seiner größeren Beständigkeit gegen Alkali erfolgen: bei Behandlung mit alkalischer Bleilösung entsteht bei Lanital nur ganz langsam eine schwache Bräunung, während Wolle sich in derselben Zeit stark braunschwarz färbt[7]. Nach Behandlung mit 10proz. NaOH wird Lanital durch Methylenblau gefärbt, Wolle nicht[8]. Die Lanitalfaser kann auch durch Mikrosublimation erkannt werden[9]. Eine andere außerordentlich empfindliche Methode besteht nach Rath und Burckhardt[7] in der Prüfung auf Formaldehyd, einem für die Lanitalfaser typischen Bestandteil, mittels konzentriert-schwefelsaurer Carbazollösung.

Man kocht eine Probe des zu untersuchenden Materials einige Minuten in destilliertem Wasser, das mit Schwefelsäure angesäuert wurde, und gibt den wäßrigen Auszug tropfenweise zu einer 0,1proz. konzentriert-schwefelsauren Carbazollösung. Unter starkem Erwärmen bildet sich sofort eine tiefblaue Lösung, die nach einiger Zeit einen blauen Niederschlag abscheidet. Bei Abwesenheit von Formaldehyd, also Lanital, entsteht keine, allenfalls eine ganz schwache rötliche Färbung, oder aber ein weißer Niederschlag, der von dem beim Verdünnen sich ausscheidenden Carbazol herrührt.

Bei gefärbten Fasern bringt man die zu untersuchende Faserprobe in einen Destillierkolben, setzt mit Schwefelsäure angesäuertes Wasser zu, destilliert und fängt das Destillat in einem kleinen Erlenmeyerkolben auf. Bei Gegenwart von Lanital ergibt das Destillat, zur Carbazollösung zugesetzt, eine intensive Blaufärbung.

---

[1] Vgl. S. 23.
[2] Vgl. Heermann-Herzog: Mikrosk. u. mechan.-techn. Textiluntersuchungen, S. 117, 3. Aufl. Berlin: Julius Springer 1931.
[3] Feigl: Mikrochem. Bd. 15 (1934) S. 1.
[4] Vgl. auch Beutel u. Kutzelnigg: Mh. Chem. Bd. 64 (1934) S. 183.
[5] Lieferant F. Sager und Dr. Gossler, G.m.b.H., Heidelberg.
[6] Vgl. auch Larose: Amer. Dyestuff Rep. Bd. 26 (1937) S. 584.
[7] Rath und Burkhardt: Klepzigs Textil-Z. Bd. 40 (1937) S. 292.
[8] Da Schio: Boll. Assoc. ital. Color. Bd. 12 (1936) S. 180. — Cerbaro: Boll. reparto fibre tessili vegetali Ac. Bd. 32 (1937) S. 848.
[9] Kutzelnigg: Melliand Textilber. Bd. 18 (1937) S. 201.

Schließlich gelingt die Unterscheidung von Wolle und Lanital auch mit Hilfe des Paulyschen Reagens auf Tyrosin. Der Tyrosingehalt der Wolle und des Lanitals ist fast gleich hoch. Während aber Wolle mit diesem Reagens nur an einigen Stellen, an denen die Schuppenschicht teilweise zerstört ist, unter Rotfärbung reagiert (vgl. S. 126), liefert Lanital, in dem das Tyrosin homogen verteilt ist, mit diazotierter Sulfanilsäure in jedem Falle eine intensive Rotfärbung.

Eine weitere einfache Prüfung zur Unterscheidung verschiedener Fasern ist die Brennprobe. Wolle und Seide verbrennen unter Geruch nach verbranntem Horn und geben eine kugelige Schlacke, während Baumwolle und Kunstseide oder Zellwolle aus regenerierter Zellulose (Viskose- und Kupferseide und -Zellwolle) eine weiße, lockere, meist vollständig zerfallende Asche liefern. Azetatseide und -Zellwolle verbrennen zwar ebenfalls unter Schlackenbildung, der Geruch ist aber ausgesprochen sauer. — Lanital brennt leichter als Wolle, mit dem Geruch nach verbranntem Horn und ohne Quellung[1]. Über die Unterscheidung der Wolle von Baumwolle und Kunstseide auf Grund der Fluoreszenz im ultravioletten Licht vgl. Sommer[2], Ellinger[3], Desmurs[4], Göthel[5] u. a.

2. Quantitative Bestimmung der Wolle in Fasergemischen.

Ein ungefähres Urteil über das vorliegende Mischungsverhältnis gewinnt man durch mikroskopische Schätzung unter Zuhilfenahme von Anfärbungen (z. B. mit Neocarmin W oder mit Pelikantinte 4001 und Eosinlösung) zur besseren Kenntlichmachung der Anteile an den verschiedenen Fasern; Schulze und Springmann[6] empfehlen bei Wolle-Zellwoll-Gemischen oder bei Halbwolle Anfärbung der Zellulosefaser mit einem substantiven Farbstoff, wie Direktschwarz VT, bei Wolle-Azetatzellwoll-Gemischen Anfärbung der Wolle mit einem Säurefarbstoff, wie Naphthylaminschwarz A (I. G. Farben). Die so bei mikroskopischer Schätzung erreichbare Genauigkeit beträgt jedoch höchstens 5—10%. Das mikroskopische Auszählverfahren, bei dem die verschiedenen Faseranteile direkt unter dem Mikroskop entweder in der Aufsicht oder im Querschnitt ausgezählt und die erhaltenen Zahlenverhältnisse unter Berücksichtigung der Feinheit und des spezifischen Gewichtes umgerechnet werden, ist zwar wesentlich genauer, aber auch zeitraubender[7].

Bei den chemischen Methoden zur Analyse von Mischgarnen und Mischgeweben wird entweder die Wolle oder die andere Faserart durch geeignete Behandlungen in Lösung gebracht und der nicht gelöste Anteil gewichtsanalytisch bestimmt. Zur Auswahl der anzuwendenden Methode ist eine mikroskopische Vorprüfung auf die Art und das ungefähre Mengenverhältnis der vorliegenden Fasern zweckmäßig. Voraussetzung für die Genauigkeit der chemischen Analysenverfahren ist erstens die völlige Befreiung der zu untersuchenden Proben von Fremdstoffen, wie Öle, Schlichte, Appretur usw.[8]; zweitens die genaue Bestimmung

---

[1] Da Schio: l. c.

[2] Sommer: Leipzig. Msch. Textil-Ind. Bd. 43 (1928) S. 433, 479.

[3] Ellinger: Kunstseide Bd. 13 (1931) S. 407.

[4] Desmurs: Rev. gén. Teinture Bd. 10 (1932) S. 307, 417, 505.

[5] Göthel: Melliand Textilber. Bd. 15 (1934) S. 409.

[6] Mschr. Seide Kunstseide Bd. 42 (1937) S. 52; Melliand Textilber. Bd. 18 (1937) S. 486.

[7] Vgl. auch Viertel: Mschr. Textil-Ind., II. Fachheft (1936). Kunstseide Bd. 19 (1937) S. 202. — Über eine neue Zählkammer vgl. A. Herzog: Melliand Textilber. Bd. 18 (1937) S. 692.

[8] Über geeignete Methoden, die dem jeweils vorliegenden Falle entsprechend zu wählen sind, vgl. Mease und Jessup: Bur. Stand. J. Res. Bd. 12 (1934) S. 75; vgl. auch das Referat in Klepzigs Textil-Z. Bd. 39 (1936) S. 691.

des Bezugsgewichtes durch Auslegen der Proben bei 65% relativer Luftfeuchtigkeit bis zum konstanten Gewicht.

a) Gemische von Wolle und Cellulosefasern. (Baumwolle, Viskose- und Kupferkunstseide oder -zellwolle). Die Bestimmung der Wolle in Gemischen mit Zellulosefasern kann durch Auflösung der letzteren mit starker Schwefelsäure, durch Karbonisation mit Aluminiumchlorid oder bei Wolle-Kunstseide bzw. -Zellwolle auch nach dem Kalziumrhodanidverfahren erfolgen. — Eine Ermittlung der ungefähren Materialzusammensetzung einer Mischung aus Wolle und Zellulosefasern ermöglicht das Natronlauge-Abkochverfahren. Eine 5 g-Probe (genau abgewogen) wird in 30facher Flotte mit 2proz. NaOH eine halbe Stunde gekocht, auf ein feines Bronzesieb gebracht, mit fließendem kaltem Wasser gewaschen, gesammelt und getrocknet. Wolle und Seide gehen in Lösung, Baumwolle bleibt ungelöst[1]. Bei Anwendung eines Korrekturfaktors von 5 bzw. 2% für die Löslichkeit der Viskose- bzw. Kupferkunstseide und Zellwolle liefert das Natronlaugeabkochverfahren für Wolle-Kunstfasergemische brauchbare Werte. Mease und Jessup[2] legen zur Bestimmung des Baumwollanteiles von Halbwolle die entschlichtete Probe zehn Minuten in kochende 5proz. KOH, lassen absetzen oder filtrieren, spülen den Baumwollrest erst gut mit destilliertem Wasser, dann mit 5proz. Essigsäurelösung und wieder bis zur Neutralität mit destilliertem Wasser, trocknen und wägen die übriggebliebene Baumwolle.

Das Schwefelsäureverfahren. Eine 5 g-Probe wird in 30facher Flotte in einer Glasstöpselflasche mit 80proz. H_2SO_4 eine Viertelstunde geschüttelt. Dann wird noch drei bis vier Stunden lang alle Viertelstunde geschüttelt, die Masse auf ein Sieb gebracht und wie oben weiterbehandelt. Wolle und Naturseide bleiben ungelöst, alle pflanzlichen Fasern werden gelöst[1]. Die Methode hat zwei Fehlerquellen: 1. eine Sorption von Schwefelsäure durch die Wolle, so daß die Werte leicht zu hoch ausfallen[3]; 2. eine gewisse Zersetzung der Wolle durch die Säurebehandlung. Nach Viertel ist daher das Schwefelsäureverfahren bei größeren Ansprüchen an die Genauigkeit nur bei Vorliegen geringer Wollmengen bis zu etwa 10% zu empfehlen.

Das Aluminiumchloridverfahren[4]. Das von Fett, Schlichte usw. befreite Muster wird 10 Minuten in eine kochende Aluminiumchloridlösung (9 g $AlCl_3 \cdot 6\,H_2O$ auf 100 cm³ Wasser) gelegt, vorsichtig abgequetscht und bei 105—110° so lange getrocknet, bis die Zellulosefaser braun und brüchig geworden ist; bei Baumwolle genügen meist zwei Stunden. Man hält dann das Muster über Glanzpapier und bearbeitet es zur Pulverung der karbonisierten Zellulose mit der Hand. Die Trennung wird durch Benutzung eines Drahtnetzes zwischen den Händen und dem Glanzpapier erleichtert. Man bringt die Wolle in ein Becherglas mit warmem Wasser, benetzt sie gründlich und bildet aus den gröberen Fasern auf einem Büchnertrichter oder Goochtiegel einen Filz; man saugt vorsichtig ab und gießt die übrigen Fasern und das Filtrat auf den Faserfilz. Die Fasern werden hierauf entfernt und mit Salzsäurelösung (1 Teil konz. Salzsäure + 9 Teile destilliertes Wasser) geschüttelt. Diese Operation wird wiederholt, wobei statt der Säure mehrere Portionen Wasser benutzt werden, bis die Wolle frei von Zellulosestaub

[1] Krais und Markert: J. Textile Inst. Bd. 23 (1932) P. 213; Amer. Dyestuff Rep. Bd. 21 (1932) S. 464; Dyer Calico Printer Bd. 67 (1932) S. 581, 593.

[2] Mease und Jessup: Amer. Dyestuff Rep. Bd. 24 (1935) S. 613; Rev. gén. Teinture Bd. 14 (1936) S. 317; Bur. Stand. J. Res. Bd. 12 (1934) S. 75; Bd. 15 (1935) S. 189. — Mease: Amer. Dyestuff Rep. Bd. 24 (1935) S. 94. Das Verfahren gibt gut übereinstimmende Werte (vgl. auch Viertel: l. c.).

[3] Nach Harris, Mease und Rutherford: Amer. Dyestuff Rep. Bd. 26 (1937) 150. P. entstehen unter Gewichtszunahme Hydroxaminsäurederivate.

[4] Vgl. auch Mease und Jessup: l. c. 2.

und das Waschwasser frei von Chloriden ist. Die Wolle wird dann schließlich bis zum konstanten Gewicht getrocknet. Das Verfahren gibt gut übereinstimmende Werte[1].

Das Kalziumrhodanidverfahren. 200 cm³ einer Lösung von technischem $Ca(SCN)_2$, die in 100 cm³ 100 g des Salzes enthält, werden in eine mit kräftigem Rührwerk versehene Weithalsflasche gebracht und im Wasserbade auf 70° erwärmt; dann wird ein 1,5 g-Muster zugesetzt, im kochenden Wasserbade eine Stunde unter dauerndem Rühren erhitzt (200—300 Umdrehungen pro Minute), auf ein Sieb gebracht und wie oben gewaschen, nachdem die überschüssige Flüssigkeit mit einem Glasstab gut abgepreßt worden ist[2]. Für die Löslichkeit der Wolle in der Kalziumrhodanidlösung ist eine Korrektur anzubringen, die für gewaschene, gefärbte, ungeschädigte Wolle im Mittel rd. 3% beträgt[3].

Die Bestimmung des Wollgehaltes in Papieren, Pappen u. dgl. erfolgt nach der Schwefelsäuremethode[4].

b) Wolle-Acetatseide oder Acetatzellwolle. Die Azetatseide oder -zellwolle wird durch Behandlung mit Azeton bei gewöhnlicher oder etwas erhöhter Temperatur herausgelöst[2].

c) Wolle-Naturseide. Die Trennung kann nach dem Kalziumrhodanidverfahren erfolgen. Naturseide (roh, entbastet, beschwert) ist in der Kalziumrhodanidlösung vollständig löslich, die Wolle nur zu etwa 3% (s. oben). Mease und Jessup schütteln die in 2—4 mm lange Enden geschnittenen Fasern (5 g) eine Stunde bei 70° mit 200 cm³ $Ca(CNS)_2$-Lösung vom spez. Gewicht 1,20—1,21, die durch Zusatz von Essigsäure gerade schwach sauer gegen Lackmus gemacht ist, filtrieren durch den aus den unlöslichen Fasern gebildeten Filz, schütteln den Faserfilz nochmals fünf Minuten mit frischer Lösung, waschen mit heißem Wasser und trocknen.

d) Wolle-Lanital. Die quantitative Bestimmung der Wolle in Gemischen mit Lanital kann auf Grund der Löslichkeit der Wolle in 20proz. Natronlauge durchgeführt werden. Das Lanital bleibt hierbei äußerlich unverändert, verliert aber an Gewicht. Der Gewichtsverlust ist in der 1. Stunde am größten (7%) und erreicht nach 5 Stunden bei 30° 18,5%[5]. Genaue Innehaltung der Zeit und Temperatur bei der Ausführung der Bestimmung ist erforderlich[6].

B. Untersuchung der chemischen Zusammensetzung von Wolle[7].

1. Elementaranalyse der Wolle.

a) Bestimmung des Trockengewichtes[8]. Die Bestimmung des Trockengewichtes erfolgt durch Trocknen bei 105—110° bis zur Gewichtskonstanz. In der Praxis benutzt man Trockengehaltsprüfer (Konditionierapparate), die mit einer Ein-

---

[1] Vgl. auch Viertel: l. c.

[2] Krais und Markert: l. c.; vgl. auch Mease und Jessup: l. c.

[3] Viertel: l. c. — Vgl. auch Rath: Klepzigs Textil-Z. Bd. 40 (1937) S. 617.

[4] Schulze, B.: Papier-Fabrikant, Bd. 17 (1929) S. 299; Herzberg, Korn, Schulze: Papier-Prüfung, S. 219. Berlin 1932. — Vgl. auch Goldschmid: Le Papier Bd. 39 (1936) S. 245.

[5] Da Schio: Rev. gén. Matières Col. Bd. 41 (1937) S. 170; Boll. Assoc. ital. Col. Bd. 12 (1936) S. 180. — Cerbaro: Boll. reparto fibre tessili vegetali etc. Bd. 32 (1937) S. 848.

[6] Vgl. auch Larose: Amer. Dyestuff Rep. Bd. 26 (1937) S. 584.

[7] Vgl. auch die Zusammenstellung von Hill (Wool Ind. Res. Assoc), Dyer Calico Printer Bd. 67 (1932) S. 573, 630.

[8] Vgl. Dietz: Dissertation Technische Hochschule Dresden 1911. — King: J. Textile Inst. Bd. 17 (1926) 53. T. — Barker und Hedges: J. Textile Inst. Bd. 17 (1926) 453. R.

richtung zur Luftführung versehen sind. Der handelsübliche Zuschlag beträgt für Kammgarn 18 1/4%, für Streichgarn 17%[1].

Nach Barker und Hedges[2] wird durch Erhitzen auf 115° nicht mehr Wasser entfernt als durch Erhitzen auf 106°; zur Entfernung der letzten Spuren Feuchtigkeit muß trockene Luft durch die Wolle geleitet werden. Das auf diese Weise entfernte Wasser wird wahrscheinlich von der Wolle in anderer Weise festgehalten als die Hauptmenge, die durch Erhitzen auf 105° entfernt werden kann[3].

b) Bestimmung des Stickstoffgehaltes. Die Stickstoffbestimmung erfolgt nach dem Kjeldahl-Verfahren in bekannter Weise. Über die Mikrokjeldahlbestimmung bei Wolle vgl. Hartley[4]. — Über die Bestimmung des Gehaltes der Wolle an verschiedenen Aminosäuren durch Totalhydrolyse des Keratins vgl. S. 15.

c) Bestimmung des Schwefelgehaltes[5]. Der Schwefelgehalt der Wolle wird am besten nach der aus der organischen Elementaranalyse bekannten Methode von Carius bestimmt. Nach Baritt und King[5] muß zur vollständigen Zersetzung der Wolle die Temperatur mindestens 200° betragen, und das Rohr soll höchstens 2 cm (1 Zoll) aus dem eisernen Mantelrohr herausragen.

Trotmann und Bell[5] benutzten zur Schwefelbestimmung in Wolle mit geringen Abänderungen die Methode von Denis-Benedict[6]. Sie lösten zunächst die Wolle (0,2 g) durch Erwärmen in etwas NaOH-Lösung, setzten dann einige Tropfen Brom zu, neutralisierten nach einigen Minuten mit KNO_3, setzten darauf das Benedict-Denis-Reagens (25 g $Cu(NO_3)_2$ — 25 g NaCl — 10 g $(NH_4)_2NO_3$ in 100 cm^3-Lösung) zu und verfuhren weiter nach derOriginalmethode. Die Schwefelbestimmungsmethode von Latshaw[7], bei der $Mg(NO_3)_2$ als Oxydationsmittel benutzt wird, gibt nach Trotman und Bell[5] bei Wolle keine befriedigenden Ergebnisse. M. C. White[8] bestimmte den Schwefelgehalt von Wolle, indem er die Wolle mit einer Lösung von NaOH und Pb-Azetat digerierte, mit Essigsäure ansäuerte, das abgeschiedene PbS sammelte und das Pb schließlich als Chromat bestimmte. Nach Osborne[9] wird jedoch beim Erhitzen mit alkalischer Bleilösung nur ein Teil des Schwefels der Wolle erfaßt.

Ebenso genau, aber rascher und einfacher als die Carius-Methode ist nach Mease die Verbrennung in der Sauerstoffbombe nach Garelli und Saladini[10]. Die Wolle (0,5 g) wird bei einem Druck von 150—180 lb/in² in einer Sauerstoffbombe verbrannt, der Schwefel in Ammonkarbonatlösung absorbiert, mit HCl angesäuert und das SO_4' mit $BaCl_2$ gefällt und als $BaSO_4$ gravimetrisch bestimmt.

Über die Bestimmung des charakteristischen schwefelhaltigen Aminosäurebausteins des Keratins, des Cystins, vgl. S. 15[11].

---

[1] Vgl. auch Normblatt DIN DVM 3801, Blatt 3 (1937).

[2] Barker und Hedges: l. c. [3] Vgl. auch S. 35.

[4] Hartley: J. Ind. Engng. Chem. anal. Ed. Bd. 6 (1934) S. 249.

[5] Zusammenstellung der verschiedenen für die Bestimmung des Schwefelgehaltes organischer Substanzen vorgeschlagenen Methoden vgl. Barritt und King: J. Textile Inst. Bd. 17 (1926) 386. T. — Trotman und Bell: J. Soc. chem. Ind. Bd. 45 (1926) 10. T.

[6] Benedict: J. Biol. Chem. Bd. 6 (1909) S. 363. — Denis: J. Biol. Chem. Bd. 8 (1910) S. 401.

[7] Latshaw: J. Assoc. Offic. Agr. Chem. Bd. 6 (1923) S. 414.

[8] White, M. C.: Proc. S. Dak. Acad. Sci. Bd. 3 (1919) S. 43; Chem. Abstr. Bd. 14 (1920) S. 1760.

[9] Osborne: J. Amer. chem. Soc. Bd. 21 (1902) S. 140.

[10] Garelli und Saladini: Att. Acad. Sci. Torino Cl. Sci. Fis. Mat. Nat. Bd. 66 (1931) S. 163. — Über eine Makro-Modifikation der Preglschen Mikromethode zur Bestimmung von Schwefel in Wolle vgl. Larose und Tweedie: Can. J. Res. Bd. 15 (1937) 65 B.

[11] Vgl. ferner Brdicka: Mikrochem. Bd. 15 (1934) S. 167. — Yamazaki: J. Biochemistry Bd. 12 (1930) S. 207. — Baernstein: J. Biol. Chem. Bd. 89 (1930) S. 125. — Sullivan und Hess: J. Biol. Chem. Bd. 117 (1937) S. 423.

d) Bestimmung des Aschegehaltes. Wolle verascht sich schlecht, weil sie sich in der Hitze aufbläht und schäumt. Nach Hill[1] unterstützt Benetzung der Wolle mit einer gesättigten Lösung von NH_4NO_3 in 67proz. Alkohol die Verbrennung und begünstigt die Bildung einer porigen Kohle. Ein vorteilhaftes Verfahren zur Auflösung der Wolle vor dem Veraschen ist nach Hill die Anwendung von HCl, wie in der Benedict-Denisschen Methode zur Schwefelsäurebestimmung. Man setzt 20 cm^3 20proz. NH_4NO_3-Lösung zu, verdampft zur Trockne, erhitzt in der Abrauchschale und glüht.

2. Nachweis und Bestimmung eines Säuregehaltes von Wolle.

Qualitativ prüft man Wolle auf Säuregehalt, indem man entweder feuchtes Lackmus- oder Kongopapier auf die Wolle auflegt oder die Wolle mit Wasser auszieht und den p_H des Auszuges mit Indikatoren feststellt[2].

In quantitativer Hinsicht[3] ist besonders die Bestimmung der Schwefelsäure von Interesse. Schwefelsäure ist die für die Praxis der Wollverarbeitung wichtigste Säure. Einerseits können Reste von H_2SO_4, die durch ungenügende Entfernung der Säure nach dem Karbonisieren, Färben usw. in der Wolle geblieben sind, Wollschädigungen bei späteren Fabrikationsprozessen oder mangelhafte Gebrauchseigenschaften veranlassen. Andererseits entsteht Schwefelsäure in der Wolle selbst aus dem Cystinschwefel durch oxydative Einflüsse; der Schwefelsäuregehalt kann daher unter gewissen Bedingungen als Maß solcher Schädigungen, z. B. von Bewetterungsschäden, dienen.

Bestimmung von Schwefelsäure und Sulfaten in Wolle.

a) Bestimmung freier Schwefelsäure. Vollständige Extraktion der Säure aus Wolle mit Wasser und Titration der Extrakte ist nicht durchführbar. Die häufig angewandte Methode, die Wolle mit einer bestimmten Menge an überschüssigem 1/10 n-NH_4OH in einer verschlossenen Flasche stehen zu lassen, eine gewisse Menge NH_4OH abzupipettieren und zurückzutitrieren, gibt wegen der Absorption von NH_3 durch die Wolle keine zuverlässigen Resultate[4]. Woodmansey[5] hat zur Bestimmung der H_2SO_4 in Wolle das Gleichgewicht zwischen Wolle und H_2SO_4-Lösung benutzt. Die Wolle wurde in Wasser eingelegt, der H_2SO_4-Gehalt der Lösung bestimmt und dann der H_2SO_4-Gehalt der Wolle aus einer Kurve abgelesen. Auch diese Methode ist unbefriedigend; auch bleibt das verschiedene Säureaufnahmevermögen von Wolle verschiedener Herkunft und verschiedener Vorbehandlung unberücksichtigt. Hirst und King[6] haben zwei neue Methoden zur H_2SO_4-Bestimmung in Wolle angegeben.

1. Die $MgCO_3$-Methode. Die schwefelsäurehaltige Wollprobe wird mit einer Suspension von $MgCO_3$ stehen lassen und die als $MgSO_4$ nach der Gleichung:

$$MgCO_3 + H_2SO_4 = MgSO_4 + CO_2 + H_2O$$

in Lösung gegangene Schwefelsäure als $BaSO_4$ gefällt und gravimetrisch bestimmt. In der Wolle enthaltene Sulfate werden miterfaßt. Die Methode gibt gute Resultate, ist aber für Massenanalysen zu kompliziert[7].

---

[1] Hill: Dyer Calico Printer Bd. 67 (1932) S. 573.

[2] Vgl. dazu Ristenpart: Z. ges. Textil-Ind. Bd. 28 (1925) S. 460.

[3] Zusammenstellung und Nachprüfung verschiedener Methoden der Säurebestimmung in Wolle vgl. Trotman und Gee: J. Soc. Dyers Col. Bd. 48 (1932) S. 321.

[4] Vgl. Lloyd: J. Soc. Dyers Col. Bd. 30 (1914) S. 12. — Petrow: USSR. Scient. techn. Dpt. Supreme Council Nat. Econ. Nr. 350. Trans. Central. Res. Inst. Textile Ind. Nr. 1 (1930) S. 33.

[5] Woodmansey: J. Soc. Dyers Col. Bd. 34 (1918) S. 172.

[6] Hirst und King: J. Textile Inst. Bd. 17 (1926) 101. T.

[7] Vgl. auch Petrow: l. c. 4.

2. Die Terephtalsäuremethode. Die Methode beruht auf der quantitativen Entfernung der H_2SO_4 aus Wolle durch Na-Terephtalat nach der Gleichung

$$H_2SO_4 + C_6H_4(COONa)_2 = Na_2SO_4 + C_6H_4(COOH)_2.$$

Die zu untersuchende, in Wasser genetzte Wollprobe wird mit einer gemessenen Menge 1/10 n-Terephtalatlösung 15 Minuten auf 60° erhitzt und nach drei Stunden filtriert, oder es wird über Nacht stehen gelassen. Dann wird ebenso verfahren, wie bei der titrimetrischen Bestimmung des Alkaligehaltes von Wolle[1]. Bei gefärbter Wolle ist Arbeiten in der Kälte vorzuziehen. Wenn das Material mit leicht abziehbaren Farbstoffen gefärbt ist, gibt die $MgCO_3$-Methode bessere Werte. Seifenfettsäuren und kleine Mengen $CaSO_4$ oder $MgSO_4$ stören nicht.

Trotman und Gee[2] ersetzten bei der „Ammoniakmethode" das Ammoniak durch Triaethanolamin, das weniger von der Wolle adsorbiert wird. Da jedoch auch Triaethylamin noch etwas adsorbiert wird und sich schwer eine Korrektur für die adsorbierte Menge anbringen läßt, verwendet Barritt[3] zur Extraktion eine etwa 0,5proz. Pyridin-Lösung. Die extrahierte Säure kann dann direkt mit 1/10 n-NaOH und Phenolphthalein titriert werden (Umschlagsbereich des Phenolphthaleins 8,3—10; p_H der 0,5 proz. Pyridinlösung etwa 7,8).

2 g Wolle werden in einer tarierten Flasche in 100 cm³ destilliertem Wasser eingeweicht und 10 cm³ 10proz. Pyridinlösung zugesetzt; dann wird auf ein passendes Gewicht (entsprechend einem Volumen von 150—250 cm³) aufgefüllt, mit einem Glasstopfen verschlossen, geschüttelt und mindestens 1 Stunde stehengelassen. Die Flüssigkeit wird abgegossen und ein aliquoter Teil (z. B. 50 cm³) mit CO_2-freier 1/10 n-NaOH und Phenolphthalein titriert.

Es werden etwa 98% der in der Wolle vorhandenen H_2SO_4 erfaßt. Die Terephthalsäuremethode gibt anscheinend etwas niedrigere Werte.

b) Sulfatbestimmung. Zerstörung der Wolle zwecks Freisetzen des Sulfatschwefels ohne Oxydation des Cystinschwefels kann nach Mease[4] sowohl durch Auflösung der Wolle in siedender 5proz. KOH[5] als auch durch Auflösung in konzentrierter HCl erfolgen. Die Verwendung von HCl ist vorzuziehen, weil hierbei keine kolloiden, die Filtration erschwerenden Wollabbauprodukte entstehen. In HCl unlösliche Sulfate werden natürlich bei der Bestimmung nicht mit erfaßt.

Man wägt 1—1,5 g trockene oder auf einen bestimmten Feuchtigkeitsgehalt konditionierte Wolle genau ab und erhitzt sie in einem Reagenzrohr aus Jenaer Glas (etwa 19 cm lang, 75 cm³ Inhalt) mit 20 cm³ 30proz. HCl 20—30 Minuten im Wasserbad von 95—100° unter gelegentlichem Schütteln. Die erkaltete Lösung wird mit etwa dem gleichen Volumen destillierten Wassers verdünnt, filtriert, das Filtrat in einem 300 cm³-Becherglas aufgefangen, auf dem Dampfbade auf 250 cm³ verdünnt und durch Zusatz von 10 cm³ 5proz. $BaCl_2$-Lösung SO_4'' in üblicher Weise als $BaSO_4$ bestimmt.

3. Nachweis und Bestimmung des Alkaligehaltes von Wolle.

Qualitativ stellt man die Gegenwart von Alkali durch Untersuchung des p_H der Wolle oder ihres wäßrigen Auszuges mit Hilfe von Indikatorpapieren oder -lösungen fest (s. oben). Nach Clayton[6] lassen sich Spuren Alkali in Wolle an der Entfärbung von Methylgrünlösung (1—2 cm³ 0,1proz. Methylgrünlösung und 200 cm³ Wasser; 0,25 g Wolle) erkennen.

Bestimmung von Alkali in Wolle. Wegen der hartnäckigen Adsorption von

[1] Vgl. S. 121.
[2] Trotman und Gee: J. Soc. Dyers Col. Bd. 48 (1932) S. 321; Amer. Dyestuff Rep. Bd. 22 (1933) S. 303, 316, 319.
[3] Barrit: J. Textile Inst. Bd. 26 (1935) 87. T; vgl. auch Eavenson und Creely: Amer. Dyestuff Rep. Bd. 25 (1936) S. 732.
[4] Mease: Bur. Stand. J. Res. Bd. 13 (1934) S. 617; vgl. auch Eavenson und Creely: l. c. 3.
[5] Vgl. Mease und Jessup: Bur. Stand. J. Res. Bd. 9 (1932) S. 669.
[6] Clayton: J. Soc. Dyers Col. Bd. 51 (1935) S. 387.

Alkali und Säure durch Wolle ist die azidimetrische Titration sehr zeitraubend und unsicher. Nach Hirst und King[1] kann der Alkaligehalt von Wolle (Alkalihydroxyd, —karbonat oder Alkaliseife) bestimmt werden, indem man die Wolle zwei Stunden bei 50° unter gelegentlichem Rühren mit einer Suspension von Terephthalsäure behandelt, die Wolle gut abpreßt, nachwäscht und die in Filtrat-Waschwässer enthaltene Terephthalsäure titrimetrisch bestimmt[2]. Hierzu wird die Flüssigkeit mit einem Überschuß von 1/10 n-H_2SO_4 (mit Bromphenolblau eingestellt) versetzt, filtriert und mit 1/10 n-NaOH in Gegenwart von Bromphenolblau als Indikator auf Neutralgrau [entsprechend p_H 3,6 (Tageslichtlampe)] titriert. Terephthalsäure ist in Wasser so schwer löslich, daß ihre gesättigte Lösung gegen Bromphenolblau und Methylorange alkalisch reagiert (1 Liter Wasser von 20° löst 0,0168 g Terephthalsäure). Bei Berührung mit alkalihaltiger Wolle geht eine dem vorhandenen Alkali äquivalente Menge Terephthalsäure als Na-Terephthalat in Lösung nach der Gleichung:

$$2NaOH + C_6H_4(COOH)_2 = 2H_2O + C_6H_4(COONa)_2$$

$$Na_2CO_3 + C_6H_4(COOH)_2 = 2H_2O + CO_2 + C_6H_4(COONa)_2$$

$$\underset{\text{(Na-Seife)}}{2C_{17}H_{34}COONa} + C_6H_4(COOH)_2 = 2(C_{17}H_{34}COOH) + C_6H_4(COONa)_2$$

Ca-Seifen werden mitbestimmt. In ihrer Gegenwart ist daher eine gesonderte Ca-Bestimmung notwendig (s. w. u.).

Stocker[3] extrahiert das Alkali mit wäßriger Borsäure und titriert das erhaltene Na_3BO_3 mit 0,1 n HCl in Gegenwart von Methylorange oder Methylrot; Borsäure ist ohne Wirkung auf den Indikator, und die Adsorption der Säure durch die Wolle beeinflußt das Ergebnis nicht. Natriumseifen und NaOH werden mit Alkohol extrahiert.

4. Fett- und Ölgehalt.

Bei Rohwolle wird von Mark[4] der Nachweis von Neutralfetten durch Eintragen der Wollhaare unter dem Deckglas in einen Tropfen Sudanglyzerin empfohlen. Das Fett speichert den Farbstoff und nimmt dabei eine orangerote Färbung an. Man erkennt dabei, wie die Haaroberfläche von einer Fettschicht wechselnder Dicke überzogen ist. Auf einen Fettgehalt von 4% extrahierte Wolle zeigt oberflächlich, höchstens an den Grenzen der Schuppenränder, noch Spuren von mit Sudan III nachweisbarem Fett, Wolle mit 1proz. Fettgehalt auch dies nicht mehr. Im Haarquerschnitt selbst läßt sich kein Fett nachweisen; ebenso verhält es sich mit der in heißen Fettlösungsmitteln löslichen Füllsubstanz der „Löcher" (vgl. S. 124).

Sudanglyzerin wird bereitet aus 0,1 g Sudan III, 10 g 96proz. Alkohol und 10 g Glyzerin. Man filtriert die Lösung und bewahrt sie in einem Stiftfläschchen auf.

An Stelle von Sudanglyzerin kann auch Osmiumsäure zum Kenntlichmachen der Fettschicht des Haares benutzt werden.

Mit der von Windaus[5] gefundenen Digitoninreaktion auf Cholesterin kann selbst bei Wolle mit nur 1% Fettgehalt Cholesterin mikrochemisch nachgewiesen werden[6].

---

[1] Hirst und King: J. Textile Inst. Bd. 17 (1926) 94. T.

[2] Die gravimetrische Bestimmung der durch Zersetzung des Filtrats mit verdünnter Säure abgeschiedenen Terephthalsäure gibt stets etwas zu hohe Werte, wahrscheinlich wegen Bildung von etwas saurem Na-Phthalat. [3] Stocker: J. Soc. Dyers Col. Bd. 53 (1937) S. 348.

[4] Mark, H.: Beiträge zur Kenntnis der Wolle und ihrer Bearbeitung, Berlin 1925. S. 30.

[5] Windaus: Ber. dtsch. chem. Ges. Bd. 42 (1909) S. 238.

[6] Vgl. Brunswick: Z. wiss. Mikroskop. Bd. 39 (1922) S. 316. — Heermann-Herzog: Mikroskopische u. mech.-techn. Textiluntersuchungen, 3. Aufl. Berlin 1931. S. 552.

Zur Bestimmung des Wollfettes wird die Wolle mit Äther[1] oder mit Benzol[2] im Soxleth extrahiert. Bei Rohwolle wird das extrahierte Fett auf Spuren Schweiß geprüft; diese werden durch Waschen einer Petrolätherlösung des extrahierten Fettes mit 50proz. Alkohol bestimmt[2].

Zur Bestimmung von Ölen in Wolle ist nach Hirst[3] Extraktion mit Azeton, besonders bei Gegenwart oxydierter Öle, der Extraktion mit Äther im Soxleth-Apparat vorzuziehen.

Schweiß- und Schmutzgehalt[4]. Nach Hill[2] wird der Schweiß an der durch Benzolextraktion entfetteten Wolle durch Extraktion mit Wasser im Soxleth bestimmt; der Trockenrückstand des wäßrigen Extraktes, vermehrt um die aus dem Fett erhaltenen Schweißspuren (s. oben), ergibt den Schweißgehalt. — Zur Bestimmung des Schmutzes wird die extrahierte Wolle getrocknet und gewogen, in warmem Seifenwasser und schließlich in viel warmem Wasser gewaschen. Die pflanzlichen Verunreinigungen werden mit der Hand ausgelesen. Die Wolle wird dann wieder getrocknet und gewogen und die Schmutzmenge aus der Differenz bestimmt.

Seifengehalt[5]. Bei einer Probe unbekannter Herkunft muß zunächst zur Entfernung von Öl als solchem mit Petroläther extrahiert werden. Das Öl sollte auf Seife geprüft werden und diese, wenn vorhanden, bestimmt werden, indem man, wie bei der Schweißanalyse (s. oben) mit 50proz. Alkohol extrahiert. Die Wolle wird dann zur Entfernung der Seife mit frisch destilliertem, absol., neutralen Alkohol 5—6 Stunden im Soxleth extrahiert. Der heiß filtrierte alkoholische Extrakt wird auf dem Wasserbade zur Trockne gebracht und dann im Dampftrockenschrank und schließlich im Vakuumexsikkator unter vermindertem Druck bis zur Gewichtskonstanz getrocknet. Der Extrakt wird mit 60 cm^3 destilliertem Wasser unter Zusatz von Methylorange oder Methylrot gekocht, ein bekannter Überschuß (25—30 cm^3) 1/10 n-Säure zugegeben, aufgekocht, abkühlen gelassen und dreimal mit neutralem über Kalk destilliertem Äther extrahiert. Der Äther wird mit Wasser gewaschen und das Wasser der Flüssigkeit zugesetzt. Der Verdampfungsrückstand des Ätherextraktes ergibt die Gesamtmenge Öl und Fettsäure im Alkoholextrakt.

Zur Bestimmung der Fettsäure löst man das so erhaltene Öl in absolutem Alkohol oder Alkohol und Äther, setzt einige Tropfen 1proz. alkoholischer Phenolphthaleinlösung zu und titriert mit 1/10 n-wäßrigem Alkali auf ein einige Minuten beständiges Rosa; als Indikator kann auch ein fluoreszierender Farbstoff, wie Eosin, benutzt werden. — Zur Bestimmung von Na-Oleat wird die beim Ausschütteln mit Äther verbliebene Flüssigkeit mit 1/10 n-NaOH zurücktitriert und die Differenz zwischen der zugesetzten und der zurücktitrierten Säure als Na-Oleat berechnet. — Die Ca-Seifen sind im Na-Oleat einbegriffen, können aber, wie folgt, bestimmt werden: die nach dem Ausschütteln mit Äther und Rücktitration erhaltene Flüssigkeit wird zur Trockne verdampft, mit etwas Äther gewaschen und in Wasser gelöst. Dann setzt man Ammoniak, NH_4Cl und NH_4-Oxalat zu und läßt mehrere Stunden stehen. Der Niederschlag wird abfiltriert, gewaschen, in warmer 2proz. H_2SO_4 gelöst und heiß mit 1/10 n-$KMnO_4$ titriert. Man berechnet hieraus das vorhandene Kalzium als Ca-Oleat.

---

[1] Vgl. auch Textile Col. Bd. 52 (1930) S. 322. — Sutton: J. Textile Inst. Bd. 22 (1931) 365. T.

[2] Hill: Dyer Calico Printer Bd. 67 (1932) S. 573, 630.

[3] Hirst: J. Textile Inst. Bd. 18 (1927) 606. T.

[4] Vgl. Hill: Dyer Calico Printer Bd. 67 (1932) S. 573, 630. — Sutton: J. Textile Inst. Bd. 22 (1931) 365. T.

[5] King: J. Textile Inst. Bd. 13 (1922) 127. T. — Hill: l. c. 4.

C. Nachweis von Schädigungen der Wolle.

Im Verlauf ihrer Verarbeitung von der Rohwolle bis zur fertig gefärbten und ausgerüsteten Ware, sowie später im Gebrauch, ist die Wolle zahlreichen Behandlungen und Einflüssen ausgesetzt, die ihre praktisch wertvollen Eigenschaften, wie Festigkeit, Elastizität, Tragfähigkeit, Kräuselung usw., zu schädigen vermögen, indem sie die morphologische Struktur des Wollhaares angreifen und gegebenenfalls auch chemische Veränderungen der Wollproteine herbeiführen. Die Feststellung solcher Schädigungen ist sowohl zur Beurteilung der Güte einer Wolle als auch zur Betriebskontrolle wichtig, um unsachgemäße Behandlungen und Fehler bei der Verarbeitung der Wolle zu erkennen und zu vermeiden. Allerdings ist es auch unter den schonendsten Bedingungen der Reinigung, Bleiche, Walke, Färberei usw. nicht möglich, die Eigenschaften der ursprünglichen Wolle vollkommen unverändert zu erhalten; jegliche, mit irgendeiner empfindlichen Methode feststellbare Veränderung des Wollhaares ist aber praktisch noch nicht als „Schädigung“ anzusprechen. Die wissenschaftliche Forschung wird häufig am empfindlichen Nachweis geringfügiger Veränderungen der Wolle interessiert sein; der Begriff der Woll-„Schädigung“ sollte jedoch mit den praktischen Erfahrungen der Hersteller und Verbraucher in Einklang gebracht werden.

Für die Feststellung von „Veränderungen“ der Wolle durch Einwirkungen irgendwelcher Art stehen sowohl mechanische als chemische Methoden zur Verfügung[1]. Letztere sind zwar zum Teil recht empfindlich und ermöglichen — als Mikroreaktion ausgeführt — die Untersuchung sehr geringer Materialmengen. Erstere stehen jedoch im allgemeinen mit den praktisch interessierenden Eigenschaften der Wolle bei der Verarbeitung und im Gebrauch in engerem Zusammenhang[2].

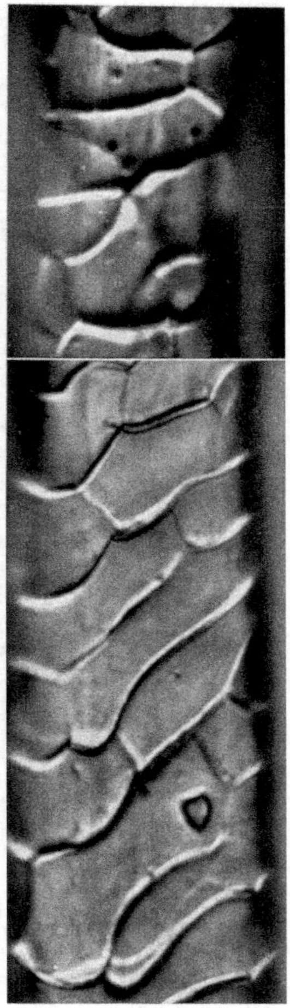

Abb. 22. Wollhaar, starke Schuppensperrung durch Säurebehandlung, R—O—X-Verfahren. Vergr. 560:1.

Den mechanischen und chemischen Prüfungen sollte stets eine mikroskopische Betrachtung der Wolle vorangehen, die im allgemeinen schon eine gute Orientierung über den Schädigungsgrad ermöglicht. Ist die Schuppenstruktur noch unversehrt, so hat höchstens eine geringe Vorschädigung der Wolle stattgefunden. Ist dagegen die Schuppenstruktur deutlich angegriffen, so handelt es sich schon um eine merkliche Schädigung. Ein Aufsplittern der Wolle und ein Auftreten von Spindelzellen deutet schließlich auf eine sehr starke Schädigung hin.

[1] Zusammenfassende Darstellung über Wollschädigungen und ihre Feststellung vgl. z. B. Krais, Markert und Viertel: Forschungshefte 14 u. 15 d. Dtsch. Forschungsinst. f. Textilindustrie Dresden 1933. — Viertel: Melliand Textilber. Bd. 17 (1936) S. 868. — Herzog, A. und Koch: Melliand Textilber. Bd. 17, 1ff. (1936); Bd. 18 (1937) S. 429ff.; vgl. auch von Bergen: Proc. Amer. Soc. Test. Mat. Bd. 35 (1935) Pt. 2, 705; Rayon and Melliand Textile Monthly Bd. 16 (1935) S. 527, 599, 663. — Lagache: Rev. gén. Teinture Bd. 6 (1928) S. 143.

[2] Vgl. auch Krais: Dyer Calico Printer Bd. 67 (1932) S. 578; J. Textile Inst. Bd. 23 (1932) P. 144.

Abb. 22[1] zeigt eine Wolle, die eine starke Schuppensperrung durch Säurebehandlung erfahren hat, Abb. 25 eine Wolle, deren Schuppen durch übermäßige Chlorierung zerstört worden sind. Bei fortgeschrittener Alkalischädigung[2] kann eine Längsstreifung der Wollfaser auftreten, die als „fibrillöse Streifung" bekannt ist. Dabei ist nach Reumuth[1] hinsichtlich der Längsstreifung durch alkalische Schädigung zu unterscheiden zwischen einer Schuppenfältelung der Epithelschicht (Abb. 23) und der im Faserinnern zwischen den Fibrillen vorhandenen Hohlraumbildung (Abb. 24). Von beiden Arten der Längsstreifung ist

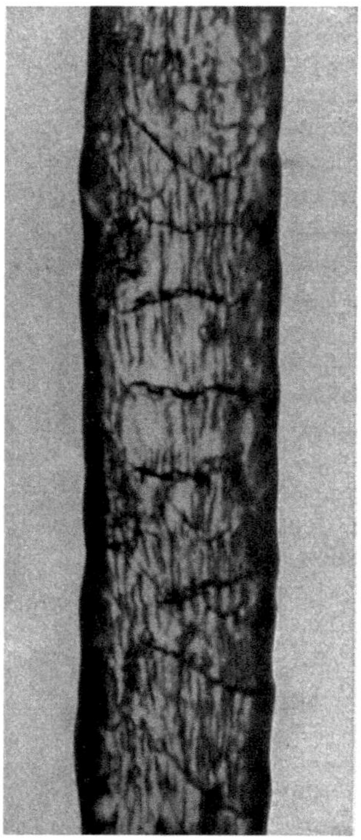

Abb. 23. Oberflächenfältelung durch Alkalieinwirkung.

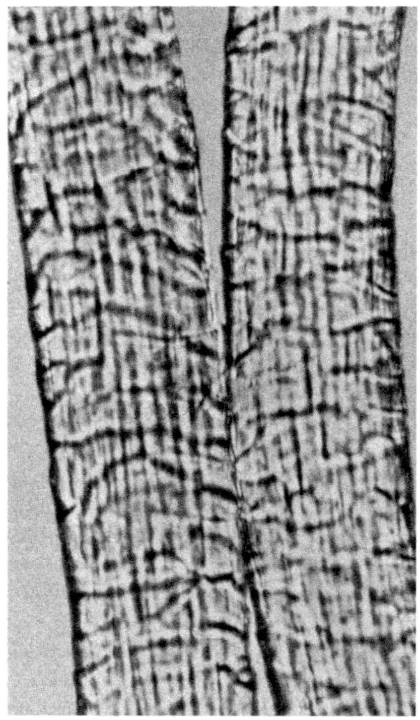

Abb. 24. Fibrillöse Streifung im Wollfaserinnern durch tiefgehende Alkalischädigung.

immer die Fältelung der Schuppenoberfläche die primäre; erst bei tiefgehender Alkalischädigung tritt die Streifung und Hohlraumbildung im Innern der Wollfaser auf. Mit der „fibrillösen Streifung" nicht zu verwechseln sind die sog. „Löcher" in der Wolle, die bei weitgehender Entfettung in Erscheinung treten[3] (vgl. Abb. 26).

1. Physikalisch-mechanische Prüfungen.

Angriff der Wolle durch Säuren, Alkalien, Oxydationsmittel u.a. ist mit einer Veränderung bzw. Verschlechterung der mechanischen Eigenschaften verbunden[4].

[1] Abb. 22—26 sind der Arbeit von Reumuth: Klepzigs Textil-Z. Bd. 39 (1936) S. 612 entnommen. Die Klischees wurden von der Böhme Fettchemie A.-G., Chemnitz freundlichst überlassen.

[2] Bilder von alkaligeschädigter Wolle vgl. auch Seel und Saunders: Z. angew. Chem. Bd. 29 (1916) S. 261. — Reumuth und Schwerdner: Z. ges. Textilind. Bd. 39 (1936) S. 12.

[3] Vgl. H. Mark: Beiträge zur Kenntnis der Wolle und ihrer Bearbeitung, S. 32. Berlin 1925.

[4] Vgl. auch Markert: Textile Forschg. Bd. 16 (1934) S. 32; Leipzig. Mschr. Textil-Ind. Bd. 49 (1934) S. 229.

Die Untersuchung der Reißfestigkeit kann sowohl am Einzelhaar als auch an Garnen und Geweben ausgeführt werden. Untersuchungen am Einzelhaar[1] sind schwieriger auszuführen und zeitraubend, da jeweils mindestens 50 Fasern gerissen und deren Durchmesser vorher mit dem Mikroskop genau bestimmt werden muß; sie geben aber ein besseres Urteil. Die Bestimmung der Reißfestigkeit von Garnen und Geweben ist bedeutend einfacher und mit weniger Einzelversuchen

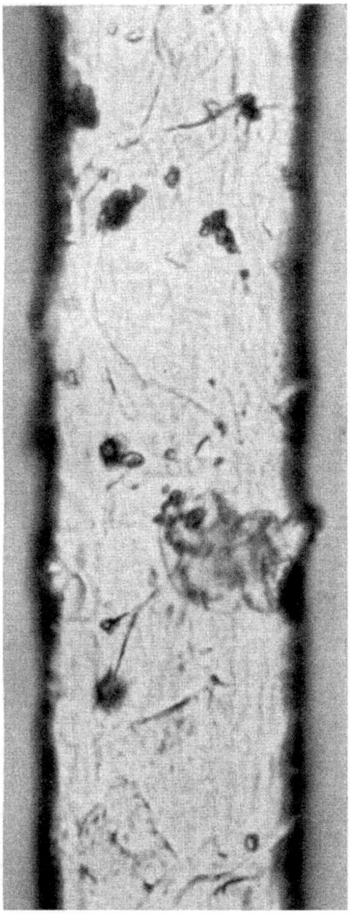

Abb. 25. Wollfaser, durch Chlorierung geschädigt. Vergr. 1120:1.

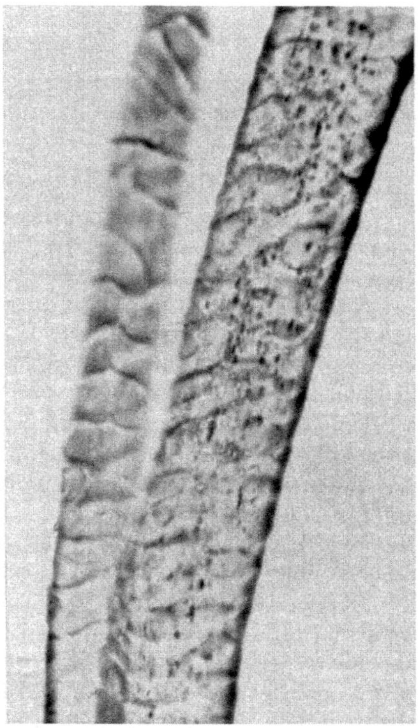

Abb. 26. „Löcher" in der Wolle.

durchzuführen, zeigt allerdings meist erst stärkere Schädigungen an[2]. Etwas empfindlicher sind Naßreißversuche[3]. Die Naßreißfestigkeit einer ungeschädigten Wolle soll mindestens 80% der Trockenreißfestigkeit betragen. — Die Aufnahme der Belastungsdehnungsbilder und die Bestimmung der Elastizität von Einzelfasern[1] ermöglicht, schon geringe Schädigungsgrade zu erkennen, ist aber für die laufende Betriebskontrolle zu langwierig und mühsam. Für die Prüfung von Garnen, besonders am laufenden Faden, sind dagegen in letzter Zeit Apparate konstruiert worden, die sich für die Betriebskontrolle eignen und auftretende Fabrikationsschädigungen durch Schaulinienaufzeichnung sehr gut erkennen lassen. — Die Kenntnis der Bauschelastizität ist für die Beurteilung der Güte

[1] Vgl. Normblatt DIN DVM 3801 (1937).
[2] Vgl. auch Viertel: Melliand Textilber. Bd. 17 (1936) S. 868.
[3] Vgl. auch Russina: Melliand Textilber. Bd. 12 (1931) S. 404. — Markert: l. c.

einer Wolle sehr wichtig. Die bisherigen Methoden zur Bestimmung der Bauschelastizität[1] zeigen jedoch geringe Schädigungen meist nicht einwandfrei an. — Die Prüfung der Knickfestigkeit von Einzelhaaren[2] ist aus den oben dargelegten Gründen mühsam und zeitraubend; die Knickfestigkeit ist aber wahrscheinlich für die Tragfähigkeit des Materials wesentlich. — Die Prüfung auf Scheuerfestigkeit mit dem Schopperschen Apparat, die nur bei Geweben angewandt wird, ermöglicht einen guten Nachweis bestimmter Fabrikationsfehler und Schäden, z. B. Bewetterungsschäden[3].

Die Beobachtung der Wolle unter der Analysenquarzlampe ist zum einwandfreien Nachweis von Wollschädigungen nicht geeignet[3].

2. Chemische Prüfungen.

Den chemischen Untersuchungen der Wolle sollte eine Prüfung auf saure oder alkalische Reaktion (s. oben) vorangehen.

I. Mikrochemische Quellungs- und Färbemethoden.

Morphologische und chemische Veränderungen, die das Wollhaar durch Behandlungen irgendwelcher Art erlitten hat, haben häufig Veränderungen im Verhalten gegenüber Quellungsmitteln zur Folge, die sich bei mikroskopischer Betrachtung in charakteristischen Quellungsbildern zu erkennen geben. Am bekanntesten sind die Beobachtung der Quellungserscheinungen in 1/10 n-NaOH nach von Bergen[4], die von Allwördensche Reaktion[5] und die Quellung mit ammoniakalischer Kalilauge[6].

Die Färbemethoden beruhen auf der wesentlich leichteren Anfärbbarkeit geschädigter Wolle durch verschiedene organische Farbstoffe; diese ist wahrscheinlich im wesentlichen nicht chemisch bedingt, sondern beruht darauf, daß infolge Lockerung der Schuppen, Entfernung der Kittsubstanz u.a. das Faserinnere den großen Farbstoffmolekülen leichter zugänglich wird[7]. Sieber[8] verwendet eine 0,1proz. wäßrige Lösung von Baumwollrot 10 B. Die zu prüfenden Wollfasern werden mit der Farbstofflösung ohne sonstige Zusätze einige Minuten gekocht, darauf mehrfach mit Wasser ausgekocht, bis das Wasser gänzlich farblos ist und unter dem Mikroskop geprüft. — Nach A. Herzog[9] färbt eine kalte, mit etwas H_2SO_4 versetzte Lösung von Indigokarmin beschädigte Wollfasern sehr deutlich blau, besonders scharf in konzentriertem Glyzerin und bei mikroskopischer Betrachtung mit sehr weiten Beleuchtungskegeln. Zur Verdeutlichung des Bildes kann man gleichzeitig mit Pikrinsäure anfärben[10]. Die mikroskopischen Farbreaktionen können quantitativ ausgewertet werden, indem man die unter einer größeren Anzahl von Wollfasern vorkommenden ganz, teilweise oder gar nicht gefärbten Fasern auszählt. Mit Hilfe dieser Farbreaktionen lassen sich stärkere Wollschädigungen sehr gut nachweisen, geringe Vorschädigungen weniger gut[3]. — Zu den Farbreaktionen gehört auch die Diazoreaktion nach Pauly und

[1] Vgl. insbesondere den von der Leipziger Wollkämmerei (Dr. Henning) konstruierten „Pendultex".
[2] Vgl. auch Franz und Henning: Melliand. Textilber. Bd. 17 (1936) S. 121.
[3] Vgl. auch Viertel: Melliand Textilber. Bd. 17 (1936) S. 868.
[4] Vgl. S. 101. [5] Vgl. S. 70. [6] Vgl. S. 131.
[7] Vgl. dazu auch Haller: Helv. chim. Acta Bd. 19 (1936) S. 15.
[8] Sieber: Melliand. Textilber. Bd. 9 (1928) S. 326.
[9] Herzog, A.: Melliand Textilber. Bd. 12 (1931) S. 768.
[10] Grübler & Co., Leipzig, bringt unter der Bezeichnung Picro-Indigocarmin (Pricrocarmin) ein derartiges Gemisch in den Handel.

Binz[1]. Die Reaktion beruht darauf, daß die Tyrosin enthaltende Rindenschicht sich mit einer frisch hergestellten Lösung von Diazobenzolsulfosäure in 10proz. Sodalösung infolge Bildung eines Azofarbstoffes rot färbt, während die tyrosinfreie Schuppenschicht keine Diazoreaktionen[2] gibt. Ungeschädigte Wolle bleibt bei der Behandlung mit dem Reagens farblos, weil die Schuppenschicht den Zutritt der Diazobenzolsulfosäure zur Rindenschicht erschwert bzw. verhindert. Ist nun aber entweder durch chemischen Angriff die Schuppenstruktur gelockert oder die „Kittsubstanz" zwischen den Schuppen herausgelöst oder ist durch mechanische Verletzung des Haares die Rindenschicht freigelegt, so vermag die Diazobenzolsulfosäure zur Rindenschicht vorzudringen, und die Wolle färbt sich je nach dem Grade der Schädigung orange bis dunkelrot an.

Das Reagens nach Pauly wird immer frisch hergestellt, indem man 2 g Sulfanilsäure in 3 cm³ Wasser und 2 cm³ konzentrierter HCl aufschlemmt und vorsichtig portionsweise mit einer Lösung von 1 g $NaNO_2$ in 2 cm³ Wasser versetzt. Die entstehende Diazobenzolsulfosäure wird auf dem Filter mit wenig Wasser gewaschen, durch Übergießen mit einer kleinen Menge 10proz. Sodalösung aufgelöst und unmittelbar verwendet.

Die Diazoreaktion ist sehr empfindlich und zeigt schon Anfangsstadien einer Schädigung eindeutig an[3].

II. Makroskopisch-chemische Reaktionen.

a) Die Bestimmung der löslichen Anteile. Methoden dieser Art beruhen darauf, daß im allgemeinen eine „Schädigung" der Wolle mit einer Zunahme der Löslichkeit verbunden ist, indem aus dem hochmolekularen Keratin durch oxydative oder hydrolytische Abbauvorgänge niedermolekulare, leichter lösliche Peptone oder Aminosäuren entstehen. Für analytische Zwecke prüft man zweckmäßig die Zunahme der Löslichkeit in verdünntem Alkali. Man behandelt also die Wolle unter festgelegten Bedingungen mit einer Alkalilösung bestimmter Konzentration, z.B. 1 Stunde mit einer 1proz. Sodalösung bei 60—65°, und bestimmt die in Lösung gegangene Substanzmenge entweder kolorimetrisch (Biuretreaktion), durch Stickstoffbestimmung nach Kjeldahl, oxydimetrisch mit $K_2Cr_2O_7$ oder gravimetrisch mit Phosphorwolframsäure. Diese Methoden geben ein falsches Bild über den Schädigungsgrad eines Wollmusters, wenn die durch eine Behandlung gebildeten löslichen Produkte bereits durch einen nachfolgenden Fabrikationsprozeß entfernt worden sind.

Die Biuretreaktion[4]. Versetzt man die auf gleiches Volumen eingestellten Sodaauszüge der zu prüfenden Wolle mit Natronlauge und Kupfersulfatlösung, so tritt nach kurzer Zeit eine Violettfärbung ein, deren Stärke mit der Schädigung zunimmt. Zur quantitativen Auswertung vergleicht man die Färbung mit derjenigen einer Standard-Woll-Lösung in verschiedenen Verdünnungen, die nach Becke folgendermaßen hergestellt wird:

1 g lufttrockene Wolle wird im Wasserbade in 50 cm³ 1 n-NaOH gelöst, mit etwa 200 cm³ Wasser verdünnt, mit 50 cm³ 1 n-HCl neutralisiert, zur Vertreibung des freigemachten H_2S eine Stunde gekocht, die dabei sich ausscheidende Wollsubstanz durch Zusatz von 5 bis 10 cm³ 1 n-NaOH wieder in Lösung gebracht und nach dem Abkühlen auf 500 cm³ aufgefüllt.

---

[1] Pauly: Z. physiol. Chem. Bd. 42 (1904) S. 516. — Pauly und Binz: Z. Farben- u. Textilchem. Bd. 3 (1904) S. 373.

[2] Nach Burgess und Rimington (J. Roy Microscop. Soc. Bd. 49 [1929] S. 341) ist auch Histidin bei der Farbbildung der Wolle mit diazotierter Sulfanilsäure beteiligt; vgl. auch Pauly: l. c.

[3] Vgl. auch Burgess und Rimington: J. Soc. Microscop. Soc. Bd. 49 (1929) S. 341. — Rimington: Biochem. J. Bd. 24 (1930) S. 205. — Viertel: l. c. — Kettering: Textile Mfr. Bd. 62 (1936) S. 397.

[4] Becke: Lehnes Färber-Ztg. Bd. 23 (1912) S. 45, 66; vgl. auch Becke: Lehnes Färber-Ztg. Bd. 23 (1912) S. 305, 327; Bd. 30 (1919) S. 101, 116, 128. — Battegay und Volz: Bull. Soc. chim. France (IV) Bd. 27 (1920) S. 536.

Die Benutzung einer solchen Vergleichslösung schließt den Fehler in sich, daß an der Färbung der Vergleichslösung sämtliche Bausteine der Wolle beteiligt sind, während bei geschädigter Wolle nur bestimmte Bausteine des Keratins bzw. deren Abbauprodukte herausgelöst werden. Trotman und Gee[1] verwenden daher als Vergleichslösung eine Mischung 0,5proz. Lösungen von Alizarin Delphinol SEN und Milling Scarlet B.

Die Bestimmung des löslichen Stickstoffes nach Sauer[2]. Zur Ausführung der Bestimmung werden in einem 200 cm³-Meßkolben 0,5 g Wolle mit 40 cm³ Wasser, 50 cm³ 1proz. H_2O_2-Lösung und 10 cm³ 0,5 n-KOH übergossen und nach Verschluß des Kolbens mit einer Art Peligotschem Rohr, das mit wenig Wasser gefüllt ist, verschlossen, drei Tage unter täglich einmaligem Umschwenken stehen gelassen. Die Lösung wird dann auf 200 cm³ ergänzt, filtriert und in 100 cm³ Filtrat nach Übersättigen mit H_2SO_4 und Eindampfen der Stickstoff nach Kjeldahl bestimmt. Der Gesamtstickstoff in der Wolle wird gleichfalls ermittelt. Das Verhältnis des im Filtrat gefundenen Stickstoffs zum Gesamtstickstoff gibt den Grad der Schädigung an.

Die Methode ist später von verschiedenen Autoren abgeändert und verbessert worden[3]. Nach Folgner und Schneider ist zur Erzielung reproduzierbarer Werte die Einhaltung einer bestimmten Temperatur (25°) unerläßlich und die Anwendung höherer H_2O_2-Konzentrationen (2%) unter Verkürzung der Einwirkungsdauer auf 24 Stunden vorteilhaft; das Peligot-Rohr ist entbehrlich. — Russina[4] hat bei der Methode von Krais und Schleber die Auslaugedauer auf 4 Stunden herabgesetzt, das H_2O_2 weggelassen und die gelöste Substanz statt durch Stickstoffbestimmung nach Kjeldahl durch Oxydation mit Bichromat ermittelt.

Die Bestimmung der Bichromatzahl[5]. Die zu prüfende Wolle wird eine Stunde bei 60—65° mit 1proz. Sodalösung ausgezogen[6] und die in Lösung gegangene Menge organischer Substanz durch Oxydation mit Bichromatschwefelsäure ermittelt.

25 cm³ eines solchen Sodaauszuges werden mit 25 cm³ 1/10 n-Bichromatlösung und 30 cm³ konzentrierter Schwefelsäure versetzt und in einem 200 cm³ fassenden Rundkolben aus Jenaer Glas, der mittels Glasschiff mit einem Rundkolben verbunden ist, 20 Minuten in schwachem Sieden erhalten. Der Kolbeninhalt wird dann sofort quantitativ in einen 500 cm³ fassenden Erlenmeyer-Kolben aus Jenaer Glas übergeführt und in Eiswasser auf 0° abgefühlt. Die Menge des zur Oxydation verbrauchten Bichromats wird nun durch Titration mit Natriumthiosulfat in der üblichen Weise bestimmt. Hierzu wird der Kolbeninhalt mit 10 cm³ 10proz. KJ-Lösung, 150 cm³ Wasser und 1 cm³ Stärkelösung versetzt und mit 1/10 n-Thiosulfatlösung bis zur Blaufärbung titriert.

Die Reaktion ist ziemlich empfindlich und speziell zum Nachweis von Bewetterungsschäden geeignet[7].

Fällung mit Phosphorwolframsäure[8]. Die in den Sodaauszügen enthaltenen Abbauprodukte des Keratins werden mit Phosphorwolframsäure ausgefällt und gravimetrisch oder volumetrisch bestimmt.

---

[1] Trotman und Gee: J. Soc. Dyers Col. Bd. 48 (1932) S. 232.

[2] Sauer: Z. angew. Chem. Bd. 29 (1916) S. 424.

[3] Krais und Schleber: Leipzig. Mschr. Textil-Ind. Bd. 44 (1929) S. 165. — Russina: Melliand. Textilber. Bd. 12 (1931) S. 404. — Folgner und Schneider: Leipzig. Mschr. Textil-Ind. Bd. 49 (1934) S. 181.

[4] Russina: Melliand Textilber. Bd. 12 (1931) S. 404.

[5] Krahn, vgl. H. Mark: Beiträge zur Kenntnis der Wolle und ihrer Bearbeitung, Berlin 1925, S. 39.

[6] Nach der Originalvorschrift werden 5 g entfettete Wolle zwei Stunden bei Zimmertemperatur mit 100 cm³ 0,5proz. Sodalösung ausgezogen.

[7] Vgl. auch Viertel: l. c.

[8] Krahn, vgl. H. Mark: Beiträge zur Kenntnis der Wolle und ihrer Bearbeitung, Berlin 1925, S. 40.

5 cm³ Sodaauszug (wie bei der Bestimmung der Bichromatzahl erhalten) werden in ein graduiertes Zentrifugengläschen (Handzentrifuge) gegeben und mit 1 cm³ Phosphorwolframsäurelösung versetzt (9 g kristallisierte Phosphorwolframsäure, 10 g konzentrierte Schwefelsäure, 81 g Wasser); in ein zweites Gläschen gibt man 5 cm³ einer Lösung von Witte-Pepton, (genau 1 g/Liter) und ebenfalls 1 cm³ Phosphorwolframsäurelösung. Beide Gläschen werden, mit dem Daumen verschlossen, einmal kräftig durchgeschüttelt und dann solange zentrifugiert bis der Niederschlag in der Peptonlösung den Teilstrich 0,300 cm³ erreicht. Der Teilstrich, bis zu dem dann der im Wollauszug entstandene Niederschlag reicht, wird abgelesen. Die Prüfung wird dreimal angestellt (Mittelwert) und zwar a) an der zu untersuchenden geschädigten Wolle und b) an derselben Wollsorte vor der schädigenden Behandlung.

Die Methode zeigt erst stärkere Schädigungen an[1].

b) Bestimmung der chemischen Zusammensetzung der Wolle, insbesondere des Schwefelgehaltes. Die Bestimmung des Schwefelgehaltes der Wolle (vgl. S. 118) ist hauptsächlich zum Nachweis alkalischer Schädigung geeignet, die mit einer Abnahme des Schwefelgehaltes verbunden ist (vgl. S. 55). Wegen des schwankenden Schwefelgehaltes verschiedener Wollsorten muß zur Beurteilung der Ergebnisse auch der Schwefelgehalt der betreffenden Wolle im ungeschädigten Zustande bekannt sein. Die Methode ist ferner nicht empfindlich genug, um geringe Schädigungen anzuzeigen[1]. — Untersuchung der Veränderung des Gehaltes der Wolle an einzelnen Aminosäurebausteinen, insbesondere an Cystin und Tyrosin (vgl. S. 15 und 118), kommt nur für wissenschaftliche Untersuchungen in Frage.

c) Makroskopische Färbemethoden. Die oben erwähnten Färbemethoden können auch makroskopisch ausgeführt werden, indem man die Tiefe der mit einem Wollmuster erhaltenen Anfärbungen, am besten unter Heranziehung einer Vergleichsfärbung von ungeschädigter Wolle der gleichen Qualität, mit bloßem Auge beurteilt oder auch die Abnahme der Farbstoffkonzentration in der Flotte kolorimetrisch feststellt[2]. Geschädigte Wolle färbt sich mit Methylenblau im essigsauren Bade bei 50° stärker an als ungeschädigte[3]. Nach Ristenpart und Schwerdtner[4] verwendet man zweckmäßig eine Lösung von 0,01 g/l Methylenblau mit 0,01 g/l Essigsäure. Die aufgenommene Menge Methylenblau kann titrimetrisch bestimmt werden. Nach Elmquist und Hartley[5] besteht zwischen der unter geeigneten Bedingungen gemessenen Methylenblauaufnahme und der Reißfestigkeit von Wolle eine lineare Beziehung. Die Diazoreaktion kann schließlich auch makrochemisch quantitativ ausgestaltet werden, indem man die rotgefärbte Wolle in 10proz. Natronlauge löst und die Färbung der Lösung kolorimetrisch mit einer 0,1proz. Standardlösung von Neusäurebraun S (British Dyestuff Corp.) vergleicht[6].

0,1 g Wolle wird mit 15 cm³ 9proz. Sodalösung benetzt und 15 cm³ diazotierte Sulfanilsäurelösung zugesetzt; nach genau 10 Minuten wird die Wolle entfernt, gründlich mit Wasser gespült, in ein Reagenzglas überführt, 4 cm³ 10proz. NaOH-Lösung zugesetzt und genau fünf Minuten in siedendem Wasser erhitzt. Die erhaltene rötliche Lösung wird in einem Meßkolben mit Wasser auf ein bestimmtes Volumen aufgefüllt und die Farbe dieser Lösung mit einer 0,1proz. Lösung von Neusäurebraun S (JCJ) verglichen. Wenn 0,1 g Wolle bei dieser Behandlung bei Auffüllen auf 25 cm³ eine Lösung gleicher Farbintensität wie die Farbstoff-

[1] Vgl. auch Viertel: l. c.

[2] Vgl. Itkina und Plechan: Melliand. Textilber. Bd. 16 (1935) S. 45, 106.

[3] Kertesz: Z. angew. Chem. Bd. 32 (1919) S. 170. — Kronacher und Lodemann: Z. Tierzüchtg. Bd. 3 u. 6 (1926); Bd. 8 (1927).

[4] Ristenpart und Schwerdtner: Leipzig. Mschr. Textil-Ind. Bd. 46 (1931) S. 28, 67.

[5] Elmquist und Hartley: Text. Research Bd. 5 (1935) S. 149. Vgl. dazu jedoch Ristenpart und Schwerdtner: l. c.

[6] Rimington: J. Text. Inst. Bd. 21 (1930) 237. T. — Itkina und Plechan: (Mell. Textilber. Bd. 16 (1935) S. 45, 106 haben die Sulfanilsäure durch Diazotate (z. B. Echtscharlachsalz R) ersetzt und als Vergleichslösung eine durch Einwirkung von synthetischem Tyrosin auf ein Diazotat oder auf diazotierte Sulfanilsäure gewonnene Lösung benutzt. — Franz und Hardtmann (Mell. Textilber. Bd. 15 (1934) S. 489, Fußnote 6) empfehlen, das beständige Diazoniumborfluorid der Sulfanilsäure zu verwenden.

lösung liefert, so wird die „Schädigung" = 100 gesetzt. Die übrigen Schädigungsgrade ergeben sich nach der Gleichung:

$$\text{Schädigung} = 100 \cdot (S/25) \cdot (0{,}1/W) = S/W \cdot 0{,}4$$

(W = Gewicht der Wollprobe, S = Volumen der Farbstofflösung, Gesamtvolumen 25 cm^3).

Zu den Farbreaktionen gehören auch einige Reaktionen, bei denen chemische Veränderungen des Keratins unter Freiwerden aktiver Amino- oder Disulfidgruppen an einer mehr oder minder tiefen Anfärbung der Wollfaser mit bestimmten Reagenzien auf solche Gruppen erkannt werden, z. B. die Reaktion von Fort und Lloyd auf freie Aminogruppen, die Beckesche Zinnsalzreaktion und die Reaktion von Walker auf Disulfidgruppen. Über den Nachweis von Aldehydgruppen in geschädigter Wolle mit dem Schiffschen Reagenz vgl. S. 55.

Fort und Lloyd[1] haben versucht, die Aminogruppe in Wolle mit β-Naphthochinon-4-sulphonsäure (K-Salz) zu kondensieren, die mit einer Reihe von Aminen gefärbte Kondensationsprodukte gibt. Mit Wolle entsteht eine braune Verbindung, deren Farbe durch Behandlung mit Säure oder Alkali verändert wird. Die Intensität der erhaltenen Färbung wird durch Behandlungen der Wolle, bei denen freie Aminogruppen entstehen, erhöht.

Die Zinnsalzreaktion von Becke[2]. Ungeschädigte Wolle bleibt bei Behandlung in einem heißen essigsauren, zinnsalzhaltigen Bade ungefärbt. War die Wolle aber durch die Einwirkung von Alkalien u. a. derart geschädigt, daß unter Angriff der Disulfidgruppe des Keratins reaktionsfähige Schwefelgruppen entstanden sind, so färbt sie sich im heißen Zinnsalzbade unter Bildung von Sulfid um so intensiver braun, je stärker die Schädigung war. Bleiazetat gibt eine ähnliche Reaktion. Jedoch ist nach Becke die bei Blei auftretende Färbung bei schwächeren Alkalieneinwirkungen weniger gut abgestuft, außerdem wird die Schärfe der Reaktion bei SO_4''-haltiger Wolle durch die Abscheidung von weißem $PbSO_4$ auf der Faser beeinträchtigt. Nach Becke ist eine Alkalischädigung mit Hilfe der Zinnsalzreaktion auch dann noch erkennbar, wenn die Wolle hernach in Waschbädern gespült oder in Wasser oder in sauren Bädern gekocht worden war. Nicht jede Wollschädigung ist jedoch mit Hilfe dieser Reaktion nachweisbar; anscheinend werden je nach der Art der schädigenden Einflüsse verschiedene Molekülgruppen in der Wolle angegriffen, die teilweise bereits im Fabrikationsprozeß herausgelöst werden können[3]. Die Ergebnisse der Zinnsalzreaktion und der Reaktion mit Metallammoniakverbindungen nach Engeler laufen nicht immer parallel[4].

Die Reaktion von Walker auf reaktionsfähige Disulfidgruppen[5]. Die Wollfasern werden in gesättigter Ammonsulfatlösung suspendiert und einige Tropfen 5proz. wäßriger Nitroprussidnatriumlösung und dann einige Tropfen 10proz. wäßriger KCN-Lösung zugesetzt. Bei Gegenwart reaktionsfähiger Disulfidgruppen entwickelt sich allmählich eine Rotfärbung, indem das KCN die Disulfidgruppe zur Sulfhydrylgruppe reduziert und diese dann die bekannte Nitroprussidreaktion liefert. Nach Rimington[6] kann schon eine erhebliche „Veränderung" oder „Schädigung" der Wolle, beurteilt nach der Diazoreaktion, eintreten, ohne daß die Nitroprussidreaktion auf —S—S bzw. —SH entsprechend intensiver wird.

---

[1] Fort und Lloyd: J. Soc. Dyers Col. Bd. 30 (1914) S. 73.
[2] Becke: Lehnes Färber-Ztg. Bd. 23 (1912) S. 45, 66; vgl. auch Lehnes Färber-Ztg. Bd. 23 (1912) S. 305, 327; Bd. 30 (1919) S. 101, 116, 128.
[3] Viertel: l. c.
[4] Haller: Mell. Textilber. Bd. 10 (1929) S. 544.
[5] Walker: Biochem. J. Bd. 19 (1925) S. 1082.
[6] Rimington: Biochem. J. Bd. 24 (1930) S. 205.

3. Einige spezielle Fälle.

Nachweis von Säureschädigungen. Zum Nachweis von Säureschädigungen ist besonders die mikroskopische Betrachtung der Quellung mit ammoniakalischer Kalilauge geeignet[1] (vgl. Abb. 27—30). Säuregeschädigte Wolle quillt in ammoniakalischer Kalilauge[2] zuerst sehr stark, ringelt sich teilweise, und nach kurzer Zeit treten je nach dem Grade der Schädigung kleinere oder größere Ausstülpungen aus dem Wollhaar heraus, die sich schnell zu Blasen entwickeln und das Wollhaar in seiner ganzen Länge in kleineren und größeren Abständen bedecken. Zu beobachten ist der zeitliche Verlauf der Reaktion, die Form, Größe und Anzahl der Blasen, sowie die Feinheit der Wolle; denn die Reaktion tritt um so später ein, je gröber die Wolle ist. Ungeschädigte Wollhaare sind bei der gleichen Reaktion nach 5 Min. stark gequollen; die Struktur der Schuppenschicht verschwindet allmählich und die Längsstreifung der Rindenschicht wird sichtbar.

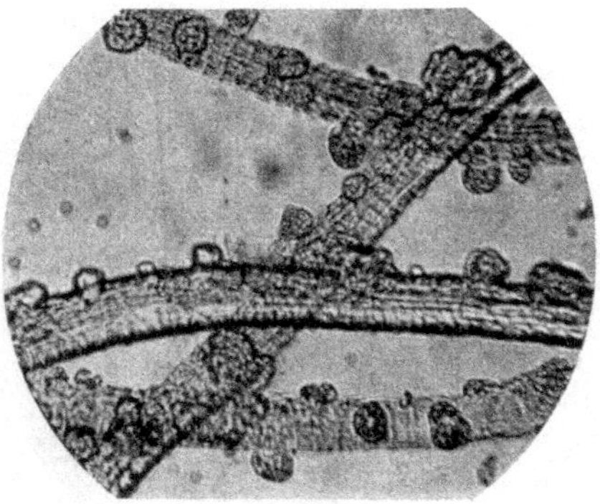

Abb. 27. Quellung durch Säure geschädigter Wolle nach 2 Minuten.

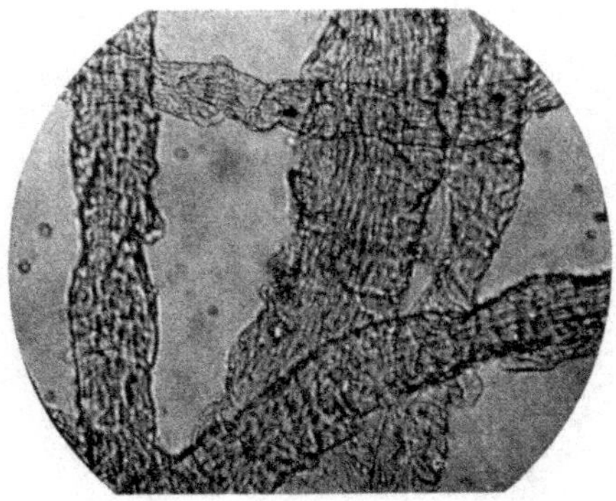

Abb. 28. Endzustand der Quellungsreaktion an geschädigter Wolle nach 12 Minuten.

Nach 8—10 Min. zeigen sich an einzelnen Haaren in größeren Abständen winzige Ausstülpungen, die sich dann zu kleineren Bläschen entwickeln. Ist die Reaktion voll entwickelt, was nach etwa 18—20 Min. der Fall ist, so sieht man im Vergleich zu säuregeschädigter Wolle, bei der die Reaktion nur 2—5 Min. zur Entwicklung braucht, nur wenige Blasen in großen Abständen. Charakteristisch ist ferner der Endzustand der Reaktion. Während bei der geschädigten Wolle das Äußere stark zerklüftet und aufgelöst ist, zeigt die ungeschädigte Wolle eine geschlossene, glatte Form, die noch sehr gut das gesamte Faserbild erkennen läßt. Die Reaktion ist sehr empfindlich und läßt bereits Anfangsstadien einer Schädigung erkennen[3].

Nachweis von Alkalischädigung. Zum Nachweis von alkalischer Schädigung der Wolle dient besonders die von Allwördensche Reaktion (vgl. S. 70), die gegen alkalische Vorbehandlung der Wolle sehr empfindlich ist. Bei der Deutung des Ausfalls der Reaktion ist jedoch Vorsicht geboten[4]. Außer Alkalischädigung zeigt die von Allwördensche Reaktion nur Hitzeschädigung an. — Nach

[1] Viertel: Textile Forschg. Bd. 15 (1933) S. 35. — Krais, Markert und Viertel: Forschungsheft Bd. 14 und 15 d. Dtsch. Forschungsinst. f. Textilindustr. in Dresden 1935.

[2] 20 g Ätzkali in 50 cm^3 konzentriertem Ammoniak unter langsamen Schütteln und guter Kühlung lösen, einige Zeit stehen lassen.

[3] Vgl. auch Viertel: l. c.

[4] Vgl. Krais: Lehnes Färber-Ztg. Bd. 28 (1917) S. 120.

Staple[1] hat alkaligeschädigte Wolle eine stark erhöhte Affinität für Säurescharlach 4 RExtra (BDC).

Bleichschäden. Unterscheidung von gebleichter und ungebleichter Wolle. Nach Beutel und Kutzelnigg[2] hat Bleichen der Wolle mit schwach ammoniakalischer H_2O_2-Lösung ein Schwächerwerden bzw. Verschwinden der Schwefelbleireaktion mit Bleinitratlösung zur Folge. Nach Smith und Harris[3] ist jedoch diese Methode zur Unterscheidung gebleichter und ungebleichter Wolle unbefriedigend, weil sie bei Gegenwart kleiner Mengen Alkali oder Säure versagt.

Werden 5 g Wolle mit 400 cm³ 0,05proz. Pb-Azetatlösung von verschiedenem p_H (HCl-Azetatpuffer) 40 Minuten gekocht, so beginnt unbehandelte Wolle bei etwa p_H 2, gebleichte bei etwa p_H 3,5 zu dunkeln; die Bräunung nimmt dann bei beiden mit steigendem p_H zu, wobei der Unterschied zwischen ihnen bei p_H 4—5,5 am größten ist; bei p_H 11 sind beide ungefähr gleich gefärbt.

Nach Smith und Harris wird die geringere Bildung von PbS bei der gebleichten Wolle durch die Bildung intermediärer Oxydationsprodukte des Cystins (vgl. S. 62) bedingt, die gegen Kochen mit Pb-Azetatlösung viel stabiler sind. —

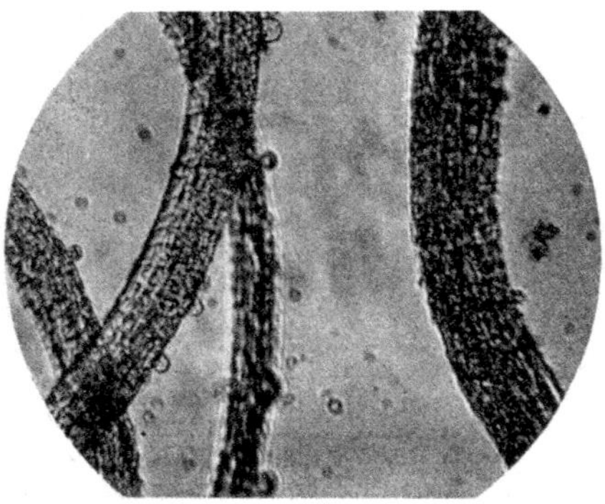

Abb. 29. Quellung ungeschädigter Wolle nach 8—10 Minuten.

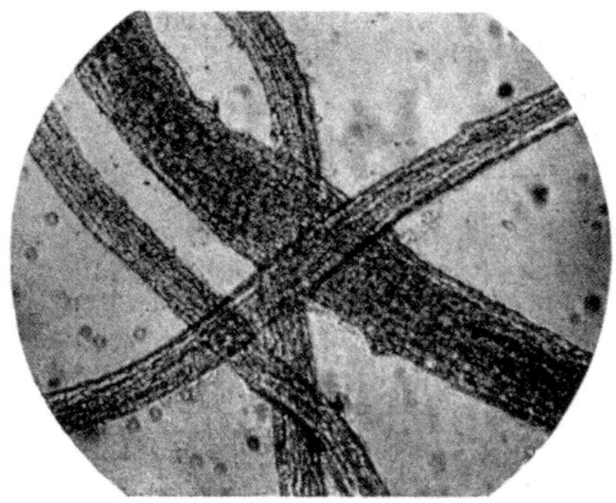

Abb. 30. Endzustand der Quellung ungeschädigter Wolle nach 25 Minuten.

Über den Nachweis von Wasserstoffsuperoxydbleichschäden mit Hilfe der gesteigerten Methylenblauaufnahme vgl. Ristenpart und Schwerdtner[4]. Als Nachweis einer wirklichen „Schädigung" besitzt jedoch die Reaktion nach Ristenpart und Schwerdtner nur bedingten Wert, da sie in erster Linie die Verschiebung des isoelektrischen Punktes der Wolle nach der sauren Seite hin anzeigt.

Nachweis von chlorgeschädigter Wolle. In der Praxis wird meist der Grad der Schädigung durch Beobachtung des teilweisen oder vollständigen Angriffs der Schuppen bestimmt. Die Fasern, bei denen die Schuppen erhalten sind, teilweise bzw. ganz fehlen, erhalten die Schädigungsziffer 0, ½ bzw. 1. Es werden mindestens 100 Fasern geprüft; die algebraische Summe der Zahlen, in Prozent umgerechnet, wird als Maß der Schädigung betrachtet. Von verschiedener Seite ist versucht worden, diese Methode durch chemische, insbesondere Färbemethoden zu ersetzen. Rimington[5] benutzt die Paulysche Reaktion geschädigter Fasern mit diazotierter Sulfanilsäure (vgl. S. 126).

[1] Staple: Textile Col. Bd. 51 (1929) S. 473.
[2] Beutel und Kutzelnigg: Mh. Chem. Bd. 64 (1934) S. 183.
[3] Smith und Harris: Bur. Stand. J. Res. Bd. 16 (1936) S. 309.
[4] Ristenpart und Schwerdtner: Leipzig. Mschr. Textil-Ind. Bd. 46 (1931) S. 28, 67.
[5] Rimington: J. Textile Inst. Bd. 21 (1930) 237. T.

Edwards[1] hat die von Rimington benutzte Farbstofflösung durch ein Gemisch von 292,5 cm^3 einer 0,1 proz. Lösung von Polar Brillant Rot mit 1 Liter der ursprünglichen Farbstofflösung ersetzt. Nach Edwards verliert diese Prüfung mit zunehmender Chlorschädigung an Empfindlichkeit und wird wahrscheinlich die mikroskopische Methode nicht ersetzen können. — Trotman, Bell und Saunderson[2] haben vorgeschlagen, den Grad der Chlorschädigung auf Grund der leichteren Anfärbbarkeit gechlorte Wolle durch Säurefarbstoffe bei gewöhnlicher Temperatur zu bestimmen. Beim Einlegen in eine kalte angesäuerte Lösung von Kitonrot G bleibt ungechlorte Wolle bis auf einige wenige Fasern, bei denen die Schuppenstruktur fehlt oder nicht intakt ist, ungefärbt, bei gechlorter Wolle sind unter dem Mikroskop ungefärbte, schwach gefärbte und tiefgefärbte Fasern erkennbar, entsprechend ungeschädigten, schwach geschädigten und geschädigten Fasern. Diese Anfärbung erleichtert die mikroskopische Feststellung des Schädigungsgrades (s. oben). Die kolorimetrisch bestimmte Farbstoffaufnahme nimmt mit steigender Schädigung zu, bei höheren Schädigungsgraden (50%) allerdings nicht der Schädigung proportional; die besten Bedingungen für die Probe sind folgende:

2 g Wollmuster (Gewebe vorher zerfasern) werden 90 Minuten bei gewöhnlicher Temperatur mit 100 cm^3 einer 0,005 n-HCl-Lösung behandelt, die 1/100 mmol Kitonrot G enthält. Man filtriert durch Glaswolle und vergleicht einen aliquoten Teil des Filtrates mit einer Lösung von 0,01 mmol/Liter Kitonrot G.

Die Bestimmung der Reißfestigkeit ist zur Feststellung von Chlorierungsschäden nicht geeignet[3].

Nachweis von Bewetterungsschäden. Ein empfindliches Reagens zum Nachweis von Bewetterungsschäden ist Silbernitratlösung. Wird die zu prüfende Wolle 10 Minuten bei 60—70° mit einer Lösung von 1 g $AgNO_3$ und 7 g Na-Azetat auf 1 Liter destilliertes Wasser[4] behandelt, so färben sie sich je nach dem Schädigungsgrade hellbraun bis schwarz. Die Reaktion wird noch erheblich empfindlicher und zeigt bereits schwache Schädigungen in der Kälte an, wenn man ammoniakalische $AgNO_3$-Lösung[5] benutzt; diese wird in der Weise hergestellt, daß man 5—10 proz. $AgNO_3$-Lösung tropfenweise mit soviel konzentriertem Ammoniak versetzt, daß sich der entstehende braune Niederschlag gerade wieder auflöst.

---

[1] Edwards: J. Textile Inst. Bd. 24 (1933) 1. T.
[2] Trotman, Bell und Saunderson: J. Soc. chem. Ind. Bd. 53 (1934) 267. T.
[3] Vgl. auch Russina: Melliand. Textilber. Bd. 12 (1931) S. 404; Bd. 13 (1932) S. 207.
[4] Lösung von Götze für den Nachweis der „Oxyzellulose"; vgl. Götze: Melliand. Textilber. Bd. 8 (1927) S. 624, 696.
[5] Sommer: Leipzig. Mschr. Textil-Ind. Bd. 42 (1927) S. 158.

III. Chemische Technologie der Wollverarbeitung.

Einleitung.

Im Verlauf ihrer Verarbeitung von der Rohwolle zum verkaufsfertigen Garn oder Gewebe ist die Wolle einer Reihe von Behandlungen ausgesetzt, wie der Einwirkung von sauren und alkalischen Lösungen, von heißem Wasser oder Dampf in gestrecktem oder losem Zustande, sowie anderen Behandlungen, die auch unter den schonendsten Bedingungen gewisse Veränderungen der ursprünglichen Fasern — zumindest in physikalischer und kolloidchemischer Hinsicht — nach sich ziehen[1]. Aufgabe der wolleverarbeitenden Industrien ist es, dafür zu sorgen, daß solche unvermeidlichen Veränderungen nicht bis zu merklicher Schädigung der wertvollen Eigenschaften der Wolle fortschreiten[2].

Betriebs- und Abwasser. Die Beschaffenheit des Betriebswassers spielt bei der Verarbeitung tierischer Rohstoffe eine überaus wichtige Rolle. In der Natur ist das Wasser immer durch Stoffe verunreinigt, die es aus der Atmosphäre oder aus dem Boden aufgenommen hat.

Die größten Schwierigkeiten bereiten die sog. Härtebildner, das sind Kalk- und Magnesiasalze (und einige andere Verbindungen). Die Härtebildner sind als Bikarbonate, Sulfate, teilweise auch als Chloride im Wasser enthalten und bedingen die sog. vorübergehende (Karbonathärte) und bleibende Härte (Sulfathärte u.a.). Wässer, die eine deutsche Härte von 4—5° (ein deutscher Härtegrad entspricht einem Gehalt von 10 g CaO in 1 m^3 Teilen Wasser) aufweisen, werden als weiche Wässer bezeichnet. Harte Wässer besitzen eine deutsche Härte von 15 und mehr[3], sie sind in ungereinigtem Zustande für textile Betriebe unbrauchbar. Über die zahlreichen Wasserreinigungsverfahren ist in der Spezialliteratur nachzulesen[4]. Verschiedene neuere Textilhilfsmittel können bei harten Wässern vorteilhaft sein.

Auch Schwebestoffe können unter Umständen schwere Störungen hervorrufen. Sie werden durch Filtration mit oder ohne Zugabe von Fällungsmitteln aus dem Wasser entfernt. Gelöste Gase[5] können bei einzelnen Prozessen stören; ihre Ausscheidung gelingt ebenfalls. Gegenwart von Nitrit ist schädlich, weil es in saurer Lösung tierische Fasern gelblich anfärbt. Eisen und Mangan verursachen durch Ausfallen unlöslicher Verbindungen Flecken auf der Ware und wirken außerdem katalytisch auf Vorgänge, die zu einer Faserschädigung führen, z.B. in der Bleicherei; Gegenwart von Eisen beeinträchtigt ferner die Erzielung klarer Färbung in der Färberei[6]. Die Reinigung der Abwässer von Textil-

[1] Die Physik und Chemie dieser Vorgänge ist im 1. Teil dieses Buches besprochen. Kurze Zusammenfassungen vgl. auch Speakman: Wool Rec. Text. Wld. Bd. 43 (1933) S. 205, 263. — Brown: Textile Col. Bd. 55 (1933) S. 21, 59. — Franz: Melliand. Textilber. Bd. 15 (1934) S. 1.

[2] Großversuche über die Verarbeitung der Wolle im Verlauf ihrer Verarbeitung unter sorgfältigen, festgelegten Bedingungen hat Sommer (Melliand. Textilber. Bd. 17 [1936] S. 338) im Staatl. Materialprüfungsamt Berlin-Dahlem, angestellt. — Vgl. auch Krais, Markert und Viertel: Forschungsheft 14 d. Dtsch. Forschungsinstitutes f. Textilindustrie in Dresden. — Brauckmeyer: Melliand Textilber. Bd. 17 (1937) S. 407, 483.

[3] Durch den Deutschen Normenausschuß sind die Prüfverfahren für die Bestimmung von Härte und Alkalität von Wasser, sowie die Prüfverfahren für die Wasserenthärtungsmittel in den Normblättern Din 8101—8106 (zu beziehen durch den Beuth-Verlag, Berlin SW 19, Dresdener Str. 97) festgelegt.

[4] Vgl. z. B. J. Leick: Das Wasser in der Industrie und im Haushalt. Dresden und Leipzig 1935. — J. Holluta: Die Chemie und chemische Technologie des Wassers. Stuttgart 1937.

[5] Vgl. Illies: Arch. Wärmewirtsch. Bd. 4 (1924) S. 93.

[6] Über Betriebswasserfragen in der Textilindustrie vgl. auch Kehren und Stommel: Z. ges. Textilind. Bd. 32 (1929) S. 651. — Hennig: Z. ges. Textilind. Bd. 39 (1936) S. 416.

betrieben muß der Art des Betriebes angepaßt sein. Über die Enteisenung des Wassers für die Zwecke der Chromfärberei vgl. Collé[1].

Die Wiedergewinnung wertvoller Stoffe kommt bei der Verarbeitung der Wolle nur für Abwässer der Wollwäscherei (Wollfett, Kalisalze) in Frage.

p_H-Messungen. Wolle (Keratin) ist ein amphoteres Kolloid, dessen praktische wichtige Eigenschaften in hohem Maße von der Wasserstoffionenkonzentration (p_H) der Behandlungsflüssigkeiten abhängt. Der p_H-Wert bestimmt einerseits, in welchem Umfange basische und saure Gruppen des Keratins reaktionsfähig sind, also z.B. die Fähigkeit der Salzbildung mit Säuren und Alkalien unter Faserquellung, die Geschwindigkeit und den Umfang der Aufnahme von Farbstoffen. Ferner sind auch die hydrolytische Wirkung von Säuren und Alkalien, sowie andere Arten der Faserschädigungen stark p_H-abhängig. Richtige Einstellung und Überwachung des p_H der Bäder in verschiedenen Stadien der Wollverarbeitung (Wäscherei, Färberei u.a.) sind daher für die Erzielung gleichmäßiger Ergebnisse und zur möglichsten Vermeidung von Wollschädigungen von großer Bedeutung. Zur Bestimmung des p_H kommen kolorimetrische und potentiometrische Methoden in Frage; geeignete Apparate für die laufende p_H-Kontrolle in Betrieben befinden sich in größerer Anzahl auf dem Markt[2].

Textilhilfsmittel. Unter diesem Namen werden eine Reihe von Stoffen zusammengefaßt, die in verschiedenen Stadien der Textilverarbeitung — meist als Zusätze — wertvolle Dienste leisten[3]. Das älteste, vielseitigste und billigste Mittel dieser Art ist die Seife. Die charakteristischen und technisch wertvollen Eigenschaften verdankt die Seife dem Aufbau ihres Moleküls aus einer langen „hydrophoben" Kohlenwasserstoffkette mit einem polaren „Kopf", der Karboxylgruppe, die die Löslichkeit und Dispergierbarkeit in Wasser vermittelt, während der lange hydrophobe „Schwanz" für die orientierte Adsorption der Seifenmoleküle an Oberflächen und die damit verbundene reinigende und emulgierende Wirkung der Seifen verantwortlich ist[4]. Bei den neueren, teilweise oder ganz synthetischen Produkten handelt es sich meist um Stoffe, die wie die Seifen eine lange Kohlenstoffkette aufweisen, die in wäßriger Lösung kolloiddispers und oberflächenaktiv sind, so daß sie ähnlich wie die Seifen als Netz- und Reinigungsmittel, Emulgatoren und Dispergatoren wirken, die aber doch dank ihrer Konstitution von den Seifen abweichende und für Sondergebiete den Seifen überlegene Eigenschaften aufweisen. Diese Überlegenheit bezieht sich z.B. auf die Beständigkeit gegen die Härtebildner des Wassers und gegen gewisse Schwermetalle, auf das Kalkseifendispergiervermögen[5], auf die neutrale Reaktion ihrer wäßrigen Lösungen, so daß

[1] Collé: Melliand. Textilber. Bd. 18 (1937) S. 520.

[2] Vgl. z. B. Jörgensen: Die Bestimmungen der Wasserstoffionenkonzentration (p_H). Dresden und Leipzig 1935. — Über p_H Messungen in der Textilindustrie vgl. auch Karsten: Z. ges. Textilind. Bd. 37 (1934) S. 442. — Kufferath: Beilage zur Dtsch. Färber-Ztg. Nr. 32 (1936). — Windeck-Schulze: Klepzigs Textil-Z. Bd. 40 (1937) S. 493.

[3] Neuere zusammenfassende Darstellungen vgl. z. B. Hetzer: Chem.-Ztg. Bd. 60 (1936) S. 701. — Stewart und Bunbury: Trans. Faraday Soc. Bd. 31 (1935) S. 208. — Geisser: Dtsche. Textilwirtsch. Nr. 9 (1937) S. 13. — Mullin: Textile Colorist Bd. 59 (1937) S. 531, 588, 599, 693, 708 (Patentübersicht). — Chwala und Martina: Melliand Textilber. Bd. 18 (1937) S. 725. — Chwala: Öst. Chem.-Ztg. Bd. 40 (1937) S. 39. — Nüsslein: Melliand Textilber. Bd. 18 (1937) S. 248. — Jackel: Mschr. Seide Kunstseide Bd. 42 (1937) S. 293.

[4] Vgl. auch Freundlich: Capillarchem. Bd. II S. 497, 507. Leipzig 1932. — Hartley: Aqueous Solutions of Paraffin Chain Salts. Paris 1936. — Valkó: Kolloidchemische Grundlagen der Textilveredlung. Berlin 1937.

[5] Vgl. auch Lindner: Leipzig. Mschr. Textil-Ind. Bd. 50 (1935) S. 65, 94, 120, 145; Melliand Textilber. Bd. 16 (1935) S. 782. — Chwala: Öst. Chem.-Ztg. Bd. 40 (1937) S. 101. — Wykypiel und Klatt: Melliand Textilber. Bd. 17 (1937) S. 412. — Lottermoser und Flammer: Koll. Beihefte Bd. 45 (1937) S. 359. — Ferner die Literaturzusammenstellung bei A. Herzog: Melliand Textilber. Bd. 17 (1936) S. 106.

jegliche Gefahr einer alkalischen Schädigung der Wolle vermieden wird, ferner auf die Beständigkeit gegen Säuren. Seife entfaltet bekanntlich ihre wertvollen Eigenschaften nur bei alkalischer Reaktion und wird durch Säuren unter Abscheidung unlöslicher Fettsäuren zersetzt. Produkte, die ihr Netz-, Reinigungsvermögen usw. auch in saurer Lösung ausüben, sind dagegen als Netzmittel usw. für die Karbonisation, die saure Walke, die Färberei mit Säure- und Chromierungsfarbstoffen wertvoll. Andere Mittel dienen insbesondere dem Faserschutz in verschiedenen Stadien der Verarbeitung, sei es durch eine allgemeine Pufferwirkung auf den p_H der Behandlungsflüssigkeiten, sei es durch spezifische, konstitutionsbedingte Einwirkungen auf die Wolle[1]. Die Herstellung von Textilhilfsmitteln hat besonders in letzter Zeit einen gewaltigen Aufschwung genommen; die Zahl der einschlägigen Patente und der auf den Markt gebrachten Produkte ist sehr groß. Im Rahmen dieses Buches ist es unmöglich, auch nur einen einigermaßen vollständigen Überblick über dieses Gebiet zu geben[2].

Die wichtigsten Gruppen dieser neueren Textilhilfsmittel sind[3]:

Die sulfonierten höheren Fettalkohole (Sulfonsäureester höherer aliphatischer Alkohole)[4] sind gegen Härtebildner beständig, weil die Kalkseifen bildende COOH-Gruppe der höheren Fettsäure in die primäre Alkoholgruppe umgewandelt worden ist. Sie werden erhalten, indem entweder der Fettalkoholanteil des Spermöls sulfoniert oder natürliche Fette durch Hochdruckhydrierung nach Schrauth[5], in Fettalkohole verwandelt und die OH-Gruppe mit Schwefelsäure verestert wird[6]. Produkte dieser Art sind das Gardinol, Cyclanon, Texapon u.a., die als Netz-. Dispergier- und Waschmittel gegen Härtebildner, genügend beständig sind, dagegen nicht gegen Metallsalze (z. B. Al, Fe) und kochende Mineralsäuren. Sie dissoziieren in wäßriger Lösung nicht unter Auftreten alkalischer Reaktion, weisen dabei aber die guten Eigenschaften der Seife, insbesondere ihr Reinigungsvermögen auf.

Sulfurierte Öle vom Typus des Türkischrotöls (sulfoniertes Rizinusöl) sind gute Emulgierungs- und Lösungsmittel, zeigen aber nur in stark alkalischer Lösung eine nennenswerte Netzwirkung. Die Lösungen sind gegenüber Säuren, hartem Wasser und Metallsalzen nur wenig beständig, und das Waschvermögen ist gegenüber der Seife geschmälert. Die höher sulfurierten Öle sind weniger gute Emulgierungsmittel. Ihre Lösungen zeigen eine sehr viel größere Beständigkeit gegen Säuren, hartes Wasser, Metallsalze und Alkalien[7].

Hochsulfonierte Öle besitzen gegenüber der Wollfaser in saurer Lösung eine ausgesprochene Substantivität[8]. Ein Teil des aufgenommenen Öls ist anscheinend

---

[1] Über die Beziehung zwischen Netzkraft und Schutzwirkung vgl. Krais, Markert und Viertel: Forschungsheft d. Dtsch. Forschungsinstitutes für Textilind. Bd. 15 (1933) S. 36.

[2] Tabellarische Zusammenstellung der in Deutschland hergestellten Textilhilfsmittel und ihrer Verwendungszwecke vgl. J. Hetzer: Z. ges. Textilind. Bd. 36 (1933) S. 576, 592, 616, 632, 656; Bd. 37 (1934) S. 400, 412.

[3] Vgl. auch Stewart und Bunbury: Trans. Faraday Soc. Bd. 31 (1935) S. 208.

[4] Vgl. auch C. H. Fischer: Kunstseide Bd. 19 (1937) S. 186. — Wilhelm: Leipzig. Mschr. Textil-Ind. Bd. 51 (1936) S. 134. — Pflumm, Rev. gén. Teinture Bd. 15 (1937) S. 239.

[5] Schrauth: Ber. dtsch. chem. Ges. Bd. 64 (1931) S. 1314; Chem.-Ztg. Bd. 55 (1931) S. 3.

[6] Vgl. auch van der Werth und Müller: Neuere Sulfonierungsverfahren zur Herstellung von Dispergier-, Netz- und Waschmitteln. 2. Aufl. 1935.

[7] Stewart und Bunbury: l. c. — Vgl. auch Herbig: Die Öle und Fette in der Textilindustrie. 2. Aufl. (1929).

[8] Über das „Aufziehen" verschiedener Textilhilfsmittel auf Wolle vgl. auch Krais, Markert und Viertel: Forschungsheft d. Dtsch. Forschungsinstitutes f. Textilind. Bd. 15 (1933) S. 36. — Mecheels: Melliand Textilber. Bd. 18 (1937) S. 165.

nur locker adsorbiert und wird durch Extraktion mit Petroläther und anderen Lösungsmitteln wieder entfernt. Ein gewisser Teil des Öls bleibt jedoch bei der Extraktion auf der Wolle zurück und ist offenbar chemisch gebunden, indem die basischen Gruppen des Keratinmoleküls mit den Sulfonsäuregruppen unter Salzbildung reagieren, in analoger Weise wie z. B. Wolle und H_2SO_4. Am klarsten und vollkommensten treten diese Erscheinungen beim Prästabitöl V auf (Sulfonierungsgrad nach Landolt 93%), von dem maximal etwa 20% des Wollgewichtes aufgenommen werden. Abgeschwächt finden sich dieselben Eigenschaften auch bei niedriger sulfonierten Produkten. Affinität der Wollfaser und Sulfonierungsgrad stehen in direktem Zusammenhange; die Ölgrundlage spielt demgegenüber keine ausschlaggebende Rolle, auch ist es gleichgültig, ob die Sulfogruppe als Estergruppe oder in direkter Bindung am Kohlenstoff sitzt. Der Wert von etwa 20% chemisch gebundenem Fett wurde auch bei einer echten Fettsulfosäure (Intrasol) gefunden. Monopolbrillantöl, dessen Sulfonierungsgrad erheblich niedriger liegt, lieferte eine Aufnahme von etwa 10%. Auch neuere synthetische Hilfsmittel, wie Neopol T, haben in saurer Lösung, soweit sie Sulfogruppen enthalten, substantiven Charakter[1].

Igepone sind Fettsäurekondensationsprodukte, die durch Kondensation eines Fettsäurechlorides mit geeigneten organischen Stoffen, die ebenfalls am Ende eine Sulfogruppe tragen, hergestellt werden, z. B. aus Fettsäurechlorid und Methyltaurin. Die Igepone zeichnen sich durch eine besonders hohe chemische Beständigkeit aus[2].

Igepale sind rein synthetische Produkte, keine Fettderivate. Sie werden durch Aneinanderreihung organischer, im Großbetrieb gewonnener niedrigmolekularer Verbindungen zu hochmolekularen Produkten erhalten. Sie enthalten stofflich verschiedene, der Wirkung nach überlegene oberflächenaktive Reste. Dieser strukturchemisch vom Fettrest wesentlich verschiedene Rest muß durch besondere Maßnahmen wasserlöslich gemacht werden. Hierbei wurde weder zur Carboxylgruppe noch zur Sulfogruppe gegriffen, sondern ionogene Gruppen wurden überhaupt ausgeschlossen. Die Igepale sind daher beständig gegen Wasser jeglichen Härtegrades und fast unbegrenzt beständig gegen Metallsalze[3].

Alkylierte aromatische Sulfonverbindungen dienen hauptsächlich als Netzmittel, und ihre Wirkung ändert sich je nach der Zusammensetzung der Alkylgruppe. Die Kondensationsprodukte von Aldehyden mit aromatischen Sulfosäuren wirken stark verteilend und gerbend, haben aber nur eine geringe Netzwirkung[4].

Kationenaktive Fettstoffe enthalten im Gegensatz zu der Mehrzahl der bekannten oberflächenaktiven Körper die für die Oberflächenaktivität verantwortliche Fettkette im Kation. Sie üben keine reinigende Wirkung aus, ermöglichen aber die Erzielung neuartiger Wirkungen bei textilen Ausrüstungsarbeiten, indem sie negativ geladene Teilchen zur Entladung und Ausflockung bringen können[5].

---

[1] Friedrich: Melliand Textilber. Bd. 10 (1929) S. 639; Friedrich und Kessler: Melliand Textilber. Bd. 14 (1933) S. 78; Friedrich: Mschr. Textilind. Bd. 53 (1938) S. 29. — Über das Aufziehen von Oktadezylbenzolsulfonsäure auf tierische Fasern vgl. Seidel und Engelfried: Ber. dtsch. chem. Ges. Bd. 69 (1936) S. 2567. — Seidel und Brösamle: ebenda Bd. 70 (1937) 2497. — Über das Aufnahmevermögen der Wolle für das Natriumsalz des Dodecylschwefelsäureesters vgl. Selck: Dissertation Dresden 1935. — Vgl. auch Trotman und Savory: J. Soc. chem. Ind. Bd. 50 (1931) S. 299 T.

[2] Vgl. auch Münch: Melliand Textilber. Bd. 15 (1934) S. 558.

[3] Vgl. auch Nüsslein: Melliand. Textilber. Bd. 18 (1937) S. 248; Jackel: Mschr. Seide, Kunstseide Bd. 42 (1937) S. 293. [4] Stewart und Bunbury: l. c.

[5] Vgl. Bertsch: Z. angew. Chem. Bd. 48 (1935) S. 52. — A. J. Hall: Amer. Dyestuff Rep. Bd. 25 (1936) S. 561.

Zu dieser Gruppe gehören z. B. die Sapamine (Ges. f. chemische Industrie in Basel), Alkylpyridiniumverbindungen der Böhme A. G., Triäthyloctylammoniumzetylsulfat $\left.\begin{matrix}(C_2H_5)_3\\C_{16}H_{33}\end{matrix}\right> N \cdot O_3SOCH_2 \cdot (CH_2)_{14} \cdot CH_3$ (Reychler), Laurylpyridiniumlaurat (Götte und Stober) u.a.

Eine besondere Gruppe der wasserenthärtenden Zusätze bilden das **Natriumhexametaphosphat** („**Calgon**" und das **Tetranatriumpyrophosphat**[1]. Calgon reagiert mit Kalksalzen unter Bildung von löslichem komplexem Natrium-Kalzium-Hexametaphosphat: $Na_2(Ca_2P_6O_{18})$. Bei Gegenwart von Metaphosphat treten daher mit hartem Wasser Niederschläge nicht auf, und bereits gebildete Kalkseifen gehen wieder in Lösung, vorausgesetzt, daß die anwesende Menge an Kalksalzen das obiger Formel entsprechende Verhältnis von Ca zu Na nicht überschreitet. Anstatt der Meta- und Pyrophosphate können nach den Chemischen Werken H. C. Albert[2] auch Polyphosphate der Alkalien benutzt werden.

Auf organischer Basis aufgebaute Wasserenthärtungsmittel, die mit den Härtebildnern des Wassers, in erster Linie Ca und Mg, wasserlösliche Komplexverbindungen bilden, sind Trilon A und B (I. G. Farbenindustrie A. G.)

A. Das Waschen der Wolle.

1. Die Wäsche der Rohwolle.

Die Wäsche der Rohwolle soll die Trennung aller Nichtwollsubstanzen von der Rohwolle bewirken. Man kann die Verunreinigungen einteilen in 1. getrocknete Ausdünstungs- oder Ausscheidungsstoffe des Tierkörpers (Schweiß); 2. Wollfett; 3. verschiedene Stoffe, die als Schmutz bezeichnet werden (z. B. Sand, Erde, Kot, zuweilen auch Farbe und Teer); 4. Pflanzenteile, wie Stroh, Kletten, andere Fasern usw.; 5. Kalkverbindungen, besonders in Gerberwollen[3].

Die Zusammensetzung von Rohwolle liegt etwa zwischen folgenden Grenzen[4]:

15—72 % Wollfaser,
12—47 % Wollfett und Schweiß,
3—24 % pflanzliche Bestandteile, Schmutz u. a.,
4—24 % Feuchtigkeit.

Der Reingehalt der Wolle nach Entfernung des Wollfettes und Schweißes sowie der Verunreinigungen, bezeichnet man als „Rendement"[5]. Das Rendement kann rasch aus der Dichte unter Druck angenähert bestimmt werden[6].

Die Rückenwäsche, eine oberflächliche Behandlung der Rohwolle auf dem

[1] Vgl. auch Lindner: Melliand Textilber. Bd. 17 (1936) S. 935. — Steiner: Melliand Textilber. Bd. 17 (1936) S. 507, 587; Klepzigs Textilztschr. Bd. 39 (1936) S. 672. — Huber: Z. angew. Chem. Bd. 50 (1937) S. 323. — Volz: Melliand. Textilber. Bd. 16 (1935) S. 780. — Manners: Dyer Calico Printer Bd. 72 (1934) S. 385. — Hedrich: Chem.-Ztg. Bd. 61 (1937) S. 793.

[2] Chem. Werke H. C. Albert: Engl. Pat. 447 467 (1934).

[3] Vgl. auch King: Textile Mfr. Bd. 61 (1935) S. 483. — Bolton: Dyer Calico Printer Bd. 70 (1923) S. 327, 337; Bd. 71 (1934) S. 19; Bd. 72 (1934) S. 21. — Clavel: Rev. gén. Teinture Bd. 6 (1928) S. 1239.

[4] Vgl. auch Hill: Dyer Calico Printer Bd. 67 (1932) S. 573, 630; Clavel: Rev. gén. Teinture Bd. 6 (1928) S. 1239.

[5] Über die Höhe des Rendement bei verschiedenen Wollen vgl. z. B. Dubrau: Dtsch. Textilwirtsch. Nr. 11 (1937) S. 51.

[6] Burns und Johnston: J. Textile Inst. Bd. 28 (1937) T 13.

Rücken des Tieres, ging früher der Wollwäsche (Fabrikwäsche) voraus, ist aber heute kaum mehr im Gebrauch. Diese Art der Wäsche ist wenig erfolgreich, da selbst ein Teil der wasserlöslichen Fremdkörper hierbei kaum abgelöst werden. Rückenwäsche — Wollen oder Fleece — Wollen sind im Wollverkehr deshalb nicht beliebt, weil das Vlies bzw. der Stapel durch diese Wäsche eine unerwünschte Veränderung erfährt. So ist die Rückenwäsche schon vor mehr als einem halben Jahrhundert als wenig nutzbringend oder gar schädlich größtenteils aufgegeben worden.

Rohwolle enthielt meist etwa 10—25%, mitunter bis zu 50% Wollfett[1]. Die Hauptmenge dieses Fettes muß vor der Verarbeitung der Wolle entfernt werden. Eine zu weitgehende Entfettung ist jedoch zu vermeiden, da mit fortschreitender Entfettung die mechanischen Eigenschaften des Wollhaares leiden[2]. Die Dehnung durchläuft bei einem Fettgehalt von 4% ein Maximum[3]. Feine Wollen sollten 0,5—1% Fett enthalten, bei gröberen sind bis 1,5% zulässig, bei Teppichwollen bis 2%[4]. Die letzten Reste Fett werden durch die gewöhnliche Wäsche nicht entfernt, sondern nur durch die eigentlichen Fettlösungsmittel oder durch Behandlung mit starken Alkalien; ihr Entzug macht die Faser schwach und brüchig[5].

Eine wichtige Frage ist das Öffnen der Rohwolle, auch Wolfen genannt, eine Behandlung, die ein leichteres Ablösen der Schmutzstoffe von der Wolle ermöglicht[6]. Der Wolfraum ist meist unmittelbar neben oder über der Wäscherei angeordnet, so daß durch einen einfachen Fallschacht der Transport der Rohwolle zu den Leviathans bewirkt wird. Da die Wolle sehr voluminös ist, muß die Auflage auf dem Transporttuch ziemlich dicht sein. Der Wollöffner, der über einem beweglichen Lattentisch die Wolle dem Einweichbottich der Wollwaschmaschine zuführt, bietet den Vorteil, daß gröbere Fremdkörper wie Steinchen, Sand, Kletten, Strohteile, schon vor der Wäsche entfernt werden.

Die **Seifenwäsche mit Kali- oder Natronseife** unter Zusatz von Ammoniak, Ammonkarbonat, Soda oder Pottasche bei 40—50° ist das älteste und auch heute noch wichtigste Waschverfahren. In Anbetracht der Empfindlichkeit der Wolle gegen Alkalien ist genaue Überwachung des p_H der Waschflüssigkeiten erforderlich; eine infolge alkalischer Behandlung geringelte Wolle zeigt Abb. 34. Was die praktische Durchführung des Waschvorganges anbelangt, so stehen sich die Wünsche bezüglich rascher Arbeit und Rücksichtnahme auf die Faser entgegen. Um das Filzen der Wolle zu vermeiden, ist möglichst langsame Bewegung des Materials in schwach alkalischen Bädern bei niedriger Temperatur erforderlich. Meist erfolgt die Wäsche im sog. Leviathan[7]; man benötigt in weichem Wasser, je nach der Wollqualität, etwa 2,5—4% Seife und 2% kalzinierte Soda, auf das Gewicht der gewaschenen Wolle berechnet[8]. Vor der eigent-

[1] Über die Bestimmung von Fett, Schmutz usw. in Wolle vgl. S. 122.

[2] Vgl. von Kapff: Lehnes Färber-Ztg. Bd. 19 (1908) S. 49, 69. — Mark, H.: Beiträge zur Kenntnis der Wolle und ihrer Bearbeitung, Berlin 1925, S. 55. — Reumuth: Z. ges. Textilind. Bd. 34 (1931) S. 422, 434.

[3] Vgl. Franz: Melliand Textilber. Bd. 17 (1936) Nr. 4 u. 5.

[4] Vgl. auch Textile Col. Bd. 52 (1930) S. 322; Dyer Calico Printer Bd. 64 (1930) S. 29, 271.

[5] Über die Bestimmung des erzielten Weißgehaltes vgl. Dtsch. Textilwirtsch. Bd. 4 Heft 2 (1937) S. 3.

[6] Prochaska: Leipzig. Mschr. Textil-Ind. Bd. 47 (1932) S. 57 u. 80.

[7] Näheres siehe Glafey: Tl. 2 dieses Bandes; vgl. auch Blake: Ray. Melliand Textile Monthly Bd. 3 (1935) S. 72.

[8] Vgl. auch I. G. Farbenindustrie A.-G., Ratgeber für das Färben von Wolle 1932, S. 3. — Über die Wahl der Seifen für die Wollwäscherei vgl. auch Herbig: Die Öle und Fette in der Textilindustrie. 2. Aufl. 1929.

lichen Wäsche wird in der sog. „Weiche“ durch kaltes Wasser die Hauptmenge der wasserlöslichen Alkalisalze entfernt.

Kalkhaltige Wollen (Gerberwollen) müssen vor der Wäsche durch ½stündliche Behandlung mit ungefähr 8% HCl von 20° Bé (vom Gewicht der Wolle) bei ungefähr 45° vom anhaftenden Kalk befreit werden. Durch Prüfung mit Lack-

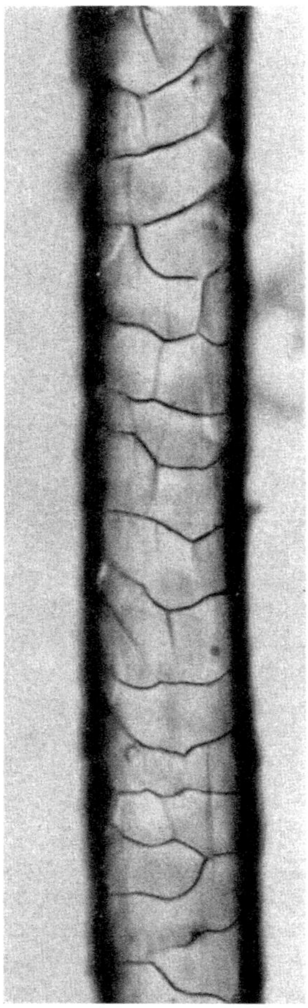

Abb. 31.

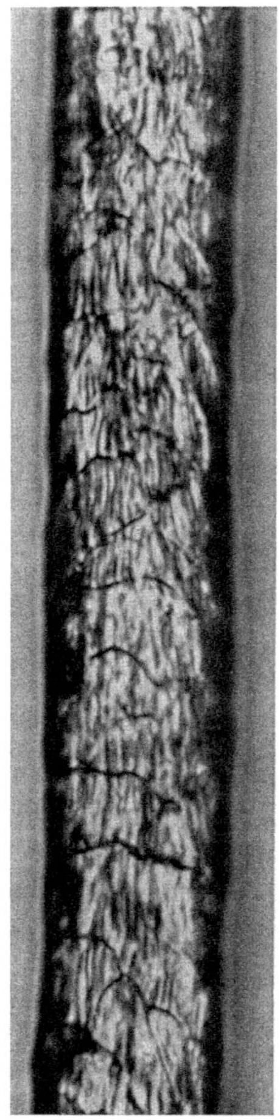

Abb. 32. Alkalischaden nach Wäsche in 2proz. Sodalösung. 10 Min. Vergr. 560 : 1.

muspapier ist festzustellen, daß Säure im Überschuß vorhanden ist. Eine Ergänzung der Salzsäure ist in manchen Fällen geboten.

Die alkalische Seifenwäsche hat wohl auch unter den schonendsten Bedingungen gewisse physikalische und chemische Veränderungen des Wollhaares zur Folge. Der Umfang dieser Veränderungen[1] hängt von der Temperatur und vom p_H der Flotte ab[2]. Zu hohe Alkalität der Flotte und zu hohe Temperaturen haben eine

[1] Über den Nachweis von Alkalischädigung bei der Wäsche vgl. S. 131; vgl. auch A. Herzog: Melliand Textilber. Bd. 17 (1936) S. 102.

[2] Vgl. H. Mark: Beiträge zur Kenntnis der Wolle und ihrer Bearbeitung, Berlin 1925, S. 52. — Barmore: Amer. Dyestuff Rep. Bd. 20 (1931) S. 743. — Über die Bedeutung des

Verschlechterung der mechanischen Eigenschaften und der Spinnfähigkeit, eine Abnahme des Schwefelgehaltes und damit zusammenhängend eine veränderte Farbstoffaffinität zur Folge[1]. Abb. 32 und 33 a, b zeigen verschiedene durch alkalische Wäsche geschädigte Fasern. Bei 10 Min. langer Einwirkung heißer 2proz. Sodalösung (Abb. 32) tritt heftige Schuppenfältelung ein. Eine Alkalischädigung

Abb. 33a.

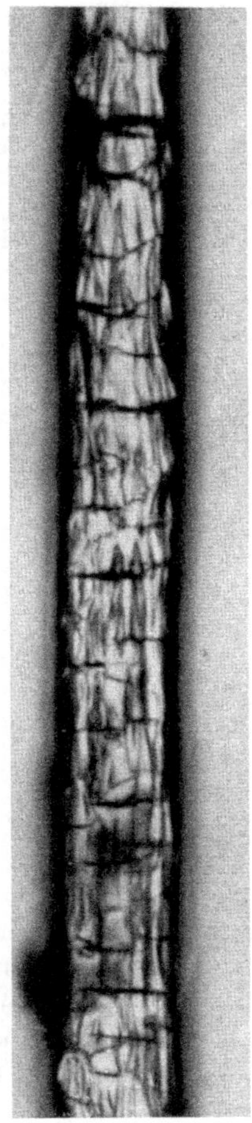

Abb. 33b.

Alkalischaden nach einstündiger Behandlung mit 0,3proz. Sodalösung bei 60—70°. Vergrößerung 560 : 1.

durch die in der Praxis übliche Sodakonzentration von 0,3% bei 60—70° zeigt Abb. 33 a und b. Bei Faser 33 a fällt der auf der einen Seite beginnende Faserangriff und die einseitige Schuppenschrumpfung auf, während die andere Seite noch klar und ungeschädigt erscheint, abgesehen von einer gewissen Abhebung der Schuppenränder, namentlich in der Mitte der Faser. Dieser einseitige Faserangriff tritt häufig aus und hängt vielleicht mit der in bestimmtem Sinne erfol-

---

p_H für die Reinigung und die Fasereigenschaften vgl. auch Phillips: Textile Mfr. Bd. 62 (1936) S. 218.

[1] Vgl. auch Midgley: Wool Rec. Textile Wld. Bd. 40 (1931) S. 1427.

genden Ringelung alkaligeschädigter Fasern zusammen. Faser 33 b zeigt außer der Schuppenfältelung noch eine starke Querrissigkeit. Dieser Ausnahme-Erscheinung dürfte von einer im Waschbade selbst erfolgten Zug-und Dehnungsbeanspruchung herrühren[1]. Eine nach modernem schonendem Waschverfahren gründlich gereinigte Faser zeigt Abb. **31**. Feine Wollen sind weniger widerstandsfähig als gröbere. Bei den im Großbetrieb üblichen Bedingungen kann man jedoch von einer eigentlichen „Schädigung" der Wolle nicht sprechen[2]. Nach Liu und Speakman[3] geht der in der Wäsche eingetretene Festigkeitsverlust beim Lagern bei gewöhnlicher Temperatur und Feuchtigkeit langsam zurück.

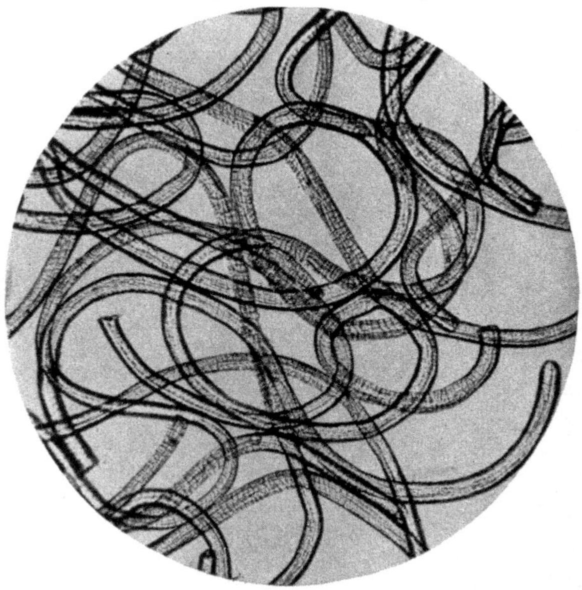

Abb. 34. Alkalibehandelte Wolle, geringelt [Reumuth, Melliand Textilber. 14 Bd.(1933) S. 26].

Es ist häufig versucht worden, in der Wäscherei von Textilfasern u. a. die Seife ganz oder teilweise durch andere hydratisierbare, oberflächenaktive, anorganische oder organische Stoffe zu ersetzen. Über die Bedeutung der Silikate vgl. auch Vail[4]. Zum teilweisen oder vollständigen Ersatz der Seife, insbesondere in der Wollwäsche, sind in neuerer Zeit eine größere Anzahl von Fettlösungs- und Dispergiermittel auf den Markt gekommen, wie Igepon A, Igepal W, Gardinol WA, Lanaclarin LM, Cyclanon O, Leonil S, Melioranmarken, Lamepon A, Verapolseife u. a. Diese haben einerseits gegenüber Seife den Vorteil, kalkbeständig zu sein und sogar bei gleichzeitiger Gegenwart von Seife innerhalb gewisser Grenzen das Ausfallen von Kalkseifen zu verhindern, die einen Verlust an wirksamer Fettsäure, einen harten Griff der Wolle und Schwierigkeiten bei der weiteren Veredlung der Ware zur Folge haben würden. Die Verwendung dieser modernen kalkbeständigen Waschmittel ist besonders bei der Wäsche von Kalk- oder Gerberwollen (s. oben) vorteilhaft.

Die alleinige Verwendung solcher Mittel, die im Gegensatz zu Seife reinigende Wirkung auch in neutraler Flotte entfalten, ermöglicht ferner ohne Alkalizusatz zu waschen, was mit Rücksicht auf die Alkaliempfindlichkeit der Wolle wesentlich ist[5]. Fettalkoholsulfonate, wie Gardinol WA, ziehen dabei selbst bis zu einem gewissen Teil auf die Faser auf (vgl. auch S. 137) und wirken daher fettend und

[1] Reumuth und Schwerdner: Klepzigs Textil-Z. Bd. 39 (1936) S. 12.

[2] Schumann: Textile Forschg. Bd. 16 (1934) S. 43; Leipzig. Mschr. Textil-Ind. Bd. 19 (1934) S. 184.

[3] Liu und Speakman: J. Textile Inst. Bd. 28 (1937) T 207.

[4] Vail: J. Ind. Eng. Chem. Bd. 28 (1936) S. 294; über Natriummetasilikat als Waschmittel vgl. Chem.-Ztg. Bd. 61 (1937) S. 643.

[5] Über die Möglichkeiten der sauren Wäsche von Rohwolle unter Verwendung von Fettalkoholsulfonaten vgl. Vallée: Chim. et Ind. Bd. 31, Sonder-Nr. 4 (1934) S. 854. — Über die saure Wäsche von Wollgarn vgl. S. **147**. — Vgl. auch Savournin: Rev. gén. Teinture Bd. 15 (1937) S. 157.

avivierend auf Material, dem übermäßige Mengen Naturfett entzogen wurden. — Zum Faserschutz bei der Wollwäsche wird ein Zusatz von Metasal K empfohlen[1].

Die Aufarbeitung der Abwässer der Wollwäsche[2]. Die beim Waschen im Leviathan vor Entfernung der Fette durch das Einweichen in kaltem Wasser abfallenden Laugen enthalten den größten Teil des organisch gebundenen Kaliums. Ihre Verarbeitung auf Pottasche durch Eindampfen und Kalzinieren kann jedoch nur in größeren Betrieben rationell durchgeführt werden.

Die eigentlichen Wollwaschwässer enthalten Wollfett, Keratinabbauprodukte, anorganische und organische Verunreinigungen verschiedener Art, Seife, Alkali oder andere Waschmittel. Für die Reinigung und Aufarbeitung dieser Waschwässer kommen mechanische und chemische Verfahren in Betracht.

Die wichtigsten Arbeitsweisen bei der Entfettung der Abwässer auf mechanischem Wege sind das Schäumungsverfahren und die Entfettung durch Separatoren. Bei beiden Verfahren wird nur eine Abscheidung von etwa 60—70% des emulgierten Fettes erzielt. Beim Schäumungsverfahren[3] wird in das Wasser Luft eingeblasen bzw. durch das Wasser gedrückt und in dem so erzeugten Schaum eine Anreicherung des im Abwasser verteilten Fettes erzielt; die oberflächenaktiven Abbauprodukte des Keratins sind bei der Schaumbildung von maßgebendem Einfluß. — Zur Aufrahmung mittels Separatoren benutzt man hochtourige Zentrifugen, wie die Tellerzentrifuge von de Laval und die Sharples-Superzentrifuge. Die grobdispersen Verunreinigungen läßt man zunächst in seitlichen Absatzbehältern absitzen. Das entschlammte Abwasser wird dann durch Dampfschlangen auf eine Temperatur oberhalb des Schmelzpunktes der Fette erwärmt und zunächst durch Zentrifugieren ein an Fett angereicherter Rahm abgeschieden; in einem zweiten Arbeitsgange wird dann der Rahm mit Separatoren in das reine Fett und Wasser getrennt[4].

Bei den chemischen Verfahren werden die im Waschwasser enthaltenen Fettsubstanzen durch Zusatz von Schwefelsäure bzw. von Calcium- oder Magnesiumverbindungen als unlösliche Fettsäuren bzw. als schwerlösliche Seifen gefällt. Dabei werden das emulgierte Wollfett, die Abbauprodukte des Keratins und sonstige kolloide Bestandteile z. T. mit ausgeflockt, z.T. vom Umsetzungsprodukt der Seife adsorbiert. Die Verwendung von Schwefelsäure als Fällungsmittel[5] ist am gebräuchlichsten. Das anfallende Waschwasser wird mit H_2SO_4 angesäuert und durch Luft in Bewegung gesetzt, wobei sich der Fettschlamm, ein Gemisch von Wollfett und Seifenfettsäuren, vom Säurewasser trennt. Der gewonnene Fettschlamm wird dann durch Trocknung, Filterpressen u. a. von dem Überschuß an Wasser befreit und in dampfgeheizten Pressen oder durch Extraktion entfettet. Durch weitere chemische Behandlungen des rohen Wollfettes werden Wollfettsäure, Neutralwollfette, Adeps lanae u. a. gewonnen[6].

---

[1] Vgl. Kehren: Melliand Textilber. Nr. 7 (1931); Z. ges. Textilind. Bd. 34 (1931) Heft 23. Metasal K (Chem. Fabrik Grünau) besteht aus einer kalkbeständigen Seife und Eiweißspaltprodukten.

[2] Vgl. Möllering: Z. angew. Chem. Bd. 42 (1929) S. 424. — De Raeve: J. Ind. Eng. Chem. Bd. 17 (1925) S. 837. — Skipton: Dyer Calico Printer Bd. 69 (1933) S. 23, 77. — Smith, R. J.: J. Soc. Dyers Col. Bd. 49 (1933) S. 241; ferner Klepzigs Textil-Z. Bd. 39 (1936) S. 719. — Brock: J. Textile Inst. Bd. 28 (1937) P. 30.

[3] Vgl. Möllering: l. c.

[4] Über die Barber-Düse vgl. Ind. Chemist Bd. 8 (1932) S. 175; R. J. Smith: J. Soc. Dyers Col. Bd. 49 (1933) S. 241; Brock: J. Textile Inst. Bd. 28 (1937) P. 30.

[5] Vgl. auch Beedham: Chem. Zbl. Bd. II (1931) S. 3240. — Wonter-Smith: Chem.-Age. Bd. 29 (1933) S. 125.

[6] Vgl. auch Textile Col. Bd. 56 (1934) S. 607, 641. — Möllering: Chem. Umsch. Bd. 38 (1931) S. 239.

Das Duhamel-Verfahren[1]. Die Beobachtung „Wolle wäscht im eigenen Schmutz am besten" ist in dem von Duhamel und der Comp. Gén. des Industries Textiles in Roubaix 1924—1929 ausgearbeiteten Verfahren verwirklicht worden. Die beim Einweichen der Rohwolle anfallende Schweißlauge übt von einer Konzentration von etwa 4° Bé an eine kräftige Waschwirkung aus,[2] die hauptsächlich auf ihrem Gehalt an fettsauren Kalisalzen der Ölsäure, Stearinsäure, Essigsäure, anderen Fettsäuren, sowie an verschiedenen Ammoniumverbindungen, die als Abbauprodukte des Harnstoffes entstehen, beruht[3].

Die Schweißlaugen haben ein besseres Emulgiervermögen als Seifenlösungen; das Optimum liegt bei p_H 9[4]. Der niedere p_H der Schweißlösungen beim Duhamel-Verfahren, verglichen mit dem p_H bei der üblichen Sodaseifenwäsche, ist auch mit Rücksicht auf die Faserschonung vorteilhaft[5].

Beim Duhamel-Verfahren[6] wird nun die Wolle der Hauptsache nach in wäßrigen, genügend konzentrierten Lösungen von Wollschweiß, den die zu waschende Wolle mit sich führt, gewaschen. Um das wäßrige Wollschweißbad dauernd auf der erforderlichen hohen Konzentration zu halten, wird diesem Bade ein geringes Volumen gegeben. Die während des Waschens von der Wollfaser abgelösten feinen, erdigen Bestandteile werden abgeführt; außerdem wird der Waschvorgang so geleitet, daß in seinem Verlauf das wäßrige Wollschweißbad nur sehr wenig an Flüssigkeit einbüßt, damit zur Deckung der entstehenden Flüssigkeitsverluste stets eine geringe Menge reinen oder schweißhaltigen Wassers ausreicht. Zur Durchführung des Verfahrens dient eine Waschmaschine, bei der in geschlossenem Kreislauf mit dem selbsttätig arbeitenden Schlammablaß der Waschbottiche hintereinander aufgestellte Schleudern liegen, die aus der ihnen zugeführten verschmutzten Waschflüssigkeit nacheinander die erdigen Schmutzbestandteile, in Entfettungszentrifugen das Wollfett absondern[7] und sodann die gereinigte Waschflüssigkeit den Waschbottichen wieder zuführen. Ist aus irgendwelchen Gründen ein längerer Stillstand der Waschkufenzüge erforderlich oder sollen die Schweißlösungen länger gelagert werden, so wird den Schweißbädern eine fäulniswidrige Substanz, z. B. Thymol, Chloroform, Zyankalium, in Mengen von etwa 1:10000 zugegeben. Da der Wolle nach dem Verlassen der Schweißbäder mitunter noch etwas Wollfett und geringe Mengen Verunreinigungen anhaften, wird sie schließlich noch durch ein Seifenbad und ein dahinter aufgestelltes Spülbad geleitet. Zwischen drei der konzentrierten Wollschweißbäder kann in einem Wasserbade gespült werden[8]. Um die Ausschleuderung des Schmutzwassers zu umgehen, hat Duhamel auch eine Absatzvorrichtung im Waschbottich selbst konstruiert.

Vorteile des Duhamel-Verfahrens sind der geringe Seifen- und Wasserverbrauch, die Faserschonung und die Gewinnung eines hochwertigen Wollfettes[9].

---

[1] Duhamel: Rev. gén. Coll. Bd. 3 (1925) S. 136. — Duhamel und Comp. Gén. Ind. Textiles: Engl. Pat. 221 521 (1924), und Zusatz 234 055 (1925); 240 477 (1924); 240 482 (1924); 240 482 (1924); 240 499 (1924); 243 360 (1924); 251 669 (1926); 256 635 (1925), und Zusatz 258 615 (1926); 273 755 (1926); 274 100 (1926); 394 942 (1931); 399 826 (1932). Franz. Pat. 635 812 (1926; 665 345 (1928); 757 503 (1931). DRP. 497 228 (1924); 513 094 (1924); 540 389 (1926); 584 830 (1931). — Vgl. auch Möllering: Leipzig. Mschr. Textil-Ind. Bd. 47 (1932) S. 120, 139; ferner Klepzigs Textil-Z. Bd. 39 (1936) S. 719.

[2] Vgl. Duhamel: Rev. gén. Coll. Bd. 3 (1925) S. 136. — Stott und Mengi: J. Soc. chem. Ind. Bd. 53 (1934) 211. T.

[3] Vgl. auch Henkel & Cie: DRP. 486 548 (1926).

[4] Phillips: Textile Mfr. Bd. 62 (1936) S. 218; J. Textile Inst. Bd. 27 (1936) P. 208.

[5] Vgl. auch King: Textile Mfr. Bd. 61 (1935) S. 483.

[6] Vgl. insbesondere DRP. 513 094. [7] Vgl. auch DRP. 584 830. [8] DRP. 540 389.

[9] Über die Verwendung des gewonnenen Fettes beim Duhamel-Verfahren vgl. auch Franz. Pat. 673 310 (1928); 678 095 (1928).

Entfettung unter Verwendung flüchtiger organischer Lösungsmittel[1]. Durch Extraktion, mit flüchtigen Lösungsmitteln, wie Benzin, CS_2, Trichloräthylen und andere Halogenkohlenwasserstoffe, Azeton u. a., kann die Wolle weitgehend entfettet[2] und dabei in einfacher Weise ein Wollfett ohne Beimengung von Seife und Alkali in guter Beschaffenheit gewonnen werden. Diesen Vorteilen stehen jedoch verschiedene Nachteile gegenüber, z. B. die aus wirtschaftlichen Gründen erforderliche weitgehende Rückgewinnung der Lösungsmittel und die dadurch bedingte kompliziertere Apparatur, der höhere Preis, die Feuergefährlichkeit und Giftigkeit der Lösungsmittel u. a. Das Verfahren, über das eine umfangreiche Patentliteratur besteht[3], hat sich daher in Deutschland nicht durchgesetzt, wird aber im Auslande, besonders in den Vereinigten Staaten, mit Erfolg durchgeführt.

Gefrierverfahren. In den letzten Jahren ist von der Frosted Wool Process Comp. in Los Angeles und dem Lowell Textile Institute (Mass.) ein Verfahren („Frosted wool process") ausgearbeitet worden, bei dem Grus, Kletten, Samen u. dgl., Pech, Teer und erdige Verunreinigungen der Wolle durch Anwendung starker Kälte in erheblichem Teile entfernt werden. Das Verfahren beruht darauf, daß das Wollfett im gefrorenen Zustande nicht mehr klebrig, sondern hart und brüchig ist und bei mechanischer Behandlung zu Staub entfällt. Die gefrorenen Fasern können sich dann voneinander trennen und die pflanzlichen Bestandteile durch das Sieb eines Entstaubungsapparates ausgeschieden werden[4].

Verschiedene andere Methoden. Das Entschweißen mit Hilfe des elektrischen Stromes stammt von Baudot[5]. Das Verfahren beruht darauf, daß die zu entschweißende Wolle in ein alkalisches Bad gebracht (bei Rohwolle kann auch mit reinem Wasser entschweißt werden) und mittels eines als Elektrode dienenden perforierten Metallbandes und eines darüber geführten, als Diaphragma dienenden Gewebes durch das Bad hindurchgeführt wird. Eine Aufnahme hat dies Verfahren jedoch kaum gefunden. Ed. Justin-Mueller[6] berichtet über die Entfettung gewalkter Wollengewebe nach Baudot[7], wonach die Gewebe anstatt wie bisher im Strang mehrere Stunden gewaschen zu werden, durch eine Roulettenküpe mit mehreren Abteilungen breit und kontinuierlich geführt werden; die ersten mit Elektroden versehenen Abteilungen enthalten eine Sodalösung von 4—5° Bé, während sich in den übrigen Abteilungen warmes Wasser

---

[1] Vgl. auch Klepzigs Textil-Z. Bd. 39 (1936) S. 719. — Hassel: Melliand. Textilber. Bd. 11 (1930) S. 206. — Harless: Wool. Res. Textile Wld. Bd. 79 (1931) S. 148. — Skipton: Dyer Calico Printer Bd. 69 (1923) S. 23, 77.

[2] Über die Gefahren zu starker Entfettung vgl. S. 124, 139.

[3] Vgl. z. B. Deutsche Wollwaren Manufaktur AG: Österr. Pat. 113656 (1925), Zus. zu 101314; Engl. Pat. 308605 (1929). — Rechberg G. m. b. H. und G. Braun G. m. b. H.: Franz. Pat. 611976 (1926); Engl. Pat. 249496 (1926); Amer. Pat. 1636351 (1926). — Schaaf: DRP. 411334 (1922). — Bruckhoff: Franz. Pat. 584046 (1924); Engl. Pat. 226436 (1925); Österr. Pat. 101314 (1924). — R. O. Herzog: Amer. Pat. 1521624 (1924). — Brauckmeyer: DRP. 445792 (1925), 481031 (1925); Zusätze zu 411334. — I. G. Farbenindustrie: Engl. Pat. 300941 (1927) u. a.

[4] Über die Entwicklung und den gegenwärtigen Stand des Verfahrens vgl. Barker: Wool Res. Textile Wld. Bd. 85 (1935) S. 1085. — Wig: Amer. Dyestuff Rep. Bd. 24 (1935) S. 270. — Townend: J. Textile Inst. Bd. 27 (1936) P. 219. — Turner: Refrig. Engng. Bd. 34 (1937) S. 364.

[5] DRP. 193258 (1905).

[6] Nach Z. Farben- u. Textil-Ind. Bd. 4 (1905) S. 408. Sitzungsbericht vom 16. Dezember 1904, Chemie-Ausschuß der Industriellen Gesellschaft von Rouen.

[7] Dieses Verfahren hatte sich in der Stückwäscherei gut eingeführt und ist längere Zeit von ziemlicher Bedeutung gewesen (vgl. Heermann: Enzyklopädie der textilchemischen Technologie, Berlin 1930, S. 65).

befindet. Beim Passieren der ersteren werden die Seife, sowie das vom Spicken herrührende Öl aus dem Gewebe entfernt; die Fette, die, wenn die Stoffe „unentgerbt" gewalkt werden, nach dem Walken teilweise verseift oder einfach emulgiert waren, werden derart zersetzt, daß das Olein sofort regeneriert wird. Das Olein sammelt sich an der Oberfläche des Bades an und kann mittels eines Übergusses abgeleitet werden. Der Mechanismus des Vorganges ist nicht genügend geklärt, dürfte aber in folgendem bestehen: Der elektrische Strom zersetzt die Soda in Ätznatron und Kohlensäure; die Ätznatronlauge im Entstehungszustande erleichtert die Auflösung der im Gewebe befindlichen Seife und verseift anderseits ev. vorhandenes emulgiertes Olein. Die sich entwickelnde Kohlensäure zersetzt die gebildete Seife unter Freiwerden von Olein, das an die Oberfläche geht. Auf diese Weise behält das Bad fortwährend dieselbe Wirksamkeit, indem es nach Maßgabe von dem Körper (Olein) befreit wird, der seine Wirkungen beeinträchtigen könnte. Die Entfettung ist somit eine sehr rasche: je nach dem Gewebe bis etwa 10 Stück pro Stunde. Das Sodabad wird auf ungefähr 40° erwärmt und während des Betriebes erneuert. Einer der wichtigsten Vorteile ist die Wiedergewinnung des Oleins, die nach den älteren Methoden nur mittels besonderer Einrichtungen möglich war. Die Wollstückwäsche auf elektrischem Wege bedient sich nach Baudot bei 2—12° Bé starken Laugen einer Reihe von Elektroden mit etwa 5—20 Volt Spannung und einer Stromstärke von 80—200 Ampère. Der Vorgang wird gewöhnlich einmal wiederholt und dazwischen das Gewebe abgequetscht. Der Kraftbedarf beträgt etwa 4—10 PS und 2 kW, also maximal etwa 3 PS. Von L. Ph. Hemmer, G. m. b. H., Aachen, kann die Apparatur bezogen werden[1].

Nach Born[2] erfolgt die Reinigung und Entfettung der Wolle oder der Wollabfälle unter Anwendung saugfähiger Pulver, wie Infusorienerde, Tonerde, Kreide und dgl., und zwar wird die innige Vermischung der Wolle mit der Saugerde und die stetige Erneuerung der letzteren mit Hilfe eines starken, eventuell angewärmten Luftstromes oder Wirbels bewirkt. In einem Klopfwolf wird durch das Zusammenwirken einer regulierbaren Einstreuvorrichtung, einer Luftkappe oder eines Exhaustors ein mit saugendem Staub gefüllter Luftstrom erzeugt, der durch die ganze Maschine geht und dessen Staubgehalt nach Bedarf geregelt werden kann. Durch diesen Staub- und Luftstrom wird die Wolle mittels des Klopfwerkes in schnellen Drehungen hindurchgewirbelt. Dabei findet eine stetig sich erneuernde intensive Ein- und Entstäubung der Wolle statt, indem der saugende Staub immer von neuem die Wollfaser bedeckt, um alsbald, mit Fett und Schmutz gesättigt, wieder abgeklopft zu werden. Die Wollfasern werden dabei nicht nur von Fett und einem Teil ihrer Feuchtigkeit, sondern auch von Unreinigkeiten und Fremdkörpern befreit. — Der Vorschlag, mit Hilfe von Infusorienerde Wollfett aufzusaugen, ist übrigens älteren Datums und bereits in Witt's „Chemischer Technologie der Gespinstfasern" (S. 98), erwähnt. — In D. R. P. 71 529 hat C. Günther & Co. ein Verfahren patentiert, wonach die Wolle auf einer 100—110° warmen Platte mit einem Gemenge von Ätzkalk und Schlämmkreide behandelt wird; dabei soll das Wollfett aufgesogen werden. Beide Verfahren leiden nach Ganswindt[3] an dem gleichen Nachteil, nämlich an der Ungleichmäßigkeit der Entfettung. — Schatz[4] verwendet Staub, um das Fett aufzusaugen.

---

[1] Melliand Textilber. Bd. 14 (1933) S. 317.
[2] DRP. 143567 (1901).
[3] Ganswindt: Wollwäscherei und Karbonisation, Leipzig 1905, S. 142.
[4] Schatz: Lehnes Färber-Ztg. Bd. 14 (1903) S. 173.

2. Kammzugwäsche.

Kammzug, das Vorprodukt des Kammgarns, hat bereits die Wollwäsche in losem Zustande durchgemacht und bedarf zur Entfernung der geringen Mengen Spinnfett, die vor dem Kämmen zugefügt werden müssen, meist nur einer kurzen Behandlung mit Seife bei 30—35° C oder mit einer Lösung von 0,5 g/l eines Mittels, wie Igepon A oder analoger Produkte in der Lisseuse[1]. Auch Igepal W ist zum Waschen von Kammzug hervorragend geeignet. Diese Waschoperation wird meist zwischen dem Nachstrecken durchgeführt, wobei der Hauptzweck ein gutes Durchnetzen jedes einzelnen Haares ist. Es handelt sich hier um einen Wasch- und Trocknungsprozeß, wobei letzterer eigentlich einen „Plätteffekt" hervorrufen soll. Deshalb werden die Kammzugbänder in gestrafftem Zustand über eine Anzahl mit Dampf geheizter, langsam rotierender Zylinder geleitet. Sehr fetthaltiger schwerer Cheviotzug wird mit 0,5—1 g/l kalzinierter Soda und 1—2 g/l Igepon A oder ähnlichen Waschmitteln $\frac{1}{4}$ bis $\frac{1}{2}$ Stunde bei 30—50° C vorbehandelt und dann gut gespült[1].

3. Das Waschen von Wollgarnen[2].

Wollgarne enthalten immer Emulsionsbestandteile (Spinnöl, Spicköl, Wollschmälze usw.), die vom Spinnprozeß herrühren. Wenn keine Mineralöle zum Schmälzen verwendet wurden, können die Garne leicht durch Waschen mit Soda oder Ammoniak und Seife oder einem der neueren Waschmittel[3] entfettet werden. Wenn aber Mineralölschmälzen benutzt werden, kommen Fettlöser der verschiedensten Art, neben den modernen Waschmitteln in Betracht.

Wolle ist beim isoelektrischen Punkte bzw. im isoelektrischen Bereiche gegen chemische Angriffe am widerstandfähigsten. Eine saure Wäsche der Garne würde also im Hinblick auf die Faserschonung günstig und z. B. bei Verwendung von Fettalkoholsulfonaten als Waschmittel auch theoretisch möglich sein, da diese auch bei p_H 5—6 noch eine Waschwirkung ausüben[4]. Im praktischen Großversuch wird jedoch selbst bei Anwendung großer Mengen Fettalkoholsulfonat im schwachsauren Bereiche keine genügende Auswaschung erzielt. Dies beruht darauf, daß die Garne von der Rohwolle- oder Lisseusenwäsche her noch Seife enthalten und darüber hinaus mit Fettsäure oder mit Ölen geschmälzt werden, die sich in verhältnismäßig kurzer Zeit in beträchtlichem Maße in Fettsäure umsetzen. Bei der sauren Wäsche muß nun nicht nur die in der Ware enthaltene Fettsäure emulgiert werden, sondern darüber hinaus wird noch vorhandene Seife in freie Fettsäure verwandelt, d. h. man erschwert sich bei so geschmälzten Waren das Arbeiten derart, daß die vielfache Menge an synthetischem Waschmittel erklärlich wird. Die saure Wäsche hat infolgedessen höchstens für Sonderfälle Bedeutung[5].

Die Wäsche mit Soda wird mit ungefähr 3% bei 30—40° C ausgeführt, oder man wäscht mit Ammoniak unter Zusatz von 5% Seife (die Prozentzahlen beziehen sich auf das Gewicht der Ware). Der Wäsche muß namentlich bei Streichgarnen, aber auch bei fettreichen Kammgarnen, Cheviotgarnen, ein Einbrühen zur Verhinderung des Verfilzens vor dem Färben vorangehen. Gebrüht werden ent-

---

[1] Siehe Ratgeber für Wolle der I. G. Farbenind.-A.-G., Frankfurt a. M., S. 5.

[2] Über ältere und neuere Waschverfahren für Kamm- und Streichgarn vgl. M. Müller: Z. ges. Textilind. Bd. 36 (1933) S. 455.

[3] Praktische Erprobung der wichtigsten heute im Handel befindlichen Waschmittel in der Wollgarnwäsche, vgl. Franz: Melliand. Textilber. Bd. 16 (1935) S. 277.

[4] Vgl. auch Götte und Kling: Kolloid-Z. Bd. 64 (1933) S. 222, 327, 331.

[5] Franz: Melliand Textilber. Bd. 16 (1935) S. 277; Z. angew. Chem. Bd. 50 (1937) S. 467; vgl. auch Kehren: Z. ges. Textilind. Bd. 36 (1933) S. 12.

weder die Wollpakete, wie sie eingehen, eine Stunde lang, oder man öffnet das Garn, bringt es auf einen Garnstreckrahmen und brüht auf diesem ein. Selbstverständlich muß im letzteren Falle Sorge getragen werden, daß die Auflagestellen verändert werden, um nicht fleckiges Material zu erhalten. Man benutzt auch Einrichtungen, bei denen ein zweites Strecken vermieden wird, wenn sich die Arme des Streckrahmens während der Arbeit langsam drehen und dadurch dem Garn eine veränderte Auflage gewähren.

Die Wäsche selbst wird meist in mit Dampf heizbaren Bottichen ausgeführt, die etwa 50—200 kg und mehr Garn zu fassen vermögen und in denen die Strähne auf quer über die Kufen gelegten Stöcken teilweise in der Seifen- oder einer anderen Entfettungslösung hängen und mehrere Male umgezogen werden können. Das Färben kann dann unmittelbar vorgenommen werden. Die Strähne können auch zwei- bis dreimal in den Lösungen umgezogen, durch eine Quetsche auf ein laufendes endloses Band geworfen und so, von der die Entfettung bewirkenden Lösung befreit, den weiteren Operationen zugeführt werden. Die Quetschwalzen, die unter Federdruck stehen, sind mit weichen Stoffen als Bombage versehen. Es sind Garnwaschmaschinen gebaut worden, bei denen das Garn über ein Walzenpaar hinweg geführt wird, wobei die obere Walze zum Abquetschen der Strähne dient. Die Walzen sind nach der einen Seite abgeschrägt, um ein leichtes Abnehmen der Strähne zu ermöglichen. Bei manchen der Apparate ist auf zwei Walzen ein Preßzylinder aufgelegt, durch den das Abpressen der Ware erfolgt. Die Apparate finden aber bei der alkalischen Wäsche nicht allzuhäufig Verwendung. Das Ausspülen der Ware erfolgt meist entweder auf Kufen bei kleineren Anlagen oder auf Rundwaschmaschinen bei größeren Anlagen. Diese Rundwaschmaschinen (Garnspülmaschinen) sind meist so eingerichtet, daß in einem großen runden Bottich das Garn auf Pfosten, die Garnträger (12, 18 oder 24) aus Metall oder Steingut bzw. Porzellan aufweisen, bewegt wird. Alle Garnträger bewegen sich langsam in der gleichen Richtung, drehen sich dabei nach vorne und dazwischen wieder kurz rückwärts um ihre eigene Achse, so daß durch die hervorgerufene Hin- und Herbewegung ein gutes Durchspülen des Garns erzielt wird. Durch eine eingesetzte Scheidewand wird das Wasser gezwungen, in den Garnen entgegengesetzter Richtung zu strömen, d. h. das Spülen erfolgt nach dem Gegenstromprinzip. Zwei Leute genügen, um eine große Maschine dieser Art zu bedienen; der eine hängt die frischen Strähne an der Seite der Scheidewand, wo das schmutzige Wasser abfließt, auf die Garnträger, und der zweite nimmt die gespülten Garne von der Seite ab, wo das frische Wasser eintritt. Bei nicht zu raschem Gang kann auch die gesamte Arbeit durch einen Mann geleistet werden.[1] Bei großen Garnmengen bedient man sich der Stückwaschmaschinen; die Strähne werden in diesem Fall Ende an Ende mit Bindfaden zu einem unendlichen Band vereint, zwei- bis dreimal durch die Lösung gezogen und dann nach Öffnen des Bandes durch Quetschwalzen abgequetscht. Bei weichen Garnen ist streng auf die Gefahr des Verfilzens zu achten. Streichgarne müssen, wie bereits bemerkt, vor dem Waschen in heißem Wasser eingebrüht werden, was unmittelbar in Bündeln oder auf Garnstreckrahmen ausgeführt wird.

4. Die Wollstückwäsche[2].

Der „Loden", das Streichgarnerzeugnis, so wie es vom Webstuhl kommt, ist fast immer ein leichtes, lockeres und dementsprechend ziemlich weitmaschiges

[1] Über weitere mechanische Einrichtungen siehe S. 241ff.

[2] Es bedarf wohl kaum eines besonderen Hinweises, daß ein langes Liegenlassen des Lodens — so nennt man die Stücke nach dem Weben — ein Stockigwerden und die Möglichkeit zur Schimmelbildung, namentlich bei Halbwollgeweben, bedingt.

Gewebe, in dem Kette und Schuß deutlich sichtbar sind. Durch das nun folgende Waschen und Walken und anschließende Behandlungen wird das Gewebe in ein dichtes Tuch übergeführt und so aus dem Rohmaterial die verkaufsfähige Ware erzeugt. Bei der Wäsche wollener Stückware kommt neben der Entfernung von Spinnölen bzw. Spinnemulsionen noch die Entfernung der Schlichte hinzu. Da ferner die Wolle durch die Wäsche gleichzeitig in ihrer Krimpfähigkeit beeinflußt wird, so treten Veränderungen je nach der Natur des Rohmaterials und dem gewünschten Ausfall der Fertigware hinzu. Je nachdem Stückware aus Streichgarn oder Kammgarnware vorliegt, wird das Waschen meist auf Strangwaschmaschinen oder auf Breitwaschmaschinen mit Soda unter Zusatz von 1,5—2 g eines modernen Waschmittels, wie Igepon, Igepal W, Gardinol usw., vorgenommen. Die anzuwendende Sodamenge richtet sich nach dem Zustand der Rohware; jedenfalls soll mit einem geringen Überschuß an Alkali gewaschen werden. Man spült gewöhnlich zunächst lauwarm und dann kalt. Wollwaren, bei denen ein späteres Einschrumpfen zu befürchten ist, müssen vor dem Waschen und Färben gekrabbt werden. Die Art des Entschlichtens richtet sich nach der verwendeten Schlichtmasse. Man kann z.B. bei Verwendung von Kartoffelmehl mittels Biolase oder Viveral E konz., $\frac{1}{4}$—$\frac{1}{2}$ g pro Liter bei 30—50° entschlichten und geht dann mit der aufgewickelten Ware auf den Brennbock. Durch ein- bis zweistündiges Liegenlassen vor dem Spülen kann man auch hartgewebte, schwere Ware in dieser Weise entschlichten.

5. Entfernung von Pechspitzen und Teer aus Wolle.

Pechspitzenhaltige Wolle bereitet auch heute noch bei ihrer Verarbeitung Schwierigkeiten. Es ist verständlich, daß die Besitzer der Herden ohne Zeichnung der Schafe nicht imstande sind, die einzelnen Schafrassen getrennt zu halten. Da nun diese Zeichen Licht-, Wetter- und sonstige Beständigkeit aufweisen müssen, so lassen sich diese Pechspitzen bei der üblichen Soda-Seifenwäsche nur sehr schwer aus der Wolle wieder entfernen[1] und verursachen deshalb eine Minderwertigkeit der betreffenden Vliese. Zur Zeichnung der Schafe hat man Holzpech verwendet, aber auch Ruß für Schwarz, Eisenoxyd und Mennige für Rot, Ocker und andere Farbstoffe für Braun. Natürlich muß der Farbe noch ein Bindemittel zugesetzt werden. Der Verwendung von Teer stand entgegen, daß er einerseits die Wollhaare zu sehr verklebt, anderseits vom lebenden Schafe zu leicht entfernbar ist.

Neuerdings ist man bestrebt, Teer und Teerfarben zur Markierung der Wolle zu vermeiden[2]. Eine durch Seifenwäsche vollständig entfernbare Farbe, die klimatische Einflüsse und mechanische Beanspruchungen gut aushält, hat die British Res. Assoc. for the Woollen and Worsted Industries ausprobiert. Sie besteht aus Wollfett, Karnaubawachs, Schwerspat, Farbe und Schwerbenzin. Als Farbe wird empfohlen, statt Rußschwarz Erdfarben, z. B. Umbra, zu verwenden.

Die Entfernung der Pechspitzen kann auf verschiedene Weise erfolgen. Das Noppen von Hand ist zeitraubend und kostspielig, überdies treten die gefärbten Spitzen bei Filzgeweben oder bei Hutstumpen erst nach dem Färben oder beim Schleifen auf. Nach anderer Mitteilung im Loewenthalschen Buche[1] sollen Pechzeichen aus Wolle am besten durch Einweichen in Tetrapol entfernt werden.

[1] Bei der „chemischen Reinigung“ mit flüchtigen organischen Lösungsmitteln (vgl. S. 145) werden die Pechspitzen entfernt; vgl. auch Loewenthal: Handb. Färberei Spinnfas. 3. Aufl., Bd. I (1921) S. 344 u. 328.

[2] Krais: Leipzig. Mschr. Textil-Ind. Bd. 43 (1928) S. 347.

Bayer und Herold[1] reinigen Pechwolle, indem sie zunächst in Teerölen oder Emulsionen von Teerölen mit Säuren u.a. einweichen. Bunzel[2] hat zu diesem Zweck organische Basen, namentlich Anilin, empfohlen. Die spätere Zeit hat kaum Besseres gebracht. Über „Tetralix special" als Entpechungsmittel in der Hutindustrie vgl. Münch[3]. Das Produkt wird gewöhnlich 1:6 bis 1:8 verdünnt zur Anwendung gebracht, die Wolle 1—2 Stunden in der Reinigungsflotte belassen und hierbei, um den Reinigungsprozeß zu unterstützen, langsam bewegt. Dann wird die Wolle aus dem Bade genommen, abgequetscht und geschleudert. Auch Filze können einer derartigen Behandlung unterworfen werden. Stehende Bäder sind zu empfehlen. Man arbeitet am besten bei deutlich alkalischer Reaktion, die evtl. durch einen Zusatz von Ammoniak bewirkt wird. Die Temperatur der Entpechungsbäder sollen im allgemeinen nicht über 25° C steigen; für gute Entlüftung des Arbeitsraumes ist zu sorgen.

Haakh[4] hat ein Verfahren zur Entfernung von Teerspritzern und Farbflecken unter Verwendung von Teeröl oder höhersiedenden Erdöldestillaten angegeben. Die Materialien werden mit Teeröl oder höhersiedenden Erdöldestillaten behandelt, denen ein die Gleitfähigkeit und Viskosität erhöhendes Mittel, wie Türkischrotöl, Wollfett, Wollschmälzöl, mit Schwefelsäure behandeltes pflanzliches Öl, Glyzerin u. a. beigegeben ist.

Die I. G. Farbenindustrie A.-G.[5] behandelt zum Entfernen von Teer- oder Pechflecken die Wolle zunächst mit einem organischen Lösungsmittel unter Zusatz geringer Mengen eines Emulgierungsmittels und dann mit dem Emulgierungsmittel mit oder ohne Zusatz geringer Mengen eines organischen Lösungsmittels. Als organische Lösungsmittel verwendet man Chlorkohlenwasserstoffe, aromatische Kohlenwasserstoffe oder ihre Mischungen mit aliphatischen Kohlenwasserstoffen oder Terpenen, als Emulgierungsmittel im Kern alkylierte aromatische Sulfonsäuren, wie Butyl- oder Benzylnaphthalinsulfonsäure, die aus dem Braunkohlenteeröl hergestellten Sulfonsäuren oder die aus dem „Edeleanu"-Produkt (Extrakt) gewonnenen Sulfonsäuren, Mischungen aus aliphatischen und aromatischen Sulfonsäuren. — Die von Demoulin[6] angegebenen Mittel zum Entfernen von Teer aus Wolle bestehen aus einem Gemisch von Benzol, Alkohol oder Methanol und aus Chloräthylen, dem evtl. Seife und Wasserglas, in Wasser gelöst, zugesetzt wird, falls das Produkt in Form einer Emulsion verwendet wird. — Reumuth[7] empfiehlt, zur Entfernung von Pechstellen Wollgarn in einer Lösung von 50 g/Liter Lanadin W und 3 g/Liter Ammoniak bei 30° einzuweichen, ohne zu spülen in einem anderen Bade mit 0,3 g/Liter Fettalkoholsulfonat 20 Minuten bei 45° nachzuwaschen, zu spülen und zu trocknen[8].

B. Karbonisation[9].

Kletten oder Fremdkörper, wie Stroh, Heu, Gras, Fasermaterial (aus den Verpackungshüllen), aus Schafwolle — sei es loses Material oder Stückware — zu entfernen, ist auf verschiedene Weise versucht worden. R. O. Herzog[10] trennt Fasergemische mittels nichtmischbarer Flüssigkeiten. Beim Schütteln mit Wasser und einem mit Wasser nichtmischbaren Lösungsmittel, wie Paraffinöl, Tetrachlorkohlenstoff, Benzol, bleibt die tierische Wolle an der Grenzschicht beider Flüssigkeiten, während die Baumwolle sich im Wasser ansammelt. Mechanisch lassen sich geringfügige Mengen an Kletten pflanzlicher Faserstoffe mit Hilfe des Noppeisens (Plüßeisens) oder bei Kamelwollen durch das Kämmen im Spinnprozeß ent-

[1] DRP. 74 777 (1892) und Zusatz 81 423 (1894).
[2] DRP. 97 398 (1896). [3] Melliand. Textilber. Bd. 9 (1928) S. 692.
[4] Österr. Pat. 126 577 (1930); Engl. Pat. 363 026 (1930).
[5] Engl. Pat. 309 871 (1929). [6] Belg. Pat. 363 788 (1929).
[7] Zeiß Nachr. Heft 7 (1934) S. 35.
[8] Über die Entpechung nach dem Gefrierverfahren vgl. S. 145; vgl. auch Frosted Wool Process Comp.: DRP. 642 755 (1932); Zusatz zu DRP. 623 331.
[9] Zusammenfassende Darstellungen vgl. Clavel: Rev. gén. Teinture Bd. 6 (1928) S. 1019 (daselbst auch ausführliche historische Angaben). — Duhem: Rev. gén. Nat. Col. Bd. 33 (1929) S. 159, 461. — Pratt: Textile Col. Bd. 56 (1934) S. 101,130. — Zur Geschichte der Karbonisation vgl. auch Wagners Jb. chem. Technolog. Bd. 18 (1872) S. 639.
[10] DRP. 350 638 (1920).

fernen[1]. Bei billiger Ware, namentlich bei Halbwollstoffen, werden die ungefärbt bleibenden Noppen mit Hilfe von Noppfarben gedeckt (s. w. u.). Für bessere Ware ist die Karbonisation der einzige bis jetzt eingeführte Prozeß.

Die Karbonisation dient ferner auch zur Zerstörung der Zellulosefasern (Baumwolle und Zellwolle) in Spinnereiabfällen und Reißwolle bei Wiederverwendung in der Tuchindustrie (vgl. auch S. 174).

Die Karbonisation, die nach den Waschen, Walken oder Rauhen und nach dem Färben bewirkt werden kann, setzt voraus, daß die Wolle vollkommen rein ist. Der Karbonisationsprozeß beruht auf der Zerstörung der Zellulose durch Säuren unter Hydrozellulosebildung, während Wolle gegen Säuren verhältnismäßig beständig ist. Als Karbonisiermittel benutzt man Schwefelsäure, Salzsäuregas oder Metallsalze, wie $AlCl_3$, $MgCl_2$, $ZnCl_2$ u.a., die in der Hitze Salzsäure abspalten.

1. Die Karbonisation mit Schwefelsäure[2].

Lose Wolle ist erst zu entschweißen und dann zu säuern, am besten durch zwei- bis dreistündiges Liegenlassen in der Säure. Die erforderliche H_2SO_4-Konzentration hängt von der Dauer des Einweichens, der Brenntemperatur und -dauer usw. ab[3]; sie beträgt meist etwa 3% (2,5—3° Bé). Dann schleudert man, trocknet und karbonisiert[4]. Die zur Entfernung des pflanzlichen Materials erforderliche Brenntemperatur und Brenndauer hängen von der Apparatur, der Struktur und dem Gewicht des Gewebes, der Art der pflanzlichen Verunreinigung u.a. ab[3]; sie soll 90—100° nicht überschreiten. Die karbonisierte Wolle wird dann auf einen Klopfwolf gebracht, die mürbgewordene Pflanzenfaser zerrieben und durch ein Sieb von der Wolle getrennt. Das Entsäuern erfolgt gewöhnlich durch halbstündiges Einlegen in eine schwache Sodalösung von 3—5° Bé (D. 1,025—1,35). Die Entsäuerung der Wolle wird meist mit Lackmuspapier kontrolliert[5]. Gefärbte Wollen müssen mit karbonisierechten Farbstoffen gefärbt sein.

Nur für weiße und helle Farben wird „im Loden" karbonisiert, wodurch das Entfernen der zerstörten Kletten (Pflanzenreste) leichter erfolgen kann, meist schon durch das folgende Walken und Rauhen. Das Karbonisieren fertiger Gewebe bietet in den nachfolgenden Operationen begreiflicherweise gegenüber dem Vorkarbonisieren Vorteile, vorausgesetzt, daß es sich nicht um sehr klettige Wollen und Kämmlinge handelt, die am besten im losen Zustand karbonisiert werden. Das Karbonisieren fertig gefärbter Ware macht bei der großen Auswahl an karbonisierechten Farbstoffen keine Schwierigkeit. Die tadellos gewaschenen Loden oder Tuche müssen von allen Seifenresten gründlich befreit werden[6]. Seife und Fett würden sonst durch den Karbonisierprozeß auf der Faser fixiert werden und zu Färbefehlern Anlaß geben.

Karbonisationsfehler, die sich in Fleckenbildung und merklichem Festigkeitsverlust an der fleckigen Stelle äußern, sind fast immer die Folge eines Faserangriffs und der damit einhergehenden Veränderung der Farbstoffaffinität (s.w.u.); sie werden verursacht durch Entmischung der Karbonisierschwefelsäure und ört-

---

[1] Über den Versuch der Frosted Wool Process Comp., Kletten, Strohteile und ähnliche Verunreinigungen im hartgefrorenen Zustande mechanisch aus der Wolle zu entfernen vgl. Herbig: Melliand. Textilber. Bd. 17 (1936) S. 721. — Vgl. auch S. 145.

[2] Vgl. auch Petrow: Chem. Zbl. Bd. I (1931) S. 2820. — Sansone: Ind. Textile Bd. 49 (1932) S. 744.

[3] Vgl. auch Ryberg: Amer. Dyestuff Rep. Bd. 24 (1935) S. 142.

[4] Über Karbonisiermaschinen vgl. den Beitrag von Glafey: Dieser Band S. 275ff.

[5] Über die Fehlerquellen dieser Methode und über die Prüfung karbonisierter Wolle durch Anfärbung mit Indikatoren vgl. King: J. Soc. Dyers Col. Bd. 43 (1927) S. 321.

[6] Vgl. auch M. L. Wilson: J. Soc. Dyers Col. Bd. 42 (1926) S. 109.

liche Anreicherung der H_2SO_4 infolge mangelhafter Hantierung, fehlerhafter mechanischer Bearbeitung, Sonnenlicht u. a.[1, 3].

Durch Anwendung von säurebeständigen Netzmitteln, wie Leonil SB und SBS, Flerhenol, Neopermin, Oranit KS, Prästabitöl V u. a. wird die gleichmäßige Verteilung der Säure in der zu karbonisierenden Ware begünstigt[2], Zusatz von Netzmitteln ermöglicht, die Säurekonzentration herabzusetzen und damit die Wollfaser zu schonen, was auch im Hinblick auf die Vermeidung von Karbonisierflecken wesentlich ist[3]. Die S. A. des Usines a l'Espérance[4] befördert das Durchdringen mit der Säure durch Erhöhung der Einweichtemperatur.

Als Wollschutzmittel bei der Karbonisation dienen nach Bennert[5] Eiweißspaltprodukte von der Art der Lysalbinsäure oder Protalbinsäure.

Beim Karbonisieren mit Schwefelsäure findet eine mehr oder minder deutliche Veränderung der Wolle unter Zunahme des Ammoniakstickstoffes und Abnahme der Reißfestigkeit statt; bei normaler, geeigneter Durchführung ist jedoch die Karbonisation mit Schwefelsäure für Wolle unbedenklich[6]. Rasches, gründliches Trocknen der mit H_2SO_4-Lösung imprägnierten Wolle ist eine der wichtigsten Voraussetzungen zur Vermeidung von Wollschädigungen im Karbonisierprozeß; auch beim Brennen sollte die relative Feuchtigkeit niedrig gehalten werden[7]. Nach Milton Harris[8] besteht beim Erhitzen der getrockneten Wolle für jede Säurekonzentration in der Wolle ein kritischer Feuchtigkeitsgehalt, oberhalb dessen die Festigkeit sinkt und der Ammoniakstickstoffgehalt steigt. Die physikalische und chemische Schädigung nimmt mit der Säurekonzentration und der Erhitzungstemperatur zu[9]. Von den drei Variablen, Temperatur und Dauer des Erhitzens, Konzentration der Säurelösung, ist letztere am wichtigsten[10]. Die Schädigung der Wolle findet in den ersten Minuten des Erhitzens statt; wahrscheinlich fällt hier der Feuchtigkeitsgehalt unter den kritischen Wert, wonach eine weitere Zerstörung der Wolle nicht mehr eintritt. Die Schädigung der Wolle beim Erhitzen wird durch die Gegenwart von Feuchtigkeit befördert[8]. — Für den erzielten Karbonisationseffekt ist nach Friedrich in erster Linie die Menge der von der Ware aufgenommenen Flüssigkeit wesentlich; je mehr H_2SO_4-Lösung auf der Ware haftet, desto stärker konzentriert sich die Schwefelsäure beim Trocknen und desto intensiver ist die Zerstörung der pflanzlichen Faser[11].

Durch die Karbonisation mit H_2SO_4 wird die Affinität der Wolle für Säure- und Beizenfarbstoffe herabgesetzt, die Affinität für basische Farbstoffe erhöht (Ryberg[12]). Dies beruht nach Smith und Harris[13] darauf, daß beim Carboni-

---

[1] Heermann: Melliand Textilber. Bd. 2 (1921) S. 106; vgl. auch Elöd: Melliand Textilber. Bd. 18. (1937) S. 49.

[2] Vgl. auch Rev. gén. Teinture Bd. 9 (1931) S. 485, 617. — Krais: Melliand. Textilber. Bd. 7 (1926) S. 757. — Dreyfus: Schweiz. Pat. 132 286 (1927). — J. G. Farbenindustrie A.-G.: DRP. 517 201 (1925).

[3] Vgl. auch I. G. Farbenindustrie A.-G.: Klepzigs Textil-Z. Bd. 41 (1938) S. 287. — Elöd und Rudolph: ebenda Bd. 41 (1938) S. 295.

[4] S. A. des Usines a l'Esperance: Franz. Pat. 617 777 (1926).

[5] DRP. 393 728 (1923). [6] Ganswindt: Melliand. Textilber. Bd. 3 (1922) S. 259.

[7] Ryberg: Amer. Dyestuff Rep. Bd. 23 (1934) S. 230. Vgl. auch das ausführliche Referat der Arbeiten Rybergs durch Herbig: Melliand. Textilber. Bd. 17 (1936) S. 568, 721.

[8] Amer. Dyerstuff Rep. Bd. 23 (1934) S. 224; Textile Col. Bd. 56 (1934) S. 473, 490.

[9] Ryberg; Clavel: l. c. [10] Ryberg: l. c.

[11] Friedrich: Leipzig Mschr. Textil-Ind. Bd. 45 (1930) S. 442, 477. Über die Beurteilung der erzielten Karbonisation der pflanzlichen Faser vgl. Griboedov und Abozin: Trans. Leningrad Chem. Techn. Inst. Bd. 1 (1934) S. 173. — Elöd und Haas: Melliand. Textilber. Bd. 18 (1937) S. 31.

[12] Ryberg: l. c. Ryberg hat jedoch auf den p_H keine Rücksicht genommen. — Elöd und Haas: Melliand. Textilber. Bd. 18 (1937) S. 31.

[13] Smith und Harris: Amer. Dyestuff Rep. Bd. 26 (1937) P. 416.

sationsvorgang Aminogruppen der Wolle durch die starke H_2SO_4 irreversibel in Sulfam-Derivate (vgl. S. 46) verwandelt werden. Neutralisieren nach der Karbonisation hat anscheinend auf die Veränderung der Farbstoffaffinität keinen Einfluß. Die Abnahme der Affinität für Säurefarbstoffe nimmt mit der Erhitzungstemperatur und -dauer, sowie mit der Schwefelsäurekonzentration zu. Zusatz von Netzmitteln ist ohne Wirkung auf die färberischen Eigenschaften der karbonisierten Wolle. Dagegen ist die Geschwindigkeit des Trocknens sehr wichtig; je schneller die Ware trocknet, desto geringer ist die Änderung der Farbstoffaffinität (Ryberg) [1]. Hohe Einweichtemperaturen bewirken eine geringere Abnahme der Affinität für Säurefarbstoffe; dies beruht wahrscheinlich auf dem besseren Eindringen und der besseren Verteilung bei höherer Temperatur und einem Oberflächeneffekt bei niedrigerer Temperatur[2]. Belichtete Ware zeigt meistens im Färben gegenüber den nichtbelichteten Teilen große Unterschiede und kann nur auf dunkle Farben Verwendung finden. Es empfiehlt sich daher, die Karbonisation in nichtbesonnten Räumen und in möglichst kurzer Zeit auszuführen, worauf schon Spenrath[3] hinwies. Vor der Karbonisation mit Alkali behandelte Wolle zeigt eine geringere Abnahme der Affinität für Säurefarbstoffe als gewöhnliche karbonisierte Wolle[2]. Die Geschwindigkeit der Farbstoffaufnahme wird durch die Karbonisation wesentlich erhöht[4].

2. Karbonisation mit Salzsäuregas.

Bei der „Trockenkarbonisation" wird die gut getrocknete Ware bei höheren Temperaturen mit Salzsäuregas behandelt. Die Vorteile dieses Verfahrens sind[5]: die Fasern bleiben weicher und fester, weil die Behandlung bei verhältnismäßig niedriger Temperatur ausgeführt wird und im ganzen nicht länger als $^3/_4$ Stunden dauert; die karbonisierte Zellulose schwärzt sich nicht, so daß die Ware heller und leichter waschbar ist; die Farbe des karbonisierten Materials ändert sich kaum merklich. Die Kosten der eigentlichen Karbonisation sind geringer als bei H_2SO_4; infolge der Notwendigkeit, gegen HCl beständige Materialien in der Apparatur zu verwenden, sind die Gesamtkosten in beiden Fällen ungefähr gleich.

Die Karbonisation mit Salzsäuregas wird häufig bei Lumpen benutzt; sie greift die Wolle wenig an und verändert die Farben nicht merklich. Sie wird ferner, ebenso wie die Karbonisation mit Aluminiumchlorid, bei Azetatseide- oder Azetatzellwolle enthaltenden Materialien angewandt, wenn die Azetatfaser nicht zerstört werden soll.

Karbonisation mit wäßriger Salzsäure kommt wegen der eintretenden Wollschädigung nicht in Betracht[6].

3. Die Karbonisation mit Metallsalzen.

Die von Joly aufgefundene Karbonisation mit $AlCl_3$[7] wird bei gefärbten Waren angewandt, bei denen Schwefelsäurekarbonisation die Nuance verändern

---

1 Vgl. S. 152, Anm. 12.
2 Ryberg: Amer. Dyestuff Rep. Bd. 24 (1935) S. 142.
3 Vgl. Spenrath: Leipzig. Mschr. Textil-Ind. Bd. 13 (1898) S. 607; Bd. 14 (1899) S. 327.
4 Elöd und Haas: l. c.
5 Vgl. auch Löbner: Die Karbonisation der Wolle, Gewebe, Lumpen und die Kunstwollfabrikation S. 16 (1891); Brandy und Burnham: Amer. Dyestuff Rep. Bd. 23 (1934) S. 411.
6 Vgl. auch Clavel, Elöd und Haas, Elöd und Rudolph: l. c.
7 Vgl. auch Wagners Jber. chem. Technolog. Bd. 15 (1869) S. 547; Bd. 23 (1877) S. 861; Dtsch. Wollengewerbe Bd. 9 (1877) S. 731. — Breuil und Hanofsky: Leipzig. Mschr. Textil-Ind. Bd. 7 (1892) S. 397; Lehnes Färber-Ztg. Bd. 4 (1892/93) S. 87. — Clavel: Rev. gén. Teinture Bd. 6 (1928) S. 1019. — Mullin: Textile Rec. Bd. 50 (1932) Nr. 592 S. 51;

könnte, ferner in der Reißwollfabrikation. Die Karbonisation mit $MgCl_2$[1] ist zwar billig, verlangt aber zur Abspaltung der Salzsäure höhere Temperaturen, bei denen die Gefahr einer Wollschädigung besteht. Die Mitverwendung eines Netzmittels, wie Igepal W, das gegen Metalle aller Art vollkommen beständig ist, ist zu empfehlen.

Bei der Karbonisation mit Chloraluminium oder Chlormagnesium verwendet man Chloraluminiumlösungen D 1,045—1,060 (6—8° Bé) bzw. Chlormagnesiumlösungen bis zu D 1,075 (10° Bé); die Lösungen werden beim Abschleudern zwecks Wiederverwendung gesammelt. Namentlich für Stückware ist das „Brennen" so vorzunehmen, daß ein vollständiges Vortrocknen mit möglichst kurzer eigentlicher Brenndauer erfolgen kann. Getrocknet wird bei 55—65°. Für genügende Ventilation ist hierbei Sorge zu tragen, vor allem ist jede Tropfenbildung zu verhindern. Hierauf wird in der zweiten, dichtgeschlossenen Kammer bei 80—105° karbonisiert. Eine Wiederholung der Karbonisation ist unter Umständen erforderlich, besonders bei Verwendung von Chloraluminium. Dann wird sofort entsäuert und gegebenenfalls, d.h. wenn die nachfolgenden Operationen des Waschens, Färbens, Ausrüstens (Verstreichens, Rauhens) usw. nicht das Ausbringen der Kletten selbst besorgen, entklettet. Dann folgt das Entsäuern bzw. Neutralisieren, das dem jeweiligen Fortgang der Operationen angepaßt werden muß. Bei der Karbonisation mit $AlCl_3$ schlägt sich $Al(OH)_3$ auf der Faser nieder und kann bei ungenügender Entfernung durch Lackbildung mit den Farbstoffen Nuancenverschiebungen bei späterem Färben hervorrufen. Mullin[2] empfiehlt daher, mit $AlCl_3$ karbonisierte Ware nicht mit anderer Ware zu mischen und vor dem Färben gründlich mit verdünntem Ammoniak zu neutralisieren und dann gut zu spülen. — Über den Nachweis mit $AlCl_3$ karbonisierter Wolle vgl. Mullin[2].

Teller[3] karbonisiert mit einer gesättigten Lösung von $ZnCl_2$ in konz. Salzsäure.

4. Das Noppendecken.

Das Noppendecken kommt überall dort in Frage, wo die pflanzlichen Verunreinigungen gering sind und daher durch Karbonisation nicht rationell entfernt werden können, aber auch bei kunstwollenen Stücken mit wenig Baumwollnoppen. Früher und in der Kriegszeit[4] hat man mit dem Färben von Noppen Schwierigkeiten gehabt; so wurde mit Noppentinkturen die Noppenstelle gedeckt, wobei hauptsächlich Farblacke der Farbhölzer Verwendung fanden. Verwendet wurden auch Schwefelfarbstoffe und manche substantive Farbstoffe, wobei in neutralem Bade mit Halbwolle- oder sauren Farbstoffen, die in diesem Falle ziehen, gemustert wurde[5]. Diese Methoden gründen sich auf die damals in Anwendung gekommenen Färbemethoden zum Nachdecken der Baumwolle in halbwollenen Geweben. In den meisten Fällen wird hierfür die Wolle im sauren Bade vorgefärbt, und hierauf werden die Noppen mit direktziehenden Baumwollfarbstoffen, die kalt aus alkalischem Glaubersalzbade auf Baumwolle ziehen, nach-

---

Bd. 50 (1932) Nr. 593 S. 58; Textile Wld. Bd. 79 (1991) S. 986; Pratt: Wool Rec. Textile Wld. Bd. 44 (1933) S. 1413, 1423. — Ryberg: Dyer Bd. 73 (1935) Bd. 458, 506. — Elöd und Rudolph: l. c.

[1] Frank, A.: DRP. 2301 (1877); vgl. auch Breindl und Hanofsky: l. c.

[2] Vgl. S. 153, Anm. 7. [3] DRP. 293 884 (1915).

[4] Im Kriege verwendete man den Chromlack von Blauholz zum Tingieren von Noppen.

[5] Nach Reyl: Lehnes Färber-Ztg. Bd. 30 (1919) S. 252 werden „Noppen" mit Immedialschwarz NNG konzentriert (I. G. Farbenindustrie A.-G.) bzw. Oxydiaminschwarz FFCX für Marineblau, mit letzterem Farbstoff mit Halbwollmarineblau KPB und Formylviolett 10 B nachgedeckt, vollkommene Fettreinheit der Noppenwolle vorausgesetzt.

gedeckt[1]. Diese Farbstoffe färben die Wolle unter diesen Bedingungen nicht oder nur ganz unbedeutend an.

Wenn es sich nicht um zu viele Noppenstellen handelt, können diese auch mit den Irga-Farben der Geigy A.-G. mit einem Stäbchen oder Pinsel betupft werden, wodurch sie nach gutem Eintrocknen unsichtbar werden[2]. Nach gutem Eintrocknen haften diese so gut, daß die Waren ohne Gefahr den weiteren Appreturprozessen unterzogen werden können. Das Färben derartiger Stücke wird am besten auf einer Waschmaschine vorgenommen, indem man pro Liter Flotte ½ g Soda, 20—30 g Glaubersalz kristallisiert und ½—1½ g des betreffenden Farbstoffs zugibt. Zur Schonung der Wolle kann man Protektol II N zusetzen. Meist wird nach dem Spülen der Ware mit Essig- oder Ameisensäure abgesäuert.

Endlich bietet auch die Verwendung von Noppenstiften einen Weg zum Decken der Noppen. Auf die rein mechanischen Arbeiten kann hier nicht weiter eingegangen werden.

C. Vorappretur der Wollstückware.

Unter Appretur versteht man das Zurichten textiler Erzeugnisse für den Verkauf bzw. Gebrauch. Da Wolle (Schafwolle) und andere in gleicher Weise verwendete Tierhaare durch den Einfluß von Wasser, Wärme, Druck und anderer Hilfsmittel formbar sind, so faßt der Begriff Appretur sämtliche Operationen, die mit dem Fasermaterial ausgeführt werden, zusammen. Doch kann man auch eine andere Auffassung zugrunde legen, nämlich nur die Vollendungsarbeiten als die eigentlichen Appreturprozesse bezeichnen. In diesem Falle unterscheidet man zwischen Vor- und Nachappretur.

Insofern die Ausrüstungsarbeiten vorwiegend mechanischer Art sind, muß auf den Beitrag von Glafey (S. 236 dieses Bandes) verwiesen werden.

Das Walken[3] bezweckt die Überführung des trockenen Gewebes in das dichtere Tuch. Das Walken beruht auf der Eigenschaft der Wolle, in nassem Zustande, besonders bei Gegenwart von Alkali oder Säure und in der Wärme, unter dem Einfluß mechanischer Einwirkungen (Stoß oder Druck) zu verfilzen[4]. Das Walken wird nach dem Entknoten und Verbessern der Fehler (Noppen und Ausnähen) im ungewaschenen oder gewaschenen Zustande der Ware vorgenommen. Es ist bei allen Woll- und Halbwollgeweben, von denen ein möglichst dichtes Gefüge verlangt wird, ohne Unterschied der Qualität erforderlich, also in erster Linie bei Bekleidungsstoffen, Kotzen, Decken, Billardtücher usw. Durch eine entsprechende Nachbehandlung wird möglichst weitgehende Krumpffreiheit zu erreichen gesucht. Je nach der Art des verwendeten Walkmittels unterscheidet man zwischen alkalischer Walke und saurer Walke. Über die mechanisch-apparative Durchführung des Walkvorganges vgl. den Beitrag von Glafey (S. 261 ff.).

Die alkalische Walke wird bei mäßiger Temperatur mit möglichst wenig Feuchtigkeit je nach der Art des Stoffes und der Einrichtung der Walkmaschinen in 1—6 oder mehr Stunden ausgeführt. Als Walkmittel dienen Seifen- oder Sodalösungen, deren Stärke sich nach der Art der Walke und der Ware richtet. Zu trockenes und heißes Walken und zu langes Liegen der Ware in der Seife ist zu vermeiden. Nach dem Walken soll die Ware möglichst bald auf der Strang- oder

[1] Vgl. Ratgeber für das Färben von Wolle 1932, S. 571ff.

[2] Vgl. I. R. Geigy A.-G.: Wolle Bd. I S. 165.

[3] Vgl. auch die zusammenfassende Darstellung von Lagache: Rev. gén. Teinture Bd. 7 (1929) S. 1403; Bd. 8 (1930) S. 29.

[4] Über die Theorie des Filzvermögens der Wolle vgl. S. 29.

Breitwaschmaschine allmählich ausgewaschen werden, um die im Innern befindliche Seife zu entfernen[1].

Über die Auswahl der Walkseife vgl. Herbig[2]. Die Seife kann teilweise, gegebenenfalls auch ganz, durch moderne Netz- und Reinigungsmittel wie Gardinol WA, Lanaclarin LM, Verapolseife, Leonil S, Igepon T, Medialanmarken[3]-Lamepon A, Metasal K u. a. ersetzt werden, die z. T. eine Abkürzung der Walkdauer gestatten und sich auf die Faserschonung günstig auswirken. Über sog. Walköle vgl.[4].

Die saure Walke kommt hauptsächlich in der Filz- und Hutfabrikation zur Anwendung. Die saure Walke hat vor der Seifenwalke folgende Vorteile[4]: Die Säure wirkt rascher und intensiver, ergibt ein Produkt mit höherer Reißfestigkeit, Dehnbarkeit und schont die Faser. Als Walkmittel dienen Schwefelsäure, Essigsäure oder Ameisensäure. Bei Verwendung von Schwefelsäure soll nach Duranson[5] die Säuremenge höchstens 4% (auf das Gewicht der Ware bezogen) betragen. Der Ersatz der Schwefelsäure durch die teueren organischen Säuren bietet nach Duranson keine Vorteile.

Als Zusatz zur sauren Walke werden säurebeständige Netz-, Reinigungs- und Faserschutzmittel, wie Gardinol WA, Prästabitöl V, Leonil S oder Igepon T benutzt. Auch das intensive Reinigungsvermögen von Igepal W bei saurer Reaktion kann mit Vorteil in der sauren Walke ausgenutzt werden; die Filzbildung in saurem Medium wird durch die Gegenwart von Igepal W sehr unterstützt.

Das Krabben oder **Brennen** dient zum Fixieren des Gewebes, d. h. zur Beseitigung des Schrumpfens, Krimpens oder Krumpfens. Die Durchführung dieser Behandlung gründet sich auf die Formbarkeit der Wolle bei höherer Temperatur (etwa 100° C). Die Wolle wird in gepacktem oder gestrecktem Zustande der Einwirkung kochend heißen Wassers ausgesetzt, im gerollten Zustand belassen oder durch ein kaltes Bad geführt. Dieses Brennen, Brühen, Krabben oder Krebben wird entweder auf einfachem Brennbock oder auf einer zwei- bis dreifachen Krabbmaschine ausgeführt. Mitunter werden die Operationen des Krabbens mit anderen verknüpft. In den meisten Fällen wird es nach dem Entknoten, Ausnähen und evtl. Sengen vorgenommen. Bei halbwollenen Waren, speziell Futterstoffen, wird bei zwei- bis dreifachen Krabbmaschinen im ersten Bottich ein Waschbad und im zweiten, evtl. dritten Bottich ein Wasserbad zur Anwendung gebracht. Kochen kann man nur die erst gewaschene und gewalkte Ware. Erzeugnisse mit gerauhter Decke müssen die Fixierung auch der Haardecke erhalten. In diesem Falle wird das Kochen direkt nach dem Verstreichen vorgenommen und die Ware 4—24 Stunden auf der Walze stehen gelassen[6].

Das **Dekatieren**[7] bezweckt die Festlegung der Wollhaare in der Oberfläche und im Stück, d. h. es macht die Ware krumpffrei. Gut dekatierte Wollstücke, die nunmehr nadelfertig sind, verändern sich weder in der Breite noch in der

---

[1] Vgl. I. G. Farbenindustrie A.-G.: Ratgeber für das Färben von Wolle, 1932, S. 7.
[2] Herbig: Die Öle und Fette in der Textilindustrie. 2. Aufl. (1929).
[3] Vgl. auch Nüsslein: Melliand. Textilber. Nr. 18 (1937) S. 248.
[4] Textile Col. Bd. 53 (1931) S. 118. — Wool Rec. Text. Wld. Bd. 41 (1932) S. 635.
[5] Yewdall: Can. Text. J. Bd. 50 (1933) Nr. 14, 29; J. Textile Inst. Bd. 24 (1933) P. 173. — Duranson: Rev. gén. Teinture Bd. 14 (1936) S. 247.
[6] Zur Frage der Krumpfechtheit wollener Streichgarn- und Kammgarntuche vgl. Werkshagen: Leipzig. Mschr. Textil-Ind. Bd. 44 (1929) S. 34. — Über die Veränderungen der Wolle beim Krabben vgl. auch Atkinson: Amer. Dyestuff Rep. Bd. 26 (1937) S. 478, 488.
[7] Vgl. auch Rösler: Z. ges. Textil-Ind. Bd. 24 (1921) S. 380. — Nikolai: Klepzigs Textil-Z. B. **40** (1937) S. 287.

Länge. Man unterscheidet die Trockendekatur und die Naßdekatur. Die Trockendekatur arbeitet mit Dampf unter Druck und Dekatierzylinder, die Naßdekatur verlangt gute feste Aufwicklung der Ware auf den Dekatierzylinder und starken Flottenumlauf (heißes Wasser bis 70° C) durch Umlaufpumpe.

Die Trockendekatur erfolgt entweder im Stockdämpfer (Topfdekatur) oder als Kesseldekatur auf einem Vakuum-Dekatur-Apparat. Bei der Topfdekatur wird die Ware evtl. mit Vor- und Mitläufer auf Dekaturwalzen, gewöhnlich auf einem Wickelbock aufgebäumt und dann mit einem Wasserabscheider in Verbindung gebracht. Die Dekatur der Ware wird durch Dampf bewirkt. Das Abkühlen erfolgt noch auf dem Dekaturzylinder. Bei der Kesseldekatur wird der Prozeß abgekürzt.

Bei der Kesseldekatur wird der Dekaturzylinder waagrecht in einen Kessel eingeführt, dieser unter Dampf gesetzt, bis der Dampf die Ware durchdrungen hat. Dann wird der Kessel evakuiert, so daß die kalte einströmende Luft das Arbeitsgut rasch passiert und abkühlt. Ähnlich der letzteren Einrichtung ist auch die Finish- oder Feucht-Dampf-Dekatur, nur weist diese einen großen Durchmesser der Dekaturwalzen auf. Bei der Naßdekatur, deren stärkste Form der sog. Potting-Prozeß ist, wird die Wollware auf dem Trog oder in der Dekaturmaschine mit heißem Wasser behandelt. Die aufgewickelte Ware wird in den Trog eingelegt und darin erkalten gelassen. Beim Arbeiten auf der Dekaturmaschine wird kochendes Wasser durch die gewickelte Ware gepumpt. Bei gefärbtem Wasser erfolgt die Naßdekatur bzw. der Potting-Prozeß bei einer Temperatur von 70—90°; höhere Temperaturen werden nur ausnahmsweise angewandt.

Teichmann[1] erreicht Krumpffreimachen durch spannungsloses Hinwegführen über einen Dämpfkasten, auf einem mitlaufenden, durchlässigen, endlosen Förderband aus Metalltuch. Führt man Gewebe über zwei Trommeln, von denen eine angetrieben ist, so kann man die Ware über ein endloses Band führen, das gedehnt wird und zwar an der Drehstelle, während es an anderer Stelle gestaut ist; hierdurch wird dem Gewebe gleichzeitig eine Schrumpfung und Streckung erteilt[2]. Auch einseitiges Dekatieren durch Führung des Gewebes zwischen zwei endlosen Bändern ist möglich[3]. Dasselbe kann bei geeigneter apparativer Einrichtung auf endlosem Bande in Spannrahmen erreicht werden[4].

Wollfarbige Stoffe, die gegen Trockendekatur beständig sind und mit Säurefarbstoffen gefärbt waren, sollen nie bei schwach alkalischer Reaktion dekatiert werden. Man säuert gewalkte, ungewaschene Ware daher vorsichtig ab. Mit Küpenfarbstoffen gefärbte Waren verändern sich beim Dekatieren unter Druck. Es empfiehlt sich, gegebenenfalls Vorproben anzustellen. Viele Farbstoffe halten sich nur bei Trockendekatur bei einer halben Atmosphäre Überdruck unverändert. Gut dekaturecht sind die meisten Chromentwicklungsfarbstoffe. Auf Chromvorbeize hergestellte Färbungen sind am besten nach Schluß der Färbeoperationen nachzuchromieren, wenn sie keine Veränderung bei der Trockendekatur zeigen sollen. Eine ganze Reihe von Wollfarbstoffen sind gegen den Pottingprozeß beständig, falls dieser Prozeß bei 75 bis 90° C ausgeführt wird. Auf Chromvorbeize fixierte Farbstoffe müssen nachchromiert werden.

Über das Trocknen von Wollwaren vgl. den Beitrag von Glafey (S. 319ff.).

[1] Teichmann: DRP. 593 190 (1932).
[2] Wrigley, Melville, Henshilwood: Österr. Pat. 136 867 (1931).
[3] Whiteley & Sons, Ltd.: Engl. Pat. 407 490 (1932).
[4] Cluett-Peabody & Co.: Franz. Pat. 757 425 (1933).

D. Das Bleichen der Wolle[1].

Naturweiße Wolle zeigt einen gelblichen Farbton, der bei der Erzeugung von Wollwaren in vielen Fällen nicht als störend empfunden wird. Bei Forderung nach reinem Weiß, sowie bei Herstellung ganz heller Farbtöne muß die Wolle jedoch gebleicht werden. Das Bleichen kann mit Hilfe von Reduktions- oder Oxydationsmitteln erfolgen. Die Bleichwirkung kann eine dauernde oder eine vorübergehende sein. Im letzteren Falle tritt ein „Vergilben" der gebleichten Wolle ein, dessen Ursachen noch nicht ganz geklärt sind; vielleicht erfolgt eine Rückbildung des Naturfarbstoffes. Für weiße Ware kann nur rein weiße Rohwolle verarbeitet werden, die sorgfältigst auszuwählen ist. Naturfarbige Wollen sind fast unverwendbar[2], ebenso Wollen mit gelben Spitzen. Auch muß das Bleichgut, gleichgültig ob es als lose Wolle, Kammzug, Garn oder Stückware vorliegt, tadellos gereinigt, entfettet und dann gründlich gespült werden. Beim Spinnen oder irgendeiner anderen Verarbeitungsweise ist auf Flugfasern streng zu achten. Stückware ist sorgfältigst zu noppen. Wenn eine Karbonisation notwendig sein sollte, ist diese bei Wollgeweben als Loden auszuführen. Unbedingt erforderlich ist das Bleichen für Druckware, wenn weiße Böden (auch Effekte) in Frage kommen[3].

Zum Bleichen von Wolle dienen schweflige Säure, die gasförmig oder in wäßriger Lösung, auch in Form von Bisulfiten zur Anwendung kommt, ferner Hydrosulfitpräparate, Permanganat, Wasserstoffsuperoxyd, Natriumperoxyd u. a. Perverbindungen. Als Zusatz zu den Bleichbädern werden moderne Netz- und Reinigungsmittel, wie Igepon T (nicht für Permanganatbäder) u. a. empfohlen.

Das Bleichen mit schwefliger Säure[4]. Die älteste Bleichmethode ist das Schwefeln. Das mit Seife (oder einem der modernen Textilhilfsmittel) gereinigte Wollmaterial wird nach sorgfältigem Ausschleudern in die Schwefelkammer eingebracht. Gewöhnlich geht man so vor, daß die Wolle (als Wollgarn) nach tadelloser Wäsche durch ein lauwarmes Seifenbad genommen wird, das bei 50facher Wassermenge vom Wollgewicht auf 100 kg Wolle etwa 400—600 g Seife enthält; nach $^1/_4$—$^1/_2$stündigem Umziehen wird abgeschleudert, jedoch so, daß genügend Feuchtigkeit in der Wolle zurückbleibt. Je nach der Größe der Schwefelkammer benötigt man auf 100 kg Wolle, gleichgültig ob Garn oder Stück, 3—6 kg Schwefel.

Ein dichtes Einhängen der Ware in die Schwefelkammer ist zu vermeiden. Lose Wolle wird locker auf Horden in der Kammer ausgebreitet, Garne werden auf Stangen aufgehängt, ebenso Tuche und Decken; besser ist es, Gewebe an der einen Leiste aufzuhängen, so daß eine Berührung mit festen Körpern vermieden wird. Bei leichter Stückware arbeitet man in entsprechend eingerichteten Schwefelkammern mit ununterbrochenem Betriebe. Hierbei wird das Gewebe in offener Breite durch einen Schlitz in die Kammer geführt; in dieser befindet sich eine größere Anzahl von Rollen, über die das Arbeitsgut durch die Kammer läuft.

Die Schwefelkammern werden aus mit Zementmörtel verbundenem Ziegel- oder Steinmaterial gebaut und meist mit Holz abgedeckt. Durch Heizrohre unter der Decke ist Sorge getragen, daß Tropfenbildung tunlichst vermieden wird. Metalle, die schnell angegriffen werden, wie Kupfer und Eisen, sind als Konstruk-

---

[1] Mechanische Vorrichtungen s. Glafey: S. 289ff. dieses Bandes; ferner P. Weyrich: Das Färben und Bleichen der Textilfasern in Apparaten, Berlin 1937.

[2] Naturschwarze Wolle wird mit $KMnO_4 + H_2SO_3$ gebleicht und mit Essigsäure oder Ameisensäure aviviert (Melliand. Textilber. Bd. 9 [1928] S. 704); vgl. auch Z. ges. Textil-Ind. Bd. 39 (1936) S. 487.

[3] Vgl. auch S. 221.

[4] Vgl. auch die zusammenfassende Darstellung von Cook: J. Textile Inst. Bd. 17 (1926) 371. T.

tionsmaterial ungeeignet. Manche Schwefelkammern sind so eingerichtet, daß die Verbrennung des Schwefels in einem kleinen Ofen außerhalb der Kammer erfolgt[1]. Der Ofen steht in diesem Falle durch Tonrohre mit der Sohle und dem oberen Teil der Kammer in Verbindung. Das Entzünden des Schwefels erfolgt durch Einlegen eines glühenden Eisenstückes. Nach dem Schwefeln und gehörigem Lüften der Kammer wird die Ware entnommen, gründlich mit reinem Wasser gespült — Soda und Seife sind zu vermeiden — und dann an der Luft hängen gelassen. Geschwefelte Wolle hält die schweflige Säure äußerst hartnäckig zurück[2]. Die zurückgehaltene schweflige Säure kann bei gemusterter Ware ein Ausbleichen der farbigen Effekte, sowie auch eine Farbenänderung von Metallfäden usw. hervorrufen.

Die I. G. Farbenindustrie A.-G. beschreibt ein Verfahren zum Bleichen mit schwefliger Säure von Kammzug in Bobinen, ungeöffneten Garnbündeln, Kops, Kreuzspulen usw., das sich der flüssigen schwefligen Säure bedient. In einen innen verbleiten Kessel, der evakuiert werden kann, mit der die flüssige SO_2 enthaltenden Stahlflasche durch ein Bleirohr in Verbindung steht und überdies mit einem Druckmesser, einem Hahn zur Zuführung von Luft und einem im Boden angebrachten bleiernen Dampfheizrohr versehen ist, legt man etwa 10 cm über dem Boden einen hölzernen Lattenrost, der ohne Metallnägel hergestellt ist. Unter dem Lattenrost befindet sich Wasser, das mit Hilfe des bleiernen Dampfrohrs auf 40° erwärmt wird. Hierauf füllt man den Kessel dicht mit dem zu bleichenden Material und verschließt ihn mit dem mit einer Gummidichtung versehenen Deckel. Mit einem Dampfinjektor oder einer Vakuumpumpe wird nun die Luft aus dem Kessel und dem Wollmaterial gesaugt, wodurch das warme Wasser am Boden des Kessels verdunstet und das gesamte Bleichgut ganz gleichmäßig befeuchtet wird. Nach ¼ Stunde evakuiert man nochmals und öffnet nach Abstellung des zum Injektor führenden Hahnes langsam den Zuführungshahn der schwefligen Säure, worauf diese gasförmig in den Kessel und das Bleichgut eintritt. Nachdem das Vakuum zurückgegangen und am Manometer ein Überdruck bis zu 1 at sichtbar geworden ist, wird die Gaszufuhr abgestellt. Man läßt nun den Apparat mehrere Stunden, am besten über Nacht stehen, öffnet am nächsten Morgen den Lufthahn und saugt, nachdem der Überdruck verschwunden ist, mit dem Injektor oder der Pumpe solange Luft durch den Apparat, bis alle schweflige Säure entfernt ist. Alsdann wird der Kessel geöffnet, das Material herausgenommen und bei 35—40° C getrocknet.

Ein Verfahren zum Bleichen von Wolle mit gasförmiger schwefliger Säure in einer Kammer, deren Öffnungen zum Ein- und Austritt des Gutes dauernd geöffnet bleiben und an denen zur Verhütung des Austrittes von Behandlungsgas aus der Kammer Gaspuffer gebildet werden, hat Flesch[3], angegeben. Diese Gaspuffer an den offenen Enden der kanalartigen Bleichkammer werden durch ein vom Behandlungsgas verschiedenes, für die Bedienung unschädliches Gas, z. B. atmosphärische Luft, gebildet. Die kanalartige Bleichkammer besitzt Rohrstutzen für den Ein- und Austritt des Bleichgutes, wobei Schlitze im Mantel der Stutzen zur Regulierung der Zuführung des Puffergases dienen. Durch den Eintritt atmosphärischer Luft in die Stutzen und durch das Absaugen der Luft mittels der Schlitze werden die Luftpuffer gebildet. Die kanalartige Bleichkammer ist vorzugsweise als Rohr mit einem mittleren, waagerechten Teil und mit zwei abwärtsgerichteten Schenkeln ausgebildet, wobei das Behandlungsgas in der Mitte des waagerechten Teiles zugeführt und an den beiden Enden des waagerechten Teiles dort abgesaugt wird, wo die abwärtsgerichteten Schenkel beginnen.

Das Weiß des Materials kann durch Farbstoffzusatz im Seifenbade — man verwendet basische Farbstoffe und Eosinfarbstoffe — beliebig nuanciert werden.

In kleinen Betrieben wird häufig mit Bisulfitlösung gebleicht. Die gut gewaschene und genetzte Wolle wird in ein kaltes Bad, das auf 1000 Liter Flotte 8—10 Liter Bisulfit (Natriumbisulfit) von 35° Bé und 6 kg konzentrierter Schwefelsäure enthält, gebracht. Die Ware muß meistens mehrere Stunden, am besten über Nacht, im Bade belassen werden; nach dem Herausnehmen und gutem Abtropfenlassen wird sie mit ca. 500 cm³ konzentrierter Schwefelsäure auf 1000 Liter abgesäuert, gespült und nicht zu heiß getrocknet. Man führt diese Behandlungen

[1] Dorner: Dtsch. Färber-Ztg. Bd. 58 (1922), S. 49 empfiehlt, zur vollkommenen Verbrennung des Schwefels neben den Topf mit dem brennenden Schwefel ein offenes Glas mit rauchender Salzsäure zu stellen; diese Wirkung wird auch von anderer Seite bestätigt.

[2] Vgl. auch S. 103.

[3] DRP. 471 877 (1927).

auf Steingut-, Stein- oder Holzkufen aus. Metallgefäße sind wegen Fleckenbildung zu vermeiden. Auch diesem Bade können Farbstoffe (saure Wollfarbstoffe) zugesetzt werden, um eine Nuancierung des Weiß zu erreichen. Mißlungene Färbungen lassen sich nur durch Vorbehandlung mit Wasserstoffsuperoxyd oder durch Überfärben mit Beizenfarbstoffen beheben. Die Chem. Fabrik Griesheim-Elektron[1] tränkt dieWolle mit kalter oder schwach erwärmter, stark verdünnter Bisulfitlösung, schleudert und trocknet; eine Bisulfitlösung von etwa 0,5—1° Bé genügt.

Ein „Bläuen" der Ware nach dem Schwefeln ist üblich. Man verwendet blauviolette Farbstoffe, und zwar basische Farbstoffe oder Farbstoffe, die der Alizarinzyaningruppe angehören.

Die im Bisulfitbade gebleichte und gefärbte Wolle zeigt einen weniger guten Griff, als die im Seifenbad gefärbte, namentlich wenn bei höherer Temperatur gearbeitet wird.

Das Bleichen der Wolle mit Natriumhydrosulfit ist zuerst von Kallab vorgeschlagen worden[2]. Außer in der Wollbleiche findet Hydrosulfit auch zum Abziehen von Kunstwolle, ferner im Wolldruck Verwendung. Präparate, deren wesentlicher Bestandteil Hydrosulfit ist, sind unter verschiedenen Phantasienamen im Handel, z. B.[3]:

Blankit I ($Na_2S_2O_4$ rein, hitzebeständig — speziell für Bleicherei); Burmol ($Na_2S_2O_4$ — für Abzieh- und Bleichzwecke); Rongalit C (Natriumsulfoxylat — Formaldehyd für Ätzzwecke); Rongalit CW (wie vorstehend für Wolle); Rongalit CL, CL extra (wie vorstehend mit Leukotropzusatz); Dekrolin (in Säure lösliches Zinksulfoxylat-Formaldehyd); Dekrolin AZA (Zinksulfoxylat — Acetaldehyd — als Abziehmittel); Dekrolin lösl. konz. (Zinksulfoxylat — Formaldehyd — als Abziehmittel); Hydrosulfit BZ Ciba (Formaldehyd-Zinksulfoxylat) u. a.

Über einen Apparat („Hydrosulfometer") zur schnellen Bestimmung von Hydrosulfitpräparaten vgl. Teichmann und Meves[4].

Beim Bleichen mit Blankit I geht man so vor[5], daß das gut gereinigte Material in ein 40° C warmes Bleichbad, das 3 kg Blankit I auf 1000 Liter Wasser (100 kg Wolle vorausgesetzt) enthält, gebracht und unter stetem Umziehen 4—5 Stunden oder erforderlichenfalls länger darin belassen wird. Nach Beendigung des Bleichens wird gründlich gespült, mit 2 Liter Schwefelsäure auf 1000 Liter Wasser abgesäuert und darauf nochmals gespült. Ein Bläuen erreicht man durch Zusatz von Indanthrenfarbstoffen zum Bleichbad oder durch Nachbläuen mit entsprechenden basischen oder sauren Farbstoffen bzw. Alizarinfarbstoffen. Besonders schöne Effekte erzielt man, wenn das Blankitverfahren mit der Wasserstoffsuperoxydbleiche (s. w. u.) kombiniert wird. Das gereinigte Material wird mit H_2O_2 bzw. Na_2O_2 vorgebleicht, gründlich gespült und dann mit Blankit I nachgebleicht.

Über das Bleichen von Wolle mit dem Hydrosulfitpräparat Arostit BL (Sandoz) vgl. Vincès[6]. Über die Vorteile der Wollbleiche mit dem Reduktionsmittel Candit V (Chem. Fabrik Pyrgos) vgl. Krais und Stahl[7].

Bleichen mit Permanganat. Man bringt die Wolle in ein kaltes Bad von reinem, eisenfreiem Wasser (auf 100 kg Wolle 2500 Liter, die 1 kg $KMnO_4$ gelöst enthalten) und bewegt sie darin bei schwach saurer Reaktion. Nach ungefähr einer Stunde wird die braungewordene Wolle herausgenommen, abgequetscht und

[1] Chem. Fabrik Griesheim-Elektron: DRP. 415 483 (1923).
[2] Dinglers polyt. J. Bd. 229 (1878) S. 89.
[3] Heermann: Enzyklopädie der textilchemischen Technologie, Berlin 1930. S. 212. — Ullmann: Enzyklopädie der techn. Chemie 2. Aufl. Bd. VI S. 216.
[4] Mell-Textilber. Bd. 10 (1929) S. 804.
[5] I. G. Farbenindustrie A.-G.: Ratgeber für das Färben von Wolle 1932, S. 9.
[6] Vincès: Rev. Chim. Ind. Bd. 41 (1932) S. 339.
[7] Krais und Stahl: Leipzig. Mschr. Textil-Ind. Bd. 45 (1930) S. 211.

in ein frisches Bad gebracht, das 25 Liter Natriumbisulfit von 38° Bé und 5 kg Schwefelsäure von 66° Bé enthält. Man behandelt die Wolle in diesem zweiten Bade solange, bis sie genügend weiß ist. Das Bisulfitbad kann auch mit 10 kg Natriumbisulfitpulver hergestellt werden. Ein Zusatz von ungefähr 3 kg Bittersalz (Magnesiumsulfat) ist zur Schonung des Wollmaterials zu empfehlen. Das Bisulfat kann, wenn erforderlich, zur Verbesserung des Weiß einen Zusatz von blauen oder violetten Farbstoffen erhalten [1].

Rinoldi [2] verwendet zum Bleichen von Wolle auf 1000 cm³ Wasser 3 g $KMnO_4$ und 3,5 g $MgSO_4$, behandelt eine halbe Stunde damit, setzt das Material dem Lichte aus und bringt es in ein Bad, das auf 1 Liter 40 cm³ Bisulfit (35° Bé) und 4 cm³ H_2SO_4 (66° Bé) enthält; hierauf wird mit Wasser (gegebenenfalls unter Zusatz von NH_3) gespült.

Eine kombinierte Permanganat-Hypochlorit-Bleiche hat die I. G. Farbenindustrie A.-G. [3] angegeben. Wolle und Halbwolle werden erst mit angesäuerten Hypochloritlaugen, die außerdem zugleich Permanganat enthalten, behandelt; das Bleichgut wird erst mit Säure getränkt und kommt hierauf in die Bleichlösung. Die Behandlung mit Hypochlorit kann auch vor der Behandlung mit Permanganat vorgenommen werden, oder die Vorbehandlung kann mit der Permanganatlösung erfolgen, was empfehlenswerter sein dürfte.

Superoxydbleiche. Hatte das Bleichen der Wolle mit H_2O_2 oder Na_2O_2 wegen der hohen Kosten der Bleichmittel früher nur für bessere Ware und überhaupt nur geringe Anwendung gefunden, so ist in letzter Zeit infolge der verbesserten verbilligten Herstellungsverfahren für H_2O_2 und Na_2O_2 [4] eine zunehmende Verbreitung dieser Verfahren festzustellen [5].

Eine tadellose Wäsche, gegebenenfalls unter Zusatz von Netzmitteln, muß der Bleiche vorangehen; auch ein Zusatz von Netzmitteln zum Bleichbade hat sich bewährt.

Der Verlauf des Bleichvorganges, das erzielte Weiß und die etwa eintretende Wollschädigung hängen in hohem Maße von der Alkalität der Bleichflotte ab [6]. Der Gewichtsverlust nimmt mit steigendem p_H zu und ist stets für chlorierte Wolle sehr viel größer als für nichtchlorierte; die Farbe ist dagegen in den stärker alkalischen Bädern besser. Das beste Ergebnis bei gleichzeitiger Berücksichtigung der Farbe und der Wollschonung erhält man nach Trotman und Gee [6] für nichtchlorierte Wolle bei einem p_H von etwa 10—11; bei chlorierter Wolle sollte ein p_H von 10 nicht überschritten werden [7].

Mit steigender Wasserstoffsuperoxydkonzentration der Bleichbäder sinkt die Elastizität der Wollfasern und der Griff leidet; die Festigkeit wird auch durch

---

[1] I. G. Farbenindustrie A.-G.: Ratgeber für das Färben von Wolle 1932, S. 13.

[2] Boll. Ass. Ital. Chim. Tessile Col. Bd. 9 (1933) S. 93. [3] DRP. 473 869 (1925).

[4] Vgl. auch Smolens: Amer. Dyestuff Rep. Bd. 20 (1931) S. 4. — W. Machu: Das Wasserstoffsuperoxyd und die Perverbindungen. Berlin 1937.

[5] Vgl. auch Z. ges. Textil-Ind. Bd. 31 (1928) S. 869. — Nast: Melliand. Textilber. Bd. 10 (1929) S. 714. — Ainsle: Amer. Dyestuff Rep. Bd. 15 (1926) S. 203. — Fuchs: Z. ges. Textil-Ind. Bd. 31 (1925) S. 626, 691, 885. — Smolens: Amer. Dyestuff Rep. Bd. 17 (1928) S. 672, 678. — Hernandez: Quimica Industria Bd. 7 (1930) S. 201, 281. — Ariente: Textile Wld. Bd. 77 (1930) S. 674. — Weber: Dyer Calico Printer Bd. 70 (1933) S. 23; J. Textile Inst. Bd. 24 (1933) Proc. 178. — Billot-Mornet: Rev. gén. Teinture Bd. 9 (1931) S. 745; Bd. 10 (1932) S. 405, 497. — Rinoldi: Rev. gén. Mat. Col. Bd. 36 (1932) S. 470. — Airoldi: Textilia Bd. 9 (1933) S. 78.

[6] Trotman, S. R. und E. R. Trotman: J. Soc. Dyers Col. Bd. 42 (1926) S. 154. — Russina: Melliand. Textilber. Bd. 12 (1931) S. 404. — Trotman und Gee: J. Soc. Dyers Col. Bd. 48 (1928) S. 229. — Vgl. auch S. 61.

[7] Zur Einstellung dieses p_H-Wertes empfehlen S. R. und E. R. Trotman [6] einen Mischindikator von Dinitrodiazoaminobenzol und Phenolphthalein oder Phenolthymolphthalein.

langdauernde Behandlung mit hochkonzentrierten H_2O_2-Lösungen (mit Ammoniak alkalisiert) nicht merklich verändert. — Zur Kontrolle des Gewichtsverlustes beim Bleichen ist nach Trotman und Gee[1] die Biuretreaktion sehr nützlich. Man verdünnt 50 cm^3 des Bleichbades auf 100 cm^3 und vergleicht die Farbe mit einem Gemisch 0,05proz. Lösungen von Alizarin Delphinol SEN und Walkscharlach B.

Alkalische Wasserstoffsuperoxydlösungen sind nicht haltbar, sondern zersetzen sich unter Sauerstoffentwicklung. Die Zersetzungsgeschwindigkeit nimmt mit dem p_H und der Temperatur zu. Durch Gegenwart von Schwermetallen wird der Zerfall von H_2O_2-Bleichbädern beschleunigt[1]. Salze der Erdalkalien sind dagegen fast unwirksam[2]. — Die Zersetzung von H_2O_2-Lösungen durch Fermente wird hauptsächlich durch Schimmel und Bakterien bewirkt. Die Fermente rufen keine Faserschwächung hervor, sondern lediglich einen Sauerstoffverlust der Bäder, der namentlich in der warmen Jahreszeit in kurzer Zeit einen beträchtlichen Umfang annehmen kann. Durch Sterilisation der Bäder oder der zu bleichenden Ware wird die Gefahr der Zersetzung behoben; zur Sterilisation nimmt man bei Wolle HF, Fluoride, Hydrosulfit oder Sulfoxylat[3].

Sind in der Wolle nur sehr kleine Mengen (etwa 0,001%) eines Schwermetalls gleichmäßig verteilt, so leidet die Farbe des Bleichgutes; bei höheren Katalysatorkonzentrationen wird die Festigkeit stark geschädigt. Mit Ausnahme von Mangan üben Schwermetallkatalysatoren (Kupfer, Eisen, Silber, Kobalt) bei Gegenwart von Na-Silikat eine stärkere Wirkung aus als bei Gegenwart von Ammoniak oder Soda. Die Schädigung ist auf die Rindenschicht beschränkt. Die zerstörende Wirkung von Kupfer und Eisen nimmt mit dem p_H des Bleichbades zu. Chlorierte Wolle ist gegen die Katalysatorwirkung viel empfindlicher als nichtchlorierte[4].

Als **Stabilisatoren für Wasserstoffsuperoxydlösungen** sind eine große Zahl von Stoffen vorgeschlagen worden[5]. In der Praxis der Wollbleiche haben sich bisher fast ausschließlich Wasserglas, Borax, Phosphate und Pyrophosphate durchgesetzt. Nach Folgner und Schneider[6] nimmt die stabilisierende Wirkung mit der Fähigkeit zur Bildung von Perverbindungen zu, ist daher bei Wasserglas fast gar nicht vorhanden, bei Borax sehr mäßig, bei Phosphaten, insbesondere Pyrophosphaten, ausgesprochen. Der große Vorteil der Pyrophosphate liegt in der weit besser stabilisierenden Wirkung bei höheren Temperaturen; bei Dinatriumphosphat ist diese Wirkung bedeutend schwächer. Neuere Textilhilfsmittel, wie wasserlösliche Ketone und Alkoholsulfonate, sowie Igepon T, besitzen neben ihrer Netzkraft ein ausgezeichnetes Stabilisierungsvermögen für H_2O_2-Bäder bei hervorragendem Bleichausfall. Nach einiger Zeit erliegt Igepon T der Einwirkung des H_2O_2; Zusatz von Härtebildnern zu den Igepon T oder Alkoholsulfonat enthaltenden H_2O_2-Flotten bewirkt im allgemeinen eine Verminderung der Stabilisierung[7]. Über die Stabilisierung von H_2O_2-Bädern durch Zusatz von Pyrophosphat + Biankal (Naphthalinmonosulfopersäureester) vgl. Gutman[8].

---

[1] Trotman und Gee: J. Soc. Dyers Col. Bd. 48 (1928) 229.

[2] Vgl. auch Tatu: Tiba Bd. 9 (1931) S. 473.

[3] Fehre und Beaudoin: Ind. Textile Bd. 51 (1934) S. 150.

[4] Trotman und Gee: l. c. 1. Über Löcher in mit H_2O_2 gebleichter Ware bei Gegenwart von Metallen vgl. auch Hirst: Textile Mfr. Bd. 61 (1935) S. 32.

[5] Vgl. die Zusammenstellung bei Folgner und Schneider: Melliand. Textilber. Bd. 14 (1933) S. 452; vgl. auch Russina: Z. ges. Textil-Ind. Bd. 30 (1927) S. 285; ferner Rev. Univ. Soil. Soils. Art. Bd. 4 (1929) S. 1175.

[6] Melliand. Textilber. Bd. 14 (1933) S. 452, 502; Bd. 15 (1934) S. 24.

[7] Folgner: Melliand. Textilber. Bd. 18 (1937) S. 619.

[8] J. Soc. Dyers Col. Bd. 49 (1933) S. 373.

In den Vereinigten Staaten und in Canada wird die Peroxydbleiche allgemein in Eisenkesseln ausgeführt[1]. In Europa bleicht man mit aktivem Sauerstoff in Gefäßen aus Holz, Zement und in mit Zement überzogenen Behältern. Das Überziehen der Gefäße kann durch Zerstäuben oder durch Anstreichen erfolgen, wobei gegebenenfalls dem Zement Wasserglas, Ceresin u. a. zugesetzt werden [2]. Man verwendet auch Apparate aus emaillierten Metallen, wobei das Emaille säurebeständig sein muß [3]. Bei Verwendung ätzalkalischer Wasserstoffsuperoxydlösungen kann man auch Aluminium oder seine Legierungen zur Herstellung der Apparatur verwenden [4].

Praktisch wird die Superoxydbleiche z.B. folgendermaßen durchgeführt[5]:

Für 100 kg Wolle bereitet man in einem sauberen Holzbottich ein Bad von 2000 Liter kaltem, reinem, eisenfreiem Wasser, gibt 27 kg reine Schwefelsäure (66° Bé) und unter langsamem Umrühren vorsichtig in kleinen Mengen 20 kg Natriumsuperoxyd hinzu und macht dann die zuletzt noch schwach saure Lösung unter Zusatz von etwas Ammoniak oder Wasserglas, am besten nach dem Verfahren der Deutschen Gold- und Silberscheideanstalt mit Na-Phosphat oder Na-Pyrophosphat, leicht alkalisch. Hierauf geht man mit der gereinigten Ware ein, erwärmt langsam auf 50° und läßt möglichst über Nacht im Bleichbade stehen. Hernach wird gut gespült und im frischen Bade abgesäuert. Nach dem Zusatz der Schwefelsäure, d.h. vor Zusatz des Natriumsuperoxydes, werden zuweilen auch 6 kg Bittersalz zum Bleichbade gegeben.

Bei Verwendung von Wasserstoffsuperoxyd statt Natriumsuperoxyd wird für 100 kg Wolle ein Bad mit 2000 Liter eisenfreien Wassers (w. oben) bereitet; dazu gibt man 260 Liter Wasserstoffsuperoxyd von 3 Gew-% (10—12 Vol-% Sauerstoff) oder 26 Liter Wasserstoffsuperoxyd von 30 Gew-% (100 Vol-% Sauerstoff) und stellt darauf, wie oben angegeben, das Bleichbad schwach alkalisch.

Um eine besonders starke Bleichwirkung zu erzielen, wird vielfach die Ware zuerst mit Wasserstoffsuperoxyd und danach gemäß dem w. oben angegebenen Verfahren mit schwefliger Säure in der Kammer gebleicht. Das beste Weiß, das sich auch durch besonders gute Lager- und Lichtechtheit auszeichnet, erhält man durch eine Nachbleiche mit Blankit I.

Garne und Kammzug bleicht man meist auf mechanischen Apparaten. Diese müssen ebenso wie die offenen Bleichgefäße aus Holz, Stein oder Steingut, die Verbindungsrohre aus Ton oder Steingut hergestellt sein. Ebenso sind die Pumpen aus Steingut oder Porzellan; die Heizrohre abnehmbar montiert aus Blei. Neuerdings verwendet man für die Heizschlangen und Flügel der Pumpen auch V2A extra- oder V4A extra-Stahl. Meist wählt man ein Flottenverhältnis von 1:10 in doppelter Stärke. Das Bleichgut muß natürlich tadellos vorgereinigt sein und gleichmäßig im Bleichbottich eingepackt werden. Während der ganzen Bleichoperation ist für ständiges Zirkulieren des Bleichbades Sorge zu tragen. Gewöhnlich arbeitet man bei Temperaturen von 45° C je nach der gewünschten Bleichwirkung 3—6 Stunden; das Bleichbad ist ständig schwach alkalisch zu halten. Nach dem Bleichen wird die Bleichflüssigkeit in den Ansatzbottich zurückgepumpt, das Bleichgut ausgepackt und gründlich in reinem, erst warmem, dann kaltem Wasser gespült, mit Schwefelsäure schwach abgesäuert und neuerdings gespült. Die Pumpen arbeiten mit höchstens 600 Touren in der Minute. Zwecks Weiterbenutzung der Bäder werden sie nach dem Gebrauch bis eben zur schwach sauren Reaktion gegen Lackmus angesäuert. Vor neuem Gebrauch sind sie dann mit $^1/_3$—$^1/_2$ der oben angegebenen Ansatzmengen zu beschicken und wieder schwach alkalisch zu machen.

Andere Perverbindungen. Nach Jones[6] findet Na-Perborat wegen seiner Stabilität, seiner milden und gleichmäßigen Wirkung in der Wollbleiche zu-

---

[1] Vgl. Kauffmann: Melliand. Textilber. Bd. 11 (1930) S. 376.
[2] Deutsche Gold- und Silberscheideanstalt vorm. Roessler: Franz. Pat. 656 816 (1928).
[3] I. G. Farbenindustrie A.-G.: Franz. Pat. 695 498 (1930).
[4] Buffalo Elektro-Chemical Co.,: Amer. Pat. 1 765 344 (1927). — Elektrochemische Werke A.-G.: DRP. 515 596 (1926). — Vgl. auch Rev. gén. Teinture Bd. 9 (1931) S. 483.
[5] I. G. Farbenindustrie A.-G.: Ratgeber für das Färben von Wolle usw. 1932, S. 14.
[6] Jones, A.: Dyer Calico Printer Bd. 70 (1933) S. 589.

nehmende Verwendung. Gutman[1] empfiehlt „Biancal" (Naphthalinmonosulfopersäureester, Farb- und Gerbstoffwerke Carl Flesch jr.), das haltbarer sein soll als Perboratlösung.

E. Das Chloren der Wolle[2].

Die Einwirkung von Chlor auf Wolle wurde zuerst von Mercer beobachtet. Mercer fand, daß Wolle durch Behandlung mit einer Chlorkalklösung und nachfolgende Säurepassage bessere Aufnahmefähigkeit für Farbstoffe erlangt, und daß die schlechte Anfärbung, z.B. beim Aufdrucken von Berlinerblau, die einer Reduktionswirkung der unbehandelten Wolle zugeschrieben wurde, nicht mehr auftritt. Das Chloren der Wolle wurde dann 1865 von Lightfoot in die Praxis eingeführt, hauptsächlich zum Vorbereiten der Wolle vor dem Druck oder zur Erzielung von Effekten im Wolldruck[3], sowie zur Herstellung der sog. „Seidenwolle"[4]. Es dient schließlich dazu, das Filzvermögen der Wolle und das Einlaufen herabzusetzen[5].

Das Chloren findet meist im Garn und Stück statt, weniger in der losen Wolle. Zur praktischen Ausführung der Chlorierung behandelt man die Wolle mit Lösungen von Chlorkalk oder Natriumhypochlorit, die mit Salzsäure oder Schwefelsäure versetzt sind, oder man bringt die Wolle erst in eine Salzsäure oder Schwefelsäurebad und dann in Hypochloritlösung. Auf das Chloren folgt dann eine Behandlung mit Bisulfit od. dgl. zur Entfernung des von der Wolle gebundenen Chlors. Einzelheiten der Ausführung hängen, ebenso wie die anzuwendende Chlormenge, von der Beschaffenheit des Materials und dem zu erzielenden Effekt ab[6]. Voraussetzungen für richtiges Arbeiten sind: Reinheit der zu chlorenden Wolle, z.B. Abwesenheit von Fetten, Schlichte usw.; gutes und gleichmäßiges Netzen der Ware vor dem Eintritt in das Chlorierungsbad; Verwendung klarer, von Verunreinigungen freier Bäder; Chlorierung in Kufen aus Holz oder Steingut, die mit Blei oder einem anderen geeigneten Stoff ausgekleidet sind, aber keine katalytisch wirksamen Metalle an das Chlorierungsbad abgeben. Stückware soll in breitem Zustand gechlort werden; Faltenbildung, die ungleichmäßigen Zutritt der Bäder verursachen würde, ist zu vermeiden.

Nach den Anweisungen im Ratgeber 1932 der I. G. Farbenindustrie, A.-G., S. 16, 17 wird „Seidenwolle" in nachstehender Weise hergestellt: das gereinigte Material wird auf einem kalten Bade mit 10—20 g Salzsäure 20° Bé im Liter Wasser 20 Minuten umgezogen und nach leichtem Abwinden oder Ablaufen auf ein zweites Bad mit klarer Chlorkalklösung von ½° Bé gebracht, auf dem es eine halbe Stunde in der Kälte behandelt wird. Darauf wird gespült und entweder auf das erste Bad oder auf ein frisches, kaltes, mit 10—15 g Schwefelsäure 96% (66° Bé) im Liter beschicktes Bad gegangen. Nach 20 Minuten wird gut gespült. — Wenn das Material reinweiß sein soll, so muß der durch das Chloren entstandene

[1] Gutman: J. Soc. Dyers Col. Bd. 49 (1933) S. 373.
[2] Über die Eigenschaften gechlorter Wolle vgl. S. 73.
[3] Cassella: DRP. 108 714 (1898).
[4] Vgl. auch Grandmougin: Z. Farbenindustr. Bd. 5 (1906) S. 397.
[5] Neuere zusammenfassende Darstellung über technische Chlorierungsverfahren vgl. J. Schofield und J. C. Schofield: Melliand. Textilber. Bd. 18 (1937) S. 589.
[6] Ansätze für Chlorierungsbäder vgl. z. B. Can. Text. J. Bd. 49 (1932) Nr. 1 S. 38. — Lussiez: Rev. gén. Teinture Bd. 4 (1926) S. 1299. — Craveri: Boll. Ass. Ital. Chim. tessili Col. Bd. 6 (1930) S. 5. — Trotman: Can. Text. J. Bd. 47 (1930) Nr. 26 S. 30, 34. — Edwards: J. Soc. chem. Ind. Bd. 51 (1932) 234. T.; Bd. 52 (1933) 192. T. Vgl. auch die zusammenfassende Darstellung von A. P. Sachs: Amer. Dyestuff Rep. Bd. 19 (1930) S. 488. — Über starke oxydierende Behandlungen mit Chlorierungsbädern, gefolgt von Bädern, die relativ hohe Mengen Alkali enthalten vgl. Schweitzer: DRP. 355 532 (1919); Amer. Pat. 1 389 274 (1921).

gelbliche Ton durch Schwefeln in der Kammer entfernt werden. — Der seidenartige Griff wird für Garne durch eine Nachbehandlung mit Seife und darauffolgendes Säuern erhöht. Man bringt zu diesem Zweck das gechlorte und gespülte Material auf ein 30° C warmes Bad mit 5—10 g Seife im Liter, hantiert gut, schleudert ohne zu spülen und säuert mit 7,5 g Salzsäure (20° Bé) im Liter kalt ab. Hierauf wird gespült, geschleudert und getrocknet.

Soll der Wollfaser, insbesondere aber den Wollgarnen, nur die Eigenschaft des Filzens und Einlaufens genommen werden, so bedient man sich hierzu meistenteils einer einfachen Garnfärbemaschine (Hängesystem), bringt das gut genetzte Wollgarn in ein kaltes Bad und setzt langsam soviel Chlorsoda zu, bis ein Gehalt von etwa ½° Bé erreicht ist. Man behandelt das Garn darin ½—¾ Stunden unter wechselseitiger Flottenzirkulation, setzt anschließend langsam 6% Salzsäure (20° Bé) zu, läßt noch eine halbe Stunde laufen, und spült gründlich. Sollte bei Marengogarnen ein Vergilben des Weiß eintreten, so läßt man eine schwache Nachbehandlung mit 6—10% Natriumbisulfid (gemahlen oder Pulver) folgen und spült nochmals gründlich[1].

Nach einem neuen Verfahren von Hall[2] wird Wolle zum Nichtschrumpfendmachen (etwa eine Stunde) bei gewöhnlicher Temperatur mit der 1½fachen Menge einer 2proz. Lösung von Sulfurylchlorid in einem indifferenten organischen Lösungsmittel, z. B. die bei 150—200° siedenden Petroleumdestillate („white spirit") behandelt. Die Wolle soll nicht übertrocknet, aber lufttrocken sein (Wassergehalt etwa 15%). Es tritt dabei durch Reaktion mit der natürlichen Feuchtigkeit der Wolle eine Spaltung des Sulfurylchlorids in Salzsäure und Schwefelsäure ein, die das Nichtschrumpflichwerden zur Folge haben soll. Das Material braucht vor der Behandlung nicht besonders gereinigt zu werden. Die Reaktion mit Sulfurylchlorid verläuft langsamer als die Reaktion mit Chlorlauge. Die mit Sulfurylchlorid unschrumpfbar gemachte Ware färbt sich mit Farbstoffen nicht viel tiefer an als unbehandelte.

Gewisse orientalische Teppiche erfahren ebenfalls eine Chlorierung, womit in erster Linie eine Erhöhung des Glanzes der Wolle bezweckt wird; gleichzeitig bewirkt jedoch die Chlorierung eine Abtönung der Farben, so daß der Teppich das Aussehen eines alten Stückes bekommt[3]. Für diese Chlorierung werden bedeutend stärkere Chlorlösungen verwendet, z.B. Chlorkalkaufschlemmung von 20% Chlorkalk, die mit eisernem Rechen auf dem Teppich verteilt und durchgekratzt wird. Statt Chlorkalklösung nimmt man oft auch Chlorsodalösung. Nach dem Chlorieren wird tüchtig mit Wasser abgespritzt, gesäuert (am besten mit Ameisensäure, wegen der baumwollenen Kette) und nochmals gewaschen. Bei Absäuern mit Mineralsäuren ist für kräftiges Auswaschen zu sorgen[4].

Über die Chlorierung für den Wolldruck vgl. S. 221.

Das Chloren kann sowohl vor als nach dem Färben erfolgen. Im ersteren Fall ist die rasche Farbstoffaufnahme gechlorter Wolle zu beachten. Man muß daher beim Färben vorsichtig arbeiten und nach Möglichkeit nur gut egalisierende Farbstoffe verwenden. Im zweiten Falle müssen zum Färben chlorechte Wollfarbstoffe benutzt werden. Zusammenstellungen solcher Farbstoffe finden sich in den Ratgebern der Farbenfabriken[5].

---

[1] Ratgeber 1932 der I. G. Farbenindustrie A.-G., S. 16/17; vgl. auch Meissner: Dtsch. Wollengewerbe Bd. 60 (1928) S. 1399.

[2] Hall, I. A., Hicking, Pentecost: Franz. Pat. 808035 (1936); Engl. Pat. 464503 (1937).

[3] Vgl. auch Matthews: Textile Fibres, London (1924) S. 165.

[4] Ges. für Chem. Industrie, Wollfärberei, 3. Aufl. S. 31 (1930).

[5] Vgl. Ratgeber 1932 der I. G. Farbenindustrie A.-G. S. 249ff.; Ges. f. Chem. Industrie in Basel, Wollfärberei, 3. Aufl. 1930; s. R. Geigy A.-G. I. Bd., Wolle u. a.

Nach I. G. Farben[1] können Chloren und Färben in unmittelbar aufeinanderfolgenden Operationen vorgenommen werden, indem man zunächst in üblicher Weise chlort und dann in demselben Bade nach Zusatz von Farbstoff und den sonst zum Färben nötigen Chemikalien ausfärbt.

Die zur Erzielung eines bestimmten Grades der Nichtschrumpfbarkeit erforderliche Chlormenge hängt von verschiedenen Faktoren, wie der Art und Feinheit der Wolle, der Garn- oder Tuchstruktur ab. Nach Speakman und Goodings[2] sind die ersten Chlormengen (etwa 0,3% der Wolle) wirkungslos; dann nimmt die prozentuale Schrumpfung mit steigender Chlormenge rasch ungefähr linear ab; schließlich folgt wieder eine Periode langsamer Abnahme der Schrumpfung. Die Erzielung vollständiger Krumpffreiheit wird durch die Schwierigkeit begrenzt, trotz der vorzugsweisen Aufnahme des Chlors durch die äußeren Fasern gleichmäßige Chlorierung aller Fasern zu erreichen.

Die Schnelligkeit, mit der Wolle Chlor aufnimmt, birgt die Gefahr ungleichmäßiger Chlorierung, die sich u. a. in einer ungleichmäßigen Anfärbung der gechlorten Ware äußert. Die Schwierigkeit ungleichmäßiger Chlorierung wird auch durch Anwendung von Netzmitteln [Lissapol (JCJ)] nicht behoben[3]. Nach Viertel[4] läßt sich die schnelle Wirkung des Chlors auf Wolle durch Hypak (Chem. Fabrik Pyrgos) puffern. Edwards[5] empfiehlt, zur besseren Kontrolle und zur Vermeidung ungleichmäßigen Verlaufs der Chlorierung in verdünnteren Bädern zu arbeiten, wo der Prozeß langsamer verläuft. Der Nachteil der Verwendung längerer Flotten fällt deswegen nicht so stark ins Gewicht, weil dasselbe Bad nach Auffrischung mit NaOCl mehrmals benutzt werden kann; das entstandene NaCl schadet nicht. Gegenwart von Salzen in nicht zu großen Mengen begünstigt gleichmäßige Chlorierung, weil sie die Quellung der Wollfaser und damit die Aufnahmegeschwindigkeit des Chlors herabsetzt[6].

Der Zusatz von Salzsäure oder Schwefelsäure zum Hypochloritbade soll die zur Freisetzung des Chlors nach der Gleichung

$$NaOCl + 2HCl = NaCl + H_2O + Cl_2$$

erforderliche Menge nicht wesentlich übersteigen; dabei ist jedoch der Säureverbrauch durch den Gehalt des NaOCl an NaOH und Na_2CO_3 zu berücksichtigen. Ein kleiner Überschuß an HCl ist ferner günstig, um die Weiße der Wolle zu bewahren[7]. Mit steigendem Säurezusatz nimmt der Gehalt der Bäder an freiem Chlor und damit die Schädigung zu. Nach Trotman[8] erhöht schon ein Zusatz von 0,1% HCl zu Chlorwasser (etwa 0,1 g/l Chlor), das mit Na_2CO_3 neutralisiert worden war, die Schädigung beträchtlich; mit steigendem Säurezusatz erreicht die Schädigung einen Grenzwert. Die Anfangsgeschwindigkeit der Chloraufnahme wird durch die Gegenwart von HCl stark vergrößert. Trotman[9] empfiehlt zur Herabsetzung der Schädigung die Verwendung von neutralisiertem Chlorwasser.

Chlorwasser mit etwa 1 g/l Chlor wird mit 0,5—1 g/l Na Acetat versetzt. Die Wollwaren werden mit dieser Flüssigkeit 20—30 Min. behandelt, gespült und in der üblichen Weise entchlort.

---

[1] DRP. 534 397 (1928). [2] J. Textile Inst. Bd. 17 (1926) 607. T.

[3] Trotman und Bell: J. Soc. chem. Ind. Bd. 54 (1935) 29. T.

[4] Leipzig Mschr. Textil-Ind. Bd. 49 (1934) S. 261; — vgl. auch Deutsches Wollengewerbe Nr. 80 (1937).

[5] J. Soc. chem. Ind. Bd. 51 (1932) 234. T.

[6] Hirst und King: J. Textile Inst. Bd. 24 (1933) 174. T.

[7] Vgl. auch Edwards: J. Soc. chem. Ind. Bd. 51 (1932) 234. T.

[8] S. R. und E. R. Trotman: J. Soc. chem. Ind. Bd. 45 (1926) 111. T. — Trotman, S. R.: J. Soc. chem. Ind. Bd. 52 (1933) 159. T.

[9] J. Soc. chem. Ind. Bd. 52 (1933) 159. T.; vgl. auch Callan: J. Soc. chem. Ind. Bd. 52 (1933) S. 544. — Hirst und King: J. Textile Inst. Bd. 24 (1933) 174. T.

Mit alkalischen Hypochloritbädern[1] läßt sich zwar auch Krumpffreiheit erzeugen, die Schädigung wird aber dadurch nicht auf ein vernünftiges Maß herabgesetzt[2]. Über die Chlorierung mit Chlorkalkbädern unter Zusatz verschiedener Säuren hinsichtlich Krumpffreiheit, Festigkeitsabnahme, Farbe, Griff und Gleichmäßigkeit der Anfärbung vgl. auch Hirst und King[3]. Je nach der Stärke der Säure ist das Gleichgewicht

$$4\,HOCl \rightleftarrows 2\,HCl + Cl_2$$

im Sinne der Bildung von HOCl oder von freiem Chlor — verschoben. Trotman[4] hat zur Herstellung nichtschrumpfender Wolle die Chlorierung mit einer chlorfreien Lösung von HOCl empfohlen. Die Chloraufnahme erfolgt viel langsamer und ist daher leichter kontrollierbar als bei Anwendung der aequivalenten Menge Chlor; strukturelle Schädigung und Gewichtsverlust sind viel geringer, die erreichte Unschrumpfbarkeit ist fast dieselbe[5]. Soll ein hoher Grad der Unschrumpfbarkeit erreicht werden, so muß allerdings etwa 5% verfügbares Chlor angewandt werden, und dann sind die Ergebnisse technisch nicht so gut wie bei Verwendung kleinerer Mengen HOCl; denn die strukturelle Schädigung wächst mit der HOCl-Konzentration infolge zunehmenden Freiwerdens von Chlor in den stärkeren HOCl-Lösungen[2]. Zusatz von Phenol und ähnlichen Stoffen (Naphthol, Resorcin, Pyrogallol) zum HOCl-Bad (hergestellt aus Chlorkalk und Borsäure) entfernt das freie Cl_2 und schützt dadurch die Wolle wirksam gegen strukturelle Schädigung; Festigkeit und Elastizität sind größer, der Gewichtsverlust ist geringer und der Griff voll. Die so chlorierte Wolle ist aber mit SO_2 oder H_2O_2 schwer zu bleichen.

Die bei der technischen Chlorierung benutzten Chlorierungsbäder aus Natriumhypochlorit und Salzsäure enthalten stets NaCl. Der Einfluß von NaCl auf Chlorierungseffekt und Wollschädigung bei Verwendung von Chlorwasser und Hypochloritlösungen verschiedener Zusammensetzung wurde von Trotman[6] untersucht. Zusatz von NaCl zu HCl-haltigem Chlorwasser hatte bei Verwendung höherer Prozente Chlor einen günstigen Einfluß; bei neutralisiertem Chlorwasser war bei Verwendung von 3% Chlor die Schädigung der Salzmenge bis zu einer Konzentration von 5 g/l proportional; bei 5% Chlor wurde die Zahl geschädigter Fasern durch die Gegenwart von NaCl kaum beeinflußt, wenn überhaupt, erniedrigt. Über den Einfluß von Salzzusätzen (NaCl, Na_2SO_4, $CaCl_2$) zu verschiedenen Chlorierungsbädern hinsichtlich der Geschwindigkeit der Chloraufnahme des Grades der erzielten Krumpffreiheit, der Festigkeitsabnahme, der gleichmäßigen Anfärbbarkeit und des Griffs der Wolle vgl. auch Hirst und King[3]. Spuren von Cu oder Fe erhöhen nach Trotman[7] die Chlorschädigung nicht, wohl aber Mn-Salze.

Bei Steigerung der Chlorierungstemperatur auf 38° läßt sich nach Trotman[7] ohne Gefahr stärkerer Wollschädigung derselbe Grad an Unschrumpfbarkeit mit erheblich geringeren Chlormengen erzielen.

Meunier und Latreille[8] haben die Chlorierung trockener Wolle mit

---

[1] Vgl. L. B. Smith und Ruby: Amer. Pat. 1 781 415 (1924).
[2] Trotman: J. Soc. chem. Ind. Bd. 50 (1931) 463. T.
[3] Vgl. S. 166, Anm. 9. [4] Engl. Pat. 239 360 (1924).
[5] Vgl. auch Trotman: J. Soc. chem. Ind. Bd. 41 (1922) 219. T.. — Trotman, S. R. und E. R. Trotman: J. Soc. chem. Ind. Bd. 45 (1926) 111. T. — Trotman, S. R., E. R. Trotman und Brown: J. Soc. chem. Ind. Bd. 47 (1928) 4. T. — Trotman: J. Soc. chem. Ind. Bd. 52 (1933) 159. T.; vgl. dazu auch Hirst und King: l. c.
[6] Trotman, S. R. und E. R. Trotman: J. Soc. chem. Ind. Bd. 45 (1926) 111. T. — Trotman: J. Soc. chem. Ind. Bd. 52 (1933) 159. T.
[7] J. Soc. chem. Ind. Bd. 52 (1933) 159. T. [8] Chim. et Ind. Bd. 10 (1923) 168. T.

trockenem Chlorgas empfohlen; Chlorgas (aus flüssigem Bombenchlor)[1] wird durch einen warmen Luftstrom in einer Menge von etwa 5% über die Wolle getrieben.

Von der Chem. Fabrik Pyrgos[2] wurden Aktivin (p-Toluolsulfonmonochloramidnatrium) oder Peraktivin (p-Toluolsulfondichloramid) zum Chlorieren der Wolle vorgeschlagen[3]. Nach Farb- und Gerbstoffwerke Flesch jr[4]. soll die Verwendung von mindestens drei C-Atome enthaltenden Kohlenwasserstoffresten alkylierten, aralkylierten oder arylierten aromatischen Sulfochloramiden oder Sulfondichloramiden, z.B. Diamylnaphthalinsulfochloramid, wegen ihres guten Netzvermögens und daher gleichmäßiger Wirkung vorteilhaft sein[5]. Die durch Auflösung von Aktivin in Wasser unter Zusatz von HCl hergestellte Chlorierungsflüssigkeit ist durch ausgeschiedenes schwerlösliches Aktivindichlorid getrübt; dies zersetzt sich allmählich unter Abgabe von Cl an die Wolle. Nach Feibelmann[6] ist die Chlorierung mit Aktivin, die schon längere Zeit zum leichten Chlorieren von feinem Wolltrikot zwecks Herabsetzung der Schrumpfbarkeit benutzt wird, auch als Vorbereitung für den Wolldruck geeignet; Feibelmann verwandte eine Chlorierungsflüssigkeit mit 10 g Aktivin und 10 cm³ konz. HCl pro Liter in 15facher Flotte, entsprechend etwa 2 g/l aktivem Chlor. Trotman[7] stellte jedoch sowohl bei Chlorierung mit Aktivin (entsprechend 3% Cl) als auch bei Chlorierung mit Peraktivin nach den gegebenen Vorschriften einen erheblichen Grad der strukturellen Schädigung der Wollfaser fest.

Chlorierung der Wolle mit Gemischen von Kaliumpersulfat und Kochsalz, die Chlor nach der Gleichung

$$K_2S_2O_8 + 2NaCl = K_2SO_4 + Na_2SO_4 + Cl_2$$

frei machen, ergibt keine befriedigenden Resultate[8].

Die Herabsetzung des Krumpfens der Wolle durch Chlorierung ist mit einer Einbuße an Tragfähigkeit verbunden. Nach Speakman und Goodings[9] beruht dies auf der leichten Abreibbarkeit der aus gequollenen Chlorkeratinen bestehenden Gallertschicht und der umgebenen Schuppen; die Tragfähigkeit läßt sich verbessern, wenn die Gallertschicht durch Chrombeizen gehärtet wird.

Unsachgemäße Chlorierung (zu hohe Chlormengen, zu lange Ausdehnung des Chlorens u.a.) hat dauernde Schädigungen der Wolle, wie erhebliche Verluste an Festigkeit, Elastizität und Haltbarkeit, Gelbfärbung u.a. zur Folge. Zur Vermeidung einer Überchlorierung wurden verschiedene Mittel versucht. Der von Lumpp[10] patentierte Zusatz von Formaldehyd übt an sich keine Schutzwirkung aus, sondern setzt nur die Menge des aktiven Chlors herab[11]. Pflanzengummis, Stärke, Dextrin, Tannin und pflanzliche Gerbstoffe haben keine Schutzwirkung. Synthetische Gerbstoffe, die Sulfonsäuregruppen enthalten, besitzen zwar eine gewisse Schutzwirkung; die Wolle verfärbt sich aber und ist nicht bleichbar. Die

---

[1] Über die Chlorierung der Wolle mit Chlorgas vgl. auch Höchster Farbwerke: DRP. 95719 (1897); Becke: Mell. Textilber. Bd. 5 (1924).
[2] DRP. 563 387 (1930)
[3] Vgl. auch Schweitzer: DRP. 430109 (1924). — Herzog, W.: Z. ges. Textil-Ind. Bd. 32 (1929) S. 889.
[4] DRP. 596 507 (1931). [5] Vgl. auch Herbst: Dtsch. Färber-Ztg. Bd. 70 (1934) S. 395.
[6] Melliand. Textilber. Bd. 10 (1929) S. 724; vgl. auch Armour: Amer. Dyestuff Rep. Bd. 17 (1928) S. 819.
[7] J. Soc. chem. Ind. Bd. 50 (1931) 463. T.
[8] Trotman: J. Soc. chem. Ind. Bd. 50 (1931) 463. T.
[9] J. Textile Inst. Bd. 17 (1926) 607. T. [10] Engl. Pat. 13 088 (1911).
[11] Trotman: J. Soc. chem. Ind. Bd. 50 (1931) 463. T. Vgl. auch S. R. und E. R. Trotman und Brown: J. Soc. Dyers Col. Bd. 44 (1928) S. 49.

Schutzwirkung von Gelatine und Leim beim Chlorieren mit unterchloriger Säure beruht darauf, daß sie Chloramine bilden[1]. — Löcher in gechlorten Waren treten auf, wenn zur Entchlorung und Bleiche nur mit H_2O_2 nachbehandelt wurde. Sie verdanken ihre Entstehung der Gegenwart von Spuren von Fe und Chloraminen; das Fe beschleunigt katalytisch die Abspaltung dieser Chlorspuren aus der Wolle und ihre zerstörende Wirkung auf die benachbarten Fasern[2].

Untersuchung gechlorter Wolle[3]. Richtig chlorierte und nachbehandelte Wolle soll praktisch chlorfrei sein. Ein Gehalt der Wolle an löslichem Chlor zeigt unvollkommene Wäsche an, gebundenes Chlor Überchlorierung oder schlechtes Entchloren. Das gebundene Chlor wird nach Entfernung des löslichen Chlors durch Veraschen des Rückstandes mit Na_2CO_3 und Fällung des Cl' mit $AgNO_3$ ermittelt. Zur Beurteilung der gechlorten Wolle dient die mikroskopische Beobachtung; ferner die Bestimmung der Löslichkeit in 1/10 n-NaOH[4], Na_2CO_3-Lösung, Wasser, künstlichem Schweiß. Richtig chlorierte Wolle sollte nach Trotman[5] nicht mehr als 5% geschädigte Fasern (über die Bestimmung des Schädigungsgrades vgl. S. 132) enthalten, keine merklich gesteigerte Farbstoffaffinität besitzen und beim Einweichen in 1/10 n-NaOH nur eine schwache Biuretreaktion (vgl. S. 127) zeigen.

Ersatz des Chlorens durch andere Behandlungen. Trotman und Bell[6] empfehlen, die Chlorierung durch eine Bromierung mit Bromwasser zu ersetzen. Bei Verwendung aequivalenter Mengen der Halogene wird Wolle durch Bromwasser erheblich weniger strukturell geschädigt als durch Chlorwasser, die Herabsetzung der Schrumpfbarkeit ist dabei dieselbe. Bei Anwendung kleiner Mengen Brom ist ein Zusatz von Na-Azetat zum Bromwasser überflüssig, bei Verwendung von 5% oder mehr Brom setzt Na-Azetatzusatz die Schädigung herab. Die Einwirkung von Brom bei 38° ist nicht sehr verschieden von derjenigen bei gewöhnlicher Temperatur. Gebromte Wolle hat einen weichen Griff und ist leicht bleichbar. Die Löslichkeit bromierter Wolle in verdünnter Na_2CO_3-Lösung ist viel geringer als bei unter entsprechenden Bedingungen chlorierter Wolle. Die Affinität der nach Trotman und Bell bromierten Wolle für Säurefarbstoffe, direkte Farbstoffe und Beizenfarbstoffe ist derjenigen der unbehandelten Wolle sehr ähnlich, die Affinität für basische Farbstoffe ist praktisch dieselbe wie für chlorierte Wolle[7].

Das Einlaufen der Wolle läßt sich durch Abscheidung von Al_2O_3, TiO_2 u.a. in der Faser herabsetzen, aber in einem technisch unzureichendem Maße. Behandlung der Wolle mit Chlorzinklösungen (D 1,025—1,35) bei 60° vermindert das Einlaufvermögen erheblich, aber ebenfalls für technische Zwecke nicht stark genug. Eine Chlorzinkbehandlung, anschließend an eine leichte Chlorierung, ermöglicht, einen hohen Grad der Krumpffreiheit bei geringer Faserschädigung zu erreichen. Ähnlich wie Chlorzink wirkt Borax. Fällung von Gelatinetannat auf der Faser verursacht eine vorübergehende Abnahme des Einlaufvermögens; das Gelatinetannat wird jedoch bei längerem Kochen mit Seifenlösung zersetzt, und die normale Schrumpfung kehrt zurück[8].

---

[1] Trotman: J. Soc. chem. Ind. Bd. 50 (1931) 463. T.

[2] Edwards: J. Soc. chem. Ind. Bd. 52 (1933) 192. T.

[3] Über den Nachweis von chlorgeschädigter Wolle vgl. S. 132.

[4] Vgl. auch Harris und Smith: Amer. Dyestuff Rep. Bd. 25 (1936) P. 542.

[5] J. Soc. chem. Ind. Bd. 41 (1922) 219. T.

[6] J. S. chem. Ind. Bd. 52 (1933) 159. T. — Trotman und Bell: J. Soc. chem. Ind. Bd. 54 (1935) 30. T. Vgl. auch Florin und Lagache: DRP. 123 098 (1899).

[7] Über die Herabsetzung der Farbstoffaffinität von Wolle durch Behandlung mit Alkalihypobromitlösung; vgl. Ges. f. Chem. Industrie in Basel: DRP. 629368 (1936); Franz. Pat. 797276 (1936).

[8] Trotman: J. Soc. chem. Ind. Bd. 50 (1931) 463. T.

Über die Herabsetzung des Filzvermögens durch Ozonbehandlung vgl. S. 62; über die Behandlung mit Oxydationsmitteln zur Erleichterung der Farbstoffaufnahme im Wolldruck vgl. S. 212.

F. Das Schmälzen der Wolle.

Gewaschene Wollen müssen, um eine bessere Schlüpfrigkeit, Gleitfähigkeit und Schmiegsamkeit zu erhalten, vor dem Spinnen oberflächlich mit einer Ölschicht oder einer ähnlich wirkenden Schicht überzogen werden. Man nennt diese Behandlung das „Schmälzen", „Spicken", „Einfetten" oder „Ölen" der Wolle. Das Schmälzen wird sowohl vor oder während des Verspinnens der Wolle als auch in der Kunstwollfabrikation vorgenommen. Das Öl hat dabei zwei Aufgaben zu erfüllen[1]: es soll erstens als Schmiermittel wirken und Fadenbrüche bei Öffnungsvorgängen verringern; ferner soll es als Klebmittel wirken und den Zusammenhalt der Fasern erhöhen, um das Krempeln, Spinnen usw. zu erleichtern.

Ein Schmälzmittel für Wolle muß folgenden Anforderungen genügen[2]:

a) es muß sich auf die Wolle gleichmäßig aufbringen lassen und auf der Wolle haften;

b) es muß der Wolle eine gute Gleitfähigkeit erteilen;

c) das Schmälzmittel darf die Spinnapparate oder sonstige Apparaturen nicht angreifen;

d) das Schmälzmittel muß gut auswaschbar sein; Ölreste können beim Färben durch ihre reservierende Wirkung Unegalitäten hervorrufen;

e) die Schmälze darf während des Lagerns der geschmälzten Wolle keine Veränderungen erfahren, die die Auswaschbarkeit vermindern, sowie zu Wollschädigungen und anderen Unzuträglichkeiten führen können. Zu vermeiden sind Öle oder Ölzubereitungen, die harzige Beimengungen enthalten und eine hohe Jodzahl aufweisen, weil sie unter Umständen durch Autoxydation Selbstentzündung im geschmälzten Textilmaterial hervorrufen können[3].

Als Schmälzmittel kommen in erster Linie in Betracht Oleine, pflanzliche Öle, wie Olivenöl, Arachisöl, meist in Form von Emulsionen[4], und Mineralöle. Trocknende Öle sind wegen ihrer leichten Veränderlichkeit und Zersetzbarkeit beim Lagern zu vermeiden[5].

Die Art und Menge des verwandten Schmälzmittels hängen vom Spinnverfahren, von der Wollqualität und der Feinheit der daraus erzeugten Garne oder Gewebe ab. Material für Kammgarne wird meist mit Oliven- und Erdnußöl

---

[1] Speakman und Greenwood: J. Textile Inst. Bd. 26 (1935) P. 271.

[2] Vgl. auch Herbig: Z. ges. Textil-Ind. 727 (1897/98). Die Öle und Fette in der Textilindustrie, 2. Aufl. S. 214 (1929). — Kehren: Melliand Textilber. Bd. 7 (1926) S. 39, 441, 525, 619, 699, 783, 857, 953; Chem. Umschau Fette, Öle usw. Bd. 39 (1932) S. 73. — Schwarz: Seifensieder-Ztg. Nr. 19 (1925). — Sykes: Dyer Calico Printer Bd. 45 (1928) S. 120. — Pflumm: Spinner u. Weber Bd. 54 (1936) Heft 34 S. 1. — Stoll: Melliand Textilber. Bd. 16 (1935) S. 545. — Speakman: J. Soc. chem. Ind. Bd. 53 (1934) 173. T. — Tupholme: Amer. Dyestuff Rep. Bd. 24 (1935) S. 1. — Rinoldi: Boll. Laniera Bd. 48 (1934) S. 231. — Lietz: Melliand Textilber. Bd. 16 (1935) S. 542. — Von Bergen: Amer. Dyestuff Rep. Bd. 26 (1937) S. 246, 256, 312. — Garner: J. Textile Inst. Bd. 28 (1937) P. 57.

[3] Eine technische Prüfung der Feuergefährlichkeit ist der sog. Mackey-Test. Vgl. auch Herbig: Melliand Textilber. Bd. 8 (1927) S. 796. — Manecke und Lindner: Klepz. Textilztschr. Bd. 41 (1938) S. 129; Gardner: J. Textile Inst. Bd. 28 (1937) P. 57.

[4] Vgl. auch Bergmann-Lüdicke: Handbuch der Spinnerei, S. 738. Berlin: Julius Springer 1927. — Clayton: Die Theorie der Emulsionen und der Emulgierung. Berlin: Julius Springer 1924. — Lange, O.: Technik der Emulsionen. Berlin: Julius Springer 1929. — Valkó: Kolloidchemische Grundlagen der Textilveredlung, Berlin 1937.

[5] Über den Zusatz gewisser Autoxydationsmittel, wie α-Naphthol, Hydrochinon, Diphenylamin u. a. — Speakman und Greenwood: Leipzig. Mschr. Textil-Ind. Bd. 61 (1935) S. 281; J. Textile Inst. Bd. 26 (1935) P. 271.

gespickt. Wollen für hochfeine Streichgarne schmälzt man mit Olivenöl oder Sesamöl, mittelfeine bis grobe mit Olein (Elain), Wollabfälle auch mit Walköl, Extraktöl[1]. Für feinere Wollen wird z. B. ungefähr 6—8% des Wollgewichtes an Olivenöl mit 10—15% des Wollgewichtes an Wasserzusatz, für mittlere Wollsorten 5—7% Elain mit 8—10% des Wollgewichtes an Wasserzusatz verwendet. Für Streichgarne nimmt man bis 16%, für Kammgarne höchstens 3% Spinnfett. Das Aufbringen des Schmälzmittels erfolgt entweder von Hand mit Reisigbesen oder mit der Gießkanne, besser mit Hilfe von Düsen oder Schleuderapparaten oder ähnlichen mechanischen Vorrichtungen.

Öle, wie Olivenöl oder Erdnußöl, können sowohl in reiner Form als auch in Form von Emulsionen angewandt werden. Letztere Art der Aufbringung wird im allgemeinen im Hinblick auf die gleichmäßige Verteilung der Schmälze auf dem Fasermaterial als günstiger betrachtet[2]. Die aus einer mit Ammoniak hergestellten Olivenölemulsion aufgenommene Gewichtsmenge ist dem mittleren Durchmesser der emulgierten Teilchen direkt proportional und geht beim isoelektrischen Punkt durch ein Minimum, wobei sie nach der sauren Seite hin rasch ansteigt. Die Zusammensetzung der festgehaltenen Substanz ist bis zum isoelektrischen Punkt konstant; bei höheren p_H-Werten nimmt ihr Ölsäuregehalt regelmäßig zu[3].

Fette, Öle, d. h. Glyzeride höherer Fettsäuren, unterliegen auf der Faser chemischen Veränderungen, die sich in einem Ranzigwerden von Geruch und Geschmack, einer Zunahme der Viskosität, der Refraktometerwerte, der Dichte, des mittleren Molekulargewichtes und der Säurezahl, sowie in einer Abnahme der Jodzahl äußern[4]. Es findet Polymerisation und Oxydation statt, begünstigt durch die feine Verteilung des Öles auf der großen Oberfläche der Fasern. Ob das Öl blank oder als Emulsion aufgebracht wurde, ist dabei gleichgültig[5]. Unter den Zersetzungsprodukten der Öle finden sich Aldehyde, Laktone, Oxysäuren, Peroxyde, flüchtige Säuren und harzartige Körper. Die Oxyfettsäuren können eine faserschädigende Wirkung beim Lagern der geschmälzten Wolle ausüben[6]. Bei ein und demselben Öl ist die Veränderlichkeit einzelner Sorten offenbar je nach Herkunft und Gewinnungsmethode verschieden[5]. Der Gehalt an ursprünglich vorhandener freier Säure ist dabei für die später eintretenden schädlichen Veränderungen nicht maßgebend; die verschiedene Oxydationsgeschwindigkeit des Olivenöls des Handels beruht wahrscheinlich primär auf dem wechselnden Gehalt an Linolsäureglyzerid[7]. Durch Zusatz von Antioxydationsmitteln, wie $Na_2S_2O_3$ oder β-Naphthol, wird die Beständigkeit von Olivenöl oder Erdnußöl auf der Faser nicht bzw. nur unwesentlich verbessert; auch das in der Margarineindustrie als Stabilisierungsmittel benutzte Nipagin T und andere bakterizide Mittel führen zu keinem befriedigenden Erfolg[5]. Gewisse Farbstoffe beschleunigen die Oxydation des Öles[8]. Über „ionisierte" Öle, die durch elektrische Behandlung unoxydierbar, völlig mit Wasser mischbar und bleichend gemacht sind, vgl. Tupholme[9], Anderson[10]. — Das Wollfett selbst ist wegen seiner klebenden Eigenschaften, seines

[1] Oleine, durch Extraktion gewonnen.

[2] Vgl. auch Speakman und Franks: J. Textile Inst. Bd. 23 (1932) 154. T. — Speakman und Greenwood: Leipzig. Mschr. Textil-Ind. Bd. 61 (1935) S. 281. Vgl. jedoch Franz: Melliand Textilber. Bd. 17 (1936) S. 302, 399.

[3] Meunier und Corbière: C. R. Acad. Sci., Paris Bd. 191 (1930) S. 661.

[4] Rhys-Davies: J. Textile Inst. Bd. 17 (1926) 220. T. — Speakman und Greenwood: J. Textile Inst. Bd. 26 (1935) P. 271. — Franz: Melliand. Textilber. Bd. 17 (1936) S. 302, 399.

[5] Franz: l. c. 4. [6] Vgl. Sommer: Melliand Textilber. Bd. 17 (1936) S. 338.

[7] Rhys-Davies: l. c. 4.

[8] Speakman: Melliand Textilber. Bd. 16 (1935) S. 538. — Speakman und Greenwood: J. Textile Inst. Bd. 26 (1935) P. 271.

[9] Tupholme: J. Ind. Eng. Chem. News Edition Bd. 12 (1934) S. 194.

[10] Anderson, P. H.: Textile Colorist Bd. 59 (1937) S. 444.

unangenehmen Geruches und seiner leichten Verharzung mit zunehmendem Alter als Schmälzmittel ungeeignet.

Nach einem Patent der Kammgarnspinnerei Stöhr & Co.[1] soll dem Spicköl ein Desinfektionsmittel (z. B. Fluorammon, Triphenylphosphen) einverleibt werden, das die Wolle gegen den Angriff tierischer Schädlinge aller Art schützt.

Mineralöle erteilen der Ware eine hohe Glätte und Gleitfähigkeit[2] und sind chemisch recht beständig[3], haben aber den Nachteil, sich durch die übliche Wäsche nur schwer und nicht vollständig entfernen zu lassen[4]. Nach Speakman und Chamberlain[5] nimmt die bei der Seife-Soda-Wäsche auf der Wolle zurückbleibende Menge Mineralöl mit der Länge der Kohlenstoffkette zu. Die schwere Auswaschbarkeit der Mineralöle beruht mindestens teilweise auf der hohen Grenzflächenspannung zwischen Öl und Wasser und kann durch Versetzen des Öles mit einer polaren Verbindung, wie Oleylalkohol (7% auf das Öl bezogen), das diese Grenzflächenspannung herabsetzt, überwunden werden[6]. Nach Trotman und Horner[4] liefern von den alkalischen Waschmitteln Na-Silikate die besten Ergebnisse, ferner wirkt die Gegenwart einer kleinen Menge eines verseifbaren Öles günstig auf die Entfernbarkeit des Mineralöls. Zur restlosen Entfernung von Schmälzen, die unverseifbare Öle (Mineralöle) enthalten, werden verschiedene Produkte in den Handel gebracht, die sowohl verseifbare als auch unverseifbare Öle und Fette lösen oder so emulgieren, daß sie durch Spülen mit Wasser vollständig entfernt werden können, z. B. Verapolseife, Igepal W, u. a. Über mineralölhaltige Streichgarnschmälzen vom Typus des Monopolspinnöles vgl. Prior[3]. Mineralöle sind zwar unter gewöhnlichen Bedingungen chemisch wenig reaktionsfähig; in feiner Verteilung auf der großen Oberfläche der Wolle können sie jedoch wahrscheinlich ebenfalls in gewissem Umfange der Oxydation unterliegen und in Säuren, d. h. in Verbindungen mit verseifbaren Gruppen übergehen[7].

Günstig, sowohl in bezug auf die erteilte Gleitfähigkeit als auch in bezug auf die Unveränderlichkeit der Schmälze auf der Faser und die Lagerbeständigkeit der geschmälzten Wolle, verhalten sich nach Franz[8] Paraffinölemulsion-Schmälzen (Praelanol).

Als Emulgator für die Herstellung von Öl-Emulsionen dient meist Alkali (Ammoniak, Soda) bzw. die durch das Alkali gebildete Seife. Ein Nachteil der Seife ist jedoch die verhältnismäßig geringe Beständigkeit der Emulsionen, das Klebrigwerden bei Verdunsten von Wasser, die Bildung von Kalkseife bei Anwendung harten Wassers oder durch den Kalkgehalt der Gerberwollen. Als Emulgatoren für Schmalzöle werden daher verschiedene neuere Mittel, wie Lamepon A, verschiedene Stenolatmarken (Böhme Fettchemie A.-G.), Emulphor A extra, Emulphor OL Lösung, Igepal W, Triaethanolamin[9], Leonil LE (I. G.

[1] Kammgarnspinnerei Stöhr & Co.: Engl. Pat. 453 053 (1936).

[2] Vgl. auch Skinkle und Morrison: Amer. Dyestuff Rep. Bd. 24 (1935) S. 27.

[3] Vgl. auch Sunderland: Textile Col. Bd. 55 (1933) S. 810. — Prior: Dtsch. Textilwirtsch. Heft 5 (1937) S. 12.

[4] Vgl. auch Trotman und Horner: J. Soc. Dyers Col. Bd. 48 (1932) S. 48 (1932); Textile Col. Bd. 55 (1933) S. 246, 274. — Sserebrjakow: USSR. Sci. techn. Dpt. Supreme Council Nat. Economy Nr. 350; Chem. Zbl. Bd. I (1931) S. 2819. — Chwala: Melliand Textilber. Bd. 18 (1937) S. 423.

[5] Speakman und Chamberlain: Nature Bd. 130 (1932) S. 274, 578; Trans. Faraday Soc. Bd. 29 (1933) S. 358. Vgl. auch Speakman und Greenwood. Leipzig. Mschr. Textil-Ind. Bd. 61 (1935) S. 281; J. Textile Inst. Bd. 26 (1935) P. 271.

[6] Speakman und Mitarbeiter: l. c. 5. Vgl. auch Speakman: J. Soc. chem. Ind. Bd. 53 (1934) 173 T. — Speakman und Chamberlain: Engl. Pat. 400 681 (1933).

[7] Vgl. auch Brauckmeyer: Z. angew. Chem. Bd. 49 (1936) S. 97.

[8] Franz: Melliand. Textilber. Bd. 17 (1936) Nr. 4 u. 5. Vgl. auch Prior: l. c. 3.

[9] Vgl. auch Klepzig Textil-Z. Bd. 40 (1937) S. 663.

Farbenindustrie A.-G.), Emulgol (Sandoz)[1], Monopolbrillantöl NFE u. a. in den Handel gebracht. Sulfonierte Öle, wie Monopolbrillantöl NFE, wirken dabei nicht nur emulgierend, sondern üben selbst wegen ihrer „Substantivität" zur Wollfaser[2] einen gewissen Schmälzeffekt aus. Über die sog. Emulsionsoleine vgl. Kehren[3]. Verschiedene unter Phantasienamen herausgebrachten Schmälzmittel sind in der Mehrzahl Zusammensetzungen von Seife mit Ölen oder Ölsäure. In neuerer Zeit sind schließlich rein synthetische, wasserlösliche Stoffe als Schmälzmittel empfohlen worden, z. B. Diaethylenglykol[4].

G. Reißwolle.

Reißwolle[5] ist Wolle, die aus Wollabfällen irgend welcher Art einer erneuten Verarbeitung zugeführt wird. Je nachdem diese Wollabfälle reinwollenem oder halbwollenem Material entstammen und je nach der Länge der wiedergewonnenen Faserstoffe bezeichnet man die erhaltene Reißwolle als Shoddy, Thybet, Mungo usw. Den größten Wert besitzen Wollabfälle, die aus nichtgewalkter oder gefilzter Ware stammen und nach dem Krempeln ein vorzügliches, ziemlich langfaseriges Material ergeben. Es handelt sich hierbei um Abfälle loser Wolle, Reste von Garnen, evtl. aus gestrickten oder gewirkten Waren. Tuchabfälle, wie Filzwaren, also gewalkte oder verfilzte Wollwaren, geben natürlich eine weniger günstige Ausbeute, und die so behandelte Wolle weist viel beschädigte Stellen auf. Halbwollene Waren können nicht, wie die vorgenannten, nur mechanisch bearbeitet werden, sondern bedürfen zur Trennung von Wolle und Baumwolle der Karbonisation. Solche Wollen werden auch als Extraktwollen (Alpaka) bezeichnet. Die ersteren heißen Shoddy, die aus gewalkten Lumpen hergestellten, meist kurzhaarigen, Mungo. Thybet nennt man Kunstwollen, die aus Greiz-Geraer-Artikeln herstammen. Sie sind meist ziemlich langstapelig, besitzen aber eine geringe Walkfähigkeit.

Die Einteilung der Kunstwollen kann entweder nach Herkunft oder nach Verwendung erfolgen. Nach Beaumont[6] teilt man in 1. Mungo aus alten gewalkten Tuchen, 2. Shoddy aus ungewalkten Stoffen und Tuchen, 3. Extrakt aus halbwollenen Artikeln, 4. Noils, Abfallkämmlinge der Kammgarnfabrik, 5. Abfälle der Karden- und Spinnmaschinen, 6. Webereiabfälle, 7. Flocken, Abfälle der Schererei, Walke usw., ein.

Beim Sortieren der Lumpen ist auch Rücksicht auf das Material, aus dem die Lumpen stammen (gestrickte, gewirkte, gewalkte oder ungewalkte Lumpen) zu nehmen, ebenso wird man nach Farbe, Reinheit und Erhaltungszustand sortieren. Knöpfe, Haken, Häkchen und Besätze müssen mit Scheren abgetrennt werden. Die Zerlegung harter Fadenenden erfolgt hauptsächlich auf dem Lumpenwolf oder Lumpenreißer oder Endenreißer, wo die Sägezähne des Tambours ein Auflösen dieser Fäden in einzelne Wollhaare bewirken. Diese werden dann durch Bürsten in loser Form aus den Zähnen des Tambours entfernt oder durch Abnehmerwalzen in einen zusammenhängenden Flor verwandelt.

Reinwollene Lumpen werden mit einer wäßrigen Ölemulsion gefettet und dann

[1] Vgl. auch Vincès: Rev. Chim. Ind. Bd. 41 (1932) S. 307.

[2] Vgl. auch S. 137. [3] Kehren: Z. ges. Textil-Ind. Bd. 36 (1933) S. 417.

[4] Vgl. auch Rev. Prod. Chim. Bd. 33 (1930) S. 424. — N. D. Harvey: Textile Wld. Bd. 80 (1931) S. 966. — Vincès: l. c. 1.

[5] Nach Feldhaus, F. M.: Melliand Textilber. Bd. 9 (1928) S. 664 gilt als Erfinder der Shoddy-Fabrikation Law (1813). Die erste Reißwollfabrik ist im gleichen Jahre in Bally angelegt worden. Werlich zu Rudolstadt soll bereits am 12. Februar 1804 ein Patent eines Verfahrens zur Herstellung von Neuzeug aus alten Schafwoll-Lumpen angemeldet haben.

[6] Matthews-Anderau: Textilfasern, Berlin 1928, S. 128.

auf einem Reißwolf[1] gerissen. Das sog. Naßreißen wird vorzugsweise bei für Shoddy bestimmten Lumpen angewendet, kann aber, wenn auch selten, auch für andere Wollumpen in Verwendung kommen. Während bei der Verarbeitung von reinwollenen Lumpen die Zerreißarbeit verschieden große Tambours leisten, ist für Mungo und Thybet eine Riffelwalze zur Zuführung in Verwendung, die durch Gewichte beschwert, die Lumpen festhält und dem Tambour nur langsam übergibt, so daß ein intensiveres Zerreißen möglich ist.

Nach dem Reißen folgt das Entstauben der gerissenen Wollen, das entweder auf Shaker- oder Staubwölfen, endlich auch auf Reißwollkrempeln vorgenommen

Abb. 35.

wird. Bei der ersteren Art der Verarbeitung wird der Ware der Staub durch Ventilatoren entzogen. Bei der letzteren Art der Maschinen (Reißwollkrempel) wird durch die verschiedene Feinheit der Beschläge der Tambours eine sorgfältige Trennung des Fasermaterials erreicht. Vorbedingung ist nur, daß das Material weder aus gefilzter noch aus gewalkter Ware stammt, da ein solches Material zu kurzfaserig wäre, um auf der Maschine verarbeitet werden zu können. Meist werden die Lumpen ungewaschen und trocken zerrissen, entstäubt und dann erst gewaschen[2].

Der Weltbedarf an Reißwolle ist ungefähr ebenso groß wie der an Wolle[3]. Für 15 000 kg maschinenfertiger Reißwolle werden ungefähr die fünffache Menge an Originallumpen benötigt.

Die Karbonisation von halbwollenen Lumpen erfolgt mit Schwefelsäure oder mittels Salzsäuregas in eisernen Trommeln bei einer Temperatur von etwa 80°[4].

[1] Über Konstruktion und Arbeitsweise der Reißmaschine vgl. Hollmann: Z. ges. Textil-Ind. Bd. 39 (1936) S. 469.

[2] Vgl. Bergmann-Lüdicke: Handbuch der Spinnerei, S. 881. Berlin 1927.

[3] Klinger: Z. ges. Textil-Ind. Bd. 33 (1930) S. 284, 304 u. 319.

[4] Derartige Apparate baut C. F. Gademann, Biebrich und Detering: DRP. 55 469 (1890).— Vgl. auch Wadebridge: Amer. Dyestuff Rep. Bd. 23 (1934) S. 563, 578.

Für tadelloses Vortrocknen der Lumpen ist Sorge zu tragen. Bei Lumpen, die eine Beimischung an Azetatzellwolle enthalten, überdauert die Azetatzellwolle die Karbonisation mit Salzsäure, aber im allgemeinen nicht die Karbonisation mit Schwefelsäure. Der Grad der Zerstörung bei der Schwefelsäure-Karbonisation hängt vom Azetylierungsgrad ab.

Der Nachweis von Kunstwolle kann auf Grund des Aussehens der Fasern, Beschädigungen der Oberfläche, schuppenlose Stellen, Enden (Rißenden), pinselartiges Aussehen (vgl. Abb. 35—37), Bruchstellen, Zerschlitzungen, Quetschstellen, Vielfarbigkeit der Probe, geführt werden[1]. Trotzdem ist die einwandfreie Feststellung von Reißwolle, vor allem in geringen Beimischungen zu Neuwolle, eine schwierige Aufgabe.

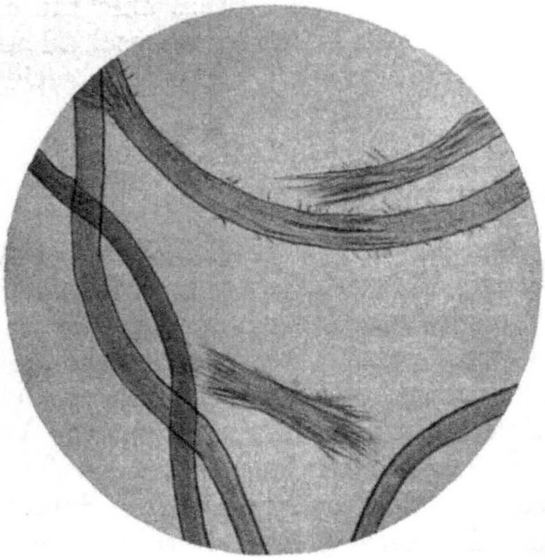

Abb. 36. Kunstwolle. Stark beschädigte Wollhaare ohne Oberhaut; Rindenzellen zum Teil bloßgelegt. Vergrößerung 120fach.

Abb. 37. Beschädigte Schafwolle mit lang ausgefasertem Rißende. Vergrößerung 160fach.

H. Die Herstellung von Kunstfäden aus Wollabfällen.

Es ist mehrfach versucht worden, Wollabfälle zur Herstellung von Kunstfäden zu verwenden, indem man, ähnlich wie bei der Herstellung von Kunstseide aus Zellulose und Zellulosederivaten, die Wolle in einem geeigneten Lösungsmittel dispergiert und in Form eines zusammenhängenden Fadens aus der Lösung wieder abscheidet. Ein praktischer Erfolg ist bisher keinem dieser Verfahren beschieden gewesen, da es nicht gelang, die Wolle so schonend zu lösen, daß ein Kunstfaden mit brauchbaren textiltechnischen Eigenschaften entstand. M. Bergmann[2], so-

[1] Herzog, A.: Melliand Textilber. Bd. 17 (1936) S. 15. — P. Heermann und A. Herzog: Mikroskopische und mechanisch-technische Textiluntersuchungen, 3. Aufl. S. 206 ff. Berlin 1931; ferner von Höhnel: Mikroskopie der Faserstoffe, 1905. — Berl-Lunge: Chemisch-technische Untersuchungsmethoden, 8. Aufl. 5. Bd. Berlin 1934, S. 714 ff. — Vgl. auch Marschik: Melliand Textilber. Bd. 1 (1920) S. 156.

[2] Bergmann, M.: DRP. 445 503 (1925).

wie die British Research Assoc. for the Woollen and Worsted Industries[1] verwenden wie bei der Herstellung von Kupferkunstseide aus Zellulose Kupferamminlösung als Lösungsmittel für die Wolle. Nach Grafe[2] erfolgt jedoch der Angriff der Wolle durch die Kupferamminlösung so langsam, daß ein weitgehender Abbau des gelösten Anteils stattfindet, bevor ein erheblicher Teil der Wolle in Lösung gegangen ist. Schweitzer[3] und Burkhard, Dehn und Rathsburg[4] benutzen die Alkalilöslichkeit der „Chlorkeratine" zur Herstellung künstlicher Fäden aus Wolle. Nach Grafe[2] muß man jedoch ziemlich energische Reaktionsbedingungen anwenden, um das Keratin glatt ammoniaklöslich zu machen. Auch mit anderen Lösungsmitteln, wie alkalische Xanthogenatlösungen, konzentrierte Säuren, flüssige Additionsprodukte alkylierender Substanzen mit tertiären Basen[5], Phenol[6], Resorzin, läßt sich Wolle nicht ohne Zersetzung in Lösung bringen. Formamid eignet sich an sich für die Auflösung von solchem Protein, daß aus einer kolloiden Keratinlösung durch Ansäuern und Dialyse gewonnen worden war, kommt aber schon wegen der Kosten nicht in Frage. Am ehesten gelangt man nach Grafe bei Behandlung der Wolle mit Natriumsulfidlösungen (100 g Wollkämmlinge, 50 g krystallisiertes Na_2S und 115 g Wasser) zu Lösungen, die neben einer genügenden Konzentration an Eiweiß eine für das Verspinnen günstige Viskosität besitzen[7]. Die aus den Lösungen abgeschiedenen Filme und Fäden besitzen jedoch eine zu geringe Naßfestigkeit und eine zu geringe Elastizität nach dem Trocknen.

I. Verschiedene Ausrüstungsverfahren[8].

Appreturmittel[9] werden bei Wollstoffen in viel geringerem Maße benötigt als bei anderen Textilfasern, Seide ausgenommen. Dennoch bedarf man ihrer auch in der Wollappretur, um so mehr als viele Gewebe und Garne neben Wolle andere Materialien enthalten. Als Verdickungs- und Versteifungsmittel kommen alle Arten von Stärke und deren Umwandlungsprodukte, Dextrine, Apparatine, Gelatine, Leim, Gummi in Betracht, die aber meist nicht allein, sondern in Verbindung mit den verschiedensten Körpern zur Verwendung gelangen; ferner Tragant, Kasein, wenn auch seltener verwendet, Flechten, verschiedene Samen[10] u. dgl. Die Verwendung der Alkalisalze von Stärkeschwefelsäureestern beschreiben die Farb- und Gerbstoffwerke Carl Flesch jr.[11].

Über die Bedeutung des neuen Zelluloseäthers „Tylose" als Füll- und Schlichtemittel vgl. z. B. Haussner[12]. Tylose TWA 25 kann zum Leimen von Wollkette mit Erfolg verwendet werden. Völlig neutral, wird es in Lösung weder durch Säuren noch nach Schimmeln unbrauchbar und kann mit Wasser einfach wieder ausgewaschen werden.

Ein Schutz der zum Behandeln der Wolle benutzten Appreturen derart, daß sie nicht mehr auf der Ware als Nährboden für Schimmelpilze dienen können, läßt sich durch Anwendung von „Raschit" erreichen[13]. Über Eulan NK als

[1] Engl. Pat. 343 838 (1930). [2] Grafe: Z. angew. Chem. Bd. 49 (1936) S. 303.
[3] Schweitzer: DRP. 380 769 (1921). [4] DRP. 432 180 (1924).
[5] Ges. chem. Industrie 730 216 (1932).
[6] Herzog, R. O. und Krahn: Z. physiol. Chem. Bd. 134 (1924) S. 290.
[7] Vgl. S. 65.
[8] Vgl. auch John Schofield und I. Colin Schofield: Finishing of Wool Goods, London 1936.
[9] Vgl. auch E. Herzinger: Appreturmittelkunde. 3. Aufl. Wittenberg 1936.
[10] Chem. Ind., Basel: Amer. Pat. 1 915 891 (1931). — I. G. Farbenindustrie A.-G.: Engl. Pat. 371 041 (1930).
[11] DRP. 621 978 (1930). [12] Klepzigs Textil-Z. Bd. 40 (1937) S. 242.
[13] Melliand Textilber. Bd. 12 (1931) S. 35.

Konservierungsmittel in Appreturen vgl. Stötter[1]. Zum Entschlichten von stärkehaltigen Geweben dienen Enzympräparate, wie Diastafor, Biolase extra, Viveral E u. a.[2]. — Eine große Gruppe von Hilfsmitteln dient zum Weich- und Geschmeidigmachen; es sind dies hygroskopische Stoffe, wie Glukose, Glyzerin oder anorganische Salze; ferner Öle, Fette, Wachse. Einige anorganische Salze werden auch zum Beschweren und Füllen benutzt; ihre Verwendung in der Wollappretur ist allerdings sehr gering. Auch die Farbstoffe müßten hier mitgezählt werden; einige werden in der Wollbleiche als Bläuungsfarbstoffe in beschränktem Umfange gebraucht.

Über das Leimen und Schlichten der Ketten von Kammgarn und Streichgarn vgl. Hasse[3]; über die Strichappretur feinere Streichgarnwerge vgl. König[4]; über die Appretur von Feintuchen oder feinere Strichtuche vgl. Tennius[5]; über die Ausrüstung von Cheviotstückwaren vgl. Wagner[6]. Die Ausrüstung stückfarbiger halbwollener Kleider- und Futterstoffe wird von Herzinger[7] ausführlich besprochen. — Das „Schreiben" der Gewebe rührt meist von unsachgemäßer Verwendung der Appreturmittel her[8].

Über die Herstellung von Kreppeffekten vgl. S. 59, 60.

Erhabene Effekte lassen sich durch Aufdrucken einer Kalziumrhodanidpaste [500 g $Ca(CNS)_2$, 50 g kaltes Wasser, 300 g Dextrin und 150 g Triaethanolamin] erhalten[9].

Die Untersuchung der Appreturmittel ist bei der Vielseitigkeit der zur Anwendung gelangenden Produkte eine überaus schwierige Aufgabe geworden[10].

Erschweren von Wolle[11]. Bei der Erschwerung von Wolle wird nicht dieselbe Gewichtsvermehrung angestrebt und auch erreicht wie bei der Seidenerschwerung. Bezweckt wird nur, in besonderen Fällen den im Vergleich zur Seidenentbastung geringfügigen, beim Reinigen, Färben usw. eintretenden Gewichtsverlust auszugleichen oder eine gewisse Veränderung des Griffes herbeizuführen.

Im Einbadverfahren läßt sich durch Einverleibung hygroskopischer organischer Stoffe, wie Glyzerin, Glukose, Diaethylenglykol, evtl. unter Zusatz eines Antiseptikums (z. B. Salizylsäure), oder durch Einverleibung hygroskopischer Salze, wie $CaCl_2$ und $ZnCl_2$, eine Beschwerung herbeiführen; letztere geben allerdings der Ware einen schlechten Griff. Nach Trotman und Savoury[11] kann man ferner durch Behandlung mit Benzol- oder Naphthalin-Sulfosäuren oder mit synthetischen Gerbstoffen, die in saurer Lösung „substantiv" auf Wolle aufziehen (vgl. S. 137), eine Erschwerung der Wolle im Einbadverfahren erreichen; man setzt diese Stoffe am Ende des Färbevorganges der Flotte zu (vgl. auch Armand[11]).

Im Zweibadverfahren läßt sich eine Beschwerung von einigen Prozent

[1] Chem.-Ztg. Bd. 59 (1935) S. 473.

[2] Vgl. auch Nopitsch: Melliand. Textilber. Bd. 7 (1926) S. 528, 858, 944. — Tschilikin: Melliand Textilber. Bd. 12 (1931) S. 29. — Edwards: Amer. Dyestuff Rep. Bd. 21 (1932) S. 553, 569. — Bourgignon: Rev. gén. Teinture Bd. 15 (1937) S. 13, 85. — Über die jodometrische Bestimmung von enzymatischen Entschlichtungsmitteln vgl. Haller, Hackl und Frankfurt: Melliand Textilber. Bd. 9 (1928) S. 309.

[3] Hasse: Melliand Textilber. Bd. 10 (1929) S. 287.

[4] König: Melliand Textilber. Bd. 1 (1920) S. 200.

[5] Tennius: Melliand Textilber. Bd. 6 (1925) S. 423.

[6] Wagner: Melliand Textilber. Bd. 10 (1929) S. 549.

[7] Herzinger: Melliand Textilber. Bd. 6 (1929) S. 175.

[8] Vgl. Schickl: Z. ges. Textil-Ind. S. 36 (1933) S. 253.

[9] Justin-Mueller: Melliand. Textilber. Bd. 18 (1937) S. 628.

[10] Vgl. Lunge-Berl: Chem.-Technische Untersuchungsmethoden, 8. Aufl. Berlin 1934. V. Bd. S. 983.

[11] Zusammenfassende Darstellungen vgl. Trotman und Savoury: J. Soc. chem. Ind. Bd. 50 (1931) 299. T. — Armand: Rev. gén. Teinture Bd. 12 (1934) S. 83.

des Warengewichts dadurch erzielen, daß man ähnlich wie bei der Mattierung der Kunstseide durch doppelte Umsetzung unlösliche, farblose anorganische Verbindungen, wie TiO_2, Al_2O_3, $BaSO_4$ u. a., auf der Faser abscheidet. Man kann ferner durch aufeinanderfolgende Behandlung mit alkalischen Alginlösungen und geeigneten Metallsalzlösungen [z. B. $BaCl_2$, $Al_2(SO_4)_3$, $ZnSO_4$] oder mit Gelatinelösungen und Tanninlösungen unlösliche Niederschläge der Alginate bzw. von Gelatinetannat auf der Faser erzeugen.

Chicoineau[1] erreicht ein Erschweren von Wolle mit Zinksalzen, indem die Faser zunächst mit einer Zinksalzlösung behandelt, nach dem Abpressen und Spülen mit reinem Wasser in ein Natriumphosphatbad gebracht, nach nochmaligem Spülen in einem Wasserglasbad behandelt und schließlich abermals gespült wird; das Verfahren wird so oft wiederholt, bis die gewünschte Erschwerung erreicht ist[1]. In gleicher Weise läßt sich nach Chicoineau[2] auch ein Erschweren von Wolle mit Antimonsalzen erreichen.

Die Chem. Fabrik Stockhausen & Cie.[3] behandelt die Ware zunächst mit einer angesäuerten Lösung eines hochsulfonierten Öles und hierauf mit der Lösung eines Bleisalzes.

Über Beschwerungen bis zu 10 und 15% auf Woll- und Halbwollgeweben vgl. Rotta[4].

Feuersichere Appreturen[5]. Die Wirkung von Flammenschutzmitteln beruht darauf, daß sie entweder bei verhältnismäßig niedriger Temperatur schmelzen und die Ware mit einem nicht entflammbaren Film umschließen, oder sie verflüchtigen oder zersetzen sich bei verhältnismäßig niedriger Temperatur unter Entwicklung indifferenter, die Verbrennung nicht unterhaltener Gase; die Flammenschutzmittel können ferner die Flammentemperatur durch ihre hohe Wärmeleitfähigkeit oder durch den Eintritt endothermer Reaktionen herabsetzen. Die Wahl des Imprägnierungsmittels und -verfahrens hängt davon ab, ob die zu schützende Ware eine Wäsche auszuhalten hat oder nicht. Wenn an die Wasser- und Waschfestigkeit der Flammenschutzimprägnierung keine Anforderungen gestellt werden, so können eine Anzahl anorganischer Salze im Einbadverfahren in wäßriger Lösung oder auch als Zusatz zu Stärkeschlichten benutzt werden; man verwendet insbesondere Ammonsalze, Borax, Borsäure, Na-Silikat, Na-Wolframat, Magnesiumsalze u. dgl., meist in Gemischen[6]. Zur Herstellung wasserfester Flammenschutzimprägnierungen werden im Zweibadverfahren durch doppelte Umsetzung wasserunlösliche Salze oder Oxyde wie Zinnoxyd, Ammoniummagnesiumphosphat u. a. auf der Faser niedergeschlagen. Lösungen von Borsäure und Borax finden ausgedehnte Anwendung[7]. An Stelle boraxhaltiger Mischungen empfiehlt die Thomson Houston Comp[8]. alkalische Lösungen von Natur- und Kunstharzen zusammen mit Mischungen von Phosphorsäure und Harnstoff. Vollständig wasserfeste feuersichere Appreturen lassen sich ferner durch Verwendung von Zelluloseazetatlacken unter Zusatz flammenschützender Pigmente oder durch Chlorkautschuklacke herstellen[9]. Chlorkautschuk ist als „Tornesit" im Handel. Statt der Lösungen von Chlorkautschuk in organischen Lösungsmitteln können auch wäßrige Chlorkautschukdispersionen[10] verwendet werden (als „Pergut" der I. G. Farben-

---

[1] Vgl. Chicoineau: Franz. Pat. 575 084 (1923).

[2] Franz. Pat. 575 085 (1923). [3] DRP. 640 508 (1934).

[4] Rotta: Leipzig. Msch. Textil-Ind. Bd. 45 (1930) S. 171. — Guinet: Franz. Pat. 751 431 (1932).

[5] Zusammenfassende Darstellungen über feuersichere Appretur von Wollwaren vgl. Canad. Text. J. Bd. 49 (1932) Nr. 2 S. 33; Chem. Trade J. Bd. 86 (1930) S. 426. — Chesneau: Textile Col. Bd. 55 (1933) S. 375. — Michel: Rev. gén. Teinture Bd. 12 (1934) S. 3.

[6] Vgl. auch S. C. Smith: Engl. Pat. 405 673 (1932).

[7] Vgl. auch Chem. Trade J. Bd. 86 (1930) S. 426. — Clarence: Rev. gén. Teinture Bd. 14 (1936) S. 405. [8] Engl. Pat. 446 379 (1935).

[9] Vgl. auch Michel: Rev. gén. Teinture Bd. 12 (1934) S. 3. — Chesneau: Textile Col. Bd. 55 (1933) S. 375.

[10] Chem. Fabrik Buckau: Engl. Pat. 412 525 (1934).

industrie A.-G. im Handel[1]). Chlornaphthalin, polyhalogenierte Phenole, Chlorphthalate[2] u. dgl. wirken ähnlich. — Unter dem Namen „Akaustan N" bringt die I. G. Farbenindustrie A.-G. ein wasserlösliches, krystallines Präparat zum Flammensichermachen von Textilien in den Handel.

Elastische und knitterfeste Appreturen werden hauptsächlich mit Latex und Kunstharzen hergestellt. Bei knitterfreien Wollgeweben werden voluminöser Griff, hohe Elastizität und genügende Feinheit verlangt. Zuweitgehendes Entfetten und Trocknen der Wolle wird durch Einpressen von Lanolinemulsionen u. dgl. in die evakuierten Stoffe beseitigt[3].

Stoffe für therapeutische Zwecke können mit **radioaktiven Stoffen** imprägniert werden[4].

Die Herstellung wasserdichter und wasserabstoßender Gewebe[5]. Wasserdichte Gewebe können für Luft durchlässig oder undurchlässig sein. Gewebe ersterer Art gewinnt man a) durch Imprägnieren mit Metallsalzen, besonders Aluminiumacetat oder -formiat, mit oder auch ohne vorausgehender oder nachfolgender Behandlung mit fettsauren Salzen (Seifen)[6]. Es entsteht auf der Faser die wasserabstoßende Aluminiumseife.

b) durch Imprägnieren mit Wachs, Paraffin, Stearin, Stearaten und ähnlichen Stoffen, die entweder in geschmolzenem Zustande durch eine heiße rotierende Walze oder in Benzin u. dgl. gelöst oder in Wasser emulgiert auf die Ware aufgetragen werden.

c) Durch Imprägnieren mit Spezialpräparaten wie Ramasit WD konz., K konz., KW konz. und KG konz., Paralin-Wetterfest („Trockenwolle")[7], Imprägnol M[8], „Wassertrotz"[9], Trocklin[10], Praedigen T u. a.

Merkel und Kienlin[11] chlorieren die Wolle vor der Behandlung mit Wasserdichtimprägnierungsmitteln.

Zum Wasserdichtmachen mittels Aluminiumseifen verfährt man z. B. folgendermaßen[12]:

Man behandelt das trockene Gewebe mit einem kalten oder bis zu 30° C warmen Bad von Aluminiumazetat oder -formiat (6° Bé), bis es vollkommen gleichmäßig durchtränkt ist, schleudert oder preßt es ab und trocknet. Nach dem Trocknen wird es etwa ¾ Stunden in einem warmen Seifenbad, das pro Liter 2—5 g neutrale Seife enthält, behandelt, geschleudert und getrocknet, ohne nochmals zu spülen[12].

[1] Nielsen: Chlorkautschuk und die übrigen Halogenverbindungen des Kautschuks, Leipzig 1937; vgl. auch Z. angew. Chem. Bd. 47 (1934) S. 75.

[2] Vgl. auch Aylsworth: Amer. Pat. 1085783 (1911).

[3] Prescher: Franz. Pat. 761 347 (1933).

[4] Matthews-Anderau: Textilfasern, Berlin 1928, S. 120.

[5] Vgl. auch R. Buchheim: Wasserdichtimprägnieren von Textilerzeugnissen. Wittenberg 1936. Dtsch. Färberztg. Bd. 72 (1936) S. 43ff. — Holmes: Textile Col. Bd. 59 (1937) S. 517, 560. — Trotman, S. R.: J. Soc. chem. Ind. Bd. 57 (1938) 56. T.

[6] Vgl. auch Creighton: J. Franklin Inst. Bd. 192 (1921) S. 497. — Biondo: Amer. Pat. 1 432 833 (1921). — Wilbur White Chemical Co.: Amer. Pat. 1 785 434 (1928). — I. G. Farbenindustrie A.-G.: Engl. Pat. 401 712 (1932); Franz. Pat. 753 510 (1933). — Cruse: Engl. Pat. 224 285 (1923). — Sonnery: Franz. Pat. 594 524 (1923).

[7] Vgl. auch Rotta: Z. ges. Textil-Ind. Bd. 34 (1931) S. 613; ferner Z. ges. Textil-Ind. Bd. 36 (1931) S. 436. — Zieger: Leipzig. Mschr. Textil-Ind. Bd. 46 Fachheft III (1931) S. 87.

[8] Vgl. Buchheim: Leipzig. Mschr. Textil-Ind. Bd. 46 Fachheft III (1931) S. 98. — Robeta: Leipzig. Mschr. Textil-Ind. Bd. 47 Fachheft II (1932) S. 46. — Bundesmann: Leipzig. Mschr. Textil-Ind. Bd. 51 Fachheft I (1936) S. 18.

[9] Vgl. Krais: Leipzig. Mschr. Textil-Ind. Bd. 47 (1932) S. 143.

[10] Vgl. Rordorf: Z. ges. Textil-Ind. Bd. 36 (1933) S. 418. — Kern: Leipzig. Msch. Textil-Ind. Bd. 48 Fachheft II (1933) S. 30.

[11] Österr. Pat. 135 339 (1932); Engl. Pat. 408 985 (1932).

[12] Ges. Chem. Industrie in Basel, Wollfärberei 1930, S. 56.

Auch durch Abscheidung von Aluminiumhydroxyd selbst können Wollgewebe wasserfest gemacht werden[1].

Die Möglichkeit, die wasserfeste Imprägnierung mittels Al-Seife im Einbadverfahren durchzuführen, ist nach Friedrich[2] bei Ersatz der Al-Salze durch Aluminate gegeben. Natriumaluminat bildet in Seifenbädern keinen Niederschlag von Al-Seife. Zur Durchführung der Einbadimprägnierung erhält das System Seife—Aluminat-Lösung einen Zusatz von Ammonsalzen (Ammonchlorid), die beim Eintrocknen eine Umsetzung unter Abscheidung von $Al(OH)_3$ bzw. Al-Seife auf der Faser herbeiführen.

Die Bestrebungen, das umständlichere Zwei- oder Mehrbadverfahren durch ein Einbadverfahren zu ersetzen, hat zur Entwicklung paraffinhaltiger Einbadimprägniermittel geführt, bei denen die Empfindlichkeit der Paraffinemulsionen gegen Koagulation durch Aluminiumsalze, insbesondere auch Sulfate, durch die Gegenwart von Schutzkolloiden herabgesetzt ist. Nach Friedrich[2] läßt sich das gleiche Ziel auch ohne Verwendung von Leim u. dgl. als Schutzkolloid erreichen, indem man die Al-Salze durch Aluminate ersetzt.

An Stelle von Aluminiumsalzen können auch andere Metallsalze (Zink-, Kupfersalze) benutzt werden, kommen aber für Wollgewebe weniger in Betracht. Über die Verwendung von Salzen der Erdalkalien und der Magnesiumgruppe vgl. Boulet[3].

Das Imprägnieren mit Wachs[4], Paraffin usw. wird für sich allein nur selten, dagegen mit dem vorstehend genannten Verfahren kombiniert in größerem Maßstabe ausgeführt.

Die trockene Ware wird hierbei mit Aluminiumazetat oder -formiat geklotzt, getrocknet, mit einer Lösung von 40 g/Liter Seife, die 10 g Paraffin emulgiert enthält, behandelt, nach ½ stündigem Liegen nochmals mit der ersten Aluminiumsalzlösung geklotzt und schließlich getrocknet. — Schneller und einfacher wird dies kombinierte Verfahren auf einer Kontinue-Maschine ausgeführt. In einmaliger Behandlung wird dabei das Gewebe in breitem Zustande zuerst mit Seife und Tonerdesalzen hintereinander getränkt und getrocknet, dann mit wäßrigen Emulsionen von Paraffin, Wachs u. dgl. imprägniert und fertiggetrocknet[5].

Über die Verwendung von Montanwachs vgl. Spicers[6], Wollfett vgl. Escallon[7], Steinkohlenteerpech vgl. Aaronson und Chemical Waterproofing Corp.[8], Bitumen-Imprägnierung von Filz vgl. Flint-Kote[9].

Vielle[10] verwendet an Stelle von Lösungen in organischen Lösungsmitteln wäßrige Dispersionen von Wachs, Asphalt u. a. Eine Komposition zur wasserfesten Imprägnierung, die außer Alaun noch Bleiazetat, Gelatine, Terpentin, Kautschuk und Wasser enthält, beschreibt Py[11].

Die Herstellung völlig wasserdichter Gewebe unter gleichzeitigem Schließen der Poren erfolgt durch Imprägnierung mit Kautschuk[12]. Nach dem einen Verfahren wird auf die Rückseite des Gewebes mittels Walzen und Rakel eine konzentrierte Schicht Paragummi aufgetragen und nach dem Abdunsten des Lösungsmittels der Vulkanisation unterworfen. Nach einem anderen Verfahren

---

[1] Vgl. Haberkorn: Franz. Pat. 654 968 (1928). — Merkel und Kienlin: DRP. 645 814 (1934); Engl. Pat. 381 864 (1932).

[2] Dtsch. Färberkalender Bd. 46 (1937) S. 167.

[3] Boulet: Engl. Pat. 403 957 (1922); Franz. Pat. 720 001 (1931).

[4] Vgl. auch Harrington: Engl. Pat. 222 292 (1923).

[5] J. G. Farbenindustrie A.-G.: Ratgeber für das Färben von Wolle, S. 749 (1932). — Vgl. auch Sprenger: Melliand Textilber. Bd. 11 (1930) S. 623.

[6] Engl. Pat. 290 625 (1928).

[7] Escallon: Franz. Pat. 592 406 (1924).

[8] Engl. Pat. 303 935 (1927).

[9] Amer. Pat. 1 587 652 (1921).

[10] Vielle: Engl. Pat. 209 138 (1922).

[11] Franz. Pat. 517 604 (1920).

[12] Vgl. auch Simonin: Rev. gén. Teinture Bd. 12 (1934) S. 345, 421, 503. — Münzinger: Melliand. Textilber. Bd. 10 (1929) S. 301.

werden zwei Stofflagen durch eine Kautschukschicht zusammengeklebt. Die Vulkanisation kann entweder im Heißdampfvulkanisierverfahren oder im Kaltvulkanisierverfahren erfolgen. Bei ersterem setzt man der Kautschukmasse etwa 5% Schwefel zu und trocknet entweder die imprägnierte Ware einige Stunden bei 125—130° oder dämpft sie 2—3 Stunden bei etwa 3 at. Bei der Kaltvulkanisation wird auf die Kautschukschicht eine Lösung von Chlorschwefel in Schwefelkohlenstoff aufgebracht und der Schwefelkohlenstoff in geeigneten Apparaten verdampft. Da die Kautschukimprägnierung nach dem Färben vorgenommen wird, ist bei der Wahl der Farbstoffe darauf Rücksicht zu nehmen. Auskunft über die Vulkanisierechtheit der Farbstoffe erteilen die Ratgeber der Farbenfabriken.

Bei Geweben, die mit Kautschuk imprägniert werden sollen, ist die Abwesenheit von Metallen, die die Alterung des Kautschuks katalytisch beschleunigen, wesentlich[1].

Über die Verwendung von Latex zur wasserdichten Imprägnierung vgl. z. B. Günther[2], Kratz und Spencer[3]. Die Imprägnierung eines Gewebes mit Latex wird durch Mitverwendung eines Netzmittels, wie Igepon T Pulver hochkonz., außerordentlich erleichtert.

Über die Verwendung von Zelluloseazetaten zur Herstellung wasserdichter Gewebe vgl. z. B. Britisch Celanese Ltd[4]. und C. Dreyfus[5].

Über die Prüfung der wasserabstoßenden Eigenschaften von Textilien vgl. Krais und Buchheim[6], Wosnessensky[7], Wenzel[8], Cook und Zaparanik[9], Peper und ten Bruggencate[10], Mecheels[11].

Über die Herstellung wasserdichter Gewebe in England vor und nach dem Kriege vgl. Winter[12].

Mottenschutz. Die Fähigkeit, Keratin zu verdauen, ist nur verhältnismäßig wenigen Tieren eigen; wie dabei der Keratinabbau vor sich geht, ist noch nicht vollständig geklärt.

Die wichtigsten Fraßschädlinge dieser Art an Wollwaren sind die Larven von Kleinschmetterlingen aus der Familie der echten Motten (Tineiden), vor allem die Kleidermotte (Tineola biselliella) und die Pelzmotte (Tinea pellionella L.). Weitere Schädlinge finden sich unter den Speckkäfern (Dermestiden); hier kommen insbesondere in Betracht der gemeine Speckkäfer (Dermestes lavdarius L.), der dunkle Pelzkäfer (Attagenus piocus Olio), der gefleckte Pelzkäfer (Attagenus pellio L.), der Teppichkäfer (Anthrenus scrophularia L.) und der Wollkrautblütenkäfer (Anthrenus verbasi L.)[13].

---

[1] Über die Bestimmung von Mangan und Kupfer in Geweben vgl. Kehren: Melliand Textilber. Bd. 17 (1936) S. 727; Bd. 18 (1937) S. 313.

[2] Mschr. Seide Kunstseide Bd. 39 (1934) S. 291.

[3] India Rubber Wld. Bd. 90 Nr. 1 (1934) S. 37. — Cela Holding S.A.: Engl. Pat. 454036 (1935).

[4] Engl. Pat. 338 065 (1930). [5] Engl. Pat. 248 147 (1925).

[6] Leipzig. Mschr. Textil-Ind. Bd. 46 (1931) S. 249.

[7] Melliand Textilber. Bd. 5 (1924) S. 260, 322; ferner Dtsch. Textilwirtsch. Bd. 4 Heft 2 (1937) S. 3.

[8] Wenzel: Amer. Dyestuff Rep. Bd. 25 (1936) S. 598.

[9] Cook und Zaparanik: Amer. Dyestuff Rep. Bd. 26 (1937) S. 323.

[10] Peper und ten Bruggencate: Melliand Textilber. Bd. 18 (1937) S. 630, 737.

[11] Mecheels: Melliand Textilber. Bd. 18 (1937) S. 312.

[12] Z. ges. Textil-Ind. Bd. 28 (1925) S. 585, 599.

[13] Vgl. Kemper: Die Pelz- und Textilschädlinge und ihre Bekämpfung. Leipzig 1935. — Zacher: Die Vorrats-, Speicher- und Materialschädlinge und ihre Bekämpfung. Berlin 1927. — Ferner Hase: Anzeiger für Schädlingskunde Bd. 8 (1932) Heft 7; Bd. 9 (1933) Heft 3 u. 7; Bd. 10 (1934) Heft 11. — Clark: J. Textile Inst. Bd. 19 (1928) P. 295; Bd. 27 (1936) P. 389. — Herzog, A.: Melliand. Textilber. Bd. 17 (1936) S. 1. — Clark und Craft: J. Soc. Dyers

Der Nachweis von Motten- und Insektenfraß ist bei Vorhandensein der Tiere selbst oder Teilen von ihnen leicht zu führen. Ist dies nicht der Fall und sind auch die zerfressenen Stellen nicht mehr unversehrt, so daß man an beschädigten Haaren typische Fraßstellen (vgl. Abb. 38) bzw. abgebissene Haare beobachten kann [1], so kann man nach Loewbeer [2] aus dem fraßverdächtigen Teil, möglichst aus der nächsten Umgebung der beschädigten Stellen, Fasern entnehmen oder durch Ausklopfen der verdächtigen Stelle über einem reinen Bogen weißen Papiers die kurz abfallenden Faserteilchen anreichern.

Wolle, die pflanzliche Öle oder Olein enthält, ist nach Raycott[3] weniger mottengefährdet, als Wolle im natürlichen Fett. Selbst in einer Konzentration von 5,2% (auf das Gewicht der Wolle bezogen) ergeben jedoch Fettsäuren [4] keinen vollständigen Schutz [5]. Auch das natürliche Fließ wird leicht angegriffen. Überchlorierung und die Gegenwart stärkehaltiger Schlichten üben einen gewissen Schutz gegen Mottenbefall aus, mineralölhaltige Wollen können als immun bezeichnet werden.

Die Schädlingsbekämpfung kann in vorbeugenden Maßnahmen und in einer Abtötung der Schädlinge auf der bereits befallenen Ware bestehen.

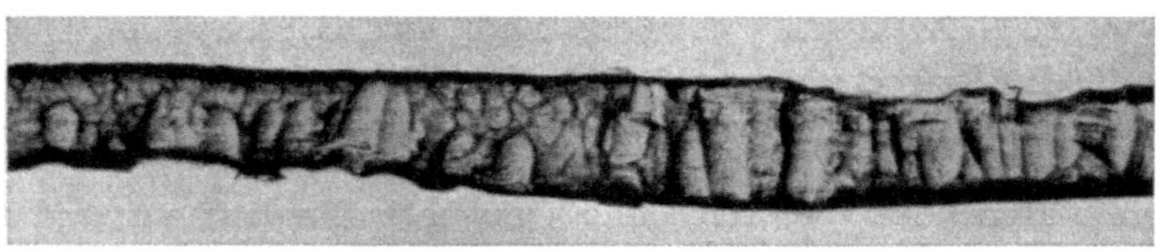

Abb. 38. Durch Mottenraupen angefressenes Wollhaar. Vergr. 500 fach.

Dieser bedingte Mottenschutz der Wolle ist jedoch für den Gebrauchswert daraus hergestellter Gewebe bedeutungslos, da die in Frage stehenden mottenschutzwirkenden Verbindungen, über deren Wirkung die Ansichten durchaus geteilt sind, während der Fertigstellung des Gewebes aus demselben entfernt werden, und daher beim Gebrauch der Kleidungsstücke keine Wirkung mehr ausüben können. Für die Erzielung sicherer Mottenechtheit bleibt deswegen nur der eine Weg übrig, das Keratin selbst für die Wollschädlinge ungenießbar zu machen. Eine Dauerwirkung in dieser Hinsicht erzielt man mit den weiter unten beschriebenen Eulanen.

Zur Abtötung vorhandener Motten bzw. ihrer Brut dienen verschiedene Stoffe, die schon bei gewöhnlicher Temperatur einen erheblichen Dampfdruck besitzen und deren Dämpfe auf die Schädlinge toxisch wirken. Die ältesten Mittel dieser Art sind Naphthalin und Kampfer[6]. Später kamen das Paradichlorbenzol (Globol)[7] und das Perchloraethan[8] hinzu. Statt Paradichlor-

Col. Bd. 41 (1925) S. 155. — Über die Lebensweise der Kleidermotte vgl. insbesondere Titschak: Z. techn. Biologie Bd. 10 (1922) S. 1.

[1] Herzog, A.: Melliand Textilber. Bd. 17 (1936) S. 2; vgl. auch Plail: Melliand Textilber. Bd. 16 (1935) S. 537.

[2] Loewbeer: Melliand Textilber. Bd. 15 (1934) S. 97.

[3] Raycott: Canad. Text. J. Bd. 49 Nr. 9 (1932) S. 29, 33. Vgl. auch Burgess und Poole: J. Textile Inst. Bd. 22 (1931) 141. T.

[4] Vgl. Jackson und Wassel: Amer. Pat. 1 694 219 (1927).

[5] Burgess und Poole: J. Textile Inst. Bd. 22 (1931) 141. T.

[6] Vgl. auch Chem. Fabrik Köthen: DRP. 330 492 (1919) und Zusätze 363 852 (1921) und 411 345 (1923).

[7] Vgl. Agfa: DRP. 258 405 (1911); Engl. Pat. 19 688 (1912).

[8] Chem. Fabrik Griesheim-Elektron: DRP. 353 682 (1930).

benzol können auch Ortho- oder Metadichlorbenzol, Mono- und Trichlorbenzol benutzt werden[1]; das Paradichlorbenzol ist unter diesen jedoch anscheinend am wirksamsten. Über den Einfluß der Temperatur auf seine Wirksamkeit vgl. auch Fairbrother[2]. Verschiedene Naphthalinabkömmlinge, z. B. das α-Tetrahydronaphthalinketon[3], wurden ebenfalls vorgeschlagen[4].

Im allgemeinen sind jedoch Mittel dieser Art für die Insekten nur dann tödlich, wenn die Dämpfe in hohen Konzentrationen längere Zeit ununterbrochen einwirken[5].

Kleinere Mengen von Wollwaren können schnell und sicher von Schädlingen befreit werden, indem man sie in luftdichte Behälter packt, in denen leichtflüchtige Flüssigkeiten, deren Dämpfe für die Tiere tödlich sind, zum Verdunsten gebracht werden, wie Schwefelkohlenstoff, Tetrachlorkohlenstoff, ,,Areginal" u. a. Zur schnellen Entmottung größerer Posten von Textil- und Pelzwaren dienen Entwesungskammern, die mit giftigen Stoffen durchgast werden. In erster Linie kommen dabei in Betracht Blausäure (in Form des Cyclon B"[6]) und Äthylenoxyd (in Form von ,,T-Gas"[7]).

Ohne chemische Hilfsmittel können Wollwaren durch Unterbringung in Kühlräumen vor Schädlingsbefall geschützt werden; bei Temperaturen unter etwa 8° hören die meisten Lebensäußerungen der Motten und anderer Schädlinge auf. Ein Absterben findet allerdings bei den in Pelzkühlräumen herrschenden Temperaturen nur sehr langsam statt, so daß sich der Schutz nur auf die Dauer des Aufenthalts in den Kühlräumen erstreckt.

Zur Vorbeugung eines Mottenbefalls wird die Wolle mit Stoffen imprägniert, deren Gegenwart das Keratin für die Tiere ungenießbar macht. Sehr zahlreiche Verfahren dieser Art sind angegeben worden. Ein Teil der vorgeschlagenen Mittel, in flüchtigen organischen Lösungsmitteln angewandt, bildet lediglich einen Film um die Faser; organische Stoffe, die einen merklichen Dampfdruck besitzen, gewähren ferner keinen dauernden Schutz. Stark riechende, selbst angenehm riechende[8] Stoffe scheiden ferner aus naheliegenden Gründen aus. Erst mit den Eulanen wurden Produkte geschaffen, die ähnlich den Farbstoffen auf Wolle ,,substantiv" aufziehen, die es in einfacher Weise gestatten, Wollwaren in einfacher Weise schon während der Ausrüstung dauernd mottensicher zu machen, und die auch den übrigen, an ein Mottenschutzmittel zu stellenden Anforderungen genügen (vgl. Abb. 39 u. 40).

Es war bereits beobachtet worden (Meckbach), daß Martiusgelb (2,4-Dinitro-α-Naphthol) mit 2% und höher auf Wolle ausgefärbt, die Ware vor Mottenschaden schützt. Jackson und Wassel[9] haben später dem Martiusgelb ähnliche Verbindungen hergestellt mit dem Ziel, die mottenschützende Wirkung zu steigern; sie prüften ferner Verbindungen wie die 1,2- und 1,4-Hydronaphthochinone und Nitronaphthaline, um festzustellen, ob die Hydroxyl- oder Nitrogruppe die für den Mottenschutz wirksamere Gruppe ist; beide Radikale scheinen jedoch für die Motte nicht toxisch zu sein. Die meisten Farbstoffe haben keine Wirkung auf die Verdauungsorgane der Mottenlarven. Martiusgelb und eine beschränkte

---

[1] Agfa: Engl. Pat. 10 379 (1914).
[2] Fairbrother: Manufacturing Chemist Bd. 2 (1931) S. 217.
[3] Ver. Chem. Fabriken Julius Worden & Co.: DRP. 357 063 (1921).
[4] Übersicht über die Patentliteratur vgl. auch Clark: l. c. S. 181.
[5] Vgl. auch Kemper: l. c. S. 181.
[6] Vgl. auch W. Herzog: Z. ges. Textil-Ind. Bd. 33 (1930) S. 641.
[7] Vgl. auch Krais: Leipzig. Mschr. Textil-Ind. Bd. 47 Fachheft II (1932) S. 45. — Saling: Z. Desinfektion Bd. 23 (1931) S. 171. — Müller: Z. Desinfektion Bd. 23 (1931) S. 177.
[8] Vgl. Eiermann: DRP. 100 709 (1897).
[9] J. ind. eng. Chem. Bd. 19 (1927) S. 1175.

Zahl anderer Farbstoffe immunisieren zwar, wenn sie in genügender Menge vorhanden sind (tiefe Ausfärbung), die Wolle gegen Mottenbefall; aber die Konstitution eines Farbstoffes gibt keinen Aufschluß über seine mottenschützenden Eigenschaften, und ein Mottensichermachen durch die Färbung kommt nicht in Frage[1].

Die Eulane sind aus den umfangreichen Untersuchungen hervorgegangen, die seit 1917 in den Farbenfabriken vorm. Friedrich Bayer, I. G. Farbenindustrie A.-G., Leverkusen von Meckbach in Zusammenarbeit mit dem Zoologen Titschak durchgeführt wurden[2] und zur Schaffung von Mottenschutzmitteln geführt haben, die folgenden wichtigen Anforderungen genügen: Sie gewähren sicheren und dauernden[3] Schutz, sind farblos und geruchlos; die Eulanisierung be-

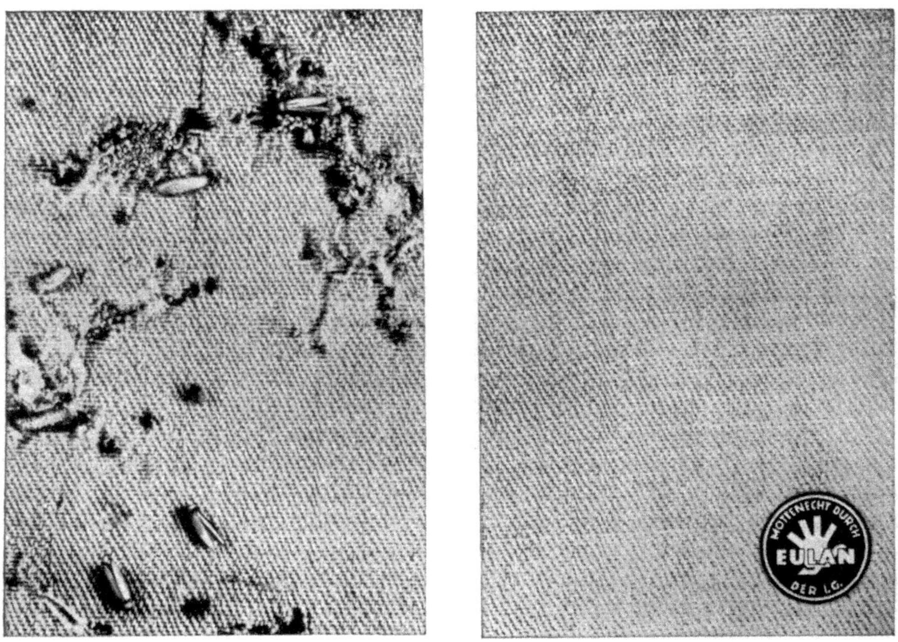

Abb. 39.

einträchtigt die physikalischen Eigenschaften der Wolle, auch den Griff nicht und läßt bei gefärbten Waren den Farbton unverändert[4]. Den ersten Eulanmarken sind weitere gefolgt, in dem Bestreben, für verschiedene Zwecke geeignete und einfach anzuwendende Produkte zu schaffen[5]; diese haben dementsprechend auch einen verschiedenen chemischen Aufbau. Die Eulanisierung erfolgt bereits in der Fabrikation, so daß die Wollwaren mottenecht an den Verbraucher gelangen.

---

[1] Vgl. auch Clark: Textile Mercury Bd. 76 (1927) S. 181.

[2] Vgl. Meckbach: Melliand Textilber. Bd. 2 (1921) S. 350, 373; Z. angew. Chem. Bd. 35 (1922) S. 296.

[3] Eulanisierte Stoffe haben sich noch nach 10 Jahren als vollkommen mottenecht erwiesen; vgl. Leipzig. Mschr. Textil-Ind. Bd. 47 Fachheft I (1932) S. 15.

[4] Vgl. auch Krais: Textile Forschg. Bd. 3 (1921) S. 199. — Hase: Melliand Textilber. Bd. 3 (1922) S. 89.

[5] Über die Entwicklung der Eulane vgl. auch Hecke: Z. ges. Textil-Ind. Bd. 28 (1925) S. 376, 390. — Clark und Craft: J. Soc. Dyers Col. Bd. 41 (1925) S. 155. — Clark: J. Textile Inst. Bd. 19 (1928) P. 295. —Kehren: Z. ges. Textil-Ind. Bd. 30 (1927) S. 567. Vgl. auch Leipzig. Mschr. Textil-Ind. Bd. 45 (1930) S. 475; sowie insbesondere Stötter: Chem.-Ztg. Bd. 59 (1935) S. 473.

Eulan neu wurde 1928 in den Handel gebracht. Es ist wasserlöslich und zieht unter den Bedingungen des normalen Wollfärbeverfahrens mit Säurefarbstoffen auf Wolle und andere tierische Fasern auf[1]. Eulan neu kann aus essigsaurer, ameisensaurer oder schwefelsaurer Flotte gefärbt werden und muß wie ein saurer Farbstoff zur Entwicklung sämtlicher Echtheitseigenschaften auf kochendem Bade ausgefärbt werden. Es ist wasch-, bleich-, karbonisier-, dekatur-, chlor-, chrom-, lichtecht usw. und widersteht auch einer mittelschweren Walke, so daß es beim Färben von loser Wolle, Kammzug, Stranggarn und Stückwaren mit sauren, Chrom-, Palatinecht- und Metachromfarbstoffen mitverwendet werden kann. Eulan neu ist auch beständig gegen Benzinwäsche. Nach Mecheels[2] zieht Eulan neu in der Kälte nur wenig auf die Wolle auf und hält den in der Flotte befindlichen Farbstoff

Abb. 40.

stark zurück, d. h. es wirkt egalisierend. Oberhalb von etwa 60° nimmt dagegen die Aufziehgeschwindigkeit des Eulans und des Farbstoffes so stark zu, daß es zu einem unegalen Ausfall der Färbungen kommen kann. In dem gleichen Temperaturgebiet (57—59°) ändern sich auch Trübung, Schaumfähigkeit und Viskosität der Lösungen, sowie die Dialysierbarkeit[2]. Offenbar geht bei 58° das Eulan neu aus dem kolloid gelösten in den echtgelösten Zustand über. Bei niederen Temperaturen regelt sich die Aufziehgeschwindigkeit des Eulan neu selbst dadurch, daß immer nur ein Bruchteil der gelösten Menge, nämlich der echt gelöste Anteil, auf die Wolle zieht, der durch das Gleichgewicht: molekular $\rightleftarrows$ kolloid bestimmt ist, während oberhalb 58° das Eulan neu so gut wie quantitativ auf die Wolle aufzieht. — Über den Nachweis einer Behandlung der Wolle mit Eulan neu auf Grund der Ninhydrinreaktion[3], sowie über die quantitative Bestimmung von Eulan neu vgl. Mecheels[2]. Zum raschen Nachweis von Eulan neu kann auch

[1] Vgl. dazu auch Stötter: Chem.-Ztg. Bd. 59 (1935) S. 473.
[2] Mecheels: Melliand Textilber. Bd. 16 (1935) S. 42. — Vgl. auch Kehren: Z. ges. Textil-Ind. Bd. 32 (1929) S. 361.
[3] Baudouin: Melliand Textilber. Bd. 17 (1936) S. 416.

die Bildung moosgrün gefärbter Komplexverbindungen mit Kupferoxydammoniak dienen[1]. Eulan neu gibt mit Wollspaltprodukten harzige Niederschläge (Stötter)[3].

Eulan NK[2] (1930) zieht aus neutralem Bade auf Wolle und andere tierische Fasern auf und entspricht dem Bedürfnis nach einem wasserechten Eulan für die Nachbehandlung. Ware, die mit Eulan NK mottenecht ausgerüstet werden soll, muß von anhaftender Säure befreit sein, da ein Säuregehalt der Wolle das Aufziehen von Eulan NK sehr stark beeinträchtigt. Obwohl Eulan NK in neutralem Bade auszieht, kann es nicht mit neutralziehenden Farbstoffen angewendet werden, da es mit diesen und auch mit den üblichen Netz- und Waschmitteln schwerlösliche Ausscheidungen gibt. Nur basische Farbstoffe können zusammen mit Eulan NK angewandt werden[3]. Eulan NK ist licht-, wasser-, reib-, bügel-, schwefel-, schweiß- und seewasserecht und gegen eine Benzinwäsche beständig. Ein rascher Nachweis von Eulan NK gelingt auf Grund seiner Jodadditionsfähigkeit, indem die blaue Jodstärkereaktion bei Gegenwart von Eulan NK ausbleibt[4].

Eulan BL wird in organischen Lösungsmitteln gelöst angewendet. Es ist für die Behandlung aller von Motten gefährdeten Erzeugnisse geeignet, besonders auch zur Behandlung von Fertigfabrikaten, Altbesitz und überhaupt solcher Waren, die gegen Wasser empfindlich sind, da seine Anwendung in Benzin, Trichloräthylen und anderen üblichen Waschmitteln der chemischen Reinigung eine Beeinträchtigung der Färbung oder ein Eingehen der behandelten Ware ausschließt. Bei häufiger und intensiver Einwirkung von Wasser geht die Einwirkung der Eulan BL-Behandlung allmählich zurück. Mit Eulan BL behandelte Stücke, die einer gewöhnlichen Naßwäsche unterzogen werden, müssen daher, ebenso wie nach einer weiteren chemischen Reinigung, erneut mit Eulan BL behandelt werden.

Die neueren Eulanmarken schützen nicht nur gegen Motten, sondern auch gegen Dermestiden[5]. Die Eulane eignen sich ferner nach Clark[6] auch zum Vertilgen des Silberfisches (Lepisma saccharina), der zwar die Textilfasern nicht direkt angreift, aber damit in Verbindung stehende stärkehaltige Stoffe schwer schädigt. Eulan NK, ebenso wie die ältere Marke Eulan W extra, besitzt ferner auch stark hemmende Wirkung gegen die Bildung von Fäulniskeimen und Bakterien[7].

Über eulanisierte Papiermaschinenfilze vgl. [8]. Issatschenko[9] empfiehlt die Eulanisierung von Gegenständen in Museumssammlungen.

Die Herstellung von Mottenschutzmitteln, die in der Art der Eulane verwendet werden, ist den Farbenfabriken vorm. Friedrich Bayer bzw. der I. G. Farbenindustrie A.-G. durch zahlreiche Patente geschützt[10].

---

[1] Rath und Schöninger: Klepzigs Textil-Z. Bd. 41 (1938) S. 129.
[2] Vgl. auch Krais und Klughardt: Textile Forschg. Bd. 13 (1931) S. 15.
[3] Stötter: Chem.-Ztg. Bd. 59 (1935) S. 473.
[4] Rath und Schöninger: Klepzigs Textil-Z. Bd. 41 (1938) S. 129.
[5] Vgl. auch Clark: J. Textile Inst. Bd. 19 (1928) P. 295; J. Soc. Dyers Col. Bd. 42 (1926) S. 16. — Herfs: Melliand. Textilber. Bd. 13 (1932) S. 237, 293, 349.
[6] J. Soc. Dyers Col. Bd. 43 (1927) S. 190.
[7] Pratt: Textile Col. Bd. 55 (1933) S. 344. — Stötter: l. c.
[8] Papier-Fabrikant Bd. 27 (1929) S. 665.
[9] Z. Desinfektion Bd. 22 (1930) S. 713.
[10] Eine auch nur einigermaßen vollständige Zusammenstellung der Mottenschutzpatente dieser und anderer Firmen kann hier nicht gegeben werden. Vgl. Mullin: Textile Col. Bd. 47 (1925) S. 160, 229; Bd. 48 (1926) S. 89. — Sachs: Textile Col. Bd. 48 (1926) S. 453, 526. — Roark: Textile Col. Bd. 51 (1929) S. 828; Bd. 52 (1930) S. 25; Bd. 53 (1931) S. 301; Bd. 54 (1932) S. 369. — Clark: J. Textile Inst. Bd. 19 (1928) P. 295.

Das erste grundlegende Patent ist das DRP. 344 266 (1918), das den Schutz der Wolle gegen Mottenfraß durch Behandlung der Ware mit Sulfo- oder Karbonsäuren aromatischer Kohlenwasserstoffe (mit Ausnahme nicht substituierter Aminonaphtholsulfosäuren) oder heterozyklischer Ringkörper oder ihrer Substitutionsprodukte nach Art des Färbeprozesses beschreibt.

Es können ferner auch Karbonsäuren verwendet werden, deren COOH-Gruppen in der Seitenkette aromatischer oder heterozyklischer Ringkörper stehen[1]; ferner können an Stelle von Sulfo- und Karbonsäuren in Wasser schwerlösliche oder unlösliche halogenfreie aromatische Produkte nichtsauren Charakters, mit Ausnahme heterozyklischer Körper[2], oder Kieselfluorwasserstoffsäure[3] verwendet werden.

Statt Kieselfluorwasserstoffsäure können schließlich auch andere anorganische komplexe Säuren[4], nichtkomplexe anorganische fixe Säuren, wie Wolframsäure, Uransäure, Zinnsäure u. a.[5] oder Flußsäure und ihre Salze[6] verwendet werden[7]. Die Widerstandsfähigkeit der nach DRP. 346 598, 347 720 und 347 721 vorgenommenen Imprägnierung gegen Wäsche, Walke, Dekatur usw. wird durch Nachbehandlung der Ware mit Metallsalzen, die mit den auf der Faser befindlichen anorganischen Säuren unlösliche Salze bildet, erhöht[8].

Nach DRP. 347 849 (1920) (Zusatz zu 346 598) wird die Wolle mit den durch die DRP. 346 598, 347 720 und 347 722 geschützten Produkten, gegebenenfalls unter Zusatz von Metallbeizen und anderen, das Ziehen fördernder Stoffe, wie Alkalisalze und Säuren, in kalten Bädern behandelt.

Wolle besitzt eine erhebliche Affinität für Silicofluoride, die daher in verdünnter Lösung angewandt werden können; Mottenschutz mit Silicofluoriden[9] ist daher wirksamer und dauerhafter als mit Natriumfluoridrezepten[10]. Zahlreiche andere Zusammensetzungen von Mottenschutzmitteln, die anorganische oder organische Fluorverbindungen als wirksamen Bestandteil enthalten, sind vorgeschlagen worden. Das Fluor ist wahrscheinlich ein Darmgift[11].

Die Herstellung organischer Verbindungen, die als Mottenschutzmittel im Sinne der ,,Eulane" geeignet sind, ist dann den Farbenfabriken vorm. Friedrich Bayer bzw. der I. G. Farbenindustrie A.-G. in zahlreichen weiteren Patenten geschützt werden.

So erzielen z.B. die Farbenfabriken vorm. Friedrich Bayer & Co.[12] Mottenschutz durch Behandlung der Wolle mit geringen Mengen eines nicht färbenden Stoffes, der die Gruppe

$$\begin{array}{l} -\mathrm{N}-X = Y \\ \;\;\;| \\ \;\;\;R \end{array}$$

enthält, wobei X Stickstoff oder Kohlenstoff, Y Stickstoff, Kohlenstoff oder ein Ring sein kann und R Wasserstoff oder eine organische Gruppe darstellt.

---

[1] DRP. 346 596 (1919), Zusatz zu 344 266. [2] DRP. 346 597 (1919), Zusatz zu 344 266.

[3] DRP. 346 598 (1919), Zusatz zu 344 266.

[4] Farbenfabriken vorm. Friedrich Bayer & Co: DRP. 347 720 (1919), Zusatz zu DRP. 346 598.

[5] DRP. 347 721 (1919), Zusatz zu 347 720. [6] DRP. 347 722 (1920), Zusatz zu 347 721.

[7] Vgl. auch Engl. Pat. 173 536 (1920); 295 742 (1927); Franz. Pat. 518 821 (1920).

[8] Farbenfabriken vorm. Friedrich Bayer & Co.: DRP. 347 723 (1919), Zusatz zu DRP. 346 598.

[9] Das Mottenschutzpräparat ,,Larvex" der Larvex-Corporation (A. P. 1 634 794 [1925]; Engl. Pat. 235 914 [1925]) soll im wesentlichen Na-Silicofluorid sein; vgl. Minaeff und Wright: J. Ind. Eng. Chem. Bd. 21 (1929) S. 1187. — Burgess und Poole: J. Textile Inst. Bd. 22 (1931) 141. T. — Vgl. auch Musser: Chem. Abstr. Bd. 31 (1937) S. 5172.

[10] Minaeff und Wright: l. c. 9. [11] Vgl. Burgess und Poole: l. c. 9.

[12] DRP. 402 341 (1923); Engl. Pat. 238 287 (1924); Amer. Pat. 1 562 510 (1924).

Thioharnstoffe der Formel

$$S = C\begin{matrix}\diagup NHR \\ \diagdown NHR_1\end{matrix}$$

(R_1 = Säurerest, R = Alkyl, Cycloalkyl, Aryl oder Aralkyl)

schützen gegen Motten[1].

Es können auch Azetylderivate des Thioharnstoffs verwendet werden, die an einem Stickstoffatom einen Alkyl-, Zykloalkyl-Aralkyl- oder Arylrest und am gleichen Stickstoffatom oder am Schwefel einen Säurerest enthalten[2], ferner der Pyrimidinreihe angehörige zyklische Derivate des Thioharnstoffes[3]. Wasserunlösliche Thiuroniumsalze sind gleichfalls empfohlen worden.

Nach Minaeff und Wright[4] enthalten alle gegen Motten wirksamen Harnstoffderivate Schwefel, und wenigstens eine Amidogruppe ist intakt[5].

Aromatische Thiozyanate, die eine oder mehrere Methoxylgruppen und mehr als eine Thiozyanatgruppe enthalten, wobei jede Thiozyanatgruppe mit dem Ring durch eine CH_2-Gruppe verbunden ist, sind Mottenschutzmittel[6], ferner in Wasser unlösliche, schwer- oder nichtflüchtige aromatische Sulfonsäurechloride[7] oder Sulfonsäurefluoride[8], sowie Arylsulfamide, in denen die Wasserstoffatome der Amidgruppe ganz oder teilweise durch Alkyl-, Aryl- oder Aralkylgruppen ersetzt sind[9]. Gleichfalls von der I. G. Farbenindustrie, A.-G. vorgeschlagen wurden o-Oxykarbonsäuren, bei denen die freie o-Stellung und die p-Stellung zum Hydroxyl durch Hydroxyl, Halogen, Schwefel oder einen Kohlenwasserstoffrest besetzt sind[10] und Oxydiphenyle oder ihre Halogen-, Alkyl-, Alkoxygruppen enthaltenen Substitutionsprodukte, die weder eine Sulfogruppe noch eine Karboxylgruppe noch einen stickstoffhaltigen Rest enthalten[11]. In einer Reihe von Patenten wurden ferner der I. G. Farbenindustrie A.-G. verschiedene als Mottenschutzmittel geeignete Oxydi- oder triarylmethanverbindungen geschützt[12].

Alkaloide wurden mehrfach als Mottenschutzmittel vorgeschlagen. So erzielt M. Ritter Mottenschutz durch Behandlung der Wolle mit Lösungen von Brucin oder dessen Derivaten und entsprechende Fixierung[13] oder gewinnt Mottenschutzmittel aus Samen der Strychnosarten[14]. Schmitz[15] verwendet den Extrakt von Lupinensamen und Quillaja-Rinde. Nach Minaeff und Wright[4] haben Alkaloide wohl eine gewisse mottenschützende Wirkung, die aber nicht ausreicht. Nach Jackson und Wassel[16] sollen Cinchonaalkaloide besonders wirksam sein;

---

[1] J. G. Farbenindustrie A.-G.: DRP. 534 676 (1928); Franz. Pat. 685 123 (1930); Österr. Pat. 123 881 (1930).

[2] I. G. Farbenindustrie A.-G.: DRP. 546 097 (1929), Zusatz zu 534 676. Vgl. auch Engl. Pat. 337 823 (1929); Franz. Pat. 39 013/685/23 (1930).

[3] I. G. Farbenindustrie A.-G.: DRP. 547 057 (1930), Zusatz zu 534 676.

[4] J. Ind. Eng. Chem. Bd. 21 (1929) S. 1187.

[5] Vgl. auch The Larvex Corp.: DRP. 515 632 (1928); Engl. Pat. 301 421 (1928); Franz. Pat. 664 151 (1928).

[6] I. G. Farbenindustrie: Engl. Pat. 325 910 (1928).

[7] DRP. 449 126. [8] DRP. 450418 (1923); Zusatz zu DRP. 449126.

[9] DRP. 506988 (1928); Franz. Pat. 686721 (1929).

[10] Engl. Pat. 274 425 (1927); Franz. Pat. 635 973 (1927).

[11] DRP. 520 184 (1929); Engl. Pat. 333 584 (1929).

[12] DRP. 503 256 (1927) und Zusätze 513 387/88 (1929); 506 989 (1928). Vgl. auch Österr. Pat. 124284 (1929); Franz. Pat. 39328/615648 und 39337/615648 (1930); 681795 (1929); DRP. 537768 (1929); 541629 (1929); 544293 (1929); Engl. Pat. 335547 (1929); 336244 (1929); 337808 (1929); 338126 (1929); Schweiz. Pat. 134012 (1928) u. a.

[13] DRP. 526 611 (1928). [14] Engl. Pat. 327 009 (1929). [15] Engl. Pat. 230 203 (1923).

[16] J. Ind. Eng. Chem. Bd. 19 (1927) S. 1175; Engl. Pat. 263 092 (1926); Amer. Pat. 1615 843 (1927); 1 694 219 (1927).

ihre Mottenschutzwirkung ist aber nicht lichtbeständig und nicht beständig gegen chemische Reinigung[1].

Eine Reihe von Mottenschutzpatenten, besonders in Amerika und Japan, verwenden Pyrethrum, Derris, Rotenon[2] u. dgl. Der Rotenon-Mottenschutz verträgt aber nicht die chemische Reinigung und ist nicht sonnenlichtbeständig[1]. Eine große Anzahl anorganischer und organischer Stoffe, bei denen auf Grund ihrer antiseptischen Eigenschaften, ihrer Wirkung gegen andere Insekten, wegen ihres bitteren Geschmackes usw. Eignung als Mottenschutzmittel zu erwarten war, wurden von Jackson und Wassel[3] geprüft, mit dem Ergebnis, daß die meisten unbrauchbar waren. Formaldehydbehandlung macht Wolle nicht mottenecht[4].

Zusammenstellung verschiedener Mottenschutzpräparate des Handels vgl. Kemper[5] Burgers und Poole[6] erzielten mit den Eulanen und Larvex wirksamen Schutz und fanden im übrigen die Reihenfolge: Globol > Flit > Deleoil.

Schutzwirkung gegen Motten und gegen Dermestiden geht nicht unbedingt Hand in Hand. Viele Stoffe, die tierische Fasern gegen Motten widerstandsfähig machen, gewähren keinen Schutz gegen Dermestidenlarven. — Eulan N, Eulan NK und Eulan NFK extra bewährten sich auch gegen die Pelzkäfer[7]. — Zur Ausrottung des dunklen Pelzkäfers empfiehlt N. D. White[8] ausschwefeln.

Über die Prüfung der Wirksamkeit von Mottenschutzmitteln vgl. Moore[9].

K. Das Färben der Wolle.

1. Historisches.

Die Geschichte der Färberei ist uns nicht nur aus dem Schrifttum, sondern auch durch zahlreiche Funde (Gräberfunde) mehr oder weniger bekannt. Diese Nachrichten sind teilweise recht lückenhaft, da von einzelnen Völkern nur wenige Reste wertvoller Kunstfertigkeit vorliegen. Völkerwanderungen und Kriege haben den Einblick auf lange Zeitperioden vernichtet. Die ältesten Nachrichten, die wir besitzen, stammen von den Chinesen, die bereits vor dem Jahre 2600 v. Chr. Seidengewebe zu färben verstanden. Ähnliche Anfänge findet man in Japan. Diese Kunst in beiden Ländern dürfte die Ursache sein, daß später Indien die Heimstätte für eine hohe Kultur der Färberei und des Zeugdrucks wurde. Eine zweite Heimstätte der Färbekunst war Ägypten, das seine Erfahrungen an die Phönizier und andere Bewohner des Mittelmeers weitergegeben hat. Aber auch die Bewohner der neuen Welt, wie die Azteken und Inkas, standen auf hoher Kultur. Die Untersuchungen von Reis und Stübel über die alten Gräber der Inkas zeigen, daß diese Völker Wolle in geradezu vorzüglicher Weise färbten und die Fasern nicht allein durch Färben, sondern auch durch Druckverfahren zu verschönen verstanden. Die Errichtung von Färberzünften und die vielfachen Nachrichten über die verwendeten Farbstoffe beweisen, daß Phönizier, Griechen und Römer gute Kenntnisse über das Färben besaßen. Die Entwicklung der Purpurfärberei, die bei den Römern durch staatliche Maßnahmen eingeschränkt, ja vernichtet wurde, ist allgemein bekannt. Durch die Stürme der Völkerwanderung gingen viele Erfahrungen verloren, aber es ent-

---

1 Sprankle und Slabaugh: Textile World Bd. 87 (1937) S. 2015.
2 Vgl. auch Back, Cotton und Roark: J. Econ. Ent. Bd. 33 (1930) S. 1014.
3 J. Ind. Eng. Chem. Bd. 19 (1927) S. 1175.
4 Clark: J. Soc. Dyers Col. Bd. 44 (1928) S. 144.
5 Kemper, l. c. S. 181.
6 J. Textile Inst. Bd. 22 (1931) 141. T.
7 Herfs: Melliand Textilber. Bd. 13 (1932) S. 237, 293, 349.
8 Amer. Dyestuff Rep. Bd. 21 (1932) S. 683.
9 J. Ind. Eng. Chem. anal. Ed. Bd. 2 (1930) S. 365. — Jackson und Wassel: l. c. 3.

stand auch Neues. Später wurden die oberitalienischen Städte die Ausgangspunkte der europäischen Textilindustrie. Von diesen kamen verschiedene Veröffentlichungen, so 1429 die „Mariegola dell'arte dei Tintori" und 1510 das erste größere Färbereibuch „Plictho" vom Venezianer Rosetti (in 2facher Auflage herausgegeben). In dieser Zeit wurden durch die Entdeckung Amerikas und des Seewegs nach Ostindien auch die reichen Schätze dieser Länder erschlossen. Weitere geschichtliche Daten finden sich in den Arbeiten von Grove-Palmer[1], Die Färbereiverfahren vor 50 Jahren; Everest[2], 50 Jahre Wollfärberei; Pennington[3], Erinnerungen aus dem Färbereifach 1869—1925 und Die Färberei am Ausgang des 18. Jahrhunderts[4].

2. Färbeapparate[5].

Wolle wird in loser Form, als Kammzug, in gesponnenem oder gewebtem Zustande gefärbt. Zum Färben losen Wollmaterials verwendet man fast ausschließlich mechanische Apparate, ebenso beim Färben von Kammzug, Vorgarnmaterial, Garn auf Kopsen (Kötzern) usw., um das Filzen des Wollmaterials beim Färben möglichst herunterzudrücken und so die Spinn- und Walkfähigkeit voll zu bewahren. Wesentliche Vorteile bieten hierbei die Anwendung kurzer Bäder und die damit verbundenen Ersparnisse an Dampf, Wasser, Chemikalien und Farbstoffen. Beim Färben von Kopsen, Kreuzspulen kommen überdies die Haspelarbeit und die dadurch bedingten Materialverluste in Betracht. Die Strangfärberei und das Färben von Stückware werden z.T. noch auf offenen Kufen ausgeführt.

Die Apparatur muß tadellos rein gehalten werden. Holzkufen werden mit Soda oder, wenn erforderlich, mit Hydrosulfitpräparaten, unter Zusatz von Schwefelsäure ausgekocht. War vor dem Färben nicht gut entfettetes Material eingesetzt, so gibt man bei Reinigung dieser Kufen zweckmäßig einige Gramm eines modernen Waschmittels pro Liter zu. Von den Metallen, die zur Herstellung von Färbeapparaten in Betracht kommen, beeinflußt Eisen die Farbtöne im sauren Bade; im alkalischen Farbbade (Küpe) ist dagegen eine Beeinflussung nicht zu befürchten. Die Kupferwirkung kann durch Zusatz von $\frac{1}{2}$% Rhodanammonium (auf das Gewicht des Färbegutes bezogen) ganz wesentlich herabgesetzt werden. Das zum Färben verwendete Wasser soll frei sein von mechanischen Verunreinigungen, hohen Eisenmengen, Härtebildnern (Kalk- und Magnesiasalzen) und anderweitigen Verunreinigungen. Wasser über 12—14° d. H. soll in der Apparatefärberei zweckmäßig nicht benützt werden. Die Kufen zur Garnfärberei bestehen aus starken Brettern, die durch Bolzen zusammengehalten werden; der eingelegte Siebboden schützt das Garn vor unmittelbarer Berührung mit dem Dampfrohr. Das geschlossene oder offene Dampfrohr mit Dampfventil ist aus Kupfer. Bei offenen Dampfrohren sind die Bohrungen der Ausströmstellen für den Dampf schräg nach unten gerichtet, bei geschlossenen müssen sie an einen Kondenstopf angeschlossen sein. Der Siebboden selbst ist entweder aus Holz oder aus Ton, selten aus Metall. An Stelle von Kupfer werden für bestimmte Zwecke Eisen, Blei oder Hartblei oder passende Metall-Legierungen verwendet. Die Garnstränge selbst werden reihenweise auf glatte

[1] Grove-Palmer: Dyer Cal. Printer Bd. 62 (1930) S. 503.
[2] Everest: Dyer Cal. Printer Bd. 62 (1930) S. 567.
[3] Pennington: J. Soc. Dyers Col. Bd. 42 (1926) S. 179.
[4] Dyer Calico Printer Bd. 64 (1932) S. 45.
[5] Vgl. auch den Beitrag von Glafey: S. 291ff., sowie Weyrich: Das Färben und Bleichen der Textilfasern in Apparaten. Berlin 1937. Ferner Götz: Melliand Textilber. Bd. 1 (1920) S. 206, 231; Z. ges. Textil-Ind. Bd. 39 (1936) S. 547. Über Laboratoriumseinrichtungen vgl. Sifferlen: Rev. gèn. Teinture Bd. 6 (1928) S. 776.

Stöcke gehängt, die man quer über den Rand der Färbekufe legt. Die einzelnen Stöcke befinden sich während der Färbeoperation in einer Entfernung von 15—20 cm. Um an der Stelle, an der das Dampfrohr in die Kufe eingeleitet wird, das Färbegut vor Überhitzung zu bewahren, ist eine Holzhülle mit entsprechender Durchlochung um das Dampfrohr gelegt. Die Höhe der Kufen ist der Stranghöhe angepaßt, so daß eine entsprechende Entfernung vom Siebboden immer gewährleistet ist.

Auf den Färbeapparaten kann entweder nach dem Packsystem oder nach dem Aufstecksystem (Topfsystem, Revolversystem) gefärbt werden. Lose Wolle färbt man stets nach dem Packsystem, vermeidet jedoch eine zu dichte und feste Lagerung, um Einflüsse, ähnlich wie sie beim Dekatieren eintreten, zu verhindern. Zwischenlagen von Rohrplatten, Plattenrosten u. dgl., die das Färbegut beim Färben in mehrere Schichten teilen, sind namentlich bei großen Apparaten sehr zu empfehlen. Wechselseitiger Flottenlauf ist wegen Auflockerung des Materials und auch wegen des Entfernens von Luftblasen bei Ankauf des Färbeapparates zu berücksichtigen. Auf tadelloses Netzen ist unter allen Umständen zu achten.

Kammzug wird fast ausschließlich in Form von festen Wickeln (Bobinen) gefärbt. Eine tadellose Färbung ist hier wesentlich abhängig von der Dichte der Wickelung. Da es besonders für die Erhaltung der Qualität des Materials vorteilhaft ist, keinen besonderen Druck zur Führung der Flotte durch das Material anzuwenden, so ist die Herstellung der Wickel den beabsichtigten Färbeprozessen anzupassen. Man kann für Kammzug das Packsystem benutzen, wobei man aber für tadelloses Ausfüllen der Zwischenräume und möglichst gleichmäßiges Packen sorgen muß. Man verwendet auch das Topfsystem, bei dem eine oder zwei Bobinen in Töpfe eingesetzt werden, endlich auch das Revolversystem mit aushebbarem Mittelzylinder. Eine ähnliche Konstruktion liegt in den Röhrenapparaten vor, in denen die Kammzugwickel auf durchlochte Rohre aufgesetzt werden. Die Rohre selbst sind durch einen Deckel oben abgeschlossen.

Wollgarne können in Strangform durch kreuzweise Einlage nach dem Packsystem gefärbt werden. Hierbei ist auf Kanalbildungen, die unegales Färben bedingen, sowie auf nicht zu dichtes Lagern zu achten. Infolgedessen sind hohe Materialschichten zu vermeiden. Wird das Garnmaterial in Kästen gepackt, die einen durchlochten oder aus Korbgeflecht gefertigten Boden haben und die in die betreffenden Färbeapparate eingesetzt werden, so ist es leicht möglich, kleinere und größere Materialmengen auf ein und demselben Apparat zu färben. Apparate mit wechselndem Flottenlauf sind für diese Art des Färbens erwünscht. Man kann das Garn auch in Strangform nach dem Hängesystem auf schmalen Stäben, Stöcken oder Schnüren, zu Blöcken vereint, einsetzen und so färben. Selbstverständlich müssen auch hier Knicke, Brüche, Druckstellen u.a.m. vermieden werden. Dieses System des Färbens bewahrt dem Material in vorzüglicher Weise das Aussehen und verhütet das Filzen.

Endlich kann man Kreuzspulen oder Kopse nach dem Packsystem färben. Man verwendet auch hier Kästen, die in der erwähnten Weise mit durchlochten oder aus Korbgeflecht hergestellten Böden versehen sind. Die Kästen stellt man übereinander und bewirkt so das Färben in mehreren Schichten. Spulen mit durchgehenden Papierhülsen müssen durch Stäbchen aus Holz oder Hartgummi vor dem Zusammendrücken, Verkleben, Verbiegen oder Zerbrechen geschützt werden. Man kann die Papierhülsen während des Färbens entfernen, zieht durch die Spule einen Bindfaden (Schnur), um nach dem Färben den Kötzer wieder auf eine schwächere Hülse aufschieben zu können. Die Zwischenlagen, die sich beim Einpacken notgedrungen ergeben, müssen mittels losen Materials, genau so wie das Ausfüllen der Hülsenöffnung, ergänzt werden, was sehr sorgfältig ausgeführt werden muß. Die gesamte Packung soll eine gleichmäßige Pressung aufweisen, damit die durchströmende Flotte einen gleichmäßigen Widerstand findet und die Bildung von Kanälen vermieden wird. — Nach dem Aufstecksystem werden Kreuzspulen mit durchlochten Hülsen (meist imprägnierten Papierhülsen) gefärbt. Man benützt dazu Spindeln aus Nickel oder Nickelin; auch Versuche mit vergoldeten Spindeln wurden gemacht. Bei einzelnen Apparatesystemen werden die durchlochten Papierhülsen als Flottenleiter benützt und durch Porzellanringe oder Porzellandeckel abgedichtet. Die Anordnung der Spindeln auf Platten oder anders ausgestatteten Materialträgern richtet sich nach den betreffenden Apparatesystemen. Auch hier ist Wechsel des Flottenlaufes erwünscht. Zu Beginn des Färbens stellt man die Pumpe so ein, daß die Flotte das Material erst von innen nach außen durchdringt. In gleicher Weise ist die Flottenrichtung bei Farbstoff- oder Säurezusätzen einzustellen; nur beim Vornetzen von Kreuzspulen nach spindellosem System wählt man die Flottenrichtung erst von außen nach innen.

Gutes Vornetzen unter Verwendung entsprechender Dispergiermittel ist beim Färben auf Apparaten unbedingt erforderlich. Es werden jetzt Universalfärbeapparate gebaut, die sich sowohl zum Färben von Kopsen, Kreuzspulen im Aufstecksystem, als auch von losem Material, Kardenband, Kreuzspulen usw. im Packsystem eignen und auf denen auch Kettenbäume gut gefärbt werden können.

Hutstumpen werden auf kurzer Färbeflotte leicht schwimmend bei gleichzeitig wechselseitiger Flottenzirkulation gefärbt („Hutfärbeapparate" der Maschinenfabrik Obermaier & Co., Neustadt a.d. Haardt).

Vorrichtungen zum Färben von Garnen oder anderem Textilgut mit kreisender Flotte vgl. Crayton und Shaw[1], Farrar und Whitehead[2].

Bei der Wahl der Farbstoffe zum Färben auf Apparaten ist neben anderen Eigenschaften in erster Linie die Löslichkeit zu berücksichtigen. Zusätze beim Färben mit Säurefarbstoffen müssen den Anforderungen, die sich aus der Wahl des Apparats ergeben, angepaßt werden. In besonderen Fällen stumpft man die Säure mit Ammoniak ab, um ihre Wirkung beim Ankochen zu verzögern, oder man setzt die Säure allmählich mit Hilfe eines Tropfapparates zu. Auf die Bedeutung der Flottenrichtung ist bereits hingewiesen. Dieselbe Wirkung erreicht man durch möglichst genau überwachte, langsame Temperatursteigerung der Flotte. Die gleiche Vorsicht ist auch bei Chromentwicklungsfarbstoffen notwendig. Die Verwendung der Beizenfarbstoffe ist fast ganz durch die Entwicklungsfarbstoffe, einschließlich der Meta- und Monochromfarbstoffe, verdrängt worden.

3. Wollfarbstoffe.

Die in der Wollfärberei verwendeten Farbstoffe lassen sich folgendermaßen einteilen:

1. Säurefarbstoffe, einschließlich der sog. substantiven Farbstoffe;
2. basische Farbstoffe;
3. saure Farbstoffe, die Chrom oder andere Metalle in komplexer Bindung enthalten;
4. Beizenfarbstoffe (Chromecht-, Naphthochrom-, Alizarinfarbstoffe). Man unterscheidet hier drei Färbeverfahren: a) das Nachchromierverfahren, b) das Metachromverfahren und c) das Färben auf Vorbeize;
5. Küpenfarbstoffe;
6. Indigosole;
7. Naphthol AS und analoge Farbstoffe.

[1] Crayton und Shaw: Engl. Pat. 17 761 (1915).

[2] Farrar und Whitehead: Engl. Pat. 5895 (1915) — Vgl. auch Glafey: dieser Band S. 292ff.

Die Beschränkung an Raum macht es unmöglich, auf einzelne Farbstoffe einzugehen und die Namen aller liefernden Firmen anzuführen. Es sei diesbezüglich auf die Literatur verwiesen[1].

Da man die meisten Farbstoffe in gelöster Form verwendet, ist es erforderlich, das Fasergut entweder in der Farbstofflösung (Farbflotte) zu bewegen oder die Farbstofflösung mittels Pumpen usw. durch das Fasergut zu führen. In gleicher Weise werden auch Fixierungsmittel (Beizen) vor, nach oder gleichzeitig mit dem Farbstoff durch das Fasermaterial bewegt. Die Angaben über Prozente des angewandten Farbstoffes beziehen sich auf das Gewicht der Faser, nicht auf das Volumen der Lösung. Unter einer 3proz. Färbung versteht man also eine Färbung, bei der 3% Farbstoff vom Gewicht der Faser zur Verwendung gelangte. Die Wassermenge bzw. die Flottenmenge, d. h. das Verhältnis der gesamten Wassermenge zum Gewicht der Faser, kann in ziemlich weitgehenden Grenzen variiert werden[2].

Infolge der Empfindlichkeit der Wolle schon gegen schwache Alkalien, sowie gegen heiße Säurelösungen besteht die Gefahr einer Faserschädigung während der Färbevorgänge. Es ist häufig erörtert worden, welche Farbstoffe und Färbeverfahren in dieser Hinsicht am günstigsten sind. Die widersprechenden Ergebnisse verschiedener Forscher[3] sind wohl z.T. darauf zurückzuführen, daß sowohl die Färbeversuche in bezug auf Wollmaterial, Farbstoff und Arbeitsbedingungen, als auch die Prüfung der gefärbten Waren auf eine zu kleine Basis gestellt waren. Nach den von Sommer[4] bei Militärtuchen unter sorgfältig kontrollierten Bedingungen durchgeführten Versuchen hatten im Anlieferungszustande die küpengefärbten Tuche durchschnittlich eine höhere Zerreißfestigkeit als die chromgefärbten, der Gewichtsverlust beim Scheuern war aber bei ersteren größer. Eine Verallgemeinerung dieses Ergebnisses ist wegen der verschiedenen Arbeitsweisen der Färbereibetriebe nicht möglich. Für die Tragfähigkeit von Tuchen spielt ferner außer den durch die Fabrikation bedingten Eigenschaften der von der Art des Färbeverfahrens und der Färbungen abhängige Einfluß der Bewetterung eine Rolle (vgl. S. 104).

a) Säurefarbstoffe.

Beim Auffärben von Säurefarbstoffen auf Wolle ist die Gegenwart einer Säure erforderlich (über die Rolle der Säure vgl. S. 80ff). Es kommen hauptsächlich in Betracht Schwefelsäure, Essigsäure, Ameisensäure. Essigsäure und Ameisensäure begünstigen das Egalisieren und Durchfärben[5]. Milchsäure findet eine, wenn auch beschränkte, analoge Verwendung[6]; Oxalsäure bewirkt einen harten Griff.

---

[1] Schultz, Gustav: Farbstofftabellen, 7. Aufl., in neuer Bearbeitung und Erweiterung von L. Lehmann: Akadem. Verlagsges. m.b.H. Leipzig 1930. Ferner H. E. Fierz-David: Dieses Handbuch Bd. 3. Künstliche organische Farbstoffe. Berlin: Julius Springer 1926. — J. F. Thorpe und R. P. Linstead: The Synthetic Dyestuffs, 7. Aufl. London. — Zusammenstellungen der Wollfarbstoffe mit ihren Eigenschaften und Anwendungsgebieten enthalten die Ratgeber der großen Farbenfabriken. — Manche Farbstoffe werden von mehreren Fabriken unter gleichem oder verschiedenem Namen in den Handel gebracht; dasselbe gilt auch von Textilhilfsmitteln und anderen Präparaten. Wenn in diesem Buche nur das Fabrikat einer Firma genannt wird, so soll damit ein Werturteil nicht abgegeben werden.

[2] Vgl. Knecht: Ber. dtsch. chem. Ges. Bd. 21 (1888) S. 1556.

[3] L. c. S. 92, 101, 104; vgl. auch Chem. Age Bd. 23 Nr. 598; Dyestuffs Monthly Suppl. Bd. 40. — Skipton: Dyer Calico Printer Bd. 67 (1932) S. 308, 362. — Hirst und King: J. Soc. Dyers Col. Bd. 53 (1937) S. 198. — Harrison: Textile World Bd. 86 (1936) S. 244.

[4] Melliand Textilber. Bd. 17 (1936) S. 338.

[5] Schanbacher: Chem. Age Bd. 25 Nr. 632. Dyestuffs Monthly Suppl. Bd. 10 (1931); vgl. auch S. 47, 48.

[6] Vgl. Bourguiqnon: Rev. gén. Teinture Bd. 4 (1926) S. 789. — Grove-Palmer: Referiert in Rev. gén. Mat. Col. Bd. 32 (1928) S. 363.

Durch Zugabe von Neutralsalzen — hauptsächlich verwendet man Natriumsulfat — wird die Aufnahme saurer Farbstoffe durch die Wolle beeinflußt (vgl. S 84); die Glaubersalzmenge richtet sich nach dem Durchfärbevermögen der benutzten Farbstoffe. Über die Verwendung von rohem $NaHSO_4$ vgl. Sleeper[1]. Gegenwart von Ammoniumazetat oder Ammoniumformiat begünstigen das Egalisieren und Durchfärben; an Stelle von Ammoniumformiat kann Natriumformiat treten. Ein Bronzieren der Färbung läßt sich mittels Natriumoxalat ziemlich weitgehend verhindern.

Man färbt meist unter Zusatz von 2—4% Schwefelsäure und 10—15% Glaubersalz kristallisiert, oder man verwendet 5—15% Weinsteinpräparat, kurzweg Präparat genannt. Gewöhnlich wird mit der Ware, die tadellos gereinigt sein muß, bei Temperaturen unter 40° eingegangen, die Temperatur langsam gesteigert und der Farbstoff durch 1—1¼stündiges Kochen fixiert. Gut egalisierende Farbstoffe gestatten meist, direkt kochend zu färben und auch, wenn erforderlich, Farbstoff der kochenden Flotte nachzugeben. Karbonisierte Ware ist vor dem Färben zu neutralisieren.

Bei manchen Farbstoffen empfiehlt es sich, das Auffärben unter Zusatz von 2—5% Essigsäure (30proz.) vorzunehmen. An Stelle der Essigsäure verwendet man auch Ameisensäure [ungefähr 1 Teil Ameisensäure (85proz.) für 5 Teile Essigsäure (30%)]. Bei diesen Farbstoffen ist es dann manchmal erforderlich, Erschöpfung des Bades durch späteren Zusatz von 5—8% Weinsteinpräparat oder 2—2½% Schwefelsäure zu erreichen. Die Farbtoneinstellung wird mit gut egalisierenden Farbstoffen vorgenommen; nach einem Farbstoffzusatz muß immer kurze Zeit nachgekocht werden. Ebenso kann essigsaures Ammon (etwa 5%) neben Glaubersalz zum Färben benützt werden.

Eosine und verwandte Farbstoffe werden entweder mit Glaubersalz-Essigsäure oder mit 5% Essigsäure (30proz.), Alaun (5%) und Weinstein (3%) gefärbt[2]. Man kocht eine halbe Stunde, läßt wieder auf 50° erkalten, gibt dann die Farblösung zu, treibt langsam zum Kochen und bleibt 20—30 Minuten bei dieser Temperatur. Durch erneute Zugabe von Essigsäure kann ein lebhafteres Aufziehen des Farbstoffs erreicht werden. Kupferne Wannen sind auszuschließen. Nuanciert wird meist auf abgeschrecktem Bade mit Rhodamin, evtl. Orange G; letzteres wird dem kochenden Bade zugesetzt.

Substantive Farbstoffe erfordern zum Ausziehen nur wenig Säure[3].

Durch Zusätze moderner Textilhilfsmittel, wie Leonil S, Leonil O-Lösung, Igepon T, Gardinol, Tetrakarnit, Nekal BX, Oleokarnit, Neopermin u.ä., die als Netzmittel für die Faser und als Dispergator für die Farbstoffteilchen wirken, kann man das gleichmäßige Durchfärben begünstigen und die Reibechtheit der Färbungen erhöhen. Auch Palatinechtsalz O in Lösung leistet beim Färben von schwer egalisierenden oder gegen hartes Wasser empfindlichen Säurefarbstoffen gute Dienste[4]. Zur Erleichterung der Auflösung schwerlöslicher Farbstoffe und damit zur Erzielung besserer Durchfärbeeffekte und egalerer Ausfärbungen werden Dispergierungsmittel, wie Tetracarnit, Eulysin A empfohlen.

Die praktische Erfahrung, daß sich Wolle in gebrauchten Bädern, die sich an „Wollgelatine" und Eiweißspaltprodukten angereichert haben, gleichmäßiger

[1] Amer. Pat. 1 758 877 (1928).

[2] Die Eosine lassen sich auch mit Hilfe von Chromsalzen auf der Faser fixieren, doch sind die so erhaltenen Farbtöne nicht leuchtend genug. Man ist deshalb für die Eosine von dieser Methode abgekommen.

[3] Bezüglich weiterer Spezialvorschriften muß auf die Ratgeber der Farbenfabriken verwiesen werden.

[4] Collé: Z. ges. Textil-Ind. Bd. 39 (1936) S. 635.

färbt als im frischen Bade, hat dazu geführt, Eiweißabbauprodukte, z. B. Egalisal[1] der sauren Farbflotte zuzusetzen[2]. Textilhilfsmittel vom Charakter sulfonierter Öle besitzen eine gewisse Affinität zur Wollfaser (vgl. S. 137). In der praktischen Färberei wird jedoch durch Bindung des sulfonierten Öles an die Wolle eine nennenswerte Gewichtsvermehrung nicht erzielt und wäre auch mit Rücksicht auf den veränderten Charakter der Wolle nicht anzustreben. Aber schon die verhältnismäßig geringe Einverleibung von Fett ist für die Erhaltung des Charakters der Wolle wichtig. Die Ware überzieht sich mit einer dünnen Fettschicht, die das durch die Wäsche u. a. verloren gegangene Naturfett ersetzt, der Wolle die natürliche Weichheit wiedergibt und sie gegen die abbauende Wirkung heißer Säurebäder schützt[3].

Auch für die Nachbehandlung von Wollfärbungen, für das Abziehen von Färbungen usw. werden Zusätze von modernen Netz- und Faserschutzmitteln, wie Gardinol WA, Lanaclarin LM, Protectol II, Lamepon A, Egalisal u. a. empfohlen.

Gewöhnlich färbt man Säurefarbstoffe in siedender Flotte. Im Hinblick auf die Faserschonung wäre eine Herabsetzung der Färbetemperatur erwünscht. Kürzlich ist von der Imperial Chemical Industries Ltd. ein Verfahren ausgearbeitet worden, bei dem die Flottentemperatur auf 60—90° erniedrigt wird. Dabei wird durch Einstreichen von Luft-, Dampf- oder anderen Gasblasen oder durch Sieden unter vermindertem Druck die Farbflotte in einem Zustande der Turbulenz erhalten, der die Diffusion der Farbstoffteilchen an die Faseroberfläche begünstigt und ein gutes Durchfärben der Bäder ermöglicht[4].

Alkaliblau und Alkaliviolett werden in Gegenwart von 1—2% Soda oder 3—6% Borax gefärbt. Man geht mit der Ware gewöhnlich bei etwa 60° ein, erhöht dann die Temperatur auf 90°, etwa innerhalb 20 Minuten, und färbt bei der genannten Temperatur, je nach Tiefe der Färbung, $\frac{1}{2}$—$\frac{3}{4}$ Stunde aus. Hierauf wird leicht gespült und in frischem Bade bei 60—70° mit 4—5% Schwefelsäure während $\frac{1}{4}$ Stunde entwickelt; dann wird neuerdings gespült. Da der Farbstoff nicht vollkommen aufzieht, ist es vorteilhaft, die Flotten weiter zu benützen; man erzielt dann klare Farbtöne. Gefärbt wird auf Holzapparatenkufen, da Metallgefäße, besonders solche aus Kupfer, die Färbungen ungünstig beeinflussen. Zum nachträglichen Nuancieren können im schwefelsauren Entwicklungsbade gut egalisierende Farbstoffe benutzt werden.

Früher wurden Kombinationen von Blauholz mit Alkaliblau und ähnlichen Farbstoffen gebraucht.

In den Gesamtechtheitseigenschaften sind die Säurefarbstoffe den Chrom- und Küpenfarbstoffen unterlegen. Bei eindeutiger Festlegung der geforderten Echtheitseigenschaften ist es jedoch heute oft möglich, auch mit Säurefarbstoffen Färbungen herzustellen, die den jeweils gestellten Ansprüchen genügen. So sind z. B. die Anthralanfarbstoffe gut lichtecht, die Supraminfarbstoffe gut waschecht, die Supranol- und Walkfarbstoffe gut walk- und seewasserecht[5].

Ein neuer einheitlicher, gut egalisierender, vorzüglich lichtechter Säurefarbstoff, der auch eine sehr gute Dekatur- und Carbonisierechtheit besitzt, ist Supralichtgelb GGL.

---

[1] Vgl. Hartmann: Z. ges. Textil-Ind. Bd. 37 (1934) S. 444.

[2] Über Eiweißabbauprodukte als Faserschutzmittel vgl. auch Bennert: DRP. 361038 (1920); Zusatz zu DRP. 330133.

[3] Friedrich und Kessler: l. c. S. 137.

[4] Imperial Chemical Industries Ltd.: Engl. Pat. 436875 (1935) und Franz. Pat. 788991 (1935) — Sansone: Textile Col. Bd. 59 (1937) S. 446; vgl. auch S. 87.

[5] Vgl. Collé: Klepzigs Textil-Z. Bd. 39 (1936) S. 635.

b) Basische Farbstoffe.

Basische Farbstoffe werden nur noch vereinzelt für solche Waren benutzt, bei denen lebhafte Farben gewünscht, aber keine hohen Ansprüche an die Echtheit gestellt werden, z.B. Zephirgarne.

Das Färbebad wird bei 50° mit dem vorher gelösten Farbstoff versetzt, und die Ware unter gutem Hantieren bei 80—90° gefärbt. Kalkhaltiges Wasser muß mit Essigsäure korrigiert werden; ein kleiner Überschuß an Essigsäure schadet nicht [1].

Einige basische Farbstoffe, wie Viktoriablau und die Rhodamine (außer Rhodamin 6G), werden besser im sauren Bade wie Säurefarbstoffe gefärbt.

c) Saure Farbstoffe, die komplex gebundes Metall enthalten.

In neuerer Zeit ist es gelungen, Farbstoffe zu schaffen, die in saurem Bade wie gewöhnliche Säurefarbstoffe gefärbt werden können, die aber infolge der Gegenwart von komplex gebundenem Metall im Molekül in der Echtheit den Chromierungsfarbstoffen näherstehen. Für die Herstellung solcher Farbstoffe werden die üblichen Komponenten benutzt, d.h. Derivate von o-Aminophenolen oder o-Aminonaphtholen werden mit Komponenten gekuppelt, die fähig sind, o-Oxy- oder o-Aminoazofarbstoffe zu geben; die Metallderivate werden entweder durch Kupplung in Gegenwart eines Metallsalzes oder durch Einwirkung eines Metallsalzes auf den Farbstoff erhalten. In diese Gruppe von Farbstoffen gehören z.B. die Palatinechtfarbstoffe der I. G. Farbenindustrie, A.-G. (Chromkomplexe) und die Neolan- und Lanasolfarbstoffe der Gesellschaft für Chemische Industrie in Basel.

Die Palatinechtfarbstoffe werden in stark saurer Flotte gefärbt[2]. Die mit Rücksicht auf die Schonung der Faser und den Angriff der Apparat nachteilige Säuremenge kann bei Zusatz von Palatinechtsalz O in Lösung wesentlich herabgesetzt werden[3].

d) Beizenfarbstoffe.

Das Färben der Wolle mit Beizenfarbstoffen, wobei die Chromfärberei die größte Bedeutung hat, kann durch Vorbeizen der Wolle, durch Nachchromierung und nach dem sog. Metachromverfahren erfolgen. Das Endprodukt bei der Färbung auf Chrom-Vorbeize und bei der Nachchromierung ist dasselbe, nämlich eine stabile Chrom-Farbstoffverbindung. Nach den Untersuchungen von Brass und Wittenberger[4] an dem aus den Komponenten m-Nitranilin und Salizylsäure bestehenden Azofarbstoff enthalten die entstehenden Chromverbindungen koordinativ 6-wertiges Chrom. Die Farbstoffkomplexe besitzen eine tiefere Eigenfarbe als die Farbstoffe selbst, wodurch sich die Änderung der Farbe beim Nachchromieren erklärt; sie zeichnen sich ferner durch eine bedeutende Stabilität aus und bedingen daher die gute Echtheit der Färbungen.

1. Das Färben im sauren Bade und Entwickeln mit Metallsalzen. Nachchromierungsverfahren. Dieses Färbeverfahren beruht auf der Eigenschaft gewisser Farbstoffe, die im sauren Bade auf Wolle aufziehen, bei Nachbehandlung mit Metallsalzen, insbesondere Chromsalzen, Färbungen zu liefern, die sich durch

---

[1] Ratgeber für das Färben von Wolle usw. (1932) der I. G. Farbenindustrie A.-G.

[2] Vgl. auch Anacker: Melliand Textilber. Bd. 17 (1936) S. 332.

[3] Vgl. auch I. G. Farbenindustrie A.-G.: Amer. Pat. 2 040 796 (1932); Franz. Pat. 747 043 (1932); dadurch wird außerdem die Reib-, Schweiß- und Dekaturechtheit verbessert.

[4] Brass und Wittenberger: Mschr. Textilind. Bd. 50 (1935) S. 241. — Über die Vorgänge bei der Behandlung der Wolle mit Chromsalz- und Chromatlösungen vgl. auch S. 91ff.

sehr gute Licht- und Tragechtheit, einwandfreie Reib-, Walk-, Wasch-, Schweiß-, Karbonisier- und Dekatierechtheit auszeichnen.

Entwickeln mit Chromsalzen. Das Nachchromieren des bereits gefärbten Materials wird mit Chromisalzen, wie Chromalaun oder Fluorchrom, häufiger jedoch mit Kaliumbichromat ausgeführt, weil es bei diesen Beizprozessen auf die oxydative Wirkung ankommt. Man nimmt an, daß die langsame Reduktionswirkung der Wollsubstanz echtere Lacke auf der Faser erreichen läßt, wenn auch eine mehr oder minder faserschwächende Wirkung hierbei nicht ausgeschlossen ist. Der große Umfang, den das Nachchromierungsverfahren in der Praxis gefunden hat und die mit zu den bedeutendsten Neuerungen der letzten Zeit gehört, beweist jedoch, daß die Schädigung der Faser bei passender Wahl von organischen Säuren nicht sehr bedeutend ist. Das Nachchromieren führt zur Bildung sehr stabiler innerkomplexer Farbstoffchromsalze, die durch besondere Echtheitseigenschaften, z. B. auch durch Walkechtheit, ausgezeichnet sind. Meistens werden auf diese Weise tiefe Farbtöne hergestellt. Die Vorteile des Verfahrens gegenüber dem Vorbeizverfahren liegen in der kürzeren Kochdauer, der Schonung des Materials und der Ersparnis an Zeit und Dampf. Nachteile waren anfangs die Gefahr einer Faserschädigung bei unachtsamen Arbeiten und die Schwierigkeit des Farbenumschlages und damit des Treffens des Farbtons[1].

Man verfährt z. B. folgendermaßen[2]:

Man bestellt das etwa 50° warme Färbebad mit 10—20% Glaubersalz kristallisiert, 3—5% Essigsäure 30% und dem gut gelösten Farbstoff, treibt langsam zum Kochen, kocht ½ bis ¾ Stunden, setzt erforderlichenfalls noch 3—5% Essigsäure 30% oder 2% H_2SO_4 96% nach und kocht bis zur annähernden Erschöpfung des Färbebades weitere ½—¾ Stunden. Dem etwas abgekühlten Bade wird die gelöste Chromkali- oder Chromnatronmenge langsam zugegeben, abermals zum Kochen getrieben und zur Entwicklung des Farbtons nochmals ¾—1 Stunde gekocht.

Durch Zusatz von Protectol, das gemeinsam mit dem Chromkali dem Färbebade zugegeben wird, erhält man besonders geschmeidiges Wollmaterial mit guter Spinnfähigkeit. Als Egalisierungsmittel kann man dem Färbebade 0,3—1% Igepon T zusetzen.

Entwicklung mit Aluminiumsalzen (Alaun) diend hauptsächlich zur Herstellung krapproter Töne mit Alizarinrot. — Entwicklung mit Kupfervitriol kommt hauptsächlich in der Stückfärberei in Betracht. — Entwicklung mit Eisenvitriol und Kupfervitriol wird zur Herstellung des sog. Kombinationsschwarz unter Anwendung von Säureschwarz und Blauholz in einem Bade benutzt.

2. Das Färben unter gleichzeitigem Zusatz von Chromsalzen; Chromat- oder Metachromverfahren. Bei diesem Verfahren werden geeignete Farbstoffe einbadig unter Zusatz von Metachrombeize gefärbt. Metachrombeize, ein Gemisch von Natriumchromat und Ammonsulfat, zersetzt sich während des Färbevorganges unter Entweichen von NH_3. Die dabei nach und nach freiwerdende H_2SO_4 bewirkt ein allmähliches Aufziehen des Farbstoffes, während die gleichzeitig freiwerdende Chromsäure den aufgezogenen Farbstoff chromiert.

Man verfährt im allgemeinen folgendermaßen:

Das 35—40° warme Bad wird mit 10% Glaubersalz und 3—8% der kochend gut gelösten Metachrombeize bestellt und sodann der kochend gut gelöste Farbstoff durch ein Sieb zu-

---

[1] Vgl. Seiferth: Lehnes Färber-Ztg. Bd. 18 (1907) S. 84, 98, 185. — Von Kapff: Lehnes Färber-Ztg. Bd. 18 (1907) S. 130; Bd. 19 (1908) S. 49, 69, 236. — Lengfeld: Lehnes Färber-Ztg. Bd. 18 (1907) S. 133. — Müller: Lehnes Färber-Ztg. Bd. 19 (1908) S. 142. — Kertess: Lehnes Färber-Ztg. Bd. 19 (1908) S. 213, 249; Bd. 20 (1909) S. 137. — Theiß: Lehnes Färber-Ztg. Bd. 19 (1908) S. 240. — Gavard: Lehnes Färber-Ztg. Bd. 19 (1908) S. 270.

[2] Vgl. Ratgeber für das Färben von Wolle usw. (1932), S. 62 der I. G. Farbenindustrie A.-G.

gesetzt. Man geht hierauf mit dem Färbegut ein, läßt 10 Minuten ohne Dampfzufuhr gehen, treibt innerhalb 1 Stunde zum Kochen und kocht 1½—2 Stunden.

Bei schwerziehenden Farbstoffen ist ein Zusatz von 2—3% Ammoniumazetat oder -sulfat zu empfehlen. Zusatz von ½% Leonil S oder 1—2% Leonil O in Lösung zum Färbebade befördert das Egalisieren; Zusatz von Protectol schützt die Wolle vor etwaigen Schädigungen durch das Chromsalzbad und begünstigt gleichfalls das Egalisieren.

3. Das Färben auf Vorbeize. Das Färben auf Vorbeize ist eins der ältesten Verfahren der Wollechtfärberei. Die Wolle wird zunächst „gebeizt", d.h. durch Erhitzen mit Lösungen geeigneter Metallsalze, meist Chrom- oder Aluminiumsalze[1] werden die betreffenden Metalloxyde auf der Faser niedergeschlagen, die dann beim Behandeln mit Farbstofflösungen einen unlöslichen Farblack bilden (vgl. S. 91ff). Als Beizen werden vorwiegend benutzt Chromkali oder Chromnatron für die Chrombeize, Alaun für die Tonerdebeize, in Verbindung mit Weinstein, Schwefelsäure, Milchsäure, Ameisensäure u. a.[2]. Als Farbstoffe benutzte man ursprünglich natürliche Farbstoffe (Blauholz u.a.), heute stehen aber eine Reihe synthetischer Farbstoffe, Alizarin- und Beizenfarbstoffe, zur Verfügung. Beizen mit Chromsalzen und Färben kann in zwei Bädern, bei weniger empfindlichen Waren auch in demselben Bade ausgeführt werden.

Im ersteren Falle verfährt man folgendermaßen:

Man beizt die Wolle mit einem Bade, das 3% Chromkali und 2,5% Weinstein bzw. 1,5% Schwefelsäure 96% oder 1,5% Chromkali, 3% Milchsäure und 1% Schwefelsäure 96% enthält, indem man bei 70% eingeht, zum Kochen treibt, 1½ Stunden kocht und spült. — Das Färbebad wird je nach dem Kalkgehalt mit 1—8% Essigsäure 30% bis zur sauren Reaktion korrigiert und der Farbstoff zugegeben. Dann geht man mit der gebeizten und gespülten Ware bei 30—40° ein, hantiert ½ Stunde, treibt in ¾—1 Stunde zum Kochen und kocht 1½ bis 2 Stunden, wobei man zum Erschöpfen des Bades nach und nach 2,5—7,5% Essigsäure zusetzt.

Beim Einbadverfahren benutzt man die Chromkali-Milchsäure-Schwefelsäure-Beize oder Chromkali-Ameisensäure-Beize, weil sie das angewandte Chromkali nahezu vollkommen auf der Faser fixieren.

Für Blauholzschwarz und andere Holzfarben wird häufig eine gemischte Chromkupferbeize gebraucht, indem mit etwa 2—3% Bichromat und 2—3% Kupfervitriol oder auch mit Bichromat und Kupfervitriol im Verhältnis von 2:3 gebeizt wird; Zusätze unterbleiben in der Regel; jedoch setzen manche Färber 1—2% Schwefelsäure oder auch etwas Oxalsäure oder Weinstein zu[3].

Das Verfahren des Färbens auf Vorbeize ist durch die einfacher zu färbenden Chromentwicklungsfarbstoffe und durch die Küpenfarbstoffe stark verdrängt worden.

Über die Bestimmung von geringen Mengen Chrom auf Wolle vgl. Cross und King[4].

e) Färben mit Küpenfarbstoffen.

Das Färben in der Küpe stellt eine der ältesten Methoden der Wollfärberei überhaupt dar. Die Küpenfarbstoffe lassen sich einteilen in indigoide Farb-

---

[1] Über Titanoxyd als Beize in der Färberei tierischer Fasern vgl. Barnes: Rev. gén. Mat. Col. Bd. (1896) S. 73. — Gavard: Lehnes Färber-Ztg. Bd. 20 (1909) S. 8. — Über verschiedene Metallsalzlösungen als Beizen vgl. auch Soc. d'Exploitation des Procédes Escaich: Franz. Pat. 571 195 (1923).

[2] Nach der Federal Phosphorus Co.: Amer. Pat. 1 675 459 (1924) soll Chromierung mit $Na_2Cr_2O_7$ unter Zusatz von Na-Pyrophosphat besonders lebhafte Färbungen liefern.

[3] Vgl. Knecht, Rawson und Loewenthal: Handbuch der Färberei der Spinnfasern, Berlin 1921. Bd. I S. 554.

[4] J. Soc. Dyers Col. Bd. 40 (1924) S. 357.

stoffe, die zum Färben tierischer und pflanzlicher Fasern geeignet sind, und in anthrachinoide Farbstoffe, die nur in Gegenwart stark alkalischer Mittel gut färbbar sind und daher nur für pflanzliche Faserstoffe in Frage kommen[1]. Die Echtheitseigenschaften der Küpenfärbungen sind im allgemeinen außerordentlich gut. Die Art des Färbens ist dabei ebenfalls von wesentlichem Einfluß. Nach Haller liefert die $FeSO_4$-NaOH-Küpe die gegen Belichtung widerstandsfähigsten Färbungen; sehr nahe steht ihr die Hydrosulfitküpe, während Zinkstaubküpen in dieser Hinsicht ungünstiger sind.

Wenn man von den alten Gärungsküpen, den Waid-, Soda- und Bastardküpen absieht, so wird heute mit Küpenfarbstoffen fast ausschließlich auf Hydrosulfitküpen gefärbt, weil die Hydrosulfitküpe leichter anzusetzen und zu führen und auch leistungsfähiger ist[2].

Die Hydrosulfitküpen enthalten Natronlauge in einer Menge, wie sie gerade zur Reduktion des Farbstoffes erforderlich ist; der Überschuß an Alkali wird in Form von Soda oder Ammoniak dargeboten[3]. Der Alkaligehalt der Küpe wird mit Phenolphthaleinlösung geprüft. Da man mit gutgenetzter Wolle in die Küpe eingeht, so ist die Anwendung von Netzölen nicht unbedingt erforderlich aber empfehlenswert. Man färbt am besten in einem Zug, nur bei Indigo in mehreren Zügen und bewirkt das Ausziehen der Küpen durch allmählichen Zusatz von Ammoniumsulfat oder -chlorid. Zur Musternahme quetscht man die Wollprobe, lüftet und dämpft oder entwickelt mit 3—5% Essigsäure bei 80° C während 10 Minuten. Die Nachbehandlung der Probe muß die gleiche sein wie die der zu färbenden Partie.

Lose Wolle wird auf Kufen mit Siebkorbeinsätzen oder in Apparaten, Kammzug in Bobinen, ebenfalls in Apparaten (Übergußapparate sind hierbei auszuschließen), Garn entweder in der Kufe oder im Rahmen, Stückware auf Hackmaschinen oder auf Kontinuebreitfärbemaschinen mit Quetschvorrichtungen und Oxydationsluft gefärbt.

Für Kombinationstöne verwendet man halogenierte Indigomarken, um ein gleichmäßiges Aufziehen der Farbstoffe zu erreichen. Die Temperatur der Küpen hält man je nach Charakter des Farbstoffes zwischen 50 und 65° C und färbt 20—45 Minuten. Karbonisiertes Material muß vor dem Färben völlig neutralisiert werden. Die Oxydation kann auch mit Wasserstoffsuperoxyd bei etwa 35° C (namentlich bei Bobinenfärberei) erfolgen, dann wird gespült und abgesäuert. Bei tiefen Farbtönen ist ein Ausschleudern der Bobinen nach der beendeten Farboperation unbedingt vorzunehmen.

Der Ansatz der Farbküpen auf offenen Gefäßen (mit Quetschvorrichtung) erfolgt in der Weise, daß im auf 50—55° C erwärmten Bade bei 70—100facher Flottenmenge vom Gewicht der Ware 3% gelöster Leim[4], dann 0,5—3% Ammoniak (für helle Färbungen benötigt man größere Alkalimengen als für tiefe Färbungen) und 2% Hydrosulfit konz. hinzugefügt werden. Man setzt die notwendige Menge Stammküpenlösung zu, rührt gut durch und überzeugt sich mit Phenolphthalein von der schwach alkalischen Reaktion. Hierauf kann die gut genetzte und geschleuderte Wolle eingebracht werden. Nach 20—30 Minuten Färbedauer wird die Wolle in Körben aufgefangen und einige Zeit stehen gelassen. Bei dunklen

---

[1] Vgl. auch N. Evans: J. Soc. Dyers Col. Bd. 38 (1922) S. 112.

[2] Über die Vorteile der Hydrosulfitküpe vgl. auch Farbwerke vorm. Meister Lucius & Brüning: Rev. gén. Teinture Bd. 4 (1926) S. 1449.

[3] Untersuchungen über die Alkalitätsverhältnisse in Küpen vgl. Kollmann: Melliand Textilber. Bd. 2 (1921) S. 379; Österr. Pat. 90 678 (1921).

[4] Vgl. Farbwerke vorm. Meister Lucius & Brüning: DRP. 411 007 (1923); Engl. Pat. 213 266 (1924).

Farbtönen wird die Oxydation in der Kälte ausgeführt, um sie langsamer zu gestalten. Wird auf einer alten Küpe weiter gearbeitet, so benötigt man im Durchschnitt 1% Hydrosulfit (konz. Pulver), 2% Ammoniak und bricht vom verwendeten Ansatz 1/10 des Farbstoffgewichtes ab. Zu Stammküpen benötigt man weiches Wasser, hingegen kann für Färbeküpen hartes Wasser dienen. Durch den Zusatz von Ammonsulfat ist ein Regulieren des Aufziehens bei verschiedener Härte des Wassers möglich[1].

Auch in der Küpenfärberei soll das kürzlich von der Imperial Chemical Industries Ltd. entwickelte Färbeverfahren Vorteile bringen[2].

Zusatz von höheren Alkoholen[3], Glukose, sowie von Schutzkolloiden, wie Zellstoffablauge[4] oder Leim soll das Färben von Küpenfarbstoffen günstig beeinflussen. Statt Leim können auch Karagheenmoos u. dgl., ferner die durch Kondensation von aromatischen oder hydroaromatischen Sulfosäuren mit organischen Haliden u. ä. erhältlichen, harzähnlichen Verbindungen [5], sowie leicht dissozierbare Ammonsalze (Kalle & Co.) der Küpe zugesetzt werden[6].

Leichter verteilbare Küpenfarbstoff-Teige werden durch Zusatz von Glyzerin[7] oder Na-Zelluloseglykolat[8] erhalten.

Zusatz moderner Netz- und Dispergiermittel, wie Gardinol, zur Küpe erleichtert die Auflösung des Farbstoffes und die gleichmäßige Durchdringung des Materials[9].

f) Indogosole.

Indigosole[10] lassen eine viel einfachere Färbemethode zu. Indigosole, die Leukoschwefelsäure-ester der dazugehörigen Küpenfarbstoffe, sind wasserlösliche Produkte, die aus wäßrigen Lösungen auf die Faser gebracht und durch Oxydationsmittel auf der Faser zu Färbungen von sehr guter Licht-, Wasch-, Walk- und Seewasserechtheit entwickelt werden.

Man färbt bei Indigosol O + OR unter Zusatz von 10% Glaubersalz kristallisiert (bei hellen oder mittleren Farbtönen), etwa 1% Rongalit (je nach Farbtiefe), 3—8% Essigsäure (30 proz.) oder 3—6% Ameisensäure (85 proz.), bei 40° C eingehend, ½ bis ¾ Stunde kochend aus. Das Färbebad wird mit 2% Schwefelsäure von 66° Bé (96%) während ¾ stundenlangem Kochen erschöpft. Durch Zulaufenlassen von frischem Wasser wird die Temperatur des Färbebades auf 25° C gebracht. — Das Entwicklungsbad beschickt man mit 7 g Schwefelsäure (66° Bé im L Flotte) und fügt bei dunklen Tönen zur Verbesserung der Reibechtheit 2—4 g Indigosolseife SP oder 3—4 g Cyclanon O pro l Flotte zu und läßt 10 Minuten kalt laufen. Dann wird je nach Tiefe der Färbung 0,3—2,7% $NaNO_2$ in verdünnter Lösung

---

[1] Über die Kontrolle von Hydrosulfitküpen vgl. Lauterbach: J. Soc. Dyers Col. Bd. 38 (1923) S. 308.

[2] Vgl. Rev. gén. Mat. Col. Bd. 40 (1937) S. 107. — Vgl. auch S. 87, 195.

[3] Vgl. auch Cassella & Co.: DRP. 321 119 (1915). — Schroers: Melliand Textilber. Bd. 2 (1921) S. 38.

[4] Über Verwendung von Protektol (Sulfidzelluloseablauge) in der Küpenfärberei siehe auch Melliand. Textilber. Bd. 2 (1921) S. 437.

[5] I. G. Farbenindustrie A.-G.: DRP. 457 802 (1923).

[6] Über den Einfluß verschiedener Zusätze zur Indigoküpe auf die gewonnenen Färbungen vgl. auch Haller: Melliand Textilber. Bd. 7 (1926) S. 541 612.

[7] Du Pont de Nemours: Amer. Pat. 1 979 248 (1930).

[8] Du Pont de Nemours: Amer. Pat. 1 979 469 (1931).

[9] Über Peregal O und OK als Egalisierungsmittel bei Küpenfärbungen vgl. Schöller: Melliand Textilber. Bd. 18 (1937) S. 234.

[10] Bader und Sunder: Chim. et Ind. Mai-Sondernummer (1924) S. 449 stellten zuerst Indigosole dar. — Vgl. auch Durand & Huguenin, DRP. 424 981 (1921); 431 250 und 433 146 (1928); Zusätze zu 418 487.

zugesetzt. Man behandelt während $^3/_4$—1 Stunde bei 25—50° C. Zum Schluß wird gründlich gespült und hierauf mit 2% Soda kalziniert im 1 kalt neutralisiert und fertig gespült.

Bei Indigosolgrün IB färbt man unter Zusatz von Hydrosulfitsoda und je nach der Tiefe des gewünschten Farbtons mit 10—20% Ammonsulfat bei 90—95° C, spült und entwickelt mit Natriumnitrit (wie oben angeführt).

Die übrigen Indigosol-Farbstoffe werden in Gegenwart von Essigsäure aufgefärbt und mit Rhodanammonium und Chromkali, später in Gegenwart von Schwefelsäure bei 85—90° C, entwickelt[1].

g) Naphthol AS und analoge Farbstoffe.

Die Naphthol AS-Farbstoffe, die heute namentlich den Baumwolldruck beherrschen, haben auch zum Färben der tierischen Fasern an Interesse gewonnen. Die ersten Mitteilungen hierüber verdankt man Rath[2], der nachwies, daß die Naphthol AS-Kombinationen auf animalischen Faserstoffen, ebenso wie auf Baumwolle, durch gute Echtheitseigenschaften ausgezeichnet sind, ja daß sie in der Lichtechtheit die Baumwollfärbungen übertreffen. Die Bedeutung dieser Farbstoffe für die Wollfärberei und Druckerei wurde seither durch zahlreiche Arbeiten bewiesen[3]. Die Alkalischädigung der Wolle läßt sich bei diesen Färbeprozessen auf ein Minimum beschränken[4, 5].

Die für Wolle bei der Färbung mit Naphthol AS-Farbstoffen empfohlenen Schutzmittel sind entweder Dispersionsmittel, die durch Sulfurierung von Wollfett erhalten werden, Seife oder andere organische Lösungs- oder Dispersionsmittel, wie Glyzerin, Türkischrotöl, Alkohol, Azeton und Pyridin. In den erstgenannten Patenten will man durch die Einführung einer Sulfogruppe in den Phenylkern oder durch Herstellung von Sulfamiden[6], endlich durch Synthese der einheitlichen 2-Oxy-3-naphtholsäurearylid-1-monosulfosäure[7] die nötige Wasserlöslichkeit der Präparation erreichen, wodurch allerdings die Wasserechtheit der Farbstoffe berührt wird. Die I. G. Farbenindustrie A.-G. verwendet reines getrocknetes Natriumsalz des Naphthol AS und vermeidet einen Überschuß an Alkali dadurch, daß sie die Lösung von Naphthol AS direkt zum Färben benützt[8]; durch Anwendung eines schwach-alkalisch reagierenden Kolloids (Natronstärke) wird der hydrolytische Zerfall des Naphtholates verhindert und eine klare Lösung erhalten.

Nach Wahl[9] kann die Tobiassäure (2-Naphthol-1-sulfosäure) mit Ameisensäure auf Wolle wie gewöhnlich aufgefärbt und dann mit Diazo-p-nitranilin gekuppelt werden. Das Paranitranilin wird dabei unter Abspaltung der Sulfonsäuregruppe gebunden. Man hat somit ein Mittel, um ein etwas modifiziertes β-Naphthol wie bei der gewöhnlichen Säurefärberei auf Wolle aufzubringen. Mit Naphthol-AS-1-sulfosäure der I. G. Farbenindustrie A.-G. läßt sich der Prozeß in gleicher Weise durchführen. Kuppelt man mit Variaminblaubase unter gelindem Erwärmen, so erhält man tiefblauschwarze Töne. Einen anderen Weg hat

---

[1] Nähere Angaben siehe Ratgeber für das Färben von Wolle usw. (1932) S. 116 u. ff. der I. G. Farbenindustrie A.-G.

[2] Rath, J.: Melliand. Textilber. Bd. 9 (1928) S. 585.

[3] Über den neuesten Stand des Färbens von Naphthol auf Wolle und Mischfasern vgl. Kirst, Melliand. Textilber. Bd. 18 (1937) S. 739.

[4] Engl. Pat. 307 777 (1927); 325 563 (1928).

[5] British Dyestuff Corp. Engl. Pat. 281 795 (1926); Leitch & Co., Ltd., Everest und Wallwork: Engl. Pat. 283 838 (1926).

[6] Engl. Pat. 281 795 (1926). [7] DRP. 482 944 (1925).

[8] Engl. Pat. 325 563 (1928).

[9] Wahl: Rev. gén. Mat. Col. Bd. 36 (1932) S. 201; Referat in Wool Rec. Textile Wld. Bd. 41 (1932) S. 1417, 1423.

schon vor längerer Zeit die B.A.S.F. eingeschlagen[1], indem sie die Wolle mit Monooxyverbindungen (mit Ausnahme von α- und β-Naphthol), Polyoxyverbindungen, Amino- oder Aminooxyverbindungen färbt und hierauf mit Diazoverbindungen auf der Faser entwickelt. Das Verfahren, ein Vorläufer der AS-Farbstoffe, eignet sich auch zum Färben von Halbwolle und gestattet eine Nachbehandlung der Färbung.

Auf weitere Patente betreffend das Ausgangsmaterial oder die Herstellung derartiger Farbstoffe kann hier nicht eingegangen werden[2].

Der Nuancenumschlag einiger Naphthol AS-Kombinationen bei Einwirkung feuchter und trockener Hitze beruht nach Scholl[3] auf Sublimation des Farblackes und Teilchenverkleinerung. — Über Nachweis von Naphthol AS und analogen Verbindungen vgl. Rowe und Levin[4].

h) Verschiedene andere Färbemethoden.

Färbemethoden, die von den üblichen abweichen, sind mehrfach versucht worden.

Nach Rozelle[5] wird der Farbstoff kalt mit einer Bürste auf das Gewebe aufgebracht. Nach dem Trocknen wird das Gewebe in eine Presse gegeben und dort zwischen je zwei Stücke ein feuchter poröser Stoff gelegt. Die Presse wird dann mittels einer Schraubenspindel angezogen und das ganze in einem geschlossenen Behälter mit Dampf unter Druck erwärmt; dabei durchdringt der Farbstoff das Gewebe[5].

Farbstoffe können auch in Eisessig, Chloressigsäure, Glykolsäure, Milchsäure u. dgl. gelöst zum Färben von Wolle in der Kälte benutzt werden. Für Druckzwecke setzt man ein Verdickungsmittel zu[6].

Das Scholz-Verfahren[7], das Fixieren eines Farbstoffs im heißen Ölbad, wird als wenig wertvoll bezeichnet.

Sansone[8] versucht, Bleichen und Färben in einem Bade auszuführen. Er beschickt zu diesem Zwecke das Bad z.B. mit Hydrosulfit, Essigsäure (Ameisensäure oder Schwefelsäure) und einem Farbstoff, der von Hydrosulfit nicht reduziert wird, und arbeitet in geschlossenen Färbeapparaten.

Das Färben im Schaum (Schaumfärbesystem) wurde von Wanke in Zwickau erfunden. Es besteht darin, daß das Färbegut nur in den Schaum gebracht wird, der die Ware überraschend gleichmäßig durchdringt, so daß auch Kopse nach diesem System gefärbt werden können. Anfangs erreichte man die Schaumbildung nur in seifenhaltigen Bädern; man war daher auf das Färben im Schaum bei Kochtemperatur mit gut egalisierenden Farbstoffen beschränkt, wobei einzig und allein pflanzliche Faserstoffe, besonders Baumwolle, in Betracht kamen. Mit einer ganzen Reihe der in letzter Zeit in den Handel gebrachter Schaumbildner ist man jedoch imstande, auch andere Fasermaterialien in dieser Art zu färben. Der Vorteil der Methode[9] liegt in der Billigkeit, ihre Anwendbarkeit ist jedoch beschränkt.

---

[1] Badische Anilin- & Sodafabrik: Franz. Pat. 601 430 (1925).

[2] Vgl. auch Rath: J. Soc. Dyers Col. Bd. 39 (1923) S. 334. — Lederer: Melliand. Textilber. Bd. 12 (1931) S. 112. — Kayser: Amer. Dyestuff Rep. Bd. 15 (1926) S. 638. — Clark und Borho: Amer. Dyestuff Rep. Bd. 15 (1926) S. 311.

[3] Melliand Textilber. Bd. 9 (1928) S. 1002.

[4] J. Soc. Dyers Col. Bd. 40 (1924) S. 218.

[5] Rozelle: Amer. Pat. 1 519 143 (1922).

[6] J. R. Geigy A.-G.: Engl. Pat. 183 813 (1922). — J. R. Geigy A.-G. und Lüttin: Engl. Pat. 205 166 (1922). Vgl. auch DRP. 371 597 (1921) und Zusatz 386 032 (1922); F. P. 551 504 (1922).

[7] Scholz: Melliand Textilber. Bd. 8 (1927) S. 75.

[8] Textile Col. Bd. 55 (1933) S. 311.

[9] Vgl. auch Eigenbertz: Rev. gén. Mat. Col. Bd. 30 (1926) S. 181.

Vidal[1] beschreibt ein Verfahren zum Färben von Wolle, das auch für Halbwolle Verwendung finden kann. Man beizt Wolle mit $K_2Cr_2O_7$ mit oder ohne Zusatz von H_2SO_4 und NaCl; nach dem Ausquetschen geht man in ein etwa 40° warmes Bad, das Metaphenylendiamin, Na_2CO_3, Seife und Rizinusöl enthält. Man gewinnt walk-, licht-, reib- und waschechte Färbungen. Bringt man die mit Chrom gebeizte Wolle in ein Bad, bestehend aus Anilin, m-Phenylendiamin und HNO_3, so erhält man echte schwarze Färbungen. Die Färbung entwickelt sich direkt auf dem Gewebe; eine nachträgliche Oxydation ist nicht erforderlich. Da die m-Diamine in den Monoaminen löslich sind, so kann man fertige Lösungen von m-Phenylendiamin in Anilin zum Färben der chromgebeizten Fasern benutzen.

Nach Temminck Groll[2] kann man Färbungen auf Wolle mit Hilfe der Reaktion von Sakaguchi auf Arginin [0,1 g α-Naphthol in 100 cm³ NaOH-Lösung (0,5%) gelöst, dazu wenige Tropfen NaOCl-Lösung $\rightarrow$ Rotfärbung] erzeugen. Die Reaktion tritt wegen des Vorkommens von Argininggruppen im Keratinmolekül auch bei Wolle ein. Die zu färbende Wolle wird in Wasser gelegt, ausgepreßt, feucht in eine Lösung von 10—50 mg α-Naphthol in 10 cm³ NaOH-Lösung (1%) gebracht, darin 5 Minuten geknetet, dann mit verdünnter NaOCl-Lösung (1 + 4) behandelt, in fließendem Wasser gespült und getrocknet. β-Naphthol und Thymol geben Orange, Phenol und Resorcin nicht sehr sprechende Farben.

Rudas[3] färbt faseriges Material mit Hilfe des elektrischen Stromes. Die Färbevorrichtung besteht aus der Kathode, gleichzeitig Gefäßwand, dem Diaphragma und der Anode. Die Säuren bzw. Basen, die sich im Kathodenraum ansammeln, werden durch strömende, indifferente Flüssigkeiten (Wasser) entfernt.

Plauson[4] bringt eine kolloide Lösung von Farbpigmenten auf das Gewebe.

Gentner[5] färbt Gewebe durch Einreiben mit einem Beutel, der die Farbstoffe als feines kolloidales Pulver enthält. Das Gewebe des Beutels ist so dicht, daß es nur die feinsten Farbstoffteilchen durchläßt.

4. Herstellung besonderer Effekte.

Die Herstellung mehrfarbiger Effekte, das Färben von Schatten, Flammen[6], die Rayéfärberei, werden in verschiedenster Form vorgenommen. Das Färben von Schatten wird auch auf Wollgarn ausgeführt, in den meisten Fällen in Strangform, wobei die gleichmäßig aufgestockten Garne allmählich in die Farbstofflösungen eingetaucht werden und eine Bewegung der Stränge durch Umziehen vermieden wird. Man kann derartige Effekte entweder von Hell nach Dunkel oder von Dunkel nach Hell herstellen. Manchmal werden Kufen mit Gestellen verwendet, die man stufenweise hebt. Man benutzt meist saure Wollfarbstoffe. Wenn Garnstränge stabil bleiben sollen, so kann man durch Ablassen der Flotte (ebenfalls stufenweise) denselben Zweck erreichen. Zum Schluß müssen die Garne gespült, geschleudert und getrocknet werden. Derselbe Effekt wird auch durch allmähliches Verdünnen der Flotte erzielt. Will man eine Abgrenzung der einzelnen Stufen erreichen — (Ringelgarne, Jaspures) — so unterbindet man die ganzen Stränge oder sucht denselben Effekt durch zusammenschraubbare Zwingen zu erhalten. Eine Modifikation dieses Systems stellt das Aufziehenlassen von Farblösungen mittels Dochte dar[7]. Man kann

---

[1] Franz. Pat. 566 407 (1922). [2] Pharmac. Weekbl. Bd. 69 (1932) S. 1132.
[3] Ung. Pat. 95 434 (1927). [4] Engl. Pat. 211 178 (1922). [5] Engl. Pat. 212 804 (1923).
[6] Z. ges. Textil-Ind. Bd. 29 (1926) S. 500; Wool Rec. Textile Wld. Bd. 41 (1932) S. 361, 415. — Skipton: Dyer Calico Printer Bd. 67 (1932) S. 519, 571, 624, 679; Bd. 68 (1932) S. 20, 83, 155. — Hoffmann: Z. ges. Textil-Ind. Bd. 33 (1930) S. 424.
[7] Vgl. Paillot: Franz. Pat. 570 812 (1923).

auch Garne mit einem Überschuß an Farbstoff färben, diese nach dem Verweben mit ungefärbten oder schwach gefärbten Garnen mischen und das Gewebe dann anfeuchten und beizen[1].

Schwefelfarben, so genannt, weil nach dem Färben noch in der Kammer geschwefelt wird, finden für zarte Färbungen auf Phantasiegarnen, Zephirgarnen u. dgl. Verwendung. Basische Farbstoffe, für die zartesten Töne, werden hierbei im Seifenbade gefärbt. Wenn das Arbeiten in der Schwefelkammer nicht angängig ist, können Färben und Bleichen auch im Natriumbisulfitbade vorgenommen werden. Die erzielten Nuancen sind aber weniger rein als die im Seifenbade gefärbten und in der Kammer geschwefelten, und der Griff der Ware ist schlechter[2].

5. Das Färben einiger besonderer Arten von Waren.

Für das **Färben von Uniformtuchen (staatlichen Lieferungstuchen),** die hohen Ansprüchen an die gesamten Echtheitseigenschaften genügen müssen, sind teils Küpenfarben, teils Chrom- bzw. „Alizarinfarben" vorgeschrieben oder auch beide Gruppen von Farbstoffen zugelassen. Die Frage, ob der Chromfärberei oder der Küpenfärberei mit Rücksicht auf die Tragfähigkeit den Vorzug verdiene, ist oft und eingehend untersucht worden (vgl. S. 92, 101, 104, 193). Die Methoden in den Militärfärbereien haben sich im Laufe der Zeit erheblich geändert; anfangs benutzte man Indigo mit Holzfarben.

Über das **Färben von Hüten** vgl. z.B. Forster[3], Nikolai[4], Richter[5], sowie die Ratgeber der Farbenfabriken.

Das **Färben von Teppichgarnen**[6] stellt besondere Anforderungen an Licht-, Wasser- und Waschechtheit, sowie an das Egalisierungsvermögen der verwendeten Farbstoffe. Es finden heute hauptsächlich Chromfarbstoffe nach dem Einbadverfahren, wie Alizarinfarbstoffe, Verwendung.

Das Färben von Badeanzügen und anderen seewasserechten Erzeugnissen erfordert seewasserechte und gleichzeitig auch lichtechte Farbstoffe. Für die lebhaften Färbungen sind im allgemeinen die Säurefarbstoffe üblich, für helle bis mitteltiefe Färbungen die Palatinechtfarbstoffe, für mittlere bis dunkle Modetöne, Marineblau, Schwarz usw. kommen die Sulfozyanin-Blaumarken, Sulfozyaninschwarz, Palatinechtschwarz, Metachromfarbstoffe, Nachchromierungsfarbstoffe, sowie die Indigosole, Helindone und Indigo-Marken in Betracht[7].

Das Färben von Reißwolle. Vor dem Färben von Reißwolle muß im allgemeinen die vorher vorhandene Färbung mit alkalischen Lösungen, Chromkali und Schwefelsäure, Decrolin, Hydrosulfit u. dgl. abgezogen werden. Manchmal läßt sich durch Sortierung des Materials nach Farben und Nuancen das Abziehen ersparen. Das Färben von Reißwolle erfolgt grundsätzlich in derselben Weise wie das Färben neuer Wolle. Zu beachten ist jedoch, daß die färberischen Eigenschaften der Wolle durch Einflüsse während des Gebrauchs, z.B. durch Licht und Bewetterung, in gewissem Grade verändert sein können und daß das durch Gebrauch und Aufarbeitung bereits angegriffene Material möglichst schonende Behandlung bei den Färbeoperationen verlangt. Ferner läßt sich bei Kunstwollfärbungen nicht immer denselben hohen Echtheitsansprüchen, besonders hin-

[1] Eltsac Coloring Process Corp.: Amer. Pat. 1 518 585 (1923).
[2] Vgl. auch I. G. Farbenindustrie A.-G.: Ratgeber für das Färben ven Wolle usw. (1932) S. 55. — Ges. f. chem. Industrie in Basel: Wollfärberei (1930) S. 43.
[3] J. Soc. Dyers Col. Bd. 51 (1935) S. 357. [4] Melliand Textilber. Bd. 16 (1935) S. 799.
[5] Klepzigs Textil-Z. Bd. 40 (1937) S. 189.
[6] Vgl. auch Walsh: Amer. Dyestuff Rep. Bd. 31 (1930) S. 186. — Voigt: Z. ges. Textil-Ind. Bd. 31 (1928) S. 640.
[7] Vgl. auch Rudolph: Z. ges. Textil-Ind. Bd. 39 (1936) S. 517. — Jackel: Melliand Textilber. Bd. 17 (1936) S. 49, 63. — Jaeck, Melliand Textilber. Bd. 17 (1936) S. 54.

sichtlich der Licht- und Walkechtheit, genügen als bei neuer Wolle, da Reste der ursprünglichen Färbung einen ungünstigen Einfluß auf die Echtheit ausüben. Zum Echtfärben von Kunstwolle benutzt man vorwiegend Chromierungsfarbstoffe; vorteilhaft ist die Verwendung von Helindonfarbstoffen. Die zunehmende Verbreitung der Beimischung von Zellwolle in wollenen Bekleidungsstoffen stellt die Kunstwollfärberei vor die Aufgabe des Färbens von Wolle-Zellwollgemischen; denn die Entfernung der Zellwolle durch Karbonisation würde mit zu hohen Verlusten verbunden sein. Das Färben solcher Lumpen ist somit nach den bei Halbwolle üblichen Verfahren auszuführen (vgl. S. 210).

6. Fehler in gefärbten Wollwaren.

Fehler in gefärbter Ware können durch Verunreinigungen und durch physikalische und chemische Veränderungen der Fasern entstanden sein[1]. Die Härte des Wassers, besonders dessen Eisengehalt, ist zu beachten. Wenn auch unter Zuhilfenahme von Dispergiermitteln selbst harte Wässer Verwendung finden können, so sind weiche Wässer stets vorzuziehen[2].

Die Wolle selbst kann Ursache einer unegalen Färbung der Garne sein, so bei Verarbeitung kranker Wollen, bei zu stark alkalischer Wäsche, beim Dämpfen, namentlich bei hoher Temperatur, durch Mischen verschiedener Spinnpartien, endlich durch Überhitzen beim Trocknen[3]. Endlich können Fehler durch ungenügendes Auswaschen und zurückgebliebene Reste von Ölen verursacht werden; letztere können meist durch Behandlung mit Alkali (NH_3) und organischen Lösungsmitteln entfernt werden[4]. Bei Stükware häufen sich die Möglichkeiten für die Entstehung von Fehlern, da die Stükware eine Vorappretur durchzumachen hat[5].

Die Wäsche kann durch eine falsche Auswahl der Waschmittel Fehler hervorrufen, die erst beim bzw. nach dem Färben zur Geltung kommen, wie das Nichtausbringen der Verunreinigungen, Alkalirückstände, Waschfalten, Waschschwillen. Beim Karbonisieren können durch zu hohe Säuremengen, durch falsches Brennen und Neutralisieren, Fehler entstehen, ebenso beim Noppenfärben, beim Bleichen der Ware, gleichgültig ob dies mit Reduktions- oder Oxydationsmitteln vorgenommen wurde. Das Walken, Brennen bzw. Kochen, endlich die Voroperationen vor dem Färben, können Ursache von Fehlern sein, die erst nach dem Färben in Erscheinung treten[6]. Zu all diesen Fehlern kann dann noch die falsche Auswahl der Wolle bzw. Kunstwolle hinzukommen. In der Färberei mit sauren Farbstoffen können Fehler durch nicht richtiges Lösen der Farbstoffe, durch zu hohe Säuremengen, durch zu rasches Steigern der Temperatur der Flotte, durch ungenügende Bewegung des Fasergutes oder bei mechanischen Apparaten der Flotte (des Färbebades) entstehen[7]. Wollstückware ist besonders vorsichtig zu behandeln, vor allem ist bei Strangfärbemaschinen für steten Wechsel der sich bildenden Strangfalten zu sorgen. Beim Beizen und Färben ist die Ware vor ungleicher Belichtung oder vor Belichtung überhaupt zu bewahren.

---

[1] Vgl. auch Jovanovits: Melliand Textilber. Bd. 6 (1925) S. 831.

[2] White, N. D.: Textile Col. Bd. 52 (1930) S. 452.

[3] Lassé: Melliand. Textilber. Bd. 8 (1927) S. 951.

[4] Wallace: Textile Col. Bd. 53 (1931) S. 26 u. 191; Dyer Calico Printer Bd. 65 (1931) S. 199.

[5] Lloyd, L. L.: Wool Rec. Textile Wld. Bd. 41 (1932) S. 249, 305, 1197, 1202; J. Textile Inst. Bd. 23 (1932) S. 97 P.; Dyer Calico Printer Bd. 67 (1932) S. 577; Amer. Dyestuff Rep. Bd. 21 (1932) S. 461; vgl. auch Ernst: Leipzig. Mschr. Textil-Ind. Bd. 45 (1930) S. 166.

[6] Hirst: J. Soc. Dyers Col. Bd. 44 (1928) S. 163.

[7] Pierce: Amer. Dyestuff Rep. Bd. 20 (1931) S. 305. — Richard: Z. ges. Textil-Ind. Bd. 24 (1921) S. 349. Vgl. auch L. L. Lloyd: l. c. 5.

Unegale Anfärbungen können ihre Ursache in ungleich schnellem Aufziehen der einzelnen Farbstoffe oder in unsachgemäßer Zugabe von Säure und Salz haben, streifige Färbungen können von schlecht gereinigtem oder zu lange feucht gelagertem Material herrühren; ferner können Flecken verschiedenster Art, wie Ölflecke, Schmieren von der Maschine oder Flecke von schlecht gelöstem Farbstoff auftreten[1].

Webfehler können den Ausfall von Färbungen beträchtlich beeinflussen[2]. Wolkige Färbungen können bei Wollstückware durch Fehler in der Vorappretur, durch schlechte Rohware, durch ungleiche Einwirkung von Sonnenstrahlen auf die lagernde Ware oder durch zu langes Lagern verursacht werden[3], desgleichen durch zu rasche Steigerung der Temperatur beim Färben oder durch falsche Wahl der Farbstoffe. Die Härte des Wassers spielt hierbei eine Rolle. Durch Zugabe geeigneter Dispergiermittel, wie Tetrakarnit und ähnlicher Stoffe, kann der Übelstand zum Teil oder ganz behoben werden[4].

7. Echtheit von Wollfärbungen[5].

In den meisten Fällen kann man bei richtiger Wahl des Farbstoffes den Echtheitsansprüchen bei Wolle besonders leicht genügen.

Gegen Trockendekatur sind die meisten Wollfarbstoffe genügend echt, obwohl eine Dekatur vor dem Färben erwünscht wäre. Wollfarbige Waren sollen fett- und alkalifrei sein und keine Alkalireste von den Voroperationen enthalten; man säuert sie vor der Appretur schwach ab. Küpenfarbstoffe erleiden eine merkliche Änderung, die beim Abmustern in Rechnung zu stellen ist. Bis zu einem Überdruck von einer halben Atmosphäre sind manche Farbstoffe genügend dekaturecht; nicht genügend echt sind Nitrosofarbstoffe, z. B. Naphtholgrün B, Oxydiamingelb TZ, Siriusgrau G und die gelb anfärbenden basischen Farbstoffe. Von den roten Farbstoffen ist Irisamin G nicht zu empfehlen; von den Chromentwicklungsfarbstoffen sind einige nur bei $\frac{1}{2}$ Atmosphärenüberdruck verwendbar. Metachromfarbstoffe sind bis auf das Sulfonzyanin ziemlich echt. Bei Beizenfarbstoffen ist die Echtheit befriedigend, wenn sie noch etwas nachchromiert werden. Indigosole entsprechen meist den Anforderungen, Küpenfarbstoffe müssen mit Rücksicht auf ihre Farbänderung bei der Dekatur im Farbton eingestellt werden.

Die Naßdekatur (Pottingprozeß) überstehen nur wenige der Farbstoffe gut. Man wird daher die Temperaturen zwischen 75 bis höchstens 90° C halten und bei manchen Farbstoffen, namentlich wenn die Ware weiße Wolle enthält, noch unter diesen Temperaturen bleiben. Auch hier ist ein Absäuern nach den Vorappreturprozessen zu empfehlen, um Alkalireste auszuschließen. Auf Chrombeize gefärbte Waren bedürfen einer Nachchromierung.

Karbonisierecht sind die meisten Farbstoffe, vorausgesetzt, daß die Säuremenge nicht über $2\frac{1}{2}$% vom Wollgewicht bei Verwendung eines Dispergiermittels,

[1] Vgl. White: Textile Col. Bd. 53 (1931) S. 235. — Hirst: J. Soc. Dyers Col. Bd. 47 (1931) S. 347; Bd. 53 (1937) S. 45.

[2] Rice: Textile Col. Bd. 52 (1930) S. 379.

[3] Z. ges. Textile-Ind. Bd. 35 (1932) S. 421.

[4] Vgl. Rice: Dyer Calico Printer Bd. 63 (1930) S. 395; ferner Atkinson: Cana. Text. J. Bd. 50 Nr. 4 (1933) S. 23.

[5] Vgl. die von der deutschen „Echtheitskommission" niedergelegten Verfahren, Normen und Typen für die Prüfung und Beurteilung der Echtheitseigenschaften von Färbungen. Berlin: Verlag Chemie 1935. — Über die englische Methode vgl. Report of the Soc. of Dyers and Colourists on the Fastness Committee in Fixing Standards for Light, Perspiration and Washing, 1934.

wie Leonil SBS Teig hochkonz., gesteigert wurde. Alkalirückstände vom Neutralisieren bei karbonisierter Ware dürfen nicht darin verbleiben.

Die Walkechtheit der Farbstoffe bzw. der damit hergestellten Färbungen, ist von der Natur des Farbstoffs, der Färbemethode und namentlich von der Art der Durchführung der Walke abhängig. Gewöhnlich unterscheidet man zwischen leichter Walke mit neutraler Seife, mittelschwerer Walke, wobei namentlich das Liegenlassen der gewalkten Ware, evtl. in ungespültem Zustand, ein Ausbluten bedingen kann. Eine schwere Walke hat meist eine mehr oder weniger große Einbuße an Farbtiefe und auch ein Ausbluten an weiße Wolle oder Baumwolle zur Folge. Die leichte Walke kommt namentlich bei Damenstoffen, Decken, Filzen, Flanellen, die mittlere und schwere bei Tuchen in Frage. Es empfiehlt sich, durch Handproben der gefärbten Ware sich davon zu überzeugen, ob die Färbungen den gestellten Ansprüchen an Walkechtheit genügen. Als Grundlage für die Auswahl der Farbstoffe dienen die von den Farbwerken ausgegebenen Echtheitstabellen. Einzelne Farbstoffgruppen, z.B. Säurefarbstoffe, sind nur für leichte und mittlere Walke brauchbar. Ein Zusatz von Chromalaun bis zu 10% beim Färben kann die Walkechtheit in manchen Fällen günstiger gestalten. Ein längeres Liegenlassen der gewalkten, auch der fertig gewaschenen Ware muß bei einzelnen Farbstoffgruppen vermieden werden. Substantive Farbstoffe genügen manchmal bei leichter Walke vollkommen. Auch lassen sich manche durch Nachbehandlung mit Chromsalzen in der Echtheit wesentlich verbessern. Resorzinfarbstoffe und Rhodamine sind bei leichter Walke brauchbar. Die eigentlichen walkechten Farbstoffe sind jene, die auf Chromvorbeize und Nachbehandlung mit Chromsalzen hergestellt werden, die Küpenfarbstoffe und Indigosole. — Die saure Walke vertragen die meisten Wollfarbstoffe; nur einzelne, wie Naphtholgelb S, Azogelb, Azoflavin, Amidonaphtholrot usw., verlieren etwas an Farbtiefe, ohne im Farbton geändert zu werden. Die Blutechtheit gegen weiße Wolle ist bei manchen Farbstoffen keine absolute. Auf Chromvorbeize fixierte Beizenfarbstoffe bedürfen einer schwachen Nachbehandlung mit Kaliumbichromat.

Echtheit in der Bleiche. Beim Schwefeln in der Schwefelkammer besteht die Gefahr, daß bei Bunterzeugnissen weiße Wolle oder Naturseide schwach angefärbt werden. Das Verhalten der einzelnen Farbstoffe gegenüber der Einwirkung schwefliger Säure ist aus den Ratgebern der Firmen zu ersehen. Chromentwicklungsfarbstoffe sind nachzubehandeln. — Gegen Oxydationsbleichen (z. B. mit Wasserstoffsuperoxyd) sind die meisten Farbstoffe beständig; bei einigen und zwar hauptsächlich bei substantiven Farbstoffen tritt ein Anbluten mitverwebter weißer Wolle oder Naturseide ein.

Färbungen, die zwecks Herstellung eines Seidengriffs das Chloren auszuhalten haben, müssen chlorecht sein und sich ferner durch eine gute Waschechtheit auszeichnen, besonders wenn nach der Seifenpassage abgesäuert wird oder wenn die Behandlungsweise mit Ätznatron- und Chlorkalklösungen wiederholt zur Anwendung kommt oder wenn sie eine sog. Teppichwäsche auszuhalten haben.

Alkaliechtheit. Alkaliecht sind viele Säure-, substantive, basische und Chrom- bzw. Beizenfarbstoffe, gleichgültig, nach welcher Methode die letzteren fixiert wurden. Noch besser als bei den Chromfärbungen ist die Alkaliechtheit bei Küpenfärbungen.

Überfärbeecht sind alle säurekochechten Farbstoffe, doch erleiden auch diese oft im Farbton eine wesentliche Veränderung. Es empfiehlt sich, an Stelle von Schwefelsäure eine schwächere Säure, z.B. Ameisensäure oder Essigsäure, zu verwenden und das Überfärben in möglichst kurzer Zeit auszuführen. Beizenfarbstoffe auf Chromvorbeize müssen etwas nachchromiert werden. Indigosole sind überfärbeecht, werden aber im Farbton etwas reiner.

Durch Hydrosulfitpräparate (Decrolin AZA) werden manche Wollfarbstoffe vollkommen und bleibend zerstört, andere kehren beim Liegenlassen größtenteils zum ursprünglichen Farbton zurück. Patentblau- oder Säurevioletts können nach dem Abziehen durch Behandlung in einem lauwarmen Sodabad weitgehend von der Faser entfernt werden. Manche Farbstoffe werden nach der Behandlung mit Hydrosulfitpräparaten zwar heller aber nicht zerstört. Endlich gibt es auch Wollfarbstoffe, die nur wenig oder nicht verändert werden.

Als bügelecht sind die meisten Wollfarbstoffe zu bezeichnen; die damit hergestellten Färbungen werden meist sehr wenig verändert.

Die Reibechtheit der mit Wollfarbstoffen hergestellten Färbungen hängt nicht allein von der chemischen Natur der Farbstoffe, sondern auch von der Färbemethode, der Reinheit des Färbegutes und der Vorappretur der Ware ab. Die die Reibunechtheit bedingenden Kalkseifen können durch moderne Waschmittel, wie Igepon, Gardinol u. a. m. vermieden werden. Bezüglich der Reibechtheit erweisen sich die meisten Säure- und Chromentwicklungsfarbstoffe als sehr gut. Mit Supranolfarbstoffen (Supranolbrillantrot B und Supranolorange GG ausgenommen) wird unter Zusatz von Dispergiermitteln, z. B. Intrasol (2—4%), gefärbt. Gleiche oder ähnliche Eigenschaften haben die Eriosolidfarbstoffe (Gy), Xylenechtfarbstoffe (S), Fullazidfarbstoffe (Ciba). Substantive Farbstoffe geben wenig reibechte Färbungen, wenn sie im sauren Bade gefärbt werden. Basische Farbstoffe, Alizarin- und Beizenfarbstoffe liefern weniger reibechte Färbungen; eine Wäsche mit Igepon A oder Gardinol usw. verbessert aber die Reibechtheit merklich. Bei Küpenfarbstoffen und Indigosolen ist zwar die Reibechtheit etwas geringer als bei Chromfärbungen, genügt aber den praktischen Anforderungen.

Die Waschechtheit und Wasserechtheit. Die Waschechtheit und Wasserechtheit hängt nicht nur von der Natur des Farbstoffes, sondern auch von der Art des Färbens und der Dauer der Nachbehandlung ab. Die Waschechtheit und Wasserechtheit von Wollfärbungen ist namentlich im Hinblick auf das Anbluten mitverwendeter weißer Wolle und anderer Faserstoffe von Bedeutung. Als obere Grenze wendet man meist eine Wäsche bei 50° C mit neutraler Seife an. Die American Association of Textile Chemists and Colorists hat eine Liste von Standards für die Waschechtheit von Wolle aufgestellt[1]. Trotman[2] erhält Zahlen-Werte für die Waschechtheit, indem er die unter festgelegten Bedingungen hergestellte Färbung unter festgelegten Bedingungen auf Waschechtheit prüft, die Seifenlösung in das Bad zurückdrückt, die Probe mit heißem destilliertem Wasser auswäscht, Seifenlösung und Waschwasser nach dem Abkühlen auf ein bestimmtes Volumen auffüllt und ihre Färbung mit denjenigen einer Lösung, die die gleiche Menge Seife und bekannte Mengen des Farbstoffs enthält, vergleicht. — Die Wasserechtheit der meisten Säurefarbstoffe kann durch halbstündige Nachbehandlung mit 500 g Tannin/1000 l Wasser bei 30° C, Ausschleudern und Trocknen, ohne zu spülen, verbessert werden. Das Ausbluten gegenüber weißer Wolle oder Baumwolle ist durch kleine Vorproben vor der Verwendung der Farbstoffe zu kontrollieren.

Die Forderung des Nichtanfärbens mitverwendeter weißer oder gefärbter

---

[1] Klasse 1: 2% Eriochromazurol BX, mit $C_2H_4O_2$ gefärbt und mit 1,5% $K_2Cr_2O_7$ nachchromiert. Klasse 2: 1% Brillantwalkblau B, mit $C_2H_4O_2$ und H_2SO_4 gefärbt. Klasse 3: 1% Patentblau A, wie oben gefärbt. Klasse 4: 1% Alizarinhimmelblau B, ebenso gefärbt (Amer. Dyestuff Rep. Bd. 22 (1933) S. 275). Über die deutschen und englischen Normen vgl. l. c. S. 206.

[2] J. Soc. Dyers Col. Bd. 43 (1927) S. 192.

Faserstoffe kommt namentlich bei der Seewasserechtheit von Färbungen auf Wolle in Betracht. Auch hier ist für Farbstoffe auf Chromvorbeize ein Nachchromieren zweckmäßig. Seewasserechte Färbungen werden eigentlich nur mit Indigo, Indigosolen, Helindon- oder Chromierfarbstoffen erreicht. Säurefarbstoffe können in manchen Fällen, namentlich in bezug auf das Ausbluten in Wolle und Baumwolle, je nach Art der Wäsche, den Anforderungen nicht ganz entsprechen.

Lichtechtheit. Gut lichtecht sind eine Reihe von Säurefarbstoffen, substantiven Farbstoffen, Palatinechtfarbstoffen, Chromfarbstoffen, Küpenfarbstoffen. Bei manchen Farbstoffen spielt auch die Art der Beize oder Fixierung eine Rolle. In den verschiedenen Ländern sind schon seit längerer Zeit Bestrebungen zur Normierung der Lichtechtheit im Gange[1]. Die von der deutschen Echtheitskommission seit ihrer 1911 erfolgten Gründung unternommenen Arbeiten haben erstmalig in der 6. Ausgabe (1932) „Verfahren, Normen und Typen“[2] zur Empfehlung einer achtstufigen Typenreihe von blauen Wollfärbungen zur Prüfung der Lichtechtheit geführt, die inzwischen noch weiter verbessert ist und jetzt aus den folgenden Typen besteht[3]:

Typ I	0,8 %	Brillantwollblau FFR extra
Typ II	1 %	Brillantwollbau FFB extra
Typ III	1,2 %	Brillantindocyanin 6 B
Typ IV	1,5 %	Wollechtblau GL
Typ V	1 %	Cyananthrol RX
Typ VI	3 %	Alizarinlichtblau 4 GL
Typ VII	3,5 %	Indigosol 06 B
Typ VIII	3 %	Indigosolblau AGG

Das deutsche Normungsverfahren wurde auch von der Schweiz übernommen. In England erfolgt nach der Methode der Society of Dyers and Colourists[4] die Einteilung der Lichtechtheit ebenfalls in acht Klassen mit Hilfe von sieben Typfärbungen (eine rote und eine blaue Typreihe), beginnend mit Echtheitsklasse II; alle Färbungen, die schlechter sind als II, fallen in Echtheitsklasse I. Die amerikanische Echtheitskommission hat einen sechsstufigen Maßstab aufgestellt, der jedoch in der Stufenfolge dem deutschen und englischen Maßstab vollkommen abweicht und hauptsächlich für die Belichtung im Fade-ometer eingestellt ist. Über die französische Bewertungsmethode mit dem Insolameter vgl. Toussaint und Pinte[5].

Schweißechtheit. Durch Schweißeinwirkung zeigen einzelne Farbstoffe Veränderungen; auch mitverarbeitete weiße Wolle und Baumwolle kann mehr oder minder deutlich angeblutet werden. Besonders schweißecht sind Küpenfarbstoffe und Indigosole; letztere, z. B. Indigosolgoldgelb IGK, bluten allerdings bei größeren Schweißmengen weiße Wolle leicht an.

---

[1] Ältere Erörterungen über Lichtechtheitsprüfung vgl. u. a. Heermann: Lehnes Färber-Ztg. Bd. 22 (1911) S. 85. — Eppendahl: Lehnes Färber-Ztg. Bd. 22 (1911) S. 118. — Gebhardt: Lehnes Färber-Ztg. Bd. 22 (1911) S. 6, 26, 211; Bd. 23 (1912) S. 74. — Über die Theorie des Ausbleichens von Färbungen auf Wolle vgl. S. 105.

[2] Verlag Chemie G. m. b. H., Berlin W 35.

[3] Vgl. dazu E. Müller: Z. ges. Textil-Ind. Bd. 39 (1936) S. 732. — Ris: Z. ges. Textil-Ind. Bd. 39 (1936) S. 731. — Melliand Textilber. Bd. 18 (1937) S. 93, 161. Rein: Z. ges. Textil-Ind. Bd. 39 (1936) S. 732.

[4] L. c. S. 206.

[5] Toussaint und Pinte: Österr. Chem. Ztg. Bd. 40 (1937) S. 266; vgl. auch Niederhausen: Z. ges. Textil-Ind. Bd. 39 (1936) S. 739. Vgl. dazu jedoch Ris: l. c. 3.

8. Das Färben von Mischgeweben.

a) Wolle — Zellulosefasern.

(Baumwolle, Viscose oder Kupferseide, Viscose- oder Kupferzellwolle.)

Baumwolle und Kunstseide oder Zellwolle aus regenerierter Zellulose haben grundsätzlich dieselben färberischen Eigenschaften, wenn sie sich auch gradmäßig im Aufziehvermögen unterscheiden; so hat z.B. Kupferzellwolle eine größere Farbstoffaffinität als Viskosezellwolle.

Die Ton- in Tonfärbung von Wolle-Zellulosegemischen kann einbadig oder zweibadig erfolgen. — Unter den Einbadverfahren ist das Färben im neutralen Salzbade für Halbwolle (Wolle-Baumwolle) am gebräuchlichsten; es beruht auf der Eigenschaft bestimmter Farbstoffgruppen, im kochenden Glaubersalzbade Wolle und Baumwolle anzufärben. Ein Zusatz von Vegansalz A verhindert das Verkochen von substantiven und Halbwollfarbstoffen im kochenden Färbebade. Besser wasch- und walkechte Färbungen erzielt man mit dem Halbwollchrom- oder Halbwollmetachromverfahren. Hierbei werden Meta- und Monochromfarben mit geeigneten substantiven Farbstoffen im neutralen Bade unter Zusatz von Metachrombeize oder im essigsaurem Bade unter Zusatz von Chromkali gefärbt. — Bei dem Zweibadverfahren färbt man die Wolle vor und deckt die pflanzliche Faser nach oder umgekehrt. Mit der steigenden Verwendung von Wolle-Zellwolle-Mischgarnen in der Damen- und Herrenkleidung sind die Ansprüche an die Echtheit der erzielten Färbungen weit über die in der Halbwollfärberei üblichen hinausgewachsen. Diese Mischgewebe sollen nach Möglichkeit denselben hohen Anforderungen an Fabrikations- und Tragechtheit genügen als die entsprechenden reinwollenen Waren. Die Frage der Echtfärberei von Wolle-Zellwollegemischen hat daher eine große Bedeutung erlangt[1].

Beim Färben von Waren, bei denen besonders auf gute Lichtechtheit, ferner auf Reib- und Schweißechtheit Wert gelegt wird, kommt man im allgemeinen mit dem Einbadverfahren unter Verwendung von Halbwollechtfarbstoffen oder von Siriuslichtfarbstoffen und lichtechten neutralziehenden Wollfarbstoffen aus. Die Wasser- und Schweißechtheit der Färbung des Zellwolleanteils kann durch Nachbehandlung mit Solidogen, Chromkali-Formaldehyd, Formaldehyd (Benzoformfarbstoffe) oder durch Nachbehandlung mit Kupfersulfat und Essigsäure (Benzoechtkupferfarbstoffe) verbessert werden. Höheren Anforderungen an Wasch-, Walk- und Schweißechtheit kann man durch Verwendung von Diazofarbstoffen im Zweibadverfahren genügen. Man färbt die Zellwolle mit Diazofarbstoffen vor und deckt die Wolle mit neutralziehenden oder Chromfarbstoffen. Eine Färbeweise für Zellwollmischgarne und Mischgewebe, die gleichzeitig gute Licht-, Naß- und Tragechtheit ergibt, ist das Halbwollmetachromverfahren (s. oben). Man benutzt dabei zweckmäßig substantive Farbstoffe[2] (Benzochromfarbstoffe), deren Echtheit durch Nachchromierung erhöht wird. Die Benzoechtkupferfarbstoffe, die sich durch gute Licht-, Schweiß- und Waschechtheit auszeichnen und meist auch eine befriedigende Seewasserechtheit besitzen, leisten hier ebenfalls gute Dienste[3]. Höhere Walkechtheiten kann man durch Heranziehung der Immedialleukofarbstoffe im Zweibadverfahren erzielen[4]. Die Zellwolle wird mit Imme-

---

[1] Über den gegenwärtigen Stand des Gebiets vgl. Jochum: Z. ges. Textil-Ind. Bd. 39 (1936) S. 427; Bd. 40 (1937) S. 294.

[2] Bei Verwendung von substantiven Farbstoffen neben Wollfarbstoffen ist zu beachten, daß bei der Siedetemperatur die Wolle, unterhalb der Siedetemperatur die Zellulosefaser stärker zieht.

[3] Vgl. auch Collé: Z. ges. Textil-Ind. Bd. 39 (1936) S. 518.

[4] Vgl. auch Haynn: Melliand Textilber. Bd. 17 (1936) S. 58.

dialleukofarbstoffen ohne Schwefelnatriumzusatz bei niedriger Temperatur vorgefärbt; anschließend wird die Wolle auf frischem Bade mit Nachchromierungs-, Metachrom- oder auch mit waschechten neutralziehenden Wollfarbstoffen gedeckt.

Sind in der Wolle pflanzliche Fasern enthalten, die nicht angefärbt werden sollen, so kann man meist durch Erniedrigung der Salzmengen auf mindestens die Hälfte und durch Zusatz von Dispergiermitteln, z.B. Leonil S, ein Anfärben der aus Zellulose oder Hydratzellulose bestehenden Effektfasern verhindern. Am besten eignen sich hierzu Säurefarbstoffe, von denen nur ganz wenige, wie Säurefuchsin, Echtsäurefuchsin, Rosindulin GG, Alizaringeranol B, die Säure- und Formylvioletts, ferner Alizarinzyanol BE, Alizarinsaphirol SE, Wollblau SR extra, Supramingrün G, Aminschwarz S4B, Kunstseide anfärben. Von den Resorzinfarbstoffen verwendet man salzfreie Produkte; von den Palatinechtfarbstoffen, den Chromentwicklungs- und Metachromfarbstoffen eignen sich nur einige. Gut verwendbar sind die Kupfervitriol-Entwicklungsfarbstoffe und die Beizenfarbstoffe (Chromvorbeize), auch wenn sie nachchromiert werden. Von den Indigosolen färbt in hellen Farbtönen Indigosolgoldgelb IGK etwas an.

b) Wolle — Azetatseide bzw. Azetatzellwolle[1].

Azetatseide bzw. Azetatzellwolle besteht aus Zelluloseazetat, das in seinen färberischen Eigenschaften von der Zellulose (Baumwolle, Viskose- und Kupferseide bzw. -zellwolle) grundsätzlich verschieden ist. Das Färben von Wolle-Azetatzellwolle-Mischgarnen oder Mischgeweben kann nach dem Einbad- oder Zweibadverfahren erfolgen. Zu beachten ist dabei, daß Glanz und Festigkeit der Azetatseide durch heißes Wasser leiden, so daß Färbetemperaturen von 85° nicht überschritten werden sollen. Gegen alkalische Lösungen ist Azetatseide sehr empfindlich. Beim Einbadverfahren kombiniert man Azetatseidenfarbstoffe (Cellitonund Cellitonechtfarbstoffen) mit solchen sauren Wollfarbstoffen, die im schwach sauren (Ameisensäure, Essigsäure) oder im neutralen Glaubersalzbade die Wolle bei 80—85° gut und egal anfärben. Beim Zweibadverfahren färbt man die Azetatzellwolle mit Cellitazolen vor und deckt die Wolle mit neutralziehenden Säurefarbstoffen nach. Wegen seiner größeren Einfachheit wird das Einbadverfahren bevorzugt. Den Ansprüchen an Licht- und Naßechtheit läßt sich bei passender Wahl der Azetatseidenfarbstoffe genügen, einer schweren Walke halten jedoch im allgemeinen die Azetatseidenfärbungen nicht stand. Durch Verwendung spinngefärbter Azetatzellwolle[2] lassen sich — allerdings nur für dreizehn gangbare Spinnfarben — bei Gemischen von Wolle und Azetatzellwollen hohe Echtheitsanforderungen erfüllen.

c) Wolle — Naturseide.

Ton- in Tonfärbungen erhält man durch Färben mit geeigneten Säurefarbstoffen unter Zusatz von 10% Glaubersalz kristallisiert und 4—6% Schwefelsäure 96%, durch Färben mit substantiven Farbstoffen im neutralen Bade (10—30% Glaubersalz kristallisiert) oder durch Färben mit Alkaliblaumarken in schwachalkalischem (Borax)-Bade.

Naturseideneffekte in Wollstoffen können bei vielen Farbstoffen weiß erhalten werden, wenn Färbemethode und Nachbehandlung entsprechend gewählt werden. Man färbt am besten unter Zusatz von 10% Glaubersalz kristallisiert und 10% Essigsäure von 30° Bé, geht bei Kochtemperatur ein und erschöpft das Farb-

[1] Vgl. auch Rudolph: Z. ges. Textil-Ind. Bd. 39 (1936) S. 213. — Jaeck: Melliand Textilber. Bd. 17 (1936) S. 54. — Über das Färben von Halbwollstoffen mit Azetatseideneffekten vgl. Barnes: Melliand Textilber. Bd. 17 (1936) S. 142.

[2] Vgl. Marshall: Z. ges. Textil-Ind. Bd. 39 (1936) S. 212.

bad durch Nachgeben von 1% Säure (Ameisensäure oder Schwefelsäure). Chromentwicklungsfarbstoffe kann man nach Zusatz von Kaliumbichromat und $^{3}/_{4}$stündigem Kochen völlig entwickeln. Hierauf wird die Färbung ½ Stunde bei 25—35° C in einem Reinigungsbade, das auf 100 Liter Wasser 1—2 kg Ammonazetat oder besser 1—2 kg Hydrosulfit konzentriert Pulver enthält, behandelt. Bei Chromentwicklungsfarbstoffen bedient man sich auch eines heißen Seifenbades (2 g/l), oder man setzt nach ½—1 stündigem Kochen vor dem Nachchromieren den Färbebädern, je nach dem Anfärben, 5—10% Setamol WS zu, oder man färbt kochend unter Anwendung von Essigsäure oder Ameisensäure, Alizarindirektzyanin G kann nur in hellen Farbtönen Verwendung finden, und die Färbungen dürfen nicht mit Hydrosulfit gereinigt werden. Gleiche Eigenschaften zeigt Alizarinsaphirol B. Von den Chromentwicklungsfarbstoffen sind einige nur in hellen Farbtönen verwendbar, wenn ohne Setamol WS-Zusatz gefärbt wird.

9. Die Veränderung der färberischen Eigenschaften der Wolle.

Eine Veränderung der färberischen Eigenschaften der Wolle ist aus verschiedenen Gesichtspunkten heraus versucht worden. Bei der einen Gruppe von Verfahren handelt es sich darum, besonders für den Wolldruck, aber auch zur Erzielung von Ton- in Toneffekten verschiedener Nuance, die Farbstoffaufnahme der Wolle über das normale Maß hinaus zu erhöhen. Die andere Gruppe von Verfahren bezweckt, die Farbstoffaufnahme der Wolle zur Erzielung von Weiß- oder Buntreserven herabzusetzen oder möglichst ganz aufzuheben.

a) Erhöhung der Farbstoffaffinität[1] der Wolle. Das bekannteste Verfahren dieser Art ist das Chloren der Wolle als Vorbereitung für den Druck.

Verschiedentlich ist versucht worden, das Chloren, bei dem ja oxydative Vorgänge mit beteiligt sind, durch eine Behandlung der Wolle mit Oxydationsmitteln zu ersetzen. Nach Mullerus[2] kann man für Druckzwecke Wolle durch Behandlung mit Permanganatlösungen aufnahmefähiger für Farbstoffe machen; die Wolle büßt dabei allerdings ihre Walkfähigkeit ein[3], und die Färbungen auf solcher Wolle sind häufig in der Nuance verändert. Nach Soxleth[4] färben sich mit Permanganatlösungen vorbehandelte Wollgarne in der Indigoküpe tiefer an; die Färbung mit Holzfarben auf chromkaligebeizter Wolle wird durch Zusatz von Permanganat zu den Färbebädern begünstigt. Nach den Farbenfabriken vorm. Friedrich Bayer[5] wird durch Vorbehandlung mit verdünnten salzsauren Bromatlösungen mit oder ohne Zusatz von Zersetzungsmitteln, wie Vanadinchlorür, die Farbstoffaffinität der Wolle erhöht, ohne daß die Walkfähigkeit verloren geht. Nach Wilkinson wird das Aufnahmevermögen der Wolle für Farbstoffe durch Behandlung mit Ozon bei Gegenwart von freiem Ammoniak[6] oder bei Gegenwart sauerstoffhaltiger Verbindungen (HNO_2, $HClO$), die durch aktiven Sauerstoff unter Bildung von Säuren oxydiert werden[7], erhöht[8]. Es ist auch versucht worden, zur Erleichterung der Farbstoffaufnahme beim Wolldruck Oxydationsmittel, wie $KMnO_4$, BaO_2 oder $NaClO_3$ + Vanadinchlorür der Druckfarbe selbst zuzusetzen[9]. Der diesen Stoffen anhaftende Nachteil einer mehr oder minder starken

[1] Mit dem Ausdruck „Affinität“ sollen hier und im folgenden keine exakten Vorstellungen über die Art der erzielten Wirkung verbunden werden.

[2] Leipziger Färber-Ztg. Bd. 40 (1891) S. 229; Lehnes Färber-Ztg. Bd. 3 (1891/92) S. 221; Chem.-Ztg. Bd. 15 (1891) S. 1674.

[3] Vgl. auch Kammerer: Engl. Pat. 5612 (1907).

[4] Leipziger Färber-Ztg. Bd. 40 (1891) S. 205. [5] DRP. 89 198 (1895).

[6] Wilkinson: Engl. Pat. 242 027 (1925). — Zair Syndicate, Ltd.: DRP. 483 512 (1925).

[7] Wilkinson: Engl. Pat. 289 578 (1927). — Vgl. auch Wilkinson: Engl. Pat. 317 133 (1929); 345 406 (1930).

[8] Vgl. auch Wallace: Textile Col. Bd. 53 (1931) S. 191. [9] Mullerus: l. c. 2.

Zerstörung des Farbstoffs tritt nach den Farbenfabriken vorm. Friedrich Bayer[1] bei Verwendung von Bromaten (mit oder ohne Zusatz von Zersetzungsmitteln, wie Vanadinchlorür) nicht ein.

Nach Meister Lucius & Brüning[2] wird die Aufnahmefähigkeit tierischer Fasern für Farbstoffe durch Behandlung mit heißen Rhodansalzbädern erhöht. Wolle wird mit 5% Rhodankalium eine Stunde lang gekocht, gespült und dann unter Zusatz von 20% Natriumsulfat kristallisiert und mit 5% Essigsäure (30proz.) gefärbt. Auch durch Behandlung mit Natriumthiosulfat, Natriumsulfit, Borax läßt sich die Farbstoffaffinität der Wolle steigern. Man behandelt die Wolle mit 2,5—4% Natriumthiosulfat, neutralem Natriumsulfit oder Borax; man kocht eine Stunde, schleudert und trocknet[3].

Durch Einwirkung von Natronlauge wird die Farbstoffaffinität der Wolle erhöht (vgl. S. 95); als Schutzmittel gegen Alkalischädigung dienen Zusätze, wie Traubenzucker, Glyzerin u.a. Man behandelt z.B. die Wolle ½ Stunde bei gewöhnlicher Temperatur mit einer Mischung von 50 Teilen Natronlauge, 38 bis 40° Bé, 45 Teilen Traubenzucker, 905 Teilen Wasser, spült gründlich und trocknet. Ein Festigkeitsverlust tritt hierbei nicht ein. Zum Färben der mit Natronlauge-Traubenzucker oder mit Thiosulfat usw. präparierten Garne eignen sich besonders Farbstoffe, die im neutralen Bade nicht gut ziehen[3]. — Über die Erhöhung der Aufnahmefähigkeit der Wolle für Säure- und Chromfarbstoffe durch Behandlung mit heißen verdünnten Lösungen von Ammonsalzen schwacher Säuren vgl. Kalle & Co.[4].

Die Chem. Fabrik vorm. Sandoz erhöht die Aufnahmefähigkeit der Wolle für saure Farbstoffe durch Behandlung mit den Halogeniden aliphatischer, aromatischer oder hydroaromatischer Karbonsäuren und Sulfosäuren oder deren Anhydriden[5] oder durch Behandlung mit Sulfurylchlorid[6].

b) Herabsetzung der Farbstoffaffinität der Wolle[7]. Tannin-Zinnsalz-Verfahren. Die zu reservierende Wolle wird mit einem Tanninpräparat vorgekocht und hierauf mit Metallsalzen, hauptsächlich Zinnsalz, nachbehandelt. Bei Anwendung von Wollreserve CB verfährt man z.B. folgendermaßen[8]:

Zur Herstellung farbiger Wolleffekte auf offener Kufe wird das Bad mit dem gelösten Farbstoff und der für sich in kochendem Wasser gelösten Wollreserve CB (30% vom Gewicht der Wolle) bestellt. Man geht bei 30—40° ein, bringt langsam zum Kochen und kocht zwei Stunden. Hierauf wird, ohne zu spülen, im frischen Bade nachbehandelt. Man setzt dem etwa 90° heißen, frischen Bade 1,5—2% Zinnsalz gelöst in 3—4% Salzsäure rein 22° Bé oder 10% Essigsäure 30%, 3% Feltron C und 5% Chlorzinkpulver zu, arbeitet eine Stunde kochend heiß und spült gründlich[7].

Von den Metallen ist nur V2A- oder V4A-Stahl ohne schädigenden Einfluß. Auf mechanischen Apparaten nimmt man die Nachbehandlung zuerst mit 4% Salzsäure und nach kurzem Durcharbeiten mit der erforderlichen Menge Zinnsalz, in 4% Salzsäure gelöst, vor, gibt den Feltron- und Chlorzinkzusatz nach und arbeitet dann eine Stunde kochendheiß. Klarheit der Effekte erreicht man durch

---

[1] DRP. 89 198 (1895). [2] DRP. 231 885 (1909).

[3] Ratgeber für das Färben von Wolle usw. (1932) der I. G. Farbenindustrie A.-G., S. 18.

[4] Kalle & Co.: DRP. 233 980 (1910).

[5] Chem. Fabrik vorm. Sandoz: DRP. 448 797 (1925); Engl. Pat. 245 759 (1925).

[6] Chem. Fabrik vorm. Sandoz: DRP. 462 090 (1926), Zusatz zu 448 797; Amer. Pat. 1 662 404 (1927).

[7] Vgl. auch Freedland und Robertson: Dyer Calico Printer Bd. 71 (1934) S. 395.

[8] Vgl. Ratgeber für das Färben von Wolle usw., S. 20ff. (1932) der I. G. Farbenindustrie A.-G.

Zusatz von 5—10% Natriumsulfitpulver oder $2^1/_2$—5 % Natriumbisulfitpulver. Man verwendet walkechte Säurefarbstoffe oder bei gemeinsamem Färben und Reservieren auch Chromierungsfarbstoffe. Indigosole müssen vorgefärbt werden, erst dann wird die Wollreserve CB angewandt. Wollreservebäder werden nicht völlig erschöpft und können, falls eine Chromierung darin nicht vorgenommen wurde, weiter benutzt werden. Man benötigt beim Arbeiten auf altem Bade für die zweite Partie 25%, für die dritte und die weiteren Partien 20% Wollreserve CB. Die Zinnsalz enthaltenden Bäder müssen stets frisch zubereitet werden.

Zur Herstellung weißer Wolleffekte wird das Bad mit 30% Wollreserve CB und 5—10% Natriumbisulfit (Pulver) bestellt. Man geht mit der gut gewaschenen Wolle bei 30—40° ein, erwärmt auf 60—70°, hält drei Stunden bei dieser Temperatur, bringt darauf zum Kochen und kocht eine Stunde[1]. Die Nachbehandlung wird in analoger Weise, wie oben angegeben, vorgenommen. Zum Überfärben kommen nur Säurefarbstoffe in Frage. Halbwolle muß nach dem Zweibadverfahren — saures Vorfärben der Wolle und Nachdecken der Baumwolle — mit geeigneten Farbstoffen unter Zusatz von Katanol WL überfärbt werden, wozu substantive Farbstoffe dienen.

Sehr lebhafte Buntreserven bedürfen zur Behandlung mit schwachalkalischen Wasch- und Walkbädern des Zusatzes von ungefähr 2,5 g Protektol I Plv. doppelt pro l Flotte. Bei saurem Färben ist auf gutes Ausziehen der Bäder Wert zu legen. Beim Überfärben mittels Chromierungsfarbstoffen empfiehlt sich ein Zusatz von etwa 5% Protektol I Plv. doppelt zum Chromierungsbade; man färbt unter Zusatz von Ameisensäure. Das Karbonisieren der Reservierungsartikel muß bei leichter Ware im Loden, bei schwerer im Stück erfolgen.

Statt Tannin kann auch esterifiziertes Tannin benutzt werden[2].

Nach Farbenfabriken vorm. Friedrich Bayer & Co. wird Wolle für die Aufnahme von Farbstoffen schwer oder unempfänglich gemacht, indem man Aldehyde oder Kondensationsprodukte aus ihnen zusammen mit Zinnsalzen[3] oder organische Sulfosäuren, auch Sulfoverbindungen von Fettsäuren, ferner Seifen, zusammen mit Zinnsalzen[4] auf der Faser niederschlägt; nach I. G. Farbenindustrie, A.-G.[5] werden zu dem gleichen Zwecke Schweflungsprodukte von Phenolen, wie sie z.B. nach DRP. 400 242, 406 675, 409 782/83 erhalten werden können, mit oder ohne Verwendung von Zinnsalz auf der Faser niedergeschlagen.

Die Ges. für Chem. Industrie in Basel[6] vermindert die Affinität der Wolle für neutral oder sauer ziehende Farbstoffe durch Behandeln mit den Produkten, die durch Kondensation von sulfonierten aromatischen Kohlenwasserstoffen mit Benzoin und gegebenenfalls durch weitere Kondensation mit aliphatischen Alkoholen nach DRP. 517 498 und 582 380 erhalten werden.

Die I. G. Farbenindustrie A.-G.[7] gewinnt ferner Produkte, die Wolle gegen substantive Farbstoffe reservieren, indem sie aromatische Halogenide einer Sulfon- oder Karbonsäure mit aromatischen Diaminen und wasserlöslichen Amidoderivaten von Sulfon- oder Karbonsäuren kondensiert, die keine freien Nitro-, Amino- oder Hydroxylgruppen enthalten; wenigstens einer der Reaktionsteilnehmer ist in m-Stellung zur Halogenidgruppe oder zu einer der Aminogruppen substituiert.

Wolle verliert ihre Affinität zu Säurefarbstoffen durch Behandlung mit Isozyanaten $R \cdot N = C = O$ (R = organisches Radikal)[8].

---

[1] Vgl. S. 213, Anm. 8.
[2] Cassella: DRP. 395 773 (1922); Engl. Pat. 204 008 (1923).
[3] DRP. 337 887 (1915). [4] DRP. 340 454 (1915). [5] DRP. 432 111 (1923).
[6] DRP. 626 785 (1936).
[7] Franz. Pat. 692 890 (1930).; vgl. auch Schweiz. Pat. 153 194 (1930). — Ferner I. G. Farbenindustrie A.-G., DRP. 537 768 (1929); 541 629 (1929); Engl. Pat. 304 742 (1929).
[8] Ges. chem. Industrie: Engl. Pat. 317 019 (1929).

Die Reservierung nach dem Essigsäureanhydrid-Verfahren[1] liefert das reinste Weiß, erfordert jedoch eine Sonderapparatur[2]. Bei der Verarbeitung weißer Effekte, die nach diesem Verfahren herzustellen sind, muß die Karbonisation unbedingt nach dem Überfärben im Stück ausgeführt werden, da die Weißreservierung sonst durch das Karbonisieren zerstört wird.

Die Ges. f. chem. Industrie vermindert die Farbstoffaffinität tierischer Fasern, indem sie dieselben nach einer kurzen alkalischen Behandlung der Einwirkung von Halogeniden organischer Säuren in Gegenwart eines Lösungsmittels unterwirft.

L. Wolldruck[3].

Die mechanischen Einrichtungen[4] für den Wolldruck sind im wesentlichen dieselben wie für den Baumwolldruck, wenn auch die Eigenart der Faser manche Abänderungen bedingt. Es kann auf Vorgarn, Kammzug, Garn und endlich auf Wollstück gedruckt werden. Die letztere Art des Druckes ist die gebräuchlichste und wird entweder von Hand (mit Model) oder mit Hilfe von Druckmaschinen ausgeführt.

1. Druck auf Kammzug[5] (Vigoureuxdruck).

Kammzug wird nicht in unbearbeitetem Zustande, sondern bereits gekämmt, gefärbt bzw. bedruckt. Das Färben von Kammzug in Strangform bedingt Verluste durch Zerreißen und Verfilzen; man verwendet daher in diesem Fall ausschließlich mechanische Färbeapparate, meist Revolverapparate. Die Erzeugung melierter Garne erfolgt nach dem Verfahren von Vigoureux, der es sich im Jahre 1865 in Saint Denis bei Paris patentieren ließ. Die Kammzugbänder werden in Streifen, die später das gewünschte Melangenbild ergeben, bedruckt, gedämpft, gewaschen, getrocknet und dann der Weiterverarbeitung zugeführt. Es wird dadurch ein vollkommen einheitliches glattes Bild erreicht und das sog. „Blendig"- oder „Flammiertsein" des Kammzugs, der als Ersatz für Melangen dienten, vermieden.

Der Kammzug wird erst tadellos gereinigt, um dann ungefärbt oder vorgefärbt zum Druck zu gelangen; eine Vorpräparation wird nicht vorgenommen. Der Druck wird auf einer Vigoureux- und Gillbox-Maschine ausgeführt. Durch entsprechende Breithaltung des Kammzugbandes wird ein gleichmäßiges Eindringen der Farbe gewährleistet. Zum Verdicken der Druckfarben dienen British-Gum, Sennar-Gummi u. dgl., auch Tragant, Dextrin oder Stärke. Die Druckfarben dürfen nicht zu dick gehalten werden. Kupferempfindlichen Farben setzt man zweckmäßig Rhodanammonium zu. Als Fixierungsmittel für Chromfarbstoffe nimmt man Chromfluorid, -formiat oder -azetat, endlich Kaliumbichromat, wenn man nicht Neolanfarbstoffe oder andere Chromechtfarbstoffe verwendet.

---

[1] Leopold Cassella & Co.: DRP. 380 994 (1920) und Zusatz 384 103 (1921). Vgl. auch S. 97.

[2] Deutsche Steinzeugwarenfabrik für Kanalisation und chemische Industrie, Friedrichsfeld in Baden. Vgl. Ratgeber für das Färben von Wolle usw., S. 19 (1932) der I. G. Farbenindustrie A.-G.

[3] Vgl. auch Georgievics, Haller, Lichtenstein: Handbuch des Zeugdrucks Bd. II Leipzig 1930. S. 979ff.; Knecht und Fothergill: The Principles and Practice of Textile Printing, 3. Aufl. London. — Theoretische Probleme der Druckerei vgl. auch Haller: Melliand Textilber. Bd. 6 (1925) S. 101.

[4] Vgl. auch Glafey: dieser Band S. 360ff.

[5] Vgl. auch Ostersetzer: Lehnes Färber-Ztg. Bd. 4 (1892/93) S. 1. — Malmeström: Färgeri tekn. Bd. 9 (1933) S. 175.

Das Dämpfen, von dem im hohen Maße die Echtheit der Drucke abhängt, führt man meist mit dem ungetrockneten, in durchlässigen Körben oder Netzen verpackten Kammzug durch. Man dämpft 1—1½ Stunden ohne Druck.

Das Waschen kann bei hellen Drucken sofort, bei dunklen erst nach einiger Zeit vorgenommen werden. Als Waschmaschine dient eine aus fünf Abteilungen bestehende Lisseuse; die erste und die zweite Abteilung enthalten Wasser, die dritte eine Sodalösung (1/1000), die vierte und fünfte eine Seifenlösung (2/1000). Quetschwalzen zwischen den einzelnen Abteilungen sorgen für die Entfernung der Waschflüssigkeiten. Die Bäder werden ständig nachgebessert und auf 40—50° C gehalten.

Saure Farbstoffe werden meist in nachstehender Zusammensetzung verwendet:

40 g Farbstoff in
735 g heißem Wasser gelöst und mit (z. B.)
45 g Sennargummi aufgekocht und nach dem Kaltrühren mit
10 g Natriumchlorat,
20 g Oxalsäure, gelöst in
150 g heißem Wasser, vermischt.
Für 1 kg Druckfarbe.

Bei manchen Säurefarbstoffen empfiehlt sich ein Zusatz von etwa 15 g Alaun pro kg Druckfarbe. — Bei Direktfarbstoffen setzt man etwa 5—20 g phosphorsaures Natron und 5—10 g Natriumchlorat pro kg Druckfarbe zu. Auch Zusätze von Netzmitteln kommen in Frage. — Anthracenfarbstoffe werden meist mit 5—50 g Fluorchrom, 10—30 g oxalsaurem Ammon und wenig (5 g) Natriumchlorat pro kg Druckfarbe gedruckt. Fluorchrom kann durch andere Chromverbindungen ersetzt werden.

2. Druck auf Wollgarn.

Der Wollgarndruck erfordert tadellose Wäsche und Bleiche, am besten durch Nachbehandlung mit Wasserstoffsuperoxyd oder Natriumsuperoxyd und darauffolgendes Spülen und Trocknen. Eine besondere Vorbereitung erfahren Teppichgarne, da es sich hierbei um einen Kettendruck handelt. Die Garne werden nach guter Wäsche, wenn erforderlich, geschwefelt; manchmal kommen auch ein schwaches Chloren, eine Zinnpräparation, in Betracht. Häufig wird die Wolle nach dem Waschen und evtl. Bleichen 10 Minuten in einem kalten Bade, das 3—5 g Alaun/1000 enthält, behandelt.

Drucken, Dämpfen und Waschen werden wie bei der Wollstückdruckerei ausgeführt, nur werden die Druckfarben etwas dünner gehalten, und durch Zugabe von Glyzerin wird ein besseres Eindringen der Farbe beim Druck erreicht. Die maschinelle Einrichtung für den Garndruck besteht in einer Druckmaschine mit eingedrehten Ringen, mit deren Hilfe man Streifen auf das Garn aufdrucken kann.

Auch Garne für Tapestry-Teppiche werden strich- oder streifenmäßig bedruckt, was dadurch möglich ist, daß man die Kettfäden für eine Anzahl gleicher Teppiche gemeinsam druckt und aus den Ketten dann erst das Muster zusammenstellt.

Ätzdrucke auf Wollgarn können wie auf Wollstück ausgeführt werden. Man kann mit Hydrosulfit oder Zinnsalz, besonders beim Buntätzen, ferner mit Zinkstaub, ätzen. Schwaches Antrocknen nach dem Druck genügt. Hydrosulfitätzen erfordern nur etwa 5 Minuten langes Dämpfen; hingegen dämpft man Garne, die mit Zinnsalz-Buntätzen bedruckt sind, ½—1 Stunde ohne Überdruck. Danach wäscht man kalt, chromiert schwach (2/1000), spült und trocknet.

3. Das Drucken auf Wollgeweben[1].

Die ältesten Bücher über den Zeugdruck enthalten auch den Wolldruck und die Einführung des Druckes mit Dampf (1815)[2]. Roland de la Platiére beschrieb 1780 in seinem Werk „L'art de Préparer et d'Imprimer les Etoffes en Laine", mehr die mechanischen als chemischen Einrichtungen des Wolldrucks. Zu erwähnen ist das Buch von Homassel, „Cours Théorique et Pratique sur l'Art de la Teinture en Laine, Soie, Fil et Coton, Fabrique d'Indiennes en Grand et Petit Teint", Paris 1805; ferner das von Ed. Bancroft, „Experimental Researches Concerning the Philosophy of Permanent Colours; and the Best Means of Producing them, by Dying, Calicoprinting, Vol. 1, London 1794", das 1797 auf Anregung von Dingler und Kurrer von D. Jäger auszugsweise übersetzt wurde und später 1817 in einer zweibändigen Übersetzung von Büchner herauskam. Der Grundriß der Färbekunst von S. F. Hermbstädt, Berlin 1802, sei erwähnt.

Bischoff[3] hat in seiner Geschichte der Färbekunst das Geheimnis des Flanelldrucks beschrieben[4]. England bzw. Schottland sind schon seit dem Ende des 17. Jahrhunderts die Heimstätten eines Verfahrens zur örtlichen Färbung von Wollgeweben. Nach Forster[5] wurden dort heiße Farblösungen durch Formen, die auf das Wollgewebe scharf aufgepreßt wurden, gegossen und nach dem Abtrocknen abgenommen. Zur Herstellung der Farbeffekte diente für Blau Indigokarmin, für Rot neben Cochenille, Wau oder Querzitron, für Grün Indikarmin und Gelb; Violett wurde mit Blauholz erreicht. Diesen Verfahren folgte der Berill-Druck[6], bei dem man aufgeriebene Farben auf evtl. vorgebeiztem Gewebe über heiße Platten zog und mit einem feuchten, warmen Tuch bedeckte. Dies ist die erste Form des Dämpfprozesses. In Sachsen verfertigte man bunte Cachemire (1805) erst mit Hilfe von Körperfarben und Ölfirnis; später wurde auf Veranlassung von Dannenberg[7] der Dämpfprozeß in die Wolldruckerei[8] eingeführt.

Nach Reinking[9] wird die mechanische Zeugdruckmaschine bereits in der von Glorez in Mähren verfaßten Haus- und Landbibliothek (1701) beschrieben.

Die mechanischen Druckverfahren lassen sich in drei große Gruppen einteilen[10]:

1. Verfahren, die mit tiefgravierten Druckelementen arbeiten. In den meisten Fällen ist ein Metall, vornehmlich Kupfer, Träger dieser Gravur. Hierher gehören:

a) der Rouleauxdruck, der infolge seiner großen Leistungsfähigkeit und Genauigkeit alle anderen Verfahren an Bedeutung weitaus übertrifft;

b) der sog. Plattendruck, ein selten geübtes Spezialverfahren für den Druck

---

[1] Zusammenfassende Darstellungen über Zeugdruck vgl. Schreckenbach: Melliand. Textilber. Bd. 3 (1922) S. 404, 424, 438.

[2] Siehe K. Reinking: Melliand Textilber. Bd. 7 (1926) S. 230, 539; Bd. 8 (1927) S. 788; Bd. 9 (1928) S. 582. — Reinking und Driessen: Melliand Textilber. Bd. 10 (1929) S. 959. — Reinking: Bull. fédération intern. assoc. chim. text. couleur Bd. 2 (1936) S. 61.

[3] Mit Vorrede von I. Beckmann: Stendal (1780).

[4] Vgl. auch Reinking: Die Entwicklung des Wolldrucks, der Befestigung der Farben durch Dämpfen und der dazu benutzten Apparate, Melliand. Textilber. Bd. 9 (1928) S. 64.

[5] Forster: Allgemeine Bemerkungen über den Wollen-Zeugdruck, Dinglers Magazin Bd. II (1819) S. 296.

[6] Persoz, J.: Traité Théorique et Pratique de l'Impression des Tissus. Paris 1845.

[7] Dinglers Neues Journal Bd. I (1815) S. 52.

[8] Später erst wurde die Methode des Dämpfens zur Fixation von Farbstoffen auch im Baumwolldruck eingeführt.

[9] Reinking: l. c.

[10] Vgl. Georgievics, Haller und Lichtenstein: Handbuch des Zeugdrucks Bd. I Leipzig (1930) S. 344.

einfacher, kleiner Tücher, deren Herstellung mittels Rouleauxdruckes sich nicht lohnt, weil die Aufträge zu gering sind;

2. Verfahren, bei denen zum Drucken erhabene Formen Verwendung finden, hierzu gehören:

a) der Handdruck;

b) der Perrotinedruck;

c) der Druck auf modernen Reliefmaschinen.

3. Verfahren, bei denen Schablonen benutzt werden:

a) die Farbe wird mit Pinseln oder Tampons aufgetragen. (Dieses Verfahren hat keinerlei industrielle Bedeutung; es wird jedoch manchmal im Kunstgewerbe angewandt.);

b) der Spritzdruck, ein Verfahren, mit dem namentlich fein abschattierte Effekte erreicht werden.

Einzelne Druckverfahren können auch kombiniert werden. Solche Kombinationen werden manchmal zur Erreichung besonderer Wirkungen herangezogen; z.B. werden in ein durch Rouleaux gedrucktes Muster mittels Handdruck noch einzelne Farben eingepaßt; oder man kann einem Handdruck einen Überdruck auf dem Rouleaux geben. In beiden Fällen kann an Stelle des Rouleaux eine Reliefdruckmaschine treten.

Mechanische Einrichtungen für den Zeugdruck sind in großer Zahl geschaffen worden[1]. Druck- und Prägepressen für Mehrfarbendruck brachte die Soc. Bommart, Crépy & Co.[2]. Eine Zeugdruckmaschine zum Bedrucken von Stoffen verschiedener Breite ließ sich Samuel[3] schützen. Foxwell & Son[4] haben eine Leistendruckmaschine konstruiert, die mechanisch angetrieben, die Farbe durch Gummirollen aufträgt. Über eine Druckmaschine für abgepaßte Tücher und Schals vgl. Mather und Platt Ltd.[5]. Über Mehrfarbendruckmaschinen für Teppiche, Matten u. dgl. vgl. Masland[6].

Eine Änderung in der Herstellungsmethode der Gravur von Druckwalzen für den Rouleauxdruck bedeutet das Verfahren der Comessa[7] (Constructions Métalliques Schiltigheim-Strasbourg S.A.), nach dem das zu gravierende Muster mit Tinte auf einem Papier aufgezeichnet, die Zeichnung durch einfaches Aufdrucken auf eine elektrisch gut leitende Fläche abgedruckt und mit einem isolierenden Firniß überdeckt wird. Durch wechselseitiges Öffnen und Schließen eines elektrischen Stromkreises wird die Zeichnung auf eine präparierte Kupferwalze übertragen und ist ohne vorherige Retusche druckbereit.

Nach dem Kriege wurden als Ersatz der Kupferdruckwalzen erst Zinkaluminiumlegierungen[8] mit geringer Säurebeständigkeit und zu poröser Oberfläche, dann Aluminiumwolframlegierungen[9] in Vorschlag gebracht[10]. Die Printworks Lower House in Burnley bei Manchester haben Eisenkerne, auf denen eine Kupferschicht elektrolytisch niedergeschlagen war, verwendet. Ähnlich arbeiteten Langbein und Pfannhauser-Werke G.m.b.H., Leipzig, Siemens und Halske, Charlottenburg und die niederländische Galvano-Inrichting in Utrecht, die z. T. einen durch Galvanisierung zur Ausscheidung gebrachten Kupferüberzug benutzten. Diese Walzen haben sich aber durch stellenweises Ablösen der Kupferschicht vom Eisenkern nicht bewährt. Die Elmore-A.-G. in Schladern hat Verbundwalzen hergestellt, die sich aber ebenfalls zum Molettieren nicht eigneten, nach entsprechender Änderung sich aber zwei Jahre bewährt haben. Sie können nur 1—2mal graviert und abgedreht werden, dann muß ein neuer Mantel aufgezogen werden. Es ist auch möglich, das Muster auf galvani-

---

[1] Vgl. auch Erban: Z. ges. Textil-Ind. Bd. 16 (1913) S. 705, 729. — Melliand: Melliand Textilber. Bd. 10 (1929) S. 308; ferner Melliand Textilber. Bd. 10 (1929) S. 552.

[2] Ind. Textile Bd. (1924) S. 237.

[3] Franz. Pat. 560 555 (1922).

[4] Text. Manufact. Bd. 55 (1929) S. 197.

[5] Text. Manufact. Bd. 56 (1930) S. 212.

[6] Amer. Pat. 1 460 206 (1923).

[7] Melliand Textilber. Bd. 10 (1929) S. 232.

[8] Fr. Zimmers Erben, Warnsdorf.

[9] Frank & Co., Köln-Ehrenfeld.

[10] Vgl. Lichtenstein: Melliand Textilber. Bd. 2 (1921) S. 176. Vgl. auch Brehme: Melliand Textilber. Bd. 4 (1923) S. 287.

schem Wege zu verstärken und dadurch eine längere Haltbarkeit der Walzen zu erzielen. Dick hat das Verchromen von gravierten Kupferwalzen empfohlen[1]. Walzen, nach der Schoopschen Spritzmethode hergestellt, haben sich nicht bewährt.

Jm **Rouleauxdruck** verwendet man größtenteils tiefe Gravuren und sorgt für eine elastische Druckunterlage (Lapping), die aus Baumwollkettengewebe und dickem Wollschuß besteht. Die bedruckte Ware wird bei mäßiger Temperatur getrocknet. Böhm[2] empfiehlt, Druckwalzen mit einer Schicht Kupfersulfid zu versehen, um Beschädigungen der Walzen zu erkennen, bzw. sie vor solchen zu bewahren. Die Gravierung von Druckwalzen ist auf verschiedene Art durchgeführt worden[3].

Die Vorteile des **Handdrucks**[4] gegenüber dem Walzendruck liegen in der beliebigen Farbenzahl (bis zu 30)[5]. Handdruck ist durchaus nicht veraltet und wird namentlich für den Tücher-, Schaldruck usw. noch benützt. In den meisten Fällen bedingt die Größe des künstlerischen Entwurfes die Wahl dieses Druckverfahrens. Handdruck ist besonders wichtig für Druckartikel, bei denen auf die Gewebebindungen bei der Herstellung des Druckeffektes Rücksicht genommen werden muß (Cadness)[6].

Die Druckform ist in Relief oder vertieft in starke Bretter aus Buchsbaum- oder Birnbaumholz geschnitten, oder man verleimt quer zur Faser Buchenholzbrettchen. Große, tiefliegende Flächen werden mit einer mit Lack aufgeklebten Scherwollschicht versehen oder mit Filz ausgelegt. Schwache Stellen werden durch Metallstifte oder -streifen ersetzt. Einfache Formen werden in Linoleum oder Gummi geschnitten, dauerhafte Formen mit Maschinen eingeschnitten und mit einer leicht schmelzbaren Legierung ausgegossen. Man trägt auch die Farben für besondere Artikel mit dem Pinsel auf. Schablonendruckmaschine vgl. Cadgene und Dupont[7].

Über japanischen Handdruck vgl. Feth[8], Nüsslein[9]. Das Verfahren des Yusendruckes besteht in einem Auftragen von mit Reisstärke verdickten Farben und Ätzen. Das Brett ist mit Reißleim versehen, und das Gewebe wird aufgeklebt. Der Druck erfolgt mit Schablonen. Nach dem Auftragen wird an der Luft getrocknet, gedämpft und schließlich in Flußwasser gewaschen. Das Verfahren gibt Schärfe, Fülle und Echtheit des Druckes.

Eine Handdruckmaschine (Reliefmaschine)[10] wird in einzelnen Betrieben unter dem Namen Samuelmaschine benützt. Der zu bedruckende Stoff ist auf einem langen Betontisch aufgeklebt, wird durch eine geheizte Satinierwalze geglättet und gleichzeitig getrocknet. Die Reliefdruckwalze bewegt sich auf einem Wagen, der, von einem Elektromotor angetrieben, an einem Zahnstangenpaar über den Tisch fährt. Zum gleichmäßigen Decken ist ein wiederholter Aufdruck erforderlich. Nach dem Druck wird durch elektrische Heizlampen ge-

[1] Dick: Amer. Dyestuff Rep. Bd. 22 (1933) S. 305.
[2] Melliand Textilber. Bd. 11 (1930) S. 460.
[3] Vgl. auch Helle-Staux: Rev. gén. Teinture Bd. 4 (1926) S. 1071. — Über die Herstellung von Druckwalzen vgl. auch M. Schöpff: Melliand Textilber. Bd. 5 (1924) S. 535.
[4] Vgl. auch Russina: Melliand Textilber. Bd. 8 (1927) S. 54. — Reinking und Drießen: Melliand Textilber. Bd. 12 (1931) S. 462. — Warburton: Silk J. Rayon Wld. Bd. 9 Nr. 107 (1933) S. 20.
[5] Lambert: Rev. gén. Teinture Bd. 2 (1924) S. 913, 915, 917.
[6] Cadness: Textile Rec. (1922) S. 40.
[7] Cadgene und Dupont: DRP. 410 051 (1923).
[8] Feth: Leipzig. Mschr. Textil-Ind. Bd. 43 (1928) S. 34.
[9] Nüsslein: Melliand Textilber. Bd. 18 (1937) S. 133.
[10] Die Firma J. Fischer, Nordhausen a. H., baut Reliefdruckmaschinen, die eine außerordentlich große Verwendbarkeit besitzen; Melliand. Textilber. Bd. 4 (1923) S. 33; Bd. 6 (1925) S. 264, und Köster: Bd. 8 (1927) S. 273. — Reliefdruckautomat der Maschinenfabrik Max Kroenert, vgl. auch Melliand Textilber. Bd. 5 (1924) S. 40.

trocknet, die in gleicher Weise wie die Satinierwalze und die Druckwalze über den Tisch gefahren werden. Dann wird abgewaschen und der Stoff mit einer ebenfalls fahrbaren Wasch- und Bürstvorrichtung abgezogen und gedämpft. Der Reliefdruck hat sich mehrfach eingeführt[1].

Für den **Spritzdruck** werden meist Säurefarbstoffe oder substantive Farbstoffe gebraucht. Auch einzelne basische oder spritlösliche Farbstoffe kommen in Frage, da hierbei eine Nachbehandlung nach dem Spritzen wegfällt. Die Spritzdruckfarben werden in gleicher Weise hergestellt wie die für den Hand- oder Maschinendruck, nur sind sie im allgemeinen dünner zu halten.

Die Sprühfärberei gestattet die Herstellung der verschiedensten Farbeffekte auf Wolle und hat den Vorzug, daß ein Verfilzen der Wollgewebe völlig vermieden wird[2]. Besonders geeignet ist das Verfahren zum Anblauen weißer Wollgewebe. Die Sprühfärberei findet Verwendung auf nassen, gebleichten Wollwaren, sowie im Anschluß an das Schwefeln für oberflächliche Färbung und Durchfärben, für das Färben mit nachfolgender Appretur und zum Grundieren von Drucken.

Das Spritzverfahren kann nach Vergé[3] in der Weise durchgeführt werden, daß die Farbspritzvorrichtung auf einem hin- und herbewegbaren Schlitten angebracht wird, der Schwingungen ausführt, oder mit dem Spritzapparat „Universal S" für Gewebe und Chinédruck nach Krautzberger & Co.[4]

Über das **Batikverfahren im Kleinen** vgl. Kollmann[5], Durst[6]. Als wesentliche Forderung gilt die zarte Netzbildung der feinen Äderung, das Craquelé. Bei Wollgeweben stört das träge Anfärben in der Kälte. Auf leichten Wollstoffen glatter Bindung läßt sich keine klare Änderung erzielen, so daß Wolle eigentlich wenig geeignet für den Batikdruck[7] erscheint. Batik wird auch in Verbindung mit Platten- oder Walzendruck ausgeführt, wobei man gewöhnlich geometrische Muster mit Farbe aufdruckt und dann die unregelmäßigen Muster batikt. — Über die Herstellung von Batikätzmustern vgl. Scholz[8].

Verschiedene Druckverfahren sind in letzter Zeit vorgeschlagen worden. Das **Filmdruckverfahren**[9] wird mit Schablonen ausgeführt, die aus einem Rahmen, bespannt mit Seiden- oder Metallgaze, bestehen. Zur Ausführung benutzt man Schablonenlack PN, mit Xylol verdünnt oder Serikose LC extra in Alkohol und Serikosol A. Über die heutigen Arbeitsmethoden des Filmdrucks vgl. Bernardy[10].

4. Die Vorbereitung der Ware vor dem Druck.

Die Vorbereitungsarbeiten sind von großer Bedeutung. Nach entsprechender Bezeichnung im Rohwarenmagazin, Durchsicht auf Fehler, Versehen mit entsprechenden Laufnummern, Meterzahl usw., wird die Ware gesengt, meist auf der Gassenge oder bei schwerem Material auf der Plattensenge. Ganz leichte Wollmusseline werden meist nicht gesengt. Dann kommt die Ware in die Wäsche.

---

[1] Vgl. Melliand. Textilber. Bd. 5 (1924) S. 816; ferner Müllen: Melliand Textilber. Bd. 4 (1923) S. 177.

[2] Sansone: Textile Col. Bd. 54 (1932) S. 385, 449, 492, 767.

[3] Österr. Pat. 101 302 (1923).

[4] Vgl. Melliand. Textilber. Bd. 4 (1923) S. 346. Über die vielseitige Gestaltung und Anwendung des Spritzdruckes vgl. auch Apfelbaum: Melliand Textilber. Bd. 6 (1925) S. 179.

[5] Melliand Textilber. Bd. 1 (1920) S. 123, 149.

[6] Melliand Textilber. Bd. 2 (1921) S. 268.

[7] Vgl. auch Cadness: Textile Rec. (1923) S. 53 und 56.

[8] DRP. 390 841 (1922); 392 527 (1922). Engl. Pat. 214 507 (1923).

[9] Film-, Schablonen- oder Rahmendruck (englisch: „Screen Printing", französisch: „Impression Lyonnaise"). Vgl. auch Winkelmann: Dtsch. Färber-Ztg. Bp. 68 Nr. 35: Prakt. Neuerungen und Erfahrungen (1932) S. 18. — Pfeffer: Klepzigs Textil-Z. Bd. 40 (1937) S. 466. — Franken: Dtsch. Textilwirtsch. Bd. 22 (1937) S. 9.

[10] Melliand Textilber. Bd. 15 (1934) S. 505.

Zuerst wird sie gekrabbt. Beim Krabben wird das Gewebe in voller Breite und entsprechender Spannung durch kochendes Wasser gezogen und dann auf einer Walze in gespanntem Zustande abgekühlt. Die meisten Krabbmaschinen sind mit zwei oder drei Walzenpaaren ausgestattet. Für die leichteren Waren dient eine Krabbmaschine mit einem Walzenpaar, wobei die untere Walze so gelagert ist, daß sie nur zur Hälfte in kochendem Wasser laufen kann. Die obere Walze ist mit Hebeldruck und Gewichtsbelastung ausgestattet. Zum Einlaß der Ware dient eine Bremsvorrichtung. Gewöhnlich läuft die Ware 10 Minuten in kochendem Wasser, um dann auf dem zweiten Brennbock aufgewickelt zu werden und hier 10 Minuten in kaltem Wasser zu laufen. Man kann auch mit einem Trog arbeiten, in dem ständig kaltes Wasser zufließt. Durch das Krabben wird der größte Teil der Kettenschlichte entfernt. Bei leichter Ware genügt es, dieselbe auf einer Strangwaschmaschine zu entschlichten und dann gleich zu seifen.

Das Seifen erfolgt entweder im Strang auf einem Clapeau oder auf einer Breitwaschmaschine. Man verwendet entweder Kernseife und Soda, evtl. unter Zugabe eines Fettlösungsmittels, oder eines der modernen Waschmittel, wie Igepon oder Gardinol, Melioran u.a.m. Manchmal werden Behandlungen mit schwacher Soda und schwachen ammoniakalischen Bädern vor dem Spülen eingeschaltet.

Das Bleichen der Ware erfolgt nach dem älteren Verfahren mit gasförmigem Schwefeldioxyd in der Schwefelkammer, in der Schwefel verbrannt wurde. Nach etwa achtstündigem Hängenlassen (am besten über Nacht) und gehörigem Lüften wird die so geschwefelte Ware in Wasser gut gespült. Für 100 kg Wollware benötigt man 6—8 kg Schwefel; für genügenden Luftzug muß Sorge getragen werden, um ein Sublimieren des Schwefels zu vermeiden. Bei großer Menge Ware schwefelt man kontinuierlich, wobei die Geschwindigkeit so geregelt wird, daß die Ware die Kammer in einer Stunde passiert. — Man kann die Ware auch auf einem Jigger oder Foulard in zwei bis vier Passagen durch eine kalte Bisulfitlösung von etwa 10—12° Bé nehmen, während 1—2 Tagen auf einer Holzwalze aufgerollt und mit Stoff umwickelt liegen lassen, um sie dann auf einer Waschmaschine etwa zwei Stunden mit Wasser und dann mit Wasser, das mit Schwefelsäure angesäuert ist, zu waschen und sie hierauf gründlich zu spülen, abzuquetschen, zu schleudern und auszubreiten. Für Weißböden bestimmter Ware schließt man vorteilhaft noch eine Wasserstoffsuperoxydbleiche (auf 100 Liter Wasser 125—200 cm^3 Wasserstoffsuperoxyd von 100 Vol.-%) an. Die Wasserstoffsuperoxydbäder können öfters benutzt werden. Ihr Gehalt an aktiven Sauerstoff ist ständig titrimetrisch zu kontrollieren. Das Bleichen mit Wasserstoffsuperoxyd oder Natriumsuperoxyd, bei letzterem unter Zusatz von Schwefelsäure, kann gleichfalls Anwendung finden, doch muß auch hier die Ware mit Farbstoffen, wie Viktoriablau B hochkonz., Methylviolett oder Säurealizarinfarbstoffen geblaut werden[1]. Das Bläuen nimmt man im letzten Waschwasser vor, wenn nicht nach dem Bleichen eine Seifenoperation folgen soll.

Das Chloren der Wollgewebe ist im Wolldruck von besonderer Bedeutung, da es erst eine genügende Fixation der Farbstoffe herbeiführt. Durch die leichte Veränderlichkeit der Wollsubstanz ist eine obere Grenze für das Chlorieren gegeben. Zu starkes Chloren bedingt ein Hart- und Gelblichwerden der Ware. Der gelbliche Ton wird durch das Dämpfen noch verstärkt; bei weißbödigen Geweben chlort man daher meist schwach. In fast allen Fällen wird auf Jigger oder Kufen gechlort, durch die die Ware breit und gleichmäßig angefeuchtet geführt wird. Die Behandlung muß zeitlich beschränkt werden, da bei längerer Einwirkung

[1] Über lichtechte Bläuungsmittel vgl. Rev. gén. Teinture Bd. 6 (1928) S. 909.

als einer Minute die Wolle durch Chlorkalk und Säure ungünstig beeinflußt würde; daher geht die Ware sofort in eine Strangwaschmaschine über oder auch in einen zweiten Jigger, in dem man unter steter Erneuerung des Waschwassers gründlich wäscht. Für helle Böden benötigt man auf 400 l Wasser 20 l Chlorkalklösung von 4° Bé und 8 l Schwefelsäure von 13° Bé; für dunkle Böden auf 400 l Wasser 30 l Chlorkalklösung von 4° Bé und 12 l Schwefelsäure von 13° Bé. Man läßt Chlorkalklösung und verdünnte Säure langsam zufließen, da sonst anfangs eine starke, später eine ungenügende Chlorierung der Ware eintreten würde. Die Verwendung von Salzsäure bedingt meist einen stärkeren Gelbstich als Schwefelsäure.

Ein kontinuierliches Arbeiten ermöglicht die Kwaysersche Apparatur. Von zwei steinernen Kufen mit Leitrollen (die erste wird durch außerhalb des Apparates angebrachte Behälter gespeist), befindet sich die erste in einem durch Holzwände abgeschlossenem Raum, um das sich entwickelnde Chlorgas abzusaugen. In den Behältern mischt sich die Schwefelsäure- und Chlorsodalösung, während in der zweiten Kufe Wasser enthalten ist. Diese Behälter bestehen für Säure und Chlor aus Ton oder Hartholz, für Chlorsoda aus Zement. Der eine enthält in 2000 l Wasser etwa 800 l Chlorsodalösung von 5° Bé, der andere in derselben Wassermenge 65 l Schwefelsäure von 66° Bé. Ein Quetschwalzenpaar über jedem Bottich entfernt den Überschuß an mitgenommenen Lösungen; evtl. sorgt man durch Spritzrohre für intensive Wasserspülung und selbstverständlich folgt ein gründliches Durchspülen auf einer Strangwaschmaschine. Es ist auch üblich, die Chlorkalk- und die Säurelösung getrennt zu verwenden, wobei erstere sehr verdünnt und ebenso die Säurelösung höchstens 1—1½° Bé stark genommen wird. Von den Rollenkufen aus wird die Ware mit viel Wasser auf einer Waschmaschine gewaschen; die letzten Reste werden dann auf einer Strangwaschmaschine ausgespült.

Nach Franz. P. 267 004 der Farbwerke vorm. Meister Lucius & Brüning wird Wolle im angefeuchteten Zustand mit Chlorgas behandelt, das zur Verlangsamung der Aufnahme mit Luft verdünnt ist. Für Druckzwecke kann man den Feuchtigkeitsgehalt durch Aufdruck leicht verdickter Lösungen hygroskopischer Verbindungen, wie Chlorkalzium, Chlormagnesium, Chlorzink usw., variieren. — Eine teilweise Chlorierung im Druck erreicht man, wenn man das Gewebe nach dem Trocknen und Dämpfen mit schwer benetzbaren Verbindungen, wie Aluminiumazetat u. a., bedruckt, dann durch Wasser zieht und chloriert.

Die Chlorierung der Wolle vor dem Druck kann auch mit Aktivin (vgl. S. 168) erfolgen. Mit Aktivin chlorierte Wolle färbt sich tiefer und leuchtender an als mit Hypochlorit chlorierte[1]; auch ist die Wollschädigung geringer. Über die Verwendung von Aktivin in der Wolldruckerei vgl. auch Wegener[2] und Armour[3]. Man bringt das saubere Gewebe in ein kaltes Bad, dem man pro 1000 l 1 kg Aktivin, vorher in heißem Wasser gelöst, nebst etwa 5 cm³ Salzsäure 21° Bé pro Liter zugesetzt hat, und behandelt 20—30 Minuten. In etwa 2—3 Passagen wird gespült, durch Antichlor (1 % Thiosulfat) passiert und nochmals gespült[4].

Nach Kollmann[5] läßt sich für Druckereizwecke das Anfärbevermögen der Wolle auch durch Wasserstoffsuperoxyd erhöhen. So behandelte Wolle gilbt im Dampf nicht so nach wie gechlorte. Das Verfahren kann besonders für den direkten Druck in dunklen Tönen, bei dem man der Farbe entsprechende Mengen Natriumchlorat zusetzt, Verwendung finden.

[1] Feibelmann: Melliand Textilber. Bd. 10 (1929) S. 724.
[2] Melliand Textilber. Bd. 7 (1926) S. 446.
[3] Armour: Amer. Dyestuff Rep. Bd. 17 (1928) S. 819.
[4] Melliand Textilber. Bd. 7 (1926) S. 446.
[5] Melliand Textilber. Bd. 13 (1932) S. 141. — Vgl. auch Prudhomme: Bull. Soc. Ind. Mulhouse Bd. 68 (1898) S. 202.

Um besondere Lebhaftigkeit der Farben zu erreichen, wird nach dem Chloren die Ware mit einer 3—5° Bé starken Lösung von Natriumstannat geklotzt, eine Stunde aufgerollt liegen gelassen und dann durch ein 1° Bé starkes Schwefelsäurebad genommen; darauf wird gründlich gespült und getrocknet. Manchmal steigert man die Menge von Natriumstannat bis auf 10½° Bé[1].

Dem Trocknen geht auch bei Wolle ein gründliches Ausschleudern oder Absaugen voraus. Das Ausschleudern erfolgt meist auf Schleudermaschinen und zwar nach dem Packsystem. Die Behandlung ist der Eigenart der Ware anzupassen. Bei sehr empfindlichen Waren verwendet man die Breitschleudermaschinen oder wohl auch die Absaugemaschinen.

Das Trocknen der Ware wird in der Mehrzahl der Fälle auf Zylindertrockenmaschinen, seltener auf Spannrahmentrockenmaschinen vorgenommen; letztere kommen zur Erreichung völliger Fadengeradheit in Frage. Beim Trocknen selbst ist namentlich ein Übertrocknen zu vermeiden, da die Wolle durch hohe Temperaturen leidet. Man wird daher nicht rasch und nicht bei zu hohen Temperaturen trocknen. Die Trockenzylinder arbeiten gewöhnlich mit einem Überdruck von 2—2½ Atmosphären, entsprechend einer Temperatur von etwa 120°. Die Ware selbst soll aber keine höhere Temperatur als 110° aufweisen, da sonst Festigkeit und Elastizität beeinflußt werden. Am besten leitet man das Trocknen so, daß die Ware gerade noch trocken wird und sorgt dann durch eine Luftpassage und evtl. Andämpfen für einen gleichmäßigen Feuchtigkeitsgehalt der Ware.

Die weiteren Vorappreturarbeiten richten sich nach den Erfordernissen. Ganz glatt bleibende Waren werden meist auf der rechten Warenseite ein- bis zweimal geschoren. Gewisse Cheviotartikel werden leicht angerauht und zwar im feuchten Zustande. Längeres Liegenlassen im feuchten Zustande ist wegen Bildung von Stockflecken zu vermeiden. Erforderlichenfalls müssen die Stücke genoppt oder karbonisiert werden. Streichgarngewebe werden gewaschen und entgerbert, dann karbonisiert, gewalkt, gerauht, schließlich entwässert, getrocknet und entsprechend den jeweiligen Anforderungen geschoren und gebürstet.

5. Die Nachbehandlung der Drucke.

Das Dämpfen[2] dient in erster Linie zur Fixation der Farbeffekte. Von der Beschaffenheit des Dampfes hängt sehr viel ab. In den meisten Fällen ist für die Wolldruckerei feuchter, und zwar dem Taupunkt nahestehender Dampf erforderlich; nur in den seltensten Fällen wird, um ein Fließen zu vermeiden, trockener Dampf gebraucht. Die Dämpfdauer richtet sich nach der Art der Druckfarben. Gewöhnlich dämpft man eine Stunde ohne oder mit 0,1 at Überdruck mit möglichst feuchtem Dampf. Höherer Druck bedingt leicht eine Schädigung der Wollfaser. Namentlich zur Fixation von Farbstoffen auf größerer Fläche muß ein bestimmter Feuchtigkeitsgrad des Dampfes genau eingehalten werden.

Man unterscheidet der Bauweise nach 1. vollständig geschlossene Dämpfer, 2. Mather — Platt- und Kontinuedämpfer, gemauerte Dämpfer bzw. Dämpfer bestehend in einem stehenden Kessel aus Schmiedeeisen, stehende Kessel, bei welchen die Ware mit dem Mitläufer auf einen perforierten Zylinder aufgewickelt wird (Rohneberger-Schnelldämpfer) und horizontalliegende zylindrische Kessel aus Schmiedeeisen. In ersteren wird ein besseres Durchdämpfen der Ware erreicht, während bei letzteren mit Sackaufhängung eine bessere Ausnützung des Dämpfraumes aber nicht die gleichmäßige Durchdämpfung erzielt wird. In liegenden

[1] Über Ersatz des Zinns durch Tonerde vgl. Grosheintz: Bull. Soc. Ind. Mulhouse Bd. 87 (1921) S. 574.

[2] Vgl. auch K. Wagner: Melliand. Textilber. Bd. 7 (1926) S. 535. — Gaumnitz: Melliand Textilber. Bd. 4 (1923) S. 34, 83; Bd. 9 (1928) S. 670.

Runddämpfern erfolgt der Eintritt des Dampfes vom Boden aus durch ein perforiertes Rohr. Schutzbleche über demselben sorgen dafür, daß evtl. mitgerissenes Kondenswasser keine Beschädigung hervorrufen kann. Der Oberteil des Kessels ist doppelwandig, um Tropfbildung durch Kondensation möglichst zu vermeiden. Je nach Erfordernis kann der Dampf angefeuchtet oder trocken benutzt werden. Für jeden einzelnen Dämpfer stehen zwei Dämpfwagen zur Verfügung. Jeder Dämpfer muß natürlich mit der notwendigen Armatur ausgerüstet sein. Vor dem Dämpfen muß die bedruckte Ware mit angefeuchteten Mitläufern versehen, auf die verstellbaren Kreuzhaspel aufgewickelt und mit einer Lage Sackleinwand umwickelt werden. Die Bewegung der einzelnen Haspel wird beim Einschieben in den vorgewärmten Dämpfer durch eine an der Seitenwand des Kessels sitzende Stopfbüchse, einer Welle mit Antriebscheiben, bewirkt. Beim Schließen des Dämpfers ist zu prüfen, ob der Antrieb funktioniert und eine Verschiebung der Ware vermieden ist. Zwischen den einzelnen Warensäcken muß ein Zwischenraum bleiben, um ein Reiben der Säcke zu vermeiden. Man dämpft meist mit angefeuchteten Mitläufern. Die Feuchtigkeitsmenge richtet sich nach Farbstoff und Art der Verdickung. Durch Erhöhung des Glyzerinzusatzes in der Druckfarbe, auch durch Verwendung von Glykolsäure an Stelle von Oxalsäure kann man die Fixation beeinflussen. Strenge Kontrolle des Drucks und der Temperatur des Dampfes ist erforderlich[1].

Das Dämpfen kann auch in Sterndämpfern ausgeführt werden, das sind stehende schmiedeeiserne, zylindrische Kessel mit heizbaren doppelwandigen Deckeln mit Zentralverschluß; sie gestatten gleich den Runddämpfern ein gleichmäßiges Durchdämpfen der Stücke. Auch Kontinuedämpfer mit Dämpfdauer bis zu einer Stunde finden im Wolldruck Verwendung; die Dämpfkasten sind gemauert, mit einem Leitrollensystem versehen und, um ein Abtropfen möglichst zu vermeiden, mit doppelwandigen Platten abgedeckt. Speziell das Dämpfen von Wollware verlangt einen Dampfanfeuchter. In neuerer Zeit verwendet man auch Vordämpfer (Mather-Platt), wobei die Dämpfdauer nur etliche Minuten (5—8) beträgt; zur besseren Fixation wird dann in einem Rund- oder Kontinuedämpfer nachgedämpft. — Bei Handdruckware besteht leicht die Gefahr des Abfleckens; man muß daher in einem Sterndämpfer oder einem Schnelldämpfer arbeiten. — Bei Ätzdruck ist zu Beginn des Dämpfens Luft möglichst auszuschließen; der Druck im Dämpfer soll nicht über 0,05 at steigen. Zur besseren Fixierung kann in diesem Falle ein Nachdämpfen ohne Druck vorgenommen werden. Einen Garndämpfer ließ sich Ball[2] schützen.

Alle bedruckte Ware erfordert ein gründliches Auswaschen, das, namentlich bei Handdruckware mit viel Wasser, entweder durch Einhängen in einen Fluß oder Bach und Nachspülen oder auf Strangwaschmaschinen[1], ebenfalls mit reichlichen Wassermengen, evtl. unter Schlagen, vorgenommen wird. Dann wird geschleudert und auf Rahmen getrocknet.

6. Die Druckfarben.

Verdickungsmittel. Die Wahl der Verdickungsmittel richtet sich ganz nach den bestehenden Einrichtungen und den an das fertige Material gestellten Anforderungen. Arbeitet man im Kontinuedämpfer, so kommen als Verdickungsmittel aufgeschlossener Gummi, Kristallgummi, in Betracht, im Runddämpfer Britishgum und Tragantverdickungen. Bei zu feuchtem Dampf und Fonddruck genügt ein Zusatz feingeschlämmter Kaolinpaste, um ein Ausfließen der Farbe zu ver-

[1] Vgl. auch British Ago Regulators: Engl. Pat. 233 030 (1924).
[2] Engl. Pat. 193 456 (1921).

hindern. Jede Verdickung, die im Wolldruck Verwendung findet, soll möglichst leicht auswaschbar sein[1] und keine Trübung oder Verschleierung des Farbtons bewirken. Zur Kolloidchemie der Verdickungsmittel vgl. Haller[2].

Die Soc. Ital. Ernesto de Angeli per l'Industria dei Tessuti Stampati und N. Paulus[3] verwenden die üblichen Verdickungsmittel in Form von Emulsionen, die durch mechanische Bearbeitung der schwerlöslichen Gummiarten bei Gegenwart von Wasser in der Kälte hergestellt worden sind.

Colloresin DK trocken wird von Pfeffer und Gmelin[4] als Verdickungsmittel empfohlen; es ist mit kaltem Wasser auch in Gegenwart von Chromsalzen auswaschbar. Die so hergestellten Druckfarben neigen nicht zur Schimmelbildung. Das Produkt ist auch für den Hand- und Spritzdruck, sowie für den Reliefdruck von Interesse.

Eine größere Waschechtheit von Albumindruckfarben erreicht man durch nachträgliche Behandlung mit Formaldehydlösungen.

Die Verwendung von Sulfitablauge als Druckverdickung[5] für sich oder in Mischung mit Paltaganth MB[6] bietet Schwierigkeiten, einerseits durch die braune Farbe, anderseits durch die reduzierenden Eigenschaften der Ablauge.

Druckverdickungen aus Johannisbrotkernen können für Küpenfarbstoffe Verwendung finden, wobei die ausgemahlenen Keimhüllen, die durch Zusatz von Säuren oder stark wirkenden Diastasen ganz oder teilweise zu reduzierend wirkenden Zuckerarten abgebaut sind, als Reduktionsmittel dienen[7].

Lösungsmittel und ähnliche Zusätze zu Druckpasten. Den im Zeugdruck verwandten Druckfarben werden vielfach bestimmte Anteile an Ölen (Olivenöl, Rhizinusöl u. dgl., auch Mineralöle) zugesetzt, um die Druckfarbe geschmeidiger zu machen. Über die Verteilung solcher Öle in der Druckverdickung vgl. Haller und Henkel[8].

Die Anwendung von Tetrakarnit im Wolldruck ermöglicht, das Verdämpfen dampfempfindlicher Farbstoffe hintanzuhalten und erhebliche Farbtonvertiefungen zu erzielen[9].

Geigy und Lüttin[10] empfehlen Zusätze von Essigsäure, Monochloressigsäure, Milchsäure usw. zu den Druckpasten.

Über die Verwendung von Äthylenthiodiglykol (Dioxydiäthylsulfid) zur Herstellung von Druckfarben unlöslicher Farbstoffe vgl. Meister Lucius & Brüning[11]. Glyecin A ist ein vorzügliches Lösungsmittel für wasserunlösliche oder schwerlösliche Farben, das z. B. auch Tanninlacke sehr gut in Lösung hält. Es ist eine schwach gelbgefärbte, neutrale Flüssigkeit, die mit Wasser, Sprit, Azeton u. a. in jedem Verhältnis mischbar, ungiftig, viskos und hygroskopisch ist. Bei Beizenfarbstoffen steigert es die Tiefe des Farbtons. Es ersetzt Glyzerin im Wolldruck. — Über die Verwendung von Methylformamid und Formamid im Textildruck vgl. I. G. Farbenindustrie A.-G.[12] Das Formamid ist ein gutes Lösungs-

---

[1] Siehe auch La Piana: Amer. Dyestuff Rep. Bd. 22 (1933) S. 328, 341.

[2] Haller: Melliand. Textilber. Bd. 8 (1927) S. 454; Bd. 9 (1928) S. 586, 771, 850, 931, 997.

[3] Österr. Pat. 104 377 (1923).

[4] Melliand. Textilber. Bd. 9 (1928) S. 666. Vgl. auch Bd. 8 (1927) S. 1047. — Vgl. auch Kerth: Melliand. Textilber. Bd. 18 (1937) S. 378.

[5] Melliand. Textilber. Bd. 12 (1931) S. 783. [6] E. Tscharnke Nachf., Erfurt.

[7] Kästner: DRP. 578 776 (1929). Vgl. auch Tagliani: Melliand. Textilber. Bd. 11 (1930) S. 302, 383, 458.

[8] Haller und K. Henkel: Melliand. Textilber. Bd. 8 (1927) S. 1021.

[9] Perndanner und V. Hackl: Melliand. Textilber. Bd. 10 (1929) S. 310.

[10] Engl. Pat. 205 166 (1922).

[11] DRP. 339 690 (1919) und Zusatz DRP. 340 552 (1919); Franz. Pat. 521 256 (1920).

[12] I. G. Farbenindustrie A.-G.: DRP. 433 153 (1924) und Zusatz DRP. 435 092 (1925).

mittel für Farbstoffe, insbesondere für basische. Es ist mit Wasser und wäßrigen Verdickungen mischbar. Seine Mischungen mit aromatischen Oxyverbindungen, wie Resorcin, besitzen ein noch besseres Lösungsvermögen. — Die Chemische Fabrik vorm. Sandoz[1] setzt zwecks Herstellung einer Druckmasse für den Walzendruck den Druckfarben ein indifferentes, hochviskoses Öl (z. B. Mineralöl oder Teeröl), viskositätserhöhende indifferente organische Stoffe, wie Paraffin, Wachs, ferner Kohlenwasserstoffe als schaumverhinderndes Mittel und als Lösungsmittel für das viskositätserhöhende Mittel, schließlich noch hochmolekulare Fettsäuren, wie Rizinusöl, zu.

Tagliani[2] empfiehlt ein neues, Printogen genanntes, Weichmachungsmittel, das keinerlei Schwierigkeiten in der Buntdruckerei hervorrufen soll.

Die günstige Wirkung von Harnstoff als Bestandteil von Druckpasten[3] beruht meist auf einer besseren Dispergierung. Bei Neolanfarbstoffen und ähnlichen Farbstoffen, die komplex gebundenes Metall enthalten, verbessert ein Zusatz von Harnstoff oder substituierten Harnstoffen die Fixierung[4].

Freiberger[5] empfiehlt die Anwendung von Eiweißabbauprodukten als Zusatz zu den Druckfarben sowie zum Vorpräparieren der zu bedruckenden Wollwaren.

7. Direktdruck.

Die Wahl der Farbstoffe richtet sich nach dem Artikel, den Bedürfnissen der Kundschaft, den Echtheitsansprüchen; auch die Art des Druckes, ob Rouleaux- oder Handdruck, Schablonen- oder Spitzdruck, ist in Betracht zu ziehen. Säurefarbstoffe sind besonders geeignet, weil sie gut egalisieren, licht-, wasch- und reibecht sind und nicht einbluten. Man druckt auf vorpräparierte (vorgechlorte) Ware, vorausgesetzt, daß eine Wasserstoffsuperoxydbleiche das Chloren nicht überflüssig macht. Größere Echtheit, namentlich Lichtechtheit, erreicht man mit Alizarin-, Palatin-, Polar-, Supramin- und Neolanfarbstoffen[6], wobei manchmal ein Zusatz von Fluorchrom die Licht- und Waschechtheit der Beizenfarbstoffe erhöhen kann. Braune, graue und schwarze Farben werden meistens durch Mischungen entsprechender Farbstoffe hergestellt. Im Tücheldruck werden für den Spiegel (Fond) vielfach noch basische Farbstoffe verwendet.

Gemischtfaserige Stoffe haben den Wolldruck, speziell von Wollmousseline und analogen Stoffen, in den Hintergrund treten lassen, so daß der Druck von Möbelstoffen, Wollplüschen, Teppichgarnen[6], für die nur sehr lichtechte Farbstoffe Verwendung finden können, an erster Stelle genannt werden muß. Das Egalisierungsvermögen der Farbstoffe spielt auch hier eine geringere Rolle, da Spiegelfarben für tiefe Fonddrucke weniger häufig in Verwendung kommen. Die unter Zusatz von Oxalsäure, Weinsäure, Ameisensäure, Essigsäure oder deren Ammonsalzen, seltener unter Zusatz von Schwefelsäure, gedruckten Säurefarben finden wegen ihres guten Egalisierungsvermögens fast für alle Arten des Wolldrucks ausgedehnte Verwendung, wenn ihre Wasser- und Waschechtheit genügt. Sonst können direktziehende Farbstoffe unter Zusatz von phosphorsaurem Natron, Borax,

---

[1] Schweiz. Pat. 115 536 (1925).

[2] Amer. Dyestuff Rep. Bd. 15 (1926) S. 767; Melliand. Textilber. Bd. 6 (1925) S. 922; Bd. 17 (1936) S. 47.

[3] I. G. Farbenindustrie A.-G.: DRP. 600 968 (1931). — Durand u. Huguenin: DRP. 601 860 (1933); Franz. Pat. 769 171 (1934). — Vgl. auch Gerber: Melliand Textilber. Bd. 18 (1937) S. 527.

[4] Ges. für Chem. Industrie: Engl. Pat. 418 262 (1933); Schweiz. Pat 166 758/59 (1932).

[5] Freiberger: Österr. Pat. 135 671 (1932); vgl. auch Perndanner: Melliand Textilber. Bd. 6 (1925) S. 32.

[6] Eine Vorbehandlung mit einem Netzmittel ermöglicht ein Durchdringen der Druckfarbe bis zum Grund der Florfasern. — Toeller und von Bothner: DRP. 591 751 (1932).

essigsaurem Ammon, weinsaurem Ammon u.a.m. benutzt werden. Für lebhafte Rosa- und Rottöne dienen Rhodamine und auch Eosinfarben, die trotz ihrer Lichtunechtheit, namentlich im Tücheldruck, die gewünschte Lebhaftigkeit besitzen. Auch die Tylammonfarben der Adlerwerke-A.-G., Essen, werden zum Druck auf Wolle empfohlen. Es sind 23 Farben, die als hervorragend lichtecht, wasch- und seifenecht, gut säure- und chlorecht bezeichnet werden. Man fixiert sie durch Dämpfen[1].

Außer den Farbstoffen enthält die Druckpaste zur Fixierung des Farbstoffes Säuren oder deren leicht zersetzliche Ammonsalze, namentlich wenn die Farbstoffe für Bodendruck dienen. Man verwendet Essigsäure hauptsächlich bei basischen und Eosinfarbstoffen, für saure Farbstoffe besser Ameisensäure. Die beste Fixation bewirkt Schwefelsäure, die aber baumwollene Mitläufer angreift; durch eine Vorpräparation der Mitläufer mit Soda kann man diesem Übelstand begegnen. Auch Oxalsäure wird im Wolldruck viel verwendet, soweit ihre Schwerlöslichkeit nicht stört. Günstiger sind in dieser Beziehung Wein- und Zitronensäure. Eine Verzögerung der Säurewirkung kann durch Verwendung der betreffenden Ammonsalze erzielt werden. Man erreicht auf diese Weise ein langsameres und besseres Egalisieren, namentlich beim Rouleauxdruck. Auch hier tritt die Schwerlöslichkeit manchmal hindernd in den Weg; so ist z.B. oxalsaures Ammonium nur bis zu 30 g im Liter Druckfarbe verwendbar.

Weitere Zusätze zur Druckfarbe sind: chlorsaures Natron, um der Reduktionswirkung der Wollfaser zu begegnen, namentlich bei ungechlorter Wolle, Zinnsalz oder Chlorzinn bei Resorcinfarbstoffen, um Waschechtheit und Lebhaftigkeit zu erhöhen, ferner Glyzerin, Glyecin A, Azetin, Netzmittel, Fettlösungsmittel, wie Leonil S, Neomerpin N u.a.m. 1/10% Tannin der Druckfarbe zugesetzt (namentlich für Handdruck) bedingt einen egaleren Aufdruck. Glyzerin, Azetin, Lösung CGA (Gemisch aus gleichen Teilen Phenol, Glyzerin und Ammoniak) u. dgl. dienen außer zur Lösung, auch zur Regulierung der Feuchtigkeit im Druck und zum besseren Egalisieren. Man verwendet je nach Tiefe des Farbtons 5—20 g Chlorsaures Natrium pro kg Druckfarbe. Zur Steigerung der Tiefe des Farbtons werden Zusätze von Alaun, essigsaurer Tonerde, bei Eosinen von Zinnsalz oder Chlorzinn, in Mengen bis zu 20 g/Liter Farbe gemacht.

Essigsaures, wolframsaures oder phosphorsaures Natron, etwa 10 g im kg Druckfarbe, werden im Handdruck oder in Spiegelfarben zum besseren Egalisieren verwendet.

8. Säurefarbstoffe

druckt man gewöhnlich folgendermaßen:

5—50 g des Säurefarbstoffes in der entsprechenden Menge heißen Wassers unter Zusatz von 10—40 g Glyzerin gelöst und mit einer Verdickung von Traganthschleim (65:1000), Britishgum oder Gummi verdickt. Gummi wird innerhalb 12—24 Stunden mit Wasser im Verhältnis 1:1 quellen gelassen und dann längere Zeit verkocht (6—12 Stunden). Nach dem Aufkochen wird der Farbe

5—30 g Oxalsäure oder Weinsäure zugefügt, die Farbe kalt verrührt und durch ein Sieb getrieben. Die dazu verwendeten Farbsiebmaschinen der verschiedensten Art sind meist mit rotierenden oder hin- und hergehenden Bürsten oder Pinseln versehen, die die Farben durch das Sieb drücken.

Als Verdickungsmittel eignen sich nur Körper, die leicht auswaschbar sind und keine Trübung bzw. Verschleierung des Farbtons bewirken. Zusätze, wie feingemahlene Kaolinpaste, werden bei dunklen Farbtönen zur besseren Ausnützung des Farbstoffs gemacht.

---

[1] Melliand Textilber. Bd. 9 (1928) S. 939.

Durch Zufügen nichtflüchtiger organischer Säuren, wie Oxalsäure, Weinsäure, Zitronensäure, u. dgl. in freier Form oder in Form ihrer leicht dissoziierbaren Ammonsalze, zu Druckfarben bei Chromfarbstoffen kann bei Gegenwart von Harnstoff oder Thioharnstoff die Fixationsdauer im Mather-Platt auf 6—8 Minuten beschränkt werden[1]. — Universalbeize 9333[2] ermöglicht, weichen Griff und gute Haltbarkeit bei Chromfarbstoffen zu erreichen. Der Hauptvorteil der Universalbeize liegt aber darin, daß die mit ihr angesetzten Farben auf allen Faserstoffen, mit Ausnahme von Azetatseide, fast farbtongleiche Drucke ergeben. Als Beispiel wird angeführt:

Chromocitronin R	20 g
Wasser	280 „
Arabischer Gummi 1:1. .	600 „
Universalbeize 9333 . . .	100 „
	1000 g

Die Farben sind längere Zeit gut haltbar.

Schnelle Fixierung der Chromfarbstoffe wird durch Zusatz von Fixierer WDHL (Durand & Huguenin) zu den gewöhnlichen Chromdruckfarben erreicht. Fixierer WDHL ist nicht sehr leicht löslich. Er muß deshalb sorgfältig in einem Teil der Verdickung durch Erwärmen gelöst werden. Die zum Drucken verwendete Wolle muß gut vorgechlort sein und vor dem Druck gut angefeuchtet werden (6—7% ihres Eigengewichtes an Feuchtigkeit)[3].

Als Rezept wird nachstehende Zusammensetzung gegeben:

Farbstoff	30
Dehapan O	60
Glyzerin	50
Wasser heiß	140
Tragant 8%	250
heiß lösen und heiß zugeben:	
Fixierer WDHL.	80
heiß gelöst in: Tragant 8%	300
abkühlen und zugeben: Chromazetat 20° Bé	90
	100

Als Coupure dient:

Fixierer WDHL	40
heiß gelöst in: Tragant 8%.	910
Glyzerin	30
kalt zugeben: Chromazetat 20° Bé .	20
	1000

Das Verfahren hat sich auch zum Klotzen auf nichtchlorierten Wollstücken geeignet. Man verwendet in diesem Fall auf einem 3-Walzenfoulard eine Klotzfarbe nachstehender Zusammensetzung:

Chromfarbstoff	1— 5
Dehapan O	10
Glyzerin	30
Wasser heiß lösen	300
Tragant 80‰	250
Fixierer WDHL.	40
gelöst in:	
Wasser heiß	349—345
abkühlen und zugeben:	
Chromazetat 20° Bé . . .	20
	1000

Nach dem Klotzen und Trocknen wird acht Minuten feucht gedämpft und dann, wie beim Wolldruck angegeben, fertiggemacht.

Bei Verwendung ätzbarer Chromfarbstoffe ist dieses Verfahren vorzüglich zur Herstellung von Ätzartikeln geeignet, ebenso ohne weiteres für Wollmischgewebe.

---

[1] Durand & Huguenin A.-G.: Engl. Pat. 412 391 (1933); Franz. Pat. 755 351 (1933).

[2] Durand & Huguenin A.-G.

[3] Vgl. von Niederhäuser: Melliand. Textilber. Bd. 14 (1933) S. 412.

Chromechtfarbstoffe werden von Stalder[1] nach folgender Vorschrift gedruckt:

20 g Farbstoff,	500 g neutrale Stärketraganthverdickung,
50 „ Glyzerin,	12 „ Ammoniumoxalat,
408 „ Wasser,	10 „ neutrales Ammoniumchromat.

Nach einstündigem Dämpfen wird gewaschen. Für Ätzartikel färbt man unter Zusatz von 3—5% Essigsäure (30proz.), 1½—3% Ameisensäure (85proz.) und 1—1½% Ammoniak (20proz.). Gechromt wird bei abgestelltem Dampf und dann durch ½stündiges Kochen entwickelt. Einstweilen sind die Marken: Eriochromgelb 6 G, Gelb S extra, Orange R, Phosphin RR, Rot PE, Brillantviolett B, Zyanin R, Azurol B, Azurol G, Chromätzblau HF und Chromätzschwarz HFN in Verwendung.

Zum Ätzen empfiehlt Stalder folgende Vorschrift (Weißätze):

200 g Hydrosulfit FD konz.,
120 „ Wasser,
50 „ Glyzerin,
250 „ Gummiwasser 1:1,
80 „ Natriumzitrat,
200 „ Zinkoxyd 1:1,
100 „ Eialbumin 1:1,
1000 g.

Nach dem Drucken wird die Ware leicht getrocknet, fünf Minuten im Mather-Platt gedämpft (mit gesättigtem Dampf) und hierauf gespült.

Es können auch lebhafte Buntätzen erzielt werden.

Substantive Farbstoffe geben meist wasser- und waschechtere Drucke als Säurefarbstoffe. Säureempfindliche Farbstoffe dieser Gruppe erhalten pro 1 kg Druckfarbe ungefähr 20 g phosphorsaures Natron. Als allgemeine Druckvorschrift kann dienen:

30 g Farbstoff mit
50 „ Glyzerin anteigen,
350 „ heißes Wasser,
500 „ Verdickung, bestehend aus gleichen Teilen Cordofangummilösung 1:1 und Britishgummiverdickung ebenfalls 1:1, endlich
70 „ Essigsäure (6° Bé) oder, wenn säureempfindliche Farbstoffe Verwendung finden,
20 „ phosphorsaures Natron an Stelle der Essigsäure für
1 kg Druckfarbe.

Basische Farbstoffe werden wegen ihrer geringen Wasserechtheit meist mit Tanninzusatz gedruckt; ihre Lebhaftigkeit wird dadurch etwas gedämpft. Sie kommen namentlich im Handdruck als Fondfarben (Spiegelfarben) in Verwendung. Man löst in der Druckfarbe den Farbstoff mit Azetin oder Glyecin A und Essigsäure und ebenso das Tannin mit derselben Säure 1:1. Sie lassen sich leicht kombinieren.

Ein Fondschwarz für Fahnendruck besteht z.B. aus:

50 g Säurealizarinschwarz R (Höchst),
30 „ Glyzerin,
350 „ heißes Wasser,
300 „ Britishgummi-Pulver,
{50 „ Kaolin, geschlemmt, mit
{50 „ Wasser, angeteigt, verkochen, dazu
20 „ Oxalsäure, heiß einrühren, kalt dazu
{15 „ Fluorchrom,
{85 „ Wasser,
{5 „ chlorsaures Natron,
{25 „ Wasser,
{20 „ Terpentinöl
1 kg.

Die Ware wird meist auf Kufen schwach vorgechlort.

[1] Melliand. Textilber. Bd. 13 (1933) S. 20; vgl. auch Rev. gén. Teinture Bd. 11 (1933) S. 35; ferner Textile Col. Bd. 55 (1933) S. 624.

Von **Resorcinfarbstoffen** werden für den Direktdruck Rhodamin, für den Ätzdruck Phloxin und Sulforhodamin verwendet.

Küpenfarbstoffe haben auch im Wolldruck Bedeutung. Sie kommen bei hohen Ansprüchen an Wasch- und Seifenechtheit in Frage.

Bei den üblichen Druckfarben besteht die Gefahr einer Faserschädigung durch Alkali. Kalle & Co.[1] ersetzen daher das zur Reduktion der Küpenfarbstoffe mit Hydrosulfit u. dgl. nötige Alkali durch Ammoniak, Ammoniumkarbonat oder Ammoniumbikarbonat; die Ges. für chem. Industrie in Basel[2] ersetzen das in den üblichen Druckfarben vorhandene Alkali ganz oder teilweise durch Alkalisalze organischer Hydroxylverbindungen, wie Glykolnatrium, Phenolnatrium u. dgl. Die I. G. Farbenindustrie A.-G[3]. fügt als Faserschutzmittel den alkalischen Druckpasten Aminoessigsäure hinzu.

Man druckt z. B. Küpenfarbstoffe gemäß den Angaben der I. G. Farbenindustrie A.-G. folgendermaßen:

150 g	Farbstoff in Teig,
50 „	Glyzerin,
210 „	Wasser,
20 „	Solutionssalz B neu,
350 „	Britishgummi,
100 „	Pottasche,
20 „	Hydrosulfit konz. Pulver auf 60° erwärmen, bis der Farbstoff gelöst ist, hierauf
100 „	Rongalit C zufügen,
1000 g.	

Über den Einfluß der Vorbehandlung der Wolle auf die Fixierung von Küpenfarbstoffen vgl. Kollmann[4]. — Über die Verwendung des Traubenzuckers beim Drucken mit Küpenfarbstoffen vgl. Weiß[5].

Indigosole sind auch in der Wolldruckerei wertvoll[6] und eröffnen neue Methoden der Illuminationswirkungen[7].

Gutes Chloren ist erforderlich. Man druckt z. B.:

	Gelb IKGW	Violett AZBW
Indigosolgoldgelb IGK	50 g	—
Indigosolviolett AZB	—	60 g
Glyezin A	25 „	50 „
Glyzerin	—	25 „
Solentwickler GA	25 „	—
Wasser	445 „	255 „
Britishgum-Pulver	250 „	250 „
Rhodanammon	—	40 „
Natriumchlorat (1:2)	75 „	210 „
Solentwickler D	30 „	—
Vanadinsaures Ammon (1:1000)	100 „	100 „
Ammoniak 25%	—	10 „
	1 kg	1 kg

Es genügt, fünf Minuten im Schnelldämpfer und darauf ½ Stunde im Runddämpfer mit feuchtem Dampf zu behandeln. Hierauf wird die Ware zunächst kalt und dann mit 50—60° warmem Wasser gespült und getrocknet. Ganz besonders gut eignen sich die meisten Indigosole für den Reservedruck, namentlich in hellen Tönen, mit Ausnahme von

[1] DRP. 391 995 (1917). [2] Schweiz. Pat. 166 186 (1932).
[3] DRP. 591 476 (1932); Franz. Pat. 753 141 (1933); Engl. Pat. 394 632 (1933).
[4] Kollmann: Z. ges. Textil-Ind. Bd. 31 (1928) S. 792.
[5] Weiß: Melliand Textilber. Bd. 10 (1929) S. 59.
[6] Vgl. auch Kerth und Pfeffer: Melliand Textilber. Bd. 10 (1929) S. 37. — Kollmann: Z. ges. Textil-Ind. Bd. 31 (1928) S. 792.
[7] Vgl. auch Durand & Huguenin: DRP. 418 487 (1922).

Indigosolgrün IB. Man arbeitet nach dem Chloratdämpfverfahren oder nach dem Nitritverfahren.

Nach Durand u. Huguenin[1] wird zur Entwicklung der Drucke mit Indigosolen ein Persulfat in Gegenwart einer starken Säure (HCl) benutzt. Das Verfahren ist auch auf die Herstellung von Illuminationseffekten im Wolldruck ausdehnbar, indem die Wolle mit Reduktionssätzen, die Estersalze der Leukoverbindungen von Küpenfarbstoffen enthalten, bedruckt und nach dem Dämpfen mit der Lösung eines Persulfates, das freie Säure enthält, nach dem Verfahren des DRP. 486 174 behandelt wird[2]. — Die I. G. Farbenindustrie A.-G.[3] beschreibt ein Verfahren zur Herstellung reibechter Drucke auf tierischen Fasern mit Estersalzen von Leukoküpenfarbstoffe, bei dem zunächst das Estersalz durch Dämpfen und ohne Dissoziation, vorteilhaft in Gegenwart von Stoffen (Rhodanammonium, Diäthyltartrat, Ammonoxalat), die beim Dämpfen Säure abspalten, auf der Faser fixiert wird und daraufhin erst im sauren Bade zum Küpenfarbstoff entwickelt wird. Eine Anfärbung im Weiß durch freiwerdende salpetrige Säure oder Chromsäure wird so vermieden. Nach Durand & Huguenin[4] lassen sich mit Hilfe von Indigosolen Buntreserven (Küpenfarbstoffillumination auf Küpengrund) in der Weise gewinnen, daß unter Ausnutzung der ungleichen Oxydierbarkeit der verschiedenen Estersalze auf dem Wege des Dämpfens Buntreserven mit einem Estersalz von niederem Oxydationspotential auf einem Grunde eines Estersalzes von höherem Oxydationspotential erzeugt werden.

Anilinschwarz[5] und **Diphenylschwarz** finden im Wolldruck eine nur äußerst beschränkte Verwendung. Verfahren hierfür sind angegeben von F. V. Kallab u. a. Buntreserven unter Anilinschwarz werden nach Haller[6] durch Aufdruck einer Farbe erhalten, die neben dem Küpenfarbstoff, einem Alkalikarbonat und dem Reduktionsmittel ein schwerflüchtiges, stark basisches organisches Ammoniumderivat, z. B. Triäthanolamin, enthält.

Naphthol-AS-Farbstoffe werden von Rath[7] auch für den Wolldruck empfohlen.

Körperfarben (Mineralfarben) kommen für plastische Effekte im Wolldruck (Handdruckartikel, Tücheldruck) zur Verwendung. Hierzu ist auch der Bronzedruck zu zählen, wobei Eiweiß, Firnis, Firnis-Kautschuklösungen oder Serikoselösungen als Fixationsmittel Verwendung finden. Supf[8] brachte Bronzeteigfarben für den Zeugdruck in den Handel, die Gemische von Bronzefarben mit Albumin, Glyzerin und Terpentinöl bzw. Damarharz in gekochtem Leinöl gelöst, darstellen. Sie lassen sich ohne Dämpfen durch direkten Aufdruck im Gewebe fixieren. Metallpulver (Gold und Silber, Aluminium, Kupfer, Zinn und Messing) werden auch, mit Leim oder Gelatine angerührt, mittels heizbarer Tiefdruckzylinder aufgedruckt. Zarte Effekte können auch mit Zelluloselösungen erzielt werden. Nach dem Druck passieren meistens die Stoffe einen Riffelkalander[9]. In erster Linie für Zellulosegewebe von Bedeutung ist der Bronzedruck auf Fertigfabrikaten[10]. Über Geschichte und Entwicklung des Bronzedruckes siehe auch Gaumnitz[11].

---

[1] Durand & Huguenin: DRP. 486 174 (1927). — I. G. Farbenindustrie A.-G.: Engl. Pat. 296 648 (1928).

[2] Durand & Huguenin: DRP. 504 628 (1928), Zusatz zu DRP. 486 174 (1927).

[3] I. G. Farbenindustrie A.-G.: Franz. Pat. 745 781 (1932); Engl. Pat. 413 713 (1932).

[4] DRP. 441 371 (1925).

[5] Über die Erzeugung von Anilinschwarz auf tierischen Fasern vgl. auch Rev. gén. Teinture Bd. 12 (1934) S. 175.

[6] Haller: Amer. Pat. 1 952 247 (1931).

[7] Rath: Melliand Textilber. Bd. 9 (1928) S. 585.

[8] DRP. 74 452/53 (1893).

[9] Sansone: Textile Wld. Bd. 78 Nr. 2 (1930) S. 44.

[10] Hoffmann, H.: Dyer Calico Printer Bd. 63 (1930) S. 754.

[11] Melliand Textilber. Bd. 6 (1925) S. 923.

9. Ätzdruck.

Der Ätzdruck auf Wolle wird mit Hydrosulfit-Präparaten, mit Zinnsalzätzen, endlich im Handdruck, wenn auch ziemlich selten, mit Zinkstaub ausgeführt. Zinkstaub läßt sich auch als Reserve im Tücheldruck verwenden. Die weitaus wichtigste ist die Hydrosulfitätze.

Die Vorbehandlung der Ware ist für den Ausfall eines schönen Ätzeffektes von großer Bedeutung. Gutes Chloren der gebleichten und gewaschenen Ware ist hier ebenso wichtig wie für den Direktdruck. Weißeffekte erfordern eine tadellos weiße Ware. Der durch das Chloren hervorgerufene gelbliche Ton der Ware wird daher durch etwa halbstündige Behandlung in einem kalten bis lauwarmen Bisulfitbad von 5—8° Bé beseitigt. Man spült dann, behandelt kalt in einem schwach ammoniakalischen Wasserstoffsuperoxyd und spült wieder.

Säurefarbstoffe färbt man am besten unter Zusatz von Glaubersalz (20%), Essigsäure und 1% Leonil S oder einem anderen Netzmittel. Ein Zusatz von Säure am Schluß der Färbeoperation ist empfehlenswert, um eine volle Fixation des Farbstoffs zu erreichen. Selbstverständlich sind nur leicht ätzbare, sehr gut egalisierende Farbstoffe verwendbar. Auch ist darauf Rücksicht zu nehmen, daß bei längerem Lagern das Weiß an der Ätzstelle nicht verändert wird. Substantive Farbstoffe werden unter Zusatz von ungefähr 10% Glaubersalz kristallisiert aufgefärbt. Bei Chromfarbstoffen bewirkt man das Ausziehen mit Essigsäure oder essigsaurem Ammonium. Die Vorbehandlung mit Kaliumbichromat wird mit Weinstein ausgeführt. Kupfergefäße sind hier beim Färben zu vermeiden. Durch Zusatz von ½% Rhodanammonium vom Gewicht der Ware, vor anderen Zusätzen, kann man den Einfluß des Kupfers unschädlich machen.

Hydrosulfitätze. Die Weißätze unter Verwendung von Rongalit CW besteht aus:

200—300 g	Rongalit CW und
100—100 g	Zinkweiß bzw. einer analog wirkenden Zinkverbindung. Diese werden mit
600—500 g	neutraler Stärketraganthverdickung angeteigt, etwa 20 Minuten auf 70° erwärmt und dann kalt gerührt. Nach vollständigem Erkalten setzt man
75— 75 g	Albuminlösung 1:1,
2 g	Ultramarin in 23 cm³ Wasser (aufgeschlemmt) hinzu und passiert durch ein feinmaschiges Sieb.
1000 g	

Wählt man statt Rongalit CW eine andere Marke, dann fügt man, wenn erforderlich, Zinkweiß hinzu. Die Farbwerke vorm. Meister Lucius & Brüning[1] haben sich die Verwendung von Lithopone zur Erzielung eines reinen, haltbaren Ätzweiß auf Wolle und Halbwollstoffen schützen lassen. Cassella & Co.[2] haben eine Erhöhung der Ätzwirkung von Hydrosulfitformaldehydverbindungen dadurch erreicht, daß sie der Ätze Oxyde oder Karbonate von Metallen, wie Zink oder Magnesium, hinzufügten. Über die Verwendung von Wolframaten vgl. Battegay[3].

Noch schädlicher als die Bräunung der Ätzstelle ist die Schwächung der Wolle beim Ätzprozeß mit Hydrosulfiten[4]. Nach Haller läßt sich der Übelstand durch Verwendung von Zinkoxyd mehr oder weniger beheben.

Buntgeätzt wird mit einer Farbe, die 20—50 g Farbstoff in 580 bis 550 g Wasser gelöst enthält, mit 200 g Britishgum gekocht und während des Abkühlens mit 200 g Rongalit C versetzt wurde. Nach dem Erkalten wird die Farbe durch ein feinmaschiges Sieb passiert. Die Angaben gelten für 1 kg Druckfarbe. Nach

---

[1] DRP. 166 717 (1904). [2] DRP. 166 783 (1904).
[3] Battegay: Rev. gén. Mat. Col. Bd. 23 (1919) S. 165.
[4] Vgl. Haller: Melliand Textilber. Bd. 14 (1933) S. 244, 398.

dem Drucken wird einige Minuten gedämpft, gewaschen und getrocknet. Als Zusätze zur Ätzfarbe dienen nicht reduzierbare bzw. nur vorübergehend reduzierbare Farbstoffe basischer oder saurer Natur, doch können auch Baumwollazofarbstoffe (direktziehende Farbstoffe), Eosinfarbstoffe, Azine oder andere benutzt werden. Auch Beizenfarbstoffe und Küpenfarbstoffe können Verwendung finden. Um eine volle Entwicklung der Buntsätze zu erreichen, wird nach erfolgtem Dämpfen schwach chromiert.

Nach Furlonger[1] ist bei Hydrosulfitätzen die Zahl der verwendbaren weißätzbaren Farbstoffe viel größer als bei Zinnätzen; für Buntätzen stehen dagegen nicht so viele geeignete Farbstoffe zur Verfügung als bei Zinnätzen. — Über den Ätzdruck auf Wollmousseline mit den Neolanfarbstoffen vgl. Haller[2]. Das Weißätzen erfolgt mit Hydrosulfit RWS (Ciba); für Buntätzen nimmt man meist Hydrosulfit R[2].

Die Drucke werden nur mäßig getrocknet oder kommen noch etwas feucht aus der Mansarde. Stark getrocknete Stücke müssen vor dem Dämpfen meist unter Zuhilfenahme eines feuchten Mitläufers angefeuchtet werden, was durch Einwickeln in einen feuchtgehaltenen Läufer erfolgt. Gedämpft wird mittels einer Passage von 3—5 Minuten im Schnelldämpfer bei 100—102° mit reichlich feuchtem Dampf, worauf je nach Erfordernis $^1/_4$—$^1/_2$ Stunde im großen Dämpfer nachgedämpft wird. Namentlich Ätzweiß und Buntätzen müssen vor trockenem Dämpfen bewahrt werden. Nach dem Dämpfen wird leicht gespült, geschleudert und getrocknet. Nach Bedarf kann dem letzten Spülbade etwas Bläue (blauer oder violetter Farbstoff) zugesetzt werden, um ein schönes Weiß zu erreichen.

Schwer ätzbare Farbstoffe werden mit Natriumformaldehydsulfoxylat und kleinen Zusätzen von wasserlöslichem Zinkformaldehydsulfoxylat geätzt. Um ein Ausbluten der gedämpften, geätzten Ware zu verhindern, wird ein Zusatz von 0,3—0,5 g Sapamin KW pro Liter Wasserflüssigkeit empfohlen[3].

Zinnätze. Als Beispiele von Zinnätzen gibt Cassella & Co.[4] nachstehende Zusammensetzung:

Zinnsalzätze A.

184 g	Weizenstärke	zusammen kochen,
147 g	weißes Dextrin	
372 g	Wasser	
22 g	Weinsäure	
220 g	Zinnsalz und nach dem Erkalten,	
55 g	essigsaures Natron zusetzen.	
1 kg		

Essigsaure Zinnätze A.

Diese Ätze erfordert längeres Dämpfen als die Zinnsalzätze und findet hauptsächlich für Illuminationseffekte neben direktem Aufdruck Anwendung.

760 g	essigsaures Zinn (18° Bé)	zusammen kochen,
185 g	Weizenstärke	
55 g	weißes Dextrin	
1 kg		

Mit Hilfe dieser Zinnsalzätze kann auch z. B. der seinerzeit vielverwendete Blaurot-Artikel hergestellt werden.

Zinkstaubätze. Die Zinkstaubätze[5] ist heute nur mehr für den Handdruck in Ge-

[1] Dyer Calico Printer Bd. 67 (1932) S. 635.
[2] Haller: Rev. gén. Teinture Bd. 12 (1934) S. 23.
[3] Ges. für Chem. Industrie: Melliand Textilber. Bd. 15 (1934) S. 360.
[4] IV. Druckerei, II. erweiterte Auflage 1924.
[5] Vgl. Babey: Rev. gén. Teinture Bd. 12 (1934) S. 755.

brauch und hat den Vorteil, daß die Stücke nicht am selben Tage gedämpft werden müssen, sondern liegen bleiben können. Leichte Zersetzbarkeit der Druckfarbe ist hinderlich. Durch Zusatz von Farbstoffen zur Ätze erhält man passende Buntätzeffekte. Man dämpft $\frac{1}{2}$ Stunde ohne Druck mit gesättigtem Dampf. Nach dem Dämpfen wird kalt mit Salzsäure abgesäuert, gründlich gespült und getrocknet. Der angewandte Zinkstaub muß gut gebeutelt und mit der Verdickung vermischt werden. Bei der Zugabe des Bisulfits ist Kühlung, am besten mit Eis, notwendig. Die Druckfarben dürfen nicht auf Vorrat für längere Zeit hergestellt werden.

Die Menge Farbstoff wählt man mit Rücksicht auf die Löslichkeitsverhältnisse. Durch $\frac{3}{4}$ stündiges feuchtes Dämpfen erreicht man genügende Fixation. Spülen und Trocknen wird ebenso wie bei den übrigen Druckarten ausgeführt. Eine Chlorpräparation der Ware ist auch hier empfehlenswert. Die Druckmethode bei direktziehenden Baumwollfarbstoffen und basischen Farbstoffen ist dieselbe, wie sie für den Direktdruck angegeben wurde. Eine weitere Gruppe von Farbstoffen, die hier Verwendung finden kann, sind spritlösliche Farben, die in Sprit gelöst, nur durch Verdunsten des Lösungsmittels ohne weitere Nachbehandlung eine genügende Wasserechtheit zeigen. Auch basische Farbstoffe können als Zusätze dienen, doch ist es empfehlenswert, hier etwas Tannin in Sprit gelöst zuzufügen und nach dem Aufbringen der Farbe die Ware durch ein Bad von Brechweinstein oder einem anderen Antimonsalz (5—10 g/Liter) zu nehmen. Dann wird gespült und getrocknet. Warmes Waschen ist zu vermeiden.

10. Reservedruck[1].

Cassella & Co[2] stellen widerstandsfähige Reserven für den Druck auf Wolle her, indem die nach Einwirkung von Aldehyden und ihren Polymeren auf Phenole oder deren Homologe und Derivate entstehenden wasserunlöslichen Kondensationsprodukte auf die Fasern aufgetragen werden. — Halbreserven werden durch Aufdruck von Monopolseife (Chem. Fabrik Stockhausen) und von Neradol D erreicht.

Über ein Verfahren zum mustergemäßen Bedrucken von Geweben mit Wachs oder ähnlichen Reservierungsmitteln nach Art des javanischen Druckbatikverfahrens, vgl. Adler[3].

11. Drucken von Mischgeweben.

Der Druck auf Halbwolle. Leichte Gewebe, Musseline, Kaschmir, Diagonal usw. werden erst gewaschen, dann gebleicht, meist mit Wasserstoffsuperoxyd, wie für reine Wolle angegeben. An Stelle des Chlorens tritt meist eine Präparation mit 3—5° Bé starken Lösungen von Natriumstannat. Nach dem Klotzen bleibt das Stück eine Stunde aufgerollt, passiert ein Schwefelsäurebad von 1° Bé und wird dann gewaschen und getrocknet. Der direkte Druck erfolgt mit Farbstoffen aller möglichen Klassen; welche Kombination (z. B. direktziehende Farbstoffe mit Wollfarbstoffen) man wählt, hängt von der Natur des vorliegenden Materials ab. Nach dem Druck wird die Ware möglichst feucht eine Stunde gedämpft und meist direkt gewaschen und getrocknet. Bei Verwendung basischer Farbstoffe macht man Zusätze von Tannin in Essigsäure gelöst, von geringen Mengen einer anderen organischen Säure (Weinsäure, Zitronensäure) und von etwas Natriumchlorat. In diesem Falle werden die Stücke gleichfalls eine Stunde gedämpft und $\frac{1}{2}$ Minute lang durch ein 41—50° C warmes Bad, das pro Liter bis 10 g Brechweinstein und 5—10 g Kreide enthält, genommen, dann gewaschen, geseift und entsprechend fertiggemacht.

---

[1] Über Reservieren von Wolle gegen Farbstoffe vgl. auch S. 213.
[2] DRP. 347 278 (1919). [3] Vgl. Adler: Österr. P. 104 395 (1925).

Ätzeffekte werden mit Hydrosulfitpräparaten (Hydrosulfitsulfoxylaten) unter Zusatz von Zinkweiß und zur Bläuung Ultramarin, das mit Albuminlösung fixiert wird, erhalten. Hydrosulfit verwendet man in einer Menge von 200—300 g pro kg Druckfarbe. Bedruckte Ware wird einige Minuten im Schnelldämpfer bei 100—102° feucht gedämpft, in kaltem Wasser gespült und dann getrocknet.

Auch Reißwolle, die möglichst hellfarbig sein soll, wird zu Mischungen verwendet. Die Kunstwolle selbst wird nach den vorbereitenden Arbeiten abgezogen und zwar mit Soda oder Ammoniak, Kaliumbichromat, Schwefelsäure und Oxalsäure oder Hydrosulfit, wobei man bei letzterer Methode zur Schonung des Fasermaterials Universalöl oder ähnliche Präparate mit verwendet. Sollen die Reißwollstoffe für Ätzartikel Verwendung finden, so darf die Baumwollkette nicht mit Sumach und Eisen nachgedeckt worden sein. Man färbt die Stoffe entweder ein- oder zweibadig vor und ätzt entweder mit Hydrolsulfit unter reichlicher Zugabe von Zinkweiß — als Fixationsmittel dient Albumin — oder durch Aufdruck von Pigmenten[1].

350 g	Zinkweiß mit
175 g	Wasser und
50 g	Glyzerin anteigen, hierzu
300 g	Blutalbumin 1:2 und
50 g	Terpentin, zum Schluß
75 g	Leinölfirnis einrühren.
1 kg.	

Die Farbe wird kalt bereitet und zweimal durch die Farbenreibmühle passiert.

Buntätzen werden wie bereits beschrieben ausgeführt. Man begnügt sich meist mit den Echtheitseigenschaften basischer Farbstoffe. Nur muß man zur besseren Fixierung nach dem Durchnehmen im Schnelldämpfer etwa ½ Stunde im Runddämpfer nachdämpfen. Halbwollgarne werden nach denselben Verfahren behandelt, doch sind die Farben, um ein Durchdringen zu ermöglichen, dünn zu halten.

Wollseidenstoffe werden wie Wolle vorbehandelt. Man bleicht meist mit Wasserstoffsuperoxyd. Chlor- und Zinnpräparationen werden ebenso wie bei Wolle ausgeführt, doch auch manchmal unterlassen. 1stündiges Feuchtdämpfen genügt meist. Von Farbstoffen wählt man die S. 211 für Wollseidenstoffe genannten. Die Ätzvorschriften für Wollseide sind dieselben wie für Wollstoffe.

Das oft erforderliche Nachdecken der Seide erfolgt mit direktziehenden Farbstoffen in kurzem, kaltem Bade unter Zusatz von 5—10% Essigsäure.

Gemische von Wolle mit Azetatseide oder Azetatzellwolle. Weiße Azetatseideneffekte werden durch Aufdruck sauerziehender Farbstoffe erzielt. Die Mehrzahl der sauren Farbstoffe tönt die Azetatseide schwach an, ist daher weniger brauchbar, wenn nicht ein schwaches Antönen erwünscht ist. Nicht angefärbt wird die Azetatseide z. B. durch folgende Farbstoffe: Tartrazin O, Echtlichtgelb 3 G, Supraminorange G, Supraminrot 3 B und GG, Supranolbrillantrot B, G, Alizarindirektzyanin 3 GE, Brillantwollblau G ext., Echtsäuremarineblau HBB, Alizarinzyaningrün 3 G, 5 G, Naphthalingrün V, Palatinschwarz MM. In Mischung mit Azetatseidenfarbstoffen erhält man warme Bunteffekte[2]. Über Weißätzen vgl. Schneevoigt[2]. — Die S. A. des Etablissements Petit-Didier bedruckt Gewebe aus Zelluloseazetatseide, nimmt dann durch ein Kaliumpermanganatbad und hierauf durch eine Lösung von Natriumbisulfit, um die Wolle tadellos weiß zu erhalten[3].

---

[1] L. Cassella & Co.: Kleines Handbuch der Färberei 1924, S. 289.

[2] Schneevoigt: Melliand Textilber. Bd. 7 (1926) S. 945.

[3] S. A. des Etablissements Petit-Didier (Ancienne Maison Jolly Belin): Engl. Pat. 270 657 (1927), Zusatz zu Engl. Pat. 256 238 (1926).

Mechanische Hilfsmittel für die Veredlung der Wolltextilien.

Von Geh. Reg.-Rat Prof. Dipl.-Ing. **H. Glafey**, Meißen.

Einleitung.

Die nachfolgenden technologischen Ausführungen sind sinngemäß auf den gleichen Erwägungen aufgebaut, wie sie vom Verfasser in der Einleitung seiner Arbeit „Mechanische Hilfsmittel für die Veredlung der Baumwoll-Textilien", Band IV, 3 dieses Sammelwerks, zum Ausdruck gebracht wurden. Es sind also in der vorliegenden Arbeit nicht nur die Ganzfabrikate, sondern auch die Rohstoffe und die Halbfabrikate in den Kreis der Betrachtungen einbezogen worden, und zwar stets unter Beachtung des Gesichtspunktes, daß es sich in jedem Falle um eine „Veredlung" handelt, mag der Werkstoff ein Rohstoff, ein Halb- oder Ganzfabrikat und die Behandlung eine nasse oder eine trockne sein.

Die Art der Gewinnung der Wolle und die Kenntnis ihrer Eigenschaften, ihrer Dehnbarkeit, Reißfestigkeit, ihres Kräuselungsvermögens, ihrer Formbarkeit, Formfestigkeit usw. sind von großer Bedeutung für denjenigen, der sie verarbeiten und veredeln muß[1] (vgl. S. 3ff.).

Die Wollindustrie umfaßt zwei große Gebiete, und zwar die Streichwoll- und die Kammwollindustrie.

Die Streichgarnspinnerei verarbeitet in erster Linie die kürzeren, stark gekräuselten, feinen Wollen, die Kammgarnspinnerei dagegen die längeren, weniger gekräuselten, kräftigeren Wollen. Die neuzeitlichen Spinnereimaschinen erfordern eine derartige strenge Scheidung der Wollen nicht mehr; es können heute viele Wollen sowohl zu Streich- als auch zu Kammgarn versponnen werden. Die Streichwollindustrie stellt Tuche und tuchartige Stoffe her, während in der Kammwollindustrie glatte Gewebe, Kammwollstoffe, erzeugt werden.

Die der Veredlung der Wolltextilien zur Verfügung stehenden Hilfsmittel können teilweise sowohl in der Streichwoll- als auch in der Kammwollindustrie verwendet werden, vielfach erfordert aber jedes der beiden großen Gebiete noch besondere Hilfsmittel, wie in den einzelnen nachfolgenden Unterabschnitten dargelegt wird. Von Einfluß ist teilweise auch noch, ob reine Wollen oder solche in Mischung mit anderen Fasern zu sog. Mischfasergarnen versponnen werden, oder ob reine Wollgarne oder neben diesen gleichzeitig auch noch Garne aus anderen Rohstoffen verarbeitet werden sollen.

---

[1] Ausführliches hierüber findet sich in Herzog: Technologie der Textilfasern, Bd. VIII, 1; Frölich, Spöttel und Tänzer: Wollkunde; sowie in Joh. Heyne: Die Wollkunde, Leipzig 1924.

I. Waschen.

a) Waschen der Wolle.

Die auf dem Körper des Schafes befindliche Wolle wird Schweißwolle genannt. Wird sie noch vor dem Scheren auf dem Körper des Tieres gewaschen, so bezeichnet man sie als rückengewaschene Wolle. Die vollständige Reinigung

Abb. 1.

Abb. 1 bis 6. Wollwaschbottich. (Petrie & Mc Naught, Rochdale.)

der durch das Scheren gewonnenen Schweiß- und der rückengewaschenen Wolle wird in der sog. Fabrikwäsche durchgeführt. Sie besteht im allgemeinen aus einer Vor- und Nachwäsche. Die Vorwäsche wird vor dem Versand ausgeführt;

Abb. 2.

mit ihr bezweckt man eine wesentliche Herabminderung des Gewichts und damit eine Frachtkostenersparnis. Die aus der Vorwäsche hervorgegangene Wolle bezeichnet man als ,,scoured".

Die Wollwäscherei bildet entweder eine Unterabteilung der Spinnerei oder sie wird in Sonderbetrieben durchgeführt. In jedem Fall besteht sie in einem Einweichen oder Entschweißen, dem Entfetten oder Waschen im engeren Sinne und dem Spülen. Ihm folgen Entnässen und Trocknen. Entschweißen und Entfetten werden im Kleinbetrieb nacheinander in ein und demselben Bottich oder in voneinander getrennten Bottichen ausgeführt. In jedem Falle wird hierauf gespült. Der Großbetrieb verwendet für das Entschweißen, Entfetten und Spülen eine Reihenfolge von Bottichen, die unter Zwischenschaltung von Quetschwerken so miteinander verbunden sind, daß der Werkstoff, die Wolle, zwecks höherer Ausnutzung der Waschflotte und Waschmittel im „Gegenstrom" zur Waschflotte durch die einander folgenden Bottiche hindurchgeführt werden kann. Eine Anlage dieser Art bezeichnet man heute ihrer großen Ausdehnung wegen als Waschzug oder Leviathan. Vorgeordnet ist ihm vielfach noch eine besondere Entschweißvorrichtung und nachgeordnet im allgemeinen eine Trockenvorrichtung[1].

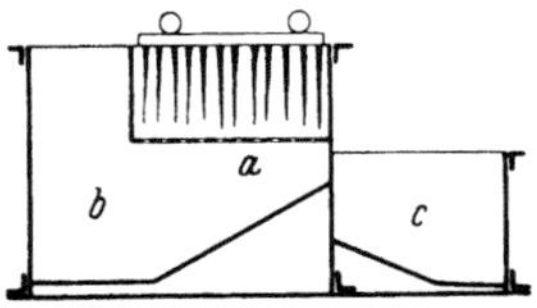

Abb. 3.

In den Abb. 1—6 sei beispielsweise ein Waschbottich neuerer Bauweise veranschaulicht, bei dem die Vorwärtsbewegung der Wolle im Waschbad durch einen im Viereck bewegten Rechen und das Ausheben der Wolle aus dem Bad durch einen mit diesem Rechen zusammenwirkenden Hilfsrechen erfolgt. Der

Abb. 4.

eigentliche, mit einem gelochten Boden versehene Waschraum *a* (Abb. 3), dem die Wolle durch ein endloses Lattentuch zugeführt wird, ist verhältnismäßig klein; den größten Teil des Bottichs bildet ein Absitztrog *b*, der sich teilweise unter dem gelochten Boden des Waschraumes befindet und sich zum Teil der einen Längsseite des Bottichs entlang erstreckt (s. Abb. 1 vorn). Die an der Oberfläche dieses Absitztroges sich ansammelnde Fettschicht fließt durch einen Überlauf in einen zweiten Absitztrog *c*, der auf der anderen Längsseite des Waschraumes aber tiefer als dieser liegt. In ihn fließt auch die vom Förderrechen gegen die Quetschwalzen geschwemmte Lauge. Aus dem zweiten Absitztrog wird, wie Abb. 2 erkennen läßt, die Waschlauge durch eine Pumpe wieder zurück in den Waschraum gefördert, und zwar erfolgt der Eintritt in diesen unmittelbar unter der Be-

[1] Ausführliches über die Wollwäscherei in ihrem ganzen Umfang findet sich in Bd. VIII, 2 ds. Technologie.

schickungsstelle. Hierdurch wird im Waschraum die Förderung der Wolle begünstigt. Beide Absitztröge können durch Bodenöffnungen von Zeit zu Zeit entleert und gereinigt werden.

Bei einem modernen Waschzug wird, wie bereits erwähnt, die Waschlauge im Gegenstrom zum Waschgutlauf durch die Bottiche geführt, d. h. es fließt dem letzten Bad, dem Spülbottich, dauernd Frischwasser zu und aus dem ersten Bad, Einweichbottich, läuft beständig Schmutzwasser ab. Der Schlamm setzt sich dabei auf dem Boden der Bottiche ab. Seine Entfernung erfolgt entweder nach Bedarf durch eine Bodenöffnung im Bottich, oder er wird dauernd durch Injektoren oder gegenläufige Schnecken einem Auslaß zugeführt, kann sich also überhaupt nicht absetzen. Abb. 5 und 6 zeigen die Anordnung einer Schnecke am Boden des sich nach unten verjüngenden Unterteils des Bottichs. Aus Abb. 4 ist der Kettenantrieb für die Schnecke zu erkennen.

Abb. 5.

Um die Einwirkung der Waschlaugen auf das Fasergut möglichst vorteilhaft zu gestalten, die Schlammbildung in den Bottichen zu verringern und die Spinnereimaschinen zu entlasten, wird der Stapel der Wolle vor ihrem Einbringen in die Flotte[1] im allgemeinen auf einer Zupfmaschine, einem Öffner, gelockert. Auf den Zupfmaschinen, die u. a. von der Zittauer Maschinenfabrik A.-G., Zittau, H. Krantz, Aachen und F. Bernhardt, Leisnig, gebaut werden, wird die zu behandelnde Wolle entweder von oben mittels eines endlosen Lattentuchs zwei mit Stiften (Zähnen) besetzten Walzen zugeführt, unter denen sich eine gleichartig ausgestattete Trommel befindet, welche die aus den beiden Stiftenwalzen austretende Wolle zupfend abnimmt, also in Flocken auflöst und auswirft, oder es übergibt das zur Speisung vorgesehene Lattentuch das Fasergut zwei Paar in Verzug arbeitenden geriffelten Speisewalzen, denen zwei Trommeln hintereinander folgen, deren jede mit Stiftleisten ausgestattet ist, und von denen die zweite rascher läuft wie die erste. Diese zupft die Wolle von dem letzten Speisewalzenpaar ab und treibt sie der schnellerlaufenden zweiten Trommel zu, die die Wolle weiter auflöst und auswirft. Unter jeder Trommel ist ein gelochter, herausziehbarer Siebboden für das Abscheiden von Unreinigkeiten angebracht. Das Wesen einer dritten, ins-

Abb. 6.

[1] Vgl. R. Preu: Die Kammgarnspinnerei, Berlin 1928.

besondere für die Bearbeitung langer Wollen (Crossbreds) bestimmten Maschine besteht aus einem die Wolle einführenden, dem endlosen Zuführlattentuch folgenden, sich langsam drehenden Hakenwalzenpaar und einer dicht mit krallenartig gebogenen Stahlzähnen besetzten, schnellrotierenden, eisernen Trommel (Zugtrommel). Diese erfaßt die aus dem Hakenwalzenpaar austretende Wolle und zieht sie unter Auflösung ab. Eine am Ausgang des Öffners angeordnete Schlagtrommel, deren Umfang mit mehreren fingerartig ausgebildeten Lederleisten besetzt ist, nimmt die Wolle von der Zugtrommel ab und befördert sie aus der Maschine. Ihre Lederfinger greifen zu diesem Zweck zwischen die Stahlkrallen der umlaufenden Trommel und schlagen infolge ihrer größeren Geschwindigkeit gegenüber den Krallen die Wolle aus diesen heraus und befördern sie zugleich aus der Maschine. — Die Beschickung des Zuführlattentuches des Öffners erfolgt im Kleinbetrieb mit Hand, im Großbetrieb dagegen durch einen sog. Kastenspeiser. Er gibt die Gewähr dafür, daß die Rohwolle dauernd in einer gleichmäßigen Schicht auf den Zuführtisch des Öffners gelangt. Dem Füllkasten des Speisers wird die Wolle gewöhnlich durch einen Schacht aus einem höhergelegenen Stockwerk zugeführt.

Neben der unter Benutzung von Soda und Seife ausgeführten mechanischen Wäsche ist auch die sog. chemische Wäsche besonders im Interesse einer rationelleren Fettgewinnung in Vorschlag gebracht worden. Hier dienen Benzin, Benzol, Naphtha, Tetrachlorkohlenstoff u. a. als Lösungsmittel. Sie werden bei der Durchführung des Waschprozesses größtenteils wiedergewonnen. Infolge ihrer Feuergefährlichkeit und Explosivität und infolge zu starker Entfettung der Wolle ergaben sich anfänglich viele Mißerfolge. Die Schwierigkeiten dürften heute jedoch beseitigt sein (vgl. S. 138ff.).

b) Waschen von Faserbändern.

Das Waschen der Faserbänder kommt nur für Kammzug in Betracht. Die Wolle wird nach dem Waschen und Trocknen und vor dem Krempeln zwecks leichterer Faserzerteilung bei ihrer Weiterverarbeitung geölt, eingefettet. Dieses Fett muß wieder entfernt werden, da man fettfreies Garn wünscht. Ganz besonders ist die völlige Entfernung des Fettes aber dort Bedingung, wo ein Färben oder Bedrucken des Kammzugs stattfinden soll. — Vom Kammgarn verlangt man weiter ein glattes Aussehen. Dies wird um so leichter erreicht, je schlichter die Wolle ist. Schlicht sind aber im wesentlichen die gröberen Wollen, die sich nur zum Spinnen niederer Garnnummern eignen. Mit dem Ausspinnen höherer Garnnummern muß die Feinheit der Faser Schritt halten. Feine Fasern sind aber gekräuselt, und zwar nimmt die Kräuselung mit der Feinheit zu. Um aus feinen Fasern glatte Garne zu erzielen, muß die Kräuselung entfernt werden. Dies geschieht durch das sog. Plätten im unmittelbaren Anschluß an das Waschen. Bei den dem Waschen und Plätten dienenden Maschinen laufen die Kammzugbänder in einem Arbeitsgang durch eine Reihe von Seifen- und Spülbädern und nach dem Verlassen des letzten Bades durch eine Trockenvorrichtung. Als Waschlauge verwendet man gewöhnlich Seifenlösung von 45 bis 50°, jedoch von schwächerer Konzentration als beim Waschen der Rohwolle. Für mit Olivenöl gefettete Wollen genügt die schwächere Seifenlösung, kommt Olein als sog. Schmelzmittel zur Anwendung, so wird dem ersten Bad gewöhnlich etwas Soda zugesetzt[1].

[1] Vgl. hierzu z. B. Meister: Die Spinnerei in technologischer Darstellung, Berlin 1930, S. 161 ff.; sowie Müller: Handbuch der Spinnerei, Berlin 1892, S. 410.

c) Waschen der Wollgarne.

Der Wolle wird durch den Waschprozeß der größte Teil des Fettes entzogen; sie wird infolgedessen mehr oder weniger spröde und läßt sich schwer verspinnen. Man muß ihr deshalb vor dem Verspinnen wieder eine gewisse Menge Fett zuführen. Dies geschieht in der Streichgarnspinnerei im allgemeinen beim Wolfen durch das sog. Schmelzen, in der Kammgarnspinnerei durch das Ölen unmittelbar nach dem Trocknen. Dieser Fettzusatz verbleibt in der Wolle beim Verspinnen, er muß aber aus ihr wieder entfernt werden, wenn die Wollgarne gebleicht, gefärbt, karbonisiert werden sollen. Diesem Zweck dient das Waschen der Garne. Es findet auch Anwendung, um sonstige im Verlauf des Spinnprozesses, durch den Transport usw. noch in die Garne gekommene Unreinigkeiten zu beseitigen. Endlich werden auch gebleichte, gefärbte und sonstwie behandelte Garne gewaschen, um sie von den ihnen noch anhaftenden Fremdkörpern zu befreien. Ausgeführt wird der Waschprozeß mit der Hand oder mit der Maschine unter Verwendung von Seife allein oder von Seife und Soda. Das Garn befindet sich stets in Strahnform.

Abb. 7. Walzenwaschmaschine für Strähngarn. (Esser & Co. G. m. b. H., Görlitz.)

Bei der Handarbeit werden die Garnsträhne auf Stöcke gereiht und letztere unter Auflegen der Enden auf die Wandungen eines viereckigen, die Waschlauge enthaltenden Bottichs in die Lauge eingesenkt. Durch periodisches Umziehen und Schwenken der Strähne auf den Stöcken werden nach und nach alle ihre Teile der Wirkung der Waschlauge ausgesetzt. Dem Waschprozeß folgt das Spülen in gleicher Weise, um die Seife zu entfernen, und schließlich das Entnässen durch Ausschleudern. Vielfach wird auch die überschüssige Seifenlauge zunächst in einer Walzenquetsche abgepreßt, der die aus der Waschlauge genommenen Strähne durch ein Förderband od. dgl. zugeleitet werden, und dann erst werden die Strähne gespült und geschleudert.

Abb. 8. Garn-Spülmaschine. (Zittauer Maschinenfabrik A.-G., Zittau.)

Maschinen zum Waschen der Wollgarne sind in den verschiedensten Ausführungsformen in Vorschlag gebracht worden. Entweder werden die Garnsträhne bei ihnen nur in der Waschflüssigkeit umgezogen, oder umgezogen und gleichzeitig geschwenkt und versetzt, oder umgezogen und gleichzeitig auch einer mechanischen Bearbeitung durch dauerndes Abquetschen ausgesetzt[1]. Maschinen der letzteren Art kommen überall dort zur Anwendung, wo es sich um eine energische Behandlung der Garne handelt. Die Abb. 7 bis 12 zeigen Beispiele von Maschinen neuerer Konstruktion. Bei der Maschine nach den Abb. 7 und 8

[1] Vgl. hierzu L. Th. Gebauer: Maschinen zum Waschen, Bleichen usw. der Garne; Programm der Techn. Staatslehranstalt zu Chemnitz 1888.

befindet sich die Waschlauge in einem hölzernen Bottich, in dem sie durch eine kupferne Dampfschlange angewärmt werden kann. Die zu behandelnden Garnsträhnen werden auf die längsgerillten, den Bottich überragenden Tragwalzen aufgehängt, mit denen glatte massive Druckwalzen zusammenwirken, von denen bei der Maschine nach Abb. 7 für jede Tragwalze eine solche, bei der Maschine nach Abb. 8 dagegen für je zwei Tragwalzen eine solche vorgesehen ist. Trag- und Druckwalzen führen eine ununterbrochene Drehbewegung aus, die zur Folge hat, daß die Strähne in der Waschlauge umgezogen und dabei außerhalb derselben abgequetscht werden. Um das Aufbringen der Strähne auf die Tragwalzen und das Abnehmen von diesen während des Betriebes zu ermöglichen, sind die Walzen an ihren freitragenden Enden konisch zugespitzt, gleiches gilt auch von den Quetschwalzen. — Das Spülen der gewaschenen Garne erfolgt zweckmäßig auf einer zweiten, gleichartigen Maschine, deren Bottich mit einem Überlauf und mit einer Zuführvorrichtung für Frischwasser versehen ist. Diese zweite Maschine besteht entweder für sich

Abb. 9. Waschmaschine für Strähngarn. (Petrie & Mc Naught, Rochdale.)

Abb. 10. Garn-, Seif- und Waschmaschine. (C. G. Hauboldt A.-G., Chemnitz.)

oder sie stellt mit der ersteren ein einheitliches Ganzes dar, wie dies Abb. 9 erkennen läßt. Die beiden Bottiche sind unmittelbar aneinandergefügt. Über jedem derselben ist ein Dreiwalzenpaar gemäß Abb. 9 angeordnet. Seine beiden Unterwalzen tragen die Strähne, die Oberwalze bildet die Druckwalze für die beiden Unterwalzen. In dem ersten, linksseitigen Bottich ist ein endloses, umlaufendes Lattentuch vorgeordnet und vor diesem befindet sich eine Walzenpresse, deren Oberwalze unter Federbelastung steht. Die gespülten und von den über dem Spülbottich angeordneten Umzugwalzen abgenommenen Garnsträhne kommen auf das endlose Lattentuch und dieses führt die Strähne den Quetschwalzen zu, durch die sie entnäßt werden. — Ebenso wie bei den Garn-, Seif-, Wasch- und Spülmaschinen nach den Abb. 7, 8 und 9 wird auch bei der Maschine nach Abb. 10 das Reinigen der Garnsträhne durch Umziehen in der Flüssigkeit und beständiges Abquetschen erreicht, die Maschine arbeitet aber insofern selbsttätig, als bei ihr die Zeitdauer für das Umziehen der Strähne im Bad genau begrenzt ist. Das Gestell der Maschine trägt auf seiner einen Längsseite den aus Holz hergestellten, mit Ablaßhahn und kupferner Heizschlange versehenen Trog für die Aufnahme der Lauge oder des Spülwassers. Über diesem Trog sind drei bzw. vier in kegelförmige Spitzen auslaufende Rotgußspulen von 100 mm Durch-

Abb. 11. Strähngarnwaschmaschine. (Petrie & Mc Naught, Rochdale.)

messer parallel zueinander angeordnet. Diese Spulen, deren Achsen von einer durch die Maschine laufenden Längswelle aus durch Kegelräder Drehbewegung empfangen, bilden die Strahnträger und arbeiten mit gegen sie anliegenden, gußeisernen, mit einem Weichgummibezug versehenen Quetschwalzen zusammen. Unter jeder Rotgußspule liegt im Trog, aber mit seinen Trägern nach oben schwenkbar, ein Rohrhaspel aus Messing und zwischen diesem Haspel und der ihm entsprechenden Spule ist eine Spannvorrichtung nebst Strahnhalter angeordnet. Das Ausschwenken der Rohrhaspel in die Hochlage, siehe rechte Seite der Abb. 10, erfolgt selbsttätig durch Kurvenscheiben, die auf einer zweiten Längswelle sitzen, die ihren Antrieb durch Schneckenantrieb und Kettenräder von der Hauptwelle aus empfängt. Nach dem Einrücken der Maschine mittels der über sie hinweglaufenden Ausrückstange setzen sich sämtliche Spulen mit den Ausquetschwalzen gleichzeitig in Bewegung. Sie werden dann nacheinander bedient, indem der Strahnhalter zurückgeschlagen, der Strahn zwischen Rotgußspule und Abquetschwalze und über den Rohrhaspel gelegt und der Halter wieder geschlossen wird. Bis zur vollendeten Beschickung der letzten Spule ist auf der zuerst beschickten Spule das Garn etwa 1 ¼ Minute gewaschen, abgequetscht und durch den Rohrhaspel ausgeschwenkt worden. Während das Garn hier ausgewechselt wird, beendet die zweite Spule ihre Arbeit, dann folgt die dritte, nach ihr die vierte und schließlich wieder die erste Spule und so fort. Ebenso wird beim Spülen und Abspritzen, das nach dem Seifen vorgenommen wird, verfahren, weil zuvor erst die Seifenlauge aus dem Trog abgelassen werden muß. Der genau geregelte, unabänderliche Arbeitsgang der Maschine bindet den sie bedienenden Arbeiter an ununterbrochene Tätigkeit und sichert somit ein wirtschaftliches Arbeiten. — Bei der in Abb. 11 dargestellten Waschmaschine werden die Garnsträhne mit Hilfe wandernder Lattentücher durch eine Reihenfolge von Bottichen hindurchgeführt und dabei am Ausgang eines jeden Bottichs mittels eines Walzenquetschwerkes entnäßt. Die Lattentücher sind paarweise angeordnet und so geführt, daß sie die Strähne zwischen sich aufnehmen können und mit Sicherheit durch die Flotte führen. Bevor die auf das untere Lattentuch des ersten Bottichs aufgelegten Strähne vom zweiten Lattentuch abgedeckt werden und zwischen beiden Lattentüchern liegend in das Bad eintauchen, werden sie erst durch ein Regenbad genetzt. Die Berieselungsflotte wird durch eine Pumpe dem Bottich entnommen, führt also eine kreisende Bewegung durch das Arbeitsgut aus. Für den zweiten und dritten Bottich ist keine Berieselungsvorrichtung vorgesehen, da die Strähne bereits feucht in sie eintreten. Dagegen weist jeder dieser Bottiche eine Garnführungsvorrichtung auf, durch die die von den vorausgehenden Quetschwalzen ausgebreiteten, teilweise auf dem Traglattentuch zur Seite geschobenen Garnsträhne wieder in dessen Mittelteil gebracht werden. Das Bad des ersten Bottichs besteht aus Wasser, dem Seife und Soda zugesetzt sind, der zweite Bottich enthält ebenfalls ein Seifen-Sodabad, der Sodagehalt ist jedoch geringer wie im ersten Bad und das dritte Bad besteht nur aus reinem Wasser, das bisweilen jedoch auch noch etwas Seife enthält. Sobald das Bad im ersten Bottich so schmutzig ist, daß nicht mehr mit ihm gewaschen werden kann, wird der Bottich durch einen Ablaßstutzen entleert und hierauf mittels je eines Injektors das Bad des zweiten Bottichs in den ersten und das des dritten Bottichs in den zweiten Bottich überführt. Der dritte Bottich erhält frisches Wasser evtl. mit einem Seifenzusatz.

Abb. 12. Garnspülmaschine. (Esser & Co. G. m. b. H., Görlitz.)

Die Maschine nach Abb. 12 trägt die zu behandelnden Garnsträhne freihängend auf Vierkantspulen, die auf Achsen sitzen, welche in einem rosettenartigen Gebilde waagrecht, radial nach außen stehend und freitragend drehbar gelagert sind. Unmittelbar außerhalb ihrer Lagerstelle ist jede dieser Achsen mit einer Laufrolle ausgestattet, die sich auf einer Ringbahn abwälzt, sobald der Achsenträger eine Drehbewegung ausführt. Aus dieser Wälzbewegung der Laufrollen ergibt sich eine Drehbewegung der Spulen und aus dieser ein Umzug der auf ihnen hängenden Garnsträhne. Die Waschlauge bzw. das Spülwasser befindet sich in einem Bottich mit Ringkanal, über dem die Spulen ihre kreisende Bewegung ausführen. Er ist durch eine Querwand geteilt und auf der einen Seite derselben mit einem Flüssigkeitszulauf, auf der anderen Seite dagegen mit einem Ablauf versehen. Die Folge davon ist, daß die zur Verwendung kommende Flüssigkeit eine kreisende Bewegung im Ringkanal ausführen muß. Entgegengesetzt zu ihr bewegen sich die Spulen mit den Garnsträhnen, diese wandern also schrittweise vom schmutzigen zum reinen Wasser. Dabei ist der Antrieb des rosettenartigen Spulenachsenträgers derart eingerichtet, daß den Spulen außer der bereits oben erwähnten fortschreitenden Drehbewegung auch noch eine ruckweise hin- und hergehende Bewegung erteilt wird.

Sind große Mengen Garn zu waschen, so fügt man bisweilen die Strähne durch Zusammenbinden ihrer Enden zu einem kettenartigen Gebilde zusammen und führt dies im Zickzack durch ein Seifenbad, dem ein Abquetschwerk folgt.

Gewisse Sorten von Wollgarnen, besonders Zwirne aus Glanzwollen, kräuseln sich stark, sobald sie ins Wasser kommen und bringen dadurch den Strahn in Unordnung. Um diesem Übelstand vorzubeugen, streckt man solche Garne vor dem Waschen. Sie werden zu diesem Zweck über Walzenpaare gebracht, deren Walzenabstand mittels Schraubenspindeln geändert werden kann, und dann in diesem gespannten Zustand kurze Zeit in kochendes Wasser gesenkt. Nach dem Herausheben aus dem Wasserbad läßt man das Garn abkühlen, zieht es um und versenkt es aufs neue in das Heißwasser, um es schließlich wieder abzukühlen. Mehrmals so behandelt, verliert das Garn die Eigenschaft sich zu kräuseln. Um dieses Arbeitsverfahren zu vereinfachen, hat man Streckvorrichtungen zur Anwendung gebracht, bei denen die zu behandelnden Garnsträhne auf Walzen kommen, die zum Zwecke des Umziehens der Garnsträhne in Drehung versetzt werden können, sobald der Walzenrahmen in das Heißwasser eingesenkt ist.

d) Waschen der Gewebe.

Garne, welche für im Stück zu färbende Gewebe bestimmt sind, werden in der Regel nicht vor dem Verweben gewaschen: ungefärbte Gewebe sind daher, wenn sie vom Webstuhl kommen, noch mit dem Spinnöl der Garne behaftet und enthalten ferner den Leim, mit dem die Kette vor dem Weben behandelt worden ist, um sie widerstandsfähig zu machen. Diese Fremdstoffe — Öl und Leim (Schlichte) — verhindern ein gleichmäßiges und gutes Aufziehen der Farbstoffe und müssen deshalb nach dem Weben baldmöglichst durch sorgfältiges Waschen entfernt werden. Kammgarn- und Streichgarngewebe sind nun hinsichtlich ihrer Behandlung wesentlich verschieden voneinander. Die ersteren kommen als ziemlich dichte, geschlossene Erzeugnisse vom Webstuhl: sie werden nach dem Waschen nur noch einer leichten Appretur unterzogen. Streichgarngewebe bedürfen dagegen einer tiefgehenden Bearbeitung. Das vom Webstuhl kommende Erzeugnis, allgemein als Loden bezeichnet, ist ein lockeres Gewebe, in dem Schuß und Kette deutlich sichtbar sind, da ihm noch die Geschlossenheit fehlt. Diese kommt durch das sog. „Walken" zustande, welches in der knetenden Bearbeitung des Gewebes in mäßig warmer und mehr oder weniger starker Seifenlösung oder in einem mit Walkerde versetzten Wasser besteht. Die geringe Menge Flüssigkeit, mit der der Walkprozeß durchgeführt wird, kann erhebliche Mengen von Fremdstoffen durch Lösung oder Emulsion nicht aufnehmen. Eine gründliche Entfernung der Spinnöle und Schlichte ist nach dem Walken wegen der geschlossenen Beschaffenheit der Ware aber nicht mehr möglich. Ein gründliches Waschen oder „Entgerbern" des Lodens vor der Walke ist deshalb für die Erzeugung eines guten, farbfehlerfreien Tuches Grundbedingung. Das „Entgerbern" besteht im Waschen mit sehr schwacher Sodalösung oder auch Soda-Seifenlösung bei einer Temperatur von etwa 30—40°. Bisweilen folgt dieser sog. Vorwäsche noch eine zweite Wäsche unter Benutzung von Walkerde.

Die Waschmaschinen für Gewebe kommen zur Verwendung als Breit- und Strangwaschmaschinen. Bei den Breitwaschmaschinen wird das umlaufende Gewebe nur gedrückt, beim Waschen im Strang auch in sich gerieben und gestaucht. Es ergibt sich hieraus zwar eine bessere Waschwirkung, auf der anderen Seite aber Filz- und Knitterbildung. Dieser Tatsache muß natürlich bei der Wahl zwischen Breit- und Strangwaschmaschine Rechnung getragen werden. Für Gewebe, welche leicht filzen oder knittern, sowie für feine und empfindliche Gewebe kommt die Breitwaschmaschine zur Anwendung. Schwere Stoffe, das sind insbesondere alle sog. „Walkwaren", werden auf der Strangwaschmaschine bearbeitet.

Bei beiden Arten von Maschinen laufen die Stücke im allgemeinen in größerer Zahl, Ende an Ende aneinandergefügt und so endlos gemacht, durch die Maschine, und zwar, wie schon der Name besagt, entweder in ausgebreitetem Zustand oder zum Strang zusammengezogen. Im letzteren Fall werden außerdem bisweilen

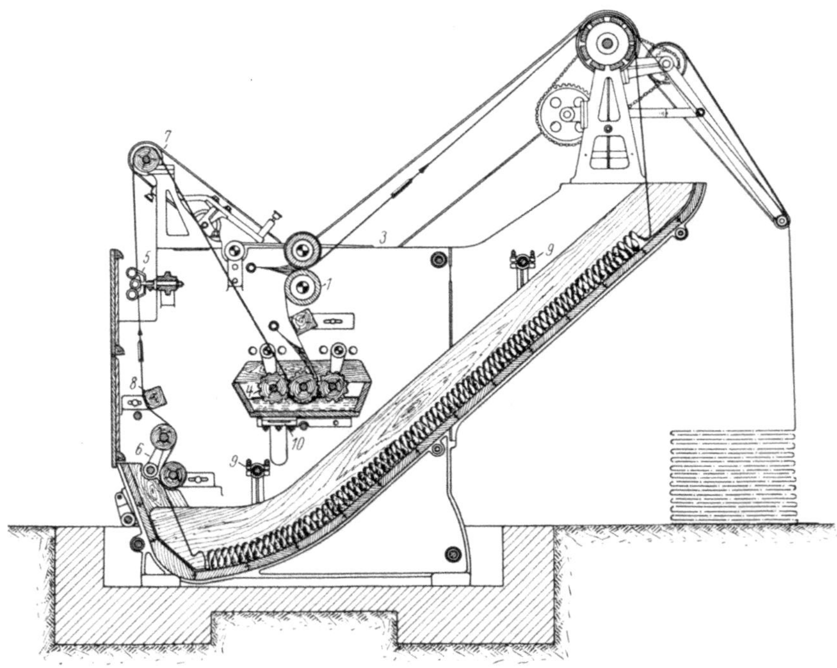

Abb. 13. Breitwaschmaschine. (L. Ph. Hemmer G. m. b. H., Aachen.)

eine größere Zahl von Gewebesträngen in Abständen nebeneinander gleichzeitig bearbeitet.

Das Aneinanderfügen der einzelnen Stücke erfolgt durch Zusammennähen unter Verwendung des leicht auflösbaren Kettenstiches. Die Nähwerkzeuge und ihr Antrieb sind bei dieser unter der Bezeichnung „Kuppelmaschine" bekannten Nähmaschine auf einem fahrbaren Gestell untergebracht, das die Möglichkeit bietet, die Nähmaschine unmittelbar an die Arbeitsmaschine heranzubringen.

Die Abb. 13 bis 20 zeigen Ausführungsbeispiele von Breitwaschmaschinen, die Abb. 21 bis 23 dagegen solche von Strangwaschmaschinen.

Die in Abb. 13 im Schnitt wiedergegebene Breitwaschmaschine ist mit zwei quetschend wirkenden Hauptwaschwalzen ausgestattet, und zwar einer unteren mit elektrolytischem Kupferüberzug und einer oberen mit Para-Hart- oder Weichgummibelag. Der Druck erfolgt durch die Oberwalze, seine Regulierung durch ein einziges Handrad, und zwar auf beiden Seiten gleichmäßig und gleichzeitig, durch Parallelogrammführung bleibt dabei eine ungleichmäßige Druckgabe ausgeschlossen. Dem Einlauf vorgeordnet ist ein Spritzrohr. Unterhalb der Hauptwalzen ist ein Schmutztrog für die Waschlauge vorgesehen, in dem drei nebeneinanderliegende Riffelwalzen angeordnet sind, von denen die beiden äußeren durch Druckfedern gegen die mittlere gepreßt werden. Durch sie läuft das Gewebe in der aus der Schnittzeichnung ersichtlichen Weise und wird so in der Lauge einer knetenden Bearbeitung unterzogen. Um dabei einen zwangläufigen Lauf der drei durch einen Riemen mit Spannrolle angetriebenen Riffelwalzen zu erzielen, sind deren Wellen durch im Trog liegende Bronzeräder miteinander verbunden. Oberhalb des Auslaufs des Gewebes aus den Riffelwalzen befindet sich ebenfalls ein Spritzrohr für das Spülen des zu den Hauptwaschwalzen wandernden Gewebes. Eine im Maschinenbottich vorgesehene Reguliervorrichtung führt das Waschgut im Falle eines seitlichen Verlaufens automatisch auf die Mitte der Walzen zurück. Sie besteht aus drei Messingwalzen (s. Abb. 13 linke Seite), die auf einer in ihrer Längenmitte um einen waagrechten Zapfen drehbaren Schiene gelagert sind. Von den drei Walzen laufen die beiden äußeren in Kugellagern, während die mittlere feststeht, jedoch verstellbar ist, um die Spannung des Waschgutes nach Belieben regulieren zu können und dadurch bei empfindlichen Geweben ein Längen derselben zu vermeiden. Mittels eines weiter vorgesehenen, der Reguliervorrichtung vorgeordneten Spannreglers kann das Gewebe von einem Punkte aus durch einen einzigen Hebel in die gewünschte Spannung versetzt werden. Porzellanbreithalter verhindern dabei in wirksamer Weise die Bildung von Falten und Knittern. Die für die seitliche Führung des Gewebes im Bottichunterteil vorgesehenen Führungswände können der jeweiligen Breite der wandernden Gewebebahn entsprechend verstellt werden, so daß diese nicht seitlich hin- und hergleiten kann. Im Schmutztrog ist ein Abschlußschieber aus Messing so angeordnet, daß die Waschlauge sowohl in den Bodenteil des Waschbottichs als auch durch einen Abflußkrümmer in einen Abflußkanal außerhalb der Maschine geleitet werden kann. Der Antrieb der Maschine ist derart eingerichtet, daß zwei Geschwindigkeiten zur Anwendung kommen können, und zwar eine kleine, etwa 70 Touren für das Einlaufen der Ware und für das Herausnehmen derselben aus der Maschine, und eine größere, etwa 240 Touren für den eigentlichen Waschprozeß. Die Ablieferung der gewaschenen Ware erfolgt durch eine Tafelvorrichtung. Sie ist mit angetriebener Leitwalze und zwei angetriebenen Tafelwälzchen aus Messing ausgestattet. Um auf der Maschine mit Spritzwasser verschiedener Temperatur arbeiten zu können, werden im Bedarfsfalle in die Spritzrohre Dampf-Wasser-Mischer eingebaut. Zur ständigen Kontrolle der Temperatur des Spritzwassers sind die Mischer mit Thermometern versehen, die außerhalb der Maschine bequem abgelesen werden können.

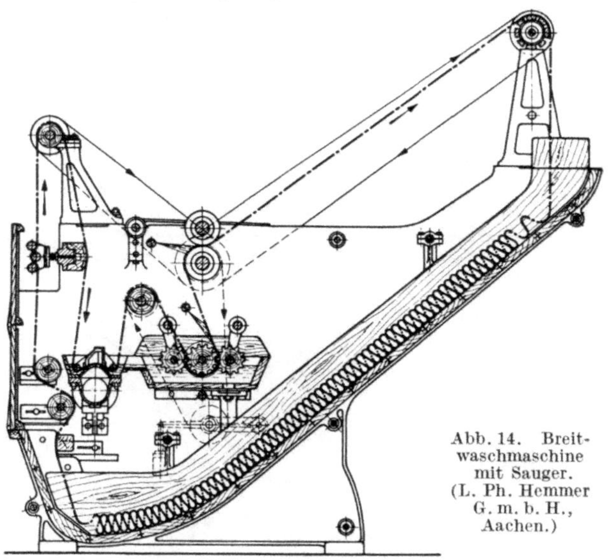

Abb. 14. Breitwaschmaschine mit Sauger. (L. Ph. Hemmer G. m. b. H., Aachen.)

Die in Abb. 14 im Schnitt wiedergegebene Breitwaschmaschine enthält ebenso wie die vorstehend erläuterte zwei Hauptwaschwalzen mit einer dem Gewebeeinlauf vorgeordneten Spritzvorrichtung, drei durch Federdruck gegeneinander gepreßte, in einem Waschtrog gelagerte Riffelwalzen mit einer über ihm angeordneten zweiten Spritzvorrichtung, eine Warenlaufreguliervorrichtung, Leitwalzen und Faltenausstreicher sowie eine hochgelagerte Zugwalze und einen ebenso gelagerten Haspel, der die Gewebebahn beim Umlauf dem als Rutschbahn ausgebildeten Bottichboden wieder zuführt. Abweichend in der Bauweise ist die Anbringung eines Saugers unmittelbar vor dem Waschtrog. Über diesem mit dem Waschtrog in Verbindung gebrachten Sauger läuft das Gewebe hinweg, bevor es zu den Riffelwalzen gelangt, und es wird dabei die aus dem Waschtrog kommende Waschlauge durch das Gewebe hindurchgesaugt.

Die Breitwaschmaschine nach Abb. 15 besitzt zwei Hauptwaschwalzen mit vorgeordnetem Faltenausstreicher und Spritzvorrichtung, Spannriegel und Warenlauf-Reguliervorrichtung. Weiter aber auch einen Schmutzwassertrog mit einer Tauchwalze und zwei über dem Trog angeordneten geriffelten Knetwalzen. Das von der hochgelegenen Zugwalze kommende Gewebe läuft zunächst um die Tauchwalze durch den Trog und dann im nassen Zustand durch die Riffelwalzen. Eine Tafelvorrichtung legt das Gewebe in regelmäßigen Falten auf die rechts ersichtliche Rutschbahn und eine zweite Spritzvorrichtung durchfeuchtet energisch die gelegten Falten vor der Wiederauflösung.

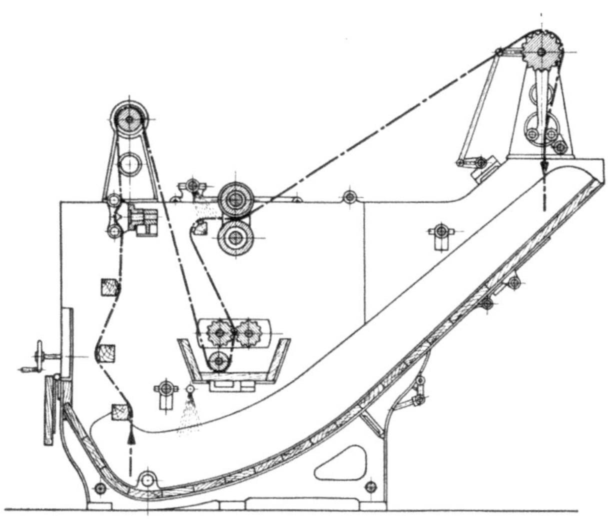

Abb. 15. Breitwaschmaschine mit 2 Hauptwalzen und automatischer Warenlaufregulierung. (Kettling u. Braun, Crimmitschau.)

Die Breitwaschmaschine nach Abb. 16 ist nicht nur mit zwei, sondern mit drei Hauptwaschwalzen und vier von diesen aus angetriebenen Riffelwalzen ausgestattet. Von den ersteren ist die mittlere Walze mit Hartgummi oder Kupfer, die obere und untere Walze dagegen mit Weichgummi bezogen. Die mittlere Walze ist ortsfest gelagert, die beiden Gegenwalzen ruhen dagegen in Gleitlagern, und es erfolgt ihre Anpressung gegen die mittlere Walze durch Pufferfedern, auf welche je ein Hebelsystem einwirkt, das durch Zahnräder, Schneckengetriebe, Handrad und Spindel verstellt werden kann. Von den im Waschtrog liegenden zwei Paar Riffelwalzen werden die beiden außenliegenden Walzen durch Federn gegen die innenliegenden Walzen angepreßt. Die endlose Gewebebahn läuft beim Arbeiten der Maschine in der Pfeilrichtung vom Bottichboden aus über eine Leitwalze, zwei Breithalterriegel und die aus drei Messingwalzen bestehende Warenlauf-Reguliervorrichtung zu der hochgelegenen und angetriebenen Zugwalze. Von dieser aus wandert das Gewebe über eine Leitwalze nach unten zu dem links liegenden Riffelwalzenpaar, wird hier vor seinem Eintritt in dieses von unten mit Spritzwasser bearbeitet und steigt dann nach oben über eine Ausbreitschiene zu den Hauptwaschwalzen, läuft, zum zweiten Male angespritzt, zwischen der Unter- und Mittelwalze hindurch und geht hierauf wieder nach abwärts zu dem rechtsseitigen Riffelwalzenpaar. Bei seinem Eintritt in dieses erfolgt eine dritte Anspritzung. Dem Durchgang durch das zweite Riffelwalzenpaar folgt der zweite Durchgang durch die Hauptwaschwalzen zwischen Mittel- und Oberwalze. Eine

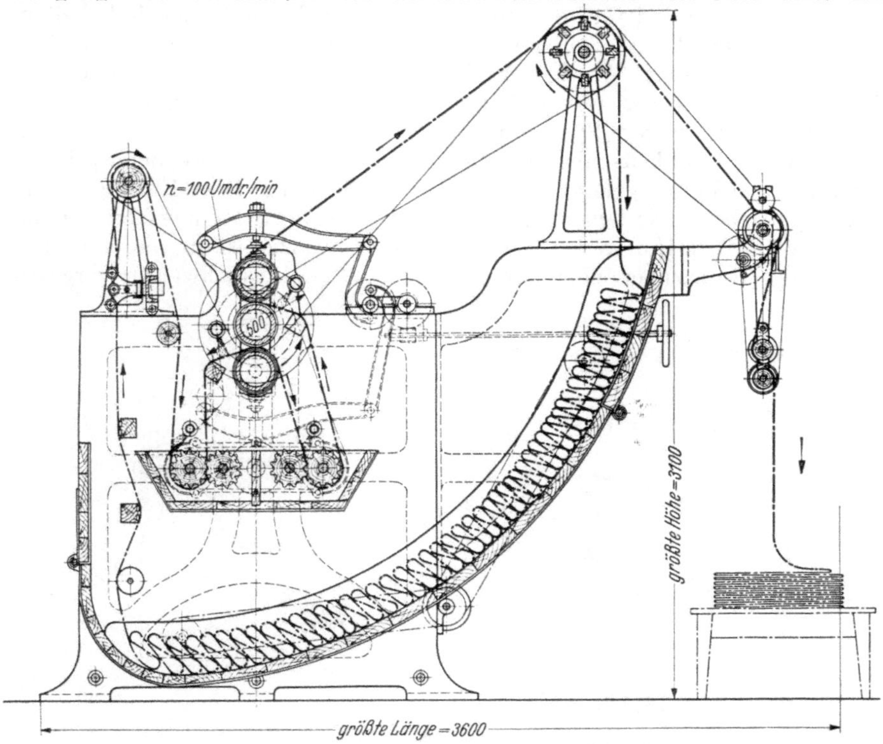

Abb. 16. Breitwaschmaschine mit 3 Hauptwalzen, 2 Paar Riffelwalzen und Täfelzeug. (Ernst Geßner A. G., Aue.)

vorgeschaltete Ausbreitschiene sorgt für faltenfreien Einlauf des Gewebes in die Waschwalzen, während eine zwischen dieser Ausbreitschiene und den Waschwalzen angeordnete vierte Spritzvorrichtung das Gewebe im freilaufenden Teil ganz wie bei den vorhergehenden Spritzstellen nochmals mit Druckwasserstrahlen bearbeitet. Über einen hochgelagerten Haspel kehrt das Gewebe wieder zu dem mit verstellbaren Seitenleitbrettern ausgestatteten Maschinenbottich zurück, um seinen Rundlauf

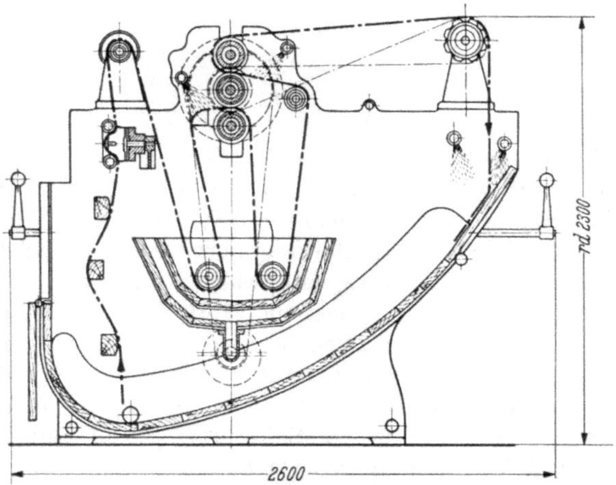

Abb. 17. Breitwaschmaschine mit 3 Hauptwalzen, Flottenzirkulation und automatischer Warenlaufregulierung. (Kettling u. Braun, Crimmitschau.)

aufs neue zu beginnen, sofern es nicht nach dem Auftrennen einer Naht durch die Tafelvorrichtung abgelegt wird. Eine Antriebvorrichtung für zwei Geschwindigkeiten findet sich auch bei dieser Breitwaschmaschine.

Die Breitwaschmaschine nach Abb. 17 ist ebenso wie diejenige nach Abb. 16 mit drei übereinander angeordneten, unter regulierbarem Federdruck stehenden Waschwalzen ausgestattet, die mit zwei verschiedenen Geschwindigkeiten — ganz wie bei den bereits behandelten Maschinen — betrieben und auch entlastet werden können. An dem Einlauf zwischen Unter- und Mittelwalze und Mittel- und Oberwalze ist, wie die Abb. 17 erkennen läßt, je eine Spritzvorrichtung vorgesehen. Zwei weitere Spritzvorrichtungen befinden sich an der Auflaufstelle des Gewebes auf die Rutschbahn. Durch die aus ihnen austretenden Spritzstrahlen wird das in Falten gelegte Gewebe durchnäßt und auf der Rutschbahn nach abwärts getrieben. Die Druckregulierung für die Waschwalzen erfolgt von einem Punkte aus mittels Handrades. Unter den Waschwalzen ist ein doppelwandiger, Flottenzirkulation zulassender Schmutztrog mit zwei Tauchwalzen vorgesehen,

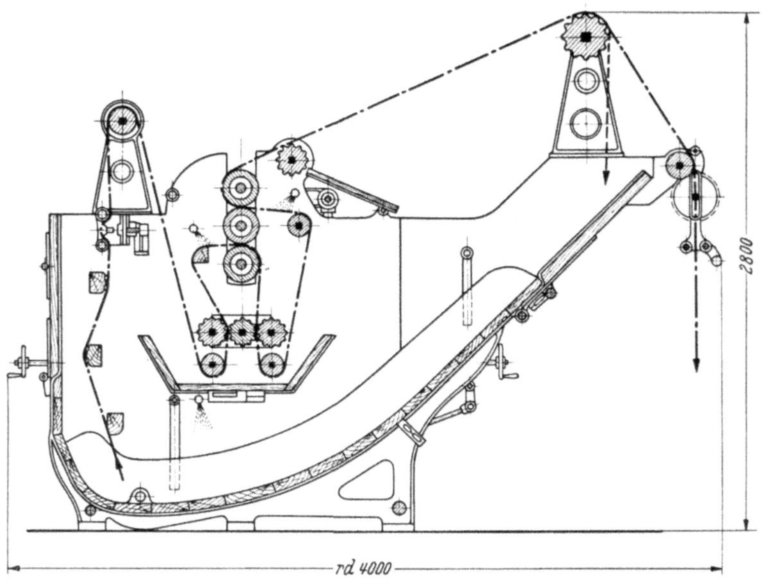

Abb. 18. Breitwaschmaschine mit 3 Hauptwalzen und automatischer Warenlaufregulierung. (Kettling & Braun, Crimmitschau.)

Riffelwalzen sind nicht vorhanden. Ein schwenkbares Flottenstandrohr ermöglicht ein bequemes Ablassen der Waschflotte. Der Einlauf des Gewebes in die Maschine erfolgt über mehrere mit Porzellanbreithalterplatten belegte Riegel. Die ihnen folgende Warenlaufreguliervorrichtung wird gebildet durch zwei in Kugellagern laufende Hartgummiwalzen und eine zwischen ihnen angeordnete verstellbare Hartgummischiene. Der Reguliervorrichtung folgt, wie aus Abb. 17 ersichtlich, die hochgelegene Einzugwalze, von der aus das Gewebe über die erste Tauchwalze im Schmutztrog, dann nach erstmaligem Bespritzen zwischen die untere und mittlere Quetschwalze, hierauf über die zweite Tauchwalze zum zweiten Male durch den Schmutztrog und schließlich erneut bespritzt zwischen der mittleren und oberen Quetschwalze zum zweiten Male durch die Waschwalzen läuft. Für alle Wellen, Leit-, Führungs-, Bremswalzen usw. sind außerhalb der Gestellwände liegende, nicht tropfende Kugelgelenklager (Saturn) mit Ringschmierung vorgesehen. Es sind dies als Ringschmierlager ausgebildete Kugelgelenklager mit einteiligem, ballig ausgedrehtem Gehäuse und in Querstellung einzuführender Lagerbüchse. Diese ist ebenfalls einteilig und in der Mitte mit einer der Ausdrehung des Gehäuses entsprechenden balligen Rippe versehen, besitzt aber sonst die Gestalt einer kleineren, dem kleinsten Durchmesser der Gehäuseausdrehung entsprechenden Kugel. Mit der balligen Rippe kann die Lagerbüchse nach Querstellung durch zwei einander gegenüberliegende, bis zum größten Durchmesser der Gehäuseausdrehung führende Ausnehmungen eingebracht werden.

Die Breitwaschmaschine mit drei Waschwalzen nach Abb. 18 zeigt neben den üblichen Breithaltern, Regulierwalzen usw. einen Schmutztrog mit zwei Tauchwalzen und drei über ihnen liegenden knetend wirkenden Riffelwalzen. Ein Rutschbrett mit vorgeordneter Ablegewalze gibt die Möglichkeit, das umlaufende Gewebe unter Umgehung des hochgelegenen Abzughaspels wieder auf die Rutschbahn zu führen.

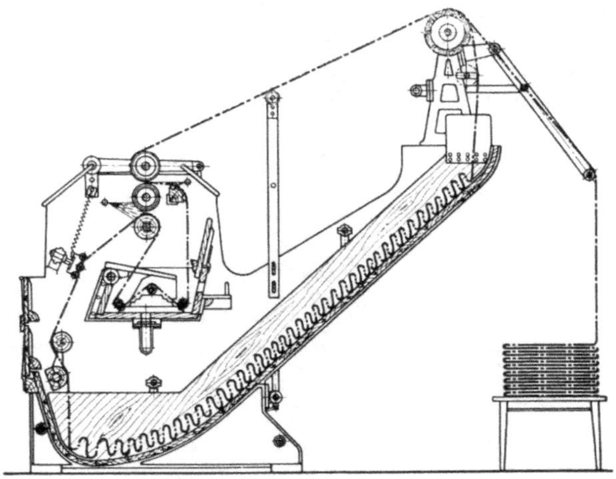

Abb. 19. Breitwaschmaschine mit drei Hauptwalzen und Tauchsauger. (L. Ph. Hemmer G. m. b. H., Aachen.)

Die mit drei Waschwalzen ausgestattete Breitwaschmaschine nach Abbildung 19 ist unterhalb der Waschwalzen innerhalb des Schmutztroges mit einem sog. Tauchsauger (Tauchsugger) ausgestattet. Ein haubenförmiger Oberteil desselben wird durch Exzenter in auf und abgehende Bewegung gesetzt und macht etwa 200 Hübe in der Minute. Die im Trog befindliche Waschflüssigkeit wird, wenn der genannte Oberteil des Saugers nach oben bewegt wird, durch das über einen Sattel laufende Waschgut nach oben hindurchgesaugt. In dem Augenblick aber, wo der Oberteil sich wieder senkt, wird die Waschflüssigkeit in umgekehrter Richtung durch das Waschgut nach unten gedrückt. Durch die rasche Auf- und Abbewegung der bezeichneten Haube entsteht ein Wasser-Luft-Gemisch, das sehr schnell einen ausgiebigen Seifenschaum erzeugt, durch den die Schmutzteile aus dem Stoff entfernt werden. Um ein seitliches Verlaufen des Gewebes zu verhindern, ist eine Reguliervorrichtung für den Gewebelauf vorgesehen, deren Ausschlag seitlich durch Spiralfedern begrenzt ist.

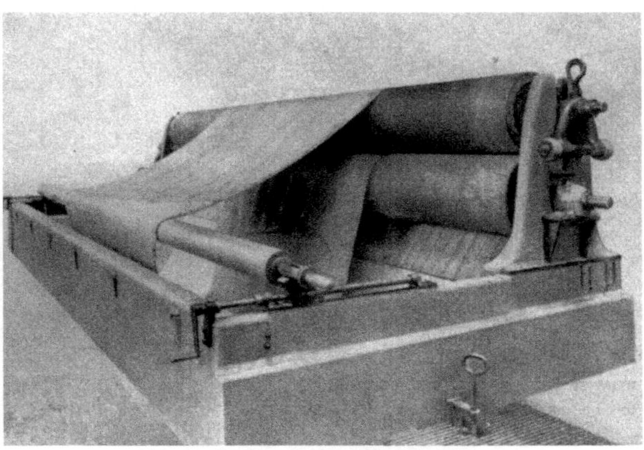

Abb. 20. Breitwaschmaschine für Rundfilze. (L. Ph. Hemmer G.m.b.H., Aachen.)

Eine Breitwaschmaschine von ganz besonders starker und zugleich aber auch einfacher Bauweise veranschaulicht die Abb. 20. Sie dient der Behandlung der sog. Rundfilze, das sind gefilzte schlauchartige Gewebe, wie sie in der Papiermaschine sich befinden; ihr Gewicht ist nicht unbeträchtlich. Die Maschine besitzt zwei Waschwalzen aus Eichenholz mit durchgehenden Achsen von etwa 600 mm Durchmesser. Ihr Antrieb erfolgt durch ein auf die Unterwalze wirkendes Rädervorgelege, das die Anwendung von zwei Geschwindigkeiten, einer kleinen für das Ein- und Ablaufen des Filzes und einer großen für den eigentlichen Waschprozeß sowie Vor- und Rücklauf ermöglicht. Zu den Waschwalzen läuft der Filz über eine Leitwalze aus verzinktem Stahlrohr, deren schlittenartig ausgebildete Lager mit Hilfe von Stellspindeln waagrecht verschoben werden können, sobald es erforderlich wird, die Stellung der Leitwalze gegenüber dem Waschtrogboden

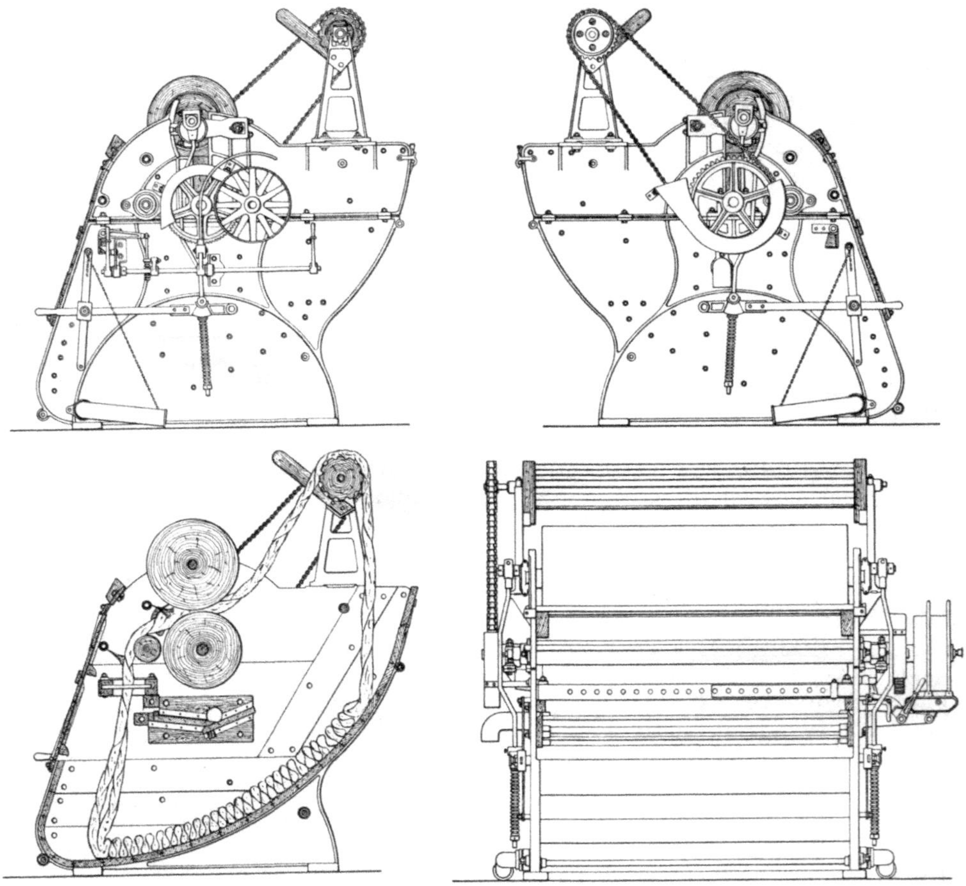

Abb. 21. Strangwaschmaschine. (L. Ph. Hemmer G. m. b. H., Aachen.)

und den Waschwalzen und damit den Lauf des Filzes zu ändern. Soll der endlose Filz in die Maschine eingelegt werden, so hebt man mit Hilfe zweier über der Maschine liegenden Laufkatzen zunächst die Leitwalze aus ihren Lagern und verschiebt sie seitlich. Dann bringt man die Oberwalze vor die Maschine auf den Boden und verschiebt sie ebenfalls seitlich. Hiernach legt man den schlauchartigen Filz in seiner ganzen Breite vor die Maschine, führt die Leitwalze in ihn ein und bildet aus ihm durch Anheben der Leitwalze eine Schleife. Alsdann führt man auch die Oberwalze von der Seite aus in diese Schleife, legt sie nach dem Anheben wieder in ihre Lager und ebenso auch die Leitwalze. Damit beim Einschieben der Oberwalze in die Filzschleife der Filz nicht beschädigt wird, sind die mit Augen für das Anheben der Walze versehenen Lager mit Gummilaufrollen ausgestattet. Auf ihnen gleiten beim seitlichen Schub die Lager mit der Walze über den auf dem Boden liegenden Filz. Befinden sich Leit- und Waschwalze wieder in ihren Lagern, so läßt man den noch vor der Maschine liegenden Filz durch Einrücken der Maschine unter Anwendung der kleinen Geschwindigkeit auf mechanischem Wege einlaufen. Beim Auslegen des gewaschenen Filzes läßt man die untere Waschwalze zunächst rückwärts laufen, tafelt dabei den Filz vor der Maschine auf, hebt hierauf die obere Waschwalze aus, bringt sie nach vorn und zieht sie nach Bildung einer Schleife im Filz mittels der Leitwalze seitlich aus dieser Schleife heraus. Hierauf entfernt man auch die Leitwalze durch axialen Schub aus dem Filz, und Neubeschickung kann erfolgen.

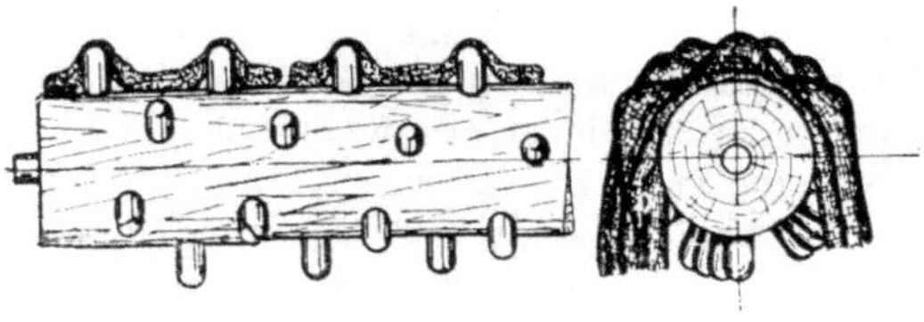

Abb. 22 a.

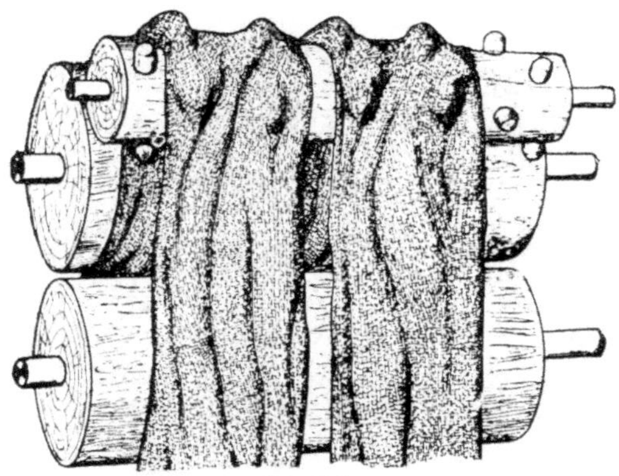

Abb. 22 b.

Abb. 22 c.

Abb. 22a—c. Auflockerwalze für Strangwasch-, Färbe- und ähnliche Maschinen. (Wilhelm Quade G. m. b. H., Guben.)

Die Strangwaschmaschine besteht im allgemeinen in ihrer einfachsten Form aus einem Waschbottich oder Kumpen mit schräg nach innen abfallender Hinterwand, zwei Quetsch- oder Waschwalzen mit einem unter ihnen angeordneten Trog zum Auffangen der von den genannten Walzen abgequetschten Flüssigkeit (Lauge, Seifenwasser, Spülwasser) und zwei parallel zu den Waschwalzen gelagerten Leitwalzen, je eine auf jeder Walzenseite, Abb. 21. Über die eine dieser Walzen laufen die Gewebestränge aus dem Waschbottich zu den Waschwalzen, über die andere, die höher liegende von den Waschwalzen wieder zurück in den Bottich. Damit die nebeneinander liegenden Gewebestränge bei ihrem Lauf im richtigen Abstand voneinander gehalten werden, ist unter der erstgenannten Walze ein Führungsrechen angeordnet. Er dient gleichzeitig zur Stillsetzung der Maschine bei Knotenbildung in den Strängen. Entsteht eine solche, so wird der an der einen Stirnseite drehbar gelagerte Rechen mitgenommen und dadurch wird die Sperrung für die Ausrückvorrichtung gelöst. Werden aus dem Rechen die Leitstege herausgenommen und Breithalter in die Maschine eingesetzt, so kann die Strangwaschmaschine auch als Breitwaschmaschine verwendet werden und umgekehrt.

Damit beim Behandeln der Gewebe auf der Strangwaschmaschine die Waschflüssigkeit immer gut in das Gewebe eindringt, und die Bildung von Falten oder Striemen nach Möglichkeit vermieden wird, müssen die Gewebestränge bei ihrem Umlauf aufgelockert werden. Zu diesem Zweck ist nach Abb. 22a und b diejenige Leitwalze, über die die Gewebestränge von den Waschwalzen wieder in den Bottich zurücklaufen, auf ihrer Oberfläche mit halbkugelförmigen Erhöhungen versehen. Abb. 22a zeigt die besondere Walze in der Ansicht von vorn mit durchschnittenen Strängen sowie in der Seitenansicht. Die Unterschiede in der Wirkungsweise der Knopfwalze gegenüber einer gewöhnlichen Lattenwalze ergeben sich aus Abb. 22a u. c.

Die Abb. 23 zeigt eine sog. Schnellauf-Strang-Waschmaschine. Sie ist besonders zur Behandlung von Waren bestimmt, die Zellwolle enthalten. Das Wesen der Maschine besteht darin, daß die Oberwalze mit einem einregulierbaren Abstand zur Unterwalze eingestellt werden kann. Mittels Druckregulierung durch Spindel, Schnecke und Schneckenrad kann man die Entfernung der Oberwalze parallel zur Unterwalze einstellen. Spaltgröße und Druck können von einer Skala abgelesen werden und stehen in einem bestimmten Verhältnis zueinander je nach der jeweils zu behandelnden Warengattung. Die Ware erhält von der Oberwalze nur soviel Druck, als sie zum Transport benötigt. Die Oberwalze wird an beiden Seiten durch Rollenketten angetrieben. Vor dem Hauptquetschwalzenpaar ist ein zweiter Rechen angebracht, der den Zweck hat, die Ware in geschlossenem Zustande den Walzen zuzuführen. Durch diese geschlossene Zuführung der Ware wird ein äußerst elastisches Quetschen zwischen den Walzen erreicht. Infolge der großen Geschwindigkeit, mit der das Waschgut durch die Maschine getrieben wird, stößt die Ware in der Bodenkurve an. Hierdurch wird die Kette entspannt und eine weichere Ware erzielt, ohne ein Filzen befürchten zu müssen.

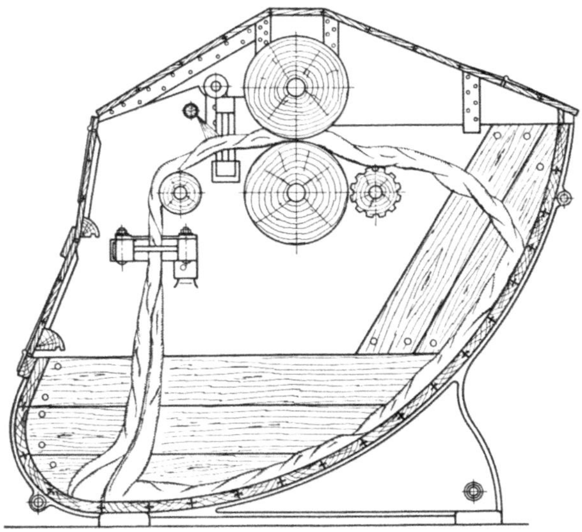

Abb. 23. Schnellaufstrangwaschmaschine. (L. Ph. Hemmer G. m. b. H., Aachen.)

Es ist allgemein bekannt, daß man bei Strangwaschmaschinen der schweren, d.h. der oberen Walze einen großen Durchmesser nur aus dem Grunde gibt, um hierdurch eine größere Auflagefläche für die Ware zu erzielen, die damit besser durchtreibt. Die Oberwalze zu beschweren, ist eine längst bekannte Sache und geschah dies bereits vor Jahrzehnten durch Belastung mit Gewichten, Spiralfedern od. dgl. Eichenwalzen größeren Durchmessers sind aber, abgesehen von ihrem außerordentlich hohen Preise, oft nur schwer zu erhalten und werden täglich seltener. Es besteht daher schon lange der Wunsch, die schwere Oberwalze zu ersetzen. Bei der Strangwaschmaschine nach Abb. 25 liegt die Achse der Oberwalze exzentrisch im Walzenkörper. Hierdurch wird ihr Angriffswinkel dauernd verschoben, und dies verhindert, daß die Ware bei einer kleineren Oberwalze von etwa 500—550 mm Durchmesser rutschen kann. Es wird ein gleichmäßiger Warentransport gesichert. Die Vorteile, die für die einzelnen Warengattungen erzielt werden, sind verschiedener Art. Zunächst wird durch die Exzenterbewegung der Oberwalze die Ware energischer resp. schneller bearbeitet, was den Waschprozeß bedeutend verkürzt. Besonders vorteilhaft ist die Einrichtung auch bei Warengattungen, welche z.B. auf der Waschmaschine zu wenig Griff oder Schluß erhalten und dann auf der Walke filzen würden, wie z.B. Kammgarnwaren, bei denen man gern einen gewissen Griff erhalten möchte. Hier genügt das Bearbeiten auf der dargestellten Strangwaschmaschine. Ein anderer wichtiger Vorteil ist der, daß durch die eigenartige Bewegung der Oberwalze Luft und Flüssigkeit im Strang abwechselnd zurückgedrängt werden, wodurch dieser stark aufbläht und eine ständige Faltenverlegung erfolgt. In größeren Betrieben, wo mehrere Waschmaschinen vorhanden sind, ist bei der Benutzung immer darauf zu achten entsprechend dem Gewicht der Oberwalze auch die entsprechende Warengattung auf die betreffende Maschine zu nehmen, d.h. man darf auf einer Strangwaschmaschine, deren Oberwalze 850-900 mm Durchmesser hat, nicht eine leichte Kammgarnware behandeln. Da die Oberwalze bei der neuen Strangwaschmaschine Mindestdurchmesser bzw. Mindestgewicht hat, kann sie durch Spiralfeder-Druckregulierung belastet und entlastet werden. Hierdurch ist man in der Lage, auf der Maschine nach Belieben die leichtesten sowie schwersten Waren ohne Schwierigkeit zu waschen. Die selbsttätige Ausrückvorrichtung für die Maschine wird von der Riegelbrille aus beeinflußt, kann aber auch von vorn und hinten, sowie von beiden Seiten der Maschine aus bedient werden. Die Riegelbrille läßt das Einrücken der Maschine nur dann zu, wenn ihre Öffnungen verschlossen sind. Beim Lauf der Maschine kann sich der Riegelverschluß infolge einer Sperrung nicht öffnen. Die einzelnen

Abb. 24. Tiefbau-Strangwaschmaschine für Gewebe. (Wilhelm Quade, Guben.)

Abb. 25. Strangwaschmaschine für die gleichzeitige Behandlung mehrerer Gewebestränge. (Kettling & Braun, Crimmitschau.)

Strangtrennungsstäbe in der Brille können beliebig umgesteckt werden. Schwenkbare Abflußrohre an den beiden Stirnseiten des Waschbottichs ermöglichen eine Regulierung der Höhe der Waschflüssigkeit sowie ein Ablassen derselben.

Die Strangwaschmaschine nach Abb. 24 ist für große Leistungen, lange und schwere Tuche, Decken usw. bestimmt. Sie weist deshalb einen außergewöhnlich großen Bottich auf, der, um seine Bedienung zu erleichtern, in den Fußboden des Arbeitsraumes versenkt ist.

Eine Strangwaschmaschine von außergewöhnlicher Breite ist in Abb. 25 wiedergegeben. Sie läßt erkennen, daß mehrere Warenstränge nebeneinander liegend gleichzeitig durch die Waschwalzen laufen.

e) Waschen der Wirk- und Strickwaren.

Beim Waschen von Wirk- und Strickwaren ist zu unterscheiden zwischen dem Waschen der Stückwaren und demjenigen der fertigen Gebrauchsgegenstände. Während baumwollene Wirkwaren heiß und kochend, oft sogar mehrere Stunden behandelt werden, dürfen wollene und halbwollene Waren nur handwarm, ca. 50—55° C, und etwa 5—15 Minuten in dem Waschbottich oder der Waschmaschine verbleiben. Wirkwaren, insbesondere solche, deren Fasergut in Fett versponnen wurde (Imitat, Vigogne, Streichwolle) werden einem besonderen Waschprozeß, dem sog. „Entgerbern", wie die Gewebe, unterzogen. Außer Seife wird der Waschlauge etwas kalzinierte Soda zugegeben und für reinwollene sowie beigefarbige Wirkwaren erhält die Waschflotte einen Zusatz von Ammoniak. Aus Kammgarn hergestellte Waren müssen möglichst schonend behandelt werden, da sie auch nach dem Waschen ihren Kammgarncharakter noch zeigen müssen. Beim Waschen sich etwa ergebende Filzungen und Falten können selbst durch schärfstes Kalandern und Pressen nur schwer wieder beseitigt werden.

Abb. 26. Einfache Trommelwasch- und Spülmaschine. (Ernst Geßner, Maschinenfabrik A.-G., Aue.)

Die Waschmaschinen für die Wirk- und Strickwaren kommen in verschiedenen Ausführungsformen zur Anwendung. Ihre Wahl wird durch die Ware bestimmt, welche gewaschen werden soll. Im allgemeinen unterscheidet man zwischen Waschbottichen, Trommelwaschmaschinen und Stampfwaschmaschinen.

Die vorzugsweise für das Waschen leichter, glatter Stückware zur Anwendung kommenden Waschbottiche sind aus Beton oder Holz hergestellt, und zwar in Form einfacher oder unterteilter Bottiche, ohne oder mit Leitwalzen und mit Walzenquetschwerk bzw. -werken für das Entnässen der Ware.

Bei Verwendung von quer zur Länge unterteilten Waschbottichen wird die zu reinigende Ware zunächst in die meist nur mit heißem Wasser gefüllte erste Abteilung gebracht, gelangt dann durch die erste Quetsche in die zweite Bottichabteilung, in der sich die Waschlauge befindet, und weiter durch die zweite Quetsche in das Spülwasser der dritten Abteilung.

Beispiele von Trommelwaschmaschinen, die sich in erster Linie für Gebrauchsgegenstände eignen und auch für das Färben verwendet werden können, geben die Abb. 26 bis 31 wieder. Die Maschine nach Abb. 26 besitzt einen in ein Eisengestell eingebauten hölzernen Außenmantel mit aufklappbarem Deckel. In diesem Außenmantel ist die ebenfalls in Holz ausgeführte, der Aufnahme des Waschgutes dienende Waschtrommel mit polygonalem Querschnitt drehbar gelagert. Das Trommelinnere stellt entweder nur einen einzigen Waschraum dar, oder dieser Raum ist durch senkrecht zur Trommelachse stehende Querwände in Kammern geteilt. In jedem Fall sind für die Beschickung gut verschließbare, leicht abnehmbare Deckel vorgesehen. Die im Außenmantel befindliche Waschlauge oder Spülflüssigkeit dringt durch Schlitze im Waschtrommelmantel in die Waschtrommel ein und kommt so in Berührung mit dem Waschgut. Dieses wird, sobald die Trommel sich dreht, durch greiferartige Mitnehmer mit nach oben genommen, also aus der Flotte ausgehoben und stürzt dann wieder in diese zurück. Für das Erwärmen der

Abb. 27.

Abb. 27—31. Trommelwaschmaschinen für Wirk- und Strickwaren. (The American Laundry Machinery Company).

Abb. 28.

Flotte ist zwischen Außenmantel und Trommel eine Dampfschlange untergebracht. Der Außenmantel ist im Unterteil mit einem Abflußstutzen und im

Oberteil mit einem Stutzen für die Zuführung von Lauge, Wasser usw. versehen. Das Antriebvorgelege für die Trommel ist seitlich angebaut und gewöhnlich als Wendegetriebe ausgeführt, so daß die Drehrichtung der Trommel geändert werden kann. — Eine von der vorstehend erläuterten Trommelwaschmaschine wesentlich abweichende Bauweise zeigen die Abb. 27 bis 31. Die auf einer waagrechten Achse drehbar gelagerte Waschtrommel ist aus Monelmetall hergestellt und zylindrisch geformt. Der ganze Trommelmantel ist in der aus den Abb. 29 bis 31 ersichtlichen Weise gelocht. Jede Lochung ist auf der Innenseite mit einem durch Pressung gebildeten, wulstartigen Ring (Abb. 30) umgeben, der mit Hand noch geglättet ist. Auf diesen Wulsten ruht das Waschgut und auf ihnen gleitet es bei der Trommeldrehung, ohne Schaden durch Reibung zu erleiden. Die in einem Trommelumschlußgehäuse befindliche Flüssigkeit stürzt bei der Drehung der Trommel durch die Lochungen ihres Mantels, in der aus Abb. 30 ersichtlichen Weise, seitlich in das Innere der Trommel und damit auf das Arbeitsgut und entweicht durch die genannten Lochungen wieder nach unten. Die Waschflotte bleibt infolgedessen dauernd in starker Bewegung. Der vom Trommelmantel umschlossene Raum ist entweder durch senkrecht zur Trommelachse stehende Scheidewände in Längskammern geteilt (s. Abb. 27, 28), oder es sind durch radial zur Achse angeordnete Scheidewände Umfangskammern gebildet; endlich finden auch beide Arten von Trennungswänden gleichzeitig Anwendung (Abb. 28). In jedem Fall ist jede Trommelabteilung mit einer verriegelbaren Klapp- oder Schiebetür (Abb. 28 und 31) versehen. Um auch bei denjenigen Maschinen, deren Trommel in Richtung der Achse nebeneinanderliegende Abteilungen aufweist, eine gute Bewegung der Waschflüssigkeit und des Waschgutes zu erzielen, wie sie bei

Abb. 29.

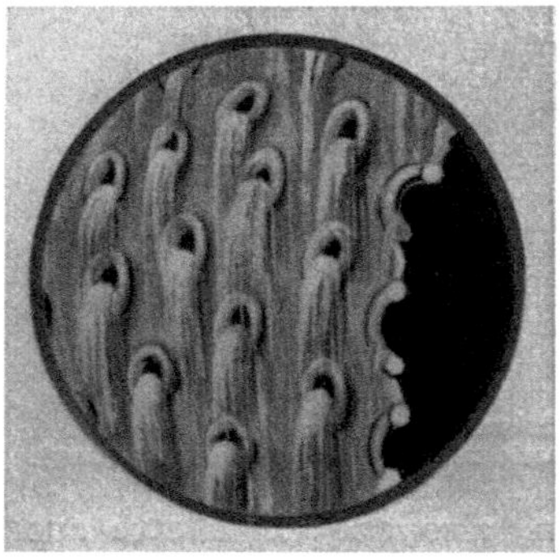

Abb. 30.

Abb. 31.

den Maschinen mit radial geteiltem Trommelraum durch die Trennungswände erreicht wird, wird der Trommelmantel an seiner Innenseite mit radial nach innen ragenden Leisten versehen, die ebenfalls gelocht sind (s. Abb. 27). Das ganz aus Metall hergestellte Trommelumschlußgehäuse ist auf seiner unteren Hälfte mit Holz bekleidet, die obere Hälfte ist als Schiebetür ausgebildet. Um beim Entleeren und Beschicken der Trommel das Dazwischenfallen von Warenstücken zwischen Trommel und Umschlußgehäuse zu verhindern, sind am Unterteil des Umschlußgehäuses Schutzklappen angebracht, wie sie die Abb. 27 und 31 erkennen lassen. Sie werden, sobald die Trommel in der für das Entleeren erforderlichen Stellung zum Stillstand gekommen ist, und die Kammern geöffnet sind, nach innen geklappt, und überdecken so den Spalt zwischen Trommel und Umschlußgehäuse. Der Antrieb der Maschine erfolgt durch Riemen oder Elektromotor und ist so eingerichtet, daß die Trommellaufrichtung geändert werden kann. Die Umsteuerung erfolgt durch Handstellzeug, oder auch selbsttätig. Rohranschlüsse am Trommelumschlußgehäuse ermöglichen das Ablassen der Waschflüssigkeit und die Speisung mit dieser; eine am Boden des Trommelumschlußgehäuses vorgesehene Heizschlange bietet die Möglichkeit, die Waschflüssigkeit auf die gewünschte Temperatur zu erwärmen.

Die Strangwaschmaschinen gleichen hinsichtlich Einrichtung und Arbeitsweise im wesentlichen denjenigen, wie sie bei der Behandlung der Gewebe Anwendung finden (siehe z.B. die Abb. 21 u. f.). Es können auf ihnen infolgedessen auch nur Stückwaren bearbeitet werden, wie sie z. B. der Rundstuhl liefert.

Bei den Hammer- oder Stampfwaschmaschinen, die sich sowohl zur Behandlung von leichten und schweren Stückwaren als auch konfektionierten Waren eignen, findet das Waschgut Aufnahme in einem die Waschflüssigkeit enthaltenden Trog und wird in diesem der Wirkung frei fallender Hämmer ausgesetzt. Damit dabei alle Warenteile in den Bereich der Hämmer kommen, führt der Waschtrog eine schrittweise Dreh- oder eine hin- und hergehende Bewegung aus[1].

II. Brennen, Fixieren, Krappen oder Kreppen (Crabben) der Gewebe.

Bei Geweben aus sog. harten Kammgarnen und besonders solchen aus geringen Cheviot- und Mohairgarnen besteht die Gefahr, daß sie bei der Behandlung in Strangform z. B. beim Waschen, Walken, Schleudern usw. Falten bekommen. Diese sollen vor der Weiterbehandlung durch das Brennen der rohen Ware, auch Brühen genannt, nach Möglichkeit beseitigt werden. Dieses Brennen dient weiter gleichzeitig auch dem Zweck, die rohe Ware zu fixieren, so daß sie bei der Weiterbehandlung, insbesondere beim Färben, nicht zu viel eingeht und nicht filzt, wozu alle stückfarbigen, dünnen Damenkleiderstoffe sowie Futterstoffe, überhaupt alle lose gewebten Stoffe aus besserem Material neigen.

Abb. 32. Einfacher Brennbock, Ansicht. (Wilhelm Quade, Guben.)

[1] Vgl. hierzu Herzog: Technologie der Textilfasern, Bd. IV, 3, S. 504.

Ähnlich wie beim Dekatieren — siehe dort — werden auch bei dieser Behandlung die Wollhaare plastisch und in ihrer gegenseitigen Lage fixiert. Unterstützt wird dies noch dadurch, daß man die in heißem Wasser behandelte Ware zuletzt auf einem gelochten Zylinder durchdämpft. — Die verschiedenen hygroskopischen Eigenschaften der Baumwolle und Wolle bringen, wenn sog. halbwollene Stoffe nur auf gewöhnliche Weise gewaschen werden, ein unregelmäßiges Schrumpfen durch ungleichartiges Zusammenziehen der Fasern hervor, so daß die Stoffe nach dem Trocknen ein runzeliges Aussehen aufweisen. Durch Brennen oder Fixieren kann diesem Übelstand nicht begegnet werden. Dagegen kann durch das Krappen, Kreppen oder auch Crabben genannt, die Bildung eines derartigen krausen oder gerunzelten Zustandes verhindert werden. Die zu behandelnde Ware wird im allgemeinen erst durch eine heiße Seifen- und Sodalösung, dann durch heißes und endlich durch kaltes Wasser geführt und dabei jedesmal unter Spannung und Druck aufgewickelt. Den Schluß bildet auch hier wieder ein Durchdämpfen.

Das Brennen, Fixieren, Krappen oder Kreppen wird auf dem sog. einfachen Brennbock oder der zwei- bzw. dreifachen Krappmaschine durchgeführt. Abb. 32 zeigt einen einfachen Brennbock in Ansicht, Abb. 33 im Schnitt. Er besitzt zwei übereinander angeordnete Holzwalzen *1* und *2* von ca. 50 cm Durchmesser. Die bis zur Achse in den Bottich *4* tauchende Unterwalze *1* ist ortsfest gelagert und empfängt Antrieb. Die mit ihren Zapfen in Gleitlagern ruhende Oberwalze *2* wird durch regelbare Gewichtshebelbelastung gegen die Unterwalze gedrückt. Für das Ansetzen eines heißen Bades im Bottich *4* ist dieser mit einem Wasserzufluß und einer Heizschlange versehen. Unmittelbar vor dem Bottich liegt ein gewöhnlich aus zwei in einem schwenkbaren Rahmen gelagerten Schienen *6* und *7* bestehender Spannungsregler; zwischen diesem und der Unterwalze *1* ist ein mit Porzellan bekleideter Breithalter *5* mit nachfolgender, ausschwenkbar gelagerter, aus Messing bestehender Tauchwalze *3* angeordnet. Beim Einbringen des Gewebes in die Maschine wird dessen freies Ende zunächst durch die Spannungsregler *6*,*7* gezogen, dann über den Breithalter *5* und unter der hochgeklappten Leitwalze *3* hinweg zu der Walze *1* geführt. Diese ist mit einem parallel zur Achse liegenden Leinwandstreifen ausgestattet. Unter ihn kommt das freie Ende des eingezogenen Gewebes zu liegen. Der Streifen legt sich, sobald die Tauchwalze *3* wieder in das Bad gesenkt ist, wie dies die Abb. 33 erkennen läßt, und die Maschine angelassen wird, auf das freie Gewebeende auf und klemmt es fest. Beim Weiterlauf der Maschine läuft das zu behandelnde Gewebe durch das heiße Bad und wickelt sich unter dem Druck der Walze *2* auf die in diesem sich drehende Unterwalze *1* auf. Nach beendeter Aufwicklung führt die Unterwalze *1* das aufgewickelte Gewebe je nach Bedarf 10—30 Minuten durch das heiße Bad. Alsdann wird das Gewebe auf der Wickelwalze selbst abgekühlt oder beim Abnehmen durch ein kaltes Bad geführt oder

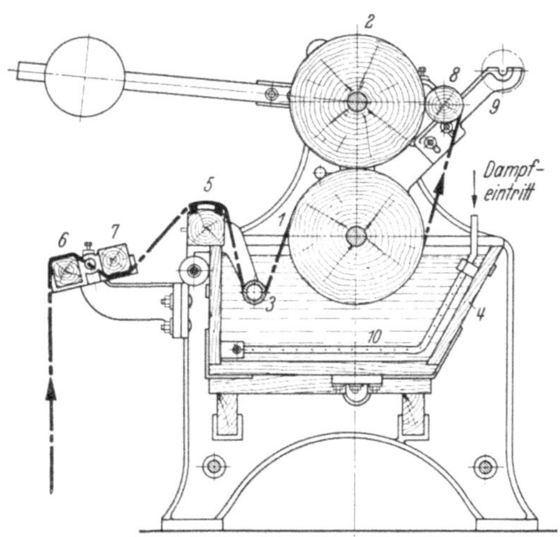

Abb. 33. Einfacher Brennbock (Schnitt).
(L. Ph. Hemmer G. m. b. H., Aachen.)

auch warm von der Walze *1* abgezogen und direkt auf die mit ihren Zapfen auf verstellbaren Gleitschienen *9* ruhende und gegen die Oberwalze *2* anliegende Holzwalze *8* aufgewickelt, auf der man es vollständig erkalten läßt. Für das Abziehen des Gewebes von der Walze *1* und das Aufwickeln auf Walze *8* müssen die Walzen *1* und *2* eine Drehbewegung ausführen, die entgegengesetzt zur Be-

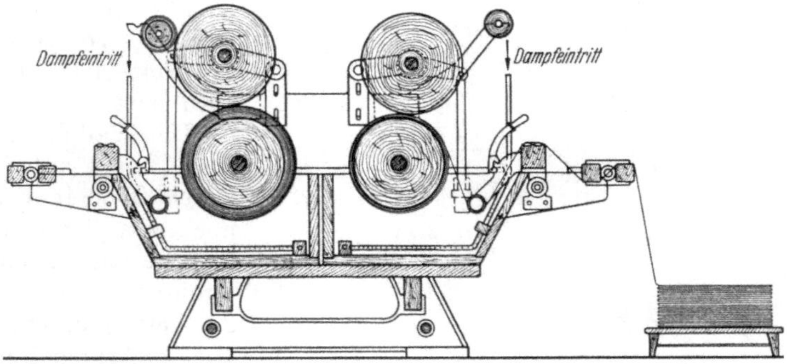

Abb. 34. Zweifache Krappmaschine. (L. Ph. Hemmer G. m. b. H., Aachen.)

wegung im Arbeitsgang ist. Die Maschine muß infolgedessen mit einem Vorgelege ausgestattet sein, das Kehrdrehung zuläßt. Abb. 32 läßt die Einrichtung eines solchen Getriebes erkennen.

Die zweifache Krappmaschine oder der sog. doppelte Brennbock (Abb. 34) kommt hauptsächlich für halbwollene Waren, insbesondere für Futterstoffe zur Anwendung. Der erste Bottich enthält ein leichtes Waschbad und der zweite ein Wasserbad. — Die dreifache Krappmaschine enthält noch ein Bad mehr. Das zu behandelnde Gewebe kann von einem Bottich in den anderen übergeleitet werden.

III. Walken.

a) Walken der Gewebe.

Das „Walken" der Gewebe besteht in einem mechanischen Kneten derselben in Strangform durch Stoß oder Druck in Gegenwart einer sog. Walklösung oder Walkspeise. Diese Behandlung hat den Zweck, die Fadenlage des Gewebes zu verdichten und eine filzartige Faserdecke auf seiner Oberfläche zu schaffen. Beim Einwalken in der Breite erfolgt der Stoß oder Druck in Richtung der Schußfäden: es findet eine Annäherung der Kettfäden statt. Beim Einwalken in Richtung der Kettfäden werden dagegen die Schußfäden einander genähert. Von ganz besonderer Bedeutung ist das Walken für die Streichgarngewebe, die in dem Zustand, wie sie der Webstuhl liefert, ein lockeres Gefüge aufweisen. Im allgemeinen ist das trockene Wollhaar sehr elastisch und widerstrebend, doch schwindet bei Feuchtigkeit und Wärme die Elastizität, während die Krimpkraft zunimmt. Aus diesem Grunde kann das Walken auch nur im feuchten Zustand mit Erfolg durchgeführt werden, die Wärme begünstigt die Wirkung der Feuchtigkeit, die Haare werden weicher und geschmeidiger. Die Beigabe einer Walklösung ist deshalb erforderlich. Zum Walken nimmt man in der Regel bei schon gewaschener Ware nur ganz schwach alkalische Seifen, beim Walken ungewaschenen Walkgutes ist die Beigabe von alkalischen Flüssigkeiten unbedingt erforderlich;

sie verseifen die der Wolle beim Spinnen zugesetzten Fette. Die Ware muß genügend feucht sein, um einen zu großen Wollverlust zu verhindern. Andererseits macht die sog. Walkspeise die Ware mehr oder weniger schlüpfrig. Bei zu nasser oder zu fetter Ware geht der Walkprozeß nur langsam oder gar nicht vonstatten; ist die Ware hingegen zu trocken, so scheuert sie, erwärmt sich zu stark und wird hart.

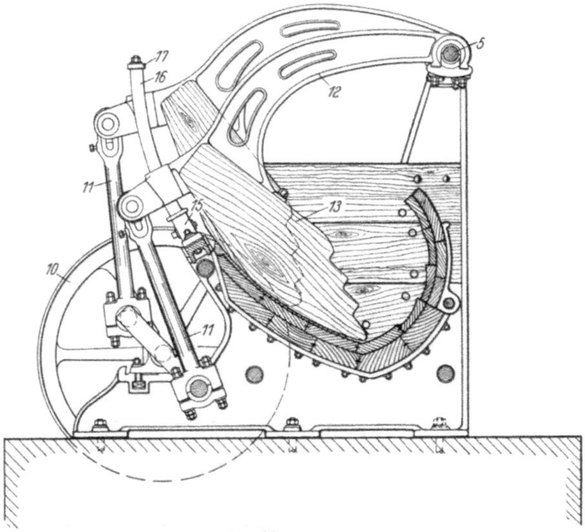

Abb. 35. Kurbelwalke mit zwei Hämmern. (L. Ph. Hemmer G. m. b. H., Aachen.)

Die Walkfähigkeit einer Ware hängt außer von der Beschaffenheit des Haares noch von der Garndrehung (Stärke und Richtung des Drahtes), von der Einstellung der Ketten- und Schußfäden, von der Art der Bindung und dem Feuchtigkeitsgrad des Walkgutes ab. Gröbere Garne filzen leichter als feinere von gleicher Qualität. Gewebe mit lang flottierenden Bindungen walken leichter als solche mit dichter Bindung. Hierauf ist die Tatsache zurückzuführen, daß beim Walken von Geweben mit Tuch- oder Leinwandbindung, z. B. Loden, das Eingehen verhältnismäßig langsam vor sich geht, der Walkprozeß also längere Zeit erfordert.

Abb. 36. Kurbelwalke mit verstellbarem Trog und mit zwei Hämmern. (Ernst Geßner A.-G., Aue/Erzgeb.)

Je nachdem die Walkspeise im kalten oder warmen Zustand zur Verwendung gelangt, unterscheidet man zwischen Kalt- und Warmwalke. Bei der ersteren begnügt man sich mit der Wärmeentwicklung, die durch das Stoßen und Drücken in der Ware selbst hervorgebracht wird.

Das Walkgut kommt entweder so in die Walke, wie es der Webstuhl liefert, oder es wird zuvor gewaschen. Im ersteren Falle spricht man von einem Walken im Fett, einer Fettwalke, im zweiten von einem Walken entgerberter Ware. Durch das Entgerben werden Farbschmutz, Schmelze, Staub, Schmutz, Leim oder Schlichte und deren Zusätze, sowie Öl- und Schmutzflecken beseitigt. Es erfolgt auf Waschmaschinen unter Anwendung von Wasser, Seife und Soda oder Ammoniak.

Mitunter wird bei minderwertigen Waren, also solchen, die keinen gehörigen Wollgehalt besitzen, der Walkprozeß auch benutzt, die Ware wollreicher zu machen. Man setzt in diesem Falle neben der Walkspeise noch Scherhaare zu, die sich mit einwalken. Die feingesiebten Haare bringt man entweder in kleinen Mengen nach und nach auf das Walkgut oder man fügt das ganze Quantum an Scherhaaren mit einem Male bei. Für das letzte Arbeitsverfahren ist Bedingung, daß das Walkgut Schlauchform besitzt; man bezeichnet es deshalb als Walken im Sack oder Schlauch. In den Warenschlauch werden die Haare eingebracht und walken sich nur auf der Wareninnenseite an, im anderen Fall durchsetzen die Scherhaare beide Warenseiten. Das Walken im Schlauch findet auch dann Anwendung, wenn die Bildung von Walkfalten unbedingt verhindert werden muß.

Abb. 37. Kurbelwalke mit verstellbarem Hammer und beweglichen Seitenwänden. (Ernst Geßner A.-G., Aue/Erzgeb.)

Es gibt zwei Hauptarten von Walkmaschinen, und zwar die H a m m e r -, K u r b e l - oder L o c h w a l k e n und die Z y l i n d e r - oder W a l z e n w a l k e n. Die ersteren sind von den letzteren mehr und mehr verdrängt worden, weil diese bedeutend leistungsfähiger sind und man das Eingehen in Länge und Breite auf ihnen leichter bestimmen und regulieren kann. Auch ist die Kontrolle des Eingehens auf den Zylinderwalken weniger umständlich und zeitraubend. Die Hammerwalken werden heute hauptsächlich für Gewebe benutzt, die wenig Halt und Zusammenhang haben und sich deshalb auf der Zylinderwalke stark verziehen würden. Vielfach kommen die Hammerwalken aber auch für das Entgerbern schwer zu reinigender Waren zur Anwendung. Die bauliche Einrichtung der Hammer- und Zylinderwalken ist eine sehr vielseitige. In den Abbildungen seien aus jeder Gruppe einige Beispiele dargestellt.

Abb. 38. Doppelkurbelwalke mit zwei verstellbaren Walktrögen und mit je zwei Hämmern. (Ernst Geßner A.-G., Aue/Erzgeb.)

Das Wesen der H a m m e r - oder K u r b e l w a l k e in ihrer einfachsten Form besteht in einem das Walkgut aufnehmenden Walkstock und einem das Walkgut in ihm bearbeitenden, schwingenden Hammer. Er schlägt mit einem stufenförmig abgesetzten Kopf gegen das Walkgut, das infolge der eigenartigen Ausbildung des Walkstocks sich dabei überschlägt und gewendet wird. Aus dieser einfachen Bauweise sind die Hammerwalken mit zwei Hämmern und diejenigen mit zwei Walkstöcken oder -trögen entwickelt worden und man hat die Schwingachse der Hämmer mit ihrem Antrieb so angeordnet, daß die Hämmer sich mehr in waagrechter Richtung oder mehr in senkrechter Richtung gegen das Walkgut bewegen. Um die Beschickung des Walkstocks zu erleichtern, ordnet man seine vordere Wandung im Oberteil nach außen umklappbar an, wie dies die Abb. 35 bis 39 erkennen lassen. — Abb. 35 zeigt im Schnitt eine Kurbelwalke mit zwei Hämmern. — Abb. 36 läßt in Ansicht die Einrichtung einer Kurbelwalke mit zwei Hämmern erkennen, deren Walkstock gegenüber den Hämmern verstellbar ist. — In Abb. 37 ist eine Kurbelwalke mit nur einem verstellbaren Hammer veranschaulicht, dessen Trog mit beweglichen Seitenwänden ausgestattet ist, die die Walkwirkung des Hammers unterstützen. Die schwingende Bewegung der Seitenwände erfolgt bei der Hammerbewegung auf mechanischem Wege in der Weise, daß die Wände gegeneinander schwingen und das Walkgut stauchen, sobald der Hammer den Walkstock verläßt, und auseinanderschwingen, sobald der Hammer sich wieder gegen das Walkgut bewegt. — In Abb. 38 ist eine sog. Doppelkurbelwalke wiedergegeben. Sie besitzt zwei Walkstöcke mit je zwei Hämmern. Jeder Walkstock kann unabhängig vom anderen während des Betriebes durch Schnecke und Schneckenrad mittels eines Handrades verstellt und damit die Größe des Walkraumes der zu bearbeitenden Ware angepaßt werden. Abb. 39 zeigt endlich in Ansicht eine Hammerwalke mit zwei verstellbaren, von oben wirkenden Hämmern.

Abb. 39. Hammerwalke mit zwei verstellbaren Hämmern, von oben wirkend. (Ernst Geßner A.-G., Aue/Erzgeb.)

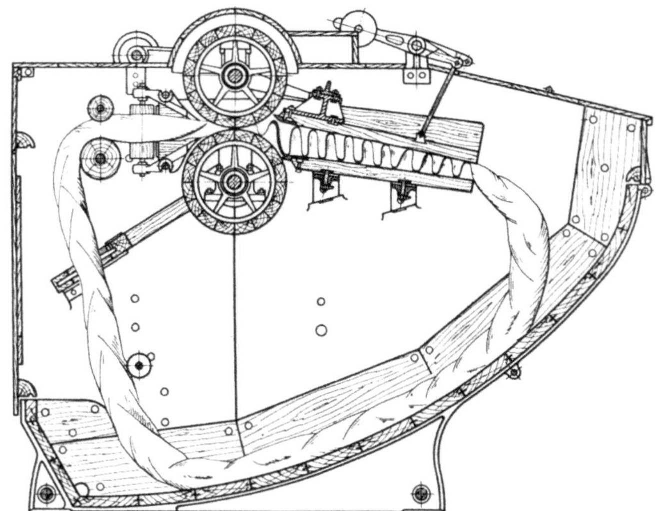

Abb. 40. Zylinderwalke. (L. Ph. Hemmer G. m. b. H., Aachen.)

Bei der normalen Walzen- oder Zylinderwalke wird der Walkvorgang im wesentlichen durch ein Walzen- oder Roulettepaar im Zusammenwirken mit einer ihm folgenden Stauchvorrichtung durchgeführt; beide ergänzen sich gegenseitig in ihrer Wirkung. Das endlos gemachte Gewebe durchläuft die in einem geschlossenen mit Türen für die Bedienung versehenen Walktrog eingebaute Walkvorrichtung in Strangform im Kreislauf, ganz wie bei der Strangwaschmaschine für Gewebe und passiert dabei, vom Trogboden aufsteigend, zunächst einen ausschwingbar angeordneten Führungstisch, auch Brille genannt, wie dies die Abb. 40 und 41 erkennen lassen, und gelangt dann durch eine den Gewebestrang seitlich stauchende Führungsvorrichtung zwischen die beiden Roulettes, die den

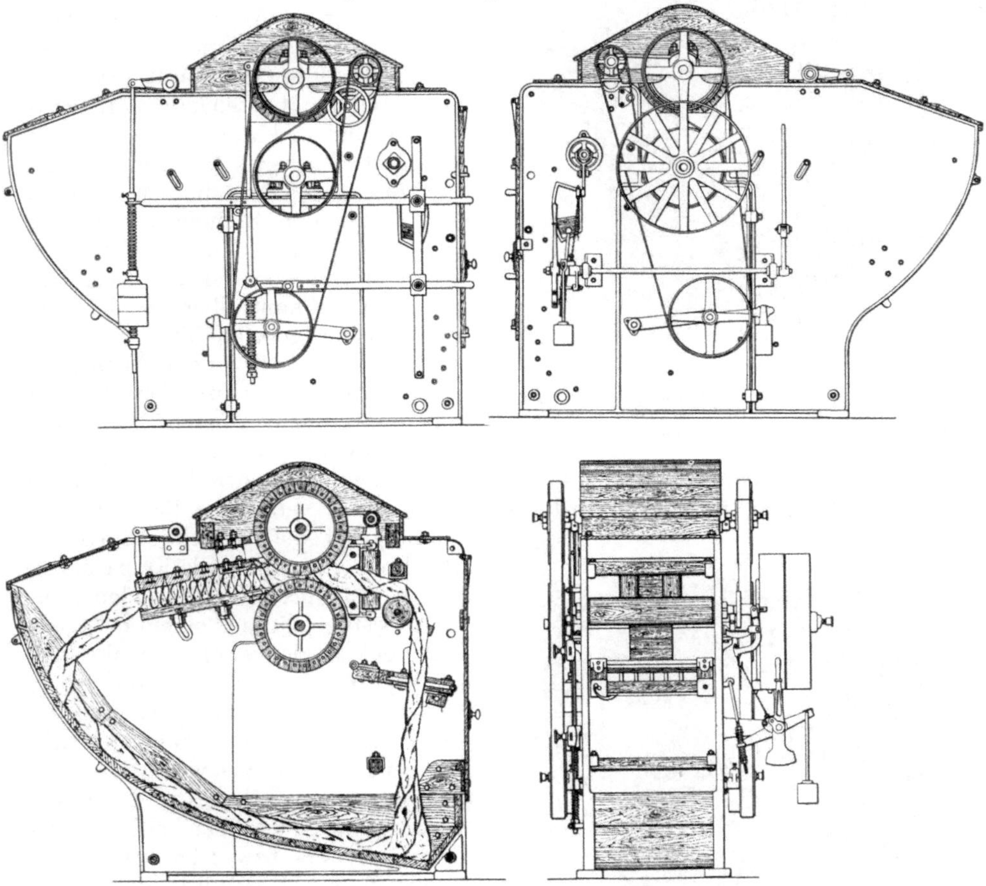

Abb. 41. Normal-Zylinderwalke mit Riemenantrieb für die Walkzylinder. (L. Ph. Hemmer G. m. b. H., Aachen.)

Gewebestrang wieder flach drücken und in einen sich fortschreitend verjüngenden Stauchkanal einschieben (s. Abb. 40 u. 41), in dem der Gewebestrang in Faltenform angesammelt und somit in der Kettrichtung gestaucht wird. Dem Stauchkanal folgt vielfach eine Abzugswalze, durch die die Ware aus dem Stauchkanal herausgezogen und der Rutschbahn des Walktroges wieder zugeführt wird, von dem aus sie angefeuchtet, den Umlauf erneut beginnt (s. Abb. 40 u. 41). Ist die Walke für die gleichzeitige Behandlung mehrerer Gewebestränge bestimmt, so besitzt die Brille nicht nur eine Durchlaßöffnung, sondern diese ist entsprechend der Strangzahl durch auswechselbare Bolzen unterteilt. Bildet sich im Warenstrang vor dem Einlauf in die Brille eine feste Verschlingung oder ein Knoten, so wird die Brille mitgenommen, angehoben, und dies hat eine Auslösung der Ausrückvorrichtung der Maschine zur Folge. Die Zylinderwalke nach Abb. 40 ist geeignet zum Walken von Herren- und Damenkleiderstoffen, Decken, Filzgeweben usw., ganz besonders aber zum Walken von Militär- und Lieferungstuchen. Die Stücke werden nach dem Einlaufen in üblicher Weise endlos aneinander genäht und je nach der Schwere der Ware zu zwei oder drei Stück gleichzeitig auf der Maschine bearbeitet. — Besondere Hilfsvorrichtungen ermöglichen nach Belieben auf Länge und Breite einzuwalken. Das Einwalken in Breite wird durch senkrecht stehende Einlaufrollen und dahinter liegende mit Glasplatten belegte Einlaufbacken erreicht, das Walken in Länge durch den hinter den Zylindern liegenden Stauchkanal. — Um die Zeit eines Arbeitsprozesses an den Walken genau einstellen und kontrollieren zu können, und so eine gleichmäßige Ware zu erzielen, sowie sich vor den Nachteilen zu langer oder zu kurzer Arbeitsdauer und damit vor Verlusten, die durch zu langes Walken an Länge und Breite der Ware entstehen, zu schützen, hat man die Walken mit Kontrollvorrichtungen mit selbsttätigem, nach Zeit einstellbarem Ausrücker versehen. Bei ihrer Anwendung ist die Aufsicht bedeutend erleichtert und eventuelle Ersparnis an Personal möglich. — Die beiden Roulettes bestehen je aus einem massiven Gußeisenkern, der gewöhnlich mit Hirnholz aus Steineiche belegt ist. Das untere Roulette, auch Tambour genannt, ist ortsfest gelagert und empfängt Antrieb. Von seiner Achse aus wird das obere, druckerzeugende Roulette durch ein Rädergegänge oder einen endlosen beiderseitigen Seil- bzw. Riementrieb mit Spannrolle (s. Abb. 41 und 42) in Drehung versetzt. Die genannten Triebmittel lassen eine starke, durch die wechselnde Dicke des Gewebestranges bedingte, auf- und abgehende Bewegung des Oberroulettes zu, das unter Hebel- oder Federbelastung bzw. beiden Belastungsarten steht. Der den Roulettes folgende Stauchkanal ist mit einem ortsfesten Boden und einer um die Achse des Oberroulettes schwingbar gelagerten, als Deckel wirkenden Stauchklappe ausgestattet. Sie steht unter der Wirkung einer Gewichtshebel- oder Federbelastung, die bisweilen auch beide gleichzeitig zur Anwendung kommen. Folgt dem Stauchkanal keine Abzugswalze, so verläßt das in dem Stauchkanal in Falten-

Abb. 42. Zylinderwalke mit Hebeldruckregulierung, beiderseitigem Riemenantrieb und selbsttätiger Momentausrückung. (Kettling & Braun, Crimmitschau.)

Abb. 43. Zylinderwalke mit schräg übereinanderliegenden Walkzylindern und Seilantrieb für die Walkzylinder. (Ernst Geßner A.-G., Aue/Erzgeb.)

form sich ansammelnde Gewebe den Stauchkanal, sobald der Gewebedruck den Belastungsdruck der Stauchklappe überwindet und fällt auf die Rutschbahn des Walktroges (s. Abb. 40, 41). Die den Roulettes vorgeordnete Einführvorrichtung, bisweilen auch als Vorwalkapparat bezeichnet, wird verschieden ausgeführt. Vielfach besteht sie nur aus einem stehenden Walzenpaar, dessen frei bewegliche Walzen durch federnde Drucksättel gegeneinander gepreßt werden und dem der Gewebestrang über eine Leitwalze zuläuft (s. Abb. 40, 41). Tritt aus irgendeinem Grunde ein Stillstand des Gewebestranges ein oder wird er nicht mit der richtigen Geschwindigkeit gefördert, so entstehen sog. ,,Scheuerschäden". Es bleibt auch die Leitwalze stehen, erfährt aber durch Lösen einer Zahnkupplung gegenüber ihrem Antrieb eine axiale Verschiebung. Diese hat eine Freigabe der Ausrückvorrichtung zur Folge. An Stelle der stehenden Einführwalzen sind auch unter Federdruck stehende Einführungsbacken bzw. diese in Verbindung mit Walzen in Gebrauch. Auch stehende Walzen mit dahinterliegenden starken Glas- oder Hartholzleisten sind in Vorschlag gebracht worden. Endlich hat man auch aus quer zueinander gelegten Walzen- oder Leistenpaaren völlig geschlossene Einlaufkanäle zur Anwendung gebracht. Die Druckgebung für das Oberroulette erfolgt in einfachster Form durch auf seine Zapfen wirkende Drucksättel. Diese Art der Walzenbelastung bietet jedoch nicht die Gewähr dafür, daß eine genaue Paralleleinstellung zum Unterroulette erreicht wird. Man lagert deshalb das Oberroulette in einen starren, aus einem Stück gegossenen, schweren, schwingbar gelagerten Bügel (s. Abb. 44). Die Einstellung des Druckes des Oberroulettes auf das Unterroulette und das Abheben des ersteren von dem letzteren geschieht durch Handhebel mit einem Handgriff. — Um die Bildung sog. Walkfalten nach Möglichkeit auszuschließen, muß der Walker die Maschine von Zeit zu Zeit stillsetzen und den Gewebestrang mit den Händen öffnen. Zwecks Beseitigung dieser Handarbeit hat man die Walken mit besonderen Hilfsvorrichtungen ausgestattet. Zu ihnen gehört die sog. Drehbrille. Sie führt abwechselnd eine Drehung nach rechts und links aus. Die Größe des Ausschlags kann dabei nach Belieben eingestellt werden. In Frage kommt die Drehbrille aber nur dann, wenn zwei Gewebestränge gleichzeitig gewalkt werden. Der den Roulettes folgende Stauchkanal ist mit einem gegliederten Stauchdeckel ausgestattet. Er ermöglicht eine feine Einstellung jedes gewünschten Staucheffekts, was mit einem Stauchkanal mit ungegliedertem Kanaldeckel nicht erreicht werden kann. Bei Verwendung eines solchen ist eine energische Stauchwirkung nur am Ende des Stauchkanals zu erreichen.

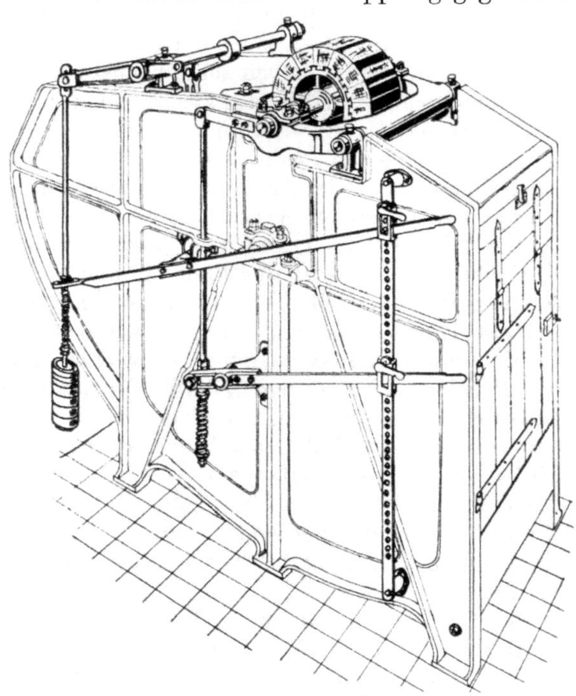
Abb. 44. Zylinderwalke mit in einem Bügel gelagertem Oberroulette. (Wilhelm Quade G. m. b. H., Guben.)

Handelt es sich um das Walken schwerer Gewebe, insbesondere derjenigen endlosen Gewebe, die die sog. „Rundfilze" für die Papiermaschine liefern, so kommen Walzenwalken zur Anwendung, die von den normalen Walzenwalken hinsichtlich ihrer Bauweise erheblich abweichen. Diese Abweichungen werden im wesentlichen bedingt durch das hohe Gewicht des Werkstoffes und die Schwierigkeiten, die mit seiner Einbringung in die Maschine und Entfernung aus ihr verbunden sind. Ihre Roulettes haben eine Breite von etwa 600 mm und einen Durchmesser von etwa 1060 mm. Die Rouletteachsen sind aus Stahl und 130 mm stark. Die Gewebebreite beträgt 1700 mm. Das Oberroulette ruht in stabiler Parallelogrammlagerung mit beiderseitigem Doppelspiralfederdruck. Die Parallelogrammhebel sind mit einer Einrichtung zum mechanischen Heben und Senken des Oberroulettes mittels Riemenantrieb verbunden. Hat das Oberroulette beim Anheben seine höchste Stellung erreicht, so schaltet ein sog. Maximalausrücker selbsttätig aus, er schaltet aber auch aus, wenn beim Senken des Oberroulettes ein bestimmter Federdruck erreicht ist. Damit werden Beschädigungen der Maschine bei Unachtsamkeit der Bedienung verhindert, auch ist der Arbeiter in der Lage, in der Zwischenzeit andere Vorbereitungen für das Ein- und Auslegen des Werkstücks zu treffen. Der Roulettedruck, unter dem die Walke arbeitet, kann an einem Federdruckanzeiger abgelesen werden. Eine Antifriktionswalze setzt durch eine zwangsläufig wirkende Vorrichtung die Maschine sofort außer Betrieb, wenn die Geschwindigkeit des umlaufenden Werkstückes gegenüber der Umfangsgeschwindigkeit der Roulettes sich verringert.

Eine mit Lattenbeschlag und mit weiten Zwischenräumen versehene Zugwalze ist seitlich ausziehbar dem Einführkanal vorgeordnet. Dieser besteht aus auf Leitrollen folgenden Einführwalzen, die federnd gegeneinander verstellbar sind und von denen die linke ausfahrbar gelagert ist. Diesen Einführwalzen folgt der Einlaufkanal, bestehend aus zwei Einlaufbacken mit Glaseinlagen. Die linke Backe kann mittels eines Schwenkarmes aus der Maschine herausgedreht werden. Hierdurch wird der Bedienungsraum in der Maschine bedeutend vergrößert und ein bequemes Ein- und Auslegen selbst der schwersten Werkstücke sehr erleichtert.

Als Bedienungsstand in der Maschine ist ein klappbarer Laufsteg angebracht, welcher gleichfalls das Ein- und Auslegen erleichtert.

Zum Einbringen eines Werkstücks in die Maschine wird, nachdem die linke Kanalwand ausgeschwenkt, die linke Einlaufwalze und die Zugwalze ausgefahren sind, das endlose Gewebe vor die Walke gebracht, mittels eines in ihrem hinteren Teile vorgesehenen Haspels in die Maschine eingezogen und dann vom Laufsteg aus zwischen die Roulettes geschoben, worauf die linke Kanalwand, die linke Einlaufwalze sowie die Zugwalze wieder eingefahren werden. Der übrige Teil des Werkstücks wird dann beim Anlassen der Maschine durch diese selbst langsam eingezogen. Ein Haspel vor der Maschine bietet die Möglichkeit, den Filz vorn aus der Maschine herauszunehmen.

Zur genauen Messung der Länge des Filzes in der Maschine sowie auch zur Einstellung einer genauen Laufzeit von etwa 5 Minuten bis zu einer Stunde, wobei die Maschine selbsttätig ausrückt oder ein Rufsignal erschallt, ist eine Längen-Laufdauer-Meßvorrichtung vorgesehen.

Es gibt eine ganze Reihe von Warengattungen, welche durch das sog. „Trockenwalken" in Qualität nicht schön ausfallen. Das Trockenwalken ist im allgemeinen nur für solche Waren von Vorteil, bei welchen man auf eine dichte Filzbildung Wert legt. Es gibt dagegen auch gewisse Waren, die nur gewalkt werden, um der Ware den nötigen Schluß und Griff zu geben, was man in der Praxis im allgemeinen „den Faden der Ware brechen" nennt. Wenn derartige Waren auf einer gewöhnlichen Walzenwalke mit einem Unterroulette trocken gewalkt werden, so filzt die Ware. Versucht man, die Ware auf einer Einroulettewalke naß zu walken, so rutscht das Walkgut, weil bei einer solchen Walke die Ware nur geringe Auflagefläche auf dem Unterroulette hat. Jeder Fachmann weiß, daß man versucht hat, gewisse Artikel nur auf der Waschmaschine zu behandeln, um eben eine Verfilzung zu vermeiden; jedoch fühlt sich eine auf diese Art und Weise behandelte Ware immer „sehr trocken" an, weil sie eben auf der Waschmaschine nicht in Länge bearbeitet werden kann. Wollfarbige Stoffe (Mêlangen) aus hellen und dunklen Farben haben nach Fertigstellung ein „totes" Aussehen, d. h. es fehlt der Ware das „Leben". Die Farben sind gewissermaßen mit einem Nebelschleier überdeckt. Die Ursache führte man auf verschiedene, falsche Behandlung in der Appretur zurück, jedoch ohne Erfolg; sie ist vielmehr in der Walke zu suchen. Werden Streichgarngewebe in der üblichen Weise auf der Walke trocken bzw. warm gewalkt, so filzt die Ware stark und es legen sich dabei Wollfäserchen der dunkleren Farben auf die helleren Farbtöne. Außerdem geben die dunkleren Farben durch diese trockene bzw. warme Behandlung immer etwas Farbton in die helleren Farben ab, d. h. „die Farben bluten". Um dies zu verhindern, verwendet man vorteilhaft eine Walzenwalke mit zwei Oberroulettes (Zentralwalke). Auf ihr erhält die Ware eine Auflage von fast über ein Drittel des ganzen Unterroulettes; hierdurch wird es möglich, die Ware so naß zu behandeln wie auf einer Waschmaschine.

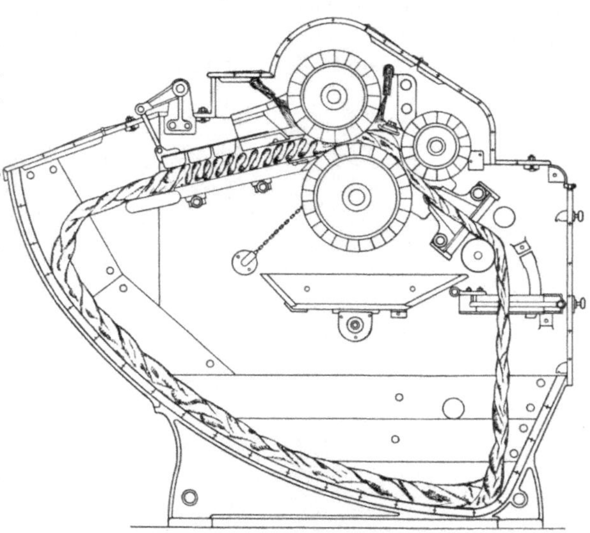

Abb. 45. Walzenwalke mit einem Unterroulette und zwei Oberroulettes. (L. Ph. Hemmer G. m. b. H., Aachen.)

Die Abb. 45 zeigt im Schnitt eine Walzenwalke mit einem Unterroulette und zwei Oberroulettes. Alle drei Roulettes empfangen Antrieb durch einen zweiseitigen, sich selbstspannenden Riemenantrieb. Hierdurch wird infolge der größeren Auflage des Gewebestrangs auf dem Unterroulette und der größeren Triebkraft des hinteren Oberroulettes ein sicherer Transport des Walkgutes erreicht. Durch einen einzigen Handgriff läßt sich von vorn sowohl jeder beliebige Druck zwischen Unterroulette und hinterem Oberroulette einstellen, als auch das hintere Oberroulette ganz abheben. Die Einstellung des Drucks auf das vordere Oberroulette erfolgt gleichfalls durch einen Handhebel, und endlich ist auch der Druck auf die Stauchklappe des Stauchkanals durch einen Handgriff von vorn regelbar. Jeder unnötige Stillstand der Maschine wird durch eine Ausrückvorrichtung dadurch vermieden, daß sie nur dann dauernd ausrückt, wenn festgeschürzte Verschlingungen die Brille hochhalten; lösen sich dagegen die Knoten durch das Gewicht der Brille, so daß diese wieder sinken kann, so rückt die Maschine selbsttätig wieder ein. Die Brille ist als sog. Riegelbrille ausgebildet, d. h. sie läßt das Einrücken der Maschine nur im verriegelten Zustand zu.

Wenn auch die normale Zylinder- oder Walzenwalke und die Hammer- oder

Schnellochwalke für bestimmte Warengattungen stets ihre Berechtigung behalten werden, so ist doch in zahlreichen Fällen der Walke mit zwei einander folgenden Zylinderpaaren, der sog. „Tandemwalke“, wegen ihrer großen Leistungsfähigkeit oft der Vorzug zu geben, insbesondere dann, wenn es sich um das Walken schwerer Waren, von Militärtuchen und Halbwollwaren und die Herstellung von Massenartikeln handelt. Der Hauptzweck der doppelten Walzenpaaranordnung besteht in der Erhaltung der Warenlänge. Beide Walzenpaare können entweder mit der gleichen oder mit verschiedener Tourenzahl angetrieben werden. Erhält beispielsweise das Unterroulette des ersten Walzenpaares keinen Antrieb, so wird das Walkgut durch dieses Walzenpaar nicht gefördert, sondern nur gehemmt. Es kann infolgedessen kein Einwalken in der Länge, wohl aber ein solches, und zwar in ausgedehntem Maße, in der Breite der Ware stattfinden.

Die Tandemwalken besitzen entweder zwei Walzenpaare mit Walzen von durchweg gleichem Durchmesser oder zwei Walzenpaare, deren Walzendurchmesser verschieden sind. In ersterem Falle liegen, wie dies Abb. 46 erkennen

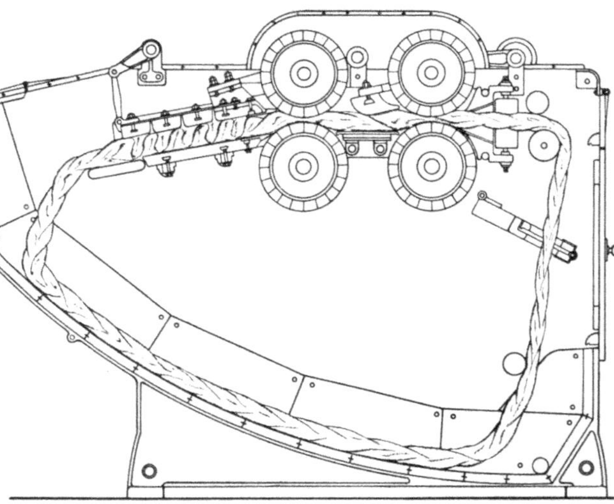

Abb. 46. Tandem-Walke. (L. Ph. Hemmer G. m. b. H., Aachen.)

läßt, die beiden Walzenpaare in gleicher Höhe, im zweiten Falle ist dagegen das erste Walzenpaar tiefer gelagert wie das zweite (s. Abb. 48).

Bei der Walke nach Abb. 46 wird das Unterroulette des hinteren Walzenpaares von der Transmissionswelle aus angetrieben, und das Unterroulette des vorderen Walzenpaares empfängt seinen Antrieb von dem hinteren Unterroulette aus durch Riemen. Die Oberroulettes erhalten ihre Bewegung von den Unterroulettes aus durch je zwei endlose unter der Wirkung von Spannrollen stehende Riemen auf jeder Maschinenseite. Durch Änderung der Wirkung der Spannrollen auf die Riemen hat man es in der Hand, den beiden Roulettepaaren verschiedene Geschwindigkeiten zu geben. Hebt man z. B. die Wirkung der Spannrollen auf die Riemen des vorderen Roulettepaares durch Abhängen der Belastungsgewichte auf, so wird das vordere Roulettepaar nur durch die vom hinteren Paare gezogene Ware in Umdrehung versetzt. Die Ware wird, wie schon erwähnt, nur in der Breite gewalkt, die Länge bleibt erhalten. Um die Länge des Stauchkanals nach Bedarf regulieren zu können, ist an den Boden des Stauchkanals eine einstellbare Zunge angelenkt, wie dies Abb. 46 erkennen läßt. Für den Fall, daß sich das Walkgut durch irgendeine Ursache auf dem Leittisch zwischen den beiden

Walzenpaaren zu stark ansammelt, ist ein Drucksattel angebracht (Abb. 46), der dann die Maschine sofort außer Betrieb setzt. Der Deckel des Stauchkanals ist als Gliederdeckel ausgebildet und kann sich infolgedessen den Walkgutfalten besser anpassen (Abb. 46).

Bei den gewöhnlichen Tandemwalken sind alle Roulettes zylindrisch gestaltet. Abweichend hiervon sind die Roulettes nach Abb. 47. Es ist nur die Oberfläche des hinteren Roulettepaares zylindrisch, die des vorderen Unterroulettes dagegen konkav und die des zugehörigen Oberroulettes konvex gestaltet, wie dies die Abbildung erkennen läßt. Durch diese eigenartige Ausbildung der genannten beiden Roulettes soll infolge der verschiedenen Umfangsgeschwindigkeiten und des dadurch bedingten fortwährenden Verschiebens der Faltenlagen im Walkgut eine bessere Entfaltung der Ware und ein rascheres Einwalken in der Breite, sowie eine stete Führung des Walkgutes auf der Roulettemitte erreicht werden.

Abb. 47. Konkave vordere Unterwalze und konvexe vordere Oberwalze für Tandem-Walken. (L. Ph. Hemmer G. m. b. H., Aachen.)

Wie aus Abb. 46 hervorgeht, sind die normalen Tandemwalken reichlich groß dimensioniert, da sie ja mindestens das doppelte, wenn nicht das drei- bis vierfache Warenquantum einer einfachen Zylinderwalke aufzunehmen haben. Damit bei diesen großen Abmessungen die obere Einlaufwalze nicht zu hoch zu liegen kommt, ist, wie sich aus Abb. 48 ergibt, der schräge Einlauf des Tuches in die Walkwalzen zur Anwendung gekommen. Die Maschine kann daher sowohl auf ebenem Fußboden stehen als auch eingelassen aufgestellt werden. Daß dabei das zweite Walzenpaar einen größeren Durchmesser erhalten hat als das erste, gründet sich darauf, daß die vor dem Stauchkanal liegenden Walzen einen weit größeren Widerstand zu überwinden haben als die vorderen, denen nur die Aufgabe zufällt, die Ware aus dem Trog der Maschine herauszuziehen und weiter zu befördern, während die hinteren die Reibung im Stauchkanal zu überwinden oder die Ware zwischen beiden Walzenpaaren zu strecken haben.

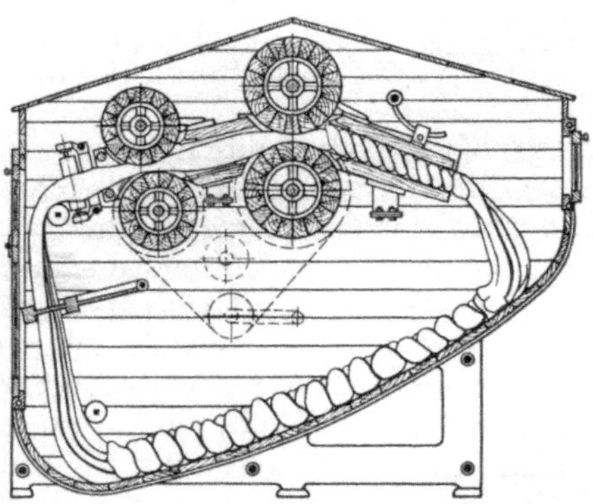

Abb. 48. Tandemwalke. (Wilhelm Quade G. m. b. H., Guben.)

Der Kanaleingang bei der Walke nach Abb. 48 ist durch zwei bewegliche, stehende und zwei festeingebaute, liegende starke Glasleisten gebildet, die einen viereckigen Durchgangsquerschnitt freilassen. Durch Engerstellen der beweglichen stehenden Leisten wird der Durchgang verkleinert, und die Anordnung kann als Streckvorrichtung, wie bei einfachen Zylinderwalken, Verwendung finden. Da die Glasleisten sehr stark und rund ausgeführt sind, wird die Ware nicht angegriffen (geschunden) und ein verschleißbarer Durchgang geschaffen, was bei großer Beanspruchung sehr vorteilhaft ist. Der Verbindungskanal zwischen beiden Roulettepaaren ist so konstruiert, daß die Faltenlage des Walkgutes zwischen dem vorderen und hinteren Roulettepaar sich unbedingt ändern muß. Daher ist der Kanal des vorderen Roulettepaares vollkommen für sich ausgebildet, verläuft nach hinten konisch und ragt in das vordere Ende des Kanals des hinteren Roulettepaares hinein. Abgesehen davon, daß hierdurch die Falten sich verlegen müssen, wird erreicht, daß die Ware kurz vor dem zweiten Roulettepaar zusammengehalten wird und nicht breit in dieses einläuft.

Um dem Walker die Möglichkeit zu geben, ausgelaufene oder abgearbeitete Roulettes einer Walzenwalke in dieser selbst abzudrehen, hat man Roulette-Abdrehvorrichtungen in Vorschlag gebracht. Die Abb. 49 zeigt eine solche schaubildlich.

Um den Walkprozeß abzukürzen, gibt man das Walkgut zuvor vielfach auf sog. Seifmaschinen. Das endlos gemachte Walkgut läuft bei diesen im Strang durch ein Seifenbad im Bottich und von hier aus über eine mit ihren Zapfen in Ringkugellagern laufende Leitwalze in Roulettes. Sie quetschen die aufgenommene Seifenlösung aus und machen damit das Walkgut für die erneute Aufnahme der Lösung im Bottich geeignet.

In der Tuchfabrikation werden die rohen, vom Webstuhl kommenden Warenstücke zunächst meist auf Strangwaschmaschinen vorgewaschen, um Schlichte, Spinnschmelze und Schmutz zu entfernen. Alsdann werden die Warenstücke auf einer Ausquetschmaschine oder Schleuder entnäßt und dann dem Walkvorgang in einer Zylinderwalke unterworfen. Hiernach wird die Ware nochmals auf einer Strangwaschmaschine nachgewaschen, um die beim Walken zugesetzten Walkmittel zu entfernen. Bei diesen Arbeitsgängen werden mehrere Maschinen, die oft weit auseinanderstehen, benötigt, und die Ware muß mehrere Male eingefädelt, zusammengenäht und wieder getrennt werden. Außerdem verursacht das Beladen und Entladen der Maschinen und das Bewegen der Waren von einer Maschine zur anderen große Zeitverluste und bringt die Gefahr der Verschmutzung und Beschädigung mit sich. Die heute notwendige Rationalisierung verträgt sich nicht mehr mit diesem umständlichen Verfahren, besonders, wenn wie bei Kammgarnen eine kurze Walk- und Waschdauer in Frage kommen. Auf Grund dieser Erwägungen ist eine Maschine entstanden, durch die den Rationalisierungsbestrebungen Rechnung getragen werden soll. Sie ist in der Abb. 50a—c dargestellt und hat etwa die Breite einer Strangwaschmaschine und die Länge einer Zylinderwalke. Abb. 50a zeigt die Maschine als Strangwaschmaschine, Abb. 50b als Zylinderwalke arbeitend und Abb. 50c läßt das Umlegen der Stränge, z. B. vom Waschen zum Walken, in dem Stauchkanal erkennen. Man kann, wie aus Abb. 50a ersichtlich, auf der Maschine waschen wie in jeder normalen Strangwaschmaschine, wobei die Tourenzahl etwa 60 pro Minute beträgt. Ist der Waschprozeß beendet, kann man die Ware ausquetschen wie in einer normalen Ausquetschmaschine, indem das Tuch gemäß Abb. 50a in den mittleren Kanal eingelegt und mit der besonders starken Druckvorrichtung die Oberwalze angepreßt wird. Der Anpreßdruck ist einstellbar; die Maschine arbeitet dann mit 10 Touren. Sind die Tuche ausgequetscht, wird Walkflüssigkeit hinzugegeben und gewalkt, indem man den Druck entsprechend vermindert und die Maschine mit 130 Touren laufen läßt (Abb. 50b). Je nach Bedarf können 1—5 Stücke in der Maschine gewaschen bzw. gequetscht und gewalkt werden. Angenommen, es werden 5 Stück leichte Ware gleichzeitig in der Maschine bearbeitet, also erstens gewaschen,

Abb. 49. Roulettes-Abdrehapparat für Walken. (Wilh. Quade G. m. b. H., Guben.)

zweitens gequetscht, drittens gewalkt, viertens gewaschen, so beträgt die Ersparnis fünfmal Abtrennen, Herausnehmen, Bewegen, Einladen (in Schleuder und Quetsche), Ausladen, Bewegen, Einladen, Zusammennähen (zum Walken), Abtrennen, Herausnehmen, Bewegen, Einladen, Zusammennähen (zum Nachwaschen). Das sind $5 \times 13 = 65$ Arbeitsvorgänge; wird jeder mit zwei Minuten berechnet, so ergibt sich eine Ersparnis von 130 min. Hiervon ist abzuziehen das Umlegen einmal zum Quetschen bzw. Walken und zum Waschen je 2 min. = 4 min., ergibt 126 min. Ersparnis. Gleichzeitig ist die Ware vor den Gefahren des Transportes, Verschmutzens, Beschädigungen usw. geschützt. Bei drei Stücken, oder wenn nur gewalkt und gewaschen

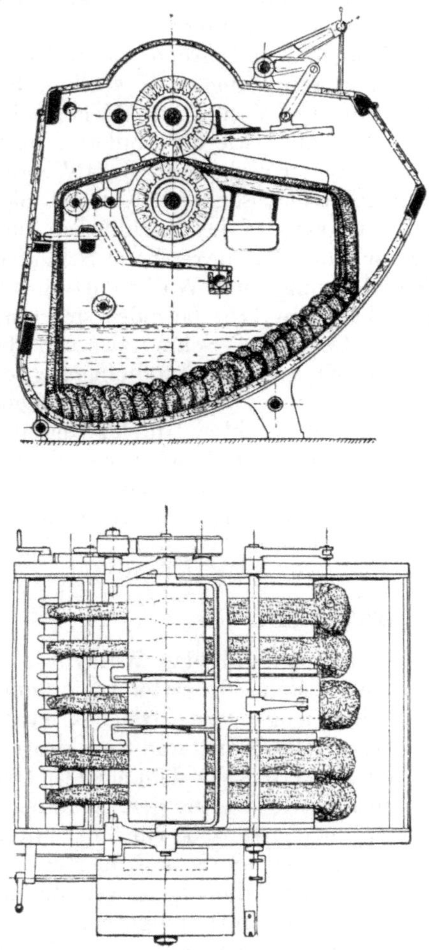

Abb. 50 a.

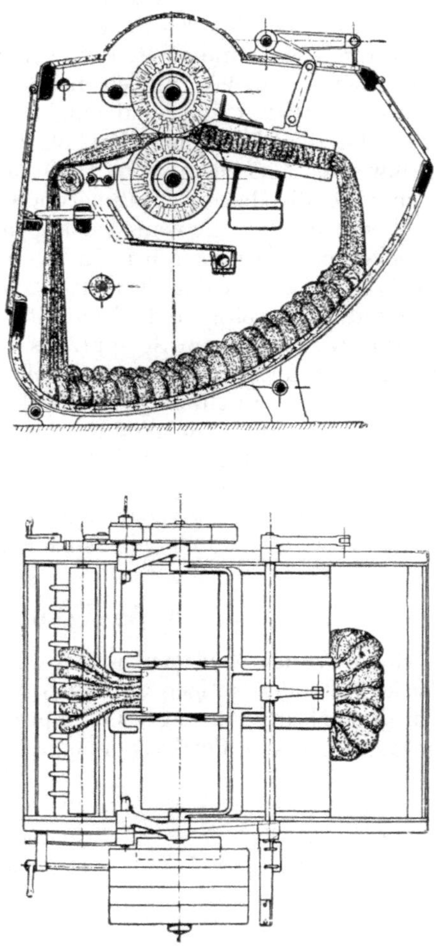

Abb. 50 b.

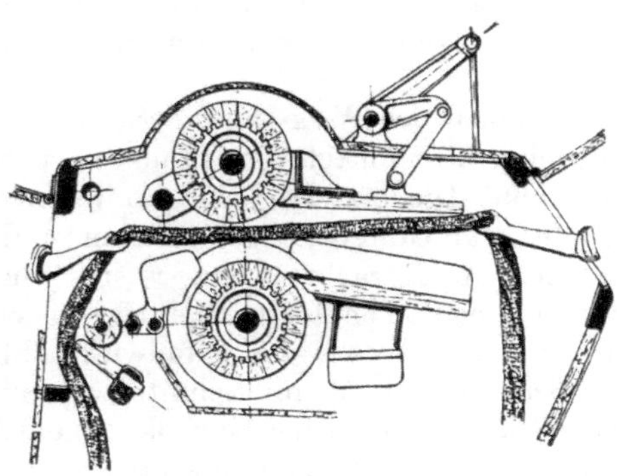

Abb. 50 c.

Abb. 50 a—c. Als Strangwaschmaschine, Walke oder Quetsche verwendbare Maschine. (Wilhelm Quade G. m. b. H., Guben.)

wird, ist natürlich die Ersparnis geringer, aber trotzdem für den Dauerbetrieb wichtig. Selbstverständlich kann die Maschine auch je nach Bedarf nur als Walke oder Quetsche oder Strangwaschmaschine benutzt werden, wenn gerade eine solche Maschine fehlt. Ebenso kann man mit verminderter Tourenzahl naß walken, da ja drei Geschwindigkeiten ohne weiteres einstellbar sind. Auch andere Kombinationen, schnelles Spülen nach dem Entgerbern, langsames Walken bei flockenden Waren usw. sind möglich. Ein besonderer Vorteil der Maschine ist noch, daß die Walzen mit Hirnholz belegt sind, ähnlich wie die Roulettes bzw. Walkwalzen, also einen guten Griff, lange Lebensdauer verbürgen. Zum Walken kann ferner die Maschine ringsherum vollkommen geschlossen werden, wenn man nicht vorzieht, die Bedienungsklappen offen zu lassen. Die Maschine ist ausgestattet mit Ausrücker bei Knotenbildung und mit Ausrücker beim Schleifen der Ware zwischen den Roulettes. Der Kanaleingang zum Walken ist durch Handrad beiderseitig und gleichzeitig verstellbar. Im Trog befindet sich eine Führungswalze und ein Schmutzkasten, um bei Bedarf das Schmutzwasser ablassen zu können. Ferner ist die Maschine für hohen Wasserstand eingerichtet (Abb. 50a), um ein gutes Spülen, Lockern und Verlegen der Ware zu ermöglichen. Von den drei Umdrehungszahlen werden zwei durch direkten Antrieb und die dritte durch ein eingebautes Zahnradvorgelege erreicht. Die Ausrücker sind derart gekuppelt, daß Fehlgriffe nicht vorkommen. Es ist also ausgeschlossen, daß etwa eine Geschwindigkeit zu unrechter Zeit eingerückt wird. Der Antrieb der Oberwalze erfolgt durch selbstspannenden Riementrieb.

b) Walken der Wirkwaren.

Beim Walken der Wirkwaren ist zu unterscheiden, ob das Walkgut aus Stückwaren oder fertigen Gebrauchsgegenständen besteht. In erster Linie kommen für die Durchführung des Walkprozesses die aus Vigognegarn, Streichgarn und Imitat, also aus im Fett gesponnenen Garnen hergestellte Wirk- und Strickwaren in Betracht; sie werden vor dem eigentlichen Walken, ebenso wie die aus den genannten Garnen gewonnenen Gewebe zunächst unter Anwendung einer mit Seife, kalzinierter Soda, Ammoniak oder Salmiakgeist versetzten, handwarmen Waschflotte entgerbert. Erzeugnisse aus Kammgarn müssen möglichst schonend behandelt werden und darnach noch ihren Kammgarncharakter erkennen lassen.

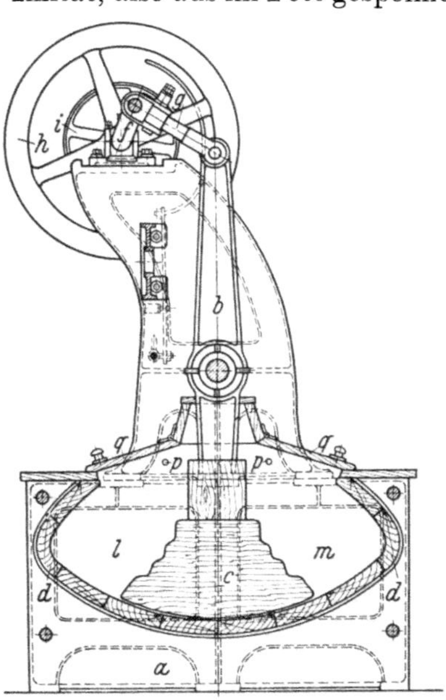

Abb. 51. Doppelt wirkende Hammerwalke. (Sächs. Maschinenfabrik, vorm. Rich. Hartmann A.-G., Chemnitz.)

Das Walken der Wirk- und Strickwaren wird durchgeführt mittels der Hammer- oder Walzenwalke. Die letztere gleicht im wesentlichen den für Gewebe angewendeten und kommt nur in Betracht, wenn es sich um die Behandlung von endlos gemachten Stückwaren handelt, wie sie der Rundwirkstuhl liefert. Die in Abb. 51 im Schnitt wiedergegebene Hammer- oder Kurbelwalke ist eine sog. doppelt wirkende Hammerwalke. Die beiden Walkhämmer arbeiten beim Ausschwingen abwechselnd gegen die in den Walklöchern *l* und *m* liegende Ware und drücken diese so absetzend; dabei wird durch die Form des Walktroges *d* der Warenknäuel stetig gewendet, was ein faltenloses Walken bedingt. Die doppelte Wirkung der Walke sichert durch die dabei stattfindende Kraftausgleichung einen ruhigen Stand, gewährt eine große Krafterspamis und eine wesentlich erhöhte, doppelte Leistung. Die Maschine hat auf beiden Seiten über den Walklöchern Deckel *q*, um das Herausspritzen von Seifenschaum zu vermeiden. Durch feingelochte Rohre wird ein gleichförmig regenartiger Zufluß von Wasser oder Walkflüssigkeit erreicht; er kann mittels eines Dreiwegehahnes reguliert werden. Der Wasserabfluß beim Spülen geschieht durch Öffnen eines sog. Perfektionshahnes.

c) Walken der Filze.

Filze, seien es solche für die Bekleidungsindustrie, für die Konfektion usw. oder technische Filze, entstehen bekanntlich dadurch, daß aus dem Rohstoff (Wolle oder Haaren oder einem Gemisch beider, evtl. auch als Beigabe zu anderen an sich nicht verfilzbaren Rohstoffen, z. B. Baumwolle) durch Schichtung ein sog. „Fach" gebildet und dieses dann durch schiebenden Druck bei gleichzeitiger Anwendung von Feuchtigkeit und Wärme verdichtet wird. Diese Verdichtung wird im allgemeinen ausgeführt auf der Platten- oder Walzenfilz- bzw. Rollermaschine und wird fortgesetzt durch Walken auf der Hammer- oder Walzenwalke. Die Hammerwalken gleichen den für Gewebe angewendeten, nur sind sie bisweilen wesentlich kräftiger gebaut als diese. Die Walzenwalken sind entweder mit den gewöhnlichen Roulettes oder mit sog. Spiralwalzen ausgestattet, die mit ihren Achsen in der Laufrichtung des Arbeitsgutes parallel oder geneigt zueinander liegen und auf der Oberfläche mit spiralförmig verlaufenden Rippen versehen sind, welche das Walkgut unter Stauchung in Richtung der Walzenachsen fördern[1].

IV. Entkletten.

Das Entkletten der Wolltextilien hat den Zweck, sie von pflanzlichen Bestandteilen, insbesondere den Kletten zu befreien. Über die Frage, ob das Entkletten in der Wolle oder im Stück vorzunehmen ist, entscheidet die Reinheit des zu verarbeitenden Materials. Stark mit Kletten verunreinigte Wollen entklettet man am vorteilhaftesten gleich nach der Wäsche. Seit Jahren geht aber das Bestreben dahin, das Entkletten im Fabrikationsgang möglichst spät auszuführen, weil man vielfach zu der Ansicht neigt, daß durch das Entkletten der Wolle als solcher diese in ihren physikalischen Eigenschaften nachteilig beeinflußt wird.

a) Entkletten der Wolle.

Das Entfernen der Kletten aus der Wolle erfolgt entweder auf mechanischem oder auf chemischem Wege. Die mechanische Entklettung empfiehlt sich nur für weniger klettenhaltige Wollen, und meist nur dann, wenn die Wolle dem sie in Lang- und Kurzfaser (Kammzug und Kämmling) scheidenden Kämmprozeß unterworfen wird, weil damit die Gewähr gegeben ist, daß die Klette fast restlos aus der Wolle verschwindet. Jedenfalls ist aber die mechanische Entklettung der chemischen Entklettung oder Karbonisation unbedingt vorzuziehen,

[1] Vgl. hierzu Glafey: Die Textilindustrie, Herstellung textiler Flächengebilde, Leipzig 1913. — Geitel: Der Siegeslauf der Technik, Bd. II, S. 199ff. — Herzog: Technologie der Textilfasern, Bd. VIII, 3. A. — Glafey: Textillexikon. — Deutsche Großbetriebe, Bd. 34, Herstellung von Filztuchen u. techn. Geweben; Leipzig 1937.

weil die Wolle in ihrer natürlichen Beschaffenheit am wenigsten leidet, selbst wenn dabei Fasern verkürzt oder zu Bruch gehen sollten. Bei ausgesprochenen Klettenwollen oder aussortierten Klettenstücken und Kämmlingen muß man sich allerdings der chemischen Zerstörung der Zellulosefaser (Klette) bedienen.

Das mechanische Entkletten kommt besonders für mit Nuß- oder Steinkletten durchsetzte und stark ringelklettenhaltige Wollen in Anwendung. Das Fasergut wird zu einem Faserflor verarbeitet, und dabei werden die Kletten entweder aus ihm herausgeschlagen oder in ihm zerdrückt. Beides geschieht auf besonderen Maschinen, den sog. Klettenwölfen, oder auch in der Krempel bzw. der Kämmmaschine. Das erstgenannte Verfahren findet gewöhnlich immer dann Anwendung, wenn es sich um sehr klettenhaltige Wollen handelt.

Klettenwölfe sind in verschiedenen Ausführungsformen bekannt. Zwei Beispiele seien erläutert. Bei dem Klettenwolf von H. Krantz, Aachen, wird die zu behandelnde Wolle von dem endlosen Zuführtisch durch eine gezahnte, in einer Mulde laufenden Walze abgenommen und einer auf den Umfang wechselständig mit Zahnreihen und Messern besetzten, sich drehenden Trommel übergeben. Sie lockert das Fasergut unter gleichzeitiger Abscheidung lose mitgeführter Schmutzteile auf. Diese fallen durch einen unterhalb der Schlagtrommel angebrachten, einstellbaren Rost unter die Maschine und werden von da durch am Gehäuse seitlich vorgesehene Verschlußklappen von Zeit zu Zeit herausgenommen. Von der Schlagtrommel wandert die geöffnete Wolle auf eine mit eigenartigen Kämmchen besetzte zweite Trommel, den sog. Peigneur, dessen Beschlag mit einer Bürsten- und einer Schlagwalze zusammenarbeitet. Die erstere treibt die zugeführte Wolle in die Kämme des Peigneurs derart ein, daß sich dieser mit einer dünnen Wollschicht überzieht, aus der die Kletten als Erhöhungen hervorragen. Die der Bürstenwalze folgende Schlagwalze schlägt sie ab in einen Kasten, der nach Bedarf entleert wird. Je nach der Einstellung der Schlagwalze gegenüber dem Peigneur ist der Grad der Ausscheidung der Kletten durch die Schlagwalzenmesser ein mehr oder weniger gründlicher. Eine der Schlagwalze folgende zweite Bürstenwalze löst die entklettete Wolle aus den Kämmchen des Peigneurs und wirft sie aus. Unterhalb des Peigneurs ist ein Drahtsieb für die Abscheidung von Unreinigkeiten, Kletten usw. vorgesehen; ein Ventilator entfernt den sich etwa entwickelnden Staub. — Bei dem Klettenwolf der Firma P. D. G. Siebers Söhne, Krähwinklerbrücke, wird die zu entklettende Wolle mittels des Zuführtisches einer Stachelwalze zugeleitet, von der sie eine Zugtrommel abnimmt, mit großer Geschwindigkeit über einen verstellbaren Stabrost führt und unter Mitwirkung eines wandernden Nadeltuches gegen eine Reihe von Bürstenwalzen wirft, die das gelockerte Fasergut auf einen zweiten Tambour, einen mit Kämmen besetzten Tambour, verstreichen. Zwei Klettenschläger in Gestalt geriffelter Eisenwalzen, eine zwischen den Bürsten angeordnete kleine Walze und eine den Bürsten folgende große Walze schlagen die Kletten von dem in den Kämmen des Tambours haftenden Fasergut ab. Der Kämmtambour bringt das von Kletten gereinigte Material in den hinteren Teil der Maschine, wo es durch eine schnellaufende Bürstenwalze aus den Kämmen herausgelöst wird. Die Kletten und sonstigen Unreinlichkeiten sammeln sich zum Teil unter dem Stabrost, zum Teil in einem Klettensammelraum. Vor den Bürstenwalzen und dem kleinen Klettenschläger liegen rotierende Blechflügel, die das zuviel vor den Bürsten liegende Material der Zupftrommel für erneute Bearbeitung wieder zu werfen.

Um die bei der chemischen Entklettung infolge der zur Anwendung kommenden Säure umgewandelten (verbrannten oder verkohlten) Kletten aus der Wolle zu entfernen, bringt man letztere in einen Reib- und Klopfwolf, in dem die verkohlten pflanzlichen Bestandteile zu Staub zerrieben werden. Die gereinigte, noch sauere Wolle wird darauf der Neutralisation unterworfen und damit die Wirkung der in der Wolle etwa noch enthaltenen Säure aufgehoben. Um alle Säurereste zu entfernen, wird die Wolle nach der Neutralisation schließlich noch in kaltem Wasser gründlich gespült.

Abb. 52. Doppelter Säurebottich mit Kippkästen und Schleuder. (F. Bernhard, Leisnig/Sa.)

Da die Handhabung mit der Säure für den Arbeiter beschwerlich und z. T. gefährlich ist — die Leute tragen zu dieser Arbeit Schutzbrillen, Gummischürzen und -handschuhe, weil ihnen die Säure sonst die Hände und Anzüge zerfressen würde —, sucht man den Säureprozeß so viel als möglich zu vereinfachen und zu mechanisieren.

Für kleine Karbonisationsanlagen ist jedoch eine selbsttätig arbeitende Einrichtung nicht lohnend; man muß sich in diesem Falle mit dem Einsäuern der Wolle in einem hölzernen, innen verbleitem oder aus sonstigem säurebeständigen Material hergestellten Gefäß behelfen. Um dabei diese Arbeit möglichst fortlaufend zu gestalten, hat man den Bottich durch eine mittlere Scheidewand in zwei Hälften geteilt. Während die Wolle in der einen Hälfte des Bottichs säuert, entleert man die Wolle aus der anderen Hälfte mittels einer Holzgabel. Um das Umfüllen aus dem Säurebottich in ein Transportmittel zu vermeiden und das Einfüllen der Wolle in die Schleuder möglichst zu vereinfachen, kommen einfache und doppelte Säurebottiche mit Kippkasten und Rutsche zur Schleuder zur Anwendung. Abb. 52 zeigt einen solchen Bottich. Für größere Leistungen werden Säuremaschinen verwendet. Die trockene Wolle wird bei ihnen mittels eines wandernden Eingangstisches in den Säurekasten befördert. In ihm wird sie durch einen schwingenden Rechen untergetaucht, in gewissen gleichmäßigen Zeitabschnitten ganz langsam vorwärts bewegt und am Ende in eine Presse mit sehr starkem Druck zum Entnässen befördert, ganz wie bei den Wollwaschmaschinen. Die abgepreßte Säure wird durch eine Holz- oder durch eine Bleipumpe in den Bottich der Maschine zurückbefördert. Die Presse hat gegenüber der Schleuder den Vorteil, daß sie die Kletten breit drückt und eine größere Oberfläche derselben für die nachfolgende

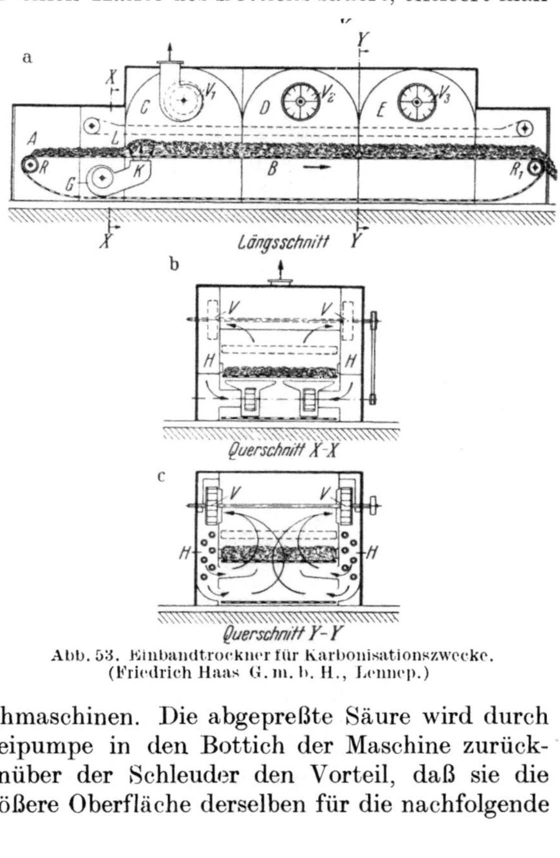

Abb. 53. Einbandtrockner für Karbonisationszwecke. (Friedrich Haas G. m. b. H., Lennep.)

chemische Behandlung schafft. Durch neuere Versuche ist festgestellt worden, daß das Säuern der Wolle in der Hälfte der sonstigen Zeit vor sich geht, wenn die Wolle vorher mit Wasser benetzt wird. Man setzt deshalb vor die selbsttätige

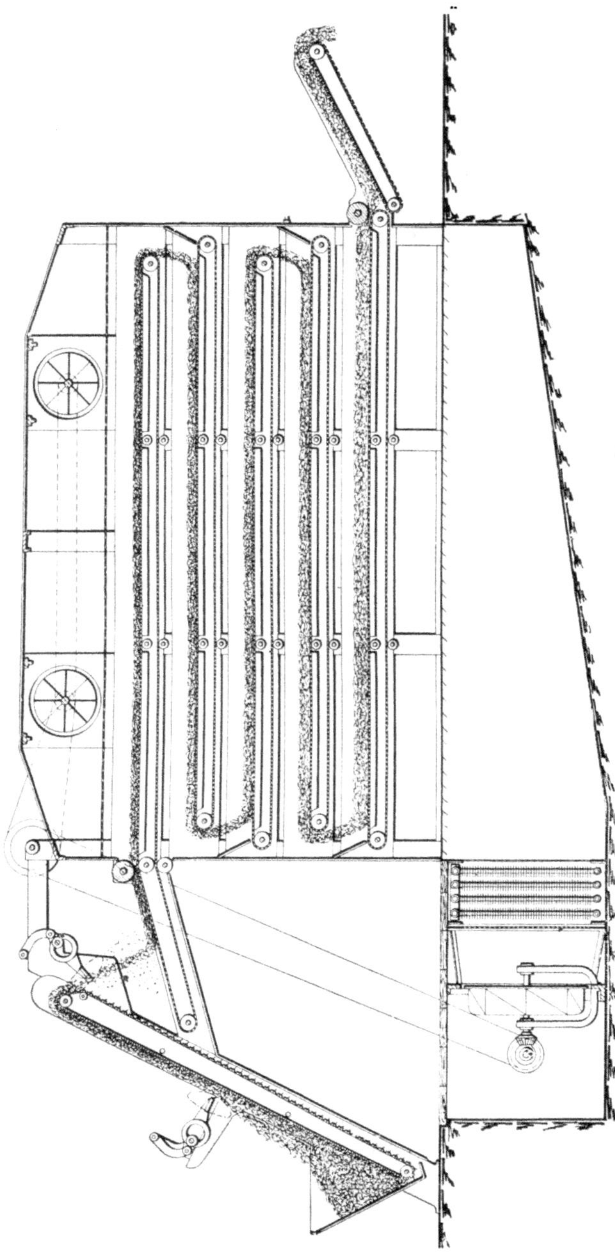

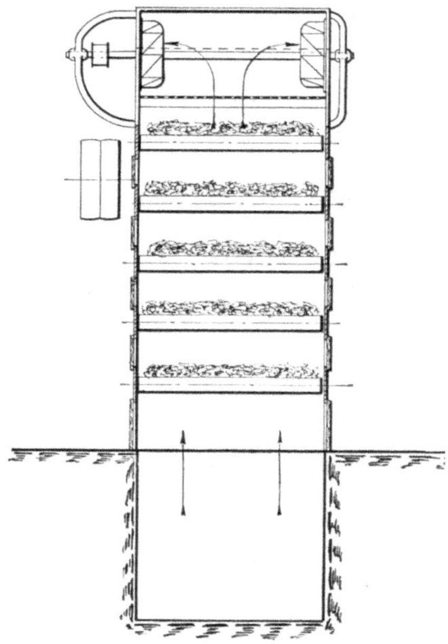

Abb. 54. Mehrbandtrockner für Karbonisationszwecke. (F. Bernhardt, Leisnig).

Säuremaschine eine Presse, auf deren Eingangstisch die Wolle mittels einer Brause durchnäßt und gleich darauf ausgepreßt wird. Diese etwa 50% wasserhaltige Wolle wandert dann in die Säuremaschine. Von der Säuremaschine gelangt die Wolle in den Karbonisierofen, die Karbonisiermaschine. Für kleine Leistungen benutzt man als solchen gewöhnlich die bekannten Kammertrockner. Bei ihnen wird die Wolle in hordenartige Kästen eingelegt, die zu Serien von 4—5 Stück über- und nebeneinander in die Kammer eingesetzt werden. Zwischen je zwei Serien Kästen befinden sich Heizelemente. Durch einen Luftstrom, welcher abwechselnd durch die Heizelemente und die Kästen mit der Wolle geht und der umgestellt werden kann, wird die Wolle bei hoher Temperatur getrocknet, gebrannt. Für große Leistungen kommen die sog. Bandtrockner zur Anwendung. Sie ermöglichen einen ununterbrochenen Betrieb und eine Regelung der Temperatur. Die Abb. 53—54 zeigen zwei solche in wesentlich voneinander abweichender Bauweise. Die Maschine nach Abb. 53 ist ein sog. Einbandtrockner. Bei ihm ist angestrebt, daß eine möglichst große Menge des Trockengutes von einer möglichst großen Luftmenge durchströmt wird. Zwei Gruppen von Gebläsen werden bei ihm verwendet, und zwar einerseits Niederdruckgebläse, welche mit weiten Querschnitten große Luftmengen umwälzen, und andererseits Hochdruckgebläse, die mit geringen Luftmengen, aber hohem Druck das Trockengut auflockern und so den Niederdruckgebläsen die Möglichkeit schaffen, die größeren Luftmengen durch das Trockengut zu fördern. Das Band B, Abb. 53, bewegt sich in der Pfeilrichtung endlos über die Rollen R und R_1. Das Trockengut wird bei A aufgegeben und bewegt sich mit dem Bande durch die Trockenabteilungen C, D und E. Den Trockenabteilungen sind seitlich Heizkammern H mit Niederdruckgebläsen V_1, V_2, V_3 angegliedert, welche die Luft über dem Band absaugen und unterhalb des Bandes in die Trockenabteilung wieder eintreten lassen. Es entsteht also ein Kreislauf, wie er im Querschnitt $x—x$ durch die Pfeillinien kenntlich gemacht ist. Da besonders in der Trockenabteilung C, in welche das Trockengut vollkommen naß eintritt, der von dem Gebläse V_1 erzeugte Druckunterschied nicht genügen würde, um die Luft durch das Gut hindurch zu treiben, sind unterhalb des Bandes Hochdruckgebläse G angeordnet, welche die aus der Heizabteilung überströmende Luft ansaugen und durch Düsen K der Unterfläche des Bandes zuleiten. Der hohe Druck bewirkt, daß das Trockengut sich anhebt bzw. auflockert, womit der hohe Widerstand, der sich dem Durchtritt der Luft entgegenstellt, verschwindet. Eins der Hochdruckgebläse oder, bei breiteren Maschinen, mehrere derselben, werden mit ihrer Ausströmungsöffnung kurz hinter die Stelle gelegt, wo das Naßgut in die erste Trockenabteilung C eintritt (in der Längsschnittzeichnung mit L bezeichnet). Diese Gebläse erfüllen hier einen doppelten Zweck. Einesteils lockern sie das Gut wie vorher beschrieben auf und verhindern andernteils, daß mit dem Naßgut bei der Einlaufstelle L auch Kaltluft in die Trockenabteilung C eintritt. Das Niederdruckgebläse V_1 erzeugt in der Abteilung C eine Luftleere, die sich naturgemäß auch durch die Eintrittsöffnung bei L einen Ausgleich sucht. Dadurch, daß nun das Gebläse G unter L die Luft aus der Heizabteilung H entnimmt und der Trockenabteilung C durch das Band wieder zuführt, wird der Druckunterschied ausgeglichen, und es besteht deshalb für die Kaltluft kein Grund mehr, bei L einzutreten.

Die Karbonisiermaschine nach den Abb. 54 und 55 ist mit waagrechten, versetzt übereinander angeordneten Fördertüchern ausgestattet, die die Wolle im Zickzackwege durch die Trockenkammer führen. Zwischen dem 3. und 4. Fördertuch ist ein System waagrecht nebeneinander liegender Rohre eingebaut, deren Endöffnungen durch Deckel verschließbar sind (s. Abb. 55). Durch diese Rohre kann bei geöffneten Deckeln Luft in die Maschine treten. Die Rohre, welche dicht nebeneinander liegen, sind der Länge nach geschlitzt und die Schlitze durch drehbare Verschlußklappen in ihrem Querschnitt regelbar. Durch Anbringung dieses horizontalen Rohrsystems wird die Maschine in zwei Zonen geteilt, und zwar in eine Vortrockenzone und in eine Brennzone. Durch die geöffneten Rohre wird Luft aus dem Raume, in dem die Trockenmaschine steht, mittels der in der oberen Haube der Maschine liegenden Ventilatoren eingesaugt. Die Klappen, durch die sowohl der Zutritt der Raumluft in die Maschine als auch der Antrieb der heißen Luft aus der Brennzone geregelt wird, vermitteln einen starken Luftwechsel, dessen Temperatur von der Wärmemenge der aus der Brennzone aufsteigenden Luft bedingt wird. Man erhält also durch geeignete Klappenstellung in der Vortrockenzone einen starken Luftstrom mäßiger Temperatur und in der Brennzone einen geringen, gleichsam stagnierenden, unter Pressung stehenden Luftstrom hoher Temperatur. Der

Abb. 55 a.

Abb. 55 b.

Abb. 55 a u. b. Mehrbandtrockner für Karbonisationszwecke. (F. Bernhardt, Leisnig.)

Überdruck in der Brennzone wird erzeugt durch einen Schraubenventilator, welcher Luft durch einen Kalorifer hindurch unter das letzte Fördertuch der Maschine bläst.

Die karbonisierte Wolle gelangt durch ein Ausgangsfördertuch auf das Eingangsfördertuch eines Reib- und Klopfwolfes. Abb. 56 zeigt einen solchen. Er besteht aus einem Gehäuse, in dem ein zylindrisches, feststehendes, mit Klappen versehenes Sieb aus feinem Drahtgewebe angebracht ist. In diesem zylindrischen Sieb dreht sich eine rasch umlaufende Trommel mit vier spiralförmig gewundenen, am Ende mit enggestellten Stiften besetzten Flügeln. Die Spitzen dieser Stifte laufen in geringem Abstand von dem Drahtgewebe des zylindrischen Gehäuses.

Feststehende Stiftleisten, deren Stifte durch die Stifte der Trommelflügel streichen, erhöhen die reibende und schlagende Wirkung der Trommel. Das Reibwerk besitzt eine Anzahl über- und hintereinander angeordneter Walzen von verschieden gerippter Oberfläche und mit nach der Maschine zu steigender Umfangsgeschwindigkeit. Dieses Walzensystem übt auf die Wolle eine reibende, verziehende Wirkung aus, so daß die in der Wolle enthaltenen Klettenanteile zerteilt und zum Teil zerrieben in den Siebzylinder gelangen. Die Wolle wird durch die Trommel gegen den Siebzylinder geschleudert, des öfteren gerieben und geklopft und gelangt auf spiralförmig verlaufendem Wege aus der Maschine. Die zerriebenen Kletten werden dabei in Staub verwandelt und durch zwei in das Dach der Maschine eingebaute Ventilatoren abgesaugt. Eine hin- und herschwingende, sich drehende Bürste sorgt für Offenhaltung des oberen Siebzylinderteiles. Ein Ausgangsfördertuch vermittelt die Ablieferung der gereinigten Wolle.

Abb. 56. Reib- und Klopfwolf für karbonisierte Wollen. (F. Bernhardt, Leisnig.)

Bei neuzeitlichen Anlagen arbeitet die Karbonisiermaschine in unmittelbarer Folge hinter der Säuremaschine. Der Ausgangstisch der Karbonisiermaschine speist wiederum den Reib- und Klopfwolf, und von da geht die Wolle unmittelbar in die Neutralisiermaschine. Für kleine Leistungen genügt zum Neutralisieren ein Waschbottich, während zur Neutralisierung größerer Mengen karbonisierter Wolle gewöhnlich ein Satz von vier Bottichen verwendet wird. Während man früher die entklettete Wolle sofort in eine Sodalösung tauchte, verdünnt man neuerdings die auf der Wolle sitzende Säure möglichst durch vorheriges Spülen oder Waschen in kaltem Wasser und senkt die Wolle erst dann in ein Sodabad. Es entstehen beim Eintauchen der Säurelösung in die Sodalösung hohe Hitzegrade, die der Wolle schaden. Um Wasser zu sparen, wird das zum Nachspülen der Wolle gebrauchte Wasser zum Vorspülen der gesäuerten Wolle ausgenützt. Der Bottich der Maschine ist zu diesem Zweck durch zwei Scheidewände in drei Abteile getrennt, und zwar in eine Vorspül-, Neutralisierungs- und eine Nachspülzone. Zwei Flügelpumpen sorgen für Flüssigkeitswechsel und Umlauf. Das Frischwasser tritt durch mehrere über die Breite der Maschine reichende Stahlrohre in die Nachspülzone der Maschine und wird durch eine Pumpe in die Vorspülzone getrieben, von dort läuft es ab. Eine zweite Pumpe saugt Sodalösung aus dem mittleren Abteil und bringt sie in starkem Kreislauf unter Druck auf die Wolle. Ein gemeinsamer, schwingender Rechen fördert die Wolle durch die drei Abteile hindurch nach einer Walzenpresse. Bei größeren Leistungen benutzt man für das Neutralisieren der Wolle einen Maschinensatz von vier Bottichen. Bei ihm sind die drei ersten Bottiche durch Unterteilung des dem Spülbottich vorausgehenden Bottichs gewonnen. Der erste Bottich arbeitet mit kaltem Wasser, der zweite mit kalter, der dritte mit erwärmter Sodalösung, während im letzten Bottich nochmals mit kaltem Wasser nachgespült wird.

Die neutrale, gereinigte Wolle wird in einem Kammer- oder Bandtrockner getrocknet.

Ein besonderes chemisches Karbonisierverfahren für Wolle ist das Karbonisieren „im Fett". Die zu karbonisierende Wolle wird nicht fettrein gewaschen, d. h. nicht unter Zusatz von Alkalien gereinigt, sondern man läßt sie durch einen Waschsatz mit kalt oder lau gehaltenen Bädern gehen. Dabei lösen sich wohl zum Teil die der Wolle mechanisch beigemengten Bestandteile, doch bleibt ein großer Teil des Fettgehaltes auf der Wolle sitzen und soll beim Säuern das Wollhaar vor der Einwirkung der Säure schützen. Ob die entstehenden Fettsäureverbindungen nicht schädlich auf die Wolle wirken, ist zweifelhaft.

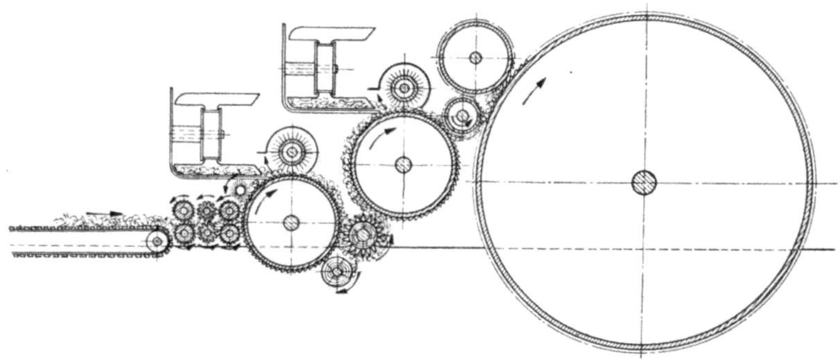

Abb. 57. Entklettungsvorrichtung für Krempeln. (C. Oswald Liebscher, Chemnitz.)

Ein Beispiel für eine Entklettungsvorrichtung, wie sie an Kammwollkrempeln angebracht wird, zeigt Abb. 57. Die Vorrichtung, welche an die Stelle der vorhandenen Speisevorrichtung tritt, besteht, wie die Abb. erkennen läßt, im wesentlichen aus mehreren mit Sägezahndraht bezogenen Einführwalzenpaaren, zwei ebenfalls mit einer Sägezahndrahtgarnitur versehenen Vorreißwalzen, mit denen Klettenschläger mit automatischer Räumung zusammenarbeiten, und Übertragungswalzen für die Überführung der Wolle vom ersten zum zweiten Vorreißer.

b) Entkletten (Karbonisieren) der Gewebe.

Die Gewebe werden nur auf chemischem Wege entklettet, man spricht deshalb ganz allgemein vom Karbonisieren der Gewebe bzw. der Stückkarbonisation. Das Karbonisieren der Gewebe erspart gegenüber dem Karbonisieren der losen Wolle viel Arbeit und hat den Vorzug, daß die Erhaltung der Walkfähigkeit nicht erforderlich ist. Wollene Gewebe können im „Loden", d. h. so, wie sie vom Webstuhl kommen, oder fertig gewalkt, gefärbt oder ungefärbt karbonisiert werden. Im Loden werden fast nur für Weiß oder helle Farben bestimmte Gewebe karbonisiert, die von den Kletten möglichst vollständig befreit werden müssen. Aus dem lockeren Gewebe sind die Kletten leichter zu entfernen. Walken, Rauhen usw. beseitigen die letzten Reste der verkohlten pflanzlichen Bestandteile. Die zu karbonisierenden Gewebe müssen zunächst sorgfältig gereinigt, Loden gut entgerbert, Tuche u. dgl. gründlich von allen Seifenresten befreit werden. Das gereinigte Gewebe wird sodann gesäuert, hierauf entnäßt und schließlich in der Karbonisiermaschine getrocknet. Je nach den Umständen kann das karbonisierte Gewebe sofort entsäuert, oder, wenn eine gründliche Entfernung der karbonisierten Pflanzenteile erforderlich ist, zunächst ausgerieben werden. Bei dunklen Farben ist dies in der Regel überflüssig, da die Kletten an sich wenig sichtbar und zum größten Teil durch die Nachbehandlung (Waschen, Färben, Verstreichen, Rauhen usw.) entfernt werden. Zum Ausreiben läßt man die Ware kurze Zeit im Strang und trocken durch eine Walzenwalke oder breit durch eine Rauhmaschine gehen. Das Säuern erfolgt entweder auf der Strang- oder auf der Breitsäuremaschine.

Abb. 58 veranschaulicht eine Strangsäuremaschine. Sie besteht aus einer Einweichkufe, einem Quetschwerk und einer Schleuder. Diese drei Vorrichtungen sind so miteinander verbunden, daß die ausgeschiedene Säureflotte sowohl von dem Quetschwerk als auch von der Schleuder automatisch in die Einweichkufe zurückbefördert wird. Fast ebenso automatisch erfolgt die Führung des Gewebestranges vom Haspel über den Säurebottich zum Quetschwerk und von diesem in den Kessel der Schleuder; es wird also auch hinsichtlich des Gewebelaufs die größtmögliche Entlastung für die Bedienung gewährleistet. Der durch den Haspel ausgehobene Gewebestrang wird durch ein Porzellanauge in das Walzenquetschwerk eingeführt und von diesem mittels eines umlaufenden Filztuches in den Schleuderkessel geleitet. Die beim Ausquetschen abfließende Säure gelangt durch eine nach der Kufe zu geneigte Holzrinne in den Einweichbottich zurück, während die abgeschleuderte Säure mittels eines Bleirohres in diesen zurückgeführt wird. Die Antriebe für den Haspel und die Walzenquetsche sind lösbar untereinander gekuppelt, um nach Belieben nur die eine oder die andere der beiden Vorrichtungen in Betrieb setzen zu können.

Abb. 58. Strangsäureeinrichtung für das Karbonisieren von Geweben. (Ernst Geßner A.-G., Aue.)

In Abb. 59 ist im Schnitt eine Breitsäure-Karbonisieranlage wiedergegeben, bei der das Gewebe in einem Arbeitsgang durch eine Säurekufe und eine ihr folgende Absaugevorrichtung hindurchgeführt wird. In die Säurekufe läuft das zu behandelnde Gewebe über einen Spannriegel und eine Ausbreitschiene ein und passiert im Wiederaufstieg zunächst ein Unterflottenquetschwerk, dem die üblichen oberen und unteren Leitwalzen folgen. Von dem genannten Quetschwerk wird die Luft unterhalb des Säurespiegels aus der Stoffbahn ausgepreßt, so daß die Säure beim Verlassen der Quetschwalzen sofort in das luftleer gemachte Gewebe eindringen kann. Das Arbeitsgut wird infolgedessen viel rascher und gleichmäßiger genetzt, als wenn es nur in einfachen auf- und abgehenden Läufen durch das Bad geleitet wird. Eine Rotationspumpe und ein ebenfalls unter dem Flottenspiegel liegendes Verteilungsrohr bewegen die Säure gleichmäßig im Kreislauf und treiben sie dabei mit einem gewissen Druck gegen die Quetschstelle. Da sich die Gewebebahn nach Aufnahme genügender Flüssigkeit bald ausdehnt, sind für die Leit- und Transportwalzen Friktions-Voreilungsantriebe vorgesehen, die stets eine gewisse leichte Spannung der Gewebebahn herbeiführen. Damit sich die Leisten der Gewebebahn beim Lauf durch das Säurebad nicht umlegen, die Gewebebahn also in voller offener Breite und faltenfrei das Bad und das Ausgangsquetschwerk verläßt, sind im Bad besondere Leistenführungen vorgesehen. Die Absaugevorrichtung für das Entnässen des von der Säurekufe kommenden Gewebes ist, wie die Abbildung erkennen läßt, nicht unmittelbar mit dem Breitsäurebottich verbunden, sondern freistehend angeordnet. Der Übergang des Gewebes von der Säurekufe zur Absaugevorrichtung erfolgt unter Mitwirkung einer Mulde mit Rutschboden, in der das Gewebe in Faltenform gesammelt wird, so daß die in ihm noch vorhandene Säure Zeit hat, das Gewebe völlig zu durchsetzen. Die getrennte Aufstellung der Absaugevorrichtung gestattet es, die von ihr ablaufende Säure in einem besonderen Gefäß zu sammeln und vor Wiederverwendung erst zu reinigen. Außerdem ist eine leichte Bedienung sowohl hinsichtlich der Reinigung als auch der Schlitzabdeckung möglich. Die Abdeckung für den Saugschlitz an den Stellen, wo er nicht von der Ware bedeckt wird, besteht in einer elastischen, beweglichen Decke mit Stoffbahnhebern. Sobald aus irgend einem Anlaß die Saugvorrichtung stillgesetzt werden muß, wird die Schlitzabdeckung vom Schlitz automatisch abgehoben, wodurch Saugstreifen verhütet werden. Das Abheben der Schlitzdecke erfolgt mittels des Ausrückers automatisch. Gleichzeitig wird dadurch aber das Vakuum unterbrochen, ohne daß die Luftpumpe außer Betrieb gesetzt zu werden braucht. Dadurch entsteht der weitere Vorteil, daß die im Sammelbassin sich aufspeichernde ab-

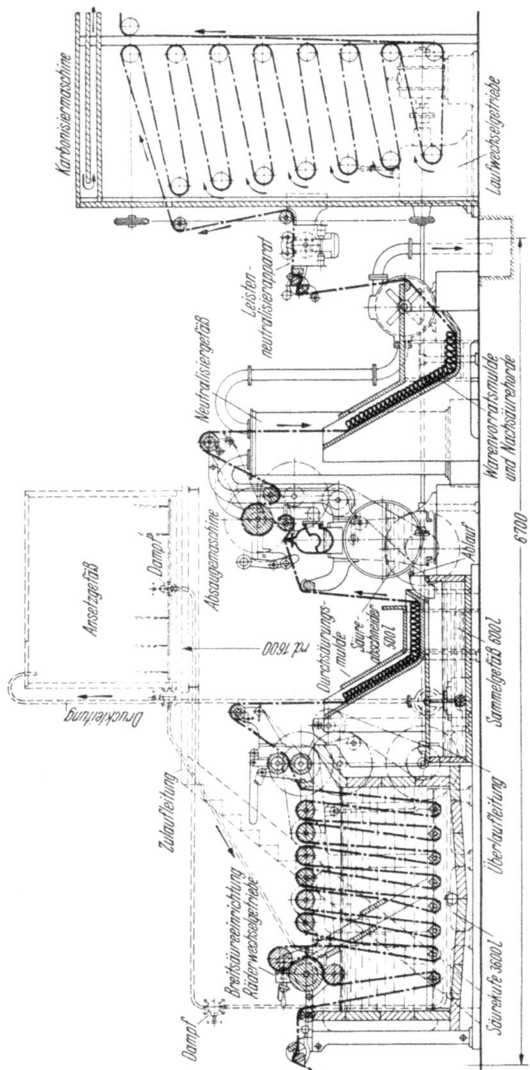

Abb. 59. Breitsäure-Karbonisieranlage. (Ernst Geßner, A.-G., Aue.)

gesaugte Säure nunmehr automatisch in das tieferliegende Reservoir abgeleitet wird.

Die in Abb. 60 im Schaubild wiedergegebene Karbonisiermaschine enthält im Innern ein System von Kammern, und zwar eine große in Unterabteilungen geteilte Trockenkammer und eine sog. Brennkammer. Jede der Abteilungen ist mit in Kugelbüchsen aushebbar gelagerten Haspeln ausgestattet, durch die das zu karbonisierende Gewebe in der ersten Kammer in schrägliegenden Zügen, in den übrigen Kammerabteilungen in senkrecht verlaufenden Zügen geführt wird. Die Schrägführung des Gewebes in der ersten Kammer erfolgt, um ein Niedersickern der Säure vor dem ersten Antrocknen und das Stagnieren der Luft zwischen den Stoffzügen, sowie das Leistenumlegen zu verhüten. Die Warenvor- und ablage befindet sich entweder getrennt an den beiden Stirnseiten

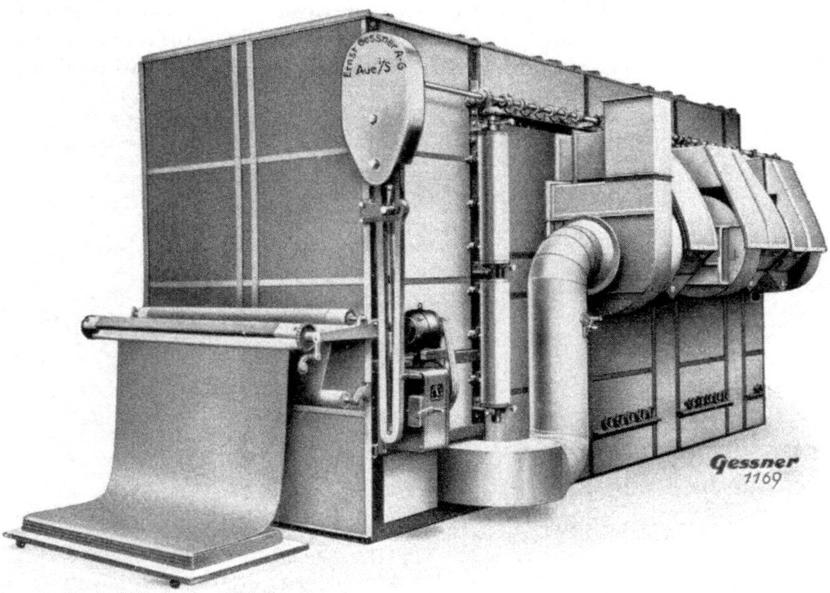

Abb. 60. Karbonisiermaschine. (Ernst Geßner A.-G., Aue.)

der Maschine oder auf der gleichen Seite. Ersteres dann, wenn die abgesaugte Ware über eine Sammelmulde mit Rutschboden unmittelbar in die Karbonisiermaschine einläuft. Zwecks Verhütung von Flecken- und Tropfenbildung ist die Trockenkammer nach oben durch eine von innen geheizte, isolierende Hohldecke abgeschlossen. Im Trockenraum selbst ist durch eine Reihe von Mitteldruckventilatoren für eine kräftige Luftbewegung durch Luftumwälzung gesorgt, so daß jede Schwadenbildung oder Säureablagerung verhindert wird. Die Warenüberführung von einer Kammer nach der anderen erfolgt stets oberhalb der Trennungswände, und die frischbeheizte Trockenluft streicht von unten nach oben an den Stoffbahnen entlang. Damit die Gewebebahn sich nicht seitlich verläuft oder Falten bildet, also immer in gleicher Spannung bleibt, werden die Heißluftströme immer zentral gegen die Gewebebahn geführt und ebenso wieder aus den Einzelkammern in der Breitenmitte abgesaugt. Ein in die Haspelantriebsachse eingebautes Differentialgetriebe gleicht die Krumpfwirkung aus. Der Trockenraum ist allseitig vollkommen luft- und wärmeabdichtend durch Blechwände und Korkplatten umkleidet. Durch Einbau der Heizelemente, namentlich des zentral in die Brennkammer eingeschalteten Elementes werden Strahlungsverluste verhindert. Die Brennkammer bildet ein Heizaggregat für sich. In ihm wird die Heizluft auf schnellstem Wege umgewälzt und dadurch eine konstante Temperatur erreicht. Jede Einzeltrockenkammer ist mit einem eigenen Mitteldruckventilator und besonderen abgestuften Lamellen-Kalorifer ausgestattet, der gegen alle Unreinigkeiten geschützt ist. Jedem Trockenkammerheizelement wird aus der an die Brennkammer sich anschließenden Kühlkammer vorgewärmte Luft zugeführt. Jede Einblasestelle am Kalorifer ist mit einem ausziehbaren Sichter und Faserfang versehen. Die Kaloriferen selbst sind in besondere, gegen die Trockenkammer abgeschlossene Abteilungen eingebaut und vom Innern jeder Abteilung durch Schieber leicht zugängig.

Ebenso wie bei der Breitsäure-Karbonisieranlage nach Abb. 59 gelangt auch bei derjenigen nach Abb. 61 die Ware über Spannriegel und Breithalter in den Säurebottich. In ihm läuft sie in gleicher Weise über Leitwalzen auf und nieder und wird unter der Flotte zwecks gründlicher Netzung, und um alle im Gewebe sich noch be-

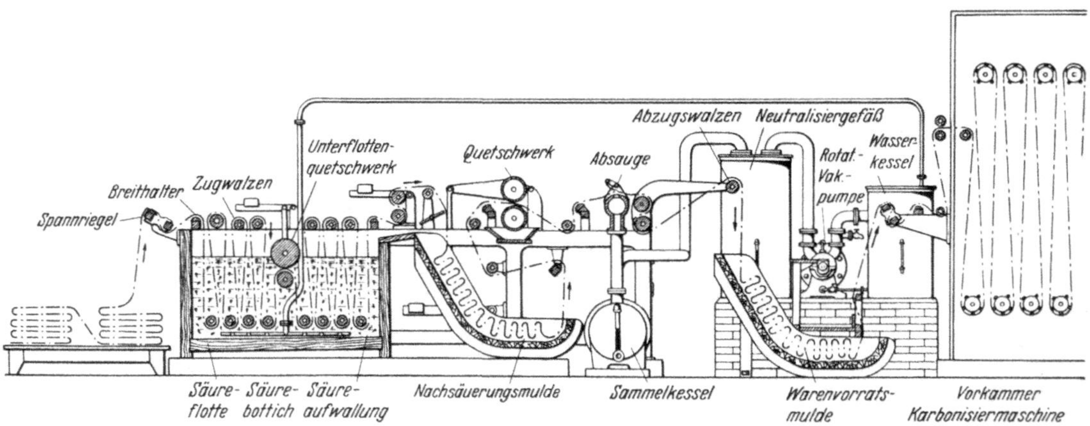

Abb. 61. Breitsäure-Karbonisieranlage. (M. Rudolf Jahr, Gera.)

findenden Luftblasen auszutreiben, durch ein Quetschwerk ausgepreßt. Aus dem Säurebottich wandert die Ware weiter über einen Breithalter mit Quetschwerk zu einer Sammelmulde mit Rutschboden und aus dieser durch ein weiteres schweres Quetschwerk mit Gummiwalzen zur Absaugevorrichtung. Ihr folgt eine zweite Sammelmulde und dieser die Karbonisiermaschine. Die Düse der Absaugevorrichtung sitzt in der üblichen Weise auf der Oberseite der Saugkammer, die an den Stirnwänden geöffnet werden kann. Unter der Saugkammer und mit ihr durch Rohre verbunden liegt der zwischen Saugpumpe und Saugkammer eingeschaltete Kessel für das Sammeln der abgesaugten Säure und die mitgerissene Luft. Diese strömt nach Abscheidung zur Luftpumpe zurück. Das Vakuum in dem genannten Kessel wird mittels einer Rotations-Vakuumpumpe mit Wasserriegeldichtung erzeugt. Jede Abnützung der Flügel und des Gehäuses fällt bei ihr fort; auch brauchen bei ihr nur die Lager geschmiert zu werden. Infolge der hohen, zulässigen Drehzahl kann die Pumpe mit einem schnellaufenden Motor unmittelbar gekuppelt werden. Um das Kühl- und Abdichtungswasser stets auf der richtigen Höhe zu halten, ist der mit ihrem Motor auf einer gemeinsamen Tragplatte montierten Pumpe ein Wasserbehälter beigefügt, in dem das von der ausgestoßenen Luft mitgerissene Wasser wieder aufgefangen und in die Pumpe zurückgeleitet wird. Der Saugschlitz, über den das Gewebe läuft, wird rechts und links desselben vollständig so abgedeckt, daß die Saugluft gezwungen ist, ihren

Weg durch das Gewebe zu nehmen. Sobald dieses sich seitwärts verläuft, wird das Gummituch auf der einen Seite des Saugschlitzes durch das Gewebe von diesem abgehoben, auf der anderen Seite dagegen die Abdeckung des Saugschlitzes freigegeben. Um bei einem gelegentlichen Anhalten des Warenlaufs zu verhindern, daß die Luft längere Zeit ununterbrochen durch den gerade den Saugschlitz abdeckenden Teil des Gewebes strömt und so Saugstreifen hervorruft, ist in die Rohrleitung zwischen Saugkammer und Pumpe ein Ventil eingebaut, das beim Anhalten der Maschine sich selbsttätig öffnet. Die angesaugte Luft strömt dann durch dieses Ventil in die Saugleitung und nicht mehr durch den Schlitz der Saugdüse. Beim Wiedereinrücken der Maschine schließt sich das Ventil, kurz bevor die Ware in Bewegung gesetzt wird. Wird in der Saugkammer ein bestimmtes Vakuum überschritten, so öffnet sich ein Sicherheitsventil und läßt Luft in die Saugkammer einströmen. Durch ein Stufenrädergetriebe kann die Warenlaufgeschwindigkeit geregelt werden.

Abb. 62. Dreikammer-Karbonisiermaschine für Gewebe. (M. Rudolf Jahr, Gera.)

Die Karbonisiermaschine nach Abb. 62 ist aus drei gleich großen Kammern, und zwar einer Vortrockenkammer, einer Trockenkammer und einer Brennkammer zusammengesetzt, deren jede wieder unterteilt ist in eine Waren- und eine Heizkammer. Die Ware läuft über Spannriegel und Breithalter in die Vorkammer der Karbonisiermaschine ein. Der Wareneingangsschlitz ist sorgfältig abgedichtet. Durch alle Kammern wird die Ware senkrecht auf- und niedergeführt. Der Warenabzug erfolgt durch ein Walzenpaar, welches in der Maschine entstehende Warenspannungen oder Warensäcke selbsttätig ausgleicht. Durch einen Faltenleger wird die Ware abgetafelt. Die Luftströme werden durch Ventilatoren erzeugt, welche außerhalb der Karbonisiermaschine liegen. Jede Kammer (Vortrockenkammer, Trockenkammer, Brennkammer) hat ihren eigenen Ventilator, (s. Abb.). Frischluft wird vom Ventilator der Brennkammer angesaugt, in deren Heizkammer erhitzt und von oben zwischen die Warengänge geblasen. Dann wird die Luft weitergeführt in die Trockenkammer, wobei sie in der zugehörigen Heizkammer neue Wärme aufnimmt, gelangt hierauf, vom Vorkammerventilator angesaugt, in die Vortrockenkammer und wird aus dieser durch einen besonderen Absaugventilator ins Freie befördert. Die Luft wird also durch die ganze Maschine gesaugt. Die starke Saugwirkung in der Maschine verhindert, daß Säuredünste durch die Maschinenwände in den Arbeitsraum entweichen. Der

Luftstrom geht der Ware entgegen. Die Temperatur der Luft wird jeweils dem Feuchtigkeitsgehalt der Ware angepaßt: mit mäßig warmer Luft wird die feuchte Ware allmählich angetrocknet, mit heißer Luft weiter getrocknet und zuletzt wird durch frische Heißluft karbonisiert. Die Temperatur jeder Kammer kann an einem Thermometer abgelesen werden. Die heiße Luft wird immer zuerst an die Decke geblasen, um zu vermeiden, daß sich an dieser Tropfen bilden, die auf die Ware fallen und Flecken hervorrufen können. An der Decke der Vorkammer ist eine besondere Heizschlange längs geführt. Jeder Kammer der Karbonisiermaschine kann nach Bedarf Frischluft zugesetzt werden. An jedem Ventilator ist zu diesem Zweck ein einstellbarer Drehschieber angebracht. Außerdem sind Siebe in die Saugluftleitungen eingebaut, um Wollflocken abzufangen. Ein Luftstromregler an der Brennkammer ermöglicht die Temperatur dieser Kammer in weiten Grenzen zu regeln und so die Anheizdauer der Maschine wesentlich abzukürzen.

Abb. 63. Leisten-Neutralisiervorrichtung mit automatischer Steuerung. (M. Rudolf Jahr, Gera.)

Die Leisten der stückfarbigen Kammgarnwaren sind in der Regel durch bunte Baumwollfäden geziert, mit sog. Zierfäden versehen. Da diese Kammgarnwaren karbonisiert werden, um die im Garn enthaltenen Kletten und sonstigen pflanzlichen Bestandteile zu entfernen, ist es nötig, die Zierfäden zu schonen, d.h. zu verhüten, daß auch sie, da sie aus Baumwolle, also pflanzlichen Ursprungs sind, durch das Karbonisieren mit zerstört werden. Die mit der Ware gesäuerten Zierfäden müssen neutralisiert werden, was durch Bestreichen mit Sodalauge oder Wasserglas oder Schlemmkreide geschieht. Das Leistenschonen geschah früher und geschieht in manchen Fabriken sogar noch heute in der Weise, daß die Stücke breit über einen Tisch gezogen werden, wobei mittels eines Pinsels die Zierfäden mit dem Neutralisiermittel bestrichen werden. Diese Art des Schonens der Zierfäden ist umständlich, zeitraubend und daher teuer. Um dem Übel abzuhelfen, sind die neuen Karbonisieröfen mit einem Leistenschoner versehen, welcher das Schonen der Zierfäden selbsttätig und einwandfrei während des Einlaufens der Ware in die Karbonisiermaschine besorgt. Auf gußeisernen Gestellwänden, die an der Stirnwand der Karbonisiermaschine befestigt sind, ruhen die beiden Leisten-Neutralisiervorrichtungen. Für jede Warenseite, also für jede Warenkante wird eine Vorrichtung zum Schonen benötigt. Die Neutralisiervorrichtung hat also zwei Schonvorrichtungen, wovon die eine die rechte, die andere die linke Warenleiste mit Lauge durchtränkt. Wie dieser Vorgang sich vollzieht, zeigt Abb. 63. In einen mit Lauge gefüllten gußeisernen Trog taucht die „Auftragscheibe"; auf dem Umfang der Scheibe ist ein schmaler Filzstreifen angebracht, der sich ständig während des Betriebes mit Lauge netzt. Die Warenleiste wird nun über den durchtränkten Filzstreifen geführt und auf ihn gepreßt durch Druckrollen. Auf solche Weise wird die Lauge in die Warenkante gedrückt, diese also mit Lauge durchnäßt. Der baumwollene Zierfaden ist daher neutralisiert; die Säure kann ihn beim Brennen nicht mehr zerstören. Der dargestellte Leistenschoner erfordert zur Bedienung zwei Arbeiter, von denen der eine rechts, der andere links der Warenbahn steht und die jeweilige Neutralisiervorrichtung, dem Lauf der Warenkante folgend, mittels Handräder steuert. Die bedienenden Arbeiter sind entbehrlich, wenn die Neutralisiervorrichtung eine Druckluftsteuerung erhält, wie das aus Abb. 63 zu sehen ist. Dann arbeitet die Leistenschonvorrichtung ganz selbsttätig, d. h. sie folgt dem Lauf der Warenkante rasch nach und das Neutralisieren geschieht ohne jede Aufsicht sicher und gut. Die Druckluftsteuerung arbeitet ähnlich wie die bekannten pneumatischen Einführvorrichtungen (s. S. 352). Gegenüber dem eingangs geschilderten Bestreichen der Warenleisten mit Pinsel von Hand hat der Leistenschoner den Vorteil, daß die Leiste ganz gleichmäßig neutralisiert wird und vor allem in der gleichen Geschwindigkeit, mit der die Ware die Karbonisiermaschine durchläuft. Ist eine Breitsäuremaschine der Karbonisiermaschine vorgebaut, dann muß der Leistenschoner mit einer Druckluftsteuerung ausgerüstet werden, da die Ware zumeist mit sehr großer Geschwindigkeit läuft und man bei dieser „Fließarbeit" zweckmäßigerweise alle Handarbeit ausschaltet[1].

V. Bleichen.

Lose Wolle kommt kaum zum Bleichen; Garne, Gewebe und Wirkwaren werden nach erfolgter Wäsche gebleicht, weil der selbst bei besten Naturwollen zu findende gelbe Farbton die Klarheit heller Färbungen beeinträchtigt. Von besonderer Bedeutung ist das Bleichen für Druckwaren. Als Bleichmittel finden vornehmlich die Reduktionsmittel: schweflige Säure und Natriumbisulfat Anwendung, seltener die Oxydationsmittel Wasserstoffsuperoxyd, Natriumsuperoxyd und Kaliumpermanganat. Chlorlaugen sind als Bleichmittel für Wolle nicht verwendbar, da die Wolle einen gelblichen Farbton annimmt und ihre Eigenschaften verändert werden. Der Glanz wird verbessert, das Schrumpfvermögen aber geht zurück.

Das älteste, bereits seit Jahrhunderten ausgeübte Verfahren besteht in dem sog. Schwefeln, d. h. einer Behandlung mit gasförmiger, schwefliger Säure. Ausgeführt wird dieses Verfahren in der sog. Schwefelkammer. Die schweflige Säure wird gewonnen durch Verbrennen von Schwefel (Schwefelstreifen, Stangenschwefel oder Schwefelblüten) oder durch Einwirkenlassen von Säure auf Bisulfit. Die Schwefelkammer ist meist aus Ziegelsteinen oder Zement gebaut und innen mit Holz, seltener mit Blei oder Glas ausgekleidet und gedichtet. Auch kann man das Innere der Kammer mit Zement verputzen, dem ein Härtemittel zugesetzt wird. Ferner ist vorgeschlagen, die Kammer mit einem säurefesten Steinbelag auszukleiden. Endlich hat man auch empfohlen, die Schwefelkammer ganz aus Holz zu bauen, etwa nach Art eines Blockhauses. Eisennägel und Schrauben müssen vermieden und durchweg durch Holznägel ersetzt werden, da Eisen und

[1] Vgl. Appretur-Ztg. 1927, Heft 19.

Kupfer unangenehme Flecken erzeugen. Zur Aufnahme des gut genetzten Bleichgutes sind zweckentsprechende Vorrichtungen angebracht, so für lose Wolle und Kammzug hölzerne, gitterförmige Hürden, auf denen der Werkstoff locker und überall durchlässig ausgebreitet wird. Garne werden auf hölzerne Stangen aufgehängt und Gewebe usw. in Zickzackform an kleinen Glashaken, Bleihaken oder Nadeln. Die Größe der Schwefelkammer richtet sich nach der Tagesbeschickung und bewegt sich ungefähr zwischen 20 und 30 m^3 Inhalt, wobei die Höhe etwa 2—2½—3 m beträgt. Man läßt die Ware meist mehrere Stunden oder über Nacht in der Kammer. Der aus Zement hergestellte Boden besitzt gewöhnlich in der Mitte eine Mulde zur Aufnahme des Schwefels, bisweilen wird dieser aber auch in einer Eisenpfanne oder in einem Steingutgefäß verbrannt. In neuerer Zeit hat man den Verbrennungsraum auch von der Schwefelkammer getrennt und ihn insbesondere unter die letztere verlegt. Die schwefligsauren Dämpfe steigen durch Schächte an verschiedenen Stellen in die Schwefelkammer und führen dabei in den Schächten einen Zickzacklauf aus, um etwa sich bildenden Sublimatschwefel abzuscheiden. Wenn es sich darum handelt, Wollengewebe in großen Mengen zu bleichen, richtet man die Bleichkammer für Passierbetrieb ein. Man bringt das aufgewickelte Gewebe in eine geschlossene Nebenkammer und läßt es von hier durch einen waagrechten Schlitz in die Schwefelkammer eintreten, die es, über Rollen geleitet, in vielen Bahnen durchläuft, um schließlich durch eine weitere Schlitzführung aus der Kammer wieder auszutreten und auf eine Wickelwalze aufzulaufen. Im Bedarfsfalle läßt man die Ware auch vor- und zurückwandern. Während nach diesem Vorschlag nur zwei einander folgende Kammern benötigt werden, geht ein weiterer Vorschlag dahin, vier Kammern zu verwenden, von denen die erste für das Verbrennen des Schwefels in Pfannen, die zweite für die Verteilung der Gase und das Abscheiden des etwa sublimierten Schwefels, und die dritte für die Durchführung des eigentlichen Bleichprozesses bestimmt ist, während die vierte Kammer mit einem Ventilator ausgerüstet ist, der für eine gleichmäßige Bewegung der Gasmassen sorgt.

Am Oberteil der Kammer befindet sich ein von außen verschließbarer Abzug und im Bodenteil eine ebenfalls verschließbare Lufteinlaßöffnung. Es ist dafür zu sorgen, daß keine Sublimation des Schwefels eintritt, auch soll der Schwefel vollständig verbrennen und nicht unverbrannt sintern. Um diese Übelstände zu beseitigen, sind in neuerer Zeit besonders konstruierte Schwefelverbrennungsvorrichtungen eingeführt worden. Vorsichtshalber wird ½ bis ¾ m über dem brennenden Schwefel ein feuchtes Baumwolltuch ausgespannt, welches die entstehenden Schwefeldämpfe verteilt und allenfalls sublimierten Schwefel abfängt. Um die Bildung eines Kondensats zu verhindern, werden vorteilhaft unter der Decke Heizrohre angebracht.

An Stelle des Schwefelns in der Kammer kommt vielfach auch der Einfachheit halber das Schwefeln mit wäßriger, schwefliger Säure zur Anwendung. Ausgeführt wird dieser Bleichprozeß in Holzbottichen oder Steinzeugwannen. Garne werden dabei vorteilhaft in der Bleichflüssigkeit umgezogen. Für Gewebe empfiehlt sich die Breitbleiche unter Verwendung des Jiggers oder Foulards mit nachfolgender Lagerung der Warenwickel.

Das durch Schwefeln erzielte Weiß ist nicht dauernd haltbar, die Wolle nimmt nach längerer Zeit auf dem Lager leicht wieder eine gelbe Färbung an, weil durch das Schwefeln nicht aller natürlicher Farbstoff zerstört, sondern nur ein Teil reduziert wird. Die Rückbildung des noch verbleibenden, nicht zerstörten Farbstoffs wird durch alkalische Behandlung beschleunigt. Aus diesem Grunde ist eine Nachbehandlung der gebleichten Ware nicht empfehlenswert.

Eine gründliche Zerstörung der Farbstoffe erfolgt durch die Oxydationsmittel

(Wasserstoffsuperoxyd, Natriumsuperoxyd, Kaliumpermanganat) usw. Man läßt daher oft nach dem Schwefeln noch eine Nachbleiche mit Oxydationsmitteln folgen oder schaltet eine solche Behandlung vor. Das Bleichen mit Kaliumpermanganat, Wasserstoffsuperoxyd oder Natriumsuperoxyd wird in geeigneten Bottichen ausgeführt.

Wie beim Bleichen der Baumwolle sucht man den gelben, zurückgebliebenen Ton durch Bläuen zu heben. Man nennt dieses Verfahren das „Weißfärben der Wolle".

Bleichen von Stumpen. Das Bleichen der Woll-Hutstumpen wird teils durch Schwefeln, teils durch Behandeln mit Bisulfit, vorteilhafter aber durch Wasserstoff- oder Natriumsuperoxyd erreicht. Das Bleichen mit den letztgenannten Mitteln darf nur im Holzbottich durchgeführt werden. Auf dem Boden desselben befindet sich eine Heizschlange aus Blei, und diese ist durch einen hölzernen Siebboden abgedeckt. Das anfänglich kalte Bleichbad wird auf 50—60° erwärmt, während die Stumpen in ihm bewegt werden; nach 3—6 Stunden ist die Bleiche gewöhnlich beendet, worauf gespült wird. Vor dem Bleichen müssen die Stumpen in Fettseifen gut gewaschen und dann gespült werden.

VI. Färben[1].

a) Färben der Wolle.

Das Färben von Wolle im losen Zustand ist im allgemeinen in allen den Fällen angezeigt, wo es sich um die Herstellung erstklassiger Waren handelt, wie z. B. Kammgarn u. dgl. Außerdem empfiehlt sich das Färben der Wolle in Flockenform auch dann, wenn es sich um die Herstellung einfarbiger Garne handelt, die gleichmäßig durch und durch gefärbt werden sollen. Das Färben loser Wolle verlangt zwar etwas mehr Farbstoff als das Färben von Fertigwaren und stellt sich dadurch etwas kostspieliger, doch ist das Färben loser Wolle dafür wesentlich einfacher.

Die lose Wolle muß vor dem Färben gereinigt, resp. von dem ihr anhaftenden Wollschweiß, Fett, Schmutz usw. befreit werden, andernfalls ziehen die Farbstoffe ungleichmäßig auf und geben wasch-, walk- und reibunechte Färbungen. Das Reinigen geschieht in mit Soda, Seife oder Ammoniak versetzten Bädern in der sog. Wollwäsche (s. hierzu S. 237 ff.).

Das Färben der losen Wolle geschieht sowohl in offenen Kesseln als auch in sog. Apparaten. Die Apparatefärberei hat sich fortschreitend mehr und mehr eingebürgert.

Beim Färben im offenen, gewöhnlich aus Kupfer hergestellten Kessel wird in diesem zunächst das Färbebad bereitet, dann die Wolle in dieses eingebracht und hierauf in ihm durch Gabeln bewegt. Das Flottenverhältnis im Kessel ist ungefähr 1:30 bis 1:40, d. h. auf 1 kg Wolle kommen 30—40 l Färbeflotte.

Bei der Apparatefärberei ist das Flottenverhältnis wesentlich günstiger, etwa 1:8 bis 1:20, wodurch eine große Menge Dampf gespart wird.

Die Bauweise der Apparate muß dem zu färbenden Werkstoff angepaßt sein. Da Wolle meist in saurer Flotte ausgefärbt wird, sind Färbevorrichtungen aus Eisen möglichst zu vermeiden; die meisten Färbevorrichtungen für Wolle sind

[1] Vgl. hierzu Leopold Casella & Co., G. m. b. H., Frankfurt a. M.: Das Färben der Wolle in mechanischen Apparaten. — Farbwerk Mühlheim, vorm. A. Leonhardt & Co., Mühlheim a. M.: Das Färben und Drucken der Wolle, Kunstwolle usw. — Weyrich, Das Färben und Bleichen der Textilfasern in Apparaten, Berlin 1937. — Technologie der Textilfasern, Band IV, Teil 3, Berlin 1928. — Ullmann, Die Apparatefärberei, Berlin 1905.

deshalb aus Holz mit Armaturen, Rohrleitungen und Pumpe aus Kupfer, Bronze, Nickelin, Nickel usw. hergestellt.

Das Färbegut liegt entweder unbeweglich im Bottich (Packsystem), während die Flotte kreist, oder es wird mechanisch in der Flotte bewegt. Im ersteren Fall wird das Fasergut möglichst gleichmäßig in den Bottich eingepackt, damit sich während des Färbens keine Flottenkanäle bilden, die Flotte also überall gleichmäßig durch das Fasergut gehen muß. Dabei liegt dieses als einheitliche Masse oder in durch Gitter getrennten Schichten in dem Bottich. In keinem Fall darf es während der Flottenbewegung zu stark zusammengepreßt, sondern höchstens durch einen aufgelegten, gelochten Deckel am Schwimmen gehindert werden. Die Flotte wird durch Pumpen, Injektoren, Propeller oder auch durch Vakuum oder Druckluft durch das Fasergut bewegt, und zwar entweder in einer Richtung, meist von oben nach unten, oder aber in wechselnder Richtung, d.h. einmal von oben nach unten und umgekehrt von unten nach oben. Umkehrbare Flottenläufe haben

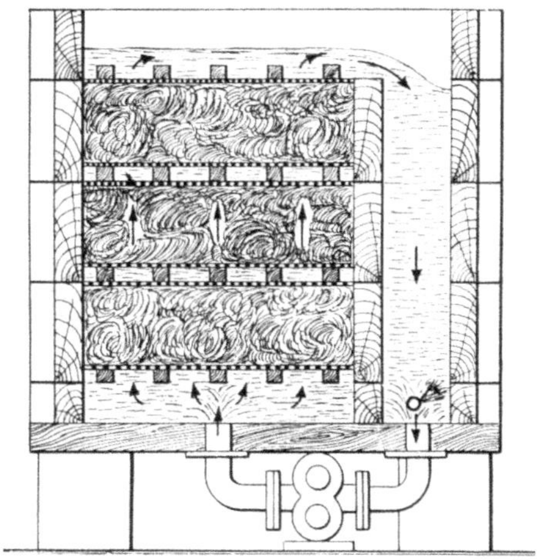

Abb. 64.

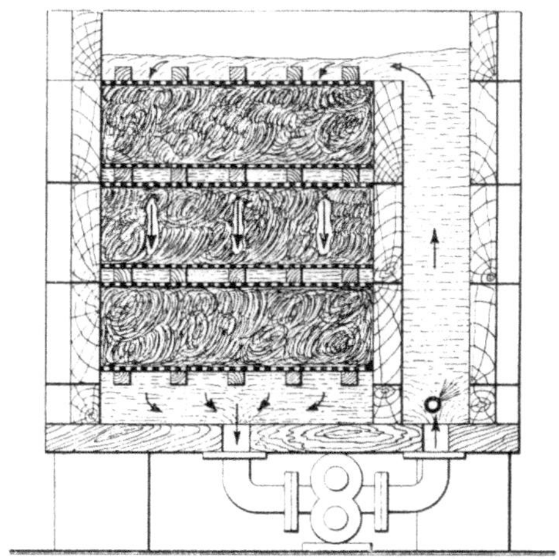

Abb. 65.

Abb. 64 u. 65. Färbevorrichtung für lose Wolle im Packsystem.

den Vorteil, daß die Wolle gelockert wird. Färbevorrichtungen für lose Wolle gibt es in zahlreichen Ausführungsformen. Einige Sonderkonstruktionen seien im nachstehenden dargestellt.

Das Wesentliche der Färbevorrichtung nach Abb. 64—65 besteht darin, daß der Färbebottich aus Rahmen zusammengesetzt ist, die in der erforderlichen Zahl stapelartig aufeinandergesetzt und dann nach dem Aufbringen eines Abschlußrahmens mit Hilfe von Spannstangen und Druckschrauben gegeneinander abgedichtet werden. In die durch die Gesamtheit der Rahmen gebildete große Kammer wird das zu färbende Fasergut unter Verwendung gelochter Böden und Deckel sowie Zwischenleisten in der aus den Abb. 64 u. 65 ersichtlichen Weise eingepackt, wenn nicht die Rahmen einzeln vor dem Aufeinanderbau hordenartig beschickt werden. Die für Kehrdrehung eingerichtete Pumpe treibt die Flotte wechselweise von unten nach oben im Kreislauf durch das schichtenweise untergebrachte Arbeitsgut oder saugt sie umgekehrt von oben nach unten durch dieses (Abb. 64 u. 65). Die unter dem untersten Rahmen gebildete Kammer und die zwischen den einzelnen, beschickten Rahmen vorhandenen Kammern ermöglichen eine gleichmäßige Verteilung der Flotte vor dem Wiedereintritt in das Arbeitsgut, bzw. einen gleichmäßigen Austritt aus diesem. Eine in die Flottenkammer eingeführte Heizschlange gestattet die Flotte auf die richtige Temperatur zu bringen. Die Bauweise des Färbebottichs ermöglicht es, eine beliebige Anzahl Kästen nach Bedarf auszuschalten, d. h. auf einem verhältnismäßig großen Apparat auch eine kleine Partie mit entsprechend kleinerem Flottenverhältnis und somit geringerem Flotten- und Dampfverbrauch auszufärben.

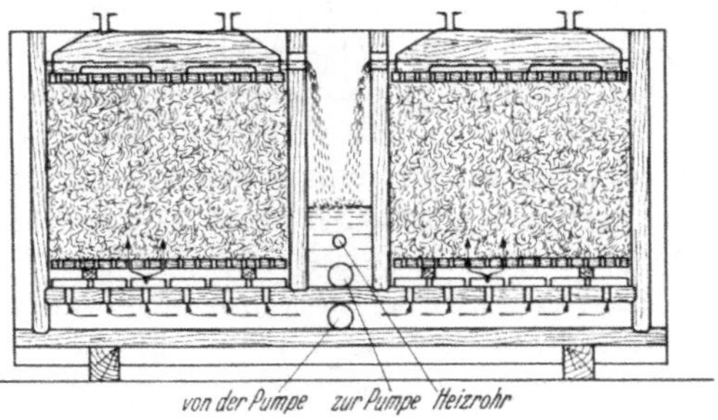

Abb. 66. Färbevorrichtung für lose Wolle. (H. Krantz, Maschinenfabrik, Aachen.)

In Abb. 66 ist eine Färbevorrichtung für lose Wolle wiedergegeben, deren Färbebottich zwei Abteile für die Aufnahme des zu behandelnden Fasergutes aufweist, zwischen denen sich eine Flottenmisch- und Heizkammer befindet. Sie ist mit einer Heizschlange ausgestattet und gleichzeitig an eine umsteuerbare Zentrifugalpumpe angeschlossen, deren zweiter Strang in einem Raum mündet, der sich unter dem gelochten Doppelboden des Färbebottichs befindet. In jeder Materialkammer wird das Fasergut zwischen einem auf Latten ruhenden, gelochten Sonderboden und einem gelochten Preßdeckel gehalten, wie dies die Abbildung erkennen läßt. Wird die Flotte von der Pumpe aus der Misch- und Heizkammer abgesaugt, wie in Abb. 66 dargestellt, so wird sie in den Raum unter dem Doppelboden des

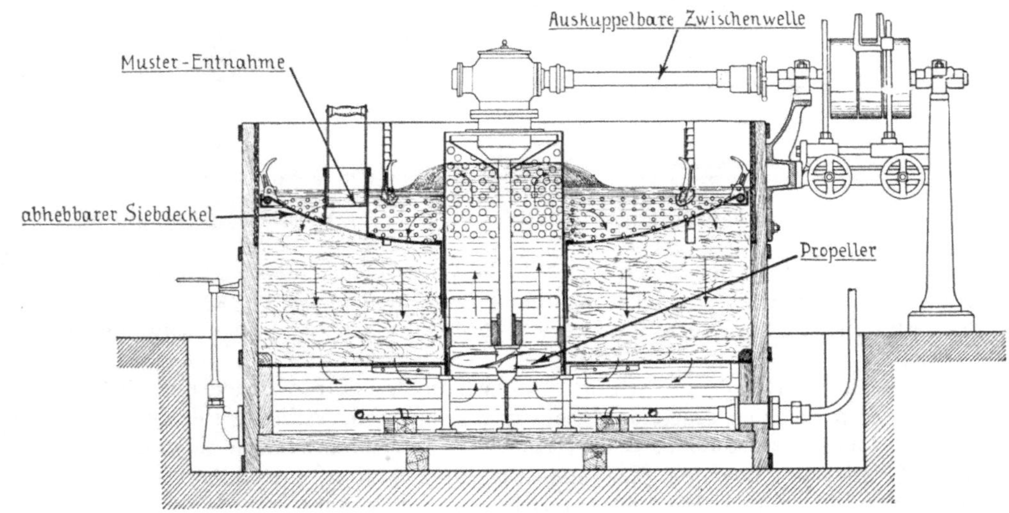

Abb. 67. Färbevorrichtung für lose Wolle nach dem Packsystem. (Eduard Esser & Co., G. m. b. H., Görlitz.)

Färbebottichs getrieben, durch den sie gleichmäßig verteilt von unten in das Arbeitsgut eintritt, um es nach oben zu durchströmen. Oberhalb der Preßdeckel fließt die Flotte durch Öffnungen in den Seitenwandungen der Heizkammer wieder in diese. Die gelochten Preßdeckel in den Materialkammern verhindern dabei ein Schwimmen der Wolle und Mitreißen derselben in die Heizkammer, andererseits verteilen sie die Flotte aber auch, wenn deren Kreislaufrichtung geändert wird, d. h. wenn sie von oben nach unten durch das Arbeitsgut fließt.

Abb. 67 zeigt eine Färbevorrichtung für lose Wolle im Schnitt, bei der der Kreislauf der Flotte durch das ruhende Fasergut durch einen Propeller bewirkt wird. Der Färbebottich ist mit einem zentralen Flottensteigrohr ausgestattet, das auf einem gelochten Doppelboden des Färbebottichs aufsitzt. Sein Unterteil ist durch einen Propeller abgeschlossen, dessen lotrechte Welle sich einerseits auf ein Fußlager auf dem Bottichboden stützt und andererseits Lagerung im Deckel des Flottensteigrohres findet, der zugleich den Kegelradantrieb der Propellerwelle trägt. Das Antriebvorgelege ist mit zwei Losscheiben für offenen und gekreuzten Riemen und einer Festscheibe ausgestattet und gestattet so durch entsprechende Verschiebung der Riemen eine Kehrdrehung der Propellerwelle. Die Verbindung zwischen Antriebvorgelege und Kegelradgetriebe ist durch eine auskuppelbare, herausnehmbare Zwischenwelle hergestellt. Ein gelochter Deckel läßt sich nach dem Herausnehmen dieser Welle über das Flottensteigrohr streifen und damit zur Auflage auf das eingebrachte Fasergut bringen. Ausgestattet ist der Deckel am Umfang mit Sperrklinken, die sich in entsprechend geformte, an der Innenseite der Bottichwandung vorgesehene Zahnstangen einlegen. Der Deckel paßt sich dadurch selbsttätig in der Höhenstellung der jeweiligen Schichtenhöhe des Arbeitsgutes an, ist aber trotzdem gegen Abheben von diesem durch

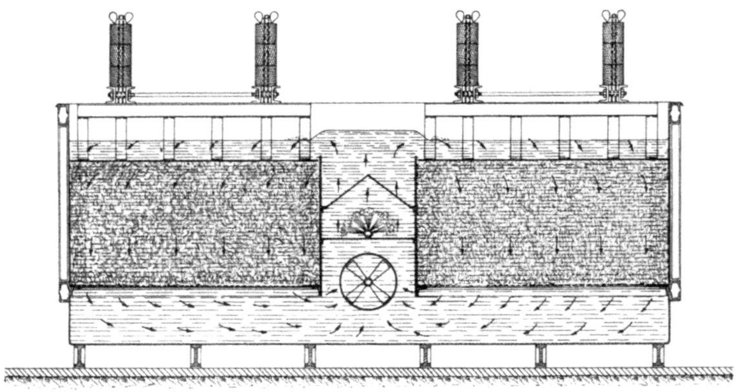

Abb. 68. Färbevorrichtung für lose Wolle, Packsystem. (H. Krantz, Maschinenfabrik, Aachen.)

die von unten nach oben durch das Arbeitsgut strömende Flotte gesichert. Um während des Betriebes mustern zu können, ist auf dem Siebdeckel ein kurzes, oben abschließbares Rohr aufgesetzt, durch das der Zugang zum Fasergut möglich ist.

Auch die in Abb. 68 im Schnitt veranschaulichte Färbevorrichtung für lose Wolle, deren mit der Flotte in Berührung kommende Teile in üblicher Weise sämtlich aus nichtrostendem V. 4a-Stahl hergestellt sind, ist, wie diejenige nach Abb. 66, mit zwei in einen Flottenbehälter eingebauten Materialkammern versehen, zwischen denen eine Flottenmisch- und Heizkammer mit Dampfrohr für direkte Beheizung und Schutzsieb angeordnet ist; die Kammern selbst sind mit eng gelochtem Boden und verstellbarem, gelochten Preßdeckel versehen, der durch Handräder und Gewindebolzen befestigt wird. Ihre Trennwand ist im oberen Teil herausnehmbar angeordnet, so daß auch kleinere Partien mit einem günstigen Flottenverhältnis gefärbt werden können. Der die Flotte in Umlauf versetzende Propeller ist für Rechts- und Linkslauf eingerichtet, und es kann das Propeller-Aggregat leicht aus dem Flottenbehälter herausgenommen werden. Der Antrieb des Propellers erfolgt durch einen direkt gekuppelten und vollkommen geschlossenen Motor mit Oberflächenkühlung. Er ist durch ein Zwischenstück an den Flottenbehälter angeflanscht; ein Fundament erübrigt sich infolgedessen. Bei Anwendung eines Schrägpropellers, wie er insbesondere für große Vorrichtungen verwendet wird, ist der Motor durch eine V. 4a-Haube abgedeckt. Die elektrische Ausrüstung besteht aus einem Dreifachdruckknopf, Wendeschutz und Motorschutzauslöser.

Abb. 69 läßt die neueste Bauweise einer Färbevorrichtung für lose Wolle der Firma Obermaier & Co., Neustadt a. H. erkennen, der wohl das Verdienst zugesprochen werden muß, den ersten mechanischen Färbeapparat auf den Weltmarkt gebracht zu haben. Der aus V. 4-A-Stahl hergestellte Flottenbehälter ist mit zwei Materialkammern, einer dazwischen liegenden Heiz- und Mischkammer ausgerüstet, und mit schrägem Boden versehen. Der Flottenkreislauf wird durch einen seitlich angebauten Propeller bewirkt, der direkt mit einem Motor gekuppelt ist oder seinen Antrieb durch Riemen erhält. Eine automatische Umschaltung ermöglicht es, die Richtung des Flottenkreislaufs zu ändern.

Abb. 69.
Färbevorrichtung für lose Wolle.
(Obermaier & Co., Neustadt a. H.)

b) Färben der Kunstwolle.

Werden Lumpen, wie sie durch Verschleiß von Gebrauchsstücken in der Konfektion und in der Spinnerei entstehen, durch mechanisch wirkende Mittel wieder zu Fasern aufgelöst, so bezeichnet man diese Fasern, falls reinwollene Lumpen aufgelöst werden, als Kunstwolle. Sollen halbwollene Lumpen zu Kunstwolle verarbeitet werden, so müssen diese vor der Auflösung erst von den pflanzlichen Bestandteilen befreit, karbonisiert werden. Vielfach werden die Lumpen auch noch abgezogen. Dies hat den Zweck, die auf der Faser befindliche Farbe teilweise oder ganz zu zerstören, so daß auf ursprünglich dunklem Material auch helle, lebhafte Färbungen hergestellt werden können. Das Ausfärben der Kunstwolle erfolgt mit den gleichen mechanischen Mitteln wie das der Wolle.

c) Färben des Kammzugs.

Für die Herstellung von Kammgarnen bestimmte Wollen werden nicht im ganz losen Zustand, sondern besser gekämmt, als Kammzug gefärbt, und zwar im Strahn oder in Bobinenform. Vor dem Färben wird der Zug vielfach erst entfettet. Da die zu kämmende Wolle stets gut gewaschen ist, und nur leicht verseifliche Fette beim Schmelzen verwendet worden sind, gestaltet sich das Entfetten einfach; es genügt meist ein Einweichen in heißem Wasser oder Einlegen in eine schwache Sodalösung.

Das Färben des Zuges im Strahn ist nicht wesentlich verschieden von der Strähngarnfärberei (s. S. 298 ff.), erfordert aber viel Sorgfalt und Geschicklichkeit, da der Kammzug zum Verfilzen und Reißen neigt. Deshalb darf die Flotte nicht zum Wallen kommen, sondern höchstens in eine gelinde Bewegung geraten. — Für das Färben von Kammzug in Bobinenform verwendet man sog. Kammzug-Färbeapparate. Ursprünglich hat man bei ihnen die Bobinen im Färbebottich auf der Einmündung des Pumpensaugrohrs im Bottichboden einfach aufeinandergesetzt und die oberste Bobine durch eine Abdeckung belastet. Infolge der Saugwirkung der Pumpe strömt die die Bobinensäule im Färbebottich umgebende Flotte radial von außen nach innen durch den Kammzugkörper und wird von der Pumpe oben wieder in den Färbebottich zurückbefördert, um den Kreislauf im gleichen Sinne aufs neue zu beginnen. Bei einer weiteren Klasse von Kammzugfärbeapparaten werden die Bobinen auf im Innern des Färbebottichs vorgesehene, gelochte Rohre aufgeschoben, deren Kopf durch mit einem Preßdeckel verbundene Hauben in dem Maße, wie der Deckel sinkt, abgedeckt wird. — Vielgebrauchte Einrichtungen sind die, bei denen die Bobinen einzeln in Töpfe oder zu mehreren aufeinandergesetzt in gelochte Rohre eingesetzt und so der kreisenden Flotte ausgesetzt werden. Unter den erstgenannten Apparaten nimmt der, unter dem Namen „Revolver" bekannte Färbeapparat die erste Stelle ein. Er ist aus dem alten „Obermaier" hervorgegangen (s. Bd. IV, 3 ds. Technologie, S. 543) und besteht demgemäß aus einem Färbebottich mit angeschlossener, umsteuerbarer Pumpe, sowie einem auf das im Bottichboden einmündende Pumpen-Saug-(Druck-)rohr aufsetzbaren Revolverzylinder. Er trägt auf seinem Mantel 10—20 schwach kegelförmige Behälter, deren jeder zur Aufnahme einer in der Richtung ihrer Hohlachse abge-

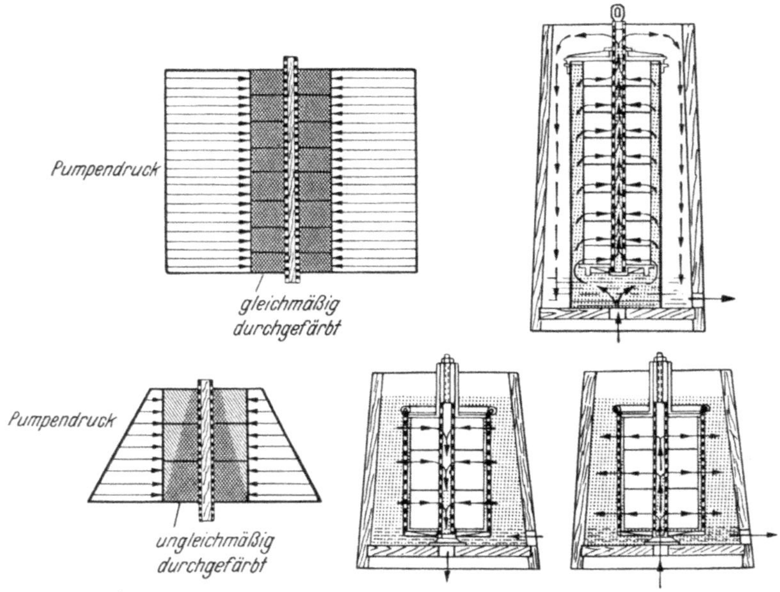

Abb. 70. Flottenführung beim Färben von Kammzugbobinen. (Obermaier & Co., Neustadt a. d. H.)

bundenen Bobine dient und nach dem Einschieben einer solchen durch einen Deckel geschlossen werden kann. Diese Deckel sind gelocht und ebenso ist auch der Mantel des Revolverzylinders an den Stellen gelocht, auf denen die Bobinenbehälter sitzen. Sind alle Bobinenbehälter beschickt und geschlossen, so wird der so vorbereitete Revolverzylinder mittels Hebelzeugs in den Färbebottich eingesetzt und dann die Pumpe angelassen. Je nach der Drehrichtung der Pumpe strömt dann die Flotte vom Innern des Revolverzylinders durch die Bobinen und deren Behälterdeckel nach außen in den Färbebottich oder umgekehrt. Während dieses Flottenkreislaufes kann ein zweiter Revolverzylinder beschickt und dann sofort gegen den im Färbebottich befindlichen ausgewechselt werden. Hierdurch wird die Leistung des Apparates erhöht. Alle Operationen wie Waschen, Beizen, Färben, Spülen und Nachbehandeln lassen sich fortlaufend auf dem Apparat ausführen. Das Mustern kann während des Färbens vorgenommen werden, es muß nur der Deckel eines Bobinenbehälters nach dem Anheben des Revolverzylinders geöffnet werden. Jede Kammzugbobine bleibt infolge ihrer absoluten Festlegung während des Flottenkreislaufs in der ihr gegebenen Form erhalten, der Kammzug wird weder zerzaust noch verzogen, auch wird die Parallellage der Wollfasern in keiner Weise verändert. Ein Verfilzen des Fasergutes ist ausgeschlossen. Durch Anwendung von Dreiweghähnen kann die Flotte leicht aus dem Färbebottich weggepumpt und die Pumpe durch einen anderen Anschluß für das Spülen usw. eingeschaltet werden.

Einen Apparat, bei welchem die Bobinen auf gelochte Rohre aufgeschoben werden, einen sog. Röhrenapparat, veranschaulicht die Abb. 70. Bei den alten Apparaten dieses Systems wird die Flotte durch die Bobinen von innen nach außen gedrückt und umgekehrt aus dem Bottich durch die Bobinen gesaugt. Beide Arten der Flottenführung haben ihre Fehler, man wechselt deshalb vielfach mit der Flottenlaufrichtung. Beim Weg der Flotte von innen nach außen wird das Gut von seinem natürlichen Stützpunkt, den Rohren, abgedrückt; dabei wird der Zug gespannt und gedehnt, und zwar ungleichmäßig. — Ferner nimmt die Farbstoffkonzentration ab und dabei verlangsamt sich entsprechend der Zunahme des Bobinendurchmessers nach außen hin die Flottengeschwindigkeit, anstatt daß sie entsprechend der Abnahme des Farbstoffgehaltes an Geschwindigkeit zunimmt. Schließlich ist der Druck der Flotte in den unteren Teilen der Röhre höher als am oberen Teil, weswegen sich nur eine beschränkte Zahl von Bobinen, zwei bis drei, übereinander anordnen lassen. Der Weg der Flotte von außen nach innen ist in der Wirkung schon schwächer, entsprechend dem Charakter der meistens verwendeten Zentrifugalpumpe, und die Saugwirkung ist unten besser als oben, führt also zur Bildung verschieden stark angefärbter Kegel; kurz, beide Flottenwege sind mit Mängeln behaftet, die bei feinem Kammzug und hellen, heiklen Farben Ungleichmäßigkeiten der Färbung begünstigen. — Alle diese Fehler soll die aus der Abb. 70 ersichtliche Flottenführung beseitigen. Die Flotte muß zuerst den Raum um die Bobinen herum bis oben restlos ausfüllen, ehe sie, den Zug passierend, durch die Rohre nach oben entweichen kann. Es liegt hierbei das Hauptgewicht auf dem Flottenweg von außen nach innen und oben, wobei aber nicht mit saugender, sondern mit drückender Pumpe gearbeitet wird. Dabei wird der Kammzug von außen nach innen an die Rohre gedrückt, also nicht gespannt, sondern entspannt. Der Druck selbst ist auf der ganzen Materialhöhe gleich. Die Flottengeschwindigkeit nimmt von außen nach innen zu.

Abb. 71. Färbevorrichtung für Faserbänder in Bobinenform (DRP. 648 999). (J. G. Lindner, Crimmitschau/Sa.)

Abb. 72. Färbevorrichtung für Kammzugbobinen. (Obermaier & Co., Neustadt a. H.)

Abb. 71 zeigt eine Färbevorrichtung für Wollkammzugbobinen, die nur mit drückender Flotte arbeitet. Hierbei werden die Faserbänder zunächst auf einen besonderen Wickelbock zu Spulen mit größerem inneren Kern aufgewunden und diese dann auf im Durchmesser über die Rohre des Färbebottichs passende Hülsen aus gewöhnlichem Blech — drei oder vier Bobinen übereinander — gesteckt. Diese so mit Bobinen beladenen Hülsen werden hierauf über die Aufsteckrohre im Färbebottich geschoben und dann unter Zurücklassung der Bobinen herausgezogen. Jedes Bobinenrohr des Färbebottichs wird auf diese Weise auf einmal sofort beschickt. Zwecks Entleerung der Rohre nach beendeter Ausfärbung werden diese nach Abnahme der für sie vorgesehenen gelochten, äußeren, topfartigen Schutzhüllen, deren je eine für jedes Bobinenrohr vorgesehen und mit einer Verschlußhaube versehen ist, einfach umgekippt. Ein leicht umlegbarer Deckel, rechte Seite der Abb. 71, ermöglicht es, den Färbebottich bei der Ausfärbung zu schließen und so das Entweichen von Dampfschwaden zu verhindern.

Die Färbevorrichtung nach Abb. 72 arbeitet im Gegensatz zur vorstehend erläuterten Vorrichtung mit einem Flottenumlauf in wechselnder Richtung. Erreicht wird dieser durch einen direkt mit einem Motor gekuppelten Propeller.

d) Färben der Garne.

Das Färben der Wollgarne verdient besondere Beachtung, da außer der weitgehendsten Schonung des Werkstoffs sein Verfilzen und die Bildung von Druckstellen verhindert werden müssen und endlich auch die Forderung nach bester Gleichmäßigkeit der Färbungen zu erfüllen ist. Der Wahl eines geeigneten Apparates, von dem es unzählige Konstruktionen gibt, ist deshalb besondere Beachtung zu schenken.

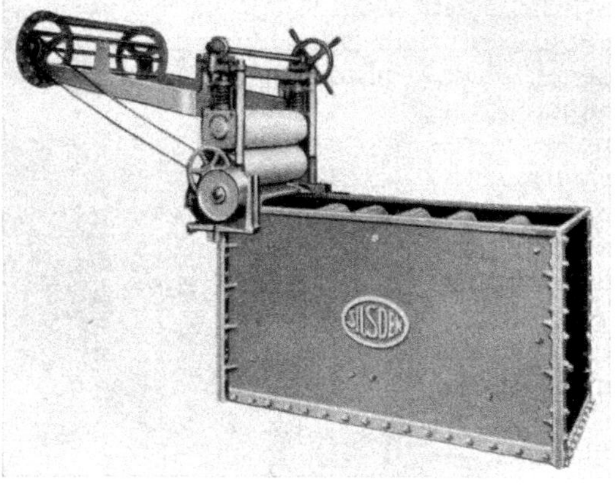

Abb. 73. Kettengarn-Färbemaschine. (Fred Ellison & Co., Ltd., Bradford.)

Die Wollgarne werden in der Kette, im Strahn oder in der Spule (Cop oder Kreuzspule) gefärbt. Das Färben in Strahnform kann sowohl in der Hänge (Hängesystem) als auch nach dem Packsystem erfolgen; für das Färben der Garnspulen kommt das Aufsteck- und das Packsystem zur Anwendung. Beim Pack- und Aufstecksystem wird die Flotte durch das ruhende Arbeitsgut hindurchgetrieben, beim Hängesystem wird das Arbeitsgut in der Flotte bewegt (umgezogen, geschwenkt und versetzt).

In Abb. 73 ist eine Kettengarn-Färbemaschine wiedergegeben, deren Wesen darin besteht, daß der dargestellten Einheit noch eine Reihe solcher aber ohne Ablegehaspel angefügt sind. Durch einen derartigen Aufbau der Maschine ist die Möglichkeit gegeben, die Passagenlänge für die Garnkette ohne weiteres zu kürzen oder zu vergrößern, es brauchen nur Einheiten abgenommen oder angefügt zu werden. Jede Einheit besteht aus einem vierseitigen Metallbottich, der in seinem Innern mit einer Reihe von Leitzylindern ausgestattet ist, über die die Kette in auf- und abgehenden Läufen durch die Flotte geführt wird. Dieser Lauf vollzieht sich infolge freier Beweglichkeit der Leitzylinder ohne jede

Spannung. Auf der einen Stirnseite eines jeden Bottichs befindet sich ein Walzenquetschwerk; es fördert die Kette und befreit diese beim Austritt in den Bottich und beim Wiedereintritt in einen folgenden Bottich zugleich von der anhaftenden Flotte.

Das älteste Verfahren, Strähngarne in der Hänge zu färben, beruht auf der Verwendung eines einfachen, die Flotte enthaltenden, offenen Holzbottichs von rechteckigem Querschnitt, auf dessen beide Längswandungen die mit den Strähnen beschickten Garnstäbe aufgelegt, dann umgezogen, geschwenkt und versetzt werden (s. auch ds. Technologie Band IV, 3 Abb. 72).

An Stelle der alten Holzkufen, die leicht dem Morschwerden und Faulen ausgesetzt und auch schwer zu reinigen sind, da das Holz rissig wird und Farbstoff aufnimmt, hat man in neuerer Zeit Kufen und Bottiche aus einem als ,,Haveg" bekannten Werkstoff und solche mit Porzellanplattenauskleidung eingeführt. — ,,Haveg" ist nach Angaben der Säureschutz-Gesellschaft m.b.H., Berlin-Altglienicke, ein auf Grundlage des bekannten Phenol-Formaldehydkunstharzes Bakelite unter Zusatz von Asbestfaser hergestellter Werkstoff.

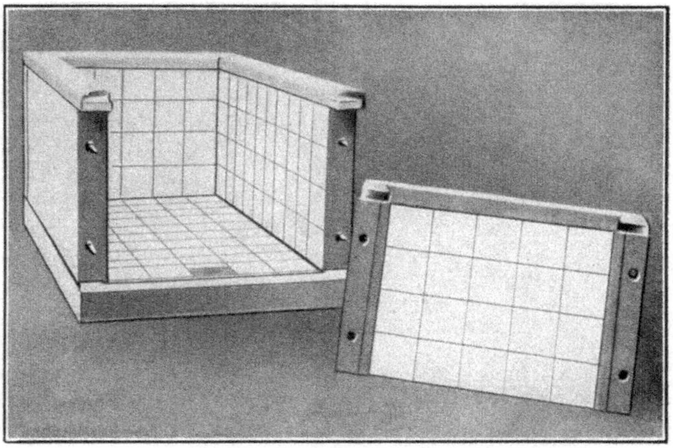

Abb. 74. Porzellanplatten-Bottich. (B. Müller, Friedeberg/Qu.)

Abb. 74 veranschaulicht einen sog. Porzellanplattenbottich neuester Bauweise, vielfach von der Herstellerin auch als Allfarbenwanne bezeichnet, da er das Ausfärben in allen Farben ohne schädliche Wirkungen zuläßt. Zuerst wurden nach Angaben der Firma Bruno Müller, Friedeberg/Queis, derartige Wannen mit keramischen Platten ausgekleidet, insbesondere mit Porzellan auf den Wandungen eines Zementbottichs. Die großen Temperaturschwankungen ergaben aber Risse in den Bottichwandungen. Man ersetzte deshalb die in einem Stück gefertigten Zementwannen durch aus Einzelwänden gebildete und verband diese durch Anker unter gleichzeitiger Anwendung von Gummizwischenlagen. Zement erwies sich aber für lange Dauer nicht als genügend beständig gegen saure Flotten. Bei neueren Ausführungen von Porzellanplattenbottichen kommen deshalb, wie ursprünglich, Holzwandungen wieder zur Anwendung; die der Bekleidung dienenden Platten erhalten aber Keilnuten für die Aufnahme von Hartholzleisten, die bei der Ausführung von Müller an die Holzwandungen angeschraubt werden. Die Abdichtung der Fugen bietet keine Schwierigkeiten, da säurebeständige Füllmassen, wie Phenoplaste, Kunstharzmischungen usw. zur Verfügung stehen.

Die einfachen Färbevorrichtungen für Strähngarn in Form von Bottichen, die noch heute Verwendung finden, hat man im Laufe der Zeit durch Vorrichtungen ersetzt, bei denen die Bewegung des Garnes auf mechanischem Wege durchgeführt wird. Man hängt die Strähne auf sich drehende, über dem Bottich gelagerte Vierkantwalzen, durch deren Drehung sie in der Flotte umgezogen werden. Oder man bringt die Strähne auf Garnstäbe, die in ein sog. Färberad eingesetzt und dann durch die Flotte geführt werden, wobei die Strähne durch Drehen der Garnstöcke auch gleichzeitig umgezogen werden. Weiter hängt man die Garnsträhne auf Stöcke, vereinigt sie mit diesen hängend zu Blöcken und bewegt sie in der ruhenden Flotte auf und ab. Größer ist die Zahl derjenigen Färbevorrichtungen, in denen das Gut ruhig liegt und die Flotte bewegt wird.

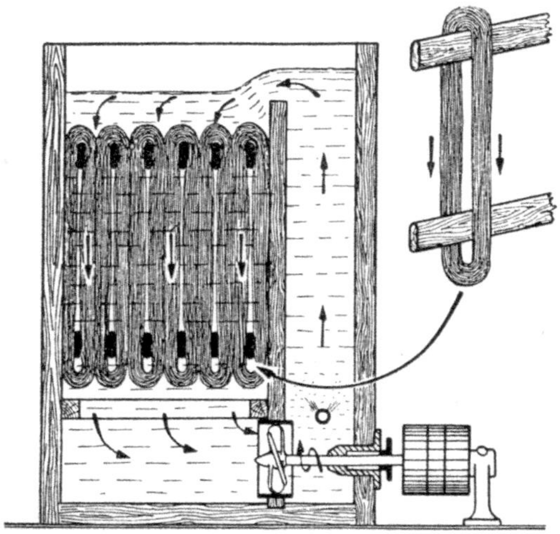

Abb. 75.

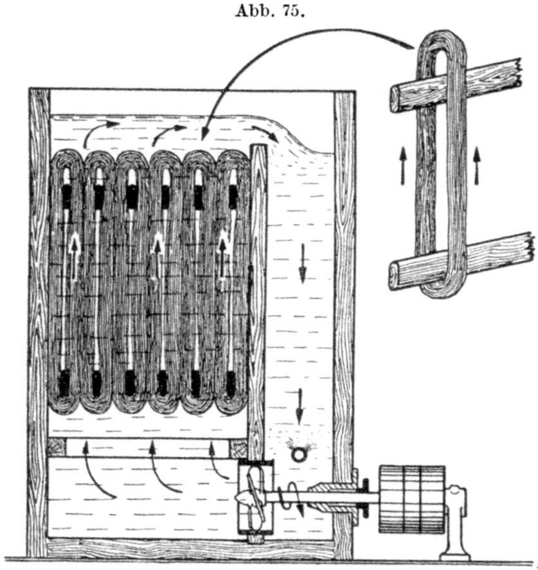

Abb. 76.

Abb. 75 u. 76. Färbevorrichtung für Strähngarn in der Hänge. (Esser & Co., Görlitz.)

Die Maschine nach den Abb. 75 u. 76 besteht aus einem hölzernen Bottich, der durch Zwischenwände, je nach Größe der Maschine, in ein, zwei oder vier Färbezellen und in eine Flottenheiz- und Mischkammer geteilt ist. Letztere enthält eine kupferne Heizschlange und den hinsichtlich seiner Bewegung umsteuerbaren Propeller für den Umlauf der Farbflotte. Die Farbguteinsätze sind für die Aufnahme von Strähngarn in verschiedener Strahnlänge eingerichtet. Eine besondere Farbenzusatzvorrichtung ermöglicht ein leichtes Eingehen der Zusätze, ein schnelles Färben nach Muster und bewirkt eine gleichmäßige Verteilung der Zusätze. Die Strähne werden ungespannt, mit einem Spielraum von 5—10 cm oder mehr auf zwei Parallelstäbe aufgereiht, und diese werden dann nebeneinander in die Einsätze eingelegt, bis letztere vollkommen von den Garnsträhnen ausgefüllt sind, wie dies die Abbildungen erkennen lassen. So hängt Faden neben Faden und Strahn neben Strahn, in der Gesamtheit einen Garnblock bildend, der an allen Stellen der Farbflotte gleichen Widerstand bietet. Die in der Fadenrichtung im selbsttätigen Wechsel strömende Farbflotte hebt und senkt den Garnblock um den Spielraum, mit dem die Garnsträhne über die Stäbe gehängt sind, so daß abwechselnd auch die oberen und die unteren Aufliegestellen des Garnes mitgefärbt werden (siehe die Abb.). Eine Verfilzung der Garne, auch der weichsten und empfindlichsten Garnsorten, tritt nicht ein, da die Behandlung schonender ist als auf der Kufe. Eine Verhedderung der Strähne ist unmöglich, weil die Strähne ihre Lage zueinander niemals ändern. Der Faden wird nicht gedrückt, er bleibt voll und rund, was für Strick- und Strumpfgarne, Teppichgarne, für Wirk- und Webwaren besonders wertvoll ist. Die Spulfähigkeit bleibt so vorzüglich erhalten wie beim Rohgarn, so daß mit geringerem Abfall in der Spulerei zu rechnen ist als beim Färben auf der Kufe.

Bei der Färbevorrichtung nach den Abb. 77, 78 werden die zu behandelnden Garnsträhne in der aus den Abbildungen ersichtlichen Weise quer über Tragstabpaare gelegt.

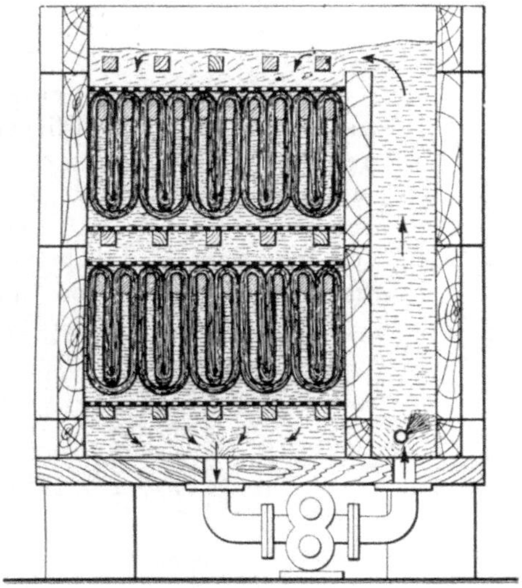

Abb. 77.

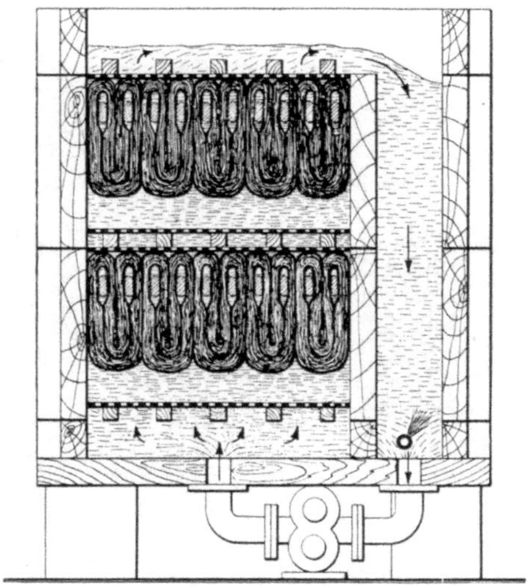

Abb. 78.

Abb. 77 u. 78. Färbevorrichtung für Strähngarn in der Hänge.

Die Strähne reiten gewissermaßen auf den Tragstäben, ihre geschlossenen Schenkel hängen zu beiden Seiten der Stäbe in halber Strähnlänge herunter. Aus dieser Aufhängung ergibt sich die in den Abb. 77 u. 78 veranschaulichte Wirkungsweise der Flotte auf die Strähne. Bei abwärts gerichteter Flotte wird das Garn nach unten getrieben und gestreckt. Dabei werden auch die Auflagestellen durchgefärbt, weil jeder Strahn an zwei Stellen, d. h. ohne Druck auf den Stäben liegt. Bei der Aufwärtsbewegung treibt die Flotte die beiden Schenkel der Strähne auseinander, hebt die Strähne von ihren Stäben ab und treibt sie als lockere, bauschige Schicht nach oben bis zum gelochten Deckel. Der Färbebottich besteht aus aufeinandergesetzten, rahmenartigen Gebilden, deren Zahl der Menge des zu behandelnden Farbgutes angepaßt werden kann.

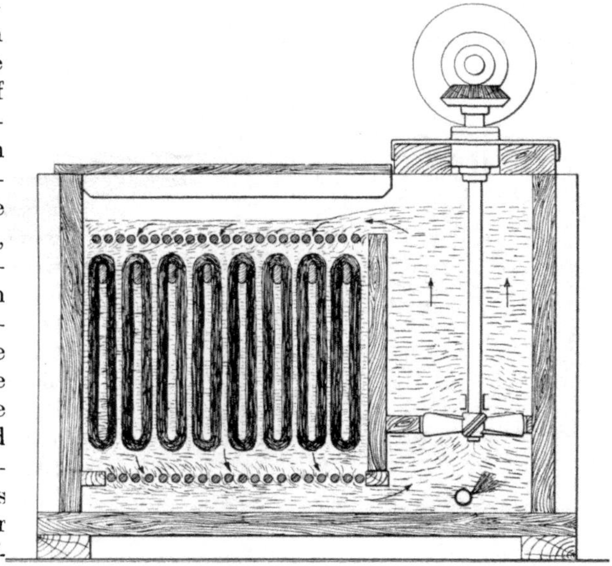

Abb. 79. Färbevorrichtung für Strähngarn in der Hänge.

Bei der Färbevorrichtung nach den Abb. 79 u. 80 ist der in Form eines hölzernen Rahmengestells ausgeführte, mit Flottenverteilungsrosten ausgestattete Garnträger aus dem Färbebottich aushebbar. Die Garnstäbe werden in seine gelochten Längsseiten eingeschoben und tragen, eingebracht, die Strähne in der einfachen Hänge. Über den Flottenkreislauf geben die Abbildungen ausreichenden Aufschluß.

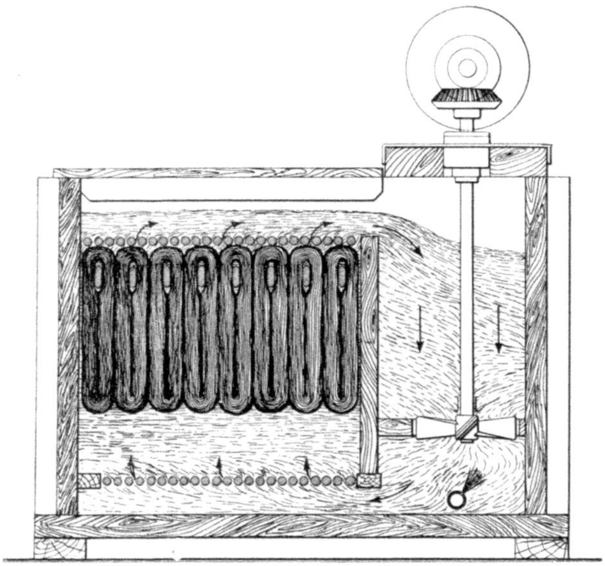

Abb. 80. Färbevorrichtung für Strähngarn in der Hänge.

Abb. 81 läßt eine von der aus Abb. 77 u. 78 ersichtlichen Art abweichende Strähnaufhängung nach dem sog. „Reitersystem" erkennen. Die Strähne werden nicht von Stabpaaren sondern von Einzelstäben getragen; es hat aber auch hier jeder Strahn zwei Stützpunkte, seine Schenkel hängen zu beiden Seiten des Stabes in halber Strähnlänge herunter.

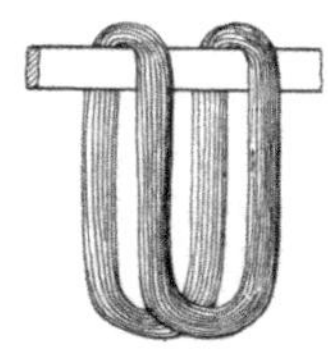

Abb. 81. Färben von Strähngarn nach dem sog. Reitersystem. (H. Krantz, Maschinenfabrik, Aachen.)

Der Flottenbehälter der Vorrichtung zum Färben von Strähngarn in der Hänge nach Abb. 82, in Ein- oder Zweikammerausführung, ist außen durch Metallrahmen verstärkt; im Inneren befindet sich eine durch einen zweiteiligen Klappdeckel abgedeckte Flottenmisch- und Heizkammer mit Dampfrohr für direkte Beheizung. Hinter dem für Rechts- und Linkslauf eingerichteten Propeller ist ein herausnehmbarer Flottenverteiler eingebaut, der Wirbelbildung vermeidet. Der Antrieb des Propellers erfolgt durch einen direkt gekuppelten und völlig gekapselten Elektromotor, der vermittels eines Zwischenstücks an der Außenarmierung und an dem Färbebottich angeflanscht ist. Motor, Propeller und das ganze Propelleraggregat sind leicht abnehmbar. Die elektrische Ausrüstung besteht aus Dreifachdruckknopf, Wechselschalter, Umsteuerautomat, Wendeschutz und Motorschutzauslöser. Durch die Einrichtung kann die Flotte jederzeit von Hand als auch automatisch in bestimmten Zeiträumen umgesteuert werden. Der

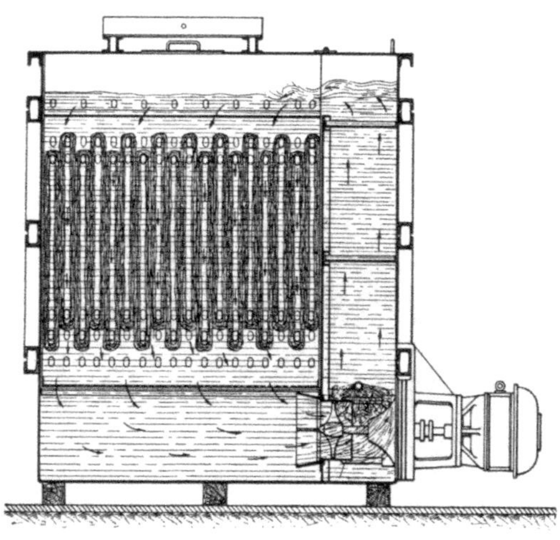

Abb. 82. Strähngarn-Färbemaschine. (H. Krantz, Maschinenfabrik, Aachen.)

Materialträger besteht im wesentlichen aus Deckplatte mit verschließbarer Musteröffnung, zwei Seitenwänden mit Außentragleisten und Sicherungsvorrichtung für die Farbstäbe, sowie einem unteren und oberen Flottenverteilungs- und -beruhigungsboden. Das Färben von Strähngarn von 420—820 mm Weiflänge erfolgt im Zweistabsystem bei versetzten oder nicht versetzten Farbstäben.

Abb. 83. Färbevorrichtung für Strähngarn. (Obermaier & Co., Neustadt a. d. H.)

Eine Vorrichtung für das Färben von Strähngarn in der Hänge, bei der zwei Apparate so miteinander gekuppelt sind, daß man sowohl auf jedem Apparat einzeln mit verschiedenen Farbflotten, als auch auf beiden Apparaten gemeinsam mit der gleichen Flotte färben kann, zeigt in ihrem äußeren Aufbau Abb. 83. Die Vorrichtung ist für die Flottenbewegung mit elektrischem Antrieb und elektroautomatischer Umschaltung versehen.

Abb. 84 zeigt eine Färbevorrichtung für Strähngarn in der Hänge, bei der die Strähne auf Stäben lose in der Flotte wie bei der Handfärberei in der Wanne hängen, jedoch von der Flotte bedeckt sind. Die Stöcke liegen in einem Rahmen und werden in diesem durch einen leicht abnehmbaren Rost festgehalten. Die Ausfärbung erfolgt unter gleichzeitiger Anwendung von Flotten- und Garnbewegung. Eine Pumpe, bzw. ein Propeller bewirkt eine kräftige Flottenströmung von oben nach unten, wodurch das Untersinken der Strähne nach dem mechanischen Anhub beschleunigt und die Garnfäden gerade gezogen werden. — Eine umgekehrte Flottenbewegung ist absichtlich vermieden, weil durch die zusammenstauchende Strömung von unten nach oben Filzwirkungen begünstigt würden. — Die Bewegung der Garne besteht darin, daß dem Garnrahmen mit den Stöcken eine kurze, ruckweise Fallbewegung erteilt wird. Die Strähne selbst machen diese Bewegung jedoch nicht mit, sondern werden von den Auflagestellen abgehoben, wodurch die Flotte unter diese treten muß. Der Garnstrahn sinkt dann unter dem Einfluß der von oben nach unten gerichteten Strömung dem vorangeeilten Stock nach bis zum nächsten langsamen Anhub. Die Zahl der Hübe wird nach der Art des Materials und Farbstoffes gewählt, und die Hubhöhe kann zwischen 0—6 cm beliebig eingestellt werden.

Abb. 84. Strähngarn-Färbemaschine. (B. Müller, Friedeberg/Qu.)

Bei dem Färben von Strähngarnen nach dem sog. Packsystem ist besonders darauf zu achten, daß die kreisende Flotte nach Möglichkeit überall den gleichen Widerstand im Arbeitsgut findet. Erreicht wird dies am besten durch kreuzweises Einlegen der Strähne in den Packraum. Die Schnittzeichnungen 85 und 86 geben eine nach dem Packsystem arbeitende Färbevorrichtung für Strähngarne wieder. Sie besteht aus einem aus rahmenartigen Gebilden aufgebauten Färbebottich mit Misch- und Heizkammer. Die Garnsträhne sind unter Mitverwendung gelochter Boden- und Abdeckplatten und Roste in den einzelnen Rahmen untergebracht, werden also schichtenweise der abwechselnd von unten nach oben und umgekehrt kreisenden Flotte ausgesetzt. Die Roste bilden dabei Mischkammern, aus denen die Flotte in neuer Verteilung in die in der Laufrichtung nächstfolgende Packung eintritt.

Färbevorrichtungen nach dem Packsystem sind im allgemeinen nur für dunklere Farben sowie geringere Garnqualitäten und Ansprüche vorzuziehen, bieten aber wegen einfacher und billiger Arbeitsweise, kleiner Materialkammern und Flottenverhältnisse gegebenenfalls entsprechende Vorteile.

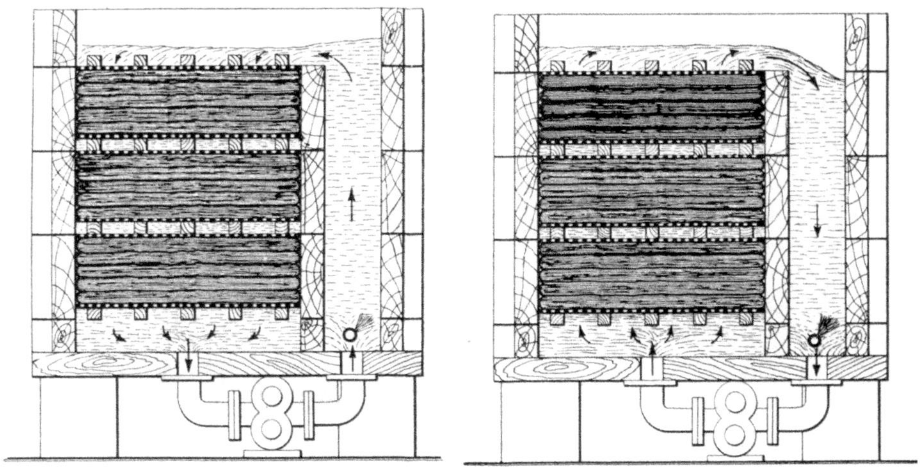

Abb. 85. Abb. 86.
Abb. 85 u. 86. Färbevorrichtung für Strähngarn im Packsystem.

e) Färben von Cops und Kreuzspulen.

Zu Cops oder Kreuzspulen aufgewundene Wollgarne werden nur in Apparaten mit in wechselnder Richtung kreisender Flotte gefärbt, und zwar nach dem Pack- oder Aufstecksystem. Bei den Aufsteckvorrichtungen unterscheidet man solche, bei denen die Garnkörper von tischartigen Platten getragen werden, und solche, bei denen als Garnkörperträger besondere an die Flottenleitung anzuschließende Einsätze für den Färbebottich zur Verwendung kommen, die an sich eine Flottensammelkammer darstellen; vgl. hierzu auch Band IV, 3, S. 560ff. — Für Cops kommt meist das Aufstecksystem in Betracht. Im allgemeinen ermöglicht das Aufstecksystem bessere Ergebnisse hinsichtlich der Gleichmäßigkeit und der Durchfärbung, andererseits aber kann beim Färben nach dem Packsystem die zu färbende Werkstoffmenge größer bemessen werden. Da beim Packsystem auch die hohen Kosten für die Spindeln in Wegfall kommen, und endlich die nach dem Aufstecksystem gefärbten Cops bisweilen Schwierigkeiten beim Abspulen ergeben, hat sich das Färben nach dem Packsystem in der Praxis größeren Eingang verschafft. — Für das Färben von Cops nach dem Aufstecksystem werden die Cops auf nicht ganz durchgehende, gelochte Papierhülsen gespult und mit diesen auf im Querschnitt entsprechend gestaltete, z. B. gelochte Metallspindeln, die vorteilhaft aus Nickel oder Nickelin hergestellt sind, aufgesteckt. Beim Färben der Cops nach dem Packsystem ist, ganz wie in der Baumwollfärberei, auf ein sorgfältiges Packen der Cops und Ausfüllen der Zwischenräume zwischen ihnen zu achten.

Das Färben von Kreuzspulen nach dem Aufstecksystem erfolgt heute im allgemeinen spindellos, d. h. besondere Spindeln, auf die die mit gelochten Papphülsen versehenen Spulen aufgeschoben werden, kommen nicht zur Anwendung. Bei der Vorrichtung nach den Abb. 87—90 werden in die Bodenlöcher *A* des Einsatzes (Abb. 87) von unten aus die Metallstäbe *B* gesteckt, die als Hilfsmittel beim Packen dienen. Die Kreuzspulen werden über die Stäbe *B* geschoben und

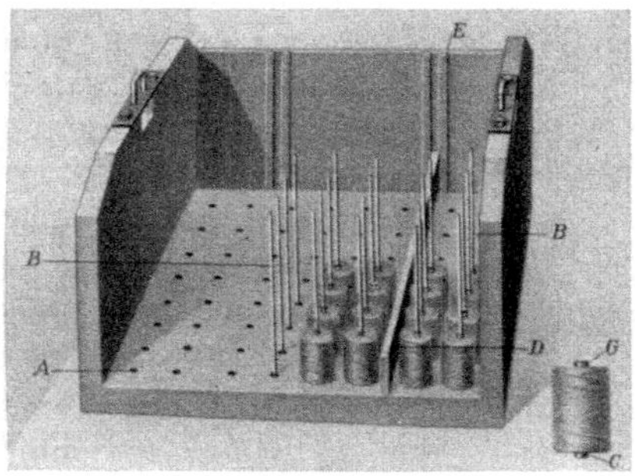

Abb. 87.

Abb. 88.

Abb. 89.

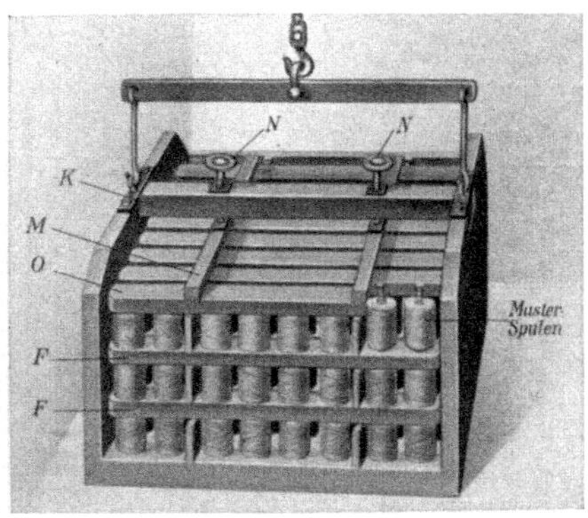

Abb. 90.

Abb. 87—90. Färbevorrichtung für Kreuzspulen. (Eduard Esser & Co., Görlitz.)

stehen mit den unteren Enden *C* ihrer gelochten Papphülsen *C*—*G* in den Löchern *A*. Zwischen die Spulen werden die Abstandbretter *D* eingelegt, die Spulen selbst dagegen mit Latten *F* bedeckt, deren Löcher sich über die oberen Enden *G* der Papphülsen schieben (Abb. 88). Auf die Latten *F* wird die zweite Spulenschicht gestellt usw. Auf die obere Spulenschicht werden Latten *H* gelegt, deren Löcher nicht nach oben durchgehen (Abb. 89). Mittels der Leisten *M* und der Schrauben *N* lassen sich die Spulen gleichmäßig auf die Höhe der Abstandbretter *D* zusammendrücken. In der oberen Schicht sind einige Musterspulen zum leichten Prüfen der Farbnuance vorgesehen. Beim Anheben des Einsatzes durch den Flaschenzug fallen die Hilfsstäbe *B*, die zum Färben nicht gebraucht werden, aus dem Boden des Einsatzes bei Überführung in den Bottich mit angesetzter Flotte nach unten heraus (Abb. 90).

Bei der Vorrichtung nach Abb. 91 werden die Stirnflächen der Kreuzspulen beim Aufschieben auf gelochte Rohre durch zentral gelochte Zwischenscheiben, welche die vorstehenden Hülsenenden der Spulen umschließen, vollkommen abgedichtet. Die Flotte kann daher nur von innen nach außen bzw. von außen nach innen radial durch die Spulen gehen. Jede Kreuzspulsäule wird individuell durch Belastungsteller beschwert, so daß eine weichere Spule mehr und eine härtere Spule weniger zusammengedrückt wird. Durch diese Einzelbelastung werden alle Kreuzspulen auf den gleichen Härtegrad gebracht, so daß die Flotte überall den gleichen Widerstand findet und einwandfreie Färbungen selbst bei hohen Ansprüchen möglich sind. Die Teller haben einen etwas größeren Durchmesser als die zu färbenden Kreuzspulen, so daß sich nur die Teller berühren. Bei Apparaten mit Holzbehälter ist hierbei von großem Vorteil, daß das Garn nicht mit Holz in Berührung kommt.

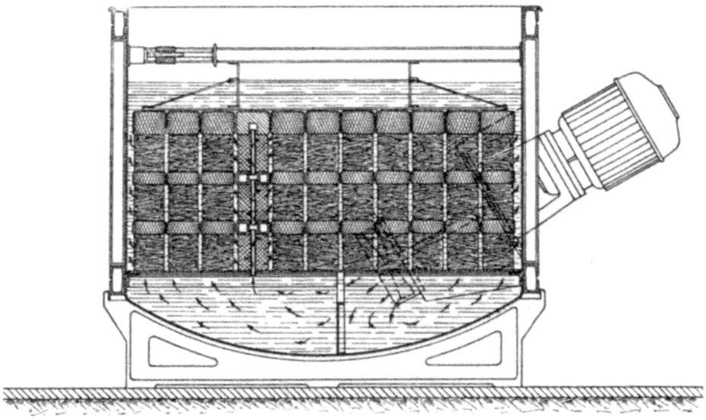

Abb. 91. Färbevorrichtung für Kreuzspulen, spindellos.
(H. Krantz, Maschinenfabrik, Aachen.)

Ein Beispiel für das Färben von Kreuzspulen nach dem Packsystem zeigen die Abb. 92 u. 93. Die Einrichtung des Färbebottichs als solchen gleicht derjenigen

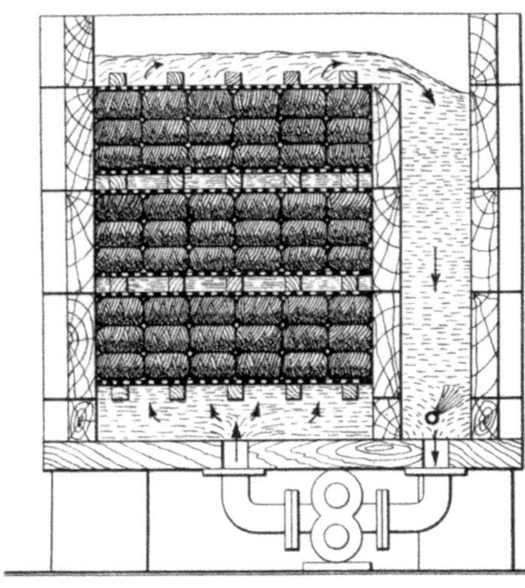

Abb. 92.

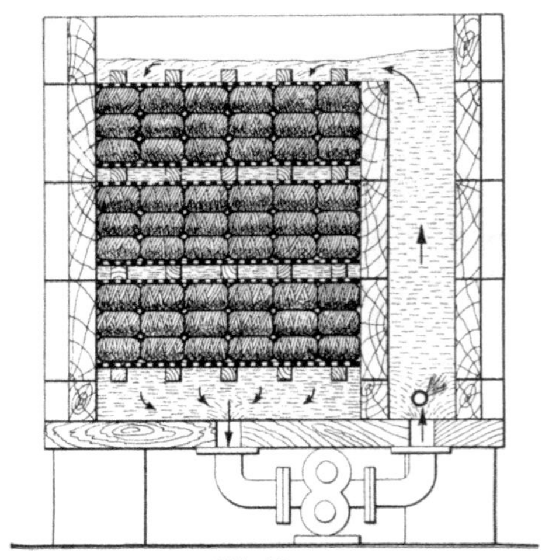

Abb. 93.

Abb. 92 u. 93. Färben von Kreuzspulen nach dem Packsystem.

nach Abb. 77; er ist aus kastenartigen Rahmen aufgebaut. In diese Rahmen werden die Kreuzspulen hülsenlos zwischen gelochten Böden in der ersichtlichen Weise eingebettet. Die Spulen können dabei, da sie hülsenlos sind, vollständig zusammengedrückt werden; Kanäle zwischen den Garnkörpern können nicht entstehen. Die Garne bleiben sauber, da ein Abflecken von Papierhülsen nicht mehr möglich ist. Hülsen werden gespart, da sie nicht mit in die Flotte kommen und infolgedessen auch nicht dem Aufweichen ausgesetzt sind; sie werden erst dann wieder in die Spulen eingebracht, wenn diese die Trockenvorrichtung verlassen haben. Der beim Färben nach dem Packsystem bisweilen angewendete Ersatz der Hülsen durch Holzzylinder kommt in Wegfall.

Zum Herausziehen und Einstoßen der Papphülsen beim hülsenlosen Färben verwendet man vorteilhaft eine kleine Vorrichtung, wie sie z. B. die Abb. 94 u. 95 zeigen. Ein hölzerner Ständer hält einen eisernen Stift, der in der Mitte durch eine Flügelschraube festgestellt werden kann. Die eine schwächere Hälfte des Stiftes ist am Ende hakenförmig gebogen, um ihn damit in die Schleife eines Garnfadens einhaken zu können, während die andere stärkere Hälfte am

Abb. 94.

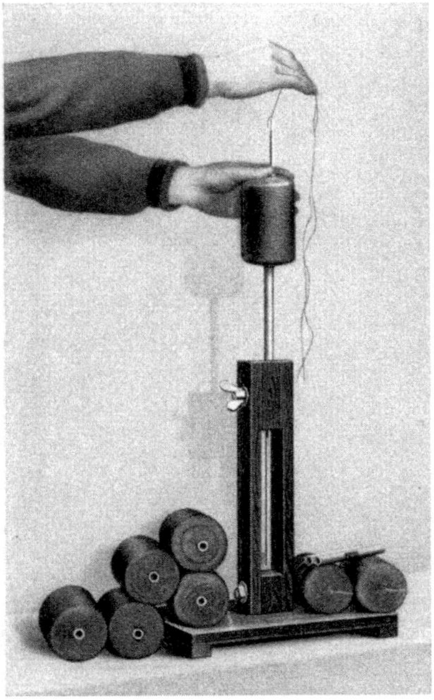

Abb. 95.

Abb. 94 u. 95. Vorrichtung zum Herausziehen und Einstoßen der Papphülsen beim hülsenlosen Färben.

Ende eine Feder hat, um eine auf den Stift aufgesetzte, unten ausgehöhlte Nadel festhalten zu können. Diese Nadel läuft nach oben spitz zu und endet ebenfalls in einem Haken. Beim Herausziehen der Papphülse steht der schwächere Teil des eisernen Stiftes nach oben (Abb. 94). Die Papphülse der darüber gesteckten Spule wird unten mit zwei Fingern festgehalten und die Spule selbst nach oben geschoben, so daß sie aus der Hülse herausgleitet und der oben mit der anderen Hand in dem Haken festgehaltene Doppelfaden, der an dem einen Ende eine Schleife haben muß, durch die Spulenöffnung hindurchwandert. Die links neben dem Apparat liegenden beiden weißen Spulen zeigen, wie der so eingezogene Faden für das Färben abgebunden wird. Beim Einstoßen der Papphülse steht der stärkere Teil des eisernen Stiftes nach oben (Abb. 95). Die neue Papphülse, die etwas schwächer als die vor dem Färben verwendete sein muß, wird darüber geschoben und die Nadel am oberen Ende des Stiftes aufgesetzt. Der Faden wird aufgeknüpft und die an dem einen Spulenende herausragende Schleife oben am Nadelende eingehakt. Während die eine Hand den Faden straff hält, schiebt die andere Hand die Spule über die nach unten immer stärker werdende Nadel und schließlich über die auf dem Stift darunter sitzende Papphülse.

Für das Färben von Kreuzspulen nach dem Aufstecksystem kommen Spindeln der verschiedensten Konstruktionen zur Verwendung, z. B. rohrartige mit gelochtem Mantel (s. Abb. 96a), massive Spindeln mit Drei- oder Vierkantlängsstegen (Abb. 96 b) u. a. m. In Abb. 96 c ist eine unter dem Namen ,,Emka"-Spindel eingeführte Spindel wiedergegeben, durch die die Nachteile der schon vorhandenen Spindelkonstruktionen beseitigt werden sollen. Die Erfinder heben als Vorteile hervor: Keine Löcher, die sich verstopfen; keine Längsfuge, die klaffen kann; kein Verbiegen, weil gehärteter und nicht rostender Stahl verwendet wird; keine Verengung des Nippelkanals durch Drei- oder Vierkantstege: zentrifugale, die Durchfärbung unterstützende Flottenströmung. —

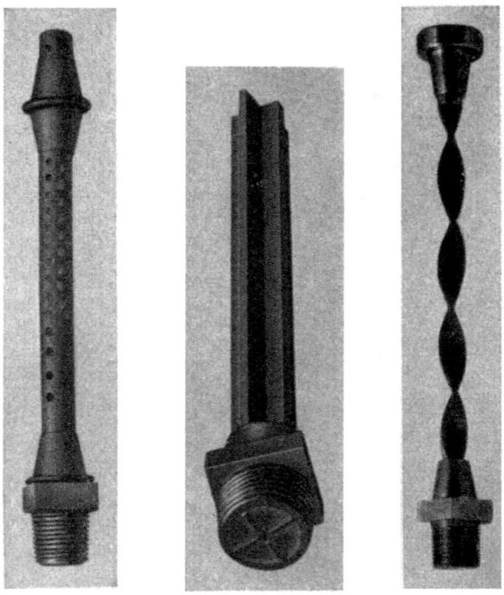

Abb. 96a. Abb. 96b. Abb. 96c.
Abb. 96a u. b. Spindeln für die Kreuzspulfärberei. (Bruno Müller, Friedeberg/Queis.)
Abb. 96 c. Emka-Spindel. (Müller & Krieg, Friedeberg/Queis.)

Als Kopfverschlüsse für Kreuzspulspindeln sind Schraub- und Gleitverschlüsse bekannt. Erstere haben den Vorteil größerer Sicherheit gegen Undichtheiten und fehlerhafte Färbungen, aber den Nachteil größeren Zeitverlustes durch den Arbeitsaufwand des Auf- und Abschraubens. Bei den Gleitverschlüssen ist es genau umgekehrt. Die Federungen ermüden, die Kantenreibung nutzt sich ab und die Verschlüsse werden nach gewisser Gebrauchszeit unzuverlässig. Trotzdem ist der Vorteil der schnelleren Arbeitsweise überwiegend und meist sind Gleitverschlüsse in der Praxis in Gebrauch. Bei der Spiralspindel war es nun besonders schwer, einen Gleitverschluß auf dem flachen Spindelende zu schaffen.

Deshalb haben die Spiralspindeln trotz offensichtlicher Vorteile bisher nur beschränkte Einführung gefunden. — Eine Konstruktion, welche die Vorteile des Schraubverschlusses mit denen des Gleitverschlusses verbindet und gleichzeitig die Nachteile beider Arten aufhebt, bildet den Gegenstand einer Patentanmeldung von Bruno Müller, Friedeberg/Qu.

f) Färben der Gewebe.

Das Färben wollener Gewebe erfolgt im allgemeinen auf der sog. Haspelkufe. Man unterscheidet zwischen Breitfärbemaschine und Strangfärbemaschine. Die Breitfärbemaschine kommt für schwere, die Strangfärbemaschine für leichte Gewebe zur Anwendung. Gewebe, deren Leisten sich leicht rollen, werden vorteilhaft längs dieser zusammengenäht und dann in Schlauchform gefärbt. Auch Gewebe, deren rechte Seite durch Reibung auf dem Haspel leiden können, werden der Länge nach zu Schläuchen zusammengenäht, aber mit der linken Seite nach außen, so daß sie mit dieser auf den Haspel zu liegen kommen. Die Kufe des Haspels besteht aus Holz, aus Haveg oder Beton (s. S. 299 und die nebenstehenden Abb. 97 u. 98) mit weiß glasierter Innenfläche (Porzellanbottich). Die Haspel und Leitwalzen sind vielfach mit Hartgummi belegt, bisweilen auch aus Haveg angefertigt. Der Antrieb des Haspels erfolgt entweder durch einen

Riemen oder durch einen mit der Haspelwelle direkt gekuppelten Elektromotor. Um das Gewebe im Bedarfsfalle wechselweise im Vor- und Rücklauf und auch mit verschiedener Geschwindigkeit durch die Flotte führen zu können, hat man ein Vorgelege in Gestalt eines Planscheibengetriebes zur Anwendung gebracht. Dieses kann dabei auch für zwei nebeneinander stehende Kufen gemeinsam ausgeführt werden, ohne daß eine Kufe von der anderen abhängig wird. Um den bei offenen Haspelkufen sich bildenden Nebel, der für das Arbeiten an der Kufe außerordentlich störend und für die maschinellen Einrichtungen sowie Gebäude schädigend ist, unschädlich zu machen, hat man nach Angaben der Säureschutz-Ges. m. b. H., Berlin, die offenen Kufen durch geschlossene, mit Schiebetüren und elektrischer Innenbeleuchtung versehene ersetzt. Die in Anschaffung und Betrieb teueren Entnebelungsanlagen werden dadurch vielfach entbehrlich. Auch eine bedeutende Wärmeersparnis wird erreicht, die bis zu 50% betragen soll.

Abb. 97. Umzughaspel aus Haveg. (Säureschutz-Gesellschaft G. m. b. H., Berlin.)

Abb. 98. Haspel mit Porzellankufe. (Bruno Müller, Friedeberg/Queis.)

g) Färben der Wirkwaren.

Wirkwaren werden als Stückware, wie sie z. B. der Rundwirkstuhl liefert, oder in Gestalt von Gebrauchsgegenständen, Strümpfen, Socken usw. gefärbt. Das Färben der Stückware erfolgt auf der Haspelkufe. Für Wirkwaren in Gestalt geformter Warenstücke (Strickwaren) kommen dagegen Färbevorrichtungen anderer Bauweise zur Anwendung. Es sind dies in der einfachsten Form mit Flotte gefüllte Barken oder Bottiche, in denen die zu färbenden Gegenstände mit Stöcken oder durch Flügelräder getaucht und fortbewegt werden. Weiter kommen in Betracht Vorrichtungen, die nach dem sog. Tauchverfahren arbeiten, bei denen die Werkstücke (Strümpfe, Socken usw.) freihängend, wechselweise in die Flotte eingesenkt und aus ihr herausgehoben werden. Drittens sind zu nennen diejenigen Vorrichtungen, bei denen das Arbeitsgut Aufnahme in einer gelochten Trommel findet, die in einem die Flotte enthaltenden Gehäuse Drehbewegung ausführt. Viertens seien diejenigen Vorrichtungen erwähnt, bei denen die Werkstücke in der Flotte durch Dampf- oder Preßluftstrahlen oder auch durch beide in Bewegung gehalten werden, und endlich kommen noch die nach dem Packsystem arbeitenden Vorrichtungen in Betracht.

Ein Beispiel für eine mit Flügelrad ausgestattete Barke gibt Abb. 99 wieder; sie wird auch mit gekrümmten Schaufeln ausgeführt.

Abb. 100 zeigt eine mit gelochter Materialtrommel ausgestattete Färbemaschine für Wirkwaren, bei der die Trommel drehbar in einem zylindrischen Umschlußgehäuse gelagert ist, das eine in der zylindrischen Wandung untergebrachte Schiebetür aufweist. Die Trommel enthält vier oder mehr Kammern mit vom Umfang radial nach innen laufenden Wandungen. Diese Kammern können aus dem Trommelgestell herausgenommen, außerhalb des Trommelumschlußgehäuses entleert und beschickt und dann wieder in das Trommelgestell eingeschoben werden. Durch einen mit der Trommelachse direkt gekuppelten Elektromotor empfängt die Trommel Kehrdrehung, und zwar führt sie vier Umdrehungen in der Minute aus. Die Umsteuerung erfolgt mittels eines Quecksilberrelais und einer damit verbundenen Wendevorrichtung, die vollkommen unter Öl läuft. An der linken Stirnseite befinden sich die für Dampf- und Wasseranschluß nötigen Armaturen, ein Kontrollhahn für den Flottenstand, ein Thermometer zur Wärmekontrolle der Farbflotte und ein mit der Dampfheizung verbundener Farbstoffzusatzbehälter. Die Wandungen der Trommelkammern sind mit gepunzten Löchern versehen, deren Kanten außen liegen und daher eine Beschädigung der beim Umlauf der Trommel rutschenden Ware unmöglich machen. Gleichzeitig wird durch die Lochungen ein vollkommenes Durchfluten der Ware mit Flotte erzielt. Hinter dem Trommelgehäuse befindet sich ein Flottenhochbehälter, von dem aus das Trommelgehäuse mit Flotte gespeist werden kann.

Abb. 99. Mit Flügelrad arbeitende Färbemaschine für Wirkwaren. (Karl Franke, Wittenberg, Bez. Halle.)

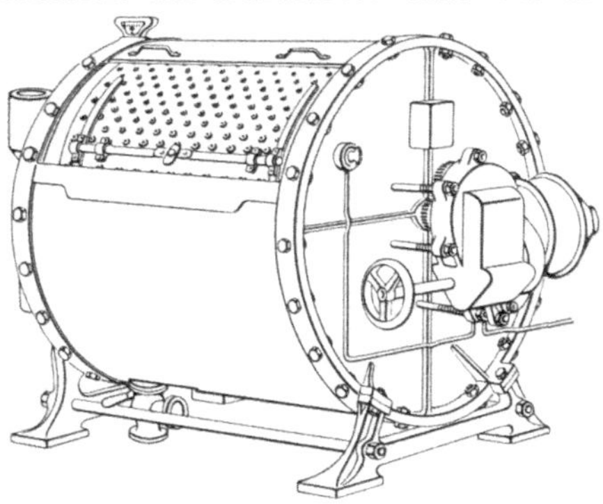

Abb. 100. Färbemaschine für Strümpfe usw. (Fritz Schuster, Chemnitz.)

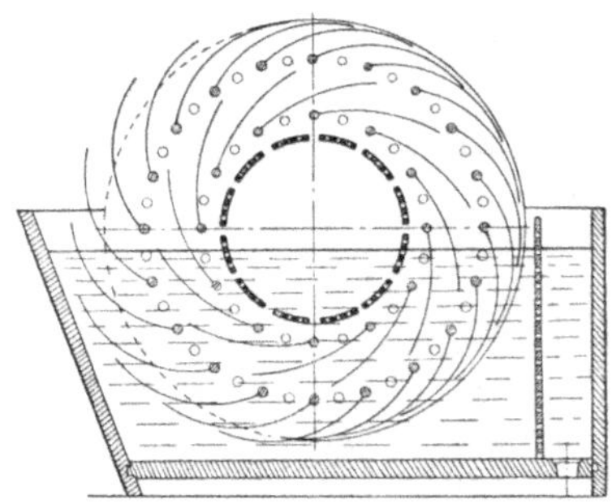

Abb. 101. Strumpf-Färbemaschine „System Then“. (Maschinenfabrik Gerber, Krefeld.)

Strumpffärbemaschinen, die nach dem Tauchverfahren arbeiten, sind beispielsweise in den Abb. 101 u. 102 wiedergegeben. Bei der unter der Bezeichnung Strumpffärbeapparat System „Then“ bekannten Maschine nach Abb. 101 wird das Farbgut in der Flotte in dauernder Bewegung erhalten, gleichzeitig führt aber die Flotte eine durch den Bottich kreisende Bewegung aus. Die Strümpfe werden, genau wie beim Färben auf der Kufe, auf Stöcke aufgehangen und diese dann in einen nichtrostenden Monelkranz eingesteckt. Nachdem das Bad fertig ist, wird der so beschickte kranzförmige Strumpfträger mittels Winde in den Färbebottich eingelassen und mit dem Antrieb durch einen Handhebel gekuppelt. Er dreht sich nun abwechselnd nach links und rechts. Gleichzeitig wird die Pumpe eingerückt. Sie setzt die Flotte in Umlauf. An der Bottichwand entlang laufende, gelochte Rohre führen die Flotte gleichmäßig zu, und diese drängt das Arbeitsgut von der Bottichwand weg nach innen, so daß es bei seiner Schwingbewegung nicht an der Wandung scheuern kann. Der Zusatz des Farbstoffs erfolgt während des Färbens.

Bei etwa einer Stunde Färbedauer unter Aufwand von etwa $1/2$ PS Antriebskraft und einer Fassung von 60 Dutzend Paar Strümpfen kann ein Mann bequem zwei Maschinen bedienen. Die Beschickung der Trommel dauert etwa 5 Minuten. Die Scheiben der Färbetrommel besitzen je einen Knopf, an dem je ein Paar Probestrümpfe angehängt werden kann. Sie lassen sich bequem während des Ganges auf- und abnehmen und dienen somit zur Kontrolle der Farbnuance. Naturgemäß wird jeweils das Probepaar auf dem Horn getrocknet und so der Farbton beurteilt.

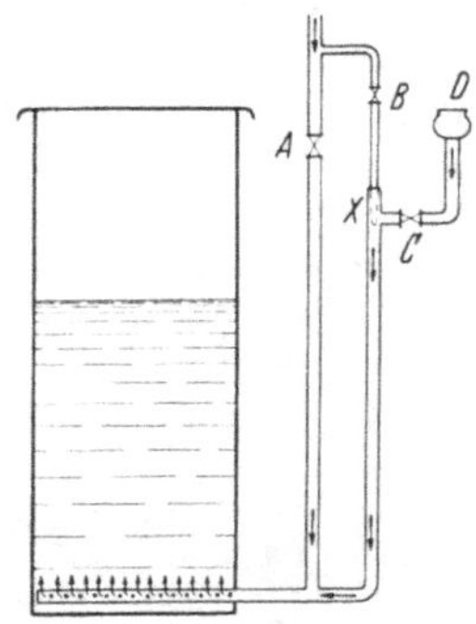

Abb. 102.

Abb. 102—105. Färbemaschine für Wirkwaren. (S. Pegg & Sohn, Leicester/England.)

In den Abb. 102 und 103 einerseits und Abb. 104 und 105 andererseits sind zwei Ausführungsformen einer Färbemaschine für Strickwaren im Schaubild und Schnitt wiedergegeben, bei denen die Flotte lediglich durch Dampf oder Dampf im Zusammenwirken mit Preßluft in kreisende Bewegung versetzt wird, mechanische Hilfsmittel hierfür also vermieden sind. Aus der Schnittzeichnung (Abb.102) ist zu ersehen, daß am Boden des Bottichs in diesen ein gelochtes Rohr eingeführt ist. Dieses durch Hahn A absperrbare Rohr dient als Dampfzuleitungsrohr. Ihm parallel läuft ein zweites Rohr, das oben und unten an das erstgenannte Rohr angeschlossen ist und von diesem mit Dampf gespeist wird, sobald der Hahn B geöffnet ist. Unterhalb dieses Hahnes mündet in das zweitgenannte Rohr eine durch Hahn C absperrbare Zuleitung D, durch die Luft oder Zusatzfarbstoff in das zweitgenannte Dampfrohr eingelassen werden kann. Wird der Hahn A bei geschlossen bleibenden Hähnen B und C geöffnet, so strömt Dampf in die im Bottich befindliche Flotte und bringt diese auf die richtige Temperatur. Ist diese erreicht, so wird der Hahn A geschlossen und Hahn B geöffnet. Er läßt nur etwa 25% des Heizdampfes durch, und diese Menge genügt, die Flotte auf der richtigen Temperatur zu erhalten und sie in Bewegung zu setzen. Öffnet man

Abb. 103.

endlich bei offenem Hahn *B* auch Hahn *C*, so wird durch den in die zweite Dampfleitung eingebauten, aus Abb. 103 ersichtlichen Injektor Luft oder Zusatzflotte angesaugt, sofern der Trichter *D* mit solcher gefüllt ist. Die Luftzufuhr zum Bottich dient der Regelung des Arbeitsganges in diesem, durch die Farbstoffzufuhr soll dagegen die an Farbstoff arm gewordene Flotte wieder auf ihre alte Konzentration gebracht werden. — Die Färbemaschine nach Abb. 104 ist mit einem Bottich ausgestattet, der den aus der Schnittzeichnung (Abb. 105) ersichtlichen Querschnitt besitzt. In diesen Bottich münden am Boden durch die eine Stirnwand 5 Rohre, *A* bis *E*, von denen die Rohre *B* und *C* durch Preßluft, die Rohre *A*, *D* und *E* durch Dampf gespeist werden. Das Rohr *A* ist im Scheitel gelocht, die Rohre *B* und *D* weisen Lochungen auf der linken und die Rohre *C* und *E* solche auf der rechten Seite auf. Die Rohre *B*, *D* einerseits und die Rohre *E*, *C* andererseits werden mittels einer selbsttätig wirkenden Umsteuerungsvorrichtung wechselweise für den Dampf- und Preßluftzutritt freigegeben, das Mittelrohr *A* bleibt dagegen dauernd im Betrieb. Der aus ihm ausströmende Dampf treibt, wie dies Abbildung 105 erkennen läßt, das in der Flotte schwimmende Textilgut nach oben und hebt es damit vom Bottichboden ab. Die aus den Rohren *B* und *D* austretende Preßluft und Dampf

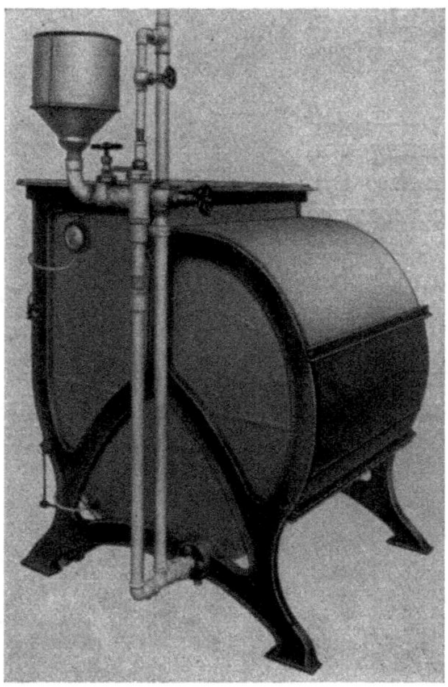

Abb. 104.

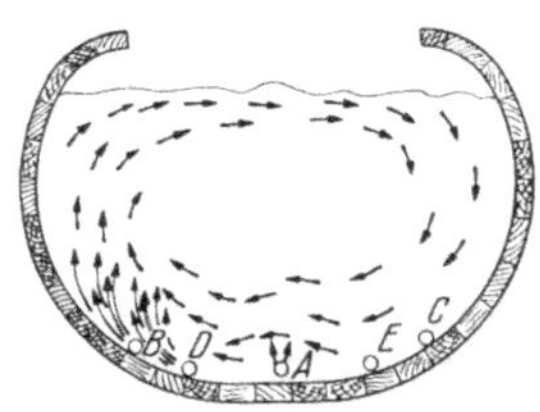

Abb. 105.

versetzen die Flotte mit dem Färbegut in der ersichtlichen Weise nach links in Kreislauf, die Rohre *E*, *C* dagegen nach rechts, sobald sie für den Preßluft- und Dampfzutritt freigegeben werden.

h) Färben der Filze, Hüte usw.

Filze, Hüte usw. lassen sich im fertigen Zustand färben; wegen der Dichte des Werkstoffes ist jedoch die Farbaufnahmefähigkeit mit Schwierigkeiten verbunden. Besser färbt man deshalb im halbgewalkten Zustand. Dies gilt besonders von den Hutfilzen, wenn man nicht die zu verarbeitende Wolle vorfärbt. Sie werden meist als halbgewalkte Stumpen, als sog. „Labrazen" gefärbt, seltener als fertiggewalkte Stumpen. — Für das Färben der leichten Filze in Bahnform findet im allgemeinen die Haspelkufe Anwendung, nur muß dabei berücksichtigt werden, daß besonders dünne Filze in nassem Zustand keine große Zugfestigkeit haben. — Das Färben von Labrazen, Stumpen u. dgl. erfolgt im Kupferkessel oder Bottich mit eingelegtem gelochten Boden mit indirekter oder direkter Dampfheizung. Bequemer sind die sog. Farbräder, bei denen die Werkstücke durch Schaufelräder in der Flotte bewegt werden, oder die nach dem Packsystem arbeitenden Apparate.

i) Mustergemäßes Färben.

Schatten-, Flammen- und Ombrés-Färbungen. Es sind dies farbige Musterungen, die auf dem Garnstrahn durch Ausfärben und nicht durch Druck, wie bei der Herstellung der sog. Chinégarne, gewonnen werden[1].

Schattenfärbungen sind solche Färbungen, bei denen im Strahn die gleiche Nuance Ton in Ton heller und dunkler gefärbt ist. Man stellt diese Färbungen so her, daß man das Garn im hellsten Ton wie üblich uni färbt. Je nach der Anzahl der Schatten wird der Strahn entsprechend eingeteilt und es wird dann der nächstdunklere Ton so erzielt, daß man das Garn soweit in das mit Farbstoff verstärkte Färbebad eintaucht, als der dunklere Ton gewünscht wird, und in entsprechender Weise werden weitere, noch dunklere Schatten aufgefärbt, indem man das Garn für die folgenden Töne jeweils weniger tief in das Bad eintaucht. Durch die Kapillarität der Wolle entstehen keine scharfen Übergänge, sondern es erfolgt ein allmähliches Übergehen von hell nach dunkel. Auf beiden Seiten einer Färbewanne werden durch Löcher mit Einstecker oder durch Schrauben verstellbare Latten längs der Wanne angebracht. Quer auf diese werden die Färbestöcke aufgelegt, welche vierkantig sind, so daß sie sich auf den Unterlagslatten nicht drehen können. Der Bottich wird bis zu einer bestimmten und markierten Höhe mit der Flotte gefüllt, und die Tragplatten werden entsprechend der gewünschten zu färbenden Garnlänge eingestellt. Man zieht nicht von oben nach unten um, sondern verschiebt lediglich die Garnstöcke vorsichtig von einem zum anderen Ende der Wanne, so daß sich die Färbeflotte nicht zu stark bewegt. Der nächste Ton wird erreicht, indem man die Traglatten um die dem neuen Ton entsprechende Garnlänge hebt.

Flammenfärbungen sind solche, bei denen mehrere Farben nebeneinander auf dem gleichen Strahn entstehen sollen. Soll die eine Hälfte der Strähne weiß bleiben, so hängt man auf die oben beschriebene Weise die Hälfte der Strähne in das Färbebad. Sollen die Strähne mehrmals Weiß enthalten, so werden die weiß zu bleibenden Stellen mit starkem Papier umwickelt, welches mit Schnüren mehrfach gut umwunden wird, oder man bindet bzw. klemmt die Strähne zwischen Latten ab. Hierauf färbt man in üblicher Weise, wobei die umwundenen bzw. abgebundenen oder abgeklemmten Stellen weiß bleiben, während wie bei den Schattenfärbungen die Konturen allmählich ineinander übergehen.

Das Färben in der Flotte unter Abbinden der nicht zu färbenden Stellen ist sehr umständlich und zeitraubend. Außerdem kann man hierbei in einer Weife praktisch höchstens, vier- bis sechsmal die gleiche oder eine andere Farbe anbringen, während man beim Druckverfahren auf einer Weiflänge von etwa 130 cm die Farbe etwa 18—30 mal in gleichen Abständen wechseln lassen kann. Es ist auch schon vorgeschlagen worden, das örtliche Färben von Strähngarn in der Weise zu bewerkstelligen, daß man die nicht anzufärbenden Stellen abpreßt, derart, daß sie dem Angriff der Farbflotte beim Eintauchen entzogen werden und daher nur die von der Abpressung frei bleibenden Stellen Farbstoff aufnehmen. Die zur Ausführung dieses Verfahrens empfohlenen Vorrichtungen waren aber hinsichtlich ihrer Einrichtung und Bedienung infolge der Verwendung einzeln zu befestigender Preßleisten oder von dicht aufeinanderliegenden Abpreßrahmen (mit z. B. von Hand zwischen- oder aufgelegtem Strähngarn in einer Presse zwecks Eintauchen in die Farbflotte) umständlich, so daß sie sich in die Praxis nicht einführen konnten und jedenfalls einen Betrieb im großen nicht gestatteten. Bei dicht übereinanderliegenden Abpreßplatten oder Rahmen war auch ein gutes Umspülen und

[1] Veröffentlichungen der J. R. Geigy A.-G., Basel, Bd. I: Wolle.

Durchdringen des örtlich zu färbenden Textilgutes schwer erreichbar. Im Gegensatz hierzu ist die den Gegenstand des Patents 480958 bildende Vorrichtung zum Streifenfärben außerordentlich einfach im Bau und in der Bedienungsweise, und gestattet dementsprechend auch ein wirtschaftliches Arbeiten. Sie besteht nach Abb. 106 aus dem Flottenbehälter *a* mit Deckel *b*, in dem auf einer mit Riemenscheibe versehenen Achse *c* die Trommel *d* mit Längsleisten *e* gelagert ist. Auf sie werden die örtlich zu färbenden Strähne *g* aufgelegt, der Umfang der Trommel entspricht der Weiflänge des zu durchfärbenden Strähngarns. Die Abpressung der nicht anzufärbenden Stellen erfolgt durch sektorförmige Rahmen *h* mit Preßstücken *i*, die sich gegen die Längsleisten *e* der Trommel *d* anlegen und mittels Klemmschrauben *i* angepreßt werden. Auf diese Weise wird bewirkt, daß bei der Drehung der Trommel in dem mit Färbflotte gefüllten Färbebottich nur die frei bleibenden Teile der Strähne durch und durch Farbe aufnehmen, während die abgepreßten Teile ungefärbt bleiben.

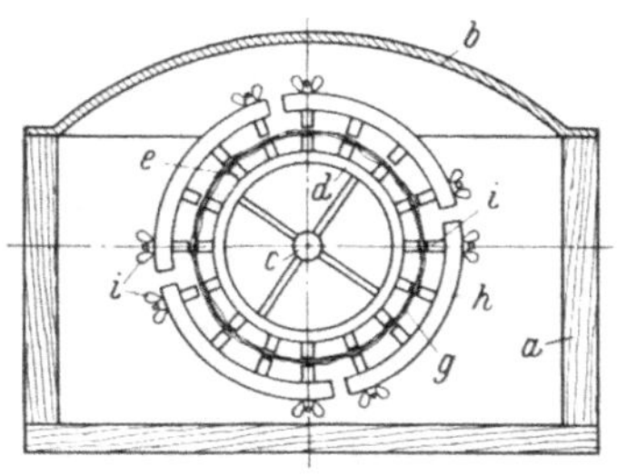

Abb. 106. Maschine zum mustergemäßen Färben.

Man kann mittels der beschriebenen Vorrichtung ohne Schwierigkeiten auch Strähngarn in sehr kleinen Abständen streifenförmig örtlich färben, und zwar können auf eine Weiflänge von etwa 130 cm (bei einem Gewicht von etwa 50 bis 250 g) 40 bis 60 und gegebenenfalls noch mehr abwechselnde Streifenfärbungen erzielt werden.

Ombrésfärbungen sind Färbungen, bei welchen auf einem Garnstrahn mehrere Farbtöne ineinander übergehen. Die Strähne werden je nach Anzahl der gewünschten Töne entsprechend abgeteilt und in gleicher Weise gefärbt wie unter Schattenfärbungen angegeben, mit dem Unterschied aber, daß jedesmal das Färbebad gewechselt werden muß.

Färben mit dem Zerstäuber (Spritzdruck). Vor mehreren Jahren kamen nach einer Arbeit von A. Dondain, Leipzig, über die „Spritzdruckerei" und ihre Anwendung in der Textilindustrie, farbig gemusterte Stoffe auf den Markt, welche sich durch eine ganz besondere Farbentönung vom gewöhnlichen Druck unterschieden. Alle Farben waren in äußerst zart verlaufenden Schattierungen aufgetragen, so daß die Muster ein prachtvolles Relief zeigten und ein durch Rouleaux-, Perrotine- oder Handdruck unerreichbares, künstlerisches Aussehen besaßen. Es stellte sich heraus, daß diese Muster unter Verwendung geeignet zusammengesetzter Farben mittels eines durch Preßluft betriebenen Farbzerstäubers und geeigneter Schablonen erzeugt waren. In diesen Schablonen waren die einzelnen Partien der Zeichnung nach Farben und Form ausgeschnitten, so daß die gedeckten Teile weiß blieben; der ganze Schablonensatz ergab das gewünschte Muster. Die einzelnen Farbtöne waren nun nicht flach aufgespritzt, sondern schattiert, zart verlaufend, wodurch das eigentümliche, kunstvolle Relief der Zeichnung erreicht wurde. Dieses Spritzdruckverfahren hat sich seit dieser Zeit in hervorragender Weise Bahn gebrochen und ist heute zu einer bedeutenden Verbreitung und einer großen Vollkommenheit hinsichtlich der Erzeugung gekommen[1]. Es ist anzunehmen, daß die ältesten Anfänge des Verfahrens, eine angeteigte Farbe zu zerstäuben oder eine trockene Farbe als solche zu verwenden, sich in Japan finden. Alte japanische Malereien, Rollbilder und Fächer aus Seide oder

[1] Vgl. auch Bd. IV, 3, S. 578 ff. dieser Technologie u. Zeitschr. „Deutsche Textilwirtschaft", 1933, Nr. 3.

Papier zeigen uns derart zarte, herrlich schattierte und gleichmäßig ombrierte Farbtöne, daß man annehmen muß, sie können nur mechanisch erzeugt worden sein und nicht mittels Pinsel. Doch wurde diese Art Arbeit auf recht primitive Weise ausgeführt und zwar mit Hilfe zweier Rohre oder Bambusröhrchen, die in rechtem Winkel gestellt und durch einfaches Blasen mit dem Mund in Tätigkeit gesetzt wurden, ein Zerstäuber, ähnlich einem Blumenbefeuchtungsröhrchen oder der Spritzdüse eines Inhalationsapparates. Auf diesen japanischen Malereien findet man Farben pflanzlichen und mineralischen Ursprungs, auch tierische Farben, mit einer Art Fischleim fixiert, aber auch eine Art Bronze oder Goldstaub, welcher auf mit Fixierungsleim angefeuchtetem Boden aufgespritzt wurde.

Eine moderne Spritzdruckerei für Gewebe besitzt im allgemeinen drei Hauptteile, und zwar 1. den für Preßlufterzeugung, bestehend aus Luftkompressoren, Luftkessel und Verteilungsrohren, heute vielfach durch Kohlensäure ersetzt; 2. die eigentliche Spritzvorrichtung mit dem dazu gehörenden sog. Drucktisch und Abzugsventilator; 3. die Fixierungs- und Entwicklungsvorrichtungen.

Eine Spritzvorrichtung veranschaulicht beispielsweise Abb. 107.

Erfolgt der Spritzdruck auf flachen, horizontalen Tischen, so sind die verwendeten Schablonen flache, vier- oder rechteckige Metallblätter, in welche die nötigen Musterteile geschnitten und die dann auf imprägnierte Holzrahmen genagelt werden. Am praktischsten haben sich erwiesen etwa ½ mm dicke Zinkblechplatten. Die Konturen jeder Farbe eines Musters werden auf durchsichtigem Papier mit Tusche gezeichnet. Die für ein Muster erforderlichen Zinkplatten werden in vier- oder rechteckigen Stücken von gleicher Größe und Form ohne Aufwurf oder Biegung geschnitten und mit einer lichtempfindlichen Schicht einseitig präpariert. Die durchsichtigen Zeichnungen werden dann auf diese Zinkplatten gelegt und hierauf wird das Ganze belichtet. In 8—10 Minuten verdunkeln sich auf der Zinkplatte die belichteten Teile, und die schwarz gezeichnete Skizze tritt in der metallischen, grauweisen Farbe des Bodens hervor. Jeder Teil dieser Farbe wird nunmehr mit einer Laubsäge ausgesägt. Vollkommen runde Zeichnungsteile werden mit der Bohrmaschine herausgebohrt. Wenn eine Zinkplatte fertig ausgeschnitten ist, wird sie der Kontrolle halber auf eine zweite schon fertige Platte gelegt und irgendeine Farbe aufgespritzt. Sind die Musterteile aus allen Zinkplatten herausgesägt, so wird zur endgültigen Kontrolle das fertig gestellte Muster auf Papier mit den Originalfarben der Zeichnung gespritzt. Da im allgemeinen die Muster zu große Zinkplatten erheischen, eine bequeme Handhabung beim Sägen deshalb unmöglich ist, werden die Platten nach dem Pausen in zwei oder vier Teile zerschnitten und diese nach dem Aussägen auf der linken Seite wieder zusammengelötet. An Stelle der Laubsäge sind auch sog. Plattenschneidemesser und Plattenschneidemaschinen zur Anwendung gekommen, auch ist der Versuch gemacht worden, die Schablonen durchzuätzen.

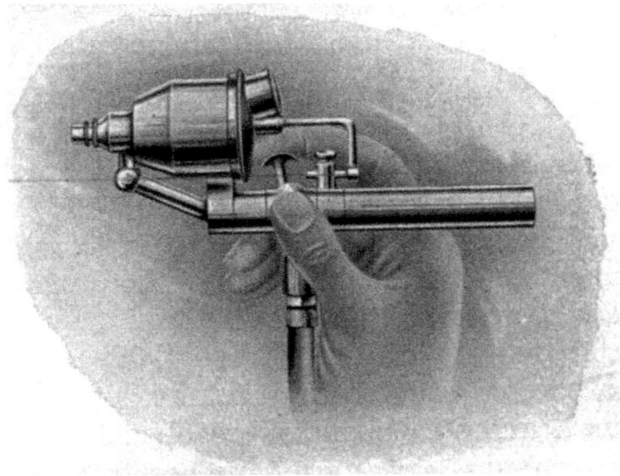

Abb. 107. Zerstäuber für Farben. (A. Krautzberger & Co., G. m. b. H., Holzhausen bei Leipzig.)

k) Entnebelung[1] von Färbereien.

Die Atmosphäre enthält bekanntlich Wasserdampf, und zwar in unsichtbarem, gasförmigem Zustand. Bei Übersättigung der Luft mit Wasserdampf wird dieser jedoch in Gestalt feiner Tröpfchen sichtbar; man nennt diese Erscheinung dann Nebel, Schwaden, Dunst, Brodem oder Wrasen. Diese Schwaden oder Nebel behindern den Betrieb. Die Gesamtübersicht über ihn geht verloren und damit wird die Wirtschaftlichkeit des Betriebes herabgemindert, die Ware wird durch Dämpfe und Tropfenbildung unter Umständen beschädigt, die Sicherheit, mit der sich die Arbeiter in dem dampferfüllten Raum bewegen, nimmt mit der zunehmenden Dichte der Nebel ab, die Gesundheit der Arbeiter wird unter Umständen nachteilig beeinflußt, Gebäude, Transmissionen, Riemen, Rohrleitungen usw. leiden und die Belichtung kann nicht ausgenutzt werden. Nach alledem scheint die Forderung auf Entnebelung der Betriebsräume begründet, insbesondere aber aus wirtschaftlichen Gründen im Interesse der Unternehmer.

Das Bestreben, die lästigen Nebel in den Färbereien zu beseitigen, reichen weit zurück. Heute darf gesagt werden, daß es trotz vieler Schwierigkeiten, die die Entnebelung gerade der Färbereien zweifellos bietet, durch Zusammenwirken von Wissenschaft und Praxis gelungen ist, einwandfreie, rentable Entnebelungsanlagen zu schaffen.

Das Entnebeln kann erfolgen durch Entziehung des überschüssigen Wasserdampfes, durch Abkühlung der Arbeitsräume infolge Luftwechsels, d. h. Ersatz der feuchten und nebligen Luft durch trockene oder trocknere Luft als die zu ersetzende. Hierbei kann die Lüftung eine natürliche oder künstliche sein. Im ersteren Fall kommen in Betracht die Durchlässigkeit der Wände, Undichtigkeit der Türen, Fenster usw. bei gleichzeitigem Temperaturunterschied zwischen Innen- und Außenluft. Wird der Luftwechsel auf künstlichem Wege verstärkt oder herbeigeführt, so kommt in erster Linie das Öffnen der Fenster und Türen in Frage. Ist dies nicht möglich, so werden sie ersetzt durch Dachöffnungen, Dachreiter, Dunstschornsteine oder Dunsthauben. Man hat auch versucht, den durch diese Hilfsmittel gegebenen Auftrieb durch eingebaute Heizschlangen, Gasbrenner, Anbau an Rauchschlote usw. zu verstärken. Leicht kann ein Luftwechsel auf mechanischem Wege erreicht werden, er versagt jedoch ebenso wie ein natürlicher Luftwechsel bei ungünstigen meteorologischen Verhältnissen.

Das Verfahren, das bisher zu den besten Erfolgen geführt hat, besteht darin, daß man die Temperatur bei gleichzeitig gesteigerter Lufterneuerung erhöht. Die in Vorschlag gebrachten Hilfsmittel sind zahlreich; die in der Fußnote genannten Literaturstellen geben Beispiele hierfür.

VII. Wasserdichtmachen (Imprägnieren), Leimen, Gummieren, Paraffinieren usw.

a) Wasserdichtmachen.

Um ein Gewebe gegen das Durchdringen von Flüssigkeiten bis zu einem gewissen Grade unempfindlich, d. h. wasserdicht zu machen, kann man zwei wesentlich voneinander verschiedene Verfahren zur Anwendung bringen. Nach dem einen (Imprägnieren) bleibt der Charakter des Gewebes vollständig gewahrt, während dies beim zweiten Verfahren (Vulkanisieren) nicht der Fall ist.

[1] Vgl. hierzu Heermann: Anlage, Ausbau und Einrichtungen von Färberei-, Bleicherei- und Appreturbetrieben, Berlin 1911; sowie Melliand Textilber., Jg. 1922, S. 141, 312 und 386; 1923, S. 128, 432 und 484; 1924, S. 465 und 730; 1925, S. 337 und 421; 1926, S. 391, 648 und 726; 1928, S. 424. Mschr. Textilind. 1927, S. 226; Z. ges. Textilind. 1925, S. 419.

Durch das Imprägnieren nimmt man dem Werkstoff durch ein geeignetes Appreturmittel die Aufsaugefähigkeit für Wasser, die ja jedem Fasergut in mehr oder weniger hohem Grade eigen ist, ohne dabei die Poren des Gewebes für den Luftdurchtritt zu verschließen. Beim Vulkanisieren wird das Gewebe mit einer Paragummilösung imprägniert und dann vulkanisiert. Die Folge dieser Behandlung ist nicht nur Wasserdichtheit, sondern auch Luftundurchlässigkeit, da die gewöhnlich einseitig aufgetragene Gummilösung die Poren zwischen den Kett- und Schußfäden schließt.

b) Leimen und Gummieren.

Bei halbwollenen Waren, ebenso wie bei leichteren Kammgarnstoffen hilft man zur Griffbildung auf künstliche Weise etwas nach, indem man die Ware vor dem Pressen mit einer Gelatine-, Stärke, Leimlösung usw. tränkt. Desgleichen werden auch die velourartig gewebten Waren, Samte, Teppiche usw. linksseitig gummiert oder geleimt.

Die Maschinen, auf denen das Auftragen des Appreturmittels erfolgt, sind ähnlich den Stärkemaschinen (vgl. Bd. IV, 3, S. 440, 581 ff. ds. Technologie) gebaut. Sie besitzen einen in der Höhe verstellbaren Behälter für die Aufnahme des Appreturmittels und zwei über denselben angebrachte Quetschwalzen, zwischen denen die Ware hindurchgeführt wird. Die unterste dieser Walzen ist bisweilen auch durch eine Bürstenwalze ersetzt, wie z. B. beim Leimen von Teppichwaren. Bei nur einseitiger Warenbehandlung taucht die Unterwalze oder die Bürste in die Flüssigkeit ein und gibt diese an die Warenrückseite ab. Soll die Ware beiderseitig behandelt werden, so führt man sie zunächst durch die Appreturflüssigkeit selbst und dann durch Quetschwalzen.

Nach dem Leimen, Gummieren usw. müssen die Waren sogleich getrocknet werden; dies geschieht auf Trockenmaschinen. Für das Steifen von Teppichen benutzt man dafür meist Maschinen mit nur einer Trockentrommel von großem Durchmesser und vermeidet Maschinen mit zwei oder mehreren Trommeln von kleinem Durchmesser, da beim Überleiten der Ware von der einen auf die andere Trommel der noch feuchte Teppich mit der Florseite über Leitwalzen geführt werden muß, wobei der noch feuchte Flor von der Leitwalze niedergedrückt wird und dann meist eine gedrückte Lage beibehält. Bei Maschinen mit nur einer Trockentrommel von großem Durchmesser ist keine Leitwalze erforderlich. Man erzielt verschiedene Effekte, je nachdem, ob man die Maschine dauernd und die Teppiche während des Ganges der Maschine laufen läßt oder ob man die Maschine zeitweise abstellt und während des Stillstandes trocknet.

c) Paraffinieren[1].

Um den natürlichen Glanz des Flors von Plüschen und gleichartigen Erzeugnissen zu erhöhen, unterwirft man sie vielfach dem sog. Paraffinieren. Diese Arbeit kann entweder mit der Hand oder auf Maschinen durchgeführt werden. Im ersteren Falle wird das Gewebe auf einem Tisch stramm ausgespannt und der Flor alsdann mit einer Bürste, die man in eine dünne Lösung von Britishgummi und Glyzerin taucht, gebürstet. Beim maschinellen Paraffinieren kommen Walzen zur Anwendung, die mit einer Paraffinschicht überzogen sind, oder Trommeln, die parallel zur Trommelachse angeordnete Paraffinleisten tragen. Beide Maschinen bestreichen den Flor des an ihnen vorbeigeführten Gewebes und geben so das Paraffin an ihn ab.

[1] Vgl. Bd. II, 3 ds. Technologie.

VIII. Breitspannen, Breitstrecken oder Egalisieren.

Gewebe, die einen Wasch-, Färbe- oder Bleichprozeß in Strangform durchgemacht haben, erscheinen im allgemeinen in ihrer Ausdehnung immer etwas verändert, weil bei der Behandlung unter Längsspannung ein Verlust an Warenbreite eingetreten ist. Auch kommt es vielfach vor, daß die Ware nicht mehr an allen Stellen die gleiche Breite aufweist, d.h. an manchen Stellen breiter, an anderen schmäler geworden ist. Bisweilen haben auch die Schußfäden teilweise ihre senkrechte Lage zu den Kettfäden verloren und erscheinen mehr oder weniger verzogen. Alle diese Mängel sollen durch das Breitspannen, Breitstrecken oder Egalisieren beseitigt werden. — Bevor diese Arbeit ausgeführt wird, müssen die Gewebe, soweit es erforderlich ist, zunächst aus der Strangform in die geöffnete Form überführt werden. Dies geschieht mit Hilfe sog. Strangöffner oder Strangausbreiter[1]. Die Breitstreck- und Egalisiermaschinen sind dem Wesen nach den Spannrahmen-Trockenmaschinen ähnlich (s. S. 341) und sind vielfach mit einer Dämpfvorrichtung ausgestattet. Durch sie soll die Ware für das Spannen und Egalisieren weicher, gefügiger gemacht werden. Die zu behandelnde Ware wird an den Salleisten von Nadel- oder Klemmkluppen aufgenommen, die von zwei in waagerechter oder senkrechter Ebene umlaufenden Ketten oder zwei sich drehenden Scheiben getragen werden. Damit eine Einführung der Ware in die Kluppen möglich ist und ein Breitspannen überhaupt eintritt, bildet, sofern Ketten als Kluppenträger in Frage kommen, der erste Teil der Spannketten ein sog. Einlauffeld. In ihm stehen die Ketten am Wareneingang nahe beieinander und entfernen sich fortschreitend bis zur größten Spannbreite dem sog. Parallelfeld. Bei den scheibenartigen Kluppenträgern wird das gleiche Ziel dadurch erreicht, daß die beiden Scheiben schräg zueinander gestellt sind. Diese Einstellung ist regelbar wie diejenige der Spannketten. Als Beispiel für eine Breitstreckmaschine mit Spannketten für Gewebe, bei der Trockenluft zur Verwendung kommt, sei auf die Maschine der amerikanischen Patentschrift 1373396 verwiesen. Ihr Wesen besteht, wie Abb. 108 erkennen läßt, darin, daß die Trockenluft als Querluft in Form aufgeteilter Luftströme auf die von wandernden Ketten gehaltene Gewebebahn an den Salleisten aufgeblasen wird.

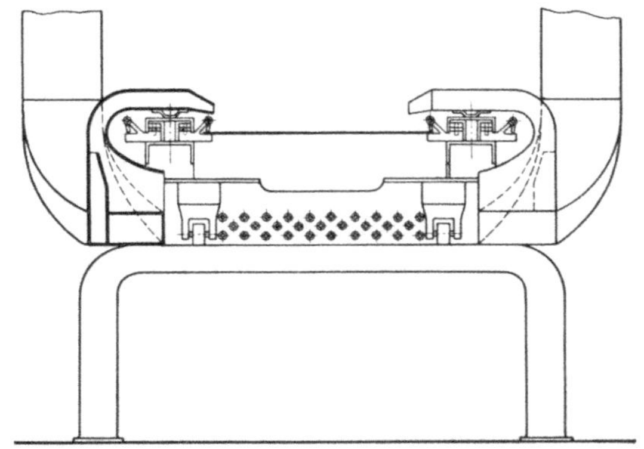

Abb. 108. Spannrahmen-Trockenmaschine für Gewebe mit Querluftbewegung. Amerikanisches Patent 1 373 396. (Bernard R. Andrews.)

Verzogene Schußfäden sind ein Übelstand, der sich besonders bei gemusterten Geweben außerordentlich unangenehm bemerkbar macht. Diese verzogenen Fäden wieder in ihre richtige Lage zu bringen, ist die Aufgabe der Schußfaden-Geradeziehvorrichtung, wie sie z.B. von der Firma C. G. Haubold A.-G., Chemnitz, ausgeführt wird. Bei ihr wird das Gewebe abwechselnd über ortsfeste und zu diesen schräg einstellbare Richtwalzen geleitet, um diejenige Stoffkante, an der die Schußfäden zurückstehen, straff zu spannen und diejenige Stoffkante, an der die Schußfäden vorausgeraten sind, locker zu halten. Die Vorrichtung kann sowohl

[1] Vgl. Bd. IV, 3 ds. Technologie.

für senkrechten, als auch für waagerechten Warenlauf aufgestellt und dabei der der Veredlung des Gewebes dienenden Maschine vor- oder nachgeordnet oder auch zwischen zwei Maschinen untergebracht werden.

IX. Trocknen.

Dem Trocknen voraus geht das Entnässen. Dies hat den Zweck, wie schon der Name sagt, das Textilgut von der ihm aus der Naßveredlung noch anhaftenden Flüssigkeit möglichst weitgehend zu befreien, um den Trockenprozeß abzukürzen und damit Kosten zu sparen.

a) Entnässen.

Entnäßt wird durch Abquetschen, Ausschleudern oder Absaugen. Im allgemeinen wird loses Fasergut durch Abquetschen oder Ausschleudern von dem ihm noch anhaftenden Wasser u. dgl. befreit, Kammzugbänder werden abgequetscht und Kammzugwickel durch Absaugen entnäßt. Garne entnäßt man durch Abquetschen oder Abschleudern, und für Gewebe, Wirkwaren u. dgl. kommen alle drei Verfahren in Betracht.

1. Abquetschen. Es erfolgt durch Walzenquetschwerke, die mit zwei Metallwalzen ausgestattet sind, deren untere unmittelbar oder durch ein Vorgelege Antrieb empfängt und ihre Drehbewegung auf die obere entweder lediglich durch Umfangsreibung oder durch Zahnräder überträgt. Zwecks Schonung des Arbeitsgutes ist entweder nur die eine der beiden Walzen oder es sind auch beide mit einem elastischen Bezug versehen. Als Walzenbezug kommen in Betracht Baumwollseile und Kammzugbewickelung, auf den Walzenkern aufgereihte Stoffscheiben oder auch Gummi. Bei den mit Seil- oder Kammzugbombage versehenen Quetschwalzen ist der Walzenkörper (Walzenbezug) dick gehalten, um die erforderliche Elastizität zu geben. Sie ist jedoch trotzdem noch ungenügend, weil die Bewickelung nur etwa 25—30 mm stark ist. Dabei ist weiter noch zu berücksichtigen, daß eine Kammzugbewickelung sehr teuer, nicht genügend haltbar und außerdem für hohe Drucke ungeeignet ist. weil sie in kürzester Zeit zerrieben und zerrissen wird. Alle diese Nachteile beseitigt ein Belag aus auf die Walzenachse aufgereihten Stoffscheiben. Die Stoffbekleidung hat eine Dicke von etwa 200 mm. Der Abquetschdruck kommt durch Anpressen der Oberwalze gegen die Unterwalze zustande und wird erzeugt durch Gewichtshebel, Federn oder auch durch beide Hilfsmittel gleichzeitig, wie aus Abb. 109 ersichtlich ist.

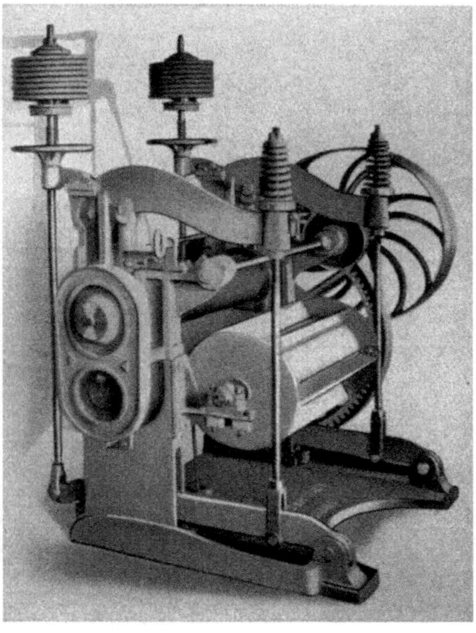

Abb. 109. Walzenquetsche für Wolle mit Auswurfvorrichtung. (Petrie & Mc Naught, Rochdale.)

Die für das Abquetschen von Wirkwaren gebräuchlichen Walzenquetschen werden vielfach als Wringmaschinen bezeichnet. Abb. 110 gibt eine solche beispielsweise wieder. Bei ihr stehen beide Gleitlager der Oberwalze unter Wirkung einer gemeinsamen Bügelfeder mit veränderlicher Spannung. Vorgelegt ist den Quetschwalzen ein Haspel für das Ablegen des abgequetschten Gutes. Er empfängt seinen Antrieb von der unteren Quetschwalze aus.

2. Ausschleudern. Das Entnässen von Textilgut durch Ausschleudern erfolgt auf der Zentrifuge. Unzählige Ausführungsformen dieser für die Textilveredlung wichtigen Maschine sind bekannt. Es ist unmöglich, sie im Rahmen dieser Arbeit zu würdigen, es sollen deshalb nur die Kennzeichen der wichtigsten Gruppen kurz hervorgehoben und an Beispielen ihr Wesen erläutert werden[1]. Gemeinsam allen Zentrifugen ist ein gelochter, aus Metall hergestellter Materialträger, der in einem Umschlußgehäuse in Drehung versetzt werden kann. Der Materialträger hat zylindrische Form und nimmt entweder das Textilgut in sich oder auf seinem Mantel auf. Die Drehachse fällt mit der Achse des Materialträgers zusammen oder sie steht senkrecht zu dieser. Die übliche Ausführungsform der Zentrifuge oder Schleudermaschine, die sich sowohl für loses Fasergut als auch für Garne in jeder Aufmachung, Gewebe und Wirkwaren eignet, besitzt einen um eine senkrechte Achse sich drehenden, oben offenen, im Mantel gelochten Schleuderkessel, in den das Textilgut eingepackt wird. Für die Drehbewegung des Materialträgers ist Ober- oder Unterantrieb vorgesehen. Die Kraftzuleitung erfolgt dabei durch einen Riemen oder einen Elektromotor, und zwar entweder unmittelbar oder durch Vermittlung eines Vorgeleges. Dieses ist entweder am Gehäuse der Schleuder angebracht oder sitzt mit dieser auf gemeinsamem Fundamentrahmen. Die in Abb. 111 wiedergegebenen Schematas der Firma Ernst Geßner A.-G., Aue, geben eine Reihe der wichtigsten Antriebsarten wieder. Ihr Wesen ergibt sich aus den Unterschriften.

Abb. 110. Wringmaschine für Wirkwaren. (Maschinenfabrik Arbach G. m. b. H. Reutlingen, Württemberg.)

Um der Achse des Schleuderkessels die Möglichkeit zu geben, sich in die Rotationsachse einzustellen, hat man die Zentrifugen zu sog. Pendelzentrifugen ausgebildet, und man unterscheidet hier zwischen Unter- und Oberbetriebs-Pendelzentrifugen. Die Pendelzentrifugen mit Unterbetrieb zeichnen sich dadurch aus, daß Schleuderkessel und Gehäuse als Ganzes in drei Pendeln hängend beweglich gelagert sind, während bei den älteren Systemen bekanntlich der Kessel für sich allein zum Gestell beweglich war, und, auf seinem Fußlager aufsitzend, pendelte. Im letzteren Falle mußte das federnd gehaltene Halslager den gesamten Seitendruck des beschickten Schleuderkessels aufnehmen, was sehr häufig höchst unangenehme Betriebsstörungen hervorbrachte und oftmals die vorzeitige Erneuerung der Gummipuffer oder Spiralplattenfedern erforderlich machte. Das Halslager liegt nicht mehr unterhalb des Kessels, sondern in dessen Schwerpunktlage selbst, wodurch schon ein starkes Bewegungsmoment für die Spindelachse in Wegfall kommt. Die Lagerkästen für Hals- und Fußlager sind unverrückbar starr mit dem pendelnd aufgehängten Maschinengestell verbunden, wodurch alle einseitigen

[1] Vgl. hierzu auch Band IV/3, S. 590 u. 602 dieser Technologie.

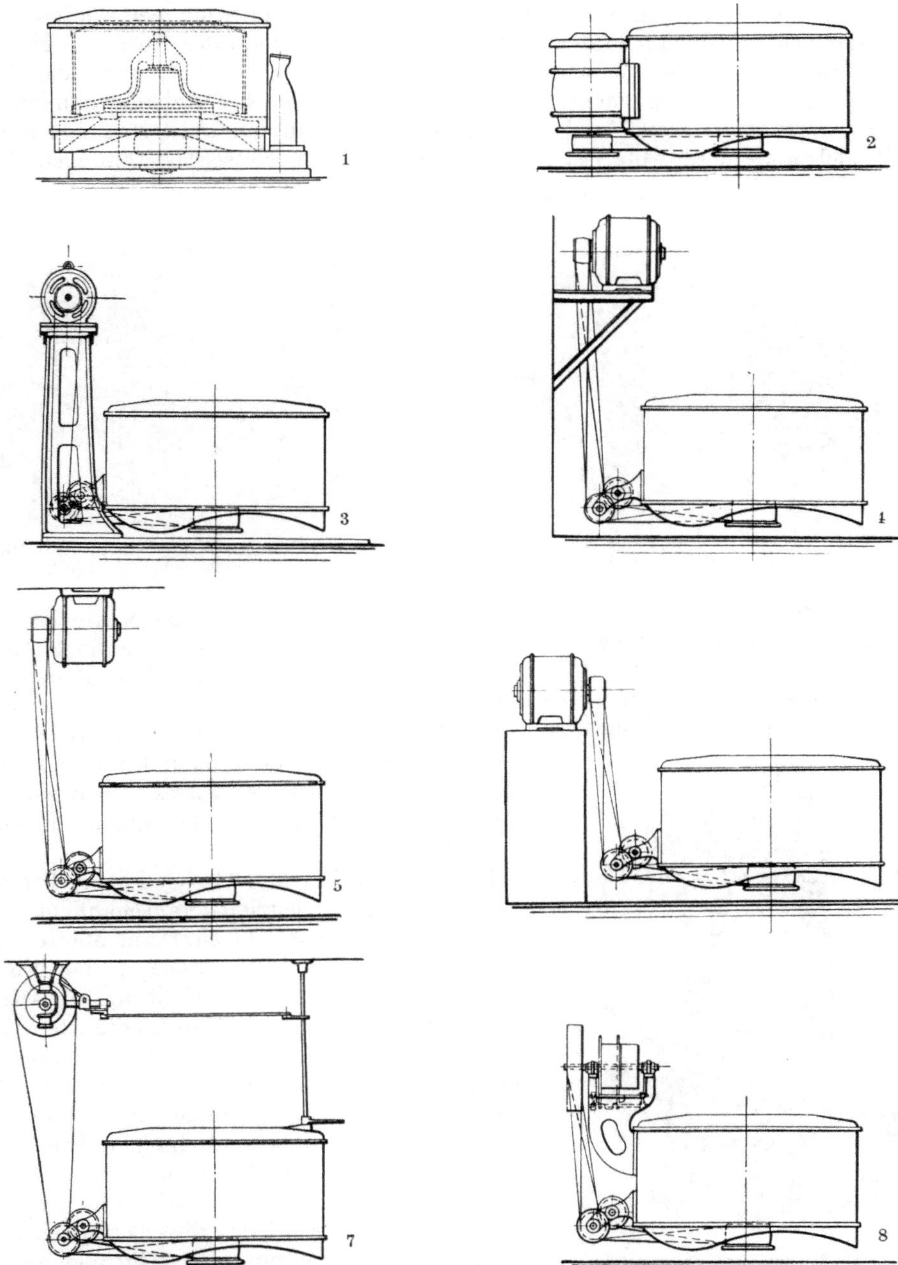

Abb. 111. Antriebs-Typen für Schleudermaschinen. (Ernst Geßner, Aue.)

Typ 1. Vertikal-Elektro-Motor, direkt mit der Kesselspindel gekuppelt.

Typ 2. Vertikal-Elektro-Motor am Mantel mit offenem Riemenzug.

Typ 3. Horizontal-Elektro-Motor auf Ständer mit Winkelriemenzug.
Transmissions-Antrieb mit Vorgelege auf Ständer mit Winkelriemenzug.

Typ 4. Horizontal-Elektro-Motor auf Wandkonsol mit Winkelriemenzug.

Typ 5. Horizontal-Elektro-Motor an Decke mit Winkelriemenzug.

Typ 6. Horizontal-Elektro-Motor auf separatem Sockel mit Winkelriemenzug.

Typ 7. Transmissions-Antrieb mit Deckenvorgelege und Winkelriemenzug.

Typ 8. Transmissions-Antrieb mit Vorgelege am Mantel für die Größen 650—1200 mm Kesseldurchmesser mit Winkelriemenzug.

Drucke und Stöße von letzterem in elastischer Weise übernommen werden. Der Boden des Schleudergehäuses bildet nach den unterhalb des Kessels liegenden Lagern hin einen hermetischen Abschluß, der jedweden Austritt von Flüssigkeit nach unten unmöglich macht. Das Maschinengestell selbst besteht gewöhnlich aus einer kräftigen eisernen Fundamentplatte (Podest) mit den drei darauf montierten Pendelständern (s. Abb. 112, 113 u. 116). Etwaige Kesselschwankungen, her-

Abb. 112. Pendelzentrifuge für Riemenantrieb. (H. Krantz Söhne, Aachen.)

Abb. 113. Pendelzentrifuge für Elektroantrieb. (H. Krantz Söhne, Aachen.)

vorgerufen durch ungleichmäßige Beschickung, werden durch die Masse des pendelnden Maschinengestelles ohne jeglichen Stoß in sanfter Weise aufgenommen und von diesem absorbiert, so daß sie gar nicht auf das Fundament der Maschine übertragen werden. Die Vorteile des Pendelsystems an sich werden erhöht durch einen direkt auf der Kesselspindel angeordneten Elektromotor, weil durch die zentrale Lage des letzteren und durch Vermeidung jeglichen seitlichen Zuges der Kessel in seiner Gleichgewichtslage vollkommen unbeeinflußt bleibt.

Abb. 114. Pendelzentrifuge im Dreisäulenständer mit Schwingungsdämpfung. Antrieb von seitlich liegendem Vorgelege. (Gebr. Heine, Viersen i. Rheinland.)

In den Abb. 114 und 115 sind zwei Pendelzentrifugen für Oberbetrieb veranschaulicht. Bei derjenigen nach Abb. 114 sitzt am Mantel des Zentrifugengehäuses ein Vorgelege, das seinen Antrieb durch einen Riemen erhält und die Drehbewegung durch einen im Winkel geführten Riemen auf eine auf dem Kopf der Schleuderkesselwelle angeordnete Riemenscheibe überträgt. Der Schleuderkessel der Zentrifuge nach Abb. 115 empfängt seinen Antrieb durch einen direkt mit der Welle gekuppelten Elektromotor.

Die Anordnung des Motors auf der Kesselachse unterhalb oder oberhalb des Kessels erscheint für eine gute Pendelbewegung der Schleuder außerordentlich vorteilhaft, sie ergibt aber unter anderem den Nachteil der schweren Zugängigkeit. Will man diese nicht in Kauf nehmen, so kommt ein Antriebsvorgelege zur Anwendung, das seitlich an den Gehäusemantel angebaut ist; es pendelt dann die ganze Zentrifuge einschließlich des Antriebsvorgeleges, bei elektrischem Antrieb einschließlich des Antriebmotors.

Die durch Elektromotoren betriebene Zentrifuge hat man mit Druckknopfsteuerung für das Ein- und Ausschalten, Zeitschaltung und Bremse versehen.

Wegen der vielfach vorkommenden hohen Drehzahlen des Schleuderkessels (Schleuderkorbes) sind Unfälle durch Hineinfassen in den sich drehenden Kessel leicht möglich. Um sie auszuschließen, werden die Kesselumschlußgehäuse mit einem Deckel versehen, der sich beim Anlassen der Maschine selbsttätig schließt und erst nach dem Ausrücken wieder öffnet.

Die in Abb. 116 veranschaulichte Zentrifuge ist eine sog. Elektropendelzentrifuge dieser Art. Beim Niederklappen des Verschlußdeckels wird eine Uhr selbsttätig aufgezogen und auf die nach einer Skala eingestellte Schleuderzeit eingestellt. Bei der Endbewegung des Deckelschließens erfolgt das Einklinken einer Arretierung und damit die Einschaltung des Elektromotors. Gleichzeitig leuchtet eine Signallampe auf. Ist die Schaltuhr abgelaufen, so wird der Motor stromlos, die Lampe verlischt. Ein kleiner Magnet löst sofort das Bremsgesperre aus, die Bremse zieht vermittels ihres Federzuges selbsttätig an und setzt die Schleudertrommel still. Unmittelbar nach dem Lösen des Bremsgesperres schaltet ein Kontakt den Magnet wieder ab, so daß derselbe nur einen Bruchteil von Zeit unter Strom steht. Ein Öffnen des Verschlußdeckels bei laufender Schleudertrommel ist unmöglich, da außer der Arretierung im Automat der Windverschluß denselben verriegelt. Soll die Maschine vor abgelaufener Schleuderzeit stillgesetzt werden, so genügt die Betätigung eines Druckknopfes, um sofort den Motor abzuschalten und die Bremse anzuziehen.

Abb. 115. Pendelzentrifuge im Dreisäulenständer mit Schwingungsdämpfung. Antrieb durch direkt gekuppelten Motor. (Gebr. Heine, Viersen i. Rheinland.)

3. Absaugen. Den wichtigsten Teil einer Absaugemaschine bildet der Saugkasten mit seinen Zubehörteilen. Er besteht aus einem aus vollkommen porenfreiem Gußeisen hergestellten Hohlkörper mit einer über die ganze Breite reichenden Saugdüse, die der besseren Haltbarkeit wegen und zum Schutze gegen Rost in Bronze hergestellt ist. An den Stirnseiten ist der Saugkasten durch hermetischen, leicht lösbaren Deckelverschluß abgedichtet, um auch das Schlammsieb seitlich herausziehen und reinigen zu können. Zur Feststellung des im Saugkasten herrschenden Vakuums dient ein leicht sichtbar angeordnetes Kontrollvakuummeter. Das wesentliche Organ des Saugkastens wird durch eine automatische Saugschlitzabdeckung verkörpert. Sie besteht nach Abb. 117 aus einer luftdichten, auf nachstellbarer Abrollvorrichtung befestigten Decke, welche sich gleichmäßig über die ganze Schlitzbreite so auflegt, daß sie sowohl die auf dem Schlitz aufliegende Ware als auch die offenen Schlitzenden seitlich der Stoffbahn überdeckt. Die Wirkung der Absaugemaschine beruht nun darauf, daß die in einem bestimmten Winkel über den Saugschlitz geführt luftundurchlässige Decke von dem äußeren,

Abb. 116. Elektro-Pendel-Zentrifuge. (Kettling & Braun, Crimmitschau.)

durch das Vakuum im Saugkasten erhöhten Luftdruck auf die freien Schlitzenden aufgedrückt wird und diese dadurch abgedichtet werden, während an der mittleren, von der Ware bedeckten Schlitzstelle die Saugwirkung nicht ausreicht, die Decke anzusaugen, weil die ständige Fortbewegung der Ware unter der Decke ein Ansaugen dieser verhindert. Es ist dadurch ermöglicht, daß in dem Winkel zwischen anlaufender Ware und Abdecktuch die Luft mit großer Geschwindigkeit durch die Ware gesaugt wird, wodurch die in der Stoffbahn enthaltenen Wasserteilchen mitgerissen werden, und ein hoher Grad gleichmäßigster Entwässerung erzielt wird. Der Deckenauflagewinkel regelt sich automatisch durch eine Belastungsrolle, die bei zu starker Ansaugung der Decke durch diese infolge eintretender stärkerer Spannung gehoben wird und dadurch den Lufteintritt erleichtert. Als Vakuumpumpe kommt eine Rotationspumpe bzw. eine Wasserringluftpumpe für riemen- oder motorgekuppelten Antrieb zur Anwendung. Da bei der Rotationsvakuumpumpe die Abdichtung des Rotors zum Pumpengehäuse durch Wasser erfolgt, kann die abgesaugte Flüssigkeit, falls sie nicht sehr verschmutzt ist, direkt durch die Pumpe abgeleitet werden. In diesem Fall nehmen Luft und abgesaugte Flüssigkeit nach Passieren zweier Schlammsichter ihren

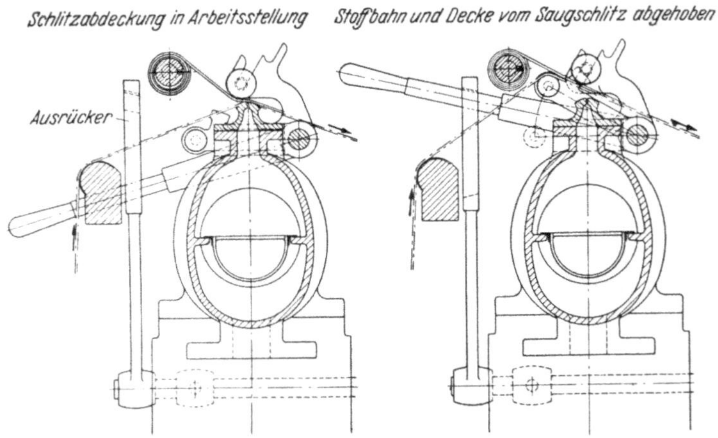

Abb. 117. Absaugmaschine mit automatischer Saugschlitz-Abdeckung. (Ernst Geßner, Maschinenfabrik A.-G., Aue i. Sa.)

Weg gemeinsam durch die Pumpe. Wo es nicht ratsam ist, die Saugbrühe durch die Pumpe abzuleiten (bei gesäuerten Waren oder starker Verschmutzung der Flüssigkeit), wird ein luftdichter, schmiedeeiserner Kessel mit Verbindungsstutzen zum Vakuumkasten und einem Verbindungsrohr zur Pumpe eingebaut, in dem sich die abgesaugte Flüssigkeit ansammelt und aus dem diese durch eine Ablaßklappe entfernt wird. Das Entleeren dieses Kessels erfolgt vielfach durch eine Verbindung des Ausrückers mit der Schlitzabdeckung. Sobald die Abdeckung nebst Stoffbahn von dem Schlitz abgehoben und dadurch das Vakuum aufgehoben ist, öffnet sich das Ablaßventil selbsttätig, um die Flüssigkeit in den Abwasserkanal zu entleeren. Die Ware wird normalerweise über hohe Einführarme, Spann- und Breithalteriegel und Saugschlitz hinweg zu zwei Zugwalzen geführt, die unmittelbar hinter dem Saugschlitz angebracht sind. Diese Anordnung hat den Zweck, die Ware kurz zu fassen, um eine allzu starke Dehnung derselben zu vermeiden. Ferner vermittelt diese Anordnung eine gute Behandlung bei Strichtuchen deshalb, weil sich diese Tuche mit dem Strich gegen die glatte Fläche einer Umleitwalze anlegen, während der eigentliche Zug durch die starke Zugwalze auf der Geweberückseite erfolgt. Die Ware wird anschließend über hohe

Facherarme durch ein Täfelzeug mit angetriebenen Facherwalzen abgelegt oder auf eine auf Wunsch besonders vorgesehene Aufdockrolle aufgewickelt.

Der Saugkörper der in Abb. 118 im Schnitt wiedergegebenen Maschine ist mit zwei Saugschlitzen ausgestattet, die Lippen aus Bronze tragen, über die das laufende Gewebe nacheinander hinwegstreicht. Der Saugkörper bildet zugleich auch das Sammelgefäß und steht durch besondere Anschlüsse mit der Saugleitung der Pumpe in Verbindung. Das Sammelgefäß besitzt ein Ablaßventil, das in den Betriebspausen selbsttätig das Wasser abfließen läßt. Zwischen den beiden Saugschlitzen befindet sich eine Leitwalze, die zur Regulierung des Warenanstriches verstellt werden kann. Die mit dem Gewebe wandernde Abdeckvorrichtung in Gestalt einer Decke ist zwischen den beiden Saugschlitzen durch eine Walze belastet. Die Luftpumpe ist als Rotationspumpe ausgebildet und erhält ihren Antrieb durch Riemen vom Deckenvorgelege der Maschine aus.

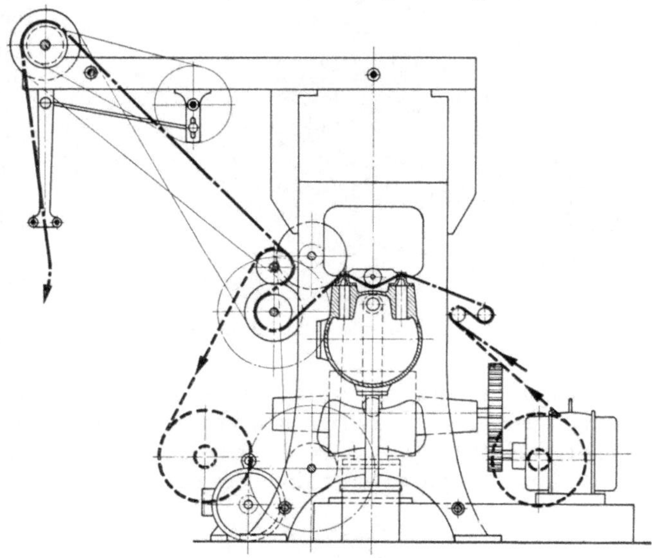

Abb. 118. Absaugmaschine. (C. G. Haubold A.-G., Chemnitz.)

Die beiden Saugschlitze der Absaugevorrichtung wirken nacheinander auf die gleiche Gewebeseite. Es sind jedoch auch Absaugevorrichtungen mit zwei Saugschlitzen bekannt, die nicht auf die gleiche Gewebeseite wirken. Mit ihnen soll ein vollkommen gleichmäßiges Entnässen besonders dann erreicht werden, wenn es sich um dicke Stoffe handelt.

Anstatt die Absaugevorrichtung für Gewebe als selbständige Maschine zur Anwendung zu bringen, kann sie auch als Hilfsvorrichtung in das Einlaßfeld einer Spannrahmen-Trockenmaschine (siehe diese) eingebaut werden, das abgesaugte Gewebe tritt dann nach dem Verlassen des Saugschlitzes unmittelbar in die Spannketten der Trockenmaschine ein; ihre Eingangswangen steuern die Saugschlitzabdeckung.

b) Trocknen der losen Wolle.

Das Trocknen der losen Wolle erfolgt in der Trockenkammer oder in Trockenmaschinen; diese sind entweder solche, bei denen das Arbeitsgut während der Durchführung des Trockenprozesses eine Bewegung gegenüber seinem Träger erhält oder solche, bei denen es absolut in Ruhe verbleibt. Zu der ersten Gruppe von Trockenmaschinen gehören z. B. die Mehrbandtrockner und Trommeltrockner, zur zweiten Gruppe die Einband- und Hordentrockner. Sehr oft schließt die Trockenvorrichtung unmittelbar an die Spülmaschine oder dgl. an (s. Abb. 119); auch geht dem Trocknen vielfach ein Auflösen (Öffnen) der Faserflocken voraus, um der Luft den Zutritt zum Fasergut zu erleichtern.

Verwendet werden dabei für das Auflösen Maschinen, wie sie beispielsweise in den Abb. 129, 130 Bd. IV, 3 dieser Technologie veranschaulicht sind.

Die Bandtrockner haben eine große Bedeutung erlangt und waren ursprünglich nur Mehrbandtrockner[1]. In neuerer Zeit hat sich diesen Trocknern der Einbandtrockner hinzugesellt. Charakteristisch für beide Arten ist, daß das Fasergut mittels endloser, wandernder Horden (Bänder) durch die Trockenkammer geführt wird. Bei dem Einbandtrockner kommt hierfür nur ein derartiges Band zur Anwendung: beim Mehrbandtrockner liegen mehrere derartige Bänder in der Laufrichtung versetzt übereinander. Das zu trocknende Fasergut wird dabei dem obersten Förderband mittels eines Kastenspeisers zugeführt und verläßt, am gegenseitigen Stirnende angekommen, seinen Träger, um im freien Fall auf das nächst tieferliegende Förderband überzugehen. Da dieses sich gegenläufig bewegt, wird das Fasergut hierbei gleichzeitig gewendet. Dieser Vorgang wiederholt sich am Ende des zweiten, dritten usw. Bandes; das Fasergut erfährt also eine mehrmalige Umlagerung. Die aus der Trockenkammer auslaufende Wolle fällt in auf dem Fußboden stehende Körbe oder dgl. oder gelangt in den Bereich einer mechanischen oder pneumatischen Transportvorrichtung. Die Trockenluft wird bei den Bandtrocknern im reinen Gegenstrom oder auch unter gleichzeitiger Anwendung des Umluft- oder Luftumwälzverfahrens hindurchgeführt; auch als sog. Querlufttrockner werden sie hergestellt. Ein Ausführungsbeispiel zeigt die amerikanische Patentschrift 1010322 vom 28. November 1911 (Schwarz).

Abb. 119. Bandtrockner für lose Wolle. (Benno Schilde, A.-G., Hersfeld).

Abb. 120.

Abb. 120—123. Wolltrockenmaschine. (Petrie & Mc Naught, Rochdale.)

Bei der in den Abb 120—123 dargestellten Trockenmaschine für Wolle sind die wandernden Bänder eines Mehrbandtrockners ersetzt durch Stabrostpaare, von denen der eine Rost dauernd in Ruhestellung verbleibt, während der andere, mit seinen Stäben zwischen den Stäben des ruhenden Rostes

[1] Vgl. Bd. IV, 3, S. 591 dieser Technologie.

liegend, eine auf- und abgehende und gleichzeitig auch hin- und hergehende, also eine Viereckbewegung ausführt. Beim Beginn der Arbeit liegt der bewegliche Rost unter dem ruhenden, mit dem zu trocknenden Arbeitsgut beschickten Rost, und zwar in seiner rückwärtigen Stellung. Hebt sich jetzt der bewegliche Rost, so treten seine Stäbe in der aus der Abb. 122 ersichtlichen Weise nach oben durch den ruhenden Rost hindurch und heben dabei die auf dem letzteren ruhende Wolle von ihm ab, um sie bei der nun folgenden Vorwärtsbewegung mitzunehmen (Abb. 123), also zu fördern. Folgt jetzt wieder ein Abwärtsgang mit anschließendem Rückwärtsgang des beweglichen Rostes, so wird die von ihm getragene Wolle zwar wieder auf den festen Rost abgelegt, aber gegen die ursprüngliche Lage in der Förderrichtung versetzt. Der den festen Rost überragende Teil der geförderten Wolle fällt am Rostende auf den nächst tieferliegenden zweiten Rost, und so wiederholt sich das Arbeitsspiel auf allen Rostpaaren. Die Trockenluft bewegt sich mit dem Trockengut im Gleichstrom, es kommt also die heißeste Luft mit dem nassesten Material zusammen, und auf die auslaufende Wolle wirkt eine Trockenluft von niedrigerer Temperatur mit hohem Feuchtigkeitsgehalt ein. Wenn die beweglichen Roste das Fasergut von den festen Rosten abheben,

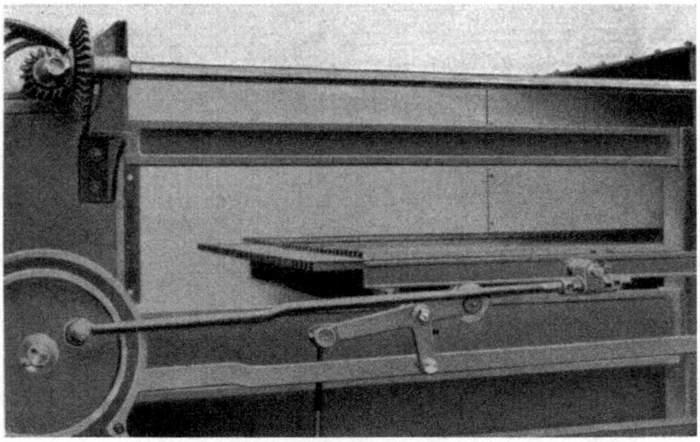

Abb. 121.

Abb. 122.

Abb. 123.

streicht die Trockenluft durch das Fasergut und die Rostpaare hindurch. Erzeugt wird der Trockenluftstrom durch ein unter der Trockenkammer angeordnetes Gebläse im Zusammenwirken mit einem Heizkörper. Die aus ihm ausströmende Heißluft gelangt in einen Kanal, der sie nach oben über den ersten Rost führt. In dem gleichen Kanal wird auch die zu trocknende Wolle eingeführt. Der Heißluftstrom nimmt sie mit und verteilt sie auf den Rost.

Ein Beispiel für einen Trommeltrockner zeigt Abb. 124. Er wird gewöhnlich unmittelbar an den Spülbottich des „Leviathan“ (s. S. 238) angeschlossen. Die vom Walzenquetschwerk abgelieferte Wolle fällt in das Innere der nach hinten geneigt und drehbar in einem aus Eisenblech hergestellten Umschlußgehäuse gelagerten Trommel, die in langsame Drehbewegung versetzt wird. Der Mantel der Trommel ist mit einem netzartigen Metallsieb bespannt und seine versteifend wirkenden Längsrippen sind, wie dies die Abbildung erkennen läßt, mit nadelartigen Zähnen besetzt. Auf diese fällt die von der Stirnseite der Trommel aus eintretende Wolle, die infolge der Drehung der Trommel angehoben und mit nach oben genommen wird. Im höchsten Punkt angekommen, fällt die Wolle von den Nadeln wieder nach unten ab, und das Spiel wiederholt sich. Da jedoch die Trommel geneigt nach hinten liegt, ergibt sich beim freien Fall der Wolle gleichzeitig ein fortschreitender Versatz in Richtung der Trommelachse. Die Trockenluft wird im Gegenstrom durch die Trockenkammer hindurchgeführt.

Abb. 124. Trommeltrockenmaschine. (F. Bernhardt, Leisnig i. Sa.)

Einen Einbandtrockner gibt die Abb. 53 S. 277 wieder. Bei ihm werden Hoch- und Niederdruckgebläse für das Umwälzen der Luft gleichzeitig verwendet. Werden für die Bewegung der Luft nur Niederdruckgebläse benutzt, so genügt der Druckunterschied bisweilen nicht, um die Luft durch das Gut hindurch zu pressen. Würde man dagegen mit Hochdruckgebläse arbeiten, so genügte wohl der Druckunterschied, aber die Luftmenge ist infolge der kleineren Querschnitte der Hochdruckgebläse zu gering. Erfindungsgemäß wurde nunmehr eine vorteilhafte Lösung dadurch gebracht, daß zwei Arten von Gebläsen verwendet werden, und zwar einesteils Niederdruckgebläse, welche mit weiten Querschnitten große Luftmengen umwälzen, und andererseits Hochdruckgebläse, die mit geringen Luftmengen, aber hohem Druck das Trockengut auflockern und so den Niederdruckgebläsen die Möglichkeit schaffen, die größeren Luftmengen durch das Trockengut zu fördern.

Die Hordentrockner sind solche, bei denen die mit Fasergut beladenen Horden eine Bewegung in der Trockenkammer ausführen, oder solche, bei denen sie keine Ortsveränderung erfahren (Kammertrockner). Zu den erstgenannten Trocknern gehören die als Schilde-Simplex-, Trio- und Simpliciortrockner bekannten Trockenvorrichtungen, von denen der letztgenannte im Prinzip durchaus dem für größere Trockenleistungen bestimmten Simplextrockner entspricht. Das Wesen aller drei Trockner besteht darin, daß die gefüllten Horden außerhalb einer schachtartigen Trockenkammer senkrecht angehoben, in der Höchstlage einzeln in die Trockenkammer eingeschoben werden und in dieser schrittweise wieder nach abwärts wandern, um, über dem Schachtboden angekommen, den Schacht zwecks Entleerung und Neubeschickung zu verlassen. Die Trockenluft bewegt sich dabei bei dem Simplex- und Simpliciortrockner von unten nach oben durch die beladenen Horden, nachdem sie als Frischluft in einer neben dem Trockenschacht vorgesehenen, mit schmiedeeisernen Rippenrohren ausgestatteten Heizkammer auf die richtige Temperatur gebracht worden ist. Die aus der obersten Horde austretende Trockenluft wird durch einen Abzug ausgeblasen oder im Kreislauf erneut zum Trocknen benutzt. Der Triotrockner ist im Gegensatz zu dem Simplex-, Simpliciortrockner ein Mehrstufentrockner. Er arbeitet in folgender Weise: Vortrocknen bei hohen Wärmegraden, Haupttrocknen bei mittleren Wärmegraden und Fertigtrocknen bei niederen Temperaturen. Für das Vortrocknen kommt dabei die Luft im Gleichstrom zur Wirkung, für das Haupttrocknen dagegen im Gegenstrom. Die bauliche Einrichtung des Triotrockners ergibt sich ebenso wie diejenige des Simplextrockners aus Bd. IV, 3 dieses Sammelwerkes, S. 592.

Die als Kammertrockner ausgebildeten Hordentrockner sind in ihren neuesten Ausführungsformen aus Elementen zusammengesetzt, deren jedes entweder nur aus einer Trockenkammer, einer Heizkammer und einem Ventilator oder aus zwei Trockenkammern mit einer ihnen gemeinsamen Heizvorrichtung und einem Ventilator besteht. Im ersteren Falle bleibt der Weg der Trockenluft lediglich auf ein Element beschränkt, im zweiten Fall durchstreicht sie zwei Kammern in wechselnder Richtung (Duotrockner). Die Zahl der zusammenzustellenden Einheiten richtet sich nach der Größe der Produktion und nach den Arten des Textilgutes, welche getrocknet werden sollen. Die Anwendung eines aus Einzelkammern zusammengesetzten Kammertrockners empfiehlt sich infolge der Einfachheit seiner Elemente überall dort, wo verschiedene Textilgüter von verschieden langer Trockendauer und verhältnismäßig kleinen Mengen nebeneinander getrocknet werden müssen, ferner in den Fällen, in denen die vorhandenen Materialien zum Trocknen verschieden hohe Temperaturgrade verlangen. Ähnliches gilt auch von dem Duotrockner, der in Abb. 125 im Schnitt wiedergegeben ist. Er besteht aus zwei Warenkammern. Die für zwei Kammern erforderlichen Heizbatterien sind in der Mitte der beiden Warenkammern, die eine am Boden und die andere oberhalb der Decke, angebracht. Die untere Heizbatterie steht durch je ein Ventil u und w, die in der Mitte am Boden jeder der zwei Warenkammern angebracht sind, mit den letzteren in Verbindung, und es sind die Klappen s und t dieser beiden Ventile u und w durch einen Hebel verbunden, um die Klappen gemeinsam zu regulieren. Die oberhalb der Decke angebrachte Heizbatterie ist durch je eine fast über die ganze Tiefe der Kammer reichende Öffnung mit jeder der beiden Warenkammern verbunden; es befinden sich hier aber keine Ventile oder Klappen usw. Das am Boden befindliche Ventil u steht durch Kanal d, und Ventil w durch Kanal k mit dem Absaugrohr n des Ventilators V in Verbindung. Hinter den Trockenkammern befindet sich ein Raum O für die Dampfzu- und -ableitung, der gleichzeitig als Vorwärmeraum für die vom Exhaustor durch die Trockenkammern angesaugte Luft sowie für die Luftrückleitung dient. Angenommen, Kammer B sei mit nasser Ware neu beschickt und Kammer A enthalte das bereits angetrocknete Material. Da bekanntlich die Empfindlichkeit der Ware gegenüber Hitze proportional mit dem Feuchtigkeitsentzug wächst, so sollen auf die in Warenkammer *A* bereits angetrocknete Ware nur die Wärmeeinheiten einer Heizbatterie wirken. Zu diesem Zwecke sind die Klappen *s* und *t* der Ventile *u* und *w* entsprechend eingestellt. Die vom Exhaustor *V* durch die Warenkammern angesaugte Luft tritt zunächst in den Vorwärmeraum *O*, durchstreicht die untere Heizbatterie *H 1*, durchdringt die in Kammer *A* befindliche, bereits vorgetrocknete Ware von unten nach oben und lockert das Material auf; gelangt dann nach der oberhalb der Decke befindlichen zweiten Heizbatterie *H 2*, wird hier neu erwärmt und durchdringt mit den höheren Wärmeeinheiten die nasse, neu eingefüllte Ware in Kammer *B* von oben nach unten (siehe die punktierte Linie). Die schwere, viel Feuchtigkeit enthaltende Luft läßt sich bedeutend leichter nach unten als nach oben abziehen. Die mit Feuchtigkeit durchsetzte Luft passiert Ventil *w* und gelangt durch Kanal *K* sowie Rohr *n* zum Exhaustor *V*. Da die austretende warme Luft aber noch Feuchtigkeit aufnehmen kann und jeder Wärmeverlust zu vermeiden ist, so ist in dem Ableitungsrohr *Z* oberhalb des Exhaustors *V* eine verstellbare Klappe vorgesehen, mittels der es möglich ist, einen Teil der austretenden Luft nach dem Vorwärmeraum *O* zurückzuführen und diese für den Trockenprozeß wieder nutzbar zu machen. Werden die zwei Klappen *s* und *t* der Ventile *u* und *w* umgestellt, so passiert die erhitzte Luft die Warenkammern *A* und *B* in umgekehrter Richtung (siehe die Pfeilrichtung der ausgezogenen Linie). Warenkammer *B* erhält alsdann nur die Wärmeeinheiten der unteren Heizbatterie *H 1*, dagegen Warenkammer *A* die Wärmeeinheiten der Heizbatterien *H 1* und *H 2*. Durch Kanal *d* und Rohr *n* gelangt die Luft zum Exhaustor *V*. Die Trocknung geschieht also stufenweise und mit wechselnder Luftdurchströmung. Der Luftein- und -austritt liegt für jede Warenkammer in der Mitte, und zwar fast in ihrer ganzen Tiefe. Hierdurch wird eine vollständig gleichmäßige Verteilung der erwärmten Luft in der Kammer erreicht, und es fallen die toten Ecken fort.

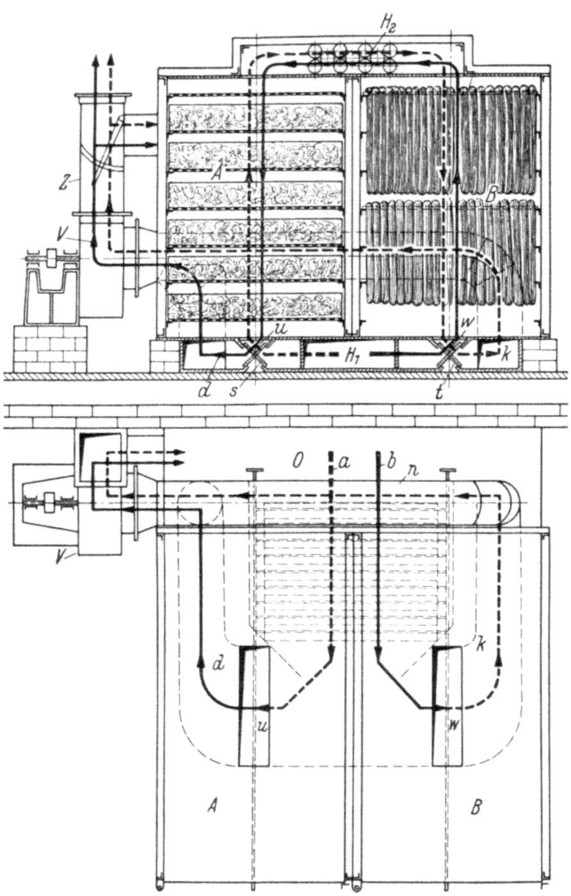

Abb. 125. Kammertrockner mit stufenweiser Trocknung. (H. Schirp, Vohwinkel.)

c) Trocknen der Faserbänder[1].

Bei der in Abb. 126 veranschaulichten Trockenmaschine für Faserbänder werden diese über rotierende Leittrommeln geführt, welche gelocht und zu einander versetzt in zwei Reihen im Trockenschacht angeordnet sind. Jede dieser Leittrommeln befindet sich in einer abgeschlossenen Kammer, in der je ein Ventilator die nötige Luftstrombewegung hervorbringt. Von der einen Kammer entnommen, wird der Luftstrom in die nächste Kammer und so fort gedrückt, in der Weise, daß jede derselben unter Überdruck gehalten ist. Durch Überdruckbleche wird das Trockengut fest gegen die perforierten Leittrommeln gedrückt. Beim Übergang des Trockengutes von einer Leittrommel zur anderen unterbrechen Verdeckungssegmente an den Übergangsstellen die Wirkung des Luftstromes solange, bis ein solcher der nächsten Kammer in Wirksamkeit tritt.

Abb. 126. Trockenmaschine für Faserbänder. (J. G. Lindner, Crimmitschau i. Sa.)

d) Trocknen der Garne.

Garne werden im aufgewickelten Zustand in Gestalt von Cops oder Kreuzspulen oder in Strahnform getrocknet. Für das Trocknen von Cops und Kreuzspulen kommt das Pack- oder Aufstecksystem zur Anwendung, für Strähngarne das Pack- oder Hängesystem. Das Trocknen nach dem Pack- oder Aufstecksystem wird durchgeführt im Schacht-Kammer- (Schrank-) oder Kanaltrockner; sie alle gleichen hinsichtlich Einrichtung und Wirkungsweise im wesentlichen den in der Wolltrocknerei verwendeten gleichartigen Vorrichtungen. Bei dem Trocknen von Strähngarnen in der Hänge befinden sich die Garnsträhne während des Trokkenprozesses im Trockenraum in Ruhe oder sie wandern. Das letztere erfolgt bei den Kanaltrocknern wieder auf zweierlei Weise. Entweder legt man die mit Garnsträhnen behangenen Stäbe in Wagen ein und bringt diese nach der Be-

Abb. 127. Hordentrockner für Garne in Spulenform. (Benno Schilde A.-G., Hersfeld.)

[1] Vergl. hierzu Band IV, 3, dieser Technologie, Seite 597.

schickung in den Trockenkanal, in dem sie von Zeit zu Zeit um je ein Abteil vorwärts geschoben werden, oder man legt die beladenen Garnstöcke mit ihren Köpfen in zwei im Trockenkanal parallel zueinander angeordnete, wandernde Ketten. Einige Beispiele sollen das vorstehend Gesagte ergänzen.

Einen unter dem Namen „Simplextrockner" weit verbreiteten Schachttrockner veranschaulicht Abb. 127. Das Trockengut (Cops, Kreuzspulen, Strähne) wird in Horden verpackt und diese werden dann mittels eines Aufzuges nacheinander in gewissen Zeitabständen außerhalb des Trockenschachtes bis an dessen Kopf geführt. Hier angekommen werden sie in den Trockenschacht eingeschoben, wandern dann in ihm wieder nach abwärts, um unten angekommen den Schacht wieder zu verlassen, wie dies die Abbildung erkennen läßt. Die Trockenluft durchstreicht die Hordensäule im Gegenstrom.

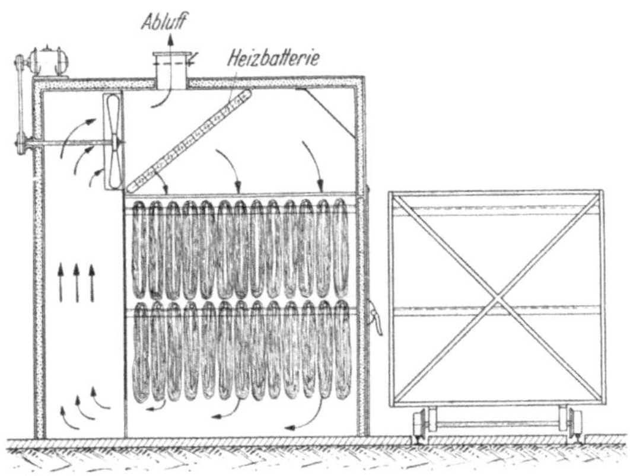

Abb. 128. Kammertrockner für Strähngarne. (Benno Schilde, A.-G., Hersfeld.)

Abb. 128 gibt einen Kammertrockner für Strähngarn im Vertikalschnitt wieder. Aus ihm ist die eigenartige Anordnung des Heizkörpers und des Ventilators einer Kammer ersichtlich, ebenso die Führung des Umluftstromes; er durchstreicht angewärmt die auf Stäben hängenden Garnsträhne von oben nach unten im Kreislauf. Für das Abblasen der gesättigten Trockenluft sind Regulierklappen vorgesehen, ebenso ist eine Klappe für den Frischlufteintritt vorhanden. Thermometer, Psychrometer und Alarmsignal, das die Erreichung der Höchsttemperatur anzeigt, vervollständigen die Einrichtung einer jeden Kammer.

Abb. 129. Zweikammer-Trockner für loses Material, Strähngarn, Kreuzspulen, Cops usw. (Obermaier & Co., Neustadt a. d. H.)

Einen Kammertrockner in Gestalt eines Zweikammertrockners veranschaulicht Abb. 129. Jede Materialkammer mit einer mit Rippenheizkörper versehenen Heizkammer und einem Ventilator bildet auch hier ein selbständiges Element. Solche Elemente werden in beliebiger Zahl aneinandergereiht, je nach der gewünschten Leistung und den Arten des Textilguts. Seine Anwendung empfiehlt sich dort, wo verschiedene Textilgüter von verschieden langer Trocknungsdauer und verhältnismäßig kleinen Mengen nebeneinander getrocknet werden sollen, z. B. loses Fasergut neben Kardenband und Kreuzspulen, ferner in all den Fällen, in denen die vorhandenen Materialien zur Trocknung verschieden hohe Temperaturgrade beanspruchen, z. B. gebleichtes neben gefärbtem Garn.

Der Arbeiter beschickt eine Kammer nach der andern und öffnet die für den Eintritt der Luft vorgesehene Klappe. Die möglichst aus dem Freien oder aus einem benachbarten warmen und trocknen Raum zu entnehmende Luft streicht über die Rippenheizrohre, dann über das Trocknungsgut und wird, wenn sie mit Wasserdampf gesättigt ist, von dem Ventilator ausgestoßen oder aber durch Umstellen einer Klappe von neuem über die Heizkörper und durch das Material geleitet. Nach vollzogener Trocknung wird der Dampf abgestellt und das Material durch Frischluft gekühlt, evtl. durch Wasserdampf befeuchtet, dann aus der Kammer entfernt, wie die Abb. 129 erkennen läßt. Die entleerte Kammer wird mittels des zweiten, mit neuem Trockengut vorbereiteten Wagens neu beschickt.

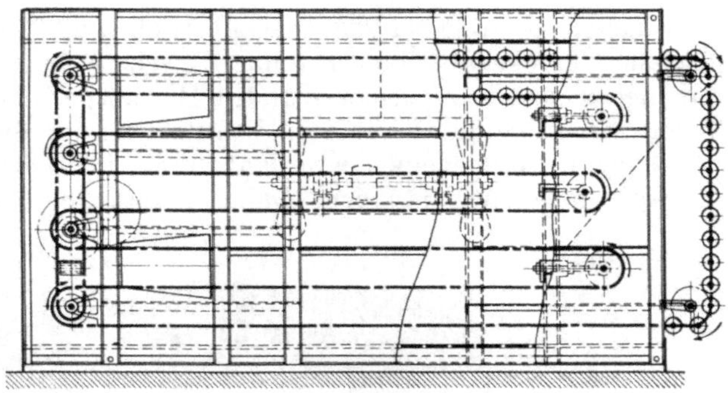

Abb. 130.

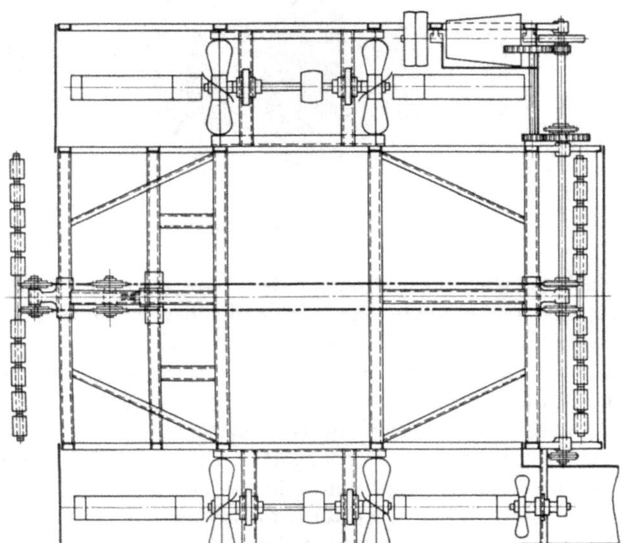

Abb. 131.

Abb. 130 u. 131. Trockner für Garne in Spulenform. (A. N. Marr Ltd., Leeds.)

Die Abb. 130 und 131 lassen im Schnitt die Einrichtung eines Trockners für Garne in Spulenform erkennen, bei dem die Spulen axial auf Stäbe aufgeschoben werden, die in der Mitte ihrer Länge waagerecht liegend in zwei wandernden Ketten ruhen und durch diese in hin- und hergehenden Läufen von unten nach oben durch die Trockenkammer geführt werden, wie dies Abb. 130 erkennen läßt. An der einen Stirnseite, der Beschickungsseite, der Trockenkammer treten die Ketten unten in diese ein und verlassen sie an der gleichen Stirnseite oben wieder. An jeder Längsseite der Trockenkammer ist eine Heizkammer mit zwei Heizkörpern und zwei Windflügeln angeordnet, die die Warmluft von den beiden Kammerlängsseiten aus in Kreislauf von oben nach unten durch die wandernden Spulen treiben. Die Trockenluft arbeitet also nach dem Wälzverfahren im

Gegenstrom. Um eine gute Ausnützung der Trockenluft in der Trockenkammer zu erreichen, ist über den wandernden Förderketten und unterhalb derselben je ein gelochter Boden angeordnet. Durch den oberen strömt die Warmluft aufgeteilt zu den Spulen und durch den unteren verläßt sie aufgeteilt die Spulen wieder. Ein besonderer Windflügel ermöglicht es, die Frischluft teilweise abzuführen und Frischluft anzusaugen. Die Umlaufgeschwindigkeit der Tragketten kann mittels eines Riemenkegelscheibengetriebes nach Bedarf geändert werden.

Einen Kanaltrockner mit Wagenbetrieb zeigt Abb. 132. Er weist einen aus einzelnen Trockenabteilungen (ohne Zwischenwände) zusammengesetzten Kanal auf, neben dessen seitlichen Wänden Heizkörper angeordnet sind. Über jedem Trockenabteil befinden sich zwei Ventilatoren, die die Luft in senkrechtem, sich beständig wiederholendem Kreislauf durch die Heizkörper und das Trockengut drücken und wieder ansaugen. Dabei erfährt die kreisende Luft durch die Saug-

Abb. 132. Kanaltrockner für Strähngarne.

wirkung der über dem Kanaleingang sitzenden beiden Absaugeventilatoren eine beständige Erneuerung bei gleichzeitiger Entfernung der mit Wasserdampf gesättigten Luft; der Trockner arbeitet also mit Gegenstrom. Durch die Abstufung der Heizkörper und die in jedem Trockenabteil für sich einstellbare Temperatur ist außerdem eine schonende Trocknung möglich.

Die Kanaltrockner mit Kettenbetrieb für Strähngarn sind entweder solche, bei denen nur ein Paar Förderketten die auf Stäben hängenden Garnsträhne durch den an beiden Stirnseiten offenen Trockenkanal hindurchführen, oder solche, bei denen zwei derartige Kettenpaare neben- oder übereinander durch den Trockenkanal laufen oder endlich solche, bei denen die Förderketten im Trockenkanal umkehren; die Beschickung und Entleerung der Ketten erfolgt also an der gleichen Stirnseite des Trockenkanals.

In Abb. 133 ist ein Kanaltrockner mit Förderketten für Strähngarne im Längsschnitt wiedergegeben, bei dem nur ein Wendekettenpaar vorhanden ist, bei dem also Beschickung und Leerung der Förderketten auf die beiden Stirnseiten des Trockenkanals verteilt sind. Der Trockner arbeitet nach dem Umluft-Stufentrockenverfahren mit einem sog. Umluftzellengebläse. Der ganze Trockenkanal ist zu diesem Zweck in eine Anzahl Stufen unterteilt, innerhalb derer die Luft durch ein oder mehrere Umluftgebläse umgewälzt wird, die aus einer Reihe zellenförmig eingebauter Schraubenventilatoren bestehen, die auf durchgehender Welle montiert sind, wie dieses die Abbildung erkennen läßt. Bei jeder Umwälzung geht die Luft in einer jeden Trockenstufe einmal von oben nach unten durch das Trockengut, nimmt aus diesem Feuchtigkeit auf, kühlt sich hierbei um ein Geringes ab, um beim folgenden Durchgang durch den über dem Trockengut angeordneten, die Umluftzelle nach unten abschließenden Rippenheizkörper wieder um soviel aufgewärmt zu werden, als sie an Temperatur verloren hat. Von Stufe zu Stufe ist die Temperatur regulierbar. Da bei fortdauernder Umwälzung der Luft sehr bald eine Sättigung derselben mit Wasser eintritt, muß dauernd eine gewisse Menge Abluft abgesaugt werden. Dies geschieht durch einen am Naßende des Trockenkanals angeordneten Ventilator. Der durch diesen erzeugte Abluftstrom ist unabhängig von der Umwälzung der Trokkenluft durch die Umluftzellengebläse, er kann daher nach Bedarf reguliert werden. Die hohe Abluftsättigung gestattet die Durchführung des Trockenvorgangs mit unmittelbar anschließender Rückkühlung und Wiederanfeuchtung der Garne. Kühlung und Wiederanfeuchtung gehen in einem fortlaufenden Arbeitsgang in dem Kanalraum im Anschluß an die Trocknung ohne jegliche Trennungswände vor sich. Als Mittel zur Wiederanfeuchtung dienen der Abluftwrasen mit Frischluft gemischt oder Verdunstungsapparate.

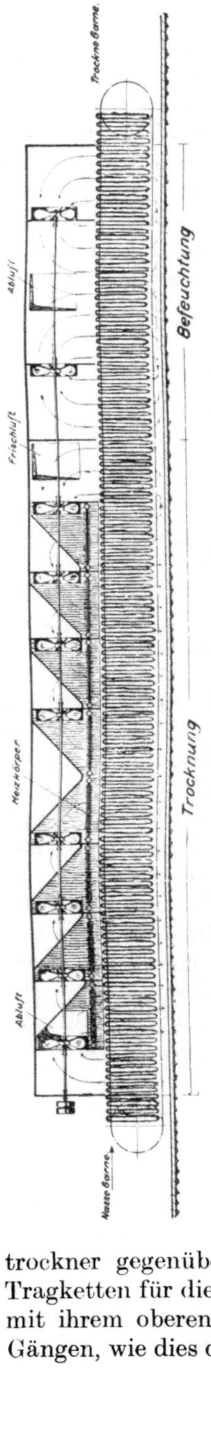

Abb. 133. Kanaltrockner mit Förderketten für Strähngarne. (Benno Schilde, A.-G., Hersfeld.)

Der Garntrockner nach Abb. 134 ist ein Beispiel für einen mit Umluft-Stufentrocknung arbeitenden Kanaltrockner, bei dem die zu trocknenden Garnsträhne mit Hilfe zweier übereinander laufender Förderkettenpaare durch den Trockenkanal hindurchgeführt werden.

Wesentlich abweichend hinsichtlich der Förderkettenführung durch den Trockenkanal sind die in den Abb. 135 und 136 im Schnitt dargestellten Kanal-

Abb. 134. Strähngarntrockner mit Förderketten. (Benno Schilde, A.-G., Hersfeld.)

trockner gegenüber den vorstehend erläuterten gleichartigen Trocknern. Die Tragketten für die Garnsträhne laufen nicht geradlinig durch den Kanal, sondern mit ihrem oberen, die Garnsträhne tragenden Teil in auf- und absteigenden Gängen, wie dies die Abbildungen erkennen lassen. Am Boden des Trockenkanals sind, wie aus den Abb. ersichtlich, die Heizrohre angeordnet. Durch sie wird Frischluft oder auch Abluft mit Hilfe von Flügelrädern hindurchgesaugt, die unter jedem Auslauf der Förderketten nach oben angeordnet sind. Sie treiben die Warmluft nach oben durch die hängenden Strähne, gleichzeitig aber auch quer durch diese. Die Warmluft bestreicht somit die Garnsträhne der Länge nach und außerdem geht sie abwechselnd von beiden Seiten quer durch die Strähne. An jeder Umkehrstelle der Ketten beim Übergang vom Aufstieg zum Abstieg erfahren die Garnträger eine Drehbewegung, die einen Umzug der Strähne auf ihren Trägern zur Folge hat. Die Förderketten können mit beliebiger Geschwindigkeit in Umlauf gesetzt werden, ganz wie es das Arbeitsgut verlangt. Am Ausgang des Trockenkanals kann erforderlichenfalls Frischluft angesaugt werden, um die Strähne abzukühlen und zu feuchten. Anstatt die für das Trocknen benötigte Luft erst durch die am Boden der Heizkammer angeordneten Heizrohre anzuwärmen, kann sie auch in einem außerhalb der Maschine stehenden Lufterhitzer auf den gewünschten Wärmegrad gebracht und von einem Windflügel in die Maschine geblasen werden

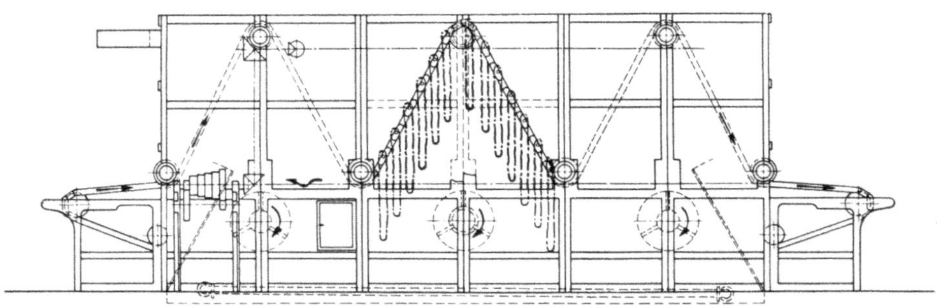

Abb. 135. Strähngarntrockner mit Förderketten. (Petrie & Mc Naught, Ltd., Rochdale.)

(Kaloriferenheizung). Am Eingang der Maschine mündet in diese oberhalb seitlich oder vorn an der Seite ein Blechkanal, durch welchen ein Sauger D die hier in großer Menge vorhandene Frischluft absaugt. Es entsteht hierdurch auch ein vom Garnausgang nach dem Garneingang zu gerichteter Luftstrom. Die erwärmte Luft strömt nach der Stelle der Trockenkammer, wo die größere Feuchtigkeitsmenge vorhanden ist, während das nach dem Ausgang der Maschine wandernde, im Trocknen begriffene oder trockene Garn nur mit trockener bzw. der zur Ergänzung von dorther eintretenden Frischluft in Berührung kommt, durch die eine Kühlung des austretenden Arbeitsgutes erreicht wird. Zur Vereinfachung der Bedienung werden die größeren Maschinen in der Regel mit einer sog. Stangenrücklaufvorrichtung ausgestattet, wie sie aus Abb. 136 zu erkennen ist. Die Garntragstangen werden mittels zweier an den Seitenwänden des Maschinengestells angeordneter Leitketten über die Trockenkammer hinweg nach der Eingangsseite gefördert.

e) Trocknen der Gewebe.

Das Trocknen der wollenen und halbwollenen Gewebe erfolgt nach dem Entnässen auf dem Trockenrahmen (Handspannrahmen) oder in der Trockenmaschine. Sie kommt zur Verwendung als sog. Wanderhänge, als Plantrockner und als Spannrahmentrockenmaschine.

Der Trockenrahmen findet Aufstellung im Freien oder in einer mit Heizung versehenen Trockenkammer (Trockenstube). Bei ihm werden die Gewebebahnen mit ihren beiden Salleisten auf zwei mit Nadeln besetzte Schienen aufgebracht, die waagerecht, parallel zueinander und übereinander in einem Gestell untergebracht sind und von denen gewöhnlich die obere durch Schneckenrad und Schnecke mit Hilfe von Ketten oder flachgängigen Schrauben gehoben oder gesenkt und somit der Gewebebreite entsprechend eingestellt werden kann. Es

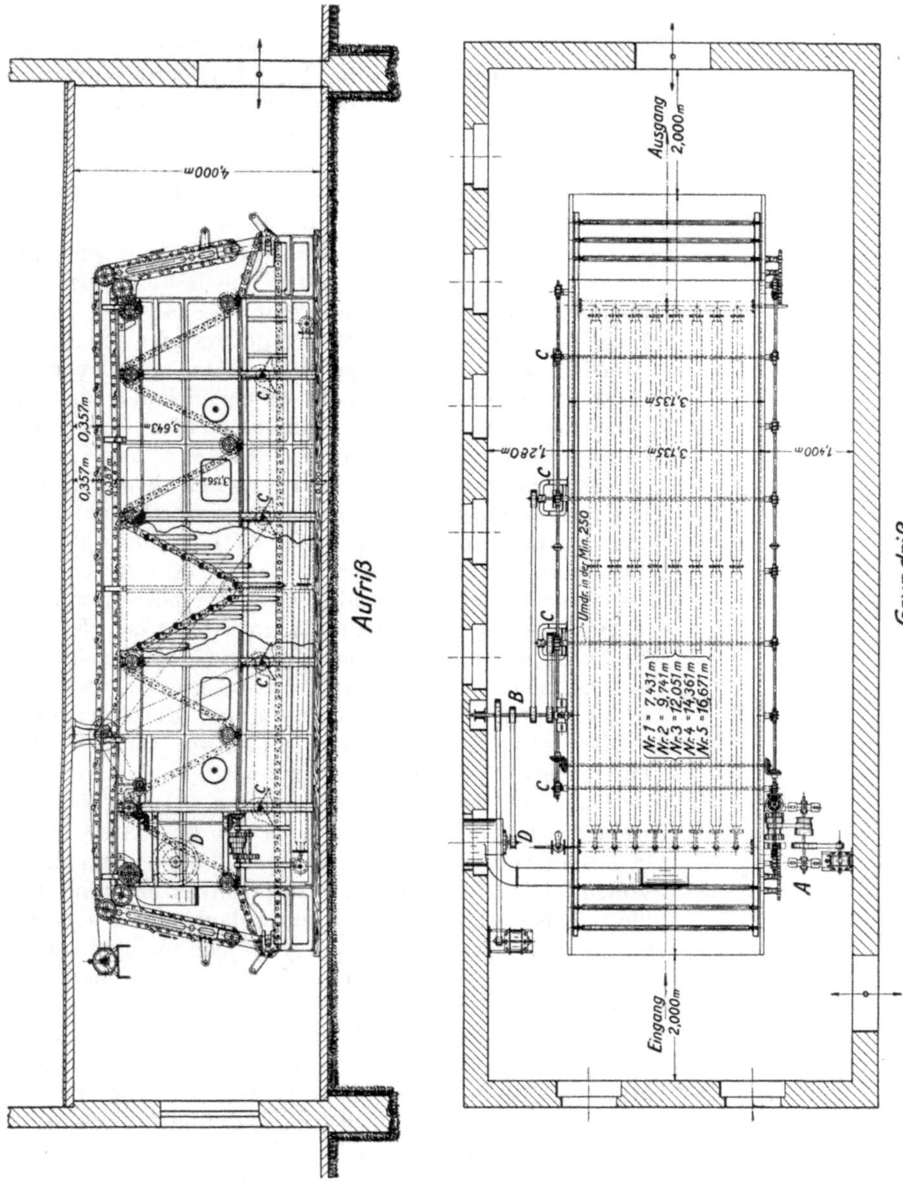

Abb. 136. Strähngarntrockner mit Förderketten. (Sächs. Textilmaschinenfabrik vorm. Rich. Hartmann, A.-G., Chemnitz.)

wird dadurch möglich, das aufgenadelte Tuch in der Schußrichtung vertikal zu spannen. Das noch in dem Gewebe befindliche Wasser sammelt sich in dessen unterem Teil. Dieser ist beim Trocknen in der Trockenkammer den am Boden befindlichen Heizkörpern am nächsten, und infolgedessen der feuchteste Teil der ausgespannten Gewebebahn der höchsten Temperatur ausgesetzt. Die von den auf dem Fußboden der Trockenkammer lagernden Heizrohren aufsteigende Warmluft hat nur eine Temperatur von etwa 50—55° C, wodurch eine schonende Trocknung erzielt und diese noch weiter dadurch begünstigt wird, daß die Luft im ganzen Trockenraum eine hohe relative Feuchtigkeit besitzt. Infolgedessen wird die dem Gewebe anhaftende Oberflächenfeuchtigkeit fortgetrocknet, nicht aber ihre hygroskopische Feuchtigkeit. Diese Grundbedingung ist nach den Ausführungen von Hasse[1] beim Bau von Gewebespann- und Trockenmaschinen, mit dem in den 80er Jahren begonnen wurde, ursprünglich nicht beachtet worden, weshalb sich die Handspannrahmen vielfach noch bis auf den heutigen Tag erhalten haben. Aus ihnen sind die sog. Spannrahmen-Trockenmaschinen hervorgegangen, die eine außerordentliche Entwicklung genommen haben.

Abb. 137. Hängetrockner für Gewebe. (Benno Schilde, A.-G., Hersfeld.)

Eine Wanderhänge zeigt Abb. 137 im schematischen Längs- und Querschnitt. Sie besteht aus einer kanalartigen Kammer, innerhalb der an den beiden Längsseiten zwei endlose Temperqußketten wandern, die zum Transport von Tragstäben dienen, auf denen die Gewebebahn oder -bahnen in ruhenden Falten freihängend durch die Kammer getragen werden. Die Stoffbahnen laufen an der vorderen Stirnseite der Kammer kontinuierlich in diese ein und verlassen sie an der hinteren Stirnseite kontinuierlich in der ersichtlichen Weise. Der Stabtransport durch die Ketten innerhalb des Trockners erfolgt dabei derart, daß die Ketten jedesmal erst dann um einen Stababstand weiter bewegt werden, wenn die vorgesehene Faltenlänge erreicht ist. Für das Trocknen der in freihängenden Falten wandernden Gewebebahnen kommt ein kombiniertes Umluft-Stufen- und Gegenstromverfahren zur Verwendung. Die Trockenluft wird durch ein Umluftzellengebläse auf der gesamten Länge des Trockenkanals in zylindrisch geschlossener, schraubenförmiger Bewegung erhalten. Das Gebläse besteht zu diesem Zweck aus einer größeren Anzahl von in Luftführungszellen eingebauten und auf einer gemeinsamen Welle angeordneten Schraubenventilatoren. Um die Luft bei jedem Kreislauf zwangsläufig um ebensoviel wieder aufzuwärmen, als sie beim jedesmaligen Durchgang durch das Trockengut an Wärme verloren hat, sind unmittelbar über oder unter den Zellengebläsen Heizbatterien angeordnet. Die Trockenluft beginnt ihren kreisförmigen Weg mit einer Anwärmung in den Heizregistern, durchstreicht dann das nasse Gewebe, nimmt von diesem unter gleichzeitiger Erwärmung desselben und eigener entsprechender Abkühlung Feuchtigkeit auf und tritt, durch den Ventilator angesaugt, in die Zellen zurück. Um nun zu verhüten, daß sich die kreisenden Luftströme mit Wasser sättigen, also ihre Trockenwirkung verlieren, wird dauernd ein Teil der Luft, und zwar der mit Wasser am höchsten gesättigte, als Abluft abgeführt und an anderer Stelle durch Frischluft

[1] Die Entwicklung der Tuchtrockenmaschine, Melliand Textilber. 1928, S. 210.

ersetzt. Hierzu dient eine zweite Luftbewegung, die längs der Achse des Trockenkanals im Gegenstrom zur Trockengutbewegung verläuft und unabhängig von den kreisenden Luftströmen die Lufterneuerung herbeiführt. Diese zweite Luftbewegung, die durch besondere am Naßeinlaufende des Kanals angeordnete Lükteraggregate bewirkt wird, läßt sich so regulieren, daß die Abluft genau mit dem Sättigungsgehalt abzieht, der die wirtschaftlichste Arbeit des Trockners ermöglicht. Um nicht nur Ersparnisse an Wärme, sondern vor allem auch eine außerordentliche Schonung des Trockengutes zu erreichen, ist der Trockenraum der Länge nach in verschiedene Wärmestufen unterteilt, die so angeordnet sind, daß vom Naßende die Temperaturen schnell zunehmen, während sie stufenförmig zum Trockenende hin wieder abnehmen. Am Einlauf findet also noch keine Trocknung, sondern nur eine Vorwärmung des nassen Trockengutes statt. Die allmähliche, zonenmäßige Steigerung und wiedererfolgende Abnahme der Temperaturen, die Umwälzung hochgesättigter Trockenluft, also die Vereinigung des Gegenstromprinzips mit dem Umluft-Stufenverfahren zeichnen den Gewebetrockner nach Abb. 137 aus. Er bietet ohne weiteres die Möglichkeit, die getrocknete Ware im Anschluß an die Trocknung abzukühlen und wieder anzufeuchten. Trocknung, Kühlung und Wiederanfeuchtung geschehen dann in ein und demselben Kammerraum ohne jegliche Trennwände in fortlaufendem Arbeitsgang. Die für die Wiederbefeuchtung verwendeten Lüfteraggregate sind lediglich eine Verlängerung des vorbeschriebenen Umluft-Zellengebläses; der Antrieb findet gemeinsam statt. Benutzt wird die hochgesättigte Abluft, gemischt mit kühler Außenluft und diese außerdem noch durch besondere Befeuchteraggregate bis zur Nebelbildung übersättigt. Die Verwendung der Abluft, die sonst unausgenützt ins Freie geschickt wird, ist von besonderer Bedeutung für die Wirtschaftlichkeit der Wiederbefeuchtung. Selbstverständlich können die mit Wiederbefeuchtung versehenen Trockner auch ausschließlich zur Trocknung oder nur zur Trocknung und Kühlung verwendet werden; ihre Leistung wird dann entsprechend größer.

Bei den Plan- oder Flachtrocknern für Gewebe werden diese faltenfrei und ohne jede Spannung auf einen wandernden Stabrost aufgelegt, der sie durch die Trockenkammer führt, in der sie der Wirkung der Trockenluftströme ausgesetzt werden. Die Plangewebetrockner sind dabei entweder solche, bei denen der Ein- und Auslauf des Gewebes auf verschiedenen Stirnseiten der Trockenkammer, oder solche, bei denen er auf der gleichen Stirnseite liegt. Im ersteren Falle wird die Gewebebahn nur einmal durch die Trockenkammer geführt, im letzteren Falle zwei und mehrmals. — Abb. 138 zeigt im Längs- und Querschnitt einen Plantrockner (Flachtrockner) der erstgenannten Art. Das durch den Trockenkanal laufende Gewebe wird gleichzeitig von unten und oben belüftet. — Bei dem Trockner gleicher Art nach Abb. 139 sind, wie die Abb. erkennen läßt, nach dem Umluftstufentrockenverfahren arbeitende Schildezellengebläse zur Anwendung gebracht. Sämtliche Gebläse befinden sich unterhalb des wandernden Stabrostes, treiben also die Warmluft nur von unten nach oben durch das auf dem Stabrost liegende Gewebe. — Bei dem Plangewebetrockner nach Abb. 140 sind in der Trockenkammer übereinander zwei sich gegenläufig bewegende endlose Stabroste vorgesehen, während die Umluftzellengebläse zwischen den beiden Rosten angeordnet sind. Das Gewebe wird an der einen Stirnseite der Trockenkammer auf den untenliegenden Stabrost aufgelegt, wandert mit diesem an das andere Stirnende und geht hier auf den oberen Rost über, der es am erstgenannten Kammerende abliefert. Die Zellengebläse saugen die Trockenluft durch die auslaufende Gewebebahn und treiben sie durch die einlaufende, wie dies die Pfeile erkennen lassen. — Der Plangewebetrockner nach Abb. 141 besitzt fünf übereinander angeordnete, wandernde, endlose Stabrostketten, deren Tragstäbe aus

Stahl oder Aluminium bestehen. Das zu trocknende Gewebe wird dem obersten Stabrost zugeführt, vom untersten abgeliefert und dabei in seinen hin- und hergehenden Läufen von dem Warmluftstrom durchdrungen. Diesen erzeugt ein Propeller, der die angesaugte Luft durch einen auf der Trockenkammer

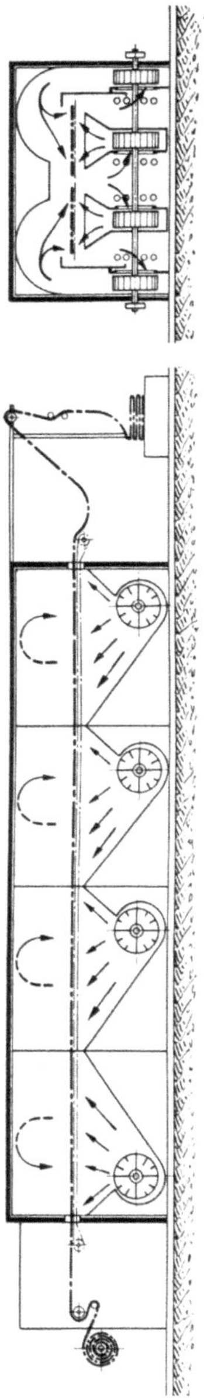

Abb. 138. Gewebe-Flach-Trockner mit einer Stabrostkette. (Friedr. Haas, G. m. b. H., Lennep i. Rhld.)

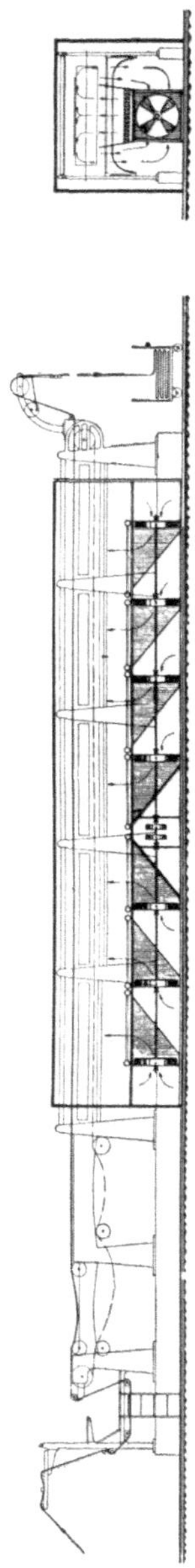

Abb. 139. Plangewebetrockner mit Schilde-Zellengebläse und einer Stabrostkette. (Benno Schilde, A.-G., Hersfeld.)

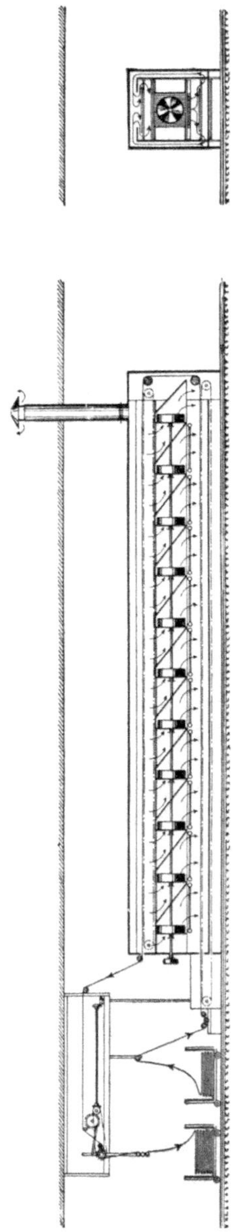

Abb. 140. Plantrockner für Gewebe mit zwei Stabrostketten. (Benno Schilde, A.-G., Hersfeld.)

angeordneten Heizkörper in die Trockenkammer treibt. Es trifft also die wärmste Luft auf die nasseste Gewebebahn, arbeitet also im Gegenstrom.

Bei den Spannrahmen-Trockenmaschinen wird die breitgestreckte Gewebebahn, wie beim Handspannrahmen, während der Durchführung des Trockenprozesses an den beiden Salleisten gehalten, um ein Schrumpfen der Gewebe in der Breitenrichtung über ein zulässiges Maß hinaus zu verhindern und geradlinige Salleisten zu erhalten. Zum Festhalten der letzteren dienen Nadel- oder Klemmkluppen, die zu wandernden Ketten zusammengefügt sind. Mit Hilfe dieser wird das Gewebe in einem senkrechten oder waagerechten Zickzacklauf in der Trockenkammer bzw. durch diese geführt und dabei Trockenluftströmen ausgesetzt. Die Trockenluft bewegt sich in Richtung der laufenden Gewebebahn, streicht nur an dieser entlang oder durchdringt sie, oder aber wird quer zur laufenden Gewebebahn dieser zugeführt. Spannrahmen-Trockenmaschinen dieser Art bezeichnet man heute gewöhnlich als Querlufttrockner.

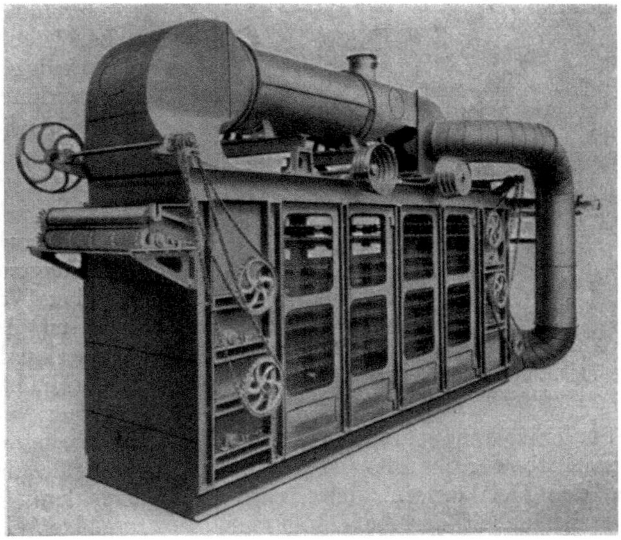

Abb. 141. Plan-Gewebetrockner mit fünf Stabrostketten. (Petrie & Mc Naught, Rochdale.)

Die Zylindertrockenmaschinen, bei denen das Gewebe mit freien Salleisten über Trockenzylinder geführt wird, finden für das Trocknen der Woll- und Halbwollgewebe beschränkte Verwendung und insbesondere nur dann, wenn es sich um das Trocknen leichter Kammwollgewebe und Teppiche handelt. Sie gleichen hinsichtlich Einrichtung und Wirkungsweise im wesentlichen den für das Trocknen der Baumwollgewebe verwendeten Zylindertrockenmaschinen, wie sie in Bd. IV, 3, S. 604ff. ds. Technologie beschrieben sind.

Gleiches gilt hinsichtlich der bei den Spannrahmen-Trockenmaschinen verwendeten Kluppen (s. S. 607ff. des genannten Werkes). Als Ergänzung zu dem dort Gesagten seien hier in den Abb. 142 u. 143 aber noch Kettenglieder wiedergegeben, die mit aufgeschraubten ein- oder zweireihigen, mit Stahlnadeln besetzten Messingleisten ausgestattet sind, die weitab von der rückseitig liegenden Schmierstelle der Kettengleitbahn liegen. Der vom gespannten Gewebe auf die Nadelkluppen ausgeübte Zug wird von den Kettenführungsschienen allein aufgenommen, infolgedessen kann die ersichtliche Deckschiene ungehindert abgenommen werden. Das Abfallen des Gewebes von den beim Geweberücklauf abwärts gerichteten Nadeln verhindern Schutzleisten. — Die Kettenführungsschienen nach Abb. 143 sind mit auswechselbaren Vulkanfibreschienen belegt, um einer Abnutzung von Schiene und Kette vorzubeugen und bei Erneuerungen nur ein Auswechseln der Vulkanfibreeinlagen notwendig zu machen.

Abb. 142. Nadelkettenglied für Gewebe-Spannrahmen-Trockenmaschinen. (H. Krantz Söhne, Aachen.)

Einige Beispiele aus der großen Zahl der Spannrahmen-Trockenmaschinen seien im nachstehenden dargestellt.

Die Wirkungsweise der Spannrahmen und Trockenmaschinen ist von den verschiedensten Einflüssen abhängig z. B von der Art der zu trocknenden Ware, ihrem Feuchtigkeitsgehalt, dem verlangten Effekt, von der Beschaffenheit der Außenluft, von der Höhe der Leistung u.a.m. Nur wenn die Maschine den jeweiligen Erfordernissen angepaßt werden kann, ist eine wirtschaftliche Arbeitsweise gewährleistet. Diese Anpassung ist bei Spannrahmen-Trockenmaschinen für Tuche und sonstige Wollstoffe, im Hinblick auf die Eigenart der tierischen Faser, in besonders hohem Maße erforderlich, zumal neben leichten Wollwaren öfters auch schwere und schwerste Gewebe getrocknet werden müssen.

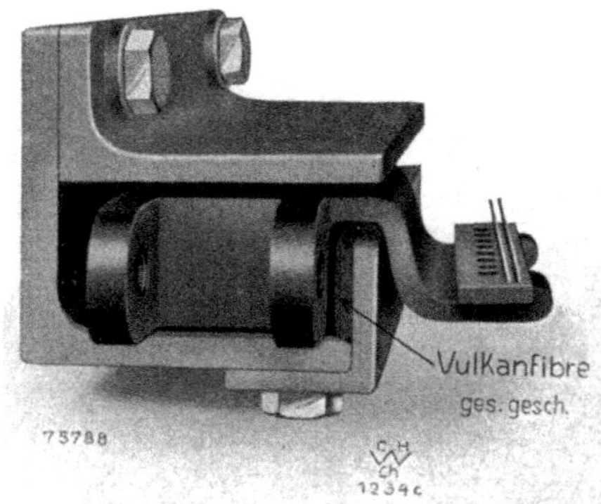

Abb. 143. Nadelkettenglied für Gewebespannrahmen-Trockenmaschinen. (C. H. Weisbach, Chemnitz.)

Bei der in Abb. 144 in Ansicht wiedergegebenen, mit zwei Ventilatoren ausgestatteten Spannrahmen-Trockenmaschine soll durch weitestgehende Temperaturabstufung in den einzelnen Abteilungen des Trockenraumes — entsprechend der fortschreitenden Entfeuchtung des Gewebes — der Art der zu trocknenden Ware und dem geforderten Effekt (Weichheit, Griff usw.) Rechnung getragen werden. Diese „Stufentrocknung" wird erreicht durch eine besondere Art der Luftzuführung innerhalb der Maschine einerseits und durch Regelung der Dampfzuführung zu den Heizkörpern andererseits. Zugleich kann in hohem Maße auf die Beschaffenheit der Außenluft (feucht, warm, kalt) Rücksicht genommen werden. Das Gewebe durchläuft die Maschine in waagerechten Bahnen von oben nach unten. Im oberen Teil des Trockenraumes hat es den größten Feuchtigkeitsgehalt, nach unten zu nimmt dieser bis zur völligen Entfeuch-

Abb. 144. Spannrahmen-Trockenmaschine für Gewebe, 4 Etagen, 3 Felder. (C. G. Haubold, A.-G., Chemnitz.)

tung ab. An kalten Tagen saugt der erste Ventilator Außenluft, also Frischluft an und drückt sie durch die unteren Heizkörper in die unteren Abteilungen des Trockenraumes der Maschine. Der zweite Ventilator saugt diese Luft wieder zurück und treibt sie unter nochmaliger Erhitzung durch die oberen Heizkörper in die oberen Abteilungen, aus denen sie mit Feuchtigkeit gesättigt in das Abzugsrohr gelangt. Die mittlere Abteilung des Trockenraumes wird zur Hälfte vom unteren, zur Hälfte vom oberen Luftstrom gespeist. Durch eine besondere Schaltvorrichtung kann erreicht werden, daß der zweite Ventilator nur zum Teil vorgewärmte Luft aus dem Trockenraum der Maschine und zum anderen

Teil frische Luft von außen ansaugt, und zwar in beliebigen Mengen. Es können aber auch beide Ventilatoren gemeinsam auf Frischluftansaugen eingestellt werden. Dies erscheint besonders dann zweckmäßig, wenn die warme zurückzusaugende Luft sehr viel Feuchtigkeit enthält, wie es z.B. an schwülen, heißen Sommertagen, in nebelreichen Gegenden oder in luftfeuchten Räumen der Fall ist; es würde nicht ratsam sein, diese feuchte Luft nochmals durch den Trockenraum zu treiben. Die Schaltmittel befinden sich teils in einem vorderen, seitlich des Trockenraumes liegenden Abzugskanal, teils in der Zuleitung zu dem zweiten Ventilator. Sie werden durch leichte Hebelgriffe von Hand eingestellt. Um die Höhe der Temperatur noch besser bestimmen zu können, sind Teilheizkörper zur Erwärmung der Trockenluft angeordnet, die unabhängig voneinander mit Dampf beheizt werden können. Es lassen sich auf diese Weise für jedes Gewebe die für den Effekt günstigsten Wärmeabstufungen im Trockenraum und ebenso die zulässigen Höchsttemperaturen genau einstellen. Damit sind die Bedingungen erfüllt, um mit der Maschine jederzeit Höchstleistungen zu erreichen. Der gesamte Trockenvorgang geht bei sparsamstem Dampfverbrauch vor sich, denn durch die mit den Teilheizkörpern erreichte Stufentrocknung wird ein höherer Dampfverbrauch als unbedingt nötig vermieden. Weiterhin ermöglicht die Anordnung von zwei Ventilatoren, die Luft aus den unteren Abteilungen des Trockenraumes, die noch wenig mit Feuchtigkeit gesättigt ist, zurückzusaugen, um sie, wie bereits ausgeführt, nochmals für den Trockenvorgang nutzbar zu machen. Dadurch wird die mit dem Gewebe in Berührung kommende Trockenluft entsprechend der fortlaufenden Entfeuchtung des Gewebes auch verschiedenen Feuchtigkeitsgehalt besitzen, derart, daß mit dem allmählich trocknenden Gewebe die trocknere, zuerst angesaugte Frischluft und mit dem feuchten Gewebe die feuchtere Luft in Berührung kommt. Ein vom zweiten Ventilator unter der unteren Gewebebahn entlang angesaugter Frischluftstrom bewirkt, daß das Gewebe die Maschine abgekühlt verläßt. Hierdurch erhält auch die Ware einen weicheren Griff und gleichzeitig wird die dem Gewebe entnommene Wärme einer Wiederverwendung zugeführt. Vor den Ansaugstellen der Ventilatoren sind große Filterkästen mit bequem während des Betriebes auswechselbaren Sieben angeordnet, so daß nur gereinigte Luft in die Maschine gelangt und eine Verschmutzung der Ware und Lufterhitzer möglichst vermieden wird. — Für die Kettenschmierung sind in der Regel die bekannten Tropfenöler vorgesehen; es findet jedoch auch eine neuzeitliche Zentralschmiervorrichtung Anwendung. Durch sie werden die Ketten selbsttätig geschmiert, und zwar zwangsläufig mit der Maschine, indem diese die Schmiervorrichtung in oder außer Tätigkeit setzt. Die Tropfenstärke und die Zeitabstände zwischen den einzelnen Tropfen können genau eingestellt werden, so daß eine Verschmutzung durch Überschmierung vermieden, dafür aber jederzeit eine sparsame, gleichmäßige und zuverlässige Kettenschmierung gesichert wird, unabhängig von der Aufmerksamkeit der Bedienung.

Um die Nachteile, die das Einblasen der Trockenluft in die Trockenmaschine von der Stirnseite aus, insbesondere vielfach bei langen Maschinen, mit sich bringt, zu beheben, hat man die Einblaseöffnung auf die Längsseite der Trockenkammer verlegt. Bei der Querluftführung kommt die Trockenluft nur auf einem kurzen Weg zur Wirkung; auf diesem kühlt sie sich nur wenig ab, und es kann daher die hohe Leistung schon bei verhältnismäßig niedriger Trockentemperatur erreicht werden. Dagegen muß die Luft bei den Längsluftrahmen einen vielfach längeren Weg zurücklegen, wobei sie bei jedem Meter an Wärme und Trockenvermögen verliert. Man ist daher bei diesen Maschinen im allgemeinen gezwungen, die Luft mit starker Überhitzung einzublasen, damit sie am Ende ihres Weges noch genügend Wärme besitzt, um die Feuchtigkeit der Ware verdampfen zu können. Kommt zur Querluftbewegung noch die Luftumwälzung und werden alle Luftrohrleitungen, Heizkörper und Luftführungskästen außerhalb der Maschine vermieden, so geht keine Wärme verloren und sie wird bestmöglichst zum Trocknen benutzt.

Die erste Anregung zu dem Bau von Spannrahmen-Trockenmaschinen für Gewebe mit Querluftbewegung findet sich, soweit nachweisbar, in der deut-

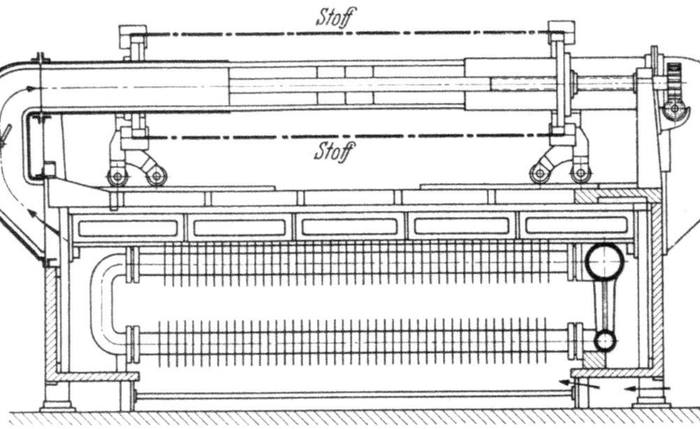

Abb. 145. Spannrahmen-Trockenmaschine mit Querluftbewegung. (Dessau-Cottbuser Maschinenbau-Aktiengesellschaft, Cottbus.)

schen Patentschrift 23111 vom 5. November 1882. Durch die hier dargestellte Maschine wird das Gewebe mit Hilfe zweier Spannketten im waagerechten Lauf, eine Gasse bildend, geführt. In diese Gasse, die seitlich durch die in der Schußrichtung verstellbaren Kettenführungswände abgeschlossen ist, wird die Trockenluft mittels Rohre, die die Kettenführungswände durchsetzen, an

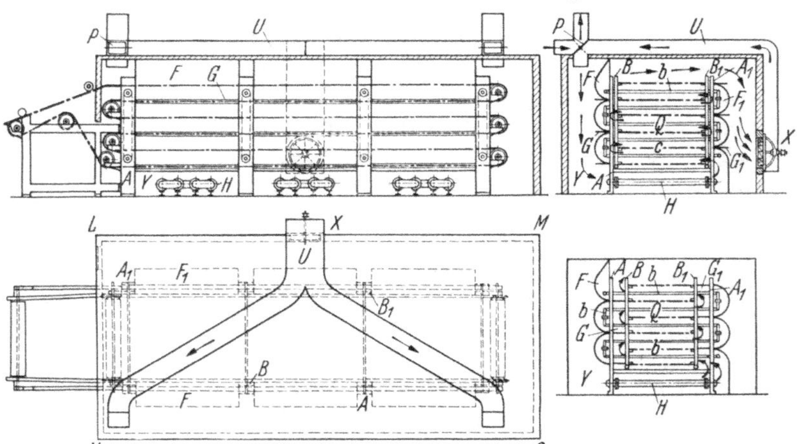

Abb. 146. Spannrahmen-Trockenmaschine mit Querluftbewegung. (Max Kemmerich, Aachen.)

mehreren auf die Länge der Maschine verteilten Stellen eingeführt bzw. auch eingetrieben. Die Heißluft wird dabei einer unter der Gewebegasse angeordneten Heizkammer mit einzeln ausrückbaren Heizelementen entnommen; die in die Gewebegasse einmündenden Heißluftzuleitungsrohre sind mit Drosselklappen ausgestattet, die eine Regelung der Heißluftmenge an den einzelnen Zuführungsstellen ermöglichen. Durch Ausschaltung einzelner Heizelemente kann die Temperatur der Heißluftströme geregelt werden, wenn nicht die Heißluft durch einen Ventilator der Heizkammer entnommen und mit gleicher Temperatur allen Zuleitungsstellen zugeführt wird. Diese Maschine hat, wie sich aus Vorstehendem ergibt, nur eine Gewebegasse, ist also keine sog. Etagenspann- und Trockenmaschine; die Trockenluft durchdringt die wandernde Gewebebahn und entweicht ins Freie, weil die Gewebeführungs- und Spannvorrichtung nicht in eine Kammer eingeschlossen ist (s. Abb. 145).

Eine Etagenspannrahmen-Trockenmaschine, bei der die Gewebeführungs- und Spannvorrichtung in eine Kammer eingebaut ist, zeigt die Abb. 146. Sie bildet den Gegenstand des DRP. 90970 (Kemmerich, Aachen) aus dem Jahre 1896. Nach der Patentschrift wird die Trockenluft auf einer Längsseite der Maschine in die Trockenkammer und zwar unterhalb des untersten Gewebeganges eingeblasen und hier erhitzt, um dann quer zur laufenden Gewebebahn in voller

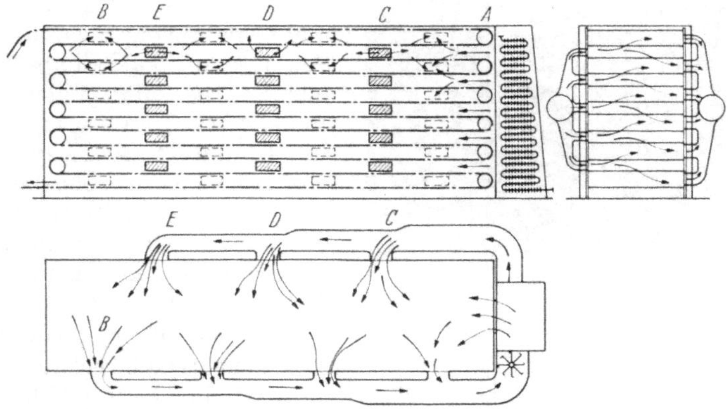

Abb. 147. Spannrahmen-Trockenmaschine mit Querluftbewegung. (Mathias Lenders, Aachen.)

Gassenlänge im Zickzack durch die Heizschlangen einschließenden Gewebegassen — das Gewebe auf beiden Seiten bestreichend — nach oben zu wandern, wo sie aus der Trockenkammer an nur einer Stelle abgesaugt wird.

Die Patentschrift 448340 (M. Lenders, Aachen) behandelt eine Spannrahmen-Trockenmaschine für Gewebe mit Querluftbewegung, bei der, wie die Abb. 147 erkennen läßt, die Trockenluft der einen Hälfte der Gewebegassen durch je eine Vielzahl von Einblaseöffnungen, die auf die Kammerlängsseite verteilt sind, zugeführt und ebenso durch eine Vielzahl von Absaugeöffnungen aus der anderen Hälfte der Gewebegassen wieder abgesaugt wird. Zu- und Abführung der Trockenluft sind dabei derart eingerichtet, daß immer einer Trockenluft empfangenden Gewebegasse eine Trockenluft abgebende Gasse folgt, jede Gewebebahn also von dem Trockenluftstrom durchstrichen wird. Durch die Aufteilung des Trockenluftstromes wird es ermöglicht, den Luftzutritt und -abgang an den einzelnen Zu- und Abführstellen einer jeden Gewebegasse durch Klappen, Schieber od. dgl. zu regeln, ebenso die Temperaturen der einzelnen in die Gewebegassen eintretenden Luftströme mittels Heizkörper, die in die Lufteintrittsöffnungen eingebaut bzw. ihnen vorgeordnet sind.

Eine Spannrahmen-Trockenmaschine mit Querluftbewegung, bei der die sog. Schildezellengebläse (DRP. 430464) zur Anwendung gebracht sind, zeigen die Abb. 148 bis 150. Die rippenlosen Heizrohre liegen in jeder Etage unter den Ventilatoren (Abb. 149 u. 150). In den einzelnen Etagen laufen die Ventilatoren abwechselnd rechts oder links herum und blasen daher die Querluftströme unter Mitwirkung von Leitflächen schräg von vorn oder hinten in die Gewebegassen ein. Als Leitflächen dienen Bleche, die abwechselnd schräg nach vorn oder rückwärts weisen, wie aus der Abb. 149 ersichtlich ist. Die Ventilatoren einer jeden Etage sitzen auf gemeinsamer, waagerechter Welle. Diese wird meist von einem an der Stirnwand der Trockenkammer befindlichen, direkt gekuppelten kleinen Motor angetrieben (siehe Abb. 148). Falls keine elektrische Kraft zur Verfügung steht, können die Ventilatorenwellen auch durch Riemen angetrieben werden. Um leicht an die Ventilatoren und Lager gelangen zu können, ist die Seitenwand aus abnehmbaren Türen gebildet. Die mit Pfeilen versehenen Linien (Abb. 150) zeigen, wie der Querluftstrom die Maschine durchfließt und die laufende Gewebebahn bestreicht. Die kühle Luft tritt bei der untersten Gewebelage ein und kühlt sie ab. Der Luftstrom wandert dann von Etage zu Etage aufsteigend durch die Maschine, wobei er sich immer mehr erwärmt und mit Feuchtigkeit belädt, bis er hochgesättigt ins Freie geführt wird. Die Trocknung der nassen Ware beginnt also in warmer Feuchtluft und endet in kühler Frischluft.

Abb. 148.

Abb. 149.

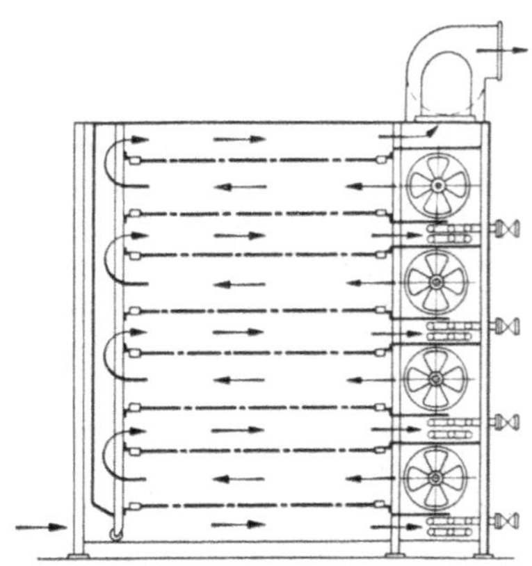

Abb. 150.

Abb. 148 bis 150. Spannrahmen-Trockenmaschine für Gewebe mit Querluftbewegung. (M. Rudolf Jahr, Gera.)

Abb. 151 veranschaulicht im Querschnitt eine Spannrahmen-Trockenmaschine mit Querluftbewegung und Stufentrocknung für feine Tuche, Kammgarngewebe und Halbwollstoffe. Jede Etage (Trockenstufe) hat ein eigenes Luftturbinenrad bzw. deren zwei und eine eigene Heizkammer (bzw. deren zwei) mit Frischluftzuführung, arbeitet also mit eigenem kreisenden Luftstrom von einer der Etage angepaßten Temperatur. Es bedeuten die Pfeile *1* durch große Feuchtigkeitsaufnahme abgekühlte heiße Luft, *2* heiße und nasse Luft, *3* warme und feuchte Luft, *4* kühle und trockene Luft, *5* kalte und frische Luft. Die Trockenluft bewegt sich lediglich in der Schußrichtung (Querluftbewegung). Alle Luftturbinenräder sind in einem Schacht untergebracht und werden gemeinschaftlich durch nur ein Vorgelege oder einen Elektromotor angetrieben. Die Abluft aus den unteren Etagen wird in der obersten Etage zum Antrocknen der nassen Tuche benutzt. Lange Luftleitungen außerhalb der Maschine sind vermieden, und somit auch Wärme- und Kraftverluste. Alle Heizkörper sind an eine Dampfverteilungs- und an eine Dampfwassersammelleitung angeschlossen. Der Antrieb der Maschine erfolgt durch eine vertikale Welle. Der Vorteil dieser Antriebsweise liegt darin, daß es möglich wird, einen unmittelbaren Antrieb von dieser Welle auf die einzelnen Etagen durchzuführen und die Maschine beliebig hoch zu bauen. Die Antriebswellen bleiben dabei verhältnismäßig kurz und haben geringen Lagerabstand. Die Antriebssäule besteht mit allen Lagern aus einem einzigen Gußstück. Das Gewicht der vertikalen Welle wird durch ein im Ölbad laufendes Spurlager (Kugellager) aufgenommen. Austreten von Schmieröl in den Heißluftraum ist nicht möglich. Die guten Erfahrungen, die man mit dem Antrieb der Maschine durch eine Vertikalwelle gemacht hat, hat dazu geführt, den Vertikalwellenantrieb auch für die Ventilatoren anzuwenden.

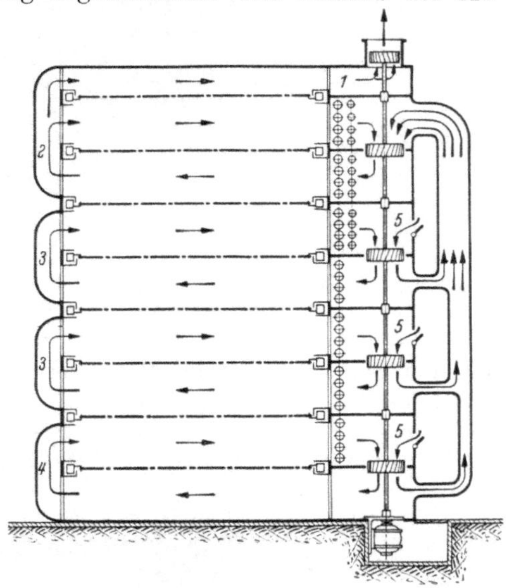

Abb. 151. Spannrahmentrockenmaschine mit Querluftbewegung für Gewebe. (H. Krantz, Aachen.)

Die Abb. 152 u. 153 zeigen in zwei Ausführungsformen einen sog. Pralluftspannrahmen. Das Einblasen der Heißluft erfolgt in der Schußrichtung des Gewebes und zwar von beiden Seiten. Die Frischluft wird in der untersten Etage angesaugt — wobei es überlassen bleibt, die dort liegenden Heizelemente abzuschalten und den Gewebelauf im Trockenraum als Kühlgang zu verwenden — und wandert von unten nach oben. Für den Abzug der verbrauchten feuchten Luft ist ein besonderer Absaugventilator über der obersten Etage der Maschine vorgesehen. Die Heizelemente sind beidseitig in den Längswänden der Maschine angeordnet und so unterteilt, daß sie je nach Bedarf an- und abschaltbar sind. Ihre Größe ist dem vorhandenen Dampfdruck und der Stufentrocknung angepaßt und ihre Anordnung so, daß sie einer leichten und bequemen Reinigung zugänglich sind. Die vor den Heizelementen liegenden Isolierplatten sind leicht abnehmbar eingerichtet. Für die Belüftung der Maschine werden Speziallüfterflügel verwendet, die in Kugellagern laufen. Auch sie sind beidseitig in den Seitenwänden der Maschine angeordnet. Den Antrieb der Lüfterflügel vermitteln zentrale Elektromotoren, unter Anwendung von Keilriemen. Da die nasseste Ware bekanntlich die heißeste Luft verträgt, wird in der obersten Etage (also beim Gewebeeinlauf) mit der höchsten Heißlufttemperatur an die Ware herangegangen. Nach den unteren

Etagen zu sinken die Temperaturen ab, da den angetrockneten Geweben zu hohe Temperaturen nicht zuträglich sind. In jedem Warengang sind elektrisch beleuchtete Heißluftthermometer eingebaut, um die Temperaturen jederzeit kontrollieren zu können. Die elektrischen Schalter für Ein- und Ausrückung der Maschine, des elektrischen Einführungsapparates und der Leistenausroller sind

Abb. 152. Spannrahmen-Trockenmaschine für Gewebe mit Querluftbewegung (Prallluft), mit 3 Etagen und 2 Trockenfeldern (DRP. 544 614). (C. H. Weisbach, Chemnitz.)

mit den Schaltern für den Reversiermotor zum Schmal- und Breitstellen der Maschine auf einer gemeinsamen Schalttafel am Arbeitsstand angeordnet. Ein Tachometer, sowie zwei Breitenmaßstäbe befinden sich an gut übersichtlicher Stelle. Aufnadelvorrichtungen, elektrischer Einführungsapparat, Leistenausroller,

Abb. 153. Spannrahmen-Trockenmaschine für Gewebe mit Querluftbewegung (Prallluft), 5 Etagen und 2 Trockenfeldern (DRP. 544 614). (C. H. Weisbach, Chemnitz.)

Kettenreinigungs- und Schmierapparate sind bequem und handlich angebracht, so daß ihre Wartung vom Arbeitsstand aus ohne Schwierigkeiten vorgenommen werden kann. Die Maschine wird zweckmäßig durch einen Regelmotor angetrieben, der durch einen Druckknopfschalter gesteuert wird, der sich auf einer besonderen Schalttafel am Arbeitsstand befindet. Bei Verwendung eines Antriebsmotors mit konstanter Drehzahl wird ein stufenlos regelbares Vorgelege zwischengeschaltet.

Die Antriebsübertragung auf die Kettenradwelle der Umkehrhaspeln erfolgt durch Präzisionsschneckengetriebe, die einen absolut sicheren und geräuschlosen Gang gewährleisten. Die Schmal- und Breitenstellung der Maschine bewirkt ein besonders hierfür vorgesehener Reversiermotor, unter Anwendung von kräftigen Gewindespindeln mit Rechts- und Linksgewinde.

Die Nadelkette ist in ihren einzelnen Gliedern durch besonders gehärtete Stahlbolzen (die in auswechselbaren Stahlbüchsen laufen) verbunden. Je nach der zu behandelnden Gewebeart werden die Kettenglieder mit ein- oder zweireihig benadelten Messingnadelleisten besetzt (s. Abb. 142 u. 143).

Unter dem Eingangsfeld werden im Bedarfsfalle zwei angetriebene Bürstenräder angeordnet, die von Zeit zu Zeit an die Nadelleisten der Kettenglieder derart angestellt werden, daß sie die Stahlnadeln von anhaftenden Fasern oder Schmutz befreien; letzterer wird in unterhalb der Bürstenräder angebrachten Mulden aufgefangen. Auch die Ketten selbst werden innerhalb gewisser Zeit-

Abb. 154.

Abb. 155.

Abb. 154 u. 155. Reinigungsbürsten für die Nadelleisten von Spannrahmen- und Trockenmaschinen. (C. H. Weisbach, Chemnitz.)

abschnitte selbsttätig gereinigt. Hierzu dient die in den Abb. 154 und 155 dargestellte Vorrichtung. Sie wird mechanisch vom Kettenlauf betätigt und arbeitet mit Druckdampf derart, daß der festsitzende Schmutz intensiv ab- bzw. ausgeblasen wird. Die Kette wird vollständig sauber und auf diese Weise außerordentlich geschont; eine saubere Kette liefert auch saubere, fleckenlose Ware. Eine Öldruckschmiervorrichtung sorgt gleichzeitig für eine gute Ölung der Ketten.

Der unter dem Namen Potentialtrockner eingeführte Querlufttrockner baut sich, wie die Abb. 156—158 erkennen lassen, von unten nach oben aus Aggregaten auf, deren jedes aus vier Gewebegassen besteht. Sie werden von in der Längsrichtung der Maschine reihenweise angeordneten Ventilatoren bedient, wobei jede Reihe die Trockenluft einer ihnen gemeinsamen Kammer entnimmt (Abb. 157), sie ungeteilt in zwei benachbarte mittlere Gassen einführt und nach dem Durchgang durch diese zwecks Vollendung des Luftkreislaufs durch die beiden äußeren Gassen, von denen je eine zu beiden Seiten der mittleren Gassen liegt, wieder aufnimmt (Abb. 158). Auf der den Ventilatoren gegenüberliegenden Seite sind Leitbleche vorgesehen, durch welche einem jeden in einem Aggregat kreisenden Luftstrom ein

Teil der Luft entnommen und in das nächsthöhere Aggregat übergeleitet wird (Abb. 158). Die Ventilatoren laufen in Leitringen, die an Leitbleche angeschlossen sind, durch die ein seitliches Abschleudern der Luftströme verhindert wird. Je-

Abb. 156.

Abb. 156—158. Spannrahmen-Trockenmaschinen mit Querluftbewegung, Kuppelmaschine & Absaugevorrichtung. (Kettling & Braun, Crimmitschau.)

der Ventilator hat Einzelantrieb. Die Motoren und Lager liegen gekühlt, gut zugänglich und außerhalb des Warmluftstromes.

Weiteres über Querlufttrockner enthalten die deutsche Patentschrift 522 629 und die amerik. Patentschrift 1 010 322.

Je nach Dicke, Schwere und Rohmaterial der Stoffe läßt man die Trockenmaschinen langsamer oder schneller laufen; in allen Fällen wird bisher der Gang der Trockenmaschinen gefühlsmäßig mit der Hand so eingestellt, daß das Gewebe nicht mehr naß, aber auch nicht zu trocken die Maschine verläßt. Da bei

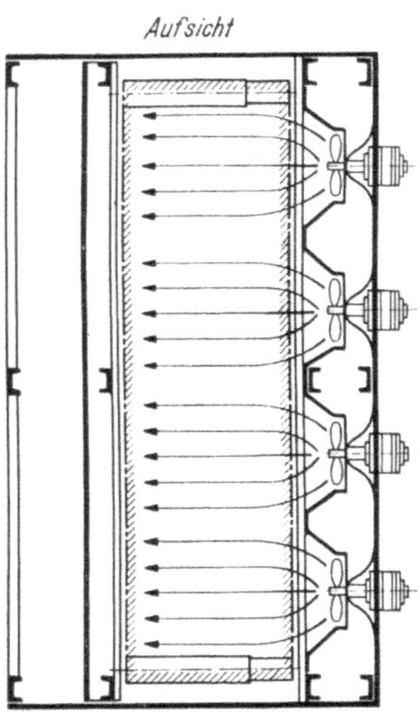

Abb. 157.

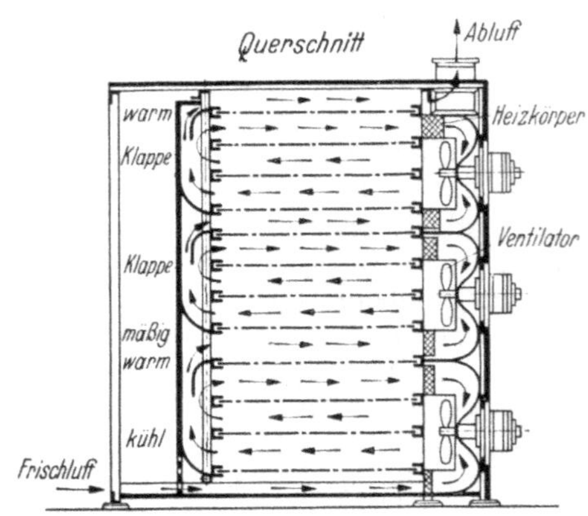

Abb. 158.

Schwankungen der Dampfspannung und bei ungleich entwässerten bzw. befeuchteten Geweben immer die Gefahr besteht, daß beim Verlassen der Maschine der Stoff nicht an allen Stellen einwandfrei trocken ist, pflegt man die Geschwindigkeit der Trockenmaschinen relativ klein einzustellen. Hierdurch vermeidet man ohne

Zweifel feuchte Stellen, aber es werden die Leistungsfähigkeit, der Dampfverbrauch und der Griff der Ware ungünstig beeinflußt. Diese offensichtlichen Mängel der Trockenmaschinen bekämpfen die Maschinenbauer mit mehr oder weniger gutem Erfolge, z. B. durch Dampfspannungsregler, Temperaturkontrollen, Temperaturregler, durch Einblasen feuchter Luft in die untersten Etagen, durch Regelung der Laufgeschwindigkeit des Gewebes mittels eines Feuchtigkeitsmessers in der Trockenkammer (DRP. 422033, 471664, 491584). Alle diese Maßnahmen lassen aber den Feuchtigkeitsgehalt des Gewebes, mit dem es die Trocken-

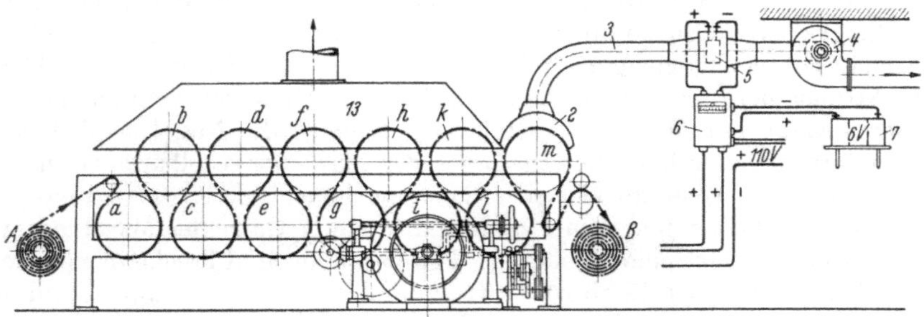

Abb. 159.

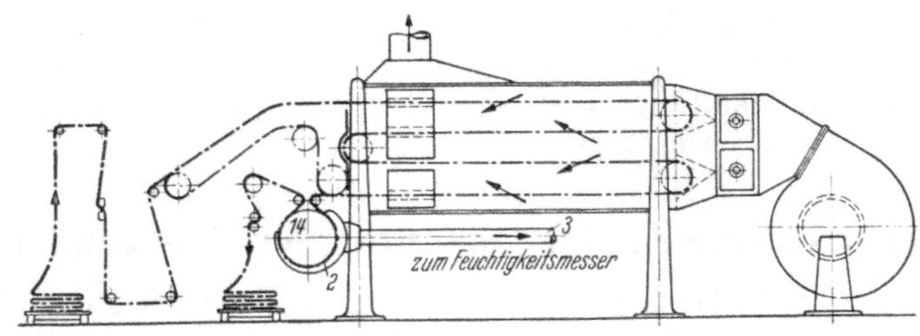

Abb. 160.

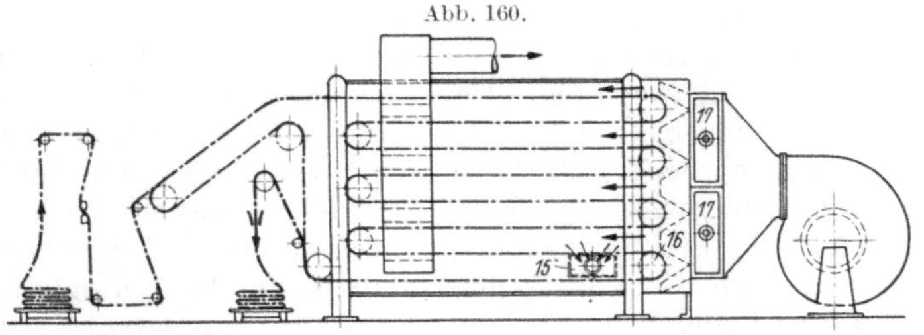

Abb. 161.

Abb. 159—161. Feuchtigkeitsmesser für aus Gewebetrockenmaschinen auslaufende Gewebe (DRP. 453 970). (C. H. Weisbach, Chemnitz.)

maschine verläßt, außer acht. Diesem Übelstand sollen Geschwindigkeitsregler nach dem DRP. 453970, 522917 (Krantz Söhne) und 581579 (Dicks-Haubold) abhelfen. Bei der Vorrichtung nach dem erstgenannten Patent von Weisbach wird die Feuchtigkeit des Gewebes kurz vor dem Verlassen der Trockenmaschine durch einen Feuchtigkeitsmesser ermittelt und bei zu großem, in gewissen Grenzen regelbarem Ausschlage des Feuchtigkeitsmessers ein elektrischer Stromkreis geschlossen, der selbsttätig bei zu geringer Feuchtigkeit eine schnellere Gangart, bei zu hoher Feuchtigkeit eine langsamere Gangart der Maschine durch ein sinnvoll durchdachtes, elektrodynamisches Getriebe einleitet. Diese Einrichtung läßt sich, wie aus den Abb. 159—161 hervorgeht, mit verhältnismäßig geringen

Kosten an jeder Trockenmaschine anbringen. Abb. 159 stellt eine Zylindertrockenmaschine mit zwölf Trockenzylindern *a* bis *m* dar. Über dem letzten Zylinder *m* ist eine besondere Haube *2* mit Abzugsrohr *3* angebracht, in dem bei *5* ein Feuchtigkeitsmesser eingebaut ist, der kräftig nach rechts ausschlägt, wenn sich über *m* noch Wrasen bildet, der durch den Exhaustor *4* und Rohr *3* angesaugt wird. Durch den Ausschlag nach rechts wird ein Stromkreis geschlossen. der Elektromagnete erregt, die auf einen Geschwindigkeitsregler derart einwirken, daß dieser einen langsameren Gang der Maschine einleitet. Der entgegengesetzte Fall tritt ein, wenn der Trockenprozeß schon vor dem Zylinder *m* beendet ist; dann schlägt die Nadel nach links aus, weil die vom Exhaustor angesaugte Luft zu trocken ist. Durch Ausschlag nach links wird ebenfalls ein Stromkreis geschlossen, der Elektromagnete erregt, die den Geschwindigkeitsregler veranlassen, einen schnelleren Gang der Maschine einzuleiten. Schlägt die Nadel schließlich nur wenig nach rechts oder links innerhalb des Bereichs einer regelbaren Grenze aus, so hat das Gewebe weder zu viel noch zu wenig Feuchtigkeit, es wird dann kein Stromkreis geschlossen und somit auch kein anderer Gang der Maschine eingeleitet. — Abb. 160 zeigt eine Zweietagen-Gewebespann- und Trockenmaschine mit Nachtrockenzylinder. Die Nachtrockentrommel *14* ist mit einer Haube *2* und einem Abzugsrohr *3* ausgestattet, in dem ein Feuchtigkeitsmesser eingebaut wird, der wie oben bei zu viel Feuchtigkeit eine langsamere und bei zu wenig Feuchtigkeit eine schnellere Gangart der Maschine veranlaßt. — Abb. 161 veranschaulicht eine Vieretagen-Gewebespann- und Trockenmaschine mit eingebautem Absaugekasten *15* in der untersten Etage, in dessen Abzugsrohr ebenfalls ein Feuchtigkeitsmesser eingebaut ist, der wie oben arbeitet.

f) Einführvorrichtungen für Spannrahmen-Trockenmaschinen.

Fast allgemein wird heute die mechanische Einführung des Gewebes in die Spannketten verwendet. Sie erhöht die Wirtschaftlichkeit der Maschine, da ein großer Teil menschlicher Bedienungskraft durch sie ersetzt wird.

Bei der Maschine nach Abb. 162 kommt eine selbsttätige Druckluft-Gewebeeinführvorrichtung zur Anwendung. Ihre, die Kanten oder Salleisten abfühlenden Tastvorrichtungen, sind auch für solche Gewebe geeignet, die infolge mangelhafter Kanten die mechanische Einführung sonst erschweren. Die Verstellvorrichtungen für die Spindeln der Einlaßwände kommen nur zur Wirkung, wenn die Abweichungen in der Breite des Gewebes ein bestimmtes Maß überschreiten. Dadurch wird vermieden, daß die Einlaßwände schon bei geringfügigen, für genaues Einführen belanglosen Abweichungen des Gewebes bewegt werden. Die Druckluftpumpe wird selbsttätig mit der Maschine in und außer Betrieb gesetzt; sie beeinflußt zugleich auch einen „Leistenwächter", der die Maschine selbsttätig stillsetzt, sobald die Spannketten auf der einen oder anderen Seite der Maschine ohne Ware in das Einlaßfeld einlaufen. Durch Einreißen entstehende Ausschußware kann also nicht in die Maschine gelangen. Die Gewebekante *G* läuft über eine kleine Auflageplatte *R*, die ihr als Stützpunkt dient. In deren Aussparungen schwingt in senkrechter Ebene der Taster *T*, der sich mit ganz leichtem Druck an die Gewebekante *G* anlegt und all ihren Bewegungen folgt. In den Verteilerkopf *VK* münden die Druckluftzuleitungen *1* von der Pumpe und zwei Ableitungen *2* und *3*, die beide durch Spiralschläuche mit dem Arbeitskolben *A* in Verbindung stehen. Sobald die Gleichmäßigkeit der Gewebeeinführung gefährdet ist, wird der Arbeitskolben *A* durch die Druckluftableitung in Bewegung gesetzt, indem er den mit ihm verbundenen Hebel *H*, das Reibrad *K*, mehrere Gegenräder und einen Kettenantrieb auf der in der Mitte geteilten Verstellspindel des Einlaßfeldes betätigt, wodurch die Gestellwände augenblicklich in ihre richtige Lage gebracht werden.

Bei der elektrischen Wareneinführvorrichtung nach Abb. 163 ist der die

Abb. 162. Selbsttätige Druckluft-Gewebeeinführvorrichtung. (C. G. Haubold A.-G., Chemnitz.)

Salleiste des Gewebes abfühlende Taster pendelartig so aufgehängt und im abgekröpften Schenkel so belastet, daß er sich mit sanftem Druck seitlich an die

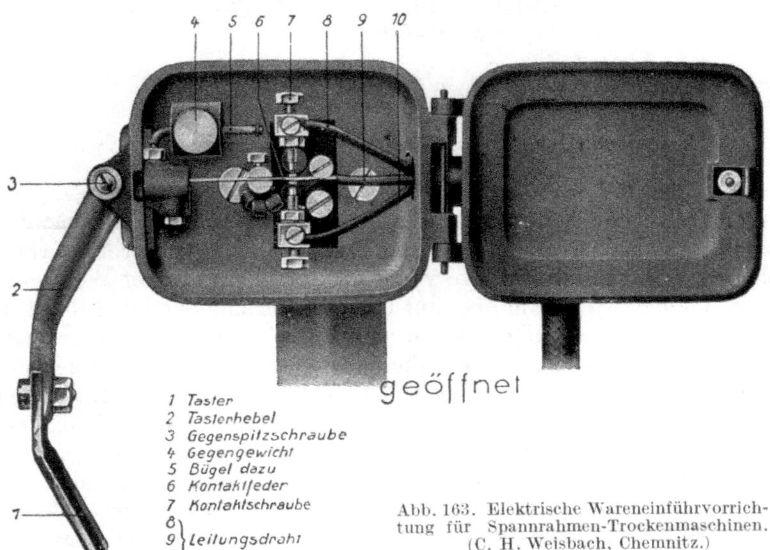

Abb. 163. Elektrische Wareneinführvorrichtung für Spannrahmen-Trockenmaschinen. (C. H. Weisbach, Chemnitz.)

Salleiste anlegt und ihr ohne weiteres folgen kann, sobald sie in ihrem Lauf vom normalen Gang abweicht. Schwingt der Taster *1* aus, so kommt eine mit ihm verbundene Zunge *6* mit einem von zwei Kontakten *7* in Berührung, was bewirkt, daß ein Stromkreis geschlossen wird, der seinerseits wieder eine von zwei Kupplungen schließt, welche mittels Schnüre auf Rillenscheiben wirken, die auf den beiden Hälften einer der Länge nach geteilten Gewindespindel sitzen. Empfangen die Gewindespindeln Drehbewegung, so erfahren die von ihnen getragenen Spannkettenführungen eine Verstellung nach außen oder innen, je nachdem, ob die Gewindespindeln zu einer Rechts- oder Linksdrehung veranlaßt wurden.

Vorrichtungen zur selbsttätigen Verstellung des Einführfeldes einer Spannrahmen-Trockenmaschine, bei denen weder Preßluft noch der elektrische Strom, sondern lediglich rein mechanisch wirkende Mittel für die Bewegung der Kettenführungswände zur Anwendung kommen, veranschaulichen die Abb. 164 und 165.

Abb. 164. Einführvorrichtung für Gewebe-Spannrahmen-Trockenmaschinen. System Grübe. (Gebr. Jacob, Gera.)

Der an der Salleiste des Gewebes anliegende, einseitig belastete Taster gibt bei der Vorrichtung nach Abb. 164 bei seiner Ausschwingung unter Mitwirkung eines Doppelhebels die eine oder andere von zwei auf gemeinsamer Welle axial verschiebbar sitzenden — mit ihr aber auf Drehung verbundenen und durch eine auf der Antriebswelle angeordnete Stirnkurvenscheibe zwangsweise ausgerückten und in der ausgerückten Stellung durch Hakenhebel gesperrten — Kupplungshälften für das Einrücken frei. Hierdurch wird, sobald diese mit der auf der gleichen Welle angeordneten, von der Antriebswelle aus durch ein Zahnrad in Drehung versetzten, axial aber nicht verschiebbaren Kupplungshälfte in Eingriff gekommen ist, die Kupplungswelle mit der Antriebswelle auf Drehung verbunden, was eine Drehung der Stellspindel für die verstellbaren Kettenführungswände zur Folge hat. Je nachdem, ob der Taster nach innen oder außen schwingt, wird die eine oder andere der beiden Kupplungshälften eingerückt und dadurch die Kupplungswelle von der Antriebswelle aus in Rechts- oder Linksdrehung versetzt; infolgedessen erhalten auch die Stellspindeln für die bewegliche Kettenführungswand Rechts- oder Linksdrehung, d.h. die Führungswand wird nach innen oder außen verstellt.

Das Wesen der mechanischen Gewebe-Einführungsvorrichtung nach Abb. 165 besteht in folgendem: Die Antriebswelle ist leicht schwenkbar in der Einlaßwange gelagert und wird durch einen Elektromotor oder durch eine Wellenleitung mittels eines Riemens in rasche Umdrehung versetzt (ca. 7000 Umdrehungen in der Minute). Sie trägt einen Reibballen, der gegen zwei Reibscheiben arbeiten kann, wodurch mittels Übertragung die Stellwelle für das Einführfeld bewegt wird. In der Ruhelage ist der Reibballen genau zwischen den Reibscheiben. Weicht aber die Warenkante zurück oder geht sie vor, so wird der Reibballen durch den Fühler mit einer der Reibscheiben in Verbindung gebracht, wodurch die Stellwelle so bewegt wird, daß die Warenkante von den Nadeln des Spannkettengliedes ergriffen werden kann.

Wesentlich abweichend sowohl hinsichtlich der Bau- als auch der Wirkungsweise von den vorstehend gekennzeichneten Gewebeeinführvorrichtungen sind diejenigen, bei denen die Salleisten des Gewebes durch zwei Paar Leitrollen laufen, die schräg zur Laufrichtung desselben stehen und infolgedessen breitspannend auf die Gewebebahn wirken. Jedes Leitrollenpaar wird aber durch einen ihm zugeordneten Taster außer Tätigkeit gesetzt, sobald die Salleiste diesen zur Ausschwingung bringt. Eine Vorrichtung dieser Art ist diejenige von Kay und Foxwell (DRP. 230 992 und engl. Patent 14 878/08). Bei ihr ist die untere der beiden Salleisten-Leitrollenpaare in der Höhenrichtung verstellbar, kann also der Oberrolle genähert oder von ihr entfernt, d. h. außer Tätigkeit gesetzt werden. Herbeigeführt wird diese Verstellung durch Druckluft, Vakuum oder Dampf.

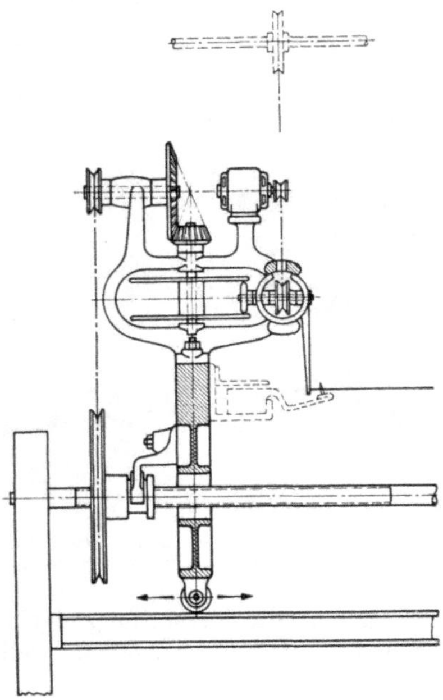

Abb. 165. Mechanische Gewebeeinführvorrichtung für Spannrahmen-Trockenmaschinen.

Vorrichtung zum lockeren und faltenreichen Einführen von Geweben in die Spannketten von Spannrahmen-Trockenmaschinen usw. Ein lockeres, fältchenreiches Aufnadeln des Gewebes mit seinen beiden Salleisten auf die Spannketten hat den Zweck, ein Schrumpfen der Gewebekette während des Breitspannens zu ermöglichen und so das richtige Spannungsverhältnis in der Bindung zwischen Kette und Schuß und damit ein Gewebe zu erzielen, das den höchsten Anforderungen an Elastizität und Krumpffreiheit entspricht[1].

Bei der in Abb. 166—167 wiedergegebenen Vorrichtung von Mathias Lenders in Aachen (DRP. 498353) erfolgt eine Zuführung des Gewebes *t* zu den Spannketten *a* mit Voreilung durch in die Leisten des Gewebes *t* eingreifende Nadelräder *c* und in dem unteren Winkelraum durch zwischen den voreilenden Zuführungsnadelrädern *c* und den nachfolgenden Einnadelbürsten *b* hineinragende, kurvenförmige Führungsstücke *d* für das Gewebe, über die das zwischen dem

[1] Vgl. hierzu die franz. Patentschrift 333182 sowie die DRP. 458322, 498353, 550492 und 556392.

Zuführungsnadelrad und der Einnadelbürste *b* laufende Gewebe zur Einnadelstelle geführt wird, um den Abstand zwischen Rad *c* und Bürste *b* so klein als möglich zu gestalten.

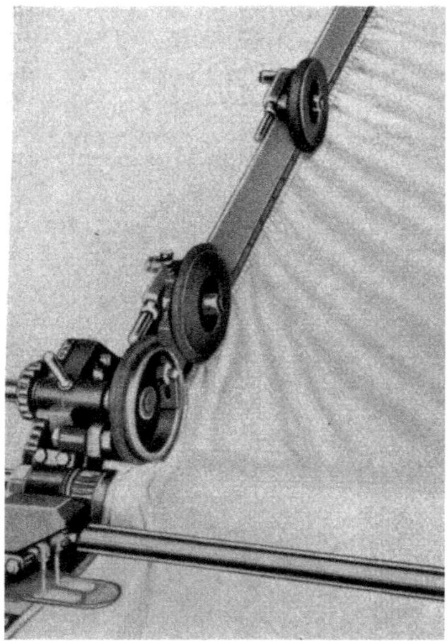

Abb. 166.

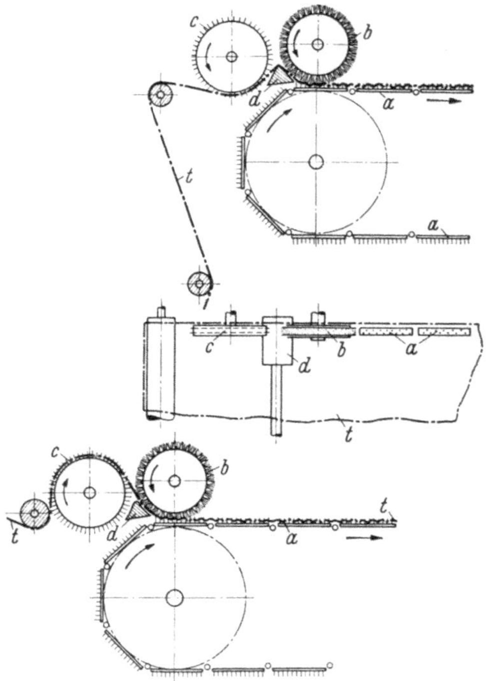

Abb. 167.

Abb. 166 u. 167. Vorrichtung zum lockeren und faltenreichen Einführen von Geweben in die Spannketten von Spannrahmen-Trockenmaschinen (DRP. 498 353). (Mathias Lenders, Aachen.)

Erfolgt die Verstellung der Spannketten durch eine Waren-Einführungsvorrichtung mit Tasterauslösung selbsttätig, so werden die voreilenden Förderräder unmittelbar hinter den Tastern angeordnet, da der Gewebeabschnitt vor den Tastern gespannt sein muß, um ein richtiges Arbeiten der Taster zu gewährleisten.

Dem Ausstreichen eingerollter Gewebekanten, dem Breithalten und gleichzeitigen Geradeführen laufender Gewebebahnen dient der sog. Kantenausroller. Abb. 168 zeigt einen solchen in Anwendung bei einer Gewebespannrahmen-Trockenmaschine. Er besteht aus zwei, zur Laufrichtung des Gewebes schräg stehenden, gerillten und durch das Gewebe drehbaren Walzenpaaren, bei denen die Walzenmäntel als Gewinde ausgebildet sind, die beim Umlaufen der Walzen ständig in Eingriff stehen. Die eingeschlagenen oder eingerollten Leisten — gleichgültig ob nach oben oder unten — werden zuverlässig, spannungs- und drucklos,

Abb. 168. Kantenausroller für Gewebebahnen. (C. G. Haubold A.-G., Chemnitz.)

also ohne Verzug des Gewebes ausgerollt, so daß die Gewebeleisten einwandfrei von der Spannkette erfaßt werden. Um die Ausrollwirkung zu steigern, wie es bei gewissen Waren unerläßlich ist, können die Walzenpaare einander noch mehr genähert werden. Die untere Walze ist festgelagert, die obere Walze der besseren Zugänglichkeit halber nach oben beweglich.

Ein besonderer Antrieb für den Kantenausroller ist nicht erforderlich.

Abb. 169. Hängetrockner für Trikotschlauchware oder auch für 2 bzw. 3 Warenbahnen nebeneinander. (Ernst Geßner, A.-G., Aue.)

g) Trocknen der Wirkwaren.

Die Wahl der Trockenmaschinen für Wirkwaren wird beeinflußt von der Art der Ware selbst. Für schlauchförmige Wirkwaren in Gestalt von Stückware kommen im allgemeinen Hängetrockner oder Trockner zur Verwendung, bei denen die Warmluft in den Warenschlauch und durch ihn hindurchgetrieben wird. Das Trocknen regulärer Warenstücke, als welche in der Hauptsache Strümpfe, Socken und Handschuhe in Frage kommen, erfolgt auf Formen (vgl. hierzu auch Bd. IV, 3, S. 614 ds. Technologie).

Einen Hängetrockner für schlauchförmige Wirkwaren oder zwei bzw. drei

Abb. 170. Hängetrockner für Trikotschlauchware oder auch für 2 bzw. 3 Warenbahnen nebeneinander. (Ernst Geßner, A.-G., Aue.)

Warenbahnen nebeneinander veranschaulichen die Abb. 169 u. 170. Die eigentliche Trockenkammer besteht aus einem schmiedeeisernem Rahmenwerk, dessen Außenwandungen mit gepreßten Korksteinplatten mit innerer Blechverkleidung abgedeckt sind. Die Holzdecke ist außerdem noch so überdeckt, daß größter Wärmeschutz und vollkommenste Sauberkeit des Trockenraumes gewährleistet sind. Die Glieder der Hängekette sind so untereinander verbunden, daß man die Kette in leichter Weise schließen oder einzelne Glieder derselben bequem und ohne Umstände einsetzen oder herausnehmen kann. Der Kettenlauf ist derart eingerichtet, daß die Ketten nach der Ausgangsseite der Maschine zu Laufgefälle besitzen, wodurch das Gewicht der belasteten Ketten selbst mit transportierend wirkt und die Betriebskraft verringert wird. Die Trockenstäbe werden als nahtlose, aus einem Stück gezogene, starke Stahlrohre ausgeführt und vorteilhaft als feuerverzinkte Sechskantstäbe ausgebildet. Ein Abgleiten der Hängen von den Stäben wird so vermieden. Die zur Behandlung kommenden Waren werden je nach Breite derselben bzw. der Maschine in 1, 2 oder 3 Parallelbahnen durch eine automatische Einhängvorrichtung eingeführt. Die Stabkette wälzt die Stoffbahn im Verhältnis 1:2,5 bis 1:5 zur Gesamtkanallänge um, so daß auch bei dem kürzesten Trockenkanal eine einmalige Wendung der Schleife eintritt und damit die Gewähr gegeben ist, daß das anfangs zu unterst hängende Schleifenstück nach einiger Zeit nach oben auf dem Stab zu liegen kommt. Dieses Wenden bzw. Abwälzen der Stoffbahn bietet den weiteren Vorzug, daß sich an den Auflagestellen keine Abdrücke bilden können. Das Abwälzen wird dadurch erreicht, daß jeder einzelne Trockenstab seitlich mit einem Kettenrad versehen und der Stab leicht drehbar im Tragglied der Stabkette gelagert ist. Die Kettenräder der Stäbe greifen in eine darunter stilliegende Rollenkette und wälzen sich beim Lauf durch die Maschine an derselben ab; durch diese Drehung der Trockenstäbe wird die Ware fortgeschaltet. Das Trockenverfahren beruht auf der Anwendung der Gegenstromluftumwälzung.

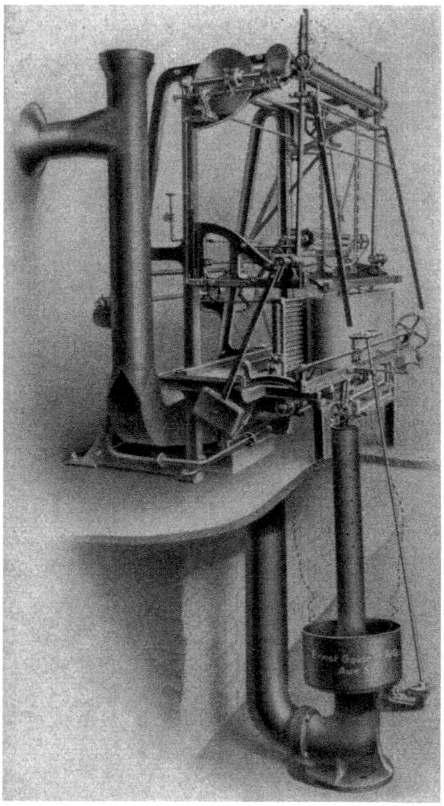

Abb. 171. Trockenmaschine zum Dämpfen, Glätten, Trocknen, Ausbreiten und Aufwickeln von Trikotschlauchware. (Ernst Geßner, A.-G., Aue.)

Eine Maschine für das Trocknen schlauchförmiger Wirkwaren durch Einblasen von Heißluft in den geöffneten Warenschlauch zeigt Abb. 171. Die hier dargestellte Maschine dient aber weiter auch zum Dämpfen, Glätten, Ausbreiten und Aufwickeln. Im Oberteil des Maschinengestells ist eine Aufwickelvorrichtung untergebracht, deren Wickelgeschwindigkeit mittels eines Friktionsscheibengetriebes geregelt werden kann. Unter dieser Aufwickelvorrichtung befinden sich ein Einführhaspel und eine aus zwei Heizkörpern mit je 15 kupfernen Heizröhren bestehende Dekatiervorrichtung, die durch Spindel und Handrad der Schlauchweite entsprechend eingestellt werden kann. Zwei unter der Dekatiervorrichtung vorgesehene Rundbürsten fördern beim Beschicken der Maschine die Ware in den am Boden vorgesehenen Drehtopf. Er nimmt die nasse Ware auf, ist mit einem auf dem Boden sitzenden, zentralen, gelochten Rohr ausgestattet, in welches das der Heißluftzuführung dienende, von einem Kalorifer kommende Rohr einmündet. Im Innern des gelochten Rohres befindet sich eine über die Dekatiervorrichtung hinausragende Spindel, an deren oberem freien Ende ein verstellbarer Ausbreiter befestigt ist. Der Drehtopf kann von der Vorderseite der Maschine aus eingestellt werden, um den Ablauf der Ware aus ihm zu regeln und so ihr maschengerades Aufwickeln zu ermöglichen. Die Ware passiert bei ihrem Lauf aus dem Drehtopf, dem Warenkessel, nach oben die Glätt- und Dekatiervorrichtung, erhält durch die eisernen Rohre der ersteren eine besondere Glätte und durch das Verdampfen der noch in der Ware befindlichen Feuchtigkeit eine gute Dekatur. Um ein leichtes und bequemes Einlegen und Abnehmen des fertigen Warenwickels zu ermöglichen, läßt sich die vordere, obere Transportwalze mit ihren Traghebeln nach vorn in eine horizontale Lage umlegen.

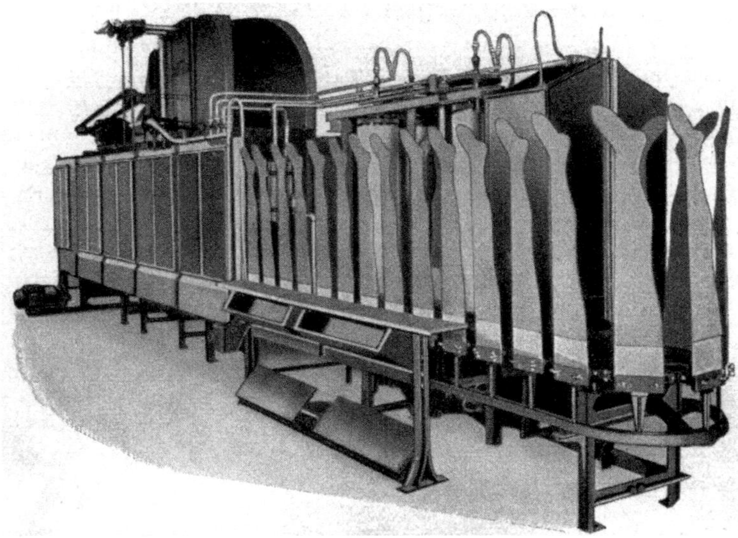

Abb. 172. Strumpfform- und Appretiermaschine. (Fritz Schuster, Chemnitz.)

Die im Laufe der Zeit gesammelten fachmännischen Erfahrungen haben gelehrt, daß die Strümpfe bei der Behandlung auf direkt beheizten Metallformen oder im Formofen zu leicht trocknen, dadurch spröde werden und einen harten Griff bekommen. Um dies zu vermeiden und die Faser des verarbeiteten Materials nicht nachteilig zu verändern, sondern in ihrem Urzustand zu erhalten bzw. in denselben zurückzuversetzen und der fertigen Ware dadurch einen weichen Griff sowie das denkbar beste Aussehen zu verleihen, erwies sich eine diesen Umständen rechnungtragende Behandlung der Strümpfe als nötig; diese soll mit der in Abb. 172 wiedergegebenen Vorrichtung erreicht werden. Die Strümpfe werden trocken auf die nicht beheizten, von einem laufenden Band aufrecht stehend getragenen, massiven Metallformen gezogen. Das nunmehr sich anschließende Befeuchten der Strümpfe mit kaltem oder warmem Wasser mittels Vernebelungsdüsen sowie das hierauf folgende Trocknen und Formen geschehen vollkommen automatisch bei nur geringer Wärme, jedoch starker Luftbewegung, die ein Ventilator in Verbindung mit einem Heizkalorifer erzeugt. Hierbei kommen drei hintereinander angeordnete Walzenpaare zur Anwendung, von denen die beiden ersten mit einen dicken, besonders weichen Gummibelag versehen sind, durch den die in der Befeuchtungskammer vollkommen durchnäßten Strümpfe, ähnlich wie mit einer Ringmaschine, von überflüssigen Wasser befreit werden. Das dritte Walzenpaar, welches mit Filz bezogen und durch Dampf beheizt ist, dient zum Bügeln der entnäßten Strümpfe. Der Weg zwischen der Befeuchtungsstelle für die Strümpfe und dem ersten Gummiwalzenpaar ist so bemessen, daß sich in den genäßten Strümpfen auf der Form das Quellvermögen der Gespinstfaser in höchster Vollendung auswirken kann. Auf diese Weise soll durch restlose Beseitigung aller etwa vorhandenen Schwielen, Fingerabdrücke usw. eine möglichst vollkommene Veredlung der Strümpfe erreicht werden.

X. Bedrucken[1].

a) Kammzugdruck (Vigoureuxdruck)[2].

Die ersten Angaben über das Bedrucken von Faserbändern, insbesondere Kammzug, finden sich in den englischen Patentbeschreibungen Nr. 913 und 1085 aus dem Jahre 1863, sowie der französischen Patentschrift Nr. 57991 aus dem gleichen Jahre und stammen von Stanislas Vigoureux, St. Dénis bei Paris.

Die durch Seifen sorgfältig entfetteten und gereinigten, von Spulen ablaufenden Kammzugbänder, gewöhnlich 16 an Zahl, werden nebeneinanderliegend auf einem Nadelstabstreckwerk (Gilbox), einem sog. Kämmwerk verstreckt, zu einem gleichmäßigen Vlies ausgebreitet und so durch das Druckwerk geführt. Es besteht, wie Abb. 173 erkennen läßt, aus einer Walze mit rippenartigen Erhöhungen, die farbige Querstreifen auf dem wandernden Faserband ergeben.

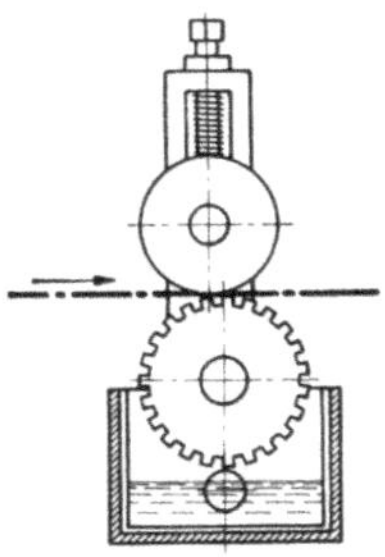

Abb. 173. Vorrichtung zum streifenförmigen Bedrucken von Kammzug.

Abb. 174. Streifendruck mit sich überschneidenden Farbstreifen auf Kammzug.

An Stelle eines Streifendrucks in nur einer Farbe können auch Querstreifen in verschiedenen Farben oder auch sich überschneidende Schrägstreifen aufgedruckt werden, wie dies z.B. Abb. 174 erkennen läßt. In diesen Fällen genügt natürlich eine Druckwalze nicht, sondern es müssen deren mehrere nacheinander zur Wirkung gebracht werden.

Alfred Benn in Clayton, County of York, hat im Jahre 1880 in der englischen Patentschrift Nr. 3017 eine Maschine zum Bedrucken von Faserbändern in Vorschlag gebracht, welche das Auftragen mehrerer, verschiedener Farben auf ein Faserband in einem Arbeitsgange ermöglichen soll. Die besondere Einrichtung

[1] Ristenpart: Die Druckerei, Teil 6 der Chemischen Technologie der Gespinstfasern, Berlin 1934. — Axmacher: Prakt. Führer durch den Zeugdruck, Hannover 1908 und Herzog: Technologie der Textilfasern, Bd. IV, 3.

[2] Vgl. hierzu Lehnes Färberztg. 1892/93; Dinglers polyt. J. 1896.

dieser Maschine ergibt sich aus der Abb. 175 und ist folgende: Die einzelnen Faserbänder laufen durch eine Nadelstabstrecke, werden durch diese in bekannter Weise verstreckt und so in ein gleichmäßiges breites Band A verwandelt. Dieses geht durch die Preßwalzen B über den Tisch C zu dem ersten Paar Druckwalzen GF. Die mit parallel oder schräg zur Achse verlaufenden Druckleisten ausgestattete Druckwalze G empfängt ihren Antrieb von der Strecke aus und überträgt ihre Drehbewegung durch die Zahnräder I auf die Farbwalze F, gegen welche sie unter nachstellbarem Druck angepreßt wird. Die Walze F empfängt die Farbe durch die durch Reibung im Farbbottich E in Umlauf gesetzte Auftragwalze D, während die ebenfalls unter regulierbarem Druck stehende Walze H alle überschüssige Farbe abnimmt und verteilt. Nachdem das Faserband zwischen dem ersten Walzenpaar GF mit dem ersten Aufdruck versehen worden ist, gelangt es über die Leitwalze K zu dem zweiten Walzenpaar G_1F_1, wird hier abermals bedruckt und verläßt, wenn weitere Druckwerke nicht vorgesehen sind, die Maschine durch das endlose Tuch L. Die Druckwalzen G_1F_1 entsprechen in ihrer Ausführung den Walzen GF und empfangen ihren Antrieb durch das Rädergetriebe M. Die Farbtröge E können gegenüber den Farbauftragwalzen D gehoben und gesenkt werden, um die Menge der aufzutragenden Farbe zu regulieren.

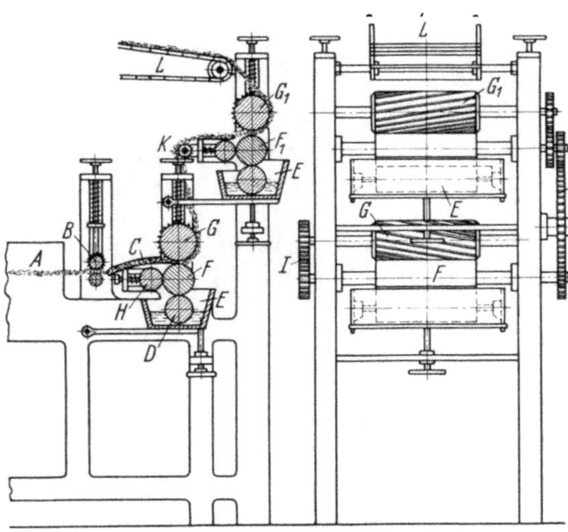

Abb. 175. Maschine zum Bedrucken von Faserbändern mit mehreren Farben. (Benn, Engl. Pat. 3017/1880.)

Jules Florin-Leclercq in Roubaix will die durch Anwendung einer Strecke vor den Druckorganen sich ergebenden Nachteile (Abfälle, Zerreißen der Bänder usw.) dadurch vermeiden, daß er die in die Maschine einlaufenden Faserbänder mittels in Schwingung versetzter Zellen vergleichmäßigt und so für den Druck vorbereitet. Die Maschine besitzt nach dem DRP. Kl. 8 Nr. 67729 und Schweizer Patent Nr. 6815 die aus Abb. 176 ersichtliche Einrichtung und arbeitet auf folgende Weise: Die durch Abwickelung der Spulen erhaltenen Bänder werden durch die rechteckigen Zellen zweier fester Leisten I und I_1 und einen Schüttler hindurchgeführt, welcher aus zwei Leisten H gebildet wird, die mit zwei auf einer Welle N sitzenden Gleitschiebern L versehen sind. Diese Welle steht unter Vermittlung der Kurbeln P mit zwei rotierenden Scheiben S, welche in verstellbaren Gleitbacken T gelagert sind, derart in Verbindung, daß den Bändern U in schneller Aufeinanderfolge senkrechte Stöße mitgeteilt werden, die den Zweck haben, das Band zu verbreitern und derartig abzuplatten, daß man ein gleichmäßig starkes Vlies erhält. Der Antrieb des Schüttlers geschieht durch die Schnurscheiben W, Scheiben Z und Z_1, sowie die Zahnräder *13* und *14*. Von dem Schüttler aus gehen die Vliesbänder zwischen den Walzen M, M_1 und M_2, welche das Vlies zusammendrücken, hindurch zu dem ersten Druckwalzenpaar, das aus einer glatten Walze A und einer kannelierten Walze B besteht. Die untere Seite des Bandes wird infolgedessen von den Leisten der kannelierten

Walze an die Preßwalze A gedruckt. Nach diesem Durchgang biegt sich das Band um und geht durch das zweite Farbwalzenpaar hindurch, welches aus der glatten Walze E und einer kannelierten Walze besteht und die obere Seite des Bandes mit streifenförmigen Farbstellen versieht. Die bogenförmige Bewegung, welche das Band beim Übergang von dem ersten Walzenpaar zu dem zweiten annehmen muß, hat den Zweck, die Abplattung des Bandes auf der unteren Seite zu verhindern, welche durch das Eingehen der Fasern nach dem ersten Auftragen des Farbmittels, zusammen mit dem Ausbauchen auf der anderen Seite entsteht. Auf diese Weise wird die Farbabgabe auf beiden Seiten des Faservlieses genau an denselben Stellen erzielt. Die Preßwalzen A und E erhalten den Farbstoff von zwei Farbwalzen Y und G, welche mit diesen in einem festen Gestell gelagert sind und deren Druck durch Preßvorrichtungen $R\,Q$ reguliert werden kann, welche beim Ver-

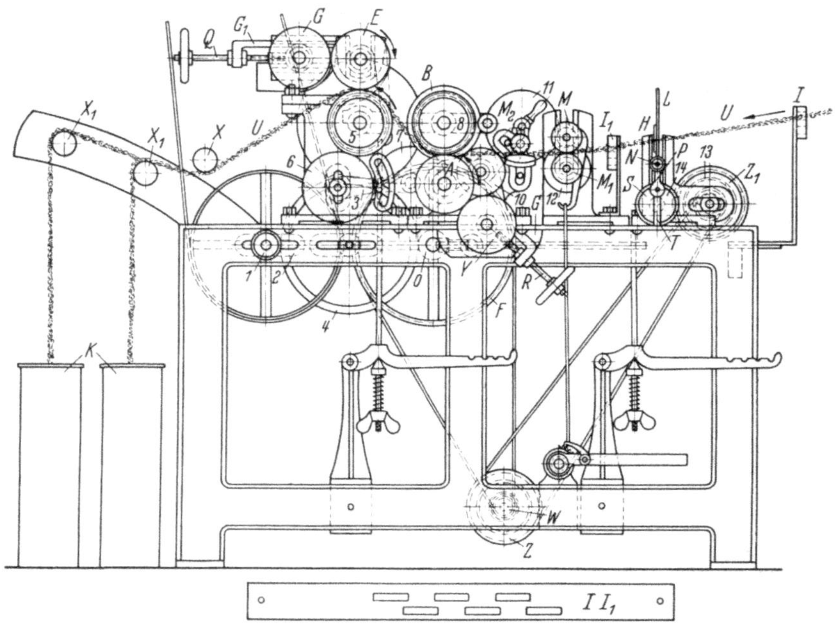

Abb. 176. Maschine zum Bedrucken von Faserbändern. (Leclercq, DRP. 67 729.)

stellen der Walzen A und E die Farbwalzen Y und G mit versetzen, so daß eine stets gleichmäßige Farbabgabe erreicht wird. Da die Rippen der Druckwalzen die Teile des Faserbandes oder Vlieses, welche sich an sie anlegen, herauspressen, ist es klar, daß die Farbe auf die erhabenen Teile der Bänder gelangt, während die weißen Stellen auf den Bändern den Rillen in den Walzen entsprechen. Beim Verlassen der Druckwalzen wird das gefärbte oder bedruckte Vlies über verschiedene Walzen X und X_1 geführt, was die Trennung der einzelnen Bänder voneinander und ihre Abgabe in die verschiedenen Kannen $K\,K$ bewirkt und Verschlingungen verhindert. Der Antrieb der einzelnen Organe der Maschine erfolgt unter Vermittelung der Zahnräder *0, 1, 2, 3, 4, 5, 6, 7, 8, 9, 10, 11, 12*; die Preßwalzen werden durch die zwischen ihnen und den kannelierten Walzen vorhandene Reibung in Drehung versetzt. Diese Anordnung ermöglicht, das Band regelmäßig zuzuführen, da die kannelierte aus Metall bestehende Walze einen unveränderlichen Durchmesser besitzt, während die Druckwalze, der Stärke ihres Belages aus Kautschuk, Guttapercha, Tuch usw. entsprechend, ihren Durchmesser ändert.

Zur Schonung der noch nicht trockenen Farben legt man vielfach in die Drehkannen großmaschige Netze, mittels deren man den Zug leicht herausheben kann. Durch Dämpfen werden die aufgedruckten Farben fixiert, und dann die Faserbänder gewaschen und geseift.

b) Garndruck.

Der Garndruck kommt für die Buntweberei, die Teppichfabrikation, für die Herstellung der Wirkwaren und Phantasieartikel zur Anwendung. Die bei seiner Ausführung verwendeten Verfahren lehnen sich eng an die bei der Durchführung des Gewebedrucks gebrauchten an. Die in Betracht kommenden Kammgarne, Teppichgarne, Strickgarne usw. müssen vor dem Bedrucken je nach den Um-

Abb. 177. Kettengarn-Druckmaschine. (Robert Hall & Sons, Bury.)

ständen gereinigt, gebleicht und gechlort werden. Nach erfolgtem Bleichen wird gewaschen, geschleudert und getrocknet. Durch Zugabe von etwas Glyzerin zum Spülwasser wird die Aufnahmefähigkeit des Garnes für die Druckfarben erhöht. Sog. Teppichgarne werden gewöhnlich nur gebrüht und entfettet.

Das Bedrucken der Garne für die Buntweberei, die Wirkerei usw. erfolgt auf den gleichen Maschinen, wie sie beim Bedrucken der Baumwollgarne gebräuchlich und in Bd. IV, 3, S. 615 ff. dieser Technologie beschrieben sind. Die Garne werden in Strahnform über Walzen gespannt, mit Hilfe deren sie umgezogen und der Wirkung der Druckwalzen ausgesetzt werden können, die mit parallel zur Achse verlaufenden Druckleisten oder mit Druckringen ausgestattet sind.

Für das Bedrucken der in der Teppichweberei bei der Herstellung der Tapestryteppiche verwendeten Polkette (Teppichgarne) sind viele Verfahren in Vorschlag gebracht worden. Von ihnen ist das Bedrucken der Garne mittels sog. Trommeldruckmaschinen wohl das bekannteste und meisteingeführte. Die gewöhnliche Trommeldruckmaschine besitzt eine auf waagerecht liegender, drehbar gelagerter Achse sitzende zylindrische Trommel (s. Abb. 177), deren Umfang der benötigten Kettenlänge entsprechen muß. Beispielsweise erfordert die Herstellung eines 3 m langen Teppichs eine Polkette von 6 m Länge, also eine Trommel von 6 m Umfang unter der Voraussetzung, daß die Kette 1:2 einwebt. Für die Herstellung eines Teppichs von 3 m Länge ist beim Einweben der Polkette im Verhältnis 1:4 eine Drucktrommel von 12 m Umfang erforderlich. Eine Teppichfabrik, die sog. Kettendruckteppiche herstellt, braucht demnach soviel verschiedene Drucktrommeln, als sie Kettenlängen bedrucken muß. Dabei ist jedoch zu beachten, daß auf einer Drucktrommel von z. B. 12 m Umfang auch zwei Ketten von je 6 m oder drei Ketten von je 4 m oder endlich vier Ketten von je 3 m Länge gleichzeitig bedruckt werden können. Die Drucktrommel besteht im allgemeinen aus einem Eisengestell mit Holzbelag; ihre Arbeitsbreite beträgt gewöhnlich 1 m. Sie kann durch motorische Kraft (Riemenantrieb) oder auch durch ein Handrad in Drehung versetzt werden. Soll die Maschine in Gang kommen, so wird die Trommel mit einem Schutztuch (Wachstuch) bespannt und auf dieses unter Verwendung motorischen Antriebes und seitwärts fortschreitender Fadenführer die zu bedruckenden Fäden in dicht aneinanderliegenden, schraubengangartigen Windungen so aufgewunden, daß sie den durch das Wachstuch geschützten Trommelmantel bedecken. Bei dieser Aufwindung läuft nun nicht nur ein Faden auf sondern gleichzeitig deren mehrere in Abständen voneinander.

Ebenso wie der Umfang der Drucktrommel, sind auch die Zahl der auf sie aufgelegten Fäden und die Zahl der aus jedem Faden gebildeten Windungen abhängig von der Zahl der herzustellenden Teppiche. Ist die Drucktrommel mit der Fadendecke versehen, so erfolgt der Druck: er besteht in dem Auftragen von quer über die Fadenbahn laufenden Farbstreifen, deren Breite der Länge einer Polschleife, bzw. dem Vierfachen einer solchen entspricht. Als Druckwerkzeuge kommen scheibenartige Gebilde, sog. Druckrollen, zur Anwendung, von denen eine jede frei drehbar in einem kleinen Farbtrog gelagert ist. Die Farbtröge, deren Zahl derjenigen der mustergemäß erforderlichen Farben entspricht, enthalten die in dickflüssigem Zustand aufzutragenden Farben und werden unterhalb der Drucktrommel auf einem Geleis, parallel zur Trommelachse, mechanisch in der richtigen Folge durch einen Schnurzug hin- und herbewegt. Geschieht dies, so wälzen sich die Druckrollen, deren Breite der Polschleifenlänge entspricht, unter elastischem Druck auf dem auf die Trommel aufgespannten Garn ab und übertragen die aus dem Trog aufgenommene Farbe auf dieses. Nach jedem Durchgang des Druckwagens wird die Drucktrommel vermittels des Handrades so gedreht, daß genau nach Vorschrift einer Patrone eine andere zu bedruckende Stelle der Fadenbahn in die Tiefstellung, also über die Druckrollenbahn kommt. Die Drucktrommel ist zu diesem Zweck an der Seite mit einem Zahnkranz versehen, in den eine Sperrklinke eingreift. Die Teilung des Zahnkranzes entspricht der Breite der Druckrolle; infolgedessen wird die Trommeloberfläche um die Breite eines Druckstreifens weitergedreht, sobald die Trommel um eine Zahnteilung weiter geschaltet wird. Gewöhnlich beginnt man beim Drucken mit der hellsten Farbe und bedruckt mit ihr alle Stellen auf dem Trommelumfang, die diese Farbe erhalten sollen. Dann wechselt man den Farbkasten nebst Druckrolle gegen einen mit anderer Farbe aus, ihm folgt ein dritter usw., bis alle vorgeschriebenen Farben ausgedruckt und damit die auf die Trommel aufgespannten Fäden auf dem ganzen Umfang mit Farbstreifen bedeckt sind. Nach Beendigung des Druckes wird die zu viel aufgetragene Farbe mittels einer Rakel ab- und die auf dem Garn verbliebene Farbe in dieses eingestrichen. Dann wird das Garn abgenommen und gedämpft. Zwecks Abnahme des Garnes muß es erst entspannt werden, weshalb mittels eines Getriebes ein Teilsektor des Trommelmantels nach innen geschwenkt wird, wie dies Abb. 177 erkennen läßt. Ist die Entspannung durchgeführt, so wird das eine Lager der Trommelachse entfernt und es können dann die die Polkettenfäden in einfacher oder mehrfacher Länge enthaltenden Garnringe von der Trommel abgezogen werden.

Wesentlich verschieden von der vorstehend erläuterten Trommeldruckmaschine für Garne, und zwar sowohl hinsichtlich der Bau- als auch der Arbeitsweise sind diejenigen Maschinen, bei denen keine ortsfest gelagerte, der Aufnahme des Garnes dienende zylindrische Trommel, sondern eine axial verschiebbar gelagerte, vierseitige Trommel zur Anwendung kommt. Sie ruht drehbar in einem schlittenartigen Gestell, das zum Zwecke des Farbauftragens auf einer Geleisbahn über eine Reihe von einander folgenden Farbkästen hinweggeführt wird, deren Länge der Breite einer Trommelseite entspricht und deren jeder in sich wieder durch Querwände unterteilt ist. In diesen Unterabteilungen laufen die Farbauftragrollen. Jede derselben wird von einem zweiarmigen Hebel getragen, dessen freies Ende an die Litze einer Mustermaschine (Jacquardmaschine) angeschlossen ist. Mit Hilfe dieser werden bei Ausführung eines Druckes in jedem Farbkasten eine bestimmte Anzahl Farbrollen so weit angehoben, daß sie mit dem auf die Trommel aufgewickelten Garn in Berührung kommen, sobald die Trommel auf der Schienenbahn über die Farbkästen hinwegbewegt wird. Die Gesamtbreite aller ausgehobenen Farbrollen ist gleich der Breite einer Trommelseite; es wird infolgedessen bei jedem Trommelschub eine Garnlänge bedruckt. Nach der Ausführung eines Druckes erfährt die Trommel eine Schaltung um 90°, und der Arbeitsgang wiederholt sich. Nach viermaliger Schaltung ist die ganze aufgewickelte Garnlänge bedruckt. Hierin liegt der große Unterschied gegenüber der Arbeitsweise der Trommeldruckmaschinen mit zylindrischer Trommel; bei ihnen erfolgt eine Trommelschaltung nach dem Auftragen eines jeden Farbstreifens, ganz abgesehen davon, daß der Farbwechsel ein Auswechseln der Farbkästen mit ihren Rollen erfordert.

c) Bedrucken der Gewebe.

Der Gewebedruck kommt zur Anwendung nur als sog. direkter Druck oder in Verbindung mit dem Ausfärben. Im letzteren Falle ist eine große Vielseitigkeit hinsichtlich der Art der Mustererzeugung gegeben; genannt seien nur der sog. Beizdruck, der Ätzdruck und der Reservedruck. Vor der Durchführung des Druckverfahrens werden die Gewebe, soweit erforderlich, einer Vorappretur unterzogen; sie besteht gewöhnlich im Sengen, Bürsten, Seifen, Waschen, Bleichen, Chloren, Grundieren usw. An diese Vorappretur schließt sich eine Vorbereitung an, die durch das nachfolgende Druckverfahren bestimmt wird.

Ausgeführt wird der Druck als Handdruck oder Maschinendruck.

Der Handdruck wird als direkter Druck, Ätz- und Reservedruck noch sehr viel sowohl auf Stückware als auch auf Tücher ausgeübt. Auch der Fahnendruck, Wollplüschdruck und die Herstellung zweifarbiger Hutstumpen gehören hierher. Das Auftragen der Farben usw. auf das auf einem mit Tuch überzogenen Tisch ausgebreitete Gewebe erfolgt absatzweise unter Verwendung von Druckformen (Klotz oder Modell), die das Muster im Relief aufweisen und zwecks Einfärbens desselben auf ein in einen Rahmen eingespanntes, mit der Druckfarbe getränktes Tuch aufgesetzt werden (vgl. hierzu Bd. IV, 3, S. 615 u. f. dieser Technologie). Durch das absatzweise Auftragen entstehen leicht sog. Überfallstellen. Beim direkten Druck läßt es sich durch Auswahl geeigneter Farben erreichen, daß diese Überfallstellen nicht stören.

Der Maschinendruck ist Perrotinendruck oder Walzendruck. Der Perrotinendruck (nach dem Erfinder Perrot benannt) stellt eine Übertragung des Handdrucks auf die Maschine dar, indem die ortsfesten Druckplatten, deren Breite der des Gewebes entspricht, mechanisch durch Aufsetzen auf ein Farbkissen mit dem Druckmittel versehen und mechanisch auf das Gewebe aufgesetzt bzw. aufgepreßt werden (vgl. hierzu Bd. IV, 3, S. 618ff. dieser Technologie).

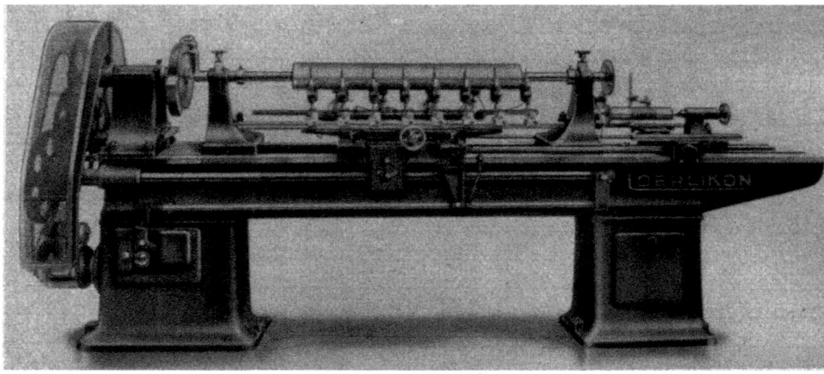

Abb. 178.

Der Walzendruck wird heute ausgeführt als Tiefdruck oder als Hochdruck (Reliefdruck); den ersteren bezeichnet man gewöhnlich als Rouleauxdruck. Er erfordert tiefe Gravüre der Druckwalzen und eine weiche Bombage des Gegendruckzylinders (Presseur).

Das Gravieren der Druckwalze erfolgt durch Ausstechen mit dem Stichel unter der Lupe, ein Verfahren, das nur noch dann angewendet wird, wenn sich das Muster auf der Druckfläche nicht wiederholt. Andere Muster sticht man einmal in Zink, überträgt sie dann mit einem mit Diamantspitze versehenen Pantografen auf die mit Lack überzogene Walze und ätzt diese; oder man verwendet eine erhaben gemusterte, gehärtete Molette, indem man deren Relief in die Oberfläche der Druckwalze einpreßt. Weitere Verfahren bedienen sich der Pantografie, des Umdrucks oder der Photochemie mit nachfolgender Ätzung. Ausführliche Angaben über diese Verfahren finden sich in Bd. IV, 3, S. 628ff. dieser Technologie.

Abb. 179.

Abb. 178 u. 179. Graviermaschine Oerlikon für elektrische Bildübertragung. (Lizenz: Teissère.)

In neuerer Zeit ist man dazu übergegangen, zur Herstellung von Druckwalzen Maschinen mit elektrischer Bildübertragung zu verwenden, wie sie in Abb. 178 u. 179 dargestellt sind. Die vom Dessinateur angefertigte Originalzeichnung wird nach dem Verfahren von J. und A. Teissère auf gutes Pauspapier kopiert und auf eine Musterwalze (Molette) übertragen. Hierauf wird die Musterwalze mit Isolierlack in der Weise behandelt, daß die eigentlichen Bilder, die auf die Druckwalze kommen sollen, so isoliert sind, daß beim Auflaufen der Tasterspitze auf die Isolierschicht der Stromkreis unterbrochen wird. Infolge dieser Stromunterbrechungen lassen die Magnete in den Werkzeugen die Diamanthalter los, die dann mittels Federzugs an die mit Speziallack präparierte Druckwalze angedrückt werden. Die Diamanten erzeugen hierdurch bei Längsverschiebung des die Druckwalze tragenden Schlittens einen Riffel auf der Druckwalze solange, bis die Tasterspitze die Isolierschicht auf der Musterwalze verläßt, also der Stromkreis geschlossen wird, und die Magnete die Diamanthalter wieder anziehen. Dieser Vorgang wiederholt sich vollständig automatisch, bis die Walze ganz geriffelt ist.

Abb. 180. Einfarben-Kupfertiefdruckmaschine. (Julius Fischer, Nordhausen a. H.)

Die zweite Operation, das Zustechen der Konturen, erfolgt im Prinzip auf die gleiche Art und Weise, nämlich durch das von der Musterwalze abgeleitete Öffnen und Schließen des Stromkreises und die damit verbundene Wirkung der Diamantwerkzeuge. Für diese zweite Operation ist jedoch eine automatische Abstellvorrichtung vorgesehen, die nach Beendigung der Arbeit den Antriebsmotor stillsetzt, so daß die Maschine auch außerhalb der normalen Arbeitszeit ohne besondere Beaufsichtigung in Betrieb bleiben kann.

Das Fertigbehandeln der Druckwalzen, wie auch das nach dem Riffeln und Zustechen der Konturen notwendige Ätzen, erfolgt nach dem in Druckereien allgemein üblichen Verfahren.

Die Tiefdruckmaschinen werden ausgeführt sowohl für ein- als auch für zweiseitigen Druck. Die Einfarbendruck-Maschinen sind gewöhnlich für Riemenantrieb mit Voll- und Leerscheibe eingerichtet und mit Ausrücker versehen. Die Mehrfarbendruckmaschinen werden dagegen, soweit es möglich ist, durch Elektromotoren mit Rädervorgelege oder einem Riemen mit Spannrolle angetrieben. Wechselgetriebe mit Reibungskupplungen ermöglichen die Einstellung auf alle wünschenswerten Arbeitsgeschwindigkeiten ohne Zwischenstillstand. Das saubere Abstreichen des Farbüberschusses von den Musterwalzen erfolgt in der üblichen Weise durch eine axial hin- und hergehende, unter der Wirkung belasteter Hebel stehende Rakel. Sie besteht aus dem Rakelhalter und Rakelmesser und kann durch Lagerverstellung dem Durchmesser der Druckwalze entsprechend eingestellt werden. Bei Mehrfarben-Walzendruckmaschinen sind neben den Rakeln noch Gegenrakeln vorgesehen, die den Zweck haben, etwaige von den Musterwalzen beim Drucken aufgenommene fremde Farben oder Unreinigkeiten aufzunehmen und so dem Farbtrog fernzuhalten. Das Heben und Senken des Presseurs erfolgt im allgemeinen bei den Maschinen mit geringer Druckwalzenzahl durch Spindeln, Kegelräder und Handrad, bei Maschinen mit einer größeren Druckwalzenzahl durch Schneckenräder und Schnecken, sowie eine Welle mit Kettenrädern und Handkurbel.

Die Abb. 180 und 181 geben zwei Beispiele von Tiefdruckmaschinen wieder. Abb. 180 zeigt eine Einfarben-Kupfertiefdruckmaschine für Arbeitsbreiten von 150—230 cm zum einseitigen Bedrucken von Textilstoffen aller Art, Gummimantelstoffen, Wachstuchen u. dgl. Abb. 181 läßt die Bauweise einer Vierfarben-Tiefdruckmaschine neuester Konstruktion für einseitigen Druck erkennen. Die vier um den Unterteil des Gegendruckzylinders gruppierten Druckwalzen empfangen, wie erkenntlich, ihren Antrieb von einem auf der Gegendruckwelle sitzenden Zahnrad aus durch die sog. Rapporträder, die als Regulatoren für die genaue Einstellung des Musters ausgebildet sind. Die beiden unteren Musterwalzen werden durch Gewichtshebel, die beiden oberen dagegen durch Stellspindeln und Federpuffer gegen den Gegendruckzylinder angepreßt. Die Farbtröge sowie Farbauftragwalzen sind mittels Flügelschrauben verstellbar.

Der Reliefdruck beruht auf ganz anderen Voraussetzungen als der Tiefdruck. Infolgedessen unterscheiden sich die Reliefdruckmaschinen in ihrem ganzen Aufbau sehr wesentlich von den Tiefdruckmaschinen. Eine Vereinigung beider in einer Maschine kann Aussicht auf Erfolg nur dann haben, wenn die Voraussetzungen für beide im ganzen Aufbau der Maschine Berücksichtigung finden. Beim Kupfertiefdruck bilden die Gravurtiefe für die verschiedenen zu bedruckenden Materialien, die gute Wirkung der Rakel und der hohe Anpressungsdruck zwischen Musterwalzen und Druckzylinder die Hauptmomente für eine gute Arbeitsweise, während der Reliefdruck eine Art Flachdruck ist, der dem Handdruck am nächsten steht. Wollte man hier eine starke Pression zwischen den Musterwalzen und dem Presseur anwenden, so würde dadurch die Farbe von den Figuren der Musterwalzenoberfläche weggedrückt werden, ehe die Ware sie aufnehmen kann. Beim Reliefdruck kommt es darauf an, daß Musterwalzen und Druckzylinder genau gerade sind und erstere sich unter mäßigem Druck und mit gleicher Umfangsgeschwindigkeit auf letzterem abrollen. Es ist dabei nur im Spezialfalle von Wichtigkeit, ob die Musterwalzen im festen oder losen Rapport angetrieben werden. Ein Vorteil des Reliefdrucks gegenüber dem Tiefdruck beruht darauf, daß die Reliefmusterwalzen für alle Stoffarten und Stärken derselben Gattung geeignet sind, daß man also bezüglich der Höhe des Reliefs nicht so abhängig ist wie beim Tiefdruck von der Tiefe der Gravur.

Abb. 181. Vierfarben-Tiefdruckmaschine. (Julius Fischer, Nordhausen a. H.)

Man unterscheidet beim Reliefdruck Filzfarbwerke und Walzenfarbwerke. Zum Auftragen flüssiger Körperfarben auf das Musterrelief in größerer oder geringerer Menge dient das Filzfarbwerk. Es besteht aus Farbkasten, Farbwalze und dem farbeauftragenden Element, einem endlosen Filz, sowie Abstreicher.

Das Filzfarbwerk eignet sich sowohl für alle Beiz- und Ätzfarben sowie auch für Küpenfarbstoffe, nur erfordern die letzteren wegen ihrer alkalischen Beschaffenheit Farbtücher besonderer Art. Für ölhaltige Farben, benzinlösliche Gummifarben, Anilinfarben u. dgl., die nur in dünner Schicht auf das Musterrelief aufgetragen werden, dient das Walzenfarbwerk, bestehend aus Farbkasten, Farbwalze und aus verschiedenem elastischen Material hergestellten Übertragungswalzen, die gegeneinander und gegen die Musterwalze auf das genaueste einstellbar sind. Da diese elastischen Übertragungswalzen beim Stillstand der Maschine druckempfindlich sind, erhält jede ihren eigenen Bewegungsschlitten; eine Kulissenschaltung gestattet die Momentaus- und -einschaltung dieser Walzen, ohne daß deren Arbeitsstellung sich dabei ändert. Die Walzenfarbwerke sind auf den Musterwalzenschlitten montiert und werden infolgedessen zugleich mit den Musterwalzen vom Druckzylinder entfernt bzw. an diesen herangeführt. Für häufigen Rapportwechsel kommen Parallelstellvorrichtungen zur Anwendung, welche die

Abb. 182. Sechs-Farben-Reliefdruckmaschinen-Anlage. (Julius Fischer, Nordhausen a. H.)

Farbwerke in der doppelten Geschwindigkeit des Musterwalzenschlittens bewegen, so daß z. B. gleich beim Zurückschrauben die richtige Stellung der Farbwerke zu den größeren Musterwalzen gegeben ist.

Die Reliefwalzendruckmaschinen können wegen ihres verhältnismäßig geringen Kraftbedarfes mittels Riemen durch die Transmission oder über Reduzier- und Stufenvorgelege durch einen Elektromotor angetrieben werden. Wenn jedoch diese Druckmaschinen in Verbindung mit einer Trockenmansarde arbeiten müssen, können sie auch über ein Rädervorgelege oder Wechselgetriebe direkt mit dem Antriebsmotor gekuppelt werden. Auch bei Verbindung der Walzendruckmaschinen mit einer mechanischen Trockenhänge ist dieser direkt gekuppelte Antrieb möglich, nur sind dann noch ausrückbare Zwischenvorgelege erforderlich, wenn die Trockenhänge auch unabhängig von der Druckmaschine benutzt werden soll.

Abb. 182 läßt die Einrichtung einer Reliefdruckmaschine für sechs Farben und eine Druckbreite von 130 cm sowie deren Zusammenwirken mit einem Mitläufertrockner, einer Trockenhänge, Umkehr- und Aufrollvorrichtung erkennen. Die Farbwerke sind sämtlich unterhalb der Mitte des Gegendruckzylinders angeordnet. Letzterer ist heb- und senkbar, so daß die Farbwerke einlaufen und die Muster eingerichtet werden können, ohne daß die Ware mitläuft.

Eine mit Filzfarbwerken ausgestattete Reliefdruckmaschine für 16 Farben ist in Abb. 183 wiedergegeben. Die Abb. 184 und 185 zeigen die Einstellung der Musterwalzen, die auf der Anwendung des Abwälzverfahrens beruht. Die Maschine wird, wenn ein neues Muster eingebaut werden soll, mittels Kurbel oder Handrad zunächst in die Anfangsstellung gedreht. Dann wird die erste Musterwalze, gleichgültig, welchen Umfang sie hat, so in die Maschine eingelegt, daß die Nadel des aus Abb. 184 ersichtlichen Indikators auf den Anfangspikot der Musterwalze zeigt. Diese wird hierauf mit Hilfe eines Handradstellzeuges gegen den Druckzylinder angestellt, und dann die Schelle auf der Achse der Musterwalze geschlossen. Um nun die zweite Musterwalze einzubauen, wird die Maschine soweit gedreht, bis die nächste linienartige Marke des Zentralrades mit der feststehenden Gegenmarke am Gestell zusammenfällt. Die Entfernung der zweiten Marke des Zentralrades von der ersten (s. Abb. 185) entspricht der Entfernung der Musterwalzen zweier aufeinanderfolgender Farbwerke. Alle Walzen eines in die Maschine einzulegenden Walzensatzes haben gleichen Durchmesser; die Durchmesser der Walzen verschiedener Walzensätze können jedoch verschieden sein, sind aber abhängig von dem Musterrapport des jeweils zu druckenden Musters. Der Ersatz einer Druckwalze mit kleinem Durchmesser durch eine solche mit großem Durchmesser und umgekehrt macht natürlich eine Verstellung der Einfärbevorrichtung und der Musterwalze erforderlich. Beide werden mittels eines Handrades durch Triebmittel im Verhältnis von 2:1 verschoben. Nach dem Einstellen der ersten Musterwalze liest man am Handstellzeug die Nummer, die 0 gegenübersteht, ab und stellt alle weiteren Farbwerke auf die gleiche Nummer ein, womit die richtige Pressung am Zylinder hergestellt ist. Der Farbkasten ist getrennt von der Farbkastenwalze gelagert und kann durch eine einzige Hebelbewegung in seine richtige Lage gebracht und gleichzeitig festgestellt werden.

Abb. 183. Reliefdruckmaschine mit Filzfarbwerken für 16 Farben. (Maschinenfabrik Max Kroenert, Altona.)

Alle Druckfarben, gleichgültig ob es sich nun um solche für den Handdruck oder solche für den Maschinen-, Garn- oder Zeugdruck handelt, werden verdickt, bevor sie aufgedruckt werden, weil nur so die Druckwerkzeuge die Farben gleichmäßig aufnehmen und abgeben können, und ein Fließen oder Auslaufen bzw. Durchschlagen der Farben verhindert wird. Außer den eigentlichen Verdickungs-

Abb. 184. Einstellvorrichtung für die Musterwalze von Reliefdruckmaschinen. (Max Krönert, Altona.)

Abb. 185. Einstellvorrichtung für die Musterwalze von Reliefdruckmaschinen. (Max Krönert, Altona.)

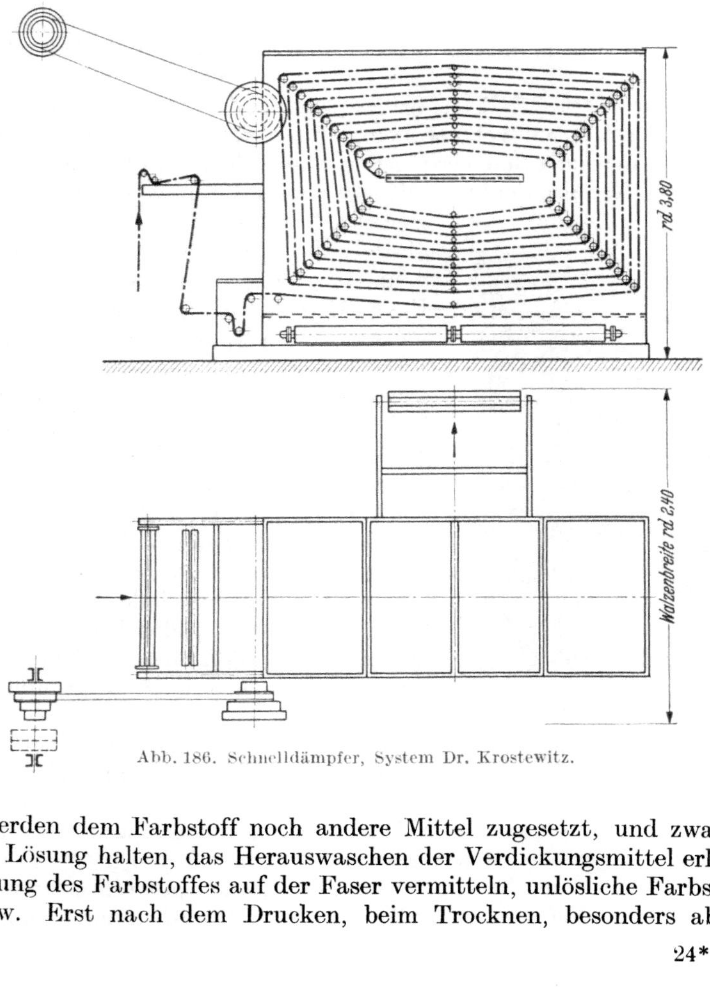

Abb. 186. Schnelldämpfer, System Dr. Krostewitz.

mitteln werden dem Farbstoff noch andere Mittel zugesetzt, und zwar solche, die ihn in Lösung halten, das Herauswaschen der Verdickungsmittel erleichtern, die Fixierung des Farbstoffes auf der Faser vermitteln, unlösliche Farbstofflacke bilden usw. Erst nach dem Drucken, beim Trocknen, besonders aber beim

Dämpfen soll die gewünschte Wirkung einsetzen. Die bedruckte und getrocknete Ware wird deshalb mit wenigen Ausnahmen der Einwirkung gespannter oder ungespannter Wasserdämpfe ausgesetzt. Diese vermitteln die Reaktion der in der Druckfarbe enthaltenen Stoffe und vertreten gleichsam die Stelle der Farbflotte in der Färberei. Dem Dämpfen folgt je nach der chemischen Natur des Farbstoffes sowie der verlangten Farbechtheit eine weitere Behandlung des Druckgutes mit fixierenden Mitteln, anschließend nach Bedarf Waschen, Seifen usw.

Abb. 187. Automatische Gewebe-Kanten-Druckmaschine. (Daniel Foxwell & Sohn, Cheadle.)

Das Dämpfen der Garne erfolgt im Dämpfkessel, und zwar das der Strähngarne gewöhnlich im liegenden Dämpfkessel mit einschiebbarem Tragwalzenwagen, und das der Kettgarne im liegenden Kessel mit einschiebbarem Hordenwagen, wobei die das Garn aufnehmenden Horden für das Ablegen mit Sägemehl bestreut oder mit Strohmatten bedeckt sind. — Bedruckte Gewebe werden im allgemeinen im sog. Schnelldämpfer (Mather & Platt) nachbehandelt. Er besteht im wesentlichen aus einer Dämpfkammer mit vorgeordnetem Wasserkasten. Durch diesen wird das Gewebe zum Zwecke der Befeuchtung und dann in die Dämpfkammer geführt, wenn es sich um eine Nachbehandlung mit sehr nassen Dämpfen handelt. Den Dämpfkasten selbst durchläuft das Gewebe in auf- und absteigenden Windungen. An Stelle des vorgenannten Schnelldämpfers sind auch liegende Kessel (s. Abb. 632 u. f. in Bd. IV, 3 dieser Technologie) in Gebrauch, bei denen das Gewebe von Nadelrahmen getragen wird. Auch das Dämpfen der Gewebe in Wickelform auf durchlochtem Zylinder, der in eine zylindrische, stehende, verschließbare Dämpfkammer eingesetzt wird (Wehl-Indanthrenschnelldämpfer) ist in Anwendung, und endlich sei auch noch der Schnelldämpfer System Dr. Krostewitz erwähnt. Bei ihm wird, wie Abb. 186 erkennen läßt, das zu behandelnde Gewebe in spiralförmigen Windungen durch die Dämpfkammer geführt und verläßt diese seitlich über eine in ihrer Mitte angeordnete Warenüberführungseinrichtung.

Abb. 188. Farbvorrichtung für die automatische Gewebe-Kanten-Druckmaschine nach Abb. 187. (Daniel Foxwell & Sohn, Cheadle.)

Eine Druckmaschine ganz besonderer Art für Gewebe ist die sog. Kantendruckmaschine. Sie dient dazu, Längenmaße, Warenzeichen u. dgl. auf eine der Gewebekanten (Salleisten) aufzutragen. Die in Abb. 187 und 188 beispielsweise dargestellte Maschine besitzt zu diesem Zweck eine Leitwalze für das Gewebe, gegen deren Rand eine Druckscheibe mit auswechselbaren Typen angestellt wird. Sie empfängt zwangsläufigen Antrieb in Übereinstimmung mit der

Gegendruckwalze. Damit nun der Aufdruck stets auch auf die Gewebekante erfolgt, ist die Maschine mit einer pneumatischen Gewebeeinführvorrichtung ausgestattet, die den Gewebelauf regelt (Abb. 187).

d) Bedrucken der Wirkwaren.

Das Bedrucken von Wirkwaren hat nur Bedeutung für Handschuhe, Strümpfe und Socken. Ausgeführt wird der Druck im allgemeinen mit Handstempeln, für Strümpfe auch mit Maschinen. Abb. 189 zeigt eine Strumpfdruckmaschine neuester Konstruktion. Ihr Arbeitsgang ist folgender:

Die Socken werden auf Blechformen aufgezogen gleichmäßig gespannt und dann in die Führung *1* der Maschine eingesetzt. Ein Schieber *2* fördert sie bis zu den untereinanderliegenden Druckwalzen *3*, die sie bedruckt an ein endloses Lattentuch abgeben. Dieses Lattentuch hat eine Länge von 2 m. Die Arbeiterin nimmt die noch immer auf den Blechformen sitzenden Socken ab und bringt sie auf einen fahrbaren Rechen. Sobald dieser voll ist, öffnet sie mit dem Fuß eine Tür des vor ihr befindlichen Trockenkastens, in den der Rechen eingeschoben und dann die Ware getrocknet wird. Die trockene Ware wird gedämpft und evtl. zwecks Fixierung der Farben nachbehandelt. Bei Einfarbendruck genügt ein Walzenpaar, bei Zweifarbendruck kommen zwei Walzenpaare, die untereinander angeordnet sind, zur Anwendung; Dreifarbendruck erfordert drei Walzenpaare. Die Leistung der Maschine in achtstündiger Arbeitszeit beträgt nach Angaben der Erbauer 250 Dutzend Paare.

Abb. 189. Strumpfdruckmaschine. (Brüder Mahler, Nem Brod.)

e) Prägedruck.

Dieser spielt eine besondere Rolle bei der Veredlung der Wirkwaren durch Druck und findet gleichzeitig auch Anwendung für die Anbringung von Auszeichnungen, Warenzeichen usw. auf der Ware. Bei den zur Ausführung dieses Druckes verwendeten Maschinen werden sog. Bandfolien in Gestalt von Farb-, Kupfer-, Silber-, Goldfolien usw. gebraucht. Auf ihnen sitzt das für die Sichtbarmachung des Bild- oder Schriftzeichens auf der Ware erforderliche Druckmittel, das durch einen in der Wärme erweichenden Klebstoff gehalten wird. Wird die Bandfolie durch den geheizten, als Flachstempel (Abb. 190 u. 191) oder auch drehbaren Zylinder ausgeführten Prägestempel gegen das auf einem Tisch liegende Arbeitsgut gedrückt, so geht das Druckmittel unter Flüssigwerden seines Bindemittels an allen den Stellen auf das Arbeitsgut über, wo es durch das Relief des Stempels Druck empfängt. Die Folienrolle wird auf den am linken Arm vorgesehenen Stift aufgesetzt und hier gegen freien Ablauf gebremst. Von dieser Rolle aus läuft das Filmband in der ersichtlichen Weise unter dem Stempel hinweg nach einer Abzugs- oder Förderwalze, die es nach jedem Abdruck um Stempelbreite weiterschaltet. Die Abwärtsbewegung des Stempels zwecks Abdrucks erfolgt durch Fußtritt, durch den auch die Filmbandförderwalze Antrieb empfängt.

Abb. 190. Stempel- und Prägemaschine mit elektrischer Heizung und Folienabzug. (Carl Reinhardt, Erfurt.)

Abb. 191. Strumpf-Stempelmaschine mit anmontiertem Strumpfbündel-Aufnahme-Apparat. (Carl Reinhardt, Erfurt.)

f) Spritzdruck.

Beim Spritzdruck handelt es sich nicht um die Erzielung einer farbigen Musterung durch „Druck", sondern um das Mustern durch Auftragen der Farben unter Verwendung von Zerstäubern und Schablonen, also um eine Oberflächenfärbung. Es sei deshalb auf S. 314 verwiesen.

XI. Rauhen.[1]

a) Rauhen der Gewebe.

Das Rauhen ist einer der wichtigsten Arbeitsvorgänge bei der Veredlung der Streichwollgewebe: bei den Kammwollstoffen findet der Rauhprozeß dagegen nur eine beschränkte Anwendung. In jedem Fall bezweckt aber das Rauhen ein Auflockern bzw. Aufkratzen der auf der Warenoberfläche befindlichen Wollhärchen, unter Bildung einer geschlossenen, gleichförmigen, mehr oder weniger dichten Haardecke. Jede Wollware bzw. Halbwollware, welche einen Wasch- oder Walkprozeß durchgemacht hat, besitzt eine mehr oder weniger stark verfilzte Haardecke von ziemlicher Ungleichmäßigkeit, weil die freien Enden der Wollfasern teilweise aus dem Gewebe herausstehen, zum Teil versteckt im Gewebe liegen. Außerdem ist gewalkte Ware vielfach auch hart und steif und soll durch das Rauhen wieder weich gemacht werden. Bei manchen Stoffen, z. B. den verschiedenen Loden, ist eine verwirrte bzw. verfilzte Faserdecke erwünscht; bei Umhängetüchern, Decken usw. verlangt man dagegen eine schöne, gleiche Haarlage und einen angenehmen, weichen Griff. Hierfür müssen die wirr durcheinanderliegenden Fasern aus der Warenoberfläche herausgehoben, gleichgestrichen und parallelisiert werden. Bei Floconnés, Frises, Velourstoffen u. dgl. erzeugt man dagegen durch das Rauhen eine dichte Flordecke, deren Haare später in vertikale Lage gebracht werden. Für Cheviots, Diagonalgewebe u. dgl. genügt die Bildung eines ganz leichten Flaums; Strichwaren endlich sind stark gerauhte Waren, deren Haare nach einer Richtung im Strich liegen. Durch geeignete Wahl der Intensität und Dauer des Rauhprozesses ist man in der Lage, jeden beliebigen Rauheffekt auf der Warenoberfläche zu erzielen. Da die Wollhärchen in feuchtem Zustand geschmeidiger sind als im trockenen, werden die Wollwaren fast immer im nassen oder feuchten Zustand gerauht, auch um das Gewebe zu schonen. Die für das Rauhen benötigten Werkzeuge bilden die Rauhkarden (Weberkarden oder Rauhdisteln) (s. Abb. 207) und die Metallkratzen. Ursprünglich benutzte man nur die ersteren; man steckte mehrere Kardenköpfe (abgeschnittene Fruchtköpfe) in ein sog. Kardenkreuz (Handkarde) und bestrich damit die aufgehangene Ware. Zum Rauhen mit Metallkratzen verwendete man eine Metalldrahtbürste. An Stelle dieser einfachen Werkzeuge sind die Rauhmaschinen, die Karden- und Kratzenrauhmaschinen getreten. Die ersteren arbeiten mit Fruchtköpfen, die auf dem Umfang einer Trommel in Metallrahmen, sog. Kardeneisen oder Rauhstäbe, reihenweise und unbeweglich eingesetzt sind, oder mittels auf dem Trommelmantel drehbar gelagerter sog. Rollkarden oder auch mit beiden Hilfsmitteln. Die Rollkarden werden gewonnen durch Einziehen kleiner Spindeln in die durchbohrten Fruchtköpfe und Einsetzen der so armierten Spindeln in kleine Lager auf dem Trommelumfang derart, daß sie in versetzten Reihen einzeln abwechselnd von links unten nach rechts oben, bzw. links oben nach rechts unten zu stehen kommen. Die Folge dieser schrägen, versetzten Lagerung ist, daß bei der Umdrehung der Rauhtrommel, des Tambours, das Gewebe nicht nur der Kette nach, sondern auch seitwärts schräg nach rechts und links in der Schußrichtung gerauht wird. Hierdurch erhält man eine gute, dichte Haardecke im Gegensatz zu der, die auf mit Rauhstäben arbeitenden Rauhmaschinen gewonnen wird. Bei diesen Maschinen liegen die Karden mit ihrer Achse in der Umlaufrichtung der Rauhtrommel und wirken infolgedessen im wesentlichen nur auf die Kettfäden des Gewebes ein; es entsteht daher eine vom Warengrund aus durchgekämmte, im Strich liegende Haardecke. Die Kardenrauhmaschinen kommen zur Verwendung als Ein- und Zweitrommel-

[1] Vgl. hierzu Band IV, 3, ds. Technologie S. 655 u. f.

Rauhmaschinen. Abb. 192 gibt eine nur mit Rauhstäben ausgestattete Eintrommel-Rauhmaschine wieder, bei der das Gewebe so um die Rauhtrommel herumgeführt wird, daß der Kardenbeschlag das Gewebe bei einer Trommelumdrehung viermal bestreicht. Die vier Warenanstriche können von einer Stelle der Maschine aus reguliert werden. Die Vorrichtung für die Bewegung des zu rauhenden Gewebes ist umsteuerbar, infolgedessen kann die Laufrichtung des Gewebes geändert werden.

Abb. 192. Verstreich-Rauhmaschine mit vier Warenanstrichen. (Kettling & Braun, Crimmitschau i. Sa.)

Abb. 193 zeigt eine Rollkarden-Rauhmaschine mit einem Tambour und vier Anstrichen, Kardenreinigungsbürste unterhalb des Tambours und Strichbürste für das Gewebe. Der Tambour führt während seiner Drehung eine langsam axial hin- und hergehende Bewegung aus, um die Bildung sog. Rauhgassen auf dem Gewebe zu verhindern.

Die Maschine nach Abb. 194 arbeitet mit zwei Rauhtrommeln, deren jede mit Rollkarden besetzt ist und von dem Gewebe derart umlaufen wird, daß sich für dasselbe je vier Anstriche ergeben. Sie können für jeden Tambour von einer Stelle aus gleichzeitig reguliert werden. Die beiden Tambours führen eine changierende Bewegung aus; jedem ist eine Ausputzbürste für die Rollkarden und eine Strichbürste für das Gewebe zugeordnet. Beide Tambours laufen entweder mit dem Gewebe in gleicher oder entgegengesetzter Richtung, je nachdem, ob man mehr Velour- oder mehr Stricheffekt erzielen will. Die Maschine kann aber auch derart eingerichtet werden, daß sich die erste Trommel mit, die zweite aber gegen den Warenlauf bewegt; sie arbeitet dann im Strich und Gegenstrich, was vorzugsweise für tuchartige Gewebe in Frage kommt. Die Maschine ist entweder mit einer sog. Warenrückführung oder nur mit einer Täfelvorrichtung am Auslauf ausgestattet. Durch geeignete Führung des Gewebes ist es möglich, auch gleichzeitig beide Warenseiten zu rauhen.

Abb. 193. Trommelrauhmaschine mit Rollkarden. (Kettling & Braun, Crimmitschau.)

In Abb. 195 ist eine Rauhmaschine dargestellt, die mit zwei für die Aufnahme von Rauhstäben bestimmten Trommeln und einer dritten Trommel für Rollkarden ausgestattet ist. Diese dritte Trommel dient im Bedarfsfalle zum Vorrauhen und führt im allgemeinen den Namen ,,Postierapparat". Sie ruht mit der Reinigungsbürste entweder ortsfest im Gestell, oder der tragende Gestellteil ist derart drehbar oder verschiebbar angeordnet, daß die Trommel abgeschwenkt oder abgefahren werden kann, was das Stabwechseln auf der ersten Rauh-

Abb. 194. Rollkarden-Rauhmaschine mit 2 Tambours. (Ernst Geßner, A.-G. Aue.)

trommel erleichtert. Vielfach ist die erste Trommel mit sog. Doppelkästen versehen, um die Rauhstäbe für das Rauhen im Strich oder Gegenstrich einlegen zu können. Die zweite Rauhstabtrommel weist nur einfache Kästen

Abb. 195. Doppel-Rauhmaschine mit Vorrauhapparat (Postierapparat).
(Kettling & Braun, Crimmitschau.)

auf, da ihre Rauhstäbe stets nur im Strich arbeiten. Die Ware erhält an jeder der beiden Rauhtrommeln drei Anstriche, die für jede Trommel gleichmäßig und gleichzeitig an- und abgestellt werden können. Vor dem ersten Breithalter ist vielfach ein Spritzrohr, unterhalb der vorderen, unteren Leitwalze ein Wasserkasten und am Ausgang der Maschine eine Aufwickelvorrichtung angebracht.

Die Kardensätze müssen zwecks Reinigung von den aufgenommenen Rauhhaaren sehr oft ausgewechselt werden. Sind die Karden in Kardeneisen befestigt, so müssen sie zudem bei eingetretener Abnützung gedreht werden. Das häufige Auswechseln der Kardeneisen führt zu Zeitverlusten, und die starke Abnützung

Abb. 196. 24walzige Rauhmaschine mit vorstehender Warenmulde und Momentumstellung für Verfilzung. (Franz Müller, M.-Gladbach.)

der Karden zu ziemlich hohen Unterhaltungskosten, was zur Einführung der Rauhmaschinen mit Metallkratzen geführt hat. Früher verwendete man sie nur zum Rauhen der Warenrückseite, heute jedoch auch für das Rauhen der rechten Seite von rein- und halbwollenen Geweben. Das eigentlich arbeitende Werkzeug, der Kratzenbeschlag, setzt sich, wie der für die Krempeln, aus feinen, auf einem Grundstoff dicht nebeneinander stehenden, im Winkel abgebogenen Drahthäkchen zusammen. Zwecks Erzielung einer größeren Widerstandskraft liegt jedoch der je zwei Häkchen verbindende Rücken nicht, wie bei den Kratzenbeschlägen der Krempeln, quer zur Arbeitsrichtung, sondern in dieser. Zum Trockenrauhen verwendet man Stahl-, zum Naßrauhen Kupfer- oder Messingdrahthäkchen mit dreieckigem Querschnitt. Wollwaren werden durchweg naß gerauht, wenn es sich nicht nur um ein Verstreichen, Strich geben, handelt. Die heute verwendeten normalen Kratzenrauhmaschinen sind Eintrommelrauhmaschinen, bei denen der Umfang der Trommel durch Walzen gebildet wird, die mit einem bandartigen Kratzenbeschlag schraubengangartig belegt

Abb. 197. Riemenlose Kratzenrauhmaschine. (Ernst Geßner, Aue.)

sind und sich zwischen zwei Stirnscheiben um ihre Achse drehen, dabei aber gleichzeitig auch eine kreisende Bewegung um die Trommelachse ausführen. Man unterscheidet Strich- und Gegenstrichwalzen. Erstere sind diejenigen, deren Zahnspitzen in der Drehrichtung des Tambours und der Laufrichtung der Ware stehen, während bei den letzteren die Zähne entgegengesetzte Richtung haben. Auf eine Strichwalze folgt eine Gegenstrichwalze. Beim Rauhen muß die Umfangsgeschwindigkeit der Strichwalzen geringer und die der Gegenstrichwalzen größer sein als die Umfangsgeschwindigkeit des Tambours in der Walzenperipherie. Aus diesem Grunde wird jede Walzenserie für sich bewegt und ebenso ihre Geschwindigkeit reguliert, so wie bei den Kratzenrauhmaschinen für Baumwollgewebe. Man kann durch eine entsprechende Regelung der Geschwindigkeit jeden beliebigen Rauhgrad auf der Warenoberfläche hervorbringen.

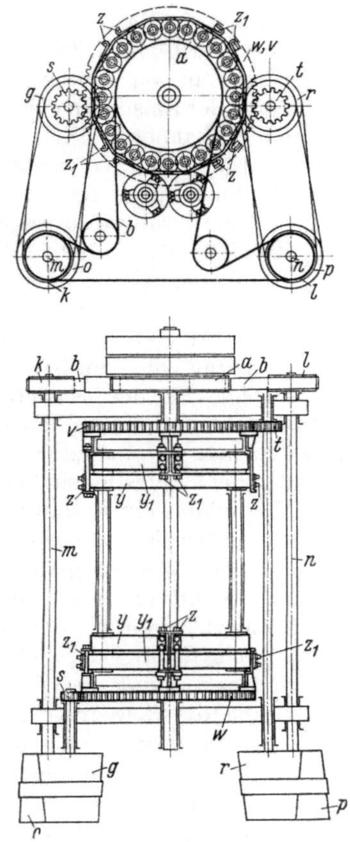

Abb. 198 u. 199. Kratzenrauhmaschine mit ringförmig geschlossenen Antriebriemen für die Rauhwalzen. (Franz Müller, M.-Gladbach.)

Abb. 200. Kratzenrauhmaschine mit Keilriemenantrieb für die Rauhwalzen. (Franz Müller, M.-Gladbach.)

Will man z.B. einen filzartigen Rauhstapel erzielen, so muß die Tourenzahl der im Strich rauhenden Walzen derart sein, daß sie nicht rauhend, sondern zusammen mit den Gegenstrichwalzen mehr stauchend wirken (s. Bd. IV, 3 S. 655ff. ds. Technologie und Abb. 196). Dem dort Gesagten sei hier noch das Folgende nachgetragen.

Bei der Trommelrauhmaschine nach den Patenten Nr. 434084 und 488776 (Abb. 197) kommen die breiten Walzenantriebsriemen sowie der gesamte Konusantrieb in Wegfall. Der Antrieb der Kratzenwalzen erfolgt durch auf den Walzen befindliche konische Antriebsscheiben, über die beidseitig ein die Scheiben umfassender Reibring gelegt ist, dessen Innenseite der Schräge der Walzenscheiben angepaßt ist. Die Ringe stehen fest, können aber durch Gewindespindeln seitlich verschoben werden. Die Walzenscheiben rollen sich an den Ringen durch die Bewegung des Tambours ab. Die Touränderung der Walzen wird durch die Verschiebung der Ringe erreicht, wobei sich die Ringe im Durchmesser automatisch, dem verschiedenen Scheibendurchmesser entsprechend, einstellen. Die Einstellung erfolgt durch je ein Handrad während des Ganges der Maschine, kann aber auch bei Stillstand vorgenommen werden. Der Grad der Einstellung ist an einer Skala ersichtlich.

Abb. 201. 24walzige Kratzenrauhmaschine mit Regelung des Rauhwalzenantriebes durch stufenlose, zwangläufige Regelgetriebe und Keilriemenantrieb. (Franz Müller, M.-Gladbach.)

Eine viel verwendete Rauhmaschine für Woll- und Halbwollwaren zeigen die Abb. 198, 199. Die Rauhtrommel ist mit 24 Rauhwalzen ausgestattet, deren Antrieb durch ringförmig geschlossene Riemen erfolgt. Für den Antrieb je einer Rauhwalzenserie sind zweimal zwei, die Rauhtrommel halbumfassende Riemen y, y_1 nebeneinander angeordnet. Sie sind an um 90° zueinander versetzten Bolzen z, z_1 befestigt, die ihrerseits an einem großen Zahnrad v oder w befestigt sind und somit den Riemen ihre Drehbewegung geben. Durch Verdrehung der Bolzen z, z_1 werden die Riemen in einfacher Weise gespannt.

Abb. 202. Riemenlose Kratzen-Rauhmaschine mit Rollentresse. (Ketling & Braun, Crimmitschau.)

Von der Riemscheibe a werden durch Riemenübertragung die Scheiben l und k getrieben, die die Bewegung über die Konuspaare o, g und p, r und Zahnräder s, t auf die großen Zahnräder und damit auf die Rauhwalzenriemen weiterleiten. Durch die Konuspaare erfolgt die Drehzahlregelung und damit die Regelung der Rauhenergie für je eine Walzenserie. Durch leicht vorzunehmendes Auswechseln der Riemenscheiben l und k ist es möglich, die Rauhenergie allen Anforderungen anzupassen, unter Beibehaltung einer feinfühligen Regelung. Durch eine abgestufte Zahnradübersetzung wird die Warenspannung und durch ein Stufenscheibenpaar die Warengeschwindigkeit geregelt.

Bei den heute gebauten Maschinen dieser Art werden Keilriemen (an Stelle der vorerwähnten Flachriemen) zum Antrieb der Rauhwalzen verwandt (Abb. 200).

Dadurch hat die Durchzugskraft der Riemen eine Steigerung erfahren, die sich günstig in Bezug auf die Sicherheit der Regulierung auswirkt.

Bei einer Neukonstruktion finden stufenlos regelbare Zahnkettengetriebe zur Regelung der Rauhenergie Verwendung (Abb. 201). Durch den Regelbereich dieser Getriebe können alle vorkommenden Geschwindigkeiten sowohl zum Rauhen als auch zum Verfilzen ohne irgendeine Auswechslung von Teilen eingestellt werden. Zum Antrieb der Getriebe sind ebenfalls Keilriemen verwandt und jeder Schlupfverlust in der Kraftübertragung ist ausgeschlossen.

Eine Trommelrauhmaschine neuester Konstruktion, bei der ebenfalls auf die Walzentriebscheiben wirkende Ringe für den Antrieb der in den Trommelstirnwandungen drehbar gelagerten Rauhwalzen zur Anwendung kommen, geben die Abb. 202, 203 und 204 wieder. Ihre Wirkungsweise besteht darin, daß die genannten ungeteilten, starren Ringe die Triebscheiben umschließen, dabei, wie aus den Abb. 203, sowie 204a und b ersichtlich ist, entgegengesetzt zur Trommeldrehung regelbar in Umdrehung versetzt werden und innerhalb der Trommelstirnwandungen auf die Walzentriebscheiben wirken. Die Rauhwalzen biegen sich beim Umlauf der Trommel, wie aus Abb. 204 erkennbar, infolge der Fliehkraftwirkung zwischen ihren beiden Trommelstirnwandlagerungen nach außen durch, was ein Anpressen der Walzentriebscheiben an die sie innerhalb der Stirnwandungen umschließenden Triebringe zur Folge hat. Mit der Trommeldrehzahl wächst auch der Anpressungs- d. h. der Reibungsdruck. Durch diese Art des Walzenantriebes mit ungeteilten Ringen ist bei gedrängtester Bauweise der Maschine hinsichtlich Breite die größte Gewähr für ein einwandfreies Arbeiten der Rauhwalzen gegeben[1].

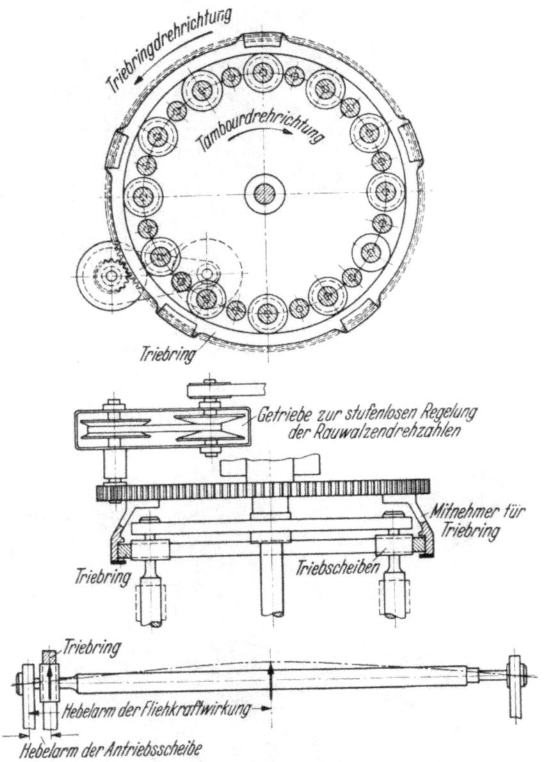

Abb. 203 u. 204a—b. Riemenlose Kratzenrauhmaschine mit Rollentresse. (Kettling & Braun, Crimmitschau.)

Zur Erzielung einer vollständigen Strichappretur sind sog. Kratzenkarden-Rauhmaschinen zur Einführung gekommen. Sie besitzen zwei Tambours, von denen der eine mit Rauhstäben und der andere mit Kratzenwalzen ausgestattet ist. Die zu rauhende Ware läuft über beide Tambours nacheinander; infolgedessen wird die von den Kratzen erzeugte Haardecke von den Naturkarden sofort in Strich gelegt.

Die Wirkung der normalen Kratzenrauhmaschine entspricht etwa der der Rollkardenrauhmaschine. Beim Umlauf des Tambours wälzen sich die Rauhwalzen

[1] Vgl. hierzu noch die Patentschriften 39098, 452161, 434084, 299225 und die amerikan. Patentschrift 458145.

auf der Warenoberfläche ab, die Spitzen der Kratzenzähnchen dringen dabei in die Ware ein und heben die Faserendchen heraus. Auf diese Weise entsteht eine wirre, mehr stehende Haardecke. Die Wirkung der Stabkardenrauhmaschine soll in kürzerer, einfacherer und billigerer Weise durch die Strich-Kratzenrauhmaschine erreicht werden, die Abb. 205 zeigt. Bei der normalen Ausführung der Maschine ist der Tambour mit rotierend gelagerten Kratzenwalzen und zwischen ihnen angeordneten Rauhstäben ausgestattet. Jeder dieser Stäbe hat die Aufgabe, die von der ihm vorausgehenden Rauhwalze angehobenen Fasern sofort durchzukämmen, zu strecken und gerade zu legen, wie das die Stabkarden tun. Infolge des eigenartigen Kratzenbeschlags der Rauhstäbe geschieht dies in äußerst schonender Weise. Die Spitzen des Beschlags stehen quer zur Rauhrichtung und sind in dieser Richtung sowie gegen die Ware hin sehr elastisch, greifen also die Ware nicht an. Außerdem sind die Kratzenbeschlagspitzen abwechselnd nach rechts und links gerichtet und wirken so breithaltend. — Abb. 206 veranschaulicht eine Strich-Kratzen-Rauhmaschine in besonderer Ausführungsform. Sie ist mit zwei Tambouren ausgestattet, von denen der eine, erste, in normaler Weise Kratzenwalzen trägt, während der zweite als Strichtambour arbeitet und zu diesem Zweck Kratzenstäbe aufweist.

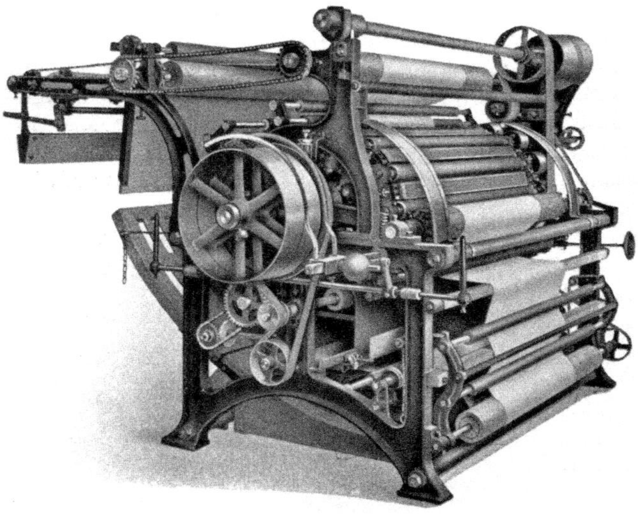

Abb. 205. Strich-Kratzenrauhmaschine, Patent Mundorf. (Ernst Geßner, A.-G. Aue.)

Abb. 206. Strich-Kratzenrauhmaschine mit Strichtambour, Patent Mundorf. (Ernst Geßner, A.-G. Aue.)

b) Verstreichen der Gewebe.

Das Verstreichen hat den Zweck, eine strichgerauhte Haardecke durchzukämmen, zu glätten und gerade zu legen. Es erfolgt im allgemeinen unmittelbar vor jedem Spannen und Trocknen. Man kann das Verstreichen als ein leichtes

Stabrauhen bezeichnen, das auf sog. Verstreichmaschinen (s. Abb. 192) an der feuchten oder vollständig nassen Ware vorgenommen wird. Im letzteren Falle ist die Wirkung am größten.

c) Rauhen der Wirkwaren.

Ebenso wie die baumwollenen Wirk- und Strickwaren werden auch die wollenen Wirk- und Strickwaren einem Rauhprozeß unterzogen, wenn es sich darum handelt, sie weich zu machen und ihnen eine Haardecke bzw. einen pelzartigen Charakter zu verleihen. Der gewünschte Rauheffekt bestimmt die Art der zu verwendenden Rauhmaschine. Man unterscheidet im allgemeinen zwischen Rauhmaschinen für Stricheffekt und solche für Verfilzungseffekt. Die ersteren arbeiten mit Rauhkarden (Rauhdisteln), Borsten oder Stahlkratzen, die letzteren nur mit Stahlkratzen. Die Ware wird der Rauhmaschine im Stück oder als fertiger Gebrauchsgegenstand vorgelegt. Soll der Rauheffekt pelzartigen Charakter bekommen, so muß die Ware die Rauhwerkzeuge bzw. Rauhmaschine mehrmals passieren, oder ihrer Wirkung längere Zeit ausgesetzt bleiben. Für schlauchförmige Wirkwaren ist die Rauhmaschine mit einer besonderen Wareneinführvorrichtung versehen, damit der Warenschlauch gleichmäßig glatt den Rauhwerkzeugen vorgelegt wird. Wenn die Rauhmaschine nur einseitig rauht, so muß, wenn eine Faserdecke auf beiden Seiten gewünscht wird, die Ware gewendet die Maschine ein zweites Mal durchlaufen, wenn nicht eine sog. Doppelrauhmaschine zur Verfügung steht, auf der beide Warenseiten gleichzeitig bearbeitet werden.

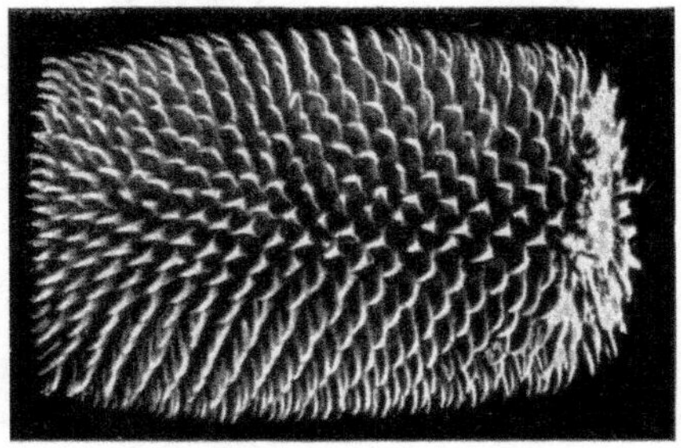

Abb. 207. Naturkarde (Rollkarde).
(Gebr. Ludwig, Grüna b. Chemnitz.)

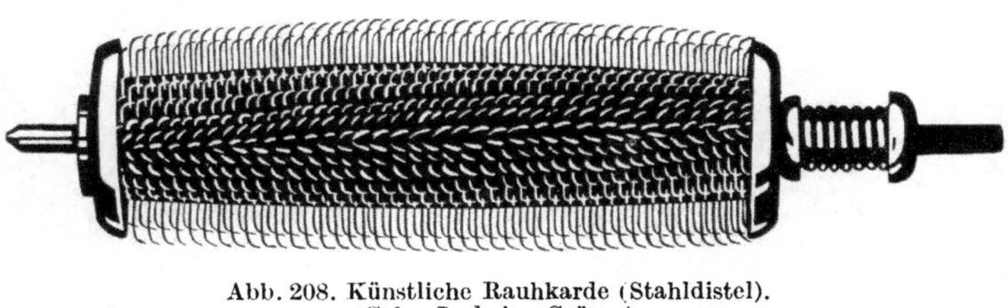

Abb. 208. Künstliche Rauhkarde (Stahldistel).
(Gebr. Ludwig, Grüna.)

Das Rauhen mit Naturkarden (Abb. 207) ist das älteste und immer noch das beste Verfahren; es wird dabei nach praktischen Erfahrungen der schönste Rauheffekt erzielt. Die hohen Kosten für die Beschaffung dieser Karden haben jedoch zur erfolgreichen Einführung der sog. Stahldistel geführt, einem Rauhwerkzeug, wie es Abb. 208 wiedergibt. Ursprünglich wurde die Rauhkarde fest in ein einfaches, rahmenartiges Handgerät eingesetzt und mit diesem die Ware bearbeitet. — An seine Stelle ist zunächst die Kardenrauhmaschine getreten; Abb. 209 zeigt sie in ihrer ältesten Ausführungsform. Sie besteht aus einem trommelartigen, um eine waagerechte Achse drehbaren Gestell, zwischen dessen beiden Stirnrahmen schräg zur Trommelachse mit Rauhkarden besetzte Spindeln frei drehbar eingesetzt sind. Diese stehen wechselständig in entgegengesetzter Richtung geneigt zueinander und wirken so nach beiden Seiten ausstreichend und rauhend. Vor der Rauhtrommel ist eine Warenführung in Form einer Bürste, Schiene od. dgl. angeordnet, auf der ruhend die von der Hand gehaltene und geführte Ware der Wirkung der umlaufenden Rollkarden ausgesetzt wird. — An Stelle dieser einfachen Maschine sind Rollkarden-Rauhmaschinen getreten, bei denen die Bedienung von Hand durch eine mechanisch wirkende Vorrichtung ersetzt ist. Abb. 210 zeigt eine solche Maschine zum Rauhen von Warenstücken. Die Rauhtrommel ist mit Rollkarden besetzt, genau wie bei den Rollkarden-Rauhmaschinen für Gewebe. Vorgeordnet ist der Rauhtrommel aber ein Gummiwalzenpaar, dessen Drehrichtung umsteuerbar und dessen Oberwalze abhebbar ist. Wird diese abgehoben, so liegt das Warenstück frei und kann durch Hand geführt, oder auch ohne weiteres aus der Maschine herausgezogen werden. Dadurch, daß die Drehrichtung der Förderwalzen geändert werden kann, wird die Möglichkeit geschaffen, die Ware im Vor- und Rücklauf zu rauhen. Sowohl der Druck der Andruckbürste für das Rauhgut als auch die Umdrehungsgeschwindigkeit der Rauhtrommel, die sich beide nach der Feinheit der Ware richten, können geändert werden, letztere mittels eines Stufenscheibengetriebes.

Abb. 209. Rauhmaschine (Bedienung von Hand). (Gebr. Ludwig, Grüna.)

Abb. 210. Vollkommen automatisch arbeitende Rauhmaschine für Wirkwaren. (Gebr. Ludwig, Grüna.)

Abb. 211. Rauhmaschine mit animalischem Rauhorgan (DRP. 447 823). (Maschinenfabrik Arbach, G. m. b. H., Grözinger, Reutlingen.)

Ein Beispiel für eine mit Borsten arbeitende Rauhmaschine bringt Abb. 211. Sie besitzt einen verstellbaren Zuführtisch mit elastischem Belag, eine mit Kratzenbeschlag versehene, abhebbare Stoffzuführwalze, deren Umlaufgeschwindigkeit geregelt werden kann, und eine mit Tierborsten besetzte Rauhwalze. Die elastische Rauhunterlage ist durch Segeltuchstoff abgedeckt. Der Teil des Bezugs, auf welchem die Ware zugeführt wird, nutzt sich so gut wie nicht ab, dagegen muß der Teil, auf welchem direkt gerauht wird, von Zeit zu Zeit erneuert werden, weshalb er nur mittels Stecknadeln an der elastischen Rauhunterlage befestigt wird.

Bei den Kratzenrauhmaschinen für Wirk- und Strickwaren bilden die Rauhkratzen entweder den Beschlag von einer bzw. zwei einander folgenden, ortsfest gelagerten Walzen, oder sie werden von Walzen getragen, die drehbar auf dem Umfang einer sich drehenden Trommel sitzen, gewissermaßen deren Mantel bildend. Ihre Einrichtung ergibt sich aus den Abb. 214, 215, Bd. IV, 3 ds. Technologie, worauf verwiesen sei.

d) Muster-Rauhen.

Auf Geweben und Gewirken können mittels der Rauhmaschine sehr schöne, wirkungsvolle Muster erzeugt werden. Man deckt das Warenstück mit einer Schablone ab und bietet es so der Einwirkung der Rauhwerkzeuge dar. Diese lösen die Fasern und heben den Faserflor nur dort, wo sie ungehindert zur Ware gelangen können; infolgedessen entsteht ein velourartiges Muster auf glattem Grund.

Abb. 212. Klopfmaschine. (Kettling & Braun, Crimmitschau.)

XII. Klopfen der Gewebe.

Das Klopfen hat den Zweck, eine durch das Rauhen gewonnene, gestreckt liegende Faserdecke aufzurichten. Dies erfolgt auf der sog. Klopfmaschine (Abb. 212), der die Ware in noch feuchtem Zustand vorgelegt wird. Sie ist mit zwei Reihen einander versetzt gegenüberstehender Klopfstäbe ausgestattet, die durch Daumen entgegen der Wirkung von Federn angehoben und dann mittels dieser Federn auf die Ware geschlagen werden. Das Gewebe wird während dieser Bearbeitung langsam in der Längenrichtung unter den Klopfstäben hinwegbewegt.

XIII. Schleifen der Gewebe.

Das Schleifen der Gewebe und Gewirke dient dazu, der Oberfläche des Werkstücks durch Zuspitzen und Abflachen der Fasern einen weicheren angenehmeren Griff und eine schönere Glätte, als diese sonst der Struktur des Wollhaares entsprechen, zu geben, sodaß die Stoffe, die aus groben, harten und spröden Wollen gearbeitet sind, den Charakter einer besseren Wollqualität annehmen. Das Schleifen erfolgt im nassen Zustand. Die Ware wird bei den normalen Schleifmaschinen durch verstellbare Leitwalzen über eine Reihe hintereinander gelagerter Schleifwalzen geführt, die mit Schmirgel oder Glaspulver überzogen oder aus schmalen, auf einer Stahlwelle aufgezogenen und fest gegeneinander gepreßten Schleifscheiben zusammengesetzt sind.

Bei der Maschine nach Abb. 213 wird der zu schleifende Stoff in gerader Richtung ohne Beugung über die Arbeitswalzen geführt und dabei von Luftdruckkissen

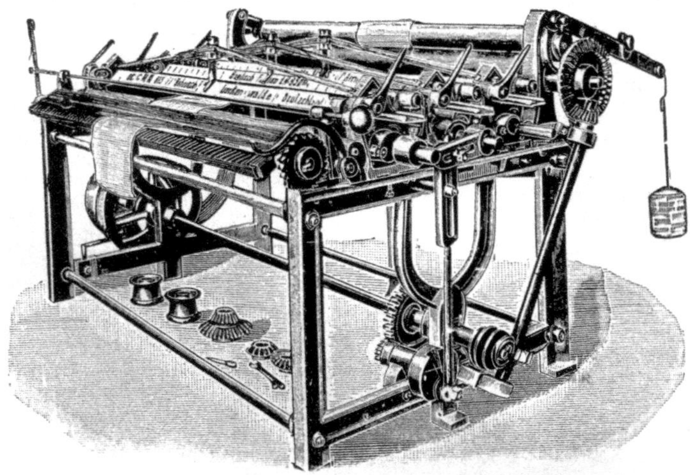

Abb. 213. Pneumatische Schleif- und Poliermaschine. (H. Behnisch, G. m. b. H., Luckenwalde.)

(Pneumatiks) je nach Erfordernis sanft oder kräftig gegen die Walzen gepreßt. Durch leicht verstellbare Schieber kann die Pneumatik genau auf die jeweilige Breite der zu schleifenden Stoffe eingestellt und abgegrenzt werden, wodurch ein Zerschleifen derselben verhütet wird. Das Aufpumpen der Pneumatik erfolgt nach dem Einstellen der Schieber. Die Luftdruckkissen ermöglichen die Verwendung eines sehr feinen Glas-, Flintstein- oder Schmirgelkornes. Die Millionen zartester Glasspitzen greifen den Faden des Gewebes niemals an, wirken aber in ihrer Feinheit und Zahl zersplitternd, ebnend, glättend und polierend auf das Wollhaar der Stoffoberfläche. Der Schliff erzeugt einen schrägen Schnitt durch das Haar im Gegensatz zu dem rechtwinkligen Haarschnitt der Schermaschine. Ein geschorenes Stück zeigt vergrößert eine treppenartig abgestufte Oberfläche, der Schliff dagegen eine vollkommene Ebene, wodurch sich die größere Feinheit, Weichheit und Glätte erklären mag. Durch das Zersplittern und Schrägschneiden der Wollhärchen wird das Innere derselben bloßgelegt; aus diesem Grunde ist dem Schleifen eine Grenze gezogen. Wollfarbene Stoffe werden vorteilhaft nach dem Rauhen geschliffen, vertragen aber im Gegensatz zu den stückfarbigen Stoffen in der Regel auch das Trockenschleifen in fertigem Zustand. Ausgeschlossen vom Trockenschleifen sind alle Farben, welche die Wollfaser nicht vollkommen durchdringen.

XIV. Weich- und Dichtmachen der Gewebe.

Für das Weich- und Dichtmachen von Woll- und Halbwollgeweben, insbesondere aber von sog. harten Wollgeweben, d.h. solchen aus scharf gedrehten Garnen (Kammgarnwaren) ist die in einer Ausführungsform in Abb. 214 in Ansicht wiedergegebene Veredlungsmaschine in Vorschlag gebracht und mit großem Erfolg eingeführt worden, da sie sich für denselben Zweck auch für alle Baumwollgewebe eignet. Diese Maschine besteht aus einer waagerechten Reihe von Walzenpaaren (16—24), deren Walzen etwa 90 mm Durchmesser haben; die Unterwalzen sind ortsfest gelagert, während die Oberwalzen in lotrecht verschiebbaren, unter regelbarem Federdruck stehenden Gleitlagern ruhen. Durch paarweise Bewegung der Oberwalzen mittels je einer querliegenden Stellwelle kann der Druck zwischen den Ober- und Unterwalzen gesteigert bzw. ganz aufgehoben werden. Ein Abheben der Oberwalzen von den Unterwalzen wird dann vorgenommen, wenn das zu veredelnde Gewebe in die Maschine eingezogen werden soll. Die Ober- und Unterwalzen sind auf dem ganzen Umfang mit Nadeln besetzt. Ist das

Abb. 214. Gewebe-Veredlungsmaschine. (Ernst Gessner, A.G., Aue.)

Gewebe zwischen die Walzenpaare eingezogen, und sind die Oberwalzen wieder gesenkt, so stechen die Nadeln der paarweise zusammenarbeitenden Walzen, sobald das Gewebe fortschreitend bewegt wird und die Walzen in Drehung versetzt werden, von beiden Seiten in das tangential durch sie hindurchgeführte Gewebe ein, lockern dabei Faden und Bindung, wodurch das Gewebe weicher und voluminöser gemacht und ihm gleichzeitig ein angenehmer Griff verliehen wird. Die Arbeitsgeschwindigkeit beträgt bis 150 m in der Minute; die Bearbeitung zwischen den unendlich vielen fortgesetzt aufeinanderfolgenden Nadelreihen ist infolgedessen eine intensive, und es wird selbst bei nur 8—12 Passagen eine große Leistungsfähigkeit der Maschine erzielt. Die hohe Warengeschwindigkeit übt dabei keinerlei nachteilige Rückwirkung auf die Warenspannung aus, weil sämtliche Arbeitswalzenpaare mit gleicher Geschwindigkeit wie die Abzugswalzen positiv angetrieben werden und mithin die Ware von Walze zu Walze spannungslos getragen wird. Die hohe Umlaufgeschwindigkeit der Ware erfordert aber eine ganz besondere Ausführung und Einstellbarkeit des Waren-Rückführungstisches (Warentresse) mit hoher Warenfüllung, sowie eine durchaus gleichförmige Eintäfelung der Gewebebahn, da bei geringster Ungleichmäßigkeit derselben seitliches Verschleudern der Bahn vor dem Eintritt in das Arbeitsfeld eintreten würde.

Diese Aufgabe wird durch eine in Rollen laufende Kettenstabtresse sowie einen Doppelflügeltäfler (Rücklauftäfler), neben dem noch ein gewöhnlicher Abnehmertäfeler vorgesehen ist, gelöst. Der erstere legt die Stoffbahn in genau parallelliegenden Fältchen von ca. 8 cm Länge auf die wandernde Tresse, während der Abnehmertäfler sie hinter der Tresse in lange Falten legt und für die Abnahme austafelt.

XV. Ratinieren (Frisieren) der Gewebe.

Das Ratinieren hat den Zweck, die Faserenden einer auf der Oberfläche eines Gewebes oder einer Wirkware durch Rauhen erzeugten Faserdecke gruppenweise zu knötchenartigen oder wellenartigen Gebilden zusammenzudrehen. Maschinen, die diesen Veredlungsprozeß ausführen, bezeichnet man als Ratiniermaschinen.

Abb. 215. Ratiniermaschine. (Ernst Gessner, Aue.)

Abb. 215 gibt eine solche beispielsweise wieder. Sie sind im allgemeinen mit einer festliegenden Tischplatte und einer über dieser schwebend aufgehängten, aber senkbaren zweiten Tischplatte (Frottierplatte) ausgestattet, die auf der der ersteren zugekehrten Seite mit Plüsch, Tuch, Gummi, Sandpapier usw. bezogen ist. Der zu ratinierende Stoff wird, mit der gerauhten Seite nach oben liegend, in straff gespanntem Zustand zwischen beiden Platten hindurchgeführt. Die auf das Arbeitsgut gesenkte obere Platte wird dabei auf mechanischem Wege in ihrer Ebene in vibrierende Bewegung versetzt. Sollen knötchenartige Gebilde auf der Faserdecke (Perlé) entstehen, so muß die Platte auf dem Gewebe eine kreisende Bewegung machen, für die Gewinnung eines mehr wellenförmigen Aussehens der Faserdecke (Welliné) dagegen eine hin- und hergehende Bewegung ausführen. Man unterscheidet dabei zwischen Kett-, Schuß- oder Diagonal-Welliné (Diagonal-Frisé).

Vielfach ist die Maschine mit einem sog. Velourheber ausgestattet. Er dient einerseits als solcher, andererseits beseitigt er die beim Tafeln entstehenden Velourdruckstellen, bevor die Ware zwischen die Ratinierplatten kommt. Ferner kann die Maschine auch in Verbindung mit einer Schabloniervorrichtung dazu benutzt werden, um auf Stoffen mit Ratiné, Perlé-, Wellinéausrüstung Veloureffekte in Rayé herzustellen.

XVI. Bürsten.

Das Bürsten der Gewebe und Wirkwaren hat in erster Linie den Zweck, die Ware von den ihnen anhaftenden Fremdkörpern, wie Knoten, Fadenstücken, Staub usw. zu befreien. Dieses Bürsten wird im Laufe der Veredlung zur geeigneten Zeit durchgeführt, muß aber nicht unbedingt für sich vorgenommen werden, da es bereits auf den meisten Veredlungsmaschinen mit vorgesehen ist. In zweiter Linie dient das Bürsten dem Strichgeben, kommt aber dann meist in Verbindung mit dem Dämpfen zur Anwendung. Endlich findet das Bürsten ausgiebige Verwendung bei der Herstellung der Plüsche, Teppiche u. dgl., zum Auflösen der durch den Schnitt entstandenen freien Polfadenenden in Faserbüschel.

Abb. 216. Bürstmaschine mit einem Tambour. (Kettling & Braun, Crimmitschau.)

Die Abb. 216—219 zeigen Beispiele von Bürstmaschinen. Die Maschine nach Abb. 216 besitzt einen mit Bürstenblättern besetzten Bürstentambour für die Bearbeitung der rechten Warenseite, eine Linksseitenbürste, einen breiten Dämpftisch, sowie eine Warenrückführung unterhalb des Tambours. Die Gewebeführung

Abb. 217. Doppel-Bürstmaschine mit Dämpfapparat und zwei Bürsttambours. (Ernst Gessner, A.G., Aue).

ist in bezug auf den Tambour derart eingerichtet, daß seine Bürsten das Gewebe entweder nur einmal oder zweimal bestreichen. — Die ebenfalls mit Dämpfkasten ausgestattete Bürstmaschine nach Abb. 217 enthält zwei parallel nebeneinander liegende Bürstentambours von etwa 360 mm Durchmesser, eine Linksseitenbürste und eine Warenrückführung im Unterteil der Maschine. — Abb. 218 zeigt endlich eine sog. Naßbürstmaschine. Drei Walzenbürsten liegen parallel zueinander und empfangen durch einen einzigen Riemen Antrieb. Zwischen je zwei Walzenbürsten ist oberhalb derselben je eine Leitwalze vorgesehen, die nach Belieben gehoben und gesenkt werden kann. Hierdurch ist es möglich, die Stärke des Anstrichs für die über den Walzenbürsten hinweggeführte Gewebebahn zu regeln.

Die in der Plüsch- und Teppichfabrikation verwendeten Bürstmaschinen sind

Abb. 218. Naßbürstmaschine. (Kettling & Braun, Crimmitschau.)

hinsichtlich der Ausführung ihrer Bürsten und deren Anordnung in der Maschine in bezug auf den Gewebelauf sehr verschieden. Neben normalen Walzenbürsten kommen auch Bandbürsten zur Anwendung. Die ersteren arbeiten in Richtung der

Abb. 219. Doppel-Diagonalbürstmaschine. (Franz Müller, M.-Gladbach.)

Kette oder stehen schräg zum Warenlauf (Diagonal-Bürstmaschinen), während die Bandbürsten das Gewebe in Richtung des Schusses bearbeiten und dabei entweder eine Umlaufbewegung oder nur eine hin- und hergehende Bewegung ausführen. Abb. 219 zeigt beispielsweise eine mit Diagonal- und Bandbürsten ausgestattete

Bürstmaschine. Die Diagonalbürsten sind schraubengangartig mit Borsten besetzt und stehen schräg versetzt zum Gewebelauf; die Bandbürsten kommen als umlaufende Bürsten zur Anwendung[1].

XVII. Wirbeln.

Das Wirbeln findet ausschließlich Verwendung bei der Herstellung der sog. Wirbelplüsche, die man gewöhnlich zu den künstlichen Pelzen rechnet. Für ihre Erzeugung kommt heute ausschließlich der sog. Mohairplüsch in Betracht. Wird seine Flordecke, bei kurzem Flor nach Einarbeiten eines Klebstoffes (Kleister) in denselben, mit Hand oder mechanisch der Wirkung sich drehender, tellerartiger Bürsten ausgesetzt, so entstehen sonnenartige Wirbel, wenn das Gewebe während des Wirbelns stillsteht, oder streifenartige Wirbel, wenn das Gewebe während dieser Behandlung gleichzeitig fortschreitet. Werden dabei von zwei benachbarten Bürsten die Wirbel durch Umlegen des Flors nach entgegengesetzten Richtungen so gebildet, daß sie sich überschneiden, so entstehen Breitschwanzimitationen[2].

XVIII. Scheren.

Die auf jeder Wollware vorhandene Haardecke weist infolge der ungleichen Faserlängen an sich schon eine gewisse Ungleichmäßigkeit auf, die die Ware unansehnlich und unschön macht. Gleiches gilt aber ganz besonders auch für die durch Rauhen gewonnenen Haardecken und diejenigen, die auf dem Webstuhl oder der Wirkmaschine entstehen, z.B. beim Arbeiten von Plüschen, Teppichen u.dgl. Es ist technisch unmöglich, bei den genannten Arbeitsprozessen Fasern von gleicher Haarlänge zu erhalten. Diese können in jedem Fall nur gewonnen werden durch eine auf Kürzung der freien Faserlänge hinauslaufende Nachbehandlung des Gewebes oder Gewirkes, was man als Scheren bezeichnet. Es bietet die Möglichkeit, eine beliebig hohe und vollständig gleichmäßige Florhöhe zu erhalten, wodurch das Aussehen der Ware wesentlich gewinnt. Man hat es in der Hand, eine Ware entweder nur zu spitzen oder sie bis auf den Grund auszuscheren (Kahlscheren). Ferner kann man auch Muster auf der Warenoberfläche erzeugen, wenn man die Ware beim Scheren durch eine Schablone so abdeckt, daß einzelne Teile der Wirkung der Scherwerkzeuge, Schermesser, entzogen werden, oder wenn man Teile des Flors niederpreßt und verklebt, so daß sie von den Messern des Scherzylinders nicht getroffen werden können (Musterscheren). Das Scheren erfolgt stets stufenweise, d.h. man bringt die Haardecke nicht mit einem einzigen Schnitt, sondern erst nach und nach auf die gewünschte Kürze. Die Ware wird zu diesem Zweck entweder der Wirkung eines und desselben Scherwerkzeugs mehrmals ausgesetzt oder in einem Gang einer Reihe von Scherwerkzeugen nacheinander dargeboten.

Die wichtigsten Bestandteile einer Schermaschine bilden das aus dem Ober- und Untermesser bestehende Schneidzeug und der Tisch. Das Obermesser besteht aus einem Zylinder mit spiralförmig auf seinem Mantel verlaufenden Messern. Sie liegen als sog. Winkelspiralen nur auf dem Zylindermantel auf und enden in Schrauben, mit denen sie durch Muttern an Stirnkränzen des Zylinders befestigt werden, oder aber sie werden in Spiralnuten in den Zylindermantel eingeschoben (Einstemmspiralen). Das Untermesser oder der Lieger wird durch eine flache Stahlschiene gebildet, die an der einen Längsseite hohlkehlenartig ausgeschliffen und so zum Gegenmesser für die Spiralmesser des Scherzylinders ausgebildet ist.

---

[1] Vgl. hierzu Band II, 3, S. 414 ds. Technologie.
[2] Vgl. hierzu Band II, 3, S. 460 ds. Technologie.

Durch Verschieben des Untermessers quer zur Längsrichtung kann seine Schneidkante gegenüber der Tischkante so eingestellt werden, wie es die Ware verlangt. Beim Scheren von Strichware soll die Schneidkante des Untermessers ziemlich genau über der Tischkantenmitte liegen, beim Scheren geringerer Strichware

Abb. 220. Scher-, Bürst- und Aufdockmaschine mit Staubabsaugevorrichtung. (A. Monforts, M.-Gladbach.)

dagegen etwas nach hinten versetzt sein. Der Schertisch hat die Aufgabe, die zu scherende Ware dem Schneidzeug darzubieten; er ist massiv oder elastisch. Durch die Knickung der Ware über der Tischkante werden die Haare aufgerichtet. Feine oder kahl auszuscherende Waren verlangen eine nach oben scharf zulaufende Tischoberfläche. Sie richtet das Haar steil auf, so daß es vom Schneidzeug sicher gefaßt werden kann. Für Waren, die eine möglichst gedeckte Oberfläche erhalten sollen, von der also nur wenig Haare abgeschoren werden dürfen, empfiehlt sich ein Tisch mit nach hinten langsam abfallender Fläche. Als u-förmig gestalteter Hohltisch kommt der Schertisch dann zur Anwendung, wenn es sich um das Scheren nicht gut entknoteter Ware handelt.

Abb. 221. Langschermaschine mit einem schräggestellten Schneidzeug. (Ernst Gessner, Aue.)

Die mit dem genannten Schneidzeug ausgestatteten Schermaschinen sind entweder Lang- (Longitudinal-) oder Quer- (Transversal-) Schermaschinen. Bei den erstgenannten Schermaschinen wird die Ware in Richtung der Kette geschoren: sie arbeiten kontinuierlich und können mit einem, zwei und mehr Schneidzeugen ausgestattet sein. Das Schneidzeug ist im allgemeinen ortsfest auf dem Gestell gelagert, es sind jedoch auch Längsschermaschinen bekannt, bei denen das Schneidzeug in einem hängenden Gestell untergebracht ist. Solche Maschinen finden z. B. Anwendung in der Teppichindustrie[1]. Die Querschermaschinen haben eine intermittierende Arbeitsweise, sind stets nur mit einem Schneidzeug ausgestattet, das beim Scheren mittels eines Wagens über das absatzweise ruhende Gewebe in Richtung des Schusses hinweggeführt wird. Eigen ist jeder der genannten Maschinen, daß Ober- und Untermesser in einem schwingbar gelagerten, rahmenartigen Gestell untergebracht sind, das durch Mikrometerschrauben zwecks Veränderung der Lage des Schneidzeugs gegenüber dem Tisch verstellt werden kann, und die Möglichkeit bietet, das Schneidzeug jederzeit vom Tisch abzuheben. Eine Schutzvorrichtung deckt das Obermesser während des Arbeitens ab und ist im allgemeinen so angeordnet, daß die Maschine erst bei eingestellter Sicherheitsvorrichtung angelassen und abgestellt werden kann. Macht sich eine Staubabscheidung erforderlich, so kommen Staubsauger zur Anwendung, die über dem Schneidzeug in abdeckende, muldenartige Kappen ausmünden, wie dies Abbildung 220 zeigt. Um zu erreichen, daß die Scherhaare beim Arbeiten der Maschine fast ausschließlich nach rückwärts in einen Kasten fallen, werden Schneidzeug und Tisch so angeordnet, daß das Untermesser nach hinten geneigt ist, die Scherhaare sich also nicht hinter dem Scherzylinder ansammeln können (Abb. 221). Diese Schrägstellung des Schneidzeuges bietet weiter den Vorteil, die Scherstelle gut übersehen zu können. Abb. 222 zeigt eine mit nur einem Schneidzeug ausgestattete, mit starrem Tisch versehene Langschermaschine für Gewebe; Abb. 223 dagegen eine solche mit zwei Schneidzeugen für Wirkwaren, bei der die Messerzylinder der beiden Schneidzeuge auf jeder Seite der Maschine durch einen gemeinsamen Riemen

Abb. 222. Schermaschine mit einem Schneidzeug. (Kettling & Braun, Crimmitschau.)

Abb. 223. Langschermaschine mit zwei Schneidzeugen. (Ernst Gessner, Aue i. Erzgeb.)

[1] Siehe Abb. 107, Bd. II, 3 ds. Technologie.

mit nach unten gerichtetem Zug Antrieb empfangen. Mit Rücksicht auf die außerordentliche Elastizität der Wirkware, und damit das Arbeitsgut in gut ausgebreitetem, glatten Zustand durch die Schneidzeuge läuft und glatt aufgewickelt wird, ist für energisch wirkende Ausbreiter gesorgt; auch ist jedem Schneidzeug

Abb. 224. Vierzylinderschermaschine. (Sellers & Co., Huddersfield.)

unmittelbar eine gerillte Leitfläche vorgeordnet. — Die Maschine nach Abb. 224 gibt eine Längsschermaschine mit vier Schneidzeugen wieder, die auf einem gemeinsamen Gestell terrassenförmig ansteigend so angeordnet sind, daß alle Arbeitsstellen vom Stand des Arbeiters aus übersehen werden können, und von

Abb. 225. Langschermaschine. Otto Sonntag, Glauchau i. Sa.)

hieraus aus auch jedes Schneidzeug (Ober- und Untermesser) vom Tisch abgehoben werden kann. Die Tische sind elastisch. Eine Schermaschine von gewaltigen Dimensionen bringt Abb. 225 zur Darstellung: sie besitzt 7,5 m Messerbreite. Ihr Untermesserträger und Schertisch haben Konstruktionen, die ihnen große Steifigkeit geben. Die Einstellvorrichtung für die Schurhöhe hat besonders hohen Hub, um sowohl dünnste als auch dickste Teppiche scheren zu können.

Die Schurhöhe läßt sich durch nur eine Kurbel links und rechts gleichmäßig und gleichzeitig um $1^5/_8''$, d. h. rund 40 mm verstellen. Jedes Zwischenmaß ist sofort ablesbar und auf 0,01 mm genau einstellbar. Der Scherzylinder ist mit einer

Abb. 226. Fünfzylinder-Schermaschine. (Parks & Woolson Machine Company. Springfield, Vermont.)

Changiervorrichtung ausgestattet, und der Antrieb für die Teppichförderwalzen derart eingerichtet, daß er die Möglichkeit bietet, die zu scherenden Teppiche sowohl vor- als auch rückwärts laufen zu lassen. Man kann sie also, ohne daß man sie aus der Maschine herausnimmt und stürzt, sowohl vor- als auch rückwärts scheren. — Wesentlich abweichend hinsichtlich der Bauweise gegenüber den normalen Ein- und Mehrzylinder-Schermaschinen für ein- und zweiseitige Schur, wie sie beispielsweise in den Abb. 222 bis 225 und ferner in Band II, 3, S. 553, sowie Band IV, 3, S. 650 u. f. ds. Technologie dargestellt sind, ist die Fünfzylinder-Schermaschine nach Abb. 226. Wie man sieht, sind die Schneidzeuge nicht auf einem gemeinsamen Gestell, wie bei der Maschine nach Abb. 224, untergebracht, sondern jedes Schneidzeug bildet mit seinem Zubehör gewissermaßen eine Maschine für sich; außerdem sind diese einzelnen Maschinen so hintereinander angeordnet, daß der Arbeiter bei der Bedienung, z. B. der Ölung, des Gewebeeinzugs usw. zwischen zweien hindurchgehen kann. Die Maschine schert in einem Gange entweder nur eine Gewebeseite in fünfmaligem Angriff oder beide Gewebeseiten mit beliebig gruppierten

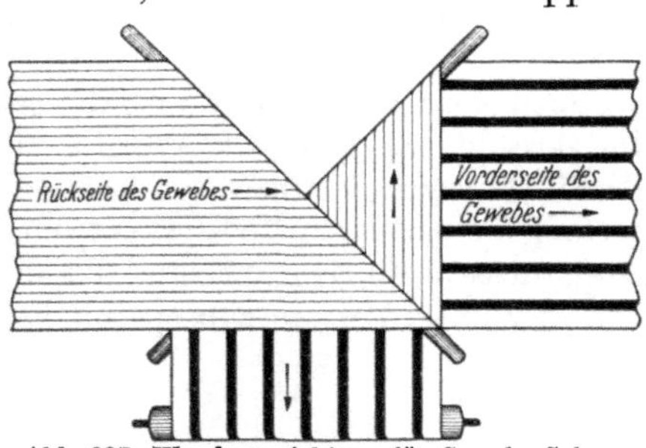

Abb. 227. Wendevorrichtung für Gewebe-Schermaschinen. (Parks & Woolson Machine Company Springfield, Vermont.)

Abb. 228. Scherzylinderantrieb. (Parks & Woolson Machine Company. Springfield, Vermont.)

Schneidzeugen. Im letzteren Falle ist in die Maschine eine Wendevorrichtung eingebaut, wie sie Abb. 227 wiedergibt. Bei der in Abb. 226 dargestellten Maschine bearbeitet das erste Schneidzeug die Rückseite des Gewebes und jedes der vier folgenden die Vorderseite. Die Wendevorrichtung liegt unterhalb des ersten Schneidzeuges. Die Messerzylinder empfangen ihren Antrieb nicht durch Riemen, sondern durch je einen eingekapselten Elektromotor mittels eines Rädergetriebes, wie aus Abb. 228 ersichtlich, und damit werden alle die Unannehmlichkeiten ausgeschaltet, die der Riemenantrieb mit sich bringt (Riemenschlupf, Triebscheiben, Zwischenwellen usw.). Durch verschiedene Steuerhebel-

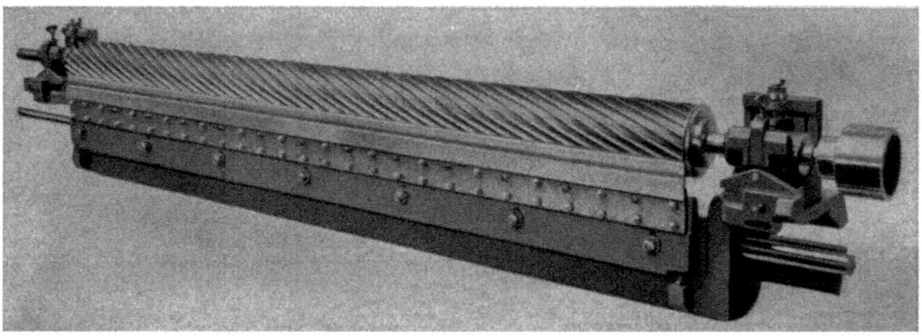

Abb. 229. Scherzeug. (Parks & Woolson Machine Company. Springfield, Vermont.)

gruppen wird der Arbeitsgang der ganzen Maschinenanlage vom Arbeiterstand aus geregelt. So kann der Arbeiter von vorne aus jedes Schneidzeug von seinem Tisch abheben, wenn es der Durchgang einer Naht oder ein sonstiger Grund verlangt, ebenso kann jeder Elektromotor aus- oder eingerückt und jedes Schneidzeug, dessen Einrichtung und Lagerung sich aus Abb. 229 ergibt und dessen Zylinder mit 20 Messern bespannt ist, gegenüber seinem Tisch verstellt werden.

XIX. Sengen.

Durch das Sengen wird jeder Flaum auf der Oberfläche von Garnen, Geweben und Wirkwaren vollständig beseitigt. Wo dies gewünscht wird, tritt deshalb bei Geweben und Wirkwaren an Stelle des Scherens das Sengen, oder es müssen beide Arbeiten nacheinander zur Anwendung kommen. Umgekehrt wird man sich mit dem Scheren begnügen, wenn eine gewisse Rauhhaarigkeit erhalten bleiben soll, wie z. B. bei den Streichgarngeweben. Das Sengen wird durchgeführt mit Hilfe glühender Metallkörper, durch Bestrahlung mit zum Glühen gebrachter Körper oder mit der offenen Flamme. Für das erstgenannte Verfahren kommen Stäbe, Platten oder sich drehende Zylinder zur Anwendung; demgemäß unterscheidet man zwischen Stab-, Platten- und Zylindersengerei. Diese Art findet nur für Gewebe Anwendung, und ihre Einrichtung gleicht denjenigen in der Baumwollsengerei (vgl. Bd. IV, 3, S. 638 dieser Technologie). Dasselbe gilt auch für die Gassengmaschinen, deren Flammen mit einem Gasluftgemisch gespeist werden. Auf ihnen werden neben Geweben auch die Wirkwaren und Garne behandelt. Für die Garne kommen endlich noch diejenigen Sengmaschinen in Frage, bei denen lediglich die von einem auf elektrischem Wege glühend gemachten Körper ausgehende Strahlung für das Abbrennen der freien Faserenden nutzbar gemacht wird; siehe ebenfalls Bd. IV, 3, S. 639, ds. Technologie.

Der Erfolg beim Flammensengen beruht in erster Linie auf der absolut vollkommenen Verbrennung des Faserflaums, die durch automatische Regelung des Gasluftgemisches erreicht wird, ferner durch Gleichmäßigkeit der Flamme, sodaß die Ware in geringem Abstand an ihr vorbeigeführt werden kann. — Nach Ausführung der Pharos-Feuerstätten G. m. b. H. in Hamburg lassen sich die Gasfeuerungen einteilen in Niederdruck-Gasfeuerungen und solche, die mit Hilfe eines Druckmittels betrieben werden, wie Preßluft-, Preßgas- und Gasgemisch-Feuerungen. Die Niederdruck-Gasfeuerungen scheiden für die Verwendung in der Industrie im allgemeinen aus, weil es nicht möglich ist, mit dem normalen Gasdruck eine restlose Verbrennung des Gases zu erzielen, da die Flammen zurückschlagen und abhängig von dem jeweiligen Schornsteinzug sind. Um das Gas vollständig zu verbrennen, d. h. um ihm die dazu notwendige Luft zuzuführen, hat man nach Angaben der obengenannten Firma in Vorschlag gebracht:

1. Das gewöhnliche Preßluftverfahren,
2. Das Gasgemischverfahren,
3. Das Preßgasverfahren und
4. das Pharospreßluftverfahren.

Bei dem Preßluftverfahren wird dem Gas kurz vor der Verbrennung Preßluft zugemischt, und zwar sämtliche zur Verbrennung notwendige Luft unter Druck. Die Regulierung erfolgt getrennt durch zwei Absperrhähne.

Das Gasgemischverfahren beruht darauf, daß dem Gase ca. 1,5 Teile Luft zugemischt werden, dieses Gasluftgemisch auf einen Druck von 1000—1400 mm WS gebracht und so den Brennern zugeführt wird. Der Gasluftgemischstrahl saugt sich dann die übrige Verbrennungsluft nach Art eines Bunsenbrenners an.

Beim Preßgasverfahren wird das Gas durch einen Kompressor auf einen Druck von 1000—1400 mm WS gebracht und die Verbrennungsluft durch den Preßgasstrahl dann unmittelbar vor der Verbrennung angesaugt.

Das Pharospreßluftverfahren unterscheidet sich von dem normalen Preßluftverfahren dadurch, daß die Regulierung von Gas und Luft durch einen einzigen Hahn erfolgt und man von dem Bedienungspersonal unabhängig ist. Von dem Gasluftgemischverfahren unterscheidet es sich dadurch, daß sich in den Rohrleitungen, die zum Brenner führen, nur reines Gas und reine Luft befinden, die erst unmittelbar vor der Verbrennung in einem Spezialhahn, der das Eintreten von Gas in die Luftleitung und umgekehrt unmöglich macht, gemischt werden. Es besteht infolgedessen Explosionssicherheit. Gegenüber dem Preßgasverfahren hat das Pharospreßluftverfahren den Vorteil, daß nur Luft unter höheren Druck in der Leitung zugeführt wird und die Flammen überall, auch in Fällen, wo eine Zuführung von Außenluft an die Flamme selbst nicht mehr möglich ist, einwandfrei bei restloser Verbrennung des Gases brennen.

Jedem Brenner wird beim Pharosverfahren ein Pharosmischer vorgeschaltet, der Gas und Luft gleichzeitig reguliert, an- und abstellt. Ein Pharosspezialgebläse sorgt für Preßluft, wobei der Druck unabhängig vom Verbrauch konstant bleibt. Auf diese Weise benötigt die Anlage keine dauernde Bedienung, und man erhält eine gleichmäßige gute Sengung.

a) Sengen der Garne.

In Abb. 230 ist eine Gassengmaschine für Garne, eine sog. Garngasiermaschine, wiedergegeben, deren Brenner für Leuchtgas, Gasolingas, Blaugas, Generatorgas usw. geeignet sind. Der eigentliche Gasierkörper eines jeden Brenners besteht aus zwei herausnehmbaren plattenförmigen Teilen, die aus hitzenbeständigem, rostfreiem und nicht zunderndem Material hergestellt sind. Jeder Brenner ist mit einer Staubabsaugung versehen, durch die Staubteilchen, Sengfunken sowie Gasdunst restlos beseitigt werden; außerdem steht er mit dem Spulenhalter der ihm zugehörigen, mit Schlitztrommelführer ausgestatteten Wickelvorrichtung derart in Verbindung, daß beim Zuklappen des Brennerdeckels und dem damit vor sich gehenden Einführen des Fadens in den Brenner gleichzeitig auch der Spulenhalter auf seine Triebtrommel gelegt wird. Durch diese Einrichtung werden ungesengte Garnstellen auf ein nach Möglichkeit geringstes Maß beschränkt, weil die Wickelvorrichtung ausgeschaltet ist, so lange der Brenner nicht arbeitet. Nach Angaben der Firma sengt die Maschine je nach Garnnummer und Senggrad pro Brenner bis zu 800 m

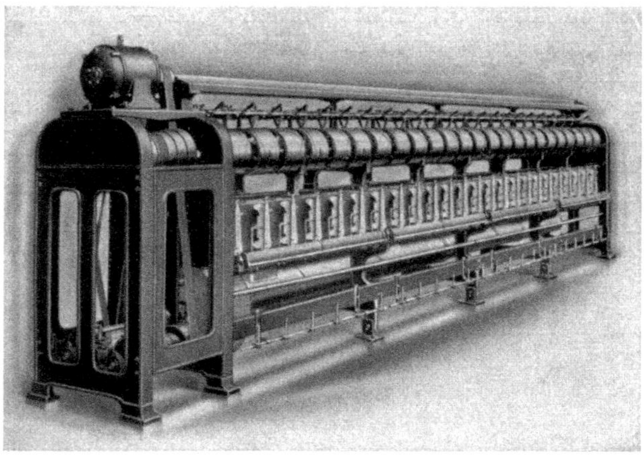

Abb. 230. Garn-Gasiermaschine. (Franz Müller, M.-Gladbach/Rhld.)

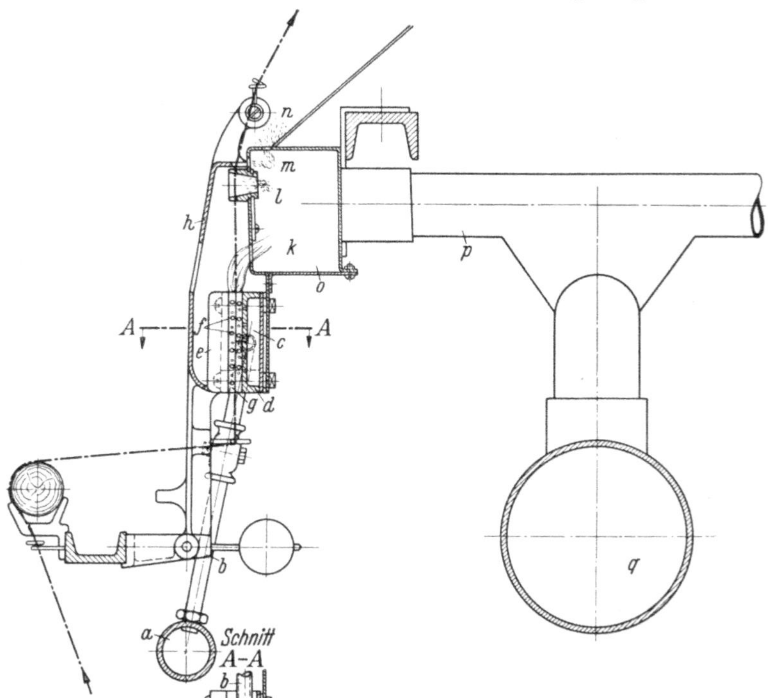

Abb. 231. Schlitztrommel-Gasiermaschine. (Rudolph Voigt, Chemnitz.)

in der Minute, und es findet trotz der hohen Geschwindigkeit eine vollkommene Sengung deshalb statt, weil der laufende Faden durch eine große Zahl den Faden von allen Seiten angreifende Flämmchen hindurchgeführt wird. Die Maschine wird mit 12 bis 96 Brennern ausgeführt. Bis zu 48 Brennern liegt der Antrieb wie im Bilde an der Stirnseite der Maschine, die mit einem Exhaustor und einer Mischbatterie ausgestattet ist. Bei über 60 Brennern ist der Antrieb vorteilhaft in der Längenmitte der Maschine angeordnet, die dann zwei Exhaustoren und zwei Mischbatterien besitzt[1].

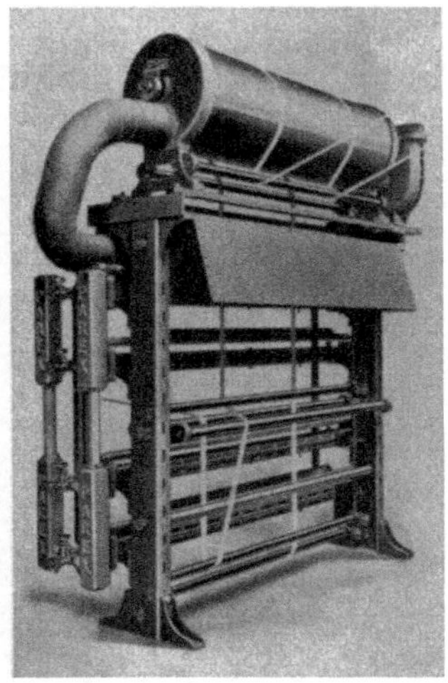

Abb. 232. Gassengmaschine für Gewebe mit vier übereinander angeordneten Brennern. (Ernst Turner & Co., Manchester. Patent Parex.)

Als zweites Beispiel einer Gassengmaschine für Garne möge die in Abb. 231 wiedergegebene dienen.

Vom Verteilungsrohr *a* aus gelangt das Luftgasgemisch durch das Zuleitungsrohr *b* in die Gaskammer *c*, die vom Brennerunterteil *d* und den beiden Brenneroberteilen gebildet wird. Aus der Gaskammer *c* strömt das Gasgemisch durch Öffnungen *f* in den Sengkanal *g* und verbrennt dort unter Bildung einer Flammensäule, durch die der zu sengende Faden geführt wird, nachdem er mittels des Einlegehebels *h* durch den Schlitz *i* des Brenners in den Sengkanal *g* eingeführt wurde. Die entstehenden Verbrennungsgase werden sofort bei Verlassen der Sengkanalmündungen durch die Sauglöcher *k*, die vom Faden abgestreiften Sengrückstände durch die Sauglöcher *l*, *m* und *n* in den Absaugkasten *o* und von da durch die Anschlußrohre *p* in das Hauptabsaugrohr *q* abgesaugt.

b) Sengen von Geweben.

Als Ergänzung zu dem im Bd. IV, 3, ds. Technol. S. 638 unter Sengen Gesagtem sei in der obenstehenden Abb. 232 noch eine Gassengmaschine wiedergegeben, die mit vier, senkrecht übereinander angeordneten Brennern ausgestattet ist. Die Maschine trägt gewissermaßen als Bekrönung eine drehbar gelagerte Trommel, durch die die Heizgase in der aus der Abbildung ersichtlichen Weise abgesaugt werden, und über die das Gewebe zu den Brennern, also getrocknet und vorge-

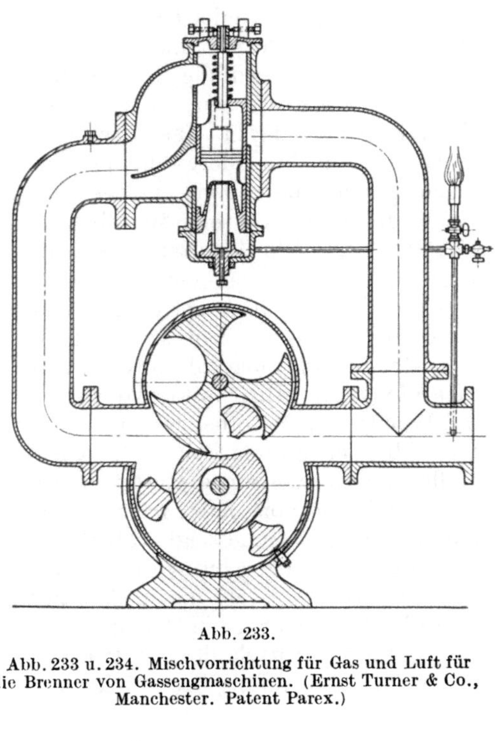

Abb. 233.

Abb. 233 u. 234. Mischvorrichtung für Gas und Luft für die Brenner von Gassengmaschinen. (Ernst Turner & Co., Manchester. Patent Parex.)

[1] Weiteres über Garnsengmaschinen findet sich im bereits genannten Bd. IV, 3, S. 639ff dieser Technologie. Ferner sei verwiesen auf die DRP. 400968, 405016; die Schweizer Patente 119207, 123097, 125696, 128209, 136818 und die Englische Patentschrift 190623 vom Jahre 1921.

wärmt, geführt wird. Parallel zu den Brennern sind Leitwalzen angeordnet, die es ermöglichen, das Gewebe so an den Brennern vorbeizuführen, daß alle vier Brenner entweder nacheinander auf die gleiche Gewebeseite wirken oder jede Seite des Gewebes von je zwei Brennern nacheinander gesengt wird. Die Abb. 233 und 234 geben in Schnitt und Ansicht die Vorrichtung wieder, durch die das Gas- und Luftgemisch für die Brenner erzeugt und diesem zugeführt wird.

Abb. 234.

c) Sengen der Wirkwaren.

Das Sengen der Wirkwaren beschränkt sich im wesentlichen auf das Sengen der Strümpfe. Sie werden auf Flachformen aufgezogen, also gespannt durch zwei einander folgende Walzenpaare hindurchgeführt, zwischen denen vier Brenner angeordnet sind und zwar je zwei für jedes Walzenpaar. Zwischen ihnen laufen die Strümpfe beim Übergang von einem Walzenpaar zum anderen so hindurch, daß je zwei Brenner nacheinander auf eine Strumpfseite wirken.

XX. Kalandern und Bügeln.

a) Kalandern.

Das Kalandern findet bei der Veredlung der Wollgewebe nur beschränkte Verwendung. Einrichtung und Wirkungsweise der benutzten Maschinen gleichen denen bei der Veredlung der Baumwollgewebe verwendeten, weshalb auf das dort Gesagte verwiesen sei (siehe Bd. IV, 3, S. 663 u. f. dieser Technologie). Größere Bedeutung hat das Kalandern dagegen für die Behandlung der wollenen Wirkwaren, insbesondere der von dem Rundstuhl kommenden. Es wird angewendet, um eine schöne, glatte, geschlossene Ware zu erhalten. Verwendung finden Kalander, die mit Metallwalzen ausgestattet sind, aber auch solche, die mit Hart- und Weichwalzen arbeiten. Diese sind einfache Preß- oder Friktionskalander; letztere kommen dann in Betracht, wenn es sich nicht nur um das Glätten, sondern auch um Glanzerzeugung handelt.

Dem Kalandern voraus geht das Wenden oder Umkehren, sofern es sich um die Veredlung von Rundstuhl-, also Schlauchware handelt. Diese wird von der Wirkmaschine bekanntlich mit der linken Seite nach außen geliefert. Ausgeführt wird das Wenden im Kleinbetrieb mittels des sog. Umkehrapparates, im Großbetrieb mit Hilfe der automatischen Umkehrmaschinen. Der erstere besteht aus einem Rollenring, der von einem Gestell getragen wird. Über ihn wird der Warenschlauch mit der Hand von innen nach außen gezogen, d. h. gestülpt. Ein Beispiel für eine Umkehrmaschine zeigt Abb. 235. Das zu wendende Stück läuft unter einem Führungsrollenbogen hinweg in den inneren Hohlzylinder des Umkehrapparates. In ihm wird das Stück nach oben gezogen, innerhalb des Rahmens durch das obere Walzenquadrat hindurchgeführt und dann über den oberen Umkehrrollenring gestülpt. Mittels des Fußtritts wird dann das obere Walzenquadrat abgehoben, um den Anfang des Stückes zwischen die Walzen zu bringen. Nach dem

Niederlassen des oberen Walzenquadrates ist die Maschine betriebsfertig, und kann durch Einrücken das Umwenden des Stückes sofort erfolgen.

Beim Durchsehen der Wirkware, beim Wenden usw. entstehen leicht Falten. Sie werden durch Ausstreichen, Spannen usw. entfernt. Man verwendet hierzu im allgemeinen die sog. Rollmaschinen. Bei ihnen wird der Warenschlauch waagrecht oder senkrecht über einen verstellbaren, trapezförmigen, beiderseits mit mechanisch angetriebenen Führungsrollen ausgestatteten Breithalter den geschliffenen Preßwalzen zugeführt und nach Verlassen derselben aufgewickelt. Die mechanisch angetriebenen, mit Filz bezogenen Führungsrollen verhüten ein Zurückbleiben der Kanten der zu rollenden Stücke, und der Filzbezug schließt eine Beschädigung aus.

Abb. 235. Automatische Umkehrmaschine für rundgewirkte Stoffe. (Maschinenfabrik Arbach, G. m. b. H., Reutlingen.)

Die Kalander für schlauchförmige, wollene Wirkwaren gleichen denen für die baumwollenen Wirkwaren. Ihre Einrichtung ist erschöpfend in Bd. IV, 3, S. 675 f. dieser Technologie behandelt, weshalb auf das dort Gesagte verwiesen sei. Als Ergänzung hierzu zu noch der in Abb. 236 wiedergegebene Kalander angeführt. Er ermöglicht die gleichzeitige Behandlung von zwei Warenstücken nebeneinander und ist zu diesem Zweck, wie ersichtlich, mit zwei verstellbaren Breithaltern ausgestattet. Beide Walzen, denen die Warenstücke waagrecht zugeführt werden, sind heizbar; vorgeordnet ist ihnen eine Dämpfvorrichtung und nachgeordnet eine Aufwickelvorrichtung.

Abb. 236. Kalandrier- und Rollmaschine für schlauchförmige Wirkwaren. (Ernst Gessner, A.G., Aue.)

Weit mehr als in der Weberei wird das Garn in der Wirkerei bei der Verarbeitung zu Maschen in vielfacher Weise beansprucht. Es ist Verzerrungen und Verdrehungen ausgesetzt, welche infolge der den Materialien innewohnenden

Elastizität Spannungen in der Ware hervorrufen. Jede einzelne Masche sucht die ihr gewaltsam aufgezwungene Form wieder aufzuheben und trägt so ihren Teil zur Verzerrung und Deformation des ganzen Warenstückes bei. So lange die Ware sich noch in der Maschine unter Spannung befindet, kann dieses Ausgleichen und Verzerren nicht vor sich gehen. Sofort nach Herausnahme des Warenstückes aus der Maschine fangen aber die Maschen an zu arbeiten, und es tritt das bekannte Verziehen und Verwerfen ein. Das Aussehen der Ware wird ungleichmäßig, und der gute und geschlossene Eindruck, den die frischgearbeitete Ware zeigt, ist bald zerstört; sowohl einbettig gearbeitete, als auch die von Buntmustermaschinen erzeugten Waren werden durch den beschriebenen Vorgang besonders stark in Mitleidenschaft gezogen. Eingerollt an den Kanten, verworfen und verzerrt, sowohl im Maschenbild der Vorder- als auch der Rückseite, sehen sie oft sehr schlecht aus, und man weiß, daß es mühevoller und peinlicher Arbeit bedarf, um diese Schäden einigermaßen wieder auszugleichen. Durch das Verziehen der Maschen verändern sich auch die Größenverhältnisse des Warenstückes. Es ist daher einleuchtend, daß ein zweckentsprechendes Veredelungsverfahren schon bei der Stofferzeugung einsetzen muß, und zwar mit dem Ziele, das in der Maschine geschaffene, gleichmäßig schöne Maschenbild zu erhalten. Diese grundsätzlich anderen Wege geht ein erprobtes, neues Veredelungsverfahren. Nach diesem läßt man es gar nicht erst zu verzogenen und deformierten Maschen kommen. Gleichmäßig arbeiten die Strick- und Wirkmaschinen Reihe um Reihe, und durch das neue Verfahren wird diese Gleichmäßigkeit, ehe sie vergeht und nicht mehr herzustellen ist, aufrechterhalten. Die Ware wird also sofort bei ihrer Erzeugung veredelt. Wärme und Druck werden gleich in den Erzeugungsprozeß eingeschaltet, d. h. mit der Erzeugung in einem Arbeitsgange die Ware veredelt. Die Apparatur ist denkbar einfach. Ein Aggregat von Kalanderwalzen (s. Abb. 237) wird direkt in die Strick- oder Wirkmaschine eingebaut und veredelt mit der Geschwindigkeit der Arbeitsmaschine die frisch erzeugte Ware. Bei Maschinenstill-

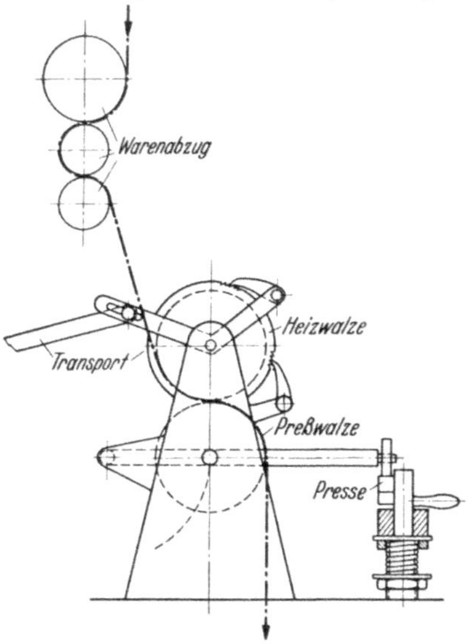

Abb. 237. Bügel- und Dekatiervorrichtung für Flachstrickmaschine. (G. F. Grossner, Markersdorf.)

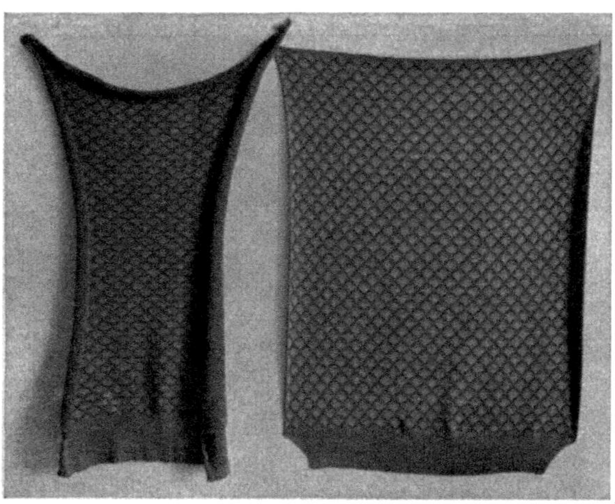
a b

Abb. 238a u. b. Buntmusterware, unveredelt und durch Kalandern veredelt. (J. Höfner.)

stand wird die Ware von den Walzen abgehoben; ein Verbrennen kann nicht stattfinden. Abbildung 238 a stellt die Nahaufnahme einer Buntmusterware dar, die von einer nicht mit der Veredelungsvorrichtung ausgestatteten Maschine gearbeitet wurde. Die Maschen sind deformiert und verzogen, und die Musterung ist unscharf und verzerrt. Der ganze Eindruck der Ware ist höchst unvorteilhaft. Abb. 238 b veranschaulicht die gleiche Ware, jedoch nach dem neuen Verfahren behandelt. Die Ware kommt in diesem gleichmäßig schönen Zustand von der Maschine; die Maschen behalten ihre gleichmäßige Form, die Musterung tritt scharf und deutlich hervor, und die Ware rollt nicht.

b) Bügeln.

Für das Bügeln der Gewebe kommt überwiegend der sog. Filzkalander zur Verwendung, bei dem die zu behandelnde Ware um einen geheizten, sich drehenden Zylinder geführt und dabei von einem endlosen Mitläufer abgedeckt wird. Seine

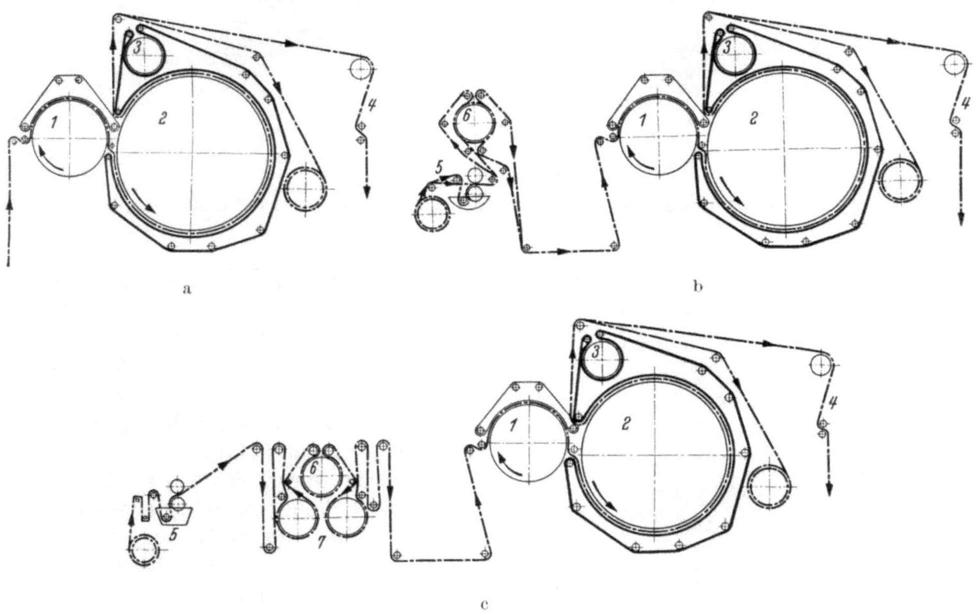

Abb. 239 a—c. Filzkalander mit Palmer. (A. Monforts, M.-Gladbach/Rhld.)

Laufgeschwindigkeit gleicht der Umfangsgeschwindigkeit des Zylinders oder ist wesentlich kleiner als diese. Filzkalander der letzteren Art bezeichnet man als Friktionsfilzkalander. Die Ware wird bei der Behandlung auf dem Filzkalander nicht hart und glänzend, sondern weich, und erhält einen vollen Griff, weil die Fäden aufquellen, also nicht plattgedrückt werden. Rippen und alle sonstigen Effekte bleiben erhalten. Die Abb. 239 zeigt unter a, b und c einen normalen Filzkalander für Gewebe in drei Ausführungsformen im Schnitt; die Abb. 240 dagegen einen solchen schaubildlich. Die zu behandelnde Ware wird ihm feucht vorgelegt und passiert zuerst eine sog. ,,Palmer''-Breitstreckvorrichtung. Auf dieser wird die Ware je nach Qualität mehr oder weniger breit gespannt und im Augenblick der größten Breitenspannung an die Trockentrommel abgegeben. Zu gleicher Zeit legt sich hier der endlose Mitläuferfilz auf die Ware und schließt sie während des ganzen Trockenprozesses gegen die Außenluft ab. Dadurch wird während des Trocknens der Wasserdampf in der Ware zurückgehalten, und es werden die erwähnten außerordentlich günstigen Resultate erzielt.

Einen Friktionsfilzkalander für schlauchförmige Wirkwaren, der die Möglichkeit bietet, in einem Arbeitsgang beide Schlauchhälften gleichzeitig zu behandeln,

Abb. 240. Filzkalander mit Palmer, Appretier- und Vortrockeneinrichtung. (A. Monforts, M.-Gladbach/Rhld.)

zeigt Abb. 241. Er ist mit zwei, übereinander angeordneten, heizbaren Zylindern ausgestattet, deren jeder mit einem endlosen Filzmitläufer zusammenarbeitet. Beide Mitläufer liegen so gegen die Zylinder an, daß der laufende Warenschlauch ohne weiteres unter Änderung seiner Auflagefläche von einem Zylinder auf den anderen übergehen kann. Das zu behandelnde Arbeitsgut wird der Maschine in einer sog. Warenschüssel vorgelegt, die in ihrer Achse mit einem durchlochten Rohr ausgestattet ist, in das von unten Luft eingeblasen werden kann. Geschieht dies, so wird der das Rohr einschließende, aus der Warenschüssel nach oben ablaufende Warenschlauch geöffnet. Die Warenschüssel ist drehbar, um Verwindungen im ablaufenden Arbeitsgut zu beseitigen und die Maschenstäbchen auszurichten. Eine Dämpf- und Wickelvorrichtung vervollständigen die Einrichtung der Maschine.

Abb. 241. Friktions-Filzkalander für schlauchförmige Wirkwaren. (Ernst Gessner, A.G., Aue.)

Neben dem Filzkalander findet für das Bügeln der Gewebe und Wirkwaren auch noch die Muldenpresse ausgiebige Verwendung (s. diese). Dient sie der Behandlung von schlauchförmigen Wirkwaren, so wird der Einlaufstelle der Ware unmittelbar ein Breithalter vorgeordnet, wie dies Abb. 242 erkennen läßt. Sie zeigt eine Presse mit abstellbarer Mulde und durch Fußtritt zu betätigender Momentabstellung.

Eine Lüstrier- und Lackiermaschine für Gewebe veranschaulicht Abb. 243. Durch eine bzw. drei — je nach Erfordernis der quantitativen Leistung — stufenförmig angeordnete, sehr fein polierte, geheizte Stahlwalzen wird auf Stoffen mit Strichappretur ein dem Lackleder ähnlicher Hochglanz erzielt; auch werden die lästigen Abdrücke am Vorder- und Hinterende beseitigt. Die Stoffoberfläche wird je nach dem gewünschten Glanze am Einlauf der Maschine mit einer dünnen Schicht Wasser- oder Lackierflotte bestrichen. Der auf diese Weise mit Wasser o. a. beladene Stoff wird dann zwischen den geheizten Walzen, mit der Stoffoberfläche gegen diese streichend, und den einstellbaren Pneumatiks (Luftdruckkissen) hindurchgeleitet, wobei je nach Höhe des gewünschten Glanzes die Pneumatiks stark bzw. schwach aufgepumpt werden. Bei schweren Stoffen kann man durch um die Polierwalzen im

Abb. 242. Einmuldenpresse mit Breithalter für schlauchförmige Wirkwaren. (Ernst Gessner, A.-G. Aue.)

Abb. 243. Lüstrier- und Lackiermaschine. (H. Behnisch, G. m. b. H., Luckenwalde.)

Kreise drehbare Leitrollen denselben mehr oder weniger Anstrichfläche an die geheizten Walzen geben und somit eine größere Leistungsfähigkeit der Maschine erzielen. Dünne Stoffe, z. B. Damentuche werden, um ein Zerreißen zu verhindern, mittels eines endlosen Filztuches durch die Maschine getragen. Beim letzten Durchgang des Stoffes durch die Maschine wird kein Wasser usw. mehr aufgetragen und der Druck der Pneumatiks aufgehoben, und man läßt Dampf durch zwei auf den Gestellwänden angebrachte Dampfrohre rechtwinklig auf den Stoff einwirken, wodurch dieser sehr weich und fleischig im Griff wird. Auch der durch das Wasser entstandene Speckglanz wird durch den Dampf wieder abgezogen. Wenn ein außergewöhnlich starker Hochglanz gefordert wird, läßt man den in beschriebener Weise lüstrierten Stoff auf eine über der Durchzugswalze angeordnete Holzrolle auflaufen, ohne die Pneumatiks, sowie das Wasserwerk beim letzten Durchgang abzustellen. Hat man dann zwei Holzrollen mit je einem oder zwei Stück Tuch besetzt, so werden diese in die Feuchtdampftrockendekatur gebracht, unter angemessenem Druck, die Rechtsseiten aufeinanderliegend, auf die Dekatierwalze gewickelt und mit feuchtem Dampf 15—30 Minuten dekatiert. Hierdurch wird der volle Hochglanz fixiert, und die Tuche erhalten eine spiegelblanke Oberfläche.

XXI. Pressen.

a) Pressen der Gewebe.

Um den Woll- und Halbwollgeweben eine größere Glätte und erhöhten Glanz zu geben, unterwirft man sie einem starken, mehr oder weniger lang andauernden Druck. Da die Glanzbildung auf die Formbarkeit der Wolle zurückzuführen ist, und diese durch Wärme geschmeidiger und formfähiger wird, findet das Pressen unter Einwirkung von Wärme statt. Nach dem Erkalten der Waren behalten die Haare die ihnen durch das Pressen gegebene Lage bei. Eine schöne, glatte und gleichmäßige Oberfläche kann jedoch nur bei möglichst paralleler Haarlage erreicht werden; deshalb werden die Gewebe vor dem Pressen gebürstet. Der Preßerfolg ist bei mäßig feuchter Ware ein größerer als bei einer ganz trockenen Ware; aus diesem Grunde werden die Gewebe, wenn sie nicht einen gewissen Feuchtigkeitsgrad schon besitzen, vor dem Pressen mäßig angefeuchtet.

Zum Pressen der Wollgewebe dienen die Platten- und die Muldenpressen. In den letzteren werden die Waren nur kurze Zeit einer mehr oder weniger kräftigen Druckwirkung ausgesetzt, in den Plattenpressen kommt dagegen im allgemeinen lang andauernder Druck zur Anwendung, und nur in einzelnen Fällen, z. B. bei der Behandlung von Plüschen, Filztuchen usw. wird auch hier von kurzen Druckperioden Gebrauch gemacht. Für das normale Plattenpreßverfahren bildet man aus dem Gewebe durch zickzackförmige Legung einen sog. Preßstapel und trennt hierbei die einzelnen Stofflagen durch zwischen sie gelegte sog. Preßspäne voneinander.

Vor diesem Einspänen muß die Ware, wenn erforderlich, auf halbe Breite zusammengelegt, d. h. dupliert werden. Das Einlegen der Preßspäne erfolgt mit Hand oder durch sog. Einspänmaschinen. Jede Ware muß zweimal in die Spannpresse eingesetzt werden, damit die bei der ersten Pressung entstandenen Warenknickungen, die als Rückenfalten keinen Preßdruck erhalten haben, beseitigt werden. Ferner muß die duplierte Ware vor der zweiten Pressung so umgespänt werden, daß die Rückenfalten in die Mitte der Gewebelage zu liegen kommen und so ebenfalls eine Pressung erhalten. Zur Vermeidung des Rückenbruchs ist man von der sog. Schmalpresse zum Bau der Breitpresse übergegangen. In diese wird die Ware in der ganzen Breite eingelegt; die Gewebeduplierung wird also entbehrlich. Da ferner jedes einzelne Warenstück nur die halbe Lagenzahl aufweist, kann auf der in der Preßanlage zur Verfügung stehenden Preßhöhe die doppelte Anzahl von Tuchen untergebracht werden.

Einer Arbeit von J. Hasse[1] sei hierzu folgendes entnommen: „Die hydraulische Schmalpresse, wie sie auch jetzt noch vielfach in kleineren Tuchfabriken in Gebrauch ist, hat durchschnittlich eine Tischgröße von 600×800 mm bei einem Stempelquerschnitt von 300 qcm und arbeitet mit einem Preßdruck von 300 at. Die Tuche werden danach mit einem spez. Druck von 19 kg pro qcm gepreßt. Die englischen Schmalpressen arbeiten dagegen mit einem höheren spez. Druck, und zwar bis zu 30 kg pro qcm. Die Beschickung der Schmalpresse erfordert für jede Presse zwei Mann Bedienung. Die Tuche werden in halber Breite getafelt, und die beiden Presser legen in jede Falte einen angewärmten Preßspan. Dieses Einspänen geschieht auf einem besonderen Holztisch. Ist ein Tuch fertig eingespänt, so tragen die beiden Presser das so getafelte Tuch an die Presse und setzen es ein. Auf diesen Einsatz wird eine Brandpappe gelegt und hierauf kommt eine auf ca. 70° C erwärmte eiserne Platte, eine Preßplatte, zu liegen, die wieder mit einer Brandpappe abgedeckt wird. Dieser Vorgang wiederholt sich so lange, bis die Presse gefüllt ist. Ist die Presse gefüllt, wird der Druck auf 300 at. gebracht und die Presse bleibt unter hohem Druck ca. 8 bis 12 Stunden stehen, um langsam abzukühlen, wozu diese Zeit notwendig ist. Danach müssen die Stücke umgetafelt werden, also jedes Stück muß die Presse zweimal passieren."

Abb. 244. Rotierender Preßspananwärmer. (M. Rudolf Jahr, Gera.)

Das Anwärmen der Preßspäne und Brandpappen erfolgt in einem besonderen Ofen, dem sog. Preßspanwärmer, in Preßspananwärmemaschinen oder in der Einspänmaschine selbst unmittelbar vor dem Einspänen. Der Ofen ist in seinem Innern mit einer Anzahl Hohlplatten ausgestattet, die mit Dampf geheizt werden können, und zwischen die die Preßspäne und Brandpappen gelegt werden. Eine Preßspananwärmemaschine in einer Ausführungsform zeigt Abb. 244. Sie besitzt zwei übereinander gelagerte, durch Dampf heizbare Zylinder, um die die Preßspäne mit Hilfe von Mitläufern in der ersichtlichen Weise herumgeführt werden. Zwei den Zylindern vorgeordnete Tische erleichtern das Anlegen der anzuwärmenden und das Sammeln der aus der Maschine auslaufenden Preßspäne. — Eine mit Dublier- und Legevorrichtung ausgestattete Einspänmaschine, bei welcher die Preßspäne in Stößen von etwa 2000 Stück in besondere Gestelle eingefahren, hier einzeln durch Sauger abgehoben, durch diese in beidseitig von der Einspänmaschine angebrachte Heizkammern überführt, in diesen erwärmt und dann durch Greifer in die Stoffalten eingelegt werden, zeigt Abb. 245. Die fertig eingespänten Stapel werden mittels Transportbandes zur Preßstelle befördert, oder es wird in der Maschine fortlaufend ein Stapel bis 5 m Höhe gebildet, der in das darunter befindliche Stockwerk wandert und dort in eine Presse eingefahren wird.

[1] Mell. Text. Ber. 1927, S. 516.

Das Anwärmen der eisernen Preßplatten erfolgte früher fast ausschließlich in sog. mit Gas, Dampf oder Kohle heizbaren Preßöfen, in deren Heizkammer die Platten stehend eingesetzt werden. Die angewärmten, massiven Eisenplatten geben ihre Wärme, solange sie noch übermäßig warm sind, in großem Umfange und ziemlich rasch ab. Dieser Übelstand, sowie die mit dem Anwärmen und Einlegen der schweren Platten verbundenen Schwierigkeiten haben zur Anwendung von in der Presse verbleibenden, hohlen durch Dampf oder Elektrizität heizbaren Preßplatten geführt. Um die Abkühlungszeit der Ware in der Presse abzukürzen, hat man bei dem Bau der mit Heizplatten ausgestatteten Pressen auch darauf Rücksicht genommen, daß man kaltes Wasser oder Luft in die Platten einführen kann, solange die Presse noch unter Druck steht. Die Wirkung der mit Dampf beheizten Platten ausgestatteten Plattenpressen ist nach Hasse eine an sich gute; für große Produktion von feineren Tuchen kommen

Abb. 245. Einspänmaschine mit Preßspananwärmevorrichtung. (Roßweiner Maschinenfabrik, A.G. Roßwein i. Sa.)

sie jedoch nicht in Frage, weil eine rationelle Beschickung behindert wird und durch die vielen, an die Preßplatten angeschlossenen Dampfzu- und ableitungen viele Möglichkeiten für Undichtheiten geschaffen sind, und deshalb eine Gewähr für Sauberkeit nicht gegeben ist. Alle diese Übelstände werden nach den Ausführungen Hasses restlos beseitigt durch den Ersatz der dampfbeheizten Preßplatten durch elektrisch beheizte Preßspäne; die saubere und leichte Handhabe der letzteren, die sich außerdem in der Tuchsäule beliebig und gleichmäßig verteilen lassen, gewähren ein gleichmäßiges Heizen der ganzen Tuchsäule, und zwar sowohl im Innern der Legung als auch an den Kanten derselben.

In der Abb. 246 ist eine Breitpreßanlage dargestellt. Sie umfaßt eine Presse, zwei für den Transport der Tuchstapel vorgesehene Preßwagen, eine Dreh- bzw. Fahrbühne mit Geleisen, eine Pumpe mit Akkumulator, sowie eine Ein- und Ausspänvorrichtung. Die Presse hat normal eine leichte Einsatzhöhe von 2700 bis 3000 mm und faßt ca. 1500 m mittelschwere Ware. Die Größe der Preßfläche beträgt ca. 1000—1700 mm. Der Preßdruck wird durch eine Spezialpumpe erzeugt, die so in Verbindung mit dem Akkumulator steht, daß der Druck während der ganzen Preßdauer konstant bleibt; bei einem Nachlassen des Preßdruckes nach einer gewissen Zeit infolge Verminderung der Elastizität der Tuchsäule wird also die Presse durch den Akkumulator wieder auf den früheren Druck gebracht. Die elektrisch heizbaren Preßspäne werden durch Steckkontakte mit der Stromquelle verbunden und zusammen mit den gewöhnlichen Spänen auf zwei Tischen, welche sich links und rechts von der Bühne befinden, verteilt und zwar derart, daß ungefähr jeder 25. bis 35. Span ein heizbarer ist. Für das Einspänen wird der leere Preßwagen auf eine Hebebühne gefahren und gesichert (Abb. 247) und diese dann so hoch gebracht, daß die daran beschäftigten Arbeiter bequem arbeiten können. Das Tuch wird nun vermittels eines mechanischen Tuchförderers senkrecht auf den Preßwagen hinuntergeführt und von den beiden Arbeitern mit Hilfe der Späne abwechselnd nach rechts und links eingespänt. Während des Einspänens wird die Bühne stetig langsam gesenkt, bis etwa 1500 m mittelschwerer Ware eingespänt sind. Die genannten Späntische sind nun in ihrer einfachsten Ausführung entweder aus Holz hergestellt und ortsfest, oder ebenfalls hydraulisch heb- und senkbar angeordnet (Abb. 248—249). Dies hat den Vorteil, daß

Abb. 246. Hydraulische Spanpreßanlage. (H. Krantz Söhne, Aachen.)

die Späne immer in gleicher Höhe mit der Tuchbühne gehalten werden können, das Einschieben der Späne also auf einem gleichen Niveau erfolgt (Abb. 247). Sobald die Bühne voll beladen ist, wird sie mittels der Pumpe wieder hoch gehoben, bis der Preßwagen die Höhe der Ausfahrgeleise erreicht hat. Der Preßwagen wird dann auf eine Fahrbühne gebracht, die dazu dient, den Tuchstapel vor die Presse zu fahren. Sobald dies geschehen ist, wird der Preßwagen in die Presse geschoben und gesichert (Abb. 246 rechts). Die heizbaren Späne, welche im allgemeinen etwas länger als die gewöhnlichen Späne gewählt werden, und daher einige Zentimeter aus der Tuchsäule hinausragen, werden dann mit der Anschlußvorrichtung verbunden und der elektrische Strom langsam eingeschaltet. (Je nach Art der Ware und nach dem beabsichtigten Preßeffekt muß der Strom längere oder kürzere Zeit eingeschaltet bleiben.) Gleichzeitig wird die Presse mittels der Preßpumpe allmählich unter Druck gesetzt. Die Größe des Druckes ist von der Qualität der Ware und von dem beabsichtigten Preßeffekt abhängig. Bis zum vollständigen Erkalten der Ware (8—12 Stunden), bleibt diese in der Presse stehen, wobei der volle Preßdruck durch den Akkumulator ständig auf der gewünschten Höhe gehalten wird. Nach dem Erkalten der Ware wird das

Ausspänen vorgenommen. Zu diesem Zweck wird nach dem Aufheben des Preßdruckes der Preßwagen mittels der Fahrbühne wieder auf die Hebebühne gefahren. Das Ausspänen erfolgt dann umgekehrt wie das Einspänen, wobei die Späne in der gleichen Reihenfolge auf die beiden Späntische verteilt werden (Abb. 248). Da die Ware an den Knickfalten keinen Preßdruck erhalten hat, so ist es erforderlich, sie ein zweites Mal einzuspänen und zu pressen, und zwar derart, daß die Knickfalten bei der zweiten Pressung in der Mitte der Preßfläche zu liegen kommen. Diese zweite Preßdauer wird in der Regel auf etwa 8 Stunden beschränkt. Um das zeitraubende Aus- und Wiedereinspänen der Ware für diese zweite Pressung zu vermeiden, ist eine sog. „Universalspänvorrichtung" zur Einführung gekommen. Sie besteht nach Abb. 249 aus zwei nebeneinander angeordneten Hebebühnen und einem hydraulisch bewegten Späntisch. Beim Ein- und Ausspänen wird die Funktion des zweiten Späntisches durch die seitliche Tuchbühne übernommen. Dagegen kann bei dieser Anordnung für die zweite

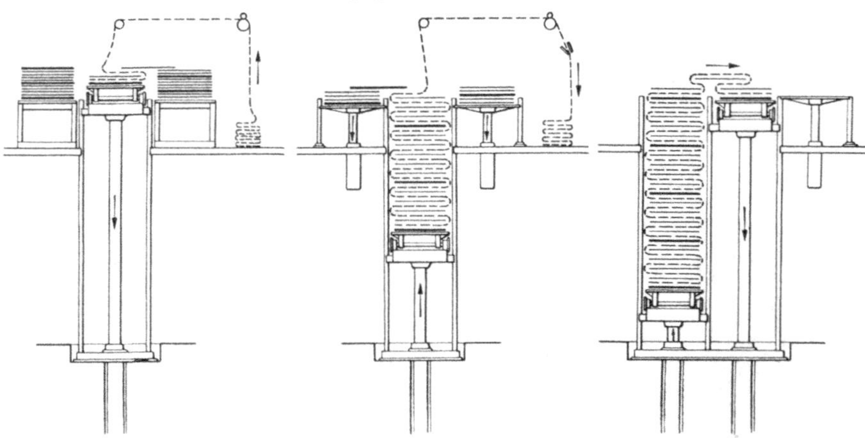

Abb. 247. Einspänen. Abb. 248. Ausspänen. Abb. 249. Umspänen.

Abb. 247—249. Vorrichtung für das Einspänen, Ausspänen und Umspänen. (H. Krantz Söhne, Aachen.)

Pressung ein unmittelbares Umspänen stattfinden, und zwar derart, daß die Tuchsäule nach der ersten Pressung auf eine der Hebebühnen gebracht, diese dann gesenkt wird, und hierauf das Umspänen unmittelbar auf die mittlere Bühne in der Form erfolgt, daß die volle Bühne sich hebt und die mittlere Bühne in gleichem Maße sich senkt. Das Legen der Preßfalten in die Mitte erfolgt selbsttätig. Abgesehen von bequemerem Arbeiten und Zeitersparnis hat diese Methode auch noch den Vorteil, daß je ein Satz gewöhnlicher und elektrisch heizbarer Späne gespart werden kann, weil die aus der einen Tuchsäule herausgenommenen Späne sofort wieder für die andere Tuchsäule Verwendung finden können.

Mit den Spanpressen ist man in der Lage, die Ware sehr hohen Drucken auszusetzen, und man kann mit ihnen neben festem Griff hohen Glanz erzeugen. Die Spanpressen sind deshalb besonders für die Erzeugung der sog. Glanzwaren geeignet. Gewebe, die keinerlei Preßbrüche erhalten dürfen, wie sie die Spanpresse hinterläßt, können auf dieser nicht veredelt werden. Es kommt dann das an zweiter Stelle genannte Plattenpreßverfahren zur Anwendung, nach dem das Gewebe in einfacher Lage schrittweise zwischen periodisch sich öffnenden und schließenden Preßplatten hindurchgeführt wird; eine Stapelbildung wird also vermieden und damit auch die Bildung von Bruchkanten. Eine so arbeitende Plattenpresse gibt Abb. 250 wieder. Sie ist mit 5 übereinander angeordneten, durch

Dampf heizbaren Preßplatten ausgestattet, deren untere mit Rollen auf zwei Hubscheiben ruht, während auf die obere starke Pufferfedern wirken, deren Preßdruck sich durch Schraubenspindeln regeln läßt. Das zu behandelnde Gewebe wird von vorn zwischen der unteren und mittleren Preßplatte hindurch nach hinten und von hier über eine Leitwalze zwischen der mittleren und oberen Preßplatte wieder nach vorn über eine Abzugstrommel geführt. Sind die Preßplatten geöffnet, so dreht sich diese Trommel und fördert infolgedessen das zwischen den Preßplatten druckfrei liegende Arbeitsgut derart, daß zwischen den einzelnen sich wiederholenden Druckperioden keine druckfreien Stellen entstehen.

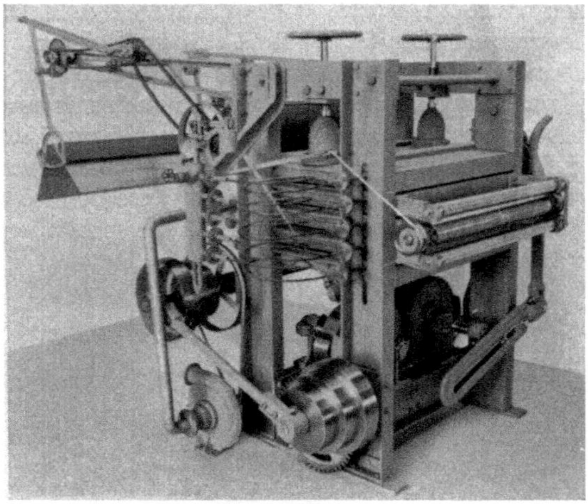

Abb. 250. Automatisch arbeitende Heißdampfplattenpresse mit fünf heizbaren Preßplatten. (H. Behnisch, G. m. b. H., Trebbin b. Berlin.)

Das Wesen der Muldenpresse besteht in der einfachsten Ausführungsform in einer sich drehenden, heizbaren Walze und einer ebenfalls heizbaren, gegen sie anliegenden Mulde mit vorgeordnetem Breithalter. Zwischen Walze und Mulde wird das Arbeitsgut mit einer Geschwindigkeit von etwa 2—4 m in der Minute hindurchgeführt; es verweilt also nur eine verhältnismäßig kurze Zeit in einfacher Lage in der Maschine. Mit ihr erzeugt man auf der Ware Glanz durch Wärme, Druck und Schleifen oder Gleiten der Ware in der Mulde. Diejenige Warenseite, welche Glanz erhalten soll, ist beim Durchgang der Ware durch die Maschine der Mulde zugekehrt. Um alle schädlich auf das Arbeitsgut wirkenden Reibungswiderstände, die eine gußeiserne Mulde mit sich bringen kann, auszuschließen, ist diese im allgemeinen mit einem hochpolierten Neusilberpreßspan ausgelegt, der am Muldeneingang befestigt ist. Zwecks Erzeugung des Preßdruckes wird entweder die Walze gegen die Mulde oder diese gegen die Walze gepreßt, was durch Hebeldruck oder Gewichtsbelastung oder auf hydraulischem Wege erreicht wird. Die Vorteile einer festgelagerten Walze mit einstellbarer Mulde gegenüber feststehender Mulde mit einstellbarer Walze bestehen hauptsächlich darin, daß kein einseitiger Druck infolge Einwirkung des Antriebes auf die Walzenlagerung entsteht und daß beim Abstellen der Mulde der Zahngriff der Antriebräder nicht beeinflußt wird.

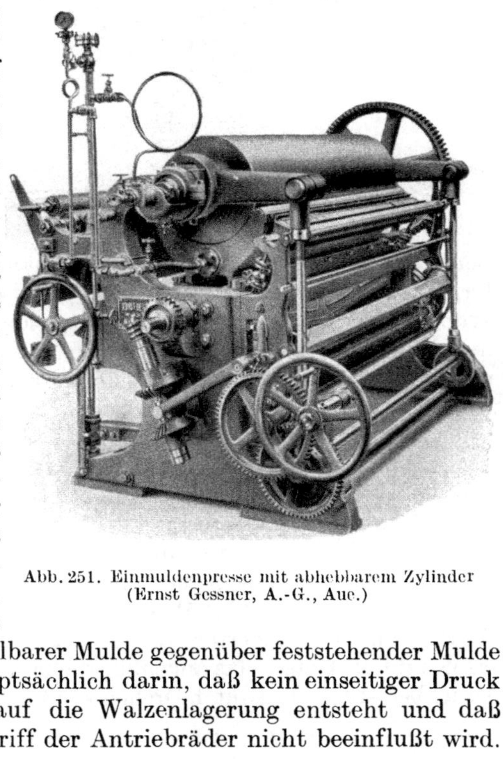

Abb. 251. Einmuldenpresse mit abhebbarem Zylinder (Ernst Gessner, A.-G., Aue.)

Um eine größere Druckfläche zu schaffen und die Ware einer doppelt langen Druckdauer auszusetzen, werden die Muldenpressen auch mit zwei Mulden gebaut. Durch die Anordnung der beiden Mulden — welche beinahe $^2/_3$ der Umfangsfläche der Walze bedecken — zu beiden Seiten der Walze wird ein Durchbiegen der Mulden, sowie ein einseitiger Druck auf die Zylinderzapfen vermieden. Um auf den Muldenpressen auch Gewebe mit starken Leisten oder Tücher mit Fransen pressen zu können, ordnet man entweder die Walze oder die Mulde achsial verschiebbar an. Weiter hat man die Muldenpresse auch mit einem Filzüberzug für die Walze oder mit einem über die Walze nach oben bzw. über die Mulde nach unten laufenden endlosen Filz ausgestattet. Im ersteren Fall wird der harte Preßdruck der Walze gegen die in der Mulde gleitende Ware beseitigt, im anderen Fall das Gleiten der Ware auf der Muldenfläche. Die Ware erhält somit auf der der Mulde zugekehrten

Abb. 252. Muldenpresse mit festgelagertem Zylinder, abstellbarer Mulde und Mitläuferfilz. (Ernst Gessner, Aue.)

Seite keinen Hochglanz und wird in der Länge nicht gestreckt. Diese Ausführungsform eignet sich infolgedessen vorzugsweise zum Fertig- bzw. Nachpressen von krumpffreien und nadelfertigen Waren, sowie für Waren mit erhabenen Mustern, die nicht flach gedrückt werden dürfen. Im Innern der Walze ist für die Abführung des Kondenswassers eine Schöpfvorrichtung oder eine siphonartig wirkende Einrichtung vorgesehen, durch welche das Kondenswasser mit Hilfe des Dampfdruckes auch bei stillstehender Walze automatisch abgeleitet wird. Der Antrieb der Muldenpressen erfolgt normalerweise von der Transmission aus auf Fest- und Losscheibe, vielfach auch unter Einschaltung eines Zwischenzahnradgetriebes für verschiedene Warengeschwindigkeiten. Daneben findet jedoch auch der elektromotorische Antrieb Verwendung.

Die Abb. 251—256 geben einige Ausführungsbeispiele von Muldenpressen für Gewebe[1] wieder. — Abb. 251 zeigt eine Einmuldenpresse mit abhebbarem Zylinder (Walze) und festgelagerter, aber seitlich verschiebbarer Mulde. Die Druckgebung erfolgt durch Hebel; das augenblickliche Abheben des Zylinders aus seiner vollen Druckbelastung wird durch Drehen von Exzentern bewirkt, die mit den Zugstangen

[1] Vgl. auch Bd. IV, 3, S. 691ff. dieser Technologie.

in Verbindung stehen und an der Eingangsseite der Maschine auf einer durchgehenden Welle befestigt sind, welche in den unteren Druckhebeln gelagert ist und durch ein Handrad mit Räderübersetzung gedreht wird. Die Mulde ist zum Zwecke des seitlichen Verschiebens mit einer Gewindespindel versehen, welche durch die Gestellwand hindurchragt und außerhalb derselben mittels Mutter und Schnecke unter Anwendung eines Winkelgetriebes und durch Umschalten eines auf der rechten Seite der Maschine befindlichen Hebels entweder heraus- oder hineingeschoben werden kann. Für dünne empfindliche Waren, die wenig Glanz bekommen sollen, erhält die Preßwalze, wie bereits erwähnt, einen Filzbezug oder einen sie umgebenden mitlaufenden Filz, wie dies Abb. 252 erkennen läßt. Die hier veranschaulichte Presse besitzt einen festgelagerten Zylinder und abstellbare Mulde. —

Abb. 253. Muldenpresse mit genau einstellbarer Mulde und augenblicklich ab- und anstellbarer Belastung. (C. G. Haubold, A.-G., Chemnitz.)

Die Muldenpresse nach Abb. 253 weist eine ortsfest gelagerte Walze auf. Die Druckübertragung erfolgt durch ein Kniehebelwerk mit flaschenzugartig angeordnetem Drahtseil und Windetrommel. Das freie Ende des Drahtseils ist auf die außen am Ständer angebrachte, durch Zahnradvorgelege zu betreibende Windetrommel aufgewickelt; diese ist an dem einen Ende eines zweiarmigen

Abb. 254. Hydraulische Muldenpresse. (H. Krantz Söhne, Aachen.

Hebels gelagert, auf dessen anderes Ende durch Zugstange und Winkelhebel ein besonderer Hebel mit Gewicht einwirkt. Der durch diesen Hebel ausgeübte Druck wird durch das Seil auf das Kniehebelwerk und von diesem auf die Mulde übertragen. Der Hebel ist mit verstellbarem Gewicht und Skala ausgestattet, wodurch ein genaues Einstellen des Druckes ermöglicht wird, der an der Skala jederzeit genau abgelesen werden kann. Die Angriffspunkte der

Kniehebel an der Mulde sind so gewählt, daß der Druck über die ganze Mulde gleichmäßig verteilt wird und daß ein Durchbiegen der Mulde ausgeschlossen

Abb. 255. Zweimuldenpresse mit festgelagertem Zylinder und momentan abstellbaren Mulden. (Ernst Gessner, Aue.)

ist. Die Übersetzungen des Druckwerkes gestatten, selbst den höchsten Druck mühelos anzuwenden. — Bei der Muldenpresse nach Abb. 254 erfolgt die Druckgebung auf hydraulischem Wege, die Druckeinstellung durch Auflegen einer entsprechenden Anzahl Platten auf den Akkumulator und die plötzliche Druckentlastung durch Verstellen eines einzigen Hebels. Die Gewebe können ohne Druckverstellung mit aneinandergenähten oder aufeinandergelegten Enden durch die Presse laufen, da die Mulde trotz eingestelltem Druck frei gegen die Walze spielt, der Preßdruck also sozusagen elastisch wirkt. — Eine Zweimuldenpresse ist in Abb. 255 zur Darstellung gebracht. Die beiden Mulden sind momentan abstellbar, und die Walze ist seitlich verstellbar eingerichtet. — Bei der Muldenpresse nach Abb. 256 wird die Mulde gegen die ortsfest gelagerte Walze mittels Elektromotors durch Hebel angepreßt. Sie erzeugt einen gleichmäßigen Preßdruck bei den verschiedensten Waren. Durch eine automatische Druckregulierung wird dabei der Arbeitsprozeß unabhängig von der Warenstärke beeinflußt. Gesteuert wird die

Abb. 256. Vollautomatische Muldenpresse, Muldenan- und -abstellung durch Elektromotor. (Kettling & Braun, Crimmitschau.)

verstellbare Mulde von einer geeichten Federwaage, welche auf einen Reversiermotor wirkt. Die Mulde weicht beim Passieren auch der Naht aus, ohne dieselbe zu zerquetschen. Der Preßdruck wird auf einfache Weise mittels eines Handrädchen eingestellt und an einer Skala abgelesen. Eine selbsttätige Muldenan- und -abstellung erleichtert den Ein- und Auslauf des Stückes; ein automatischer Nadel- und Eisensucher vor der Presse verhindert den Durchlauf von Metallteilen durch die Presse.

b) Pressen von Wirkwaren.

Für das Pressen von Wirkwaren kommen ebenso wie für das Pressen der Gewebe Plattenpressen und Muldenpressen zur Anwendung; der Gebrauch von Kalandern empfiehlt sich nicht, weil die Preßdauer eine zu kurze ist. Gepreßt werden konfektionierte Warenstücke, regulär gearbeitete Waren und Warenbahnen, wie sie vornehmlich der Rundwirkstuhl in Form von Schlauchware liefert. Von besonderer Bedeutung ist das Pressen der Strümpfe; für ihre Veredlung finden vorwiegend die Plattenpressen Verwendung.

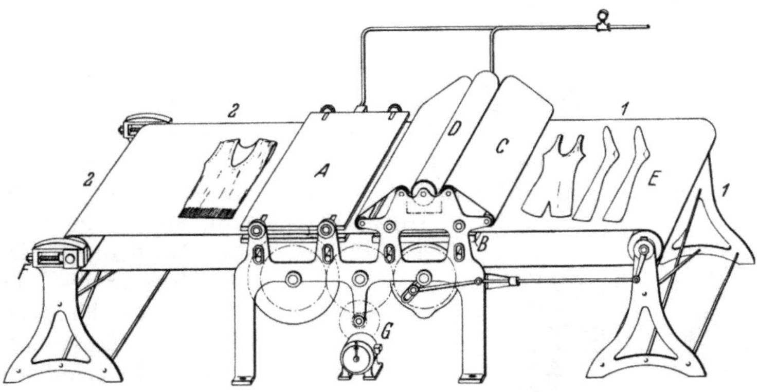

Abb. 257. Plattenpresse für Wirkwaren. (Fritz Schuster, Chemnitz.)

Eine Plattenpresse, auf der in unmittelbarer Folge zunächst eine Feuchtpressung und dann eine Trockenpressung vorgenommen wird, ist in Abb. 257 wiedergegeben. Sie ist mit zwei, mit Dampf beheizbaren Plattenpaaren *A* und *B* ausgestattet, von denen das eine zum Pressen der Ware unter gleichzeitiger Befeuchtung bzw. Dämpfung und das andere Plattenpaar zum nachfolgenden Trocknen und zur vollkommenen Pressung dient. Die obere Platte des Plattenpaares *B* ist von einem endlosen Band *C* umgeben, welches mittels Führungsrolle *D* während des Betriebes ständig feucht gehalten wird. Das Einlegen der zu pressenden Warenstücke erfolgt am Arbeitsplatz *1* auf das dort vorgesehene endlose Laufband *E*, welches die Ware automatisch zwischen das Plattenpaar *B* führt. Dort angelangt, findet durch das maschinelle Getriebe *G* mittels Exzenter usw. ein Schließen dieses Plattenpaares statt, indem gleichzeitig das endlose, feuchte Band *C* auf die zu pressende Ware zu liegen kommt. Der Preßdruck kann je nach Bedarf beliebig eingestellt, bzw. reguliert werden. Nach Beendigung dieses Arbeitsganges und automatischem Wiederöffnen des Plattenpaares *B* rückt das endlose Band *E*, aus besonders starkem Filz, selbsttätig weiter und bringt die soeben feucht gepreßte Ware zwischen die beiden Platten *A*, wo dann vollkommene Abtrocknung und Pressung der appretierten Stücke, soweit als nötig, erfolgt. Am Arbeitsplatz *2* kann dann die fertige Ware vom Laufband abgenommen oder auch, durch eine besondere Vorrichtung nach unten fallend, abgelegt werden. Je nach der erforderlichen Preßdauer für die verschiedenartigen Textilerzeugnisse und der Übung des Bedienungspersonals ist das Getriebe *G* der Maschine beliebig verstellbar. In gleicher Weise, wie vorstehend geschildert, findet eine Wiederholung des Arbeitsganges statt, und es bedarf wohl keiner besonderen Erwähnung, daß am Arbeitsplatz *1* in demselben Augenblick, in welchem die aufgelegte Ware zwischen die Heizplatten *B* wandert, die von unten ankommende leere Laufbandfläche schon wieder neu mit Ware zu belegen ist. Die Nachstellung des Filzbandes *E* erfolgt durch Vorrichtung *F*.

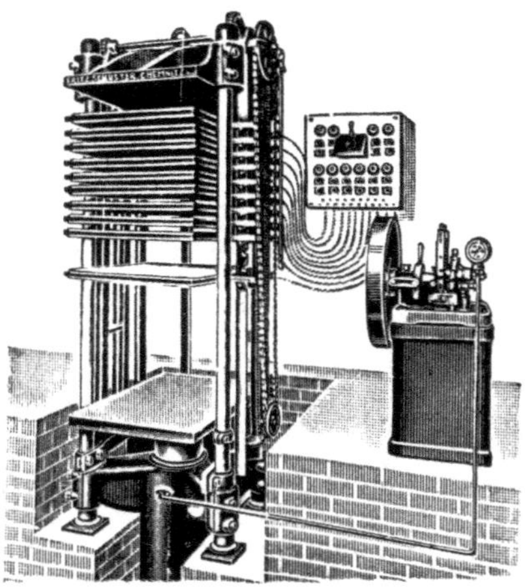

Abb. 258. Hydraulische Plattenpresse mit zehn heizbaren Preßplatten. (Fritz Schuster, Chemnitz.)

Abb. 258 zeigt eine hydraulisch betriebene, mit 10 elektrisch heizbaren Preßplatten ausgestattete Presse. Sie ist mit einer sog. Plattenaufhängevorrichtung ausgestattet. Diese läßt ein leichtes Zusammenschieben der mit dem Arbeitsgut belegten Platten beim Schließen der Presse zu, fängt dagegen aber beim Öffnen der Presse die einzelnen Platten in Abständen voneinander ab, wie dies die Abbildung erkennen läßt. Arbeitet die Presse mit großer Plattenzahl, so ist für das Anheben der Platten eine flaschenzugartige Hebevorrichtung vorgesehen (s. die Abbildung). Die elektrisch zu beheizenden, einzeln einschaltbaren Preßplatten sind aus massivem Schmiedeeisen hergestellt, und die Heizdrähte in ihnen in Rillen unter Verwendung von Porzellan hermetisch abgeschlossen verlegt. Mit Dampf heizbare Preßplatten bestehen aus einem 25 mm starken SM.-Blech, in das nahtlose Kupferrohre eingezogen sind. Das Ansetzen von Kesselstein, wie dies bei normal gebohrten Platten der Fall ist, wird hierdurch vermieden, außerdem wird durch die Verwendung von eingezogenen, nahtlosen Kupferrohren ein Reißen oder Undichtwerden der Platten bei etwaigen Durchbiegungen derselben ausgeschlossen. — Eine Plattenpresse, die nur mit einer druckgebenden Platte ausgestattet ist, also in der Maschine verbleibende heizbare Preßplatten nicht aufweist, ist in Abb. 259 wiedergegeben. Die Einstellung der von einer Spindel hängend getragenen Druckplatte auf den Stapel erfolgt durch ein Handstellzeug, die Druckgebung dagegen durch Kraftantrieb. Dieser ist mit drei Riemenscheiben ausgestattet und ermöglicht so nicht nur das Senken der Druckplatte bei der Druckgebung sondern auch deren Hebung beim Drucknachlaß.

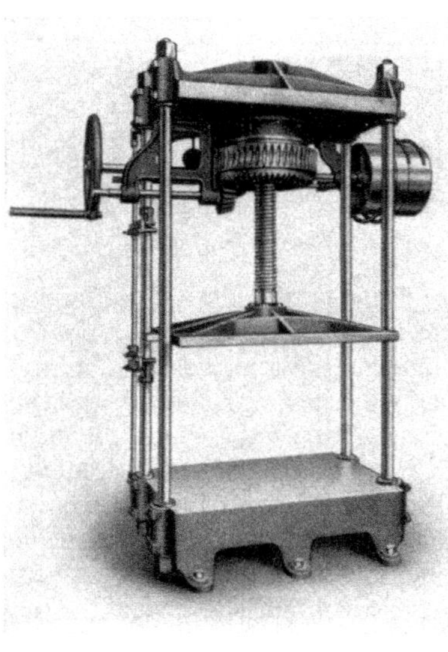

Abb. 259. Trikot- und Strumpfwarenpresse für Hand- und Kraftbetrieb. (Maschinenfabrik Arbach, G. m. b. H., G. Grözinger, Reutlingen.)

Für die Behandlung von Rundstuhlware wird vorzugsweise die Einmuldenpresse mit abstellbarer Mulde verwendet. Die Maschine ist für diesen Zweck mit einer besonderen Einlaßvorrichtung mit verstellbaren Breithaltern (s. Abb. 242) ausgestattet, die in den Schlauch eingesetzt werden.

XXII. Dekatieren, Krumpen, Schrinken.

a) Dekatieren.

Das Dekatieren ist ursprünglich nur angewendet worden, um das durch warmes Pressen mit einem vergänglichen starken Glanz versehene Gewebe (Tuch) vor seiner Verarbeitung von diesem zu befreien und ihn durch einen milden dauerhaften und tropfechten Glanz zu ersetzen. Gegenwärtig führt man die Dekatur in den Veredlungsbetrieben selbst aus und schaltet sie je nach Bedarf entweder in die einzelnen Veredlungsstufen ein (Zwischendekaturen) oder fügt sie der Veredlung als letzte Stufe (Finishdekatur) an. Man unterscheidet dabei im wesentlichen zwischen Naß- und Trockendekatur. Je nach dem angewandten technischen Hilfsmittel ist die letztere wieder eine Walzen- oder Plattendekatur.

Bei der Naßdekatur arbeitet man nicht mit trockenem Dampf, sondern mit kochendem oder sehr heißem Wasser. In dieses senkt man den mit dem Gewebe bewickelten Zylinder ein, läßt ihn 4—6 Stunden darin und treibt das Wasser während dieser Zeit durch den Wickel. Das so behandelte Gewebe bekommt einen nicht so starken und dauerhaften Glanz als das gedämpfte und wird beim Tragen leicht rauh; es behält aber seine Haardecke länger als das gedämpfte Gewebe mit seinen durch die Wirkung des Dampfes spröde gewordenen Haaren. Durch die Naßdekatur will man der Ware einen festen Griff verleihen und sie dadurch widerstandsfähiger gegen Schwielen und Brüche machen, ferner etwa vorhandene Walk- und Waschschwielen abschwächen, wenn möglich beseitigen, und echten Glanz erzeugen bzw. festigen, fixieren. Von ganz besonderer Bedeutung ist jedoch die reinigende Wirkung der Naßdekatur, weil hierbei etwa noch vorhandene Fremdkörper (Seife, Soda, Erde, Farbteilchen usw.) infolge des Hindurchdrückens von warmem bzw. heißem Wasser durch die in gewickeltem Zustand befindliche Ware mitgerissen werden, und damit das Gewebe von ihnen befreit wird. Für die Durchführung der Naßdekatur wird die zu behandelnde Ware auf einen gelochten, mit Bombage (Sackleinen, Barchent oder dgl.) versehenen Kupferzylinder unter Spannung aufgewickelt, hierauf der gebildete Wickel mit einer die Warenbreite überragenden Deckhülle (Barchent oder dgl.) versehen, diese an den Enden abgeschnürt und der Wickel selbst seiner ganzen Länge nach abgebunden. Dieser so vorbereitete Wickel wird nunmehr in der Kufe der Wirkung des warmen bzw. heißen Wassers in der Weise ausgesetzt, daß dieses bei gleichzeitiger Drehung des Wickels radial, abwechselnd von außen nach innen und innen nach außen durch die Ware getrieben wird. Die zur Naßdekatur dienenden Dekatiermaschinen sind nun entweder solche, bei denen der Warenträger, der gelochte Zylinder, außerhalb der Kufe bewickelt und dann in die Kufe eingelegt wird, oder solche, bei denen der Warenträger ortsfest in der Kufe untergebracht, in ihr bewickelt und nach vollendeter Dekatur abgewickelt wird. Die erstgenannte Ausführungsform (s. die Abb. 260, 261), bietet den Vorteil, daß die Dekatiervorrichtung fast ununterbrochen zu arbeiten vermag, weil das Auf- und Abwickeln der Ware außerhalb der Kufe in einer besonderen Wickelmaschine bzw. in der Abwickelvorrichtung bewerkstelligt wird. Dadurch wird die höchstmögliche Leistungsfähigkeit erzielt. Weitere Vorteile ergeben sich aus der überaus leichten, wenig Zeit erfordernden Bedienung, weil der

Zutritt zu der freistehenden Aufwickelmaschine, zu der Dekatierkufe, sowie zu der Abwickelvorrichtung von allen Seiten frei und unbehindert ist. Die Kupplung und Abdichtung der auswechselbaren Dekatierzylinder in der Kufe erfolgt mechanisch, ebenso auch deren Lösung nach beendeter Dekatur, wobei die

Abb. 260. Universalnaßdekatiermaschine. (Kettling & Braun, Crimmitschau.)

Lagerung so eingerichtet ist, daß die Längenausdehnung des Kupferzylinders bei eintretender Siedetemperatur der Flotte keinerlei nachteilige Wirkung auf Dekatierzylinder und Lager auszuüben vermag. Die Rotationspumpe ist hinsichtlich des Flottenwechsels für Vor- und Rückwärtslauf eingerichtet. Das Einlegen und Ausheben sowie Transportieren der Dekatierzylinder von der Wickelmaschine zu

Abb. 261. Universalnaßdekatiermaschine mit zwei Kufen und vier aushebbaren Dekatierzylindern. (Ernst Geßner, A.-G., Aue.)

den Kufen, von diesen zur Abwickelvorrichtung und von letzterer zurück zur Wickelmaschine erfolgt in leichter und bequemer Weise durch Hebezeug, wie dies die Abb. 260 u. 261 erkennen lassen.

Die Naßdekatiermaschine mit in der Kufe ortsfest gelagertem Dekatierzylinder hat keine so hohe Leistungsfähigkeit wie die oben besprochene Maschine mit auswechselbarem Zylinder, weil das Auf- und Abwickeln des Gewebes in der Kufe selbst erfolgt; andererseits aber fällt die Bedienung des Hebezeugs weg, und die Maschine benötigt weniger Platz.

Gewöhnlich werden bei der Naßdekatur auf jeden Zylinder ein Stück Ware und ein Mitläufer aufgewickelt, jedoch wird auch von der gleichzeitigen Behandlung zweier Warenstücke Gebrauch gemacht; diese werden dann, nachdem ihnen der erforderliche Strich gegeben worden ist, mit der rechten Seite einander zugekehrt, auf den Dekatierzylinder aufgewickelt.

Läßt man vor Behandlung der Ware mit warmem bzw. heißem Wasser erst Dampf mit mäßiger Spannung, nicht über ½—2 at, in den Wickel einströmen, so treibt dieser die in der Ware befindliche Luft heraus, und das Wasser durchdringt dann den Warenwickel rascher. Ist die Behandlung mit Warm- bzw. Heißwasser vollendet, so folgt noch zum Zwecke der Fixierung eine Durchflutung des Warenwickels mit kaltem Wasser von innen nach außen, dem unter Umständen ein Absaugen mit darauffolgender zweiter Dampfbehandlung vorausgehen kann.

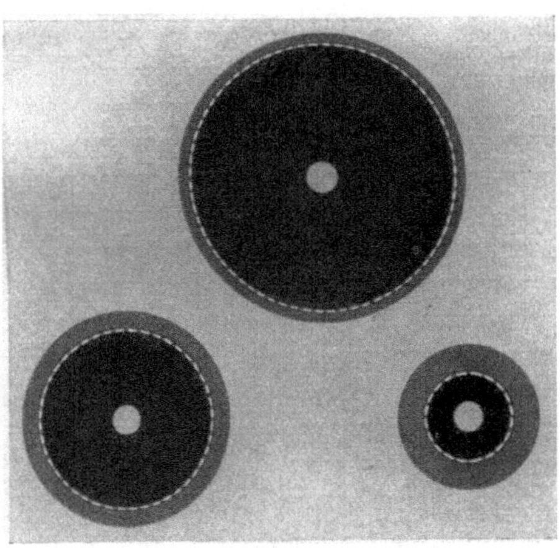

Abb. 262. Warenwickelbildung für die Finish-Dekatur (Ernst Geßner, A.-G., Aue.)

Abb. 263. Universaltrocken- und -Feuchtdampfdekatiermaschine. (Ernst Geßner, A.-G., Aue.)

Während die Naßdekatur für alle stückfarbigen Stoffe sich als einwandfrei vorteilhaft erwiesen hat, ist für die meisten einfarbigen, in der Wolle gefärbten oder melierten Waren, deren Farben leicht bluten, größte Vorsicht geboten. Solche Stoffe lassen sich nur durch feuchten Dampf dekatieren, natürlich unter ausreichender Verhütung der Kondenswasserbildung, also nur von außen nach innen.

Das Naßdampfdekatierverfahren dient der sog. Finishdekatur. Es ist gekennzeichnet durch ausgiebige Verwendung von feuchtem, gesättigtem Dampf für die Behandlung der Ware. Diese wird auf einem in der üblichen Weise gelochten Zylinder, der mit einer als Filter wirkenden Umhüllung versehen ist, ohne jede Spannung aufgewickelt. Der Zylinder besitzt gegenüber den üblichen Dekatierzylindern einen wesentlich größeren Durchmesser, infolgedessen befinden sich auf seinem Mantel nur wenige Warenschichten, wie dies die Abb. 262 erkennen läßt. Der große Zylinderdurchmesser, die wenigen Warenschichten auf seinem Mantel und die lockere Wickelung gewährleisten ein rasches Hindurchdringen des Dampfes durch den Warenwickel unter vollständiger Entspannung, also Abgabe großer Feuchtigkeitsmengen an das Gewebe. Um dem gewünschten Griff der Ware Rechnung zu tragen, hat man es hierbei in der Hand, das Gewebe unter vollem Dampf abzuziehen oder mittels eines Saugers zunächst abzukühlen.

Abb. 264. Elektrofinishdekatiermaschine mit Differentialantrieb und Einhebelschaltung. (Kettling & Braun, Crimmitschau.)

Für die Durchführung der Naßdampf- oder Feuchtdampfdekatur verwendet man, wie bei der Naßdekatur, Dekatiervorrichtungen, bei denen der Dekatierzylinder dem Kessel entnommen und nach der Bewickelung zwecks Durchführung der Dekatur wieder in ihn eingefügt wird (s. Abb. 263), ferner Vorrichtungen, bei denen der Dekatierzylinder ortsfest im Kessel gelagert ist.

Abb. 264 gibt ein Beispiel hierfür. Bei dieser Elektro-Finishdekatiermaschine wird, um den Mitläufer nicht zu verziehen und damit seine Lebensdauer zu erhöhen, der Dekatierzylinder sowie der Mitläuferwickel mittels eines Differentials angetrieben. Eine Lederbandbremse auf dem Differentialantrieb ermöglicht ein hartes sowie weiches Wickeln, wodurch der Finisheffekt geändert werden kann. Der an der Maschine direkt angebaute Motor kann durch einen Einhebelschalter vorwärts, rückwärts, langsam und schnell geschaltet werden. Die Verkühlpumpe wird durch einen unter der Maschine stehenden Motor angetrieben. Ausgeführt wird die Maschine, wie Abb. 265a—c erkennen läßt, mit tiefliegendem Dekatierzylinder, Umhüllungsmantel und Mitläuferzuführung von oben, oder mit hochliegendem Dekatierzylinder, Umhüllungsmantel und Mitläuferzuführung von unten, ferner hochliegendem Dekatierzylinder ohne Umhüllungsmantel und Mitläuferzuführung von unten.

Die Entspannung des Dampfes im Dekatierzylinder bringt es mit sich, daß in ihm eine große Menge Wasser ausgeschieden wird, und dieses soweit es von der Ware beim Durchgang des Dampfes nicht aufgenommen wird, sich im Zylinder ansammelt. Dies muß unbedingt verhindert werden, wenn eine Beschädigung des in Behandlung befindlichen Stoffes durch Nässen des Zylinders ausgeschlossen bleiben soll. Erreicht wird dies z. B. durch Schöpfrinnen, die Abb. 266 in einer Ausführungsform wiedergibt. In den Schöpfrinnen sammelt sich das Kondenswasser und wird der mit einer Mulde ausgestatteten, heizbaren Hohlachse übergeben, die das Wasser ableitet. Die Heizbarkeit der Hohlachse wird durch eine genügende Vorwärmung der großen metallenen Wandungen des Zylinders erreicht. und damit die Menge des Kondenswassers in praktisch bedingten Grenzen gehalten.

Die Trockendekatur bedient sich des Trockendampfes. Wird sie als Walzendekatur ausgeführt, so wickelt man das zu behandelnde Gewebe auf dem sog. Wickelbock, straff gespannt, auf einen an beiden Enden offenen Zylinder aus Messing- oder Kupferblech mit gelochtem Mantel auf, bedeckt den so gebildeten Warenwickel mit einer groben Leinwand und bindet ihn mit einem breiten Gurt ab. Dann setzt man ihn mit dem einen Stirnende auf einen Dampfstutzen und schließt sein anderes Ende mittels eines unter Wirkung einer Schraubenpresse oder eines Gewichthebels stehenden Ventils ab (offene Dekatiervorrichtung, Stockdämpfer); oder man bringt den Wickel stehend oder liegend in

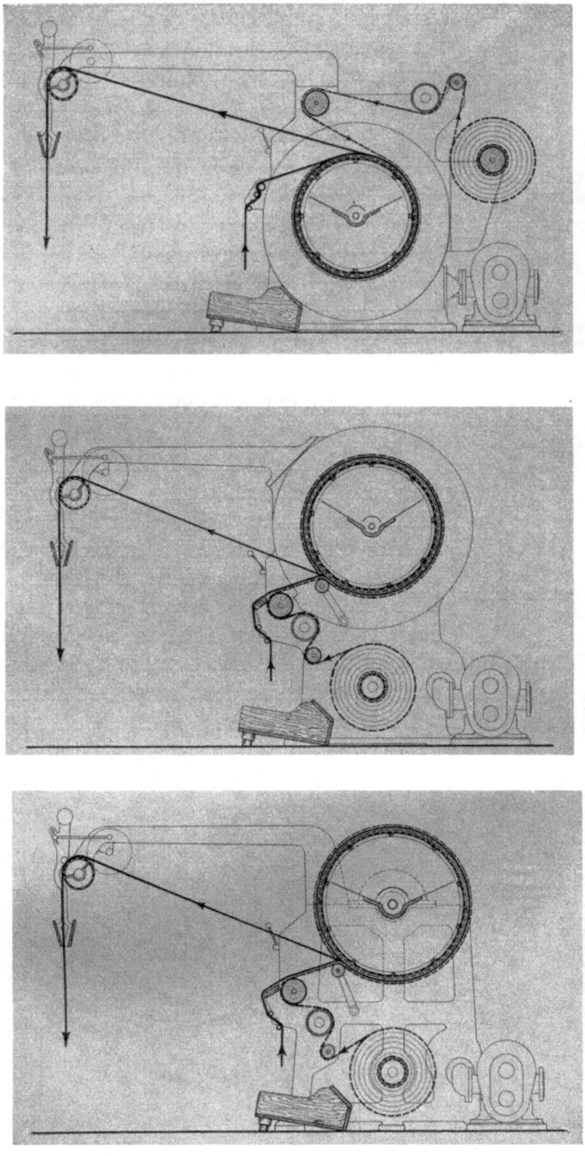

Abb. 265a—c. Finishdekatiermaschine. (Kettling & Braun, Crimmitschau.)

Abb. 266. Dekatierzylinder mit Kondenswasserabführung. (Ernst Gessner, A.G., Aue.)

einen dichtverschließbaren Behälter. Dieser besteht für stehende Wickel aus einem Kasten mit Dampfeinlaß am Boden oder einer glockenförmigen Haube, die über den Stockdämpfer gestülpt wird, für liegende Wickel aus einem liegenden, doppelwandigen Kessel, dessen eine Stirnwand als Tür ausgebildet ist. In diesem Kessel ruht der Warenwickel während der Dekatur, oder er empfängt Drehbewegung.

Abb. 267a zeigt eine Dampfdekatiervorrichtung mit liegendem Kessel. In diesem wird der bewickelte Dekatierzylinder mittels eines besonderen Wagens eingeschoben und dann der Kesseldeckel geschlossen. Die dampfdichte Verriegelung desselben erfolgt durch die auf der Deckelvorderseite ersichtliche Kurbel, durch deren einmalige Drehung alle acht Riegel gleichzeitig geschlossen bzw. nach beendeter Dekatur gleichzeitig geöffnet werden. Mit Eintritt der Deckeldichtung erfolgt zugleich auch eine Abdichtung des Dekatierzylinderanschlusses an den in der hinteren Zylinderstirnwand vorgesehenen Dampfstutzen. Der Dampf wird entweder von innen nach außen durch den Warenwickel hindurchgetrieben oder umgekehrt. Im letzteren Falle werden die einzelnen Wickellagen fest aufeinander gepreßt, wodurch ein energischer Finish erreicht wird.

Abb. 267. Zentralschnellverschluß für Trockendekatur. (Ernst Gessner, A.G., Aue.)

Bei der einfachen Plattendekatur, die nur noch wenig Anwendung findet, wird das Gewebe auf die gelochte, mit mehreren Leinwandlagen belegte Abdeckung eines Dampfkastens aufgetafelt, der so gewonnene Stapel dann mit Decken abgedeckt und hierauf der Dampfkasten mit Dampf gespeist. Da die Gewebelagen verhältnismäßig lose aufeinander liegen, können sie, während der Dampf von unten nach oben durch den Stapel hindurchgeht, leicht schrumpfen; es entstehen also

Abb. 268.

Abb. 268 u. 269. Tafeldekatiermaschine. (H. Krantz Söhne, Aachen.)

keine solchen Spannungen wie bei der Walzendekatur. Diese einfache Plattendekatur ist in den letzten Jahren durch die sog. Tafeldekatur ersetzt worden.

Das Wesen der Tafeldekatiermaschine[1] besteht darin, daß die Dekatierplatte im Fußstück der Maschine gelagert ist und hydraulisch betätigt wird, sich also heben und senken läßt, und die zu dekatierende Ware gegen den Dekatierdeckel

[1] Vgl. Melliand Textilber., Jahrg. 1928, Nr. 7.

preßt, der als Kopfstück ausgebildet ist (Abb. 268 und 269). Die Arbeitsweise dieser Maschine hat den großen Vorteil, daß die Fixierung in ähnlicher Weise erfolgt, wie sie bei den hydraulischen Breitpressen geschieht, d.h. daß die Wollfasern durch hydraulischen Druck in ihrer gestreckten Lage gehalten werden. Bei den Zylinderdekatiermaschinen wird dieses durch straffe Aufwickelung, sei es des zu dekatierenden Tuches selbst oder der Mitläufer oder von beiden, erreicht. Hierbei ist man aber zum großen Teil der Zuverlässigkeit und dem Gefühl der Arbeiter ausgeliefert. Weiter ist der gute Ausfall der Ware auch davon abhängig, daß die Arbeiter die zu dekatierenden Tuche nicht verzerrt auf die Dekatierzylinder auflaufen lassen. Alle diese Nachteile sollen durch die hydraulische Tafeldekatiermaschine beseitigt werden. Die Tuche werden in natürlicher und ungezwungener Länge und Breite in gerader Kettlage und Haarlage außerhalb der Dekatierpresse gleichmäßig getafelt (Abb. 269) und dann auf mechanischem und halbautomatischem Wege in die Dekatierpresse gebracht, ohne daß eine Verschiebung der Tuchlagen stattfindet. Da der Dampf nicht mit großer Ge-

Abb. 269.

schwindigkeit durch die Tuchlagen strömen kann, sondern als feuchte Wärme in dem Tuchstapel eine Zeitlang zurückgehalten wird, hat die Wollfaser die Möglichkeit, ihre verloren gegangene hygroskopische Feuchtigkeit langsam wieder anzunehmen und sich damit zu sättigen. Da das Dekatieren mittels hydraulischen Druckes geschieht, und man vom Manometer genau den Preßdruck ablesen kann, ist man in der Lage, vom schwächsten Mattglanz bis zum tiefsten, gleichmäßigen Hochglanz zu dekatieren, wobei man außerdem noch den Dampfdruck und die Zeit ablesen und bestimmen kann. Nach Ansicht des Verfassers wird vielfach zu wenig Wert auf die Beschaffenheit des Dekatierdampfes gelegt. Zum Dekatieren wird Frischdampf mit einem durchschnittlichen Druck von ca. $2\frac{1}{2}$ at verwendet. Gesättigter Dampf von $2\frac{1}{2}$ at besitzt aber eine Temperatur von 126,73° C, die zu hoch ist, um eine schonende Behandlung des Tuches zu gewährleisten; soll doch der Wollfaser beim Dekatieren in der Hauptsache auch die hygroskopische Feuchtigkeit in möglichst fein verteiltem Zustande, also in Dampfform, zugeführt werden. Wenn das aber bei einer Temperatur geschieht, die weit über dem Siedepunkt liegt, so kann man diesen Zustand durchaus nicht als ideal ansprechen. Richtig wäre es, wenn man die Temperatur beim Dekatieren unter den Siedepunkt hinunterdrückte, jedoch den Druck von $2\frac{1}{2}$ at beibehielte, damit der Dampf den Widerstand, den die gewickelten oder hydraulisch gepreßten Tuche dem Durchströmen des Dampfes entgegensetzen, leicht überwinden kann. Daß beim Dekatieren mit zu hoher Dampftemperatur die Wollfaser nicht genügend Feuchtigkeit aufnimmt, ergibt sich daraus, daß sehr hochwertige Damen- und Herrenstoffe, bei denen unbedingte Nadelfertigkeit gefordert wird, immer noch einer Nachbehandlung, einem Finishverfahren, unterworfen werden müssen. (Finish, dem Sinne nach übersetzt, heißt Vollendung, letzter Schliff.) Tatsächlich findet auch das Finishen am Ende des Fabrikationsganges der Tuche statt.

b) Krumpen.

Das Krumpen, Krumpfen, Abziehen oder Nachdekatieren soll die Ware nadelfertig machen. Es wird ihr der noch vorhandene überflüssige Preßglanz genommen und die Möglichkeit gegeben, so viel einzulaufen, als ihre Beschaffenheit es verlangt. Die Ware setzt man der bloßen Dampfwirkung aus, indem man sie über einen gelochten, gewölbten Hohltisch zieht (s. Abb. 270), und kühlt sie dann gut aus.

Abb. 270. Dämpftisch. (Kettling & Braun. Crimmitschau.)

c) Schrinken.

Das Schrinken ist ein seit Jahrhunderten in England gebräuchliches, typisch englisches Verfahren zur Veredlung wollener Gewebe[1]. Es war früher für England ausschließlich das Verfahren, die Waren völlig krumpffrei und nadelfertig zu machen. Das geschrinkte Tuch enthält 3—4% mehr Feuchtigkeit als die nach deutschen Verfahren dekatierten, gekrumpften Gewebe, und hierin liegt die große Bedeutung des Verfahrens. Der im geschrinkten Tuch vorhandene hohe Feuchtigkeitsgehalt gibt ihm ein angenehmes frisches Gefühl. Das Schrinken ist heute noch in England ausschließlich Handarbeit; in Deutschland haben sich führende Firmen dem Bau von Vorrichtungen zugewandt, die die Möglichkeit bieten sollen, das Schrinken mechanisch auszuführen. Das Handverfahren besteht darin, daß das zu behandelnde Gewebe von Arbeitern spannungslos mit nassen, halbwollenen Schrinktüchern zusammengetafelt wird und die so gewonnenen Warenstapel 12—24 Stunden in diesem Zustand belassen werden. Je dicker die Ware ist, desto länger dauert die Ruhezeit, in der das Gewebe die Möglichkeit hat, die Feuchtigkeit aus dem Schrinktuch langsam aufzunehmen. Diese dringt zum größten Teil in die Rindensubstanz ein, die sie später nur sehr langsam oder gar nicht mehr abgibt. Nach spätestens 24 Stunden werden die Warenstapel abgetafelt, die Ware wandert in eine Trockenhänge ohne Heizung, das Schrinktuch in einen Wasserbottich, wo es für erneute Tafelung Frischwasser aufnimmt. In der mit Frischluftzuführung versehenen Hänge gibt das Gewebe einen Teil seiner Feuchtigkeit ab.

Die nachstehenden Abb. 271—277 zeigen einige Beispiele von Schrinkvorrichtungen neuester Konstruktion. Die in Abb. 271 wiedergegebene Vor-

[1] Vgl. Spinner und Weber, 1929, Nr. 16.

richtung besitzt zweimal drei übereinander gelagerte Zylinder, deren mittlerer, mit einer Bombage versehene einen größeren Durchmesser aufweist als die mit ihm zusammenarbeitenden beiden anderen Zylinder. Diese kleinen, mit einem Gummibelag versehenen Zylinder, von denen die beiden unteren je in einem

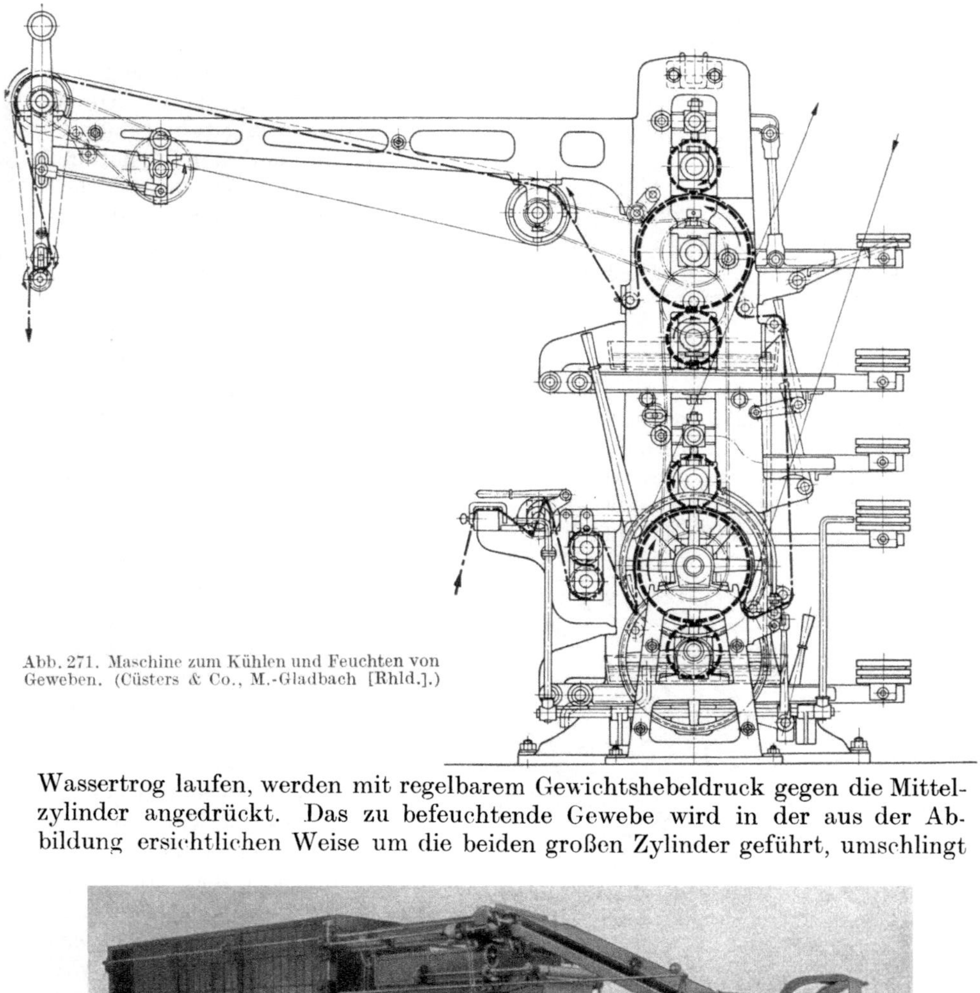

Abb. 271. Maschine zum Kühlen und Feuchten von Geweben. (Cüsters & Co., M.-Gladbach [Rhld.].)

Wassertrog laufen, werden mit regelbarem Gewichtshebeldruck gegen die Mittelzylinder angedrückt. Das zu befeuchtende Gewebe wird in der aus der Abbildung ersichtlichen Weise um die beiden großen Zylinder geführt, umschlingt

Abb. 272. Spannrahmentrockenmaschine mit Feuchtkammer (Naturfeuchte). (Rudolf Jahr, Gera.)

diese also nacheinander mit seinen beiden Seiten. Leitwalzen sorgen dafür, daß der Umschlingungsbogen ein möglichst großer ist. Die beiden in den Wassertrögen laufenden Unterzylinder feuchten die Bombage des Mittelzylinders dauernd an, während die beiden Oberzylinder die von der Bombage aufgenommene

Feuchtigkeit in das laufende Gewebe eintreiben. Durch den regelbaren Druck sowohl der im Wasser laufenden Zylinder gegen den Mittelzylinder bzw. dessen Bombage als auch der oberen Zylinder auf das über die Mittelzylinder laufende Gewebe hat man es in der Hand, den Grad der Feuchtigkeit, den das Gewebe erlangen soll, zu bestimmen.

Abb. 272 läßt die Verbindung einer Feuchtkammer mit einer Spannrahmentrockenmaschine mit Querluftstufentrocknung erkennen. Beide Maschinen sind hier zu einer Einheit zusammengefügt und können daher gleichzeitig bedient werden. Die Ware wird gerahmt getrocknet und gekühlt und kommt mit der Temperatur des Arbeitsraumes und dem gewünschten Feuchtigkeitsgehalt aus der Maschine. Das Kühlen erfolgt in einer Feuchtkammer, in die die getrocknete Ware unmittelbar nach dem Verlassen der Trockenmaschine eintritt. Die Feuchtkammer ist nach dem Prinzip der Naturfeuchtmaschine (Patent Sjöström; s. Abb. 273) gebaut. Auf dem Boden der Kammer ist eine flache Mulde angeordnet, durch welche dauernd frisches Wasser fließt. In dieses tauchen endlose Feuchtbänder, die sich zwischen der Warenbahn langsam auf- und abbewegen, ohne diese zu berühren. Die Feuchtbänder benetzen sich dauernd mit Wasser und bilden so eine beständig nasse und kühle Wand, an der die Ware dicht vorbeiläuft. Sobald die trockene und meist heiße Ware in die Naturfeuchtmaschine kommt und an den Feuchtbändern entlanggeführt wird, zieht sie die Feuchtigkeit an, die aus den Bändern verdunstet; gleichzeitig kühlt sie sich in der entstehenden Verdunstungskälte ab. Durch die Feuchtigkeitsaufnahme quellen alle Fasern wieder auf, die Ware wird schwerer und oft auch breiter und länger. Griff und Aussehen werden wesentlich verbessert.

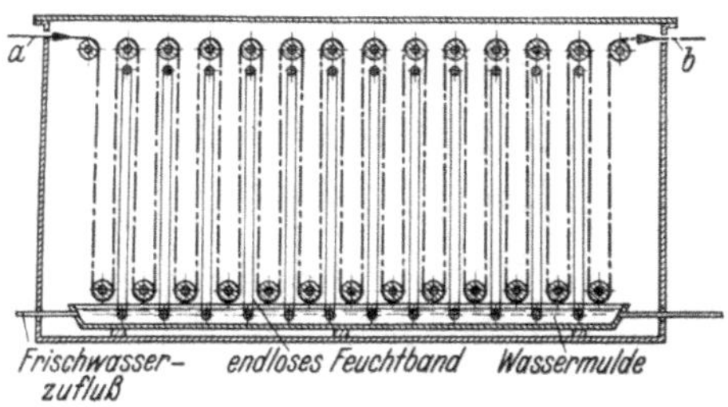

Abb. 273. Naturfeuchtmaschine. (M. Rudolf Jahr, Gera.)

Abb. 274. Schrinkanlage als Doppelhänge. (Ernst Gessner, A.G., Aue.)

Die Schrinkanlage nach Abb. 274 ist als Doppelhänge ausgeführt, bei der sowohl eine gemeinsame Füll- als auch Entnahmevorrichtung vorgesehen ist. Jede Hänge erhält Einzelantrieb durch auf die Eisenkonstruktion gesetzte Elektromotoren, die für Links- und Rechtslauf eingerichtet sind. Das Füllen der Hänge und Entnehmen der Ware erfolgt kontinuierlich mit 25 m Geschwindigkeit in der Minute. Um die Ware nach dem Einhängen vollkommen gleichmäßig anzutrocknen, besitzt jede Hänge eine eigene Stababwälzung, und zwar derart, daß sich eine Hänge während einer Stunde zur Hälfte abwälzt und dann wieder umkehrt. Der Antrieb erfolgt ebenfalls durch Elektromotore. Die Schrinkanlage ist zum Aufhängen an der Decke vorgesehen, darf jedoch nicht höher als 2 m sein, um zu großen Zug innerhalb der einzelnen Hängen zu vermeiden.

Abb. 275 veranschaulicht schematisch im Längsschnitt eine Schrinkmaschine, bei der das zu behandelnde Gewebe in einem Lauf über einen Dämpfzylinder und eine ihm folgende, heizbare Krumpfplatte geführt wird. Diese Krumpfplatte ist in der Laufrichtung des Gewebes nach abwärts geneigt und wirkt infolgedessen als Rutsche. Da das Gewebe sich dabei völlig frei überlassen ist, kann das Schrumpfen ohne jeden Zwang vor sich gehen.

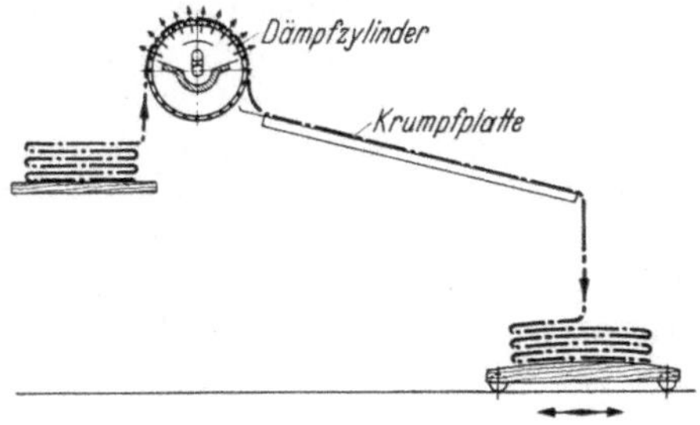

Abb. 275. Schrinkmaschine mit Dämpfzylinder und Krumpfplatte (Rutsche). (Kettling & Braun, Crimmitschau.)

Bei der Ausführungsform der Schrinkmaschine nach Abb. 276 ist der Dämpfzylinder beibehalten, die aus einer heizbaren Platte bestehende Rutsche dagegen durch einen heizbaren, sich drehenden Zylinder (Krumpfzylinder) ersetzt und ihm nachgeordnet ein Verkühlzylinder. Beim Lauf über den Dämpfzylinder wird Dampf durch das Gewebe getrieben; auf dem folgenden, geheizten Zylinder (Krumpfzylinder) kann das ohne jede Spannung über ihn laufende Gewebe schrumpfen, und auf dem folgenden Verkühlzylinder wird Frischluft, unter Umständen gekühlt, durch das Gewebe hindurchgesaugt. Das nicht mehr feuchte, jedoch warme Gewebe wird also gekühlt und damit kommt der Schrumpfprozeß zum Stillstand. Das Gewebe verläßt mit einer regelbaren Menge an Feuchtigkeit die Maschine.

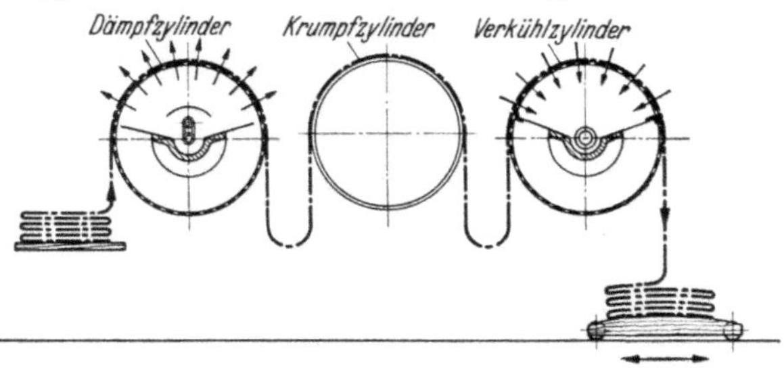

Abb. 276. Schrinkmaschine mit Dämpfzylinder, Krumpfzylinder und Verkühlzylinder. (Kettling & Braun, Crimmitschau.)

Die Schrinkmaschine nach Abb. 277 beruht auf einem Verfahren, nach dem wassertropfenfreie Nebelschwaden zum Feuchten benutzt werden. Diese bieten die Gewähr dafür, daß nicht nur eine Oberflächenfeuchtung zustande kommt, sondern das Arbeitsgut durch und durch gefeuchtet wird, weil die Nebelschwaden von allen Seiten an dasselbe gelangen und es durchsetzen können.

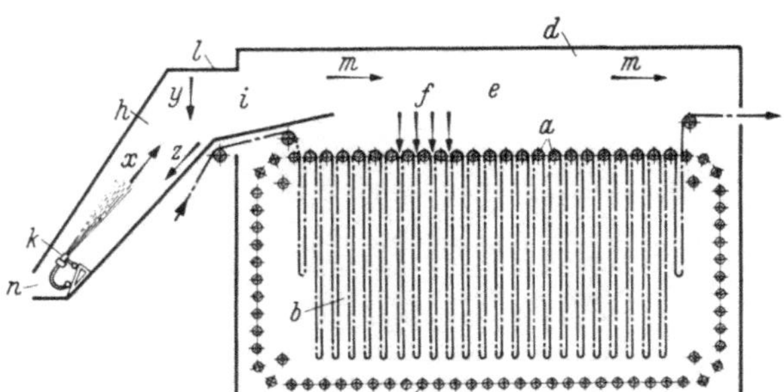

Abb. 277. Nebelfeuchte. (Kettling & Braun, Crimmitschau.)

In der genannten Abbildung ist die Maschine in ihrer Anwendung zum Feuchten von Geweben dargestellt. Ihr Wesen wird jedoch nicht geändert, wenn an Stelle des Gewebes Garne oder Rohstoffe behandelt werden sollen. Nur müssen dann selbstverständlich die Träger für das Arbeitsgut eine entsprechende Änderung erfahren.

Die Maschine besteht aus der Behandlungskammer *d*, durch die das

Gewebe *a* mittels zweier schrittweise bewegter Stabketten *c* in freihängenden Falten *b* (wie bei der sog. Trockenhänge) in der Pfeilrichtung *m* hindurchbewegt wird. An der einen Stirnseite der Kammer *d* ist an diese ein schräg nach oben steigender Schacht *h*, *i* angeschlossen, in dessen Unterteil *n* Preßluftzerstäuber *k* vorgesehen sind. Sie treiben das fein zerstäubte Wasser in Nebelform im Schacht *h*, *i* (in der Pfeilrichtung *x*) nach oben und damit in den Kammerraum *e*. Hier sinken die Wassernebel in Richtung der Pfeile *f* zwischen den Gewebefalten *b*, das Gewebe anfeuchtend, nach abwärts. Damit keine Wasserflecken im Gewebe entstehen, müssen alle bei der Zerstäubung sich etwa bildenden Wassertröpfchen aus den Nebelschwaden ausgeschieden werden, bevor diese in die Behandlungskammer eintreten. Die Schwaden werden zu diesem Zweck im Schacht *h* nach oben gegen eine Prallfläche *l* getrieben und geben hierdurch etwa mitgerissene Wassertröpfchen ab. Diese fallen in der Richtung des Pfeiles *y* auf den Boden des Schachtes *h* und fließen auf diesem in der Pfeilrichtung *z* nach abwärts.

Sachverzeichnis.

Berichtigung:

S. 254 Ergänzung zum Hinweis auf die Abb. 25:

„Erreicht wird dies bei der Strangwaschmaschine nach dem Patent 394 526 der Firma L. Ph. Hemmer, G.m.b.H., Aachen, dadurch, daß die Drehachse der Oberwalze exzentrisch im Walzenkörper untergebracht ist."

GPSR Compliance

The European Union's (EU) General Product Safety Regulation (GPSR) is a set of rules that requires consumer products to be safe and our obligations to ensure this.

If you have any concerns about our products, you can contact us on ProductSafety@springernature.com

In case Publisher is established outside the EU, the EU authorized representative is:

Springer Nature Customer Service Center GmbH
Europaplatz 3
69115 Heidelberg, Germany

Batch number: 10683525

Printed by Printforce, the Netherlands